清華大學 计算机系列教材

孙家广 等 编著

计算机图形学

（第3版）

清華大學出版社
北 京

内 容 提 要

本书介绍计算机图形学的有关原理、算法及系统，主要内容有：计算机图形硬件、图形国际标准、交互技术与用户接口、实用的图形程序库、自由曲线和曲面、几何造型、真实图形显示、图象处理等。这些内容反映了90年代以来国内外，尤其是我们在计算机图形学领域的最新成果。

本书作为高等院校本科生、研究生学习“计算机图形学”或“计算机图形学基础”的教材，也可供技术人员从事有关专业工作参考。

图书在版编目(CIP)数据

计算机图形学/孙家广等主编. —3版. —北京：清华大学出版社，1998.9（2023.2重印）
ISBN 978-7-302-03082-9

Ⅰ.计…　Ⅱ.孙…　Ⅲ.计算机图形学　Ⅳ.TH391.4

中国版本图书馆CIP数据核字(98)第23010号

责任编辑：贾仲良
责任印制：宋　林
出版发行：清华大学出版社
　　网　　址：http://www.tup.com.cn，http://www.wqbook.com
　　地　　址：北京清华大学学研大厦A座　　邮　　编：100084
　　社 总 机：010-62770175　　邮　　购：010-62786544
　　投稿与读者服务：010-62776969，c-service@tup.tsinghua.edu.cn
　　质 量 反 馈：010-62772015，zhiliang@tup.tsinghua.edu.cn
印 装 者：北京鑫海金澳胶印有限公司
经　　销：全国新华书店
开　　本：185mm×260mm　　印　张：38.25　　字　　数：943千字
版　　次：1998年9月第3版　　印　　次：2023年2月第33次印刷
定　　价：99.00元

产品编号：003082-06/TP

前　言

计算机图形学是近30年来发展迅速、应用广泛的新兴学科。它主要是研究用计算机及其图形设备来输入、表示、变换、运算和输出图形的原理、算法及系统。图形通常是由点、线、面、体等几何元素和灰度、色彩、线型、线宽等非几何属性组成。在计算机中表示图形最常用的是点阵法，即用具有灰度或色彩的点阵来表示图形的一种方法。例如，一幅二维灰度图形可用矩阵$(x_i, y_i, g_k)(i=1,2,\cdots,M; j=1,2,\cdots,N; k=1,2,\cdots,L)$表示。其中$(x_i, y_i)$表示图形所占点阵的位置，$g_k$表示$(x_i, y_i)$该点象素的灰度等级，一般$L \leqslant 256$。具有灰度和色彩的点阵图形实际上就是图象。由于光栅图形显示器和点阵式图形输出设备的广泛应用，图形和图象的处理技术相互渗透而且结合得越来越紧密。对于用形状参数和属性参数表示的图形，如描述图形的方程系数，线段的起点和终点坐标，图形的灰度、色彩、线型和线宽等均可采用某种转换算法，把图形的参数表示转换成点阵表示。

本书介绍的内容主要有：计算机图形学的发展和应用；计算机图形设备和系统；国际标准化组织(ISO)发布的图形标准和一个基于窗口系统的实用化图形程序库，基本图形生成算法；自由曲线和自由曲面；图形变换和裁剪；窗口系统；计算机图形学中常用的软件形式及人-机交互技术；几何造型的理论、算法及系统；颜色、光照模型及真实图形显示技术；图象处理技术等。本书是作者在从事十几年计算机图形学教学和科研、参考国内外十余本同类书籍、吸收国内外近十年来在计算机图形学方面的新成果、尤其是在广泛征求国内同行使用作者1986年编著的《计算机图形学》全国统编教材的意见和建议的基础上写成的。本书既注意讨论清楚计算机图形学中最基本、最广泛应用的理论和算法，也力求反映20世纪90年代国内外的一些重要新成果，如：精简指令(RISC)工作站；图形的并行处理；产品模型数据交换规范(STEP)；多媒体对象表示环境标准(PREMO)；曲线曲面的非均匀有理B样条(NURBS)算法；窗口系统；线框、表面、实体统一的非流形造型技术；生成真实图形的辐射度算法；科学计算的可视化技术；图形和图象的转换及应用技术等。这些内容在作者1986年出版的《计算机图形学》中是不会有的。本书第1章、第2章和第5章适合读者自学，第3章、第4章、第6章及第7章适宜大学本科生48学时的教学内容，第8章、第9章与

第 10 章适合研究生 36 至 48 学时的教学内容。本书要求先修的课程为“线性代数”、“程序设计基础”等。书中第 5 章介绍的“交互式图形程序库——GIL”有相应的软件，有需要的读者可和作者联系。

本书由孙家广主笔。刘强、陆薇参加第 5 章的改写。本书在编写过程中陈玉健、王学福、王建民、熊志刚、李学军、范刚、屈敏、刘强、左征等同志帮助调试程序、绘制图例，朱钢帮助录入文稿，在此对他们的辛勤劳动表示诚挚的感谢。此外对那些给 1986 年版《计算机图形学》教材提过意见和建议的同志表示衷心的谢意。由于作者水平有限，书中难免还存在缺点和不足，殷切希望广大读者批评指正。

作　者

需要本书第 5 章软件 GIL 的读者，可来信与我系刘强联系（请不扰他人）

北京清华大学计算机科学与技术系
邮编：100084

目　录

第一章　图形设备、系统和应用 …（1）

1.1　计算机图形学的发展及应用 ……（1）

1.1.1　计算机图形学硬件的发展 ……（1）

1.1.2　计算机图形学软件及算法的发展 ……（3）

1.1.3　计算机图形学在我国的发展 ……（4）

1.1.4　计算机图形学的应用 ……（5）

1.2　图形输入设备 ……（7）

1.2.1　鼠标器 ……（7）

1.2.2　光笔 ……（8）

1.2.3　触摸屏 ……（9）

1.2.4　坐标数字化仪 ……（10）

1.2.5　图形扫描仪 ……（11）

1.3　图形显示设备 ……（12）

1.3.1　阴极射线管 ……（12）

1.3.2　彩色阴极射线管 ……（13）

1.3.3　随机扫描的图形显示器 ……（13）

1.3.4　存储管式的图形显示器 ……（13）

1.3.5　光栅扫描式图形显示器 ……（14）

1.3.6　液晶显示器(LCD) ……（19）

1.3.7　等离子显示器 ……（19）

1.3.8　几种显示技术的比较 ……（20）

1.4　图形绘制设备 ……（20）

1.4.1　喷墨打印机 ……（20）

1.4.2　激光打印机 ……（21）

1.4.3　静电绘图仪 ……（22）

1.4.4　笔式绘图仪 ……（23）

1.5　图形处理器 ……（24）

1.5.1　简单图形处理器 ……（24）

1.5.2　单片图形处理器 ……（27）

1.5.3　个人计算机图形卡 ……（28）

1.5.4　图形并行处理器 ……（32）

1.6　图形系统和工作站 ……（34）

1.6.1　计算机图形系统的功能及组成 ……（34）

1.6.2　个人计算机图形系统 ……（35）

1.6.3　工作站的发展和特点 ……（38）

1.6.4　几种精简指令集工作站 ……（40）

1.6.5　工作站的性能评测与选择 …（49）

1.7　虚拟现实系统 ……（51）

1.7.1　系统构成 ……（51）

1.7.2　三维输入设备 ……（52）

1.7.3　跟踪器 ……（53）

1.7.4　头盔显示器 ……（54）

1.7.5　应用前景 ……（55）

1.8　习　题 ……（55）

第二章　计算机图形的标准化和窗口系统 ……（57）

2.1　计算机图形接口(CGI) ……（58）

2.1.1　控制功能集 ……（58）

2.1.2　输出功能集 ……（58）

2.1.3　图段功能集 ……（59）

2.1.4　输入和应答功能集 ……（59）

2.1.5　光栅功能集 ……（59）

2.2　计算机图形元文件(CGM) ……（60）

2.2.1　图形元文件 ……（60）

2.2.2　图形元文件的解释 ……（60）

2.2.3　CGM 的组成 ……（61）

2.3　图形核心系统(GKS) ……（63）

2.3.1　GKS 的功能 ……（63）

2.3.2　图形输入与输出 ……（64）

2.3.3　工作站 ……（65）

2.3.4　坐标系 ……（65）

2.3.5 图段 …………………………… (65)
2.3.6 GKS的文件接口 ………………… (65)
2.3.7 GKS的分级管理 ………………… (65)
2.3.8 GKS-3D ………………………… (65)
2.4 程序员层次交互式图形系统(PHIGS) ………………… (67)
2.4.1 模块化的功能结构 ……………… (67)
2.4.2 动态的结构、元素管理……… (68)
2.4.3 GKS-3D和PHIGS的比较 …………………………………… (70)
2.4.4 PHIGS的扩充版本PHIGS$^+$ …………………………………… (72)
2.4.5 网络窗口环境下的PHIGS-PEX ………………… (73)
2.4.6 图形程序库GL ……………… (75)
2.5 基本图形转换规范(IGES) ……… (77)
2.5.1 IGES的作用………………… (77)
2.5.2 IGES的实体………………… (78)
2.5.3 IGES的文件结构…………… (78)
2.5.4 IGES的出错处理…………… (78)
2.6 产品模型数据转换标准(STEP) …………………………………… (79)
2.6.1 STEP的产品模型数据 …… (79)
2.6.2 STEP的概念模式 ………… (80)
2.6.3 STEP中特征的定义 ……… (81)
2.6.4 STEP的基本组成 ………… (81)
2.7 计算机图形参考模型(CGRM) … (82)
2.7.1 基本概念 ……………………… (82)
2.7.2 CGRM的外部关系 ………… (83)
2.7.3 CGRM的环境模型 ………… (83)
2.7.4 CGRM的数据元素 ………… (84)
2.8 窗口系统 ……………………………… (85)
2.8.1 窗口系统的特点 …………… (85)
2.8.2 几种常用的窗口系统 ……… (88)
2.8.3 窗口系统的输入处理 ……… (96)
2.8.4 窗口系统的输出处理 ……… (100)
2.8.5 窗口系统工具箱 …………… (102)
2.8.6 流行的图形用户接口 ……… (105)
2.8.7 从窗口系统Windows到窗口操作系统Windows NT …… (108)
2.8.8 如何用窗口系统编应用程序 ……………………… (111)
2.9 习 题 ……………………………… (128)

第三章 交互技术与用户接口 …… (130)
3.1 用户接口的常用形式 ……………… (130)
3.1.1 子程序库 …………………………… (130)
3.1.2 专用语言 …………………………… (131)
3.1.3 交互命令 …………………………… (132)
3.2 交互设备、交互任务和交互技术 ………………………………………… (135)
3.2.1 交互设备 …………………………… (135)
3.2.2 交互任务 …………………………… (137)
3.2.3 交互技术 …………………………… (140)
3.2.4 拾取图形 …………………………… (142)
3.3 输入控制 …………………………… (144)
3.3.1 三种输入控制方式 ……………… (144)
3.3.2 请求方式 …………………………… (145)
3.3.3 取样方式 …………………………… (145)
3.3.4 事件方式 …………………………… (146)
3.3.5 输入控制方式的混合使用 … (147)
3.4 如何构造一个交互系统 ………… (147)
3.4.1 交互式用户接口的表现形式 …………………………………… (147)
3.4.2 交互式用户接口常见的工作方式 …………………………… (150)
3.4.3 用户命令集的描述 ………… (150)
3.4.4 人-机对话序列的设计 ……… (151)
3.4.5 交互式用户接口的实现 …… (153)
3.4.6 交互式用户接口简例 ……… (159)
3.5 基于知识的用户接口设计环境 … (161)
3.5.1 目标 ………………………………… (162)
3.5.2 结构 ………………………………… (162)
3.5.3 基于知识的用户接口 ……… (162)
3.5.4 用户接口变换器 …………… (163)
3.6 习 题 ……………………………… (163)

第四章 基本图形生成算法………… (165)
4.1 直线的扫描转换 ………………… (165)
4.1.1 数值微分法 ……………………… (166)
4.1.2 中点画线法 ……………………… (167)
4.1.3 Bresenham画线算法 ……… (169)
4.2 圆与椭圆的扫描转换 …………… (170)
4.2.1 圆的扫描转换 ………………… (170)
4.2.2 Bresenham画圆算法 ……… (173)
4.2.3 椭圆的扫描转换 …………… (176)
4.3 区域填充 …………………………… (178)

4.3.1 多边形域的填充 …………… (179)
4.3.2 边填充算法 ………………… (183)
4.3.3 种子填充算法 ……………… (185)
4.3.4 圆域的填充 ………………… (187)
4.3.5 区域填充图案 ……………… (187)
4.4 线宽与线型的处理 ……………… (190)
4.4.1 直线线宽的处理 …………… (190)
4.4.2 圆弧线宽的处理 …………… (192)
4.4.3 线型的处理 ………………… (193)
4.5 字符 ……………………………… (193)
4.5.1 矢量字符 …………………… (194)
4.5.2 点阵字符 …………………… (195)
4.5.3 字型技术 …………………… (195)
4.5.4 字符输出 …………………… (197)
4.6 裁剪 ……………………………… (199)
4.6.1 线段裁剪 …………………… (200)
4.6.2 多边形裁剪 ………………… (206)
4.6.3 字符裁剪 …………………… (208)
4.7 反走样 …………………………… (209)
4.7.1 提高分辨率 ………………… (210)
4.7.2 简单的区域取样 …………… (211)
4.7.3 加权区域取样 ……………… (213)
4.8 习 题 …………………………… (215)

第五章 交互式图形程序库——GIL …………………… (217)
5.1 应用 GIL 的预备知识 …………… (217)
5.1.1 为什么要用 GIL …………… (217)
5.1.2 GIL 的运行环境 …………… (218)
5.1.3 变量、坐标及控制流程……… (218)
5.1.4 用户界面 …………………… (219)
5.1.5 菜单文件格式 ……………… (219)
5.1.6 命令列表格式 ……………… (221)
5.1.7 设置光标 …………………… (222)
5.1.8 系统初始化 ………………… (222)
5.1.9 内存空间管理 ……………… (224)
5.2 如何用 GIL 画图 ………………… (225)
5.2.1 图形区属性 ………………… (225)
5.2.2 绘制基本图形 ……………… (227)
5.2.3 区域填充 …………………… (229)
5.2.4 象素操作 …………………… (230)
5.2.5 字符和汉字 ………………… (231)
5.3 如何用 GIL 实现人-机交互操作 ……………………………… (232)
5.3.1 人的因素 …………………… (233)
5.3.2 对话框 ……………………… (233)
5.3.3 提示信息和出错信息 ……… (258)
5.3.4 拖动画图方式的设置 ……… (259)
5.3.5 输入数据 …………………… (260)
5.3.6 用 GIL 构造交互系统实例 ……………………………… (263)
5.4 GIL 中基本数据类型定义 ……… (283)
5.5 GIL 中的函数一览表 …………… (284)
5.6 习 题 …………………………… (285)

第六章 曲线和曲面 …………………… (286)
6.1 曲线、曲面参数表示的基础知识 ………………………… (286)
6.1.1 显式、隐式和参数表示 ……………………… (286)
6.1.2 参数曲线的定义及其切矢量、法矢量、曲率和挠率………… (289)
6.1.3 插值、逼近、拟合和光顺 ……………………………… (291)
6.1.4 参数曲线的代数形式和几何形式 ………………… (294)
6.1.5 调和函数 …………………… (295)
6.1.6 曲线段间 C^1,C^2 和 G^1,G^2 连续性定义 ……………… (297)
6.1.7 重新参数化 ………………… (297)
6.1.8 四点式曲线 ………………… (299)
6.1.9 有理参数多项式曲线 ……… (300)
6.2 常用的参数曲线 ………………… (301)
6.2.1 Bezier 曲线 ………………… (301)
6.2.2 B 样条曲线 ………………… (308)
6.2.3 非均匀有理 B 样条(NURBS)曲线 ……………………………… (318)
6.2.4 常用参数曲线的等价表示 … (326)
6.2.5 等距线 ……………………… (327)
6.2.6 圆锥曲线 …………………… (329)
6.2.7 等值线 ……………………… (330)
6.3 常用的参数曲面 ………………… (333)
6.3.1 参数曲面的定义 …………… (333)
6.3.2 参数曲面的重新参数化 …… (338)
6.3.3 平面、二次曲面和直纹面…… (340)

6.3.4 Coons 曲面和张量积曲面 …（343）
6.3.5 Bezier 曲面 ……………………（345）
6.3.6 B 样条曲面 ……………………（347）
6.3.7 非均匀有理 B 样条(NURBS)
曲面 ……………………………（349）
6.3.8 常用双三次参数曲面
的等价表示 ……………………（350）
6.3.9 等距面 …………………………（351）
6.3.10 基于三维散列数据构造
曲面……………………………（352）
6.3.11 扫描面…………………………（353）
6.4 习 题 ……………………………（355）

第七章 图形变换 ……………………（358）
7.1 图形变换的数学基础 ……………（358）
7.1.1 矢量运算 ………………………（358）
7.1.2 矩阵运算 ………………………（358）
7.1.3 齐次坐标 ………………………（361）
7.2 窗口视图变换 ……………………（362）
7.2.1 用户域和窗口区 ………………（362）
7.2.2 屏幕域和视图区 ………………（362）
7.2.3 窗口区和视图区的
坐标变换 ………………………（362）
7.2.4 从规格化坐标(*NDC*)到设备
坐标(*DC*)的变换 ……………（364）
7.3 图形的几何变换 …………………（365）
7.3.1 二维图形的几何变换 …………（366）
7.3.2 三维图形的几何变换 …………（369）
7.3.3 参数图形的几何变换 …………（373）
7.4 形体的投影变换 …………………（378）
7.4.1 投影变换分类 …………………（378）
7.4.2 正平行投影(三视图)
…………………………………（378）
7.4.3 斜平行投影 ……………………（379）
7.4.4 透视投影 ………………………（380）
7.4.5 投影空间 ………………………（384）
7.4.6 用户坐标系到观察
坐标系的变换 …………………（386）
7.4.7 规格化裁剪空间和图象
空间 ……………………………（387）
7.5 三维线段裁剪 ……………………（390）
7.6 习 题 ……………………………（391）

*第八章 几何造型……………………（393）
8.1 形体在计算机内的表示 …………（393）
8.1.1 表示形体的坐标系 ……………（393）
8.1.2 几何元素的定义 ………………（396）
8.1.3 表示形体的线框、表面、
实体模型 ………………………（398）
8.1.4 形体的边界及其连接关系 ……（399）
8.1.5 常用的形体表示方式 …………（401）
8.2 边界表示的数据结构与欧拉
操作 ………………………………（405）
8.2.1 翼边结构 ………………………（405）
8.2.2 对称结构 ………………………（405）
8.2.3 基于面的多表结构 ……………（406）
8.2.4 欧拉操作 ………………………（408）
8.3 求交算法 …………………………（413）
8.3.1 点与各几何元素的求交计算
…………………………………（413）
8.3.2 直线与各几何元素求交 ………（418）
8.3.3 曲线与各几何元素求交 ………（421）
8.3.4 面与面求交 ……………………（423）
8.4 集合运算 …………………………（433）
8.4.1 一维几何元素的集合运算 ……（434）
8.4.2 二维几何元素的集合运算 ……（438）
8.4.3 三维几何元素的集合运算 ……（444）
8.5 常用的其他造型方法 ……………（463）
8.5.1 分数维(Fractal)造型 …………（463）
8.5.2 特征(Feature)造型 ……………（467）
8.5.3 从二维正投影图构造三维
形体 ……………………………（472）
8.5.4 从二维图象信息构造三维
形体 ……………………………（478）
8.6 习 题 ……………………………（482）

*第九章 真实图形……………………（483）
9.1 消除隐藏线 ………………………（483）
9.1.1 凸多面体的隐藏线消除 ………（485）
9.1.2 凹多面体的隐藏线消除 ………（486）
9.1.3 二次曲面体的隐藏线消除 ……（491）
9.2 消除隐藏面 ………………………（497）
9.2.1 画家算法 ………………………（497）
9.2.2 Z 缓冲区算法 …………………（499）
9.2.3 扫描线算法 ……………………（500）
9.2.4 区域采样算法 …………………（502）

9.3 明暗效应 ……………………… (506)
9.3.1 明暗模型 ……………………… (506)
9.3.2 处理方法 ……………………… (507)
9.3.3 透明效果 ……………………… (510)
9.4 颜色模型 ……………………… (510)
9.4.1 基本概念 ……………………… (510)
9.4.2 CIE 色度图 ……………………… (512)
9.4.3 常用的颜色模型 ……………………… (514)
9.4.4 颜色的选择插值和复制 …… (520)
9.5 纹理 ……………………… (522)
9.5.1 纹理的定义和映射 ……………… (522)
9.5.2 纹理的反走样处理 ……………… (525)
9.6 光线跟踪 ……………………… (529)
9.6.1 求交算法 ……………………… (530)
9.6.2 法向量计算 ……………………… (534)
9.6.3 反射与折射方向 ……………… (535)
9.6.4 光照模型 ……………………… (536)
9.6.5 加速算法 ……………………… (540)
9.7 辐射度 ……………………… (546)
9.7.1 基本算法 ……………………… (546)
9.7.2 有遮挡关系环境中辐射度的计算 ……………………… (548)
9.7.3 半阴影区域的特殊处理 …… (550)
9.8 科学计算的可视化 ……………… (553)
9.8.1 数据场 ……………………… (553)
9.8.2 体绘制技术的基本原理 …… (554)
9.8.3 以图象空间为序的体绘制算法 ……………………… (554)
9.9 习　题 ……………………… (556)

*第十章　图象处理……………………… (559)

10.1 图象数据……………………… (559)
10.1.1 图象的表示……………………… (560)
10.1.2 图象的采样……………………… (561)
10.1.3 图象的数据格式……………… (563)
10.1.4 图象的灰度直方图……………… (568)
10.1.5 图象的二值化……………………… (571)
10.2 图象变换……………………… (572)
10.2.1 图象的空间变换……………… (572)
10.2.2 傅里叶变换……………………… (576)
10.3 图象解析……………………… (580)
10.3.1 细线化技术……………………… (580)
10.3.2 轮廓线追踪……………………… (583)
10.4 图象数据压缩……………………… (584)
10.4.1 步长法……………………… (584)
10.4.2 差值法……………………… (586)
10.4.3 块域符号法 (block encoding) ……………… (587)
10.5 图象识别……………………… (589)
10.5.1 手写文字的识别……………… (590)
10.5.2 印刷体文字识别……………… (591)
10.6 习　题……………………… (593)

参考文献 ……………………… (595)

十：适合自学的章节；

*：适合研究生教学的章节；

其余章节适合大学本科生教学。

第一章

图形设备、系统和应用

本章，介绍计算机图形学的发展和应用、图形输入、显示及绘制设备以及图形系统，侧重讨论当前在计算机领域中发展较快、应用广泛的集成化图形设备——工作站的发展、原理、评测和选择。此外，还要介绍当前国际上仍在研究的虚拟现实环境的进展情况。通过本章，不仅使读者对本书所要介绍的计算机图形学的有关内容有个概括性的了解，更重要的是使读者对计算机图形学所涉及的有关硬件有较为全面的认识，从而能正确地选择合适的设备开展计算机图形学的研究及其应用工作。

1.1 计算机图形学的发展及应用

计算机图形学是随着计算机及其外围设备而产生和发展起来的。它是近代计算机科学与雷达、电视及图象处理技术的发展汇合而产生的硕果。在造船、航空航天、汽车、电子、机械、土建工程、影视广告、地理信息、轻纺化工等领域中的广泛应用，推动了这门学科的不断发展，而不断解决应用中提出的各类新课题，又进一步充实和丰富了这门学科的内容。计算机出现不久，为了在绘图仪和阴极射线管(CRT)屏幕上输出图形，计算机图形学随之诞生了。现在它已发展为对物体的模型和图象进行生成、存取和管理的新学科。

1.1.1 计算机图形学硬件的发展

1950年，第一台图形显示器作为美国麻省理工学院(MIT)旋风Ⅰ号(Whirlwind I)计算机的附件诞生了。该显示器用一个类似于示波器的CRT来显示一些简单的图形。1958年美国Calcomp公司由联机的数字记录仪发展成滚筒式绘图仪，GerBer公司把数控机床发展成为平板式绘图仪。在整个20世纪50年代，只有电子管计算机，用机器语言编程，主要应用于科学计算，为这些计算机配置的图形设备仅具有输出功能。计算机图形学处于准备和酝酿时期，并称之为“被动”式图形学。到20世纪50年代末期，MIT的林肯实验室在“旋风”计算机上开发的SAGE空中防御系统，第一次使用了具有指挥和控制功能的CRT显示器，操作者可以用笔在屏幕上指出被确定的目标。与此同时，类似的技术在设计和生产过程中也陆续得到了应用，它预示着交互式计算机图形学的诞生。

1962年，MIT林肯实验室的Ivan E. Sutherland发表了一篇题为“Sketchpad：一个人-机通信的图形系统”的博士论文，他在论文中首次使用了计算机图形学“Computer

Graphics"这个术语，证明了交互式计算机图形学是一个可行的、有用的研究领域，从而确定了计算机图形学作为一个崭新的科学分支的独立地位。他在论文中所提出的一些基本概念和技术，如交互技术、分层存储符号的数据结构等至今还在广为应用。20 世纪 60 年代中期，美国 MIT、通用汽车公司、贝尔电话实验室和洛克希德公司开展了计算机图形学的大规模研究，同时，英国剑桥大学等也开始了这方面的工作，从而使计算机图形学进入了迅速发展并逐步得到广泛应用的新时期。

如果说 20 世纪 60 年代是计算机图形学确立并得到蓬勃发展的时期，那么 20 世纪 70 年代则是这方面技术进入实用化的阶段。在这十年中，交互式的图形系统在许多国家得到应用，许多新的更加完备的图形系统又不断研制出来。除了传统的军事上和工业上的应用之外，计算机图形学还进入教育、科研和事务管理等领域。20 世纪 70 年代末，美国安装图形系统达 12000 多台(套)，使用人数超过数万人。直到 20 世纪 80 年代初，和别的学科相比，计算机图形学还是一个很小的学科领域。主要原因是由于图形设备昂贵、功能简单、基于图形的应用软件缺乏。后来出现了带有光栅图形显示器的个人计算机和工作站，如美国苹果公司的 Macintosh，IBM 公司的 PC 及其兼容机，Apollo，Sun 工作站等，从而才使得在人-机交互中位图图形的使用日益广泛。位图(bitmap)是显示屏幕上点(象素：pixel)的矩形阵列的 0,1 表示。位图图形学付诸应用不久，就出现了大量简单易用、价格便宜的基于图形的应用程序，如用户界面、绘图、字处理、游戏等。由此推动了计算机图形学的发展和应用。在 20 世纪 80 年代，计算机图形系统(含具有光栅图形显示器的个人计算机和工作站)已超过数百万台(套)，不仅在工业、管理、艺术领域发挥巨大作用，而且已进入家庭。进入 20 世纪 90 年代，计算机图形学的功能除了随着计算机图形设备的发展而提高外，其自身朝着标准化、集成化和智能化的方向发展。在此期间，国际标准化组织(ISO)公布的有关计算机图形学方面的标准越来越多，且更加成熟。多媒体技术、人工智能及专家系统技术和计算机图形学相结合使其应用效果越来越好。科学计算的可视化、虚拟现实环境的应用又向计算机图形学提出了许多更新更高的要求，使得三维乃至高维计算机图形学在真实性和实时性方面将有飞速发展。

图形显示器是计算机图形学中的关键设备。20 世纪 60 年代中期使用的是随机扫描的显示器，它具有较高的分辨率和对比度，具有良好的动态性能。但为了避免图形闪烁，通常需要以 30 次/秒左右的频率不断刷新屏幕上的图形。为此需要一个刷新缓冲存储器来存放计算机产生的显示图形的数据和指令，还要有一个高速的处理器(这些在 20 世纪 60 年代中期是相当昂贵的)，因而成为影响交互式图形生成技术进一步普及的主要原因。

针对这一情况，20 世纪 60 年代后期采用了存储管式显示器。它不需要缓存及刷新功能，价格比较低廉，分辨率高，显示大量信息也不闪烁。但是它却不具有显示动态图形的能力，也不能有选择性地进行删除、修改图形。虽然，存储管式显示器的推出对普及计算机图形学起到了促进作用，但对于交互式计算机图形学的需求，其功能还有待进一步的改进和完善。

到了 20 世纪 70 年代中期，廉价的固体电路随机存储器的出现，可以提供比十年前大得多的刷新缓冲存储器，因而就可以采用基于电视技术的光栅图形显示器。在这种显示器中，被显示的线段、字符、图形及其背景色都按象素一一存储在刷新缓冲存储器中，按光栅扫描方式以每秒 30 次的频率对存储器进行读写以实现图形刷新而避免闪烁。光栅图形显示器的出现使得计算机图形生成技术和电视技术相衔接，图形处理和图象处理相渗透，使得生成的图形更加形象、逼真，因而更易于推广和应用。

在图形输出设备不断发展的同时，出现了许多不同类型的图形输入设备。早期的定位、拾取装置——光笔，由于易损坏、使用笨拙，而被各种类型的鼠标器及图形输入板所代替。与此同时还发展了操纵杆、跟踪球、指拇轮等定位、拾取装置。此外，键盘是交互式图形生成系统的必不可少的设备，与一般键盘不同的是它附有一些命令控制键和特殊的功能键。坐标数字化仪和图形输入板类似，用它可以把图形坐标和有关命令送入计算机中去。近年来，由于图形和图象的紧密结合和互相渗透，图形（纸）扫描输入仪和触摸屏等设备也得到普遍使用，从而提高了图形输入的速度和直观性。

1.1.2 计算机图形学软件及算法的发展

随着计算机系统、图形输入、图形输出设备的发展，计算机图形软件及其生成、控制图形的算法也有了很大的发展。近二十余年来，发展了多种计算机图形软件系统，概括起来主要有以下三种：

(1) 用现有的某种计算机语言写成的子程序包。 用户使用时按相应计算机语言的规定调用所需要的子程序生成各种图形。这类子程序包很多，使用较为广泛的有图形标准化程序包，如 GKS，PHIGS，GL、VTK 等，还有一些公司制作的专用内核，如 ACIS 用来开发造型系统，DirectX 用来开发游戏等。用其中的子程序可实现各种基本绘图及显示功能，各种图形设备及交互过程中各种事件的控制和处理。这种类型的图形软件基本上是一些用计算机语言写成的子程序集。对于窗口系统中的 X 程序库和 MS-Windows 下的 SDK 开发程序库使用起来的难度较大，从熟悉到真正掌握，灵活、正确使用的周期较长。在这类程序包的基础上开发的图形程序有便于移植和推广的优点，但执行速度相对较慢，效率较低。

(2) 扩充某一种计算机语言，使其具有图形生成和处理功能。 目前具有图形生成和处理功能的计算机语言很多，如 Turbo Pascal，Turbo C，AutoLisp 等，即在相应的计算机语言中扩充了图形生成及控制的语句或函数，随着计算机的飞速发展，图形的处理和生成的功能也被集成到了开发环境中，例如 MS 的 VC ++ 、Borland 的 Delphi 等集成开发环境，都具有强大的图形处理功能。对解释型的语言，这类功能的扩充还方便些；对编译型的语言，扩充图形功能的工作量较大，且不具备可移植性。用这类语言编写的图形软件比较简练、紧凑、执行速度较快。

(3) 专用的图形系统。 对于某一种类型的设备，可以配置专用的图形生成语言。如果要求简单，可以采用在多功能子程序包的基础上加上命令语言的方式。如果需要配置一个具有综合功能的较为复杂的图形生成语言，又要求有较快的执行速度，则应开发或配置一个完整的编译系统。比起简单的命令语言，它具有更强的功能；比起子程序包，它的执行速度较快，效率更高。但系统开发工作量大，且移植性较差。

随着通用的、与设备无关的图形软件的发展，提出了一个图形软件功能标准化的问题。早在 1974 年，在美国国家标准化局（ANSI）举行的 ACM SIGGRAPH，一个“与机器无关的图形技术”的工作会议上，就提出了制定有关标准的基本规则。在此会之后，美国计算机协会（ACM）成立了一个图形标准化委员会，开始了有关标准的制定和审批工作。在以往多年图形软件工作经验的基础上，该委员会于 1977 年提出了称为“核心图形系统”CGS（Core Graphics System）的规范，1979 年又公布了修改后的第二版，增加了包括光栅图形显示技术在内的许多其他功能，但仍作为进一步讨论的基础。随后由 ISO 发布了计算机图形接口 CGI（Computer Graphics Interface）、计算机图形元文件标准 CGM（Computer Graphics

Metafile)、计算机图形核心系统 GKS(Graphics Kernel System),程序员层次交互式图形系统 PHIGS(Programmer's Herarchical Interactive Graphics System)等。这些标准有的是面向图形设备的驱动程序包,有些是面向用户的图形生成及管理程序包,其主要出发点是实现程序和程序员的可移植性。要使图形软件和图形设备以及系统软件绝对无关是十分困难的,但是只对源程序作少量修改即可在不同的图形系统上运行是可以做到的。

计算机图形学所涉及的算法是非常丰富的,围绕着生成、表示物体的图形图象的准确性、真实性和实时性,其算法大致可分为以下几类。

(1) 基于图形设备的基本图形元素的生成算法,如用光栅图形显示器生成直线、圆弧、二次曲线、封闭边界内的填色、填图案、反走样等。

(2) 基本图形元素的几何变换、投影变换、窗口裁剪等。

(3) 自由曲线和曲面的插值、拟合、拼接、分解、过渡、光顺、整体修改、局部修改等。

(4) 图形元素(点、线、环、面、体)的求交与分类以及集合运算。

(5) 隐藏线、面消除以及具有光照颜色效果的真实图形显示。

(6) 不同字体的点阵表示,矢量中、西文字符的生成及变换。

(7) 山、水、花、草、烟云等模糊景物的生成。

(8) 三维或高维数据场的可视化。

(9) 三维形体的实时显示和图形的并行处理。

(10) 虚拟现实环境的生成及其控制算法等。

多年来,围绕这些算法发表了许多论文和报告,进行了十分热烈的讨论和探索,其中某些算法已日趋完善和成熟,并实现了固化。但很多算法还没有真正解决,还有待我们的努力和奋斗。

计算机图形学研究如何从计算机模型出发,把真实的或想象的物体画面描绘出来。而图象处理(也称之为画面处理)进行的却是与此相反的过程:是基于画面进行二维或三维物体模型的重建,这在很多场合都是十分重要的。如高空监测摄影、以宇航探测器收集到的月球或行星的慢速扫描电视图象、以工业机器人"眼"中测到的电视图象、染色体扫描、X 射线图象、断层扫描、指纹分析等,都需要图象处理技术。图象处理包括图象增强、模式探测和识别、景物分析和计算机视觉模拟等领域。虽然计算机图形学和图象处理目前仍然是两个相对独立的学科分支,但它们的重叠之处越来越多。例如,它们都是用计算机进行点、面处理,都使用光栅显示器等。在图象处理中,需要用计算机图形学中的交互技术和手段输入图形、图象和控制相应的过程。在计算机图形学中,也经常采用图象处理操作来帮助合成模型的图像。现在越来越多的研究将图形学和图像处理结合起来,例如三维模型的表面纹理合成;人脸表情的变形等。图形和图象处理算法的结合是促进计算机图形学和图象处理技术发展的必然趋势。

1.1.3 计算机图形学在我国的发展

我国开展计算机图形设备和计算机辅助几何设计方面的研究开始于 20 世纪 60 年代中后期。进入 20 世纪 80 年代以来,随着我国四个现代化建设事业的发展,计算机图形学无论在理论研究,还是在实际应用的深度和广度方面,都取得了令人可喜的成果。

在图形设备方面,我国陆续研制出多种系列和型号的绘图机、坐标数字化仪和图形显示器,并已批量生产投放市场;国内许多公司均可批量生产具有高分辨率光栅图形显示器的个人计算机，如 PC 486、Pentium 等以及具有全色(24 个位面)的图形图象处理卡；国际上应用最广泛的 Sun SPARC 系列工作站、HP 9000/700、800 系列工作站、SGI IRIS 系列工作站在我国也有定点工厂生产；此外，鼠标器、光笔显示器等交互设备也已在国内生产。这些硬件在国内的制造，为计算机图形学在我国普及应用奠定了坚实的物质基础。

与计算机图形学有关的软件开发和应用都在迅速发展，大力普及应用。在国家攻关项目、863 高技术和国家自然科学基金项目中有不少关于计算机图形软件研究开发的课题，其中二维交互绘图系统已进入商品化阶段，并可以在国内市场上和美国 Autodesk 公司的 AutoCAD 二维交互绘图软件试比高。三维几何造型系统在国内也已有几个比较实用的版本，例如清华大学开发的三维几何造型系统 GEMS，无论是基于平面多面体表示、非均匀有理 B 样条(NURBS)表示，还是混合表示模式，这几个几何造型系统均可以支持有限元分析、数控加工等对产品和工程建模的要求。在图形生成和显示算法方面，我国学者在矢量线段及其多边形的裁剪、计算机辅助几何设计、用光线跟踪和幅射度算法产生真实图形、在科学计算的可视化等方面都已取得了为国内外同行高度重视的成果。

与计算机图形学有关的学术活动在我国也很活跃。在计算机学会、工程图学学会、自动化学会、电子学会等国家一级学会下面都设有与计算机图形学有关的二级分会，并定期(一般是二年一次)举办全国的学术会议，其中计算机学会和工程图学学会每两年分别举办一次与计算机图形学有关的国际会议——CAD&CG 学术会议。在我国也有好几种与计算机图形学有关的学术刊物，如《计算机辅助设计与图形学学报》、《工程图学学报》、《计算机辅助工程》、《计算机图形图像学报》等。我国参加国际上计算机图形学会议的人数也不断增加，如 SIGGRAPH，Eurographics，Computer Graphics International，Pacific Graphics 等国际会议，我国每年都派代表参加。我国学者在国际上与计算机图形学有关刊物上发表的论文也越来越多。愈来愈多的国内论文被国际会议或国际刊物录用也说明了我国计算机图形学的水平正在不断提高。

计算机图形学在我国的应用从 20 世纪 70 年代起步，经过近 30 多年的发展，至今已开始在电子、机械、航空航天、建筑、造船、轻纺、影视等部门的产品设计、工程设计和广告影视制作中得到了初步应用，取得了明显的经济和社会效益。据有关部门统计，目前我国安装的工作站和个人计算机已愈 60 多万台，其中与计算机图形学有关的工作站和个人计算机占 25%左右，工作站有 2 万台左右。在电子领域用于集成电路的版图设计和印制板设计已取得了显著成效。在建筑工程领域二维交互绘图的普及率已达 20%，三维方案设计的计算机化已在甲级设计院中基本实现。用计算机图形系统做广告和影视片，尤其是动画片也已取得了很大的成功。但国内的应用与国际上的发达国家相比还相差甚远，除了图形设备和系统价格比较昂贵的原因外，更主要或更直接的原因是我国这方面的人材缺乏，懂计算机图形学的工程技术人员不多，或知之不深，因而影响了计算机图形学这门新型学科在我国的推广应用。采取多种途径、多种渠道、多种方式培训计算机图形学的技术人才，建立一支群众性的计算机图形学的应用技术队伍是摆在我们面前的一项非常紧迫而又非常有意义的任务。随着计算机图形学专门人才的成长，计算机图形学在国民经济各个领域中将会发挥越来越大的作用，取得越来越大的经济效益和社会效益。

1.1.4 计算机图形学的应用

由于计算机图形设备的不断更新和图形软件功能的不断扩充，也由于计算机硬件功能的不断增强和系统软件的不断完善，计算机图形学在近30年内得到了广泛的应用。目前，主要的应用领域有：

(1) 用户接口。 用户接口是人们使用计算机的第一观感。过去传统的软件中约有60%以上的程序是用来处理与用户接口有关的问题和功能，因为用户接口的好坏直接影响着软件的质量和效率。如今在用户接口中广泛使用了图形和图标，大大提高了用户接口的直观性和友好性，也提高了相应软件的执行速度。

(2) 计算机辅助设计与制造(CAD/CAM)。 这是一个最广泛、最活跃的应用领域。计算机图形学被用来进行土建工程、机械结构和产品的设计，包括设计飞机、汽车、船舶的外形和发电厂、化工厂等的布局以及电子线路、电子器件等。有时，着眼于产生工程和产品相应结构的精确图形，然而更常用的是对所设计的系统、产品和工程的相关图形进行人-机交互设计和修改，经过反复的迭代设计，便可利用结果数据输出零件表、材料单、加工流程和工艺卡，或者数控加工代码的指令。在电子工业中，计算机图形学应用到集成电路、印刷电路板、电子线路和网络分析等方面的优势是十分明显的。一个复杂的大规模或超大规模集成电路版图根本不可能用手工设计和绘制，用计算机图形系统不仅能进行设计和画图，而且可以在较短的时间内完成，把其结果直接送至后续工艺进行加工处理。在飞机工业中，美国波音飞机公司已用有关的CAD系统实现波音777飞机的整体设计和模拟，其中包括飞机外型、内部零部件的安装和检验。

(3) 科学、技术及事务管理中的交互绘图。 可用来绘制数学的、物理的、或表示经济信息的各类二、三维图表。如统计用的直方图、扇形图、工作进程图、仓库和生产的各种统计管理图表等，所有这些图表都用简明的方式提供形象化的数据和变化趋势，以增加对复杂对象的了解并协助作出决策。

(4) 绘制勘探、测量图形。 计算机图形学被广泛地用来绘制地理的、地质的以及其他自然现象的高精度勘探、测量图形，例如地理图、地形图、矿藏分布图、海洋地理图、气象气流图、人口分布图、电场及电荷分布图以及其他各类等值线、等位面图。

(5) 过程控制及系统环境模拟。 用户利用计算机图形学实现与其控制或管理对象间的相互作用。例如石油化工、金属冶炼、电网控制的有关人员可以根据设备关键部位的传感器送来的图象和数据，对设备运行过程进行有效的监视和控制；机场的飞行控制人员和铁路的调度人员可通过计算机产生运行状态信息来有效、迅速、准确地调度，调整空中交通和铁路运输。

(6) 电子印刷及办公室自动化。 图文并茂的电子排版制版系统代替了传统的铅字排版，这是印刷史上的一次革命。随着图、声、文结合的多媒体技术的发展，可视电话、电视会议以及文字、图表等的编辑和硬拷贝正在家庭、办公室普及。伴随计算机和高清晰度电视结合的产品的推出，这种普及率将会越来越高，进而会改变传统的办公、家庭生活方式。

(7) 计算机动画及艺术模拟。 计算机图形学在艺术领域中的应用成效越来越显著，除了广泛用于艺术品的制作，如各种图案、花纹、工艺外形设计及传统的油画、中国国画和书法等，还成功地用来制作广告、动画片，甚至电视电影，其中有的影片还获得了奥斯卡奖，这是电影界的最高殊荣。目前国内外不少单位正在研制人体模拟系统，这使得在不久的将来把历史上早已去世的著名影视名星重新搬上新的影视片成为可能。

(8) 科学计算的可视化。 传统的科学计算的结果是数据流，这种数据流不易理解也不易于检查其中的对错。科学计算的可视化通过对空间数据场构造中间几何图素或用体绘制技术在屏幕上产生二维图象。近年来这种技术已用于有限元分析的后处理、分子模型构造、地震数据处理、大气科学及生物化学等领域。

(9) 工业模拟。 这是一个十分大的应用领域，包含对各种机构的运动模拟和静、动态装配模拟，在产品和工程的设计、数控加工等领域迫切需要。它要求的技术主要是计算机图形学中的产品造型、干涉检测和三维形体的动态显示。

(10) 计算机辅助教学。 计算机图形学已广泛应用于计算机辅助教学系统中，它可以使教学过程形象、直观、生动，极大地提高了学生的学习兴趣和教学效果。由于个人计算机的普及，计算机辅助教学系统将深入到家庭和幼儿教育。

还有许多其他的应用领域。例如农业上利用计算机对作物的生长情况进行综合分析、比较时，就可以借助计算机图形生成技术来保存和再现不同种类和不同生长时期的植物形态，模拟植物的生长过程，从而合理地进行选种、播种、田间管理以及收获等。在轻纺行业，除了用计算机图形学来设计花色外，服装行业用它进行配料、排料、剪裁，甚至是三维人体的服装设计。在医学方面，利用可视化技术为准确的诊断和治疗提供了更为形象和直观的手段。在刑事侦破方面，计算机图形学被用来根据所提供的线索和特征，如指纹、再现当事人的图象及犯罪场景。总之，交互式计算机图形学的应用极大地提高了人们理解数据、分析趋势、观察现实或想象形体的能力。随着个人计算机和工作站的发展，随着各种图形软件的不断推出，计算机图形学的应用前景将是更加引人入胜的。

1.2 图形输入设备

图形输入设备从逻辑上分有 6 种，如表 1.2.1 所示。但实际的图形输入设备往往是某些逻辑输入功能的组合，下面介绍几种常用的图形输入设备。

表 1.2.1 图形输入设备的逻辑分类

名　称	相应的典型设备	基本功能
定位(Locator)	叉丝、指拇轮	输入一个点的坐标
笔划(Stroke)	图形输入板	输入一系列点的坐标
数值(Valuator)	数字键盘	输入一个整数或实数
选择(Choice)	功能键、叉丝、光笔选择菜单项	由一个整数得到某种选择
拾取(Pick)	光笔或叉丝接触屏幕上已显示图形	通过一种拾取状态来判别一个显示着的图形
字符串(String)	字符键盘	输入一串字符

1.2.1 鼠标器

鼠标器是一种移动光标和做选择操作的计算机输入设备，除了键盘外，它已成为我们使用计算机的主要输入工具。随着“所见即所得”环境越来越普及，使用鼠标器的机会也就越来越多。鼠标器的基本工作原理是：当移动鼠标器时，它把移动距离及方向的信息变成脉冲送给计算机，计算机再把脉冲转换成鼠标器光标的坐标数据，从而达到指示位置的目的。鼠标器根据其中测量位移的部件，可分为光电式、光机式和机械式三种。

光电式鼠标器　是上述三种鼠标器中可靠性最好的一种，它是利用LED(发光二极管)与光敏晶体管的组合来测量位移的。这种鼠标器工作时要放在一块专用的鼠标板上，LED与光敏晶体管之间的夹角使前者发出的光照到鼠标板后，正好反射给后者。由于鼠标板上印有间隔相同的网格，因此当鼠标器在鼠标板上移动时反射的光就有强有弱，而鼠标器中的电路就将检测到的光的强弱变化转换成表示位移的脉冲。光电式鼠标器有两组这种发光-测光元件，分别用来测量 X 轴和 Y 轴两个方向的位移。

光机式鼠标器　只要一块光滑的桌面即可工作，它也用光敏半导体元件测量位移，其中装有三个滚轴：一个是空轴，另二个分别是 X 方向滚轴和 Y 方向滚轴。这三个滚轴都与一个可以滚动的小球接触，小球的一部分露出鼠标器底部。当拖动鼠标器时，摩擦力使小球滚动，小球带动三个滚轴转动，X 方向和 Y 方向滚轴又各带动一个小轮(叫做译码轮)转动。由于放在两组传感器中的译码轮上刻有一圈小孔，因此当译码轮被带动时，LED发出光而照到光敏晶体管上，时而被阻断，从而产生表示位移的脉冲。传感器A与传感器B的位置被安放成使脉冲A与脉冲B有一个90度的相位差，利用这种方法，就能测出鼠标器的方向。也就是说，脉冲A的相位比脉冲B的相位提前90度时，表示一个移动方向；反之，表示另一个移动方向。

机械式鼠标器　实际上是机电式鼠标器，其中测量位移的译码轮上没有小孔，而是有一圈金属片，译码轮插在两组电刷对之间。当它旋转时，电刷接触到金属片就接通开关；反之，则断开开关，从而产生脉冲。译码轮上金属片的布局以及两组电刷对的位置，使两组电刷产生的脉冲有一个相位差，根据相位差可以判断鼠标器的移动方向。

便携式计算机上采用的鼠标器是跟踪球，其工作原理与上述光机式鼠标器类似。只是此时的鼠标器是固定在便携式的计算机上，鼠标器本身不动，而是直接用手操纵小球运动。

目前常用的鼠标器有二键、三键、四键式，在不同的使用中相应软件定义鼠标器按键的操作方式及其功能含意是各不相同的。鼠标器按键一般有下述5种操作方式：(1)点击(click)：按下一键，立即释放；(2)揿住(press)：按下一键，不释放；(3)拖动(drag)：按下一键，不释放，并且移动鼠标器；(4)同时按住(chord)：同时按下2个或3个键，并且立即释放；(5)改变(change)：不移动鼠标器，连续点击同一个键2次或3次。

鼠标器的安装比较简单，在计算机断电状态，将鼠标器数据电缆的25针D型阴性插座与计算机的一个串行通讯口，COM1或COM2，即RS232C插座相连接。鼠标器的软件驱动有两种方法，一种是立即驱动，即有相应鼠标器的驱动程序，按其格式运行驱动程序即启动了鼠标器。另一种是在DOS操作系统中的CONFIG.SYS文件中定义了相应鼠标器的设备。这样，在每次启动系统时，即自动驱动了鼠标器。

1.2.2　光笔

光笔是一种检测装置，确切地说是能检测出光的笔。光笔的形状和大小像一支圆珠笔，笔尖处开有一个圆孔，让荧光屏上的光通过这个孔进入光笔。光笔的头部有一组透镜，把所收集的光聚集至光导纤维的一个端面上，光导纤维再把光引至光笔另一端的光电倍增管，从而将光信号转换成电信号，经过整形后输出一个有合适信噪比的逻辑电平，并作为中断信号送给计算机和显示器的显示控制器。光笔的这种结构和工作过程如图1.2.1所示。

还有一种光笔的结构是将光电转换器件和放大整形电路都装在笔体内，这样可省去光导纤维，光笔直接输出电脉冲信号。光笔具有定位、拾取、笔划跟踪等多种功能，在便携式计算机中作为人-机对话的工具亦已得到广泛应用。

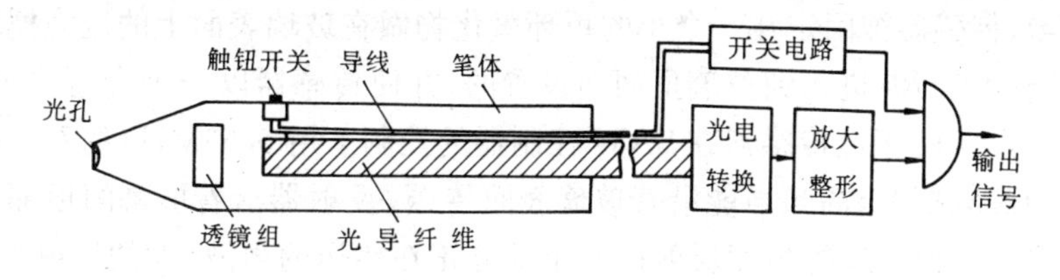

图 1.2.1 光笔结构示意图

1.2.3 触摸屏

触摸屏是一种定位设备，它是一种对于物体触摸能产生反应的屏幕。当人的手指或其他物体触到屏幕不同位置时，计算机能接收到触摸信号并按照软件要求进行相应的处理。根据采用的技术不同分为电阻式、电容式、红外线式和声表面波式几种触摸屏。

1. 电阻式触摸屏

电阻式触摸屏使用一个两层导电和高透明度的物质做的薄膜涂层涂在玻璃或塑料表面上，再安装到屏幕上，或直接涂到屏幕上。这两个透明涂层之间约有 0.0025mm 的距离，当一个手指触到屏幕时，在接触点产生一个电接触，使该处的电阻发生变化。在屏幕的 X、Y 方向上分别测得电阻的改变量就能确定触摸的位置。

2. 电容式触摸屏

电容式触摸屏是用一个接近透明的金属涂层覆盖在一个玻璃表面上，当手指接触到这个涂层时，由于电容的改变，使得连接在一角的振荡器频率发生变化，测量出频率改变的大小即可确定触摸的位置。

上述两种触摸屏由于对涂层的均匀性和测量精度要求较高，通常投资较大，在一般的情况下令人难以接受，没能得到广泛应用。

3. 红外线式触摸屏

红外线式触摸屏通常是在屏幕的一边用红外器件发射红外光，而在另一边设置接收装置检测光线的遮挡情况。这里可用两种方式：一种是利用互相垂直排列的两列红外发光器件在屏幕上方与屏幕平行的平面内组成一个网格，而在相对应的另外两边用光电器件接收红外光，检查红外光的遮挡情况。当手指触在屏幕上时，就会挡住一些光束，光电器件就会因为接收不到光线而发生电平变化。另一种是倾斜角光束扫描系统，它是利用扇形的光束从屏幕两角照射屏幕，在和屏幕平行的平面内形成一个光平面。产生触摸时，通过测量投射在屏幕其余两边的阴影覆盖范围来确定手指的位置。这种方式产生的数据量大，要求有较高的处理速度，但其分辨率要比直线式的高。

红外线式触摸屏有一个问题，当屏幕是曲面时，由于光束组成的平面与屏幕有一定的距离，特别是在屏幕边缘处距离较大，就会在人的手指还没有接触到屏幕时就已产生了一个有效的选择，给人一种突发的感觉。

4. 声表面波触摸屏

声表面波(SAW)触摸屏由传感器、反射器、触摸屏器件组成，它们可以固定在一块平的或弯曲的玻璃表面上，也可直接固定在一台显示器的玻璃表面上。传感器和反射器一起工作，当发射的声波穿过玻璃表面时，一只手指触到 SAW 触摸屏，则在触及到的地方使声波发生衰减，这一信号的衰减被接收到并被转换成 X、Y 坐标传给计算机。SAW 触摸屏通常采用压电传感器，传感器被固定在一个小的用环氧化物做在玻璃表面上的压力楔块上，此压力楔块是为了减少表面波进入到玻璃里面而设置的，并使传感器以一个合适的角度安置在屏上，安装角度为 33度。压电传感器在 SAW 控制器的控制下用 5.53MHz 的石英振荡器驱动，把电能转换为高频振荡，高频声能沿着玻璃表面传送。反射器沿着屏幕的顶部与右边排列，每一个反射器以一个合适的角度反射掉一小部分正在传送的声波（大约反射掉 0.2%）。当被反射的声波到达屏幕相对的另一边时，又被另一个反射器反射并送到位于屏幕右下角的接收传感器，这个传感器把声波转换成电信号，SAW 控制器把这些电信号转换成 X、Y 和 Z 坐标，并把这些坐标传送给计算机。这些传过屏幕不同位置的声波已经从 X，Y 传感器以相应的一段时间传送了一段距离，用此时间可计算出触摸的位置。为弥补声波在传播过程中的衰减，反射器做成了排在一起的间距累进式闭路器，间隔为整数倍波长，最小间隔为一个波长，而最大间隔则依赖阵列的长度，每个阵列单元的宽度为半个波长。SAW 屏中的表面波是压力波和横向波的混合波，选用这种波的一个因素是这种波能在传送介质表面的一个椭圆形区域中移动，这比其他具有上下或者往复运动特性的波要好。目前 SAW 触摸屏的分辨率比红外线触摸屏的分辨率高，且比较实用。上述几种触摸屏的特性比较如表 1.2.2 所示。

表 1.2.2　各类触摸屏特性比较情况

有关性能	电阻、电容式	红外线式	SAW 式
对触觉的反应	好	不太好	好
屏幕灰尘的影响	能引起错误	用软件校正	用软件校正
图象透明度	减小	完美	完美
使用中受损	脆弱的	不易受伤	不易受伤
元件失效	能引起错误	用软件校正	能引起错误
触摸定位飘移	能发生	不会发生	能发生
在 VDU 上安装	通常容易	比较困难	容易
价格	昂贵	很便宜	便宜
区分多个触摸	通常不能	容易区分	通常不能
触摸尺寸确定	通常不明确	容易确定	容易确定
分辨力	充分	比较充分	很充分
视差错误	微不足道	能被注意到	能被注意到
带手套的手指	有时失效	无关的	无关的

1.2.4　坐标数字化仪

坐标数字化仪是一种把图形转变成计算机能接收的数字形式专用设备，其基本工作原理是采用电磁感应技术。通常在一块布满金属栅格的绝缘平面板上放置一个可移动的定位设备，当有电流通过该定位设备上的电感线圈时，便会产生相应的磁场，从而使其正下方的金属栅格上产生相应的感应电流。根据已产生电流的金属栅格的位置，就可以判断出定位设备当前所处的几何位置。将这种位置信息，以坐标的形式传送给计算机，就实现了数字化的功能。

标准的坐标数字化仪有两个主要部分。一个是坚固的、内部布有金属栅格阵列的图板，在它上面对图形进行数字化；另一个是定位器，由它提供图形的位置信息。图板和定位器内有相应的控制电路。定位器可以是光笔，也可以是多键的鼠标器，常用的有 4 键，乃至 16 键，每个键都可以赋予特定的功能。坐标数字化仪的主要性能指标有如下几项。

最大有效幅面：指能够有效地进行数字化操作的最大面积，一般按工程图纸的规格来划分，如 A_4，A_3，A_1，A_0 等。

数字化的速率：由每秒几点到每秒几百点，大多采用可变方式，可由用户选择。

最高分辨率：分辨率是指数字化仪的输出坐标显示值增加 1 的最小可能距离，一般为每毫米几十线到几百线之间。最高分辨率取决于电磁技术，亦即对电磁感应信号的处理方法。

坐标数字化仪还提供多种工作方式供用户选择，如点方式、连续方式（流方式）、相对坐标方式等。这样，用户可方便地获取不同图形的坐标数据。坐标数字化仪与计算机的连接大多采用标准的 RS232C 串行接口，数据传送的速率（波特率）采用可变方式，最低为 150 或 300，最高为 9600 或 19200，数据位、停止和奇偶校验位等也都可以设置，以便最大限度地满足各种不同的传送速率的要求。目前常用的坐标数字化仪如图 1.2.2 所示。

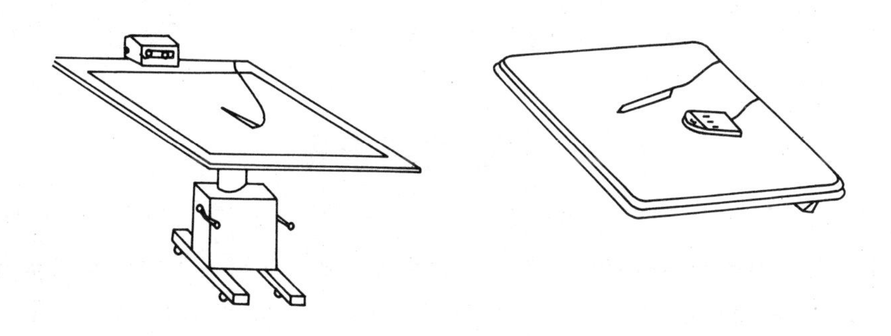

图 1.2.2　坐标数字化仪示意图

1.2.5　图形扫描仪

图形扫描仪是直接把图形（如工程图纸）和图象（如照片、广告画）扫描输入到计算机中，以象素信息进行存储表示的设备。按其所支持的颜色分类，可分为单色扫描仪和彩色扫描仪；按所采用的固态器件又分为电荷耦合器件（CCD）扫描仪、MOS 电路扫描仪、紧贴型扫描仪等；按扫描宽度和操作方式可分为大型扫描仪、台式扫描仪和手动式扫描仪。常用图形扫描仪的模块框图如图 1.2.3 所示。

CCD 扫描仪的工作原理是：用光源照射原稿，投射光线经过一组光学镜头射到 CCD 器件上，再经过模/数转换器，图象数据暂存器等，最终输入到计算机，或者图形/文字输出设备。为了使投射在原稿上的光线均匀分布，扫描仪中使用的是长条形光源。对于黑白扫描仪，用户可以选择黑白颜色所对应电压的中间值作为阈值，凡低于阈值的电压就为 0（黑色），反之为 1（白色）。在黑白扫描仪中每个象素用 1 位来表示。而在灰度扫描仪中，每个象素有多个灰度层次，需要用多个二进制位表示。如 4 位精度的模/数转换器可以输出 16 种灰度值,从 0000(黑)到 1111(白)。CCD 感光元件阵列是逐行读取原稿的。彩色扫描仪的工作原理与灰度扫描仪的工作原理相似,不同之处在于彩色扫描仪要提取原稿中的彩色信息。扫描仪的幅面有 A_0,A_1,A_4 等。扫描仪的分辨率是指在原稿的单位长度(英寸)上取样的点数,单位是 dpi,常用的分辨率有 300dpi 到 1000dpi 之间。扫描图象的分辨率越高,所需的存储空间就越大。现在多数扫描仪都提供了可选择分辨率的功能。对于复杂图象,可选用

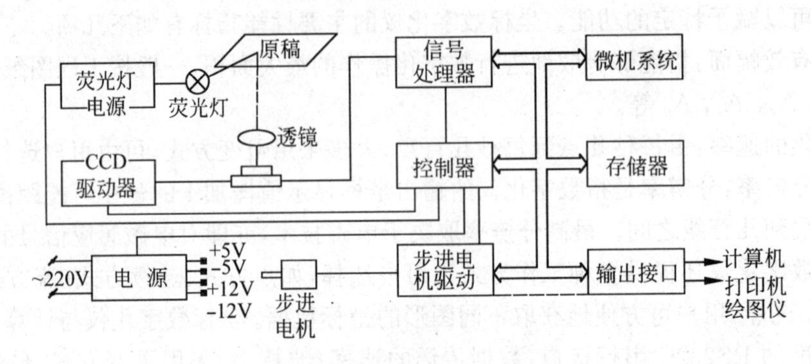

图 1.2.3 扫描仪的模块框图

较高的分辨率;对于较简单的图象,就选择较低的分辨率。扫描仪的另一个重要指标是支持的颜色、灰度等级。目前有 4 位、8 位和 24 位面颜色、灰度等级的扫描仪,扫描仪支持的颜色、灰度层次越多,图象的数字化表示就越准确,但同时意味着表示一个象素的位数增加了,因而也增加了存储空间。

1.3 图形显示设备

图形显示设备是计算机图形学中必不可少的装置。多数图形设备中的监视器(亦称之为显示器)采用标准的阴极射线管(CRT),也有采用其他技术的显示器,如液晶显示器、激光显示器等,目前,液晶显示器已经达到了商品化,但是激光显示器离商品化还有一定距离。

1.3.1 阴极射线管

阴极射线管一般是利用电磁场产生高速的、经过聚焦的电子束,偏转到屏幕的不同位置轰击屏幕表面的荧光材料而产生可见图形。其主要组成部分有:

(1)阴极——当它被加热时,发射电子;

(2) 控制栅——控制电子束偏转的方向和运动速度;

(3)加速结构——用以产生高速的电子束;

(4)聚焦系统——保证电子束在轰击屏幕时,汇聚成很细的点;

(5)偏转系统——控制电子束在屏幕上的运动轨迹;

(6)荧光屏——当它被电子轰击时发出亮光。

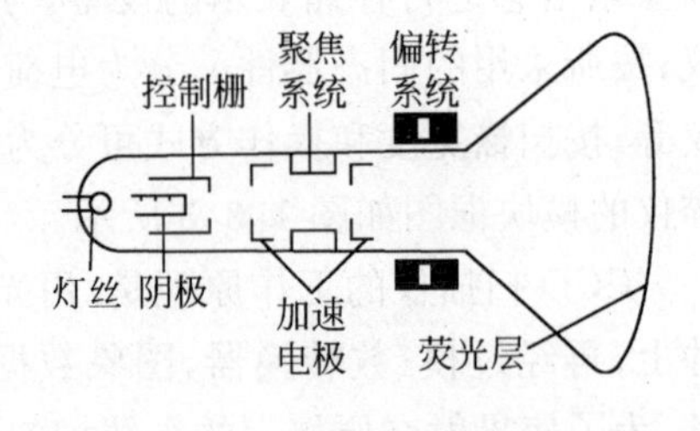

图 1.3.1 阴极射线管示意图

所有这些部件都封装在一个真空的圆锥形玻璃壳内，其结构如图 1.3.1 所示。

阴极射线管的技术指标主要有两条，一是分辨率，二是显示速度。一个阴极射线管在水平和垂直方向单位长度上能识别出的最大光点数称之为分辨率。光点亦称之为象素(pixel)。分辨率主要取决于阴极射线管荧光屏所用荧光物质的类型、聚焦和偏转系统。显然，对相同尺寸的屏幕，点数越多，距离越小，分辨率越高，显示的图形就会越精细。常用CRT 的分辨率在 1024×1024 左右，即屏幕水平和垂直方向上各有 1024 个象素点。高分辨率的图形显示器分辨率达到 4096×4096。分辨率的提高除了 CRT 自身的因素外，还与确定象素位置的计算机字长、存储象素信息的介质、模数转换的精度及速度有关。衡量 CRT 显示速度的指标一般用每秒显示矢量线段的条数来表示。显示速度取决于：偏转系统的速度、CRT 矢量发生器的速度、计算机发送显示命令的速度。CRT 采用静电偏转速度快，满屏偏转只需要 3μs，但结构复杂，成本较高。采用磁偏转速度较慢，满屏偏转需要 30μs。通常 CRT 所用荧光材料的刷新频率在 20～30 帧/秒。

1.3.2 彩色阴极射线管

一个 CRT 能显示不同颜色的图形是通过把发生不同颜色的荧光物质进行组合而实现的。常用射线穿透法和影孔板法实现彩色显示。影孔板法广泛用于光栅扫描的显示器中(包括家用电视机)，这种 CRT 屏幕内部涂有很多组呈三角形的荧光材料，每一组有三个荧光点，当某组荧光材料被激励时，分别发出红、绿、蓝三种光的强度，混合后即产生不同颜色。例如关闭红、绿电子枪就会产生蓝色；以相同强度的电子束去激发全部 3 个荧光点，就会得到白色。廉价的光栅图形系统中，电子束只有发射、关闭两种状态，因此只能产生 8 种颜色，而比较复杂的显示器可以产生中间等级强度的电子束，因而可以达到几百万种颜色。

1.3.3 随机扫描的图形显示器

随机扫描的图形显示器中电子束的定位和偏转具有随机性，在某一时刻，显示屏上只有一个光点发光，因而可以画出很细线的图形，故又称之为画线式显示器、或矢量式显示器。它的基本工作过程是：从显示文件存储器中取出画线指令或显示字符指令、方式指令(如高度、线型等)，送到显示控制器，由显示控制器控制电子束的偏转，轰击荧光屏上的荧光材料，从而出现一条发亮的图形轨迹。由于这类显示器一般使用低余辉的荧光粉，因此这个过程需要每秒至少 30 次的频率重复进行，否则图形就会出现闪烁。随机扫描的图形显示器的逻辑框图如图 1.3.2 所示。

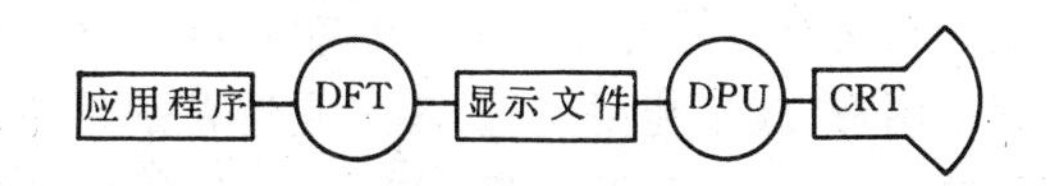

DFT：显示文件转换器
DPU：显示处理单元

图 1.3.2 随机扫描的图形显示器框图

1.3.4 存储管式的图形显示器

随机扫描的图形显示器使用了一个独立的存储器来存储图形信息，然后不断地取出这些信息来刷新屏幕。由于存取信息速度的限制，使得显示稳定图形时的画线长度有限，且造价较高。针对这些问题，20 世纪 70 年代后期发展了利用管子本身来存储信息的技术，这就是存储管技术。从表面上看存储管的特性极像是一个有长余辉的 CRT，一条线一旦画在屏幕上，在1小时之内都将是可见的。以内部结构上看存储管也类似于CRT，因为它们都有类似的电子枪、聚焦和偏转系统，在屏幕上都有类似的荧光涂层。然而这种显示器的电子束不是直接打在荧光屏上，而是先用写入枪将图形信息"写"在一个细网栅格(存储栅，每英寸有250条细丝)上，栅格上涂有绝缘材料。栅网装在靠近屏幕的后面，其上有由写入枪画出的正电荷图形。还有一个独立的读出电子枪，有时称之为泛流枪，它发出的连续低能电子流把存储栅网上的图形"重写"在屏幕上。这种显示器的一般结构如图1.3.3所示。

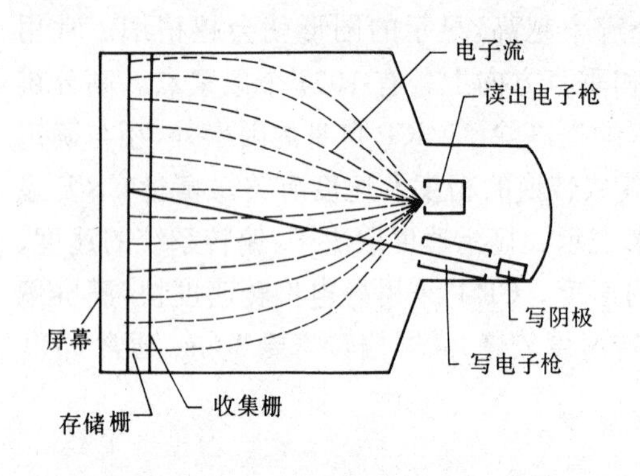

图 1.3.3　存储管的结构示意图

紧靠着存储栅后面的第二栅级，亦称为收集栅。它是一种细的金属网，其主要作用是使读出的电子流均匀，并以垂直方向接近屏幕。这些电子以低速度流经收集栅，并被吸引到存储栅的正电荷上去(即相当于存有图形信息的部分)，而被存储栅的其余部分所排斥。被吸引过去的电子直接通过存储栅并轰击荧光材料。为了增加低速电子流的能量并产生一个明亮的图形，在屏幕背面的镀铝层上维持了一个较高的正电位(约+10kV)。

显示图形时，由X和Y输入信号来偏转写入电子束，存储栅表面被写入电子束轰击的地方就会发生二次电子发射。于是在写入电子束经过的表面就产生正电荷。擦去图形的正常方法是给存储栅加一个正脉冲，持续1至400ms，或更长些时间。这时存储栅表面充电到收集极同样电压。读出电子被带正电荷的存储栅表面吸引过去，使存储栅放电到等于读出电子枪的阴极电压，即地电位，图形就擦去了。当加在存储栅上的脉冲向负变化时，这时存储栅与读出电子彼此排斥，存储栅的电位将保持在负值上，为重新画图作好准备。

显示时通过存储栅网的电子流移动速度相当慢，因此不会影响网上的电荷图形。但这也带来一个问题，即难于局部清除存储的电荷以擦去部分图形，从而妨碍了产生动态图形的可能。缺乏有选择的擦去图形的能力，这是存储管式显示器最严重的缺点；其次因为不是连续刷新图形，就不能用光笔；其三是屏幕的反差较弱，这是由于加到电子流上的加速电势相对比较低的缘故，并且当背景辉光积累时，图形亮度会逐渐下降。而辉光是由于少量排斥的流动电子沉积在存储栅网上引起的，1小时以后图形就看不清楚了。由于存储管式的显示器有这些问题而使其的推广应用受到较大的限制。

1.3.5　光栅扫描式图形显示器

随机扫描的图形显示器和存储管式的图形显示器都是画线设备，在屏幕上显示一条直线是从屏幕上的一个可编地址点直接画到另一个可编地址点。光栅扫描式图形显示器(简称光栅显示器)是画点设备，可看作是一个点阵单元发生器，并可控制每个点阵单元的亮度。它不能直接从单元阵列中的一个可编地址的象素画一条直线到另一个可编地址的象素，只可能用尽可能靠近这条直线路径的象素点集来近似地表示这条直线。显然只有画水平、垂直及正方形对角线时，象素点集在直线路径上的位置才是准确的，其他情况下的直线均呈台阶状，或称之为锯齿线，如图1.3.4所示。采用反走样技术可适当减轻台阶效果。

一个黑白光栅显示器的逻辑框图如图1.3.5所示，其中帧缓存是一块连续的计算机存

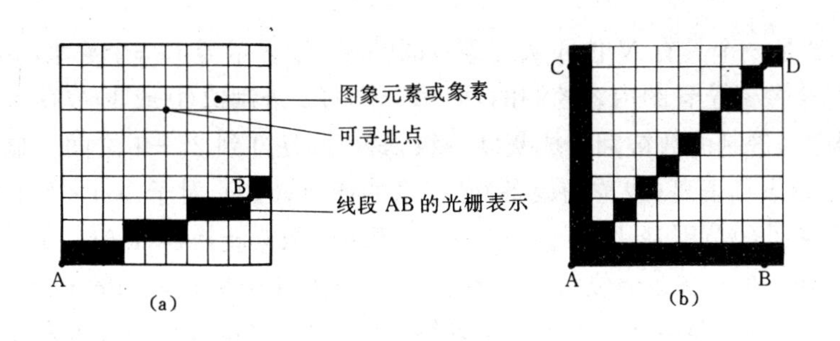

图 1.3.4　光栅化的直线

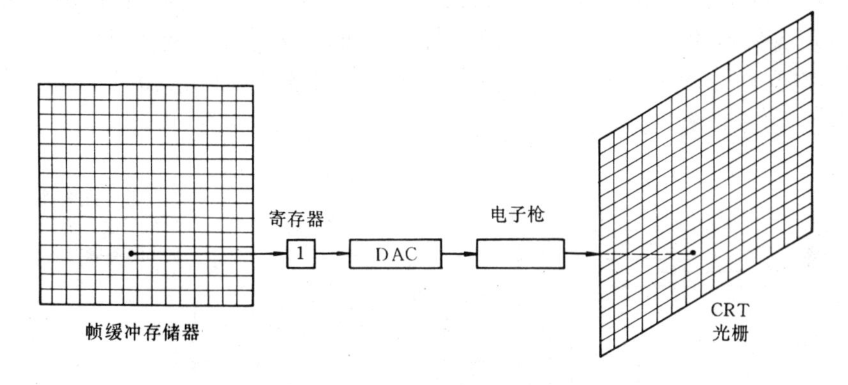

图 1.3.5　具有 1 位帧缓存的黑白光栅显示器结构图

储器。对于黑白单灰度显示器每个象素需 1 位存储器，对一个由 1024×1024 象素组成的黑白单灰度显示器其所需要的最小帧缓存是 1048576 位，并在一个位面上。图形在计算机中是一位一位地产生的，计算机中的每一个存储位只有 0 或 1 两个状态，一个位面的帧缓存因此只能产生黑白图形。帧缓存是数字设备，光栅显示器是模拟设备。要把帧缓存中的信息在光栅显示器屏幕上输出必须经过数字/模拟转换，在帧缓存中的每一位象素必须经过存取转换才能在光栅显示器上产生图形。

在光栅图形显示器中需要用足够的位面和帧缓存结合起来才能反映图形的颜色和灰度

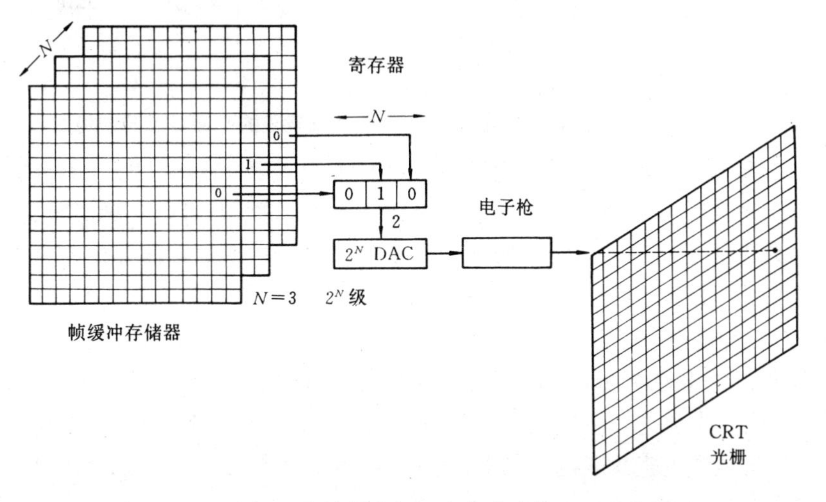

图 1.3.6　具有 N 位帧缓存的黑白灰度光栅显示器结构图

等级。图 1.3.6 是一个具有 N 位面灰度等级的帧缓存。显示器上每个象素的亮度是由 N 位面中对应的每个象素位置的内容控制的，即每一位的二进制值(0 或 1)被存入指定的寄存器中，该寄存器中二进制的数被翻译成灰度等级，其范围在 0 到 2^N-1 之间。显示器的象素地址通常以左下角点为屏幕(或称为设备)坐标系的原点(0,0)，对于由 $n\times n$ 个象素构成的显示器，其行、列编址的范围是从 0 到 $n-1$。亮度等级经数模转换器(DAC)变成驱动显示器电子束的模拟电压。对于有 3 个位面分辨率是 1024×1024 个象素阵列的显示器需要 3×1024×1024(3145728)位的存储器。为了节制帧缓存的增加，可通过采用颜色查找表来提高灰度级别，如图 1.3.7 所示。此时可把帧缓存中的位面号作为颜色查找的索引，颜色查找表必须有 2^N 项，每一项具有 W 位字宽。当 W 大于 N 时，可以有 2^W 灰度等级，但每次只能有 2^N 个不同的灰度等级可用。若要用 2^N 以外的灰度等级，需要改变颜色查找表中的内容。在图 1.3.7 中 W 是 4 位，N 是 3 位，通过设置颜色查找表中最左位的值(0 或 1)可以使只有 3 位的帧缓存产生 16 种颜色。

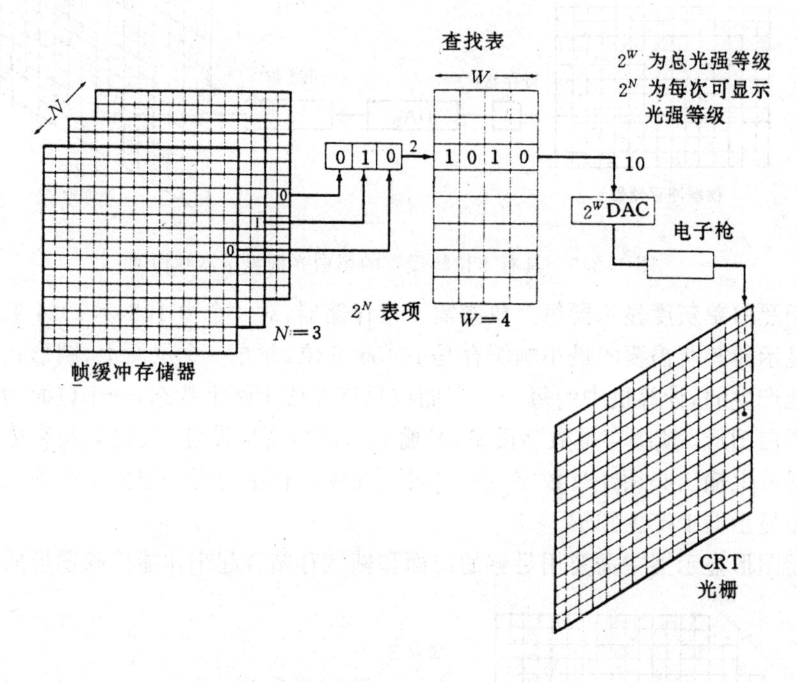

图 1.3.7 具有 N 位帧缓存和 W 位颜色查找表的光栅显示器结构图

图 1.3.8 是彩色光栅显示器的逻辑图，对于红(R)、绿(G)、蓝(B)三原色有三个位面的帧缓存和三个电子枪。每个位面的帧缓存对应一个电子枪，即对应一种原色，三个颜色位面的组合色如表 1.3.1 所示。对每个颜色的电子枪可以通过增加帧缓存位面来提高颜色种类的灰度等级。如图 1.3.9 每种原色电子枪有 8 个位面的帧缓存和 8 位的数模转换器，每种原色可有 256(2^8)种亮度(灰度等级)，三种原色的组合将是 $(2^8)^3=2^{24}$，即为 16777216 种颜色。这种显示器称之为全色光栅图形显示器，其帧缓存称之为全色帧缓存，这类帧缓存的位数 N 至少是 24 位。为了进一步提高颜色的种类，可以对每组原色配置一个颜色查找表，如图 1.3.10 所示，这里颜色查找表的位数 W 是 10 位，可以产生 1073741824(2^{30})种颜色，帧缓存的位数 N 是 24 位。

表 1.3.1　具有 3 个位面帧缓存的颜色表

	红(R)	绿(G)	蓝(B)
黑(Black)	0	0	0
红(Red)	1	0	0
绿(Green)	0	1	0
蓝(Blue)	0	0	1
黄(Yellow)	1	1	0
青(Cyan)	0	1	1
紫(Magenta)	1	0	1
白(White)	1	1	1

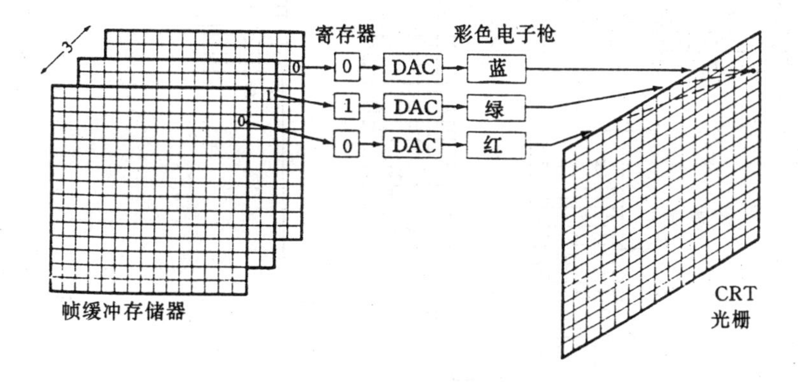

图 1.3.8　一个简单的彩色帧缓冲存储器

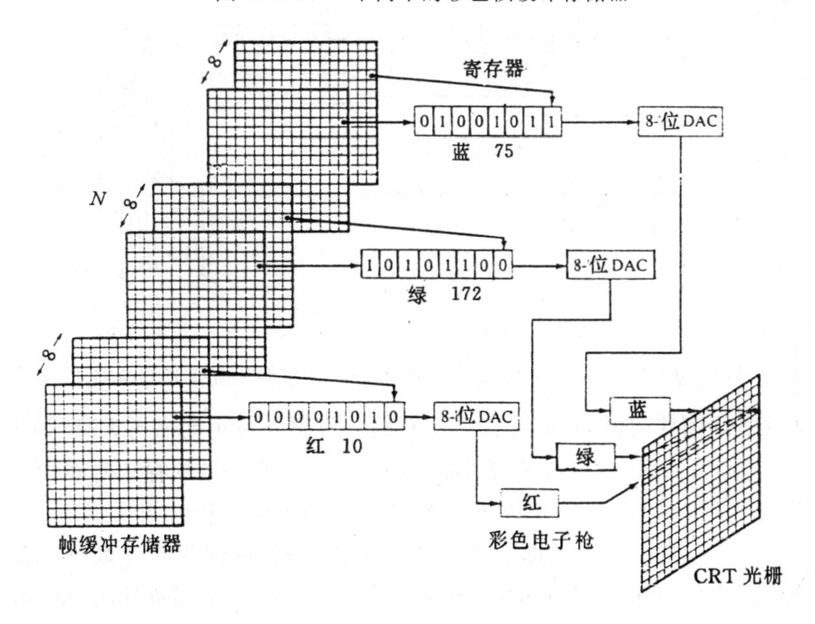

图 1.3.9　一个具有 24 位面的彩色帧缓冲存储器

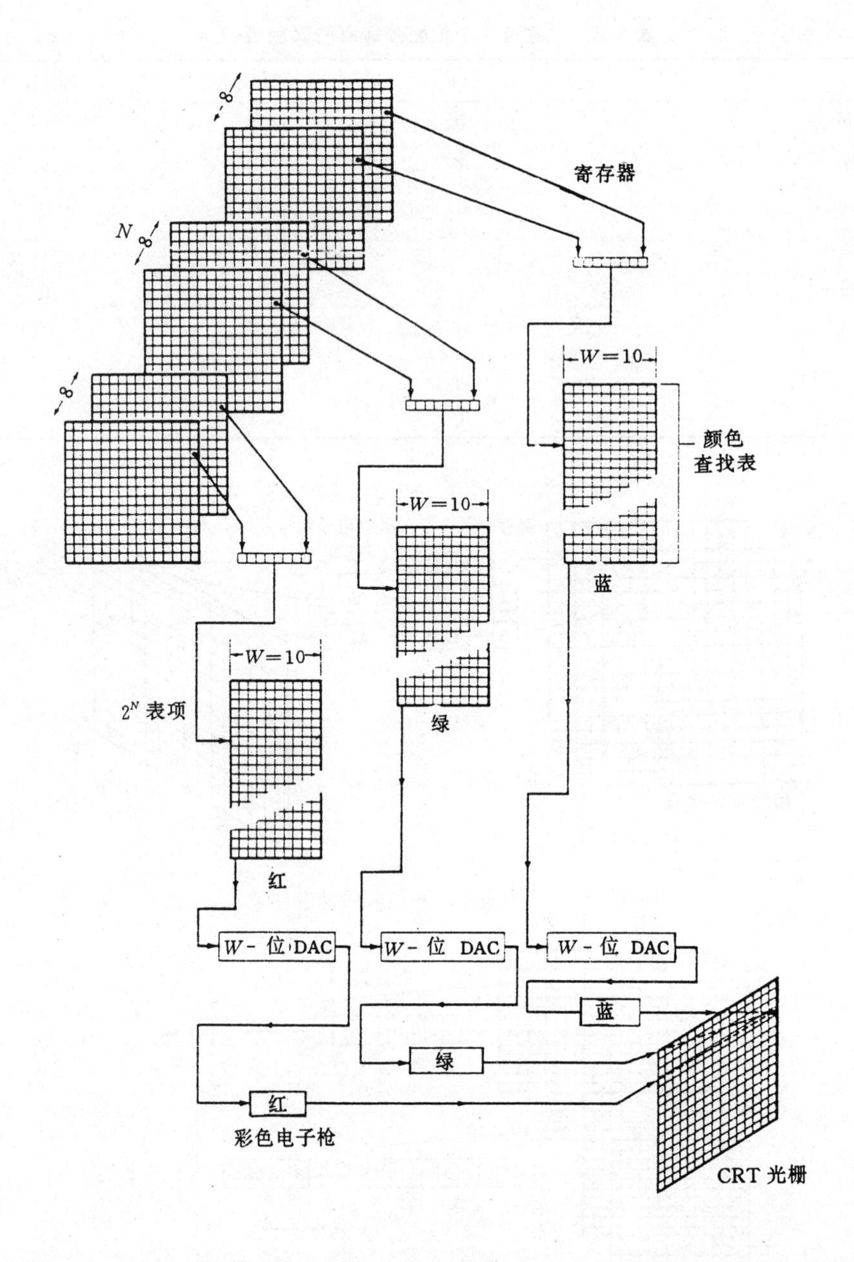

图 1.3.10　一个具有 24 位面彩色帧缓存和 10 位颜色查找表的结构图

由于刷新帧缓存需要时间，目前光栅显示器的分辨率还不可能做得太高。如果每个象素的存取时间是 200ns(200×10^{-9}s)，对于 1024×1024 的象素阵列的存取时间约为 0.21s，即每秒钟只能刷新 5 帧屏幕。显然离不闪烁图形需要 30 帧/秒的速度，相差甚远。若显示器的分辨率是 4096×4096，则每一个位面有 16.78 兆位的象素，此时每次存取全部象素的时间需要 3s，若要保证具有 4096×4096 的象素阵列显示器能产生不闪烁图形，即 30 帧/秒，则要求存取每个象素的时间少于 2ns，这相当于光通过 2 英尺距离的时间。目前一般的硬件速度还不可能达到这么高。可以通过采取其他措施，如把屏幕象素进行分组，若把 16、或者 32、或者 64 个象素作为一组进行存取，这样可减少屏幕象素的存取时间，从而使实时图形显示成为可能。采用并行处理技术和并行处理硬件也是当前能够使光栅显示图形达到实时的重要手段。

1.3.6 液晶显示器(LCD)

液晶显示器 LCD (liquid crystal display) 与前面介绍的几种显示器不同,它是由六层薄板组成的平板式显示器,如图 1.3.11 所示。其中第一层是垂直电极板:第二层是邻接晶体表面的垂直细网格线组成的电解层;第三层是液晶层(约 0.177mm 厚);第四层是与晶体另一面邻接的水平网格线层;第五层是水平电极层;第六层是反射层。液晶材料是由长晶线分子构成,各个分子在空间的排列通常处于和极化光,即极化方向相互垂直的位置。光线进入第一层是和极化方向垂直。当光线通过液晶时,极化方向和水平方向的夹角是 90 度,这样光线可以通过水平极板,并到达两个极板之间的液晶层。晶体在电场作用下,它们将排列成行并且方向相同。晶体在这种情况下不改变穿透光的极化方向。若光在垂直方向被极化,就不能穿透过后面的极板,光被遮挡,在表面会看到一个黑点。在液晶显示器的表面,在其相应的矩阵编址中如何使(x_1,y_1)点变黑? 通常是在水平网格 x_1 处加上负电压($-V$),在垂直网格 y_1 处加上正电压($+V$),并称其为触发电压。如$-V$ 或$+V$ 以及它们的电压差都不足够大,晶体分子仍排成行,这时光仍然可以穿过(x_1,y_1)点且不改变极化方向,即仍然保持垂直极化方向,入射光也就不能穿过晶体到达尾部极板,从而在(x_1, y_1)处产生黑点。要显示以(x_1, y_1)到(x_2, y_2)的一条直线段,就需要连续地一个接一个地选择需要显示的点。在液晶显示器中,晶体一旦被极化,它将保持此状态达几百毫秒,甚至当触发电压切断后仍然保持这种状态不变,这对图形的刷新速度影响极大。为了解决这个问题,在液晶显示表面的网格点上有一个晶体管,通过晶体管的开关作用来快速改变晶体状态,同时也用来控制状态改变的程度。晶体管也可用来保存每个单元的状态,从而可随刷新频率而周期性地改变晶体单元的状态。这样 LCD 就可用来制造连续色调的轻型电视机和显示器。

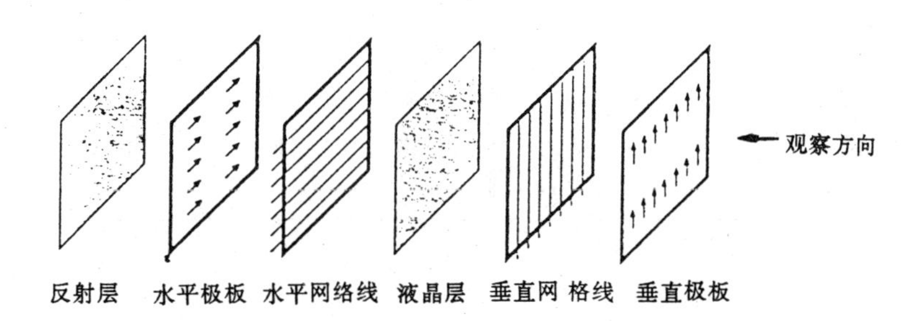

图 1.3.11 液晶显示器的六层结构

1.3.7 等离子显示器

等离子显示器是用许多小氖气灯泡构成的平板阵列,每个灯泡处于“开”或“关”状态。等离子板不需要刷新。目前典型的等离子板可以做到 15 英寸左右,每英寸上安装有 175 个左右的灯泡。要达到商品化需要等离子板做到 40×40 平方英寸。等离子显示器一般由三层玻璃板组成。在第一层的里面涂有导电材料的垂直条,中间层是灯泡阵列,第三层表面涂有导电材料的水平条。要点亮某个地址的灯泡，开始要在相应行上加较高的电压，等该灯泡点亮后，可用低电压维持氖气灯泡的亮度。关掉某个灯泡，只要将相应的电压降低。灯泡开关的周期时间是 15ms，通过改变控制电压，可以使等离子板显示不同灰度的图形。彩色等离子板目前还处于研究阶段。等离子显示器的优点是平板式、透明、显示图形无锯齿现象，也不需要刷新缓冲存储器。等离子显示器的三层结构如图 1.3.12 所示。

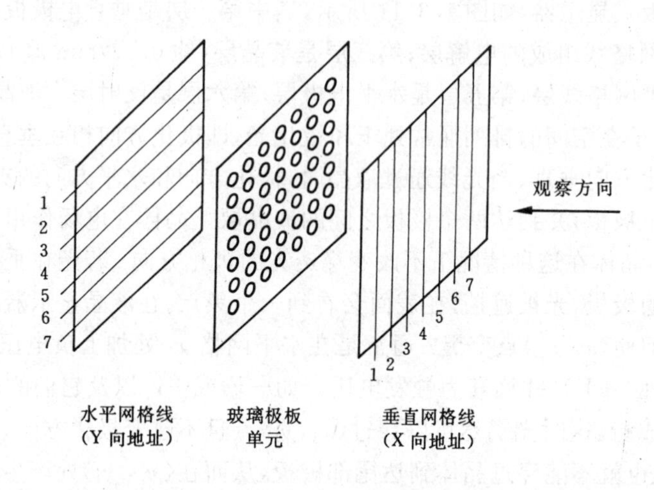

图 1.3.12　等离子显示器的三层结构图

1.3.8　几种显示技术的比较

性质	阴极射线管	等离子显示器	液晶显示器	性质	阴极射线管	等离子显示器	液晶显示器
功耗	大	中	小	对比度	中	好	差
屏幕	大	中	小	灰度等级	好	差	差
厚度	大	小	小	视角	大	中	一般
平面度	一般	中	好	色彩	丰富	中	中
亮度	好	好	适中	价格	低	中	低
分辨率	中	好	一般				

1.4　图形绘制设备

图形显示设备只能在屏幕上产生各种图形，但在计算机图形学中还必须把图形画在纸上，常用的图形绘制设备也称之为硬拷贝设备，有打印机和绘图仪两种。

1.4.1　喷墨打印机

打印机是廉价的产生图纸的硬拷贝设备，从机械动作上常分为撞击式和非撞击式两种。

撞击式打印机使成型字符通过色带印在纸上，如行式打印机、点阵式打印机等。非撞击式打印机常用的技术有：喷墨技术、激光技术等，这类打印设备速度快，噪声小，已逐渐替代以往的撞击式打印机。

喷墨式打印机既可用于打印文字又可用于绘图(实质是打印图纸)。喷墨打印机的关键部件是喷墨头，通常分为连续式和随机式。连续式的喷墨头射速较快，但需要墨水泵和墨水回收装置，机械结构比较复杂。随机式主要表现是墨滴的喷射是随机的，只有在需要印字(图)时才喷出墨滴，墨滴的喷射速度较低，不需墨水泵和回收装置。此时若采用多喷嘴结构也可以获得较高的印字(图)速度。随机式喷墨常用于普及型便携式印字机，连续式多用于喷墨绘图仪。目前，常用的喷墨头有四种。

(1) 压电式

这种喷墨头使用压电器件代替墨水泵的压力，根据印字、图的信息对压电器件作用电压，压迫墨水喷成墨滴进行印字印图。这种喷墨头是早期喷墨打印机采用最多的一种，并一直沿用至今，但这种喷墨头要进一步提高分辨率会受到压电器件尺寸的限制。

(2) 气泡式

气泡式喷墨头在喷嘴内装有发热体，在需要印字印图时，对发热体加电使墨水受热而产生气泡，随着温度的升高气泡膨胀，将墨水挤出喷嘴进行印字印图。

(3) 静电式

上述两种喷墨头由于机械尺寸所限，难以进一步提高分辨率，由于都使用水性墨水，容易干涸造成微细喷嘴的阻塞。静电式喷墨头采用高沸点的油性墨水，利用静电吸引力把墨水喷在纸上。

(4) 固体式

这种喷墨头采用固体墨，有 96 个喷嘴，其中 48 个喷嘴用于黑色印字印图，青、黄、品红三原色各用 16 个喷嘴，其分辨率可达每英寸 300 点。印刷彩色图象的输出速度比上述喷墨头快。

1.4.2 激光打印机

激光打印机也是一种既可用于打印字符又可用于绘图的设备，主要有感光鼓、上粉盒、打底电晕丝和转移电晕丝组成，如图 1.4.1(a)所示。激光打印机开始工作时，感光鼓旋转通过打底电晕丝，使整个感光鼓的表面带上电荷，如图 1.4.1(b)所示。打印数据从计算机传至打印机，经处理送至激光发射器。在发射激光时，激光打印机中的一个六面体反射镜开始旋转，此时可以听到激光打印机发出特殊的丝丝声。反射镜的旋转和激光的发射同时进行，依照打印数据决定激光的发射或停止。每个光点打在反射镜上，随着反射镜的转动，不断变换角度，将激光点反射到感光鼓上，如图 1.4.1(c)所示。感光鼓上被激光照到的点将失去电荷，从而在感光鼓表面形成一幅肉眼看不到的磁化图象。感光鼓旋转到上粉盒，其表面被磁化的点将吸附碳粉，从而在感光鼓上形成将要打印的碳粉图象，如图 1.4.1(d)所示。下面将要把图象传到打印机上。打印纸从感光鼓和转移电晕丝中通过，转移电晕丝将产生比感光鼓上更强的磁场，碳粉受吸引从感光鼓上脱离，向转移电晕丝方向移动，结果是在不断向前运动的打印纸上形成碳粉图象，如图 1.4.1(e)所示。打印纸继续向前运动，通过高达 204℃高温的熔凝部件，定型在打印纸上，产生永久图象。同时，感光鼓旋转至清洁器，将所有剩余在

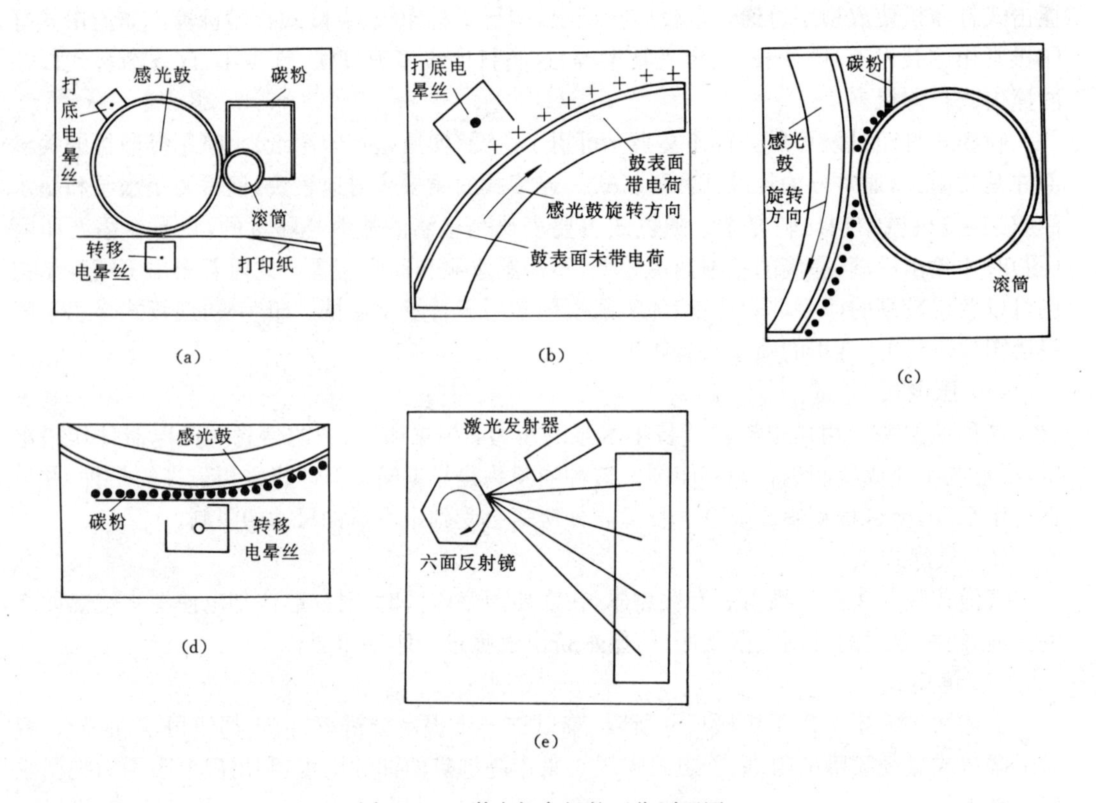

图 1.4.1　激光打印机的工作原理图

感光鼓上的碳粉清除干净,开始新一轮的工作。

1.4.3　静电绘图仪

静电绘图仪是一种光栅扫描设备,其利用静电同极相斥异极相吸的原理,图 1.4.2 是单色静电绘图仪的运行原理图。单色静电绘图仪是把象素化后的绘图数据输出至静电写头上,一般静电写头是双行排列,头内装有很多电极针。写头随输入信号控制每根极针放出高电压,绘图纸正好横跨在写头与背板电极之间,纸通过写头时,写头便把图象信号转换到纸上。带电的绘图纸经过墨水槽时,因为墨水的碳微粒带正电,所以墨水被纸上的电子吸附,在纸上形成图象。彩色静电绘图的原理与单色静电绘图的原理基本相同,不同之处是彩色绘图需要把纸来回往返几次,分别套上紫、黄、青、黑四色,这四种颜色分布在不同位置可形成四千多种色彩图。彩色静电绘图仪的基本原理如图 1.4.3 所示。目前彩色静电绘图仪的分辨率可达每英寸 800 点,产生的彩色图片比彩色照片的质量还好,但高质量的彩色图象需要高质量的墨水和纸张。

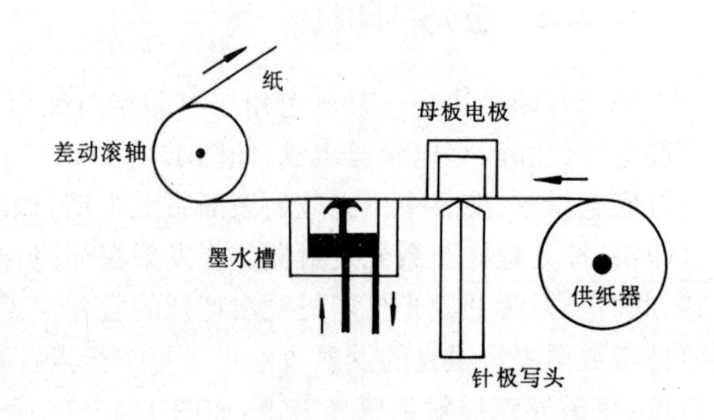

图 1.4.2　单色静电绘图仪结构图

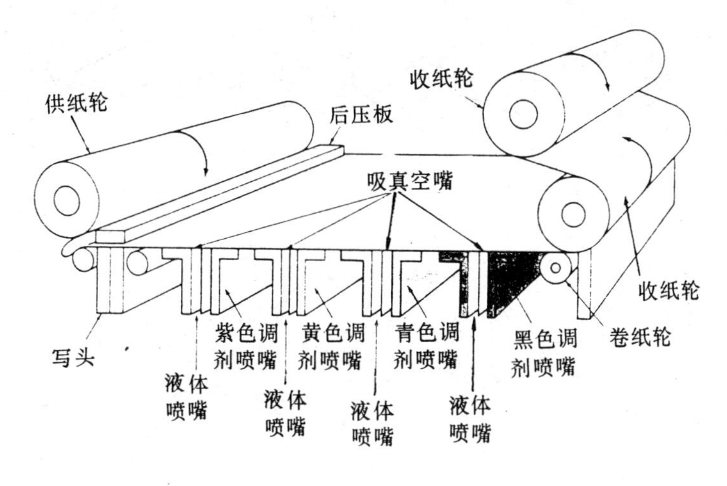

图 1.4.3 彩色静电绘图仪结构图

1.4.4 笔式绘图仪

笔式绘图仪分为滚筒式和平板式。顾名思义,平板式笔式绘图仪是在一块平板上画图,绘图笔分别由 X、Y 两个方向进行驱动。而滚筒式绘图仪是在一个滚筒上画图,图纸在一个方向(如 X 方向)滚动,而绘图笔在另一个方向(如 Y 方向)移动。两类绘图仪都有各自的系列产品,其绘图幅面从 A_3 到 A_0 以及 A_0 加长等。笔式绘图仪的主要性能指标包括最大绘图幅面、绘图速度和精度、优化绘图以及绘图所用的语言等。

各绘图仪生产厂家在推销自己的产品时,往往把速度放在第一位。由于绘图仪是一种慢速设备,它的速度高就会提高整个系统的效率。绘图仪给出的绘图速度仅是机械运动的速度,不能完全代表绘图仪的效率。目前常用笔式绘图仪画线速度在 1m/s 左右,加速度在 2g 到 4g 之间。机械运动速度的提高必然受到各种机电部件性能的限制,甚至还会受到绘图笔性能的限制,各厂家十分重视绘图优化。

绘图仪的速度和主机数据通信的速度相差很大,不可能实现在主机发送数据的同时,绘图仪就完成这些图形数据的绘制任务。必由绘图缓冲存储器先把主机发送来的数据存下来,然后再让绘图仪“慢慢地”去画。绘图缓冲存储器容量越大、存的数据越多、访问主机的次数越少,相应的绘图速度越快。绘图优化是固化在绘图仪里的一个专用软件,它只能搜索、处理已经传送到绘图缓冲存储器中的数据,对于那些还存放在主机中的数据自然是无能为力的。

与绘图仪精度有关的指标有相对精度、重复精度、机械分辨率和可寻址分辨率。相对精度一般就统称为精度,它取绝对精度和移动距离百分比精度二者之中最大的值。机械分辨率指的是机械装置可能移动的最小距离。可寻址分辨率则是图形数据增加一个最小单位所移动的最小距离。可寻址分辨率一定比机械分辨率大。在主机向绘图仪发送数据的同时还要发送指挥绘图仪实现各种动作的命令,如抬笔、落笔、画直线段、画圆弧等。然后由绘图仪去解释这些命令并执行之。这些命令格式便称之为绘图语言。在每种绘图仪中都固化有自己的绘图语言,其中 HP 公司的 HPGL 绘图语言应用最广泛,并有可能成为各种绘图仪未来移植的标准语言。常用笔式绘图仪的示意图如图 1.4.4 所示。

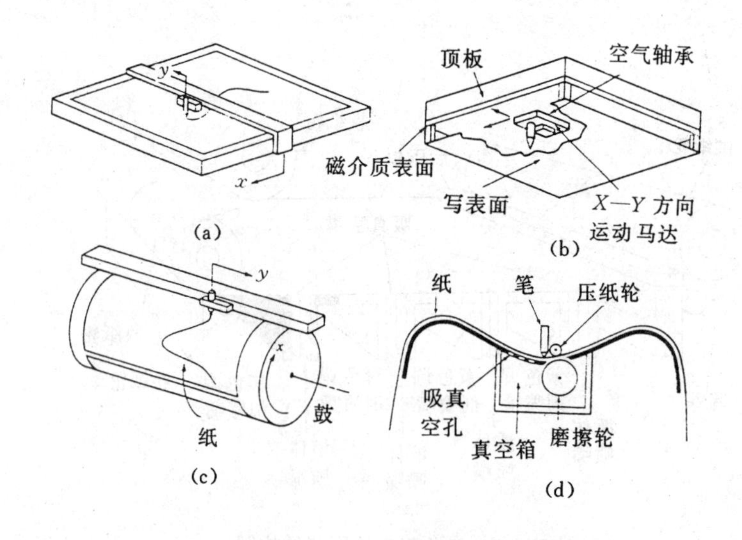

图 1.4.4 笔式绘图仪结构图

1.5 图形处理器

1.5.1 简单图形处理器

图形系统的结构是计算机系统结构的一个特殊分支，在过去的几十年中为了加速图形处理，在图形系统中采用了流水线、并行处理等技术。个人计算机上采用的光栅图形系统含有一个 CPU、系统总线、主存、帧缓存、视频控制器和一个 CRT，如图 1.5.1 所示。在这种结构中显示刷新频率和重新编址次数都较高，视频控制器对内存的存取操作次数也比较多，从而降低了 CPU 的工作速度，对此在图 1.5.2 所示的结构中增加了外围图形处理器，用以执行有关图形处理的功能，如扫描转换、光栅操作等。同时还设置了专门的图象刷新帧缓冲存储器。从而使这种图形处理系统有两个处理器，即通用的 CPU 和显示处理器；三个存储器，即系统存储器、显示处理存储器和帧缓冲存储器。系统存储器存放由 CPU 执行的程序、图形指令和操作系统命令等；显示处理存储器用以存放扫描转换和光栅操作的程序；帧缓冲存储器存放扫描转换和光栅操作所产生的图象。

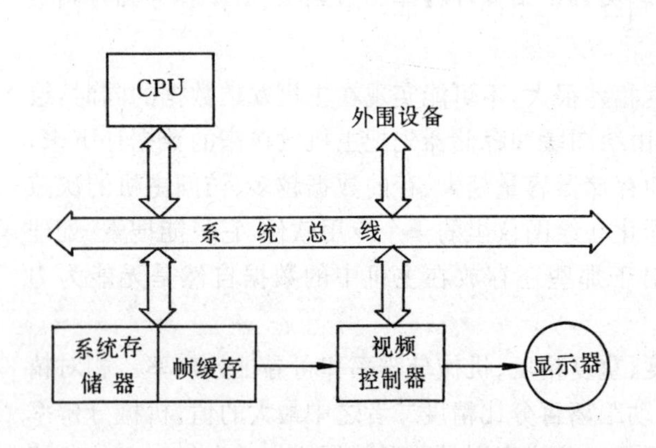

图 1.5.1 简单光栅显示器结构图

到目前为止还没有一种图形系统能满足显示图形的复杂性和真实性，其中最主要的问题有两个，即帧缓冲存储器的存取速度和 CPU 处理复杂图形的速度。对于 640×480 低分辨率的单色显示器，若以 60Hz 的频率存取一个 16 位的字，需要 1/(640×480×60) s=54ns。而对于一个 1280×1024 象素分辨率的彩色显示器，若以 60Hz 的频率存取 32 位字长的字，则其存取周期是1/(1280×1024×60)s=12.7ns。这是平均存取速度，还不是峰值时间。而一个简单图形显示器中动态随机存储器(DRAM)的平均存取周期为 200ns，这个速度是高分辨率彩色显示器 1/16。显然需要采取措施提高帧缓存的速度和带宽。动态存储器是相对静态存储器而言的，静态随机存储器保留所存储的数据是不限期的，而且比动态随机存储器存取速度快。但动态随机存储器比静态随机存储器价格低且集成度高，帧缓冲存储器多数采用动态随机存储器。典型 1 兆位动态随机存储器的模块图如图 1.5.3 所示。

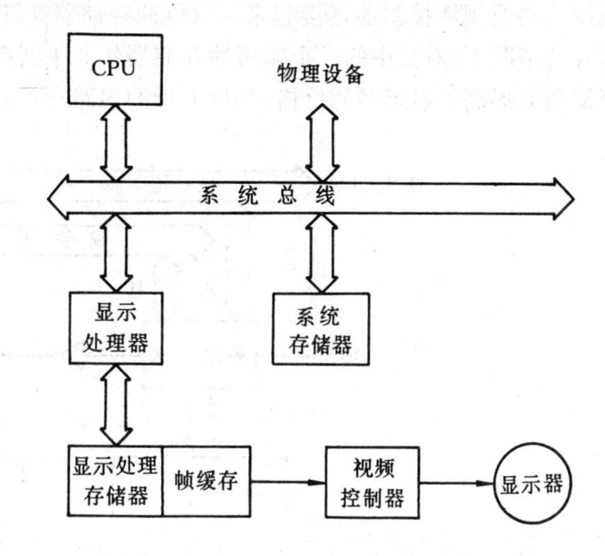

图 1.5.2　具有外围显示处理器的光栅显示系统结构图

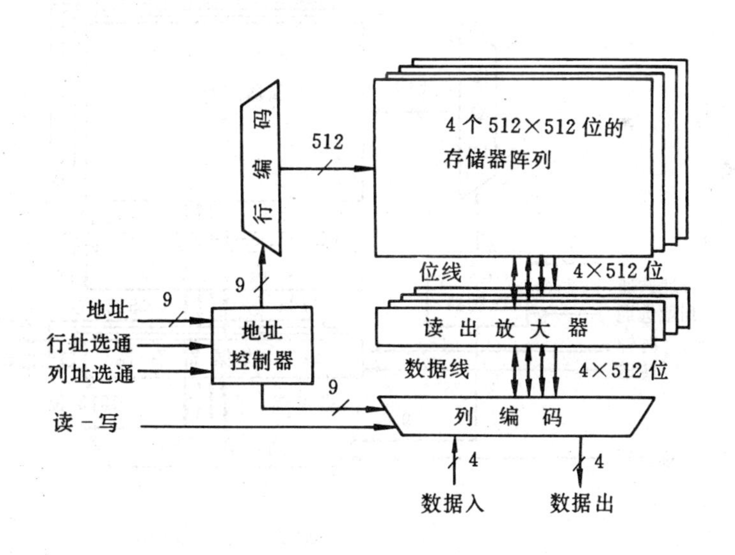

图 1.5.3　1 兆位动态随机存储器的模块图

解决帧缓冲存储器的带宽问题常采用下述途径：(1) 对于低分辨率显示器，可将帧缓冲存储器接在单独的总线上，使视频扫描输出和 CPU 的操作同时进行，而不会影响帧缓冲存储器，只有当 CPU 必须对帧缓冲存储器进行读写时才会和视频扫描输出的存取周期发生冲突。(2) 采用 DRAM 的页式存取功能。因为视频扫描输出在存储器中是有序的，这样帧缓冲存储器可按正常速度的二倍进行工作，若条件允许也可采用高速缓存(Cache)。(3) 采用双帧缓冲存储器的工作方式，即用一个帧缓冲存储器显示图形图象，用一个帧缓冲存储器计算图形图象。一种相应的逻辑关系如图1.5.4所示,其中多路开关把每一个帧缓冲存储器和系统总线及视频控制器连接起来。双缓冲存储器允许CPU在视频控制器非中断存取其他缓存的情况下,对其中的一个帧缓冲存储器作非中断存取。在此情况下由于采用两个帧缓冲存储器故提高了显示器的价格,采用大量的多路开关,也增加了显示器的体积。

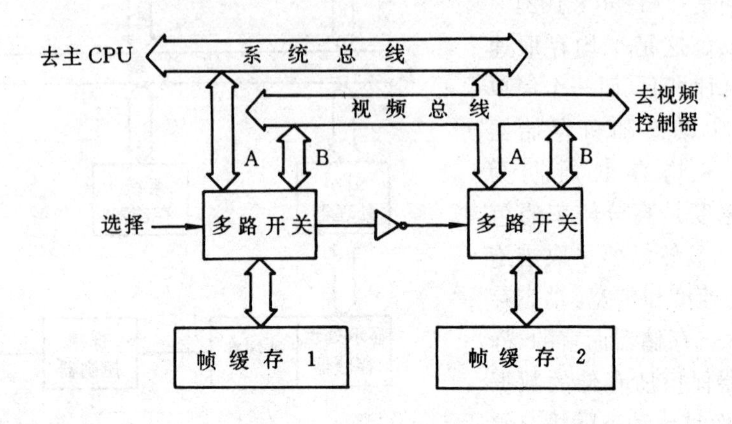

图1.5.4 双帧缓存结构

视频随机存储器(VRAM)使得视频扫描输出和其他帧缓存的操作无关,一个1兆位VRAM的电路逻辑框图如图1.5.5所示。它和通常的DRAM片子相似,但在其第二个数据

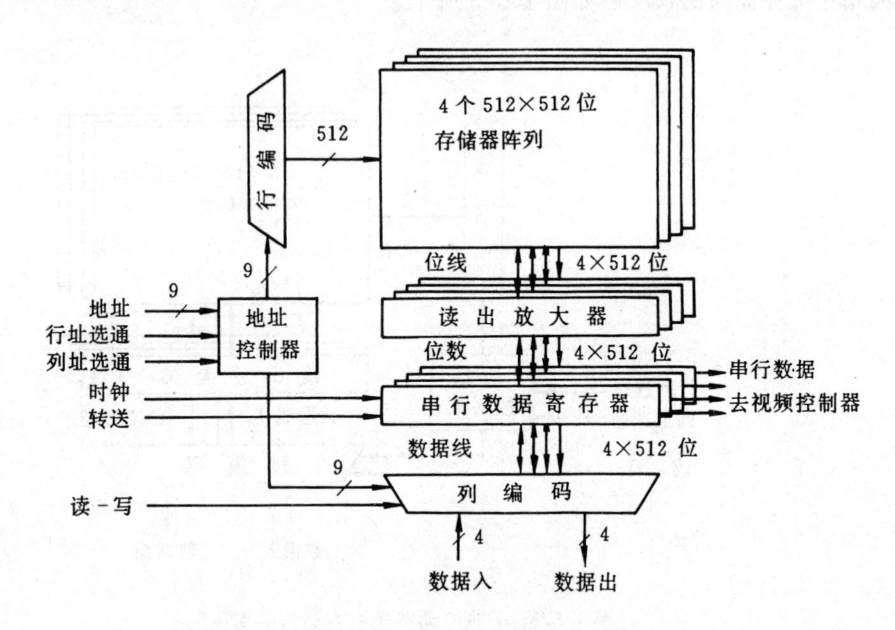

图1.5.5 1兆位VRAM的逻辑结构图

通道处接有并行入和串行出的数据寄存器。串行寄存器有自己的时钟,使其能高速传送数据,串行寄存器和内存阵列的位数相同,用它可以并行传输一行内存的数据,这样就可以用并行的方式对内存进行读写。用此方法实际上解决了视频扫描输出的问题。由于移位寄存器在VRAM中占的位置较小,和相同集成度的DRAM相当,用VRAM作帧缓冲存储器也越来越普遍。

1.5.2 单片图形处理器

单片图形处理器是视频控制器和显示处理器功能的结合，目前在市场上广泛使用的有两种，其一是美国 Texas 仪器公司的 TMS 34020，另一种是美国 Intel 公司的 i860。

TMS 34020 是用在 PC 及其兼容的个人计算机上加速二维图形的显示和处理，与其相匹配的还有 TMS 34082 浮点处理器，用它来加速三维图形的有几何变换和裁剪。TMS 34020 是一个可独立编程的 32 位处理器。应用 TMS 34020 的典型系统框图如图 1.5.6 所示。图形处理器用 VRAM 作为帧缓冲存储器，而用 DRAM 存储程序和数据。TMS 34020 还有一些时序发生器和寄存器用来控制视频的扫描输出和 DRAM 的刷新。TMS 34020 支持的数据类型有象素和位图。象素的存取既可用存储器中的地址，也可用屏幕上的坐标，它所提供的常用二维图形操作指令有：(1)PIXBLT：该指令用来传送一个象素块，它可拷贝 1 到 8 位的象素，并可在把它们写到目标位置之前自动地对从源象素区取来的象素进行裁剪、对齐、作标志等操作。(2)FILL：该指令实现对矩形区域的填充颜色。很大区域的填色速度取决于存储总线的速度，并用 1MB 的 VRAM 来支持特定的写块方式。TMS 34020 的区域填色速度可达每秒 160 兆字节。(3)NLINE：该指令是用中点转换算法画一个象素宽的直线，用该指令每秒可画 500 万个象素。(4)DRAW：该指令是用来画已知坐标位置 (x,y) 的象素，它通常用在画圆或椭圆的内循环中，用该指令每秒可画 200 万个象素。在 TMS 34020 中含有一个 512 位的高速指令缓存和 30 个通用寄存器，在外存上的指令或数据是通过存储总线和帧缓冲存储器通信。

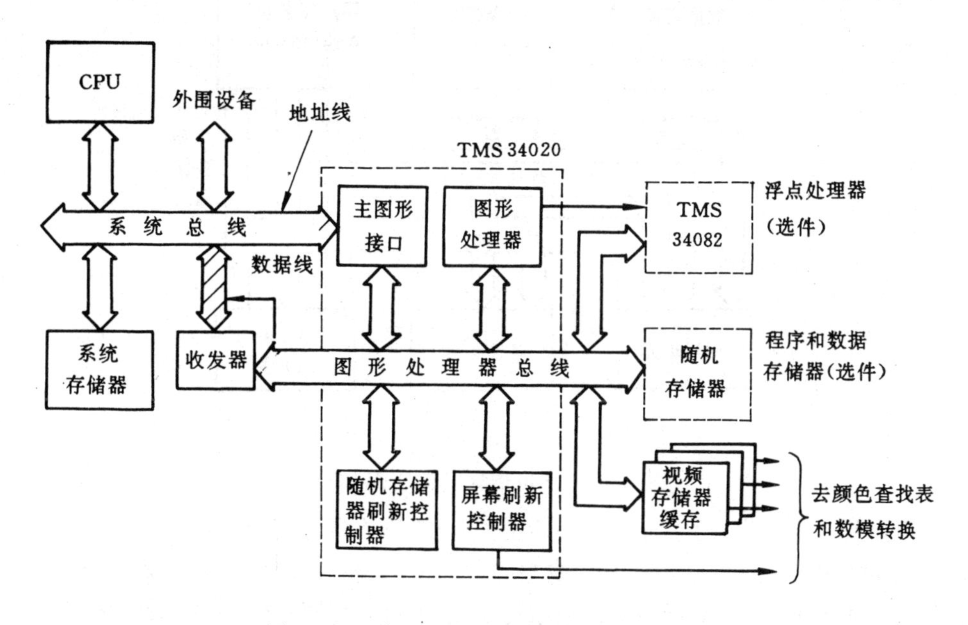

图 1.5.6 应用 TMS 34020 的典型结构图

Intel i860 是第一个能直接处理三维图形的微处理器芯片，其追求的目标是三维图形处理的高性能、低价格和高集成度。在 i860 中含有高性能的 CPU 及高速缓存、输入输出控制器以及支持特殊指令的逻辑单元，其结构模块和主要的数据通道如图 1.5.7 所示。i860 的图形指令是采用并行方式并可将许多象素压缩到一个 64 位的数字中。如应用中只需要 8 位，

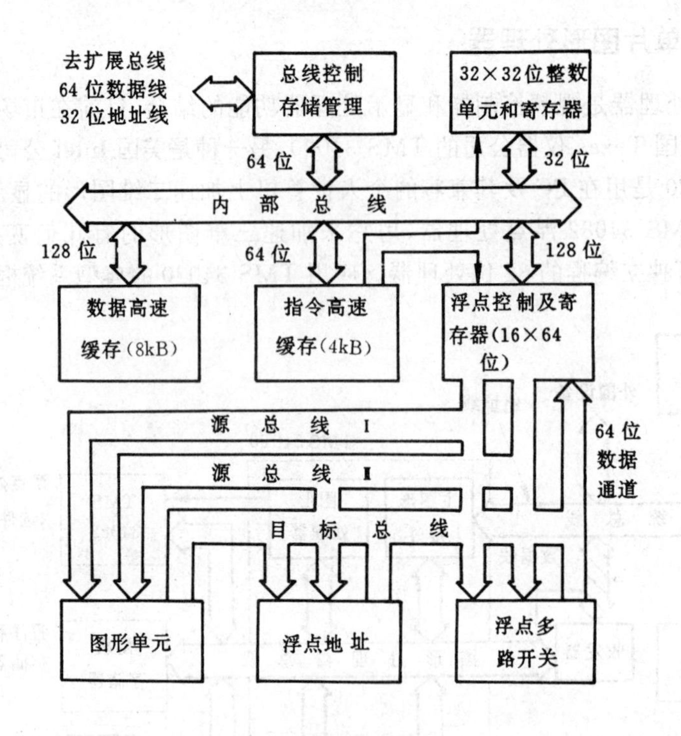

图 1.5.7 i860 微处理器的逻辑结构图

则同时可进行 8 个操作。对于三维的明暗图需要 32 位象素，则一次可进行 2 个操作。i860 具有的并行处理指令有：并行计算多个线性插值；并行比较多个深度缓存(Z)的值；有条件地并行修改多个象素的值。对于用 8 位象素的系统，i860 一秒可对由 100 个象素构成的三角形作 5 万次 Gouraud 光照明暗度的计算。对于有主 CPU(如用 PC486)的计算机，i860 可作为图形显示处理器；i860 也可以作为独立的单片处理机。

1.5.3 个人计算机图形卡

用个人计算机显示图形除了需要显示器外还必须有一块图形适配器卡(简称显示卡)。1981 年 IBM 公司推出 PC 计算机时提供了两种显示卡，一种单色显示卡(简称为 MDA)，一种是彩色图形卡(简称为 CGA)。MDA 是为单色显示器设计的，CGA 可用于显示分离的红、绿、蓝信号，也可用于家庭电视屏幕(即可显示混合的视频信号)。它们都是以点阵方式显示 25 行×80 列的字符，而 CGA 还显示象素图形。MDA 的分辨率为 720×350 象素，CGA 的分辨率为 640×200 象素。1985 年推出的增强型图形卡(称为 EGA)以及随后采用的视频图形卡(简称 VGA)，作为标准设备已广泛应用于 PC 计算机。EGA/VGA 中的大多数电路是从显示存储器的数据传送给显示屏幕，通常把显示存储器中的某位置为 1，就等价于使该位对应的屏幕象素发光。20 世纪 80 年代末期推出的 TVGA 卡除了全兼容 MDA/CGA/VGA 外，还支持分辨率高达 60 行×132 列的字符模式及 1024×768 点、256 种颜色的图形模式。1990 年 IBM 公司发布了 XGA 图形卡，其主要特征有以下几点。

1. XGA 与 VGA 兼容

当 XGA 工作在 VGA 方式时，XGA 的寄存器集与 VGA 的寄存器集兼容，能够实现

VGA 卡的全部功能,保证使用 VGA 卡的各种软件能正常运行。同时提供了 16 位或 32 位总线的视频动态存储器接口和内部显示数据的高速缓冲存储器。

2. XGA 可在 132 列文本方式下工作

XGA 卡工作在 132 列文本方式时,XGA 卡扩展了 VGA 卡典型的文本工作方式,它支持每行 132 个字符,每个字符水平方向由 8 个象素组成。

3. 扩展的图形功能

XGA 卡在扩展的图形方式时,提供了如下比 VGA 卡明显的优点:

(1) 支持高分辨率屏幕方式

XGA 支持在屏幕上显示更多的窗口以及更清晰的字符,这和 XGA 卡 VRAM 的容量有关。XGA 卡可安装 1MB 的 VRAM,此时可提供 1024×768 的分辨率,同时显示 256 种颜色。

(2) 16 位的真彩色工作方式

XGA 卡采用了每个象素 16 位字长真彩色的工作方式,它允许在屏幕分辨率为 640×480 的情况下,在屏幕上同时显示 65536 种颜色,此时不需要使用颜色查找表。每个象素 16 位的分配是:5 位红色、6 位绿色以及 5 位蓝色。允许直接从摄像机、录像机及 CD-ROM 输入彩色图象,经 XGA 在彩色监视器的屏幕上显示出真彩色图。

(3) 象素组的工作方式

XGA 在象素组的工作方式时,它能够在执行一次操作命令的情况下,完成对视频存储器进行成组读写,从而可大大提高工作速度。

(4) 硬件“游标”方式

硬件“游标”能够在屏幕上显示稳定的图形游标,而不影响视频存储器的内容,因此不需要用软件检测在存储器中的冲突。硬件“游标”由 64×64 个象素组成,当需要时,它可以叠加到正在显示的画面上。

(5) 扩展的图形功能

XGA 比 VGA 增加了画专用线、填充区域、象素块传送、裁剪以及映射屏蔽等功能。XGA 允许定义 4096×4096 个象素的象素图,图形协处理器使用 x,y 坐标编程,在存取实际的存储器之前,它能自动地将 x,y 坐标换成线性存储器地址。编程时一次只能定义四个象素图,其中一个可以作为屏蔽图。

XGA 的原理框图如图 1.5.8 所示,它主要由下述几部分组成:

(1) XGA 显示控制器

XGA 显示控制器主要由三部分组成,即系统总线接口、图形协处理器以及 VRAM 和显示控制电路。

(2) 具有数/模转换功能的串行调色板

主要由 VRAM 和显示控制器、接口寄存器、视频特性总线接口、图形象素输入通道、“硬件游标”和字体属性控制器、调色板和 RGB(红、绿、蓝)D/A 转换器组成。

(3) 视频存储器

XGA 卡采用双通道视频存储器,可安装 512kB 或 1MB,它们所支持的分辨率和颜色如表 1.5.1 所示。

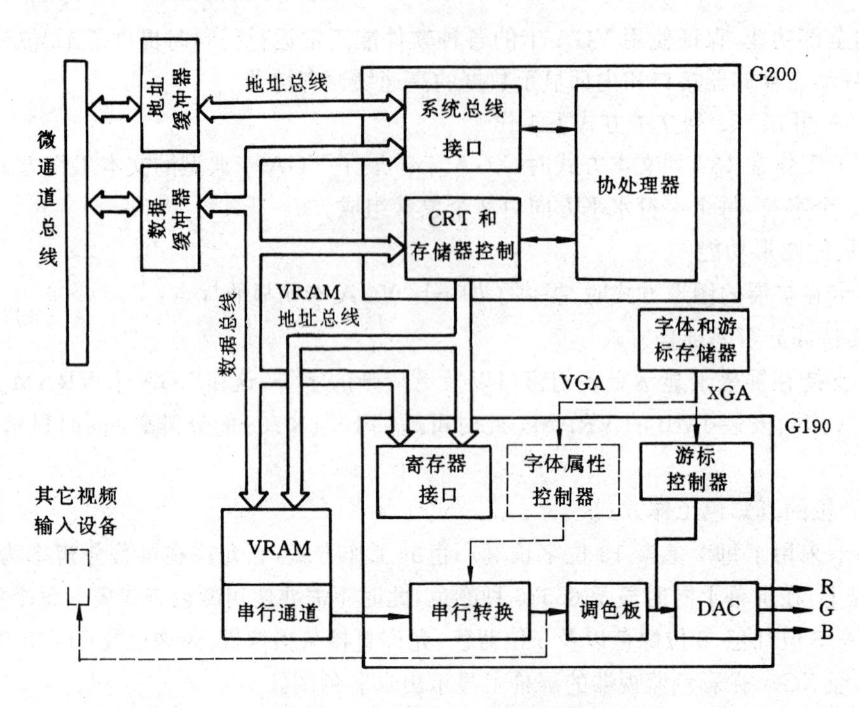

图 1.5.8 XGA 卡的原理框图

表 1.5.1 不同容量的 VRAM 所支持的屏幕分辨率和颜色的数量

VRAM 数量	分辨率	最多颜色
	640×480	256
512kB	1024×768	16
	640×480	65,536
1MB	1024×768	256

(4) 总线接口双向驱动器

XGA 采用微通道总线，其地址总线和数据总线均为 32 位，各种控制信号为双向驱动逻辑。

XGA 基本指令集中的每一条指令，在 C 函数库中就有一个与之同名的函数完成这条指令规定的功能。当用户使用 XGA 基本指令集来完成所需要的图形功能时，只需要在标准 C 语言程序中，将 XGA 指令以函数调用的方式嵌入到需要完成相应功能的语句位置即可。当然还必须为每条指令正确提供所需要的参数。用 XGA 指令的软件需在其头文件 grafix.h 中定义一个全局图形状态结构，用于保存当前所有图形的状态及属性(例如显示模块、前景和背景色、彩色的组合、区域填充图案等)，同时也记录了图形绘制的控制信息(如裁剪窗口的大小和位置、位面屏蔽标志、“自动关闭”是否有效等)。该图形状态结构称为图形状态查找表(GSRT)。各模块从 GSRT 中获得本模块操作所需要的当前图形/文本属性和控制信息，并把由本模块操作引起的属性和控制信息写到 GSRT 中。因此，GSRT 不仅使各模块都能方便地获得所要的图形状态信息，而且实现了各模块间的信息交换及图形状态信息的更新。各模块间的数据流向和数据交换关系如图 1.5.9 所示。

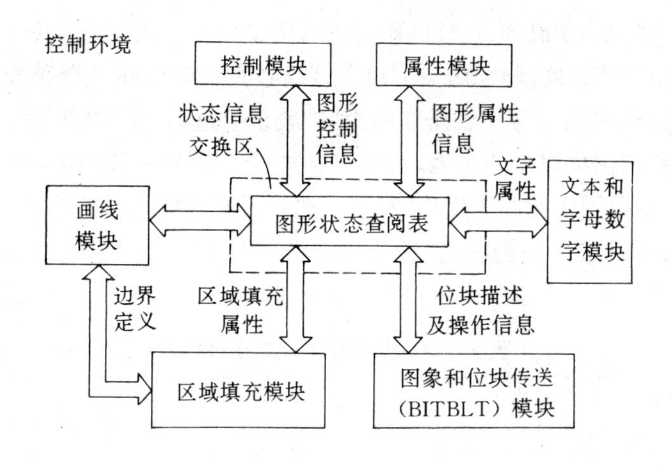

图 1.5.9 XGA 各功能模块间的数据流向和数据交换关系

XGA 基本指令集中的图象和位块传送(BITBLT)实现图象数据在当前位图和程序缓冲区之间传递，其中 HBBR 函数把当前位图中指定位置和大小的矩形图象读入控制环境中的图象数据缓冲区。HBBW 和 HCBBW 函数则把图象数据缓冲区中的一个指定的图象数据块写到当前位图中的指定位置。HBBR 可用于保存指定的图象，使这块图象不会因为其它图象的覆盖和重叠而遭到破坏。利用 HBBW 和 HCBBW 可以把过去保存的图象在需要时重新显示在屏幕的指定位置。在 XGA 中图象数据缓冲区 imgbuf 被系统分成大小相等的 16 个图象数据块或称之为“图象窗口”(每个数据块的大小要大于系统所能读入的最大图象数据的大小)，每个图象窗口用于存放系统从位图中读入的一块图象数据，如图 1.5.10 所示。图象窗口登记表 rgtab 是一个 16 个单元的数组，每个单元与 0 至 15 号图象窗口对应。若 rgtab 的某个单元值为 1，表示对应的图象已被图象数据块占用；反之表示对应的图象窗口是空闲的，该窗口可用于保存新读入的图象数据。

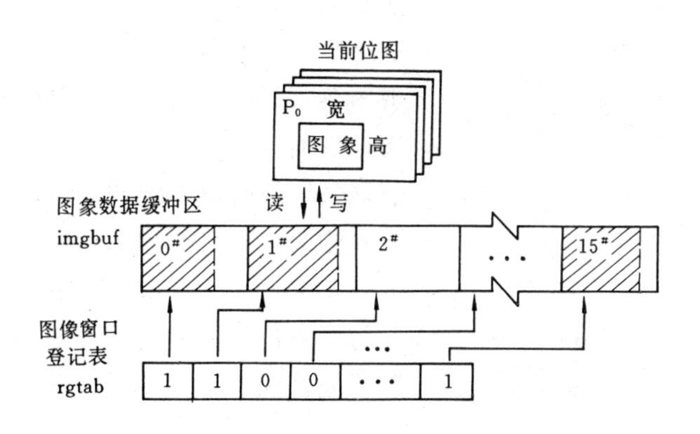

图 1.5.10 XGA 中图象和位块传送示意图

在 BITBLT 读图象数据 HBBR 函数中，先判断图象数据缓冲区内目前是否有空闲的图象窗口，若没有，该函数给用户以相应的提示信息，并建议用户使用 HBBCHN (index, 0)命令清除某一个图象窗口中的数据。若有空闲的图象窗口则将该窗口的序号及屏幕源图象的大小和位置记录到 GSRT 中，并把当前 BITBLT 操作码置为“1”(表示读图象数据)，返回该图象窗口的序号,供以后 BITBLT 写操作引用该图象数据。从当前位图中读图象数据的任务由 HBBCHN(BITBLT 数据链)函数完成。该函数先查询 GSRT 获得当前 BITBLT 操作码及要使用的图象窗口的序号。若操作码为"1"表示要进行 BITBLT 读操作，则函数 HBBCHN 先要计算指定图象窗口的首地址,然后根据 GSRT 中由 HBBR 函数记录的源图象的位置和大小,从当前位图中读出此矩形图象,并把此图象的数据压缩后存入指定首地址的图象窗口中。经压缩后的图象数据块的格式如表 1.5.2 所示。当 HBBCHN 函数把压缩后的图象数据块保存到指定的图象窗口中后,它把 rgtab 的相应单元置为"1",表示该窗口已占用。

表 1.5.2 XGA 中图象数据块格式

字节	信息
0—1	图象压缩方式标志
2—5	整个图象数据块长宽(字节数) (包括 14 个字节的信息头)
6—7	源图象块宽度
8—9	源图象块高度
10—11	源图象块左上角点 X 坐标
12—13	源图象块左上角点 Y 坐标
14 以后	压缩后的图象数据

1.5.4 图形并行处理器

目前实用的单流(控制流和数据流)图形处理器,无论采用多么快的 CPU 和帧缓冲存储器(如 VRAM),也不能满足实时地显示复杂真实图形的要求,其中有三个方面的障碍。其一,用一个浮点处理器不能满足对体素作几何变换和裁剪的要求;其二,用一个显示处理器和存储器不能满足扫描转换和象素处理的需要;其三,常用的存储器系统的带宽不能支持对帧缓冲存储器快速读写的要求。为了解决影响图形性能的速度问题,近十几年来不少单位在研究图形并行的多处理器。并行处理的发展首先表现在计算机体系结构上。并行处理引入体系结构的方法主要有 4 种:①流水线结构,用以改进运算和控制部件性能;②并行功能结构,为执行不同功能提供若干部件,允许这些部件同时处理各类数据;③阵列结构,在统一控制下,提供一个由很多相同的处理部件组成的阵列,这些部件同时执行相同的操作;④多道处理结构,提供多处理机,各自执行本身的指令,通过公用存储器进行通信。某些特定的设计可以兼有上述某些或全部的并行特点。图形的并行处理多用流水线结构和并行功能结构,其

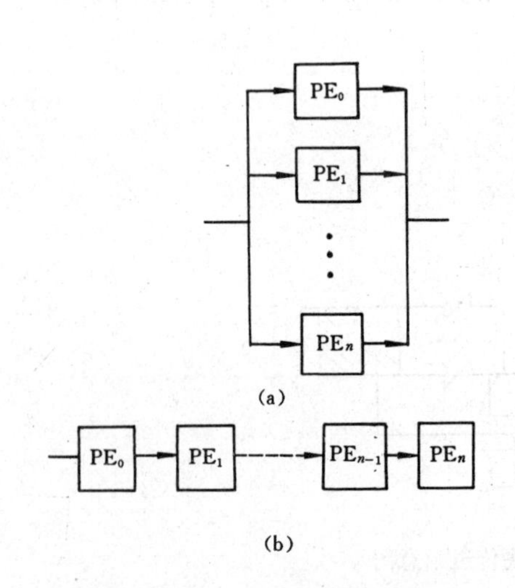

图 1.5.11 并行处理单元的组织

中处理单元的组织如图 1.5.11 所示。

对于图形几何操作的并行处理，影响最大的是美国的 J. Clark 的几何驱动器 GE，它是一种专门用于图形处理的向量及浮点超大规模集成电路(VLSI)处理器。Clark 用含有 12 个 GE 的流水线构成一个具有强有力计算能力的浮点几何计算系统，该系统由完成不同几何操作的 3 个子系统组成。20 世纪 80 年代初 GE 研制成功后很快投入应用，并成为硬件图形处理器引入工作站产品的成功范例。由 GE 组成的图形处理器成了美国 SGI 公司 IRIS 系列工作站产品的主要部件。例如，SGI 的 POWER 工作站的 GTX 图形子系统由 50 个 GE 和仿

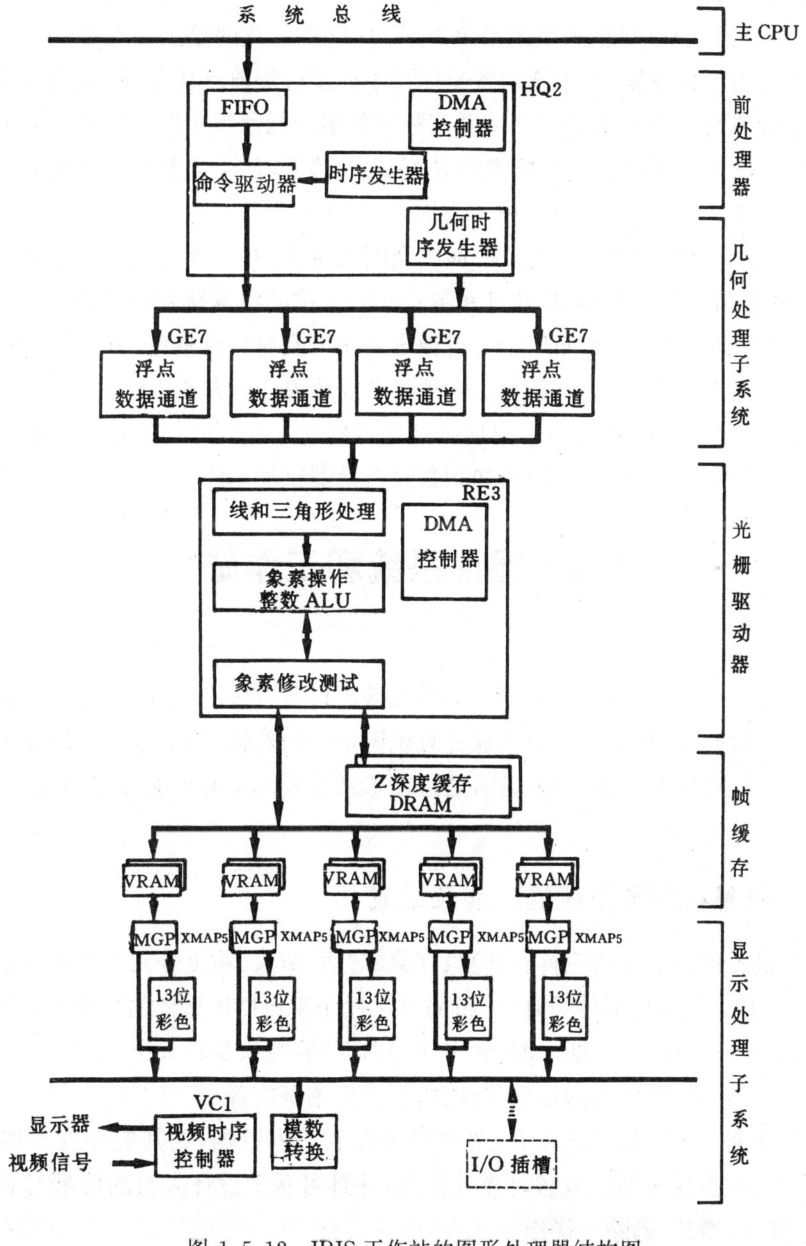

图 1.5.12 IRIS 工作站的图形处理器结构图

真处理器组成流水线，除支持一般的图形变换外，还支持光照模型、消除隐藏面、反走样等多种功能。SGI 公司在 1991 年推出的图形子系统如图 1.5.12 所示，其中：GE7 是由 8 万个门组成的几何驱动器，其处理速度的峰值达 128MFLOPS；RE3 是有 10 万门的光栅驱动器；HQ2 是有 8 万门的面向设备控制的协处理器；VCI 是有 5 万门的视频时序控制器；XMAP5 是时钟处理器；MGP 是多模式图形处理器；ALU 是各种应用和视频硬件之间的接口程序库单元。该图形处理系统支持 24 位面的全彩色及 24 位的 Z 深度缓存。

在上述的图形处理系统中用 5 组 GE 做几何变换、光照模型、裁剪、透视变换及用户坐标到设备坐标的转换。在每个 GE 中含有输入的先进先出队列、一个控制器以及一个具有 30 MFLOPS 的浮点处理单元，采用的是 Weitek 3332 商品化的浮点处理芯片。在扫描转换系统中有一个多边形处理器，用于把设备坐标系中的多边形顶点从左到右地进行分类；一个边处理器用于计算每个点的 (x,y,z) 值及其相应象素的颜色和灰度。还有 5 个区间处理器分别用来计算 1/5 屏幕区间上每个象素的 R、G、B 及透明、反走样参数。象素高速缓存用来支持快速的象素传送及拷贝。光栅处理子系统是由 20 个图象驱动器组成，每个对应 1/20 的屏幕象素，用来改进帧缓存中的深度位平面以及图象质量。在屏幕上的每个象素有 96 位，二个 32 位的图象缓存用于存 R、G、B 及其系数；一个 24 位的深度缓存；4 位用于覆盖位平面；4 位用于窗口位平面。覆盖位平面用于支持弹出式菜单及窗口背景色，窗口位平面用于定义显示方式及窗口标志信息。20 个图象驱动器对象素是按并行方式工作的，显示子系统含有五个多模式显示处理器(MGP)，每个对应处理显示器的 1/5 区域，MGP 并发地从帧缓存中读图象数据，经适当的显示模式处理再送到数据转换器供显示输出。

1.6 图形系统和工作站

图形系统可定义为是计算机硬件、图形输入输出设备、计算机系统软件和图形软件的集合。图形系统的选择和应用是学习和掌握计算机图形学的前提，图形系统的设计和研制是计算机科学和工程领域中的重要内容，只有通过图形系统我们才有可能开拓、利用计算机图形学的潜力。

1.6.1 计算机图形系统的功能及组成

一个计算机图形系统起码应具有计算、存储、对话、输入、输出等五方面的基本功能：

(1) 计算功能：应包括形体设计、分析的算法程序库和描述形体的数据库。其中最基本的功能应有点、线(含直线和曲线)、面(含平面和曲面)的表示及其求交、分类(用于形体的集合运算)，几何变换，光、色模型的建立和计算，干涉检测等内容。

(2) 存储功能：在计算机的内存、外存中能存放图形数据，尤其要存放形体几何元素(点、边、面)之间的连接关系以及各种属性信息，并且可基于设计人员的要求对有关信息进行实时检索、变化、增加、删除等操作。

(3) 对话功能：是通过图形显示器直接进行人-机通讯。用户通过显示屏幕观察设计的结果和图形，用选择、拾取设备(在屏幕上是通过光标，具体的物理设备可以是鼠标器、光笔等)对不满意的部分作出修改指示。除了与图形文字的对话功能外，还可以由系统追溯到以前的工作步骤，跟踪检索出出错的地方，还可以对用户操作执行的错误给予必要的提示和跟踪。

(4) 输入功能：把图形设计和绘制过程中的有关定位、定形尺寸及必要的参数和命令输入到计算机中去，其中约束条件、属性参数也是必不可少的。

(5) 输出功能：为了较长期地保存分析计算的结果或对话需要的图形和非图形信息，图形系统应有文字、图形、图象信息的输出功能。由于对输出的结果有精度、形式、时间等要求，因此输出设备应是多种多样的。

上述五种功能是一个图形系统所具备的最基本功能，至于每一种功能中具有哪些能力，则因不同的系统而异。计算机图形系统的基本功能框图如图 1.6.1 所示。

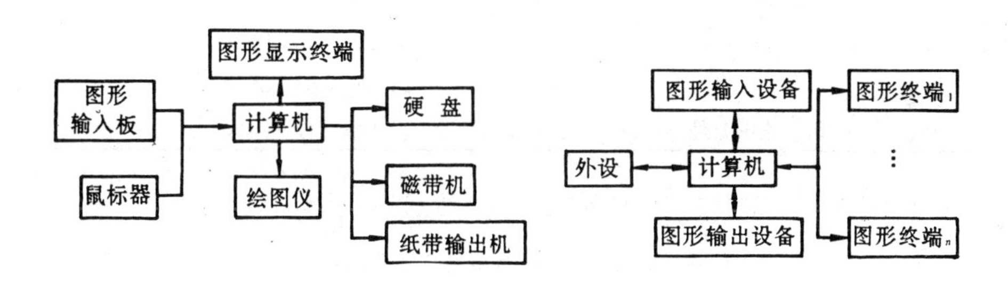

图 1.6.1 计算机图形系统基本组成框图

在选择一个图形系统时，除了首先要对硬件和软件的组成作出合理的选择，以使系统具备预期的功能外，用户还面临以下一些问题：(1) 系统如何与其他工作过程，如：生产、设计、以及人的经验等最好地相互配合？(2) 经济因素如何影响系统的选择？投资如何尽快地收回？(3) 系统的安装、运行、维护、管理需要哪些条件？(4) 系统与用户资源采用何种形式使得资源的利用率最高？此外不少用户对图形系统的硬件愿意投资，对所要软件往往重视不够，甚至有只愿意出钱买硬件，不愿花钱买软件的情况。这是对图形系统了解不全面的表现。目前图形系统最流行的是用个人计算机和工作站，配上相应的图形输入输出设备和软件。

1.6.2 个人计算机图形系统

个人计算机图形系统是由个人计算机(如：PC 486，Pentium)加上图形输入输出设备和有关的图形支撑软件集成起来的系统，最常用的个人计算机图形系统的硬件组成如图 1.6.2 所示。这类系统的基本软件有 DOS 操作系统(Windows NT 操作系统)，MS-Windows 3.x(常用的是 3.1 版)或 Windows 95 窗口系统。

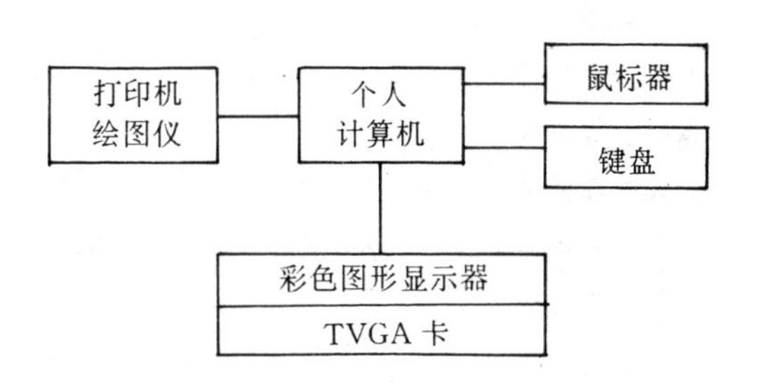

图 1.6.2 个人计算机图形系统硬件组成

个人计算机图形系统性能的高低主要取决于所采用的个人计算机，个人计算机的性能又取决其所采用的微处理器芯片。从 1971 年美国 Intel 公司研制出第一个微处理器以来，它已经历了 4 位、8 位、16 位和 32 位几代产品，目前的 Pentium 是 64 位的产品。通常把微处理器构成的计算机称之为微型计算机，简称为微机。微处理器的发展情况见附表 1.6.1 所示。

附表 1.6.1　微处理器发展情况表

芯片类型	推出时间	晶体管数(万)	整数运算速度	工艺(微米)
8086	1978 年 6 月	2.9	0.75 MIPS	2
80286	1982 年 2 月	13.4	2.66 MIPS	2～1.5
80386	1985 年 10 月	27.5	11.4 MIPS	1.5～1.0
80486	1989 年 8 月	120	50 MIPS	1.0～0.8
Pentium	1993 年 3 月	310	112 MIPS	0.8～0.6
Pentium Pro	1996 年	550	150～433 MIPS	0.6～0.25
Pentium Ⅱ	1996 年底	750	233～450 MIPS	0.25
Pentium Ⅲ	1997 年 5 月	950～2810	500～800 MIPS	0.25～0.18
Pentium 4	2000 年 11 月	4200	1.4～1.5GIPS	0.18

个人计算机的市场销售情况，见附表 1.6.2 所示。个人计算机的年增长率高达 30%。

附表 1.6.2　个人计算机市场销售情况(万台)

年份	1993	1994	1995	1996	1997	1998	1999	2000	2001	2001
销售量	45.0	71.8	115.0	210.0	350.0	420.0	500.0	670	787	1174
增长速度	80%	59.6%	60.2%	82.6%	66.7%	20.0%	19.0%	34%	17.5%	46.5%

传统的微机采用复杂指令集(CISC)技术，由于精简指令集(RISC)技术所具有的优势，90 年代工作站产品普遍采用了 RISC 技术。CISC 和 RISC 技术的特点如下所述：

CISC	RISC
指令条数大于 100	指令条数少于 100
指令复杂，还有许多宏指令	指令简单
寻址方式复杂	大多数为寄存器级的操作
指令宽度可变	指令格式固定
内部寄存器少(少于 32 个)	内部寄存器多(32～256 个)
执行一条指令要多个时钟周期	执行多数指令少于一个周期
时钟频率较低	时钟频率高(30～200MHz)
高级语言程序	高级语言程序
↓ 编译	↓ 编译
机器语言	机器语言
↓ 实时解释	↓
微码	硬件执行
↓	
硬件执行	

但是 Pentium 芯片成功地将 RISC 基本原理中的关键因素融入了基于 80×86 的体系结构中，使 66MHz 主频的 Pentium 的整数运算速度高达 112 MIPS。80486 和 Pentium 的体系结构框图如图 1.6.3 所示，Pentium 和 80486 相比，作了如下的改进：

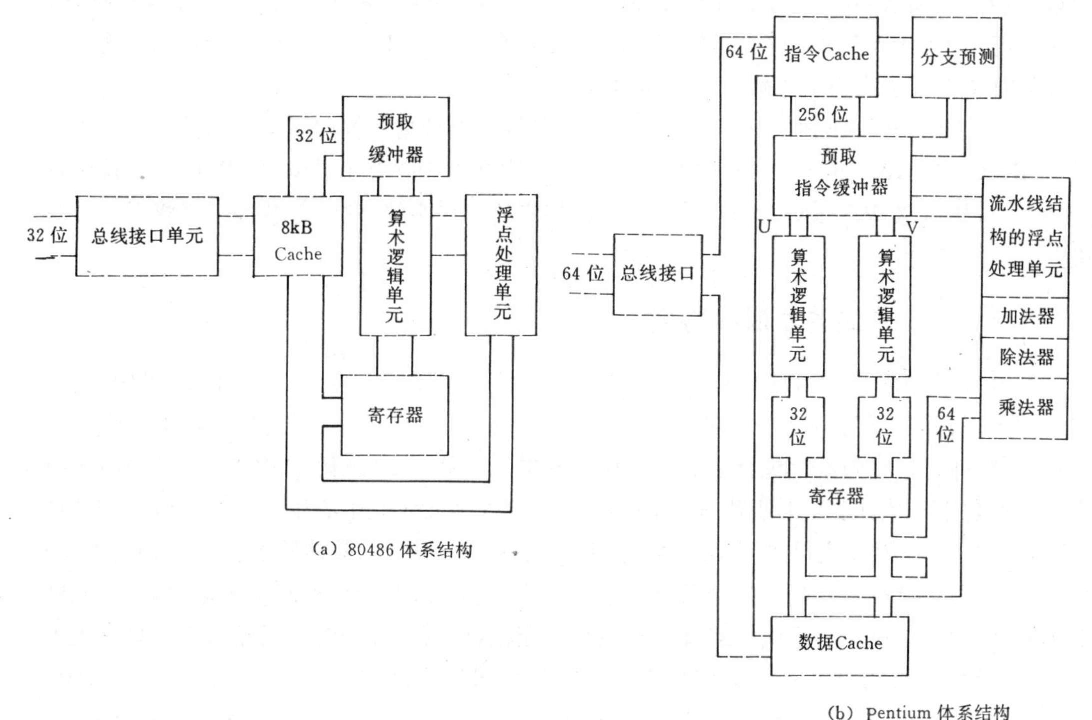

图 1.6.3　80486 和 Pentium 的体系结构框图

① RISC 型 CPU 采用超标量结构；

② 浮点部件采用超流水线技术；

③ 增加了动态转移预测；

④ 增大了芯片上的超高速缓存的容量；

⑤ 增强了错误检测和报告功能；

⑥ 芯片上超高速缓存改用回写方式；

⑦ 采用了多种测试方式(如边界扫描和探针方式)。

Pentium 芯片上有 RISC 型 CPU，80386 处理部件和浮点处理部件等三种指令处理部件和 24kB 的超高速缓存。其中，RISC 型 CPU 是采用超标量技术实现的，有两条流水线，一个时钟周期能并行地执行两条整数处理指令，或一条浮点数指令。浮点处理部件是用超流水线技术实现的。Pentium 有两个容量分别是 12kB 的超高速缓存，可同时被访问，指令超高速缓存可以提供多达 32 字节的原始操作码，数据超高速缓存每个时钟周期可提供两次数据访问。每种超高速缓存都有奇偶校验的保护。Pentium 芯片上还有指令预取缓冲器，它在前一条指令执行结束之后就可以预取多达 94 字节的指令。它还实现了一种动态分支预测算法，这种算法是根据先前某个时间执行指令的相对地址推算出运行指令的预取周期。Pentium 数据总线 64 位，地址总线扩充到 36 位，用以提高指令和数据的供给能力。而外部总线采用 RISC 那样的 64 位化，地址总线也扩充为 36 位，从而可扩大 4GB 的物理地址。此外，采用有

256 项的转移目标缓存,可高速处理转移指令。Pentium 上还配有面向容错系统的功能冗余检查,它一边可以与自身执行的结构相比,一边判断是否发生异常动作。为了适应共享主存的多机系统的需要,Pentium 上的超高速缓存改用回写方式(80486 采用通写方式),抑制了存取总线的使用次数。Pentium 产品刚刚问世不久,其后继产品 P6 预计也要投放市场,P6 的集成度到 1000 万个晶体管,整数运算速度达到 200MIPS。PC 机性能的不断提高,使得个人计算机图形系统成为工作站的最强劲的对手。

最近上市的 Power PC (PPC)将个人 计算机的性能价格比推向了一个新阶段。它采用 32 位 RISC 结构,0.5μm CMOS 工艺,在 $196mm^2$ 内装有 360 万个晶体管。PPC 可支持多种操作系统,如 AIX,Windows NT,Solaris 及其相应的窗口系统,它的普及推广必将促进计算机图形学的应用。

1.6.3 工作站的发展和特点

20 世纪 70 年代前期和中期,流行的计算机机种是大型机和小型机;到了 20 世纪 70 年代后期出现超级小型机和个人计算机两个新机种;进入 20 世纪 80 年代又出现了工作站这个新机种,并很快成为流行机种之一。工作站的构思萌芽于 20 世纪 70 年代,这是当时一些专家在设想下一代计算机时提出来的。1973 年美国 Xerox 研究中心生产出第一台工作站样机,取名为 Alto。Alto 主机采用动态微程序控制方式,用晶体管/晶体管逻辑(TTL)的中、小规模集成电路实现的,其固有指令只有微指令,内存达 512kB,外存有两个磁盘机,采用光栅显示器,使图文并茂。它把鼠标器直接和显示器连接,使其比过去的光笔输入装置具有更大的灵活性和更高的精度。Alto 安装了传输速率为 3MB/S 的实验性以太网,增强了多台 Alto 机之间的通讯及数据传送能力。1980 年才推出真正商品化的工作站产品,采用 Motorola 公司的 MC68000 芯片。1981 年 Xerox 公司推出了面向办公自动化的 Star 工作站,使工作站从应用于科学技术计算和工程、产品设计扩展到办公自动化。1980 年美国 Apollo 公司推出 Domain 工作站,1982 年 Sun 公司推出 Sun/1 工作站,这类工作站都采用 Unix 或类似于 Unix 的操作系统,从而使 Unix 进一步普及,并确定了 Unix 作为软件工业标准的地位。近几年来,工作站作为独立机种已和大、中、小、微计算机并驾齐驱,且在计算机产业中发展最快。进入 20 世纪 90 年代以来,工作站的市场销售情况如表 1.6.3 所示。工作站市场发展如此迅速的原因也是多方面的。从用户角度看,除工作站比大、中、小计算机价格便宜外,更主要的是工作站具有友好的高层次的用户界面、通过网络共享资源、图形功能强、硬件可扩充性好等优点。从工作站本身的功能发展看,向上越来越多地覆盖了中、小型机乃至大型、巨型机的

表 1.6.3 90 年代初工作站的市场销售情况

年　份	台　数	年增长/%	百万美元	年增长/%
1990	381279	—	7448	—
1991	539350	41	9689	30
1992	785000	46	12120	25
1993	1175000	50	15584	29
1994	1655000	41	19504	25
1995	2250000	36	23435	20
平均年增长		43		26

应用领域，向下发展可与个人计算机争夺越来越大的市场，例如 IBM 公司用 15 台 RS/6000 工作站联网用以替代 Cray 巨型机就是一个例证。

工作站是具有高速的科学计算、丰富的图形处理、灵活的窗口及网络管理功能的交互式计算机系统。一般地说它有如下特点。

(1) 具有 32 位或 64 位字长的中央处理器(CPU)，一般是单 CPU，也有多 CPU 结构；

(2) 广泛采用精简指令(RISC)、超标量、超流水线及超长指令技术，采用复杂指令(CISC)技术的工作站已经过时；

(3) 都在一个分布式的网络环境下运行；

(4) 自带外存，常配有磁盘、光盘、磁带和软磁盘驱动器，其容量在 600MB 以上；

(5) 内存至少 16MB，可扩充到 100MB 以上，高速缓存大多在 32kB 以上；

(6) 配有 UNIX 操作系统和窗口管理系统(如：Motif 或 OpenLook)；

(7) 不仅具有字符处理功能，主要有较强的图形处理功能，图形显示器的分辨率在 1024×900 以上，一般具有 8 个位面(可显示 256 种颜色)，有的可具有 100 个位面以上。

(8) 运算速度在 20MIPS 和 5MFLOPS 以上；

(9) 在网络的任何地方(近程或远程)可存取信息，具有无盘节点和有盘节点的形式；

(10) 基本用户是工程师、管理人员和高等院校师生，不仅可用于办公自动化、文字处理、文本编辑等，更主要的是用于工程和产品的设计与绘图、工业模拟和艺术摸拟。

工作站和个人计算机的区别如表 1.6.4 所示。

表 1.6.4 工作站和个人计算机的区别

特　征	个人计算机	工作站
所用处理器	CISC 或 C/R 混合结构的处理器	RISC 结构的处理器
总线	AT 或 EISA	SBus，MBus
页式虚拟存储器	无	有
分布网络和增强联网功能	选择	有
基本操作系统	DOS，OS/2	UNIX
主要市场	商业管理及家庭	技术或连网业务
基本用途	字符处理	图形处理
整数处理速度(MIPS)	1～100	5～200
浮点处理部件	选择	有
显示分辨率	640×480	1024×1024
显示器尺寸	12～14 英寸	16，19，27 英寸
图形处理能力	符号或二维	二维和三维
操作方式	单任务	多任务多进程
价格范围	300 美元～5000 美元	3000 美元～10 万美元
当前的厂商	Compaq，IBM PC，AST，NCR，HP，Dell 等	SUN，HP，IBM DEC，SGI，NEXT 等

工作站在本世纪内的发展将具有以下特点：

(1) 整数运算速度从 MIPS 提高到 BIPS(10 亿次/s)；

(2) 内存从 MB 提高到 GB(1000MB)；

(3) 外存从 GB 提高到 TB(1000GB)；

(4) 用户界面(Windows)友好且标准化；

(5) 采用大屏幕(27 英寸以上) 薄板式显示器；

(6) 高分辨率显示器达 4096×4096 象素以上；

(7) 24 位面的全彩色显示；

(8) 多媒体技术广泛应用；

(9) 并行分布式的 UNIX 操作系统将成为工作站的套装软件；

(10) 在 $30cm^3$ 的空间中安装 1000 个具有 1000MIPS 的 CPU,使得实时三维图形显示成为可能。

为了实现上述目标,工作站的研制将采取以下措施：

(1) 提高工作站所用芯片的时钟频率,从 30MHz 提高到 200MHz 以上；

(2) 扩大高速缓存(Cache)容量,从 4kB 到 4MB；

(3) 减少每条指令执行的时钟周期数,从 1 到 1/8；

(4) 强化浮点运算部件(FPU),把 FPU 和 CPU 装在一个芯片中,减少数据传递和状态控制时间,使其速度达到 50MFLOPS/单 FPU；

(5) 强化指令功能,增加数据传递指令、双精度浮点运算指令、内装式 Cache 指令、存储管理单元(MMU)指令等；

(6) 采用命令总线和操作数总线相分离的 Harvard 结构,提高 CPU 存取数据的速度；

(7) 采用 64 位或更高位的总线结构,以提高数据传输速率；

(8) 增加芯片内的并行处理功能,适应多处理器结构,如 DEC 公司的 Alpha 芯片,可以实现有 1000 个处理器的多处理器结构,整机性能达到 2700MFLOPS；

(9) 采用超标量,超流水和超长指令技术；

超标量产品具有工作频率较低、浮点处理性能好、程序二进制兼容、不需要重新编译等特点,其工作方式是同时取指令、同时译码、同进运行,运算时间的安排是在运行时由硬件完成的。这虽然使硬件相对复杂化,但编译程序的负担相对减轻。例如 Intel 公司的 i960CA 是具有超标量结构的芯片,它可同时对四条指令并行译码、并行执行,并可把其中的指令(最多三条)按流水线的形式输出。超流水线是对过去形式的流水线的进一步细化,增加流水线级数(一般由 4 级增加到 8 级),缩短各流水线区间的执行时间。例如 R4000 芯片采用的超流水线技术以取指逻辑两倍的速度运行,每次取两条指令并将它们相隔半个时钟周期放入流水线上,每半个时钟周期取一条新指令。由于流水线的区间数多,为了不使运算执行时的数据发生矛盾,在流水线区间要有联锁机构。超流水线在目标代码级上与过去的 RISC 芯片易于保持互换性,对编译器的负荷比较轻。超长指令字(VLIW)可以认为是水平方式的微程序设计概念发展到目标代码级的产物,通过装配多个运算器,使之同时动作,来实现指令级上的并行处理。VLIW 的指令格式一般设计成和各运算器的指令字段长度相同,为 64～1024 位,由编译程序事先确定其运算顺序。VLIW 具有较高的指令并行处理功能,但由于目标代码较长,对于在指令级上并行程序较小的程序不可能较大幅度地提高处理速度。

(10)广泛采用多媒体技术。

1.6.4 几种精简指令集工作站

目前已经商品化的工作站型号不少,而且都采用了 RISC 技术,本节将介绍几种在市场上销售量较大的工作站的体系结构，它们是Sun微系统公司的Sun Sparc工作站、HP公司的HP-PA工作站、DEC公司的Alpha工作站、IBM公司的RS/6000工作站以及SGI公司的IRIS工作站。

1. Sun Sparc工作站

SPARC工作站是美国Sun微系统公司在20世纪90年代的主流产品，以1990年开始连续4年在销售台数和销售额上都在国际工作站市场上名列榜首。目前该公司低档工作站产品有SPARC Station 2(简称为SS2)，其性能指标如下所述：

(1) 40MHz CMOS电路的整数处理单元其速度为28.5MIPS；

(2) 40MHz的浮点处理器其处理速度达4.2MFLOPS；

(3) 16MB内存，可扩充至64MB；具有64kB的高速缓存；

(4) 内部具有3个SBus插槽用于图形帧缓存、图形加速卡及其他选件板；

(5) 8位面彩色图形卡可接16或19英寸彩色高分辨率显示器；

(6) GX型二、三维图形加速卡，画二、三维线段的速度达：二维向量40万个/s，三维向量20万个/s；

(7) 外存从424MB可扩到7GB，1.44MB软盘及光盘；

(8) 有2个串行口、1个SCSI口、一个以太网口和1个语音口；

(9) 配117键键盘和光学三键式鼠标器；

(10) 电源：220V，200W；工作温度10℃～40℃；工作湿度：20%～80%，40℃；

(11) 软件，操作系统：SunOS 4.1以上；

中文语言环境用ANCLE V1.0；

程序语言：C，Pascal，Modula-2，Fortran，CommLisp，

通信：以太网 TCP/IP，NFS，SunLink；

图形支持：SunVision，SunPHIGS，XGL，XLIB，SunGKS，PostScript，PixWin；

窗口系统：OpenWindow，Xview，SunView。

SS2工作站的逻辑框图如图1.6.4所示，采用主从式的SBus总线结构，在此结构中，CPU可以作为一个主设备来控制总线，也可作为总线裁决器的一个部分，部分地参与对整个总线的管理。SS2采用了直接虚拟存储器访问技术(DVMA)，所有总线上的主设备提供的都是虚拟地址，从而简化了操作系统和内存管理软件的设计和研制，同时使输入输出(I/O)设备也能当页式虚存处理。SS2由整数单元IU、浮点单元FPU、高速缓存(Cache)控制器、存储器管理单元、直接存储器地址(DMA)及存储控制器几部分组成。SS2有GX图形加速板，可配用72MHz彩色显示器，分辨率为1152×900，对整数绘制点、直线、三角形、矩形及四边形的DRAW命令，块图象传送BLIT命令及字符字体设置FONT命令进行加速。SS2 GX图形加速板逻辑框图如图1.6.5所示。

1992年5月Sun微系统公司推出了SS10工作站，其单处理器速度达100MIPS以上，配置4个微处理器的多处理机性能超过400MIPS，总线速度提高一倍，Cache容量高达1MB。SS10具有综合业务数据网(ISDN)能力，从而把计算机功能和电话功能集成在一个系统中，其高带宽为在数字电话线上传送录像、影像、声音和文字数据等多媒体信息提供了方便。SS10采用模块设计，有利于最大限度地保护用户的投资，便于升级到多CPU和未来更高性能的微处理器上。在升级时，用户只需把通信MBus接口插入CPU母板上的SPARC

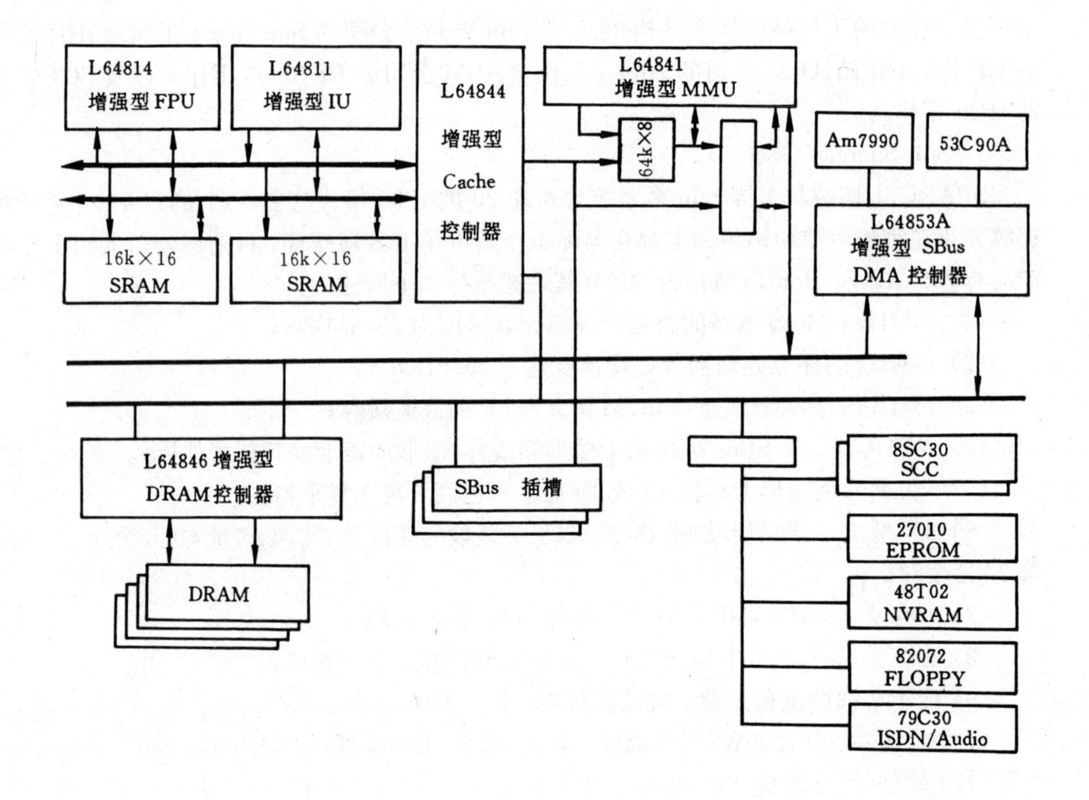

图 1.6.4 SS2 工作站逻辑框图

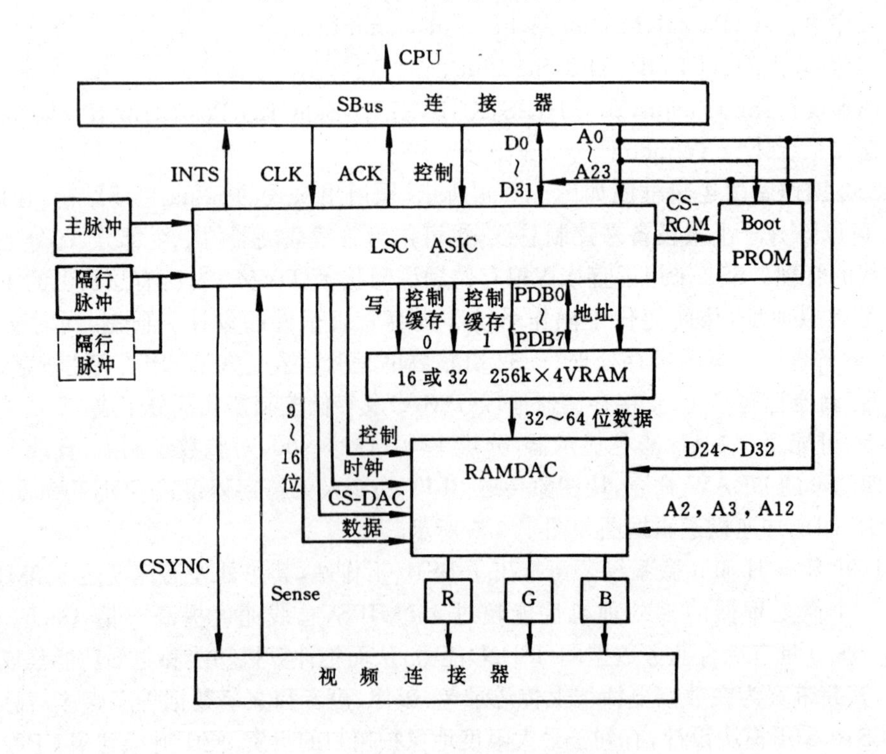

图 1.6.5 SS2 工作站 GX 图形板逻辑框图

芯片拔下来，换上一个速度更快的新 CPU 模块即可。此外还允许用户对系统的其它方面进行扩充，如把外存扩充到 26GB，把高可靠性的 ECC 内存储器增加到 512MB，以及增加功能更强的图形处理加速处理器件等。

2. HP-PA 工作站

美国惠普(HP)公司的精密体系结构精简指令集工作站 (PA-RISC)的系统模块组成如图 1.6.6 所示。在此结构中，CPU、高速缓存(Cache)和时钟设计成一个模块，浮点协处理器

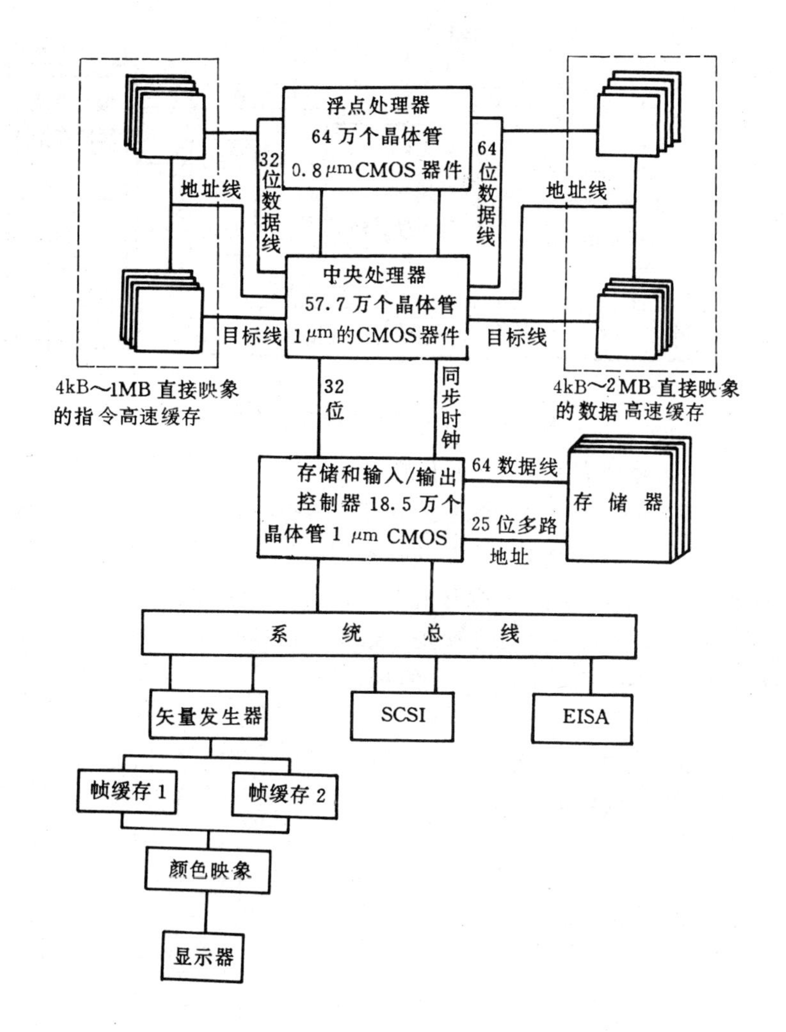

图 1.6.6 HP-PA 工作站的系统模块图

(FPC)和 Cache 的随机存储器(RAM)都设计在 CPU 中，标准的异步高速随机存储器(SRAM)可在 66MHz 的频率下工作。数据 Cache 具有 64 位字长从而改进了浮点处理性能，指令 Cache 具有 32 位字长，这两种 Cache 都有奇偶校验位。CPU 通过 32 位多路复用地址/数据总线与 I/O、存储器连接。存储器和 I/O 接口采用传统的 VLSI 芯片。在 PA-RISC 中，内存的最高带宽发生在 CPU 向 Cache 作存取操作时，此时的波峰值超过了 200MB/s，对图形卡的带宽一般要求在(80～100)MB/s。系统总线是以一半 CPU 频率运行的 TTL 同步接

口,它具有分离的地址和数据线,支持 132MB/s 的通信带宽。

PA－RISC 的存储系统包括一个 ASIC VLSI 控制器、一个地址复用/控制器、存储器(DRAM)以及一个用标准 TTL 的数据复用/锁定器。存储系统有出错检验更正功能(EDC)、它可以更正 1 位错误以及检测高达 4 位的 DRAM 的多位错误,存储系统的模块结构如图 1.6.7 所示。存储系统有两条 72 位数据线(其中 64 位数据位和 8 个 EDC 位),有一条行地址选通(RAS)和两条列地址选通(CAS)线。每个地址缓冲存储器/控制器驱动 18 个

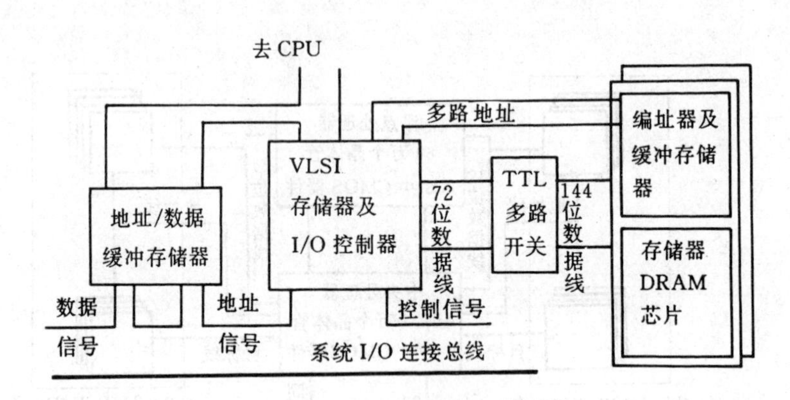

图 1.6.7 HP-PA 工作站存储模块图

DRAM,且与 72 条数据线有关。为了便于扩充内存,地址缓冲存储器/控制器必须成对加入系统,其中每一个联接到一个 CAS 线上。在存取数据时,CPU 复制一份后备数据到复制缓冲区,在所需要数据被送到 CPU 后,VLSI 控制器将后备数据写入内存。内存控制器还有一个指令预取缓冲区,除了页交叉外,所有由于指令高速缓存引起的对内存存取的轮空将应用此缓冲区。数据和代码的虚拟地址变换是通过指令/数据变换查找缓冲区(TLB)实现的,它们分别支持分段的 48 位虚拟地址、32 位的物理地址、15 位的保护标志、4 个优先级以及一系列的保护与诊断机制。

PA-RISC 图形处理模块如图 1.6.8 所示,为了加速图形处理,增加了特殊的浮点操作,快速数据传送和三维扫描转换等功能。

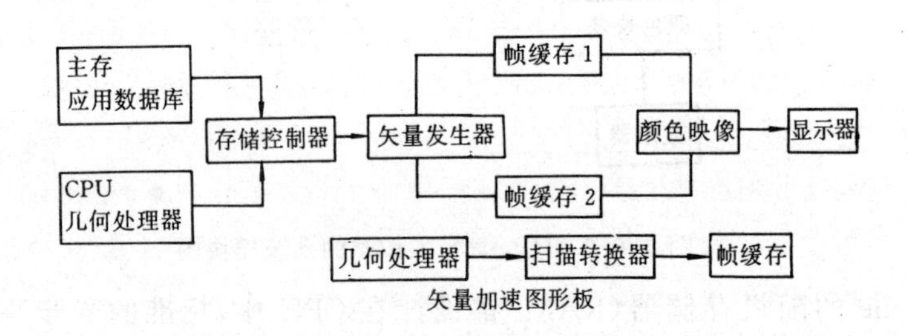

图 1.6.8 HP-PA 工作站图形处理模块图

3. DEC Alpha 工作站

Alpha 是美国 DEC 公司在 1993 年初推出的单 CPU 速度最快的 RISC 工作站芯片。字长 64 位,采用 0.75μm CMOS 工艺(最小通道为 0.5 μm),三层金属互连,在 16.8×13.9mm² 的芯片上集成了 168 万个晶体管,片内时钟频率为 200MHz,电源 3.3V,功耗

30W，峰值速度达 400MIPS，浮点峰值速度为 200MFLOPS，持续速度为 150 MIPS。Alpha 的系统结构框图如图 1.6.9 所示。其中有两个独立的 8kB 的指令和数据超高速缓存、整数部件、浮点部件、控制逻辑、寻址逻辑以及时钟分配等。时钟采用集中式单驱动器电路，使得芯片内任意一点的传送延迟时间最短。该芯片每个时钟周期可以处理二条 32 位指令，但是整数存储和浮点操作，或者浮点存储及整数操作不能同时执行。控制部件取出指令并将其分配到 4 个功能部件（整数部件、浮点部件、装入/存储部件和转移执行部件）中的两个功能部件。

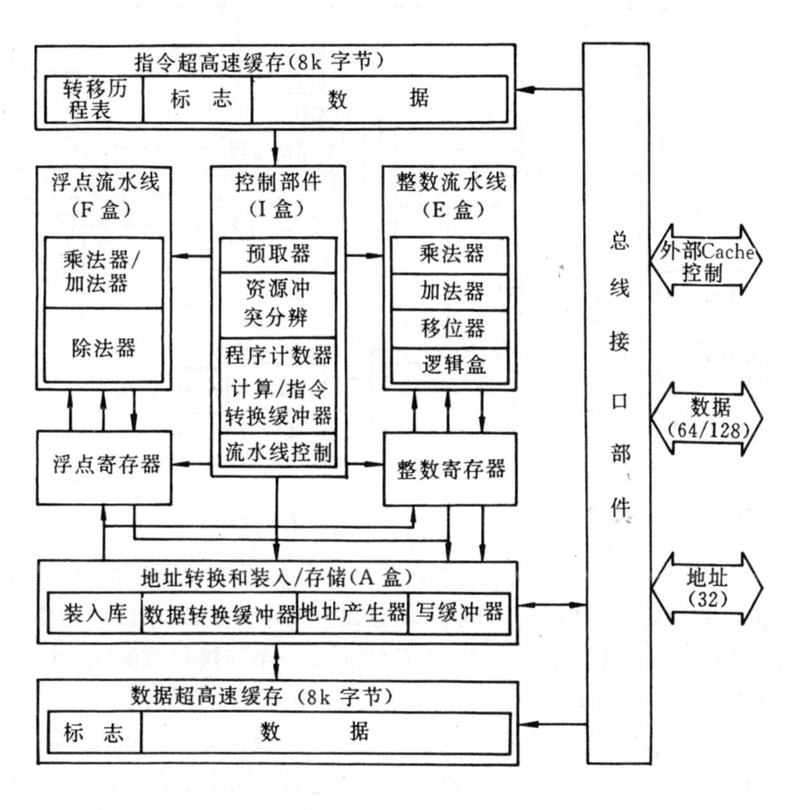

图 1.6.9　DEC Alpha 工作站系统结构图

总线接口部件允许用户配置 64 位和 128 位的外部数据通道，使用 ECL 和 TTL 电平以及控制总线接口部件的时钟频率。Alpha 是采用 64 位装入/存储的 RISC 结构，具有下列数据特征：所有操作都在 64 位寄存器之间进行；存储器通过 64 位虚拟地址访问；含有 32 个整数和浮点数寄存器；支持长字(32 位)和四倍字(64 位)寄存器；支持 5 种基本指令格式，即：存储器指令、转移指令、操作指令、浮点指令和特权结构程序库指令。Alpha 的基本寻址单位为 8 位，虚拟地址是 64 位，最短的虚拟地址为 43 位。

4. IBM RS/6000 工作站

美国 IBM 公司推出的 RS/6000 工作站的体系结构如图 1.6.10 所示，其硬件由 CPU 板、输入(I)输出(O)板、标准输入/输出板三大块组成。CPU 板上有 CPU 芯片组和内存卡槽，其内存条有 8MB、16MB 和 32MB 三种。来自 CPU 的微通道接口接到 I/O 板上，经过缓冲器接到 8 个 I/O 槽上，这些 I/O 槽可装各种微通道卡、协处理器、终端仿真器、打印机卡等。在 I/O 板上的其他功能包括用于配置和出错记录的非易失性 RAM，用于出错显示、日

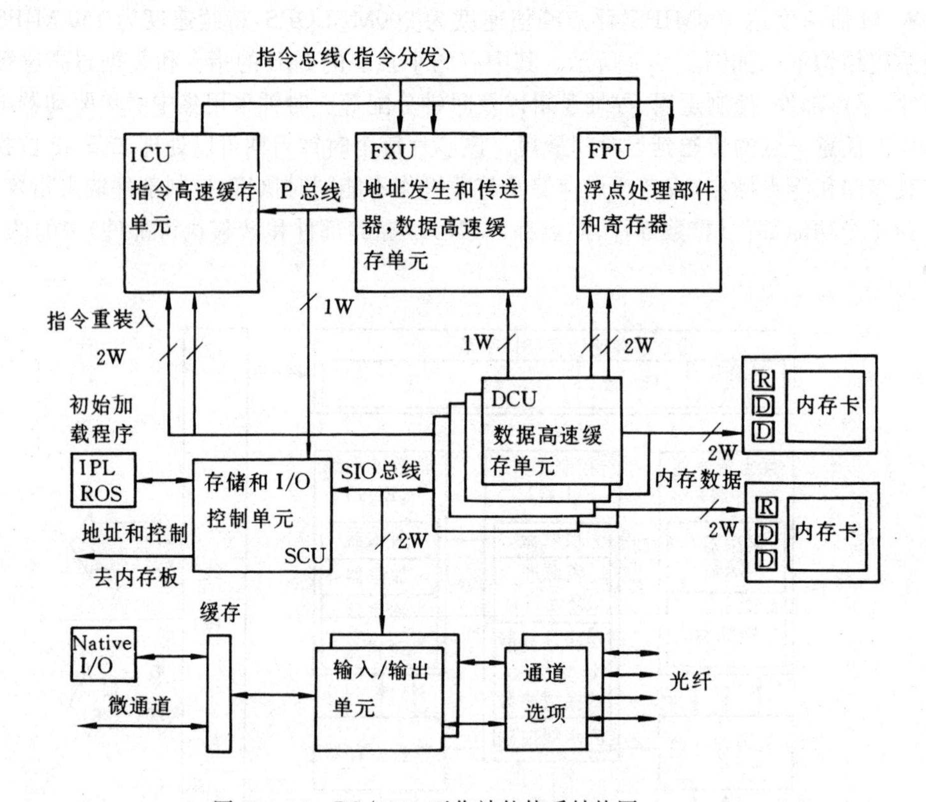

图 1.6.10 RS/6000 工作站的体系结构图

历时钟、计算机复位寄存器以及系统状态和配置寄存器的操作员面板接口。标准 I/O 板上有与键盘、鼠标器、数字化仪、并行打印机口、软盘以及两个 RS232 串口和连接器。I/O 板靠着 CPU 板,用连接器接到 CPU 板上,标准 I/O 板通过一个连接器装配在 I/O 板的下部。

RS/6000 的中央处理器由几个半定制的芯片组成,它们是:一个指令 Cache 单元(ICU),一个定点单元(FXU),一个浮点单元(FPU),4 个数据 Cache 单元(DCU),一个存储控制单元(SCU),一个 I/O 接口单元(C)和一个时钟芯片(CLK)。在每块内存卡上有用于交叉存取的两个数据多路器芯片(D)和一个控制器芯片(R)。

ICU 含有一个两路组相联的 8kB 指令 Cache,其一条线的大小为 64 字节。ICU 处理分支指令、条件寄存器指令以及状态调用指令,并将其余的指令发送给 FXU 和 FPU。ICU 有机器状态寄存器,可对中断集中控制。在每个周期可将四条指令从指令高速缓存 I-Cache 阵列取出并送入指令缓冲器和发送单元,该单元每个周期可发送四条指令,其中两条在内部发送给 ICU(分支和条件寄存器指令),有两条发送给 FXU 和 FPU。指令寄存器有 12 个入口,FXU 和 FPU 看不到任何分支,在多数情况下,它们接收的是不间断的指令流且看不到分支的影响,这就是所谓"零周期分支"。

FXU 有一组通用寄存器和算术逻辑部件,还有一个定点乘除部件,使乘法指令只占 3 到 5 个周期,除法指令占到 19 个周期。FXU 还支持硬件数据封锁和硬件锁授权功能,用以改善在数据库和事务处理应用中的性能。FPU 有 32 个 64 位的浮点寄存器,6 个换名寄存器、两个除法寄存器,它以一个"前导零预测器"来避免"前导零检测器"所造成的延迟,较好地实现了乘加的重迭,用这种方法实现了在两个周期内的浮点运算流水线。

RS/6000 的内存卡采用多路交叉存取方案，可以在每个周期从每块内存卡提供两个数据字。为了支持到 CPU 的四个字宽的内存总线，至少需要两块内存卡。交叉存取是由内存卡上的两片数据多路器芯片(D)和一片控制器芯片(R)完成的。内存卡接收一般的读写指令并产生多个写数据字和多种 DRAM 需要的读写、刷新，以及页面方式的读写信号。

I/O 单元有一个 I/O 通道控制器(IOCC)和两个串行链接适配器(SLA)。(IOCC)产生一个微通道控制接口，在系统存储器和微通道总线接口之间传送数据，支持多达 15 个 DMA 通道和 16 级中断。SLA 是一种串行 I/O 结构，支持工作站之间利用光纤进行点对点的通信。SLA 从 CPU 接收数据，将其变成 10 位的数据包，然后传给光纤卡。光纤卡将数据变成串行的，再送到光纤上。SLA 也支持对 CPU 的 I/O 加载和存储操作，每个 SLA 有两个 256 字节的数据缓冲器用于在光纤卡间传送数据，此外还有一个 16 个字的标识表，在 DMA 操作时用作指向系统存储缓冲器的指针。

5. SGI IRIS 工作站

SGI IRIS 工作站是在 20 世纪 80 年代中期才进入市场，由于这类工作站的图形处理能力强，其发展速度相当快，尤其是近几年，其产值和产量的增长速度均超过 50%。这类工作站主要有三个特点：

(1) 图形处理技术有优势

SGI IRIS 工作站一开始就采用了图形处理技术和 VLSI 技术相结合的产物——几何图形发生器以及与其相配套的 IRIS 图形库 GL。用几何图形发生器可以方便地产生各种线框图、实现图形的几何变换和各种光照效果。用户应用交互式三维图形程序设计库 GL，可以方便地进行各种建立物体模型、几何变换、光线、色彩、明暗、阴影、表面纹理和复杂帧缓存处理等图形处理功能。由于 GL 已经固化，使得 SGI IRIS 工作站在三维图形动态显示和实时仿真方面的功能尤为突出。目前，SGI IRIS 普及型工作站每秒可处理 120 万条三维线段，200 万个多边形，每秒可作 3.23 亿次纹理及反走样处理。

(2) RISC 处理器不断更新

SGI 公司从 20 世纪 80 年代中期开始采用 MIPS 的 RISC 芯片，其型号从 R2000、R3000 到近来的 R4000、R4400 和 R6000A。R4000 是一个具有 120MIPS 运算速度的 RISC 处理器，与其配套的 TFP 流式超标量处理器达 300MFLOPS 的浮点运算速度，其在每一个时钟内发出 4 条指令，它将流式高速缓存中的数据以 21.6GB/s 的超高速传送给浮点加法和浮点乘法运算流水线。R4000 是国际上较早的 64 位处理器，采用的 64 位寄存器和 64 位总线结构大幅度地提高了机器的性能。R4000 的体系结构如图 1.6.11 所示。

(3) 采用 RISC 对称并行多处理器结构

SGI 公司在 20 世纪 80 年代后期就推出了对称并行多处理器系统 POWER，当时可配置 8 个 R3000 CPU，其运算速度达 286MIPS，70MFLOPS。最近推出的 Challenge 系列产品是由 2～36 个 R4400 CPU 构成的共享主存对称式多处理器系统，其运算速度在 240MIPS～4000MIPS、150MFLOPS～2700MFLOPS 之间。而 POWER Challenge 系统由 2～18 个浮点性能较高的流式超标量芯片 TFP 构成共享主存对称式多处理器系统，其处理速度在 600MFLOPS～5400MFLOPS 之间，I/O 吞吐能力达 1.28GB/s。这意味着 SGI 工作站进入了巨型机的行列。

6. 多媒体工作站

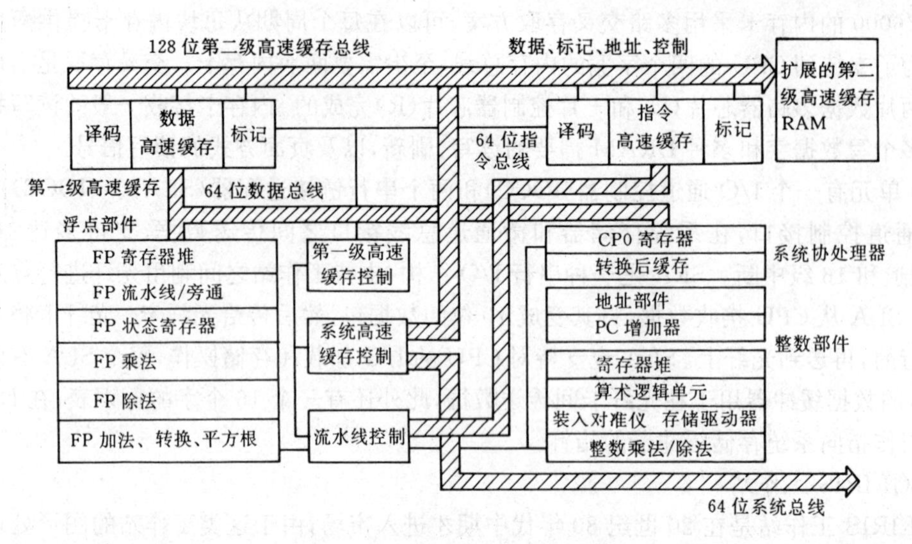

图 1.6.11　R4000 的体系结构图

上述的各种工作站所处理的数字信息，不外乎是数值计算、字符处理以及图形参数，在此基础上加上视频图象、静止的景物画面和语音等声频信号，即可构成多媒体工作站。对于普通工作站发展成多媒体工作站需要增加视频信号和音频信号的输入设备，在硬件系统进行扩充的同时还需要对 UNIX 和窗口系统作出相应的扩充。普通工作站扩充成多媒体工作站的示意图如图 1.6.12 所示。

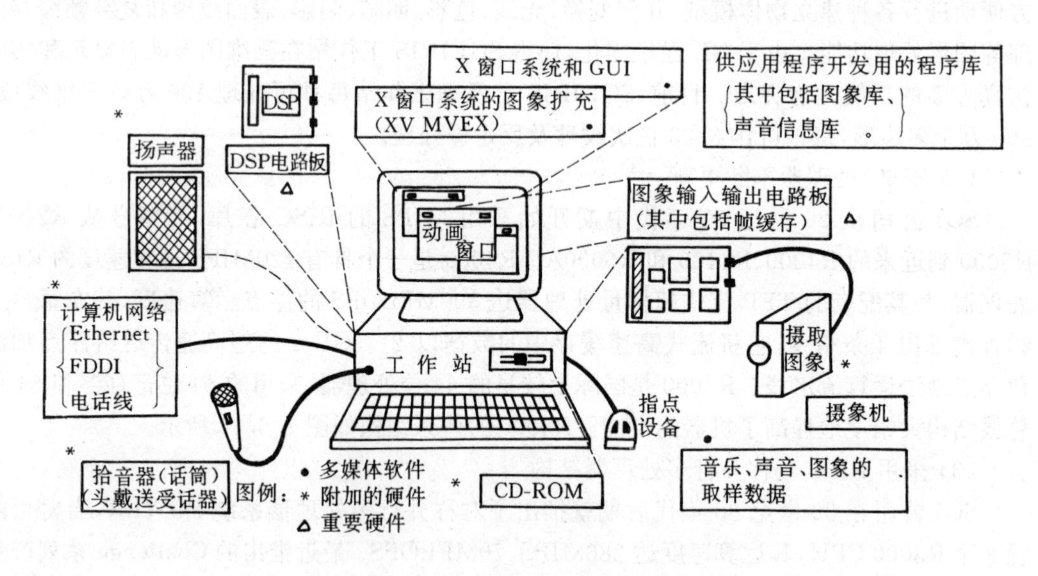

图 1.6.12　多媒体工作站系统示意图

早在 1988 年底，美国 Next 公司推出第一台多媒体工作站，即 Next 计算机系统，它采用 Motorola 公司的数字信号处理电路板 DSP50001，以后又扩充了视频图象输入输出电路板。日本 Sony 公司于 1990 年开始销售 NEWS 工作站的视频图象输入输出电路板。美国 SGI 公司于 1991 年推出多媒体工作站 Indigo，其中也是以 DSP 电路板作为其标准配置。美国 DEC 公司于 1991 年底开始销售用于多媒体工作站 DEC 5000 的电路板和各种软件工具。Sun 微系统公司也提出把视频图象输入输出功能综合到 SPARC 工作站 CPU 板上。上述这类具有基本视频图象和音频信号处理的工作站即为第一代多媒体工作站。

在多媒体工作站中对于视频图象输入必须具有视频图象摄像机、录像机 VTR、模数(A/D)转换器和帧缓冲存储器。视频图象输入功能是从视频图象摄像机或是录像机获得图象信息,通过模数转换器离散成数字信号,最终存入图象帧缓冲存储器,从而实现视频图象的输入。反之,由图象帧缓冲存储器调出数字信息,由工作站的显示窗口显示图象信息,即实现视频图象信息输出。而音频信号的处理也要有相应的电路板。例如 DEC 5000 工作站的音频板上主要是有一块 DSP 56001 数字信号处理器电路,通过它可扩充连接拾音器话筒、扬声器、耳机以及头盔式送话器,形成能够输入输出音频信号的硬件结构。

多媒体工作站和计算机网络环境、声音信息邮件/电视会议系统、显示系统、教育培训系统、监视系统以及图象和声音信息数据库相结合,必将会在办公室自动化,金融证券交易、医疗、新闻机构和教育培训机构等领域具有广阔的应用前景。

1.6.5 工作站的性能评测与选择

在众多的工作站中,如何评测工作站的性能指标?如何选择性能价格比较好的工作站?这是广大读者非常关注的问题。评价工作站性能的指标主要是开放性、计算、图形处理和网络功能等四个方面。

1. 工作站的开放性

工作站从其诞生之日起就一直存在着开放和封闭之争,历史事实已经证明开放战胜了封闭,开放式的工作站得到了大发展,不开放的工作站被淘汰,其中 Sun 微系统公司的成功,Apollo 公司的失败就是一个证明。

工作站的开放环境应是一种独立于各厂商并遵循国际标准的应用开发平台,它为各种应用软件、数据、信息和人员提供了交互操作和移植的界面,保证新安装的系统必须能够与已安装的计算机环境进行交互工作,并可提供预测功能和规模可变的机制。开放环境主要由操作系统、网络系统、窗口系统和开发工具等几部分组成。在开放环境上开发的应用软件可保证它们的交互操作性、规模可变性、可移植性及相互连接性。

2. 计算功能的测试

对工作站系统性能的评测常用基准测试法。即选择具有代表性的各类应用或具有某种特性的程序组作为基准测试程序,通过在目标工作站上实际运行这些程序得到有关的测试数据,通过这些数据可客观地对工作站进行测试。

(1) 流行的测试基准程序

长期以来,最流行的计算性能测试基准程序是 Dhrystone Mips,Linpack 和 Whetstone。Dhrystone Mips 是整数指令测试程序,1984 年以 Ada 语言编写,1986 年改写为 C 和 Pascal 语言,主要含有不同形式的转移指令、控制指令、程序调用和参数传送以及算术、比较、逻辑运算指令所构成,不包括浮点操作指令。为了获得 Dhrystone Mips 的值,是用被测工作站上运行 Dhrystone 程序的次数除以 VAX 11/780 计算机每秒执行 Dhrystone 程序的次数(1757 Dhrystone 次/秒),因为工业界公认 VAX 11/780 计算机的运行速度为 1 个 Dhrystone Mips。Linpack 是一个求解 100×100 阶线性方程组的测试基准程序,为了反映向量机和并行处理机的性能,还提供了 1000×1000 阶线性方程组求解的测试结果。测试程序分为单精度和双精度，单位为 MFLOPS。

(2) SPEC 基准测试程序

为了克服现有测试程序的局限性，1988 年成立了包括有工作站制造厂商在内的有几十家公司组成的系统性能评测协会 SPEC(System Performance Evaluation Cooperative)，并于 1989 年底公布了 SPEC 1.0 版基准测试程序组，包含 10 个各种科学技术应用领域的实用程序组。其中 GCC、Espresso、Li 和 Equtott 4 个程序组是以整数运算为主的，用 C 语言编写的综合性强化应用程序。Spicezg6，Doduo，Nasa7，Matrix300，Fppp 及 Tomcatv 6 个程序组是用 Fortran 编写的强化浮点运算程序。10 个程序组所测得的几何平均值为 SPEC 数。1990 年 8 月开发出了一个多处理器体系结构的基准测试程序 SPEC+hruput，测试时采用上述 10 个 SPEC 程序组，但它们的运行方式更适合于多处理器结构。

(3) 图形测试基准程序

在工作站的典型交互工作中，约有 80%的时间花在图形和 I/O 处理上，只有 20%的时间花在计算上。美国国家计算机图形协会 NCGA 于 1986 年开始开发图形基准测试程序组 PLB，1990 年才推出正式版本，1990 年底才首次用于工作站的测试。PLB 与上述的测试基准程序不同，它定义了一个基准程序接口格式 BIF，在测试中将 BIF 翻译成程序员层次结构的交互式图形标准 PHIGS 的格式。运行 PLB 时，首先把应用程序的映像文件翻译成 BIF 格式，然后再将它们映像到工作站上，而工作站得到产生映象所需要的时间就是测试结果。目前所有的工作站厂商均支持 PLB 测试。工作站图形性能的评测还流行用产生图形的速度等指标来衡量。例如常用的指标有：每秒画二维向量数、每秒画三维向量数、每秒画三维三角形数、每秒画三维多边形数等。其中三维向量还涉及到象素数、颜色数、是否有反走样处理等；对于三维多边形还涉及到多光源、消隐方法、光照模型等因素。

(4) 如何选择工作站

选择工作站的基本出发点是性能价格比及其适用程度，具体说要考虑以下几点。

① 系统的开放性。如采用 UNIX，Windows NT 操作系统，X 窗口管理系统，Ethernet 网、NFS 网络文件系统，VME、MBUS 总线、SCSI 接口等。

② 硬件的可靠性和 CPU 功能。采用 RISC、超标量、超流水线、超长指令等技术的 CPU，主频在 40MHz 以上，内存在 16MB 以上，外存有 600MB 左右，平均年维修率和系统故障率低，电源保护功能好。

③ 图形处理功能。带有图形加速处理器，图形显示分辨率在 1024×900 以上，具有 8 个以上的位面，有反走样、线面消隐、光照模型等处理硬件，同时还具有丰富的图形生成和处理软件，如 GL，PHIGS 等。

④ 有较强的编程能力和文件管理能力，系统调节和扩展能力强。

⑤ 有适合应用需要的应用软件，第三方开发的可运行软件超过 2000 个。

⑥ 卖方的信誉好，维修服务质量高，产品销售量大，最终用户多。

⑦ 价格合理。

⑧ 卖方的技术力量、财力以及和已有系统资源的兼容性好。

在我们选择工作站时，需要把工作站的设计生产公司与 CAD/CAM 系统的集成开发公司区分开来，前者主要是从事工作站硬件及其系统软件的开发和生产，如：Sun，SGI 公司等；后者主要从事 CAD/CAM 支撑软件和应用软件的开发以及与工作站的集成，如：Computer

Vision 公司、SDRC 公司等。某些应用如能用个人计算机图形系统实现，就不一定用工作站，个人计算机图形系统的推广应用更为广泛。

1.7 虚拟现实系统

虚拟现实系统，又称之为虚拟现实环境，是指由计算机生成的一个实时三维空间。用户在其中可以“自由地”运动，随意观察周围的景物，并可通过一些特殊的设备与虚拟物体进行交互操作。在此环境中，用户看到的是全彩色主体景象，听到的是虚拟环境中的音响，手（或）脚可以感受到虚拟环境所反馈给他的作用力，由此使用户产生一种身临其境的感觉。

虚拟现实技术主要研究交互式实时三维图形在计算机环境模拟方面的应用。此项技术的研究最早开始于 20 世纪 60 年代，但由于此技术涉及的学科面宽，对实时三维计算机图形的要求高，国外除有少数军工单位进行研究外，几乎很少被大家所注意。直到 20 世纪 80 年代后期，由于小型液晶显示和 CRT 显示器技术、高速图形加速处理技术、多媒体技术及跟踪系统等方面的进步，以及图形并行处理、面向对象的程序设计方法的发展，虚拟现实技术的研究才开始活跃起来。尤其是近几年，虚拟现实的研究工作进展较快，并已在航空航天、建筑、医疗、教育、艺术、体育等领域得到初步应用。

1.7.1 系统构成

虚拟现实系统除了具有常规的高性能计算机系统的硬件和软件外，还必须对下列关键技术提供强有力的支持。

（1）能以实时的速度生成有逼真感的景物图形（即三维全彩色的、有明暗、纹理和阴影的图象）。

（2）能高精度地实时跟踪用户的头和手。

（3）头戴显示器能产生高分辨率图象和较大的视角。

（4）能对用户的动作产生力学反馈。

具有上述功能的系统是相当庞大的，这类系统目前尚处于研制阶段，其中美国北卡大学（UNC）开发的 Pixel-Planes5 具有一定代表性，其硬件组成如图 1.7.1 所示。北卡大学在虚拟现实方面的研究已有 20 年的历史，他们在其硬件、软件、交互技术、新型设备、典型应用等方面都取得了许多领先的成果，并用 Sun Sparc 工作站为主机和自行开发的专用图形生成系统 Pixel-Planes5 集成为一个完整的虚拟现实试验系统。该系统通过串行口与 Machintosh 机连接，该微机中有一个存储了 1000 多种不同声响效果的库，用来控制产生不同的声响。系统中有两类跟踪装置。一类是电磁跟踪器，另一类是天花板式的光电跟踪器，它们用来实时地跟踪用户头部的位置和方向。用带开关和传感器的空心球及数据手套作为该系统的手持式输入工具，用于输入用户的位置、姿态和动作，以便同系统环境中的虚拟物体进行交互操作。主机还通过以太网上的另一台工作站控制一个有 6 个自由度的机械手，用来产生反馈给用户在 3 个不同方向的推力和拉力。

在虚拟现实环境中，高速（要求实时）三维图形处理硬件是关键设备。目前高性能工作站所配置的图形加速处理器的实时图形能力离虚拟现实环境的要求还有一定的距离，因此在研制虚拟现实环境时，开发高性能的实时三维图形专用硬件就是其中最重要的任务，UNC

的 Pixel-Planes5 就是一个典型的例子。Pixel-Planes5 主要由三部分组成，见图 1.7.1。第一

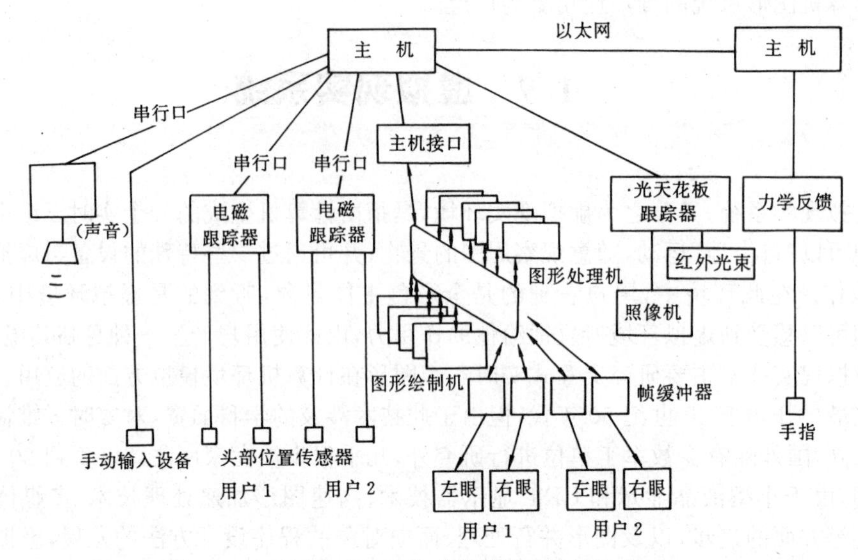

图 1.7.1 Pixel－Planes5 虚拟现实系统的组成

部分是 40 台图形处理器(GP)，每一台 GP 均以 i860，具有浮点功能的 RISC 微处理器为核心，内存 8MB 以上，时钟频率达 40MHz 以上，它能完成建立景物模型和进行观察变换所需要的各种数字运算。每个 GP 均能实现 PHIGS$^+$三维图形标准的功能，PHIGS 的层次数据结构在每个 GP 中均有一份拷贝，其中的各种图形输出功能是分配给各个 GP 分别进行处理，因而加快了三维景物的处理速度。Pixel-Planes5 的第二部分是 25 个图形绘制器，这是 UNC 自行设计的 ASIC 专用芯片。每个图形绘制器都包含一个有 128×128 个处理单元(PE)的单指令流多数据流(SIMD)的处理器，每个 PE 负责处理一个象素并能计算二次表达式 $Ax + By + C + Dx^2 + Exy + Fy^2$ 的值。组成虚拟现实环境景物的线段、多边形、曲面、实体等图形元素由 GP 转化为图象空间中的二次表达式，传送给图形绘制器，再由各个 PE 同时计算相应象素的值，所生成的图象再由图形绘制器的后缓冲存储器传送到帧缓冲存储器，拼成一幅 1024×1024 的完整图象，并不断地进行画面的动态刷新。25 个图形绘制器每一个都能独立地处理属于它所对应的虚拟象素空间的那部分图素，从而整体上构成了一个多指令流多数据流(MIMD)的并行处理机。Pixel-Planes5 的第三部分是用于联结各个 GP 和图形绘制器的环形图，主机、帧存储器也与之相连接，其频带较宽、可支持 8 个数据流在网上同时传送，数据传送速率可达每秒 160MW(每个字(W)32 位(bit))。Pixel-Planes5 还可以绘制二次曲面和构造的实体几何(CSG)表示的形体，并可用先进的光照模型、纹理生成技术以接近实时的速度处理透明体模型的数据及各种图象操作。当 Pixel-Planes5 在满负荷运行时，能每秒生成 2 兆个经过 Phong 明暗处理和深度缓存技术消隐的三角形。

1.7.2 三维输入设备

三维输入设备是虚拟现实环境中不可缺少的部分，目前有四种常用的手动输入设备。

(1)控制球

这是一种内装有 Polhemus 传感器的空心球，球面装有两个按钮，传感器用于指出空间位置的变化，按钮的功能由软件定义。它易于使用，定位精度比下述的数据手套高。

(2)指套

这是控制球的一种变体，它由形状如弹吉它的指套组成，其上装有传感器和微动开关，它形状直观使用方便，对于在虚拟现实环境中进行抓取操作特别合适。

(3)操纵盒

这是一种带有滑尺的具有三个自由度的操纵杆，是二维操纵杆的发展和变形，是一种老式的三维输入设备。

(4)数据手套

这也是一种戴在手上的传感器，能给出用户所有手指关节的角度变化，由应用程序判断出用户在虚拟现实环境中进行操作时的手的姿势。

1.7.3 跟踪器

虚拟现实环境中的另一项关键技术是跟踪，即对虚拟现实环境中的用户(主要是头部)的位置和方向进行实时精密的测量。跟踪需要一种专门的装置——跟踪器，其性能可用分辨率(精度)、刷新速率、滞后时间及可跟踪范围来测量。不同的应用要求可选用不同的跟踪器，它们主要采用如下四种不同的技术。

(1) 机械式

这是较老式的一种，它使用连杆装置组成，其精度和响应速度还可以，但工作范围相当有限，对操作员的机械束缚也较多。

(2) 电磁式

这是目前使用最多的一种，已有商品出售，如 Polhemus 电磁跟踪器。其原理是在 3 个顺序生成的电磁场中有 3 个接收天线(安装在头盔上)，从所接收的 9 个场强数据可计算出用户头部的位置和方向。其优点是体积小，价格便宜，缺点是滞后时间长，跟踪范围小，且周围环境中的金属和电磁场会使信号畸变，影响跟踪精度。

(3) 超声式

这种跟踪器的原理与电磁式的相似，头盔上安装有传感器，通过对超声传输时间的三角测量来定位。其重量小、成本不高，已有商品出售，但由于空气密度的改变及物体遮挡等因素而使跟踪精度不太高。

(4) 光学式

这类跟踪器可用激光、红外光等作为光源，并按一定结构安装在周围环境中作为信号标志。在头盔式显示器中装有发光二极管传感器，通过光电管产生电流的大小及光斑中心在传感器表面的位置来推算出头部的位置与方向。一般的光学跟踪器精度高、刷新快、滞后时间短，但用户的活动范围小。UNC 前两年自行研制出了一种光天花板跟踪器，解决了跟踪范围有限的问题，其结构如图 1.7.2 所示。天花板由 2 英尺×2 英尺的模块拼装而成，总面积可任意大小(目前为 10 英尺×12 英尺)。每个模块上装有 32 个发射红外线的发光二极管(LED)，由头盔显示器上安装的 3 个传感器(具有测视效应的光检测器)所接收。接收信号送入微处理器 68030 中进行测量，68030 还负责控制 LED 发射红外光。这种跟踪器的定位精度为 2mm，方向精度为 0.2 度，跟踪的滞后时间为(20～60)ms，刷新速率可达(50～70)Hz。更为方便的是只要把天花板进行扩展，跟踪范围将自动扩大。

一种更有前途的光学跟踪器叫作自跟踪器，它利用图象处理的原理，通过头盔显示器上安装的光传感器和专用图象处理机，以每秒取样 1000 帧图象的速度，不断地对相继的帧图象进

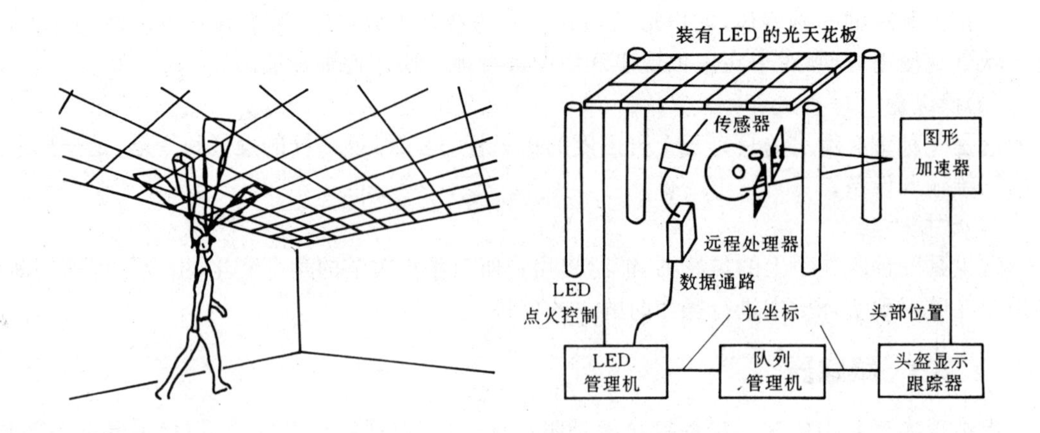

图 1.7.2　光天花板跟踪器示意图

行相关分析，从而推算出头部的位置和方向。由于这里不要求在环境中安装任何信号标志，因此工作范围将不受限制。但如何控制测量中的累积误差来控制跟踪精度仍然是一个难题。

1.7.4　头盔显示器

头盔式显示器戴在用户头上，为用户提供虚拟现实中景物的彩色立体显示。目前头盔式显示器有两种，一种是遮挡式，另一种是透视式，可视不同的应用需求进行选择。遮挡式头盔显示器市场上已有商品，它使用 LEEP 广角光学镜头和彩色液晶显示器，分辨率一般为 360×240，它的图形质量不高，使用寿命也不长。使用遮挡式头盔显示器时用户只能看见虚拟现实中的景物，实际景物被头盔挡住完全看不见。

透视式头盔显示器将计算机产生的景物重叠在实际的环境景物之上，两者同时可见，这在许多场合是非常有用的。图 1.7.3 是 UNC 近年来研制的两种透视式头盔显示器的原理图，图(a)是 30°视场的头盔显示器，它为用户的每个眼睛都配有一个半透明的 45°的镜子和

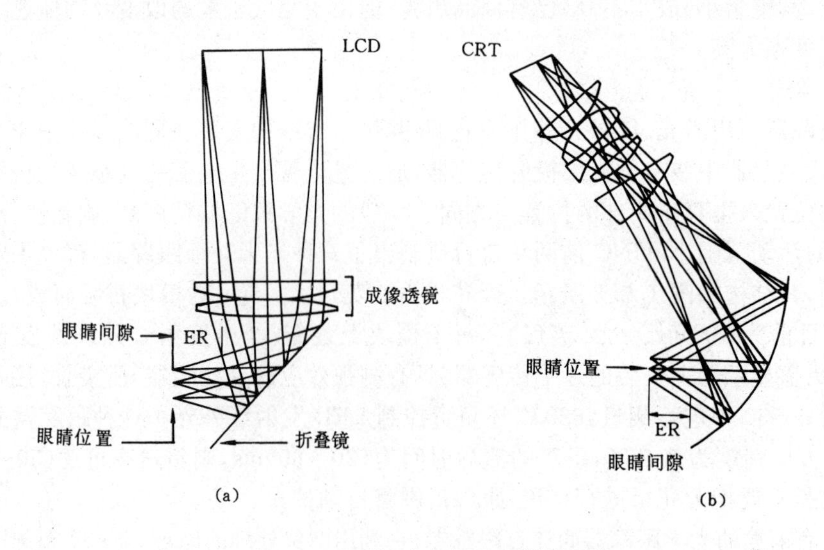

图 1.7.3　透视式头盔显示器原理图

两个透镜，彩色液晶显示器的分辨率为 240×360，显示区域为 50mm×40mm，眼睛间隙为 17mm，允许用户戴着眼睛使用。图(b)是另一种 60°视场(广角)的透视式头盔显示器，斜放着的抑射镜是半透明的(镀银)，它 70%接收计算机送来的景物，30%接收透射而来的实际世界的景象，这个比例可根据需要进行调整。显示器采用二个小型的 1 英寸彩色 CRT，其分辨率可达 1000×1000。经过精心设计的光学系统，使得透镜的边缘失真和寄生反射都大大减少。这种新型的广角透视式头盔显示器还在研制之中。

1.7.5 应用前景

目前，虚拟现实系统在应用方面的研究非常活跃，其领域涉及国防工业、医学、训练、娱乐等许多方面。此外，通过其应用的研究又揭示出其中的许多问题，不断地推动虚拟现实技术的发展。下面仅列举几个有代表性的实例。

1. 在军事方面的应用

美国加州 Monterey 的海军研究院在 SGI 工作站(240 VGX，内存 64MB，每秒可画 1 兆个三角形)，用 6 年时间开发了一个虚拟现实环境，其中包括：FOG-M 导弹模拟器，VEH 飞行模拟器，可移动平台模拟器，自动水下运输模拟器等。用此环境能显示飞行器在地面和空中的运动，展现地面建筑、道路、地表等景象，用户可以选择各种车辆和飞行器(多达 500 种)，并能控制它的 6 个自由度。根据虚拟现实景物的复杂程度及地表特征，显示速度可达 6 帧/s 至 9 帧/s。此系统的研究目的是为了使远程的、有危险的、昂贵的环境成为可见，并可使用户能与其进行交互操作。

2. 在设计中的应用

虚拟现实技术建筑 CAD 中的应用是非常有意义的，用户可以在建筑物盖成以前，走进虚拟的建筑物(即在计算机中存储的建筑物模型)，对建筑设计和内部装璜进行评价审核。UNC 在这方面进行了 7 年的研究，他们的计算机系系馆在建造前就使用虚拟现实技术进行了模拟，经过反复修改设计方案后才建造的。

3. 在医疗中的应用

在使用放射疗法治疗癌症病人时，必须寻找最佳光线照射角度，使得癌细胞能有效地被杀死，而周围的健康组织最小限度地受到损害。使用虚拟现实技术时手术医师头戴头盔显示器看着虚拟的病人解剖模型，手戴指套或数据手套模拟 X 光机发射出射线，试验着各种不同的照射位置，从而找到最合理的治疗方案。

4. 在远程教学中的应用

虚拟现实技术能够为学生提供生动、逼真的学习环境，学生能够成为虚拟环境的一名参与者，在虚拟环境中扮演一个角色，这对调动学生的学习积极性，突破教学的重点、难点，培养学生的技能都将起到积极的作用。

5. 与可视化的结合

可视化(visualization)是与虚拟现实密切相关的计算机图形学应用的一个分支。可视化将从计算机获得的大量数字和分析数据压缩成图形，供科学家、金融分析家或其他行业的专家们观察和研究。例如，科学可视化应用程序可以采用虚拟现实技术将科学家置于一个虚拟环境中，使得他们可以通过观察去研究数据关系。虚拟现实科学可视化现已用于如下方面：建立飞机机翼的超音速气流的模型；建立油田地质模型，使得石油产量最高；进行天气物理学研究。对于并非科学家的人而言，科学可视化也是解决各种复杂环境问题的有用工具。

虚拟现实系统这几年虽然有了长足的发展，但其离实用化的程度还有相当大的差距。例如头盔显示器使用的液晶显示器质量还比较差，而微型CRT的价格又太贵；跟踪系统的空间范围有限，滞后时间过长；复杂景物的图象生成速度太慢，用计算机模拟复杂环境的能力还达不到实时的要求；虚拟现实环境中有关心理和生理的问题还尚待研究等。估计还需要再经过十余年的努力，人-机交互才能完全突破目前台式计算机屏幕的限制，而与人们所处的三维真实世界相融合。

1.8 习　题

1. 列出在你过去的学习工作中使用过的与计算机图形学有关的程序。

2. 列出你所用过的窗口系统中与观感有关的元素的功能，如图标、滚动棒、菜单等。

3. 列出你所用过的图形输入、显示及输出设备的名称、型号、生产厂商、出厂时间及其主要优缺点。

4. 试比较个人计算机和工作站的图形功能特点。

5. 列举三个你所接触过的计算机图形学的应用实例。

6. 具有相同分辨率的彩色光栅显示器和黑白光栅显示器在结构上有何区别？

7. 在光栅图形显示器上显示斜线（非45°夹角）时常会发生锯齿状，请考虑减少锯齿状效果的各种方法，并说明采用这些方法需要的代价。

8. 列举选择工作站和个人图形系统的注意事项。

9. 在你所用的图形系统中配有哪些图形软件，你认为它们有哪些优缺点？应采取什么措施来克服不足之处？

10. 你是否想用计算机图形学的有关知识去解决一二个实际问题？你想要解决的问题是什么？考虑如何解决？

第二章

计算机图形的标准化和窗口系统

为了提高计算机图形软件、计算机图形的应用软件以及相关软件的编程人员在不同的计算机和图形设备之间的可移植性，早在1974年，在美国国家标准化局(ANSI)举行的“与机器无关的图形技术”的工作会议上，就提出了计算机图形的标准化和制定有关标准的规则。在此会议之后，美国计算机协会(ACM)成立了一个图形标准化委员会，在总结以往多年图形软件工作经验的基础上，1977年该委员会提出了“核心图形系统”(Core Graphics System)的规范；1979年公布了修改后的第二版。在近二十年中，国际标准化组织(ISO)已经批准和正在讨论的与计算机图形有关的标准有：计算机图形核心系统(GKS)及其语言联编、三维图形核心系统(GKS-3D)及其语言联编、程序员层次交互式图形系统(PHIGS)及其语言联编、计算机图形元文件(CGM)、计算机图形接口(CGI)、基本图形转换规范(IGES)、产品数据转换规范(STEP)等。

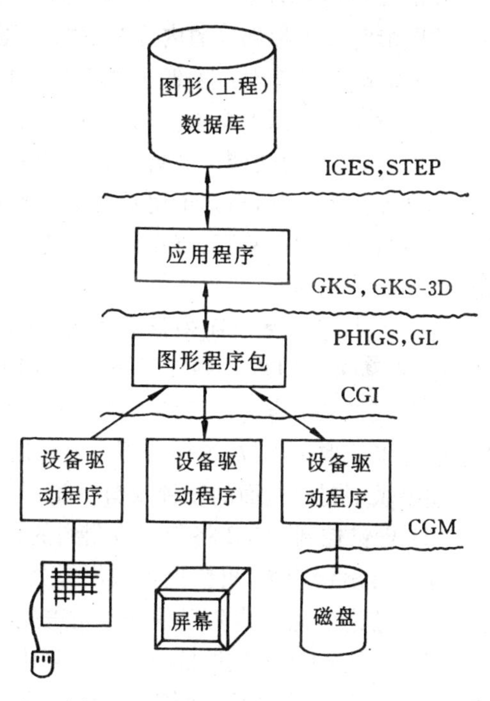

图2.1 图形系统中各界面的标准

计算机图形的标准通常是指图形系统及其相关应用系统中各界面之间进行数据传送和通信的接口标准，以及供图形应用程序调用的子程序功能及其格式标准，前者称之为数据及文件格式标准，后者称为子程序界面标准。计算机图形标准在图形及其应用系统各界面之间的作用和关系如图2.1所示，其中CGM和CGI是面向图形设备的接口标准；GKS,GKS-3D,PHIGS,GL等是面向图形应用软件的标准；IGES和STEP是面向图形应用系统中工程和产品数据模型及其文件格式的标准。图形化的用户接口——窗口系统是近年来蓬勃发展并广泛应用的工业标准，其典型代表有工作站上的Motif,OpenLook和个人计算机上的MS-Windows。本章主要介绍上述标准的功能及其特点，有关用这些标准进行程序设计的细节还需要参考相关的用户手册。

2.1 计算机图形接口(CGI)

CGI(Computer Graphics Interface)是 ISO TC97 组提出的图形设备接口标准,标准号是 ISO DP 9636。CGI 的目的是提供控制图形硬件的一种与设备无关的方法,也使得有经验的用户最大限度地、灵活地直接控制图形设备。实际上,CGI 也可看作是图形设备驱动程序的一种标准。CGI 与 ANSI 在 1985 年公布的 VDI(Virtual Device Interface)标准是一致的。CGI 在用户程序和虚拟设备之间,以一种独立于设备的方式提供图形信息的描述和通信,它所提供的功能集包括控制功能集、独立于设备的图形对象输出功能集、图段功能集、输入和应答功能集以及产生、修改、检索和显示以象素数据形式存储的光栅功能集。

2.1.1 控制功能集

该部分包括 CGI 所涉及到的虚拟设备和出错处理功能,用以实现对图形图象信息以及接口的图形与非图形部分的内部关系的管理。这些功能大致上可分为五个方面。

(1) 虚拟设备管理:这部分功能主要用来启动和终止用户与 CGI 虚拟设备的对话期,管理虚拟设备上的图形图象。在 CGI 中引进绘画面的概念,使得所有的 CGI 图形均输出到终端画面上,用户通过调用准备绘画面功能使虚拟设备做好接收图形的准备。此外 CGI 还提供了画面延迟机制,当几个用户共享一个外部设备时,为了保护该用户的绘画面不被其他使用此设备的用户所复写、CGI 提供了终止页功能,它将使该用户的所有输出都可见并且完成诸如换纸等动作。

(2) 坐标空间:CGI 中涉及两个坐标系,即虚拟设备坐标系(VDC)和设备坐标系(DC)。从 VDC 到 DC 的映射是通过在 VDC 空间规定一个 VDC 范围子集和在 DC 中定义一个设备视口来确定的。设备视口可用三种单位来定义,即设备的精度单位、比例公制单位或显示范围的取数单位。这样就不必要求用户去了解设备的准确输入输出范围和分辨率等。CGI 还提供了对绘画面的三种裁剪功能,即:不执行裁剪、矩形绘画面裁剪和视口裁剪。

(3) 出错控制:CGI 将所有检测到的错误分为九类,并规定了错误发生后 CGI 要执行的动作,即:出错检测、出错报告和出错处理,并在 CGI 虚拟设备中设置了一个出错队列来保存出错信息。该出错队列是一个先进先出栈,它的每一项由出错标识符和功能标识符组成。用户可从 CGI 虚拟设备的出错队列中检索出出错信息。

(4) 系统控制:CGI 提供了 ESCAPE,GET ESCAPE,MESSAGE 以及数字精度需求的规格说明。通过这些功能用户可建立对受 CGI 数据流接口上精度影响的各种数据类型,如:VDC 类型、颜色、颜色索引、名字、整型、实型等的信息表示和通信精度。

(5) 询问功能:这类功能提供给用户存取在设备标识描述表、输出设备描述表、功能支持描述表、控制状态描述表中信息的手段。

2.1.2 输出功能集

CGI 的输出功能涉及图元、属性、对象的构成以及有关的控制和询问,这些功能可分成以下几类。

(1) 图元功能:用以描述 CGI 中图形的构成;

(2) 属性功能:用以设置状态表中的值,这些值来确定图元的可视性等性质;

(3) 通用属性和输出控制:用以规定图元的操作方式、图形设备的属性设置及图形对象的定义;

(4) 检索功能:返回与正文对象定位有关的信息;

(5) 输出询问:返回输出及属性描述表和状态表有关的信息。

CGI 输出功能的主要特点有以下 4 条。

(1) 复合对象的概念。复合对象是由其他几个图元组成的复合体,它与图元属同一级。CGI 中定义的复合对象有:复合正文和封闭图形。复合对象的属性分为全局属性和局部属性。全局属性是指那些与全部复合对象相关的属性,如:正文属性、裁剪方式、拾取标志符、颜色、透明度等。局部属性是那些与构成复合对象的图元相关的属性,如字高、字符间隔、正文颜色、边类型等。

(2) 颜色处理。在 CGI 中提供了直接方式和索引方式两种选择颜色的机制,并引进透明度和辅助颜色属性用来对有空洞的图元的空洞部分进行绘图控制。此外 CGI 中还有背景颜色的设置功能,便于用户自行设定显示画面的颜色。

(3) 裁剪处理。在 CGI 中提供了轨迹裁剪、形状裁剪和先轨迹后形状裁剪三种形式。

(4) 扩展图元。在 CGI 中还增加了不连接的直线段、圆弧、椭圆弧、区域正文,并支持多字符集多边形、椭圆弧区域填充图案等。

2.1.3 图段功能集

该功能集定义了图形对象如何组合到图段中并用唯一的图段标志符标识,还提供了产生、修改和操纵图段的功能。

(1) 图段操纵。它包括对图段的产生、关闭、删除、重新命名和复制等。

(2) 图段属性。包括图段属性的设置和修改。

(3) 图段询问。用以获取与图段描述表和状态表有关的信息。

此外在复制图段时,CGI 提供了“继承过滤”、“裁剪继承”功能用来控制复制图段的属性值和裁剪区域。

2.1.4 输入和应答功能集

在 CGI 中,按返回数据的类型将逻辑输入设备分成八类,即:定位、笔划、取值、选择、拾取、字符串、光栅和其他输入设备。光栅类的输入设备用来输入象素阵列,相应的物理设备是扫描仪、摄像机等。其他输入设备的逻辑输入设备用来输入指定格式的数据记录,这种物理设备的例子是声音输入设备。每个逻辑设备有四种输入方式,即:请求、采样、事件和应答。在应答请求方式下,允许将该逻辑输入设备的当前值应答在相应的 CGI 虚拟设备上。

2.1.5 光栅功能集

该功能集提供了产生、检索、修改和显示象素数据的功能。

(1) 光栅控制。在 CGI 中位图分为可显示位图和不可显示位图;不可显示位图又分为全深度位图和映象位图。全深度位图是和显示器上每个象素用多少位来表示相匹配的;而映象位图的每个象素只有一位。位图操作可以把虚拟设备空间(VDC)中特定区域内的图象映射到当前的设备空间(DC)中来。在VDC到DC的一系列变换中并不会改变已有位图中象素的数量,只会影响位图在VDC中表示的区域。

(2) 光栅操作。包括象素阵列数据的检索和显示,各种形式的位图运算以及位图区域的移动、联合、复制等。

(3) 光栅属性。用来设置源和目的位图之间进行象素操作的绘图方式和填充位图区域功能。CGI中定义的位图绘制方式有:布尔运算型(即:与、或、非)、加运算型和比较运算型。此外,CGI还提供了对光栅描述表、光栅状态表和位图状态表的询问功能。

2.2 计算机图形元文件(CGM)

CGM(Computer Graphic Metafile)是ANSI 1986年公布的标准,1987年成为ISO标准,标准号是ISO IS8632。CGM在图形应用环境中的关系如图2.2.1所示,它是一套与设备无关的语义词法定义的图形文件格式。CGM标准主要由两部分组成:其一是功能规格说明,以抽象的词法描述了相应的文件格式;其二描述了文件词法的三种形式的编码。

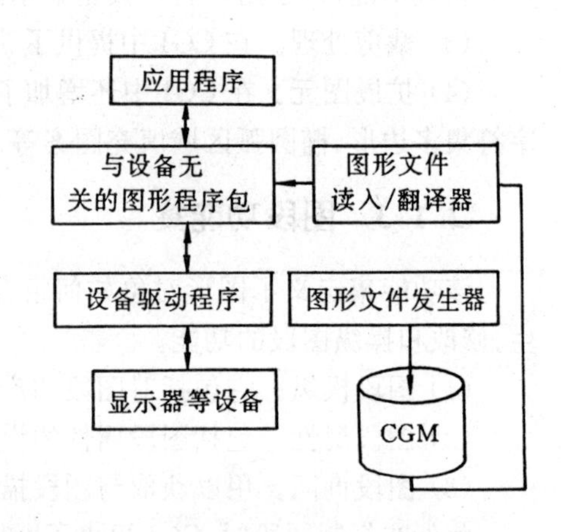

图 2.2.1 CGM与图形应用环境的关系

2.2.1 图形元文件

图形元文件规定了生成、存储、传送图形信息的格式。目前常用两种类型的图形元文件,一种叫图形生成元文件,一种叫图段生成元文件。图形生成元文件的基本功能是生成多个与设备无关的图形定义,它提供了随机存取、传送、简洁定义图象的手段。CGM基本上是属于这类元文件。图段生成元文件通过图形系统的某些接口生成完整的对话输出,GKS的元文件GKSM是属于这类图形文件。CGM是一个静态的图形生成元文件,即它不能产生所定义图形的动态效果,例如不能实现动态的几何变换。CGM不像GKS,PHIGS那样是应用程序员的标准,它是为系统和系统开发者而设计的,它与CGI配套供有关用户使用。通用性是CGM的关键属性,即CGM应能广泛地适用于各种设备,应用系统。例如同一个文件既可在低分辨率的单色图形终端上输出,也可在高分辨率的多笔绘图仪上输出,或者在高性能的光栅图形显示器上输出。设计CGM的主要目的是:① 提供图形存档的数据格式;②是假脱机绘图的图形协议;③ 是为图形设备接口标准化创造条件;④ 便于检查图形中的错误,保证图形质量;⑤ 提供了把不同图形系统所产生的图形集成到一起的一种手段。

2.2.2 图形元文件的解释

生成CGM元文件的方式可采用图2.2.2所示的两种形式。对CGM的解释器也可有图

2.2.3 所示的三种形式。

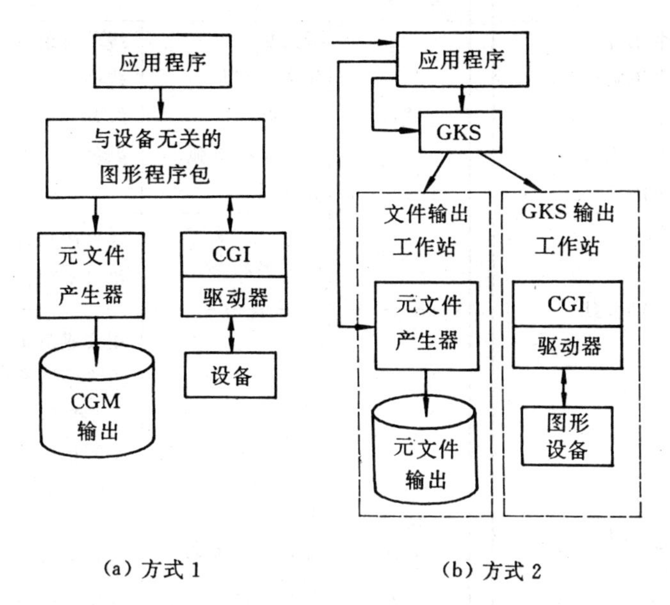

(a) 方式 1　　(b) 方式 2

图 2.2.2　生成 CGM 的二种方式

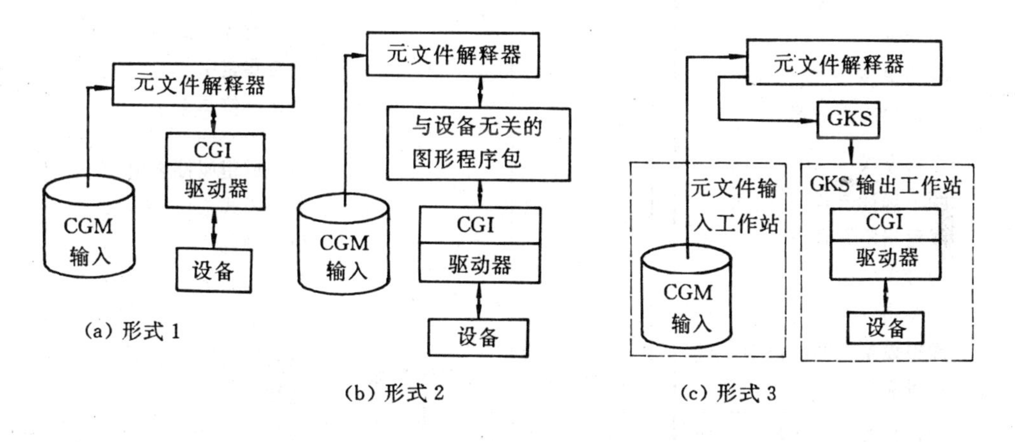

(a) 形式 1　　(b) 形式 2　　(c) 形式 3

图 2.2.3　CGM 解释器的三种形式

2.2.3　CGM 的组成

CGM 是由一套标准的与设备无关的定义图形的语法和词法元素组成，它分为四部分。第一部分是功能描述，包括元素标志符、语义的说明以及参数描述；其余三部分为 CGM 的三种标准编码形式，即字符、二进制数和正文编码。

每个图形元文件由一个元文件描述体和若干个逻辑上独立的图形描述体顺序组成。每个图形描述体由一个图形描述单元和一个图形数据单元构成，其结构如图 2.2.4 所示。

CGM 含有的元素和属性分别如表 2.2.1 和表 2.2.2 所示。

表 2.2.1　CGM 元素分类表

元素类型	元　　素
定界元素	开始元文件(BM)
	结束元文件(EM)
	开始图形(BP)
	开始图形实体(BPB)
	结束图形(EP)
元文件描述器	元文件版本号
	元文件说明
	虚拟设备空间类型
	整数精度
	实数精度
	索引精度
	颜色精度
	颜色索引精度
	最大的颜色索引
	颜色取值范围
	元文件元素表
	元文件缺省替换
	字体表
	字符集表
	字符编码指示器
图形描述器	定比方式
	颜色选择方式
	线宽指定方式
	符号大小指定方式
	边宽指定方式
	虚拟设备空间的范围
	背景颜色
控制	虚拟设备空间的整形精度
	虚拟设备空间的实型精度
	辅助颜色
	裁剪矩形
	裁剪标志
图素	见表 2.2.2
属性	见表 2.2.2
逸出	逸出
外部	信息　应用数据

表 2.2.2　图素类型及其属性

元素类型	图　　素	属　　性
线段	折线集 分离折线集 三点圆弧 圆心半径圆弧 椭圆弧	线段成组属性索引 线型 线宽 颜色
符号	符号集	符号成组属性索引 符号类型、大小、颜色
正文	正文 规定区域正文 附加正文	正文成组属性索引 正文字体索引 正文精度 字符扩展因子 字符间隔 正文颜色 字符高度 字符方向 正文路径 正文对齐方式 字符集索引 选择字符集索引
区域填充	多边形 多边形集 矩形 三点封闭圆弧 圆心封闭圆弧 椭圆 封闭椭圆弧	填充成组属性索引 内部样式 填充颜色 剖面线索引 图案索引 边的成组属性索引 边类型 边宽、边颜色 边的可见性 填充参考点 图案表 图案大小
	一般的绘图图素	适当的标准属性
	上述所有图素	原形状态标志
	单元阵列	无属性
	所有的颜色元素	颜色表

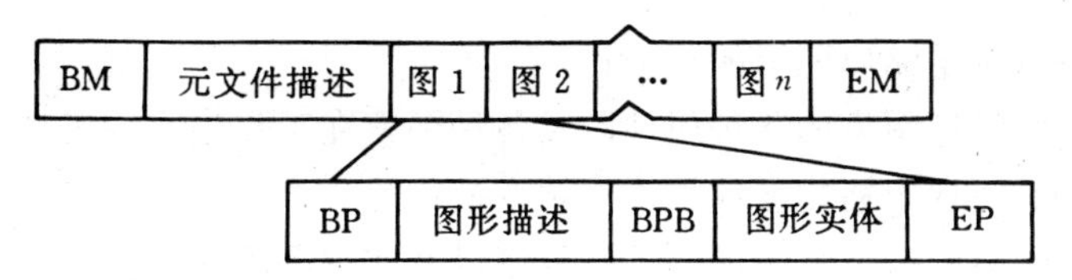

BM(Begin Matefile)元文件开始

EM(End Matefile)元文件结束

BP(Begin Picture)图形开始

BPB(Begin Picture Body)图形实体开始

EP(End Picture)图形结束

图 2.2.4 CGM 的结构

2.3 图形核心系统(GKS)

GKS(Graphics Kernal System)提供了在应用程序和图形输入输出设备之间的功能接口,定义了一个独立于语言的图形核心系统,在具体应用中,必须符合所使用语言的约定方式,把 GKS 嵌入到相应的语言之中。GKS 在图形应用中的地位如图 2.3.1 所示。图中每个层次可以调用下一层次的功能。对于应用程序员来说,通常使用面向应用层、依赖语言的接口层以及操作系统等资源。为了使图形应用程序获得更高的可移植性,GKS 的体系结构具有可更换设备驱动程序的元文件等特点。GKS 的体系结构如图 2.3.2 所示。其中所有的图形资源都必须由 GKS 控制,应用程序(DDPi)不得旁路 GKS 而直接使用图形资源。

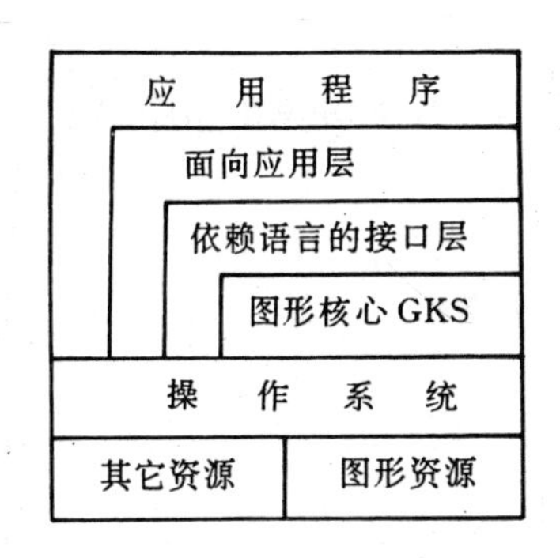

图 2.3.1 GKS 在应用中的地位

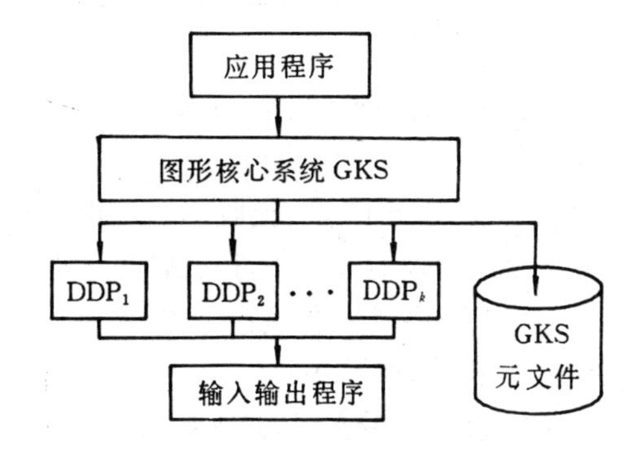

图 2.3.2 GKS 的体系结构

2.3.1 GKS 的功能

GKS 在应用程序和图形输入输出设备之间提供了功能接口,它包括一系列交互和非交互式图形设备的全部图形处理功能,大致可分为以下十类。

(1) 控制功能:执行打开、关闭 GKS 以及使工作站进入或退出活动状态和删除工作站等；

(2) 输出功能：确定输出图形的类型；

(3) 输出属性：设定图素的各种属性以及各种图素在工作站上的表现方式；

(4) 变换功能：实现规格化变换和工作站变换；

(5) 图段功能：对图形进行生成、删除、复制以及实现图段属性控制；

(6) 输入功能：对各种输入设备初始化，设定设备工作方式、确定请求、采样和事件输入；

(7) 询问功能：查询 GKS 描述表、状态表、出错表、工作站描述表、图素表等，查询 GKS 状态值、级别、工作站类型、状态以及描述表，图段状态等内容；

(8) 实用程序：实现 GKS 的几何变换等；

(9) 元文件处理；

(10) 出错处理。

GKS 作为一个二维图形的功能描述，它独立于图形设备和各种高级语言，定义了用高级语言编写应用程序与图形程序包的接口。在任何配有 GKS 的图形软件中，只要有一个上述功能子程序作为应用程序的接口，用户就可以根据自已的需要，在应用程序中调用 GKS 的各种功能，这样编制出来的应用程序可方便地在具有 GKS 的不同图形系统之间移植。

2.3.2 图形输入与输出

(1) GKS 有六种输入功能

① 定位(Locator)：提供用户坐标系中某一点的坐标，并变换到规格化的设备坐标系中；

② 笔划(Stroke)：输出用户坐标系中一组点的坐标，并变换到规格化的设备坐标系中；

③ 取值(Valuator)：取得一个整数或实数值；

④ 选择(Choice)：从一组可以选择的对象中选取一个，并输出一个标志（通常是一个非负的整数）；

⑤ 拾取(Pick)：用游标选定一个图素、图段或整图(含正文)，并输出相应的选择标志符或图段名；

⑥ 字串(String)：接收一个字符串。

上述六种输入设备可在请求、采样和事件三种模式中操作。

(2) GKS 有六种输出图素

① 折线(Polyline)；

② 相同符号集(Polymarker)；

③ 文本(Text)；

④ 填充区(Fill Area)；

⑤ 单元阵列(Cell Array)；

⑥ 一般图素(GDP：Generalized Drawing Primitive)，一般画线图素，如圆、曲线以及用户自定义图素。

输出图素具有三类属性：几何属性、非几何属性和标志符。几何属性控制图素的几何形状和大小；非几何属性控制图素的线型 、颜色等。图素的这些属性设置存放在 GKS 状态表中。

2.3.3 工作站

GKS 共有六种工作站：输入、输出、输入输出、独立图段存储(WISS)、元文件输出(MO)和元文件输入(MI)工作站。输出工作站仅有输出功能，可以显示所有的输出图素，GKS 允许输出图素在不同的工作站之间变换和传送。输入工作站都对应一个逻辑输入设备。输入输出工作站既有输入功能，又有输出功能，也有交互处理功能。WISS、MO 和 MI 工作站是 GKS 特置的用来暂时或永久地存储图形信息，为了便于对它们的管理，也将它们作为工作站看待。GKS 提供的每类工作站都对应一个工作站描述表，用来描述工作站的功能和特性。

2.3.4 坐标系

GKS 设置三种不同的坐标系：

(1) 用户坐标系(WC)：专供用户应用程序使用。

(2) 设备坐标系(DC)：这是图形设备在处理图形时所使用的坐标系，各种图形设备均有各自的设备坐标系。

(3) 规格化的设备坐标系(NDC)：这是与设备无关的二维直角坐标系，坐标取值范围在 0 到 1.0 之间，应用程序可使用该坐标系来定义图形输出界面的位置；更多的用 NDC 来存放图形数据的中间结果，以便在不同的图形设备或图形系统之间实现数据共享。

2.3.5 图段

在 GKS 中的图元可以组合到图段中，也可在图段外产生，若有一个图段打开，该图元就组合到打开着的图段中。在 GKS 中只能打开一个图段，图段一旦关闭则不能对其中的图元进行任何增、删操作。图段具有可变换性、可见性、醒目性、可检测性和优先级可控性。图段变换是一个任意的二维坐标变换，用它来对已有图段进行平移、缩放、旋转等。为了使图段可在不同的工作站上传送，实现图段(子图形或图符)的插入，GKS 设置了 WISS 及相关的图段操纵功能，即可联结图段到指定的工作站上，复制图段内容到指定工作站上及插入图段。

2.3.6 GKS 的文件接口

GKS 提供了一个称为元文件的顺序文件接口。GKS 的元文件(GKSM)用于：图形信息的存档；在不同系统之间传送图形信息；在不同的 GKS 应用软件之间传送图形信息；与图形信息相关的非图形信息的存储和复用。GKS 的文件结构及其读写过程如图 2.3.3 所示。

2.3.7 GKS 的分级管理

GKS 分为九级管理，即 L_{0a}、L_{0b}、L_{0c}、L_{1a}、L_{1b}、L_{1c}、L_{2a}、L_{2b}、L_{2c}，每一级都有它适合的应用领域和必要的设备配置，在每一级上构成的 GKS 子系统向上是兼容的。

2.3.8 GKS-3D

GKS 是一个二维图形的标准，这对于构成一个通用的图形软件标准是不够的。为此，ISO/IEC 制定了三维图形核心系统——GKS-3D 的图形国际标准，标准号是 ISO/IEC

8806-4。GKS-3D 的设计原则和基本结构与 GKS 保持一致,GKS 的操作和功能只是 GKS-3D 的二维形式。GKS 和 GKS-3D 在功能上可混合使用,例如在 GKS 中定义一个平面,然后把它变换到三维空间中去,用 GKS-3D 对它进行各种处理。GKS-3D 除了保留 GKS 原来的 185 个功能外,又增加了 13 个新功能,主要是与三维有关的图形输入输出及三维视图功能。

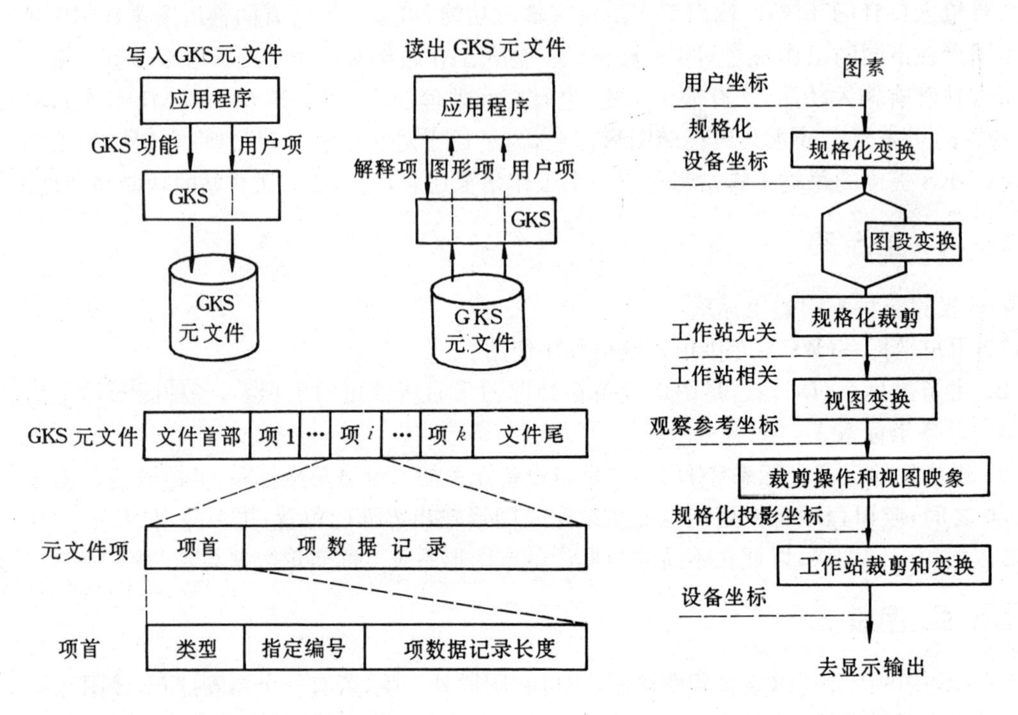

图 2.3.3 GKS 的文件结构及其读写过程

图 2.3.4 GKS-3D 的输出流水线

(1) GKS-3D 扩充的功能

GKS-3D 对 GKS 扩充的 13 种功能是:

① 填充区集合。GKS-3D 可对一组多边形区域填充单一色彩、图案、影线或不填。

② 三维填充区集合。

③ 设置边属性索引。

④ 设置边属性标志。用此设置填充区域边界是否输出的开关。

⑤ 设置边界线类型。

⑥ 设置边界线颜色索引。

⑦ 设置消隐标志。

⑧ 设置边界线的输出属性。

⑨ 设置消隐方式。

⑩ 设置视图索引。

⑪ 设置视图参数。

⑫ 设置视图变换优先级。

⑬ 计算视图变换矩阵。

(2) GKS-3D 的坐标系

GKS-3D 除了将 GKS 中的三种坐标系扩充到三维外，还增加了三维图形学中的两类坐标系，即：观察参考坐标系和规格化投影坐标系。

(3) 变换

GKS-3D 提供了四种类型的变换，即规格化变换、图段的插入变换、视图变换和工作站变换。只有视图变换是 GKS-3D 新增加的，而其余三种变换在 GKS 中都具有。GKS-3D 的变换过程如图 2.3.4 所示，其中规格化变换、图段的插入变换是与工作站无关的，而视图变换和工作站变换是与工作站相关的。

2.4 程序员层次交互式图形系统(PHIGS)

PHIGS(Programmer's Hierarchical Interactive Graphics System)是 ISO 1986 年公布的计算机图形系统标准，标准号是 ISO IS 9592。从其名称上看，包含以下三个含义。其一，是向应用程序员提供的控制图形设备的图形系统接口；其二，图形数据按层次结构组织，使多层次的应用模型能方便地应用 PHIGS 进行描述；其三，提供了动态修改和绘制显示图形数据的手段。PHIGS 是为具有高度动态性，交互性的三维图形应用而设计的图形软件工具库，其最主要的特点是能够在系统中高效率地描述应用模型；迅速修改图形模型的数据；并能绘制显示修改后的图形模型；它也是在应用程序与图形设备之间提供了一种功能接口。在图形数据组织上，它建立了独立于工作站的中心结构存储区与图形档案管理文件；在图形操作上，它建立了适应网状的图形结构模式的各种操作；在图素的设置上，它既考虑了二维与三维的结合，也满足矢量与光栅图形设备的特点。

2.4.1 模块化的功能结构

PHIGS 由 328 个用户功能子程序构成，按其内容可分为：控制、输出图元、设置属性、结构、变换、结构管理与显示、档案管理、输入、图形元文件、查询、错误控制及特殊接口功能模块。各模块相对独立，一个模块仅通过系统的公共数据结构与其他模块间接相连。各模块调用的公共子程序集中在一个公共子程序模块中，从而使整个系统的逻辑结构清晰，且没有重复的程序功能，从而便于逐个模块地进行程序开发，并可利用已经测试通过的程序模块对正在调试的程序模块进行验证，也为整个 PHIGS 的开发提供了方便。PHIGS 的程序功能模块结构如图 2.4.1 所示。

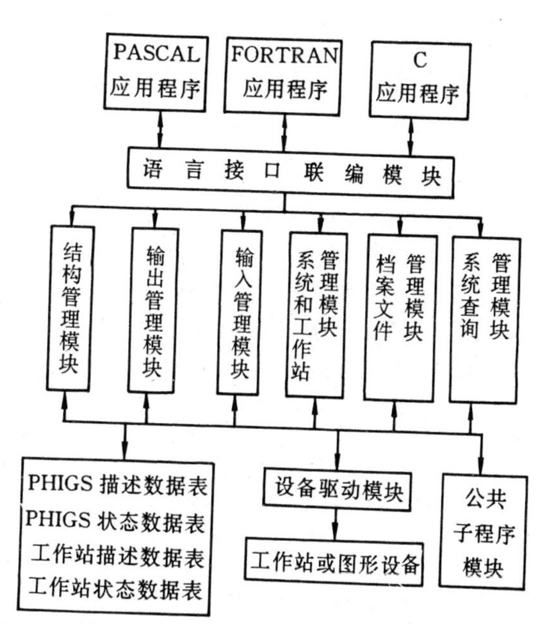

图 2.4.1 PHIGS 的程序模块结构

2.4.2 动态的结构、元素管理

PHIGS 是一个高度动态化和交互式的图形系统，所处理问题的数据量变化很大，系统状态的变化也难以预测，因此静态的数据结构实现不了系统的要求。我们可以利用 UNIX 操作系统动态存储管理功能，对系统中变化量较大的数据、状态都以动态链表的形式存储，同时自动收集系统释放无用链表记录块。PHIGS 的数据流程如图 2.4.2 所示。

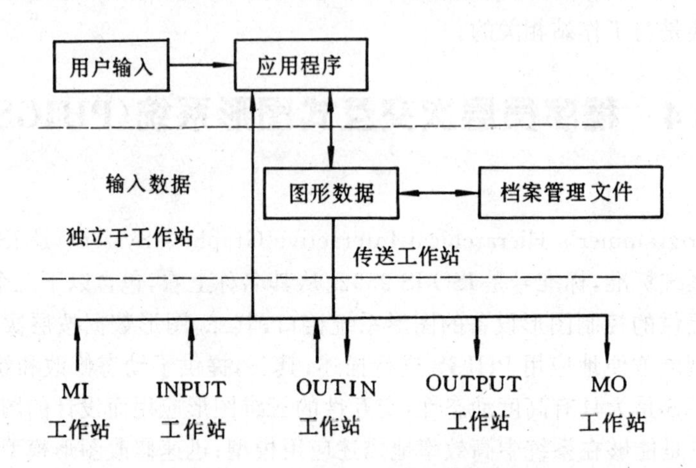

图 2.4.2 PHIGS 的数据流程

(1) PHIGS 的结构

PHIGS 的所有图形数据都组织在结构单元中，结构之间可以通过层次调用发生关系。每个结构由若干个元素组成，其中包括图形元素(如直线、标志、字符、多边形、区域填充图等)、属性元素、观察选择元素、变换矩阵元素、标号元素、应用数据元素和结构调用元素。结构元素不能在结构之外存在，每个结构都有一个给定的标识名与之唯一对应。结构和元素之间的关系如图 2.4.3 所示。多个结构可以通过在结构中的结构调用元素形成结构网络。但 PHIGS 标准规定结构网络中不能存在环路，即如果结构及直接或间接地调用结构 B，那么 B 结构不能再调用 A 结构。结构网络具有属性继承性，即后继结构继承前趋结构的属性，并影响后继结构的属性。PHIGS 中结构存储格式如图 2.4.4 所示。应用程序可以通过四种方式创建 PHIGS 结构。

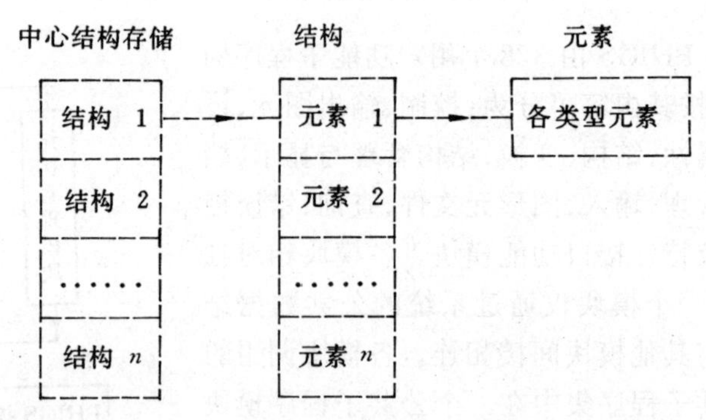

图 2.4.3 PHIGS 结构、元素之间的关系

① 调用一个不存在的结构，并把结构元素插入当前打开的结构中。

② 打开一个不存在的结构。

③ 一个不存在的结构被登录到一个工作站上。

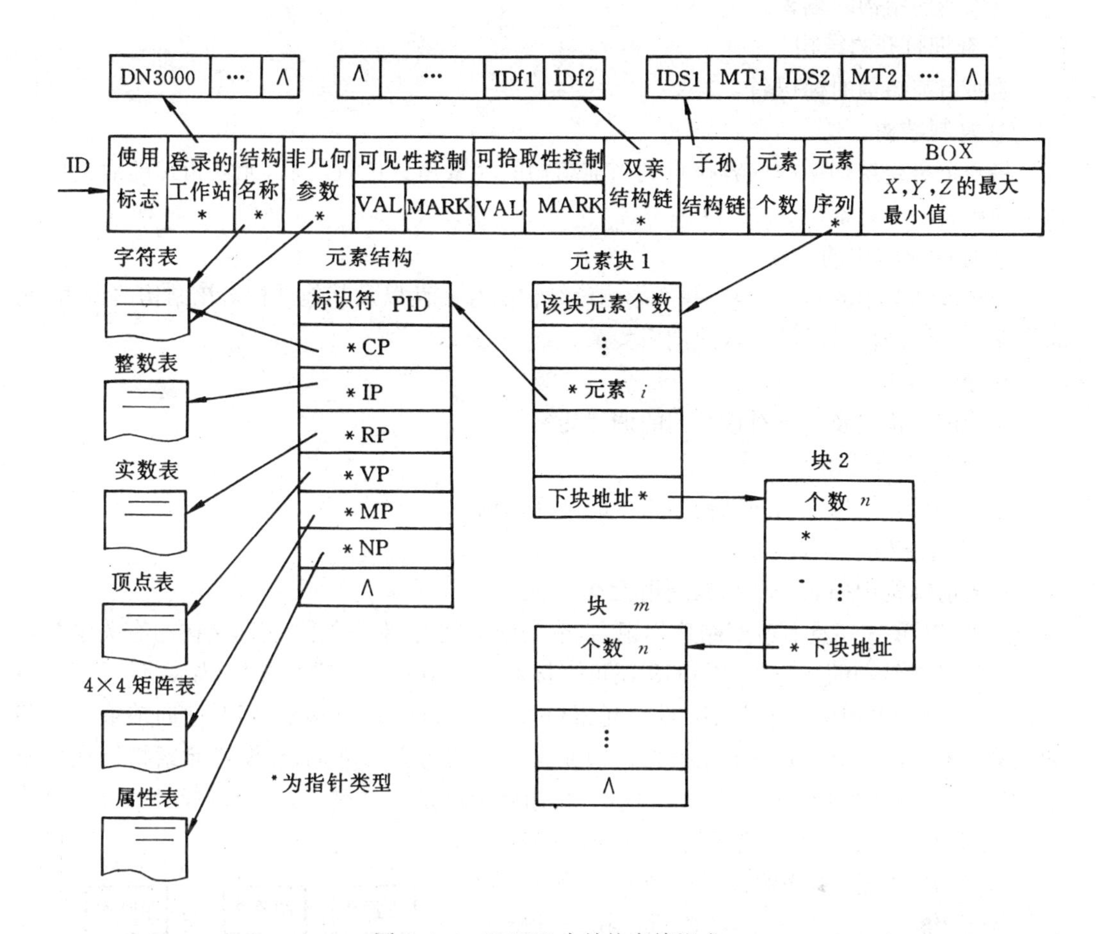

图 2.4.4　PHIGS 中结构存储格式

④ 在改变结构标识符时引用一个结构的标识名。只有创建了的结构才能对其进行编辑加工。

(2) 结构编辑

PHIGS 提供了一套非常有效的结构编辑手段，这种编辑手段与字符的编辑十分相似。在 PHIGS 中，一个结构可看作是一个具有隐含序号 1,2,…,n 的元素队列。隐含的序号对结构元素是连续的且以递增的次序。因此，删除或插入一个元素时，与每个元素相对应的序号也将相应地发生变化。PHIGS 中结构编辑命令主要有下述几个。

① 打开结构

用来打开一个结构进行编辑，该结构可被称之为当前结构，在同一时间只能有一个结构被打开。此时产生指向当前结构最后一个元素的指针，该指针的有效范围是 0 到 n，其中 0 为结构的开始，即第一个元素之前，n 表示结构中的最后一个元素。当一个结构打开后，应用程序可调用定义结构元素的功能插入更多的元素到该结构中。每个元素被插入到结构中当前元素指针的下一个位置，然后移动元素指针使其指向新插入的元素。应用程序也可以调整元素的指针的位置进行各种操作。

② 关闭结构

结束当前结构的编辑。

③ 查询打开的结构

返回当前结构的标识名。

④ 复制结构

将一个指定结构中的内容拷贝到当前结构的元素指针位置之后，元素指针随后指向被拷贝的最后一个元素。

⑤ 删除结构中的元素

删除该结构中的所有元素，并不影响该结构的存在性以及其他结构对该结构的调用，此时也删除了该结构对后继结构的调用关系。

⑥ 删除结构

删除该结构以及所有对该结构的调用元素。

⑦ 删除所有结构

删除包括根结构在内的结构网络中的全部结构。

⑧ 执行结构

在当前结构中插入一个结构调用元素。

此外，PHIGS还具有改变结构标识名，改变结构间的调用关系，询问结构的有关参数等功能。除了对结构的操作外，PHIGS还可直接对结构中的元素进行操作，如a. 设置元素指针：将元素指针移到指定位置；b. 设置元素位移量：通过给定位移量，相对地向前或向后移动元素指针，负的位移量表示元素指针向元素序号减的方向移动；c. 设置元素指针在标号处：将元素指针改在特定的标号元素处，一个标号可以是任意整数，查指定标号的方法是从当前元素指针的下一个位置开始查找，直到遇到该标号元素，如查到结构的最后一个元素，则自动返回到结构头，从第一个元素开始查找；d. 删元素：删除元素指针所指的元素；e. 删除区间内的元素：删除指定元素序号区间内的所有元素，不包括区间的边界元素；f. 删除标号间元素：删除指定的两个标号之间的所有元素，包括两个上标号元素。

由于PHIGS对结构元素有丰富的编辑功能，从而使用PHIGS便于构造高度交互性和动态性的图形系统。

2.4.3 GKS-3D和PHIGS的比较

GKS-3D与PHIGS的差别主要有以下四点。

(1) 数据结构

GKS-3D提供了单层、平面的图形数据结构，PHIGS的主要数据结构如图2.4.4所示。图2.4.5表明了GKS-3D的图段和PHIGS的结构在拓扑上的不同之处。GKS-3D的图段用来表示的是图象信息而不是图形的构造信息，GKS-3D的图段数据经过坐标规格化变换后，不再是定义该图段的坐标空间的数据。而PHIGS的结构始终是在造型空间中定义的数据。

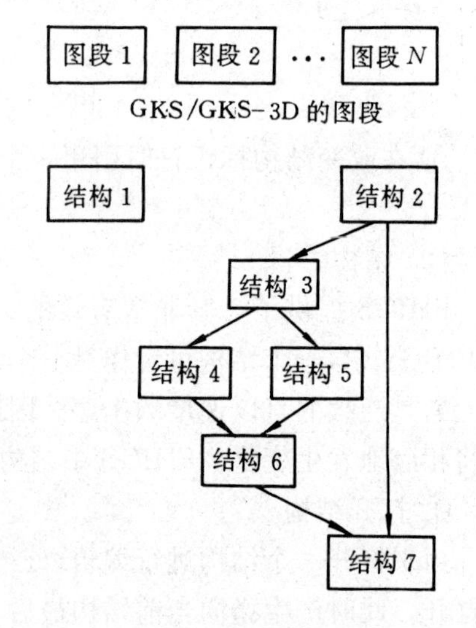

图 2.4.5 GKS-3D的图段和PHIGS的结构在拓扑上的不同

(2) 可修改性

GKS-3D 产生的图段，其内容不能修改，但影响图段整体特征的某些属性，如可见性、可检测性、图段的几何变换等则是可以修改的。而 PHIGS 的任何结构，结构中的任何一部分元素则可以在任何时候进行修改。GKS-3D 中的图段和 PHIGS 中的结构组成如图 2.4.6 所示。

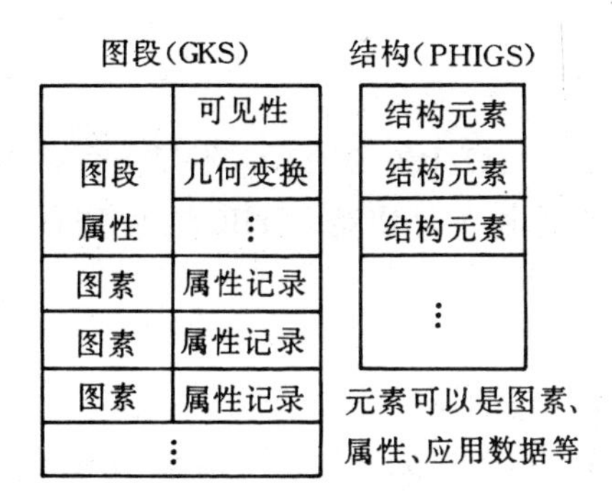

图 2.4.6 GKS-3D 中的图段和 PHIGS 的结构在组成上不同

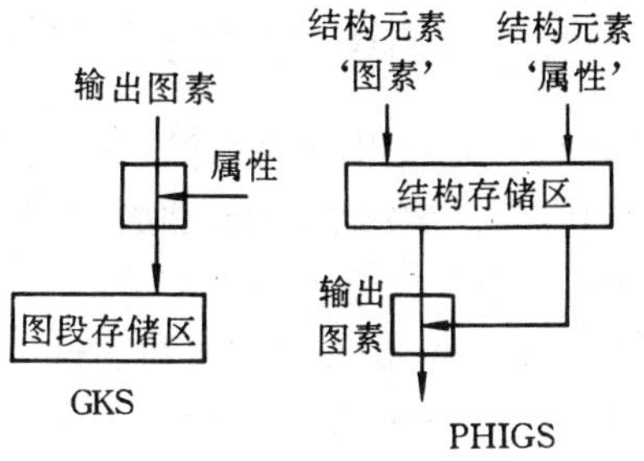

图 2.4.7 PHIGS 和 GKS-3D 连接属性的比较

(3) 属性的存储

GKS-3D 把图素属性和图素一起存入图形数据结构中，为了修改某图段中某个图素的属性，必须去除该图素的旧属性，重新生成一个新属性。在 PHIGS 中，只有当遍历一个结构并要显示该结构时，其中的图素才变成输出图素，此时，那些属性结构元素是灵活的，图形数据的修改也是容易的。图 2.4.7 表明 PHIGS 和 GKS-3D 属性不同的连接方式。

(4) 输出流水线

GKS-3D 的输出流水线如图 2.3.4 所示，它只采用了三种坐标系。PHIGS 的输出流水线如图 2.4.8 所示，其中五种坐标系的作用如下所述。

(1) 造型坐标系(MC)：这是三维与设备无关的坐标系，用 $[x, y, z, 1]$ 定义，二维时设 $z=0$。造型变换是指不同的造型坐标中图形数据间的关系，当对图形数据作用造型变换后，其坐标值将从造型坐标系变换到用户坐标系。

(2) 用户坐标系(WC)：它是三维的与设备无关的坐标系，在不同的造型坐标系中指定的图形数据将在 WC 中得到应用，视图变换是将用户坐标变换到观察坐标(VC)。

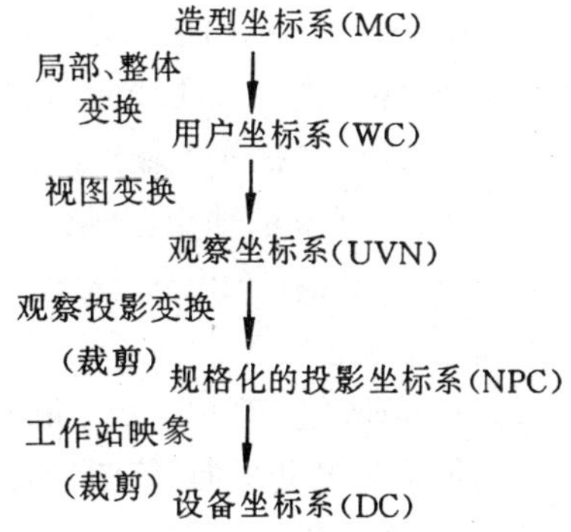

图 2.4.8 PHIGS 的输出流水线

(3) 观察坐标系(VC)：这是三维的与设备无关、与工作站相关，在 UVN 空间定义的坐标系，这是为了实现从窗口到视图区的变换，并依据投影类型、裁剪空间把选择的图形数据映射到 NPC 空间中去。图形在规格化投影空间中的位置(NPC)是由视图区定义的。

(4) 规格化的投影(空间)坐标系(NPC)：这是与设备无关与工作站相关的三维坐标系，

以便从多视图中产生多个图形。

(5) 设备坐标系(DC):这是与设备相关的三维坐标系,DC 空间的图形映射到显示空间,应服从如下关系:

① DC 的原点是在显示空间的左、下、前位置;

② DC 的单位与显示空间相关,与轴向一致;

③ X, Y 增加的方向是中右、上向、Z 向,是向着操作者(由屏幕向外)增加。

2.4.4 PHIGS 的扩充版本 PHIGS⁺

PHIGS⁺是由 ISO 正在讨论的图形标准,其编号是 ISO/IEC 9592,它不仅包含 PHIGS 的全部功能,还增加了曲线、曲面、光源与光线、真实图形显示等功能。PHIGS⁺和 PHIGS 的主要差别有。

(1) PHIGS⁺定义了带参数的输出图元

该图元除包含几何参数外,还带有许多影响图元外观的属性信息。对于区域填充图元除了区域边界描述参数外,还有图元颜色分布、法线方向、边的可见性标志等信息,用来控制填充区域的可见性。

(2) PHIGS⁺定义了广义色

PHIGS⁺中的颜色由一个类型和一个与类型相关的值组成。颜色类型说明了颜色模型的一个编号,相应的值翻译成该种颜色空间中的一个值。

(3) PHIGS⁺定义了着色流水线

通过这个流水线来显示所有输出图元,并决定图元的颜色及每一个外表面的显示操作,如:纹理映射、颜色深度、颜色值、隐藏线面等。

(4) PHIGS⁺定义了光源

PHIGS⁺定义了光源与输出图元的相互关系,并提出了环境光、定向光、位置光和点光等四种光源。工作站的光源设备就是工作站状态目录中选择光源表的索引入口。

(5) PHIGS⁺定义了非均匀 B 样条曲线、曲面

PHIGS⁺用一系列控制点及定义非均匀 B 样条曲线曲面的参数来定义这种类型的自由曲线曲面,并可把二次曲线曲面转换成非均匀有理 B 样条曲线曲面表示。

(6) PHIGS⁺扩充了输出图源

PHIGS⁺扩充的输出图源包括以下六种类型。

① 折线集组:产生一个不连接的折线集组,其中每一条折线由一个点列定义,并附有颜色等属性信息。

② 三角形组:产生一个三角形组,每一个三角形的顶点由顶点表中的三个索引说明。这些三角形不需要共平面,该图元带有固有颜色、顶点法矢、面法矢及边的可见性等属性。

③ 三角形带:PHIGS⁺用 N 个顶点定义一个由 $(N-2)$ 个三角形构成的集合,其中每一个三角形的三个顶点是顶点表中顺序的三个点。这些三角形不需要共平面,三角形带的边界线是由该带中所有三角形边界线段组成,两个相邻的三角形仅有一条边界线,因此共有 $2(N-2)+1$ 条边界线。该图元允许面和顶点带有颜色、顶点法矢、面法矢及边的可见性等属性信息。

④四边形网格:PHIGS⁺用二维的 $M \times N$ 个顶点定义一个由 $(M-1) \times (N-1)$ 个四

边形构成的集合。该网格中的四边形可能不共面，两个相邻的四边形仅公共一条边界线，因此共有 $M(N-1)+N(M-1)$ 条边界线。该图元的顶点和面具有颜色、顶点法矢、面法矢及边的可见性等属性。

⑤ 非均匀 B 样条曲线：PHIGS$^+$ 能产生一条由变参数域定阶的非均匀 B 样条曲线，该曲线是由其阶数、有理性、造型坐标系(MC)下的控制点表、在一维参数空间下的节点表和参数区间定义的，该图元具有颜色属性。

⑥ 非均匀 B 样条曲面：PHIGS$^+$ 采用阶数、有理性、MC 下的控制点阵列、二维参数空间的节点矢量表及参数区间等参数定义非均匀 B 样条曲面。该图元具有颜色、有见边等属性信息。

2.4.5 网络窗口环境下的 PHIGS-PEX

PHIGS 和 PHIGS$^+$ 独立于操作系统环境，它们不能对系统资源进行共享操作，所有系统资源都被它们独占，并能任意改变，用户的交互输入方式是内部控制模型。而 PHIGS 和 PHIGS$^+$ 基于从窗口环境，尤其是基于客户/服务器模型的一种实现方案。由于 PEX 具有与 PHIGS 和 PHIGS$^+$ 应用接口的一致性，面向开放的网络环境，能充分发挥客户/服务器模型的潜力，现已显示出巨大的生命力和良好的应用前景。归纳起来，PEX 具有以下特点。

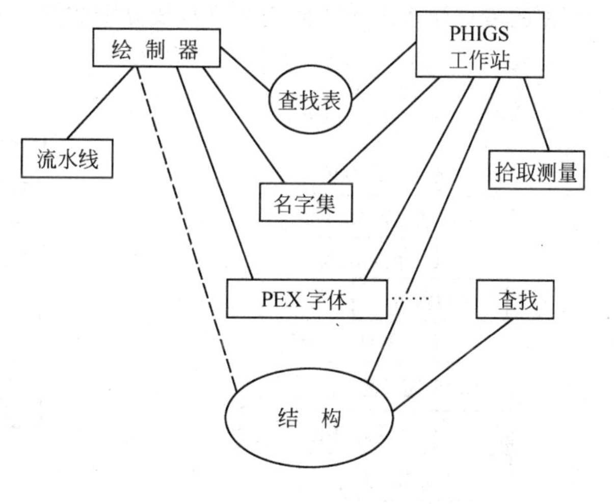

图 2.4.9 PEX 的资源层次结构

(1) 扩展了九种资源

PEX 在 X 服务器中扩展了九种新资源，每种资源的作用随其权值而变化，这里的权值反映了 PEX 中资源状态信息的重要性。PEX 中九种资源的层次关系如图 2.4.9 所示。图中反映了各种资源之间的相互关系，其中的虚线连接表示两种资源的选择参考项；点线连接反映两种资源间具有包含关系。图中方框的大小反映了相应资源权的大小，而椭圆形资源项基本取决有关方框资源的索引。九种资源的具体内容如下述。

① 颜色查找表(LUT)：该资源随 LUT 的类型和已定义的入口项而变化，PEX 的 LUT 机制能支持 PHIGS 的联编概念。

② 结构：结构用来在服务器模式中直接存储图形层次显示表、结构的权和其存储的内容有关。结构是相互独立的，每一个结构调用都含有 PHIGS 的元素指针和编辑方式信息。

③ 名字集：这是权数比较小的资源，用来模拟 PHIGS 的副本，不允许对不正确或不适宜的图元和属性名进行操作。

④ 绘制：PEX 的绘制是通过对 X 窗口中图形资源(GC)的调用来实现画图，其中含有所画图元属性的当前值。

⑤ 流水线：该资源具有绘制属性的初始状态，只有把绘制器/流水线所需要的属性状态值全部调入才能真正实现绘制。流水线具有中等权数，它具有绘制器中每次调用时的属性值。

⑥ 查找：该资源具有较小的权数，用于支持 PHIGS 中的空间增量查找(ISS)，它含有在网络环境下实现 ISS 查找所必须的最小信息集。

⑦ PHIGS 工作站：这是权数较大的资源，含有建立 PHIGS 工作站必要的状态，以及客户可见的绘制器和流水线的内容。此外还管理传送给工作站的结构表和修改方式。

⑧ 拾取：该资源用来支持 PHIGS 中拾取逻辑输入设备，它只表示一种询问操作，而不处理输入请求和响应。

⑨ PEX 字体：该资源用于提供由 PHIGS 标准定义的可作系统缩放变换的字体，X 窗口的字体是点阵字，而 PEX 字体是笔划(矢量)字。

(2) PEX 的流水线

PEX 的着色流水线和几何变换流水线分别如图 2.4.10 和 2.4.11 所示。

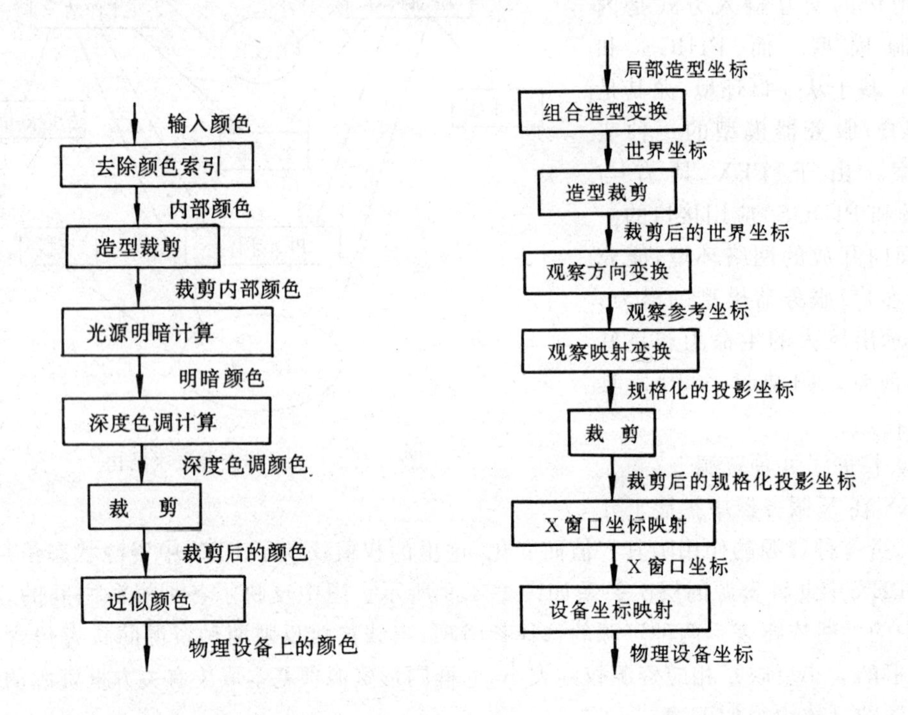

图 2.4.10　PEX 的着色流水线　　　　图 2.4.11　PEX 的几何变换流水线

(3) PEX 的坐标投影

PEX 对三维形体的投影变换过程如图 2.4.12 所示，这是和几何变换流水线一致的。

(4) PEX 的结构遍历模型

在网络环境下的 PEX 结构遍历模型如图 2.4.13 所示，在这种形式下，使用 PEX 可把图形结构存入客户/服务器模型中，也可以一定约束方式来存储图形结构。这种模型和 PHIGS、$PHIGS^{+}$有较大区别。

(5) PEX 的客户/服务器结构如图 2.4.14 所示，此图表明了 PEX 和 X 窗口网络环境

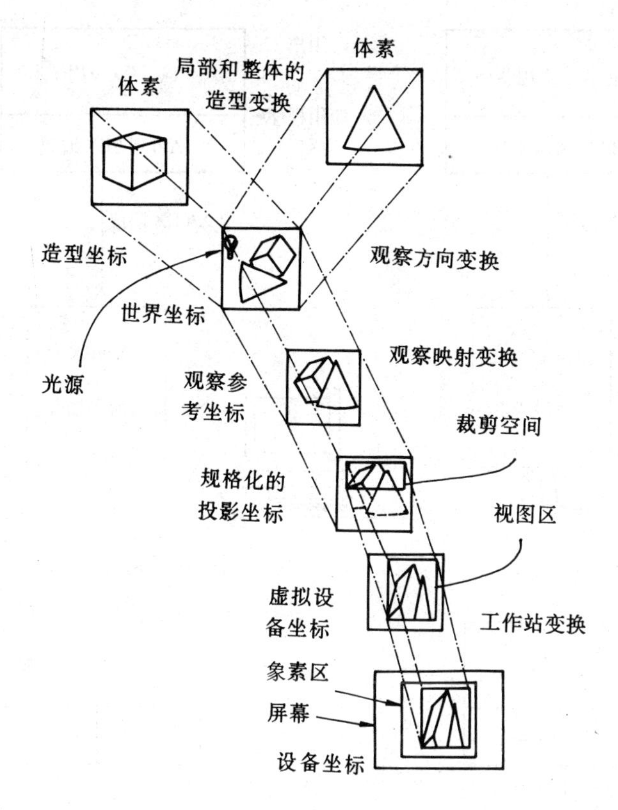

图 2.4.12　PEX 的坐标投影

的关系。

2.4.6　图形程序库 GL

GL(Graphics Library)是近年来在工作站上广泛应用的一个工业标准图形程序库,按其功能可划分为如下几类:

1. 基本图素。包括点、直线、多边形、三角形、三角形网格、矩形、圆和圆弧、字符、曲线和曲面以及读写象素等。

2. 坐标变换。支持旋转、平移、比例变换以及窗口视图变换、投影变换和裁剪,同时支持用户定义的各种变换。

3. 设置属性和显示方式。可定义选择线型、填充图案、字体和光标,可设置 RGB 和颜色表两种选色方式以及明暗效果、双缓冲、各种位图等多种绘图方式。

4. 输入/输出处理。用于启动输入输出设备,并对相应的事件队列进行处理。

5. 真实图形显示。这里有消除隐藏线、面、光照处理和深度排队。

GL 在 UNIX 操作系统下运行,具有 C, Fortran, Pascal 三种语言联编形式。GL 和其他三维图形标准相比具有以下特点:

(1) 图元丰富

除具有一般图元外,还具有 B 样条曲线、Bezier 曲面、NURBS 曲面等。

(2) 颜色

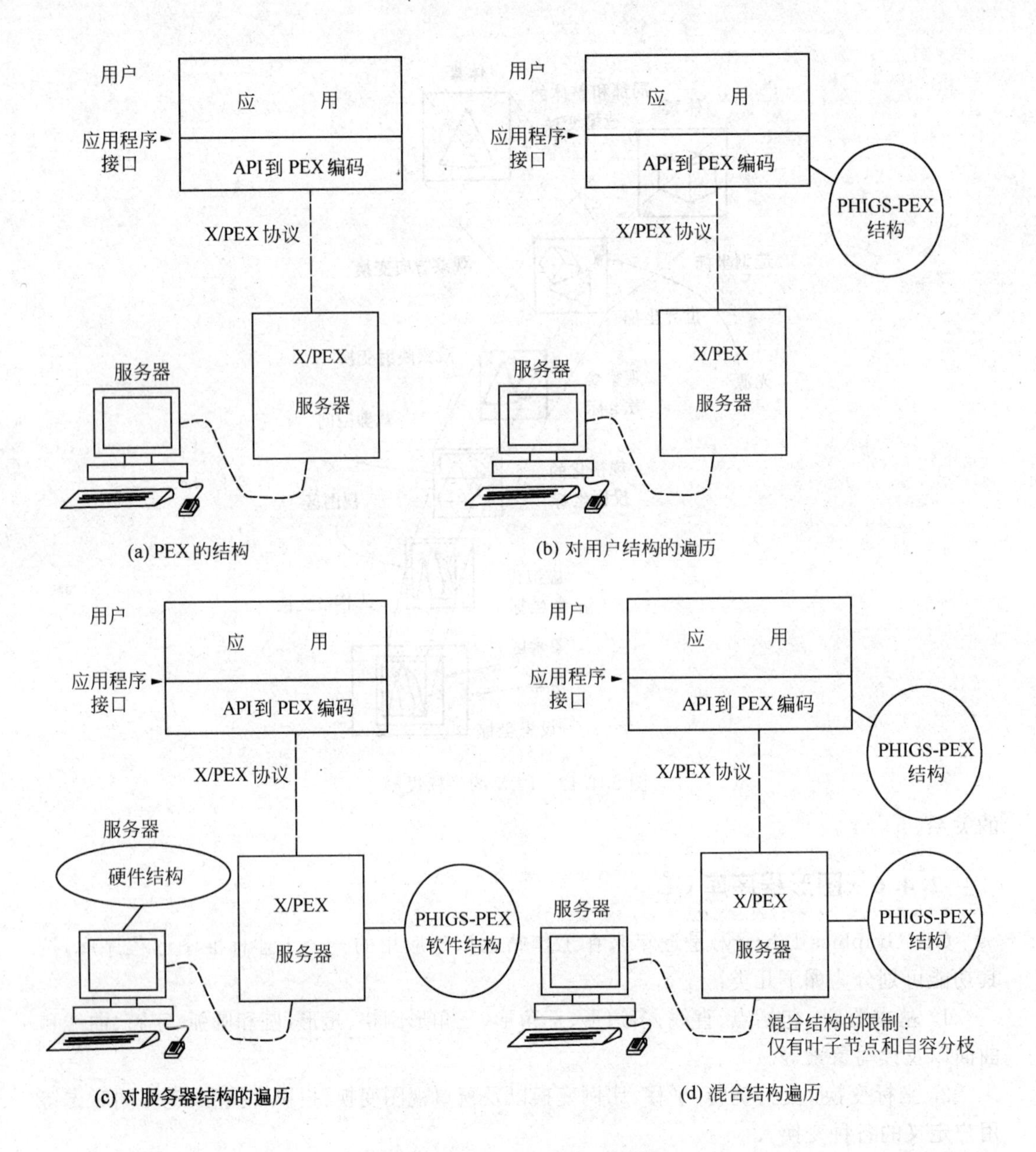

图 2.4.13　PEX 的结构遍历模型

GL 具有 RGB 和颜色索引两种方式，有 Gouraud 和 Phong 光照模型，使表面显示的亮度与色彩变化柔和。

(3) Z 缓冲技术

Z 缓冲技术是在每个象素上附加一个 24 位或 48 位的表示 Z 值的缓冲存储器，这对曲线曲面的消隐，亮度随深度变化的处理，提高图形处理效率等都具有重要作用。

(4) 光源

光源的强度、颜色、物体的反射方向、镜面反射系数、漫反射系数等都影响到一定光源照射下物体最终的显示效果。GL 提供了充分的光源处理能力，使用户能得到非常生动的

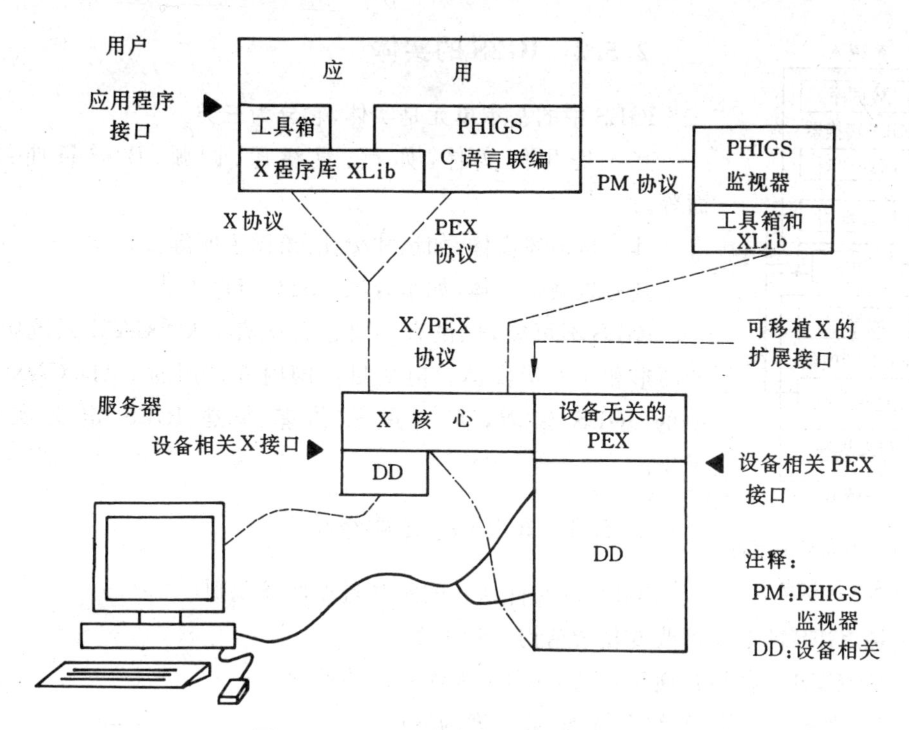

图 2.4.14 PEX的客户/服务器结构框图

图象。

(5) GL和X窗口

GL既可单独运行，也可在X窗口环境下运行，进而可支持网络上的用户。

2.5 基本图形转换规范(IGES)

CAD/CAM技术在工业界得到广泛应用，越来越多的用户需要把它们的数据在不同的CAD/CAM系统之间交换。过去常采用的方法是把一个系统产生的数据文件翻译成另一个CAD/CAM系统能识别的数据文件。对多个CAD/CAM系统就需要多个翻译器。基本图形转换规范IGES(Initial Graphics Exchange Specification)就是为了解决数据在不同的CAD/CAM系统间进行传送的问题，它定义了一套表示CAD/CAM系统中常用的几何和非几何数据格式以及相应的文件结构。IGES 1982年成为ANSI标准，1988年发布IGES 4.0，目前已有IGES 5.0版在应用。它虽然不是ISO标准，实际上已是工业标准。

2.5.1 IGES的作用

IGES的作用是在不同的CAD/CAM系统之间交换数据，其结构如图2.5.1所示。如数据要从系统A传送到系统B，必须由系统A中的IGES前处理器把这些传送的数据格式转换成IGES格式，而实体数据还得由系统B中的IGES后处理器把其从IGES格式转换成该系统内部的数据格式。把系统B的数据传送给系统A也需相同的过程。

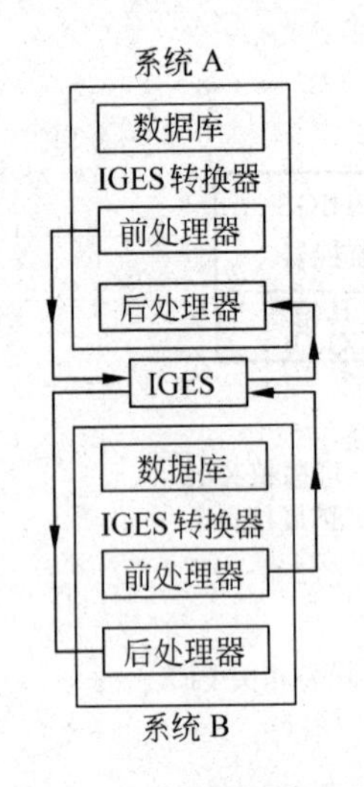

图 2.5.1　不同系统通过 IGES 交换数据

2.5.2　IGES 的实体

IGES 中的基本单元是实体，它分为三类。

其一是几何实体，如点、直线段、圆弧、B 样条曲线、曲面等。

其二是描述实体，如尺寸标注、绘图说明等。

其三是结构实体，如组合项、图组、特性等。

IGES 不可能，也没有必要包含所有 CAD/CAM 系统中采用的图形和非图形实体。但从目前国内外常用的 CAD/CAM 系统中的 IGES 来看，其中的实体基本是 IGES 定义实体的子集。

2.5.3　IGES 的文件结构

IGES 的文件格式的定义遵循两条规则：

(1) 是 IGES 的定义可改变复杂结构及其关系；

(2) 是 IGES 文件格式便于各种 CAD/CAM 系统的处理。

IGES 文件格式是以 ASCII 码、记录长度为 80 个字符的顺序文件。文件中分为五个节，实体信息存放在目录入口(DE)和参数(PD)节中；数据的原始信息和文件本身的信息存放在整体节和结束节中；还有一个开始节存放用户可阅读的定义信息。在 DE 和 PD 节中还存放实体的有关指针及相互关系。图 2.5.2 表示了 IGES 的文件结构。

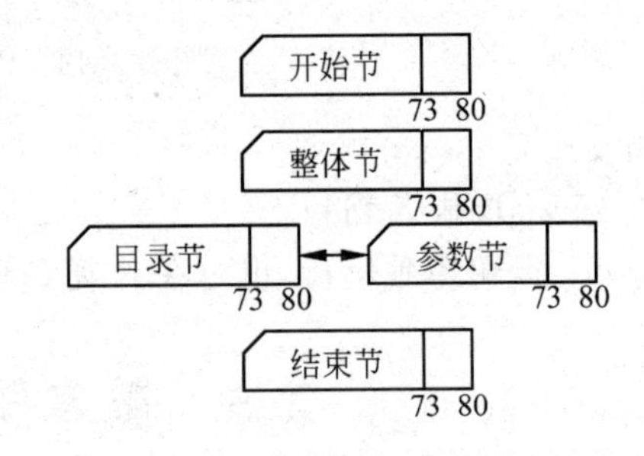

图 2.5.2　IGES 的文件结构

2.5.4　IGES 的出错处理

在 IGES 中出错处理是十分重要的，因为在不同系统间转换数据会产生错误，如重字符、错字符，开发的转换器会对 IGES 文件产生不正确的解释。这些错误可能发生在产生 IGES 文件或读入 IGES 文件的过程中。这就要求 IGES 转换器能报告并校正有关的错误。一般 IGES 出错处理的过程如图 2.5.3 所示。

IGES 虽然没有成为 ISO 标准，但在国际范围内，尤其是在工业界得到了成功的应用。如：

(1) 在传递几何数据的基础上产生加工图纸；

(2) 应用传递的几何数据实现运动模拟和动态试验；

(3) 把已有的零部件数据整理成图形文件；

(4) 实现 CAD 和 NC 系统的连接；

(5) 实现 CAD 与有限元分析(FEM)系统的连接等。

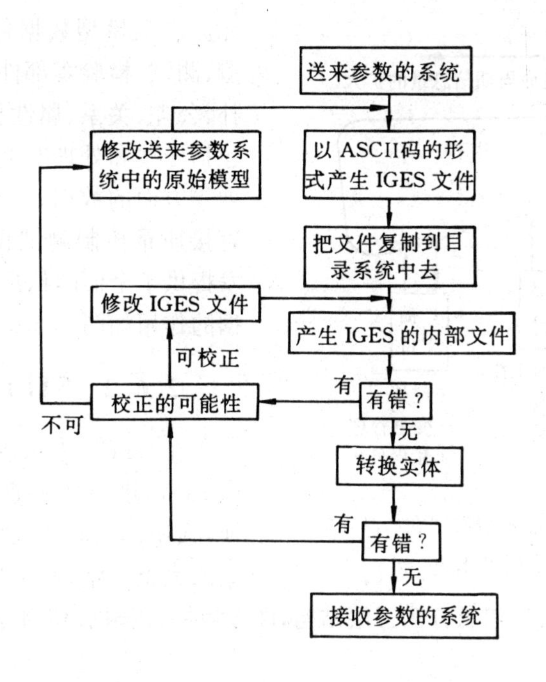

图 2.5.3　IGES 转换器对出错的处理过程

2.6　产品模型数据转换标准(STEP)

IGES 5.0 虽然比过去的版本压缩了数据格式，扩充了元素范围、扩大了宏指令功能、完善了使用说明书等，可以支持产品造型中的边界表示和结构的实体几何表示，并在国际上绝大多数商品化 CAD/CAM 系统中采用。但 IGES 在实践中还存在一些问题。如：

(1) 不能精确地完整转换数据，其原因是在不同的 CAD/CAM 系统之间许多概念不一样，使得某些定义数据，像表面定义数据会丢失；

(2) 不能转换属性信息；

(3) 层信息常丢失；

(4) 不能把两个零部件的信息放在一个文件中；

(5) 产生的数据量太大，以至许多 CAD 系统难以处理(无论是时间还是存储容量上都不适应)；

(6) 在转换数据的过程中发生的错误很难确定，常要人工去处理 IGES 文件，对此要花费大量的时间和精力。

为了克服 IGES 存在的问题，扩大转换 CAD/CAM 系统中几何、拓扑数据的范围，ISO/IEC JTC1 的一个分技术委员会(SC4)开发了产品模型数据转换标准 STEP(Standard for the Exchange of Product model Data)。

2.6.1　STEP 的产品模型数据

STEP 的产品模型数据是覆盖产品整个生命周期的应用而全面定义的产品所有数据

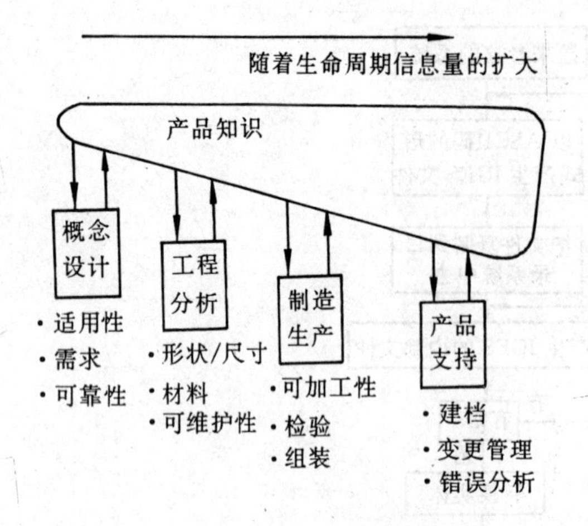

图 2.6.1 产品模型数据在产品生命周期中的作用

元。产品模型数据包括进行设计、分析、制造、测试、检验零部件或机构所需的几何、拓扑、公差、关系、属性和性能等数据。另外还包括一些和处理有关的数据，但不包括热处理等方面的数据。产品模型对于生产制造、直接质量控制测试和支持产品新功能的开发提供了全面的信息。STEP 中产品模型数据的作用如图 2.6.1 所示。

2.6.2 STEP 的概念模式

在 STEP 中采用了形状特征信息模型(FFIM)进行各种产品模型定义数据的转换，强调建立能存入数据库中的一个产品模型的完整表示，而不只是它的图形或可视的表示。STEP 中产品模型信息分为三层结构，即应用层、逻辑层和物理层，它们之间的关系如图 2.6.2 所示。

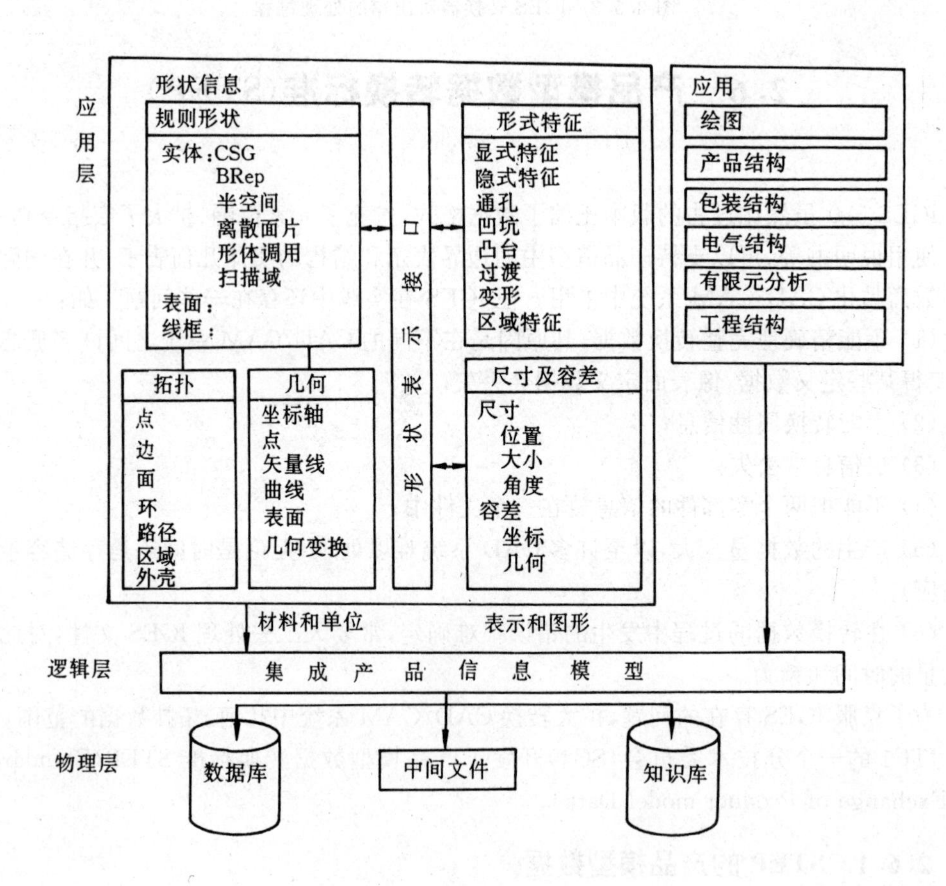

图 2.6.2 STEP 的三层结构图

STEP的概念模式包括形状模型、显示及绘图、形状特征和公差四部分。形状模型包括实体模型、表面模型及线框模型。在应用层针对不同的应用可采用各自的数据表示模型，但各种模型最终都要重新组织并集成为一个冗余最少，无二义性的集成产品信息模型(IPIM)，也称之为逻辑层。IPIM可用信息描述语言Express形式化地描述，它类似于在计算机编程语言中定义一个记录或结构。在物理层主要是自由格式的顺序文件，物理文件用形式化的词法定义，通常由开始节和数据节两部分组成。开始节中含有确定执行各层有关模块的信息和通信系统等；数据节含有IPIM的全部信息，这些信息用实体表示。实体可以是独立描述的，也可被其他实体引用。某些机械领域中的应用需要采用规则形状信息模型(NSIM)、形状变量容差模型(SVTM)以及FFIM。NSIM用来表示一个部件的规则形状，它是由多种方法定义的形体几何、拓扑及实体信息的集合。其中的几何信息含有对点、矢量，坐标系的位置、几何变换矩阵以及各种曲线、曲面的定义。而拓扑实体包含点、边、路径、环、子面、面、区域及外壳信息。SVTM提供了定义形体位置和大小的所有尺寸及容差(包括坐标容差和几何容差)。FFIM用于处理形体表面的形状特征，它并不支持形体的非形状信息，如：装配、连接、弹性等内容，FFIM同时支持显式和隐式的形状特征。

2.6.3 STEP中特征的定义

STEP中的显式特征的几何形状信息必须明显表示出，如形体上有一个穿透的孔，此时必须给出该洞的底平面和圆柱面。显式特征只需要已有数据而不需要增加新的信息。隐式形状特征是参数化的信息而不是几何信息，比如一个圆洞可以定义成一个轴对称的一条直线段相对一个特定轴的扫描变换。一个特征可以有显式表示也可以有隐式表示，也可以同时有多种隐式表示。在FFIM中，隐式特征分为六类：(1) 凹坑：从已有形体中减去一部分，只和形体的一个边界相交；(2) 凸台：加到形体一个边界上的一个体；(3) 通孔：从已有形体减去一个体，它和已有形体的两个边界相交；(4) 变形：对已有形体相交部分进行光滑过渡；(6) 区域特征：对已有形体指定二维特征，以便进一步作扫描变换。应用这些隐式特征可方便形体的定义和计算机辅助制造系统的集成。

2.6.4 STEP的基本组成

产品模型数据转换标准STEP是为CAD/CAM系统提供中性产品数据的公共资源和应用模型，它涉及到土建工程、机械、结构、电气、电子工程及船舶结构等领域。STEP的标准体系如图2.6.3所示，具体组成如下所述。

(1) 描述方法标准

① 产品模型框架；

② Express描述语言。

(2) 实现方法标准

① 物理文件；

② 存取接口；

③ 工作方式；

④ 数据库；

⑤ 知识库。

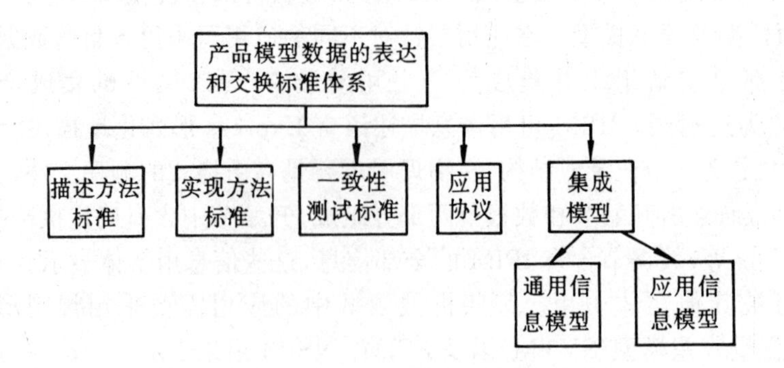

图 2.6.3　STEP 的标准体系

(3) 一致性测试方法与工具标准

① 一致性工作框架；

② 测试库及评估需求分析；

(4) 信息模型标准。

① 通用信息模型。其中含有表示方法、产品结构技术状态、形状表示界面、公差、材料、形状特征、形状表示等。

② 应用信息模型。

这里包括工程图、船舶、电气、有限元、运动机构等内容。

(5) 应用协议

① 工程图；

② 三维几何信息；

③ 产品结构；

④ 边界表示；

⑤ 雕塑表面；

STEP 标准内容丰富，是定义应用产品全局模型的工具。STEP 目前还没有成为 ISO 标准，还需要在应用中不断完善。

2.7　计算机图形参考模型(CGRM)

CGRM(Computer Graphics Reference Model)是 ISO 讨论的计算机图形国际标准，其编号是 ISO/IEC DIS 11072。为了总结计算机图形标准化的现有成果，为下一步的标准化工作提供指导性框架，从而提出了制定 CGRM 标准的要求。

2.7.1　基本概念

CGRM 定义了一个框架结构，它可用来比较现有的和将来的计算机图形标准，描述它们之间的关系，从而为计算机图形的用户和计算机图形软件的开发者提供有关标准化方面的重要信息。CGRM 用五个抽象的层次来定义计算机图形，分别称为构造、虚拟、观察、逻辑和物理环境(仿造于 OSI 网络的七层模型)。其中构造层最高，物理层最低，低层为高层提供服务，应用软件则建立在构造环境之上。CGRM 还定义了对每层数据元素的操作。

CGRM 采用输出原语来定义计算机图形的输出，用这些输出原语可以构成供用户观察的图形。CGRM 采用输入标志来定义计算机图形的输入，通过一个标志存储器可以把输入信息集成为应用程序所需的形式。从概念上看，在已收到的输入和已产生的输出之间的联接由应用程序来处理，应用程序也可以把此事委托某个环境来处理。为了允许构造复杂的图形，CGRM 定义了一个集合存储器(GKS 中的图段存储器可看作是它的一个例子)，由此可得到各种图段。对于输入信息也定义了一个聚集存储器，由此可得到输入信息的项，从低层环境中的输入信息组合出高一层环境中的新的输入信息。具体说，CGRM 标准可用于以下几方面。

(1) 提炼和确认计算机图形的要求；

(2) 确认计算机图形标准和外部接口的要求；

(3) 根据计算机图形的需求来发展模型；

(4) 确定新的计算机图形标准的体系；

(5) 对计算机图形标准进行比较。

2.7.2 CGRM 的外部关系

CGRM 的外部接口关系如图 2.7.1 所示，各部分的接口及其作用如下所述：

(1) 操作员接口：这里包括设备提供的和操作员的接口，也包括整个计算机图形环境和操作员之间的接口；

(2) 应用接口：构造环境提供了和应用之间的接口，这也是整个计算机图形环境和应用软件之间的接口；

(3) 获取数据元文件接口：在每层环境中均可提供用于输入和输出全部或部分数据元素的接口，数据元素包括图段、集合存储器、表征存储器和环境状态；

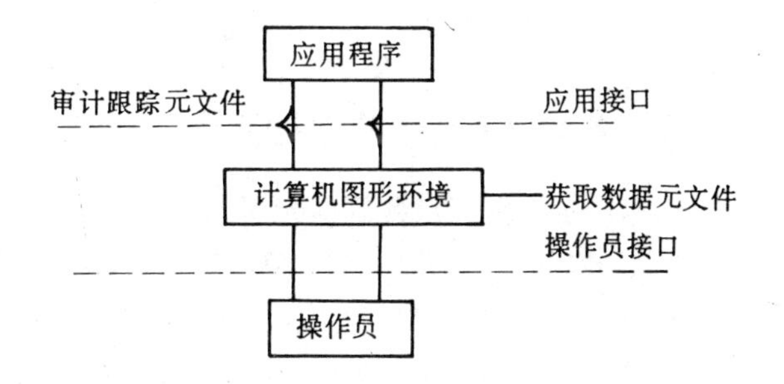

图 2.7.1 CGRM 的外部接口

(4) 审计跟踪元文件接口：该接口用于记录和重演通过应用接口的信息流。

2.7.3 CGRM 的环境模型

CGRM 把计算机图形定义为由构造、虚拟、观察、逻辑和物理五个环境组成的抽象层，每个环境由数据元素和处理组成，如图 2.7.2 所示，其中处理元素用矩形表示，数据元素用圆表示，数据流用箭头表示。发自数据元素指向处理元素的箭头表示该数据元素的值，可由该处理元素设置。从数据元素发出的带双箭头的虚线表示该数据元素可以获取数据元文件入口或出口。两个处理元素之间的箭头表示两者之间可直接传送数据，而不用通过数据存储器。

在每个环境中，只有单一接口从比它高一层环境中接收与图形输入有关的数据。在两个相邻层之间传递输入和输出信息时要使用同一个坐标系。在同一层的构图、集合存储器、表征存储器和聚集存储器也要使用相同的坐标系。可以有多个存储和检索获取数据元文件的接口,但只有一个由应用接口产生的顺序信息流通过审计跟踪文件的接口。

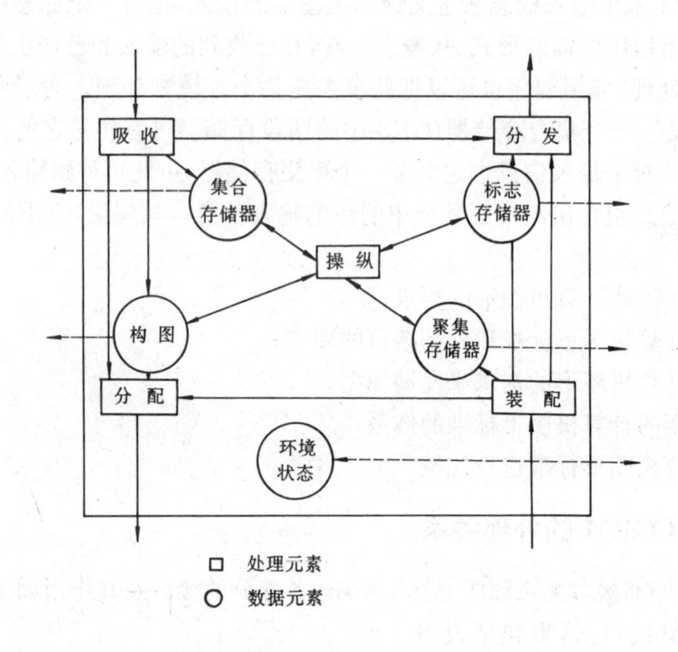

图 2.7.2 CGRM 的环境模型

2.7.4 CGRM 的数据元素

CGRM 提供了六种数据元素。

(1) 构图:这是指一个给定环境层中的一组输出原语,表示该环境的"输出工作集",构图受吸收和操纵两种处理的影响。全部或部分构图可通过进程把它们分配到下一层环境中去,构图的全部或部分可输出到获取数据元文件中去,或替换获取数据文件中的部分或全部构图。对构图的操作包括增加输出原语、删除输出原语、改变结构、输入输出构图、删除构图和询问构图特性等。

(2) 集合存储器:集合这里是指一组有名字、也可结构化的输出实体,它只能用于本层环境中,GKS 的图段就是集合的例子。对集合存储器的操作包括产生、删除、重新命名和编辑集合,以获取数据文件中输入输出集合和询问集合。

(3) 标志存储器:标志存储器是在给定环境中准备发出到高一层环境的一组结构化的输入标志。标志存储器操作包括增加和删除输入标志、修改和删除标志存储器、向获取数据文件输入输出标志以及询问标志存储器的特性等。

(4) 聚集存储器:聚集是有名字有一定结构的一组输入实体。聚集只限在本层中使用,存放在聚集存储器中。聚集存储器的操作包括建立、删除、重新命名、编辑和查询等。

(5) 环境状态:对每一层环境,除了数据元素外,还有一个环境状态表,用于处理进程间的共享信息,也可用来确定某些操作是否执行了。状态信息可由一层环境中的所有进程使用,一个进程通常只设置或使用本层的环境状态,但可用控制操作把环境状态传播到相邻层。状态的操作主要有询问、设置、传播、接收等:

(6) 处理元素:CGRM 中共有五种处理元素。

① 吸收。吸收是用来接受来自高一层环境的输出实体,对其进行必要的几何变换,形成适合本层的实体。

② 操纵。操纵是可以处理任何一个数据元素实体,产生出本数据元素或其他数据元素中的新实体,必要时,还可对其进行几何变换。

③ 分配。分配是把从本层来的实体传送到下一层环境中,不对实体进行几何变换。

④ 装配。装配是从低一层环境接受实体,经处理后存入聚集或标志存储器中,不对装配实体进行几何变换。

⑤ 分发。分发是把来自装配进程的输入实体和来自本层的标志存储器的输入标志传送到高一层的环境中,分发、操作会自动把标志存储器中的变化传送到高一层的标志存储器中。

未来的计算机图形应用要求更加完备、一致和配套的图形标准,并要求图形标准和数据库标准、网络标准、产品模型数据标准、多媒体中的图象、语音编码标准结合起来支持计算机图形日益广泛的应用要求。

2.8 窗口系统

从 20 世纪 80 年代中期以来,不论是个人计算机、工作站,还是大、中型计算机,都配备了图形化的用户接口环境——窗口系统。在这一节,我们从用户的角度出发,介绍什么是窗口系统、窗口系统的组成、结构及其输入输出处理,还要介绍几个典型的窗口系统以及如何在窗口环境下编写应用程序。

2.8.1 窗口系统的特点

窗口系统起源于 20 世纪 70 年代中期美国 XEROX 公司的 Palo Alto 研究中心。他们在 Alto 和 Star 计算机上进行了开创性的工作,开发出的 Smalltalk 既是一个环境,又是一种语言——一种面向对象的语言。1984 年 Apple 公司开发的 Macintosh 使窗口系统成为个人计算机发展的一个主流。在众多的窗口系统中比较著名的有:PC 机 MS-Windows, OS/2 下的 Presentation Manager, 在 UNIX 下的 X 窗口,在 Sun 工作站上的 NeWS,在 NeXT 机上的 NextStep 等,它们具有如下特点。

(1) 定义简洁

窗口系统是控制光栅显示设备与输入设备的系统软件,它所管理的资源有屏幕、窗口、象素位图、颜色表、字体、光标、图形资源及其输入设备。

(2) 界面清晰

窗口系统通常向用户提供下述界面。

① 应用界面。这是最终用户和所显示窗口间的交互接口,它向用户提供灵活、高效、功能丰富的多窗口机制,包括各种类型的窗口、菜单、图形、正文、对话框、滚动棒及图符等对象的操作及它们间的相互通信。

② 编程界面。这是为程序员构造应用程序的多窗口界面,由窗口系统提供的各类库函

数、工具箱、对象类等编程机制具有较强的图形功能、设备独立性和网络透明性。

③ 窗口管理界面。这是用来对窗口进行“宏观”管理，包括应用程序各个窗口的布局、大小、重显、边界及标题等的控制。

(3) 目标明确

窗口系统的一个重要设计思想是提供各种界面的机制，而不是具体策略。因此窗口系统的设计目标有以下几点。

① 窗口系统与显示设备的独立性；

② 应用程序和程序员的独立性；

③ 系统的网络透明性；

④ 支持并发显示多个应用程序；

⑤ 支持实现不同风格的用户界面；

⑥ 支持重叠型和瓦片型窗口；

⑦ 支持层次化、可变大小的窗口；

⑧ 支持高性能及高质量的图形和正文；

⑨ 系统的可扩充性。

(4) 实现紧凑

基于上述设计目标，窗口系统在实现时通常采用两种类型。

一种是基于核心的窗口系统，即把窗口系统的核心放到操作系统的内核中，这时对窗口功能的使用类似于系统调用，这类系统如：MS-Windows，SUNView 等。

另一种是把窗口系统的核心作为操作系统的用户进程(作为服务器进程)来对待，而把窗口系统的应用程序作为另一个用户进程(作为客户进程)来对待，通过进程间通信的方式，由窗口服务器进程实现窗口核心功能。这是基于客户/服务器模型的窗口系统，如 X 窗口系统，SUNNeWS 等就是这类窗口系统。其优点是易于移植、网络透明。在这种结构中，用服务器进程实现显示和输入的服务程序，而客户可并发地访问由服务器管理的资源，并通过进程间的通信机制(IPC)把服务请求送给服务器进程。服务器通过轮转算法调度、处理各个客户的请求，产生多任务和并发效果。而客户和服务器进程间通信是通过网络协议来定义的，它用协议字符流代替了传统的过程调用和核心系统调用，图 2.8.1 和图 2.8.2 分别表示了窗口系统的进程通信和结构简图。

(5) 功能齐全

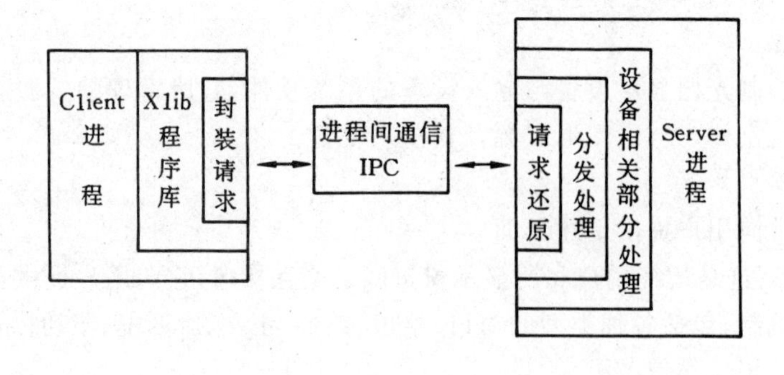

图 2.8.1　X 窗口系统的客户/服务器进程通信

由于窗口系统只规定了应用程序员的编程接口，不同厂商或用户可在它们之上实现各种窗口管理程序及界面外观，因此窗口系统已成为个人计算机和工作站各种用户界面的基础，事实上的工业标准。而X窗口系统X.11.3版已成为ANSI发布的标准，标准号是FIP5-PUB-158，该标准包括以下四部分。

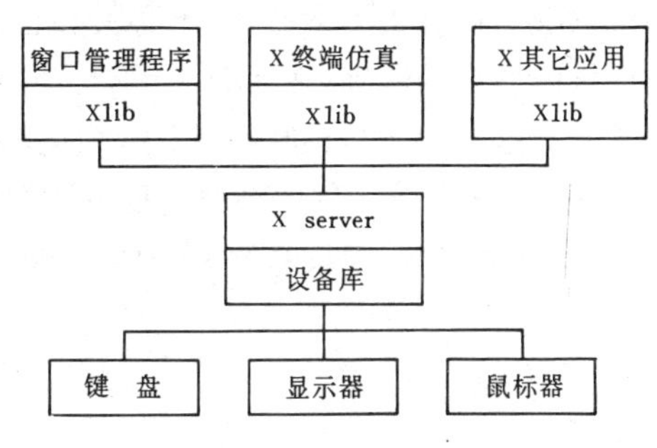

图 2.8.2 X窗口系统的结构简图

① X协议

X窗口系统实际上由核心协议定义，协议包括四个方面：请求(Request)、回答(Reply)、出错(Error)及事件(Event)。X协议共有120多个请求，可扩充至256个，整个协议描述客户与服务器进程通信的语法结构和语义。

② X库函数(XLib)

XLib是X窗口系统的C语言程序的编程界面，它是向应用程序员提供的低级编程界面。XLib把参数封装为协议请求，利用IPC机制发送给服务器进程。XLib共有320多个函数，可分为系统功能(连接的建立和拆除等)、窗口功能(窗口属性与操作)、图形功能(图元、图形属性、正文字体、区域、图象等)、色彩功能(颜色表操作等)、事件功能(输入事件及窗口事件)及其他功能(实用函数等)。

③ X工具箱本征函数

X工具箱(X Toolkit)是在XLib上的高级编程界面，它向用户提供菜单、对话框、图符等各种图形界面的编程手段。X工具箱包括两部分：Widget集和Intrinsics函数集。前者是具有一定界面风格及外观的图形界面元素对象集；后者是利用这些对象编程时的通用函数集，共有近270个函数，包括界面函数与应用程序联系的“回调函数”(Call Back)等。

④ 字体标准格式(BDF：Bitmap Distributed Format)

这是X窗口系统所提供各种字体的标准位图映象的组成规定，由此可产生各种点阵字体。

(6) 使用方便

窗口系统是一致性的用户接口。用户不再需要花费很长时间学习如何使用一台计算机和控制新的程序。所有的应用程序都有类似的观感，每个窗口都有各自的标题栏，绝大部分的管理工作都是通过菜单实现的。窗口系统具有多任务的优点，在窗口环境下，多个窗口中的程序可以同时显示和运行，每个程序可具有一个或多个窗口。用户可改变任何一个窗口的位置和大小，可以在不同的窗口之间切换，也可以在不同的窗口之间传送数据。窗口系统使计算机屏幕就像你实际使用的办公桌一样。使用窗口系统能够直接操纵显示屏幕上的对象，使“所见即所得”成为可能。在过去的计算机系统中人们使用键盘输入，显示器只回送人们输入的字符。现在，显示器也成了一种输入资源，它以图符的形式显示图形化的对象，还可以显示输入设备，如按键(Button)和滚动棒(Scrollbar)。使用键盘或更直接的定位设备，如鼠标，使用

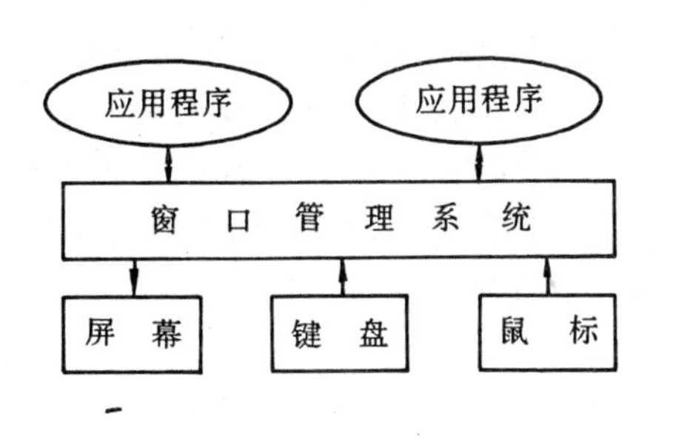

图 2.8.3 从用户角度看窗口系统

户可以更方便地操纵屏幕上的对象。

窗口系统也是与设备无关的图形接口。用户不需要直接访问图形硬件,可以使用窗口系统提供的图形库方便地输出图形及文本。例如,使用 XLib 编写的程序可以在任何支持 X 窗口系统的计算机上运行,而不必关心它们的图形卡是什么。从用户观点看,窗口系统是以计算机图形学为基础,在光栅显示器上同时显示多个图形对象,为用户提供直观、形象、一致的图文操纵手段,并可同时进行多个任务的处理。图 2.8.3 抽象地表示出从用户角度看窗口系统的结构图。而从程序员的角度看到的窗口系统如图 2.8.4 所示。若我们再进一步深入,从窗口内部结构看窗口系统将如图 2.8.5 所示。

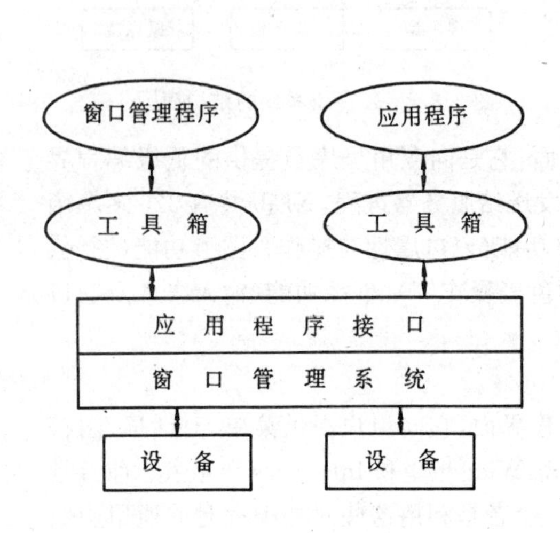

图 2.8.4 从程序员角度看窗口系统

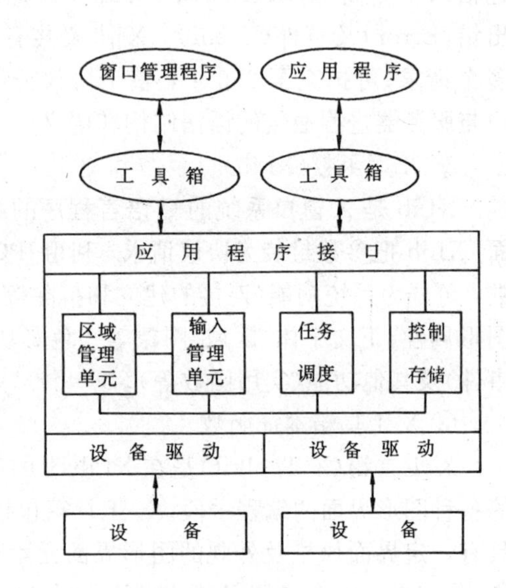

图 2.8.5 从窗口内部结构看窗口系统

2.8.2 几种常用的窗口系统

这一节我们将讨论几种有较大用户的窗口系统。

1. Smalltalk

Smalltalk 是 20 世纪 70 年代初期美国 XEROX 公司开发的,实际上它不仅仅是一个窗口系统,也是一个完整的编程环境,一个集编程、调试、运行和输出为一体的统一环境。Smalltalk 创立了面向对象的思想并一直沿用至今。像鼠标器、位图传送,桌面系统等概念也对其他窗口系统的开发有重要影响。Smalltalk 开始运行在具有 16 位字长的处理器上,需要一个光栅显示器、键盘和鼠标输入的环境。它是一个解释系统,其程序可以随时修改,所有的应用程序都是通过修改、重新组合系统中已有的对象和方法来实现的。Smalltalk 的组成结构如图 2.8.6 所示。

2. Macintosh

Macintosh 也是起源于 XEROX 公司,它是第一个得到广泛应用的窗口系统,已有用户百万个。Macintosh 在用户接口和用户友好方面有很大创新,其操作系统基于窗口和图标,用户使用鼠标器进行直接操纵。因为它提供了工具库,在 Macintosh 机上写的所有应用程序也具有同样风格。用户所进行的各种操作,如打开文件、执行应用程序、读写磁盘、删除图文等全部图符化了，而且 Macintosh 把窗口管理程序大部分都固化了，因此具有较快的响应速度。图 2.8.7 即是 Macintosh 的结构图。

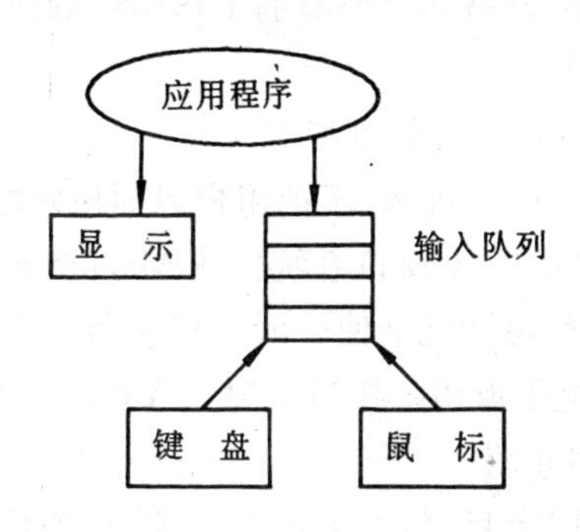

图 2.8.6　Smalltalk 的结构图

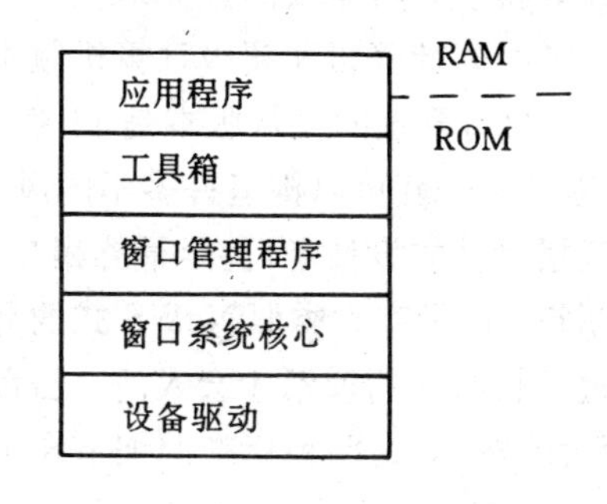

图 2.8.7　Macintosh 的结构图

3. NeWS

NeWS 是 SUN 微系统公司基于 UNIX 操作系统开发的窗口系统，它支持网络功能。目前在 SUN 工作站上采用的窗口服务器是 X11/NeWS，它既支持 X 窗口系统又支持 NeWS 窗口系统。NeWS 有几个显著特点。

① 与设备无关的图形系统；

② 非矩形区域的管理；

③ 用户和窗口系统之间的接口协议是一种编程语言，即页面描述语言（PS：PostScript）；

④ 特殊的成象模型。

目前大多数窗口系统都采用若干象素构成的成象模型，包括 X 窗口系统。NeWS 是以 PS 语言为基础，使用 PS 的成象模型，不再采用常见的象素操作，代之而用模板/着色模型。模板是一个由无限的边界所定义的轮廓，边界由非实数坐标空间的直线和样条曲线组成；着色是一些源彩色或花纹，甚至可以是一幅图象。PS 认为图象是通过墨水喷洒到页面上的模板在指定区域的采样而构成的；模板可以是由字母、填充各种色彩或任意灰度区域组成。由此可见，NeWS 可以支持无级变换的字体显示。NeWS 系统的结构如图 2.8.8 所示。NeWS 的接口语言是 PS，但 NeWS 又对其作了扩充，使之更适合窗口系统。NeWS 对 PS 的扩充之一是输入功能，使其能适宜于通用的开放式机制，支持各种新型设备，包括语音设备。NeWS 还为 PS 扩充了创建进程的功能，可以使其在核心中运行一个自己的进程。此功能对提高交互处理的响应速度是很有用的，因为它可以免去通常的菜单选择和反馈提示，直接把选择结果返回给应用程序。

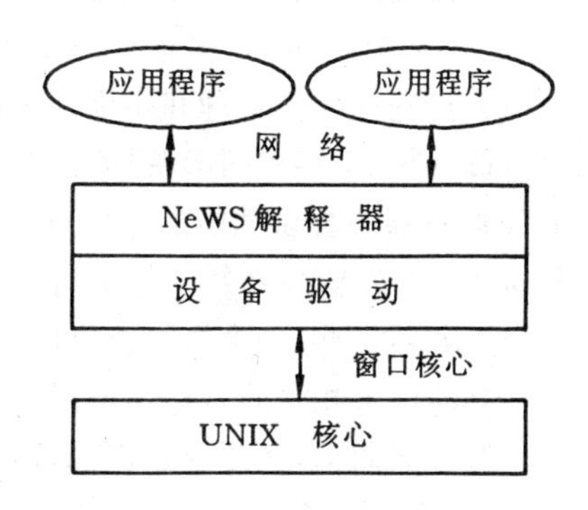

图 2.8.8　NeWS 的结构图

4. X 窗口系统

X 窗口系统起源于 IBM 公司、DEC 公司向 MIT 资助的一个称之为 Athena 的教育项目，开始的目标是想为 MIT 和其他大学建立一个高效的计算环境。研究者们致力于使软件在不同工厂生产的硬件上运行，而且让用户不必担心如何与系统交互。X 窗口系统要建立一个图形化用户接口的工业标准，能够在网络环境下运行。在众多的窗口系统竞争中，X 窗口系统已经取得了无可争议的领先地位。X 窗口系统目前已被几乎所有的工作站厂商所接受，并且已有了个人计算机和超级计算机版本。

(1) X 窗口系统的流行版本是 11 版，简称为 X11，它具有如下特点。

① 提供了一套可以构造许多不同风格用户界面的核心机制，不把用户界面感观的设计权留给应用软件的设计者，甚至最终用户。因此，用户可用 X 窗口系统构造 Macintosh 式的窗口和图符，也可产生类似 NeWS 式的界面。不过这种灵活性会使一般用户感到无从下手，只有经过较长时间的摸索才会入门。目前 X 窗口系统图形用户接口主要有 Motif 和 Open-Look 两大流派，对这两种标准的细节在下面将会详细介绍。

② 可扩充性。不同的用户可利用 X 窗口系统扩充自己的功能，如扩充了 PHIGS 和 $PHIGS^+$功能后的 PEX 就是一个典型实例。

③ 高效的图表功能。X11 的图形功能非常丰富，可以直接维护多种图形元素、多窗口和多种输入事件。

④ 网络功能。在 X 窗口系统之前，大多数图形系统和窗口系统都局限在本地工作站上运行。而 X 窗口系统建立在网络环境上，可以在任何工作站上运行，也可以在网络的任何工作站上输出。这对网络环境下用户界面的改进影响较大。

⑤ 工业标准。到目前为止，世界上几乎所有计算机厂商都宣布各自的产品支持 X 标准。X 窗口系统也已经提交给 ANSI 作为美国国家标准；与此同时，美国的 Apple，AT&T，IBM，HP，SUN，Xerox 等大公司也宣布与 MIT 联合，促进 X 窗口系统的进一步完善。

X 窗口系统的结构示意详图如图 2.8.9 所示，它虽然得到广泛应用，但还存着一些其他窗口系统已经解决了的问题。例如 XLib 和应用程序占用存储空间较大等。

(2) X 窗口系统使用了许多新的概念和术语，正确理解它们对于掌握 X 窗口系统是十分重要的，这些概念和术语是：

① 客户(Client)/服务器(Server)模型。X 窗口系统是建立在客户/服务器基础上的，其中服务器进程负责管理和驱动所有的输入输出设备；服务器进程也负责创建和操纵屏幕上的窗口、产生文字和图形，服务器在所有的应用和显示硬件之间提供了一个可移动的层。使用 X 服务器所提供功能的应用程序叫客户。客户通过网络以异步方式的字节流协议与 X 服务器通信。X 窗口系统支持多种网络协议，包括 TCP/IP，DECnet 等，其中几个客户可以与单个服务器相连，一个客户也可以与几个服务器相连。X 窗口系统的结构对客户程序掩盖了服务器与设备相关的具体实现以及由它所控制的大部分细节。任何一个客户都可以与任何一个服务器通信，又要求它们都遵守 X 协议。

② 显示器(Display)/屏幕(Screen)。显示器和屏幕通常指计算机用以显示正文和图表的 CRT，而 X 窗口系统却用显示器指定一个服务进程，屏幕却是一台硬件的输出设备。一个 X 窗口系统的显示器可以支持多个屏幕，且显示器和屏幕在 X 窗口系统中可以交替使用。

③ 资源(Resource)。X 窗口系统的服务器控制其所用的全部资源，包括：窗口、位图、字体、颜色以及应用程序使用的数据结构。服务器管理这些资源可让客户透明地使用和共享这些资源，客户程序通过资源标识符访问各个资源。服务器通常是在客户的请求下创建和撤消

该客户请求的大部分资源。X 窗口系统允许客户说明某一资源的关闭模式，关闭模式控制了资源的生命周期。隐含的缺省模式是当客户与服务器断开时将撤消给它分配的所有资源。

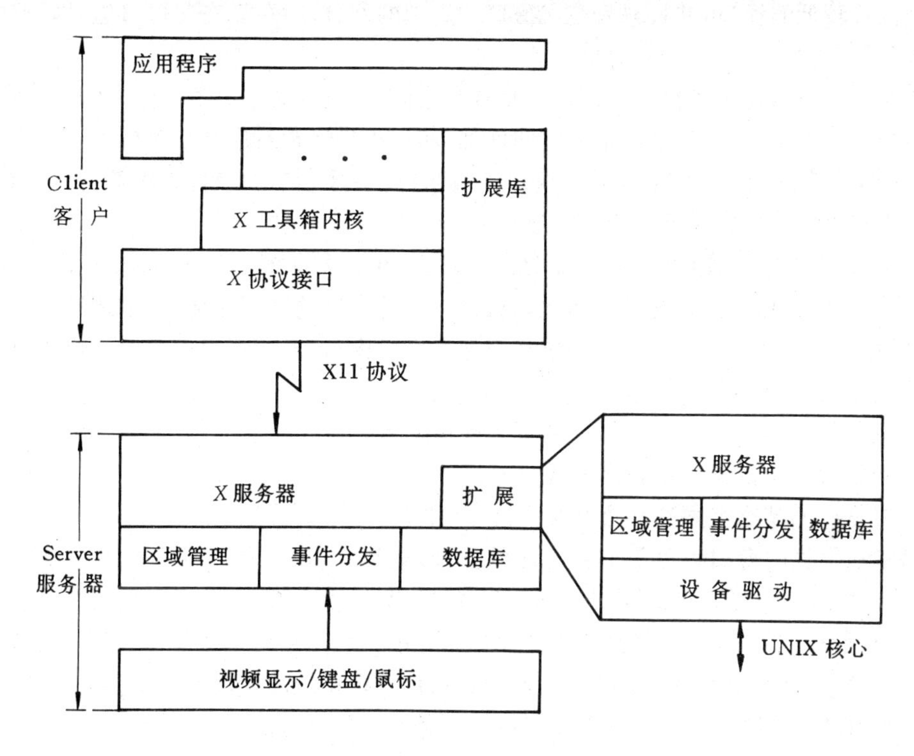

图 2.8.9 X 窗口系统的结构详图

④ 请求(Request)。当客户需要使用 X 窗口系统服务器时，这就向服务器发一个请求。客户通常请求服务器创建、撤消或重新配置一个窗口，或者在窗口中显示文字和图形。客户也可以询问有关窗口或其他资源的信息。事实上，XLib 的几百个函数就是给应用程序提供的产生各种请求的手段。X 窗口系统服务器通常与其他客户异步地运行，所有的客户之间也是异点工作。来自客户的请求放在一个队列中直到服务器能够处理它们时才传送给服务器，客户也不必等待服务器响应。应用也可以请求服务器同步处理请求，但这样处理的性能较低，因为此时每个请求在网络通道上需要往返一次。

⑤ 窗口(Window)。窗口是 X 窗口系统中的最基本资源，它是屏幕上的一个矩形区域，与其它基本窗口系统不同，X 的窗口没有标题栏、滚动棒或其它装饰。X 的窗口看上去是一个具有背景颜色或图案的矩形，也可以有一个边框，应用程序可以用两个或多个窗口去创建标题栏、滚动棒或其它高层用户的界面构件。服务器保存和维护窗口的数据结构，客户通过窗口标识来访问它。客户可以向服务器发出请求(调用 XLib 的函数)来改变窗口的大小、位置、颜色和其他属性，也可以请求服务器在窗口中显示图形或操作图形。任何一个客户只要知道该窗口的标识符，就可以请求服务器对窗口进行操作。

X 窗口系统把窗口组织成层次结构的窗口树，窗口树的最高层叫根窗口，X 服务器自动地为其控制的每个屏幕创建一个根窗口。根窗口占据整个屏幕，不能改变其位置和大小。根窗口外每个窗口都有一个父窗口，也可有若干个子窗口。具有相同父窗口的窗口叫兄弟窗口,它们像桌面上的纸张一样可相互覆盖。窗口堆放的顺序决定了窗口或窗口的某些部分是在上面(因而是可见的)。如果屏幕上的窗口有一部分重叠,放在最上面的窗口将全部或部分地遮挡位置较低的窗口,并且只有在父窗口边界内的部分才可见,在父窗口边界以外的部分将被服务器裁剪掉。

每个窗口,包括其根窗口都有各自的整数坐标系。窗口的左上角坐标为(0, 0),X 坐标沿向右的方向增加,Y 坐标沿向下的方向增加。应用程序通常对应某个窗口说明屏幕上一点的坐标。窗口的位置也是相对于其父窗口来说明的。每个窗口的坐标系跟随窗口一起移动,允许应用程序在窗口中显示文字和图形。

尽管 X 窗口与屏幕上的一块矩形区域相联系,但窗口不需要始终让用户可见。服务器在创建一个窗口时,只是分配并初始化该窗口服务器内部的数据结构,并不调用在屏幕上显示窗口的过程。客户可以通过映射请求让服务器显示窗口,即使客户已发出了映射窗口的请求,该窗口由于下列原因之一也仍然处于不可见。

a. 该窗口被屏幕上另一个窗口完全遮挡了;

b. 该窗口被它的某个祖先完全裁剪掉;

c. 该窗口的某个祖先没有被映射;

要使不可见的窗口可见需要作相应的处理,如移动窗口,移动或改变祖先窗口的大小等。在一个允许重叠的窗口系统中,当一个窗口被另一个窗口遮挡时,窗口的内容必须保存起来,以便恢复。在 X 窗口系统中,维护窗口内容的责任在于使用该窗口的客户。当窗口的数量增加时,保存每个窗口的完整的光栅图象对计算机系统的存储资源将会产生极大负担,用户在应用窗口系统时不应无限制地开很多一时不用的窗口。

⑥ 事件(Event)。X 服务器通过发送事件与客户通信。服务器由于用户操作的直接或间接结果而产生事件(例如,击键、移动鼠标),有些时候服务器也产生事件以通知客户其窗口状态所发生的变化。服务器向客户发送事件时,把事件放在一个客户可读的先进先出队列中,每个事件包括事件的类型、产生事件的窗口以及其它属于某类特殊事件的数据。大多数窗口系统的应用都是事件驱动,它们都被设计成等待事件,响应事件。事件驱动是交互式应用的一种模型。

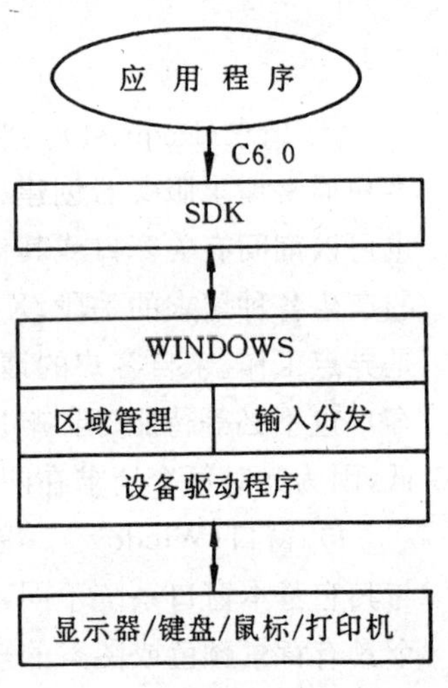

图 2.8.10 Windows 的结构框图

5. Windows

1986 年美国 Microsoft 公司在 PC 个人计算机的 DOS 环境下开发了 Windows 窗口系统,于 1990 年正式发布了 Windows 3.0 版,1992 年 4 月发布了 Windows 3.1 版,其结构框图如图 2.8.10 所示。

(1) Windows 的特点。Windows 和其他窗口系统一样,从用户或应用的角度看,它是用户可以同时运行多道程序的一个集成化环境;从软件开发者的角度看,它作为集成化的环境可以在相关程序之间共享信息;而普遍的看法认为,这是提供友好的、菜单驱动的、图形能力较强的用户界面的操作环境。作为个人计算机上的窗口系统,它还具有下述特点。

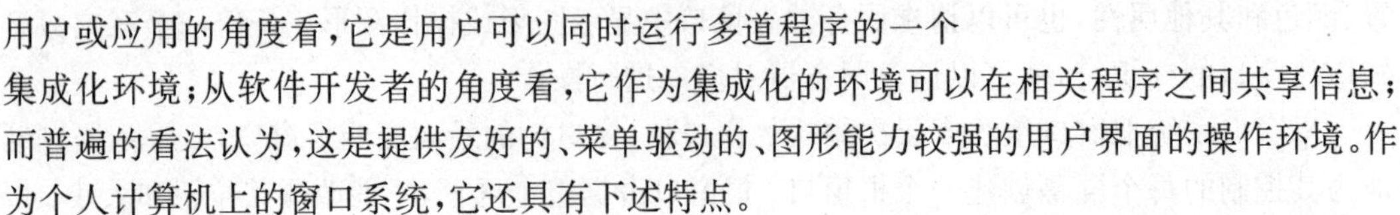

① 提供实地址模式、标准模式和 PC386 增强模式来运行应用程序,从而既兼容旧版应

用软件，又能充分发挥新机器的潜力，快速地运行应用程序。

② 突破了DOS内存640kB限制，提供了虚拟存储管理能力，使用户内存可达16MB。

③ 提供了程序管理器、文件管理器、打印管理器、面板控制器等功能，操作方便，可完成任务、文件、输出设备等的并行管理工作。

④ 提供了运行多道程序、处理多任务的能力，以及联网功能，可以实现文件、数据、打印机共享使用，并可在不同的应用程序之间传递各类文字和图形信息。

⑤ 提供了多个方便的功能较强的应用程序，如：字处理器(Write)、画图软件(PaintBrush)、终端通信软件(Terminal)等。

⑥ 提供了一套完整的桌面办公用具，如：计算器(Calculator)、日历(Calendar)、卡片文件(Cardfile)、时钟(Clock)、便笺(Notepad)、记录器(Recorder)等。

⑦ 提供了应用软件开发工具包SDK，其中的各种编辑、管理、编译、连接、调试、观察、帮助等功能，不仅可以使应用程序在源程序级调试，而且可以使用Windows提供的菜单、对话框、图符、控制、帮助等资源，使得设计开发的应用程序具有Windows的风格，使用方便，运行效率高。

⑧ 增强了开发应用程序的动态链接库(DLL)。动态数据交换(DDE)以实现应用程序间的数据交换，还提供了对象连接与嵌入(OLE)，更加完整的出错信息及处理方式，减少了不可恢复的应用程序错误等。

(2) Windows窗口的组成。在Windows环境下，每个应用程序以及工作时所选的一些文档都要分别打开一个窗口，每个窗口都有一些公共元素，但并不是所有的窗口都有这些元素，图2.8.11给出了常用窗口的组成。

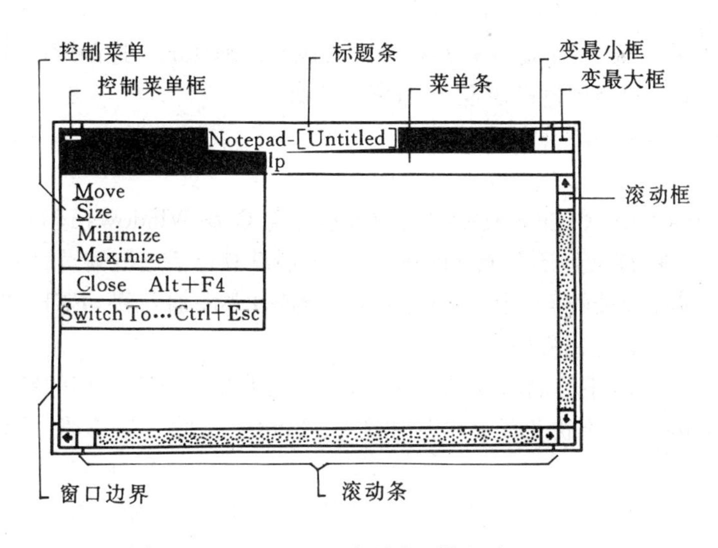

图2.8.11 Windows常用窗口的组成

① 控制菜单框(Control-Menu Box)，放在每个窗口的左上角。利用控制菜单命令可以改变窗口的尺寸，移动、缩放、关闭窗口以及转换到任务列表。

② 标题栏(Title Bar)，显示应用程序名或文件名，如打开多个窗口，则活动窗口(正在工作的窗口)的标题栏与其它的标题栏有不同的颜色和/或亮度。

③ 窗口标题(Window Title),它依赖所用的窗口类型,可以是应用程序名、文档名、菜单和一个 Help 菜单以及应用程序的专用菜单。

④ 滚动棒(Scroll Bar),当整个文档无法调入窗口时作部分滚动查看,或当列表或其它信息太长而可用空间不够时,也可用此来查看那些列表或其它信息的不可见部分。

⑤ 变大或变小窗口键(Maximize 和 Minimize 键),用鼠标选择可扩展活动窗口而填满整个工作屏幕,或者将窗口收缩为一个图符。文档窗口只能扩展到应用程序工作区,而不能扩展到整屏幕。在扩展一个窗口后用户可用恢复键(Restore)将窗口恢复到原来的大小。

⑥ 窗口边框(Window Border),是窗口的外边框,可以增长或缩短各个边框。

⑦ 窗口角(Window Corner)可用来同时缩短或增长边框的两边。

⑧ 工作区(Work Space),是应用程序的主要工作区,用于显示相应程序的文档或图形图象。

⑨ 选择光标(Selection Cursor),用来显示文档中的当前位置,在打印或绘图时,标明文本或图形输出的位置。

⑩ 箭头(Mouse Pointer),用来指示选择的项并作最后选定处理。

(3) 建立 Windows 应用程序的步骤。建立一个 Windows 应用程序,应采取如下步骤:

① 用文本编辑器,创建 C 语言或汇编语言源程序文件,其中包括,Winmain 函数、窗口函数以及其他应用程序代码。

② 利用资源编辑器 SDKPAINT,DIALOG 和 FONTEDIT 去创建应用程序所需要的光标(Cursor)、图符(Icon)、对话框(Dialog)、位图(Bitmap)和字体(Font)等。

③ 创建资源描述(.RC)文件定义应用程序的全部资源。资源描述文件由文字编辑器创建,可定义菜单、对话框、字符串表等资源。

④ 利用带-r 开关的资源编译器将资源描述文件编译成二进制资源(.RES)文件。

⑤ 用文字编辑器创建模块定义(.DEF)文件。

⑥ 用 C 语言编译器编译所有的 C 语言源程序,或用宏汇编去编译所有的汇编语言源程序。

⑦ 用 Link 将编译过的、或汇编过的源程序与 C 及 Windows 运行库连接在一起,产生一个 .EXE 文件,该文件还不能立即执行,因为还没有包括进被编译的资源。

⑧ 用不带-r 开关的 RC 将二进制资源(.RES)文件加入到 .EXE 文件中,产生一个可执行的 Windows 的应用程序。

⑨ 用 Windows 下的调试器 CodeView 和符号调试器跟踪程序的错误及其它问题。

⑩ 用 Windows 下优化工具对应用程序进行优化,使之运行速度更快,更有效地利用内存。

⑪ 用 Windows 的 Help 工具建立应用程序的帮助系统,这可穿插在应用程序的开发过程之中。

建立 Windows 应用程序的过程如图 2.8.12 所示,其中没有包括调试、优化及建立 Help 的过程和相应的工具。

大多数交互式 Windows 应用程序需要使用窗口、菜单、对话框和消息循环部件来实现人-机对话,窗口是交互式应用程序的主要输入输出设备,应用程序只有通过窗口才能访问系统显示器。每个窗口都有相应的“窗口函数”,用以指定窗口执行的动作及其相应的返回信息。菜单是应用程序作为用户输入的主要手段，一个菜单是一组用户可查看和选择的命令列表。当创建一个应用程序时，就相应地指定了菜单和命令名。对话框是一个临时窗口，为用户显示更多的有关命令的信息，一个对话框还包含一个或多个子窗口，它们都有相应的输入或输出函数，如输入文件名、选择任意项、指定命令的操作等。消息循环是 Windows 应用程

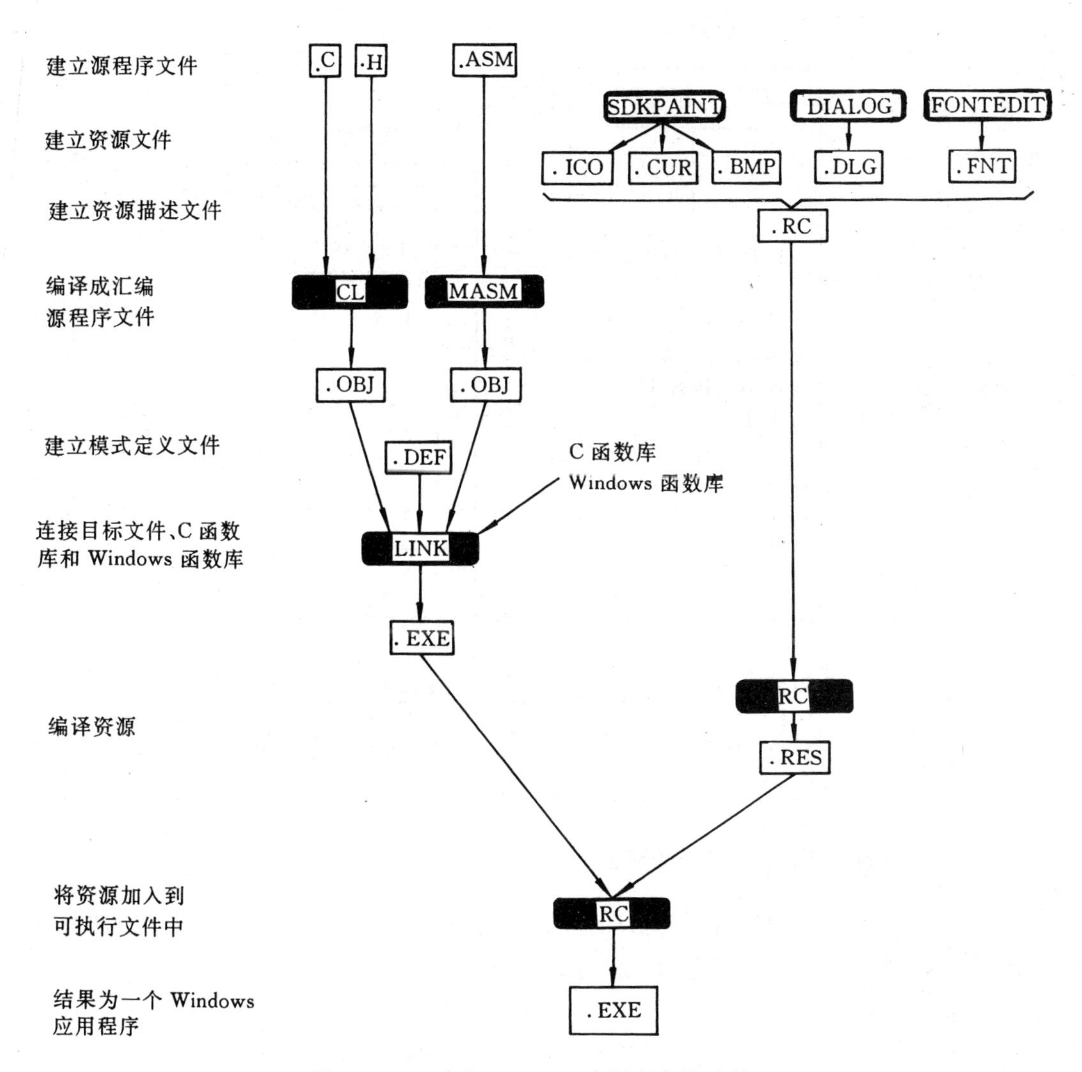

图 2.8.12　建立 Windows 应用程序的过程

序的主要特征之一，消息循环从应用程序队列中获取输入消息，并把它们分发给各个窗口。Windows 和应用程序协调处理键盘输入的过程如图 2.8.13 所示。当用户按下并放开某键后，Windows 接收此键盘输入，并把键盘消息从系统队列拷贝到应用程序队列，消息循环获取键盘消息，把它们转换成 ANSI 字符消息——WM-CHAR，并把 WM-CHAR 消息和键盘消息一起发送给相应的窗口函数。然后，窗口函数使用 TextOut 函数在窗口的用户区里显示出该字符。

应用程序所用的 Windows 函数和 C 运行函数一样是在函数库中定义的，它由三个主要

的函数库所组成。

(1) User 函数库提供窗口管理功能;

(2) Kernel 函数库提供多任务、存储管理和资源管理等系统服务功能;

(3) GDI 函数库提供图形设备接口。

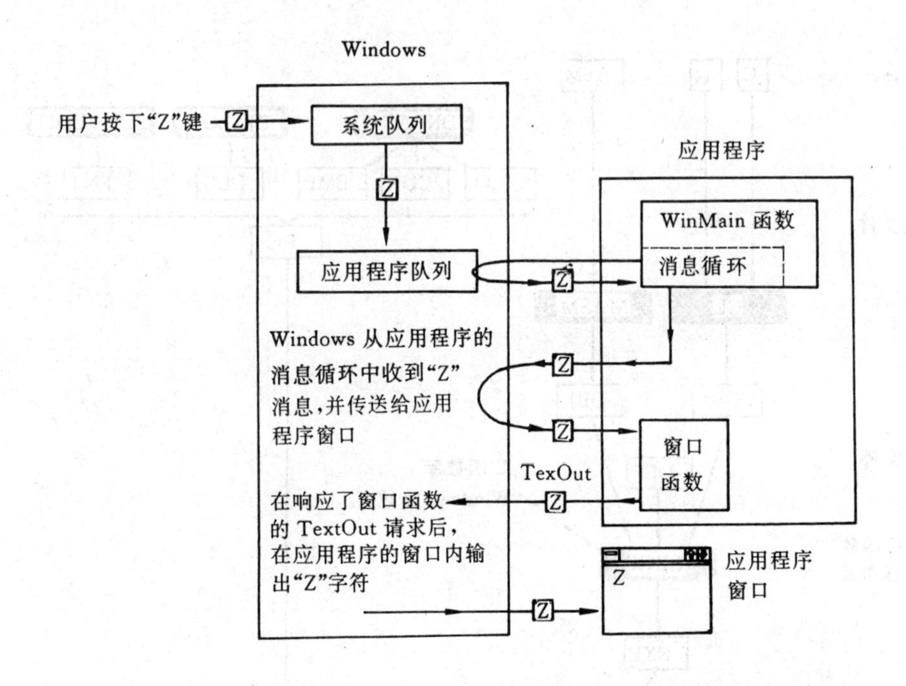

图 2.8.13 Windows 和应用程序处理键盘输入的过程

但 Windows 函数库是特殊的动态连接库(DLL),当系统加载应用程序时,才把 DLL 和应用程序连接在一起,从而最大限度地减少每个应用程序的代码量。

2.8.3 窗口系统的输入处理

窗口系统的输入是用户控制窗口的基础,它比传统程序的输入复杂,其中对事件的产生、分发、接收和处理是窗口系统输入的基础。

1. 输入和事件

窗口系统中的输入和传统程序的输入具有根本性的差异。传统程序使用单一的输入设备,通过操作系统提供的机制把用户的输入传送给应用程序。窗口系统通常有多个输入设备,并有多个应用程序同时运行,这与操作系统控制的多进程是不同的。因为窗口系统中的各个应用程序都能以用户可见的方式进行输入和输出,并要求把多个设备的输入传送给应用程序。窗口系统必须具备管理多个输入设备以及它们所产生的事件的能力,能即时地把这些事件分发到各个应用程序(即客户)。图 2.8.14 说明了窗口系统与传统程序输入处理的不同。

我们把窗口系统中的输入称之为事件(Event),一个典型的图形系统通常配有一个键盘和一个定位器(如鼠标器),定位器上配有一个或多个按键。在窗口系统中输入事件分为多种类型，如来自键盘的事件，来自定位器的事件。键盘事件不仅包括键的状态（按下或释放），还要包括键的代码。定位器事件报告定位器的位置（通常是 X 和 Y 坐标），定位器上的按键事件除了有与键盘事件一样的信息外，还要包括事件发生时定位器的位置。其他设备，如光笔、触摸屏则需要更多的信息。

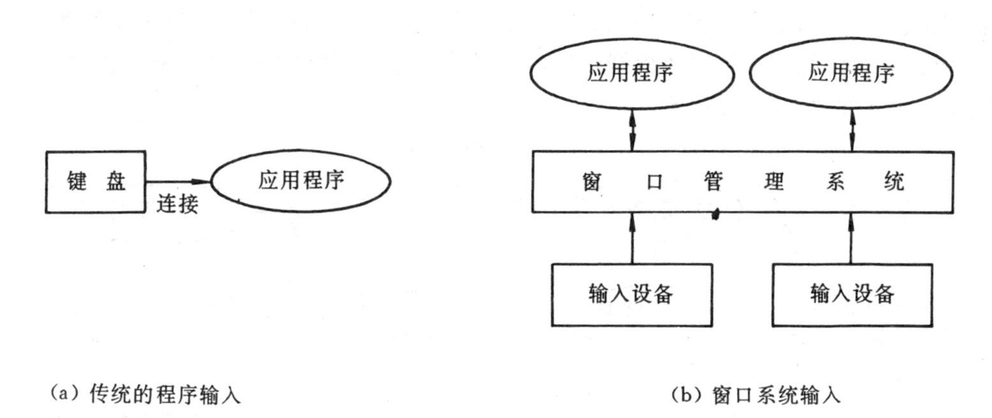

图 2.8.14　窗口系统输入和传统程序输入

除了上述用户可以感觉到和看到的事件外，窗口系统还有许多内部事件，如时钟事件、图形加速器完成一个任务后产生的事件、应用程序发出的人工事件以及窗口管理程序的内部产生和传送的事件，如刷新画面事件、窗口大小的改变事件、装入颜色表事件等。

2. 事件的时标和队列

窗口系统中的输入主要由产生和分发两部分组成。所谓生成事件就是把物理设备产生的输入打上一些规定的标志，送入事件队列以供客户使用。在窗口事件中，时间具有重要意义。每一个输入设备随时都可能产生输入事件，对大多数操作系统来说，只能顺序地向应用程序传送事件。若同时产生多个事件，必须有一个机制能把这些同时产生的事件管起来。在大多数窗口系统中这种机制就是事件队列，按照事件的时序把它们送入队列，窗口系统再依次向应用程序发送。输入队列中的每一个事件都由类型、事件头和事件体组成，事件队列和事件结构如图 2.8.15 所示。事件头是所有类型事件共同包含的信息，而事件体随事件类型的不同而各不相同。例如有的事件体记录下键的代码和按下/释放状态，有的还记录下事件发生时的光标位置。

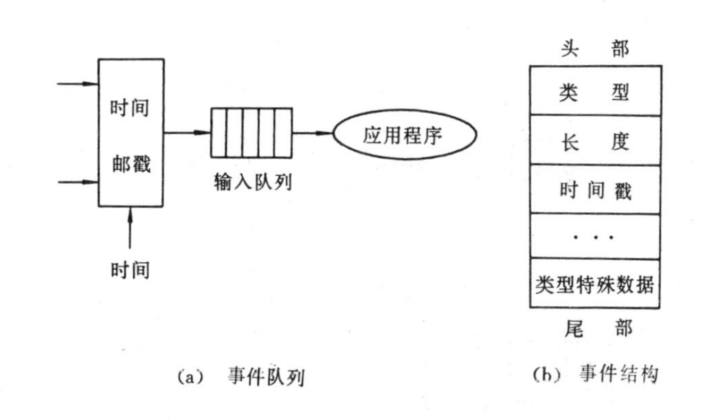

图 2.8.15　事件队列和事件结构

3. 事件分发

在窗口系统中最常见的状态是若干个窗口并存，且若干个应用程序同时在运行。随之而来的问题是输入设备产生的事件应分给哪一个客户，应根据什么策略分发？最简单的情况是，把事件队列中的事件全部分发给已经选择好的客户。这种办法就好象在应用程序和事件队列中加入一个换向开关,开关决定分发对象,接通开关的应用程序所在窗口,也就是通常所说的当前窗口。接着的问题是,换向开关根据什么来换向?目前的窗口系统采用的办法主要有两种,一种是“位置决定法”,一种是“收听法”。前者根据定位器当前的位置决定当前窗口,即定位器在哪个窗口,哪个窗口就是当前窗口。此时需要一个记录窗口边界信息的区域管理数据库。“收听法”确定当前窗口不仅取决于定位器的当前位置,还要用定位键指定一下,此时只有当定位键按下时才根据定位器的当前位置从区域数据库中查找当前窗口。事件分发及其策略如图 2.8.16 所示。

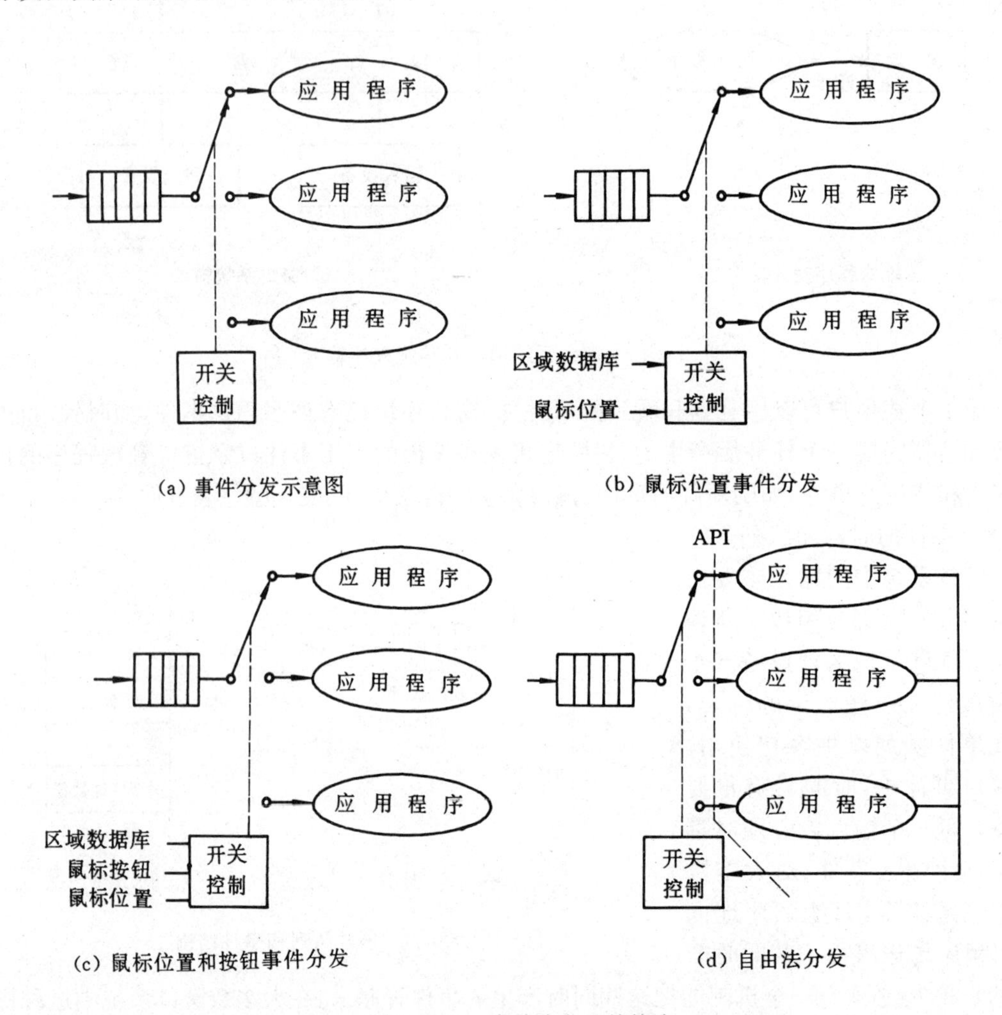

图 2.8.16 事件分发及其策略

4. 事件的处理

X 窗口系统的客户程序处理输入事件分为三个步骤:

(1) 为每个窗口建立事件选择集;

(2) 映射所有窗口;

(3) 进入事件读取循环,即从事件队列中读取事件并做相应的处理。

下面我们分析 X 窗口系统处理输入的一个典型程序,其中 display 是已经打开的显示器、win 是已经创建好的窗口、gc 是已经建立的图形状态。

```
XEvent report;
/* 选择需要的事件类型 */
XSelectInput (display, win,ExposureMask | KeypressMask | ButtonpressMask|StructureNo-
          tifyMask);
/* 映射窗口 */
XMapWindow(display, win);
/* 进入事件读取循环 */
while(TRUE) /* 永远循环 */
{ XNextEvent(display,&report); /* 从队列中取一事件 */
Switch(report, type) { /* 根据事件的类型转向 */
 Case Expose: /* 窗口是新弹出时 */
  if (report.expose.count ! = 0 break;
  draw_graphics(win, gc); break;
 Case ConfigureNotify: /* 窗口大小改变时 */
  width=report.xconfigure.width;
  height=report.xconfigure.height;
  break;
 Case ButtonPress: /* 鼠标键按下时 */
 Case KeyPress: /* 键盘键按下时 */
   XUnloadFont(display,font→info→fid);
   XFreeGC(display, gc);
   XCloseDisplay(display);
   exit(1);
  default; /* 其他事件 */
       break;
 } /* Switch 语句结束 */
} /* While 语句结束 */
```

上述程序在输入事件和映射窗口后,进入一个永远循环,只有当按下定位键或键盘上任一键时,才会退出程序。

(1) X 窗口事件的结构与队列

report 数据类型为 Xevent。Xevent 定义为 C 语言的一个联合。联合代表的不同情况就是 X 窗口中定义的 30 余种事件类型。应用程序必须从其类型域中得到事件的类型(repocr type),然后根据事件类型确定按照哪一种具体事件类型去访问 Xevent 的联合。事件类型除了上面例子中的 Expose(重新弹出窗口),Configure Notify(改变窗口大小),KeyPress(键盘按键)和 ButtonPress(定位器按键)以外,常用的事件类型还有:

Motion:定位器位移;

Focus Change:得到键盘键的窗口变化;

Destroy Window:退出窗口;

Property:改变窗口属性;

ColorMap:改变窗口颜色表;

每一种事件的具体内容由定义该事件的结构决定,该结构中记录了这种事件的全部信息。例如 Expose 事件的结构为:

```
typedef struct {
int type:     /* 类型 */
unsigned long serial;     /* X 服务器处理的上一个请求代号 */
```

```
Bool send_event;       /* 是否为人造事件 */
Display *display;      /* X 显示器 */
Window window;         /* 接收事件的窗口 */
int x, y, width, height;      /* 窗口的位置和大小 */
} XExposeEvent;
```

其中前五个域为事件头,每个事件都一样,后面的域是本事件所特有的。

(2) 事件的选择

在X窗口系统的应用程序中,当对某个窗口的事件进行处理时,必须首选选择事件,即选定一个该窗口感兴趣的事件集。这样X服务器才会把属于该集合的事件排入事件队列。在X窗口系统中选择事件有多种方式,可以在窗口创建时指定,也可以通过修改窗口属性而改变选择集,还可以直接设置事件集。事件集用一个32位字长的无符号整数来表示,每一类事件占一位,该位为1时,表示对应的事件有效,为0时表示无效。X窗口系统中定义了许多宏,通过把宏"按位或"的方法可以方便地形成事件集。这些宏与事件是多对多的,即一个宏可以对应多个位,而每一位可能通过不同的宏来设置。

2.8.4 窗口系统的输出处理

窗口系统的输出负责把显示屏幕分成不同的区域并加以管理,这也是用户对窗口系统的最直观的了解。由于多窗口并存,并要进行互不干扰的输出,使得窗口系统的输出不同于传统的字符终端或单纯的图形终端的输出。

1. 窗口的形状与排列

通常窗口的形状是矩形,而且其边界平行于坐标轴(屏幕的边界)。从实现的角度来看,窗口系统对屏幕的划分方法通常有三种,一是"瓦片形"、二是"重叠型"、三是"层次型"。所谓瓦片型是指屏幕上的所有窗口都不能相互重叠复盖,即在任一时刻,所有窗口都全部可见。重叠型窗口在屏幕上的每个窗口其大小和位置都与其他窗口无关,当窗口的位置发生冲突时,则通过赋给窗口的优先级来解决,此时冲突区域归优先级较高的窗口使用。窗口系统维护一个优先级队列,改变窗口在队列中的位置则改变了窗口的优先级。层次型窗口主要是指其内部窗口的存储管理形式,表现上它与重叠型窗口没有什么区别。在层次型窗口中,创建一个窗口必须指定其父窗口,删除一个窗口则连同其所有的子窗口一同删除。子窗口的坐标系一般是相对其父窗口;重新定位一个窗口时通常对其所有的子窗口都随之移动;改变一个窗口大小时,通常按新的边界裁剪其所有的子窗口。

2. 区域管理

窗口系统把屏幕分配给每个窗口,并用一个窗口表记录有关的信息。每一个存在的窗口都在此表中占有一个记录;每创建一个窗口则在表中新加一个记录;当撤销一个窗口时则将其对应的记录从表中删除,但删除时必须注意消除其他记录对该记录的引用。一个记录中包含的项有窗口标识符和应用程序标识号,这样,就将窗口与创建它的程序建立了对应关系。其中还记录窗口的关系,在瓦片型窗中还要记录相邻的窗口;在层次窗口模型中,记录中还包括父窗口、子窗口和兄弟窗口。当然,记录中还要包括许多与窗口属性有关的项,这些项将在创建窗口时由用户指定。如用户不指定,则由窗口系统赋予默认值。

窗口的大小和位置在窗口系统内部都使用统一的象素单位,屏幕原点取左上角、其X轴方向向右、Y轴方向向下。所有窗口的边界均和坐标轴平行。在重叠型窗口系统中,窗口的重叠关系有不相交、遮挡和重叠三种情况。后两种都是相交类。两个矩形正交，最多可产生4个新的子矩形，这4个矩形可用水平法或垂直法来确定。对于层次型窗口要用树型结构来管理，按深度优先的算法可求出每个窗口的可见矩形集。

3. 窗口系统中的颜色

在X窗口系统中，每个显示屏幕有关颜色都由Visual结构来定义。当需要创建颜色或窗口时，要指定使用的Visual类型，如不指定则用默认值。X窗口系统支持六种不同的Visual，具体到每个显示器，则可能支持六种中的一种或几种。XLib提供查询这个功能的子程序，这六种不同的Visual颜色方式分别为：

(1) 伪颜色(Pseudo Color)：它用象素的值做为颜色表的序号，每个序号所决定的颜色由其三基色决定，颜色表的值可以修改。

(2) 直接颜色(Direct Color)：这种方式与伪颜色方式的差别在于象素的值被分成三基色的索引。这种颜色方式是靠显示器的位平面数支持的，常用于高性能显示器或对颜色有特殊要求的应用程序中。

(3) 灰度色表(Gray Scale)：这种方式与伪颜色的区别在于颜色表不是由三基色组成，而只有一个灰度值，用于产生同一颜色的多级灰度的图形，实际上是伪颜色方式的一种特例。

(4) 静态颜色表(Static Color)：这种方式除了颜色表不可修改外，与伪颜色完全一致，不需要维护颜色表。

(5) 真彩色表(True Color)：这是直接颜色方式中颜色表为只读的情况，不需要维护颜色表。

(6) 静态灰度(Static Gray)：这是灰度颜色方式中颜色表为只读时的情况，不需要维护颜色表。

X窗口系统把颜色表作为每个窗口的属性之一，用户可以创建一系列的颜色表，但是只有一个颜色表为当前颜色表。

4. 窗口系统中的图形输出

X窗口系统输出图形的大部分属性都存放在图形状态(GC:Graphics Context)中，GC存放在X服务器中，从而大大减少了画图需要传送给服务器的信息量。每一次画图请求都必须指定一个GC，GC决定图形以何种面目出现，而X服务器可以在其高速缓冲区中保存几个GC。X窗口系统中GC的主要内容有：

(1) function	光栅逻辑操作码。
(2) plan_mask	平面屏蔽位。
(3) foreground	前景色。
(4) background	背景色。
(5) line_width	线宽。
(6) line_stype	线型。
(7) cap_stype	端点特性。
(8) join_style	拐点特性。
(9) fill_style	填充风格。
(10) fill_rule	填充规则。

(11) font　字符的字体。

(12) clip_x_origin, clip_y_origin, clip_mask　定义裁剪区域。

(13) dash-offset, dashes　线型模式定义。

(14) title, stipple　填充模式。

(15) arc_mode　圆弧填充规则。

GC是一个动态创建的属性集合,可以随时撤消。从物理上看,GC是一个具有固定元素的数据结构,通过动态申请内存来建立。应用程序可以根据需要建立多个GC,每个GC具有不同的内容。

X窗口系统支持的主要是光栅设备的二维图形,分为基本图素、文本和图象。基本图素有点、点集、直线段、折线集、不连续的线段集、矩形、圆弧和圆弧集,其中圆弧以外接矩形定义,这就包括了椭圆弧。X窗口系统可直接填充矩形、矩形集、多边形、封闭圆弧和圆弧集。X窗口系统中的位图可用于填充模板、图符、光标以及非显示用的绘图。X窗口系统支持8位字体和16位字体。16位字体主要用于支持一些字母集较大的语言(每个字体可有65536个),如汉字。每个字体实际上是一个包括固定数目位图的集合,每个位图表示一个字母、一个图象或其他用途的形状。X窗口系统支持的图象与位图的内容是对应的,位图必须由X服务器存取,用户只能通过X窗口系统的函数才能存取位图。图象的结构是向用户开放的,而且位图和图象可以方便地相互转换。X窗口系统支持16种不同的光栅逻辑操作,光栅逻辑操作码定义了要写入的象素值与原来已存在的象素值之间的组合方法。此外,通过自定义线型模式和多种区域填充规则来产生丰富的图形或图象。

2.8.5 窗口系统工具箱

在窗口系统中,有许多手段可用来进行交互控制,如按钮(Button)、菜单(Menu)、对话框(Dialogue Box)、标题(Label)、滚动棒(Scrollbar)等,这些手段都是窗口工具箱提供的。窗口系统工具箱是由一系列可见图形元素组成,用以模仿现实生活中的类似物体,并能把用户施加于它们的动作(通常是由定位键直接选择)映射成不同的输入意义。通过使用工具箱的工具,用户可以方便地建立应用程序的用户接口,这些元素在大多数窗口系统中称为Widget或Gadget,有的窗口系统称之为对象(Object)。

1. 工具箱的定义

工具箱是窗口系统提供的极为流行的开发环境之一,它由用户接口领域的专家设计和实现,可以代替用户编写用户接口方面的程序。从编程者的角度看,工具箱(如Widget)把用户的动作转换成一些输入事件传送给应用程序的用户接口;从工具箱内部来看,Widget把一系列输入事件转换成新的输入事件。每一个Widget都占有一个区域,通常是矩形区域,在此区域内有一个选择目标,用来提示用户选择。Widget的内容非常丰富,如Check Button用来表示开或关状态,Slider也叫Scale常用来输入一个数值或比例,模拟一个滑动电位器。实际上某个Widget可以由其他的Widget组合而成,而且这种组合嵌套关系不受任何限制。这样可由简单的Widget构造复杂的Widget,例如用Button和Slider可构造Scrollbar。

2. 用工具箱编程序的流程

用户使用工具箱编写应用程序其流程一般如下所述。

(1) 初始化用户数据库;

(2) 初始化工具箱；

(3) 建立一系列 Widget；

(4) 为每一个 Widget 注册 Callback 程序；

(5) 把控制权交给工具箱。

这个流程与传统程序不同，不是直接先读取输入，而是先处理输入，再读取输入，再处理输入这样的循环。在使用工具箱的程序中，事件的读取和分发均由工具箱处理，没有显式的循环体。上述步骤 (4) 是连接应用程序与用户接口的主要途径。所谓的 Callback 程序，是指当窗口系统中发生了施加到该 Widget 上的事件，工具箱则去执行用户注册的程序，执行完毕后又返回到工具箱控制程序中。步骤 (5) 把控制权交给工具箱往往是通过一个下列形式的函数:Main-Loop( )；该函数的具体名称因不同的窗口系统而异，其功能都是从事件队列中读取一个事件，然后分发，其结构往往导致调用 Callback 程序。使用工具箱的主要优点是建立用户接口变得更加容易。

3. 工具箱中有关面向对象的编程

面向对象的编程概念起源于 20 世纪 70 年代初对程序设计语言 Smalltalk 的开发，经过近十年的研究，Smalltalk 80 已成为商品，应用于各个领域，被认为是第五代程序设计语言，与函数式程序设计和逻辑式程序设计齐名。目前关于面向对象的程序设计概念大多沿用了 Smalltalk 的提法。如：

(1) 对象(Object)，在面向对象的程序设计环境中，所有的实体都统一地表示为对象，每个对象具有内部数据，但外面不可见。对象具有名，并通过名寻址。

(2) 消息(Message)，消息是各个对象之间通信的唯一途径。每个对象可以接收各种不同的消息，消息可以改变对象的内部状态，还可以向其他对象(包括本身)发出新的消息。

(3) 方法(Method)，用来定义一个对象如何处理接收到的消息。

(4) 类(Class)，它是对象的集合，每一类对象都具有相同的结构。

(5) 实例(Instance)，实例是类中的一个具体对象，即每一个对象都是一个类的实例。

(6) 实例变量(Instance Variable)和类变量(Class Variable)，实例变量保存每一个对象的特殊状态，类变量保存同一类对象的公用状态。

(7) 继承(Inheritance)，这是面向对象系统中最重要的特征。对象的方法和变量都可以继承，通过继承可以大大节省空间减化对象的处理过程。一种是按层次继承，即对象按树型结构组织，子类(Sub Class)继承父类(Super Class)的方法和变量。另一种是重继承，即一个子类可以有多个父类，有多条继承路径。

在面向对象的系统中，对象不但包含数据结构，还包含对消息的处理方法。消息由消息名和消息参数组成，称为消息模式。消息也可以没有参数，消息名称也叫消息选择器，每个选择器选择一种消息，向某一对象发送一条消息，该对象则选择一个执行方法。一个对象只能通过消息访问才能存取对象内部的数据。使用面向对象的方法，就是把问题分解成消息的发送和接收；确定问题后，再把问题分成若干类，定义类的内部表示，分析对象间的关系，确定消息模式。当消息在对象间传送时，则构成了一个面向对象的处理系统。与传统的程序设计方法相比，可以看出有这样一些特点：

(1) 对象不是简单的静态程序或数据，它具有保存自己状态的能力，可以同时并存，是一个能动的整体。

(2) 消息传送不同于一般的子程序调用。子程序不是对象,子程序与调用它们的程序有着明显的控制和被控制关系;消息传送没有严格的调用与被调用关系,消息发送到接收者后,控制权完全在接收者。接收者和发送者之间关系平等,无主从关系,消息发送还可以是并行的。消息统一了传统程序的数据流和控制流。

(3) 类也不是简单的类型定义,类要定义施加于本类上的合法操作,而传统的类型是不可能的;类可以继承,通过继承沟通了类与类之间的联系,实现代码共享,资源共用。面向对象的方法通过数据的抽象和对象的继承使得程序的开发和调试比传统的编程手段有了较大的改进。

4. 工具箱中的类

窗口工具箱 Widget 都属于一个类,并静态地建立和初始化,它包含允许施加到该类 Widget 上的操作。从逻辑上看,类是一组过程和数据,这些过程和数据可以被其子类继承;从物理上看,一个类是指向一个结构的指针。对于一个类的 Widget 来说,其内容是相同的,而且在编译以后不再改变。由于 C 语言不是面向对象的语言,类中的内容通过结构指针可以访问到,但只有通过一组存在于文件中的变量,才可以模拟出面向对象的功能。

在 X 窗口系统中,所有的类都是 Core 类的子类,而类 Core 是通过 Core Classpart 的结构定义的,其中共有 32 项。在其他类的定义中,除了该类的特有性质外,都把 Core Classpart 做为其第一个域。如在 X 窗口系统中复合类 Composite 的定义形式为:

```
struct {
        Core Classpart coreclass ;
        CompositeClassPart CompositeClass; }
```

其中第一个域 Core Class 引用了 Core ClassPart 结构,因此可以继承其所有的域;而 Composite Class 域则是复合类所特有的。按照功能可将 Widget 类分成五部分,各部分的功能是:

(1) Shell Widget。它是应用程序必须使用的 Widget,提供了与窗口管理程序的接口。Shell Widget 往往从视觉上感觉不到它的存在,是由工具库初始化程序自动创建。Shell Widget 有八种,以适应不同的应用,如 Dialog Shell 用于对话框,MenuShell 用于菜单等。

(2) 用于显示的 Widget。它包括 XmPrimitive 及其子类,常用的类有:ArrowButtons,ListScrollbar,Text 和 Toggle 等。

(3) 用于布局的 Widget。它们都是 XmManager 类的子类,如 XmDrawingArea 创建一个绘图区域、XmFrame 是为单独的子 Widget 加上一个边界,XmMainWindow 是创建一个有标准内容的窗口,包括菜单行、命令窗口、工作区和滚动棒等,XmRowColumn 用来把子 Widget 排成行或列的形式。

(4) 用于对话的 Widget。它用于弹出式的对话框,是属于 XmBulletinBoard 类的子类,Motif 还提供了许多子程序直接用于创建各种常用的对话框,包括自动创建 shell 对话框及其子 Widget。

(5) 用于菜单的 Widget。Motif 支持三种类型的菜单,即:弹出式、下拉式和选择式,菜单主要使用 RowColumn Widget,并把基本的 PushButton 排列起来。Motif 提供多种子程序可直接创建 MenuShell 及其有关的子 Widget。

除了上述的五种 Widget 外,Motif 还提供了八种 Gadget,它与 Widget 的使用极为相似，不同之处是在执行效率和存储空间上作了许多改进。

2.8.6 流行的图形用户接口

图形用户接口(GUI)，从硬件角度看是具有高分辨率的图形显示和鼠标类输入设备；从软件角度看它将受到图形软件和窗口软件的影响，一般是建立在以它们为支撑软件的环境上。GUI 具有以下特点：

(1) 增强了软件系统的数据输入能力；

(2) 对输入输出对象的表示，从按名或按序号指定，扩展为用符号表示；

(3) 图形方式下的输入和输出密切相关；

(4) 具有数据驱动能力；

(5) 具有潜在的并行性；

(6) 用户界面的复杂度和灵活性可以大大增强。

目前在工作站上流行的 GUI 是 OpenLook 和 Motif，在 PC 机上的是 Windows，本节我们讨论工作站上的 GUI，下一节我们将讨论 Windows 及其窗口操作系统 Windows NT。

1. OpenLook

OpenLook 是在 X 窗口系统的基础上建立的 GUI 的支撑环境，它将窗口系统工具箱中的部件(Widget)设计成标准件，并规定了它们的显示和操作方式。程序员应用这些标准件设计图形界面以达到简单性、一致性和有效性。OpenLook 本身不是一个软件产品，而是有关规范的说明，且与设备无关。OpenLook 定义了三个实现级别：

第一级是完整的用户界面的最小集合，定义了基本的窗口类型、图符、Workspace 及窗口管理和键盘/鼠标器的功能等；

第二级是在第一级的基础上，扩充了原有的部件的功能，并定义一个文件管理程序；

第三级是在前二级的基础上，又增加了一个进程管理程序。

OpenLook 的基本部件有：

(1) Workspace　　OpenLook 把图形界面所用的屏幕空间称作为 Workspace，在其中安排应用程序的窗口、图符、显示鼠标器的游标等。用户可在 Workspace 上对窗口、图符进行操作，并可将鼠标器游标放在 Workspace 背景的任何地方，按鼠标器左键，均可弹出一个 Workspace 菜单，其菜单项通常有：Programs，Utilities，Properties 及 Exit 等。其中 Programs 用于从 Workspace 菜单中调用应用程序，可由用户增删其内容。Utilities 用于调用某些系统功能，如屏幕刷新、窗口控制、打印屏幕等。Exit 用于退出 OpenLook 环境。Properties 用来设置环境特性，包括以下几类：

① 颜色　设置 Workspace 和窗口各部分的颜色；

② 图符　设置图符的位置及显示方式；

③ 键盘主要功能　设置功能键，如 Copy，Cut，Help，Paste，Properties，Undo，Stop 等；

④ 键盘辅助功能　包括 Cancel，Defaut，Action 等；

⑤ 菜单　设置菜单的操作方式；

⑥ 杂项　如系统蜂鸣器、活动窗口的选择方式、Scrollbar 的位置等；

⑦ 鼠标键的修改　设置鼠标键的功能，如设鼠标器左键为 Select，左键加键盘的 Ctrl 键为 Duplicate，加 Alt 键为 Menu；

⑧ 鼠标器游标位置的设置　如鼠标器游标是否跳转到 POP－UP 窗口等；

⑨ Programs 子菜单　设置 Workspace 菜单中 Programs 项中可调用的应用程序。

(2) 窗口　窗口是 GUI 的重要部件，每个应用程序至少有一个窗口，用于与用户通信、接受用户的操作指示及输出操作结果。为了节省屏幕空间可将应用程序的窗口关闭成图符，窗口和图符都是系统上运行进程的表现形成，当需要时，可重新将图符打开成正常窗口。OpenLook 中定义的窗口分成基窗口和弹出式窗口两大类：

基窗口　是应用程序的主窗口，用于程序的一些基本操作和显示。基窗口应含有标准的窗口菜单、边框、窗口头、窗口菜单按键，至少有一个控制区和一个 Pane(窗口中用于输出文字和图形的屏幕区域)，此外还有一些选件，如窗口缩放角、滚动棒、脚标等。应用程序可以有多个基窗口，除了矩形的标准窗口外，OpenLook 还可支持异形的非标准窗口。

弹出式窗口　一般用于程序与用户间的临时性交互工作，按用途的不同，Open Look 的弹出式窗口分为：

命令窗口　　用于设置命令参数；

特性窗口　　设置窗口、图符、文字及图形的特性；

求助窗口　　显示系统求助信息；

提示窗口　　用于确认一些不可恢复的工作或显示有警告信息等。

(3) 控制部件　　OpenLook 提供的控制部件主要有：

① Button：当用户选择一个 Button 时，系统执行一个操作或弹出一个窗口，或打开一个菜单。Button 也可在菜单中作为一个菜单项；

② Setting：用于选择一组选项值，分为专用和非专用两类。在专用 Setting 中用户只可选择一项，在非专用 Setting 中用户可选择多项；

③ Check Bex：其实质上是一种非专用的 Setting，其值只可选 Yes/No 或 on/off 两种状态之一，Check Box 不能用在菜单中；

④ Sliders：通过移动标尺上的游标来设置值；

⑤ TextFields：接收从键盘输入的字符；

⑥ Message：在控制区或 Pane 中显示只读的信息。

(4) 菜单　　OpenLook 提供两类菜单：

一类是按键菜单，当用户选择该按键时，在按键一侧拉出菜单。按键菜单常用于窗口控制区中；

另一类是弹出式菜单。

(5) 文件管理和进程管理程序　　文件管理程序建立一个基窗口，用户可选择特定的目录，在该窗口中显示其内容。各种类型的文件用不同的符号表示，用户可用菜单选择或直接操作方式浏览、拷贝、删除或运行这些文件，也可建立新的文件和目录。进程管理程序用于显示正在运行的进程状态和信息。

(6) OpenLook 的图形用户界面　　它主要由 OpenLook 的 Widget 集、窗口管理程序(Ollwm)、Workspace 管理程序(Olwsm)、文件管理程序(Olfm)以及一些应用程序组成。OpenLook 的 Widget 集分为四类，具体使用说明可参见 OpenLook 的用户手册。

2. Motif

Motif 是开放软件基金会 OSF 推出来的 GUI 产品，它建立在 X 窗口系统之上，由工具箱、用户界面语言、窗口管理系统和风格指南文档所组成。

(1) Motif 工具箱　它提供了比 XLib 更为高级的用户界面库，包括诸如菜单、文本子窗口、命令子窗口、画面子窗口、按钮、滚动棒等用户界面函数。在工具箱中，每个工具只是一个普通的应用程序或称之为客户程序。在 Motif 工具箱中还有以下增强功能。

① 虚拟键联编：它能使应用程序对来自不同厂商的不同键盘具有一致的行为特征；

② 改进键盘适应性：对键盘用户和鼠标器用户提供同样的功能，为信息输入增加灵活性；

③ XmProcessTraveral：支持程序员对系统资源和进程实现集中管理；

④ XmTracKingLocate：建立针对上下文的求助信息。

(2) 用户界面语言(UIL)　这是一种应用开发语言，便于应用系统开发人员建立界面，且独立于应用程序代码，简化用户界面的描述和维护。用 UIL 描述的界面没有链接到应用程序上，而是由程序在运行时读入，如界面的某些部分被改变，应用程序不必重新编译、连接。用户描述的用户界面经 UIL 编译后生成用户界面定义(UID)文件，当执行应用系统时，Motif 的资源管理系统打开 UID 文件，并按其中的内容生成应用界面。

(3) 窗口管理器(MWM)　这是一组控制窗口操作的应用程序，如显示传送、位移、重定尺寸和图符化，并且对屏幕上显示的窗口和其它显示对象呈三维立体感。为了更有效地管理屏幕上的窗口，MWM 引入了一级窗口和二级窗口的概念。一级窗口即为主窗口，在应用系统运行时长期存在屏幕上。在应用主窗口的顶部有一个主菜单，左边有一个用户操纵的控制面板，右部是应用窗口区，通常由一个或多个窗口组成，并可根据应用的需要显示各种内容。二级窗口是与应用有关的对话窗口，当需要时在屏幕上暂时出现，在用户的交互操作完成后即从屏幕上消失。

(4) Motif Widget 集　它们是按照面向对象的类构造的。在类记录中，存放着对所有同类 Widget 都一致的数据信息和实现本类 Widgets 的各种功能函数，其树结构如图 2.8.17 所示。

3. OpenLook 和 Motif 的比较

这两个图形用户接口的共同点有：

(1) 均采用相同的 X 窗口系统或服务器；

(2) 它们的客户程序和服务器通信均符合 X 协议，而且 X 协议的 C 语言接口均是 XLib；

(3) 客户间通信均符合 ICCCM 规则，从而使其应用软件能与其他遵从 ICCCM 规则的应用软件共享数据、网络资源；

(4) 两者的工具箱都是面向对象的，且编程界面类似；

(5) 在基于 UNIX 环境中运行的 OpenLook 和 Motif 核心都可看成是一组实用程序，都独立于操作系统，即具有很好操作系统透明度和网络透明度。

OpenLook 和 Motif 的不同点主要有：

(1) 两者的客户程序主窗口的边框情况不同，导致最终用户对应用软件的视感和操作方法不一样；

(2) OpenLook 比 Motif 严谨，因而在诸如客体位置、颜色、字型等方面的应用不太灵活，Motif 在这些方面和 Ms-Windows 比较相似；

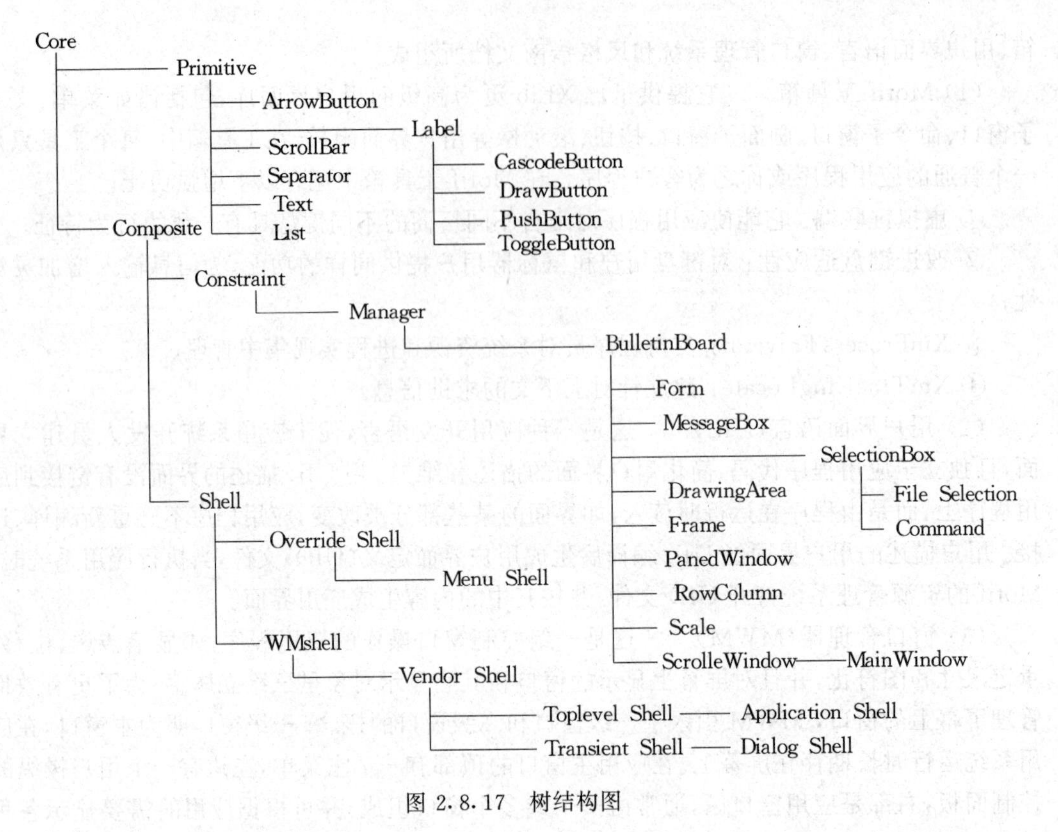

图 2.8.17 树结构图

(3) OpenLook 服务器把页面描述语言，和 X11/NeWS 集成在一起，因而具有图象处理功能，而 Motif 没有 PostScript 的图象处理能力；

(4) OpenLook 支持的工具箱种类较多，但较杂，而 Motif 的工具箱只有一种(Xm)，并且已被用户接受。

(5) Motif 支持本地语言及 16 位的复合字符串，而 OpenLook 只限于 8 位字符集，只是英语型的。

随着 X 窗口系统的广泛使用，OpenLook 和 Motif 的相互兼容将会越来越多，它们之间的差异将会被克服。

2.8.7 从窗口系统 Windows 到窗口操作系统 Windows NT

1. 窗口系统 MS-Windows

在 PC 机上运行的窗口系统最典型且应用面最广的是 MS-Windows。一般用户将其看作为一个桌面办公环境，程序开发员把它看作为软件开发环境。该环境可认为由应用程序接口(API)、软件开发工具包(SDK)和运行时刻系统组成。程序员利用 API，在 SDK 的支持下进行 Windows 应用程序的开发。

API 的主要组成有：606 个函数(包括 11 条宏指令)，219 条消息、96 个预定数据类型、资源描述语句、模块定义语句和动态数据交换(DDE)协议。SDK 主要包括对话资源的编辑、编译工具、应用程序调试工具和系统分析、检查工具。Windows 运行时刻系统是一个多任务系统，支持同时运行多个应用程序，并负责在多个应用程序之间进行共享资源的调度和管理以及动态地交换数据。

Windows 在一个多任务环境中支持异步对话，表现为一个窗口和对话框的顺序变化序列。Windows 应用程序通过显示器、键盘和鼠标器与用户对话，由于系统中只有一个 CPU，本质上系统的输入输出都是串行的。但 Windows 支持并发接口的运行，即系统中对应的每一条对话线索和当前所有的活动窗口均处于工作状态，都能随时接收输入和执行输出。Windows 以串行的 I/O 机制来支持并发接口的实现方法是把输入事件以消息方式发送到对应的窗口函数，窗口函数对其中发生的每一种事件都提供了相应的处理方法，并对各窗口的输出进行统一管理。

(1) 消息管理。 Windows 用消息这样一种数据对象来表示系统中发生的一个事件。一条消息由一个消息标识(如：WM-CHAR)和两个附加参数 WParam 和 IParam 组成，附加参数中含有说明消息的信息。消息的来源有多种多样，但其目的地是某一个窗口函数或对话框函数。Windows 运行系统中有一个消息队列，并为每一个应用程序维护一个相应的消息队列。Windows 收集所有的输入事件，并以消息的形式存放在系统消息队列中，然后把系统队列中的输入消息拷贝到相应的应用程序消息队列。输入消息具体指键盘、鼠标、定时器和字符消息等。每个应用程序在消息循环中用 GetMessage 从自己的消息队列中依次取出消息，并通过 DispatchMessage 把它们发送给相应的窗口函数或对话框函数。消息循环包含在 Windows 应用程序的 WinMain( )函数中，其一般形式为：

```
MSG msg;
 :
while(GetMessage(&msg, NULL, 0, 0))
{ TranslateMessage(&msg);
  DispatchMessage(&msg); }
```

其中数据结构 msg 包含有目标窗口的窗口标识、消息标识及 WParam 和 IParam。函数 TranslateMessage 用于把键盘消息翻译成对应的字符消息。

Windows 是一个消息驱动的系统，消息的传送方式可分为 3 种：

① 对于输入消息，由消息循环依次从消息队列中取出，并由 DispatchMessage 把它们发送到相应的窗口函数或对话框函数。

② 对于窗口管理消息、初始化消息、系统消息、非用户区消息，由 Windows 直接发送到相应的窗口函数或对话框函数。

③ Windows 应用程序本身也可以从系统内部把消息发送给它的某一个窗口，控制窗口或对话框，以实现对它们的控制。具体的途径有两条：其一是用 PostMessage 把消息放入应用程序消息队列的尾部，然后由消息循环将消息发送到目标窗口；其二是用 SendMessage 把消息直接发送到目标窗口。前一种方法有时间延迟，后一种方法没有；用两种方法传递消息，既可以是系统预定义的，也可以是用户自定义的。

(2) 系统的控制结构和回调函数。 回调函数(CallBack)是在应用程序中定义的，在运行时直接被 Windows 调用的函数，回调函数可分为 6 种类型：WinMain、窗口函数、对话框函数、枚举回调函数、内存通知函数和窗口中继函数。Windows 应用程序通常由下列 3 部分组成：

① WinMain 函数；

② 若干回调函数；

③ 若干实现应用语义的子程序(即应用子程序)。

在应用程序中,一般不能调用除窗口函数和对话框函数以外的其他类型的回调函数。若要调用窗口函数或对话框函数,必须借助 SendMessage 和 PostMessage,不能使用常规的函数调用方式。应用程序在 Windows 环境中运行时,消息循环是整个系统中一系列的控制转移,即控制在 Windows 回调函数和应用子程序间转移,最后回到消息循环。这个过程不断重复,直到消息循环识别到结束消息 WM-QUIT 为止。

(3) 对话资源管理。Windows 的对话资源可分为两类:

其一是基本的对话资源,如光标、图符、位图、字库、数据、字符串表和用户自定义的资源;

其二是复合资源,由多种基本资源组合而成的对话资源,如菜单、窗口、对话框和控制窗口。用于描述接口的所有 Windows 对话资源描述语句都包含在一个对话资源定义文件(.RC)中。基本对话资源的定义形式比较简单,Windows 为其中每一种都提供了相应的资源描述语句。复合资源的建立相对复杂些。例如菜单,Windows 为定义菜单提供了一条专门的资源描述语句 Menu,它既可以定义条形菜单,也可以定义下拉式菜单。用 Menu 语句定义的菜单,使用前首先要用 LoadMenu 将其装入。应用程序中显示的菜单不一定先用 Menu 语句定义,也可在运行时用 CreateMenu 函数动态生成。应用程序也可使用 Windows 中的函数对已建立的菜单进行增、删、改。

上述的基本对话资源只用于显示,在系统运行时不会和用户发生进一步的交互,用户和接口的交互主要是和复合资源的交互。窗口是 Windows 应用程序最基本的交互元素,菜单是用户进行输入的主要手段。窗口函数除了接收菜单选择和控制输入消息外,还可以接收用户在窗口的用户区、非用户区和滚动棒上的输入消息,以及来自 Windows、应用程序内部和其他应用程序的消息。

2. 窗口操作系统 WindowsNT

Windows NT 是一个高度模块化的建立在硬件抽象层(HAL)之上的窗口操作系统,其结构如图 2.8.18 所示。NT 的内核是基于对象的系统结构,它提供了两类对象:

其一是调度对象,包括线索、事件、互斥进程信号和计时器等,由它们保持信号状态并且支持调度和同步活动。

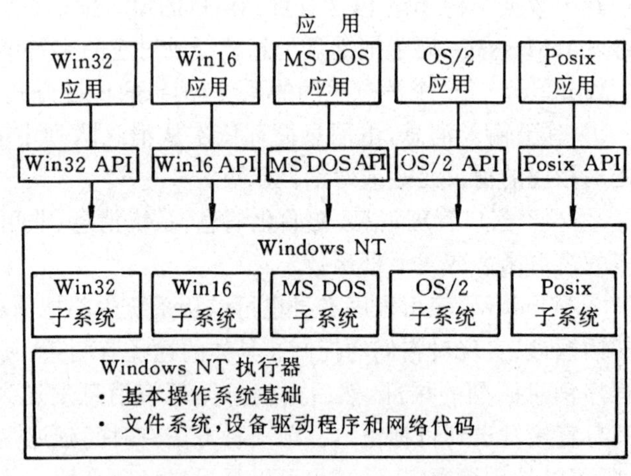

图 2.8.18 WindowsNT 结构图

其二是控制对象,包括进程、中断和设备队列等,并用于设备驱动和 NT 执行的数据结构,也是对用户模式子系统的接口。NT 为客户/服务器交互提供的 IPC 称为 LPC(本地进程间调用)和 RPC(远程进程调用)协议,它是局部操作而不是在网络上操作。各种应用通过 LPC 口与它们的环境服务器交互,服务器间以及服务器与执行器间以相同的方式交互。各处应用与支持它们的子系统紧密相关。

(1) 存储管理。NT 保留了 Windows 的局部和全局存储管理程序、局部分配和全局分配返回 32 字节的值、指向 2GB 的虚拟地址空间,这个空间对每个进程都是可见的。NT 还提供了 Heap 和 Virtual 程序。用 Haep 可以获得一块存储区,而且可以把这块存储区分成更小的存储块。这个功能对于要处理具有很多小于 4kB 的页式对象的程序很有用。4kB 是 NT 的基本存储管理单元,这种方式也用于动态联编库(DLL)。Virtual 用于对 NT 的虚拟存储管理进行直接的控制。NT 采用存储器分配图文件作为其进程间共享存储器的基本机构。

(2) 进程线索和 DLL。在 NT 中,线索是执行中可调度的部分,进程在执行中形成上、下文。NT 在一个进程产生线索的数量没有限制,线索的运行在概念上是并发的。进程间的同步依赖于对象名,在 NT 中把互斥、进程信号和事件均作为对象,并由它们支持进程内和进程间的同步。在 NT 中 DLL 共享与之相关的所有进程数据,并保留例行数据。为了优化共享数据,NT 把例行数据打包,作为 Copy-on-Write 页上的集。NT 还引入了线索局部存储的概念,使进程和 DLL 能存储每个线索的数据。

(3) 文件系统和设备驱动程序。NT 支持三种文件系统,即:文件分配表(FAT)、高性能文件系统(HPES)及 NT 文件系统(NTFS)。这些文件系统可共享公用的高速缓冲区,使用相同的容错驱动程序,实现多磁盘的安装和拆卸。NTFS 支持 255 个字符的文件名,采用基于存储区域的分配及 B 加树,并具有较好的可恢复性和安全性。NT 有两类基本的设备驱动程序,即:针对子系统的显示器、打印机和虚拟设备用户模式的驱动程序;针对物理设备,如键盘或磁盘的内核模式的驱动程序。NT 具有几百种类型的设备驱动程序,常用的有打印机、视频显示器、SCSI 接口卡、网络接口卡及虚拟设备驱动程序等。它们具有许多特点:便于移植、具有层次结构、可随时中断、能面向对象、可异步 I/O 且安全可靠等。

(4) 网络工具。NT 是适用于对象和服务器的高性能的网络操作系统。它在客户/服务器网络环境下实现了文件和打印机共享。NT 的内部进程通信(IPC)和远程通信(RPC)可以与分布式计算环境(DCE)兼容的服务器进行通信和集成。NT 也能支持 NetBIOS 及其命名的管道,从而可以与符合工业标准的客户/服务器进程间进行通信。NT 还支持窗口式开放系统结构(WOSA),使其可方便地与多种计算机资源连接。此外 LAN Manager for WindowsNT 是一个扩充 NT 网络功能的专用服务器,它不仅可为 PC 个人计算机网络提供服务,还具有较好的容错功能和远程管理。

由于 Windows NT 不仅在功能上覆盖了 Windows,而且在网络环境、存储管理、图形图象处理、设备驱动等多方面又优于 Windows,还同时支持 Intel386/486, R4000, Alpha 等个人计算机、工作站平台。这些都为 Windows NT 的发展、完善和广泛应用创造了条件。

2.8.8 如何用窗口系统编应用程序

通过上述几节的讨论,我们已经对窗口系统的基本原理、输入、输出等有所了解。我们学习窗口系统主要是应用它,而不是去实现它。使用窗口系统编程与传统的编程在控制流程和参数设置上大不相同。这一节将介绍用 OpenLook,Motif,Windows 等窗口函数,用 C 语言写一个创建窗口、在窗口内画直线段、画圆、显示字符串的程序实例。这些例子虽然简单,但总的程序框架是完备的,读者可以在这些例子的基础上增加自已的程序段,实现更多的功能。

下面列出的三段程序的基本功能是:

(1) 创建子窗口；

(2) 创建简单的对话框；

(3) Xlib 绘图函数应用。

1. OpenLook 环境下的编程实例

```
#include <X11/X.h>
#include <X11/Xlib.h>
#include <xview/xview.h>
#include <xview/canvas.h>
#include <xview/panel.h>
#include <math.h>

#define DRAW_END 0
#define LINE_BEGIN 1
#define LINE_NEXT 2
#define CIRCLE_CEN 3
#define CIRCLE_RAD 4

Frame frame;
Display *display;
GC        gc;
XID       drawable;
void      DrawText(), CanvasEv();
static int DRAW_OP = DRAW_END;
static char BaseWinText[] = "Xview Application";

main(argc,argv)
int     argc;
char      *argv[];
{
    Canvas        canvas;
    Panel         panel;
    Menu          menu;
    Panel_item button1,button2;
    void    Exit_Proc(),Draw_Proc(),CreateWin_Proc();
    /* 初始化 */
    xv_init(XV_INIT_ARGC_PTR_ARGV, &argc, argv, NULL);
    /* 创建主窗口外框 */
    frame = (Frame)xv_create(NULL, FRAME,
        FRAME_LABEL,          BaseWinText,
        XV_WIDTH,             500,
        NULL);
    /* 创建绘图区 */
    canvas = (Canvas)xv_create(frame, CANVAS,
        XV_Y,        30,
        XV_HEIGHT, 200,
        NULL);
    /* 创建菜单区 */
    panel = (Panel) xv_create(frame,PANEL,
                XV_X,          0,
```

```
                XV_Y,         0,
                XV_HEIGHT, 30,
                NULL);
    /* 创建菜单，及菜单条 */
    menu = (Menu )xv_create(NULL,MENU,
                MENU_ITEM,
                        MENU_STRING,      "CreateWindow",
                        MENU_NOTIFY_PROC, CreateWin_Proc,
                        NULL,
                MENU_ITEM,
                        MENU_STRING,      "Exit",
                        MENU_NOTIFY_PROC, Exit_Proc,
                        NULL,
                NULL);
    button1 = (Panel_item) xv_create(panel,PANEL_BUTTON,
                XV_X,13,
                PANEL_LABEL_STRING,"File",
                PANEL_ITEM_MENU, menu,
                NULL);
    menu = (Menu )xv_create(NULL,MENU,
                MENU_STRINGS, "Line","Circle","Text",NULL,
                MENU_NOTIFY_PROC, Draw_Proc,
                NULL);
    button2 = (Panel_item) xv_create(panel,PANEL_BUTTON,
                XV_X,83,
                PANEL_LABEL_STRING,"Draw",
                PANEL_ITEM_MENU, menu,
                NULL);
    /* 为绘图区登录输入处理函数 */
    xv_set(canvas_paint_window(canvas),
            WIN_EVENT_PROC,         CanvasEv,
            WIN_CONSUME_EVENTS,
            KBD_DONE, KBD_USE, LOC_MOVE, LOC_WINENTER,
            LOC_WINEXIT,WIN_ASCII_EVENTS, IN_MOUSE_BUTTONS,WIN_RESIZE,
            LOC_DRAG,WIN_TOP_KEYS,WIN_RIGHT_KEYS,
            NULL,
      NULL);
    display = (Display *) xv_get(frame,XV_DISPLAY);
    gc = DefaultGC(display,DefaultScreen(display));
    drawable = xv_get(canvas_paint_window(canvas),XV_XID);

    window_fit(frame);
    window_main_loop(frame); /* 主消息循环 */
}
/* 选中 "CreateWin" 菜单的处理函数，弹出一绘图小窗口 */
void
CreateWin_Proc(item, event)
Panel_item item;
Event *event;
{
```

```
    Frame win;
    Canvas canvas;
    /* 创建子窗口外框 */
    win = xv_create(frame,FRAME,
                FRAME_LABEL,"Sub Window",
                XV_X, 10,
                XV_Y, 10,
                XV_WIDTH, 150,
                XV_HEIGHT, 150,
                NULL);
    /* 创建绘图区 */
    canvas = xv_create(win,CANVAS,NULL);
    xv_set(win,XV_SHOW,TRUE,NULL);
}
/* 选中 "Quit" 菜单,退出系统 */
void
Exit_Proc(menu, menu_item)
Menu menu;
Menu_item menu_item;
{
     xv_destroy(frame);
     exit(0);
}
/* 选中 "Draw" 菜单 */
void
Draw_Proc(menu, menu_item)
Menu menu;
Menu_item menu_item;
{
    char item_name[32];
    strcpy(item_name, xv_get(menu_item, MENU_STRING));
    if (! strcmp(item_name,"Line")) /* Line 菜单 */
    {
     DRAW_OP = LINE_BEGIN; /* 设置绘图状态,下一个输入点为折线起点 */
     /* 设置输入提示信息 */
     xv_set(frame,FRAME_LABEL,"Input First point",NULL);
    }
    else if (! strcmp(item_name,"Circle")) /* 选中 "Circle" 菜单 */
    {
     DRAW_OP = CIRCLE_CEN; /* 设置绘图状态,下一个输入点为圆的圆心 */
     /* 设置输入提示信息 */
     xv_set(frame,FRAME_LABEL,"Input Center point",NULL);
    }
     else if (! strcmp(item_name,"Text")) /* 选中 "Text" 菜单 */
      DrawText();
}
/* 选中"Text"菜单后,调用此程序,弹出一对话框,包括输入条和按扭"Draw" */
void
DrawText()
{
```

```
    Frame Cmd_Frame;
    void DrawTextProc();
    /* 创建对话框的外框 */
    Cmd_Frame = xv_create(frame,FRAME_CMD,
                    FRAME_LABEL, "Input",
                    XV_WIDTH, 300,
                    XV_HEIGHT, 100,
                    FRAME_CMD_PUSHPIN_IN, TRUE,
                    XV_SHOW, TRUE,
                    NULL);
    /* 创建输入条并登录输入处理函数 */
    xv_create(xv_get(Cmd_Frame,FRAME_CMD_PANEL),PANEL_TEXT,
              XV_X,10,
              XV_Y, 30,
              PANEL_LABEL_STRING,"Input Text",
              PANEL_NOTIFY_STRING,"\n\r",
              PANEL_NOTIFY_PROC, DrawTextProc,
              PANEL_CLIENT_DATA, Cmd_Frame,
              NULL);
}
/* 按下"Draw" 按钮的处理函数 */
void
DrawTextProc(item, event)
Panel_item item;
Event *event;
{
    char text[128];
    Frame frame;
    static int X=0, Y=0;
    frame = xv_get(item,PANEL_CLIENT_DATA);
    /* 获取输入字符串 */
    strcpy(text,xv_get(item,PANEL_VALUE));
    /* 调用 Xlib 绘图函数画字符串 */
    XDrawString(display,drawable,gc,X,Y,text,strlen(text));
    /* 改变下一个字符串的位置 */
    Y+=20;
    if (Y>200) {
      X+=100;
      if (X>300) X=0;
      Y=0;
    }
}
/* 绘图区输入处理函数 */
void CanvasEv( window,event )
Xv_window window;
Event *event;
{
        static int PrevX, PrevY; /* 记录前一个输入点的位置 */
        if (DRAW_OP==DRAW_END) return; /* 系统不处于任何绘图状态，对输入不作处理
                                                        */
```

```
switch (event_action(event))
{
 case ACTION_SELECT: /* 鼠标左键的消息 */
 case MS_LEFT:
   if (event_is_up(event)) return;
   if (DRAW_OP == LINE_BEGIN) /* 输入点为折线的起点 */
  {
   PrevX = event_x(event); /* 保存输入点坐标 */
   PrevY = event_y(event);
   DRAW_OP = LINE_NEXT; /* 设置绘图状态 */
   /* 设置输入提示信息 */
   xv_set(frame,FRAME_LABEL,"Input Next Point",NULL);
  }
  else if (DRAW_OP == LINE_NEXT) /* 输入点为折线的另一个端点,非起点 */
  {
     /* 从前一个点到当前点画线 */
     XDrawLine(display,drawable,gc,
         PrevX,PrevY,event_x(event),event_y(event));
     PrevX = event_x(event); /* 保存输入点坐标 */
     PrevY = event_y(event);
  }
  else if (DRAW_OP == CIRCLE_CEN) /* 输入点为圆的圆心 */
  {
     PrevX = event_x(event); /* 保存输入点坐标 */
     PrevY = event_y(event);
     DRAW_OP = CIRCLE_RAD; /* 设置绘图状态 */
     /* 设置输入提示信息 */
     xv_set(frame,FRAME_LABEL,"Input Radius",NULL);
  }
  else if (DRAW_OP == CIRCLE_RAD) /* 输入点为圆周上一点 */
  {
     int r,x,y, rc,yc,xc;
     x = event_x(event);
     y = event_y(event);
     /* 计算圆的半径 */
     r = (int) sqrt((double)(PrevX - x) * (PrevX-x)+(double)(PrevY-y) * (PrevY-
     y));
     rc = r * 2;
     c = PrevX - r;
     yc = PrevY -r;
     XDrawArc(display,drawable,gc,xc, yc,
          rc,rc,0,360 * 64); /* 画圆 */
     DRAW_OP = DRAW_END; /* 设置绘图状态为绘图结束 */
     xv_set(frame,FRAME_LABEL,BaseWinText,NULL);
  }
   break;
case MS_RIGHT: /* 鼠标右键消息 */
case ACTION_MENU:
  if (event_is_up(event)) return;
  DRAW_OP = DRAW_END; /* 设置绘图状态为绘图结束 */
```

```
        xv_set(frame,FRAME_LABEL,BaseWinText,NULL);
        break;
  default: return;
      }
}
```

2. Motif 环境下的编程实例

```
#include <stdio.h>
#include <math.h>
#include <Xm/MainW.h>
#include <Xm/List.h>
#include <Xm/PanedW.h>
#include <Xm/Command.h>
#include <Xm/Label.h>
#include <Xm/DrawingA.h>
#include <Xm/RowColumn.h>
#include <Xm/DialogS.h>
#include <Xm/PushB.h>
#include <Xm/Text.h>

#define DRAW_END 0
#define LINE_BEGIN 1
#define LINE_NEXT 2
#define CIRCLE_CEN 3
#define CIRCLE_RAD 4

#define WIDTH 500
#define HEIGHT 300

static int DRAW_OP = DRAW_END; /* 变量 DRAW_OP 作为绘图状态记载的标记变量
                         = LINE_BEGIN 说明选中"Line" 菜单，下一输入点将是折线集的起
                           点；
                         = LINE_NEXT 说明下一输入点是折线集的下一端点；
                         = CIRCLE_CEN 说明选中"Circle" 菜单，下一输入点将是圆的圆心；
                         = CIRCLE_RAD 说明下一输入点将指明圆的半径；
                         = DRAW_END 说明系统目前未选中任何绘图菜单，鼠标键不起任何
                           作用；*/
static char BaseWinText[] = "Motif Application";
                                  /* 系统不绘图时的窗口标题 */
GC         gc;
Display  *display;

XtCallbackProc fileproc();
XtCallbackProc Draw_Proc();
XtCallbackProc Draw_Text ();
void CanvasEv();

Widget main_w,canvas;
Widget toplevel;
Widget TextWidget;
main(argc,argv)
```

```
int argc;
char *argv[];
{
    Widget menubar,text_w,menu,command_w;
    XtAppContext app;
    XmString file,edit,quit,draw,createwindow,line,arc,text;
    Arg args[4];
    extern void exit(),exec_cmd();
    toplevel = XtVaAppInitialize(&app,"Demos",NULL,0,&argc,argv,NULL,NULL);
                                                              /* 初始化 */
    main w=XtVaCreateManagedWidget("main_window",xmMainWindowWidgetClass,toplevel,
        XmNwidth, WIDTH,
        XmNheight,HEIGHT,
        NULL);        /* 创建主窗口外框 ;高、宽分别为 HEIGHT,WIDTH */
    /* 创建菜单条,及菜单项 */
    file = XmStringCreateSimple("File");
    draw = XmStringCreateSimple("Draw");
    menubar = XmVaCreateSimpleMenuBar(main_w,"menubar",
        XmVaCASCADEBUTTON, file,'F',
        XmVaCASCADEBUTTON, draw,'D',
        NULL);
    XmStringFree(file);
    XmStringFree(draw);
    createwindow = XmStringCreateSimple("CreateWindow");
    quit=XmStringCreateSimple("Quit");
    menu = XmVaCreateSimplePulldownMenu(menubar,"file_menu",0,fileproc,
        XmVaPUSHBUTTON, createwindow,'F',NULL,NULL,
        XmVaPUSHBUTTON, quit,'Q',NULL,NULL,
        NULL);
    XmStringFree(createwindow);
    XmStringFree(quit);

    line = XmStringCreateSimple("Line");
    arc = XmStringCreateSimple("Circle");
    text = XmStringCreateSimple("Text");
    menu = XmVaCreateSimplePulldownMenu(menubar,"file_menu",1,Draw_Proc,
        XmVaPUSHBUTTON, line,'L',NULL,NULL,
        XmVaPUSHBUTTON, arc,'C',NULL,NULL,
        XmVaPUSHBUTTON, text,'T',NULL,NULL,
        NULL);
    XmStringFree(line);
    XmStringFree(arc);
    XmStringFree(text);
    XtManageChild(menubar);

    canvas = XtVaCreateManagedWidget("canvas",
        xmDrawingAreaWidgetClass,main_w,
        XmNtopAttachment, XmATTACH_WIDGET,
        XmNtopWidget, menubar ,
        XmNleftAttachment, XmATTACH_FORM,
        XmNrightAttachment, XmATTACH_FORM,
```

```
        XmNbottomAttachment, XmATTACH_FORM,
        NULL);                                          /* 创建绘图区 */
    XtAddCallback(canvas,XmNinputCallback,CanvasEv,NULL);
                                                 /* 登录绘图区输入处理函数 */
    display = (Display * ) XtDisplay(canvas);
    gc = DefaultGC(display,DefaultScreen(display));
    XtRealizeWidget(toplevel);
    XtAppMainLoop(app);                                /* 建立消息循环 */
}
XtCallbackProc fileproc (w, item_no)
Widget          w;
int             item_no;
{
   if (item_no==0)                             /* 选中 "CreateWin" 菜单 */
     CreateSubWin();
   else if (item_no==1)                           /* 选中 "Quit" 菜单 */
      Quit();
}
XtCallbackProc Draw_Proc (w, item_no)
Widget          w;
int             item_no;
{
   XmString string;
   if (item_no==0) {                               /* 选中 Line 菜单 */
     DRAW_OP = LINE_BEGIN;                         /* 设置绘图状态 */
     XtVaSetValues(toplevel,XmNtitle,"Input First Point:",NULL);
                                                   /* 设置输入提示信息 */
   }
   else if (item_no==1)                            /* 选中 Circle 菜单 */
     {
        DRAW_OP = CIRCLE_CEN; /* 设置绘图状态,表明下一输入点是圆的圆心 */
        XtVaSetValues(toplevel,XmNtitle,"Input Center Point:",NULL);
                                                   /* 设置输入提示信息 */
   }
   else                                            /* 选中 Text 菜单 */
     DrawText();
}

Quit ()
{
    XtDestroyWidget(main_w);
    exit(0);                                       /* 选中 Quit 菜单 */
 }
/* 选中 Text 菜单, 调用 DrawText()函数, DrawText()函数功能在于弹出一个对话框, 对话框包括
   一输入条和一 "draw" 按钮,在输入条中输入字符串,再按"draw" 按钮,字符串在绘图区绘出。*/
DrawText()
{
   int wargc;
   XmString label;
   Widget DialogWidget, panel, labelwidget,textwidget,button;
   Arg wargs[10];
```

```
    wargc = 0;
    XtSetArg(wargs[wargc],XmNnoResize,True);wargc++;
    XtSetArg(wargs[wargc],XmNdialogStyle,XmDIALOG_APPLICATION_MODAL);wargc++;
    XtSetArg(wargs[wargc],XmNresizeable,False);wargc++;
    DialogWidget = XmCreateFormDialog(main_w,"DailogWidget",wargs,wargc);
                                                        /* 创建对话框 */
    panel = XtVaCreateManagedWidget("panel",
            xmPanedWindowWidgetClass, DialogWidget,
            NULL);
    abel = XmStringCreateSimple(" Input Text: ");
    labelwidget = XtVaCreateManagedWidget("Label",xmLabelWidgetClass,panel,
            XmNlabelString, label,
            NULL);                                      /* 创建提示信息条 */
    XmStringFree(label);
    textwidget = XtVaCreateManagedWidget("Text",xmTextWidgetClass,panel,
            XmNeditMode, XmSINGLE_LINE_EDIT,
            NULL);                                      /* 创建输入窗口 */
    label = XmStringCreateSimple(" Draw ");
    button =XtVaCreateManagedWidget("Draw",xmPushButtonWidgetClass,
            panel,
            XmNlabelString,label,
            NULL);                                      /* 创建"Draw"按钮 */
    XmStringFree(label);
    XtAddCallback(button+,XmNactivateCallback,Draw_Text,textwidget);
                                                        /* 为"Draw"按钮登录回调函数
                                                        */
    XtManageChild (DialogWidget);
}
void CanvasEv(widget,data,cbs)
Widget widget;
XtPointer data;
XmDrawingAreaCallbackStruct *cbs;
{
    static int PrevX, PrevY;
    XEvent *event = cbs->event;
    XmString string;
      if (DRAW_OP==DRAW_END) return; /* 系统不处于任何绘图状态,不处理任何消息
                                                    */
      if (cbs->reason == XmCR_INPUT) {
        if (event->xany.type==ButtonPress) {            /* 鼠标键按下 */
          if (event->xbutton.button==1) {               /* 鼠标左键按下 */
          if (DRAW_OP == LINE_BEGIN)                    /* 输入点为折线起点 */
          {
            PrevX = event->xbutton.x;                   /* 保存输入点坐标 */
            PrevY = event->xbutton.y;
            DRAW_OP = LINE_NEXT;                        /* 设置绘图状态 */
            XtVaSetValues(toplevel,XmNtitle,"Input Next Point:",NULL);
            /* 设置输入提示信息,提示输入下一个点 */
          }
          else if (DRAW_OP == LINE_NEXT) /* 输入点为折线一端点,非起点 */
          {
```

```
            XDrawLine(display,event->xbutton.window,gc,
                PrevX,PrevY,event->xbutton.x,event->xbutton.y);
                                        /* 从前一点到当前点画线 */
            PrevX = event->xbutton.x;           /* 保存输入点坐标 */
            PrevY = event->xbutton.y;
          }
          else if (DRAW_OP == CIRCLE_CEN)  /* 输入点为圆的圆心 */
          {
            PrevX = event->xbutton.x;           /* 保存输入点坐标 */
            PrevY = event->xbutton.y;
            DRAW_OP = CIRCLE_RAD;               /* 设置绘图状态 */
            XtVaSetValues(toplevel,XmNtitle,"Input Radius:",NULL);
                                                /* 设置输入提示信息 */
          }
          else if (DRAW_OP == CIRCLE_RAD) /* 输入点为圆周上一点 */
          {
            int r,x,y, rc,yc,xc;
            x = event->xbutton.x;
            y = event->xbutton.y;
            r = (int) sqrt((double)sqr(PrevX - x)+(double)sqr(PrevY-y));
                                                /* 计算圆的半径 */
            rc = r * 2;
            xc = PrevX - r;
            yc = PrevY -r;
            XDrawArc(display,event->xbutton.window,gc,xc, yc,
                rc,rc,0,360 * 64);                  /* 画圆 */
            DRAW_OP = DRAW_END;                 /* 设置绘图状态为绘图结束 */
            XtVaSetValues(toplevel,XmNtitle,BaseWinText,NULL);
                                                * 设置无绘图时的窗口标题 */
          }
        }
        else if (event->xbutton.button==2) {    /* 输入键为鼠标中键 */
          DRAW_OP = DRAW_END;                   /* 设置输入结束 */
          XtVaSetValues(toplevel,XmNtitle,BaseWinText,NULL);
                                                /* 设置无绘图时的窗口标题 */
        }
      }
    }
}
/* 创建绘图子窗口 ,子窗口标题为 "SubWindow",大小为 300x300; */
CreateSubWin ()
{
    Arg args[10];
    int n;
    Widget subframe,subcanvas;
    XmString string;
    /* 创建子窗口外框 */
    n = 0;
    string = XmStringCreate("SubWindow",XmSTRING_DEFAULT_CHARSET);
    XtSetArg (args[n], XmNdialogTitle,string); n++;
    XtSetArg (args[n], XmNwidth,300); n++;
```

```
    XtSetArg (args[n], XmNheight,300); n++;
    subframe = XmCreateFormDialog(main_w,"SubWindow",args,n);
    XmStringFree(string);
    tManageChild(subframe);
    /* 创建子窗口绘图区 */
    n = 0;
    XtSetArg (args[n],XmNtopAttachMent, XmNATTACH_FORM); n++;
    XtSetArg (args[n],XmNleftAttachMent,XmNATTACH_FORM); n++;
    XtSetArg (args[n],XmNbottomAttachMent,XmNATTACH_FORM);n++;
    XtSetArg (args[n],XmNrightAttachMent, XmNATTACH_FORM); n++;
    subcanvas = XmCreateDrawingArea (subframe, "work_area", args, n);
    XtManageChild(subcanvas);
}
/* 选中 "Draw" 按钮的回调函数 */
XtCallbackProc Draw_Text (w, client_data, call_data)
Widget w;
Widget client_data,
caddr_t call_data;
{
    char *ss;
    static int X=0,Y=10;  /* 记录字符串的输出位置，每输出一字符串，下一字符串的位置作一
                             定的变换 */
    ss = (char *)XmTextGetString(client_data);            /* 获取输入字符串 */
    XDrawString(display,XtWindow(canvas), gc,
        X,Y,ss,strlen(ss));                    /* 在主绘图窗口中显示字符串 */
    Y+=20;
    if (Y>200) {
            X += 100;
            if (X>300) X = 0;
            Y = 10;
    }
}
```

3. MS_Windows 环境下的编程实例

```
#include <windows.h>
#include <math.h>
#include <string.h>

#define CU_LINE          200
#define CU_CIRCLE        201
#define CU_TEXT          202
#define CU_CREATEWIN 203
#define CU_EXIT          204

#define DRAW_OK   101
#define DRAW_EXIT   102
#define DRAW_TEXT   103

#define LINE_BEGIN  1
#define LINE_NEXT   2
#define CIRCLE_CEN   3
```

```
#define CIRCLE_RAD   4
#define DRAW_END    0

HANDLE          hInst;
HWND            hwnd ;

long FAR PASCAL MsWndProc (HWND, WORD, WORD, LONG);
long FAR PASCAL SubWndProc (HWND , WORD, WORD, LONG);
int FAR PASCAL GDTextProc(HWND,unsigned,UINT,LONG);
int Draw_Text(void);

static char BaseWinText[] = "Ms_window Application";
int PASCAL WinMain (HINSTANCE hInstance, HINSTANCE hPrevInstance,
                                        LPSTR lpszCmd, int nCmdShow)
{
    MSG             msg ;
    WNDCLASS        wndclass ;
    HMENU           hMenu;

    if (! hPrevInstance)
    {
        wndclass.style                  = CS_HREDRAW | CS_VREDRAW ;
        wndclass.lpfnWndProc            = (WNDPROC)MsWndProc ;
        wndclass.cbClsExtra             = 0 ;
        wndclass.cbWndExtra             = 0 ;
        wndclass.hInstance              = hInstance ;
        wndclass.hIcon                  = LoadIcon( NULL, IDI_APPLICATION );
        wndclass.hCursor                = LoadCursor (NULL, IDC_ARROW) ;
        wndclass.hbrBackground          = (HBRUSH)(COLOR_WINDOW + 1);
        wndclass.lpszMenuName           = NULL;
        wndclass.lpszClassName = "MainWinClass";

        RegisterClass (&wndclass) ; /* 注册主窗口的窗口类 */

        wndclass.lpfnWndProc = (WNDPROC)SubWndProc ;
        wndclass.lpszClassName = "SubWinClass";

        RegisterClass (&wndclass) ; /* 注册子窗口的窗口类 */
    }

    hInst = hInstance; /* 保存窗口的实例句柄 */
    hMenu = LoadMenu(hInstance,"MsDemo"); /* 从资源文件中装如菜单 */
    hwnd = CreateWindow ("MainWinClass",
            BaseWinText,
            WS_OVERLAPPEDWINDOW,
            CW_USEDEFAULT,
            CW_USEDEFAULT,
            CW_USEDEFAULT,
            CW_USEDEFAULT,
            NULL,
            hMenu,
```

```
            hInstance,
            NULL);     /* 创建主窗口 */

    ShowWindow (hwnd, nCmdShow);
    UpdateWindow (hwnd);
    while (GetMessage (&msg, NULL, 0, 0)) /* 建立消息循环 */
    {
        TranslateMessage (&msg);
        DispatchMessage (&msg);
    }
    return msg.wParam;
}
/* 主窗口消息处理函数 */
long FAR PASCAL MsWndProc (HWND hwnd, WORD message, WORD wParam, LONG lParam)
{
    HDC        hDC;
    static int DRAW_OP = DRAW_END;
    static int PrevX,PrevY;

    switch (message)
    {
      case WM_LBUTTONDOWN: /* 鼠标左键按下 */
        if (DRAW_OP == CIRCLE_CEN) { /* 输入点为圆的圆心 */
          PrevX = LOWORD(lParam); /* 保存输入点的坐标 */
          PrevY = HIWORD(lParam);
          DRAW_OP = CIRCLE_RAD; /* 设置输入状态 */
          /* 设置输入提示信息 */
          SetWindowText(hwnd,"Input Radius of the Circle");
    }
    else if (DRAW_OP == CIRCLE_RAD) { /* 输入点为圆周上一点 */
        int x1, y1, x2,y2,x3,y3,x4,y4,r;
        hDC = GetDC(hwnd); /* 获取设备描述表 */
        x1 = LOWORD(lParam);
        y1 = HIWORD(lParam);
        /* 计算圆周半径 */
        r = sqrt((long)(x1-PrevX) * (x1-PrevX)+(long)(y1-PrevY) * (y1-PrevY));
        x1 = x3 = x4 = PrevX-r;
        y1 = PrevY+r;
        x2 = PrevX+r;
        y2 = y3 = y4 = PrevY-r;
        /* 画圆弧 */
        Arc(hDC,x1,y1,x2,y2,x3,y3,x4,y4);
        ReleaseDC(hwnd,hDC); /* 释放设备描述表 */
        DRAW_OP = DRAW_END; /* 设置绘图状态为绘图结束 */
        SetWindowText(hwnd,BaseWinText);
    }
    else if (DRAW_OP == LINE_BEGIN) { /* 输入点为折线的起点 */
        PrevX = LOWORD(lParam); /* 保存输入点坐标 */
        PrevY = HIWORD(lParam);
        DRAW_OP = LINE_NEXT; /* 设置输入状态 */
        /* 设置输入提示信息 */
```

```
        SetWindowText(hwnd,"Input Next Point");
    }
    else if (DRAW_OP == LINE_NEXT) { /* 输入点为折线的非起始点端点 */
        hDC = GetDC(hwnd); /* 获取设备描述表 */
        MoveTo(hDC,PrevX,PrevY);
        LineTo(hDC,LOWORD(lParam),HIWORD(lParam)); /* 画线 */
        PrevX = LOWORD(lParam); /* 保存输入点坐标 */
        PrevY = HIWORD(lParam);
        ReleaseDC(hwnd,hDC); /* 释放设备描述表 */
    }
    else return 0;
    break;
    case WM_RBUTTONDOWN: /* 鼠标键右键按下 */
        DRAW_OP = DRAW_END; /* 设置系统状态为绘图结束 */
        SetWindowText(hwnd,BaseWinText);
        break;
    case WM_COMMAND: /* 选中菜单项输入 */
    {
      if (DRAW_OP) return 0; /* 如果系统处于绘图状态，则选中菜单项无效 */
      switch (wParam)
      {
        case CU_LINE: /* 选中 "Line" 菜单 */
          DRAW_OP = LINE_BEGIN; /* 设置绘图状态 */
          /* 设置输入提示信息 */
          SetWindowText(hwnd,"Input First Point");
          break;
        case CU_CIRCLE: /* 选中 "Circle" 菜单项 */
          DRAW_OP = CIRCLE_CEN; /* 设置绘图状态 */
          /* 设置输入提示信息 */
          SetWindowText(hwnd,"Input Center of the Circle");
          break;
        case CU_TEXT: /* 选中"Text"菜单项 */
          Draw_Text();
          break;
        case CU_EXIT: /* 选中 "Quit" 菜单项 */
          PostQuitMessage(0);
          break;
        case CU_CREATEWIN: /* 选中 "CreateWin" 菜单项 */
          CreateSubWin();
          break;
      }
    }
    break;
    case WM_CLOSE: /* 选中系统退出菜单 */
        PostQuitMessage(0);
        break;
    default:
        return DefWindowProc (hwnd, message, wParam, lParam) ;
    }
    return TRUE;
}
```

```
/* 子窗口输入处理函数，在此仅处理了系统 Close 消息 */
long FAR PASCAL SubWndProc (HWND hwnd, WORD message, WORD wParam, LONG lParam)
{
    switch (message) {
            case WM_CLOSE:
              DestroyWindow(hwnd);
              break;
            default:
              return DefWindowProc (hwnd, message, wParam, lParam) ;
    }
    return NULL;
}
Draw_Text()
{
    FARPROC lpProc;
    static int TEXTDLG = 0;

    if (TEXTDLG) return 0;
    TEXTDLG = 1;
    lpProc = MakeProcInstance(GDTextProc,hInst);/* 从资源文件中创建字符串输入对话框 */
    DialogBox(hInst,"TEXTDLG",hwnd,lpProc);
    FreeProcInstance(lpProc);
    TEXTDLG = 0;
    return 0;
}
/* 对话框输入处理函数 */
int FAR PASCAL GDTextProc(hDlg,message,wParam,lParam)
HWND hDlg;
unsigned message;
UINT wParam;
LONG lParam;
{
    HDC hDC;
    static int X=0,Y=0;
    char text[128];

    switch (message) {
        case WM_CLOSE: /* 对话框系统 Close 消息 */
          EndDialog(hDlg,NULL); /* 退出对话框 */
          break;
        case WM_COMMAND:
          if (wParam == DRAW_EXIT) { /* 按下 "Exit"按扭 */
          EndDialog(hDlg,NULL); /* 退出对话框 */
          break;
          }
          if (wParam == DRAW_OK || wParam == IDOK) { /* 输入回车或按下"Draw"按钮
                                                                      */
          hDC = GetDC(hwnd); /* 或取设备描述表 */
          SetTextColor(hDC,RGB(255,0,0)); /* 设置字符颜色 */
          GetDlgItemText(hDlg,DRAW_TEXT,text,128); /* 获取输入字符串 */
          TextOut(hDC,X,Y,text,strlen(text)); /* 输出字符串 */
```

```
            Y+=20; /* 改变下一字符串的输出位置 */
            if (Y>200) {
                X+=100;
                if (X>300) X=0;
                Y=0;
            }
            ReleaseDC(hwnd,hDC); /* 释放设备描述表 */
        }
    }
    return FALSE;
}
CreateSubWin()
{
    HWND win;
    win = CreateWindow(
        "SubWinClass",
        NULL,
        WS_OVERLAPPEDWINDOW|WS_VISIBLE|WS_CAPTION|WS_THICKFRAME,
        0,0,100,100,
        hwnd,
        NULL,
        hInst,
        NULL
    ); /* 创建子窗口 */
    ShowWindow(win,TRUE);
}
```

附：资源文件(用于 MS-Windows 环境)

```
#include "windows.h"
#define CU_LINE 200
#define CU_ARC 201
#define CU_TEXT 202
#define CU_ABOUT 203
#define CU_EXIT 204

#define POINT_X 105
#define POINT_Y 106
#define DRAW_OK 104
#define DRAW_TEXT 103
#define DRAW_EXIT 101

MsDemo MENU
BEGIN
    POPUP        "File"
    BEGIN
        MENUITEM    "About",            CU_ABOUT
        MENUITEM    "Exit",             CU_EXIT
    END

    POPUP        "Draw"
    BEGIN
```

```
        MENUITEM    "Line",             CU_LINE
        MENUITEM    "Arc",              CU_ARC
        MENUITEM    "Text",             CU_TEXT
    END
END
LINEDLG DIALOG 39, 26, 160, 81
STYLE DS_MODALFRAME | WS_POPUP | WS_VISIBLE | WS_CAPTION | WS_SYSMENU
CAPTION "Draw Line"
FONT 8, "MS Sans Serif"
BEGIN
    PUSHBUTTON      "Draw", DRAW_OK, 35, 64, 40, 14
    PUSHBUTTON      "Exit", DRAW_EXIT, 90, 64, 40, 14
    LTEXT           "To Point X:", -1, 9, 16, 40, 8
    LTEXT           "To Point Y:", -1, 9, 39, 40, 8
    EDITTEXT        POINT_X, 63, 14, 86, 12, ES_AUTOHSCROLL
    EDITTEXT        POINT_Y, 63, 38, 85, 12, ES_AUTOHSCROLL
END
TEXTDLG DIALOG 39, 26, 160, 81
STYLE DS_MODALFRAME | WS_POPUP | WS_VISIBLE | WS_CAPTION | WS_SYSMENU
CAPTION "Input Text "
FONT 8, "MS Sans Serif"
BEGIN
    PUSHBUTTON      "Draw", DRAW_OK, 35, 64, 40, 14
    PUSHBUTTON      "Exit", DRAW_EXIT, 90, 64, 40, 14
    EDITTEXT        DRAW_TEXT, 61, 14, 86, 12, ES_AUTOHSCROLL
    LTEXT           "Input Text :", -1, 9, 16, 45, 8
END
```

2.9 习　　题

1. 为什么要制定和采用计算机图形标准？已经ISO批准的计算机图形标准软件有哪些？

2. CGI标准的主要功能是什么？试用CGI中的图形输出功能绘制一幅机械零件图(CGI程序库可以从PC计算机中获得)。

3. CGM对文件管理的存储结构是采用何种形式？你认为应用这种结构有什么优缺点？

4. GKS、PHIGS、GL在应用程序中起何作用？试比较它们在输入输出功能上的相同和不同之处？

5. GKS与GKS-3D之间的主要不同之点是什么？应用GKS-3D输出图形的过程是什么？

6. GKS-3D和PHIGS的主要区别是什么？用GKS-3D编写的程序能否用PHIGS实现之？理由是什么？

7. 试分析GKS-3D和PHIGS的输出流水线的不同之处？

8. PHIGS$^+$和 PEX 对 PHIGS 标准作了那些扩充或改进？试分析所作扩充的优越性是什么？

9. 试用 PHIGS 构造一个交互式的图形输入输出子系统，该系统应具有输入输出矩形、圆弧和字符的功能，PHIGS 可从 PC 计算机或工作站上得到相应的程序库。

10. IGES 和 STEP 之间有什么共同点和不同点？

11. CGRM 和 CGI,CGM,CKS,PHIGS 等图形标准之间有无关系？试分析 CGRM 的作用。

12. 试分析本章介绍的七种与计算机图形有关标准的特点。你认为那种图形标准更符合交互式图形输入输出的需要。

13. 试解释 XLib 中的 Display,Drawable,GC,MS-Windows 中显示描述表(HDC)等概念。

14. 在工作站平台上用 X 窗口系统的资源创建一个绘图窗口，并装入你定义的菜单。

15. 试在 14 题创建的窗口绘图区画一个正五角星图形，该五角星的中心及其半径用鼠标器确定。

16. 试以拖动方式在 14 题创建的窗口绘图区画一个圆，其圆心、半径在绘图区随鼠标器光标的位置而动态变化。在此题需要注意设置绘图的异或方式。

17. 试用窗口系统中的消息函数定义热键，如按下 INS 键，则转入执行 15 题的功能。

18. 试用窗口系统函数在 14 题创建的窗口绘图区，用鼠标器定位一点，然后输入字符串(以回车键结束)，并从定位点开始显示输入的字符串。

19. 试用窗口系统函数创建一个文本编辑窗口，并附带一个菜单，通过菜单可装入文件。

20. 试用窗口系统函数在 14 题创建的窗口绘图区设置颜色表，并在绘图区显示红、黑、黄、兰、绿五个边长为 10 的正方形色块。

21. 试用窗口系统函数改变光标形状。

第三章

交互技术与用户接口

在计算机图形学中，交互处理是必不可少的部分。一个图形系统，必须允许用户能动态地输入位置坐标、指定选择功能、拾取操作对象、设置变换参数等，即需要有一个用户接口。由于交互技术在计算机图形学中的普遍使用和重要性，人们也常把计算机图形学称之为交互式计算机图形学。早期的交互技术与用户接口和应用程序相互渗透、嵌套、溶为一体，因而严重地依赖于应用程序。20 世纪 80 年代初开始，把交互技术与用户接口从应用程序中独立出来，提出了用户接口管理系统（UIMS：User Interface Management System）的新概念，并逐渐形成相应的学科。从传统的各种软件统计结果表明，有关用户接口方面的程序量达到 30%至 70%。而良好的用户接口可以大大缩短人们与计算机之间的距离，使得计算机易学、易理解，方便了用户，提高了工作效率，减少了使用计算机的出错率。本章讨论用户接口的常用形式以及有关交互技术、交互任务和交互系统的概念和方法。

3.1　用户接口的常用形式

常用的面向应用的用户接口形式有三种，即：子程序库、专用语言和交互命令。

3.1.1　子程序库

这种形式的基本思想是选择一种合适的高级程序设计语言（如：C，C++，Fortran，Pascal 等）作为主语言，用此主语言扩展一系列的过程或函数调用，用以实现有关的图形设计和处理。在此情况下，应用程序包括两部分：其一是主语言语句；其二是扩展的过程或函数调用语句。

这类子程序库常用的有 ISO 公布的图形核心系统 GKS，GKS3D，程序员层次交互式图形系统 PHIGS，PHIGS+ 等，美国 SGI 公司推出的图形程序库 GL，OpenGL，以及本书第 5 章介绍的由清华大学 CAD 中心开发的交互式图形程序库 GIL 等。这类程序库通常提供多种主语言的联编形式（如：一般有 C 语言、Pascal 语言、Fortran 语言的联编形式）；其功能概括起来有以下几类：

（1）基本图素：包括生成点、直线段、多边形、矩形、圆、圆弧、字符、汉字、自由曲线、自由曲面以及读写象素等；

（2）坐标变换：支持诸如平移、旋转、比例、对称、窗口视图变换、投影变换、多种裁剪等，有些还支持由用户自定义的某些变换形式；

(3) 设置图形属性和显示方式；其中图形属性包括定义和选择线型、线宽、填充图案、字体、光标，设置红、绿、蓝(RGB)色度、饱和度、亮度(HSV)等不同的颜色属性，以及多种绘图方式、明暗、位图等形式；

(4) 输入输出子程序：启动不同的输入输出设备，并对相应的事件队列进行处理；

(5) 真实图形的处理：包括选择消除隐藏线、面，不同的光照模型，生成真实图形的不同算法等；

(6) 用户界面的设计：如菜单的定义和选择，对话框的定义和选择、命令行的参数输入和执行，提示、出错信息的输出和处理等。

对于一个实用化交互式的图形程序库来说，上述六种功能不一定都具备，但至少具有上述功能的大部分，否则，该图形程序库就难以达到实用化。

用户使用图形子程序库的过程一般有以下几步：

第一步　编写源程序(含主语言语句和图形子过程或子函数的调用语句)；

第二步　编译源程序，产生相应程序的目标代码；

第三步　装配连接图形程序库和系统库，产生相应程序的可执行代码；

第四步　运行可执行代码，判断结果的正确性：若有错，转第一步修改源程序后继续以下各步的操作；若无错，输出执行结果，结束。上述第二、三步可合并成一个 makefile 文件，运行该文件即可产生相应程序的可执行代码。

子程序库的接口形式使用方便、便于扩充、便于用户将自已编写的源程序或目标代码加入相应的子程序库中，并且可充分利用高级程序设计语言本身具有的功能，实现用户希望产生的图形和交互处理。但对用户的要求或每一个作业需要编写较长的源程序，修改程序麻烦，不形象直观。子程序库中的格式要求随所用主语言而定，对子程序库的使用应遵循相应主语言对子程序或函数调用的约定。

3.1.2　专用语言

专用语言的功能与子程序包的功能类似，但其使用形式与子程序包大不一样。常见形式有解释执行，即扫描专用语言的每一条语句，解释并执行之；另一种形式是用户写的专用语言语句，即为一段应用程序，经编译、装配连接后生成可执行代码，这种情况类似于用高级语言编写的程序。

解释执行的专用语言通常把输入的一行语句放在行缓存中，当接收到行结束符(如回车键)，该语言的编译器就对行缓存的内容进行解释。首先拼关键字，如 color，line 等，检查关键字是否正确。若关键字无错，就散转到相应的关键字语句去拼参数，检查参数的正确性，主要检查参数个数和数据类型，若参数无错，即可调用相应语句的处理程序产生数据或图形。

编译型比解释执行的专用语言复杂一些，这时的编译器基本做三件事，即词法分析、语法分析和生成数据表格。词法分析的任务是对构成源程序的字符串从左到右地进行扫视、分解、识别出组成语句的一个个单词，它们包括关键字、标识符、常数和界符。词法分析的输出要求一般是：对关键字给出其类别编码，并不给出它自身的值；把标识符自身的值表示成按机器字节划分的内部码；常数自身的值表示成标准的二进制形式，不再是字符串的形式；对于起分隔单词作用的界符，一般多个等价于一个，它的输出只要求给出是或者不是某种界符的判断值。语法分析的任务是根据语法规则，检查词法分析所提供的单词串中是否构成一个语法上正确的句子，只有对语法上正确的句子，在执行时才产生相应的数据或图形。

目前，国内外还没有功能很强的流行的图形专用语言，因为这类语言的开发远比开发一个高级的程序设计语言还复杂，因其既要包含高级程序设计语言的功能，还需要有面向图形和交互处理应用的专门语句，这种解释器和编译器是相当复杂、相当困难的。尽管如此，Adobe 公司推出的页面描述语言 PostScript，简称 PS 语言，便是图形专用语言中的皎皎者。PS 是一种解释型的程序设计语言，能对正文、图形和采样图象所产生的任意组合进行描述，并支持包括条件执行、过程和变量在内的许多程序设计语言的特征。PS 含有数百条功能很强的命令，能对复杂的页面进行高效而精确的描述。PS 的主要功能有：

(1) 可以描述由直线、圆弧、矩形和三次曲线组成的任意图形以及由这些图形组合的结果；

(2) 可用任意线宽、线型的线条描绘一个图形，并可填入任何图案和色彩(含用户自定义图案)，并可对其进行裁剪、拼接；

(3) 可对扫描得到的图象进行精确的颜色模式描述，并可再生相应的图象；

(4) 可对图形、图象及正文进行平移、旋转、比例、错切、编排等变换和操作；

(5) 可从单个主字模缩放出多种规格的字体集，即能① 从单一的字型产生不同点阵规格的字符模式；② 可将字体旋转 360 度以内的任意角度；③ 可以印出空心字体或以各种网纹填充的花体；④ 对西文还可产生斜体。目前 PS 语言含有 6500 种可供选择的大型字模库；

(6) PS 采用统一的色彩模型来确定颜色以及在色彩处理中的半色调技术等；

(7) PS 具有设备无关性，采用逻辑坐标来描述页面，因而其代码可以映射到任何分辨率的输出设备上，而不需作任何修改；

(8) PS 语言编写的程序可与通常的高级程序设计语言(如 C，Pascal 等语言)进行相互间的调用和信息传递；

(9) PS 语言可实现对象的重载描述，为图形用户界面中窗口的重叠、缩放等提供了便捷的描述方法。

PS 语言不仅在照排系统、出版系统中有广泛的应用，而且在图形学的领域，在图、文、象的多媒体领域也有良好的应用前景。

3.1.3 交互命令

交互反映了人与计算机运行的程序之间传递信息的形式，而子程序包中每个子程序的功能以及专用语言中的有关语句都可以按照命令方式提供用户使用。交互式用户接口就是基于某种模型，实现用户所需要的输入、选择、拾取、删、增、改等操作。

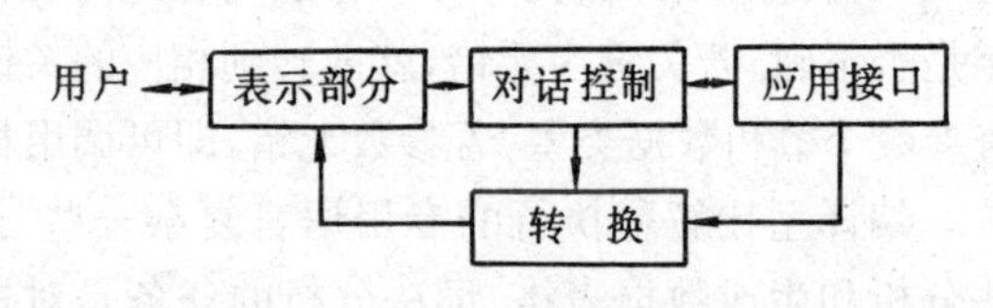

图 3.1.1 用户接口模型

1. 用户接口模型

建立一个交互式用户接口模型有两方面的要求：从用户角度，要求模型尽量接近于现实，是非形式化的；而从开发者角度，则要求模型具有严格的形式化描述，以便于实现。目前，普遍被大家接受和采用的模型是 Seeheim 模型，这是 1983 年 IFIP 工作小组在西德 Seeheim

提出的，模型如图 3.1.1 所示。其中表示部分负责用户接口的物理表示，即用户接口的外部特性，包括输入输出设备、屏幕布局、交互技术和显示技术，主要完成如何接收用户数据，数据如何显示给用户看，并转化成内部表示的形式。这是三部分中唯一与设备有关的部分，其余两部分都不直接与设备打交道。表示部分可看成是用户接口管理系统的词法级接口。对话控制负责处理用户与计算机之间的对话，包括用户使用的命令和对话结构，它接收用户的输入序列和应用程序的输出序列，并经过合法性检查。这一部分可看作是用户接口管理系统中的语法级接口。其中的一个重要概念是状态，即能实现状态处理和状态转换。应用接口规定用户接口本身与应用程序之间的连接，如应用子程序的选择和调用。

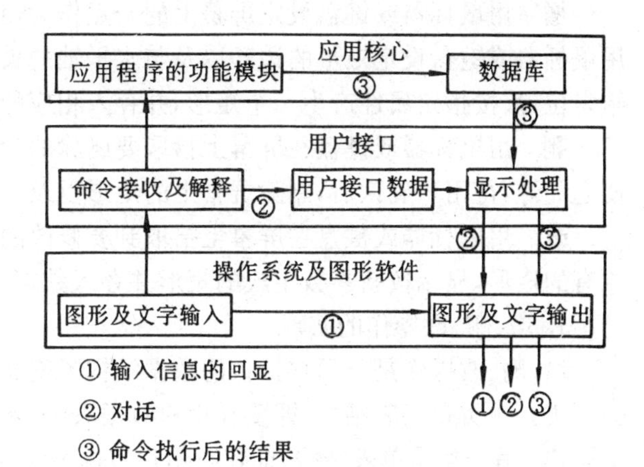

图 3.1.2 应用系统与用户接口界面

这一部分从概念上说，既属于用户接口管理系统，又属于应用程序，其内容包括可调用的与应用程序通信的子程序包、对子程序和数据的限制、错误恢复等语义信息。

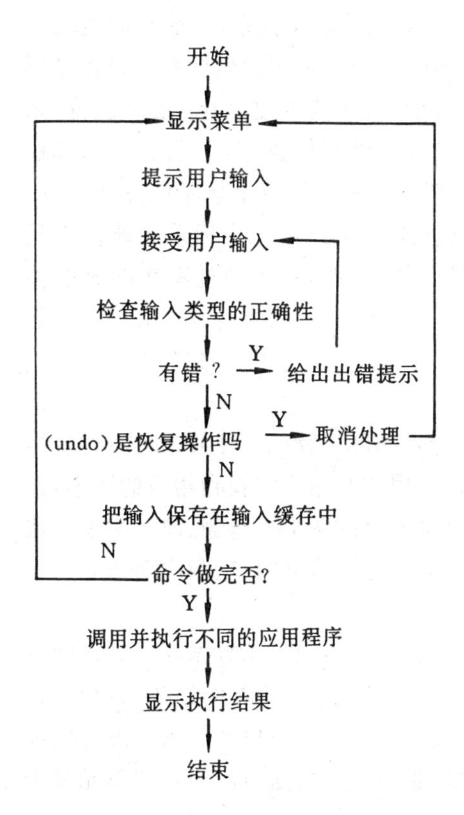

图 3.1.3 一条交互命令的对话处理过程

2. 一条交互命令的执行过程

交互式用户接口是用户与应用系统的核心功能模块之间的界面，如图 3.1.2 所示，它负责接收用户向系统输入的操作命令及参数，经检验无误后调出相应的应用程序模块执行之，执行的结果再以一定的形式通知用户。通常系统在接收一条用户的操作命令时，用户接口要完成如图 3.1.3 所示的对话处理过程。

3. 增、删、改操作

交互处理中最常用的是增、删、改操作，另外还有询问、设置等，操作的对象包括图形、属性以及字符串说明等。定位和拾取是增、删、改操作的基础。增操作一般对应输出，其动作包括：设定位点、选择输出内容、输入有关参数、输出存储结果。删操作对应的动作有：拾取删除对象、确认拾取的对象、删除对象、修改存储结构中的内容。改操作应执行的内容是：拾取修改对象、确认拾取的对象、输入修改参数、输出修改结果，经确认后存储结果。用 CADMIS 中二、三维图形交互处理系统实现增、删、改操作的例子如下述，在此例中以矩形为操作对象。

增 用鼠标器或键盘设定屏幕上的一点作为矩形的参考点，一般对应矩形的左下角点，用鼠标器或键盘设定矩形的边长以及与水平轴的夹角，调用生成矩形的应用程序，在屏幕的指定位置、按指定属性产生一个矩形，并存入相应的数据结构中。

删 用鼠标器或键盘在屏幕上拾取要删除的矩形，改变该矩形的显示属性，如改颜色或使之闪烁，待用户确认后，删除屏幕上的矩形以及数据结构中的相应数据。

改 用鼠标器或键盘在屏幕上拾取到要修改的矩形，经用户确认后输入修改参数，删除原有的矩形，显示按新参数生成的矩形并存入数据结构中。

4. 增、删、改操作的实现

增、删、改操作是与用户接口的数据结构紧密相关的。实现这类操作的数据结构大致分为两类。一类是三表结构，即要在用户数据表、显示数据表、用户/显示数据对照表中实现这类操作。另一类是单表结构，即仅在用户数据表中实现这类操作。下面我们就这两类数据结构讨论增、删、改操作的具体实现。

(1) 三表结构

三表结构的形式如图 3.1.4 所示，用户数据表存放用户坐标系下的图形数据(包括字符串说明)。显示数据表存放设备坐标系下的图形数据，并且是对用户定义图形经离散、几何变换后的结果。因此，在这二张表之间不存在直接的一对一的映象关系，一般是间接的一对多的映象关系。从用户坐标系到设备坐标系的删、增、改只能通过名字(或标识符)来进行，且只能做整体操作，不易实现局部位置的修改。只有从屏幕上显示的图形出发，即从设备坐标系到用户坐标系才能实现局部位置上的删、改，并可通过单个图素的拾取、区域拾取、或有关指定属性的拾取来实现删、改。有了显示数据表，就可以提高图形拾取和输出速度，但花费的存储空间也是相当大的。由于三表比单表多两张表，故管理工作量也是不可忽视的。

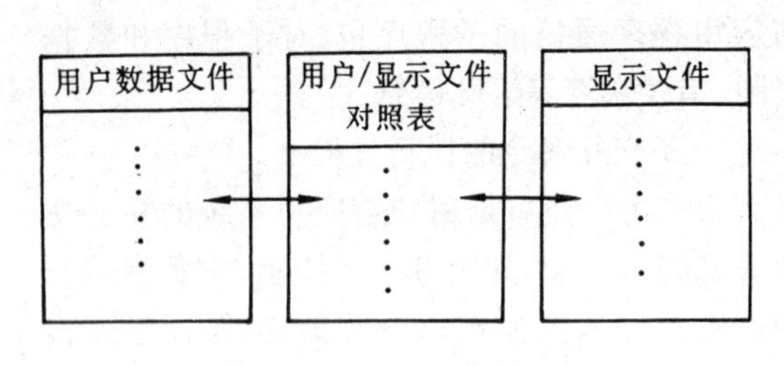

图 3.1.4 三表结构

在删、增、改操作中，增最容易，所增加的内容可接着表的尾指针往下存放。删操作其次，若通过名字的删、改，则可以从名字表出发，通过链指针在用户数据表中找到相应的图形，再在显示数据表中找到已经离散成线段的数据项，即可对屏幕上的图形进行删、改。为了加快查找，可增加窗口、层次管理，即在用户坐标系与设备坐标系之间建立窗口、层次对照表。

(2) 单表结构

针对用户数据表来进行删、增、改操作，只设用户数据表，不再设显示数据表及其之间的对照表。采用这种数据结构是基于显示数据，只是用户数据作某种 T 变换的结果，且用户数据亦是显示数据经 T 的逆变换的结果。对一般情况而言，T 实现从用户坐标系到设备坐标系的变换，而 T 的逆实现由设备坐标系到用户坐标系的变换。若数据结构的基本单元基于 PHIGS 中的结构概念，相应的单表结构可参阅图 2.4.4。

在单表结构下实现对图形的删、增、改比在三表结构下困难。这里简单讨论一下改操作。图素的修改大致可分为三步：①拾取要修改的图素；②输入修改参数；③输出修改后的图素。

查找用户所拾取的图素是从当前窗口开始的，窗口结构表中存放了该窗口显示的所有结构。遍历每一个结构，首先判拾取图素的光标是否落在该结构的凸包长方体内；若在内，则遍历该结构的所有图素；判光标是否落在该图素的凸包长方体内，如在内，则要精确判断光标是否落在该图素上；如果在该图素上，则可通过改变该图素的颜色、或增亮，让用户确认检索结果。再检索到该图素在用户数据表中的位置，取出所有参数，并根据用户输入的修改参数来修改图形。显然，拾取的坐标是设备坐标，必须变换成用户坐标才能到单表结构中去比较。修改参数后的图素还要经过把用户坐标下的参数变换成设备坐标下的数据才能在屏幕上显示输出。

交互命令是用户接口中应用最普遍、效率最高的一种形式，随着交互设备和交互技术的不断发展，人们对计算机提出的"所见即所得"的要求已经实现。交互命令的设计与实现涉及到交互设备、交互任务、交互技术以及控制方式等的综合处理，故我们对有关内容还需要作进一步的了解。

3.2 交互设备、交互任务和交互技术

交互设备是实现交互技术，完成交互任务的基础。从逻辑上分，交互设备有定位、键盘、选择、取值和拾取五种，第1章中的笔划设备可看成是定位设备的一种连续操作。交互技术是用户用交互设备把信息输入进计算机的不同方式，交互任务是用户输入到计算机的一个单元信息，最基本的交互任务有四种，即：定位、字串、选择、取数。对于一个给定的交互任务可用多种不同的交互技术实现，如一个选择任务可通过鼠标在菜单中选一项，也可用键盘输入选择项的名字，还可以按一个功能键实现选择，当然也可以用语音识别器实现这种选择。类似的情况是一种交互设备可用于不同的交互任务，如鼠标器既可用于定位，也可用于选择。交互任务是用户最关注的事，而交互设备是系统程序员和图形程序库中的概念，用户一般不需要对交互设备有深入了解。因此，交互技术是完成交互任务的手段，而交互技术的实现在很大程度上依赖于交互设备及其支撑环境。

3.2.1 交互设备

对于交互设备的评价一般从三个层次上来看：

一是设备层 即比较多的关注设备的硬件性能。比如我们关心一个鼠标器是否比另一个握起来舒服，数字化台板比操纵杆占的面积大等。

二是任务层 此时对相同的交互任务用不同的交互设备来比较交互技术的效果，比如有经验的用户用功能键或键盘输入一个命令比用菜单选择一个命令还快，用鼠标器拾取一个显示着的形体比用键控游标或操纵杆还快。

三是对话层 此时不是对单个交互任务进行比较，而是对一系列的交互任务进行比较，考虑在不同交互设备之间平移所需时间，显然用鼠标器定位比用键控游标快；如果用户的手已在键盘上，且定位操作后还需要用键盘输入信息，此时用键控游标定位显然会比用鼠标器定位优越。

通过上述评价也使我们认识到不同的交互任务要用不同的交互设备。

1. 定位设备

定位设备分为绝对坐标或相对坐标、直接或间接、离散或连续等三类。

绝对坐标设备像数字化板和触摸屏，它们都有绝对原点，定位坐标是相对原点来确定的。相对坐标设备像鼠标器、跟踪球、操纵杆，这类设备没有绝对原点，定位坐标是相对前一点的位置来确定的。相对坐标设备可指定的范围可以任意大。但绝对坐标设备也可改成相对坐标设备，如数字化板，只要记录下一点位置和前一点位置的差(增量)，并把前一点看作原点，则数字化板的定位范围也可变成无限大。相对坐标设备不能用来作为数字化画图设备，只有绝对坐标设备才能作为数字化画图设备。相对坐标设备的优越性是应用程序员可以把游标定位在屏幕的任何地方。直接设备像触摸屏，用户可直接用手指指点屏幕来实现定位。间接设备像鼠标器、操纵杆等，用户移动屏幕上的游标并不是直接在屏幕上操作。人们已普遍习惯间接设备的工作方式，而用直接设备时间长了还会引起手臂疲劳。连续设备是一种把手的连续运动变成游标的连续运动，像鼠标器、操纵杆、数字化板均为此类设备，而键控游标即为离散设备，连续设备比离散设备更自然、更快、更容易用，且在不同方向上运动的自由度比离散设备大。用离散设备也难于精确定位。

2. 键盘设备

键盘是应用最早的交互设备，近来主要在提高击键的响应速度和重新安排键的位置和组合方式，使之更加适合于字符输入，如考虑不要有 Control 键和 Shift 键与其他键的组合；把会引起不良操作的键，如删除键(Del)远离用户常用的键。

3. 取数设备

某些取数设备是有界的，像一把尺子，或一个度盘，当尺子或度盘上的游标到达用户需要的数值后，按一下鼠标器的键或回车键，即可把此数打入用户需要的数据域内。我们也可在一把尺子的两端构造一个无界的取数设备，即把此尺子一端的初始值和另一端的终止值作为用户可调整的数，改变此初值和终值相当于改变了从此尺子上的取数范围，其中包含数值精度的确定。

4. 选择设备

功能键是最常用的选择设备，按下某一个功能键即可实现用户希望的某个功能。键盘上的每一个键都可经过应用程序的重新定义而变为功能键。通过游标选择指定的项或图，其实质是通过游标的位置实现的选择，它不是选择设备。为了提高效率还有脚踏开关，用来协助手按键的操作。

5. 语音识别器

这是一种目前还没有普遍使用但很有发展前途的交互设备，这也是一种综合的交互设备，用它可进行选择、取数、也可进行定位。由于对不同人的发音识别精度还比较低，故识别语音的正确率还不高，经过学习和训练的人的发音的识别率会有所提高，但其局限性还不可避免，离实用化还有一定距离。

6. 三维交互设备

三维交互设备现在还不太成熟，从原理上看，不少二维的交互设备，如操纵杆在旋转的同时允许其可以移动，则可形成三维的效果。但真正实用的三维交互设备已有两种，其一是基于三维传感器的三维坐标测量仪；其二是数据手套。用数据手套可以记录手指的位置和方向以及手指的运动轨迹。数据手套由发光二极管、光纤电缆和微型光敏传感器组成。带上数据手套的手可在空间确定其方向位置以及接触到的对象，这为构造真正三维的交互图形系统及虚拟现实环境奠定了基础。

3.2.2 交互任务

交互过程中的任务可归纳成八种。

1. 定位。用来给应用程序指定位置坐标，如(x,y)或(x,y,z)。定位分为两种情况，其一是空间定位任务，此时用户知道需要确定的位置和空间相邻元素之间的关系，如过两个矩形的中心画一条直线段，这里定位任务是得到第一个矩形的中心后，立即需要得到第二个矩形的中心。其二是语义定位任务，此时用户需要知道某一位置的(x,y)坐标值。在空间定位中用户希望反馈显示出屏幕上位置的正确性，而在语义定位中用户需要准确的(x,y)坐标数值，定位任务通常还要受到维数、屏幕分辨率、开环或闭环反馈的影响。

2. 选择任务。选择任务是要从一个选择集中挑选一个元素，常用的是命令选择、操作数选择、属性选择和对象选择等。选择集一般分为定长和变长两种。像命令、属性及对象类型选择集一般是定长的，而对象调用选择集通常是变长的。完成选择任务有基于名字(或标识符)和位置(坐标点)两种情况。如输入一个命令名，从命令表中找到该命令的执行程序，并执行之。通过位置实现选择需要分二步，其一是把游标定位在用户希望选择的对象上，然后确认该对象(如改变对象颜色或增亮、闪烁该对象)，即完成了选择任务。无论是名字、还是位置选择都要考虑处理好具有层次、重叠、内外存交叉存取等情况。

3. 文本。文本任务即输入一个字符串，此字符串不应具有任何意义，这里输入一个命令(字串)不是一个文本任务，而输入一个字符串到字处理器中就是一个文本任务。文本任务的主要输入工具是键盘。

4. 定向。在指定的坐标系中确定形体的方向，此时需要由应用程序来确定其反馈类型、自由度和精度。

5. 定路径。这是一系列定位和定向任务的结合，与时间、空间有关。

6. 定量。定量任务是要在最大和最小数值之间确定一个值。最典型的是用键盘输入一个数，或在数字度盘、游尺上确定一个数，这种情况如图 3.2.1 所示。

7. 三维交互任务。三维交互任务涉及定位、选择和旋转。三维交互任务比二维交互任务困难得多，其主要原因是用户难以区分屏幕上游标选择到对象的深度值和其他显示对象的深度值。此外像鼠标器、台板这类交互设备均为二维的，不能适应三维交互工作的需要。为了克服这类困难我们可借助于三视图的功能，如图 3.2.2 所示用二维的游标(短粗十字叉)拖动三维游标(对应三视图上大的虚线十字叉)，开始按下鼠标器上的按钮、移动二维游标的同时拖动三维游标同步运动，当三维游标确定的位置(或选择的对象)满足用户要求时释放鼠标器上的按钮，即结束鼠标器按钮事件，此时两根虚线游标相交的位置即唯一地确定一个三维点的坐标。三维

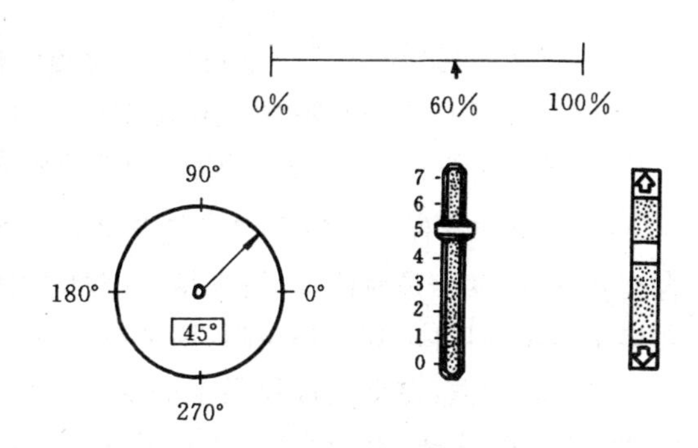

图 3.2.1 对话输入工具

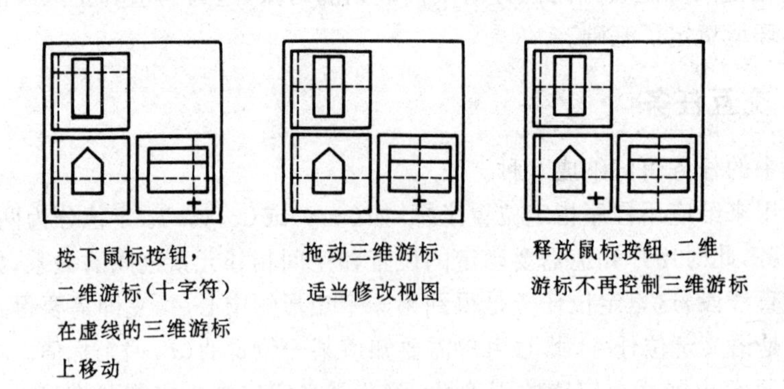

图 3.2.2　在三视图中如何用三维定位技术的图例

(二维游标用来选择虚线的三维游标线)

旋转任务可采用如图 3.2.3 所示的用两个游标尺(x 向和 y 向)以及一个度盘(z 向)相结合的方法来完成。三维交互任务常需要将三维定位、选择和旋转组合起来执行，如指定旋转参考点的三维旋转首先要进行三维定位，此时需要把图 3.2.2 和图 3.2.3 所示方法组合起来。

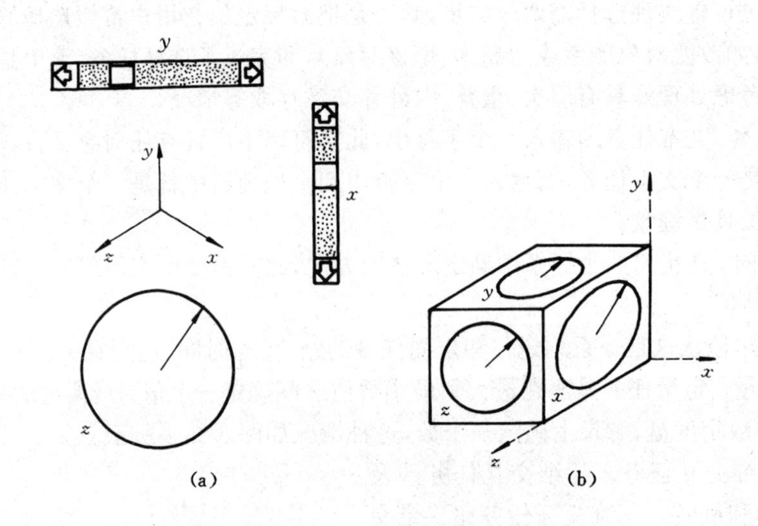

图 3.2.3　实现三维旋转的二种方法

(a) 两根滚动棒表示绕 x、y 轴旋转，圆盘表示绕 z 轴旋转；

(b) 三个圆盘表示绕三根轴旋转。

8. 组合交互任务。组合交互任务常是上述基本交互任务结合而成的，有三种主要的组合交互任务。其一是对话框，用来指定信息表中的多个项；其二是构造，用来产生需要有二个或多个定位的形体；其三是控制，用来对已有几何形体重新定形。

(1) 对话框：在交互过程经常需要从一个选择集中选择多个元素，如字符属性有楷体、斜体，有粗体、细体，有空心字、实心字，有大小，对齐方式等。当弹出一张字符属性对话框后，用户可以从中选择多项，还可以在某些项输入用户希望的字符或数字。有些应用还希望从多个选择集中确定一组参数，如上面的字符属性中希望改变字的显示颜色，这时还需弹出一个色彩选择对话框，从中挑选用户希望的颜色。还有些应用要求对话框的行、列均可滚动。

(2) 构造:这类任务的最重要应用是用橡皮筋方式画直线段、画矩形、画圆等。如画直线段,此时由游标确定一个起始点,按下鼠标器按钮直线段的终点随游标而运动,当用户认为满意后释放按钮即画了一条由游标定位的直线段,如图 3.2.4 所示。

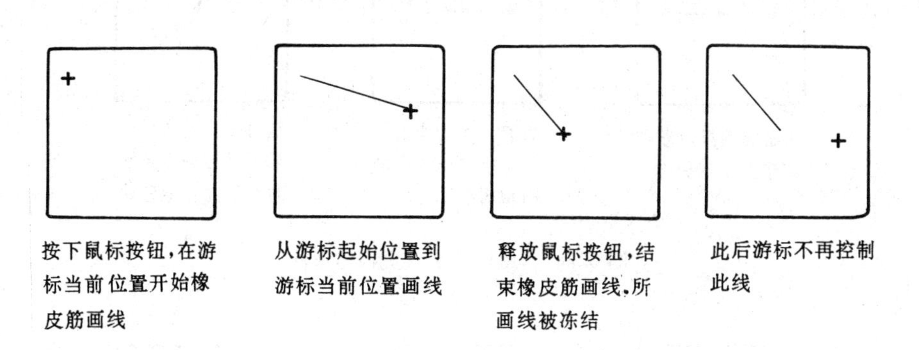

图 3.2.4 橡皮筋画线

(3) 动态控制:动态控制便于画水平、垂直约束线,如图 3.2.5 所示;拖动一个符号或一

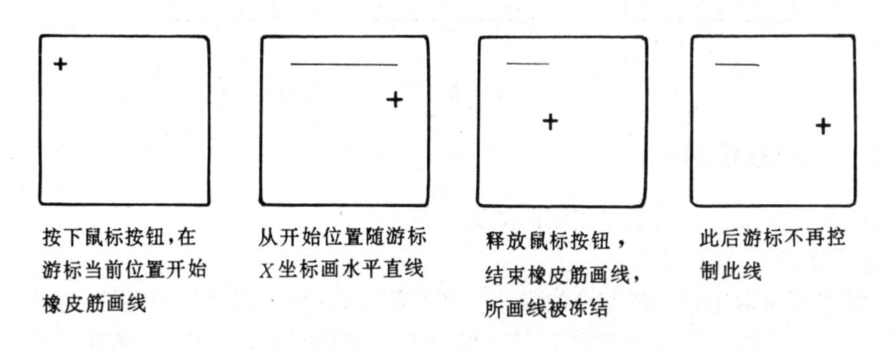

图 3.2.5 水平约束橡皮筋画线

个图素到新位置,如图 3.2.6 所示;或通过改变某条边或某个点来改变一个已有图形的形状,如图 3.2.7 和图 3.2.8 所示的拖动画图等方面都有着广泛的应用,并且对几何形状的局部修改起着十分重要的作用。

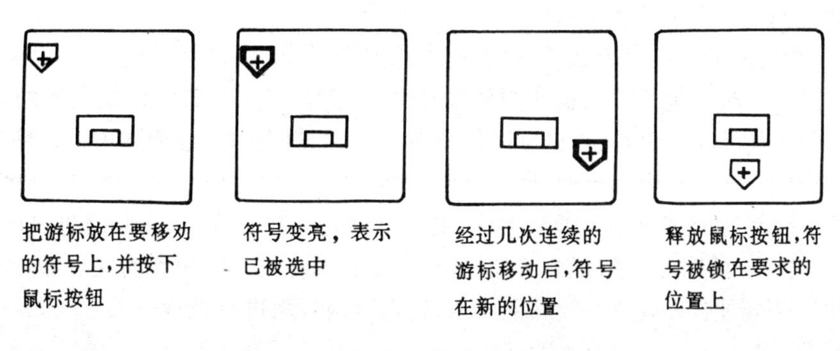

图 3.2.6 拖动一个符号到新的位置

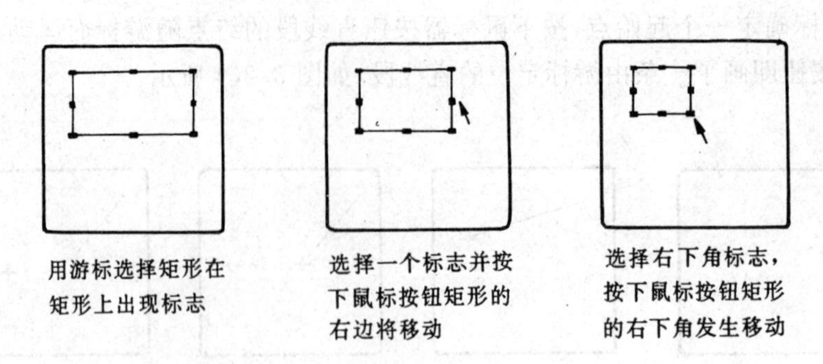

图 3.2.7　用标志来改变物体形状

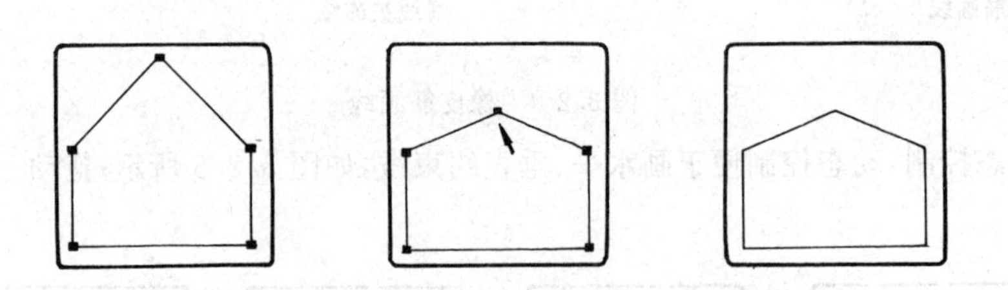

图 3.2.8　用标志来重新定位一个多边形的顶点

3.2.3　交互技术

针对不同的交互任务需要采用不同的交互技术。

1. 选择技术

选择技术要求确定可选择集合的大小及选择值，这个集合可以是固定的，也可以是变长的。选择要求有拾取设备，如光笔或任何可以模拟拾取设备的定位设备。选择技术有以下几种：

(1) 光笔选择；

(2) 图形输入板或鼠标器控制光标选择；

(3) 键入名字、名字缩写或排列的唯一序号或标识号作选择；

(4) 用功能键作选择；

(5) 语音选择和笔划识别。

在选择中最常用的是命令选择，命令的组织可以是单层，也可以是多层；命令的排列可以按字母表顺序排列，也可以根据使用频率和类别排列；表示方式可以是图形的，也可以是文字的；输出形式可以是静态的，也可以是动态的；动态输出中又分为弹出式和移动式；选择对象可以按水平、垂直或块状排列，尺寸既可以是固定的，也可以是可变的。选择区域无论是字符还是图形，其区域都应尽可能地大，以减少定位时间和出错率，实验结果表明移动定位器从一点到另一点的时间是随距离增加而增加，随着选择区域的增大而减少，但选择区域做得过大，也会影响图形区域的有效利用面积，要在这两方面进行折衷。

2. 定位技术

定位技术用来指定一个坐标，这里需要确定维数，如一维、二维或三维；分辨率即为精度；以及是离散点还是连续点。定位技术主要有三种：

(1) 图形输入板或鼠标器控制光标定位；

(2) 键入坐标定位；

(3) 用光笔或叉丝定位。

应用定位技术还需进一步考虑坐标系问题，是用户坐标系还是设备坐标系；光标的形状及特征(如闪烁、彩色、光强度)；选择合适的控制/显示比率。

$$控制/显示比率 = 手的移动量/光标的移动量$$

低比率适合于快速移动，高比率适合于微调、精确定位；一般坐标数字化仪采用绝对定位；鼠标器、操纵杆采用相对定位，即相对前一次的移动来定位。为了提高定位速度和精度，还常采用网格、辅助线、比例尺技术等。

3. 定向技术

定向即是在一个坐标系中规定形体的一个方向，此时需要确定坐标系的维数（即自由度)、分辨率、精度和反馈类型，需要的设备是数值器、定位器、键盘。定向技术有两种：

(1) 用度盘或操纵杆控制方向角；

(2) 键入角度值。

在使用定向技术时要考虑坐标系、旋转中心、观察效果等问题。坐标系一般取用户坐标系，旋转中心可以是用户坐标系的原点，也可指定物体中心点或任意参考点作为旋转中心，并在屏幕上用 X、Y、Z 的正方向表示出旋转效果。

4. 定路径技术

定路径即在一定的时间或一定的空间内，确定一系列的定位点和方向角。虽然路径可以由定位和定向这两个更基本的交互任务组成，但由于定路径中要考虑现实世界中的一个重要参数——时间，因此仍把它列为基本的交互任务。这时用户关心的不是某一点及其方向，而是一系列的定位点和方向值及其次序。产生路径的技术与定位和定向一致，应用方面的要求有定位点的最大数目和两个定位点之间的间隔。计算间隔一般采用二种方法：基于时间和基于距离。基于时间是按时间采样，基于距离是按相对位移达到某个距离采样。但需考虑维数问题和分辨率问题以及响应形式。响应形式可以是平滑的曲线，也可以是带有标志的一系列定位点。

5. 定量技术

定量技术在交互过程中应用很多，而且是必不可少的。用户经常需要输入一个数值，指定一个数量，完成这种任务需要确定精度(单位)，需要的设备是键盘或电位计。定量技术也有两种：

(1) 键入数值；

(2) 改变电位计阻值产生要求的数量，当然可以用模拟的方式实现电位计功能，如图3.2.1 所示。从应用的角度需要考虑定量的范围，如最大值、最小值以及控制/显示率。

6. 文本技术

文本技术需要确定字符集及字符串的长度。实现文本的技术有：

(1) 键盘输入字符；

(2) 菜单选择字符；

(3) 语音识别；

(4) 笔划识别。

在交互过程中,用户还可以用其它办法来模拟字符键盘,如在屏幕上产生一个键盘。

7. 橡皮筋技术

橡皮筋技术主要针对变形类的要求,动态地、连续地将变形过程表现出来,直到产生用户满意的结果为止,其中最基本的工作是动态、连续地改变相关点的设备坐标。常用的有橡皮筋线、带水平或垂直约束的橡皮筋线、橡皮筋圆、橡皮筋多边形、橡皮筋棱锥等。

8. 徒手画技术

用以实现用户任意画图的要求。徒手画技术的实现分为基于时间和基于距离采样取点,然后用折线或拟合曲线连接这些点,生成图形。如果是粗笔画,则亦可用区域填色技术跟踪笔划走过的区域。

9. 拖动技术

拖动技术是将形体在空间移动的过程动态地、连续地表示出来,直至满足用户的位置要求为止。这种技术常用于部件的装配、模拟现实生活中的实际过程。

3.2.4 拾取图形

拾取图形是交互式用户接口中的重要任务之一。在交互式图形系统的增、删、改操作中,都是以拾取图形、或以拾取图形的某一位置点为基础的。拾取图形的速度和精度又极大地影响着交互系统的质量。

从屏幕上拾取一个图形,其直观现象是该图形变颜色、或闪烁、或增亮,其实际意义是要在存储用户图形的数据结构中找到存放该图形的几何参数及其属性的地址,以便对该图形作进一步的操作,如修改其几何参数、连接关系或某些属性。

下面讨论拾取常用图形的算法。

1. 假设

(1) 在二维规格化的设备坐标系(NDC: $0.0 \leqslant x, y \leqslant 1.0$)中实现拾取算法。

(2) 游标或叉丝中心(即拾取点)的坐标是 $P_0(x_0, y_0)$。

(3) 要拾取的图形元素满足下列条件:

① 已在设备显示空间(即图形终端的屏幕上)显示出来;

② 图形显示领域已包含拾取点的坐标;

③ 系统当前的所有图形名集与可拾取图形名集的交集不为空集;

④ 系统当前的所有图形名集与不可拾取图形名集的交集为空集。

2. 点拾取

对于在 NDC 中的一点 $P_1(x_1, y_1)$, $0.0 \leqslant x_1, y_1 \leqslant 1.0$,该点的显示领域是以该点为圆心,$r$ 为半径的一个圆形区域,r 是交互系统设定的领域精度。如果:

$$(x_1 - x_0)^2 + (y_1 - y_0)^2 \leqslant r^2$$

则 P_1 点的显示领域包含了拾取点 P_0,即对 P_1 点拾取成功。

3. 符号集(Polymarker)的拾取

依次判断符号集中的每个符号参考点的显示领域是否包含了拾取点,如该图素的某个符号的参考点满足点拾取的条件,则对该图素拾取成功。这里需重复调用点拾取。

4. 直线段的拾取

若 NDC 中一条直线段的端点为 $P_1(x_1,y_1)$、$P_2(x_2,y_2)$，该线段的显示领域可近似如图 3.2.9 所示。P_1P_2 的直线方程为

$$(y_1-y_2)x-(x_1-x_2)y-x_1(y_1-y_2)+y_1(x_1-x_2)=0$$

直线 B_1B_2 的斜率

$$K_B=-\frac{x_1-x_2}{y_1-y_2},(y_1-y_2\neq 0)$$

斜率为 K_B 的直线族可表示为 $y=K_Bx+b$。若分别将 P_0、P_1、P_2 代入 K_B 的直线族方程，得：

$$b_0=y_0-K_Bx_0;\ b_1=y_1-K_Bx_1;b_2=y_2-K_Bx_2。$$

对于 $y_1-y_2=0$ 的情况，$b_0=y_0$，$b_1=y_1$，$b_2=y_2$；如果 $\min(b_1,b_2)\leqslant b_0\leqslant\max(b_1,b_2)$，则 P_0 在 B_1，B_2 所夹的区域中。下面再判 P_0 到直线段 P_1P_2 的距离是否小于等于系统设定的领域精度 r。如果

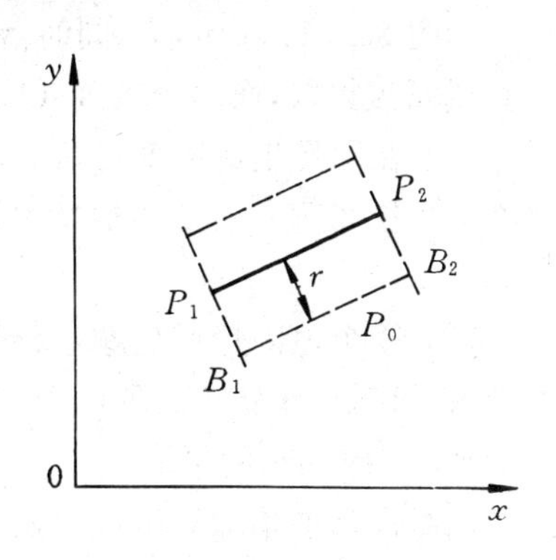

图 3.2.9　直线段的显示区域

$$\frac{|(y_1-y_2)x_0-(x_1-x_2)y_0-(y_1-y_2)x_1+(x_1-x_2)y_1|}{((x_1-x_2)^2+(y_1-y_2)^2)^{1/2}}\leqslant r$$

若上述两条件同时满足，则对 P_1P_2 直线段拾取成功。

5. 折线集(Polyline)的拾取

依次判断每条直线段的显示领域是否包含拾取点，如该图素的某一条线段满足拾取条件，则对该图素拾取成功。这里需要重复调用直线段的拾取。

6. 曲线的拾取

曲线在显示输出时，已离散成折线集，故曲线拾取的算法与折线集拾取的算法类似。

7. 字符串(Text)的拾取

这里需要依次判断每个字符的显示领域是否包含拾取点。如图 3.2.10 所示，一个矩形的字符定义区域被变换到 NDC 空间后，成为一个任意形状的凸四边形。以这样一个凸四边形作为该字符的显示领域判断是否包含拾取点显然是不方便的。我们可以用该凸四边形的两对边中点连线的交点为圆心，以该点到四边中点距离的平均值为半径的圆形区域作为字符的显示领域，当字符串中某一个字符的显示领域包含拾取点时，则对该字符串拾取成功。

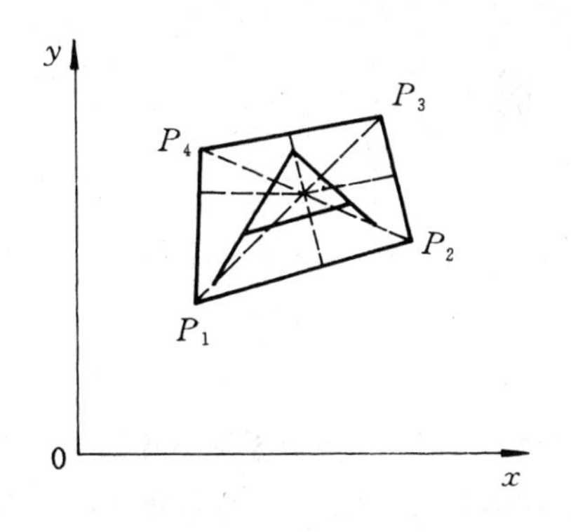

图 3.2.10　字符的显示领域

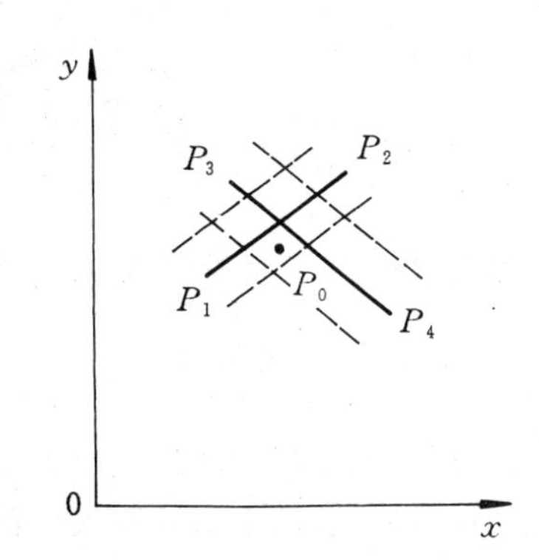

图 3.2.11　拾取点在多个图形显示领域中

8. 多边形的拾取

依次判别多边形边界上的每条线段的显示领域是否包含拾取点，如果该图素的某一条边界线段满足拾取条件，则对该图素的拾取成功。

9. 拾取点包含在多个图形显示领域中

如图 3.2.11 所示，P_0 同时落在 P_1P_2、P_3P_4 两条直线段的显示领域中，此时如何确定一条直线段被拾取，而另一条直线段没有被拾取？通常采用两种方法。

(1) 在图形生成时就对每一个图形确定其拾取优先级，在拾取图形时如遇到拾取点包含在多个图形显示领域中的情况，只要判断这些图形的拾取优先级即可确定哪个图形被拾取。

(2) 逐个地闪烁或变颜色、或增亮拾取到的图形，让用户来确认，如键入空格键为非拾取图形；键入回车键为拾取图形。

10. 三维图形的拾取

三维图形的拾取算法比上述的拾取算法要复杂得多，这里不作详细介绍，此时需要考虑的问题有。

(1) 拾取空间为 NDC：$0.0\leqslant x,y,z\leqslant 1.0$；

(2) 拾取领域为球或立方体；

(3) 需要进行点/多边形、点/多面体等包含性测试。

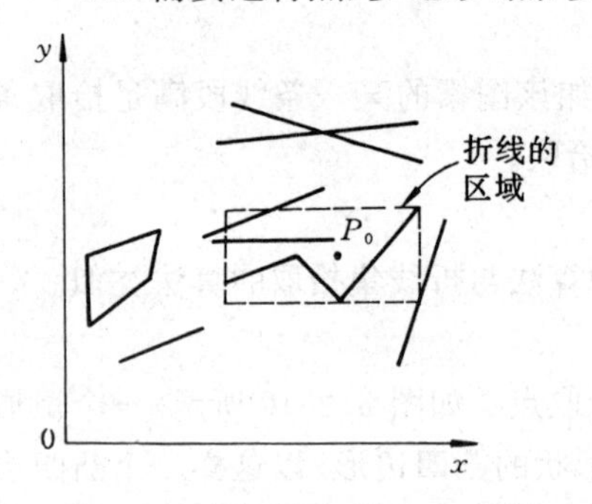

图 3.2.12 粗判区域

11. 加速图形拾取的措施

常用的加速图形拾取的措施有三条：

(1) 过滤器法

即对可拾取和不可拾取的图形分别加以标志，只有可拾取图形才进行拾取判断，对不可拾取图形可以简单地跳过去。

(2) 区域粗判法

如图 3.2.12 所示，即对要拾取的图形先作其外接正矩形的判断，如拾取点包含在此矩形内，再作上述的各种图素判断。

(3) 把基本图素的拾取算法固化，即用硬件实现诸如点、直线段的拾取算法。

3.3 输入控制

在交互输入过程中，常用的控制方式是请求、采样、事件及其组合形式等四种。

3.3.1 三种输入控制方式

在用多种逻辑输入设备设计一个交互系统时，应用程序必须指定用于输入数据的物理设备类型及其逻辑分类，其他参数取决于输入数据。在应用程序和输入设备之间，输入控制的方式是多样的，这些方式又取决于程序和输入设备之间是如何相互作用的。例如，可用程序来初始化输入设备；或者是程序和输入设备同时工作；或者由设备初始化输入数据。这三种工作方式即与请求、采样、事件方式相对应。

对这三种输入控制方式都可定义相应的输入命令，而且图形交互系统允许对每一种逻辑设备执行相应的输入操作。例如，可设置如下命令：

set_locator_mode(ws,device_code,input_mode)

这是用来设置定位器输入方式的命令，其中 input_mode 对应请求、取样、事件三种方式；ws 是工作站的标志号；deviec_code 是用来指定被采用的物理定位设备的设备码，常用设备编码如下表所示：

设备编码	物理设备类型	设备编码	物理设备类型	设备编码	物理设备类型
1	键盘	5	指拇轮	9	鼠标器
2	图形输入板	6	刻度盘	10	轨迹球
3	光笔	7	按钮	11	语音输入器
4	触摸屏	8	操纵杆		

命令 set_stroke_mode(4,2,event)就是把 4 号工作站上的图形输入板设成事件输入方式，一个设备在同一时刻只能被设成一种方式，多台设备同时可在不同输入方式下工作。

3.3.2 请求方式

此时，只有用输入方式设置命令(或语句)对相应的设备设置成需要的输入方式后，该设备才能作相应的输入处理。如：

request_locator(ws,device_code,x,y)

该命令是把定位器置成请求输入控制方式，其中 x、y 用来存储一个点的坐标值。在输入命令中，每一种逻辑设备所包括的参数是和输入数据类型有关的，如在请求方式下的笔划输入是：

request_stroke(ws,device_code,n,xa,ya)

这里输入的 n 个点的坐标存放在数组 xa 和 ya 中。类似地在请求方式下的字符串输入是：

request_string(ws,device_code,nc,text)

这里 nc 指定了输入字符串的长度(即字符个数)，输入的字符串存放在字符缓存 text 中。为了能在应用程序中拾取到输入的图段，需要用下列命令设置图段的标志，即：

request_pick(ws,device_code,segment-id)

用于请求方式下的输入命令还可以包括其它参数，如有些应用需要对图段中的图素设置标志，如线段、圆、矩形等；也可对图段设置标号，以加快对图段的搜索。

3.3.3 取样方式

一旦对一台或多台设备设置了取样方式，立即就可以进行数据输入，而不必等待程序中的输入语句。如操纵杆已被置成在取样方式下的定位设备，则操纵杆的当前位置坐标立即就被存储起来，如操纵杆的位置在变化，就立即用当前的坐标来代替以前位置的坐标值，当应用程序一遇到取样命令，就把相应物理设备的值作为取样数值。设置定位设备为取样方式的命令是：

```
sample_locator(ws,device_code,x,y)
```

对其它逻辑设备设置为取样方式的命令都与此类似。

3.3.4 事件方式

当某一台设备被设置成事件方式,程序和设备将同时工作。从设备输入的数据都可存放在一个事件队列或输入队列中。所有被设置成事件方式的输入数据(或事件)都可存放在一个事件队列中。在任一时刻,事件队列按输入数据的顺序存放数据,并含有一个最大的数据类型项,在队列中的输入数据可按照逻辑设备类型、工作站号、物理设备编码进行检索。在应用程序中,检索事件队列可用下述命令:

```
await_event(time,device_class,ws,device_code)
```

time 是应用程序设置的最长等待时间,当事件队列为空时,事件处理进程就挂起,直到最长等待时间已过或又有一个事件进入,才恢复事件处理进程。若在输入数据之前,等待时间就已过去,则参数 device_class 就返回一个空值。当 time 被赋成零或当队列为空,程序就立即返回到其它的处理进程。

当用 await_event 命令使某设备进入事件输入控制方式,而且事件队列为非空时,在队列的第一个事件就被传送到当前事件记录中,对于定位器、笔划设备、在 device_class 参数中存放了它们的类型。为了从当前事件记录中检索一个输入的数据,还需要采用一个事件输入方式命令,其格式类似于请求、取样方式的命令,但在此命令中不需要有工作站和设备码参数,因为在数据记录中已有这些参数。用户可用下述命令从当前事件记录中得到一个定位数据:

```
get_locator(x,y)
```

下述的一段程序是用 await_event、get_locator 命令从 1 号工作站的图形输入板上输入一个点集,并用直线段连接这些点:

```
set_stroke_mode(1,2,event)
if(device_class == stroke) {
  await_event(60,device_class,ws,device_code) ;}
get_stroke(n,xa,ya);
polyline(n,xa,ya);
```

这里 IF 条件循环为了把从其它设备来的在队列中的数据滤掉;设置的等待时间为 1 分钟,以保证输入数据接收完毕。当然在事件方式下,若只有这台图形输入板处于激活状态,那么这个 IF 条件循环就不必要了。

在事件方式下,同时可应用多台输入设备以便加快交互处理。下面的程序是从键盘输入属性和从图形输入板输入数据画折线。

```
set_polyline_index(1);
set_stroke_mode(1,2,event);     (把图形输入板设成笔划设备)
set_choice_mode(1,7,event);     (把键盘设成选择设备)
 do  {
      await_event(60,device_class,ws,device-code);
```

```
if(device_class == choice) {
  get_choice(option);
  set_polyline_index(option);}
else
  if(device_class == stroke) {
    get_stroke(n,xa,ya);
    polyline(n,xa,ya);}
} while(device_class)
```

在此例中通过将 device_class 设成空来终止此过程。若等待 1 分钟后,还没有新事件进入事件队列,即会发生终止的情况。在事件方式下,还需应用其它的一些命令,如清事件队列等。

3.3.5 输入控制方式的混合使用

下面给出一个在不同输入控制方式下同时应用不同的输入设备的情况,其目的是要拖动一个形体在屏幕上运动,当达到最终位置,可按一键来终止这种拖动。这里笔的位置是由取样方式得到的,按钮的输入存放在事件队列中。

```
set_locator_mode(1,3,sample);     (把光笔设成定位设备)
set_choice_mode(1,7,event);       (把按钮设成选择设备)
if(class == choice) {             (如按过按钮键,则停止)
sample_locator(1,3,x,y);          (读入笔的位置)
(把形体平移到 x,y 处,并输出形体,此处这段程序略)
await_event(0,class,ws,code);}    (检查输入的事件队列)
```

由上述可知,请求方式是在应用程序的控制下工作的;在取样方式下,允许输入设备和应用程序同时工作;在事件方式下,由输入设备来初始化数据输入、控制数据处理进程,一旦有一种逻辑输入设备以及特定的物理设备已被设成相应的方式后,即可用来输入数据或命令。一个应用程序同时可在几种输入控制方式下应用几个不同的输入设备来进行工作。

3.4 如何构造一个交互系统

本节就构造交互系统所涉及到的用户接口表现形式、工作方式、用户命令集的描述、人-机对话序列的设计、用户接口的描述、交互过程的驱动方式等内容进行讨论。最后给出一个用 GIL 库函数构造一个交互系统的实例。

3.4.1 交互式用户接口的表现形式

交互式用户接口的表现形式涉及到屏幕布局、显示内容、符号选用、网格划分、颜色选择等多方面的内容,每个方面都有一些经验和准则可以参照,按照一定的准则去设计表现形式,可以较容易地建立和维护数据表示与显示的一致性。

1. 屏幕的划分

显示屏幕有不同的大小、格式和分辨率,要合理、充分地利用屏幕,必须对屏幕作适当划分，屏幕上元素的排列便可按照对屏幕进行的划分来进行。屏幕的划分有对称型和非对称型，如图 3.4.1 所示。

2. 字型的选用

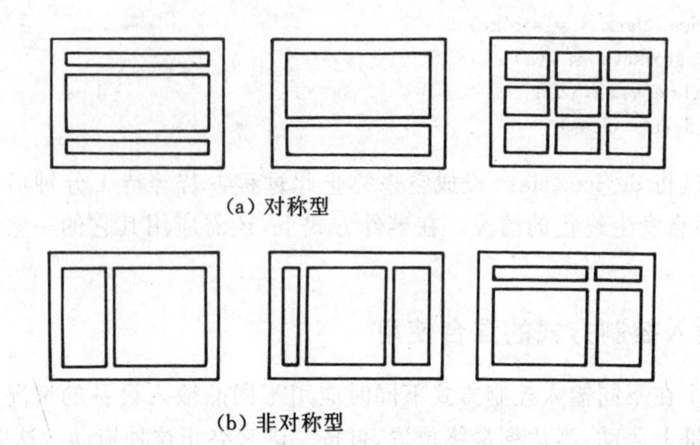

图 3.4.1　屏幕划分

字型选用得好可以给屏幕带来生气。例如，无论是英文还是中文都可以利用字体的不同，建立起一种层次关系，标题、子标题常用黑体字，以达到清晰、简单、醒目，而文本要易于阅读，常用印刷体。但是，大面积地应用黑体字，将会降低可读性，在屏幕上显示时还会模糊和闪烁。对英文字符来说还应考虑以下问题：

(1) 字符的大小写：一个人阅读全是大写字母组成的文字，将至少降低速度 13%，并且比小写字母多占 30%的空间；

(2) 字母间和单词间的距离：字母间间距和单词间间距要大致相等，不同行的字符间间距要保持一致；

(3) 行距应保持相同；

(4) 每行长度应以不多于 60 个字符为宜；

(5) 对齐方式一般采用左对齐，有时也采用右对齐或中心对齐；

(6) 页边空白；屏幕、图形符号、光标、文本等都应留有负边空白。

3. 颜色、灰度的选择

用不同颜色和灰度标志信息、分离不同形休、减少错误是非常有效的。实践经验表明对颜色、灰度的选择应考虑以下几个因素。

(1) 避免同时使用光谱边缘上的颜色；

(2) 字符、细线、小物体应避免用蓝色；

(3) 避免仅用蓝色的饱和度来区别颜色；

(4) 老年用户需要较强的光强才能识别颜色；

(5) 颜色的效果与周围环境的色彩有关；

(6) 避免红、绿色同时使用。

调查表明，用户接口中对同种颜色的不同灰度使用更多，一般应提供用户五个不同级别的灰度，如白、浅灰、中灰、深灰、黑。

4. 系统的开启

系统开始的启动信息是用户使用系统的第一印象。对不同的用户应有不同的开启信息,生疏的用户要求步骤详细、提示信息丰富。熟练用户则要求命令、提示信息简洁、入出系统迅速。对开启系统的标题,其输出方式有移动式、放大式、缩小式、组合式、书写式,以吸引用户。

5. 窗口

目前,个人计算机(PC)和工作站都提供窗口功能,窗口的形状可以是各种各样的,通常以矩形窗口为主,另外还应考虑窗口的边界、窗口的标注,对多窗口还应考虑窗口的排列、窗口的刷新等问题。窗口及其管理系统已逐渐成为一个专门的课题,有许多专门讨论,本书第 2 章已较详细地讨论了此问题,在此不再赘述。

6. 菜单

菜单是一组功能、对象、数据或其它用户可选择实体的列表,在用户接口中普遍被采用。按照菜单的出现与消失可分为下列多种形式:

(1) 固定式:固定式一般适用于静态菜单,它自始至终显示在屏幕的某一固定区域。

(2) 翻页式:菜单项按层次分页,进入一层菜单就像翻过一页书。

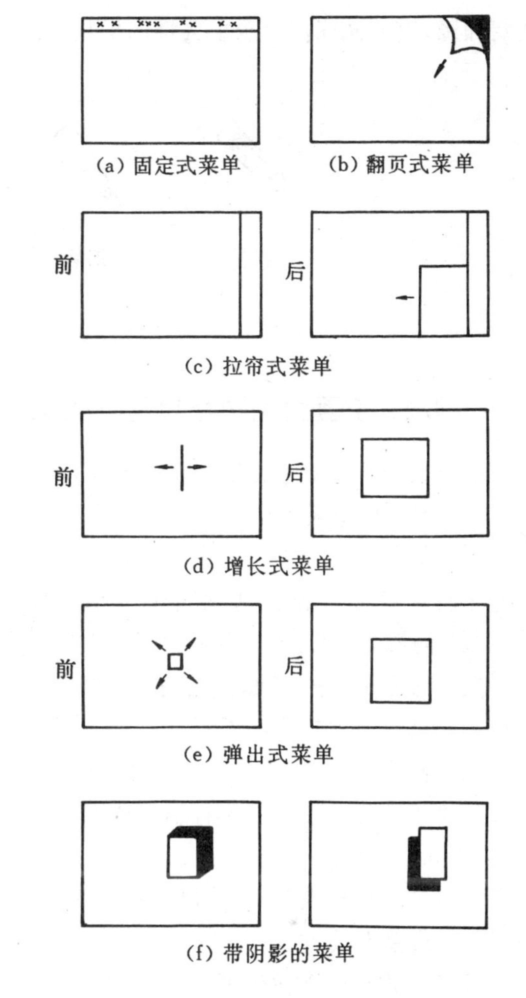

图 3.4.2 常用的菜单形式

(3) 拉帘式:用户可像拉帘子一样拉出一个个菜单。

(4) 增长式:这种菜单的显示好像是慢慢长出来似的。

(5) 弹出式:这是目前最常见的菜单出现方式,菜单好像是弹出来的。为了增强弹出式菜单的真实感,往往给菜单边界带有阴影边框。上述菜单的形式如图 3.4.2 所示。

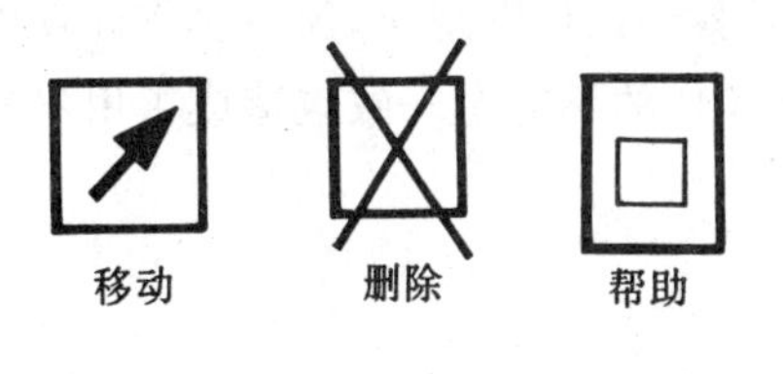

图 3.4.3 图形符号的例子

7. 图形符号和光标

图形符号和光标是用户接口中出现频率最高、停留时间最长的元素,它们是一种形象的图形语言,很受用户欢迎。常用图形符号如图 3.4.3 所示。光标也可采用各种图例形式,常见的如图 3.4.4 所示。其中铅笔光标可用来表示临时性的写和画，钢笔光标可表示永久性的操作，文件夹表示文档管理，手指表示定位。

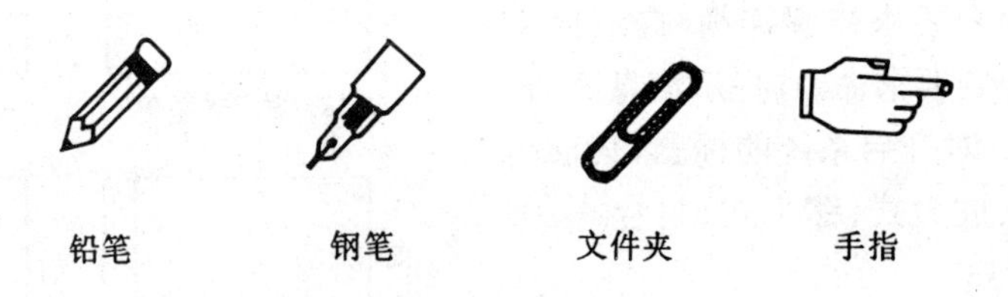

图 3.4.4　光标图例

3.4.2　交互式用户接口常见的工作方式

交互式用户接口常见的工作方式有以下六种，有些情况是某些方式的组合形式。

(1) 固定域输入输出方式

这种方式是设计者在程序中用有格式的输入输出语句实现人-机交互处理。这种方式使用起来较繁，且易于出错，要求用户对用户接口程序有所了解。

(2) 问答方式

交互过程的每一步都通过问答形式实现人-机对话，这种方式对新用户可能方便，但对熟练用户就显得比较罗嗦了。

(3) 表处理方式

这种工作方式要求设备有制表功能，并只适用于数据驱动的用户接口。

(4) 命令语言

这种方式流行较广，目前仍在不少的用户接口中得到使用，但要求用户有较多的记忆。

(5) 菜单方式

这种方式适合于各种用户，而且方便易学，目前在用户接口中被普遍采用。缺点是限制了用户使用系统的通路，不能从不同的层次进入，有时也嫌繁琐。

(6) 图形符号方式

这种方式比较接近现实生活中人们的活动，把人们的各种操作图形化，用户操作计算机如同现实生活中处理事务一般。但由于图形符号与现实操作的不完全一致也造成了用户的费解。

3.4.3　用户命令集的描述

1. 用户命令集的结构

一般来说，一个用户命令集具有层次式结构。例如，一个绘图系统中有若干模式，如作图模式、编辑模式、修改模式和属性模式等，每一种模式包含若干个命令。这就形成了一个两层结构的用户命令集，如图 3.4.5 所示。

2. 命令树

命令树是形象地表达用户命令集的拓扑结构及命令之间相互关系的一种自然的形式。在一棵命令树中，每一叶子结点代表一个命令，而每一个非叶子结点代表一个模式或子模式。通过定义一棵命令树，我们可以有下面一些概念：一个父结点代表一个有若干分支的模式或子模式，一个子结点代表它是父结点的一个分支。一个兄结点或弟结点与当前结点属于同一父结点的子结点，它排在当前结点之前或之后的位置上。

3. 使用逐步生长的命令树来描述用户命令集

描述一个用户命令集包括定义每一个命令模式和子模式、它们的名字、以及模式和命令之间的相互关系(父子关系或兄弟关系)。在描述用户命令集的过程中，显示一棵逐步生长的命令树，使描述过程形象化和动态化。设计者可以在命令树上通过光标键来定义新的当前结点，见图 3.4.6。在当前结点上建立一个子结点或删除它的所有子结点，在当前结点处插入一个兄弟结点或删除该当前结点等。每当建立一个新结点时，要键入该结点的名字。每当使用光标键移动当前结点位置时，新的当前结点名被显示出来。这些结点名可用来在命令语言驱动式用户接口中作为指定模式命令的名字；或在菜单驱动式用户接口中作为菜单的一个项目名。

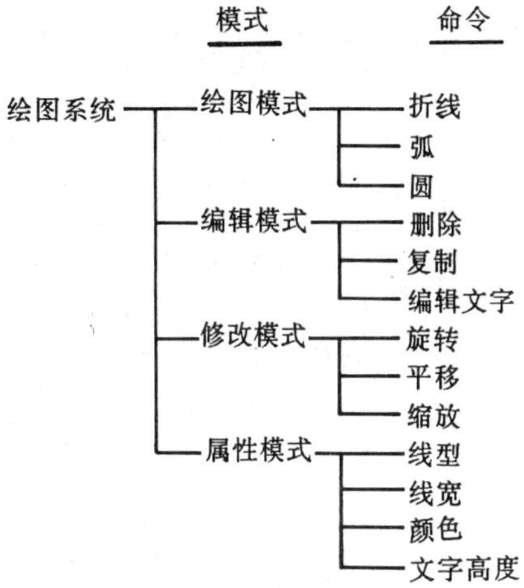

(1) 按下 RIGHT 键，使第一个子结点(假如有的话)成为新的当前结点。

(2) 按下 LEFT 键，使父结点(如果有的话)成为新的当前结点。

(3) 按下 UP 键，使兄结点(如果有的话)成为新的当前结点。

(4) 按下 DOWN 键，使弟结点(如果有的话)成为新的当前结点。

模式　命令

绘图系统
- 绘图模式
  - 折线
  - 弧
  - 圆
- 编辑模式
  - 删除
  - 复制
  - 编辑文字
- 修改模式
  - 旋转
  - 平移
  - 缩放
- 属性模式
  - 线型
  - 线宽
  - 颜色
  - 文字高度

图 3.4.5　有两层结构的用户命令集例子

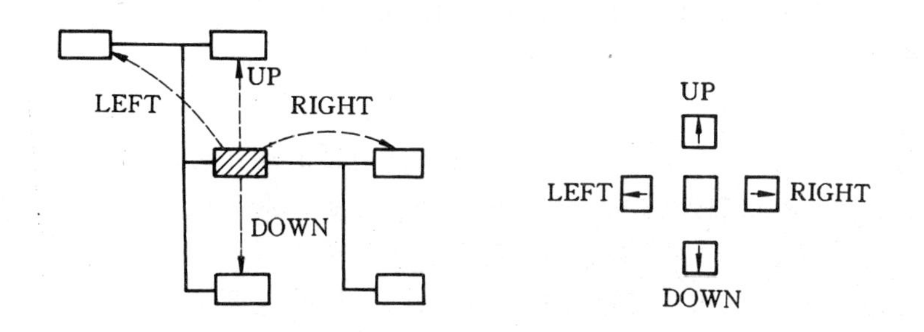

图 3.4.6　使用光标键移动当前结点位置(填充矩形为当前结点)

3.4.4　人-机对话序列的设计

人-机对话序列由二部分组成，其一是指定一个对话命令，其二是为该命令输入所需要的参数。

1. 对话命令的选择

在一个菜单驱动式用户接口中，在已经建立的命令树的基础上，一个父结点的对话行为包括显示一张包含该结点所有子结点名的，且按其在命令树中位置排列的菜单。例如在图 3.4.5 中四个模式名为：作图 (Drawing)、编辑 (Editing)、修改(Modifying)和属性

(Attribute)，交互系统就能生成如图 3.4.7(a)所示的菜单，该菜单用来在根结点中选择模式，其中对每一项的选择即引出相应的模式。如果选择了“Drawing”项，紧接着就执行“Drawing”结点的对话，此时用户会面对另一张自动生成的菜单，如图 3.4.7(b)，其项名为“Drawing”模式中的命令名。如用户选择了其中的“Exit”，用户将返回根结点。如果用户选择了“ARC”项，接下来就要执行“ARC”命令所需要的参数输入对话序列。

Drawing
Editing
Modifying
Attribute
Exit

(a) 为根结点自动生成的菜单

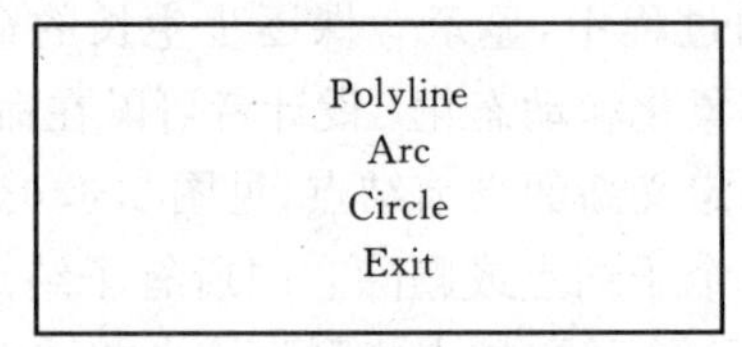

(b) 为 Drawing 结点对话自动生成的菜单

图 3.4.7

2. 对话参数的描述

人-机对话输入参数的描述一般有三种情况：

(1) 顺序对话　即一个用户命令有一个或几个输入参数，这些参数按顺序方式组织，相应的对话输入参数也顺序排列。

(2) 分支对话　例如在图 3.4.5 中命令“CIRCLE”可能分成下列三个子命令，即：① CIRCLE1(圆心，半径)；② CIRCLE2(圆心，圆上一点)；③ CIRCLE3(圆上第 1 点，圆上第 2 点，圆上第 3 点)；这时需要有一个专门的参数来区分上述三个不同的输入参数序列，该参数引出了一个三分支树，我们称这种对话为分支对话。

(3) 循环对话　此时的交互命令要求输入不确定数量的同一类型参数(数量是随机的)，相应的对话可组织成重复执行同一对话直到某一预定信号出现才转入另外的对话。

3. 对话动作的描述

在一个交互系统的每次人-机对话中，系统可能要给出一张菜单、一个提示，当用户输入有错时要显示出错信息，以及某些语义反馈信息。而用户则可能要输入所需要的数据，如一个整数、一个实数、一个坐标点、一个字符串或作一次选择等。一次对话的动作可用图 3.4.8 所示的一个有 13 个字段的控制字来表示，描述一次对话的动作可通过描述这些字段来实现。这种描述工作可交互式进行。为了描述对话序列控制，必须在字段“F”中描述出下一次对话的地址；为了实现逆向对话序列，必须在字段“B”中说明本次对话的前次对话所在的地址，以便在做 undo 操作时，可将控制转移到前一次对话去，这两个指针按照设计者建立的对话树自动地形成。除了前面介绍的顺序对话、分支对话和循环对话外，根据交互系统的需要还可设计执行模式分支对话、命令分支对话及结束型对话等。实现对话动作的菜单命令、出错信息和提示信息都存储在相应的文件中，由交互系统解释执行。并用控制字中的输入类型来检查用户输入参数的正确性。

M	P	I	L	D	E	A	V	R	T	C	F	B

M——菜单指针，　　P——提示指针，　　I ——输入类型，
D——输入缺省指针，　　E——出错信息指针，　　A——应用调用指针，
V——语义反馈视口，　　R——逆向调用过程指针，　　T ——控制字类型，
C——循环次数记录，　　F——后继对话指针，　　B ——前一次对话指针。

图 3.4.8　13 字段的对话控制字

4. 应用接口的描述

交互系统和应用程序的连接一般是通过应用接口实现的。应用接口包括一组外部应用过程和函数的定义,以及控制对它们的调用管理程序。一般可采用两种方式来定义一个应用过程或函数。

(1) 设计者可以直接用 C 语句形式键入过程或函数的定义。例如键入语句:

int DrawLine(x_1,y_2,x_2,y_2);

或 int DrawCircle(x,y,r);

这些语句经系统作语法检查无误后将记录入菜单驱动表中,并和相应的菜单命令建立联系。

(2) 设计者也可以通过系统交互地定义一个过程或函数。若交互过程是以菜单驱动方式进行定义或修改过程名,则增加、插入、删除一个参数、选择参数类型等均为其定义中的附属工作。当系统识别并检查过这些定义参数和过程名后将形成正式的过程定义语句,并存入相应的菜单驱动表中。例如当设计者要定义画圆弧"ARC"过程时,首先要定义过程名,如"ARC",然后定义每一个输入参数的名字、类型和取值范围;还要定义执行该过程的提示信息和出错信息。若定义不全或不对,系统将给出提示信息。

3.4.5 交互式用户接口的实现

从理论上来说,交互式用户接口的描述可采用转移网络法,上下文无关文法和事件驱动法来实现,但对于具体的交互命令式接口通常采用菜单驱动、数据表格驱动和事件驱动的形式,其中层次分支又是基础。无论是菜单驱动、事件驱动、还是数据表格驱动的交互方式,都把用户接口所具有的功能命令做成像餐馆或食堂的菜单一样,在屏幕上显示输出、或贴在台板上,供用户选择。

1. 菜单驱动的交互方式

菜单驱动就是根据用户选择的菜单项转向相应的程序入口去驱动执行相应的程序段。下面就菜单的组织、选择及驱动等问题进行讨论。

(1) 菜单的组织

菜单项的集合通常构成一棵菜单树,如图 3.4.9 所示,它通常为层次分支结构,在此树中叶子结点为可执行菜单项,即对应一个程序段;中间结点为提示信息项,常对应一个菜单文件。树中每层的分支取决于菜单项和提示信息项的个数。

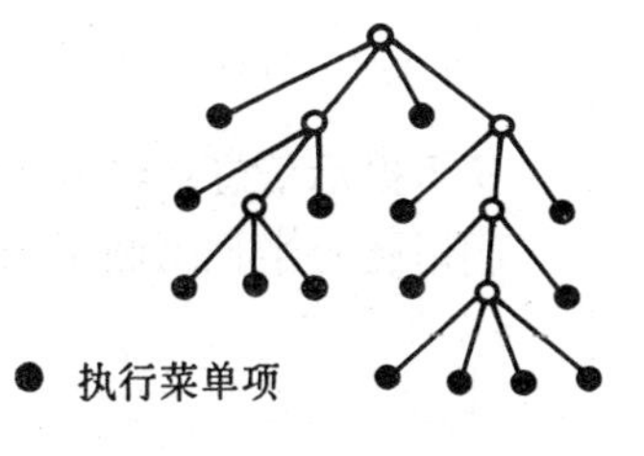

图 3.4.9 菜单树结构

(2) 菜单的选择

菜单的选择完全采用交互技术中的选择技术来实现,最常用的选择方式有三种。

① 标号选择:这种方式尤其适用于文字对话式菜单情况,如下述有一串菜单由带标号的菜单项组成:

1——打开文件; 2——写文件; 3——读文件

4——关闭文件; 5——返回

当用户从键盘输入 1,即进入"打开文件"命令状态;输入 4,即执行"关闭文件"的命令。进入相应的命令后,系统还会向用户提出问题,等待输入有关信息,直至输入结束后才真正执行该命令。

② 名(字串)选择:通过键盘键入相应的菜单项名,或用语音识别器输入相应的菜单名,根据名字确定分支、执行相应的程序段。

③ 位置选择:这是目前最广泛应用的选择方式,无论是屏幕菜单还是台板菜单均采用,它是以定位技术为基础的。在组织菜单时,每个菜单项的边框、即其左下角的位置与水平、垂直方向的边长是已知的,对于 $m\times n$ 个菜单项的矩阵排列如图 3.4.10 所示,若已知指点菜单项的定位设备的位置坐标是(x_i,y_i),则有下述不等式:

$$\begin{cases} x_i+(i-1) * dx \leqslant x_i \leqslant xl+i * dx \\ yb+(j-1) * dy \leqslant y_i \leqslant yb+j * dy \end{cases}$$

其中(xl,yb)为矩阵排列的左下角坐标,dx,dy 为每个菜单项的边长。由不等式可求出 i,j,从而可确定相应的菜单项。

菜单项 11	…	菜单项 1*m*
…		
…		
菜单项 1*n*	…	菜单项 *nm*

图 3.4.10 菜单项的矩阵排列

(3) 菜单的驱动

当用户选择了某个菜单项后,就需要执行相应的程序,又称为驱动程序。这类程序大致分为输出下一层子菜单的提示信息和执行相应菜单项的功能子程序两种。如图 3.4.11 所示,当用户选择"二次曲线"菜单项后并不执行一个功能子程序,而是把其下一层的子菜单项显示输出,只有当选择了"圆心半径"子菜单项时才执行类似下述的子程序:

```
circle_center_radius()
显示提示信息:"指定圆心",(用定位器在屏幕上指定圆心位置)
get_point(ixo,iyo,iflag);(得到圆心坐标)
显示提示信息:"输入半径"(用键盘输入或取值器输入半径数值)
调用圆心半径画圆子程序画整圆 };
```

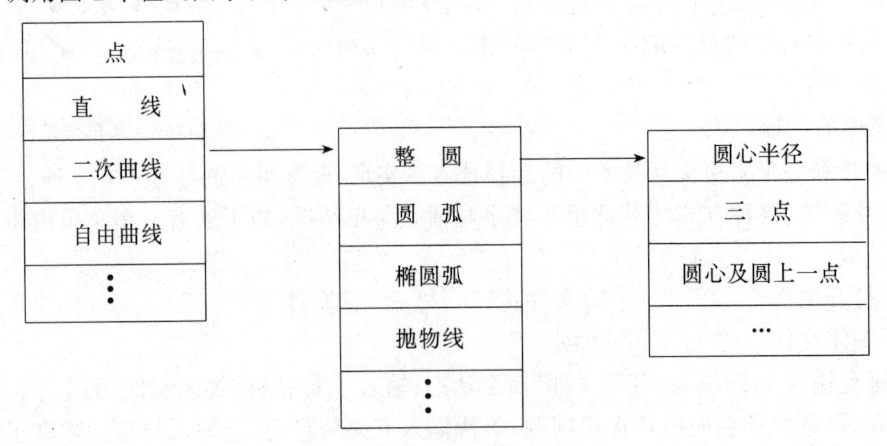

图 3.4.11 菜单驱动示意图

这种由菜单项的内容确定程序执行的方式比较易于程序实现，如用 Fortran 语言中的计算 GOTO 语句、或用 C、Pascal 语言中的 CASE 语句，即用程序中的不同分支，管理不同的菜单命令。显然，当交互命令较多且功能比较复杂时，这样的接口程序规模大、编译时间长，不利于系统的改进和完善。近年来，不少交互式用户接口采用数据表格驱动的方式来实现。

2. 数据表格驱动的交互方式

数据驱动的设计思想是：用户接口接收一条命令的对话过程（对话的性质、对话次数等）由一组预先设计好的控制信息进行控制，所有命令的全部对话控制信息集中存放在一个控制信息文件中。对话过程中所需涉及的各种数据（如菜单、提示信息、出错提示等）存放在一个独立的接口数据文件中，控制信息通过指针指向所涉及的有关数据。因此用户接口程序只按照用户所输入的命令码，从控制信息文件中读出该命令所对应的控制信息序列，按照其指出的对话步骤及所使用的接口数据，就能实现所有命令对话过程的控制，这样就使用户接口的对话控制信息和有关的接口数据完全脱离用户接口程序而独立。其中两个数据文件和两个程序模块间的相互关系如图 3.4.12 所示。这样，交互命令的增减、命令内容的修改、对话内容的改变等，均只要通过修改控制信息文件和接口数据文件就能达到目的，而接口中的有关程序均不必进行修改。这样给系统的开发和维护以及移植带来了方便。

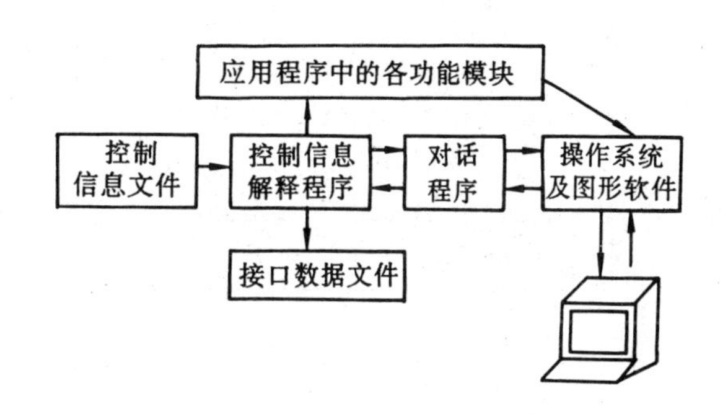

图 3.4.12　数据驱动式用户接口

下面以“窗口设置”和“零件选取”两条命令为例来分析数据驱动交互方式用户接口的实现。这里一条命令的所有控制信息存放在一组相互链接的记录中，每个记录由 7 个字段组成。

字段 1：输出菜单指针，若指针为空，表示不必输出菜单，指针可以为间接型的；

字段 2：提示信息指针，若指针为空，则不必输出提示信息；

字段 3：输入数据类型，有整型、实型、坐标型（＝两个实数）、字符串型等，为零则表示不必等待输入；

M_{11}：零件类型一览表（文字菜单）

$M_2(i)$：某类零件图形菜单

P_{21}：“请读入窗口大小”（汉字提示信息）

P_{101}：“请输入零件类型号”

P_{104}：“请选择零件编号”

L_{11}：$0 \leqslant$ 输入数 $\leqslant 2000$

L_{31}：$1 \leqslant$ 输入数 $\leqslant$ 零件类型数目

E_2:输入类型错或输入超出范围

字段4:输入数据范围指针,用一组比较数据来验证输入数据的范围,为空则不必验证;

字段5:出错信息指针;

字段6:返回指针,当遇到取消操作(undo)时,记载下一次应使用的记录号,空表示下次重选命令;

字段7:下一个记录的指针,当指针为空,表示本操作命令的对话到此结束,所有参数已输入完毕。

"窗口设置"和"零件选取"命令的控制信息分别由一个和两个记录组成,它们的内容及相关的接口数据如图3.4.13所示,用户接口中的控制信息解释程序流程如图3.4.14所示。

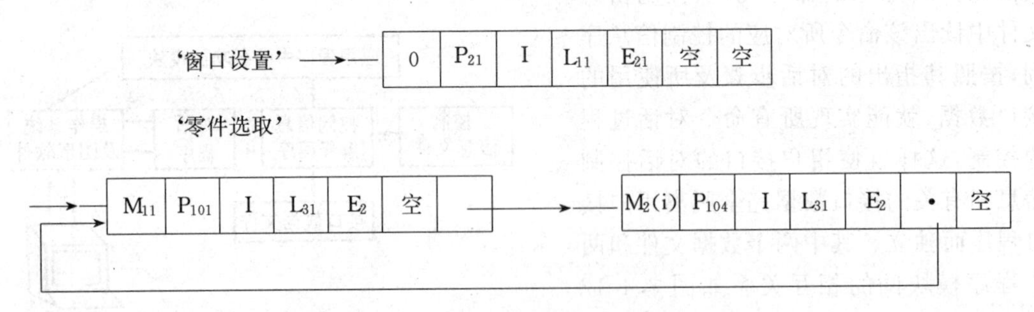

图 3.4.13　命令及其接口数据文件的内容举例

数据表格驱动的交互式用户接口,把要显示的内容不直接写在程序中,而是用文本建立菜单数据表格,以文件方式存在磁盘上,其内容包括中、英文提示信息、整数/实数、标尺、角度盘等,这样使得菜单的显示、修改都比较方便,且节省存储空间。在清华大学计算机系CAD中心开发的三维几何造型系统GEMS 3.0用数据表格驱动的菜单形式如图3.4.15所示,显示立方体参数的菜单数据文件如图3.4.16所示。

3. 事件驱动的交互方式

在一个事件驱动型程序中,程序将控制交给用户,用户通过一系列事件驱动程序的动作。事件驱动型编程的特点是事件可以在任何时候按任何方式进入,这就使大多数程序内核处于一个中心循环中,当它每接收一个事件,便以某种方式对之作出反应。

(1) 事件驱动中的对话控制序列。用户和用户接口间的对话通常是一棵树型结构,可用对话树来表示对话序列。对话树中的每一个结点,即对话控制字包含有许多域,用以表示相关的对话内容。用这些域实现对话的外部控制、内部控制和序列控制。外部控制域处理菜单、对话框、交互技术、帮助信息和出错信息等交互构件。内部控制域指示当一条命令的所有参数被输入后应调用哪一个应用过程,并且指出语义反馈窗口。序列控制域指出当前对话和其前后对话的关系,包括后续对话的指针、兄弟对话的指针和父对话的指针等。事件驱动中的对话控制有5种可能的序列类型:根、顺序、结果、循环和分支。

(2) 基于事件驱动的对话树控制方式。建立了对话控制树,事件驱动型程序的控制权交给了对话控制字。如果当前控制字是菜单对话,应用程序按三种类型的菜单做不同的处理,并准备接收菜单选择事件。若当前控制字是对话框操作,系统就弹出对话框等待用户在对话框上的操作;若当前控制字是交互技术操作,系统便启动交互处理器等待用户输入数据;最后，若控制字要调用应用过程，这意味着用户通过一系列的操作，系统调用相应的应用过程，完成了事件驱动型程序到控制字解释程序的转换。

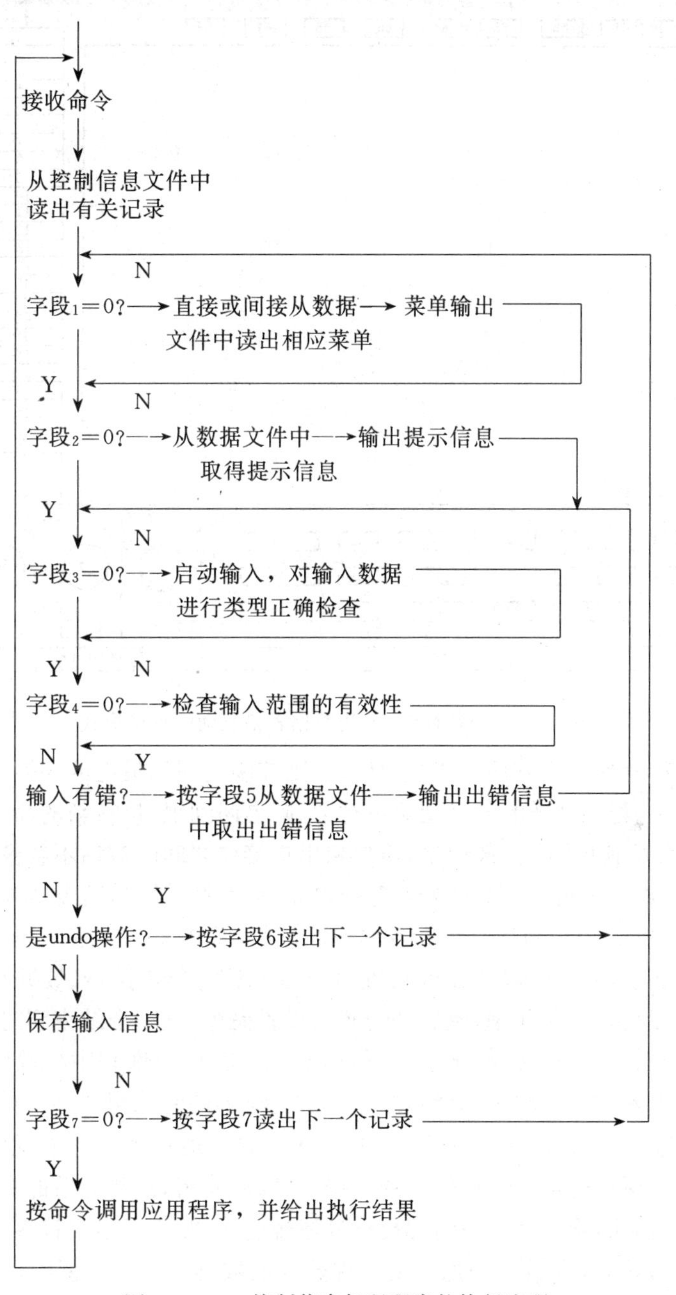

图 3.4.14 控制信息解释程序的执行流程

解释完当前对话控制字后，若当前控制字是顺序类，便开始后续对话；若当前控制字是循环类，便重新开始当前对话直到接收到一个循环结束事件，才开始后续对话；若当前控制字是分支类，系统根据从该分支的输入和输出的数据或控制信息跳转到相应的分支上进行下一个对话；若当前控制字是结束类，系统查看是否有被中断的命令，若有按照“后进先出”

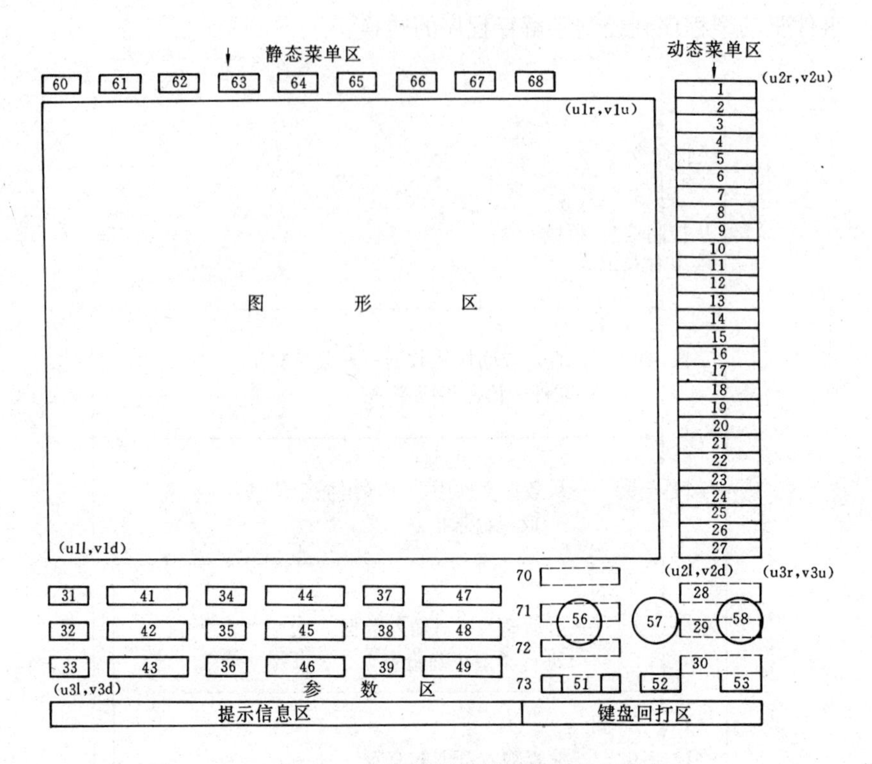

图 3.4.15　GEMS 3.0 用数据表格驱动的菜单形式

的原则恢复被中断命令的断点环境继续对话，否则控制退回到最近的替换型菜单对话处，循环执行相同的命令，若无这样的替换型菜单对话，则退回到根，执行新的命令。

(3) 多线序列及其控制。一般说来，用户和用户接口之间的对话不会像树型结构那样简单，经常需要两条或多条相关的命令相互穿插以获得满意的效果，这就需要提供多线序列及其控制。多线序列允许用户暂停一个命令的描述过程，而转去执行另一条命令。例如在画线段时输入第一点之后，用户选择了属性设置命令，系统则将当前输入数据及索引，对话控制字地址等所有相关状态保存起来，然后开始属性设置命令。当一个结束型对话控制字解释完之后，控制字解释器按“后进先出”的原则弹出堆栈中信息，并恢复中断现场，继续被中断对话。多线控制的引入使得控制字解释器在“感觉”上与事件驱动型程序一样。

(4) 用输入数据队列 IDA 管理用户接口变量。在一般过程设计中，程序员大都喜欢定义许多变量来存放用户通过交互件输入的数据，供以后使用，这些分散的变量给内部接口的描述及生成带来很大困难。为了使内部接口描述规范化，我们可定义许多类型的数组，也即为输入数据队列 IDA，来存放用户通过交互件输入的数据。每一类型的数组有一个索引指针来指出下一数据存放的位置，一些交互件的输出和应用过程的返回值也存放在这些输入数据队列 IDA 中。归纳起来，IDA 有如下功用：

① 存储用户通过各交互件输入的数据；

② 存储某些交互件的输出和应用过程的返回；

③ 存放提供给应用过程的参数；

④ 支持彩排及其多线控制的功能。

```
aclm            设置激活菜单项
29              菜单项个数
15,16,17,18,19,20,21,22,23,25,31,32,33,34,35,
36,41,42,43,44,45,46,51,52,53,56,57,58,49
base            改变某些区域的当前颜色
25              要改变区域的个数
15,16,17,18,19,20,21,22,23,25,31,32,33,34,35,
36,41,42,43,44,45,46,51,52,53
dial            显示度盘
3               要显示角度度盘的个数
56
57
58
digit           显示数字
9               要显示数字的个数
31,0,0,1
32,0,0,1
33,0,0,1
34,100,0,1
35,150,0,1
36,50,0,1
51,0,0,1
52,0,0,1
53,0,0,1
ruler           显示标尺
0               要显示标尺的个数
41,0,500,0,0,0
42,0,500,0,0,0
43,0,500,0,0,0
44,0,500,100,0,1
45,0,500,150,0,1
46,0,500,50,0,1
text 显示字符串
9,0 要显示字符串的个数及其颜色
20,115
x0=
20,80
y0=
20,45
z0=
230,115
dx=
230,80
dy=
230,45
dz=
663,35
ax
753,35
ay
843,35
az
menu      显示菜单
1  要显示的菜单项个数
49,4,2208,5421,2713,4528
end  本菜单文件结束
```

图 3.4.16　GEMS 3.0 显示立方体的菜单数据文件

3.4.6　交互式用户接口简例

图 3.4.17 是一个简单的交互式绘图系统的用户接口流程图，主要完成交互系统的流程控制。该系统的屏幕布置比较简洁，上面是菜单区，中间是绘图区，屏幕下面留出四行作为提示信息区、用户键入区及回打图形信息，诸如圆弧的半径、起始角和终止角等。在接收了用户输入的图形参数或系统默认的参数后，用户可用拖动方式在屏幕上画图。系统所显示的菜单以 ASCII 码形式放在 menu.mun 文件中，经过菜单文件的编译产生二进制格式的 menu.mny 文件，对交互系统而言，只识别二进制菜单。菜单的描述格式详见第 5 章。

在进入系统时，必须对系统进行初始化，其中包括在窗口环境下对图形设备的初始化以及窗口、视图区的设置、坐标变换参数的设置、装入菜单等。系统完成初始化后将进入输入事件的等待循环控制之中。在窗口环境下，输入事件的种类很多，我们挑选了与绘图系统有关的事件进行处理，并在系统初始化之后就建立了一个输入数据的管道，即将各种不同的系统输入写入统一的数据管道(即数据缓冲区),以便输出。

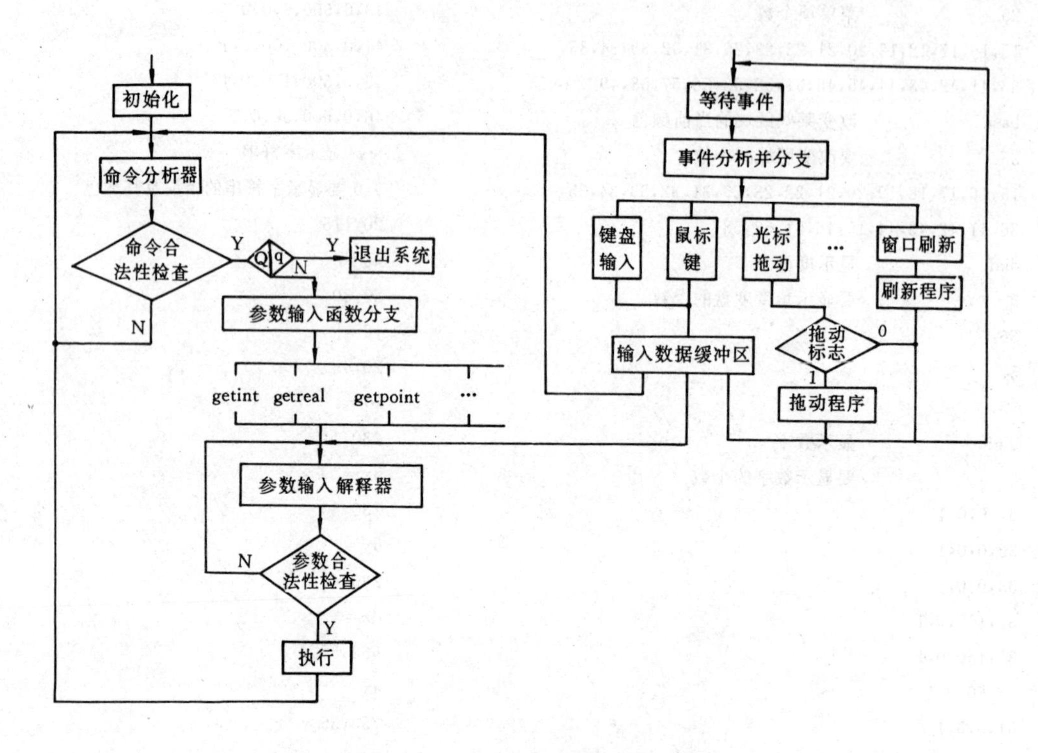

图 3.4.17 简单交互绘图系统流程框图

在系统的交互控制流程中,系统一直处于等待命令、执行命令、再等待命令的循环之中。命令解释器不停地读数据缓冲区中的内容(如缓冲区为空,则等待下一个事件),进行命令分析。命令分析器从输入的内容分析出合法命令,并根据不同的命令,执行相应的命令函数。如果命令函数需要输入参数,即调用相应的 getstring,getpoint 等输入函数,并从数据缓冲区取出数据进行合法性检查,取得合法数据,执行该条命令。执行完一条命令,系统将进入下一条命令的等待状态。

从系统的总控流程我们将会发现,当用户从菜单或命令行输入命令之后,即进入命令驱动部分,每一个命令对应不同的命令驱动程序。在命令驱动程序执行过程中,用户所有的输入均作为输入参数而需进行语法检查,只有在一个命令执行完之后,下一个命令才会被接收。交互过程相应的控制程序如下所述。

```
main()
{
    init();
    while(1)
    {
      commandparse();
             ⋮
    }
    quitproc();
}
```

```
commandparser()
{
  char * commandbuf = readfromdataparser();
  if(commandbuf 是合法命令)
  {
    commandproc = commandbuf 对应函数;
    commandproc();
  }
  else return;
}
char * readfromdataparser();
{
  if(数据管道为空)
    next_event();
  else
  {
   char * readbuf = 读入所有合法字符;
   return readbuf;
  }
}
命令函数()
{
  ...
  getproc();
  ...
}
  getproc()
{
    char * getbuf;
  again:
    getbuf = readfromdataparser();
  if(getbuf 是合法输入)
  {
    getresult = getbuf 转换成相应值;
    return getresult;
  }
  else goto again;
}
```

3.5 基于知识的用户接口设计环境

传统的用户接口管理系统(UIMS)要求设计者把精力集中于语法级和词法级的设计，即命令名、屏幕和图形菜单、菜单的组织、执行顺序和交互技术的设计，对于不同应用领域或用户均需重新设计和开发一个用户接口。近来人们基于知识工程的概念，力图开发一个自动构造用户接口管理系统的环境。

3.5.1 目标

基于知识的用户接口开发环境有六条基本功能；

(1) 表示一个用户接口的概念设计；

(2) 把表示用户接口的知识库转换成另一个功能等价的接口；

(3) 可通过一个 UIMS 来执行用户接口；

(4) 检查用户接口设计的一致性和完整性；

(5) 对用户接口的传送速度和易学程度等指标进行评价；

(6) 向用户提供实时的帮助信息。

3.5.2 结构

基于知识的用户接口设计环境的结构如图 3.5.1 所示。其核心是如何表示用户接口概念设计的知识，这些知识含有以下内容：

(1) 系统中已有实体的分类层次；

(2) 实体的性质；

(3) 作用于实体的动作；

(4) 动作需要的信息；

(5) 执行动作需要的前、后条件。

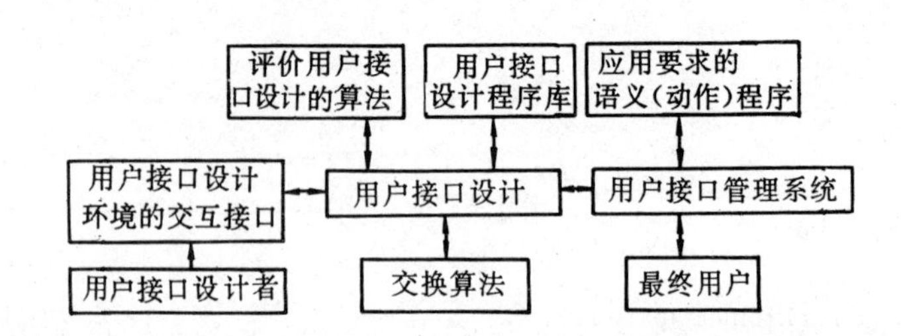

图 3.5.1 基于知识的用户接口设计环境的结构

3.5.3 基于知识的用户接口

可用 7 个不同的模块来表示用户接口的设计，这些模块及其关系如图 3.5.2 所示。

1. 实体模块

在图形应用中，实体可以是用户能产生、删除、修改的不同几何形状，由用户接口设计者产生的实体描述，可以在运行时给用户提供所需要的帮助信息。实体的动作是实体间相互调用的关系链，实体属性是调用实体与有关属性间的相互关系，如一个实体旋转一个角度，该旋转角即可作为一个实体属性与该实体相连接。

2. 动作模块

在用户接口中的每一个动作都需先定义，一个动作会影响实体属性、实体或实体类型，例如一个旋转实体的动作改变实体的角度属性；删除一个图形会删除一个实体调用；产生一个图形就会产生某类形状的一个调用。交互式用户接口的动作通常是显式的，若有当前选择

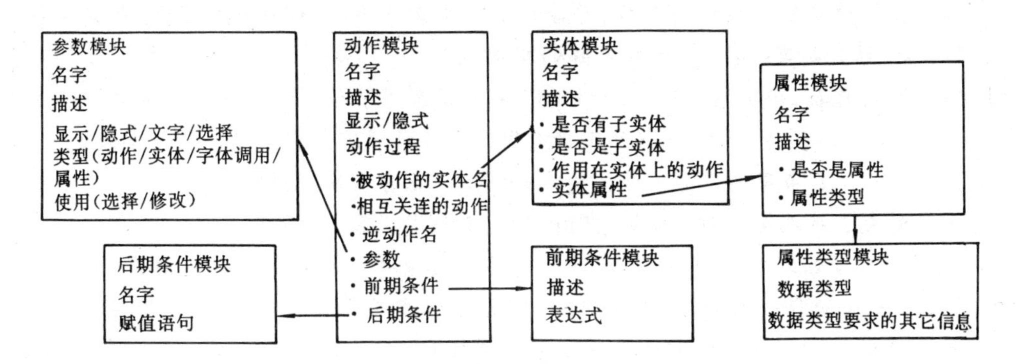

图 3.5.2 基于知识的用户接口模块间的关系

的命令变换作用到一个动作上则会把显式动作改变成隐式动作。

3. 参数模块

执行一个动作需要有关的参数以及单位信息。显式意味着参数的值可从有关动作的用户处得到,若参数值分散在不同的命令中,则这些参数为隐式参数;当参数具有约定值即为选择参数;选择参数不需用户输入有关的值;文字型参数具有特定的值,如颜色是红的。类型表示参数是否是一个动作,一个实体类型、一个实体调用或一个属性。在使用中,修改意味着指定一个新值,而选择表示该参数用来指定与某个动作有关的实体。

3.5.4 用户接口变换器

用户接口变换器是帮助用户接口设计者自动地实现用户接口概念设计的变换。通过把变换作用到知识库上,来生成一个表示功能上有变化的新的用户接口。这种变换包括参数的变化,产生当前要选择的实体、当前选择的命令、当前选择的属性、建立当前选择的集合和初值等。用户接口变换器通过对表示接口的知识库进行操作,把一种用户接口转换成另一种用户接口,用户接口变换器也允许对同一个应用程序产生一系列功能等价的用户接口设计方案,并测试不同设计方案所具有的效果。首先要把基本的接口设计指标输入到知识库中,其中有相关的实体、属性和动作,一旦建立了这些基本的设计条件,系统就会帮助设计者构造相应的语义信息。用户接口变换器是整个设计环境的核心模块,前期、后期条件的设置对变换的结果也起很大的作用。

3.6 习　　题

1. 你所用的图形软件是属于子程序库、专用语言或交互命令,还是这三种形式的混合形式,或是其他的形式。你认为你所用图形软件的成功和不足之处是什么?有哪些改进意见?

2. 面向应用程序的接口通常有哪几种形式?你认为哪一种形式更方便应用和扩充应用功能?

3. 请列出你所用的交互系统中所涉及到的交互任务和交互技术,是否有本章书中没有提及的交互任务和交互技术?若有,能否对其进行分解,使之和本章书中介绍的交互任务和交互技术相匹配。

4. 请画出你所用交互系统的流程,并分析其属于菜单驱动、数据表格驱动,还是事件驱动? 若都不是,请分析其特点,写出该系统的驱动流程。

5. 试编写拼整数、拼实数、拼名字子程序,要求拼名字子程序能处理名字的关键字是等长(字符个数相同)和不等长的情况(可直接调用程序设计语言所提供的函数来实现)。

6. 常见的交互任务有哪几种? 你认为哪一种交互任务最难完成?

7. 常见的交互技术有几种? 你认为哪一种交互技术最容易应用?

8. 针对你所接触到的应用要求,设计一个多层模块结构的图形子程序库结构图,其中应包括每个子程序的程序名、输入参数、输出参数、提示信息、出错信息及其调用关系。

9. 把上题中的子程序库结构图改写成层次菜单(含菜单命令名及其有关参数)结构描述,并分析各自的优缺点。

10. 请自行设计并实现交互拾取屏幕上一个多边形的算法程序(假设屏幕上有 n 个多边形,$n>10$,且多边形有重叠情况)。

11. 交互式用户接口常见的工作方式有几种,你认为哪一种较实用。

12. 请用菜单驱动方式、数据表格驱动方式和事件驱动方式完成同一个实际的交互任务。并比较它们之间的难易程度和工作量。

13. 试编写一个用光标拖动屏幕上一个图素(如直线段、圆弧、多边形、字符等)自由移动的程序。若要拖动一组图素自由移动会发生什么问题? 有什么解决办法?

14. 请自行设计并实现一个交互系统,其中画图功能大于五种图素,可输入参数、设置图形颜色和背景色、结束画图返回操作系统状态。

15. 请设计并实现本章所介绍的三维交互技术的程序,并能提出改进意见。

16. 试编写一个用橡皮筋技术画直线段的程序,并要求该直线段的端点可自动约束在屏幕已有图素的端点、中点、中心点处。

第四章

基本图形生成算法

由第 1 章知，光栅图形显示器可以看作一个象素的矩阵，每个象素可以用一种或多种颜色显示，分别称为单色显示器或彩色显示器。在光栅显示器上显示的任何一种图形，实际上都是一些具有一种或多种颜色的象素的集合。确定一个象素集合及其颜色，用于显示一个图形的过程，称为图形的扫描转换或光栅化。

本章主要讨论一些基本图形的扫描转换问题，如一维线框图形直线、圆、椭圆的扫描转换问题，二维图形（多边形）的填充问题，字符的表示及输入、输出问题，以及图形的裁剪和反走样问题。

对图形的扫描转换一般分为两个步骤：先确定有关象素，再用图形的颜色或其它属性，对象素进行某种写操作。后者通常是通过调用设备驱动程序来实现的。所以扫描转换的主要工作，是确定最佳逼近于图形的象素集。对于一维图形，在不考虑线宽时，用一个象素宽的直/曲“线”（即象素序列）来显示图形。二维图形的光栅化，即区域的填充，必须确定区域所对应的象素集，并用所要求的颜色或图案显示（即填充）之。

任何图形进行光栅化时，必须显示在屏幕的一个窗口（一般为长方形）里，超出窗口的图形不予显示。确定一个图形的哪些部分在窗口内，必须显示；哪些部分落在窗口之外，不该显示的过程称为裁剪。裁剪通常在扫描转换之前进行。

对图形进行光栅化时，很容易出现走样现象。一条斜向的直线，扫描转换为一个象素序列时，象素排列成锯齿状。显示器的空间分辨率愈低，这种走样问题就愈严重。提高显示器的空间分辨率可以减轻这种走样问题，但这就提高了设备的成本。实际上，当显示器的象素用多亮度显示时，可以通过精编算法自动调整图形上各象素的亮度来减轻走样问题。这些是我们在本章末尾所要讨论的反走样问题。

4.1 直线的扫描转换

在数学上，理想的直线是没有宽度的，由无数个点构成的集合。当我们对直线进行光栅化时，只能在显示器所给定的有限个象素组成的矩阵中，确定最佳逼近于该直线的一组象素，并且按扫描线顺序，用当前写方式对这些象素进行写操作。这就是通常所说的用显示器绘制直线，或直线的扫描转换。

由于一个图中可以包含成千上万条直线，所以要求绘制算法应尽可能地快。在一些情况下，要绘制一个象素宽的直线(由一个象素移动而形成的直线)。而在另一些情况下，则需要绘制以理想直线为中心线的不同线宽的直线。有时还需要用不同的颜色和线型来画线。

在本节，我们先介绍画一个象素宽的直线的三个常用算法：数值微分法、中点画线法和 Bresenham 算法。线宽和线型的处理留到第四节介绍。

4.1.1 数值微分法

直线扫描转换的最简单方法是先算出直线的斜率

$$k = \Delta y / \Delta x$$

其中，$\Delta x = x_1 - x_0$，$\Delta y = y_1 - y_0$，(x_0, y_0)和(x_1, y_1)分别是直线的端点坐标。然后，从直线的起点开始，确定最佳逼近于直线的 y 坐标。假定端点坐标均为整数，让 x 从起点到终点变化，每步递增 1，计算对应的 y 坐标，$y = kx + B$，并取象素$(x, \text{round}(y))$。用这种方法既直观，又可行，然而效率较低。这因为每步运算都需一个浮点乘法与一个舍入运算。注意到

$$\begin{aligned} y_{i+1} &= kx_{i+1} + B \\ &= k(x_i + \Delta x) + B \\ &= kx_i + B + k\Delta x \\ &= y_i + k\Delta x \end{aligned}$$

因此，当 $\Delta x = 1$ 时，有 $y_{i+1} = y_i + k$，即当 x 每递增 1 时，y 递增 k(即直线斜率)。

一开始，我们取直线起点(x_0, y_0)作为初始坐标，这样就可以写出直线扫描转换的数值微分算法(Digital Differential Analyzer 简称 DDA)。

```
DDAline(x0, y0, x1, y1, color)
int x0, y0, x1, y1, color;
{
     int x;
     float dx, dy, k, y;
     dx = x1 - x0;
     dy = y1 - y0;
     k = dy / dx;
     y = y0 ;
     for (x = x0; x <= x1; x++)
     {
          drawpixel(x, int (y + 0.5),
     color);
          y=y + k;
     }
}
```

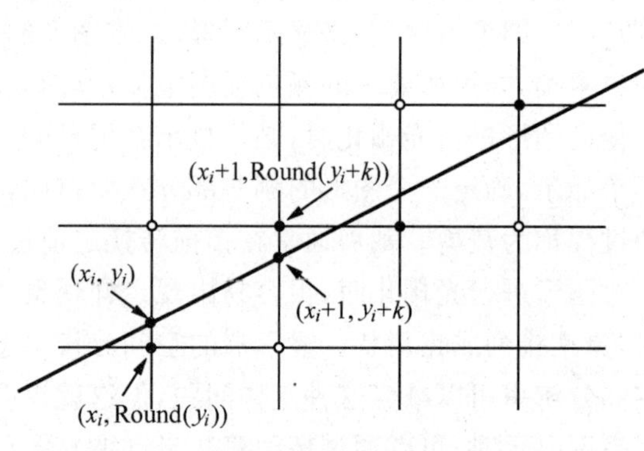

图 4.1.1 数值微分法示意图

用此算法绘制的直线如图 4.1.1 所示。

注意上述分析和算法仅适用于$|k| \leqslant 1$ 的情形。在这种情况下，x 每增加 1，y 最多增加 1，故在迭代过程的每一步，只要确定一个象素。而当直线斜率 k 的绝对值超过 1 时，必须把 x、y 的地位交换，y 每增加 1，x 相应增加 $1/k$。

数值微分算法的本质，是用数值方法解微分方程，通过同时对 x 和 y 各增加一个小增量，计算下一步的 x、y 值。在一个迭代算法中，如果每一步的 x、y 值是用前一步的值加上一

个增量来获得的，那么，这种算法就称为增量算法。因此，DDA 算法是一个增量算法。

在这个算法中，y 与 k 必须用浮点数表示，而且每一步运算都必须对 y 进行舍入取整。这使得它不利于硬件实现。下面我们将要讨论的中点画线法，可以解决这个问题。

4.1.2 中点画线法

为了讨论方便，本小节假定直线斜率在 0、1 之间。其它情况可参照下述讨论进行处理。如图 4.1.2 所示，若直线在 x 方向上增加一个单位，则在 y 方向上的增量只能在 0、1 之间。假设 x 坐标为 x_p 的各象素点中，与直线最近者已确定，为 (x_p, y_p)，用实心小圆表示。那么，下一个与直线最近的象素只能是正右方的 $P_1(x_p+1、y_p)$ 或右上方的 $P_2(x_p+1、y_p+1)$ 两者之一，用空心小圆表示。再以 M 表示 P_1 与 P_2 的中点，即 $M=(x_p+1,\ y_p+0.5)$。又设 Q 是理想直线与垂直线 $x=x_p+1$ 的交点。显然，若 M 在 Q 的下方，则 P_2 离直线近，应取为下一个象素；否则应取 P_1。这就是中点画线法的基本原理。

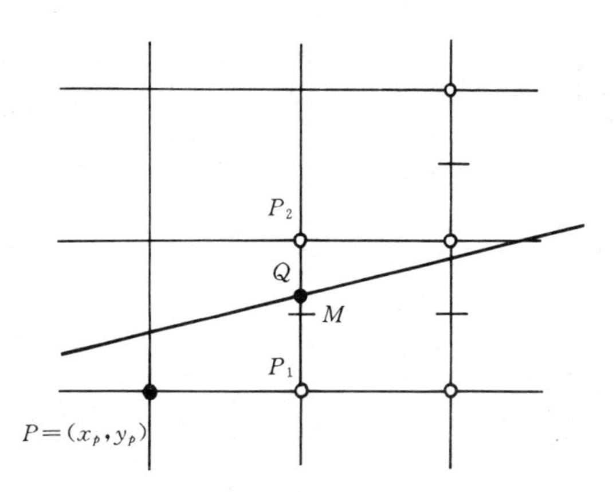

图 4.1.2 中点画线法每步迭代涉及的象素和中点示意图

下面来讨论中点画线法的实现。假设直线的起点和终点分别为 $(x_0,\ y_0)$ 和 $(x_1,\ y_1)$。则直线方程为

$$F(x,y) = ax + by + c = 0$$

其中，$a=y_0-y_1$，$b=x_1-x_0$，$c=x_0y_1-x_1y_0$。对于直线上的点，$F(x,\ y)=0$；对于直线上方的点，$F(x,\ y)>0$；而对于直线下方的点，$F(x,y)<0$。因此，欲判断前述 Q 在 M 的上方还是下方，只要把 M 代入 $F(x,\ y)$，并判断它的符号。构造判别式

$$d = F(M) = F(x_p + 1,\ y_p + 0.5) = a(x_p + 1) + b(y_p + 0.5) + c$$

当 $d<0$ 时，M 在直线下方(即在 Q 的下方)，故应取右上方的 P_2 作为下一个象素。而当 $d>0$，则应取正右方的 P_1。当 $d=0$ 时，二者一样合适，可以随便取一个。我们约定取正右方的 P_1。

对每一个象素计算判别式 d，根据它的符号确定下一象素。至此已经可以写出完整的算法。但是注意到 d 是 x_p 和 y_p 的线性函数，可采用增量计算，提高运算效率。在 $d\geqslant 0$ 的情况下，取正右方象素 P_1，欲判断再下一个象素应取那个，应计算

$$d_1 = F(x_p + 2,\ y_p + 0.5) = a(x_p + 2) + b(y_p + 0.5) + c = d + a$$

故 d 的增量为 a。而若 $d<0$，则取右上方象素 P_2。要判断再下一个象素，则要计算

$$d_2 = F(x_p + 2,\ y_p + 1.5) = a(x_p + 2) + b(y_p + 1.5) + c = d + a + b$$

故在第二种情况，d 的增量为 $a+b$。

再看 d 的初始值。显然，第一个象素应取左端点 $(x_0,\ y_0)$，相应的判别式值为

$$\begin{aligned} d_0 &= F(x_0 + 1,\ y_0 + 0.5) = a(x_0 + 1) + b(y_0 + 0.5) + c \\ &= ax_0 + by_0 + c + a + 0.5b \\ &= F(x_0,\ y_0) + a + 0.5b \end{aligned}$$

但由于(x_0, y_0)在直线上，故$F(x_0, y_0)=0$。因此,d的初始值为$d_0=a+0.5b$。

由于我们使用的只是d的符号,而且d的增量都是整数,只是其初始值包含小数。因此,我们可以用$2d$代替d,来摆脱小数,写出仅包含整数运算的算法：

```
MidpointLine (x0, y0, x1, y1, color)
int x0, y0, x1, y1, color ;
{
    int a, b, delta1, delta2, d, x, y ;
      a=y0-y1;
      b=x1-x0;
      d=2 * a+b;
      delta1=2 * a;
      delta2 = 2 * (a + b);
      x=x0;
      y=y0;
      drawpixel(x, y, color);
      while(x<x1)
      {
        if(d<0)
        {x++;y++;
          d+=delta2 ;
      }
      else
      { x++;
        d+=delta1;
      }
      drawpixel(x,y,color);
    } /* while */
} /* MidpointLine */
```

上述就是中点画线算法程序。如果进一步把算法中 2 * a 改为$a+a$等等,那么,这个算法不仅只包含整数变量,而且不包含乘除法,适合硬件实现。

作为一个例子,我们来看中点画线法如何光栅化一条连接两点(0, 0)和(5, 2)的直线段。由于$(x_0, y_0)=(0, 0)$且$(x_1, y_1)=(5, 2)$，直线斜率$k=2/5$满足$0 \leqslant k \leqslant 1$,所以,可以应用上述算法。

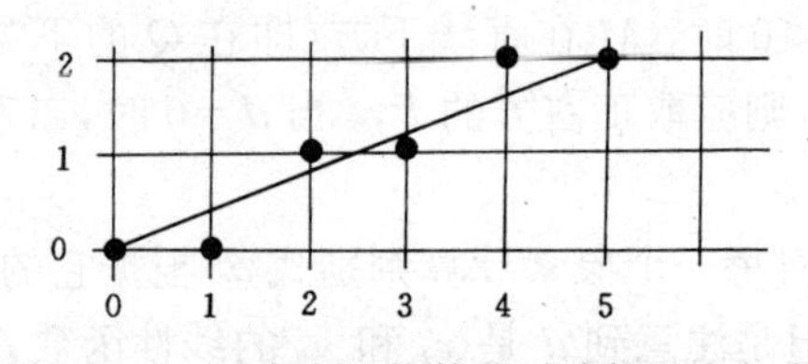

图 4.1.3　用中点画线算法对连接两点的直线进行光栅化的结果示意图

第一个象素应取线段左端点(0, 0)。判别式d的初始值为$d_0=2*a+b=1$($\because a=y_0-y_1=-2$，$b=x_1-x_0=5$)。d往正右方向的增量$\Delta_1=2a=-4$;d往右上方的增量$\Delta_2=2(a+b)=6$。

由于$d_0>0$，所以迭代循环的第一步取初始点的正右方象素(1,0),x递增1,并将d更新为:$d=d_0+\Delta_1=1-4=-3$

因为$x=1<x1$,所以进入第二步迭代运算。这时由于$d<0$,故取右上方象素(2, 1),x、y同时递增1，并将d更新为:$d=-3+\Delta_2=3$

这样继续分析下去知x、y、d的初值和循环迭代过程中每一步的值依序如下：

x	y	d		x	y	d
0	0	1	（初值）	3	1	−1
1	0	−3		4	2	5
2	1	3		5	2	1

该直线的光栅化示意图如图 4.1.3 所示。

4.1.3 Bresenham 画线算法

Bresenham 算法是计算机图形学领域中使用最广泛的直线扫描转换算法。该算法最初是为数字绘图仪设计的。由于它也适用于光栅图形显示器，所以后来被广泛用于直线的扫描转换与其它一些应用。为了讨论方便，本小节也假定直线的斜率在 0、1 之间。其它情况可类似处理。

与中点画线法类似，Bresenham 也是通过在每列象素中确定与理想直线最近的象素来进行直线的扫描转换的。算法原理是，过各行、各列象素中心构造一组虚拟网格线，按直线从起点到终点的顺序计算直线与各垂直网格线的交点，然后确定该列象素中与此交点最近的象素。该算法的巧妙之处在于可以采用增量计算，使得对于每一列，只要检查一个误差项的符号，就可以确定该列的所求象素。

如图 4.1.4 所示，假设 x 列的象素已确定，其行下标为 y。那么下一个象素的列坐标必为 $x+1$。而行坐标要么不变，要么递增 1。是否增 1 取决于如图所示误差项 d 的值。因为直线的起始点在象素中心，所以误差项 d 的初始值为 0。x 下标每增加 1，d 的值相应递增直线的斜率值，即 $d=d+k$（$k=\Delta y/\Delta x$ 为直线斜率）。一旦 $d\geqslant 1$ 时，就把它减去，这样保证 d 始终在 0、1 之间。当 $d>0.5$ 时，直线与 $x+1$ 列垂直网格线交点最接近于当前象素 (x,y) 的右上方象素 $(x+1,y+1)$；而当 $d<0.5$ 时，更接近于象素 $(x+1,y)$，当 $d=0.5$ 时，与上述二象素一样接近，约定取 $(x+1,y+1)$。令 $e=d-0.5$。则当 $e\geqslant 0$ 时，下一象素的 y 下标增加 1，而当 $e<0$ 时，下一象素的 y 下标不增。e 的初始值为 -0.5。

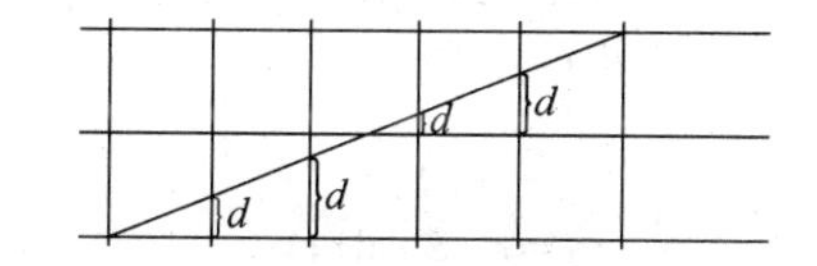

图 4.1.4 Bresenham 算法所用误差项的几何意义

至此，可写出 Bresenham 算法如下：

```
Bresenham_Line (x0,y0,x1,y1,color)
int x0,y0,x1,y1,color;
{
    int x,y,dx,dy;
    float k ,e;
    dx=x1-x0;
    dy=y1-y0;
    k=dy/dx;
    e=-0.5;  x=x0;  y=y0;
    for(i=0;  i<=dx;i++)
    {
      drawpixel (x,y,color);
      x=x+1;
```

```
    e=e+k;
    if(e>=0)
    {
      y=y+1;
      e=e-1;
    }
  }
```

上述 Bresenham 算法在计算直线斜率与误差项时，要用到小数与除法，为了便于硬件计算，可以改用整数以避免除法。由于算法中只用到误差项的符号，因此可作如下替换

$$e' = 2 * e * dx$$

就能获得整数 Bresenham 算法

```
Integer_Bresenham_Line(x0,y0,x1,y1,color)
int x0,y0,x1,y1,color;
{
  int x,y,dx,dy,e;
  dx=x1-x0;
  dy=y1-y0;
  e=-dx;  x=x0;  y=y0;
  for(i=0;  i<=dx; i++)
  {
    drawpixel (x,y,color);
    x=x+1;
    e=e+2*dy;
    if(e>=0)
    {
      y=y+1;
      e=e-2*dx;
    }
  }
}
```

4.2 圆与椭圆的扫描转换

4.2.1 圆的扫描转换

在本节，我们只考虑中心在原点，半径为整数 R 的圆 $x^2+y^2=R^2$。对于中心不在原点的圆，可先通过平移变换，化为中心在原点的圆，再进行扫描转换，把所得的象素坐标加上一个位移量即得所求象素坐标。

在进行圆的扫描转换时，首先应注意，只要能生成 8 分圆，那么圆的其它部分可通过一系列的简单反射变换得到。如图 4.2.1 所示，假设已知一个圆心在原点的圆上一点 (x,y)，根据对称性可得另外七个 8 分圆上的对应点 (y,x)，$(y,-x)$，$(x,-y)$，$(-x,-y)$，$(-y,-x)$，$(-y,x)$，$(-x,y)$。因此，只需讨论 8 分圆的扫描转换。

下面讨论圆的扫描转换算法——中点画圆法。考虑中心在原点，半径为 R 的圆第二 8

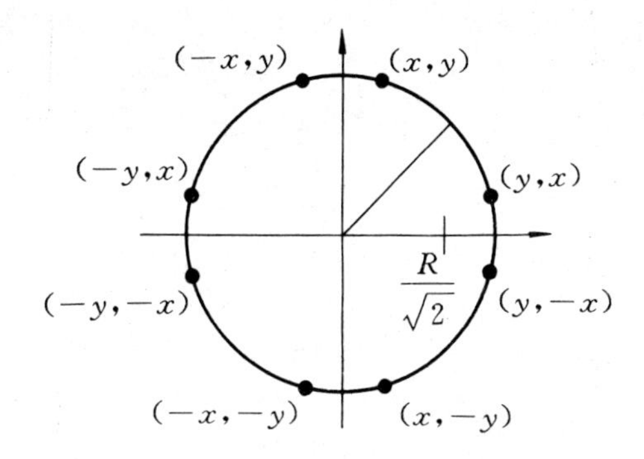

图 4.2.1　圆的对称性

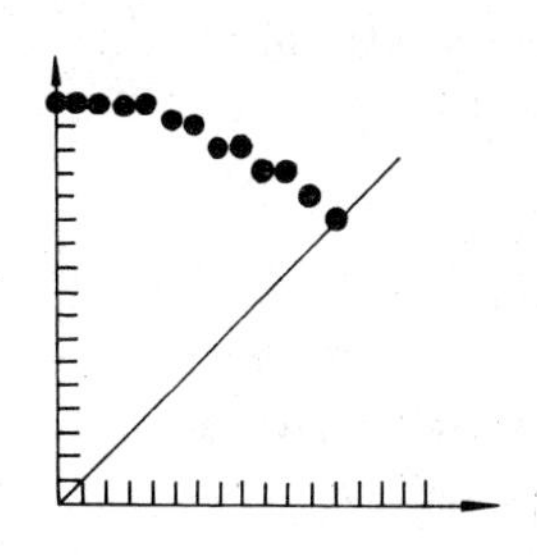

图 4.2.2　第二个 8 分圆

分圆。如图 4.2.2 所示。我们来讨论如何从$(0,R)$到$(R/\sqrt{2},R/\sqrt{2})$顺时针地确定最佳逼近于该圆弧的象素序列。假定 x 坐标为 x_p 的象素中与该圆弧最近者已确定，为 $P(x_p,y_p)$，那么，下一个象素只能是正右方的 $P_1(x_p+1,y_p)$或右下方的 $P_2(x_p+1,y_p-1)$两者之一。如图 4.2.3 所示。

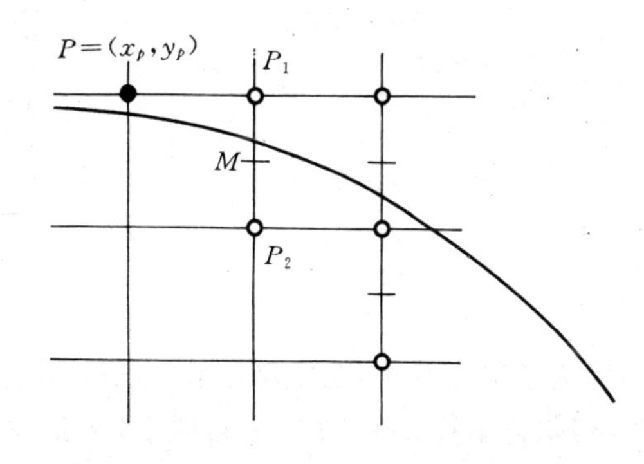

图 4.2.3　当前象素与下一象素的候选者

构造函数：　$F(x,y)=x^2+y^2-R^2$　(4-2-1)

对于圆上的点，$F(x,y)=0$；对于圆外的点，$F(x,y)>0$；而对于圆内的点，$F(x,y)<0$。假设 M 是 P_1 和 P_2 的中点，即 $M=(x_p+1,y_p-0.5)$。那么，当 $F(M)<0$ 时，M 在圆内，这说明 P_1 距离圆弧更近，应取 P_1 作为下一象素。而当 $F(M)>0$ 时，P_2 离圆弧更近，应取 P_2。当 $F(M)=0$ 时，在 P_1 与 P_2 之中随便取一个即可，我们约定取 P_2。

与中点画线法一样，构造判别式

$$
\begin{aligned}
d &= F(M) = F(x_p+1,y_p-0.5) \\
&= (x_p+1)^2+(y_p-0.5)^2-R^2
\end{aligned}
$$

若 $d<0$，则应取 P_1 为下一象素，而且再下一个象素的判别式为

$$
\begin{aligned}
d &= F(x_p+2,y_p-0.5) = (x_p+2)^2+(y_p-0.5)^2-R^2 \\
&= d+2x_p+3
\end{aligned}
$$

所以，沿正右方向，d 的增量为 $2x_p+3$。

而若 $d\geqslant 0$，则 P_2 是下一象素，而且下一象素的判别式为

$$
\begin{aligned}
d' &= F(x_p+2,y_p-1.5) = (x_p+2)^2+(y_p-1.5)^2-R^2 \\
&= d+(2x_p+3)+(-2y_p+2)
\end{aligned}
$$

所以，沿右下方向，判别式 d 的增量为 $2(x_p-y_p)+5$。

由于我们这里讨论的是按顺时针方向生成第二个 8 分圆，因此，第一象素是$(0,R)$，判

别式 d 的初始值为：$d_0=F(1,R-0.5)=1+(R-0.5)^2-R^2=1.25-R$

根据上述分析，即可写出中点画圆算法如下。

```
MidpointCircle(r,color)
int r,color;
{
    int x,y;
    float d;
    x=0;  y=r;  d=1.25-r;
    drawpixel(x,y,color);
    while (x<y)
    {
      if(d<0)
      {
        d+=2 *x+3;
        x++;
      }
      else
      {
        d+=2*(x-y)+5;
        x++;
        y--;
      }
        drawpixel(x,y,color);
    }/* while */
} /* MidpointCircle */
```

在上述算法中，使用了浮点数来表示判别式 d。为了简化算法，摆脱浮点数，在算法中全部使用整数，我们使用 $e=d-0.25$ 代替 d。显然，初始化运算 $d=1.25-r$ 对应于 $e=1-r$。判别式 $d<0$ 对应于 $e<-0.25$。算法中其它与 d 有关的式子可把 d 直接换成 e。又由于 e 的初值为整数，且在运算过程中的增量也是整数，故 e 始终是整数，所以 $e<-0.25$ 等价于 $e<0$。因此，可以写出完全用整数实现的中点画圆算法。算法中 e 仍用 d 来表示。

```
MidpointCircle (r,color)
int r,color;
{
    int x,y,d;
    x=0;  y=r;  d=1-r;
    drawpixel (x,y,color);
    while(x<y)
    {
      if(d<0)
      {
        d+=2*x+3;
        x++;
      }
      else
      {
        d+=2*(x-y)+5;
        x++;  y--;
```

```
        }
        drawpixel (x,y,color);
    }  /* while */
  }  /* MidpointCircle */
```

上述算法还可以进一步改进,以提高效率。注意到判别式 d 的增量是 x,y 的线性函数,每当 x 递增 1,d 递增 $\Delta x=2$。每当 y 递减 1,d 递增 $\Delta y=2$。由于初始象素为 $(0,r)$,所以 Δx 的初值为 3,Δy 的初值为 $-2r+2$。再注意到乘 2 运算可以改用加法实现,至此我们可写出不含乘法,仅用整数实现的中点画圆算法。

```
MidpointCircle(r,color)
int r,color;
{
x=0;  y=r;
deltax=3;  deltay=2-r-r;  d=1-r;
drawpixel(x,y,color);
while(x<y)
{
if (d<0)
  { d+=deltax;
    deltax+=2;
    x++;
  }
  else
  {
    d+=(delta x+delta y);
    delta x+=2;  delta y+=2;
    x++;  y--;
  }
  drawpixel (x,y,color);
  }  /* while */
}  /* MidpointCircle */
```

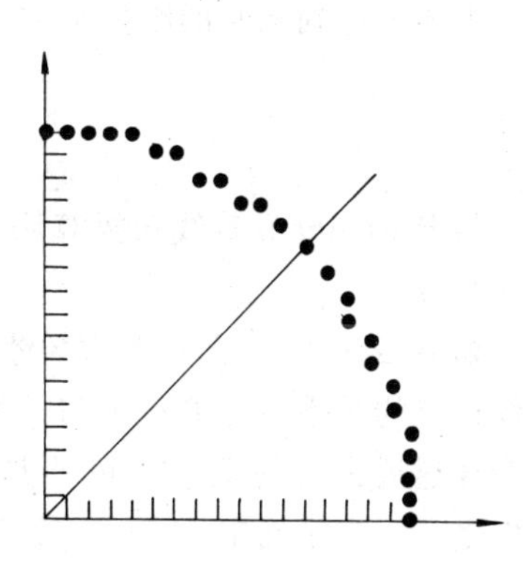

图 4.2.4 采用中点画圆算法生成的圆弧示意图

如图 4.2.4 所示,为采用中点画圆法绘制的半径为 17 的圆的第二个 8 分圆以及用对称性生成的第一个 8 分圆示意图。

4.2.2 Bresenham 画圆算法

本小节介绍另一种常用的画圆算法:Bresenham 画圆算法。不失一般性,考虑圆心在原点,半径为 R 的第一个 4 分圆。取 $(0,R)$ 为起点,按顺时针方向生成圆。如图 4.2.5 所示。从这段圆弧的任意一点出发,按顺时针方向生成圆时,为了最佳逼近该圆,下一象素的取法只有三种可能的选择:正右方象素,右下方象素和正下方象素。分别记为 H、D 和 V。如图 4.2.6 所示。

这三个象素中,与理想圆弧最近者为所求象素。理想圆弧与这三个候选点之间的关系只有下列五种情况:

① H、D、V 全在圆内;

② H 在圆外,D、V 在圆内;

③ D 在圆上,H 在圆外,V 在圆内;

④ H、D 在圆外，V 在圆内；

⑤ H、D、V 全在圆外。

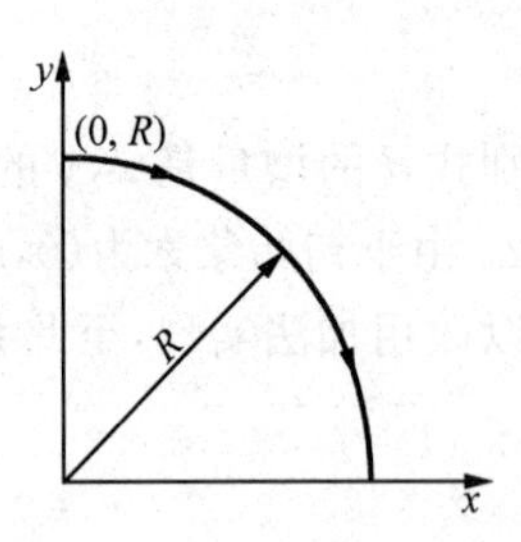

图 4.2.5　第一个 4 分圆

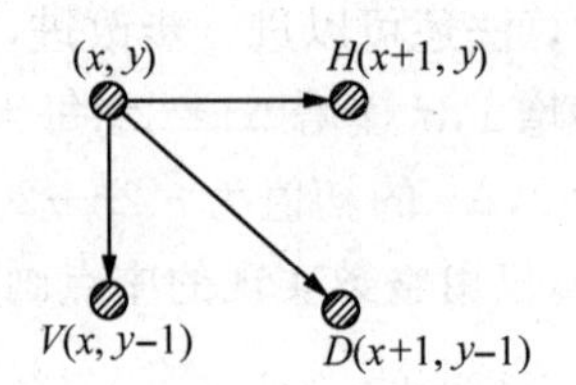

图 4.2.6　第一个 4 分圆下一象素的三个候选者

如图 4.2.7 所示。

上述三点到圆心的距离平方与圆弧上一点到圆心的距离平方之差分别为

$$\Delta_H = (x+1)^2 + (y)^2 - R^2$$
$$\Delta_D = (x+1)^2 + (y-1)^2 - R^2$$
$$\Delta_V = (x)^2 + (y-1)^2 - R^2$$

与 Bresenham 直线扫描算法一样，在选最佳逼近该圆的象素时，我们希望只判别误差项的符号。

如果 $\Delta_D < 0$，那么右下方象素 D 在圆内，圆弧与候选点的关系只可能是①与②的情形。显然，这时最佳逼近圆弧的象素只可能是 H 或 D 这两个象素之一。为了确定 H 和 D 哪个更接近于圆弧，令

$$\begin{aligned}\delta_{HD} &= |\Delta_H| - |\Delta_D| \\ &= |(x+1)^2 + (y)^2 - R^2| \\ &\quad - |(x+1)^2 + (y-1)^2 - R^2|\end{aligned}$$

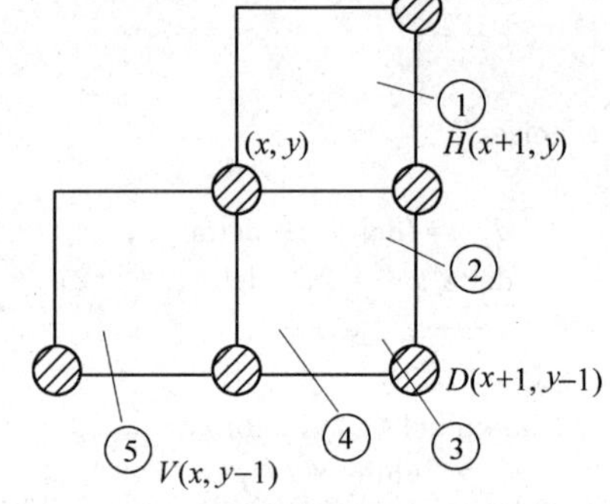

图 4.2.7　理想圆弧与三个候选象素的位置关系

若 $\delta_{HD} < 0$，则圆到正右方象素 H 的距离小于圆到右下方象素 D 的距离，这时应取 H 为下一象素。若 $\delta_{HD} > 0$，则圆到右下方象素 D 的距离较小，故应取 D 为下一象素。而当 $\delta_{HD} = 0$ 时，二者均可取，约定取正右方象素 H。

对于情形②，H 总在圆外，D 总在圆内，因此 $\Delta_H \geqslant 0$，$\Delta_D < 0$，所以 δ_{HD} 可以简化为

$$\begin{aligned}\delta_{HD} &= \Delta_H + \Delta_D \\ &= (x+1)^2 + (y)^2 - R^2 + (x+1)^2 + (y-1)^2 - R^2 \\ &= 2\Delta_D + 2y - 1\end{aligned}$$

故可根据 $2\Delta_D + 2y - 1$ 的符号，在情况②判断应取 H 或 D。

再考虑情况①。这时，H、D 都在圆内，而在这段圆弧上，y 是 x 的单调递减函数，所以只能取 H 为下一象素。又由于这时 $\Delta_H < 0$ 且 $\Delta_D < 0$，因此，$2\Delta_D + 2y - 1 = \Delta_H + \Delta_D < 0$ 与情形①的判别条件一致。可见在 $\Delta_D < 0$ 的情况下，若 $2(\Delta_D + y) - 1 \leqslant 0$，则应取 H 为下一象素，否则应取 D 为下一象素。

下面再讨论 $\Delta_D > 0$ 的情况。这时，右下方象素 D 在圆外，最佳逼近圆弧的象素只可能是 D 与 V 二者之一。先考虑情形④。令

$$\begin{aligned}\delta_{DV} &= |\Delta_D| - |\Delta_V| \\ &= |(x+1)^2 + (y-1)^2 - R^2| - |(x)^2 + (y-1)^2 - R^2|\end{aligned}$$

如果 $\delta_{DV}<0$,即圆到右下方象素距离较小,这时应取右下方象素 D。如果 $\delta_{DV}>0$,即圆到正下方象素的距离较小,那么应取正下方象素 V。而当 $\delta_{DV}=0$ 时,二者均可取,约定取右下方象素 D。

对于情形④,由于右下方象素 D 在圆外,而正下方象素 V 在圆内,所以 $\Delta_D\geqslant0$,$\Delta_V<0$,因此

$$\begin{aligned}\delta_{DV} &= \Delta_D + \Delta_V \\ &= (x+1)^2 + (y-1)^2 - R^2 + (x)^2 + (y-1)^2 - R^2 \\ &= 2(\Delta_D - x) - 1\end{aligned}$$

对于情形⑤,D 和 V 都在圆外,显然应取 V 为下一象素。由于这时 $\Delta_D>0$ 且 $\Delta_V>0$,因此

$$2(\Delta_D - x) - 1 = \Delta_D + \Delta_V > 0$$

可见,在 $\Delta_D>0$ 的情况下,若 $2(\Delta_D-x)-1\leqslant0$,应取 D 为下一象素,否则取 V 作为下一象素。

最后考虑情形③,即 $\Delta D=0$。这时,右下方象素 D 恰好在圆上,故应取 D 作为下一象素。

归纳上述讨论,可得计算下一象素的算法:

当 $\Delta_D>0$ 时,若 $\delta_{DV}\leqslant0$, 则取 D,否则取 V;

当 $\Delta_D<0$ 时,若 $\delta_{HD}\leqslant0$, 则取 H,否则取 D;

当 $\Delta_D=0$ 时,取 D。

由于 δ_{HD} 与 δ_{DV} 均可由 Δ_D 推算出来,所以,我们下面讨论如何简化 Δ_D 的计算。与直线扫描算法类似,采用增量算法。

首先考虑下一个象素为 H 的情况。对于象素 H,其坐标为 $(x',y')=(x+1,y)$,其误差项为:

$$\begin{aligned}\Delta'_D &= ((x+1)+1)^2 + (y-1)^2 - R^2 \\ &= (x+1)^2 + (y-1)^2 - R^2 + 2(x+1) + 1 \\ &= \Delta_D + 2(x+1) + 1 = \Delta_D + 2x' + 1\end{aligned}$$

再考虑下一个象素为 D 的情况,其坐标与误差项分别为

$$(x',y')=(x+1,y-1)$$
$$\Delta'_D=\Delta_D+2x'-2y'+2$$

在下一个象素为 V 的情况,其坐标与误差项分别为

$$(x',y')=(x,y-1)$$
$$\Delta'_D=\Delta_D-2y'+1$$

综上所述可写出完整的 Bresenham 画圆算法

```
Bresenham_Circle(r,color)
int r, color;
{
    int x,y,delta,delta 1,delta 2,direction;
    x=0;   y=r;
    delta=2*(1-r);
    while(y>=0)
```

```
    {
      drawpixel (x,y,color);
      if (delta<0)
      {
        delta1=2*(delta+y)-1;
        if (delta 1<=0) direction=1;
        else direction=2;
      }
      else if (delta>0)
      {
        delta 2=2*(delta-x)-1;
        if(delta 2<=0) direction=2;
        else direction=3;
      }
    else
        direction=2;
    switch (direction)
    {
    case 1 :     x++;
                 delta+=2*x+1;
                 break;
    case 2 :     x++;
                 y-- ;
                 delta+=2*(x-y+1);
                 break;
    case 3 :     y--;
                 delta+=(-2*y+1);
                 break;
      }  /* switch */
    }  /* while */
}  /* Bresenham_Circle */
```

4.2.3 椭圆的扫描转换

中点画圆法可以推广到一般二次曲线的生成。下面我们讨论如何利用这种方法，对如图4.2.8所示的标准椭圆进行扫描转换。该椭圆的方程为：

$$F(x,y)=b^2x^2+a^2y^2-a^2b^2=0$$

其中，a 为沿 x 轴方向的长半轴长度，b 为沿 y 轴方向的短半轴长度，a、b 均为整数。由于椭圆的对称性，我们只要讨论第一象限椭圆弧的生成。在处理这段椭圆弧时，我们进一步把它分为两部分：上部分和下部分，以弧上斜率为 -1 的点(即法向量两个分量相等的点)作为分界，如图 4.2.9 所示。

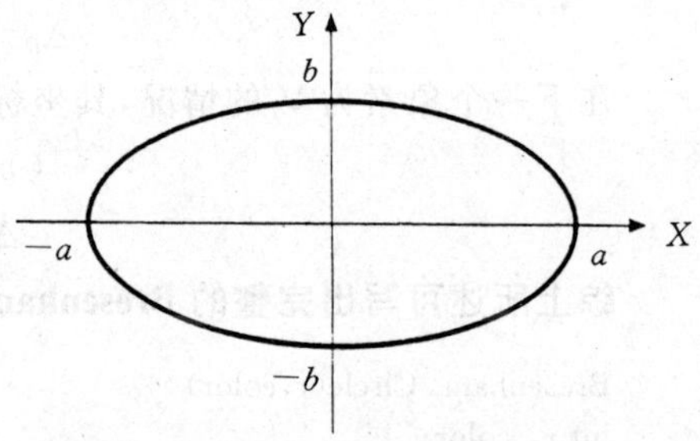

图 4.2.8 中心在原点的标准椭圆

由微积分知识，该椭圆上一点(x,y)处的法向量为

$$N(x,y)=\frac{\partial F}{\partial x}i+\frac{\partial F}{\partial y}j=2b^2xi+2a^2yj$$

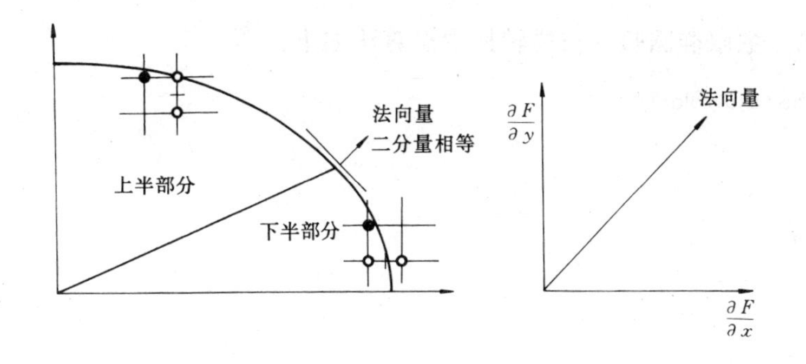

图 4.2.9　第一象限的椭圆弧

其中，i 和 j 分别为沿 x 轴和 y 轴方向的单位向量。由图 4.2.9 知，在上部分，法向量的 y 分量更大，而在下部分，法向量的 x 分量更大。因此，若在当前中点，法向量$(2b^2(x_p+1), 2a^2(y_p-0.5))$的 y 分量比 x 分量大，即

$$b^2(x_p+1) < a^2(y_p-0.5)$$

而在下一个中点，不等号改变方向，则说明椭圆弧从上部分转入下部分。

与中点画圆算法类似，当我们确定一个象素之后，接着在两个候选象素的中点计算一个判别式的值。并根据判别式符号确定两个候选象素哪个离椭圆更近。下面讨论算法的具体步骤。先看椭圆弧的上部分。假设横坐标为 x_p 的象素中与椭圆弧最接近者是(x_p, y_p)，那么下一对候选象素的中点是$(x_p+1, y_p-0.5)$。因此判别式为

$$d_1 = F(x_p+1, y_p-0.5) = b^2(x_p+1)^2 + a^2(y_p-0.5)^2 - a^2b^2$$

它的符号将决定下一个象素是取正右方的那个，还是右下方的那个，如图 4.2.9 所示。

若 $d_1<0$，中点在椭圆内，则应取正右方象素，且判别式应更新为

$$\begin{aligned} d'_1 = F(x_p+2, y_p-0.5) &= b^2(x_p+2)^2 + a^2(y_p-0.5)^2 - a^2b^2 \\ &= d_1 + b^2(2x_p+3) \end{aligned}$$

因此，往正右方向，判别式 d_1 的增量为 $b^2(2x_p+3)$

而当 $d_1\geqslant 0$，中点在椭圆之外，这时应取右下方象素，并且更新判别式为

$$\begin{aligned} d'_1 = F(x_p+2, y_p-1.5) &= b^2(x_p+2)^2 + a^2(y_p-1.5)^2 - a^2b^2 \\ &= d + b^2(2x_p+3) + a^2(-2y_p+2) \end{aligned}$$

所以，沿右下方向，判别式 d 的增量为：$b^2(2x_p+3)+a^2(-2y_p+2)$

接下来，我们来看判别式 d_1 的初始条件。由于弧起点为$(0,b)$，因此，第一个中点是$(1,b-0.5)$，对应的判别式是

$$\begin{aligned} d_{10} = F(1, b-0.5) &= b^2 + a^2(b-0.5)^2 - a^2b^2 \\ &= b^2 + a^2(-b+0.25) \end{aligned}$$

在扫描转换椭圆弧的上部分时，在每步迭代中，必须通过计算和比较法向量的两个分量来确定何时从上部分转入下部分，这是由于在下一部分算法确有不同。在下部分，应改为从正下方和右下方两个象素中选择下一象素。在刚转入下一部分之时，必须对下部分的中点判别式 d_2 进行初始化。具体地说，如果在上部分所选择的最后一象素是(x_p, y_p)，则下部分的中点判别式 d_2 在$(x_p+0.5, y_p-1)$处计算。d_2 在正下方向与右下方向的增量计算与上部分类似，这里不再赘述。下部分弧的终止条件是 $y=0$。

综上所述，第一象限椭圆弧的扫描转换中点算法如下：

```
MidpointEllipse (a,b,color)
int a,b,color;
{
    int x,y;
    float d1,d2;
    x=0;  y=b;
    d1=b*b+a*a*(-b+0.25);
    drawpixel(x,y,color);
    while (b * b * (x+1)<a * a * (y-0.5))
    {
     if (d1<0) {
        d1+=b*b*(2*x+3);
        x++; }
    }
    else
    {  d1+=(b*b*(2*x+3)+a*a*(-2*y+2)) ;
       x++;  y--;
    }
      drawpixel(x,y,color) ;
    }  /*上半部分*/
     d2=sqr(b * (x + 0.5)) + sqr (a * (y - 1)) - sqr (a * b);
     while(y>0)
     {
     if(d2 < 0)
     {
        d2+=b * b * (2 * x + 2) + a * a * (-2 * y + 3) ;
        x++;  y--;
     }
     else
     {
        d2+ = a * a * (-2 * y + 3) ;
        y--;
     }
     drawpixel(x,y,color);
    } /* while */
} /* MidpointEllipse */
```

与中点画圆法类似，可以采用增量法计算判别式以提高计算效率。

4.3 区域填充

本节讨论如何用一种颜色或图案来填充一个二维区域。区域填充可以分两步进行，第一步先确定需要填充哪些象素。第二步确定用什么颜色值来填充。在第一至第四小节，我们首先讨论如何用单一颜色填充多边形与图形区域，在第五小节，我们讨论用图案来填充区域。

4.3.1 多边形域的填充

这里所讨论的多边形域可以是凸的、凹的、还可以是带孔的。一种常用的填充方法是按扫描线顺序，计算扫描线与多边形的相交区间，再用要求的颜色显示这些区间的象素，即完成填充工作。区间的端点可以通过计算扫描线与多边形边界线的交点获得。

如图 4.3.1 所示，扫描线 6 与多边形的边界线交于四点 A、B、C、D。这四点把扫描线分为五个区间[0,2]，[2,3.5]，[3.5,7]，[7,11]，[11,12]。其中，[2,3.5]，[7,11]两个区间落在多边形内，该区间内的象素应取多边形色。其它区间内的象素取背景色。

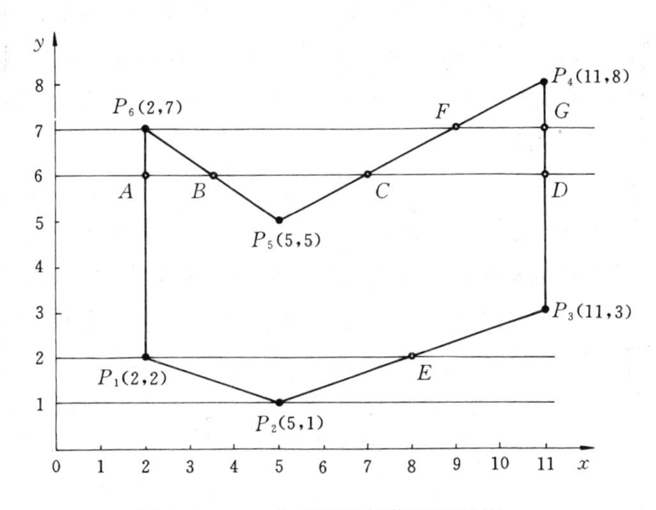

图 4.3.1 一个多边形与若干扫描线

这里的四个交点在计算时未必是按从左到右顺序获得。例如，当多边形采用顶点序列 $P_1P_2P_3P_4P_5P_6$ 表示时，把扫描线 6 分别与边 P_1P_2，P_2P_3，P_3P_4，P_4P_5，P_5P_6，P_6P_1 相交，得到交点序列 D、C、B、A，必须经过排序，才能得到从左到右，按 x 递增顺序排列的交点 x 坐标序列。

关于一般多边形的填充过程，对于一条扫描线，可以分为四个步骤：

(1) 求交：计算扫描线与多边形各边的交点；

(2) 排序：把所有交点按递增顺序进行排序；

(3) 交点配对：第一个与第二个，第三个与第四个等等。每对交点就代表扫描线与多边形的一个相交区间；

(4) 区间填色：把这些相交区间内的象素置成多边形颜色，把相交区间外的象素置成背景色。

在进一步介绍更详细的算法之前，我们先讨论在填充过程中必须解决的两个特殊问题：一是当扫描线与多边形顶点相交时，交点的取舍问题。二是多边形边界上象素的取舍问题。前者用于保证交点正确配对，后者用于避免填充扩大化。

先看第一个问题。当扫描线与多边形顶点相交时，会出现异常情况。例如图 4.3.1 所示，扫描线 2 与 P_1 相交。按前述方法求得交点(x 坐标)序列 2,2,8。这将导致[2,8]区间内的象素取背景色，而这个区间的象素正是属于多边形内部，需要填充的。所以，我们拟考虑当扫描线与多边形的顶点相交时，相同的交点只取一个。这样，扫描线 2 与多边形边的交点序列就成为 2,8。正是我们所希望的结果。然而，按新的规定，扫描线 7 与多边形边的交点序列为 2,9,11。这将导致错把[2,9]区间作为多边形内部来填充。

为了正确地进行交点取舍，必须对上述两种情况区别对待。在第一种情况，扫描线交于一顶点，而共享顶点的两条边分别落在扫描线的两边。这时，交点只算一个。在第二种情况，共享交点的两条边在扫描线的同一边，这时交点作为零个或两个，取决于该点是多边形的局部最高点还是局部最低点。具体实现时，只需检查顶点的两条边的另外两个端点的 y 值。按这两个 y 值中大于交点 y 值的个数是 0,1,2 来决定是取零个、一个、还是二个。例如，扫描线 1 交顶点 P_2，由于共享该顶点的两条边的另外二个顶点均高于扫描线，故取交点 P_2 两次。这使得 P_2 象素用多边形颜色设置。再考虑扫描线 2。在 P_1 处，由于 P_6 高于扫描线，而 P_2 低于扫描线，所以该交点只算一个。而在 P_6 处，由于 P_1 和 P_5 均在下方，所以扫描线 7 与之相交时，交点算零个，该点不予填充。

在填充多边形域时，还要注意第二个问题：即边界上象素的取舍问题。例如，对左下角为(1,1)，右上角为(3,3)的正方形填充时，若对边界上所有象素均进行填充，就得到图 4.3.2 的结果。被填充的象素覆盖的面积为 3×3 单位，而方形实际面积只有 2×2 单位。显然，这个扩大化问题是由于对边界上的所有象素进行填充引起的。为了克服这个问题，规定落在右/上边界的象素不予填充，而落在左/下边界的象素予以填充。在具体实现时，只要对扫描线与多边形的相交区间取左闭右开。容易看出，我们在前面一个问题所采用的方法，即扫描线与多边形顶点相交时，交点的取舍方法，保证了多边形的“下闭上开”——丢弃上方水平边以及上方非水平边上作为局部最高点的顶点。

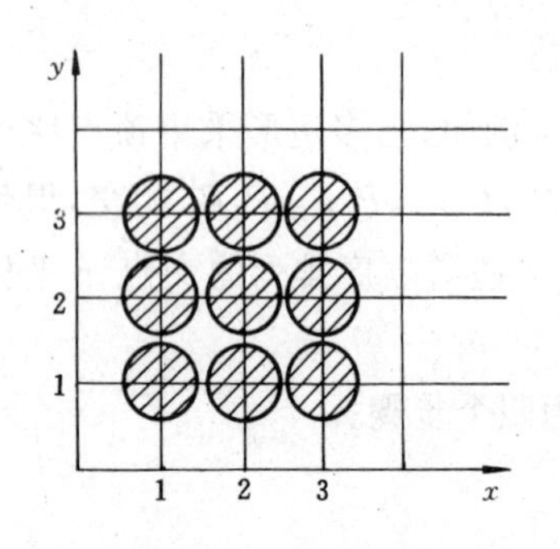

图 4.3.2　对区域边界上象素全部填充的结果

以上讨论的是，在进行多边形填充时，必须解决的两个特殊问题。下面再进一步讨论填充算法的四个步骤。

为了计算每条扫描线与多边形各边的交点，最简单的方法是把多边形的所有边放在一个表中。在处理每条扫描线时，按顺序从表中取出所有的边，分别与扫描线求交。这样处理效率很低。这是因为一条扫描线往往只与少数几条边相交，甚至与整个多边形都不相交。若在处理每条扫描线时，不分青红皂白地把所有边都拿来与扫描线求交，则其中绝大多数计算都是徒劳无用的。

为了提高效率，在处理一条扫描线时，仅对与它相交的多边形的边进行求交运算。我们把与当前扫描线相交的边称为活性边，并把它们按与扫描线交点 x 坐标递增的顺序存放在一个链表中，称此链表为活性边表。活性边表的每个结点存放对应边的有关信息，如扫描线与该边的交点 x，边所跨的扫描线条数等等。由于边的连贯性(即当某条边与当前扫描线相交时，它很可能也与下一条扫描线相交)，以及扫描线的连贯性(当前扫描线与各边的交点顺序与下一条扫描线与各边的交点顺序很可能相同或非常类似)，在当前扫描线处理完毕之后，我们不必为下一条扫描线从头开始构造活性边表，而只要对当前扫描线的活性边表稍作修改，即更新，就可以得到下一条扫描线的活性边表。具体讨论如下：

假定当前扫描线与多边形的某一条边的交点 x 坐标为 x，那么下一条扫描线与该边的交点不必从头计算，只要加上一个增量即可。设边的直线方程为

$$ax+by+c=0$$

若 $y=y_i$ 时，$x=x_i$，则当 $y=y_{i+1}$时，

$$x_{i+1}=(-by_{i+1}-C)/a=x_i-b/a$$

其中 $\Delta x=-b/a$ 为常量。Δx 可以存放在对应边的活性边表结点中。另外，使用增量法计算时，我们需要知道一条边何时不再与下一条扫描线相交，以便及时把它从活性边表中删除出去，避免下一步进行无谓的计算。综上所述，活性边表的结点中至少应为对应边保存如下内容：

x：当前扫描线与边的交点；

Δx：从当前扫描线到下一条扫描线之间的 x 增量；

y_{max}：边所交的最高扫描线号。

若规定多边形的边不自交，则从当前扫描线延续到下一条扫描线的边与下一条扫描线的交点顺序保持不变。否则，到下一条扫描线，必须重新排序。由于扫描线的连贯性，新交点

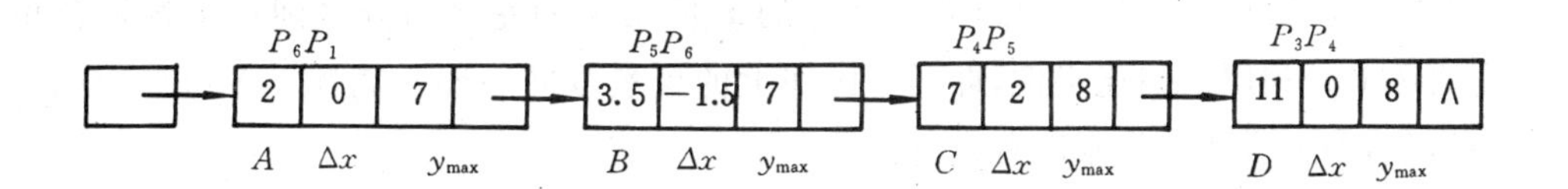

(a) 扫描线 6 的活性边表

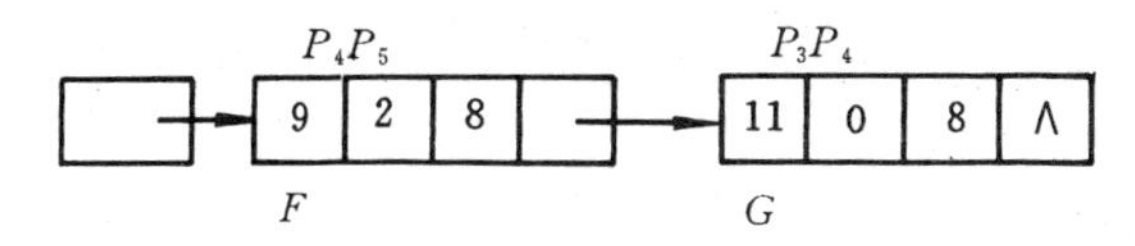

(b) 扫描线7 的活性边表

图 4.3.3　如图 4.3.1 所示扫描线活性边表的示例

序列与旧交点序列基本一致，最多只有个别需要调整。因此采用冒泡排序法可获得较好效率。对于下一条扫描线新交上的边，则必须在当前扫描线处理完之后的更新过程中，插入到活性边表的适当位置保持有序性。这个工作采用插入排序最适宜。另外，在上述的交点 x 坐标更新和新边插入之前，必须把那些与当前扫描线有交，而与下一条扫描线不再相交的边，从活性边表中删除出去。图 4.3.3 中，扫描线 6 的活性边表如图 4.3.3(a)所示。扫描线 7 的活性边表如图 4.3.3(b)所示。

上述讨论表明，通过活性边表，可以充分利用边连贯性和扫描线连贯性，减少求交计算量与提高排序效率。为了方便活性边表的建立与更新，我们为每一条扫描线建立一个新边表，存放在该扫描线第一次出现的边。也就是说，若某边的较低端点为 y_{min}，则该边就放在扫描线 y_{min}的新边表中。这样，当我们按扫描线号从小到大顺序处理扫描线时，该边在该扫描线第一次出现。新边表的每个结点存放对应边的初始信息。如该扫描线与该边的初始交点

x(即较低端点的 x 值),x 的增量 Δx,以及该边的最大 y 值 y_{max}。新边表的边结点不必排序。图 4.3.4 所示,为图 4.3.1 中各扫描线的新边表。

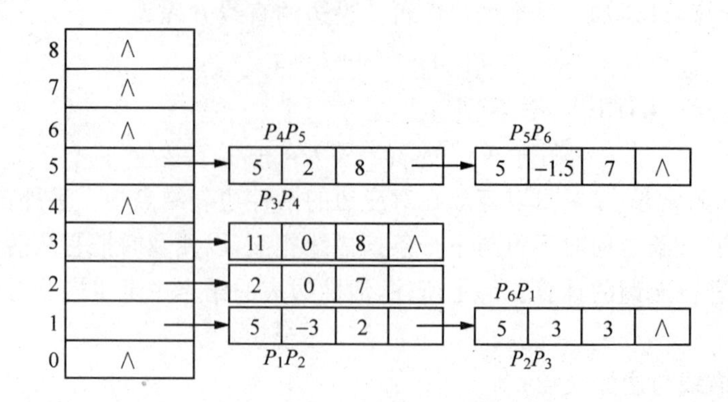

图 4.3.4　如图 4.3.1 所示各扫描线的新边表

在活性边表的基础上,进行交点配对和区间填充是很容易的事。只要设置一个布尔量 b。规定在多边形内时,b 取真,在多边形外时,b 取假。一开始,置 b 为假。令指针从活性边表中第一个结点(交点)到最后一个结点遍历一次。每访问一个结点,把 b 取反一次。若 b 为真,则把从当前结点的 x 值开始到下一结点的 x 值结束的左闭右开区间用多边形色填充。这里实际上是利用区间连贯性,即同一区间上的象素取同一颜色属性。多边形内的象素取多边形色,多边形外的象素取背景色。

归纳上述讨论,我们可写出多边形区域填充的伪程序如下:

```
Polygonfill(polydef,color)
int color;
多边形定义 polydef;
{
   for (各条扫描线 i)
   {  初始化新边表表头指针 NET[i];
      把 ymin=i 的边放进边表 NET[i];
   }
   y=最低扫描线号;
   初始化活性边表 AET 为空;
   for (各条扫描线 i)
   { 把新边表 NET[i]中的边结点用插入排序法插入 AET 表,使之按 x 坐标递
     增顺序排列;
     遍历 AET 表,把配对交点之间的区间(左闭右开)上的各象素(x,y),用
     drawpixel(x,y,color)改写象素颜色值;
     遍历 AET 表,把 ymax=i 的结点从 AET 表中删除,并把 ymax>i 结点的 x 值递增 Δx ;
     若允许多边形的边自相交,则用冒泡排序法对 AET 表重新排序;
   }
} /* Polygonfill */
```

当设备驱动程序允许一次写多个连续象素的值时,可利用区间连贯性,用每一条指令填充区间上若干连续象素,进一步提高算法效率。此算法一般称为有序边表算法。

4.3.2 边填充算法

上一小节所介绍的有序边表算法对显示的每个象素只访问一次，这样，输入输出的要求可降为最少。又由于该算法与输入输出的细节无关，因而它也与设备无关。该算法的主要缺点是对各种表的维持和排序开销太大，适合软件实现而不适合硬件实现。下面介绍另一类的实区域扫描转换算法——边填充算法。

边填充算法的基本思想是：对于每一条扫描线和每条多边形边的交点(x_1, y_1)，将该扫描线上交点右方的所有象素取补。对多边形的每条边作此处理，多边形的顺序随意。如图4.3.5所示，为应用最简单的边填充算法填充一个多边形的示意图。

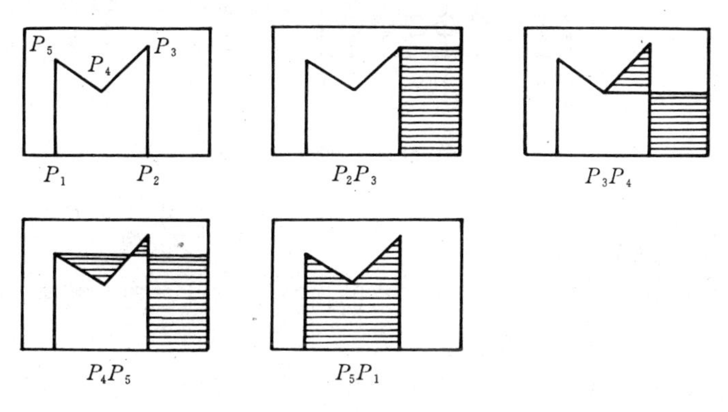

图 4.3.5　边填充算法示意图

边填充算法最适用于具有帧缓冲器的图形系统，按任意顺序处理多边形的边。在处理每条边时，仅访问与该边有交的扫描线上交点右方的象素。当所有的边都被处理之后，按扫描线顺序读出帧缓冲器的内容，送入显示设备。可见本算法的优点是简单，缺点是对于复杂图形，每一象素可能被访问多次，输入/输出的量比有序边表算法大得多。

为了减少边填充算法访问象素的次数，可引入栅栏。所谓栅栏指的是一条与扫描线垂直的直线，栅栏位置通常取过多边形顶点、且把多边形分为左右两半。栅栏填充算法的基本思想是：对于每个扫描线与多边形边的交点，就将交点与栅栏之间的象素取补。若交点位于栅栏左边，则将交点之右，栅栏之左的所有象素取补；若交点位于栅栏右边，则将栅栏之右，交点之左的象素取补。图4.3.6所示为采用栅栏填充算法填充多边形的示意图。栅栏填充算

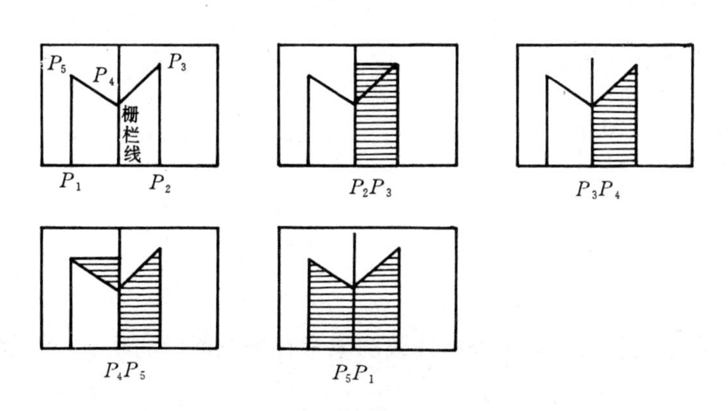

图 4.3.6　栅栏填充算法示意图

法只是减少了被重复访问的象素的数目，但仍有一些象素会被重复访问。从图 4.3.6 很容易看出这一点。下面介绍的边标志算法进一步改进了栅栏填充算法，使得算法对每个象素仅访问一次。算法示意图如图 4.3.7 所示。

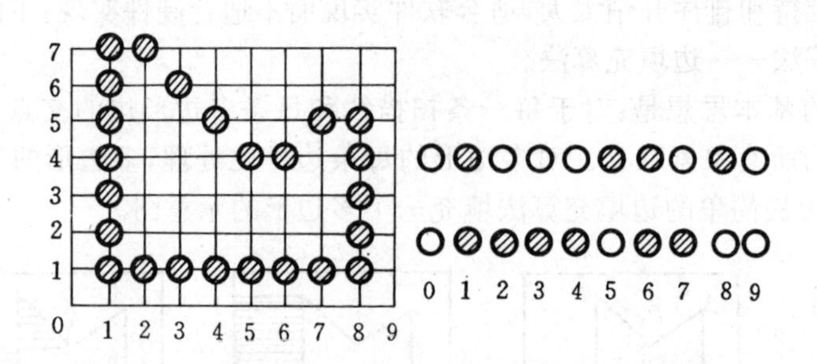

图 4.3.7　边标志算法示意图

边标志算法分为两步骤：第一步，对多边形的每条边进行直线扫描转换，亦即对多边形边界所经过的象素打上边标志；

第二步，填充。对每条与多边形相交的扫描线，依从左到右顺序，逐个访问该扫描线上象素。使用一个布尔量 inside 来指示当前点的状态，若点在多边形内，则 inside 为真。若点在多边形外，则 inside 为假。inside 的初始值为假，每当当前访问象素为被打上边标志的点，就把 inside 取反。对未打标志的象素，inside 不变。若访问当前象素时，对 inside 作必要操作之后，inside 为真，则把该象素置为多边形色。

归纳上述讨论，得到边标志算法的伪程序如下：

```
#define FALSE 0
edge_mark_fill (polydef,color)
多边形定义  polydef；
int color ；
{
   对多边形 polydef 每条边进行直线扫描转换；
   inside = FALSE ；
   for (每条与多边形 polydef 相交的扫描线 y)
   for (扫描线上每个象素 x)
   {
   if(象素 x 被打上边标志)
     inside = ! (inside) ；
   if(inside ! = FALSE)
     drawpixel(x,y,color) ；
   else
   drawpixel (x,y,background) ；
   }
}
```

在图 4.3.7 中右边两行表示第 4 条扫描线的象素在填充前后的状态，填黑者表示置为多边形色。

用软件实现时，有序边表算法与边标志算法的执行速度几乎相同，但由于在帧缓冲器中应用边标志算法时，不必建立，维护边表以及对它进行排序，所以边标志算法更适合于硬件实现，这时它的执行速度比有序边表算法快到一至两个数量级。

4.3.3 种子填充算法

以上讨论的多边形填充算法都是按扫描线顺序进行的。种子填充算法则采用不同的原理：假设在多边形区域内部有一象素已知，由此出发找到区域内的所有象素。

在本节讨论中假设区域采用边界定义，即区域边界上所有象素均具有某个特定值，区域内部所有象素均不取这一特定值，而边界外的象素则可具有与边界相同的值。

区域可以分为四向连通和八向连通两种：

(1) 四向连通区域指的是从区域上一点出发，可通过四个方向，即上、下、左、右移动的组合，在不越出区域的前提下，到达区域内的任意象素；

(2) 八向连通区域指的是区域内每一个象素，可以通过左、右、上、下、左上、右上、左下、右下这八个方向的移动的组合来到达。

图 4.3.8(a)所示的区域是四连通区域。图 4.3.8(b)所示的区域是八连通区域。

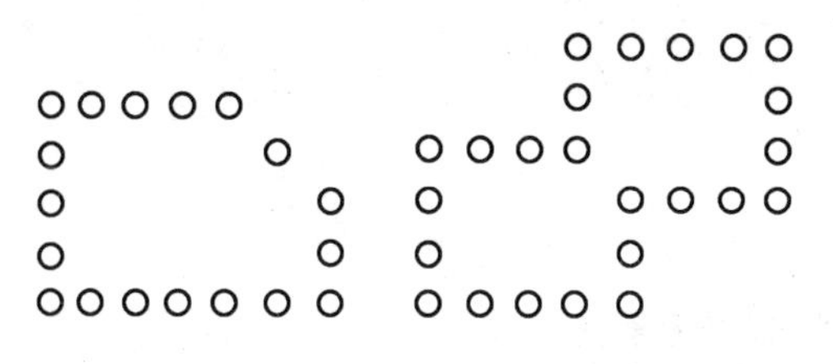

(a) 四向连通区域　　(b) 八向连通区域

图 4.3.8　两类连通区域示意图

种子填充算法中允许从四个方向寻找下一象素者，称为四向算法；允许从八个方向搜索下一象素者，称为八向算法。八向算法可以填充八向连通区域，也可以填充四向连通区域。但四向算法只能填充四向连通区域，而不能填充八向填充区域。如果图 4.3.8(b)中的区域是两个分离的区域，并且每个区域需填成不同的颜色，那么，用八向算法会使两个区域被错误地填上同一颜色。以下我们只讨论四向算法。只要把搜索方向从四个改变八个，即可得到八向算法。

可以使用栈结构来实现简单的种子填充算法。算法原理如下：种子象素入栈；当栈非空时重复执行如下三步操作：

(1) 栈顶象素出栈；

(2) 将出栈象素置成多边形色；

(3) 按左、上、右、下顺序检查与出栈象素相邻的四个象素，若其中某个象素不在边界且未置成多边形色，则把该象素入栈。

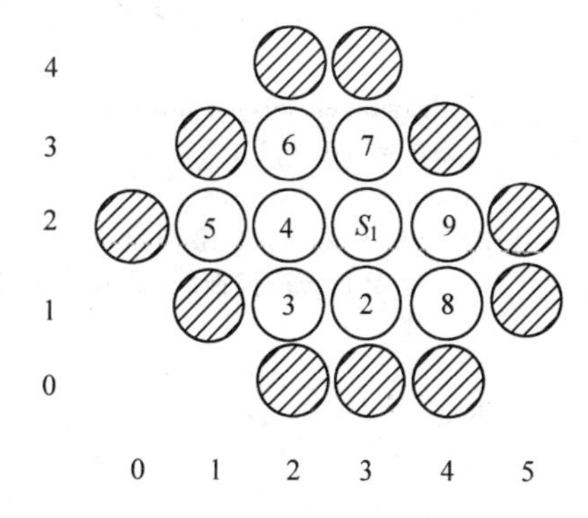

图 4.3.9　边填充算法填充象素的顺序

如图 4.3.9 所示，为一个用边界表示的区域。用简单的种子填充算法对该区域进行填充时各象素的出栈顺序为(2,3)，(1,3)，(1,2)，(2,2)，(2,1)，(3,2)，(3,3)，(1,4)，(1,3)，(2,2)，(3,3)，(2,4)。有些象素反复出现，说明它们被重复入栈。

上述算法也可以用于填充带有内孔的平面区域。

简单的种子填充算法把太多的象素压入堆栈，有些象素甚至会入栈多次，这一方面降低了算法的效率，另一方面还要求很大的存储空间以实现栈结构，解决这个问题的一个办法是在任意一个扫描线与多边形的相交区间（含若干个连续象素）中，只取一个种子象素。相应的算法称为扫描线填充算法，算法原理如下。种子象素入栈；当栈非空时作如下四步操作：

(1) 栈顶象素出栈；

(2) 沿扫描线对出栈象素的左右象素进行填充，直至遇到边界象素为止，即每出栈一个象素，就对包含该象素的整个区间进行填充；

(3) 上述区间内最左、最右的象素分别记为 x_l 和 x_r；

(4) 在区间$[x_l, x_r]$中检查与当前扫描线相邻的上下两条扫描线的有关象素是否全为边界象素或已填充的象素，若存在非边界、未填充的象素，则把每一区间的最右象素取作种子象素入栈。

下面，我们用类C语言写出扫描线填充算法，其中未考虑种子在边界上的情况。

```
scanline_seed_fill(polydef,color)
多边形定义 polydef ;
int color;
{  int x,y,xo,xl,xr
   push(seed(x,y)) ;/* 种子象素入栈 */
   while (象素栈非空)
   {
   pop(pixel(x,y)); /* 栈顶象素出栈 */
   drawpixel(x,y,color) ;
   x0 = x + 1 ;
   while(pixel(x0,y)的值不等于边界值) /* 填充右方象素 */
   {
       drawpixel(x0,y,color) ;
       x0 = x0 + 1 ;
   }
   xr = x0 -1 ;  /* 最右象素 */
   x0 = x - 1 ;
   while (pixel (x0,y)的值不等于边界值) /* 填充左方象素 */
   {
       drawpixel(x0,y,color) ;
       x0 = x0 - 1 ;
   }
   xl = x0 + 1;  /* 最左象素 */
   /*  检查上一条扫描线，若存在非边界且未填充的象素，则选取代表各连续区间的种子象素入
       栈 */
   x0 = xl ;  y=y+1;
   while ((x0 <= xr)
   {
       flag = 0 ;
       while ((pixel(x0,y)的值不等于边界值) &&
             (pixel(x0,y)的值不等于多边形色) &&
             (x0 < xr))
         {
           if (flag == 0) flag = 1;
           x0++ ;
       }
   if (flag==1)
```

```
    {
        if ((x0 == xr) && (pixel(x0,y)的值不等于边界值)
          && (pixel(x0,y)的值不等于多边形色))
          push (pixel(x0,y)) ;
        else
          push (pixel(x0 - 1,y)) ;
        flag=0;
    }
    xnextspan = x0 ;
    while ((pixel(x0,y)等于边界值) ||
        (pixel(x0,y)等于多边形色) && (x0 <= xr))
        x0++ ;
    if (xnextspan == x0) x0++ ;
  } /* while (x0 = xr) */
   /* 检查下一条扫描线,若存在非边界,未填充的象素,则选取代表各连续区间的种子象素入栈;
      算法与前面处理上一条扫描线的算法完全一样,只要把 y+1,换为 y-1 即可 */
  } /* while 象素栈非空 */
}
```

4.3.4 圆域的填充

上面所讨论的多边形区域的填充原理也可以推广到圆域的填充。对每条扫描线,先计算它与圆域的相交区间,再把区间内象素用指定颜色填充。

扫描线与圆域的相交区间可以通过计算扫描线与圆域边界(圆)的交点来确定。而交点的计算可以使用改造的中点画圆法来进行。在该算法的迭代计算过程中,若在某一步迭代之后,y 值改变,那么上一步迭代的 x 值即为改变之前的 y 值所对应的扫描线与圆边界的交点。为了避免填充扩大化,可把所得交点代入式(4-1-1)所定义的函数 F,并判断符号,以便确定该点是在圆内还是圆外。若在圆外,则对应端点应往圆内缩进一个象素。函数 F 的计算可以采用增量法提高效率。

可以为每一条扫描线建立一个新圆表,存放在该行第一次出现的圆的有关信息。然后为当前扫描线设置一个活性圆表。由于一条线与一个圆只能相交一个区间,所以在活性圆表中,每个圆只需一个结点即可。结点内存放当前扫描线的区间端点,以及用于计算下一条扫描线与圆相交的区间端点所需的增量。该增量用于在当前扫描线处理完毕之后,对端点坐标进行更新计算,以便得到下一条扫描线的区间端点。

4.3.5 区域填充图案

前面介绍的区域填充算法,把区域内部的象素全部置成同一种颜色。但在实际应用中,有时需要用一种图案来填充平面区域。这可以通过对前述扫描转换算法中写象素的那部分代码稍作修改来实现:在确定了区域内一象素之后,不是马上往该象素填色,而是先查询图案位图的对应位置。若是以透明方式填充图案,则当图案表的对应位置为 1 时,用前景色写象素,否则,不改变该象素的值。而若以不透明方式填充图案,则视图按位图对应位置为 1 或 0 来决定是用前景色还是背景色去写象素。

进行图案填充时,在不考虑图案旋转的情况下,必须确定区域与图案之间的位置关系。这可以通过把图案原点与图形区某点对齐的办法来实现。对齐方法有两种。第一种方式是把图案原点与填充区域边界或内部的某点对齐。第二种方式是把图案原点与填充区域外部的某点对齐。

用第一种方式填充的图案，将随着区域的移动而跟着移动，看起来很自然。对于多边形，可取区域边界上最左边的顶点。而对于圆和椭圆这样的具有光滑边界的区域，则最好取区域内部某一点，如中心，对应图案原点。

从算法复杂性看，第二种方法比较简单，并且在相邻区域用同一图案填充时，可以达到无缝连接的效果。但是它有一个潜在的毛病，即当区域移动时，图案不会跟着移动。其结果是区域内的图案变了。

下面我们来讨论在第二种对齐方式下，如何对平面区域填充图案。假定图案是一个 $M\times N$ 位图，用 $M\times N$ 数组存放。M、N 一般比需要填充的区域的尺寸小得多。所以图案总是设计成周期性的，使之能通过重复使用，构成任意尺寸的图案。当需要填充的区域与当前扫描线的相交区间确定之后，假定相交区间上一象素坐标为(x,y)，则图案位图上的对应位置为$(x\%\mathrm{M},y\%\mathrm{M})$，其中%为 C 语言整除取余运算符。若采用不透明方式填充图案，则应把算法 polygonfill 中无条件地用前景色 color 写象素的操作 drawpixel$(x,y,$color$)$，改为当图案值为 1 时，用前景色 color 写，否则，用背景色 background 写，即

```
if (pattern(x%M, y%N))
   drawpixel(x, y, color);
else
   drawpixel(x, y, background);
```

采用透明方式填充图案时，只要去掉 else 分句即可。

当然，在图形填充时，若设备驱动程序提供一次写多个连续象素的指令时，也可以利用区间

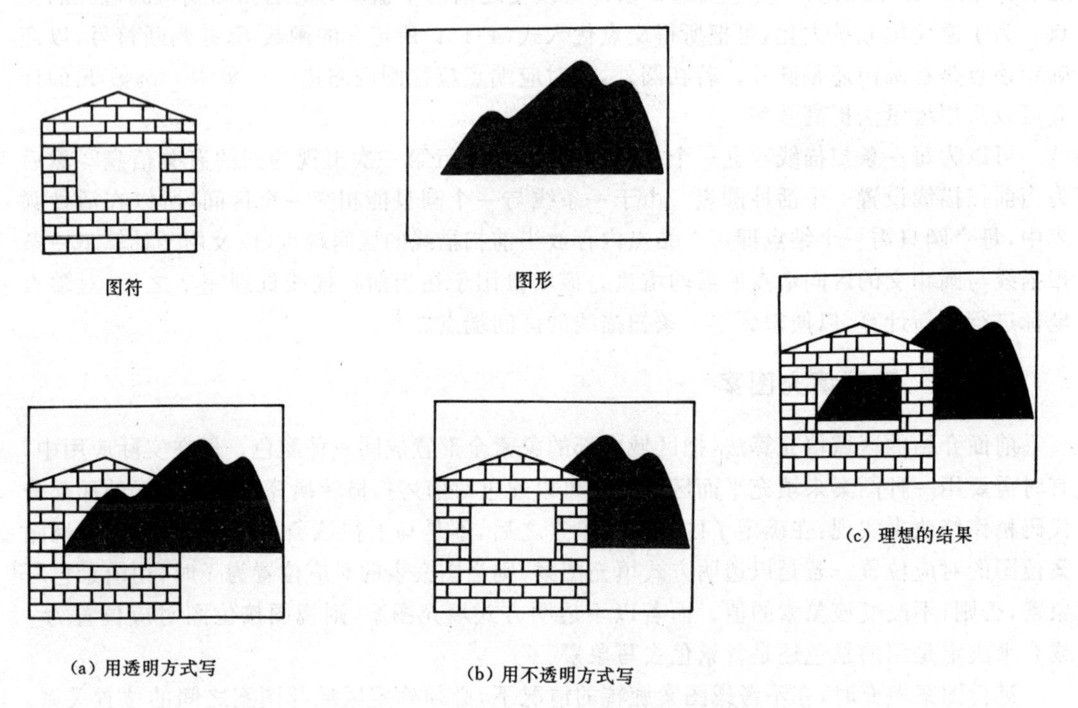

图 4.3.10　把一图符加入图形的三种方案

连贯性，把区间上的象素按一个周期一个周期来填充。这里需要注意对齐方式。例如，假设图案是16×16位图，那么每个周期为16。如果区间左端点对应图案的左边缘，即x坐标除以16余为0，且区间长度超过16，那么可以一次把图案的一行直接写到区间的一组对应象素上去。如果区间剩余长度还超过16，那么就把图案的一行再写到区间的对应部分。这样一直重复下去，直至把整个区间填满。如果区间的左端点或右端点并不刚好对应于图案的边缘，那么可先把区间的首或末周期内不属于区域的象素屏蔽起来，再执行上述多象素写操作。

有些反复使用的图符以及一些应用系统常用的特殊符号，若按上述方法填充图案，则每填一次图形，就必须进行扫描转换一次。如果在系统启动时，就对图形扫描转换填充图案，并把图形各象素的值存起来，以后每次生成时，直接读出，并写到指定位置，可以大大提高系统效率。为了提高以后每次填充的速度，可构造图符的包围盒矩形，把含于包围盒，但不在图符区域内部的象素用0表示，把图符内部的象素用非零的颜色值表示，在需要填充图符时，以透明方式写矩形：

```
for (i=0;i<矩形宽;i++)
  for(j=0;j<矩形高;j++)
   if (symbol[i,j])
     drawpixel(i0 + i,j0 + j,symbol[i,j]);
```

其中$(i0,j0)$是矩阵的插入位置，symbol是存放矩形(包含图符)中各象素的值。由于采用透明方式，矩形中不属于图符的任何象素将不受任何影响。

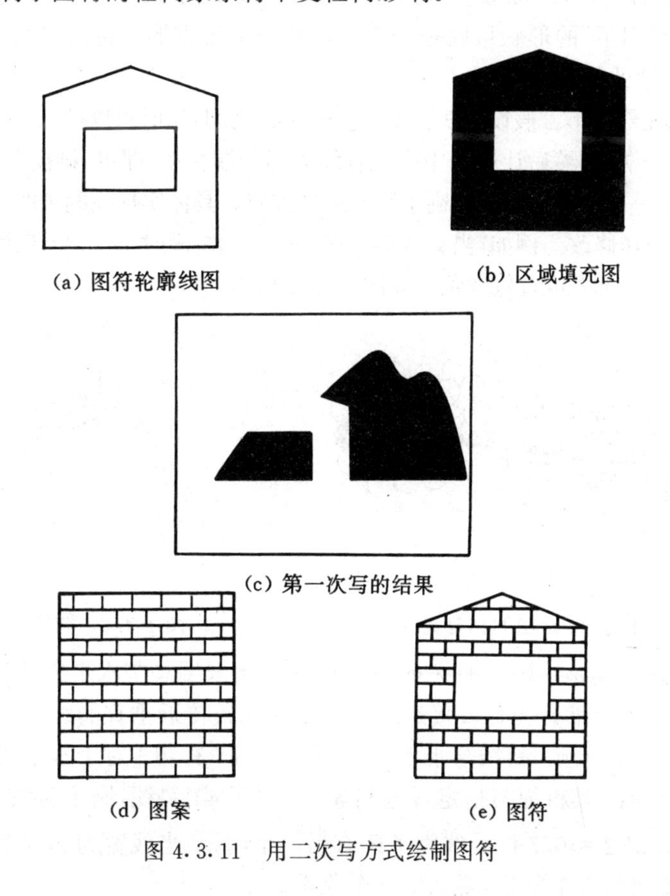
(a) 图符轮廓线图
(b) 区域填充图
(c) 第一次写的结果
(d) 图案
(e) 图符

图4.3.11 用二次写方式绘制图符

有些图符仅由0、1构成。1代表前景色，0代表背景色，每个象素仅占一位。这时若采用上述写矩形的方法，则不仅不属于图符的部分是透明的，而且矩形中属于图符，但用背景色表示的部分象素也透明了。如图4.3.10(a)所示，图符与原有图形混在一起了。这个问题有两种解决办法，一是用不透明方式写，即当矩形中象素值为0时，不管象素属于图符与否，统统用背景色改写屏幕象素，结果如图4.3.10(b)所示。屏幕上原有图形中不该清除的部分也被清除了。可见，简单地用透明或不透明方式都不能产生理想的结果(图4.3.10(c))。为了得到图4.3.10(c)的填充效果，可采用扫描转换与填充图案分开的办法进行。扫描转换时，对图符轮廓线图(图4.3.11(a)处理一次，得一位图(图4.3.11(b))。用透明方式写位图矩阵得图4.3.11(c)。再把位图(图4.3.11(b))和图案(图4.3.11(d))进行与AND运算得图4.3.11(e)。再用透明方式写矩阵4.3.11(e)即得理想结果(图4.3.10(c))。

4.4 线宽与线型的处理

4.4.1 直线线宽的处理

在实际应用中，除了使用单象素宽的线条，还经常使用指定线宽和线型的直线与弧线。欲产生具有宽度的线，可以顺着扫描所生成的单象素线条轨迹，移动一把具有一定宽度的"刷子"来获得。"刷子"的形状可以是一条线段或一个正方形。也可以采用区域填充的办法间接地产生有宽度的线。

线刷子的原理最简单。假设直线斜率在[-1, 1]之间，这时可以把刷子置成垂直方向，刷子的中点对准直线一端点，然后让刷子中心往直线的另一端移动，即可"刷出"具有一定宽度的线。当直线斜率不在[-1, 1]之间时，把刷子置成水平方向。具体实现线刷子时，只要对直线扫描转换算法的内循环稍作修改。例如，当直线斜率在[-1, 1]之间时，把每步迭代所得的点的上下方半线宽之内的象素全部置成直线颜色。如图4.4.1所示为线宽是5个象素的情形。

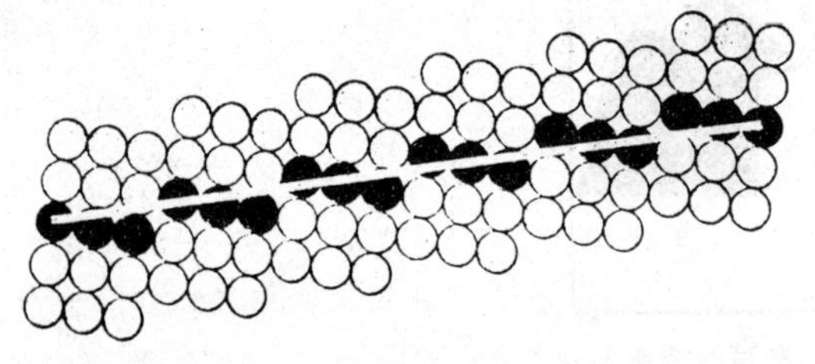

图4.4.1 用线刷子绘制的具有宽度的线

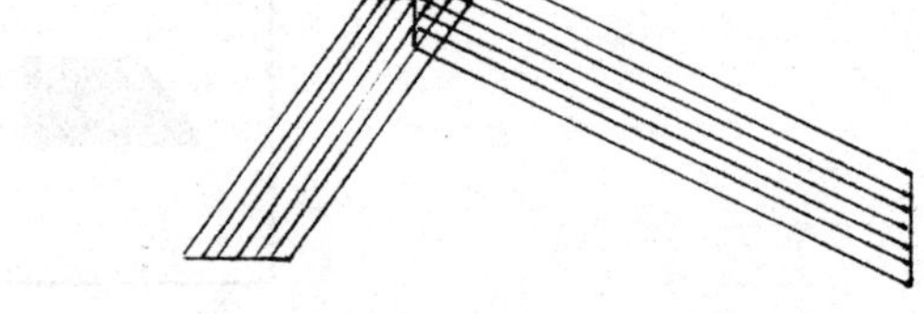

图4.4.2 线刷子所产生的缺口

算法简单、效率高是线刷子的优点。但是，线的始末端总是水平或垂直的。因此，当线宽较大时，看起来很不自然。当比较接近水平的线与比较接近垂直的线汇合时，汇合处外角将有缺口。如图4.4.2所示。斜线与水平(或垂直)线不一样粗。对于水平线或垂直线，刷子与线条垂直，因而最粗。其粗细与指定线宽相等。而对于45°斜线，刷子与线条成45°角，粗细仅为指定线宽的$1/\sqrt{2}\approx 0.7$倍。线刷子还有另一个问题：当线宽为偶数个象素时，用上述方法绘制的线条要么粗一个象素，要么细一个象素。

为了生成有宽度的线，还可以用方形的刷子。把边宽为指定线宽的正方形的中心沿直线作平行移动，即可获得具有线宽的线条，如图 4.4.3 所示为用正方形刷子绘制的具有宽度的线条。比较图 4.4.3 与图 4.4.1 可知，用方形刷子所得的线条比用线刷子所绘制的线条要粗一些。与线刷子类似，用方刷子绘制的线条始末端也是水平或垂直的，且线宽与线条方向有关。与线刷子的情形相反，对于水平线与垂直线，线宽最小，而对于斜率为±1 的线条，线宽最大，为垂直(水平)线宽度的 $\sqrt{2}$ 倍。

实现正方形刷子最简单的办法是，把方形中心对准单象素宽的线条上各个象素，并把方形内的象素全部置成线条颜色。这种简单方法将会重复地写象素。这是因为对应于相邻两象素的方形一般会重叠。为了避免重复写象素，可以采用与活化边表类似的技术。为每条扫描线建一个表，存放该扫描线与线条的相交区间左右端点位置。在每个象素使用方形刷子时，用该方形与各扫描线的相交区间端点坐标去更新原表内端点数据，图 4.4.4 为刷子移动的相邻两步和有关扫描线的临时数据结构所保存的对应于各步的区间端点坐标。

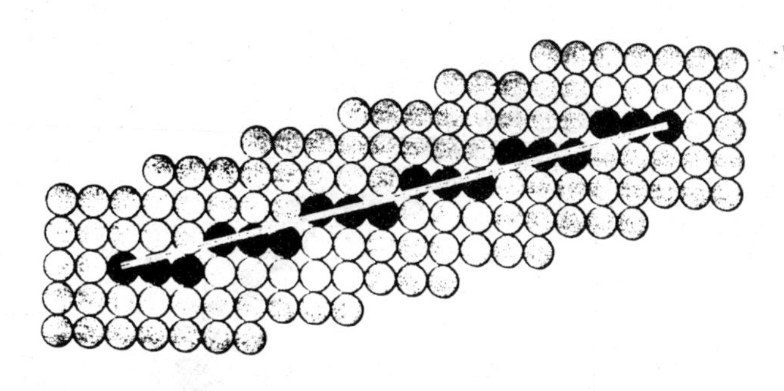

图 4.4.3　用方形刷子绘制的具有宽度的线

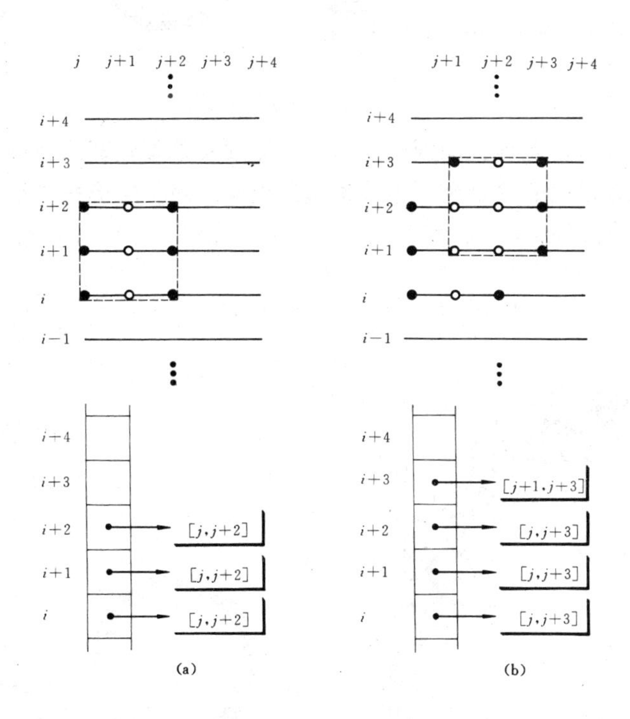

图 4.4.4　方形刷子移动的相邻两步对应的数据结构

生成具有宽度的线条还可以采用区域填充的算法。先算出线条各角点，再用直线段把相邻角点连接起来，最后调用多边形填充算法把所得的四边形进行填色，即得到具有宽度的线条。用这种方法还可以生成两端粗细不一样的线条。

4.4.2 圆弧线宽的处理

为了生成具有宽度的圆弧,可采用与直线情形类似的方法,当采用线刷子时,在经过曲线斜率为±1 的点时,必须把线刷子在水平与垂直方向之间切换。由于线刷子总是置成水平或垂直的,所以在曲线接近水平与垂直的地方,线条更粗一些,而在斜率接近±1 的点附近,线条更细一些,如图 4.4.5 所示。

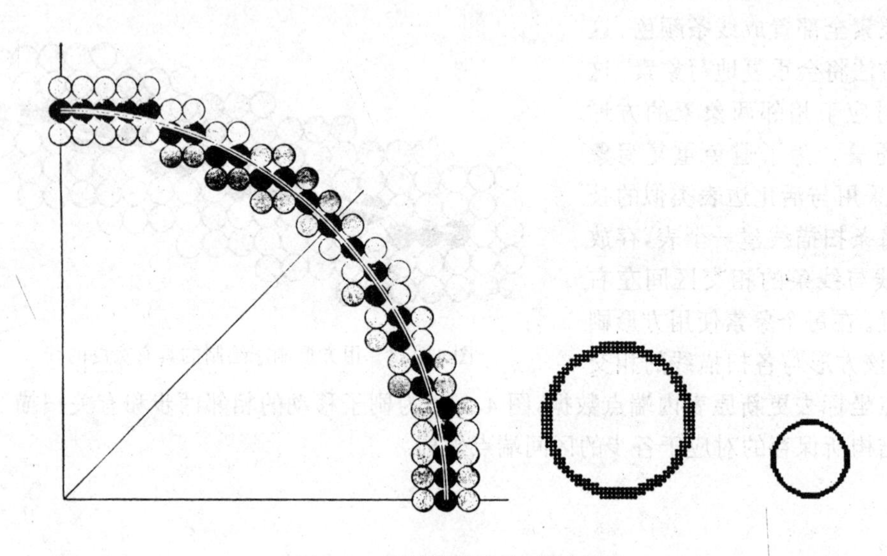

图 4.4.5 用线刷子绘制的圆弧

当采用正方形刷子时,无需移动刷子方向。只需顺着单象素宽的轨迹,把正方形中心对准轨迹上的象素,把方形内的象素全部用线条颜色填充。用正方形刷子绘制的曲线条,在接近水平与垂直的部分最细,而在斜率为±1 的点附近最粗,这恰与线刷子情形相反,如图 4.4.6 所示。

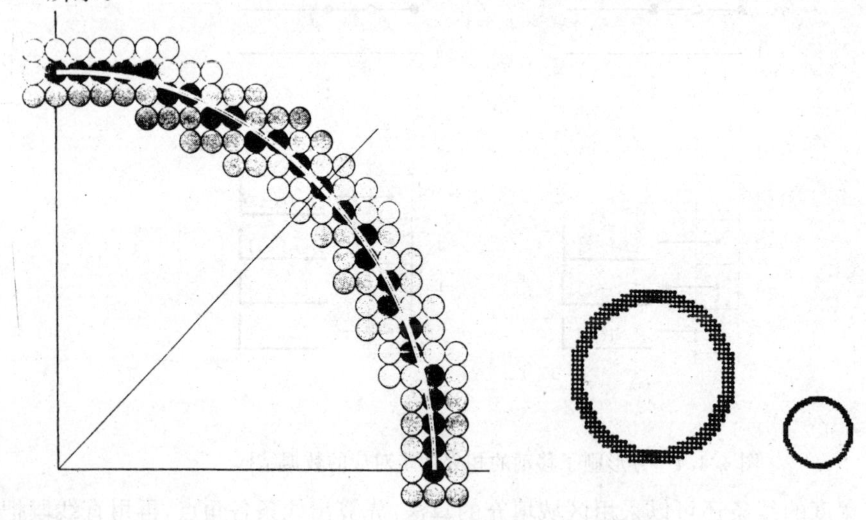

图 4.4.6 用正方形刷子绘制的圆弧

绘制具有宽度的圆弧线条也可以采用填充的办法，先绘制圆弧线条的内边界和外边界，然后在内外边界之间对其填色。可以让内外边界都与单象素弧线轨迹距离半线宽，或把内外边界之一对准单象素弧线轨迹。另一边界线离开此线一个线宽距离。如图 4.4.7 所示为采用填充方法所得的圆弧线条示意图。

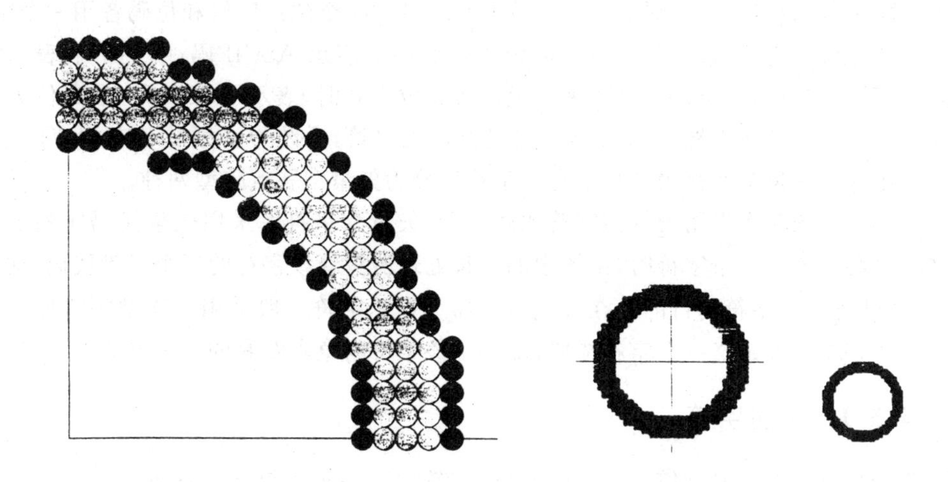

图 4.4.7　采用区域填充绘制的圆弧

4.4.3　线型的处理

在绘图应用中常用到不同线型的线条，以便区分各种不同的意义。如采用实线表示立体线框图中可见的轮廓线。用虚线表示不可见的轮廓线，用点划线表示中心线等等。

线型可以用一个布尔值的序列来存放。例如，用一个 32 位整数可以存放 32 个布尔值。用这样的整数存放线型定义时，线型必须以 32 个象素为周期进行重复。可以把扫描转换算法中的无条件写象素语句改为

if (位串[i % 32]) drawpixel(x, y, color) ;

其中 i 为循环变量，在扫描转换算法的内循环中，每处理一个象素递增 1，然后除以 32 取余。

用这种简单办法实现的线型有个毛病。因为每位对应于算法的一个迭代步骤而不是线条上一个长度单位，因此线型中的笔划长度与直线长度有关，斜线上的笔划长度比横向或竖向上的笔划更长。对于工程图，这种变化是不能接受的。这时，每个笔划应该作为与角度无关的线段进行计算并扫描转换。粗线的线型计算为实的或透明的方形，其顶点位置根据线型要求进行准确计算。然后对方形进行扫描转换，对于垂直或水平的粗线线型，可以用写方块的简单办法进行。

4.5　字　　符

本书讨论的字符是指数字、字母、汉字等符号，用于图形的标注、说明等。

国际上最流行的字符集是“美国信息交换用标准代码集”(American Standard Code for Information Interchange)简称 ASCII 码。该字符集规定了 128 个字符代码。其中代码 0～31

表示控制字符，代码 32～127 表示英文字母、标点符号、数字符号、各种运算符以及特殊符号。每个 ASCII 码用一个字节(实际上只要七位二进制)代码表示。

我国除采用 ASCII 码外，还另外制订了汉字代码的国家标准字符集。最常用的字符集是“信息交换用汉字编码字符集基本集”GB2312－80。该字符集包含了六千多个常用汉字，以及英文字母、数字和其它图形符号。分成 94 个区 94 个位。区码和位码各用一个字节(实际上只要七位二进制)来表示。为了能识别哪些字节表示 ASCII 码，哪些字节表示汉字编码，一般采用多余的一位(最高位)来标识。最高位为 0 时，表示 ASCII 码，最高位为 1 时表示汉字编码。为了在终端显示器或绘图仪上输出字符，系统中必须装备有相应的字符库。字符库中储存了每个字符的形状信息。字符库分为矢量型和点阵型两种。

在笔式绘图仪上采用矢量型字符比较适合，矢量型字符库采用矢量代码序列表示字符的各个笔画。输出一个字符时，系统中的字符处理器解释该字符的每个矢量代码，输出对应的矢量，达到产生字符的目的。在终端显示器上显示字符一般采用点阵型字符库。点阵型字符库为每个字符定义一个字符掩膜，即表示该字符的象素图案的一个点阵。

4.5.1 矢量字符

为了建立一个矢量字符库，必须对每个字符定义一个矢量代码序列，下面以 AutoCAD 系统使用的矢量字符来说明。在 AutoCAD 中，使用一种称为形(shape)的图形实体来定义西文字符、汉字甚至一些简单的图形。形定义中使用直线和圆弧作为基本笔划。

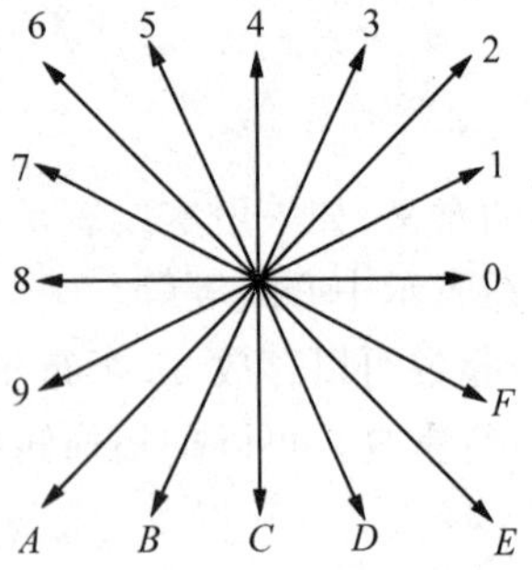

图 4.5.1 矢量的方向编码

每个形的定义包括一个标题行和若干个描述行：

* ＜形编号＞，＜字节数＞，＜形名称＞＜字节 1＞，＜字节 2＞，…，0

标题行中，形编号是 1 到 255 的整数值。字节数表示形定义描述行中包括结束符 0 在内的字节数目。形名称用大写字母才可以被调用，否则只作为形的一种解释性信息，不存入存储器，因而不占用存储空间。

描述行由若干个用逗号隔开的字节组成，并以 0 作为形定义的结束字节。带有前缀 0 的字节是十六进制。无前缀 0 的字节是十进制。描述行中的每个字节包含矢量长度和方向两种信息。字节的低四位表示矢量方向，高四位表示矢量长度。矢量的方向编码如图 4.5.1 所示。注意，图 4.5.1 中所有矢量都具有“相同”的长度，即不同方向的矢量的长度不一样。例如，45°方向的矢量一个单位长相当于水平方向的$\sqrt{2}$单位长。

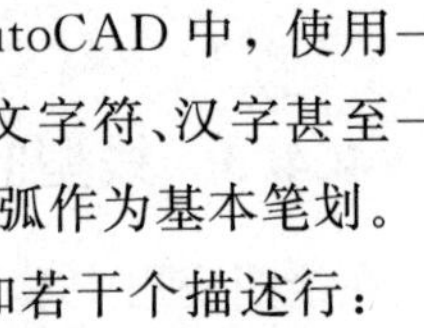

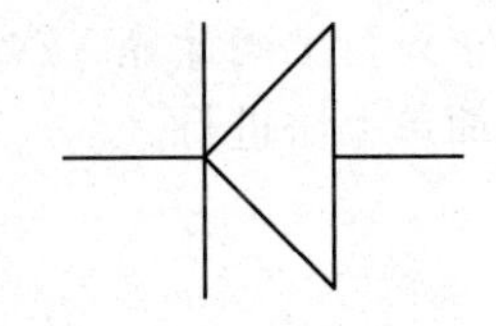

图 4.5.2 二极管符号

图 4.5.2 所示的二极管符号的形定义为：

* 133，11，DIODE

040，044，04c，042，04c，040，048，04c，046，04c，0 形描述的第一个字节 040 中，最高位 0 表示本字节为十六进制数。后面两位数 4 和 0 分别表示字节的高四位和低四位。高四位的 4 表示矢量长度为 4，低四位的 0 表示矢量方向为水平向左方向。又如 AutoCAD 所用 TXT 字符库中大写字母 A 的形定义为

* 65，11，uca

024，043，04d，02c，2，047，1，040，2，02e，0 其中，字节 2 和 1 的高四位为 0，是专用码，其意义分别是抬笔(退出绘图方式)和落笔(启动绘图方式)。

也可以用形定义来描述汉字，例如汉字“北京”的形定义为

* 250，17，BEI

024，049，041，044，038，030，044，2，020，1，05c，031，039，05c，040，024，0

* 251，23，JING

032，2，02c，1，02D，054，028，024，040，02C，028，2，01E，1，03E，2，086，1，050，025，02D，040，0

可以把若干个形定义放在一个形定义文件中。用这种方法可建立 AutoCAD 所使用的各种字体的字符库以及汉字库。在 AutoCAD 实际使用这种形文件所定义的字符时，必须通过编译、装入、调用形文件三个步骤。具体做法请参阅有关的用户手册。

4.5.2 点阵字符

在点阵字符库中，每个字符都定义成一个称为字符掩膜的矩阵。矩阵中的每个元素都是一位二进制数。该位为 1 时，表示字符的笔划经过此位，对应于此位的象素应置为字符颜色；该位为 0 时，表示字符的笔划不经过此位置，对应此位的象素应置为背景色(若当前的写方式是“替换”方式)或不改变(若当前写方式是“与”方式)。一般认为定义西文字符的掩膜矩阵尺寸应不小于 5×7，而定义汉字字符的掩膜矩阵尺寸应不小于 16×16。在我国广泛使用的微机汉字系统，如 CCDOS 2.13 系列等，都采用 16×16 点阵汉字作为显示用字符，而在打印时，采用 24×24，40×40 甚至 72×72 的点阵字符。

一个 5×7 西文字符点阵包括 35 个点，需要 35 位，故需要 35 位二进制数(占四个多字节)，一个 16×16 点阵汉字，需要 256 位，即 32 个字节。而一个 72×72 点阵汉字需要 9×72＝648个字节。

用于打印的高分辨率点阵字符的掩膜位图，可以通过用扫描仪输入放大的手写美术字符或印刷字符，然后用交互作图程序对位图的个别象素进行修改，使之完善。用于显示的或用于低分辨率打印机的字符位图可以使用交互绘图程序，通过手工建立。用低分辨率点阵字符产生的字符一般比较粗糙，不美观，所以在微机上通常使用几个不同分辨率的字符库，以满足不同的需要，例如在 CCDOS 4.0 中就使用了 24 种不同的字符库。

4.5.3 字型技术

当应用对输出字符的要求较高时(如排版印刷)，需要使用高质量的点阵字符。然而直接使用上一小节所介绍的点阵字符方法将耗费巨大的存储空间。对于 GB2312-80 所规定的 6763 个基本汉字，假设每个汉字是 72×72 点阵，那么一个字库就需要 4.4 兆字节存储空间！在实际使用时，需要多种字体(如基本体、宋体、仿宋体、黑体、楷体等)，而每种字体又需要十种以上字号。因此把每种字体、字号的字符都存储一个对应的点阵，在一般情况是不可行的。

解决这个问题一般采用压缩技术。对字型数据压缩后再存储，使用时将压缩的数据还原为字符位图点阵。压缩方法有多种，最简单的有黑白段压缩法，这种方法简单，还原快，不失

真，但压缩较差，使用起来也不方便，一般用于低级的文字处理系统中；二是部件压缩法，这种方法压缩比大，缺点是字型质量不能保证；三是轮廓字型法，这种方法压缩比大，且能保证字符质量，是当今国际上最流行的一种方法，基本上也被认为是符合工业标准化的方法。

轮廓字型法采用直线，或者二、三次 Bézier 曲线的集合来描述一个字符的轮廓线。轮廓线构成一个或若干个封闭的平面区域。轮廓线定义加上一些指示横宽、竖宽、基点、基线等的控制信息，就构成了字符的压缩数据。这种控制信息用于保证字符变倍时引起的字符笔划原来的横宽/竖宽变大变小时，其宽度在任何点阵情况下永远一致。采用适当的区域填充算法，可以从字符的轮廓线定义产生的字符位图点阵，区域填充算法可以用硬件实现，做在 RISC 集成电路板上成为 RIP(Raster Image Processor)。也可以用软件实现，写成一段精心编制的程序。

下面介绍当前国际流行的 TrueType 字型技术。它是由美国 Apple 和 Microsoft 公司联合开发的。并且已被用于为 Windows 中文版生成汉字字库。TrueType 使用二次 Bézier 曲线来描述字符轮廓，对字符轮廓线的控制点进行编号。其顺序是按顺时针方向走一圈，填充的部分始终在其右边，下面以大写字母 H 为例，说明 TrueType 字库控制信息。x 方向控制信息有：

(1) 字身最左起始点到字母主干的距离间隔；

(2) 字母主体部分的宽度；

(3) 字身的宽度；

(4) 字母 H 主干(stem)的宽度；

(5) 字母 H 的衬线(Serif)。

如图 4.5.3(a)所示。y 方向的控制信息有：

(6) 字母 H 横干(crossbar)的厚度；

(7) 字母 H 衬线的厚度；

(8) 字母主体部分的厚度；

(9) 字母 H 横干的高度；

如图 4.5.3(b)所示。

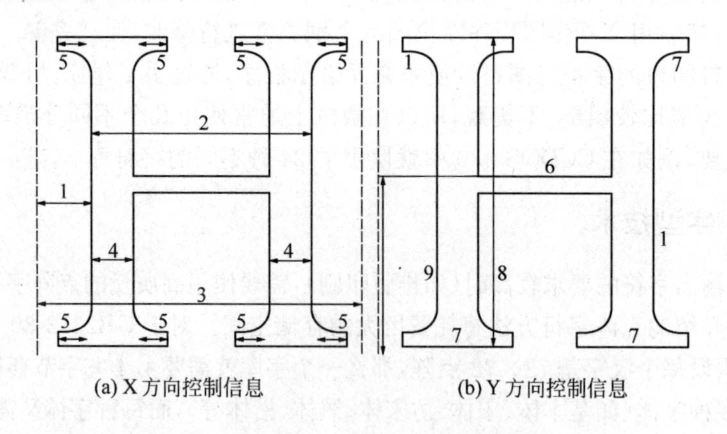

图 4.5.3　TrueType 中字母 H 的控制信息

(a) X 方向控制信息；(b) Y 方向控制信息

这上述 9 个参数用于产生控制信息表。这个控制信息表和曲线轮廓定义信息将在不同分辨率情况下产生字符的点阵中起关键作用。

字型技术有着广泛的应用。虽然到目前为止在印刷行业中使用最多,但是随着 MS-Windows 的大量使用,在 CAD、图形学等领域也将变得越来越重要。当前占领主要的电子印刷市场的是我国北大方正和华光电子印刷系统,用的字型技术是汉字字型轮廓矢量法。这种方法能够准确地把字符的信息描述下来,保证了还原的字符质量,又对字型数据进行了大量的压缩。调用字符时,可以任意地放大、缩小或进行花样变化,基本上能满足电子印刷中字型质量的要求。这种方法在字型数据生成上花费大量的人力物力。一套字型的生产周期大于 1 个人年,最早的生产方法是由写字专家写出字符,然后把字符拓到 96×96 方格纸上,在 96×96 方格纸上人为地画出矢量节点,最后由操作员录入计算机。现在使用的一般方法是用扫描仪把字型数字化,用程序自动地进行矢量轮廓的生成,再由操作员对矢量结果进行调整优化,做成合格的字型。可见,字型的生产是一个周期长,人力和物力消耗大的工作,好的字型数据是来之不易的。

4.5.4 字符输出

欲把矢量字符从绘图机输出,需要把有关的方向和位移值转换为设备驱动指令,而要把点阵字符输出到显示器屏幕或打印机,只要指定字符掩膜的原点与帧缓冲器中的字符左下角位置(x_0, y_0)对应,就可以将字符掩膜中的值平移地写入帧缓冲器。伪算法如下:

```
Writechar( x0, y 0, value)
int x0, y0 , value;
{
for ( j = 0;j <= ymax;j ++)
 for ( i = 0;i <= xmax;i ++)
   if (Mask ( i,j )<>0)
        writepixel( x0 + i,y0 + j ,value);
else
        writepixel ( x0 + i,y0 + j ,background);
}
```

在 上述算法中,Mask 是存放掩膜位图的矩阵,(x_{min}, y_{min}),(x_{max}, y_{max})是掩膜矩阵的左下角位置与右上角位置的下标。value 是字符的颜色。在上述算法中,可以进行简单的修改来获得不同的字体或方向:如黑体字,斜体字和旋转体字,如图 4.5.4 所示。

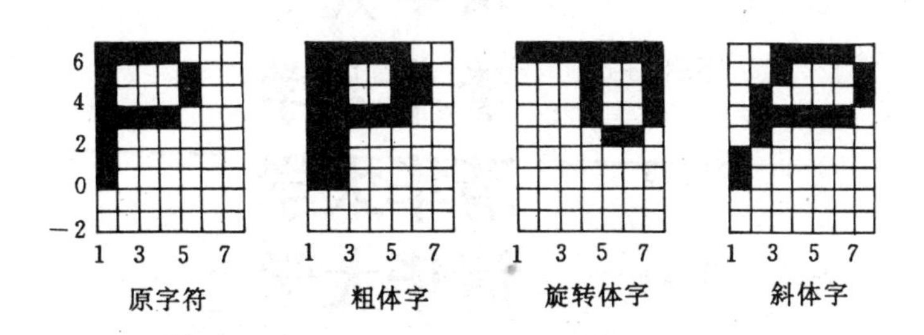

图 4.5.4 通过变换产生不同的字体

为了实现黑体字，只要把掩膜中每个非零的值写入相邻两个单元：

$(x_0+i,\ y_0+j)$和$(x_0+i+1,\ y_0+j)$。为了实现旋转体字，只要把掩膜的各元素绕掩膜中心旋转 90°即可；为了实现斜体字，只要在写象素时，把原掩膜坐标位移之后，再对 x 坐标加上与 y 坐标成比例的位移。

在绘图应用中，用于说明和标注的字符往往是成串出现的。换句话说，绘图应用中往往需要在指定位置输出一个字符串（或文本）。

在输出字符串之前，往往要先指定下列属性：

(1) 所用字体名称；

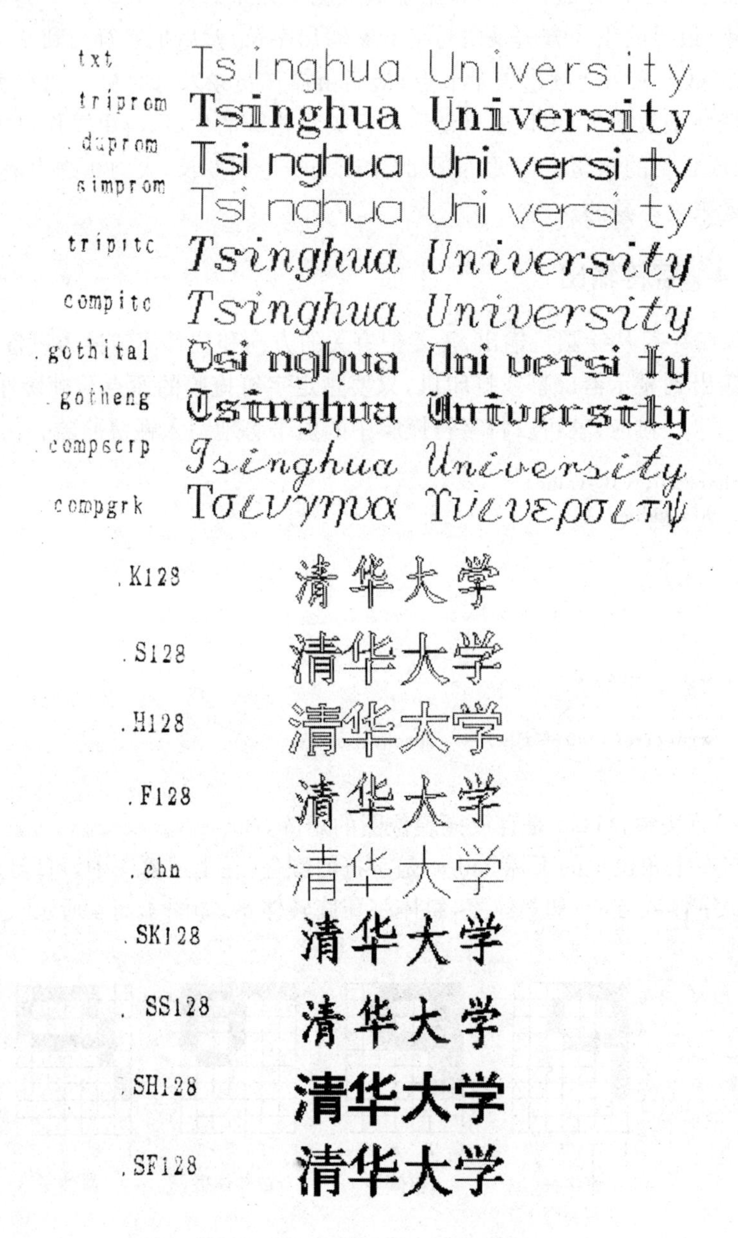

图 4.5.5　常用的西文字体和中文字体

(2) 字符高度;

(3) 字符宽度(扩展/压缩)因子;

(4) 字符倾斜角;

(5) 反绘(从右到左);

(6) 倒绘(旋转 180°);

(7) 对齐方式(左对齐,中心对齐,或右对齐,指定起始、终止点);

(8) 字符颜色;

(9) 写方式(替换或与方式)。

在绘图中,往往需要根据不同的需要选择不同风格字体。如常用的西文字体有基本体、简体、繁体、斜体、黑体,如图 4.5.5 所示。常用的汉字字体有基本体、宋体、仿宋体、楷体、黑体等。字符的高度往往要根据实际图形的比例尺进行调整,字符宽度一般不由用户指定,这是因为字符掩膜本身有标准的高、宽比例。字符高度一经确定,宽度也就随之确定了。然而,宽度因子可以用于对字符进行横向扩展(或压缩)使字符显得更胖(瘦)一些。字符倾斜角可使字符向左或向右倾斜。反绘和倒绘是用于满足某些特殊的绘图需要。对齐方式有五种,其意义如图 4.5.6 所示。图中叉号"×"表示插入或对齐点。字符颜色属性往往与其它图形元素的颜色一起指定。写方式为替换方式时,对应字符掩膜中空白区的图形部分被置成背景色。写方式为与方式时,这部分区域颜色不受影响。

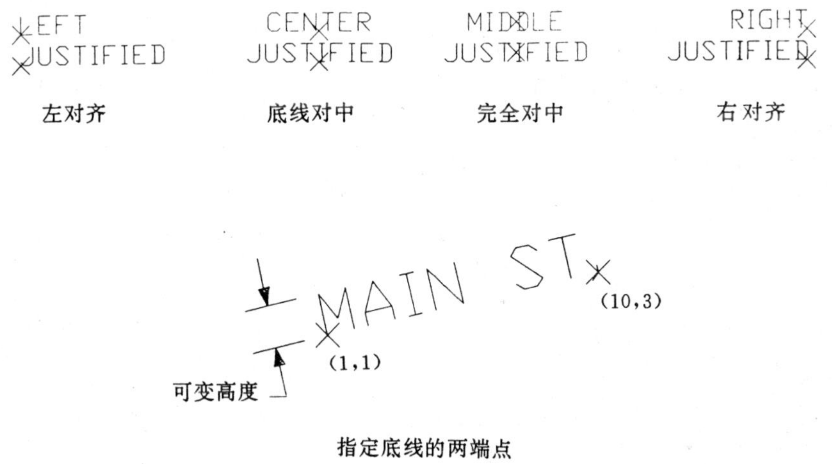

LEFT JUSTIFIED　　CENTER JUSTIFIED　　MIDDLE JUSTIFIED　　RIGHT JUSTIFIED

左对齐　　底线对中　　完全对中　　右对齐

MAIN ST　(1,1)　(10,3)　可变高度

指定底线的两端点

图 4.5.6　对齐方式

4.6 裁　　剪

在使用计算机处理图形信息时,往往计算机内部存储的图形比较大,而屏幕显示只是图的一部分。例如,虽然计算机内部可以存储全国地图。但是,如果把全国地图整幅显示在屏幕上,则不能看到各地局部的细节。这时,可以使用缩放技术,把地图中的局部区域放大显示。在放大显示一幅图形的一部分区域时,必须确定图形中那些部分落在显示区之内,那些

部分落在显示区之外，以便显示落在显示区内的那部分图形。这个选择处理过程称为裁剪。在进行裁剪时，画面中对应于屏幕显示的那部分区域称为窗口。一般把窗口定义为矩形，由上、下、左、右四条边围成，即：(x_L, y_B)，(x_R, y_T)。裁剪的实质、就是决定图形中那些点、线段、文字、以及多边形在窗口之内。

对于点(x, y)，只要判别两对不等式：

$$x_L \leqslant x \leqslant x_R, \qquad y_B \leqslant y \leqslant y_T$$

若四个不等式均成立，则点在窗口矩形之内；否则，点在窗口矩形之外。最简单的裁剪方法是把各种图形扫描转换为点之后，再判断各点是否在窗口内。但那样太费时，一般不可取。这是因为有些图形组成部分全部在窗口外，可以完全排除，不必进行扫描转换。所以，一般采用先裁剪再扫描转换的方法

4.6.1 线段裁剪

常用的线段裁剪方法有三种：Cohen-SutherLand 裁剪算法、中点分割算法和参数化方法。

Cohen-SutherLand 算法的大意是：对于每条线段 P_1P_2，分为三种情况处理。(1) 若 P_1P_2 完全在窗口内，则显示该线段 P_1P_2，简称"取"之。(2) 若 P_1P_2 明显在窗口外，则丢弃该线段，简称"弃"之。(3) 若线段既不满足"取"的条件，也不满足"弃"的条件，则把线段分为两段。其中一段完全在窗口外，可弃之。然后对另一段重复上述处理。

例如，图 4.6.1 所示，线段 AB 的两个端点均在窗口内，故整条线段均可取之显示。线段 CD 的两端点均在窗口外，且两端点均在窗口下边界的下方，即处于下边界与其延长线所定义的半平面不含窗口的一侧。故线段 CD 明显在窗口外，可弃之。线段 EF、GH、IJ 均只有一部分落在窗口内，不能简单地取或弃。线段 KL 虽然全在窗口外，但由于没有简单的判断条件，故也放到第三种情况处理。

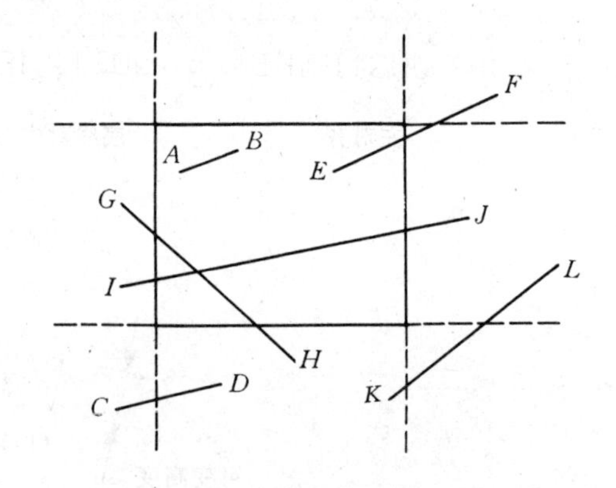

图 4.6.1　二维裁剪窗口

为了使计算机能够快速地判断一条线段与窗口属何种关系，采用如下的编码方法。延长窗口的边，把未经裁剪的图形区域分为九个区，如图 4.6.2 所示。每个区具有一个四位代码，即四位二进制数，从左到右各位依次表示上、下、右、左。例如，区号 0101 中，左起第二位的 1 表示该区在窗口的下方。右起第一位的 1 表示该区在窗口的左方，整个区号表示该区在窗口的左下方。裁剪一条线段(见图 4.6.3)时，先求出端点 P_1P_2 所在的区号 code1 和 code2。若 code1＝0 且 code2＝0，则说明 P_1 和 P_2 均在窗口内，那么整条线段也必在窗口内，应取之。

若 code1 和 code2 经按位与运算后的结果 code1 & code2 不为 0，则说明两个端点同在窗口的上方、下方、左方或右方。例如 code1＝0101，code2＝0110 时，code1 & code2＝0100 的左起第二位不为 0，这说明两端点均在窗口下方，在这种情况，可判断线段完全在窗口外，

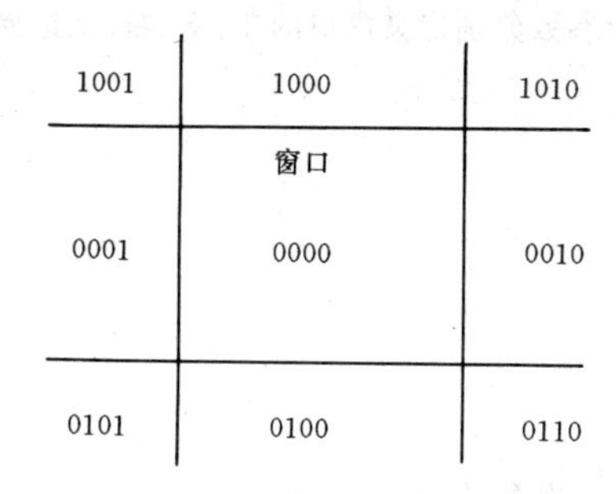

图 4.6.2 区域编码

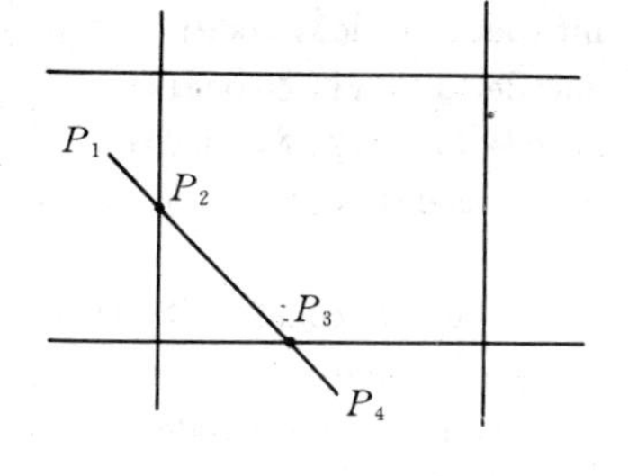

图 4.6.3 线段裁剪

可弃之。

如果上述两种条件均不成立,则按第三种情况处理。求出线段与窗口某边的交点,在交点处把线段一分为二,其中必有一段完全在窗口外,可以弃之。再对另一段重复进行上述处理。

例如,图 4.6.3 线段 P_1P_2,端点所在区编码均不为 0,但 code1 & code2=0,故属于第三种情况。由 code1=0001 知 P_1 在窗口左边,计算线段与窗口左边界的交点 P_3。P_1P_3 必在窗口外,可弃之。对线段 P_3P_2 重复上述处理。由于 P_3 的区码是 0000,说明 P_3 已在窗口内。P_2 的区码 code2=0100,说明 P_2 在窗口外,code2 的左起第二位不为 0,说明 P_2 在窗口下方,用窗口下边界与线段求交点 P_4,丢弃 P_4P_2,剩下的线段 P_3P_4 就全在窗口中了。

在编程实现时,一般是按固定顺序检测区号的各位是否为 0。可按左→右→下→上或上→下→右→左的顺序。另外,欲舍弃窗口外的子线段,只要用交点的坐标值代替被舍弃端点的坐标即可实现。

计算线段与窗口边界(或其延长线)的交点,属于线段与直线求交问题,在本书其它章节专门介绍。在实现本算法时,不必把线段与每条窗口边界依次求交,只要按顺序检测到端点区码的某位不为 0 时,才把线段与对应的窗口边界进行求交。

Cohen-SutherLand 裁剪算法的伪程序如下:

```
#define LEFT 1
#define RIGHT 2
#define BOTTOM 4
#define TOP 8
encode (x, y, code)
float x,y;
int * code;
{  int c;
   c=0;
   if(x<XL)c = c|LEFT;
   else if (x>XR)c=c|RIGHT;
   if(y<YB)c=c|BOTTOM;
   else if (y>YT)c=c|TOP;
   * code=c;
   return ;
   }
C_S_Line CLip(x1, y1, x2, y2, XL , XR, YB, YT)
```

```
float x1,y1,x2,y2,XL,XR,YB,YT;
/* (x1, y1)与(x2, y2)是线段端点坐标,其它四个参数分别定义窗口的左、下、右、上边界 */
  { int code1, code2, code;
    encode (x1, y1, &code1);
    encode (x2, y2, &code2);
    while (code1 <> 0 || code2 <> 0)
    {
      if (code1 & code2 <> 0) return ;
      code = code 1 ;
      if (code1 == 0) code = code2 ;
      if (LEFT & code <> 0 ) /* 线段与左边界相交 */
      {
        x=XL;
        y=y1+(y2-y1) * (XL-x1)/(x2-x1);
      }
      else if (RIGHT & code <> 0 ) /* 线段与右边界相交 */
      {
        x=XR;
        y=y1+(y2-y1) * (XR-x1)/(x2-x1);
    } else if (BOTTOM & code ) <> 0) /* 线段与下边界相交 */
    {
      y=YB;
      x=x1+(x2-x1) * (YB-y1)/(y2-y1) ;
    }
    else if (TOP & code <> 0 ) /* 线段与上边界相交 */
    {
        y=YT;
        x=x1+(x2-x1) * (YT-y1)/(y2-y1) ;
    }
    if (code == code1)
      { x1=x;  y1=y;  encode( x,y ,code1); }
    else
      {  x2=x;  y2=y;  encode( x,y ,code2); }
  }
    Displayline(x1, y1, x2, y2);
    return ;
  }
```

中点分割算法的大意是,与前一种算法一样对线段端点进行编码,并把线段与窗口的关系一样分为三种情况,并对前两种情况进行一样的处理。对于第三种情况,则简单地把线段等分为二段,对两段重复上述测试处理,直至每条线段完全在窗口内或完全在窗口外。

由于求线段中点$(x_1+x_2)/2,(y_1+y_2)/2$可以由加法和位移实现,避免使用乘除法,所以这个算法易于用硬件实现。在编码时,应避免把线段裁剪成许多零碎的小段。这可以通过求可见线段的端点来实现。具体描述如下:

把线段落在窗口内的点称为可见点。在线段P_1P_2上,求出离P_1最远的可见点,以及离P_2最远的可见点。这两点(若存在)就是线段P_1P_2的可见线段端点。由于这两点求法类似,这里只介绍如何求P_1最远的可见点。

若P_2可见,则P_2就是离P_1最远的可见点。否则,(1) 对两端点的区号作按位与运算,若结果不为0,则说明整条线段全部不可见,可弃之;否则继续 (2) 在中点P_m处把线段

P_1P_2 分为两段。若 P_m 可见，把原问题转化为对 P_mP_2 求离 P_1 最远的可见点。若 P_m 不可见，若 P_1P_m 完全在窗口外，在 P_2P_m 中找离 P_1 最远的可见点；若 P_2P_m 完全在窗口外，在 P_1P_m 中找离 P_1 最远的可见点。重复执行(1)、(2)。若算法在(1) 停止，说明原线段 P_1P_2 不可见；否则一直进行到分点与线段端点距离达到分辨率精度为止。这时，把分点作为所求点。这个算法的实质是用二分法确定可见点，对分的次数不超过端点坐标值精度(二进制)的位数。

下面再讨论另一类裁剪算法——参数化裁剪算法。

考虑一个凸多边形区域 R 和一条线段 P_1P_2，要求计算线段落在区域 R 中的部分。见图 4.6.4。假定 A 是区域R 边界上一点。N 是区域边界在A 点的内法向量。线段 P_1P_2 用参数方程表示：

$$P(t)=(P_2-P_1)\ t+P_1 \quad (0\leqslant t\leqslant 1) \tag{4-6-1}$$

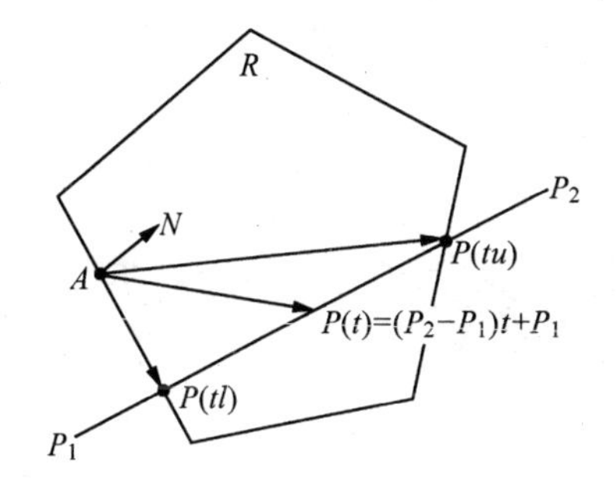

图 4.6.4 凸多边形裁剪区域

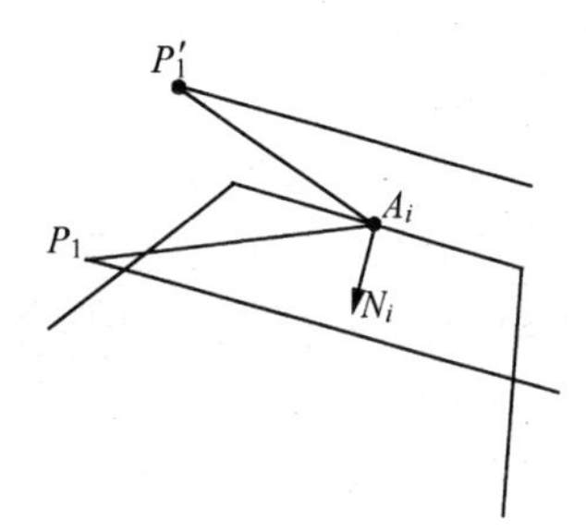

图 4.6.5 线段与裁剪边平行的两种情况

对于线段上任意一点 $P(t)$，有三种可能性：

(1) $N\cdot(P(t)-A)<0$，这时 $P(t)$必在多边形外侧；

(2) $N\cdot(P(t)-A)=0$，这时 $P(t)$必在多边形边界或其延长线上；

(3) $N\cdot(P(t)-A)>0$，这时 $P(t)$在多边形内侧。

由凸多边形的性质知，$P(t)$在凸多边形内的充要条件是，对于凸多边形边界上任意一点 A 和该处内法向量 N，都有 $N\cdot(P(t)-A)>0$。

现假设多边形有 K 条边，在每条边上取一个点 A_i 和该点处的内法向量 $N_i(i=1,2,\cdots,k)$则可见线段的参数区间为下列不等式的解：

$$\begin{cases}N_i\cdot(P(t)-A_i)\geqslant 0\ (i=1,2,\cdots,k)\\ 0\leqslant t\leqslant 1\end{cases} \tag{4-6-2}$$

实际上，我们只关心该解的最小值 tl 和最大值 tu。它们对应于可见线段的端点。

把(4-6-1)式代入(4-6-2) 式得

$$\begin{cases}N_i\cdot(P_1+(P_2-P_1)\ t-A_i)\geqslant 0\\ 0\leqslant t\leqslant 1\end{cases}$$

即

$$\begin{cases}N_i\cdot(P_1-A_i)+N_i\cdot(P_2-P_1)t\geqslant 0\\ 0\leqslant t\leqslant 1\end{cases} \tag{4-6-3}$$

若对于某个 i，有 $N_i\cdot(P_2-P_1)=0$。这时，$N_i\perp(P_2-P_1)$，P_1P_2 与对应边平行，无交点，如图 4.6.5 所示。这时有两种情况：线段在区域外侧或内侧。前一种情况对应于 $N_i\cdot(P_1$

$-A_i)<0$，后一种情况对应于 $N_i \cdot (P_1-A_i)>0$。

如果是前一种情况，可直接判断线段在多边形之外；如果是后一种情况，则可忽略它，继续处理其它边。所以(4-6-3)式可以进一步转化为

$$
\begin{aligned}
&t \geqslant -t_i, \quad &\text{当 } N_i \cdot (P_2 - P_1) > 0 \\
&t \leqslant -t_i, \quad &\text{当 } N_i \cdot (P_2 - P_1) < 0 \\
&0 \leqslant t \leqslant 1 &
\end{aligned}
\tag{4-6-4}
$$

这里，$t_i=\dfrac{N_i \cdot (P_1-A_i)}{N_i \cdot (P_2-P_1)}$是线段与第 i 条边(或延长线)的交点参数。

显然(4-6-3)式的解的最小值与最大值为

$$tl=\max\{0,\max\{-t_i:\quad N_i \cdot (P_2-P_1)>0\}\}$$

$$tu=\min\{1,\min\{-t_i:\quad N_i \cdot (P_2-P_1)<0\}\}$$

最后还要判断解的合理性；若 $tl \leqslant tu$，则 tl、tu 是可见线段的端点参数，否则，$tl>tu$，则整条线段在区域外部。

上式解的几何意义非常明显。t_i 以 P_1P_2 方向与内法向量的内积符号分为二组。一组为下限组，另一组为上限组。下限组以 $N_i \cdot (P_2-P_1)>0$ 为特征，表示在该处沿 P_1P_2 方向前进将接近或进入多边形内侧。上限组以 $N_i \cdot (P_2-P_1)<0$ 为特征，表示在该处，沿 P_1P_2 方向前进将越来越远地离开多边形区域。如图 4.6.6 所示。在有交情形，下限组分布于线段起点一侧，上限组分布于线段终点一侧。

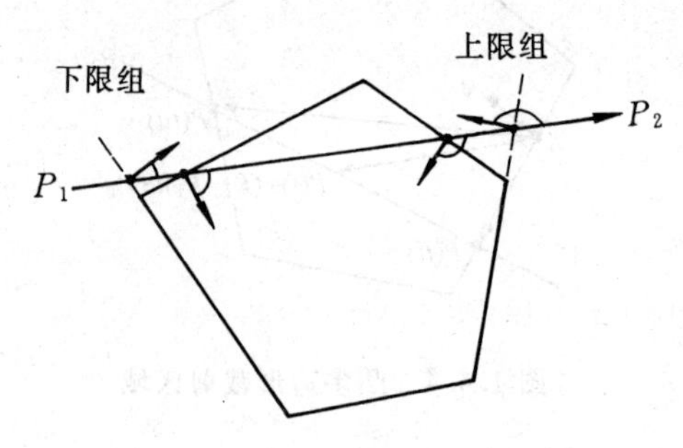

图 4.6.6 解的几何意义

上述算法是Cyrus 与 Beck 提出的，有时被人称为Cyrus-Beck 算法。算法的C 语言程序代码如下：

```
int Cyrus_Beck(k, A, N, P1, P2, t1, t2)
int k;
float A[ ][3], N[ ][3];
float P1[ ],P2[ ];
float * t1, * t2;
{
    int i,j;
    float t, tl, tu, dn, nw, D[3], W[3];
      tl = 0.0;  tu = 1.0;
      for (j = 0; j < 3; j++)
         D[j]=P2[j]-P1[j];
      for (i=0;  i<k;i++)
      {
         dn=D[0] * N[i][0] + D[1] * N[i][1] + D[2] * N[i][2];
         for (j=0;j<3;j++)
         W[j]=P1[j]-A[i][j] ;
         nw=W[0] * N[i][0]+W[1] * N[i][1] + W[2] * N[i][2];
         if (fabs(dn)<1.0e-6)
```

```
    {if (nw >= 0.0) continue; else return(0) ; }
   else
    {
     t=-nw/dn;
     if (dn<0.0)
        {
      if (t < tu) tu = t;
      }
     else
      {
      if(t>tl) tl=t;
      }
   }
   if (tl>tu) return(0);
  }  /* for loop */
  *t1 = tl;
  *t2 = tu;
  return (1);
}
```

当凸多边形是矩形窗口，且矩形的边平行于坐标轴时，上述算法可简化为Liang-Barsky算法。如表4.6.1所示，对于窗口的每条边，列出其内法向量 N_i，该边上一点 A_i，从 A_i 指向线段起点 P_1 的向量 P_1-A_i，以及线段与该边（或延长线）的交点参数。由于每个法向量只有一个非零分量，所以任意一个向量与法向量求内积，相当于给出该向量的相应分量。

表4.6.1 Liang_Barsky算法所用的量

边	内法向量	边上一点 A	P_1-A	$t=\frac{N\cdot(P_1-A)}{-N\cdot(P_2-P_1)}$
左 边 $x=XL$	(1, 0)	(XL, y)	(x_1-XL, y_1-y)	$\frac{x_1-XL}{-(x_2-x_1)}$
右边 $x=XR$	(−1,0)	(XR,y)	(x_1-XR,y_1-y)	$\frac{-(x_1-XR)}{(x_2-x_1)}$
下 边 $y=YB$	(0,1)	(x,YB)	(x_1-x,y_1-YB)	$\frac{(y_1-YB)}{-(y_2-y_1)}$
上 边 $y=YT$	(0,−1)	(x,YT)	(x_1-x,y_1-YT)	$\frac{-(y_1-YT)}{(y_2-y_1)}$

Liang_Barsky算法如下：

```
#define FALSE=0
#define TRUE=1
int notreject(denom, num,tl,tu)
float denom, num, *tl, *tu;
{
     float t;
     int accept;
     accept = true;
     if (denom < 0)
```

```
        {
            t=num/denom ;
            if (t> * tu) accept=FALSE;
            else if (t> * tl) * tl=t;
        }
        else if (denom>0)
        {
            t=num/denom;
            if (t< * tl) accept=FALSE;
            else if (t< * tu) * tu=t;
}
    else if (num < 0) accept = FALSE ;
    return(acccept);
    }
    L_B_LineClip (P1, P2, t_min, t_max, visible)
    float P1[2], P2[2], * t_min, * t_max;
    int * visible;
    {
        * visible = FALSE ;
        tl = 0.0 ; tu = 1.0 ;
        dx = P2[0] - P1[0] ;
        dy = P2[1] - P1[1]
        if (notreject (-dx, x1 - XL, &tl, &tu))
          if (notreject (+dx, XR - x1, &tl, &tu))
            if (notreject (-dy, y - YB, &tl, &tu))
              if (notreject (dy, YT - y1, &tl, &tu))
              {
                 * visible = TRUE ;
                 * t_min=tl;
                 * t_max=tu;
              }
        }
```

对四种算法比较，cohen-sutherland 与中点法在区码测试阶段能以位运算方式高效率地进行，因而当大多数线段能够简单地取舍时，效率较好。Cyrus-Beck 算法在多数线段需要进行裁剪时，效率更高。这是因为运算只涉及到参数，仅到必要时才进行坐标计算。Liang-Barsky 算法只能应用于矩形窗口的情形，其效率比 Cyrus-Beck 更高，虽然二者均属于参数化算法。这是因为在此算法中增加了另外的测试，使之在某些情形不必对四条窗口边都求交，就可以排除线段与窗口不交的情况。

4.6.2 多边形裁剪

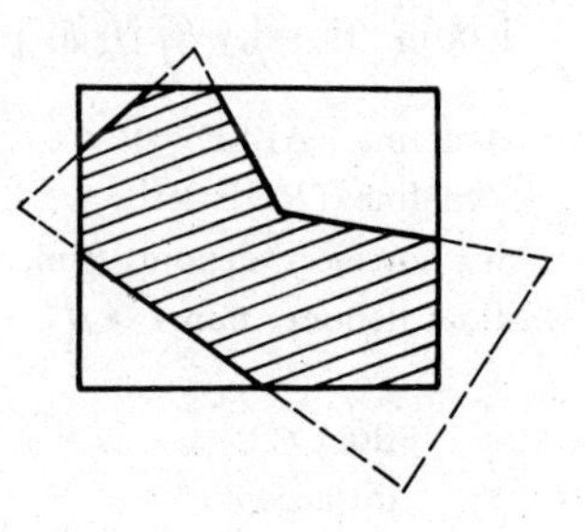
图 4.6.7 多边形裁剪

前面讨论了直线段的裁剪。对于一个多边形，当然可以把它分解为边界的线段逐段进行裁剪。但是，这样做会使原来封闭的多边形变成不封闭的或者一些离散的线段。如图 4.6.7 所示。如果只考虑画线图形，问题还不大。但是当多边形作为实区域考虑时，封闭的多边形裁剪后仍应是封闭的多边形，以便进行填充。为了达到这个目的，可以使用 Sutherland 和 Hodgeman 所发明的逐次多边形裁剪(Reentrant Polygon Clipping)算法。该算法的基本思想是一次用窗口的一条边裁剪多边形,如图 4.6.8 所示。

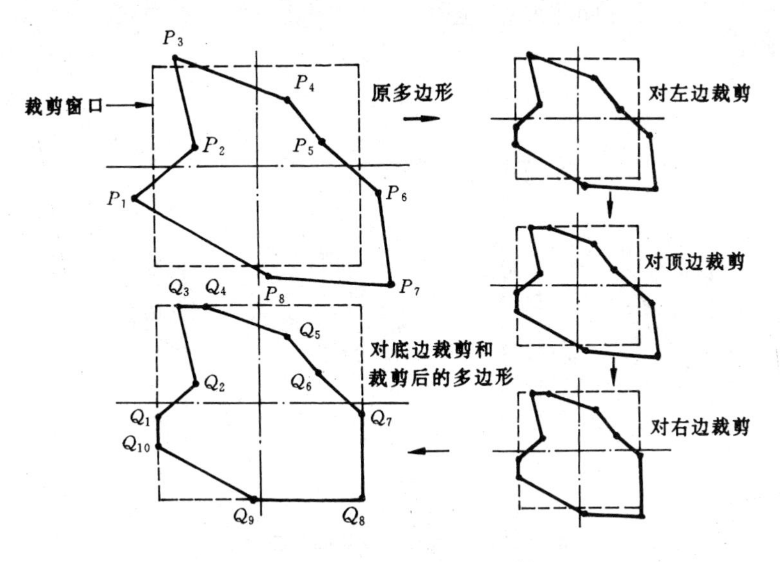

图 4.6.8 逐次多边形裁剪

算法的输入是以顶点序列表示的多边形。用 $P_1 P_2 \cdots P_n$ 表示把 P_1 连到 P_2, P_2 连到 P_3, …,最后把 P_n 连到 P_1 所成的多边形。如图 4.6.9 所示。算法的输出也是一个顶点序列,构成一个或多个多边形,如图 4.6.10 所示。

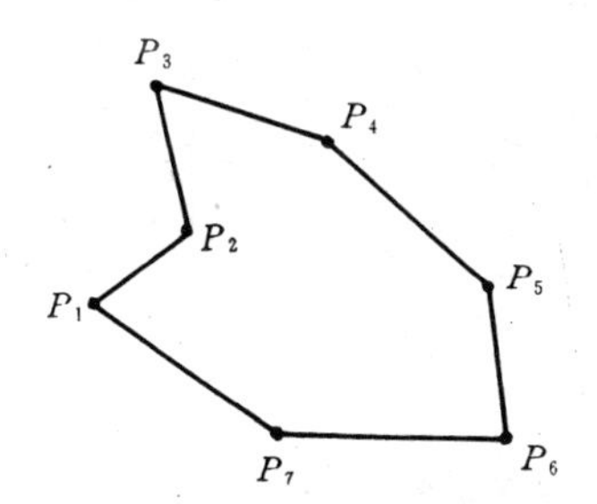

图 4.6.9 输入多边形

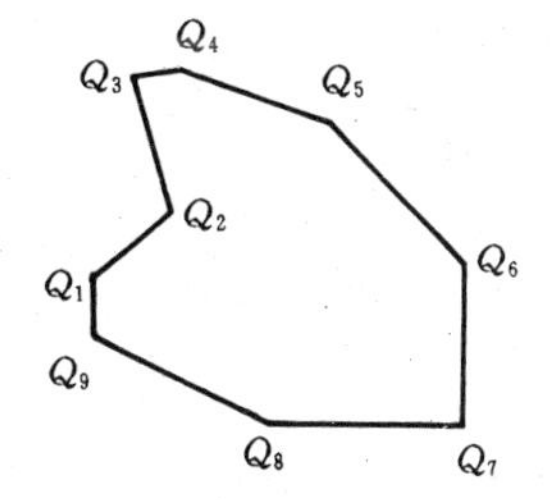

图 4.6.10 输出多边形

算法的每一步,考虑以窗口的一条边以及延长线构成的裁剪线。该线把平面分成两部分:一部分包含窗口,称为可见一侧;另一部分称为不可见一侧。依序考虑多边形各条边的两端点 S、P。它们与裁剪线的位置关系只有四种。如图 4.6.11 所示。

每条线段端点 S、P 与裁剪线比较之后,可输出 0 至 2 个顶点。对于情况(Ⅰ)两端点 S、P 都在可见一侧,则输出 P。(Ⅱ)若 S、P 都在不可见一侧,则输出 0 个顶点。(Ⅲ)若 S 在可见一侧,P 在不可见一侧,则输出线段 SP 与裁剪线的交点 I 。(Ⅳ)若 S 在不可见一侧,P 在可见一侧,则输出线段 SP 与裁剪线的交点 I 和线段终点 P。如图 4.6.12 所示。

完整的算法还应包括对最后一条边的特殊处理。算法框图见图 4.6.13。

上述算法仅用一条裁剪边对多边形进行裁剪,得到一个顶点序列,作为下一条裁剪边处理过程的输入。对于每条裁剪边,算法框图一样,只是判断点在窗口那一侧以及求线段 SP 与裁剪边的交点算法应随之改变。

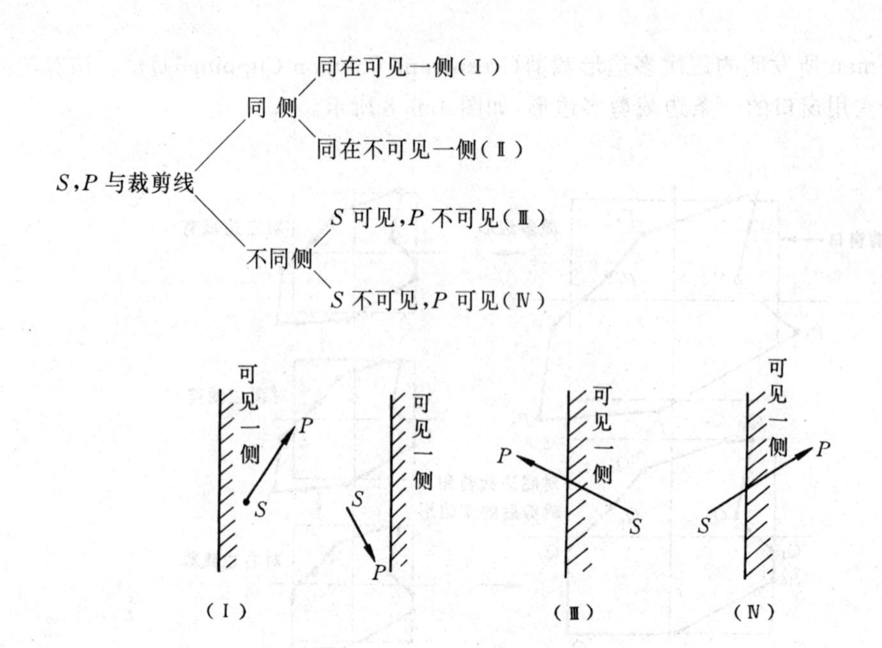

图 4.6.11　S、P 与裁剪线的四种位置关系

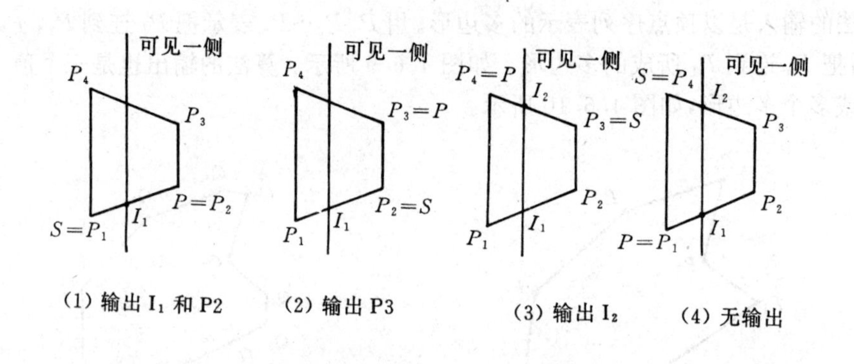

图 4.6.12　用一条裁剪线剪一个多边形的过程

4.6.3　字符裁剪

前面我们介绍了字符和文本的输出,那里的讨论是以当前窗口可以容纳整个字符或文本为前提的。当字符或文本整个不在窗口时,不予显示就是了。然而,当字符和文本部分在窗口内,部分在窗口外时,就提出了字符裁剪的问题。

最简单的字符裁剪方法是把字符方框(即字符掩膜)与窗口比较。若整个方框位于窗口内,则显示对应字符,否则不予显示。

有些应用要求更准确的处理:即使字符只有一部分在窗口内,也要把这一部分显示出来。若字符为点阵型的,只要在把字符掩膜各位写入象素之前,先判断该位对应的象素是否在窗口内。若该位在窗口内则写,否则就不写。

在字符为矢量型的情形,问题就更复杂一些。这时要对跨越窗口边界的笔划进行裁剪,裁去笔划伸到窗口外的部分,保留笔划在窗口内的部分,这个问题可以转化为线段的

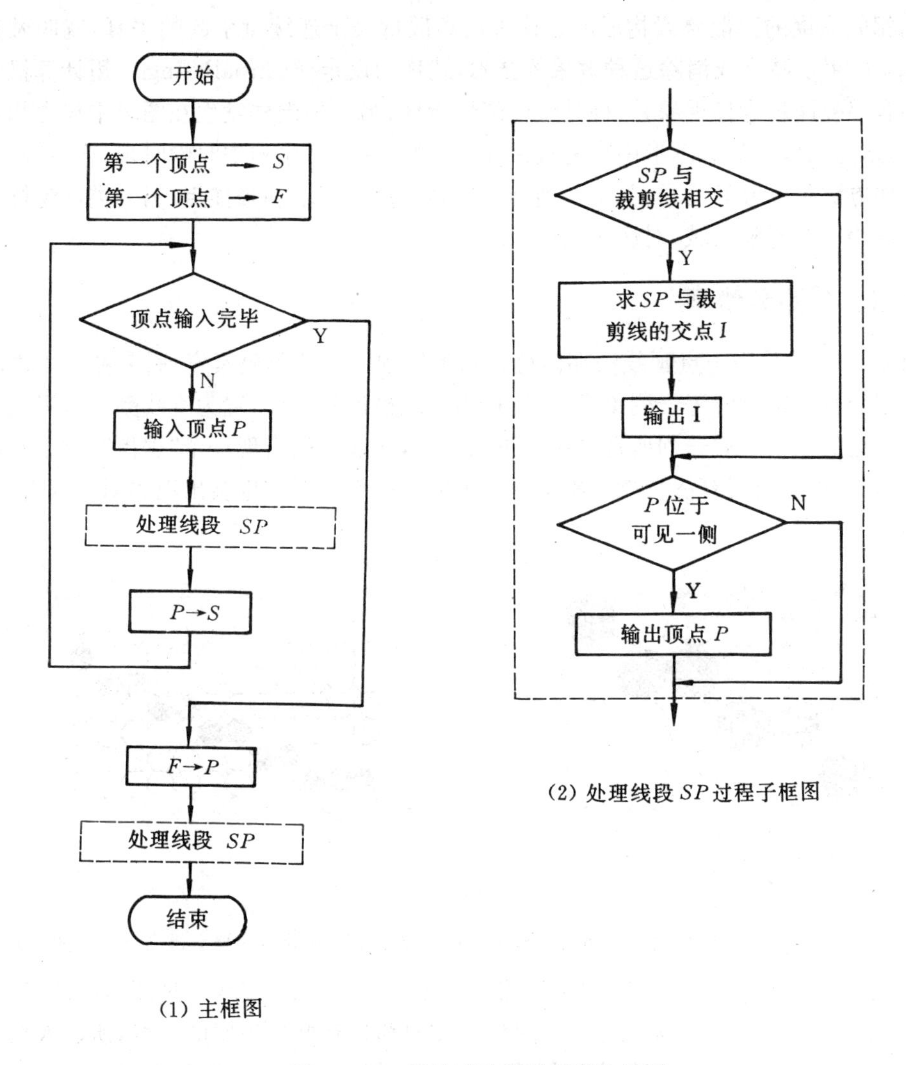

图 4.6.13　逐次多边形裁剪算法框图

裁剪。

字符串裁剪，可以按三个精确度来进行：串精确度、字符精确度、以及笔划/象素精确度。采用串精确度进行裁剪时，当字符串方框整个在窗口内予以显示，否则不显示。采用字符精确度时，当字符串的某个字符方框整个在窗口内时显示该字符，否则不显示。当采用笔划/象素精度时，要具体判断字符串中各字符的哪些象素、笔划的哪一部分在窗口内，处理方法同字符裁剪。

4.7 反　走　样

用我们前面介绍的算法在光栅图形显示器上绘制非水平且非垂直的直线或多边形边界

时，或多或少会呈现锯齿状。这是由于直线或多边形边界在光栅图形显示器的对应图形都是由一系列相同亮度的离散象素构成的。这种用离散量表示连续量引起的失真，就叫做走样(aliasing)。而用于减少或消除这种效果的技术，就称为反走样(antialiasing)。用计算机显示图形时还有另外两种走样现象，一种是纹理图形走样；另一种走样发生在图形中包含相对微小的物体，这些物体在静态图形中容易被丢弃或忽略，在动画序列中时隐时现，产生闪烁。常用的反走样方法可以分为两类：其中一类基于提高分辨率即增加采样点；另一类反走样方法是把象素作为一个有限区域，对区域采样。

4.7.1 提高分辨率

如图 4.7.1，为采用中点画线法在白色背景上绘制的一条单象素宽，斜率在 0、1 之间的黑线。在理想直线经过的每一列象素中，选择离直线最近的一个，置为直线颜色((黑色)，每当前一列所选的象素与后一列所选的象素不同行时，在线上就出现一个“锯齿”。对于其它扫描转换的图形，如果所用算法只能对象素赋两个值。那么图形中也会出现类似的锯齿。

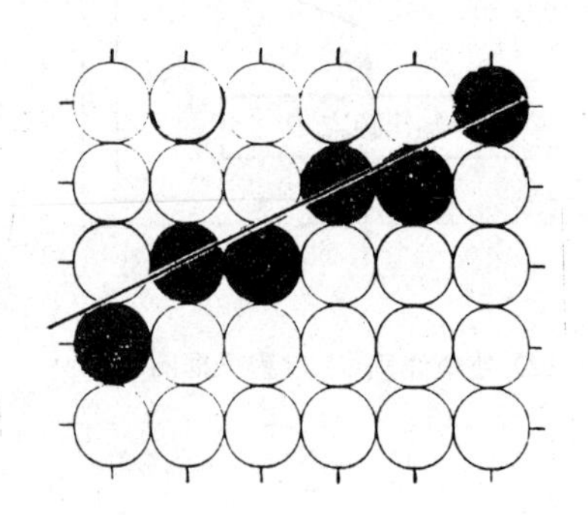

图 4.7.1 用中点算法扫描转换的一条直线段

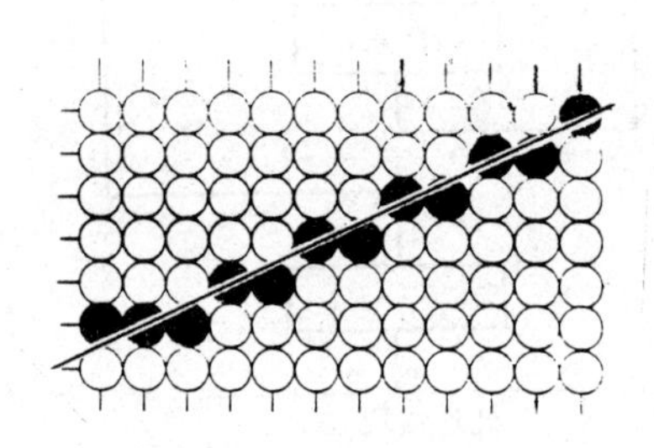

图 4.7.2 把显示器分辨率提高一倍后的结果

现在假设我们把显示器分辨率提高一倍，如图 4.7.2 所示，直线经过两倍的象素，锯齿也增加一倍。但是由于每个锯齿在 x 方向与 y 方向都只有低分辨率的一半，所以效果看起来会好一些，这种改进是以 4 倍的存储器代价和扫描转换时间获得的。因此增加分辨率是不经济的方法，它也只能减轻，而不能消除锯齿问题。

一个折衷的方案是用较高的分辨率进行计算，然后采用某种平均算法，把结果转化到较低分辨率的显示器上进行显示。如图 4.7.3 所示。把每个象素划分为四个子象素，扫描转换算法求得各子象素的颜色值。然后，对四个子象素的颜色值进行简单平均，得到象素的颜色值。

下面再介绍另一种折衷方案。如图 4.7.4 所示，假设显示器分辨率为 $m\times n$，其中 $m=4$，$n=3$，把显示窗口分成 $(2m+1)\times(2n+1)$ 个子象素，对每个子象素计算颜色值，然后根据权值表所规定的权值，对位于象素中心及四周的九个子象素的颜色值进行加权平均，来得到显示象素的颜色值。实践证明，上述两种方案对于改进图形质量都有较好的结果。

前述方法的实质，是在高于显示分辨率的较高分辨率下用点取样方法计算图象，然后对几个象素的属性进行平均得到较低分辨率下的象素属性。下面将要介绍的另一种反走样方法，不是靠提高分辨率，而是在显示分辨率的基础上，把象素当作一个平面区域进行取样，实现反走样。

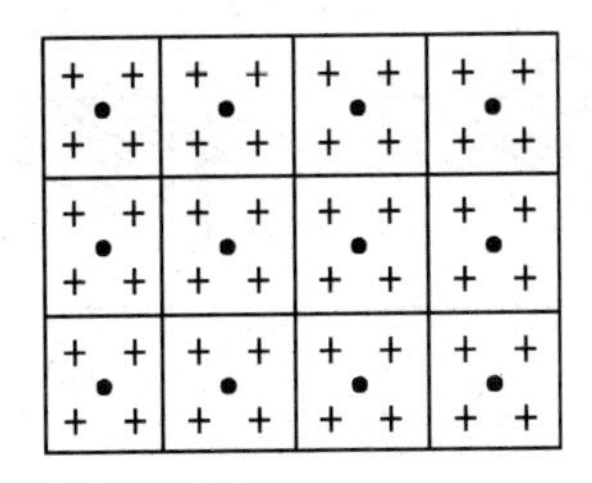

图 4.7.3　子象素示意图

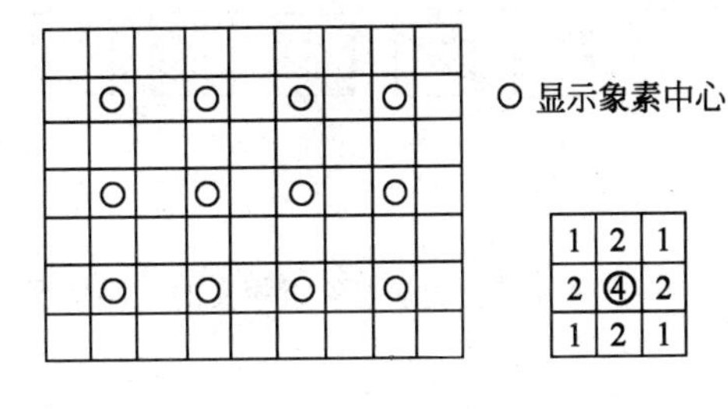

图 4.7.4　用于加权平均的子象素划分

4.7.2　简单的区域取样

前面介绍的直线扫描算法假定象素是数学上的一个点。象素的颜色是由对应于象素中心的图形中一点的颜色决定的。但是，实际上象素不是一个点，而是一个有限区域。屏幕上所画的直线段不是数学意义上的无宽度的理想线段，而是一个宽度至少为一象素单位的线条。所以，把屏幕直线看成如图 4.7.5 所示的长方条形更合理。在绘制该直线条时，所有与该长方条相交的象素都采用适当的宽度给予显示。当然这要求显示器各象素可以用多灰度显示。

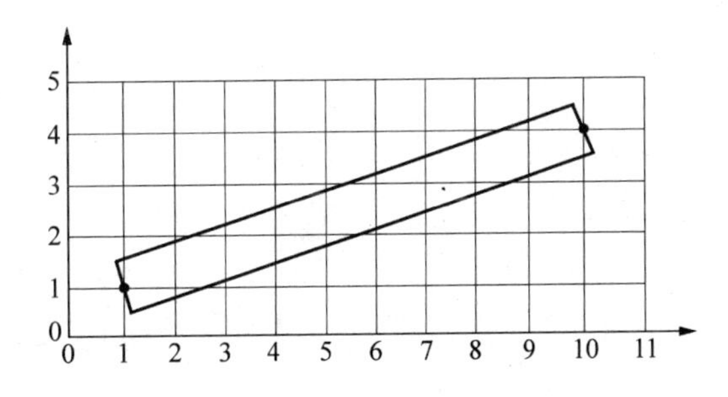

图 4.7.5　有宽度的线条轮廓

下面为简单起见，假设象素中心是在网格点上的不相交的正方形，象素的灰度与它落在直线条内的面积成正比。在多灰度黑白显示器上，在白色背景上绘制一条黑线时，若一个象素整个落在线条上，则将它置为黑色。若一个象素与线条部分相交，根据相交部分的大小来选择不同的灰度。相交部分大的象素更黑一些，相交部分小的象素更白一些。这种方法将产生模糊的边界，以此来减轻锯齿效应。

假设一条直线斜率为 $m(0\leqslant m\leqslant 1)$。若规定对应的显示直线宽度为一个象素单位，那么直线条与象素的相交情况有五种。如图 4.7.6 所示。我们需要计算出各种情况下阴影部分面积。(1)与(5)类似，(2)与(4)类似，(3)的计算可以转化为正方形面积减去两个三角形面积。因此，我们只讨论(1)和(2)的情形。

如图 4.7.7 所示，在(1)的情形，假设三角形在 y 方向的边长为 D，则 x 方向边长为 D/m，m 为直线斜率。所以，三角形面积为

$$\frac{1}{2}\cdot D\cdot\frac{D}{m}=\frac{D^2}{2m}$$

在(2)的情形，假设梯形的左底边长为 D，则该梯形面积等于长、宽为 D、1 的长方表面积减去两直角边长为 m、1 的直角三角形面积：

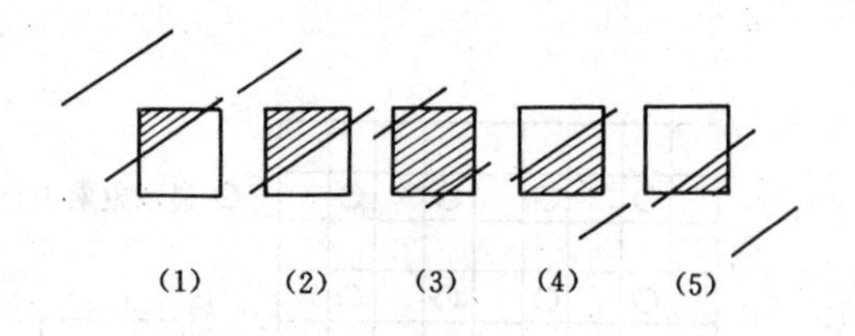

图 4.7.6 线条与象素相交的五种情况

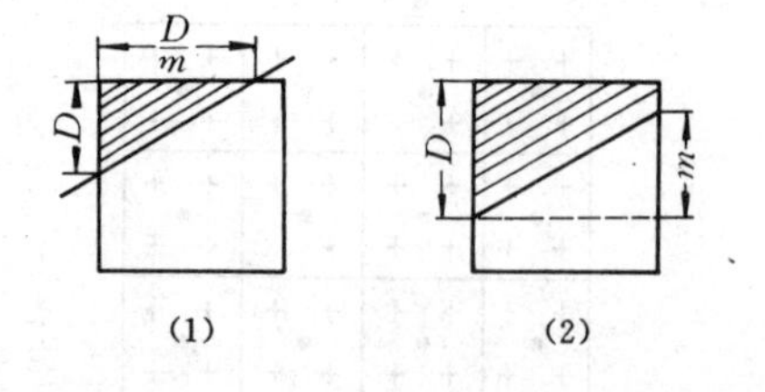

图 4.7.7 用于计算面积的量

$$D-\frac{m}{2}$$

所得的面积是介于 0、1 之间的正数。用它乘以象素的最大灰度值，再取整，可得象素的显示灰度值。用这种面积取样的方法绘制的直线比在相同分辨率下进行点取样绘制的直线，看起来效果要好得多。

从取样理论的角度，这种方法相当于使用盒式滤波器，进行前置滤波后再取样。下面利用图 4.7.8 来解释这种方法的几何意义。

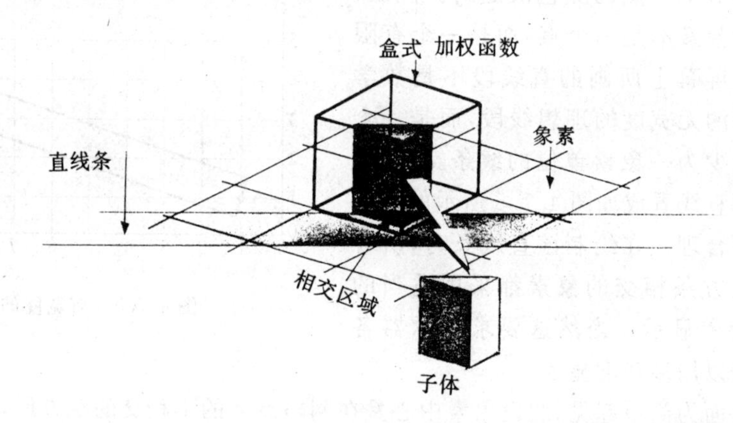

图 4.7.8 盒式滤波器

图中正方体代表盒式滤波器，它是一个二维加权函数，以 w 表示。函数 w 定义域为整个平面，在当前象素所代表的正方形区域上每点取值 1，在其它区域取值 0。直线条经过该象素时，该象素的灰度值可以通过在象素与直线条的相交区域上对函数 w 求积分获得。由于 w 在这个区域上取常量值 1，故此积分的值就是象素与直线条的相交区域的面积。

采用盒式滤波器有二个缺点。一是无论上述区域与理想直线距离多远，各区域中相同的面积将产生相同的灰度值。这仍然会导致锯齿效应，只不过这时的锯齿比点取样情形会模糊一些。第二个缺点是直线条上沿理想直线方向的相邻两个象素，有时会有较大的灰度差。

4.7.3 加权区域取样

为了克服上述两个缺点，可以采用更接近优化的圆锥形滤波器，如图 4.7.9 所示。这里，滤波器（即加权函数）是一个圆锥。圆锥的底圆中心在当前象素中心，底圆半径为一个象素单位。锥高为 1。当直线条经过该象素时，该象素的灰度值是在二者相交区域上对滤波器（函数 w）进行积分的积分值。这相当于使用过直线条两边缘，且垂直于象素区域的一对平面，切割圆锥所得到的，厚度等于直线条宽度的三维物体的体积。

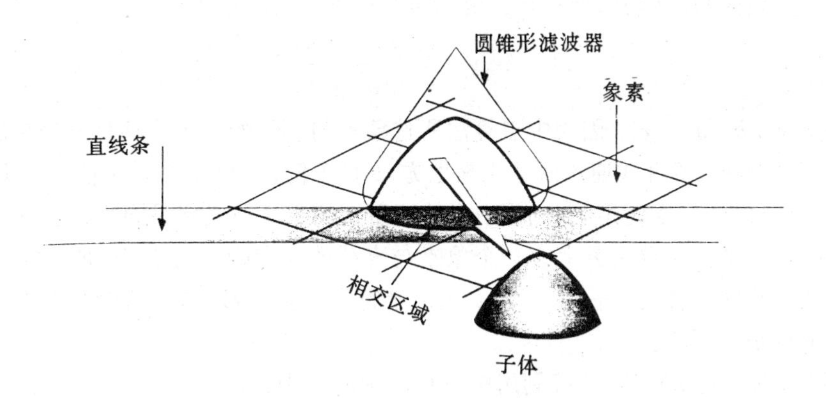

图 4.7.9　圆锥形滤波器

用这种锥形滤波器有如下特点：一是接近理想直线的象素将被分配更多的灰度值。二是相邻两个象素的滤波器相交，所以直线条经过该相交区域时，将对这两个象素都分配给适当的灰度值，这有利于缩小直线条上相邻象素的灰度差。

下面讨论如何把加权面积取样方法结合到直线扫描算法中去。这个结合算法是 Gupta 和 sproull 于 1981 年提出的。为了提高运算效率，可把距离象素中心从小到大的一些代表性的直线条所定义的圆锥过滤器子体的体积计算出来，放在数组 Filter(D,t)中。其中，D 是象素中心与理想直线(直线条中心线)的距离，t 是表示线宽的常量。Gupta 和 Sproull 的论文给出了 $t=1$ 且 D 从 0 到 1.5，以增量 1.5/16 递增所定义的 16 个子体的体积。圆锥的基圆半径为一个象素单位，即相邻两个象素的中心之间的距离。线条的宽度也是一个象素单位。如图 4.7.10 所示。显然，这样的直线条在斜率介于 0、1 之间时，在下一列象素中，与三个基圆相交。

下面我们来修改中点直线扫描转换算法，以实现加权区域取样。在该扫描转换算法中，我们利用判别式 d 的符号决定是取正右方的象素点 P_1 还是右上方的象素点 P_2。在确定这一象素之后，再确定同一列上与该象素相邻的两个象素。根据前面的讨论，它们是与直线条相交的另外两个象素。如图 4.7.11 所示为进行计算所涉及的一些有关几何量。

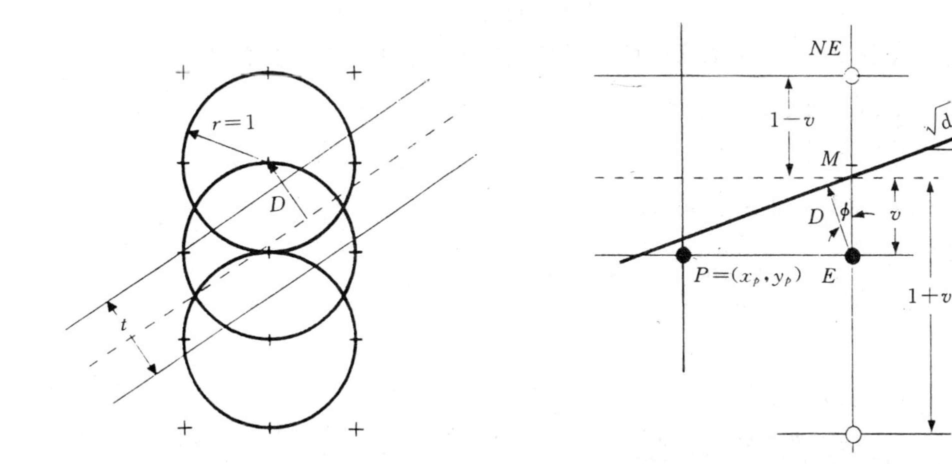

图 4.7.10　单象素宽的线条与三个基圆相交　　图 4.7.11　加权区域取样算法所用的几何量

可以利用三角函数的定义，把垂直距离用竖向位移 v 表示出来

$$D = v\cos\phi = \frac{v \cdot (-b)}{\sqrt{a^2 + b^2}} \tag{4-7-1}$$

其中，$a=y_0-y_1$，$b=x_1-x_0$。因为中点算法所选象素与直线的竖向位移是 y 坐标的差。这个差是个带符号的量。若直线通过所选象素上方，v 是正值；否则，v 就是负值。所以，在滤波函数中使用此位移量时，要使用绝对值。中点算法所选的象素也必定是同列中必须显示的三个象素的中间那一个。所选象素上方一个象素与直线的竖向距离为 $1-v$，所选象素下方一个象素与直线的竖向位移是 $1+v$。由于 v 是个带符号的量，所以这个结论对于直线通过象素下方的情形也是适用的。

v 的计算可以采用增量法，直接利用中点算法中的判别式。

$$d = F(m) = F(x_p + 1,\ y_p + 1/2)$$

假设直线方程为 $F(x, y)=2(ax+by+c)=0$。若直线上一点 x 坐标已知，那么该点的 y 坐标即为：$y=-(ax+c)/b$，对于象素 P_1，$x=x_p+1$，$y=y_p$，　$v=y-y_p$，即：$v=(a(x_p+1)+c)/(-b))-y_p$

两边同乘以 $-b$ 得：$-bv=a(x_p+1)+by_p+c=F(x_p+1,\ y_p)/2$

这就是(4-7-1)式的分子计算式，而(4-7-1)式的分母对于直线是个常量，可事先计算。所以，我们可以从 $d=F(m)$ 的前一步计算结果来递增地计算 $-bv$。进一步的改进是通过对式(4-7-1)中的分子、分母同乘以 2 来避免除以 2，保持整数运算。因此，对于象素 P_1，

$$\begin{aligned} -2vb &= F(x_p + 1,\ y_p) = 2a(x_p + 1) + 2by_p + 2c \\ &= 2a(x_p + 1) + 2b(y_p + 1/2) - 2b/2 + 2c = d - b \end{aligned}$$

因此：$D=(d-b)/2\sqrt{a^2+b^2}$

其中，分母 $2\sqrt{a^2+b^2}$ 是个常量。对于 y_p+1 和 y_p-1 的象素，对应的分子分别是 $2(1-v)(-b)$ 和 $2(1+v)(-b)$，即 $-2b+2vb$ 和 $-2b-2vb$。类似地，对于右上方点 P_2，

$$-2vb=F(x_p+1,\ y_p+1)=2a(x_p+1)+2b(y_p+1/2)+2b/2+2c=d+b$$

位于 y_p+2 和 y_p 处的象素的对应分子分别是：

$$2(1-v)(-b)=-2b+2vb \text{ 和 } 2(1+v)(-b)=-2b-2vb$$

完整的算法如下。前面打星号的语句是在中点画线法的基础上增加的。

```
Antialiase_Line(x0, y0, x1, y1)
int x0, y0, x1, y1;
{
    int a, b, delta1, delta 2, d, x, y, t;
    float p, q;
    a=y0-y1;  b=x1-x0;  d=2*a+b;
    delta 1=2 * a;  delta 2=2*(a+b);
    x=x0;  y=y0;
  *   t=0 ;
  *   p=1/(2 * sqrt(a * a+b * b));
  *   q=-2 * b * p;
  *   adrawpixel (x,y,0);
  *   adrawpixel (x,y+1,q) ;
  *   adrawpixel (x,y-1,q);
```

```
    while (x<x1)
   {
    if (d<0)
    {
*   t=d+b;  x++;  y++;
    d+=delta 2;
   }
   else
   {
*   t=d-b;
    x++;
    d+ = delta 1;
   }
    adrawpixel(x, y, t * p) ;
    adrawpixel(x, y + 1, q - t * p);
    adrawpixel(x, y - 1, q + t * p);
  } /* while */
} /* Antialiase_Line */
```

其中,函数 adrawpixel 的定义如下:

```
 adrawpixel(x,y, distance)
int x,y;
float distance;
{
   float intensity ;
   intensity =Filter(int(abs(distance)));
              /* 查表获得象素的加权区域取样近似值 */
   drawpixel (x, y, intensity);
}
```

4.8 习　　题

1. 将中点画线算法推广以便能画出任意斜率的直线。

2. 采用整数 Bresenham 算法,为一台计算机编制直线扫描转换程序。从键盘敲入两端点坐标,就能在显示器屏幕上画出对应的直线。

3. 在本章介绍的直线扫描转换算法中均假设端点为整数坐标。试设计端点为浮点数坐标的 Bresenham 算法。

4. 试编写按逆时针方向生成第一个 8 分圆的中点算法。

5. 假设圆的圆心不在原点,试编写算法对整个圆进行扫描转换。

6. 试编写可以对一段任意圆弧进行扫描转换的算法。

7. 设计一个多边形区域填充算法,使其边界象素具有一个值,而内部的象素具有另一个值。

8. 推广有序边表算法使之能填充含有曲线边的区域。

9. 上机实现一种区域填充算法。

10. 试设计一个生成具有宽度的直线条的算法，使得沿在线条连接处不出现如图 4.4.2 所示的缺口。如图 4.8.1 所示为两种可用的方案。

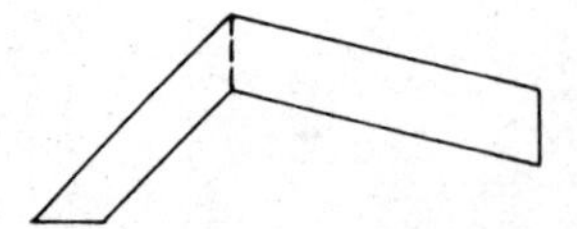

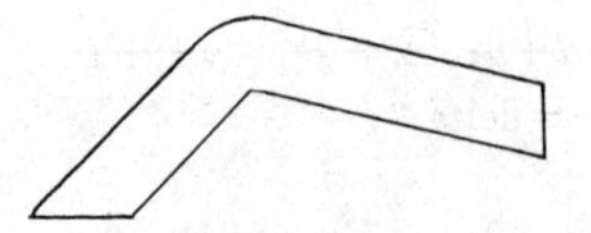

图 4.8.1 直线条的两种连接方案

11. 编写一个程序，从文件输入 4.5.1 矢量字符一节所介绍的 AutoCAD 形定义，在显示器上输出对应的字形。

12. 为 26 个英文大写字母设计 5×7 的字符掩膜矩阵。例如字母 R 可以定义为如图 4.8.2 所示的掩膜矩阵。

13. 编写一程序实现线段裁剪的中点分割算法。

14. 编写一程序实现逐次多边形裁剪算法。

15. 用 C 语言编写一程序（函数）sectpoly（x, y, D, ALF, LST)，在任意封闭的多边形内，画具有一定要求的剖面线。程序的参数意义如下，x, y 为多边形的顶点坐标数组；D 为剖面线之间的距离；ALF 为剖面线与水平轴间的夹角；LST 为剖面线的线型。

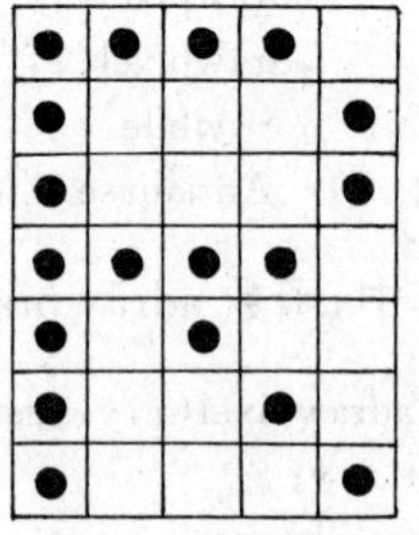

图 4.8.2 字符 R 的掩膜矩阵

16. 将逐次多边形裁剪算法扩充成能输出裁剪窗口内部和外部所有子多边形的算法。

17. 试把图 4.7.4 所示的子象素划分法，结合一个直线扫描转换算法，编写一个反走样的直线扫描转换算法。

18. 试编写一程序实现 4.7.3 节介绍的由 Gupta 和 Sproull 所提出的加权面积取样方法。

第五章

交互式图形程序库——GIL

交互式图形程序库是图形用户接口(GUI)中最普遍的一种,ISO 发布的各种图形标准其用户界面均是以程序库的形式给出来的,如 CGI,GKS,GKS3D,PHIGS,PHIGS+等。在三维图形显示上颇有特色且应用也很广泛的 GL(或 XGL)也是图形程序库。窗口系统,无论是 Motif、OpenLook 还是 MS-Windows,其图形用户接口的基础也是图形程序库 XLib 或 SDK。本章介绍的交互式图形程序库 GIL 是清华大学 CAD 中心开发的,由于把绘图及其属性、交互对话、存储管理、窗口管理、象素操作、交互流程控制融于一体,从而可以很好地支持图形程序库和交互命令两方面的需求。该程序库不仅可用于计算机图形学的教学及其试验,而且也可作为开发交互式图形(或绘图)系统、CAD/CAM 系统等的支撑环境。

5.1 应用 GIL 的预备知识

从上面的介绍我们已经知道有许多功能很强、很有影响的图形程序库,为什么在此还要推荐 GIL? GIL 的运行环境是什么? GIL 中的坐标、变量及控制流程是如何定义的? 文件主要有哪些格式? 界面是什么风格? 本节将针对上述问题进行讨论,以便读者尽快掌握应用 GIL 的预备知识。

5.1.1 为什么要用 GIL

目前,可在工作站和个人计算机上运行的图形程序库已有十余种,为什么还要用交互式图形程序库 GIL? 据我们的分析,主要原因有以下三条:

其一,已有的图形程序库太大、太复杂。从 GKS、GKS3D、PHIGS、PHIGS+、GL 这类图形设备的程序库来看,其子过程和子函数个数均在 300 个以上,而且种类繁多,一般分类都在十余种;函数之间、函数和变量之间的关系复杂;要实现某种功能,尤其是具有对话的功能,用户编写调试程序的工作量较大。像窗口系统中的 Xlib、SDK 函数库和上述几种图形程序库相比,其个数更多,关系更复杂,编制调试程序的工作量更大。应用已有的这些程序库无疑增加了许多用户开发应用系统的工作量。

其二,难以掌握。上述已有的图形程序库平均每套用户使用说明都在千页以上,由于关系复杂，看明白了后面，忘掉了前面。如计算机系的硕士研究生要能掌握一个图形程序库，如XLib或SDK，达到能熟练编写调试交互式图形应用程序，一般需要6个月的时间，这还不包括掌握像进程通信、设备管理、存储管理等图形程序库中较难应用的某些功能。这就使得一般用户对掌握图形程序库有望而生畏之感，有些用户虽然经过较长时间的摸索，甚至还参加过几次有关的培训，但仍然觉得不得要领。

其三，可移植性差。现在基于某个图形程序库开发的应用系统，往往只限于在同类型的设备上运行，极大地影响了程序的可移植性。

为了克服上述三点不足，我们研制开发了交互式图形程序库GIL，并向广大读者推荐应用之。

5.1.2 GIL的运行环境

GIL是在目前应用最广泛的Windows 3.x/Windows 95窗口环境下作为软件平台运行的交互式图形程序库，GIL用VISIUAL C++ 1.5语言编程，可在PC386/486/Pentium个人计算机硬件平台上运行。

GIL提供的过程和函数总共不超过70个，用户使用手册不过几十页，虽然其功能不如XLib和SDK那样庞大，但也基本满足了交互式图形程序系统和应用软件基于窗口环境进行开发和运行的要求。一般稍有编程经验的用户掌握GIL不超过3天，即3天内用户就可以用GIL编制相应交互式图形程序系统或应用软件的图形用户接口。显然，用GIL开发应用软件，缩短了软件开发人员熟悉计算机系统软件、窗口环境和图形程序库的时间，提高了所开发软件的质量和速度。

5.1.3 变量、坐标及控制流程

GIL提供给用户使用的有一个可执行程序和一个程序库，它们是：

(1) gil.lib：这是GIL的主体程序库，应用程序开发者通过在程序中包含gil.h头文件即可自由调用其中的函数。

(2) gilmsg.exe：用户所开发应用系统的提示信息文件编译器。

GIL中所用函数名、变量名、坐标及控制流程的一些约定如下所述：

(1) 函数名和变量名：GIL中提供的函数名均以GIL开头，例如：GILDrawLine，GILShowMsg，GILGetInt等；GIL提供的常量其名字均用大写字母，例如：BLACK，RED，DASH，DOT等；GIL中定义的数据类型其名字均以GIL开头并使用大写字母，例如：GILTCMDLIST，GILGETDATA等。

(2) 坐标系的定义：GIL图形系统中采用设备坐标系(DC)，相应图形窗口区左上角点为设备坐标系原点，垂直向下为Y正方向，水平向右为X正方向。当应用程序需要用户坐标(WC)和规格化设备坐标(NDC)时，可经过GILDC2WC，GILDC2NDC，GILNDC2DC坐标变换来获得。

(3)控制流程：GIL提供给应用系统的交互过程是基于事件驱动的，GIL把系统的交互流程交给应用程序来控制，GIL只提供基本的交互函数。

5.1.4 用户界面

GIL 提供了一个统一格式的用户界面，应用程序不需要也不能够自行定义界面的形式。但是 GIL 为应用程序提供了按自己的需求修正用户界面的接口，这就是菜单文件，菜单文件的书写方式详见后。

GIL 用户界面按从上到下的次序分为以下几个部分：

(1) 界面标题栏

界面标题栏是一个位于窗口顶部的矩形框，在此矩形框里显示界面标题，应用程序在系统初始化时要做的一件事是用 GILPrintTitle 函数定义界面标题栏。

(2) 菜单栏

菜单栏是处于界面标题栏之下的水平菜单，菜单栏中的各项菜单的定义在菜单文件中完成。GIL 提供两种菜单，菜单栏(menu bar 有时称静态菜单)和弹出式菜单(popup menus).弹出式菜单是一个包含有选择项的垂直列表。它通常是在用户选择了菜单栏的某项后才显示(一般称二级菜单)。弹出式菜单能够按次序显示出另一个弹出式菜单(一般称三级菜单)，对应用程序来说，三级菜单已够用。GIL 最多可支持 16 级弹出式菜单，弹出式菜单的定义也在菜单文件中完成。

(3) 图形区

图形区是显示图形的区域。

(4) 文本窗

文本窗集消息显示和命令行两大功能于一体。应用程序在运行过程中输出的消息显示在此窗口中，用户也在此窗口中键入各种操作命令和有关参数。文本窗的高度为三行，但可以前后滚动。

5.1.5 菜单文件格式

在应用 GIL 时，菜单文件是由应用程序开发人员编写的 ASCII 码文件，且规定菜单文件的命名规则为：文件名.mnu。用户可以对一个业已存在的菜单进行修改，或创建新的菜单。通过编辑菜单文件，用户可用规定菜单项目的显示和位置，将某一可执行的特定任务分配给该项目，当该项目被选中时，就执行该项目。系统第一次启动和菜单文件被修改时，将自动调用菜单编译器 menu.dll，将之编译成系统可用的采用内部压缩格式的 menu.mny 文件，以后每次运行时根据 menu.mny 中的定义装载菜单。

一个菜单文件由数个菜单段定义组成，每一菜单段中定义了菜单条(menubar)中的一项及其子菜单。菜单段定义由段标、段标题和数个菜单项定义组成。

菜单源文件书写规范可形式化地描述为下述格式：

菜　　单＝{菜单段}

菜 单 段＝段标

　　　　　段标题

　　　　　{菜单项}

段　　标＝＊＊＊POP_n　　　　　　/＊其中 n＝1～16＊/

段 标 题＝字符串

菜 单 项＝菜单项标 菜单项体

菜单项标＝[字符串]

菜单项体＝字符串

说明：

(1) {}表示其中内容可重复。

(2) 段标的编号 n 的范围为 1～16，即菜单条上最多可显示 16 项，但每个下拉菜单中的菜单项数不受限制。

(3) 每一菜单体可包含一个命令、参数或命令及参数序列。一般来说，每一菜单项占菜单文件的一行。菜单项体中可以含有特殊字符'；'，系统将用回车来代替它。

(4) 菜单项体前面通常用^C^C(两个 Ctrl＋C，Ctrl＋C 表示删除一个命令)，以确保删除先前未完成的命令，返回到 Command：提示。

(5) 当项标为[——]时，扩充成下拉菜单中的分隔线。

(6) 快捷键定义：在项标字符串中可以包含特殊字符 &，该字符不被显示，它使其后的一个字符成为快捷字符，该快捷字符显示时有下划线，用户键入 ALT＋快捷字符 即等价于选中该菜单项。

(7) 级联式子菜单的实现：

菜单项标中可以使用三种特殊的前缀来控制菜单级联：

a. —>　　　指出该项有子菜单

b. <—　　　指出该项是子菜单中的最后一项

c. <—<—　指出该项是子菜单的最后一项，同时也是父菜单的最后一项

菜单文件举例：

```
***POP1
[文件]
[新建文件 &N...]^C^Cnew
[打开文件 &O...]^C^Copen
[文件存盘 &S...]^C^Cqsave
[赋名存盘...]^C^Csaveas
[——]
[版本信息]^C^C'about
[退出 GHCAD]^C^Cquit

***POP2
[绘图]
[直线 &L]line
[圆弧 &A]arc
```

[圆 &C]circle
[->椭圆 &E]
[轴,偏心率]^ C^ Cellipse;
[<-中心,长轴,短轴]^ C^ Cellipse;c;

从这个简单的菜单文件举例中,菜单栏会显示“文件”和“绘图”两个主菜单项,如图 5.1.5(1)所示:

当选中“绘图”菜单时,屏幕上会显示它的一级和二级菜单如图 5.1.5(2)所示:

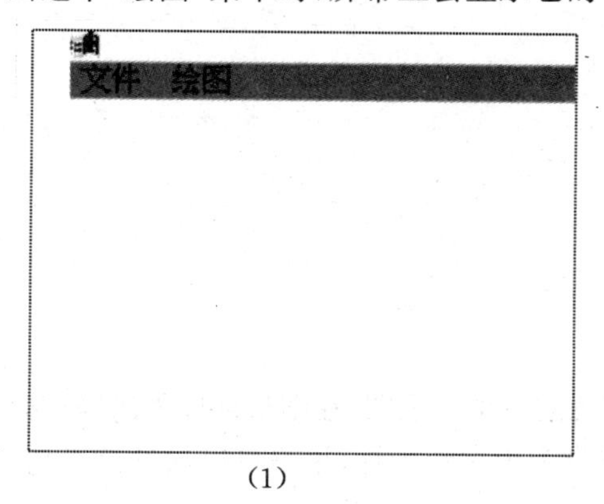

(1)

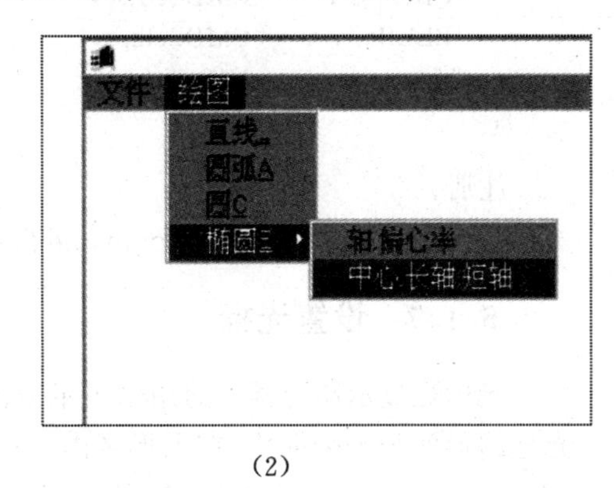

(2)

图 5.1.5

5.1.6 命令列表格式

应用程序员必须在自己的程序中定义一个命令列表,命令列表中定义键盘命令,同时建立键盘命令与执行函数名之间的对应关系。在菜单文件中已经建立了菜单项名与键盘命令之间的关系,这样通过命令列表与菜单文件,就建立起了菜单项名—命令名—执行函数名这三者之间的一一对应关系。在使用 GIL 时,必须同时准备菜单文件和命令列表,二者缺一不可。

命令列表的数据结构为:

```
typedef struct {
    char                  Name[32];      //命令名
    GILTFUNCPTR           Func;          //执行函数名
} GILTCMDLIST;
```

命令列表必须以空命令结束,即命令列表的最后一项必须为:

```
    "␣",          NULL
```

应用程序员在定义了命令列表后必须在程序中进入命令循环之前用 GILCmdRegister 函数对之进行注册,注册格式为:

```
GILCmdRegister(命令列表名);
```

命令列表应用举例:

以上述菜单文件为例,其命令列表的定义为:

```
GILTCMDLIST CommandTab[] =
{
```

```
    "NEW",        CMD_new,
    "OPEN",       CMD_open,
    "QSAVE",      CMD_qsave,
    "SAVEAS",     CMD_saveas,
    "ABOUT",      CMD_about,
    "QUIT",       CMD_quit,
    "LINE",       CMD_line,
    "ARC",        CMD_arc,
    "CIRCLE",     CMD_circle,
    "ELLIPS",     CMD_ellips,
    "",           NULL
};
```

注册：

```
GILCmdRegister(CommandTab);
```

5.1.7 设置光标

光标是显示器屏幕上的用来表示当前位置的一个点位图，在图形区以外的屏幕区域内，光标的形状为一个箭头，在图形区内，系统缺省为十字形光标，用户可以通过设置光标函数GILSetCursor来设置自定样式的光标。

GILSetCursor

功能：设置图形区光标

语法：void GILSetCursor(int type, void (*func)());

输入参数：type　光标类型

type=0　图形区无光标

type=(NORMALCURSOR)　图形区有光标

func　绘制光标的函数名

应用程序员可以编写自己的光标绘制函数，并通过设置光标来控制图形区的光标形状。

举例：用户自定义叉形光标(×)举例如下：

```
void DrawCursor(int x, int y)
{
    GILDrawLine(x-10, y-10, x+10, y+10);
    GILDrawLine(x-10, y+10, x+10, y-10);
}
...
{
    ...
    GILSetCursor(NORMALCURSOR, DrawCursor);
    ...
}
```

5.1.8 系统初始化

在应用程序中必须定义一个系统初始化函数，函数名被规定为WinMain()。在这个函数中应该做以下几件事：

（1）首先定义界面标题 GILPrintTitle( )；

（2）指定菜单文件名 GILSetMenuFile( )；

（3）调用系统提供的初始化函数 GILInitWin( )，初始化应用程序、注册和创建窗口、初始化内存空间、给系统变量分配空间并赋初值。

（4）注册命令列表 GILCmdRegister( )。

（5）进入命令循环 GILCmdLoop( )。

这几个函数的格式如下：

（1）GILPrintTitle

功能：指定界面标题

语法：void GILPrintTitle(char *title)；

参数	描述
title	标题名

（2）GILSetMenuFile

功能：指定菜单文件

语法：void GILSetMenuFile(char *filename)；

参数	描述
filename	菜单文件名

（3）GILInitWin

功能：系统初始化

语法：BOOL GILInitWin(HANDLE hInstCur, HANDLE hInstPrev, LPSTR lpCmdLine, int *n* CmdShow)；

参数	描述
hInstCur	当前实例的句柄
hInstPrev	前一个实例的句柄
lpCmdLine	命令行
n CmdShow	窗口显示状态

（4）GILCmdLoop

功能：命令循环

语法：void GILCmdLoop( )；

应用举例如下：

```
int PASCAL WinMain(HANDLE hInstCur, HANDLE hInstPrev,
                   LPSTR lpCmdLine, int nCmdShow)
{
    GILPrintTitle("界面标题名");
```

```
    GILSetMenuFile("菜单文件名");
    if(! GILInitWin(hInstCur,hInstPrev,lpCmdLine, nCmdShow))
        return FALSE;
    GILCmdRegister(命令列表名);
    GILCmdLoop();

    return TRUE;
}
```

5.1.9 内存空间管理

交互操作的对象不定,内存空间的申请和释放也是不固定的,在交互系统中对内存的申请和释放是必不可少的。GIL 中提供了一套完整的内存管理机制,并给用户提供了申请和释放内存空间的函数,用户在申请的内存空间使用完毕后必须释放,如果只申请不释放,内存空间很快就会被耗尽。

1. GILMemAlloc

功能:分配指定长度的系统内存空间及堆空间

语法:char huge *GILMemAlloc(long *n*)

参数	描述
n	空间长度(以字节为单位)

返回值:可使用空间地址指针

说明:该函数可用来申请用于任何类型数据的内存空间。使用时需将函数的返回值强制转换成所需的类型,申请空间失败时,函数将返回 NULL。

举例:1) 为 1000 个元素的浮点数组分配空间

```
double *x;            //数组头指针
x = (double *)GILMemAlloc((long)1000 * sizeof(double))
2) 为 99 个元素的结构数组分配空间
struct POINT
{
    double x, y, z;
    char red, green, blue;
} *point;
long size;
size = (long)999 * sizeof(struct POINT);
point = (struct POINT *)GILMemAlloc(size);
```

2. GILMemFree

功能:释放指定的经 GILMemAlloc 申请的系统空间及堆空间

语法:void GILMemFree(char huge *data)

参数	描述
data	空间地址指针

说明：虽然在 Windows 环境下释放空间时，所要参照的不是内存空间的头指针，而是申请空间时使用的 handle，但是由于 GIL 中自动建立了 buf 和 handle 之间的对应关系，所以可以直接用空间的头指针来释放该空间。

5.2 如何用 GIL 绘图

在交互式图形及大量的应用软件中输出图形经常是少不了的工作，GIL 程序库为用户提供了一套有关绘图输出的基础子程序和函数，如调色板控制、图素和字符的生成等，用户可以在此基础上构造更为复杂图形画面的子程序和函数。

5.2.1 图形区属性

本节介绍与图形区属性有关的一些函数，包括清图形区、设置调色板、设置背景色、设置绘图属性(线型、线宽和属性)、设置绘图模式的函数。

1. GILClearScreen

功能：清屏，即用背景色填充图形区

语法：void ClearScreen()

2. GILDefaultColorMap

功能：设置缺省的颜色映射表

语法：void GILDefaultColorMap(unsigned char entries[256][3])

输入参数：无

输出参数：存放各颜色的 RGB 分量的映射表 entries

返回值：无

3. GILSetColorMap

功能：按映射表值设置调色板

语法：void GILSetColorMap(int start, int *n*, unsigned char entries[][3])

参数	描述
start	调色板中的开始入口号
n	调色板长度
entries	存放各颜色的 RGB 分量的映射表

说明：此函数按照用户定义的颜色映射表设置调色板，并选中它为当前调色板。

4. GILSetBkColor

功能：设置图形区的背景色

语法：void GILSetBkColor(int color)

参数	描述
color	颜色在调色板中的入口号

八种常用颜色定义如下：

颜色常量	值	描述
BLACK	0	黑色
BLUE	1	蓝色
GREEN	2	绿色
CYAN	3	青色
RED	4	红色
MAGNEAT	5	紫色
YELLOW	6	黄色
WHITE	7	白色

5. GILGetBkColor

功能：取图形区的背景色的调色板入口号

语法：void GILGetBkColor(int *color)

参数	描述
color	颜色在调色板中的入口号

6. GILSetLineAttr

功能：设置系统的画线属性

语法：void GILSetLineAttr(int color，int style，int width)

参数	描述
color	颜色在调色板中的入口号
style	线型
width	线宽(象素单位)

系统定义的线型为：

线型常量	值	描述
SOLID	0	实线
DASH	1	虚线
DOT	2	点虚线
DASHDOT	3	点划线

说明：设置此属性后，所有后继划线操作都延用此属性。在应用程序中，color、style 两个属性可以直接用符号常量，也可以直接引用数值。

举例：

```
GILSetLineAttr(GREEN, SOLID, 3); 或者 GILSetLine Attr(2, 0, 3);
GILDrawLine(0, 0, 100, 200);
```

则从(0，0)到(100，200)画了一条线宽 3 个象素的绿实线。

7. GILSetDrawMode

语法：void GILSetDrawMode(int mode)

功能：设置系统作图模式

参数	描述
mode	作图模式

系统设定的作图模式有三种：

模式常量	值	描述
COPYMODE	0	拷贝模式
NOTMODE	1	反相模式
XORMODE	2	异或模式

5.2.2 绘制基本图形

本节介绍 GIL 中绘制直线段、矩形、圆弧等基本图形有关函数的用法。

1. GILDrawLine

功能：画一条线段

语法：void GILDrawLine(int xs, int ys, int xe, int ye)；

参数	描述
xs	起点的象素坐标 x 值
ys	起点的象素坐标 y 值
xe	终点的象素坐标 x 值
ye	终点的象素坐标 y 值

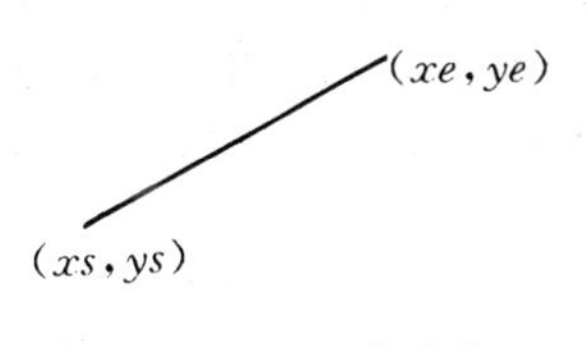

图 5.2.2(1)　一条直线段

图例：见图 5.2.2(1)所示。

2. GILDrawRect

功能：画一个正矩形

语法：void GILDrawRect(int left, int top, int right, int bottom)

参数	描述
left	矩形左上角点象素坐标 x 值
top	矩形左上角点象素坐标 y 值
right	矩形右下角点象素坐标 x 值
bottom	矩形右下角点象素坐标 y 值

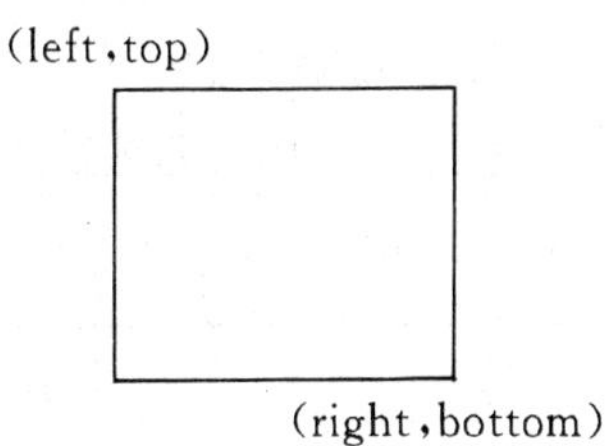

图 5.2.2(2)　正矩形

图例：见图 5.2.2(2)所示。

3. GILDrawCircle

功能：已知圆心和半径画圆

语法：void GILDrawCircle(int x_0, int y_0, int r)；

参数	描述
x_0	圆心象素坐标 x
y_0	圆心象素坐标 y
r	半径象素值长度

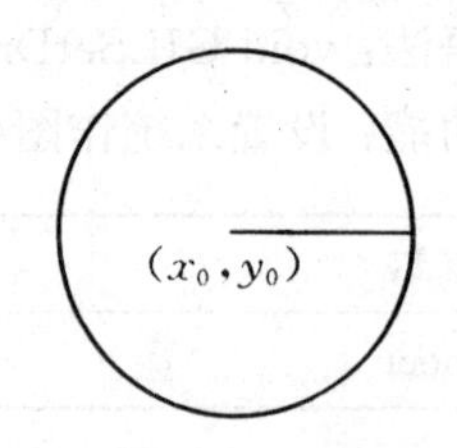

图 5.2.2(3) 圆心半径圆

图例:见图 5.2.2(3)所示。

4. GILDraw3PArc

功能:过三点作圆弧

语法:void GILDraw3PArc(int xs, int ys, int xm, int ym, int xe, int ye);

参数	描述
xs	起点象素坐标 x
ys	起点象素坐标 y
xm	中点象素坐标 x
ym	中点象素坐标 y
xe	终点象素坐标 x
ye	终点象素坐标 y

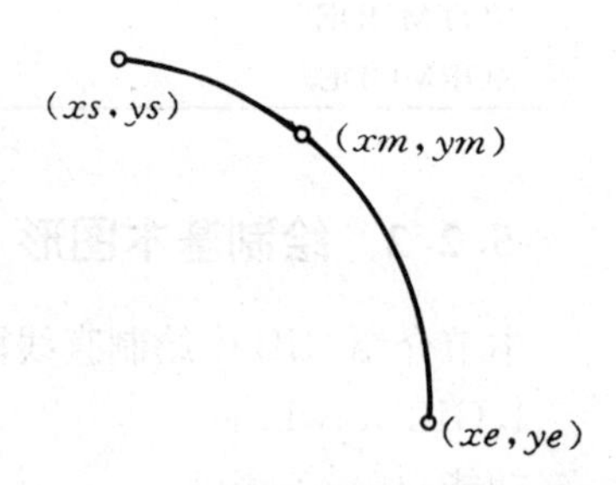

图 5.2.2(4) 三点圆弧

图例:见图 5.2.2(4)所示。

5. GILDrawArc

功能:已知圆心、半径、起始角和终止角作一段圆弧。

语法:void GILDrawArc(int x_0, int y_0, int r, double angs, double ange)

参数	描述
x_0	圆心象素坐标 x
y_0	圆心象素坐标 y
r	半径象素值长度
angs	起始角的角度数
ange	终止角的角度数

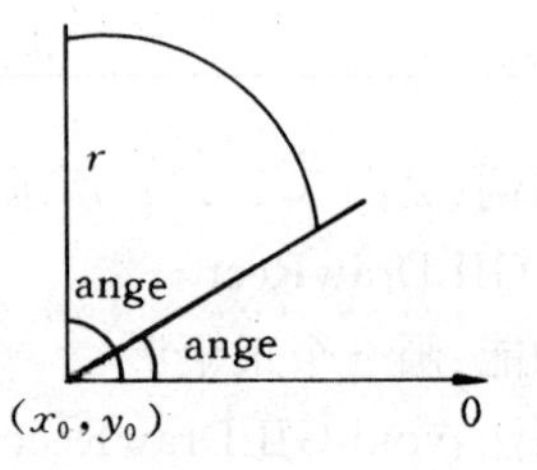

图 5.2.2(5) 圆心、半径、起、终点圆弧

说明:逆时针旋转为正,顺时针旋转为负角度。

图例:见图 5.2.2(5)所示。

6. GILDrawPline

功能:作多边形,即依次画出线段 P_iP_{i+1}。

语法:void GILDrawPline(POINT *ptArray, int n);

参数	描述
ptArray	多边形顶点数组头指针
n	多边形顶点数

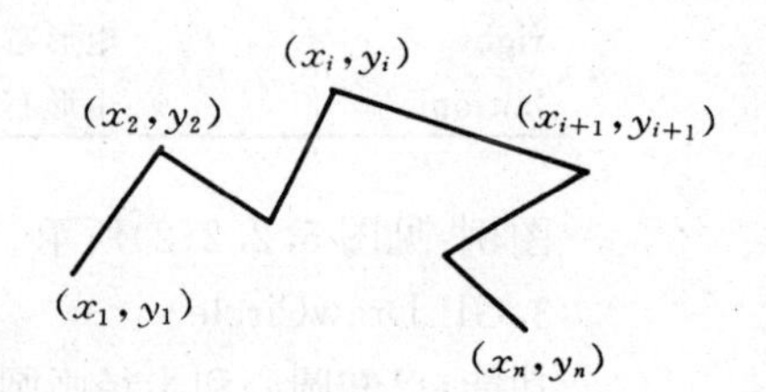

图 5.2.2(6) 折线集

说明:在 n 个点之间连接 $n-1$ 条直线段,形成一条折线集。

图例:见图 5.2.2(6)所示。

7. GILDrawEllipseArc

功能:已知椭圆弧的外接矩形和起始角、终止角作椭圆弧。

语法:void GILDrawEllipseArc(int left, int top, int right, int bottom, double angs, double ange) ;

参数	描述
left	外接矩形左上角点象素坐标 x
top	外接矩形左上角点象素坐标 y
right	外接矩形右下角点象素坐标 x
bottom	外接矩形右下角点象素坐标 y
angs	起始角的角度数
ange	终止角的角度数

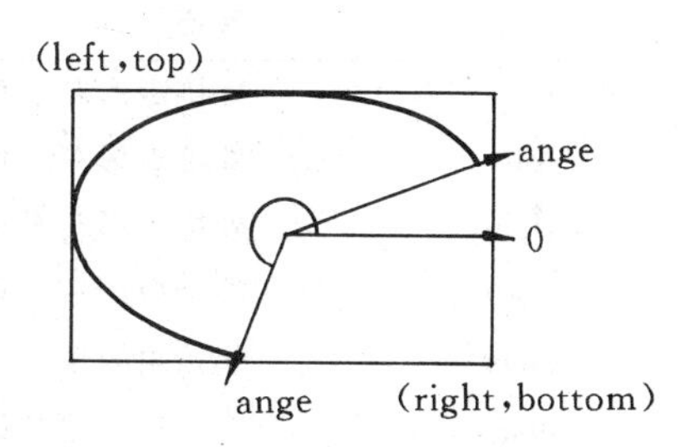

图 5.2.2(7) 椭圆弧

说明:逆时针旋转为正角度,顺时针旋转为负角度。

图例:见图 5.2.2(7)所示。

5.2.3 区域填充

区域填充一般分为画边界填充和不画边界填充,填充的内容可以是某种颜色,也可以是某种图案。

1. GILFillRect

功能:用指定颜色填充矩形

语法:void GILFillRect(int left, int top, int right, int bottom, int color) ;

参数	描述
left	矩形左上角点象素坐标 x 值
top	矩形左上角点象素坐标 x 值
right	矩形左上角点象素坐标 x 值
bottom	矩形左上角点象素坐标 x 值
color	填充颜色索引值

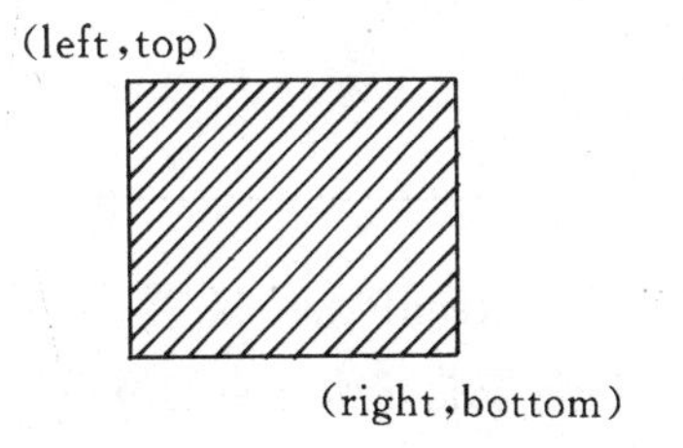

图 5.2.3(1) 用指定颜色填充正矩形

图例:见图 5.2.3(1)所示。

2. GILFillPolygon

功能:用指定颜色填充多边形。

语法:void GILFillPolygon(POINT * ptArray, int *n*, int color)

参数	描述
ptArray	多边形顶点数组头指针
n	多边形顶点数
color	颜色索引值

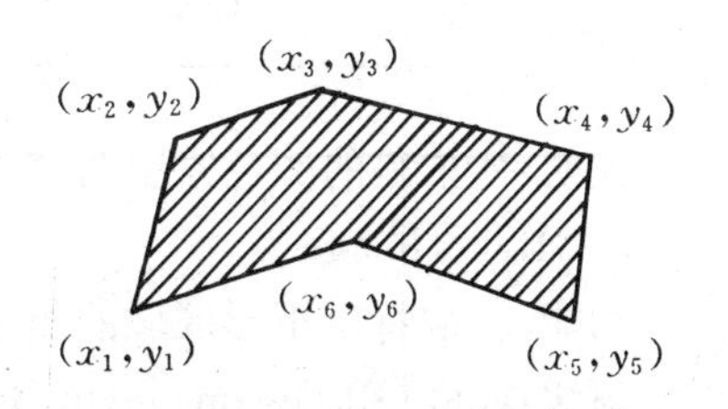

图 5.2.3(2) 用指定颜色填充多边形

图例:见图 5.2.3(2)所示。

3. GILFillEllipseArc

功能:用指定颜色填充椭圆弧和连接椭圆弧起终点的弦所围的区域。

语法:void GILFillEllipseArc(int left, int top, int right, int bottom, double angs, double ange, int color);

参数	描述
left	外接矩形左上角点象素坐标 x
top	外接矩形左上角点象素坐标 y
right	外接矩形右下角点象素坐标 x
bottom	外接矩形右下角点象素坐标 y
angs	起始角的角度数
ange	终止角的角度数
color	颜色索引值

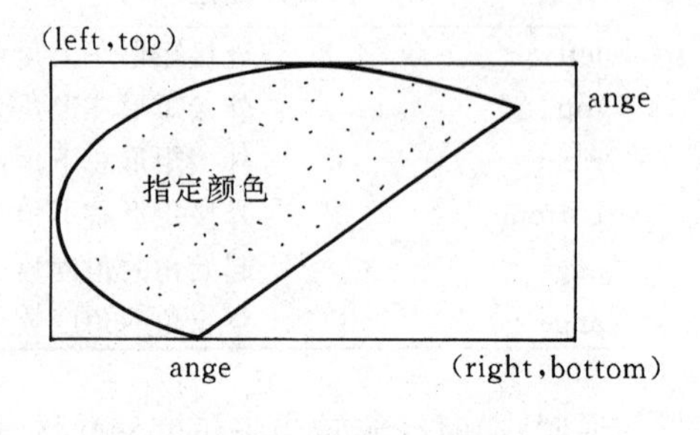

图 5.2.3(3) 用指定颜色填充椭圆弧区域

图例:见图 5.2.3(3)所示。

5.2.4 象素操作

在光栅显示器普遍使用的情况下,图形输出和管理的基础是对象素的操作。

1. GILWritePixel

功能:用指定颜色在指定位置画点

语法:void GILWritePixel(int x, int y, int color);

参数	描述
x	已知象素点的 x 坐标
y	已知象素点的 y 坐标
color	颜色索引值

2. GILReadPixel

功能:取指定坐标点的颜色。

语法:void GILReadPixel(int x, int y, int *color);

参数	描述
x	已知象素点的 x 坐标
y	已知象素点的 y 坐标
color	颜色索引值

说明:所取得的颜色索引值存放在 color 中。

3. GILGetImage

功能:获取特定矩形区域的象素值。

语法:void GILGetImage(int left, int top, int right, int bottom, char huge *image);

参数	描述
left	指定矩形区域左上角点象素坐标 x
top	指定矩形区域左上角点象素坐标 y
right	指定矩形区域右下角点象素坐标 x
bottom	指定矩形区域右下角点象素坐标 y
image	存放该区域象素值的空间的头指针

4. GILPutImage

功能:将由 GILGetImage()函数调用取得的矩形区域拷贝到指定的位置。

语法:void GILPutImage(int x, int y, char huge *image);

参数	描述
x	指定位置象素坐标 x
y	指定位置象素坐标 y
image	存放矩形区域象素值的空间的头指针

5. GILAreaCopy

功能:将指定区域的象素值存放在文件中。

语法:void GILAreaCopy(char *filename, int x_1, int y_1, int x_2, int y_2);

参数	描述
filename	文件名
x_1	指定区域左上角象素坐标 x 值
y_1	指定区域左上角象素坐标 y 值
x_2	指定区域右下角象素坐标 x 值
y_2	指定区域右下角象素坐标 y 值

6. GILAreaShow

功能:将文件中的内容显示在指定位置。

语法:void GILAreaShow(char *filename, int x_0, int y_0);

参数	描述
filename	文件名
x_0	指定区域左上角象素坐标 x 值
y_0	指定区域左上角象素坐标 y 值

说明:这里的文件应该是由 GILAreaCopy( )函数按系统规定的格式建立的。

5.2.5 字符和汉字

本节介绍的字符函数涉及设置字符属性、设置输出字符的属性和位置以及中文字符等。

1. GILSetTextStyle

功能:设置字符属性

语法:int GILSetTextStyle(float height, float widfactor, float angle, int backwards, int up_down, int orient);

参数	描述
height	字高(象素值)
widfactor	高宽比
angle	字符串与水平轴夹角
backwards	字符正反特性:backwards=1 从背面看;等于 0,为正常
up_down	字符上下特性:up_down=1 上下颠倒;等于 0,为正常
orient	字符水平垂直特性:orient=1 水平排列;等于 0,为正常

2. GILSetTextAttr

功能:设置输出字符的属性,设置此属性后,所有的字符输出都沿用此属性。

语法:int GILSetTextAttr(int align,int mirror,int height,double rotation);

参数	描述
align	字符输出对齐方式:等于 0 左对齐;等于 1 中对齐;等于 2 右对齐
mirror	字符输出对称方式:等于 1 镜象对称;等于 0 正常
height	字符高度
rotation	字符串旋转的角度

3. GILDrawText

功能:在指定位置输出字符串

语法:extern int GILDrawText(int *xx*,int *yy*,char * text);

参数	描述
xx	指定位置象素 x 值
yy	指定位置象素 y 值
text	欲输出的字符串

说明:欲输出的字符串 text 若是 ASCII 码字符则直接存放,若是汉字则存放内码。

5.3 如何用 GIL 实现人-机交互操作

经过上一节的介绍,我们已经知道如何用 GIL 输出基本图形和字符,以及如何设置它们的有关显示属性。在这一节我们将要学习如何利用交互设备实现人和计算机的交互操作,学会如何编制高质量的交互程序。人-机交互(GHI)由两部分组成:界面与对话。界面是人-机交互的媒介,具体来说,它是可操作、可感觉的硬件设备,诸如鼠标、键盘、屏幕等,以及它们在某一时刻所呈现的状态。对话是人-机进行语义交流的过程,如果说界面是针对硬件而言,那么对话就是针对软件而言。比如同一键盘在不同时刻所提供的界面是一样的(人总是通过击键在一个对话过程中表示肯定或否定)。因此,界面与对话的关系是对话以界面为基础,界面决定对话的方法,对话则赋予界面以有效的含义。交互技术中的构件,如对话框、文件选择框、警告框、消息框、选择按钮、固定菜单、弹出式菜单、滚动棒、图标等工具为构造交互界面提供了方便。本节将介绍GIL中有关交互界面和对话的函数。

5.3.1 人的因素

在编制交互程序时,程序员需要处理许多在非交互的批处理程序中未曾遇到过的问题。除了要处理多种交互设备、交互任务和交互技术的相关问题外,还要处理人的因素及其感观方面的问题,充分考虑交互功能的完整性和一致性,满足交互系统的易学易用等要求。

人-机交互的关键在人。无论是设计交互系统的人,还是交互系统的用户,对交互操作的全过程都应记住以下要求:

(1) 提供的交互操作序列要简单一致;

(2) 在交互操作的过程中,不应用太多选项和繁杂的样式,以免加重用户不必要的负担;

(3) 在交互操作的每一步都应有清晰明了的选项;

(4) 在交互操作的每一步都应给用户适当的反馈信息或提示信息;

(5) 允许用户能方便地恢复到出错前的状况。

例如,图文明晰的菜单或图标是交互操作中常用的交互构件,但是用低亮度的,或易擦除的菜单或图符作为交互构件是不可取的。再如,即时响应用户的交互操作是十分必要的,键入的字符应能立即在光标处显示出来;用户等待显示输出结果的时间不要长于人的忍耐时间(1秒);移动鼠标器时屏幕上的光标应随之立即运动,而且光标到达不同区域应改变光标的形状来反映相应区域所起的作用或功能。又如,能恢复到交互过程中所发生错误前的状态是交互系统中必备的功能,其原因是交互操作中出错是难免的,有此功能才可使交互操作少走弯路。但要实现这条要求,就需要交互系统具有反向执行和在正向执行(Undo/Redo)的功能,即要记录交互过程中的每一步操作,并能正、反方向执行。只有充分考虑了人的因素的交互系统,才能真正得到用户的欢迎。

5.3.2 对话框

对话框是交互系统中应用最广泛的交互构件,也是为特殊目的输入所创建的临时窗口,并在使用后立即清除。交互系统经常用对话框提示用户选择和输入当前所需要的附加信息。根据不同应用的要求,需要多种类型的对话框,如提示信息对话框、多选一对话框、变行变列对话框等。为什么对应用程序用户接口要使用对话框呢?其中一个原因是它可以使应用程序的界面与操作系统保持一致的图形界面;另一方面使用对话框较回答一系列提示符要更容易、更自然、更快。此外,用户接口编程较其它编程类型需要更多的错误检查和仔细考虑,而在图形环境中出错处理更容易更直观。并且,对话框允许用户键入数据的顺序改变,反映用户工作方式,既使是对缺少实践者来说也有直观性。若用户在编码和测试前仔细计划对话框和应用,从长远来看,这样可以节约时间和减少困难。GIL中允许用户设计并执行自己的对话框,本节将说明如何完成这个过程。

总的来说,可以从两个方面定义对话框:

(1) 设计对话框

对话框由ASCII文件定义,该文件是用对话框控制语言(DCL)写的。对话框的DCL描述定义对话框是怎样出现以及所包含的内容。对话框的设计是以约束条件为基础的。框的尺寸及其部件的布局遵循不变的规则,如同段落由字处理软件形成一样。用户也不需要指出每一部分的大小及具体坐标位置,自动布局将有助设计的始终如一性。

(2) 在自己的应用程序中驱动对话框

在一定程度上,对话框的部件定义了其行为方式,但一个对话框的实际使用和行为将依赖于用到它的应用程序。GIL 中提供操作这些对话框的函数。

5.3.2.1 对话框运行方式

对话框的使用是严格交互式的,一个命令可以启动一个对话框,用户交互提供输入并控制之。

5.3.2.2 对话框的组成

在对话框创建和定制时,组成对话框的元件被称为片型框(tile)。基本的片型框诸如按钮、编辑框、列表、图象等已经由 GIL 定义了,用户可以通过把这些片型框组成行列,外面加框和不加框的方法来创建更为复杂的片型框,因此对话框可以内部组织成层次或树形结构形式,树根即为对话框本身,树叶总是预定义的片型框。一个片型框的布局、出现和行为将由片型框属性(attribute)用 DCL 指定。当用户选择一有效片型框,如:按下按钮,对话框将通知处理该对话框的应用程序,这被称为动作(Action)或回调(Callback)。一个 Action 的结果对用户来说可能是可见的(如选择确认按钮关闭对话框),也可能纯粹是一个内部过程。一个 Action 可以返回一个返回码,其含义因不同的 Tile 而异。

5.3.2.2.1 预定义的可激活片型框原形

欲定义的 Tile 原形直接由系统支持,它们的定义描述可参见 basec.dcl 文件。DCL 中有以下几个预定义片型框:

(1) 按钮(button)

按钮的标号指出按钮内出现的文本,每一个对话框至少应包含一个 OK 按钮。

(2) 编辑框(edit_box)

编辑框是一个可以允许用户输入一行文本的域,一个可选择的 label 可显示在该框的左边,此框可水平滚动。

(3) 图象按钮(image_button,也称图标)

当用户选择一图象按钮时,程序获得了实际选取点的坐标,当用户想要显示一小片图形并将不同的含义分配到不同的选取点时,获取坐标是有用的。

(4) 列表框(list_box)

一个列表框包含一系列按行排列的文件字符串框,用于显示一个表,用户可以从中选取一个表。此框可竖直滚动。

(5) 弹出表(popup_list,又称混合框或下拉表框)

功能上等同一个列表框。当次框开始显示时,只有显示区和其右的一个下箭头,按下箭头,弹出一个列表框供用户选择,当前选择项出现在显示区。

(6) 单选按钮(radio_button)

单选按钮是只在单选行或列时出现的一组按钮组成，同一时刻只有一个可以选择。

(7) 滑动框(slider)

滑动框是获得数字值的一种途径，用户可以左右或上下拖动滑动框指示器来获得相应值。

(8) 检查框(toggle，多选按钮)

检查框控制布尔值，其显示成一个小框，框的右边有一个可选择的标号，当用户选取它时，一个×就出现或消失在框中。

5.3.2.2.2　片型框群

片型框可以分组成组合行或列。为了布局，一行或一列被当作单一片型框。把片型框分组成行或列是内部组织对话框一种方法。用户不能选择群，只可选择群所包含的单个(可选择，有效的)片型框。群没有相应的操作分配给它，单选行和单选列除外。用户可以在自己对话框中使用现成片型框来定义行和列。用于这种方式的群叫做子组装，因为其带有其它片型框(子片型框)。在对话框中引用子组装时，不能改变其属性。basec.dcl 文件定义了几种标准子组装：

(1) 列(column)

列中的片型框垂直分布，并用其在 DCL 文件中顺序显示。列可包含任何一种片型框(除去单独的单选按钮)，也可包含行和其它列。

(2) 加框列(boxed_column)

除了带有一个边框和一个可选的按钮外，与列相同。

(3) 行(row)

行如同列一样，只是片型框根据其出现在 DCL 文件的顺序水平出现，而不是垂直出现。

(4) 加框行(boxed_row)

除了带有一个边框和一个可选的按钮外，与行相同。

(5) 单选列(radio_column)

单选列是包含单选片型框的列，同时只能选择一个单选片型框，单选列给出用于一组相互排斥的选择。

(6) 框入单选列(boxed_radio_column)

是一个带边框和可选标签的列单选列。

(7) 单选行(boxed_row)

单选行，如同单选列一样，包含了单选按钮片型框，同时只能选择其中之一。单选行可分配给一个操作。

(8) 框入单选行(boxed_radio_row)

框入单选行是带边框和可选标签的单选行。

5.3.2.2.3　装饰性和信息性片型框

这些片型框不引起任何操作且不能被选择，它们主要用于显示信息或加强视觉效果或帮助对话框布局。

(1) 图象(image)

一个图象即为一矩形，其内显示一个矢量图形。

(2) 文本(text)

文本片型框是为标题或信息目的所显示的文本字符串。因为大部分片型框具有标号以显示文本，用户不必总是使用文本片型框。但是用户可以让 text 开始为空，当出现异常情况时赋予出错消息和警告反馈。

(3) 衬框(spacer)

一衬框是一个不显示任何内容的空片型框。它只用于布局目的，影响邻接片型框的尺寸和布局。

5.3.2.2.4 片型框属性

片型框属性定义其布局和功能。一个属性就如同编程语言变量一样，它包含名和值，而名必须是如下指定类型：

· 整数

代表距离，诸如片型框宽度和高度的数字值，用单位字符高度和字符宽度表示。

· 实型数

实型数总是要有整数部分，例如，0.1 不能写成.1。

· 引用字符串

一个由两引号包括的文本，若该字符串包含双引号，就必须在双引号前面带一反斜杠"\"。字符串也可以包含其它换码序列；下表给出可由 DCL 识别的换码字符。

表 1 在 DCL 中的转义序列

转义序列	字　　符
\"	嵌入的引号
\\	反斜杠
\n	换行
\t	水平制表

· 保留字

保留字是由字母、数字、字符组成，且由字母开头的标识符。例如，许多属性需要 true 或 false 值，保留字对大小写敏感。

与保留字一样，属性名也对大小写敏感。

应用程序总是把属性当作字符串来检索。若用户的应用程序使用数字值，就必须根据需要把字符串值转变过来。

5.3.2.2.4.1 用户自定义属性

用户可以指定自己所定义的片型框属性。属性名可以是不与标准预定义属性名不相冲突的有效名。属性名可包含字母、数字或下划线，但必须由字母开始。自定义属性的定义和赋值由应用程序完成。

自定义属性如同应用程序专用的用户数据一样，都允许管理用户所提供的数据。但用户定义属性是只读的，当对话框有效时，他们是静态的。若用户需动态修改数据，就必须使用用户数据。另一种明显的差别是后者可以在应用程序 DCL 文件中观察到用户定义的属性值；而用户数据则对用户来说是不可见的。

5.3.2.2.4.2 预定义属性

下表用字母顺序概括预定义属性。这些属性将在以后各节中详细描述。

预定义属性小结表

属 性 名	与……相关	含 义
action	所有激活的片型框	AutoLISP 操作表达式
alignment	所有的群	群中水平方向或垂直方向位置
allow_accept	编辑框，图象按钮，列表框	当选中该片型框时，激活 is_default 按钮
aspect_ratio	图象，图象按钮	图象长宽比
big_increment	滑动框	移动的增量距离(平台必需支持对增量的控制)
Children_alignment	行，列，单选行，单选列，框入行，框入列，框入单选行，框入单选列	对齐一群后代
Children_fixed_height	行，列，单选行，单选列，框入行，框入列，框入单选行，框入单选列	固定一群后代的高度
Children_fixed_width	行，列，单选行，单选列，框入行，框入列，框入单选行，框入单选列	固定一群后代的宽度
Color	图象，图象按钮	图象的背景色 (填充色)
edit_limit	编辑框	用户所能键入的最大字符数
edit_width	编辑框，弹出(表)，表	片型框编辑(输入)部分宽度
fixed_height	所有的布局	布局时高度不变
fixed_width	所有的布局	布局时宽度不变
height	所有片型框	片型框高度
initial_focus	对话	具有初始聚焦的片型框键
is_bold	文本	用黑体显示 (平台需支持黑体字)
is_cancel	按钮	当按取消键——通常是 Ctrl+C 时按钮有效(平台需支持键盘输入)
is_default	按钮	当按接收键——通常是 Enter 键，按钮有效(平台需支持键盘输入)
is_cnabled	所有激活的片型框	片型框是缺省可启用的
is_tab_top	所有激活的片型框	片型框为制用表暂停(平台需支持键盘输入)
key	所有激活的片型框	应用程序用到的片型框名称
label	框入行，框入列，框入单选列，框入单选行，按钮，对话，编辑框，列表框，弹出表，单选按钮，文本，切换开关	显示片型框标号
layout	滑动框	滑动框是水平还是垂直
list	列表框，弹出表	显示在表中的初始值
max_value	滑动框	滑动框的最大值

续表

属性名	与……相关	含义
min_value	滑动框	滑动框的最小值
mnemonic	所有激活的片型框	片型框的助记字符(平台需支持键盘输入)
multiple_select	列表框	允许多项选择的列表框
small_increment	滑动框	移动的增量距离(平台需支持增量控制)
tabs	列表框,弹出表	列有显示的制表暂停
value	文本,激活的片型框(除去按钮和图象按钮)	片型框初始值
width	所有	片型框宽度

首先介绍适用于所有片型框的属性

(1) 关键字(key)属性和值(value)属性

这是两个最基本的属性。关键字是一个字符串,指定应用程序用于引用片型框的名。每一可激活的片型框均有一唯一确定的关键字。值属性则指出片型框的初始值,可以在运行时动态改变。

(2) 布局属性和尺寸属性

这些属性用于布局和定尺寸,在大部分场合下,PDB 软件赋给它们缺省值。

width 和 height:需要的片型框尺寸。它们的值是用字符宽度或高度单位来计量。如果没有 fixed 限定,其值在布局时可扩展。

alignment 和 height:指定一组中片型框或其子孙的对齐方式。对一列来说,可以是 left, right, centered,对一行来说,可以是 top, bottom, centered。

fixed_width, fixed_height, childred_fixed_width, 和 children_fixed_height:其值是一个整数或实数,指定片型框或其子孙的固定高度或固定宽度(以字符宽度或字符高度为计量单位)。

(3) 功能属性

这些属性可以和任何有效(非装饰性)片型框一起使用。它们影响片型框的功能而不是布局。

is_enabled　　可能值是 true 或 false(缺省值:true),若为 false,片型框就被初始禁止——可视而不可选择。

is_tab_stop　　可能值是 true 或 false(缺省值:false)。若该片型框失效,既使该属性是 true,也不是一个制表暂停处。若是 false,当用户通过按 Tab 键时,片型框也不接收键盘聚集。

mnemonic　　片型框分配键盘助记符,是片型框标号中带下划线的字符。可能值是引用的单个字符串(无缺省)。该字符必须是片型框标号中的一个字母。

下面将列出预定义片型框类型及其与每片型框类型相关的属性(除去已经描述过的,与大部分片型框相关的属性)。

(1) Boxed_column(加框列)

label　　一个引用的字符串(缺省:“ ”)。标号当作一标题显示在该列中的左上角,可以为空。

(2) Boxed Radio Column (框入单选列)

label　　一个引用的字符串(缺省:“ ”)。该标号被当成一标题显示在该列的左上部，可以为空。

value　　一个包含当前的中单选按钮的关键字(其值为 1)的字符串。

(3) Boxed Radio Row (框入单选行)

同 Boxed Radio Row。

(4) Boxed Row (框入行)

label　　一个引用的字符串(缺省:“ ”)。该标号被当成标题显示在行的左上方。

(5) Button(按钮)

label　　一个引用的字符串(无缺省)。出现在按钮内的文本。

is_default　　等于 true 或 false(缺省值为 false)。若为 true,当用户按 Enter 键时,自动选择缺省按钮。若用户是在已置 allow_accept 属性为 true 的 edit_box,list_box 或 image_button 中,当用户按接收键或连续两次按鼠标时(对于列框框或图象按钮),也会选中缺省的按钮。若另一个按钮正在聚集中,接收键不能选择缺省按钮,在这种情况下,只选择聚集的按钮。

对话框中只能有一个按钮可以置 is_default 为 true。

is_cancel　　等于 true 或 false(缺省:false),若为 true 所选中的按钮系用户按取消键(例如,Esc 或 Ctrl+C)所选择的。在对话框中只有一个按钮能置 is_cancel 属性为 true、is_cancel 按钮总是在操作表达式(回调)完成之后终止对话框。

(6) Column (列)

无框列没有除标准布局属性外的属性。

(7) Dialog(对话)

label　　一个引用的字符串(缺省:无标题)。可选择标题显示在对话框窗口标题条中。

value　　如同 label 一样,值属性把一字符串当作一个可选择的对话框标题显示。然而,该值在布局时不被检查,所以如果用这种方式赋值,就必须确信对话窗足够宽,或文本是可截尾的。

对于一对话来说,除基于布局考虑之外,标号和值是等价的。要动态改变标题(亦即在运行时)就应使用 set_title 函数。

initial_focus　　一个引用的字符串(无缺省),指明对话框内接收初始键盘聚集的片型框。

(7) Edit Box (编辑框)

label　　一个引用的字符串(缺省:空串“”)。显示在该框左边的文本。

edit_width　　一整数或实数值。用框的编辑部分——edit_box 片型框的实际框入部分的宽度单位表示的宽度。若未指定 edit_width 或该值为零,片型框的宽度不固定,框将扩大填充整个可用空间。若 edit_width 非零,该框将右对齐在片型框所占有的空间内,如果有必要把片型框进行“伸展”以求布局目的,PDB 软件在标号和框编辑部分插入空格。

有关左调整标号,右调整编辑框本身的规则有助于更容易垂直对齐 edit_box 片型框。

edit_limit　　一个整数值,用户被允许键入在编辑框中的最大字符数。

value　　一个引用字符串(缺省为空串“”)。放在框中的初始 ASCII 码值。它以左对齐方式显示在框中编辑(输入)区。编辑框值总是以空字符(\0)结束,若用户键入超过 edit_limit 的字符数，则有必要截去多余字符，空字符就附在后面。

allow_accept　等于 true 或 false。如果为 true 且用户按压接收键(通常 Enter 键)，缺省的按钮就"压下"。

(8) Image

color　一个整数或保留字(缺省值:7)，图象的背景(填充)色。

aspect_ratio (长宽比)　指出图象宽度与长度之比(宽度除以长度)。若为零(0.0)，片型框就是图象大小。

可能值是浮点值(缺省:无)。

注意：读者必须将显式指明 width 属性或 height 属性，或其中这样一个属性及 aspect_ratio 来分配给图象。

(9) Image button (图象按钮)

color　颜色为一整数值或保留字(缺省值为 7)，指图象的背景(填充)色。

allow_accept　等于 true 或 false(缺省值为 false)。若为 true，且用户按压了接收键(通常是 Enter)，缺省按钮就"按下"了。

aspect_ratio　长宽比指出图象的宽度与高度的比例(宽度除以高度)。若为零，则片型框为图象大小。

可能值是浮点数(缺省值:无)。

必须显式指定 width 和 height 属性或二者之一及 aspect_ratio 分配给图象按钮。

(10) List Box 列表框

label　引起的字符串(无缺省值)，将被显示在表框上方的文本。

multiple_select　(多项选择)等于 false 或 true(缺省:false)。若为 true，可以同时选择 list_box 中多个表项(醒目显示)。若为 false，一次只能选择单个项目，且选择新的项目就废除了先前的选择。

list　是用引号引起的字符串(无缺省)。指定将放在 list_box 中的初始行(选择)集合。行之间由换行符(\n)分隔。在每一行内可以有制表符(\t)。

tabs　包含整数或浮点数，由空格分开的被引用的字符串。每一数是用字符宽度单位指定的每一 tab 的停止位置。这些值用来在一个 list_box 中垂直调整文本列。

value　值是一个可包含零(" ")或多个整数，且可由空格(无缺省)分隔的被引用的字符串。每一整数都是一个以零为基准的用于指示初始选择的列表项的索引。若 multiple_select 为 false，value 就不能包含多于一个整数。

若值串为空(" ")，则初始表中就无选择项。

allow_accept　等于 true 或 false(缺省:false)。若为 true 且用户又键入接收键(通常是 Enter)，缺省按钮(若存在)就被"按下"。

(11) popup List (弹出表)

label　一个引用的字符串(无缺省)，显示在弹出表左边的文本。若已经指定，label 则在 popup_list 片型框宽度内左边对齐。

edit_width　编辑宽度系一整型数或实型数。表中文本部分用字符宽度单位表示的宽度，当弹出表重合为一行(未弹出)时，只包含单个项目的框的宽度或弹出时整个表的宽度。它不包括左边可选择的标号和右边箭头(滚动条)。若 edit_width 未指定或为零，片型框的宽度是不固定的，则该框将扩展到整个可用的空间。若 edit_width 非零，框将在片型框所占空间内右边对齐。为布局目的，若有必要"伸展"该片型框，PDB 软件将在标号与框的编辑部分之间插入空格。

value 一个包含整数的字符串。该整数是一个以零为基准用以指出表中当前所选项的索引(在表未弹出时所显示的表项)。

list 一个引用的字符串(无缺省)。指出将放在 popup_list 中的"初始行集合"。可以由换行符(\n)分隔。每一行中可以包含制表符(\t)。

tabs 包含整数或浮点数,且由空格分开的被引号引起的字符串。每一数以字符宽度单位指出每一 tab 键的停止位置。这些值用于在 popup_list 中对齐文本列。

注意:若读者在弹出表中使用 tabs 来对齐文本列,其出现将视平台的不同而有所改变。

(13) Radio Button (单选按钮)

label 一个引用的字符串(无缺省)。显示在单选按钮右边的文本。

value 一个引用的字符串(无缺省)。若 value 为"1",radio_button 为开;若 value 为"0",radio_button 则为关;所有其它值均相当于 0。

如果有时在一个单选群中不止一个按钮其 value 为"1",只有最后一个可以打开。这种情况只能在自己的 DCL 文件中产生。一旦对话框启动,PDB 软件将管理单选按钮并确保只有一个按钮在一时刻打开。

(14) Radio column (单选列)

value 一个包含当前被选择的单选按钮(其值为"1"的那个)变量 key 的字符串

(15) Radio Row (单选行)

value 字符串,它包含当前所选单选按钮(其值为 1 的那个)的 key 值

(16) Row (行)

无框行所具有的属性均是"布局和尺寸属性"的标准布局属性。

(17) Spacer (衬框)

衬框所具有的属性均在"布局属性和定尺寸属性"中所述的标准布局属性中。

(18) Slider (滑动框)

min_value max_value 该值是指出滑动框返回值范围的整数。缺省的最小值,min_value 是 0。缺省的最大值 max_value 是 10000。范围必须是有符号,16 位整数(即最小值)是 -32 768,最大值是 32 767。

small_increment
big_increment } 用来指出被滑动框增量控制所使用值的整数。big_increment 的缺省值是整个范围的十分之一,small_increment 的缺省值是整个范围的百分之一。

layout 滑动框可水平也可垂直布置(缺省:水平方向)。对于水平滑动框,值从左到右增加;而对于垂直滑动框,值是从底到顶增加。

value 包含当前滑动框值(整数)的引用的字符串(缺省:min_value)。

(19) Text (文本)

label 引用的字符串(无缺省)。为显示的文本。

当一文本片型框被布局时,其宽度为其 width 属性(若其在 DCL 中被指定)或 label 属性所需宽度的二者中最大值。但必须至少指定一个属性。

value 如同 label 一样,value 属性指出将显示文本片型框上的字符串。但是,它对片型框的布局却无影响。

若读者试图将该信息保持静态,就在 label 属性中指出且不指出 width 或 value。若读者试图在运行过程中改变这些信息,就在 value 属性中指定它,并用一足够长的 width 来包含即将赋给 value 的任何字符串。一旦对话框已经布局,片型框的尺寸就不能改变,所以如果

用 set_tile 来把一个长于宽度的字符串赋给它，显示的文本将被截去。

is_bold　　　　等于 true 或 false(缺省值:false)，若为 true,就用黑体字显示文本。

(20) Toggle (切换开关)

label　　　　一个引用的字符串。显示在开关框的右边(对一些平台，在开关内)文本。

value　　　　包含整数的引用的字符串(缺省:“0”)。指出 toggle 的初始状态。若该字符串是“0”,开关框为空(无检验标记)，若为“1”,就将检验标记显示在其内部。

5.3.2.3 对话控制语言(DCL)

对话框 Dialog Control language (DCL)的描述是 ASCII 文件，就像编程语言源或 AutoCAD 菜单(.mnu)源描述。DCL 文件的后缀是.dcl,一个.dcl 文件可包含一个或多个对话框描述，或只包含原型片型框和由其它.dcl 文件使用的子组装。

对话框本质上是一片型框树,DCL 文件是这些树的可读版本——可由第三方开发者和由 AutoCAD PDB 软件读取。DCL 文件的层次是由其语法指出的。但是通过对 DCL 文件缩排来显示这些层次可使之易读。该章中给出的示例，以及 AutoCAD 所提供的 DCL 文件，演示了可能的缩排格式。

下面首先给出 DCL 语法的简单例子，然后详细描述。

5.3.2.3.1 一个 DCL 的样本对话框

假定我们创建包含下列对话框描述的 ASCII 文本文件。

```
hello: dialog {
    label = " Sample Dialogue Box";
    : text {
      label          = "Hello, world!";
    }
    : button {
      key            = "accept";
      label          = "OK";
      is_default     = true;
    }
  }
```

DCL 片断产生如下对话框：

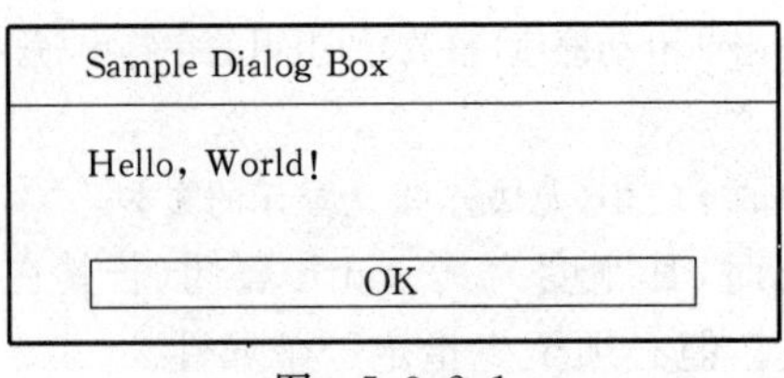

图 5.3.2.1

如图 5.3.2.1 所示，对话框具有标题(label)“sample Dialog Box”。它包含两个东西:消息 Hello, world! 以及下面的 OK 按钮。若读者观察 DCL 说明，就会发现它没有包含有关布局的公开信息。其框的大小，其内容的布局由缺省决定的。

实际上，尽管按钮是一种演示属性的好方法，还有标准的 exit button 子组装读者能够也应该用在对话框中。下面DCL所产生的对话框与图5.3.2.3.1所示的对话框一样。

```
hello : dialog {
        label = "Sample Dialogue Box";
        : text {
                label = "Hello, world";
        }
        ok_only;
}
```

如这部分所示增加片型框并置其属性,并将其分组成行和列,读者就可以创建非常复杂的对话框。

5.3.2.3.2 DCL文件结构

这段将描述DCL文件的结构和AutoCAD所提供的标准DCL文件。

除定义对话框之外,DCL文件可定义用于别处的片型框原型和子组装,同时它也可以包含来自其它DCL文件的定义。这三个目的将DCL文件分成三个部分,这三个部分将以任何顺序出现(所有三个也可都不出现),但三个部分都不是必需的。

5.3.2.3.2.1 basec.dcl文件

文件base.dcl给出对基本的片型框及片型框原型的DCL定义。它还包含常用原型的定义。PDB软件不允许读者重定义预定义的片型框。

5.3.2.3.2.2 用户定义的DCL文件

所有用户定义的DCL文件自动包含base.dcl。DCL文件也可以使用定义在其它DCL文件中的片型框,其方法是包含include命令中指出的其它文件名。

5.3.2.3.3 DCL语法

这段将介绍片型框,片型框属性和属性值的DCL语法描述。DCL用于定义新片型框并在新的对话框中加入已存在的片型框。新片型框由片型框定义创建。若定义出现在对话框外,则它是可由片型框引用所使用的原型(片型框定义)或子组装。每一定义的引用都继承了原片型框的属性。在引用原型时,读者可以改变这些继承属性的值并加进新的属性;在引用子组装时,读者就不能改变或增加属性。

若读者需要在多种情况下使用具有通用属性的某个片型框,可以定义和命名只包含通用属性的原型,然后,在引用原型时改变或增加属性,但不必列出那些不想改变的属性。由于属性是用这种方式继承的,当读者创建对话框时,更多的情况下是引用片型框——特别是引用已经定义的片型框,而不是定义新片型框。

5.3.2.3.3.1 片型框定义

片型框定义格式如下:

```
<名称>:<项1>[<项2>:<项3>…]
```

```
{
    <属性> = <值>;
    ......
}
```

这里项是已定义的片型框，新片型框(<名称>)承袭了所有指定<项>的属性，而在大括号内的属性可以是增加的属性，也可以是对继承属性的修改。当定义具有多个双亲时，遵循从左到右的优先顺序。

若新定义不包含Cluster's Children，它就是原型且引用它就能改变其属性。若它是一个带Cluster's Children的组—— 亦即嵌套的片型框——则是子组装。

片型框名或片型框原型可包含字母、数字、下划线，但必须以字母开始。

例：按钮的内部定义：

```
button : tile {
    fixed_height        = true;
    is_tab_stop         = true;
}
```

base.dcl文件定义default_button如下

```
default_button : button {
    is_default          = true;
}
```

default_button承袭了button片型框的fixed_height和is_tab_stop属性。它加进了一新属性is_default且置之为true。

5.3.2.3.3.2　片型框引用

片型框引用格式如下

```
<名称>
或
<名称>
{
    <属性> = <值>;
    ...
}
```

在两种情况下，<名称>均系先前定义的片型框名。在第一种情况时，所有属性被引用。在第二种情形下，大括号内的属性补充或替代从<名称>中继承的属性。因为这是一片型框引用而不是定义，属性的改变只适用于片型框的该例。

第二种方法只能引用原型，而不能引用子组装。

示例：

在对话框定义中，spacer片型框用于布局。由于它无特殊属性，故只要简单的第一种形式便能引用之：

spacer;

定义在 basec.dcl 中的 ok_cancel 是一子组装,故只能用第一种方式引用:

ok_cancel;

另一方面,读者可以重定义单个片型框的属性,例如,用同一特性但不同文本创建一按钮:

```
: retirement_button {
    label = "Goodbye";
}
```

5.3.2.3.3.3 属性和属性值

在片型框定义和引用的大括号内,读者可用如下形式指定属性并赋给它值:

<属性> = <值>;

其中属性(attribut)为有效的关键字,而 value 则赋给该属性的值。

5.3.2.3.3.4 DCL 出错处理

对话框软件包在读者首次加载 DCL 文件时对其进行检查,若它找到一个语法错误、误属性或其它错误,它就不加载该 DCL 文件。否则,(load_dialog)将返回一标识 DCL 文件的正整数。如果想使用 new_dialoge 来观看在该文件中的单个对话框,就可以使用该值。

有些出错存放在 new_dialog;若无错,则 new_dialog 返回 t;否则,返回 nil。

若(new_dialoge)返回 nil 时,不要调用 start_dialog。

5.3.2.3.3.5 可选的语法检查等级

DCL 中提供四个可选的语法检查等级(0~3)。这些检查在装入 DCL 文件时执行。

0:不检查句法错误。

1:检查可能引起系统异常的错误。

2:除 1 外,还检查可能引起对话框设置或操作不当的错误。

3:除 2 外,还检查尽管无害但是多余的属性定义。

5.3.2.3.4 DCL 技巧

一般说来,应用下列顺序进行对话框设计:

(1) 试试缺省布局,看是否符合要求。若存在上段所述一种问题,或在一些特殊情况下需调整就试用下步。

(2) 在群片型框级调整布局(改变缺省)。

(3) 根据必要调整单个片型框。

5.3.2.4 对话框 C 语言编程接口

对话框操作函数可以实现装入 DCL 文件,设置片型框及其属性值,获取用户输入及指定用户输入引起的操作等。

5.3.2.4.1 函数顺序概要

下面是应用程序中调用这些函数的典型顺序：

(1) 用 DCL_load_dialog 调用加载 DCL 文件。

(2) 调用 DCL_new_dialog 在图形屏幕上显示特定的对话框。

必须检查 DCL_new_dialog 的返回状态。当 DCL_new_dialog 调用失败时不要调用 DCL_start_dialog，否则将会产生不可预料的后果。

(3) 通过设置必要的片型框值、表和图象来初始化对话框。这时常调用的函数有：

设置片型框值和状态：DCL_set_tile 和 DCL_mode_tile；

设置列表框：DCL_start_list，DCL_add_list 和 DCL_end_list；

设置图象：DCL_start_image，DCL_vector_image，DCL_fill_image，DCL_slide_image 和 DCL_end_image。

同时调用 DCL_action_tile 设置自己的操作表达式和回调函数，还可以调用 DCL_client_data 将应用程序的数据与对话框中的数据连续起来。

(4) 调用 DCL_start_dialog 将控制交给对话框，以便让用户能输入。

(5) 调用回调函数处理用户输入。回调函数中可以使用 DCL_get_tile，DCL_get_attr，DCL_set_tile，DCL_mode_tile 等。用于处理片型框的 PDB 函数在回调中也很有用。

(6) 用户按退出按钮，产生一个引起调用 DCL_done_dialog 的操作，此操作使 start_dialog 返回。然后，调用 unload_dialog 来卸载 DCL 文件。

当对话框有效时，亦即在调用 start_dialog 过程中，读者不能调用涉及屏幕显示和对话框之外的用户输入函数。

若读者需要自己的用户基于图形屏幕输入而不是对话框本身(例如，选择一个点或实体)，就必须隐藏对话框，交互完后重新恢复它。隐藏对话框同样使用 DCL_done_dialog，只是回调函数必须指定 DCL_done_dialog 的状态参量以指示对话框只是被隐藏而非退出。置状态码为一个应用程序指定的值，DCL_start_dialog 在对话框消失后返回这个指定值。应用程序必须监测这个状态码以决定接下去应当做什么，这意味着用户必须在一个循环中跟踪函数 DCL_start_dialog 以便能重新显示被暂时隐藏起来的对话框。

5.3.2.4.2 回调函数

当在对话框中的某一片型框被选中时，为了定义所要发生的事，亦即采取什么操作，读者就必须如前面所述通过调用 DCL_action_tile ( )函数来把那一片型框与一函数联系起来。而在操作和回调过程中，常常还要对 DCL 文件中的属性进行存取。get_tile 和 get_attr 函数提供此过程(get_attr 获取保存在 DCL 文件中的值，而 get_tile 获取当前运行值)。

在大部分情况下，对话框内的每一有效片型框均产生一回调函数。读者所写的回调函数应对相关片型框进行有效性检查并更新与片型框值有关对话框中信息。更新对话框的工作包括发出出错信息，禁止其它片型框，在编辑框或表框中显示相应的文本等等。

只有 OK 按钮(或其等价按钮)实际上可用来查询片型框值并保存用户最终所选择的设置。换句话说，读者应在 OK 按钮的回调中，而不是其它单个片型框的回调中更新与片型框值相联的信息。若永久变量是在单个片型框的回调中被更新的，而用户选择了 Cancel 按钮，这样就无法再复位该值。

当一对话框中包含几个处理类似的片型框时，则可以使用同个回调函数。

除调用 action_tile 之外，还在调用 new_dialog 时为整个对话框定义缺省的操作。

回调函数把所选片型框的值和数据连同其它一些信息通过 callback packet 结构传递，如：

```
static void accept_OK (DCL_callback_packet * chkt)
{
  DCL_done_dialog(cpkt->dialog, DLGOK);
/ * DLGOK == User pressed OK */
  }
```

Callback packet 定义如下(在 dcl.h 中)：

```
  typedef struct {
    DCL_hdlg          dialog;
    DCL_htile         tile;
    char            * value;
    void            * client_data;
    int             reason;
    long            x, y;
} DCL_callback_packet;
```

结构中各个变元说明如下：

dialog	对话框句柄。
tile	所选择的片型框的句柄。它不传递所选片型框的关键字(key)，而传递一片型框句柄给回调函数(DCL_htile 类型)。读者可以使用该句柄来检索片型框属性，包括其关键字，检索方法是调用 DCL_get_attr_string ()。
value	包含所选片型框值的字符串。该串的空间由系统管理，故读者应当作只读处理。若要改变该片型框值，使用 DCL_set_tile ()函数。
client_data	指向由 DCL_client_data_tile ()所初始化的应用程序特定的数据。若无用户数据，该值就为 NULL。
reason	回调的原因。这将取决于用户所采取的是什么操作。该值虽然可以置给任何一种操作，但是只有操作与 edit_box，list_box，image_button 或 slider 片型框相关时，才需检查之。
x, y	当用户选取图象按钮时，它们置用户所选取处的(x, y)坐标值。该坐标值在 DCL_dimensions_tile ()为图象按钮所返回范围内。

当需要接收一字符串值时，确保为该字符串分配空间。

5.3.2.4.3 缺省 DCL 操作

action_tile 函数并非指定一个操作的唯一方式。如以前所述，new_dialog 调用可为对话框指定一缺省操作。一片型框在同一时刻只有一个操作。若 DCL 和应用程序指定了多个操作，它们用下列优先级顺序执行：

(1) 由 new_dialog 调用指定的缺省操作(只有在没有别的操作公开指给该片型框时才使用)。

(2) 由 action_tile 调用指定的操作(高优先级)。

5.3.2.4.4 嵌套对话框

读者可以创建和管理嵌套对话框,只要简单地从操作表达式或回调函数中调用 new_dialog 和 start_dialog 来实现。

5.3.2.4.5 DCL 定义和声明

处理对话框 DCL 程序所需要的定义和声明是在 dcl.h 头文件中定义的。使用 PDB 软件包的 DCL 程序必须包含这个文件。

```
# include "dcl.h"
```

除了在本章后面介绍的程序说明外,dcl.h 文件中定义了很多符号和数据类型,它和对话框函数一起使用。下面亦将介绍。

5.3.2.4.5.1 对话框与句柄

在 dcl.h 文件中,定义了两种句柄。第一种是 DCL_dlg,用于识别对话框。函数 DCL_new_dialog ( )给新的对话框分配一个 DCL_hdig 句柄,这些句柄用于识别后继的对 PDB 软件包的函数,直到函数 DCL_done_dialog ( )的调用。另一种句柄是 DCL_htile,它用于识别选中的片型框句柄,并且只用于回调函数中。

如果调用 DCL_new_dialog ( )函数失败,它把句柄设置为 NULL。

5.3.2.4.5.2 回调函数定义

为了用于函数 DCL_action_tile ( )和函数 DCL_new_dialog ( ) 来登记回调函数,dcl.h定义了 CLIENTFUNC 类型,它指向回调函数:

```
typedef void (* CLIENTFUNC) (DCL_callback_packet * cpkt);
```

5.3.2.4.5.3 状态码

函数 DCL_start_dialog ( )有一个 status 状态变量,它根据对话框关闭的情况设置。在 dcl.h 头文件中定义了这个变量取不同值时的含义,如下表所示:

DCL_start_dialog ( )状态码

DCL 符号	含 义
DLGOK	用户选择 OK 键或其相当值
DLGCANCEL	用户选择 Cancel 键或其相当值
DLGALLDONE	没有对话框激活:term_dialog 已被调用
DLGSTATUS	如果 status 大于或等于 DLGSTATUS,它是一个应用程序定义的状态码

5.3.2.4.5.4 回调原因

在回调程序中(cpkt->reason)的原因码是一个整数,它表明为什么发生回调,也就是说，用户采取何种动作才产生回调。该值可以置给任何一种操作，但是只有在该操作与edit_box，list_box，image_button，或slider片型框相联时，才需检验之。下表将给出可能值：

回调原因码

码	DCL 符号	含　义
1	CBR_SELECT	用户选中了该片型框
2	CBR_LOST_FOCUS	对编辑框，用户已移到下一个片型框，但未作最后选择
3	CRB_DRAG	对滑动框，用户通过拖动指示器改变了值，但未作最后选择
4	CBR_DOUBLE_CLICK	对列表框和图象按钮，用户已连续两敲按钮来作出了最后选择

5.3.2.4.5.5　片型框模式码和列表函数

函数DCL_start_list（ ）开始操作一个列表框或弹出列表中的各项，并使用如下符号：

函数 DCL_start_list（ ）中用到的符号常量

DCL 符号	含　义
LIST_CHANGE	改变所选择的显示内容
LIST_APPEND	增加新的显示项
LIST_NEW	删除旧的显示表，并建立新的显示表

函数DCL_mode_tile（ ）控制片型框的控制按钮和此控制按钮是否被激活。用到的符号如下表所示：

函数 DCL_mode_tile（ ）的模式码

DCL 符号	含　义
MODS_ENABLE	激活片型框
MODE_DISABLE	关闭片型框
MODE_SETFOCUS	设置片型框焦点(当前项)
MODE_SETSEL	选择编辑框内容
MODE_FLIP	交换图象高亮度显示开或关状态

5.3.2.4.5.6　属性字符串缓冲区

属性的名称和值都是按字符串的形式传递的。因此，必须在程序中为它们分配空间。对话框中使用的字符的最大范围在TILE_STR_LIMIT中定义，其值为255(256个字符包括空、终止符)。

5.3.2.4.6　操作片型框

在初始化时和回调时，程序对当前对话框中的片型框具有控制能力。

5.3.2.4.6.1　初始化模式和值

初始化片型框包括：使其成为初始对话框输入区；使能或不能被选中；如果它是编辑框

或图象时，用高亮度显示它的组成部分。这些操作是通过调用 mode_tile 来实现的，也可以通过 set_tile 来设置片型框的值。初始化还建立列表框和产生图形。

5.3.2.4.6.2 在回调时改变模式和值

回调时，可以对片型框的值进行检验。如果应用程序调用它，可以通过再次调用 set_tile 修改这个值。在回调期间，也可以 mode_tile 来改变片型框状态，除了片型框的值以外，了解其它属性也是很有用的，可通过 get_attr 函数来实现。例如，假设想取得叫做"pressme"的键的标号：

```
char label-str[TILE_STR_LIMIT]
DCL_get_attr (hdlg, "pressme", "label",label_str, TIL (E_STR_LIMIT);
```

如果使用 get_attr 检索 value 的属性，得到的是存在 DCL 文件中的 value 属性(这个片型框的初始值)：相反，get_tile 函数得到片型框的当前值。这两个值并不一定一样。

5.3.2.4.6.3 建立列表框和弹出表

用户可以通过对三个函数：start_list，add_list 和 end_list 的一系列调用，建立显示在列表框中的列表项，并弹出这些列表项。一旦建立了一个表，就可以修订它。可以有三种操作，由 start_list 函数中的 operation 参数指定：

(1) 建立新表 LIST_NEW

调用 start_list 之后，用户可以重复调用 add_list。每调用一次 add_list，就增加一个新的列表项。最后，通过调用 end_list 结束表操作。

(2) 改变表中条目 LIST_CHANGE

调用 start_list 之后，调用一次 add_list，代替一个列表项，这个列表项的索引已经在调用 start_list 中指定。如果调用 add_list 的次数多于一次，只再次代替同一个列表项。通过调用 end_list 来结束表操作。

(3) 给表中添加一个列表项 LIST_APPEND

调用 start_list 以后，调用 add_list 可以在表尾增加列表项。如果继续调用 add_list，就会增加更多的列表项，直到调用 end_list 为止。

不管进行哪种表操作，都必须依次调用下列三个函数：先 start_list，然后 add_list(可能多于一次)，最后 end_list。

5.3.2.4.6.4 创建图象

与表操作顺序相似，start_image 函数开始产生图象，end_image 函数结束产生图象。然而，选择画什么则要通过单独的函数调用，而不是参数：

(1) vetctor_image

在当前图象中画一个矢量(单一的直线)。

(2) fill_image

在当前图象中画一个填充的矩形。

(3) slide_image

在图象中画一个幻灯片。

三个用于图象的函数：Vector_image，fill_image 和 slide image 都要求指定绝对坐标。要正确使用它们，必须知道图象栏或图象按钮的精确尺寸标注。由于这些尺寸标注是在安排对话框时指定的，因此 PDB 包中提供了返回特定菜单项宽度和高度的函数：DCL_dimensions_tile（ ）。应该在建立图象前调用它们。一个片型框的起点(0，0)总是在它们左上角。

示例：

假设“cur_color”是用户想全部用红色填充的图象栏：

```
short width, height;
  DCL_dimensions_tile (hdlg, "cur_color", width, height);
  DCL_fill_image (0, 0, width, height, 1);          /* 1 == red */
  DCL_end_image ( );
```

5.3.2.4.6.5 图象按钮输入

操作图象按钮就像操作一个实际按钮一样简单，也就是说，当用户按下它后，就执行一种功能。然而 PDB 提供了定义按钮区域的功能，操作取决于所选中的区域。处理机制很简单：一个图象按钮操作的回调返回用户所选中项的位置(X，Y)。分配给指一位置的含义，用户的程序就可以实现按钮功能。

5.3.2.4.6.6 操作单选组

如在前面“对话框组成一片型框和片型框原型”中说明的那样，单选按键出现在单选列中。每一个单选按键的值或者是表示关的“0”，或是表示开的“1”；单选群的值是当前选中的按钮的 key 属性。PDB 程序管理一个单选群中的无线按键的值，并确保同一时间中，只能有一个无线按键处于开状态。在程序中，用户可以给每一个单独的单选按钮分配一种操作，但是，分配给整个组一种操作，并测试单选群的值来判断所选中的单选按键是哪一个，这样会更方便些。

5.3.2.4.6.7 操作滚动条

控制程序每当检测到一次鼠标动作时，就产生一个 CBR DRAG 回调。

示例：

下面的函数说明了操作滚动条的函数的基本框架。函数使用的 slider_info(通常是编辑框)用十进制显示滚动条的当前值，它既可以让用户操作滚动条，又可以直接显示滚动条的值，如果在 slider_into 中输入数值，编辑框回调应更新滚动条的值。

```
static void slider_action (DCL_callback_packet * cbpkt)
  {
    DCL_hdlg hdlg = cbpkt ->dialog;
    int reason = cbpkt->reason;
    char interim[TILE_STR_LIMIT];
    strcpy (interim, cbpkt->value);
    DCL_set_tile (hdlg, "slider_into", interim);  /* Display it */
  }
static void ebox_action (DCL_callback_packet * cpbkt)
```

```
{
  DCL_hdlg hdlg - cbpkt->dialog;
  int reason - cbpkt-> reason;
  char interim [TILE_STR_LIMIT];
  strcpy (interim, cbpkt->value);        /* Save interim result */
  DCL_set_tile (hdlg, "myslider", interim);   /* Display it */
}
```

5.3.2.4.6.8 编辑框的处理

操作编辑框的回调函数与操作滚动条大致相同，只是由于编辑框中的字符都已经是可见的，因此无须在中间结果进行任何操作。

```
static void edit_action (DCL_callback_packet * cbpkt)
  {
    int reason - cbpkt->reason;
    if((reason ==CBR LOST FOCUS)]] (reason == CBR)SELECT)) {
      /*Do validity checking (range, syntax, c.) on transient
          value here */
    }
  }
```

5.3.2.4.6.9 应用程序专用数据

函数 client_data_tile 给片型框分配应用程序专用数据，这些数据可在回调时获取，它存储在 DCL 回调包的 client_data 区中。用户数据不包括在 DCL 中，因此，只有在程序运行时它才有效。使用中间用户数据与使用用户定义属性相似，其区别在于用户定义的属性是只读的，而用户数据在运行时可以改变。而且，用户可以察看应用程序的 DCL 文件中的用户定义的属性，而中间用户的数据对用户是不可见的。

5.3.2.4.7 函数提要

本节按照功能的不同，对 PDB 程序包中的函数作一概括。并按字母顺序排列出了每个函数的变参。这些函数和它们的变参将在“函数表”中详细说明。PDB 程序包中的所有 DCL 函数都是 Int 型的。

1. 打开和关闭 DCL 文件

DCL_load_dialog (char * dclfile, int * dcl_id);

装载指定的 DCL 文件。

DCL_unload_dialog (int dcl_id);

卸载指定 DCL 文件。

2. 打开和关闭对话框

DCL_new_dialog (char * dlgname, int dcl_id,
  CLIENTFUNC def_callback, DCL_hdlg * hdlg);

初始化对话框并显示它。

DCL_new_positioned_dialog (char * dlgname, int dcl_id,

CLIENTFUNC def_callback, int x, int y,

DCL_hdlg * hdlg);

在屏幕指定位置初始化对话框。

DCL_start_dialog (DCL_hdlg hdlg, int * status);

通过调用 new_dialog,开始接收用户从初始化的对话框的输入。

DCL_done_clialog (DCL_hdlg hdlg, int status);

终止当前对话框并停止显示它。必须在一表达式或回调函数内调节。

DCL_done_positioned_dialog (DCL_hdlg hdlg, int status, int * x_result, int * y_result);

与 DCL_done_dialog ( )一样,此外,还返回对话框的当前(x, y)位置。

DCL_term_dialog (void);

就像用户取消它们一样,终止所有当前对话框。

3. 初始化操作表达式或回调函数

DCL_action_tile (DCL_hdlg hdlg, char * key, CLIENTFUNC tilefunc);

把指定的片型框和操作表达式或回调函数联系起来。

4. 栏的属性的处理

DCL_mode_tile (DCL_hdlg hdlg, char * key, short mode),

设置指定片型框的模式。

DCL_get_attr (DCL_hdlg hdlg, char * key, char * attr, char * value, int len);

取得指定片型框的模式。

DCL_get_attr_string (DCL_htile tile, char * attr, char * value, int len);

通过传入回调函数的片型框的句柄,获取指定属性的 DCL 值。

DCL_get (tile (DCL_hdlg hdlg, char * key, char * value, int maxlen),

获得指定片型框的运行值。

DCL_set_tile (DCL_hdlg hdlg, char * key, char * value);

设置指定片型框的运行值。

5. 建立图象

DCL_dimensions_tile (DCL_hdlg helg,, char * key, short * cx, short * cy);

检索指定片型框的尺寸标注。

DCL_start_image (DCL_hdlg hdlg, char * key);

开始创建指定的图象。

DCL_vector_image (short x1, short y1, short x2, short y2, short color);

在当前激活图象中画一个向量。

DCL_fill_image (short x1, short y1, short x2, short y2, short color);

在当前激活图象中画一个填充的矩形。

DCL_slide_image (short x1, short y1, short x2, short y2, char * slnam);

在当前激活图象中画一个幻灯片。

DCL_end_image (void);

结束当前激活图象的建立。

6. 应用程序专用数据

DCL_client_data_tile (DCL_hdlg hdlg, char * key, void * clientdata);

把应用程序管理的数据和指定片型框联系起来。

5.3.2.4.8 函数目录

本节将以字母顺序介绍DCL函数。DCL程序包中的函数是整型函数,返回RTNORM或一个错误码。

1. DCL_action_tile (DCL_hdlg hdlg, char * key, CLIENTFUNC tilefunc)

当用户选择了某一片型框后,进行一种操作。变参key是触发这个动作的片型框的名字(指定为这个动作的关键字属性)。由action_tile指定的动作取代了对话框的缺省动作(由new_dialog指定)。选中片型框时,变参tilefunc是指向被调用函数的指针。变参hdlg指定对话框。回调函数被传递到回调包。

2. DCL_add_list(char * item)

向当前活动表中加入指定字符串item,或者用item代替当前表中的一项(必须已经用start list调用打开这个表)。

3. DCL_client_data_tile (DCL_hdlg hdlg, char *key, void *clientdata)

把应用程序管理数据和变参key指定的片型框联系起来。数据在变参clientdata中指定。变参hdlg指定对话框。

4. DCL_dimensions_tile (DCL_hdlg hdlg, char *key, short *cx, short *cy)

获取对话框单元中的片型框的尺寸和vector_image, file_image及slide_image一起使用,这三个函数要求指定片型框的绝对坐标。变参key指定片型框。片型框的宽度在变能CX中返回,菜单项的高度在变参CY中返回。变参hdlg指定对话框。

5. DCL_done_dialog (DCL_dhlg hdlg, int status)

结束对话框。必须在动作表达式或回叫函数中调用done_dialog(参见action_tile。)

一个按钮是"accept"或"cancel"(标号可以改变,但常常为OK和Cancel按钮),要回调这个按键,回调程序必须显式调用done_dialog。否则,用户会在对话框中死机。如果不为这些按钮提供显式回调且使用标准退出键,系统会自动处理它们。变参status不是可选的。必须把它设置成表示OK的DLGOK,表示Cancel的DLGCANCEL,或其它的正整数值(status >= DLGSTATUS),这些正整数值的含义由应用程序而定。变参hdlg指定对话框。

6. DCL_done_positioned_dialog (DCL_hdlg hdlg, int status, int * x_result, int * y_result);

与DCL_done_dialog ( )的作用一样,但还返回对话框的(x, y)位置,分别在x_result和y_result参数中。在用户能够移动对话框的控制台中,用户的应用程序可保存这些坐标,并在后面的new_positioned_dialog调用中使用。

7. DCL_end_image (void)

结束当前图象的建立。此函数与start_image相对应。

8. DCL_end_list (vold)

结束当前活动表的处理。与 start_list 函数相对应。

9. DCL_fill_image (short x1, short y1, short x2, short y2, short color)

在当前活动图象中画一个填充的矩形(由 start_image 打开)。参数 color 是颜色码。

矩形的第一角是(x1, y1),第二个角是(x2, y2)。原点(0, 0)是图象的左上角。可以通过调用尺寸标注函数 DCL_dimensions_tile( )来获得右上角坐标。

10. DCL_getattr (DCL_hdlg hdlg, char *key, char *attr, char *value, int len)

获得属性的在 DCL 文件中的原始值。参数 key 指定片型框,attr 指定属性的名字。返回的值是在 DCL 说明中指定的属性的初始值,它不反应出任何由用户输入或调用 set_tile 而引起的片型框状态的变化。属性值由变参 value 设置。应用程序必须为字符串 value 分配空间,并通过参数 len 传递它的长度。参数 len 应当包括字符串终止符占据的空间,对话框由参数 hdlg 指定。如果运行成功,函数 DCL_get_attr ( )返回 RTNORM;如果找不到指定的栏或属性,则返回 RTERROR。

11. DCL_get_attr_string (DCL_htile tile, char *attr, char *value, int len)

此函数与 DCL_get_attr ( )相似,但它只用于回调函数内部,此时,片型框句柄 tile 是作为回调包的 htile 区传入的。属性名由参数 attr 指定。如果函数 DCL_get_attr_string( )在成功,它返回 RTNORM,同时,把属性的 DCL 值设置为 value。参数 len 应包括字符串终止符所占用的空间。如果函数 DCL_get attr_string ( )找不到指定属性,则返回 RTERROR。

12. DCL_get_tile (DCL_hdlg hdlg, char *key, char *value, int maxlen)

获取 key 指定片型框的当前运行值。值是由参数 value 设定的。应用时,必须为字符串 value 分配空间,并通过参数 maxlen 传递字符串的长度。参数 maxlen 应包括字符串终止符所占用空间的大小。对话框由参数 hdlg 指定。函数 DCL_get_tile ( )成功时,返回 RTNORM,如果它找不到指定的栏。则返回 RTERROR。

如果是一个列表框(或弹出表),并且没有选中任何表项,则 get_tile 返回空串(“”)。

13. DCL_load_dialog (char *dclfile, int *dcl_id)

装载一个 DCL 文件(可以包含多个对话框)。参数 dclfile 是一字符串,它指定要装载的 DCL 文件。不必在参数 dclfile 中包括文件名后缀. dcl。函数返回一个整数值(dcl_d),可作为后面的 new_dialog 和 unload_dialog 调用的句柄。此函数和 unload_dialog 相对应。应用时,可以通过 load_dialog 主调用来装载多个 DCL 文件。如果运行成功,函数返回 RTNORM;如果不能打开文件,则返回 RTERROR。

14. DCL_mode_tile (DCL_hdlg hdlg, char *key, short mode)

设置由参数 key 指定的片型框的模式。模式参数 mode 是一个整数值,它的含义见 5.3.2.4.5.5 节“片型框模式与表函数代码”。对话框由参数 hdlg 指定。

15. DCL_new_dialog (char *dlgname, int dcl_id, CLIENTFUNC def_callback, DCL_hdlg hdlg)

开始处理一个新的对话框,显示它,并可指定一个缺省操作。参数 dlgname 是一字符串,由它指定是哪一个对话框,参数 dcl_id 区分是哪一个 DCL 文件(必须已经从 load_dialog 调用中获得了它的值)。

在开始调用 start_dialog 之前,应用程序必须调用 new_dialog。所有的对话框初始化工作，像设置片型框的值、创立图象或列表框中的列表项、把指定的片型框和相应的操作联系起来（通过 action_tile）等，都必须在 new_dialog 调用之后和 start_dialog 调用之前进行。

像在“缺省和 DCL 操作”中介绍的那样，无论在什么时候，如果用户选中了一个活动的片型框，而它没有通过 action_tile 显式地分配一回调，就调用缺省的操作。参数 def_callback 指定可选的缺省回调函数——如果不，则这个可选参数 def_callback 必须设置为 NULLCB。如果调用 DCL_new_dialog（）函数成功，返回 RTNORM，并设置 hdlg 为一个有效的对话框句柄；否则，返回 RTERROR，并设置 hdlg 为 NULL。下面许多对 PDB 函数的调用，要求指定函数 DCL_new_dialog（）返回 hdlg 值，并要对 new_dialog 返回的状态码进行检查。在 new_dialog 调用失败后，调用 start_dialog 会产生意想不到的效果。

16. DCL_new_positioned_dialog (char *dlgname, int dcl_id, CLIENTFUNC def_callback, int x, int y, DCL_hdlg hdlg)

初始化在屏幕上指定位置(x, y)的对话框。参数 x 和 y 通常指对话框的左上角。一般来说，在第一次初始化对话框时就指定这些坐标，不是一种好方法——它会使移植性变差。这些坐标可以从前面的 DCL_done_positioned_dialog（）函数调用中得到，并在程序重新打开对话框时。在允许用户移走对话框的程序中，还可以让用户在最后离开的位置处重新打开对话框。如果传递的参数 x 和 y 都是－1，则对话框在缺省位置重新打开（缺省位置为图形屏幕的中心）。

除了坐标以外，函数 DCL_new_positioned_dialog（）和函数 DCL_new_dialog（）的使用情况几乎完全一样。

17. DCL_set_tile (DCL_hdlg hdlg, char *key, char *value)

设置片型框的值（由属性 value 设定初始值）。参数 key 指定片型框，value 是一个新设置的值。对话框由参数 hdlg 指定。

18. DCL_slide_image (int x1, int y1, int x2, int y2, char *sldname)

在当前活动图象中，画一个幻灯片文件(.sld)，又可能是幻灯片库文件(.slb)：参数 sldname 指定它

sldname

或：

libname (sldname)

幻灯片的第一个角——它的插入点——是($x1$, $y1$)，第二个角是($x2$, $y2$)。原点(0, 0)在图象的左上角。通过调用尺寸标注函数 DCL_dimensions_tile（），可以得到右下角的坐标。

幻灯片就像透明体一样：通常，它并不指定所覆盖区域的所有象素点。应该保证幻灯片指定的点要与图象的背景色不同。

19. DCL_start_dialog (DC_hdlg hdlg, int *status)

开始对话框，并可以接收用户输入。对话框必须已经通过 new_dialog 调用初始化。在回调函数或动作表达式调用 done_dialog 之前，它都是激活的：通常，done_dialog 与 key 是“accept”或 key 是“Cancel”的栏相联系。参数 hdlg 指定对话框。变参 status 设置为传递给 DCL_done_dialog（）的参数 status 的值。如果用户按下 OK，status 设置为 DLGOK，用户按下 Cancel，status 设置为 DLGCANCEL，或者当通过函数 DCL_term_dialog（）关闭所有的对话框时，status 设置为 DLGALLDONE，但是，如果由 DCL_start_dialog（）返回，传入

DCL_done_dialog ( )的 status >= DLGSTATUS,则 status 的含义由应用程序而定。

20. DCL_start_image (DCL_hdlg hdlg, char *key)

开始在由参数 key 指定的片型框中建立图象。在调用 end_image 之前,后面的对 fill_image,slide_image,和 vector_image 的调用都会影响这一图象。对话框由参数 hdlg 指定。

21. DCL_start_list (DCL_hdlg hdlg, char *key, short operation, short index)

开始处理由参数 key 指定的列表框中的表项或弹出表栏。在调用 end_list 之前,后面的对 add_list 的调用都会影响到这个表。参数 operation 是一个整数值,它的含义概括见表:

start_list 和 DCL_start_list ( )的列表框码

值	DCL 符号	含　义
1	LIST_CHANGE	改变所选表的内容
2	LIST_APPEND	增加新的表项
3	LIST_NEW	删除旧表,建立新表

调用 start_list 改变所选表的内容时(LIST_CHANGE),参数 index 指出由后面的 add_list 调用改变的列表项。在其它情况下,Index 可以省略。Index 的基值为 0。对于参数 operation,要选用上表所列的符号码之一。参数 index 必须指定(在 LIST_APPEND 和 LIST_NEW 两种情况下忽略了此值)。参数 hdlg 指定对话框。

22. DCL_term_dialog (void);

关闭所有当前的对话框,等价于用户分别取消了它们。如果应用程序结束时,DCL 文件还是打开的,系统会自动调用 term_dialog。DCL_term_dialog ( )总是返回 RTNORM。

这个函数主要用于中止嵌套的对话框。

23. DCL_unload_dialog (int dcl_id)

卸载与 dcl_id 有关的 DCL 文件(dcl_id 从前面的 new_dialog 调用中获取)。函数 DCL_unload_dialog ( )总是返回 RTNORM。

24. DCL_vector_image (short x1, short y1, short x2, short y2, short color)

在当前活动图象中(通过 start_image 打开),从点($x1$, $y1$)到点($x2$, $y2$)画一个矢量。参数 color 是一个颜色码。

原点(0,0)在图象的左上角。可以通过调用尺寸函数 DCL_dimensions_tile ( )来获取右下角坐标。

在 GIL 中使用对话框

在 GIL 中使用对话框必须做以下工作:

(1) 在应用程序文件中包含 dcl.h

(2) 将 dcl.lib 加入工程文件

(3) 编写对话框定义文件*.dcl

(4) 在主入口函数中,进入命令循环之前,调用 InitialDCL 初始化 PDB 系统,退出消息循环后,调用 FreeDCL 退出 PDB 系统

(5) 按照前述说明编写处理所定义对话框的代码

InitialDCL 和 FreeDCL 两个函数是 PDB 系统的入口和出口,前者进行 PDB 系统的初始化工作,后者进行一些系统变量等的释放,具体说明如下:

(1) InitialDCL

功能:PDB 系统的初始化。

语法:void InitialDCL(HANDLE hInst, HWND hWnd, HDC hdc, char *basedcl);

参数	描述
hInst	应用程序实例句柄
hWnd	窗口句柄
hdc	设备描述表
basedcl	包含预定义片型框定义的 DCL 文件名,一般为 basec.dcl

(2) FreeDCL

功能:退出 PDB 系统。

语法:void FreeDCL();

5.3.3 提示信息和出错信息

在适当的时候给予用户恰当的提示信息,这会方便用户与系统进行交互,提高系统界面的友好性。及时给用户反馈出错信息,也是一个好的交互系统所应当具备的功能。

在 GIL 中,信息显示在文本窗中,除了系统显示的一些信息如提示输入等,用户也可以输出自己定义的信息。用户信息可以直接用系统提供的信息输出函数输出,也可以将常用的用户信息组织成提示信息文件,输出信息文件中的信息。

5.3.3.1 信息文件

用户可以为自己的程序组织一个信息文件,将经常引用的一些用户信息存放到文件中,并为文件中的每一条信息赋予一个标识号,用户在程序中直接引用信息的标识号即可。

信息文件是一个 ASCII 码文件,其格式可形式化地描述如下:

信息文件={信息}

信息=信息标识号 信息体

信息标识号=字符串(长度为 5 个字符)

信息体=字符串

说明:

(1) 这{}表示其中内容可重复,即一个信息文件是有一条或多条信息组成;

(2) 每条信息占一行;

(3) 信息标识号是一长度固定为 5 个字符的字符串,它和信息体之间无分隔符。

举例:

```
…
00001Command:
00002Input point:
…
```

定义了两条信息,一条的信息标识号是字符串"00001",信息体是字符串"Command:",另一条的信息标识号是字符串"00002",信息体是字符串"Input point:"。

如果用户组织了信息文件，那么应在引用信息文件中的信息之前装入信息文件，让系统组织起相应的数据结构，这个过程由函数 GILSetMsgFile()完成，其格式如下：

功能：为指定信息文件中各条信息的序号在系统参数区中分配空间。

语法：int GILSetMsgFile(char *filename)；

参数	描述
filename	信息文件名

返回值：若无法打开文件或分配空间则返回 0，否则返回 1。

5.3.3.2 在程序中输出用户信息

该功能由函数 GILPrintMsg()完成，其格式如下：

功能：在文本窗显示输出由@index 索引的指定信息文件中的信息。

语法：int_cdecl GILPrintMsg(char *index, ...)；

参数	描述
index	显示信息或信息的标识号

说明：若 index 的第一个字符是'@'，则认为 index 的其余部分是一个信息标识号，系统根据这个标识号在信息文件中查找相应的信息并显示之；否则系统直接将 index 作为一条信息输出。

举例：(信息文件如上述)

(1) 调用 GILPrintMsg("@00002")；

显示"Input point："

(2) 调用 GILPrintMsg("00002")；

显示"00002"

5.3.4 拖动画图方式的设置

拖动画图方式，即橡皮筋画图方式，对于动态交互地确定图形位置和形状是一种非常有用的工具。用户可以用 GILSetCursor 函数来设定游标的类型和形状，设定方法在前面已经叙述过。GIL 中还提供了设置和关闭拖动方式画图的函数，其格式如下：

(1) GILDragOn

说明：设置画图为拖动方式。

语法：void GILDragOn(void (*func)())；

参数	描述
func	用户指定需要按拖动方式画图的函数，该函数的参数为(x,y)，即为光标的当前坐标位置。

(2) GILDragOff

功能：关闭拖动作图方式。

语法:void GILDragOff() ;

说明:GILDragOff()总是与 GILDragOn()配对使用。在 GILDragOn()执行后,到 GILDragOff()执行前,拖动总是存在。

由于拖动总是需要两个定位点:初始点和当前点,为了方便用户编写自己的拖动程序,GIL 中提供了记录和获取拖动初始点的函数,格式如下:

(1) GILSetDragStart

功能:记录拖动初始点。

语法:void GILSetDragStart(double *p);

参数	描述
p	记录点数值的数组头指针

(2) GILGetDragStart

功能:获取拖动初始点。

语法:void GILGetDragStart(double *p);

参数	描述
p	记录点数值的数组头指针

拖动应用举例:

```
…
int CMD_line()
{
  void          dragline();

  GILDragOn(dragline);
  …
  GILDragOff();
  …
}

void dragline(int x, int y)
{
  GILDrawLine(0, 0, x, y);
}
…
```

上述程序完成从原点到当前光标位置画一条橡皮筋直线段。当光标位置改变,所画的直线段位置也相应改变,显示出拖动效果。

5.3.5 输入数据

GIL 提供了输入整数、实数、关键字、字符串、二维点坐标和三维点坐标等函数。以这些函数为基础,用户还可根据应有软件的需要扩充新的输入函数。

(1) GILInitGet

功能:设置关键字,去除其中多余的空格。

语法:int GILInitGet(int mode, char *keyword);

参数	描述
mode	关键字模式
keyword	关键字

(2) GILGetBuf

功能:读取输入数据并判定输入类别。

语法:int GILGetBuf(short mode, GILTGETDATA *pdata) ;

参数	描述
mode	输入模式
pdata	含有输入数据的结构

说明:获取到的输入数据的全部信息都存放在结构 pdata 中,包括数据的类型和值,结构类型 GILTGETDATA 的定义如下:

```
typedef struct {
    char        type;           //数据类型
    union {
        int         ival;           //字符数据
        long    lval;           //整形数据
        double  rval;               //浮点形数据
        double  point[3];       //点数据
    } data;
} GILTGETDATA;
```

(3) GILCheckKword

功能:检查输入是否关键字,可以只匹配关键字的大写部分。

语法:int GILCheckKword(char *str, char *kword);

参数	描述
str	欲判定的输入字符串
kword	与 str 匹配的关键字

返回值:如果 str 与关键字匹配则返回 1,否则返回 0。

(4) GILGetKword

功能:提示用户输入一个关键字并接收之。

语法:int GILGetKword(char *prompt, char *result);

参数	描述
prompt	提示字符串
result	获取到的关键字

返回值：返回输入的类型。

(5) GILGetInt

功能：提示用户输入一个整数并接收之。

语法：int GILGetInt(char *prompt, int *result);

参数	描述
prompt	提示字符串
result	获取到的整数

返回值：返回输入的类型。

(6) GILGetReal

功能：提示用户输入一个实数并接收之。

语法：int GILGetReal(char *prompt, double *result);

参数	描述
prompt	提示字符串
result	获取到的实数

返回值：返回输入的类型。

(7) GILGetString

功能：提示用户输入一个字符串并接收之。

语法：int GILGetString(char *prompt, char *result);

参数	描述
prompt	提示字符串
result	获取到的字符串

返回值：返回输入的类型。

(8) GILGetPoint

功能：提示用户输入一个点数据并接收之。

语法：int GILGetPoint(char *prompt, double *result);

参数	描述
prompt	提示字符串
result	获取到的点数据

返回值：返回输入的类型。

(9) GILGetAngle

功能：提示用户输入一个角度数据并接收之。

语法：int GILGetAngle(char *prompt, double *result);

参数	描述
prompt	提示字符串
result	获取到的角度数据

返回值：返回输入的类型。

(1) GILGetDist

功能：提示用户输入一个距离数据并接收之。

语法：int GILGetDist(char *prompt, double *result);

参数	描述
prompt	提示字符串
result	获取到的举例数据

返回值：返回输入的类型。

5.3.6 用GIL构造交互系统实例

上面几节我们详细介绍了GIL的绘图函数、交互操作函数，如何用GIL来构造一个实用的交互系统是本节要介绍的主要内容。读者通过这个实例，可以举一反三，用GIL去构造其他应用系统。

本节将给出一个样例系统的相关文件、源程序及其有关操作和注意事项。

1. 菜单文件及说明

```
***POP1
[文件]
[存储图象到文件]savebmp    //将指定矩形域图象信息存储于指定文件
[显示图象文件]readbmp      //将指定文件中的图象信息取出，在指定位置显示
[--]
[清屏]cls
[退出]quit

***POP2
[绘图]
[直线&L]line               //输入两点，画直线段
[->圆&C]
  [圆心，半径]circle1      //输入圆心及圆周上一点，画圆
  [圆心，直径]circle2      //输入直径两端点，画圆
  [--]
  [<-三 点]circle3         //输入圆周上三点，画圆
[文字]text                 //输入文字，在指定位置输出

***POP3                    //第三个下拉菜单，拖动绘图功能
[拖动绘图]
[直线&L]dragline           //输入一端点，拖动输入另一端点，画线
[->圆&C]
  [圆心，半径]dragcircle1  //输入圆心，拖动输入圆周上另一点，画圆
```

```
  [<-圆心,直径]dragcircle2 //输入直径一端点,拖动输入另一端点,画圆
[文字]dragtext                //输入字符串,拖动到指定位置输出

***POP4

[属性]
[线型]setlinestyle                //设置线型
[颜色]setlinecolor                //设置画线颜色
[线宽]setlinewidth                //设置线宽
```

2. 对话框定义文件

```
testcol.dcl:定义颜色选择对话框
dcl_settings : default_dcl_settings { audit_level = 0; }

colordlg:dialog
{
    label = "绘图颜色选择";
    :row
    {
        :spacer_0
        {
            width = 2;
        }
        :boxed_radio_column
        {
            label = "颜色选项";
            key = "select color";
            :radio_button
            {
                label = "黑色";
                key = "black";
            }
            :radio_button
            {
                label = "红色";
                key = "red";
            }
            :radio_button
            {
                label = "黄色";
                key = "yellow";
            }
            :radio_button
            {
                label = "绿色";
                key = "green";
            }
            :radio_button
```

```
        {
            label = "浅青";
            key = "cyan";
        }
        :radio_button
        {
            label = "蓝色";
            key = "blue";
        }
        :radio_button
        {
            label = "洋红";
            key = "magenta";
        }
        :radio_button
        {
            label = "白色";
            key = "white";
        }
    }
    :spacer_0
    {
        width = 1;
    }
    :column
    {
        :boxed_column
        {
            label = "当前绘图颜色";
            :row
            {
                :spacer_0
                {
                    width = 1;
                }
                :image
                {
                  key = "color image";
                  label = "color image";
                  alignment = centered;
                  fixed_width = 80;
               }
               :spacer_0
               {
                   width = 1;
               }
           }
      }
      :retirement_button
```

```
                {
                    key = "colorok";
                    label = "确认";
                }
                :retirement_button
                {
                    key = "colorcancel";
                    label = "取消";
                }
            }
            :spacer_0
            {
                width = 2;
            }
        }
        :spacer_0
        {
            height = 1;
        }
}
```

teststy.dcl:定义线型选择对话框

```
dcl_settings : default_dcl_settings { audit_level = 0; }

styledlg:dialog
{
    label = "线型选择";
    :row
    {
        :spacer_0
        {
            width = 1;
        }
        :boxed_radio_column
        {
            label = "线型选项";
            key = "select style";
            :radio_button
            {
                label = "实线";
                key = "solid";
            }
            :radio_button
            {
                label = "虚线";
                key = "dash";
            }
            :radio_button
            {
```

```
                label = "点虚线";
                key = "dot";
            }:radio_button
            {
                label = "点划线";
                key = "dashdot";
            }
        }
        :spacer_0
        {
            width = 1;
        }
        :column
        {
            :boxed_row
            {
                label = "当前线型";
                :image
                {
                    key = "style image";
                    label = "style image";
                }
            }
            :row
            {
                :retirement_button
                {
                    label = "确认";
                    key = "styleok";
                }
                :retirement_button
                {
                    label = "取消";
                    key = "stylecancel";
                }
            }
        }
        :spacer_0
        {
            width = 1;
        }
    }
    :spacer_0
    {
        height = 1;
    }
}
```

产生的对话框如图 5.3.6 所示：

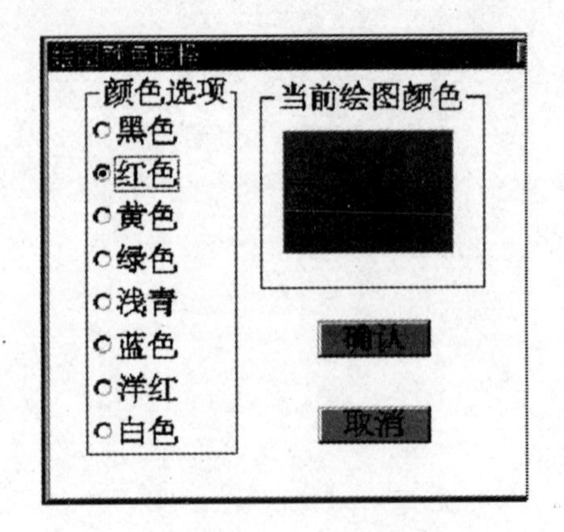

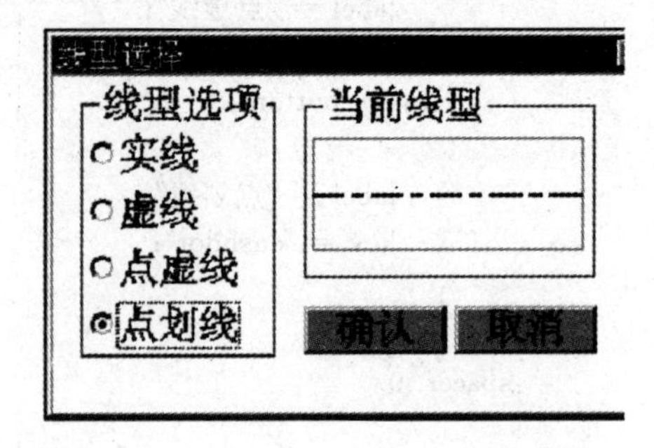

图 5.3.6

3. 用 GIL 构造交互系统的 C 语言程序及说明

```
#include "gil.h"                         //GIL 系统数据结构、全局变量定义及函数说明
#include "dcl.h"
                                         //以下是相应命令的处理函数说明
extern int CMD_savebmp();
extern int CMD_readbmp();
extern int CMD_cls();
extern int CMD_quit();

extern int CMD_line();
extern int CMD_circle1();
extern int CMD_circle2();
extern int CMD_circle3();
extern int CMD_text();

extern int CMD_dragline();
extern int CMD_dragcircle1();
extern int CMD_dragcircle2();
extern int CMD_dragtext();

extern int CMD_setlinestyle();
extern int CMD_setlinecolor();
extern int CMD_setlinewidth();

double    dist(double *p1, double *p2);
                                         //命令列表,指定命令与相应处理函数的对应关系
GILTCMDLIST CommandTab[] =
{
  "SAVEBMP",                             CMD_savebmp,
  "READBMP",                             CMD_readbmp,
  "QUIT",                                CMD_quit,
  "CLS",                                 CMD_cls,
  "LINE",                                CMD_line,
  "CIRCLE1",                             CMD_circle1,
  "CIRCLE2",                             CMD_circle2,
```

```
    "CIRCLE3",                    CMD_circle3,
    "TEXT",                       CMD_text,
    "DRAGLINE",                   CMD_dragline,
    "DRAGCIRCLE1",                CMD_dragcircle1,
    "DRAGCIRCLE2",                CMD_dragcircle2,
    "DRAGTEXT",                   CMD_dragtext,
    "SETLINESTYLE",               CMD_setlinestyle,
    "SETLINECOLOR",               CMD_setlinecolor,
    "SETLINEWIDTH",               CMD_setlinewidth,
    " ",                          NULL
  };
  char String[128];
  static int  LineColor = WHITE;     //线色
  static int  LineStyle = SOLID;     //线型
  static int  LineWidth = 1;         //线宽

  //主入口函数
  int PASCAL WinMain(HANDLE hInstCur, HANDLE hInstPrev, LPSTR lpCmdLine, int nCmd-
Show)
  {
    GILPrintTitle("test for gil");                        //指定界面标题
    GILSetMenuFile("gilmenu.mnu");                        //指定菜单文件
    if (! GILInitWin(hInstCur, hInstPrev, lpCmdLine, nCmdShow))
        return FALSE;                                     //调用系统初始化函数
    InitialDCL(hInstCur, GILVarSys.hWnd, GILVarSys.hDC, "basec.dcl");
                                                          //初始化 PDB 系统
    GILCmdRegister(CommandTab);                           //登记命令列表
    GILCmdLoop();                                         //进入命令循环
    FreeDCL();                                            //退出 PDB 系统

    return TRUE;
  }

  int CMD_savebmp()            //命令 savebmp 对应函数,存储指定区域图象信息
  {
    char       filename[128];
    double         startp[3], endp[3];
    int            left, top, right, bottom;
    void       dragframe();

    GILGetString("Filename:", filename);                  //输入文件名
    GILGetPoint("Start point of the area:", startp);      //输入拾取区域一个角坐标
    GILSetDragStart(startp);                              //设置拖动起点
    GILDragOn(dragframe);                                 //设置橡皮筋
    GILGetPoint("End point of the area:", endp);          //输入区域另一角点
    GILDragOff();                                         //结束本次拖动
  if (startp[0] < endp[0])
  {
        left = (int)startp[0];
```

```
        right = (int)endp[0];
    }
    else
    {
        left = (int)endp[0];
        right = (int)startp[0];
    }
    if (startp[1] < endp[1])
    {
        top = (int)startp[1];
        bottom = (int)endp[1];
    }
    else
    {
        top = (int)endp[1];
        bottom = (int)startp[1];
    }
    GILAreaCopy(filename, left, top, right, bottom);    //拾取区图象信息存入文件

    return 1;
}

int CMD_readbmp()                    //命令 readbmp 对应函数,将存储的图象信息取出,
                                     //并在指定位置输出
{
    char filename[128];
    double  pt[3];

    GILGetString("Filename:", filename);                //输入文件名
    GILGetPoint("Point to insert:", pt);                //输入图象显示位置左上角
GILAreaShow(filename, (int)pt[0], (int)pt[1]);          //显示

    return 1;
}

int CMD_quit()                       //命令 quit 对应函数,退出系统
{
    GILExit();
    return 1;
}

int CMD_cls()                     //命令 cls 对应函数,清屏
{
    GILClearScreen();
    return 1;
}

int CMD_line()                       //命令 line 对应函数,输入两点画线
{
```

```
    double          startp[3], endp[3];

    GILGetPoint("Start point:", startp);                                //输入一个端点
    GILGetPoint("End point:", endp);                                    //输入另一个端点
    GILDrawLine((int)startp[0], (int)startp[1], (int)endp[0], (int)endp[1]); //画线
    return 1;
}

int CMD_circle1()                       //命令 circle1 对应函数,输入圆心和半径画圆
{
    double      center[3];
    int         radius;

    GILGetPoint("Center:", center);                                     //输入圆心
    GILGetInt("Radius:", &radius);                                      //输入半径
    GILDrawCircle((int)center[0], (int)center[1], radius);              //画圆

    return 1;
}

int CMD_circle2()                       //命令 circle2 对应函数,输入直径两端点画圆
{
    double      startp[3], endp[3];
    int         cx, cy, r;

    GILGetPoint("One end point of the diameter:", startp);              //输入直径一端点
    GILGetPoint("Another end point of the diameter:", endp);            //输入直径另一端点
    cx = (int)((startp[0] + endp[0])/2);                                //求圆心 x 坐标
    cy = (int)((startp[1] + endp[1])/2);                                //求圆心 y 坐标
    r = (int)dist(startp, endp)/2;                                      //求半径
    GILDrawCircle(cx, cy, r);                                           //画圆

    return 1;
}

int CMD_circle3()                       //命令 circle3 对应函数,输入圆周上三点画圆
{
    double          p1[3], p2[3], p3[3];
    int         xs, ys, xm, ym, xe, ye;
    int         x0, y0, r;
    long    a[2], b[2], c[2];
    long    dd;

    GILGetPoint("First point:", p1);                                    //输入第一点
    GILGetPoint("Second point:", p2);                                   //输入第二点
    GILGetPoint("Third point:", p3);                                    //输入第三点
    xs = (int)p1[0];
    ys = (int)p1[1];
    xm = (int)p2[0];
```

```
    ym = (int)p2[1];
    xe = (int)p3[0];
    ye = (int)p3[1];
// 判断是否三个相同点
    if(xs==xm&&ys==ym&&xs==xe&&ys==ye) return 0;
// 判断是否有两个相同点
    if(xs==xm&&ys==ym)
    {
        x0=(xs+xe)/2;
        y0=(ys+ye)/2;
        r=(int)sqrt((xs-xe)*(xs-xe)+(ys-ye)*(ys-ye)+0.5);
        GILDrawCircle(x0, y0, r);
        return 0;
    }
    if(xs==xe&&ys==ye)
    {
        x0=(xs+xm)/2;
        y0=(ys+ym)/2;
        r=(int)sqrt((xs-xm)*(xs-xm)+(ys-ym)*(ys-ym)+0.5);
        GILDrawCircle(x0, y0, r);
        return 0;
    }
    if(xe==xm&&ye==ym)
    {
        x0=(xs+xe)/2;
        y0=(ys+ye)/2;
        r=(int)sqrt((xs-xe)*(xs-xe)+(ys-ye)*(ys-ye)+0.5);
        GILDrawCircle(x0, y0, r);
        return 0;
    }
//三个不同的点,以下求圆心和半径
    a[0] = (long)(xm - xs);
    b[0] = (long)(ym - ys);
    dd = a[0]*a[0] + b[0]*b[0];
    if (dd == 0) return 0;
    c[0] = -a[0]*(xs+xm)/2 - b[0]*(ys+ym)/2;

    a[1] = (long)(xe-xs);
    b[1] = (long)(ye-ys);
    dd = a[1]*a[1] + b[1]*b[1];
    if (dd == 0) return 0;
    c[1] = -a[1]*(xs+xe)/2 - b[1]*(ys+ye)/2;

    dd = a[0]*b[1] - a[1]*b[0];
    if (dd == 0) return 0;

    x0 = (int)((double)(c[1]*b[0]-c[0]*b[1])/(double)dd+0.5);
    y0 = (int)((double)(c[0]*a[1]-c[1]*a[0])/(double)dd+0.5);
    a[0] = x0 - xs;                                    //圆心x坐标
```

```
  a[1] = y0 - ys;                                                    //圆心 y 坐标
  r = (int)(sqrt(a[0]*a[0] + a[1]*a[1])+0.5);                        //半径

  GILDrawCircle(x0, y0, r);                                          //画圆

  return 1;
}

int CMD_text()                    //命令 text 对应函数,输入字符串,在指定点显示
{
  double      pt[3];
  char        string[128];

  GILGetString("Text:",string);                                      //输入字符串
  GILGetPoint("Insert point:",pt);                                   //输入定位点
GILDrawText((int)pt[0],(int)pt[1],string);                           //输出字符串
  return 1;
}

int CMD_dragline()                //命令 dragline 对应函数,拖动画线
{
double  startp[3], endp[3];
void dragline();

  GILGetPoint("Start Point:", startp);                                   //输入线段一端点
  GILSetDragStart(startp);                                               //设置拖动起点
  GILDragOn(dragline);                                                   //设置橡皮筋
  GILGetPoint("End Point:", endp);                                       //输入线段另一端点
GILDragOff();                                                            //结束本次拖动
GILDrawLine((int)startp[0], (int)startp[1], (int)endp[0], (int)endp[1]); //画线

  return 1;
}
int CMD_dragcircle1()                 //命令 dragcircle1 对应函数
                                      //输入圆心,拖动输入圆周上另一点画圆
{
  double      center[3], p[3];
  int         r;
  void dragcircle1();

  GILGetPoint("Center:", center);                                        //输入圆心
  GILSetDragStart(center);                                               //设置拖动起点
  GILDragOn(dragcircle1);                                                //设置橡皮筋
  GILGetPoint("Point on circle:", p);                                    //输入圆周上另一点
  GILDragOff();                                                          //结束本次拖动
  r = (int) dist(center, p);                                             //计算半径
  GILDrawCircle((int)center[0], (int)center[1], r);                      //画圆

  return 1;
```

```
}

int CMD_dragcircle2()                    //命令 dragcircle2 对应函数
                                         //拖动输入直径画圆
{
  double    p1[3], p2[3], center[3];
  int       r;
  void      dragcircle2();

  GILGetPoint("One end point of the diameter:", p1);            //输入直径一端点
  GILSetDragStart(p1);                                          //设置拖动起点
  GILDragOn(dragcircle2);                                       //设置橡皮筋
  GILGetPoint("Another end point of the diameter:", p2);        //输入直径另一端点
  GILDragOff();                                                 //结束本次拖动
  center[0] = (p1[0] + p2[0])/2;
  center[1] = (p1[1] + p2[1])/2;
  center[2] = (p1[2] + p2[2])/2;                                //计算圆心
  r = (int)dist(center, p1);                                    //计算半径
GILDrawCircle((int)center[0], (int)center[1], r)                //画圆

  return 1;
}

int CMD_dragtext()                       //命令 dragtext 对应函数
                                         //输入字符串,拖动到指定点输出
{
  double  pt[3];
  void dragtext();

  GILGetString("Text:", String);                                //输入字符串
  GILDragOn(dragtext);                                          //设置橡皮筋
  GILGetPoint("Insert point:", pt);                             //输入定位点
  GILDragOff();                                                 //结束本次拖动
  GILDrawText((int)pt[0], (int)pt[1], String);                  //输出字符

  return 1;
}

//根据指定线型、颜色和起始点在图象框中作直线
void draw_styled_line(int xl, int yl, int x2, int y2, int color, int style)
{
  int     xs, xe;
  int     solidlength1, solidlength2, blanklength;
  int     flag;

  if(style==SOLID)                                              //如果是实线,直接作线
  {
      DCL_vector_image(x1, y1, x2, y2, color);
      return;
```

```
}
switch(style)                                    //根据指定线型确定线段长度和线间距
{
      case DASH :                        solidlength1 = solidlength2 = 20;
                                         blanklength = 10;
                                         break;
      case DOT :                         solidlength1 = solidlength2 = 5;
                                         blanklength = 5;
                                         break;
      case DASHDOT:                   solidlength1 = 15;
                                         solidlength2 = 5;
                                         blanklength = 5;
                                         break;

  }
  xs = x1;
  flag = 0;
  while (xs < x2)
  {
      if (flag % 2 == 0) xe = xs + solidlength1;
      else xe = xs + solidlength2;
      if (xe < x2) DCL_vector_image(xs, y1, xe, y2, color);
      else DCL_vector_image(xs, y1, x2, y2, color);
      flag ++;
      xs = xe + blanklength;
  }
  return;
}
//线型选择对话框中 radio button 组的回调函数
void callb_select_style(DCL_callback_packet *cbpkt)
{
  int        reason = cbpkt->reason;
  char value[64];
  int        style;
  int        width, height;

  if ((reason == CBR_SELECT)||(reason ==CBR_DOUBLE_CLICK))
  {                                          //如果回调原因是选中或双击选中,则是进行处理
      strcpy(value, cbpkt->value);
      if (strcmp(value, "solid") == 0)    //根据 radio button 组当前值确定线型
          style = 0;
      else if (strcmp(value, "dash") == 0)
          style = 1;
      else if (strcmp(value, "dot") == 0)
          style = 2;
      else if (strcmp(value, "dashdot") == 0)
          style = 3;
      DCL_set_tile(cbpkt->dialog, "style image", value); //给图象框赋值
      DCL_dimensions_tile(cbpkt->dialog, "style image", &width, &height);
```

```
                                                          //取图象框的长度和宽度
        DCL_start_image(cbpkt->dialog, "style image");    //开始创建图象
        DCL_fill_image(0, 0, width, height, WHITE);       //填充图象背景色
        draw_styled_line(0, height/2, width, height/2, BLACK, style);
                                                          //根据当前选择线型作线
        DCL_end_image();                                  //结束图象创建
    }
    return;
}
//线型选择对话框中确认按钮的回调函数
void callb_styleok(DCL_callback_packet *cbpkt)
{
    char value[64];
    int       style;
    int       width, height;

    DCL_get_tile(cbpkt->dialog, "select style", value, 64);
                                                          //取 radio button 组的值
    if (strcmp(value, "solid") == 0)                      //根据当前选择值确定线型
        style = SOLID;
    else if (strcmp(value, "dash") == 0)
        style = DASH;
    else if (strcmp(value, "dot") == 0)
        style = DOT;
    else if (strcmp(value, "dashdot") == 0)
        style = DASHDOT;
    DCL_set_tile(cbpkt->dialog, "style image", value);    //设置图象框的值
    LineStyle = style;                                    //设置系统线型值
    GILSetLineAttr(LineColor, style, LineWidth);          //设置系统画线属性
    DCL_dimensions_tile(cbpkt->dialog, "style image", &width, &height);
                                                          ///取图象框的长度和宽度
    DCL_start_image(cbpkt->dialog, "style image");        //开始创建图象
    DCL_fill_image(0, 0, width, height, WHITE);           //填充背景色
    draw_styled_line(0, height/2, width, height/2, BLACK, style);
                                                          //根据当前线型在图象框中画线
    DCL_end_image();                                      //结束图象创建
    DCL_done_dialog(cbpkt->dialog, DLGOK);                //结束当前对话框并停止显示
    return;
}
//线型选择对话框中取消按钮的回调函数,直接结束当前对话框并停止显示,
//不作别的操作
void callb_stylecancel(DCL_callback_packet *cbpkt)
{
    DCL_done_dialog(cbpkt->dialog, DLGCANCEL);
    return;
}
//初始化线型选择对话框
void init_style_dialog(DCL_hdlg hdlg, int *style)
{
```

```
  short      width, height;
  char stylekey[16];

  switch(*style)
  {
      case 0 :        strcpy(stylekey, "solid");
                      break;
      case 1 :  strcpy(stylekey, "dash");
                      break;
  case 2 :  strcpy(stylekey, "dot");
                      break;
  case 3 :  strcpy(stylekey, "dashdot");
                      break;
  }
  DCL_set_tile(hdlg, "select style", stylekey);          //设置 radio button 组的值
  DCL_set_tile(hdlg, "style image", stylekey);           //设置图象框的值
  DCL_dimensions_tile(hdlg, "style image", &width, &height);
                                                         //取图象框的长宽
  DCL_start_image(hdlg, "style image");                  //开始创建图象
  DCL_fill_image(0, 0, width, height, WHITE);            //填充图象框底色
  draw_styled_line(0, height/2, width, height/2, BLACK, *style);
                                                         //根据当前线型在图象框中画线
  DCL_end_image();                                       //结束图象创建
  DCL_action_tile(hdlg, "select style", callb_select_style);
                                                            //指定 radio button 组的回调函数
  DCL_action_tile(hdlg, "styleok", callb_styleok);
                                                            //指定确认按钮的回调函数
  DCL_action_tile(hdlg, "stylecancel", callb_stylecancel);
                                                            //指定取消按钮的回调函数
  return;
}
//命令 setlinestyle 的处理函数，设置线型
int CMD_setlinestyle()
{
  int          dcl_id, status;
  DCL_hdlg   hdlg;

  DCL_load_dialog("teststy.dcl", &dcl_id);               //加载 DCL 文件
  if (dcl_id <= 0)
  {
      GILPrintMsg("Error loading file teststy.dcl! \n");
      return 0;
  }
  DCL_new_dialog("styledlg", dcl_id, (CLIENTFUNC)callb_style_dialog, &hdlg);
                                                         //显示对话框
  if (hdlg == NULL)
  {
      GILPrintMsg("new_dialog for select line style failed.\n");
      DCL_unload_dialog(dcl_id);
```

```
        return 0;
    }
    init_style_dialog(hdlg, &LineStyle);                        //初始化对话框
    DCL_start_dialog(hdlg, &status);                            //开始对话框交互
    DCL_unload_dialog(dcl_id);                                  //卸载 DCL 文件
    return 1;
}
//颜色选择对话框中 radio button 组的回调函数
void callb_select_color(DCL_callback_packet *cbpkt)
{
    int      reason = cbpkt->reason;
    char value[64];
    int      color;
    int      width, height;

    if ((reason == CBR_SELECT)||(reason ==CBR_DOUBLE_CLICK))
    {                                            //如果回调原因是选中或双击选中，进行处理
        strcpy(value, cbpkt->value);
        if (strcmp(value, "black") == 0)          //判定颜色值
            color = BLACK;
        else if (strcmp(value, "red") == 0)
            color = RED;
        else if (strcmp(value, "yellow") == 0)
            color = YELLOW;
        else if (strcmp(value, "green") == 0)
            color = GREEN;
        else if (strcmp(value, "cyan") == 0)
            color = CYAN;
        else if (strcmp(value, "blue") == 0)
            color = BLUE;
        else if (strcmp(value, "magenta") == 0)
            color = MAGENTA;
        else if (strcmp(value, "white") == 0)
            color = WHITE;
        DCL_set_tile(cbpkt->dialog, "color image", value);
                                                                //设置图象框的值
        DCL_dimensions_tile(cbpkt->dialog, "color image", &width, &height);
                                                                //取图象框的长宽
        DCL_start_image(cbpkt->dialog, "color image");          //开始创建图象
        DCL_fill_image(0, 0, width, height, color);             //用当前颜色填充图象框
        DCL_end_image();                                        //结束创建
    }
    return;
}
//颜色选择对话框中确认按钮的回调函数
void callb_colorok(DCL_callback_packet *cbpkt)
{
    char value[64];
    shortwidth, height;
```

```
  int        color;

  DCL_get_tile(cbpkt->dialog, "select color", value, 64);
                                                        //获取 radio button 组的值
  if (strcmp(value, "black") == 0)                      //判定当前颜色
      color = BLACK;
  else if (strcmp(value, "red") == 0)
      color = RED;
  else if (strcmp(value, "yellow") == 0)
      color = YELLOW;
  else if (strcmp(value, "green") == 0)
      color = GREEN;
  else if (strcmp(value, "cyan") == 0)
      color = CYAN;
  else if (strcmp(value, "blue") == 0)
      color = BLUE;
  else if (strcmp(value, "magenta") == 0)
      color = MAGENTA;
  else if (strcmp(value, "white") == 0)
      color = WHITE;
  DCL_set_tile(cbpkt->dialog, "color image", value);          //设置图象框的值
  DCL_dimensions_tile(cbpkt->dialog, "color image", &width, &height);
                                                        //取图象框的长宽
  DCL_start_image(cbpkt->dialog, "color image");        //开始创建图象
  DCL_fill_image(0, 0, width, height, color);           //用当前颜色填充图象框
  DCL_end_image();                                      //结束创建
  LineColor = color;                                    //设置系统画线颜色
  GILSetLineAttr(LineColor, LineStyle, LineWidth);      //设置系统画线属性
  DCL_done_dialog(cbpkt->dialog, DLGOK);                //结束当前对话框
  return;
}
//颜色选择对话框中取消按钮的回调函数，直接结束对话框，不作别的操作
void callb_colorcancel(DCL_callback_packet *cbpkt)
{
  DCL_done_dialog(cbpkt->dialog, DLGCANCEL);
  return;
}
//颜色选择对话框的初始化函数
void init_color_dialog(DCL_hdlg hdlg, int *color)
{
  short     width, height;
char colorkey[16];

  switch(*color)
  {
      case 0 :  strcpy(colorkey, "black");
                     break;
      case 1 :  strcpy(colorkey, "red");
                     break;
```

```
        case 2 :  strcpy(colorkey, "yellow");
                  break;
        case 3 :  strcpy(colorkey, "green");
                  break;
        case 4 :  strcpy(colorkey, "cyan");
                  break;
        case 5 :  strcpy(colorkey, "blue");
                  break;
        case 6 :  strcpy(colorkey, "magenta");
                  break;
        case 7 :  strcpy(colorkey, "white");
                  break;
    }
    DCL_set_tile(hdlg, "select color", colorkey);          //设置 radio button 的值
    DCL_set_tile(hdlg, "color image", colorkey);           //设置图象框的值
    DCL_dimensions_tile(hdlg, "color image", &width, &height);
                                                           //取图象框的长宽
    DCL_start_image(hdlg, "color image");                  //开始创建图象
    DCL_fill_image(0, 0, width, height, *color);           //用指定颜色填充图象框
    DCL_end_image();                                       //结束图象创建
    DCL_action_tile(hdlg, "select color", callb_select_color);
                                                           //联结 radio button 组与其回调函数
    DCL_action_tile(hdlg, "colorok", callb_colorok);
                                                           //联结确认按钮与其回调函数
    DCL_action_tile(hdlg, "colorcancel", callb_colorcancel);
                                                           //联结取消按钮与其回调函数
    return;
}
//命令 setlinecolor 的处理函数，设置画线颜色
int CMD_setlinecolor()
{
    int          dcl_id, status;
DCL_hdlg     hdlg;
    int       color, style, width;

    DCL_load_dialog("testcol.dcl", &dcl_id);               //加载 DCL 文件
    if (dcl_id < 0)
    {
        GILPrintMsg("Error loading file test.dcl! \n");
        return 0;
    }
    DCL_new_dialog("colordlg", dcl_id, (CLIENTFUNC)0, &hdlg);
                                                           //显示对话框
    if (hdlg == NULL)
    {
        GILPrintMsg("new_dialog for select color failed. \n");
        DCL_unload_dialog(dcl_id);
        return 0;
    }
```

```
    GILGetLineAttr(&color, &style, &width);             //获取当前画线属性
    init_color_dialog(hdlg, &color);                    //初始化对话框
    DCL_start_dialog(hdlg, &status);                    //开始对话框交互
    DCL_unload_dialog(dcl_id);                          //卸载 DCL 文件
    return 1;
}

int CMD_setlinewidth()              //命令 setlinewidth 对应函数,设置线宽
{
    GILGetInt("Line Width:", &LineWidth);
    GILSetLineAttr(LineColor, LineStyle, LineWidth);
    return 1;
}

void dragframe(int x, int y)                        //拖动程序
                                                    //以拖动起点和当前光标点为角点作矩形框
{
    double      startp[3];
    int         x0, y0;

    GILGetDragStart(startp);
    x0 = (int)startp[0];
    y0 = (int)startp[1];
    GILDrawLine(x0, y0, x0, y);
    GILDrawLine(x0, y0, x, y0);
    GILDrawLine(x, y, x0, y);
    GILDrawLine(x, y, x, y0);
    return;
}

void dragline(int x, int y)                         //拖动程序
                                                    //以拖动起点和当前光标点为端点画线
{
    double startp[3];

    GILGetDragStart(startp);
    GILDrawLine((int)startp[0], (int)startp[1], x, y);

    return;
}

void dragcircle1(int x, int y)                  //拖动程序,以拖动起点为圆心
                                                //当前光标点为圆周上一点画圆
{
    double startp[3], endp[3];
    int    r;

    GILGetDragStart(startp);
    endp[0] = x;
```

```
    endp[1] = y;
    endp[2] = 0;
    r = (int)dist(startp, endp);
    GILDrawLine((int)startp[0], (int)startp[1], x, y);
    GILDrawCircle((int)startp[0], (int)startp[1], r);

    return;
}

void dragcircle2(int x, int y)                    //拖动程序,以拖动起点和当前光标点
                                                  //为直径两端点画圆
{
    double startp[3], endp[3], center[3];
    int   r;

    GILGetDragStart(startp);
    endp[0] = x;
    endp[1] = y;
    endp[2] = 0;
    center[0] = (startp[0] + endp[0])/2;
    center[1] = (startp[1] + endp[1])/2;
    center[2] = (startp[2] + endp[2])/2;
    r = (int)dist(startp, center);
    GILDrawLine((int)startp[0], (int)startp[1], x, y);
    GILDrawCircle((int)center[0], (int)center[1], r);

    return;
}

void dragtext(int x, int y)                       //拖动程序
                                                  //在当前光标点输出字符串
{
    GILDrawText(x, y, String);
    return;
}

double dist(double *p1, double *p2)               //计算两点间距离
{
    return(sqrt((p1[0]-p2[0])*(p1[0]-p2[0]) + (p1[1]-p2[1])*(p1[1]-p2[1])));
}
```

说明:

(1) 本程序只是 GIL 的一个简单应用,为简便起见,并未严格要求所用变量的合理性,也未进行严格的出错检查,用户在编写应用程序是应注意这些方面。

(2) 本程序只用到了 GIL 提供的部分函数和功能,还可以用 GIL 来构造更复杂的应用系统。

(3) 在用 GIL 编写程序时,要注意菜单文件、命令列表和 C 语言源文件之间的配合。

(4) gil.h 是 GIL 提供的系统头文件,其中包含 GIL 提供给应用程序的可以数据结构

及全程变量的定义以及函数说明，是应用程序必需的头文件。

(5) dcl.h 是 GIL 的有关对话框应用的头文件，则可选，如果用户的应用系统中需要用到对话框，则应当在应用程序中包含此头文件。

3. 编译、联结程序

上述编译联结通过后，即产生了一个可执行的程序——testcad.exe，执行之即弹出如图 5.3.6.1 所示的界面和菜单命令，用光标拾取相应的菜单，并可用光标操作相应的图形或字符操作命令，如画直线段、画橡皮筋圆、输入字符、拖动字符串、改变颜色、线型属性等。

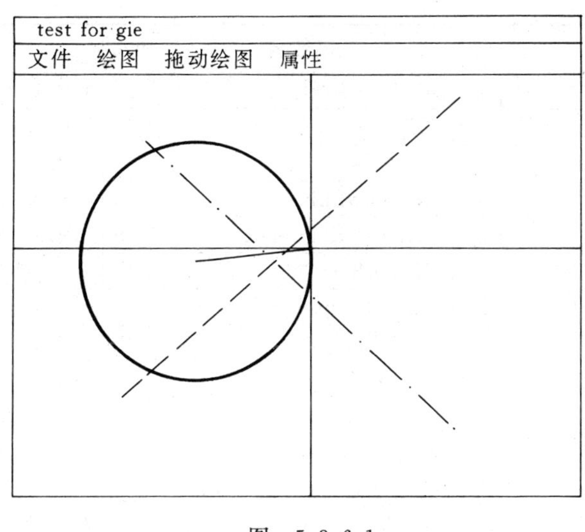

图 5.3.6.1

5.4 GIL 中基本数据类型定义

```
typedef struct {
    char                type;
    union {
        int         ival;               //char,first type =2,then =GET_CHAR
        long    lval;
        double      rval;
        double      point[3];           //point data ,type =3, then=GET_POINT
    } data;
} GILTGETDATA;

typedef struct {
    char                index[6];
    long                ptr;
} GILTMSGINDEX;

typedef int (* GILTFUNCPTR)();
```

```
typedef struct {
    char              Name[32];
    GILTFUNCPTR         Func;
} GILTCMDLIST;
```

5.5 GIL 中的函数一览表

No.	函数名	No.	函数名	No.	函数名
1	GILPrintTitle	18	GILDrawRect	35	GILSetMsgFile
2	GILSetMenuFile	19	GILDrawCircle	36	GILPrintMsg
3	GILCmdRegister	20	GILDrawArc	37	GILDragOff
4	GILInitWin	21	GILDrawPLine	38	GILDragOn
5	GILCmdLoop	22	GILDrawEllipseArc	39	GILSetDragStart
6	GILSetCursor	23	GILFillRect	40	GILGetDragStart
7	GILMemAlloc	24	GILFillEllipseArc	41	GILInitGet
8	GILMemFree	25	GILFillPolygon	42	GILGetBuf
9	GILClearScreen	26	GILReadPixel	43	GILCheckKword
10	GILDefaultColorMap	27	GILWritePixel	44	GILGetKword
11	GILSetColorMap	28	GILGetImage	45	GILGetString
12	GILSetBkColor	29	GILPutImage	46	GILGetPoint
13	GILGetBkColor	30	GILAreaCopy	47	GILGetAngle
14	GILSetLineAttr	31	GILAreaShow	48	GILGetDist
15	GILSetDrawMode	32	GILSetTextAttr	49	GILGetInt
16	GILDrawLine	33	GILSetTextStyle	50	GILGetReal
17	GILDraw3PArc	34	GILDrawText	51	

DCL 函数

No.	函数名	No.	函数名	No.	函数名
1	DCL_load_dialog	10	DCL_action_tile	19	DCL_dimensions_tile
2	DCL_unload_dialog	11	DCL_mode_tile	20	DCL_start_image
3	DCL_new_dialog	12	DCL_get_attr	21	DCL_vector_image
4	DCL_new_positioned_dialog	13	DCL_get_attr_string	22	DCL_fill_image
5	DCL_start_dialog	14	DCL_get_tile	23	DCL_slide_image
6	DCL_done_dialog	15	DCL_set_tile	24	DCL_end_image
7	DCL_done_positioned_dialog	16	DCL_start_tile	25	DCL_client_data_tile
8	DCL_term_dialog	17	DCL_add_list	26	InitialDCL
9	DCL_action_tile	18	DCL_end_list	27	FreeDCL

5.6 习　　题

1. 用 GIL 函数在屏幕上弹出三个窗口，分别在每个窗口中画 5 个矩形、5 个圆和写 5 个字符串。

2. 在上题的三个窗口中，在每个窗口中画图写字的颜色分别为红(R)、绿(G)、蓝(B)而窗口的背景色分别是白、黑、青。若颜色相应的 R、G、B 的取值在 10～250 的范围内变化，上述图形会有什么变化。

3. 能否把一个字符串从一个窗口拖到另一个窗口？若能，如何实现之。

4. 基于 GIL 的光标定义函数，扩充两种你需要的新光标图象。

5. 可否用象素操作方式，产生上题中的光标图象？若能，请实现之。

6. 请用象素的异或方式，实现光标在不同窗口内，和窗口不同区域内的变形、变色和隐、显。

7. 用 GIL 函数构造具有宽度的画刷，用此画刷画一幅图画，并实现对此画的存取。

8. 请用 GIL 函数在空心字中填充不同的色彩或图案。

9. 构造一个记录所有交互操作的数据结构，并以此数据结构为基础实现 Undo/Redo 操作。

10. 用 GIL 函数实现用橡皮筋方式画三点圆弧的程序。

11. 用 GIL 函数，实现拖动一个字符串在屏幕上移动的程序。

12. 编写用四个 90°圆弧代替矩形四个角的程序，进而推广到用任意角度的圆弧代替任意边多边形的角点，要圆弧与其相邻的两条多边形边相切。

13. 编写在屏幕上显示一个温度计的程序，并可用光标拖动温度指示器上下移动。

14. 用自己定义的颜色、线型、线宽实现第四章中介绍的中点画圆算法，要求圆周上不能出现点划线的两点或两划相邻。

15. 用自己定义的颜色、线型和线宽实现画任意多边形的算法程序，要求在多边形的顶点处不能出现点划中的点，即必须是两划相连接。

16. 用 GIL 函数构造一个交互制作广告字牌的系统，要求广告牌上的字体、字的大小、比例、排列、走向、颜色及定位均可改变，并用此系统做两个广告牌。

17. 用 GIL 函数构造一个交互绘图系统，要求：

(1) 输出图形种类多于 10 种；

(2) 有橡皮筋方式画直线段、矩形和圆弧；

(3) 可按逐个矩形区域和颜色属性方式拾取图形；

(4) 对已拾取到的图形可作拖动、删除操作。

18. 你认为 GIL 中有哪些欠缺和不足，宜作哪些补充和改进。

第六章

曲线和曲面

曲线和曲面是计算机图形学中研究的重要内容之一，它们在实际工作中有广泛的应用。例如，试验、统计数据如何用曲线表示？设计、分析、优化的结果如何用曲线、曲面表出？汽车、飞机等具有曲面外形的产品怎样进行设计，才能使之美观且物理性能最佳。由于实际问题不断对曲线、曲面有新要求，近二十年来，有关曲线和曲面的文章、专著层出不穷。1963年美国波音(Boeing)飞机公司的佛格森(Ferguson)将曲线曲面表示成参数矢量函数形式，并用三次参数曲线构造组合曲线，用四个角点的位置矢量及其两个方向的切矢量定义三次曲面。1964年美国麻省理工学院(MIT)的孔斯(Coons)用封闭曲线的四条边界定义一块曲面。同年，舍恩伯格(Schoenberg)提出了参数样条曲线、曲面的形式。1971年法国雷诺(Renault)汽车公司的贝塞尔(Bézier)发表了一种用控制多边形定义曲线和曲面的方法。同期，法国雪铁龙(Citroen)汽车公司的德卡斯特里奥(de Casteljau)也独立地研究出与Bézier类似的方法。1972年，德布尔(de Boor)给出了B样条的标准计算方法。1974年，美国通用汽车公司的戈登(Gordon)和里森费尔德(Riesenfeld)将B样条理论用于形状描述，提出了B样条曲线、曲面。1975年，美国锡拉丘兹(Syracuse)大学的佛斯普里尔(Versprill)在其博士论文中提出了有理B样条方法。20世纪80年代后期，美国的皮格尔(piegl)和蒂勒(Tiller)将有理B样条发展成非均匀有理B样条(NURBS)方法，并已成为当前自由曲线和曲面描述的最广为流行的技术，用NURBS可统一表示初等解析曲线、曲面以及有理与非有理Bézier、非有理B样条曲线、曲面。本章将基于实际应用对曲线和曲面的需求，介绍曲线和曲面的常用表示形式及其理论基础。

6.1 曲线、曲面参数表示的基础知识

曲线、曲面有显式、隐式和参数表示，但从计算机图形学和计算几何的角度看，还是参数表示较好。对于参数曲线和参数曲面，如何计算其切矢量、法矢量、曲率和挠率，如何保证曲线段或曲面片间的连续性，如何构造不同的调和函数，产生不同要求的曲线和曲面，对参数曲线和参数曲面如何重新参数化等，本节将围绕这些参数曲线和曲面的基础问题进行讨论。

6.1.1 显式、隐式和参数表示

曲线和曲面均有参数表示和非参数表示之分，在非参数表示中又分为显式表示和隐式

表示。

1. 显式表示

对于一条平面曲线，显式的非参数方程的一般式是：$y=f(x)$；一条直线方程 $y=mx+b$ 就是一个例子。在此方程中，每一个 x 值只对应一个 y 值，所以用显式方程不能表示封闭或多值曲线，例如不能用显式方程表示一个圆。

2. 隐式表示

用隐式的非参数方程不受上述限制，其一般式为：$f(x,y)=0$；如二阶隐式方程的一般式可写成 $ax^2+2bxy+cy^2+2dx+2ey+f=0$。这个隐式方程表示一个圆锥曲线，通过定义不同的方程系数 a,b,c,d,e,f，即可得到不同的圆锥曲线，其典型的圆锥曲线是抛物线、双曲线和椭圆（圆是椭圆的特例）。

但是，所有非参数方程（无论显式还是隐式）都是：(1)与坐标轴相关的；(2)会出现斜率为无穷大的情况（如垂线）；(3)对于非平面曲线，曲面难以用常系数的非参数化函数表示；(4)不便于计算和编程序。为了解决这些问题，可考虑用参数方程表示曲线和曲面。

3. 参数表示

在平面曲线的参数表示中，曲线上每一点的坐标均要表示成一个参数式，例如参数用 t 表示，则曲线上每一点笛卡尔坐标的参数式是：

$$x=x(t)$$
$$y=y(t)$$

曲线上一点坐标的矢量表示是：

$$p(t)=[x(t)\quad y(t)]$$

如用′表示对参数的求导，则参数曲线的切矢量或导函数是：

$$p'(t)=[x'(t)\quad y'(t)]$$

我们不可能，也没有必要去研究 t 从 $-\infty$ 到 $+\infty$ 的整条曲线，而往往只对其中的某一部分感兴趣。通常我们经过对参数变量的规格化，使 t 在[0,1]闭区间内变化，写成 $t\in[0,1]$，对此区间内的参数曲线进行研究。

最简单的参数曲线是直线段。例如已知直线段的端点坐标分别是 $p_1[1,2]$，$p_2[4,3]$，此直线段的参数表达式是：$p(t)=p_1+(p_2-p_1)t=[1,2]+([4,3]-[1,2])t \quad 0\leqslant t\leqslant 1$；

即：$p(t)=[1,2]+[3,1]t \quad 0\leqslant t\leqslant 1$；

参数表示相应的 x,y 坐标分量是：$x(t)=x_1+(x_2-x_1)t=1+3t \quad 0\leqslant t\leqslant 1$

$$y(t)=y_1+(y_2-y_1)t=2+t;$$

$p(t)$的切矢量是：$p'(t)=[x'(t)\quad y'(t)]=[3\quad 1]$

或写成：$T_t=3i+j \quad T_t$ 是 $p(t)$的切矢量，i、j 为 x、y 轴向的单位矢量。

该直线段的斜率为：$\dfrac{dy}{dx}=\dfrac{dy/dt}{dx/dt}=\dfrac{y'(t)}{x'(t)}=\dfrac{1}{3}$。

圆是计算机图形学中应用最为广泛，其在第一象限内的单位圆弧的非参数的显式表示为：$y=\sqrt{1-x^2} \quad 0\leqslant x\leqslant 1$；$x$ 每增加一个增量，就会相应地得到圆弧上的一点，但从图6.1.1(a)可见沿曲线方向上的弧长是不相等的，且需要进行求平方根的计算。若以角度 θ 为参数，且其相对 x 轴逆时针方向变化，到第一象限内的单位圆弧的参数表达式是：

$p(0)=[x\quad y]=[\cos\theta\quad \sin\theta] \quad 0\leqslant\theta\leqslant \pi/2$；相应图形如图 6.1.1(b)所示。同一图形的参

数表示并不一定唯一，如以 t 为参数，上述在第一象限内的单位圆弧可表示成：

$$P(t)=[x \quad y]=\left[\frac{(1-t^2)}{(1+t^2)} \quad \frac{2t}{(1+t^2)}\right] \quad 0\leqslant t\leqslant 1$$；相应图形如图 6.1.1(c)所示。

从上面的图示和表达式我们可得到参数变量之间的关系是：

$$x=\cos\theta=(1-t^2)/(1+t^2) \qquad 0\leqslant\theta\leqslant\pi/2, 0\leqslant t\leqslant 1;$$

$$y=\sin\theta=2t/(1+t^2) \qquad 0\leqslant\theta\leqslant\pi/2, 0\leqslant t\leqslant 1;$$

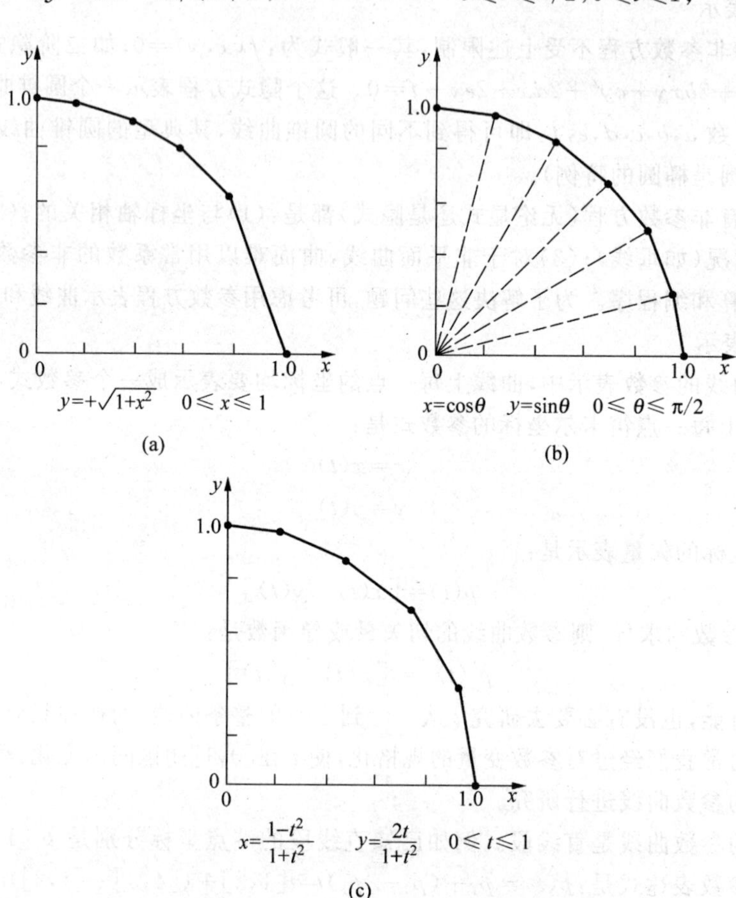

图 6.1.1　第一象限圆弧的表示形式

在曲线、曲面的表示上，参数方程比显式、隐式方程有更多的优越性。

(1) 有更大的自由度来控制曲线、曲面的形状。如一条二维三次曲线的显式表示为：

$$y=ax^3+bx^2+cx+d$$

其中只有 4 个系数可用来控制此曲线的形状。而二维三次曲线的参数表达式为：

$$\begin{cases} x=at^3+bt^2+ct+d \\ y=et^3+ft^2+gt+h \end{cases}$$

其中有 8 个系数可用来控制此曲线的形状。

(2) 对非参数方程表示的曲线、曲面进行变换，必须对曲线、曲面上的每个型值点进行几何变换；而对参数表示的曲线、曲面可对其参数方程直接进行几何变换（如平移、比例、旋转），从而节省计算工作量。

(3) 便于处理斜率为无限大的问题,不会因此而中断计算。

(4) 参数方程中,代数、几何相关和无关的变量是完全分离的,而且对变量个数不限,从而便于用户把低维空间中的曲线、曲面扩展到高维空间去。这种变量分离的特点使我们可以用数学公式去处理几何分量,如我们以后用的调和函数就具有此特点。

(5) 规格化的参数变量 $t\in[0,1]$,使其相应的几何分量是有界的,而不必用另外的参数去定义其边界。

(6) 易于用矢量和矩阵表示几何分量,简化了计算。基于这些优点,我们在以后将用参数表达式来讨论曲线和曲面问题。

6.1.2 参数曲线的定义及其切矢量、法矢量、曲率和挠率

一条用参数表示的三维曲线是一个有界的点集,可写成一个带参数的、连续的、单值的数学函数,其形式为:

$$x=x(t),\quad y=y(t),\quad z=z(t),\quad 0\leqslant t\leqslant 1。$$

1. 位置矢量

如图 6.1.2 所示,该曲线的端点在 $t=0$,$t=1$ 处,曲线上任一点的位置矢量(即其坐标)可用矢量 $p(t)$ 表示,$p(t)=[x(t),y(t),z(t)]$。

2. 切矢量

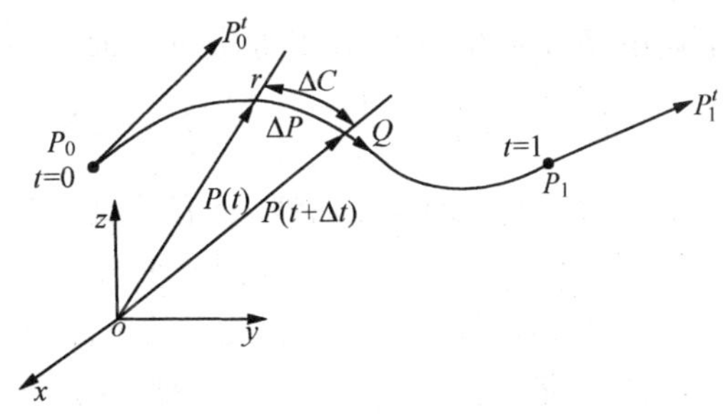

图 6.1.2 表示一条参数曲线的有关矢量

若曲线上 r、Q 两点的参数分别是 t 和$t+\Delta t$,矢量 $\Delta p=p(t+\Delta t)-p(t)$,其大小以连接 rQ 的弦长表示。如果曲线在 r 处有确定的切线,则当 Q 趋向于 r,即 $\Delta t\to 0$ 时,导数矢量 $\mathrm{d}p/\mathrm{d}t$ 的方向趋于该点的切线方向。如选择弧长 c 作为参数,即 $p(c)$。在极限情况下 $|\Delta p|$ 和 Δc 可认为相等,则有:$\mathrm{d}p/\mathrm{d}c=\lim\limits_{\Delta c\to 0}\Delta p/\Delta c=T$ 是单位长度矢量,其方向为曲线的切线方向,称之为单位切矢量。

对于一般参数 t,$\mathrm{d}p/\mathrm{d}t$ 仅与 T 成比例。假设 $\mathrm{d}p/\mathrm{d}t\neq 0$,则有:$T=(\mathrm{d}p/\mathrm{d}t)/|\mathrm{d}p/\mathrm{d}t|$;对于参数 c,由前有:$T=\mathrm{d}p/\mathrm{d}c=(\mathrm{d}p/\mathrm{d}t)/(\mathrm{d}c/\mathrm{d}t)$;比较这两式即得到 $\mathrm{d}c/\mathrm{d}t=|\mathrm{d}p/\mathrm{d}t|$;亦有:$\mathrm{d}p/\mathrm{d}t=(\mathrm{d}c/\mathrm{d}t)\cdot T$。通常要使切矢量和曲线之间满足一定的关系。当切矢量的数值超过曲线弦长(曲线两端点之间的距离)几倍时,曲线会出现回转或过顶点等现象;而小于弦长许多时,也会使曲线变得过于平坦。

3. 曲率

设以弧长 c 为参数,曲线的方程为 $p(c)$,其上 r 点的参数为 c,Q 点的参数为 $c+\Delta c$,相应的单位切矢量为 $T(c)$和 $T(c+\Delta c)$,其夹角为 $\Delta\varphi$,如图 6.1.3 所示。通常这两个切矢量不在同一平面上,$\Delta\varphi$ 是把 Q 点的切矢量平移到 r 点后两个矢量之间的夹角。弧 rQ 的弯曲程度一方面与$\Delta\varphi$ 的大小有关,另一方面与弧长 Δc 有关,我们通常用 $\Delta\varphi$ 与 Δc 比的绝对值 $|\Delta\varphi/\Delta c|$ 来度量 rQ 的弯曲程度,并称之为弧 rQ 的平均曲率。当点 Q 趋近于 r 点时,曲线 $P(c)$在 r 点的曲率为:$k=\lim\limits_{\Delta c\to 0}|\Delta\varphi/\Delta c|$。

由于 $\Delta\varphi=\widehat{T_1T_2}$，$\Delta T=T_1T_2$，

$$\left|\frac{\Delta\varphi}{\Delta c}\right|=\left|\frac{T_1T_2}{\Delta c}\cdot\frac{\Delta\varphi}{T_1T_2}\right|=\left|\frac{\Delta T}{\Delta c}\right|\cdot\left|\frac{\widehat{T_1T_2}}{T_1T_2}\right|;\lim_{\Delta\varphi\to 0}\left|\frac{\widehat{T_1T_2}}{T_1T_2}\right|=1;$$

故有： $k=\lim\limits_{\Delta c\to 0}\left|\frac{\Delta\varphi}{\Delta c}\right|=\left(\lim\limits_{\Delta c\to 0}\left|\frac{\Delta T}{\Delta c}\right|\right)\cdot\left(\lim\limits_{\Delta c\to 0}\left|\frac{\widehat{T_1T_2}}{T_1T_2}\right|\right)=\left|\frac{\mathrm{d}T}{\mathrm{d}c}\right|$。

又因： $T=\frac{\mathrm{d}p}{\mathrm{d}c}=p'(c)$；所以：$k=\left|\frac{\mathrm{d}^2p}{\mathrm{d}c^2}\right|=|p''(c)|$。

即 $k=\left[\left(\frac{\mathrm{d}^2x}{\mathrm{d}c^2}\right)^2+\left(\frac{\mathrm{d}^2y}{\mathrm{d}c^2}\right)^2+\left(\frac{\mathrm{d}^2z}{\mathrm{d}c^2}\right)^2\right]^{1/2}$；曲率半径：$\rho=\frac{1}{k}$。

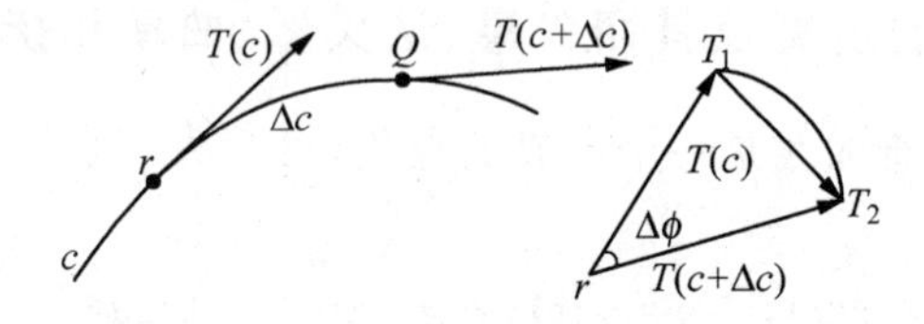

图 6.1.3 参数曲线的曲率

4. 法矢量

上述中 T 是单位切矢量，其导数 $\mathrm{d}T/\mathrm{d}c$ 是一个与 T 垂直的矢量。现将与 $\mathrm{d}T/\mathrm{d}c$ 平行的单位矢量记作 N，于是：$\frac{\mathrm{d}T}{\mathrm{d}c}=\left|\frac{\mathrm{d}T}{\mathrm{d}c}\right|N=KN=\frac{1}{\rho}N$；$KN$ 称之为曲线的曲率矢量，其模等于曲率 K。对于空间的参数曲线，所有垂直切矢量 T 的矢量都是法矢量。因此，曲线上某一给定点处就有一束法线，它们在同一平面上，我们称此平面为曲线在该点的法平面，而把平行于矢量 N 的法线叫作曲线在此点的主法线，N 称为单位主法线矢量。矢量积 $B=T\times N$，是第三个矢量，它垂直于 T 和 N。把平行于矢量 B 的法线叫作曲线的副法线，B 则称为单位副法线矢量。T、N 和 B 三个单位矢量，如同 i、j 和 k 一样，组成互相垂直的直角坐标系，具有关系式 $B=T\times N$，$T=N\times B$ 以及 $N=B\times T$。这个坐标系在曲线给定点上决定了三个基本方向。通过曲线上这个给定点，并分别包含矢量 T 和 N，N 和 B、B 和 T 的平面称之为密切平面、法平面和化直平面，如图 6.1.4 所示。

设曲线上有参数为 $c-\Delta c, c, c+\Delta c$ 的 M, R, Q 三点，曲线在 R 点的密切圆是过这三点所作的圆，当 $\Delta c\to 0$ 的极限情况，如图 6.1.5 所示，由于此圆所在平面包含了 RM 和 RQ，可以证明该圆在密切平面上，且圆的法线与 RM 和 RQ 的叉积方向一致。曲线上点 R 的密切圆的半径等于该点的曲率半径，密切圆心是曲率中心。有时密切圆也称为曲率圆。运用泰勒定理可以推得：

$$\begin{aligned}RM\times RQ&=[p(c+\Delta c)-p(c)]\times[p(c-\Delta c)-P(c)]\\&=[\Delta c\mathrm{d}p/\mathrm{d}c+\Delta c^2\mathrm{d}^2p/(2\mathrm{d}c^2)]\times[-\Delta c\mathrm{d}p/\mathrm{d}c+\Delta c^2\mathrm{d}^2p/(2\mathrm{d}c^2)+0(\Delta c^4)\\&=\Delta c^3\left[\frac{\mathrm{d}p}{\mathrm{d}c}\times\frac{\mathrm{d}^2p}{\mathrm{d}c^2}\right]+0(\Delta c^4)。\end{aligned}$$

由此可知，密切圆所在平面的法线和$\frac{\mathrm{d}p}{\mathrm{d}c}\times\frac{\mathrm{d}^2p}{\mathrm{d}c^2}$的方向一致，又由于：$\frac{\mathrm{d}p}{\mathrm{d}c}\times\frac{\mathrm{d}^2p}{\mathrm{d}c^2}=T\times KN=KB$，所以可知矢量 B 也就是密切平面的法矢量。对于一般用正则参数 t（或 u）表示的曲线方程，只要把对自然参数 c 的求导改为对 t（或 u）的求导，即可得到上述结果。上述推导也

可以扩展到参数曲面的情况。

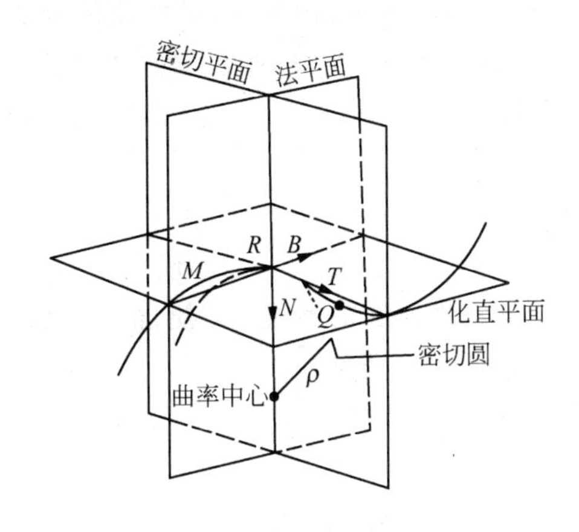

图 6.1.4 曲线的法矢

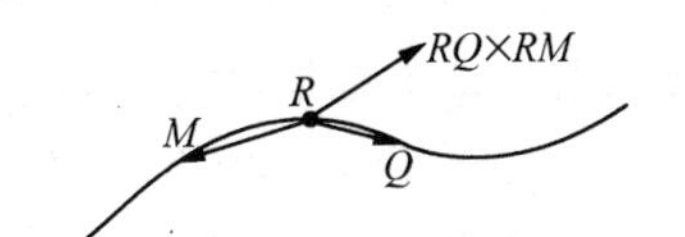

图 6.1.5 密切平面的法矢量

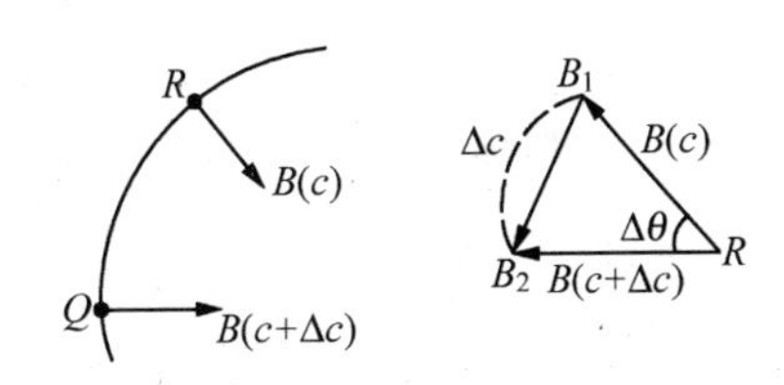

图 6.1.6 曲线的挠率

5. 挠率

对于平面曲线，密切平面就是曲线所在的平面，其副法矢量是固定不变的，因此有：$\mathrm{d}B/\mathrm{d}c=0$，对于非平面曲线，矢量 B 不再为常数，它的变化 $\mathrm{d}B/\mathrm{d}c$ 反映了曲线的扭挠性质，即为曲线的挠率。设曲线上点 R 对应的弧参数值为 c，在 R 点邻域内取曲线上一点 Q，其对应参数为 $c+\Delta c$，若 $\Delta\theta$ 为 R 和 Q 处的两个密切平面的夹角，Δc 为弧长 RQ，则比值 $|\Delta\theta/\Delta c|$ 叫做弧 RQ 的平均挠度；如果当 $Q\rightarrow R$ 时，$|\Delta\theta/\Delta c|$ 的极限存在，则此极限值就叫做曲线在 R 点的挠率的绝对值 τ，即为：$\tau=\lim\limits_{\Delta c\to 0}|\Delta\theta/\Delta c|$，由于两个密切平面的夹角即为两个对应的单位副法线矢量之间的夹角，如图 6.1.6 所示，从而有：$\Delta B=B(c+\Delta c)-B(c)=B_1B_2$，显然，$\widehat{B_1B_2}=\Delta\theta$，由于 $\left|\dfrac{\Delta\theta}{\Delta c}\right|=\left|\dfrac{\Delta\theta}{|\Delta B|}\right|\left|\dfrac{|\Delta B|}{\Delta c}\right|=\left|\dfrac{\widehat{B_1B_2}}{B_1B_2}\right|\cdot\left|\dfrac{\Delta B}{\Delta c}\right|$，且 $\lim\limits_{\Delta c\to 0}\left|\dfrac{\widehat{B_1B_2}}{B_1B_2}\right|=1$，所以，$\tau=\lim\limits_{\Delta c\to 0}\left|\dfrac{\Delta B}{\Delta C}\right|=\left|\dfrac{\mathrm{d}B}{\mathrm{d}c}\right|$。此式说明，空间曲线上一点处的挠率的绝对值，等于在该点处的单位副法矢量对弧长的导数的绝对值；确定曲线为平面曲线的充要条件是，曲线上任意点处的挠率等于零。由于$\dfrac{\mathrm{d}B}{\mathrm{d}c}\cdot T=0$ 且$\dfrac{\mathrm{d}B}{\mathrm{d}c}\cdot B=0$，故$\dfrac{\mathrm{d}B}{\mathrm{d}c}$与 T 和 B 垂直，在矢量 N 的方向上，即$\dfrac{\mathrm{d}B}{\mathrm{d}c}=-\tau N$。由此可见，空间曲线上一点处的挠率就是此曲线在该点扭出其密切平面的速度数；如果动点从 R 出发沿曲线弧长 c 增加的方向移动，由 T、N、B 所确定的右手坐标系中的右螺旋方向扭进，即当曲线的法矢量 N 穿出密切平面且与 B 夹角小于 90°时，规定曲线在 R 点的挠率为正，此时由于$\dfrac{\mathrm{d}B}{\mathrm{d}c}$与 N 的方向相反，故上式取负号($-\tau N$)。

6.1.3 插值、逼近、拟合和光顺

在研究和应用曲线、曲面时，插值、逼近、拟合和光顺之前，这些术语的含意必须弄清楚。

1. 插值

插值是函数逼近的重要方法。例如给定函数 $f(x)$ 在区间$[a,b]$中互异的 n 个点的值

$f(x_i)$ $i=1,2,\cdots,n$，基于这个列表数据，寻找某一个函数 $\varphi(x)$ 去逼近 $f(x)$。若要求 $\varphi(x)$ 在 x_i 处与 $f(x_i)$ 相等，就称这样的函数逼近问题为插值问题，称 $\varphi(x)$ 为 $f(x)$ 的插值函数，x_i 称为插值节点。也就是说，$\varphi(x)$ 在 n 个插值节点 x_i 处与 $f(x_i)$ 相等，而在别处就用 $\varphi(x)$ 近似地代替 $f(x)$。以后几节我们将介绍多种插值函数的构造和应用方法。在曲线、曲面中最常用的是线性插值和抛物线插值。

（1）线性插值

假设给定函数 $f(x)$ 在两个不同点 x_1 和 x_2 的值，$y_1=f(x_1)$，$y_2=f(x_2)$，现在要求用一个线性函数：$y=\varphi(x)=ax+b$，近似代替 $y=f(x)$；选择线性函数的系数 a,b 使得：$\varphi(x_1)=y_1$，$\varphi(x_2)=y_2$；则称 $\varphi(x)$ 为 $f(x)$ 的线性插值函数，如图 6.1.7 所示。

$$\varphi(x)=y_1+\frac{y_2-y_1}{x_2-x_1}(x-x_1) \qquad \text{（点斜式）}$$

$$=\frac{x-x_2}{x_1-x_2}y_1+\frac{x-x_1}{x_2-x_1}y_2 \qquad \text{（两点式）}$$

且记 $R(x)=f(x)-\varphi(x)$ 为插值函数 $\varphi(x)$ 的截断误差，$[x_1,x_2]$ 为插值区间。当 x 在区间 $[x_1,x_2]$ 外，用 $\varphi(x)$ 近似代替 $f(x)$，称为外插。

对于图 6.1.8 所示的三角形，已知其顶点坐标 P_{01}、P_{10}、P_{00}，且边界上的参数为 r、s、t，$r+s+t=1$；要求三角形内的一点 $x(r,s,t)$ 也是一个线性插值问题。因为：

$$Q_{01}=P_{00}(1-r)+P_{10}r,\ Q_{11}=P_{01}(1-r)+P_{10}r;$$

$$x(r,s,t)=Q_{01}t/(s+t)+Q_{11}s/(s+t)=P_{10}r+P_{01}s+P_{00}t$$

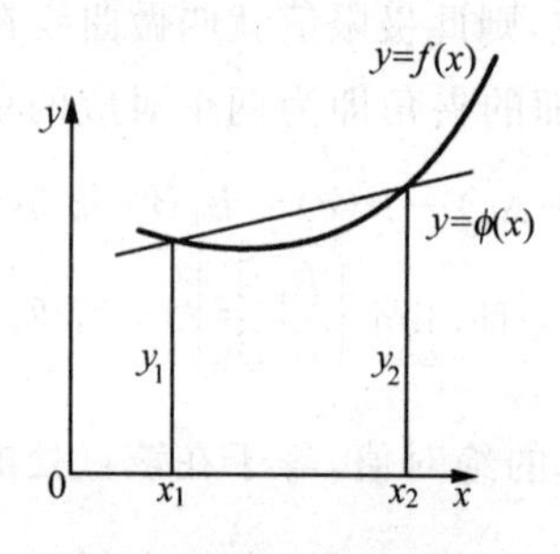

图 6.1.7　线性插值

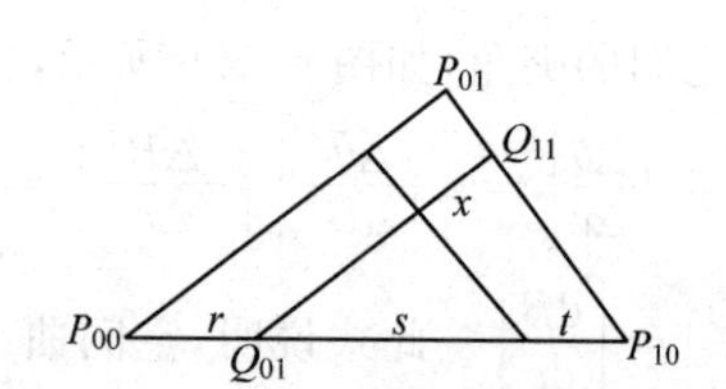

图 6.1.8　三角形内的线性插值

（2）抛物线插值

抛物线插值又称之为二次插值。设已知 $f(x)$ 在三个互异点 x_1、x_2、x_3 的函数值为 y_1、y_2、y_3，要求构造一个函数：$\varphi(x)=ax^2+bx+c$，使 $\varphi(x)$ 在节点 x_i 处与 $f(x)$ 在 x_i 处的值相等，如图 6.1.9 所示。由此可构造：$\varphi(x_i)=f(x_i)=y_i$　$i=1,2,3$ 的线性方程组，求得 a,b,c，即构造了 $\varphi(x)$ 插值函数。

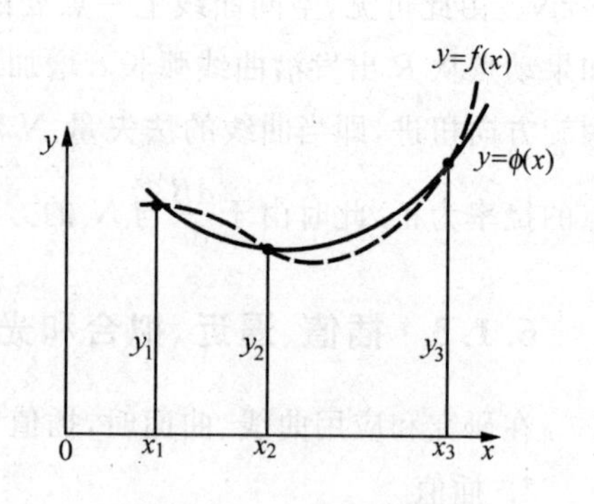

图 6.1.9　抛物线插值

2. 逼近

上面我们讨论了已知型值点（插值点）的插值方法。当型值点太多时，构造插值函数使其通过所有的型值点相当困难的。客观上看，由于过多的型值点也会有误差，也没有必要寻找一个插值函数通过所有的型值点。此时人们往往选择一个次数较低的函数，在某种意义上最佳逼近这些型值点。逼近的方法很多，最常用的有最小二乘法。假设已知一组型值点(x_i, y_i)　$i=1,2,\cdots,n$，要求构造一个$m(m<n-1)$次多项式函数$y=F(x)$逼近这些型值点。逼近的好坏常用各点偏差的平方和最小：$\varphi=\sum_{k=1}^{n}[F(x_k)-y_k]^2$ 或加权的方差最小：

$$\varphi=\sum_{k=1}^{n}d_k[F(x_k)-y_k]^2 \tag{6-1-1}$$

其中 d_k 是权因子，对可靠的点赋以较大的比重，一般 $d_k>0$　$k=1,2,\cdots,n$。令 $F(x)$为一个 m 次多项式，$F(x)=\sum_{j=0}^{m}a_j x^j$；这里的最小二乘问题就是要定出系数 a_j，使偏差平方和(6-1-1)式达到极小。

$$\varphi(a_j)=\sum_{k=1}^{n}d_k\Big[\sum_{j=0}^{m}a_j x_k^j-y_k\Big]^2 \tag{6-1-2}$$

根据通常求极值问题的方法可知，使 $\varphi(a_j)$达到极小的 a_j　$j=0,1,\cdots,m$，必须适合下列方程组：

$$\frac{\partial\varphi}{\partial a_i}=2\sum_{k=1}^{n}d_k\Big[\sum_{j=0}^{m}a_j x_k^j-y_k\Big]x_k^i=0\quad i=0,1,\cdots,m$$

或写成：
$$\sum_{j=0}^{m}a_j\sum_{k=1}^{n}d_k x_k^{i+j}=\sum_{k=1}^{n}d_k y_k x_k^i;$$

若令：　$\sum_{k=1}^{n}d_k x_k^i=S_i,\ \sum_{k=1}^{n}d_k y_k x_k^i=T_i$；则可得到方程

$$\sum_{j=0}^{m}a_j S_{i+j}=T_i\qquad i=0,1,\cdots,m$$

这里有 $m+1$ 个方程，可解出 $m+1$ 未知数 $a_0,a_1,\cdots,a_m$，代入定义即可求得多项式函数$F(x)$逼近已知的 n 个型值点。

3. 光顺

光顺通俗的含意是指曲线的拐点不能太多，曲线拐来拐去，就会不顺眼。对于平面曲线相对光顺的条件应该是：(1)具有二阶几何连续(G^2)；(2)不存在多余拐点和奇异点；(3)曲率变化较小。例如，平面上的三次参数曲线段有表达式：

$$x=a_0+a_1t+a_2t^2+a_3t^3$$
$$y=b_0+b_1t+b_2t^2+b_3t^3\qquad 0\leqslant t\leqslant 1$$

其相应的拐点方程是 $pt^2-2qt+2r=0$，式中$(p,q,r)=(a_1,a_2,a_3)\times(b_1,b_2,b_3)$
若 $p\neq 0$，我们构造表达式

$$I=(q/p)^2-2r/p;$$

它是一个权为-2的相对不变量，并由它可得知：

(1) 当 $I>0$ 时，相应曲线有两个实拐点；

(2) 当 $I=0$ 时，曲线上出现一个尖点；

(3) 当 $I<0$ 时，曲线上会出现一个二重点。

对于情况(1)，若曲线段两端点的曲率是异号，曲线段上不可避免地会有一个拐点。如果曲

线段两端点的曲率同号，在 p,q,r 满足某些条件时，曲线段上有两个拐点，并称之为多余拐点。为了使曲线光顺，必须寻找能消除多余拐点的插值方法。通常在不改变曲线段两端点切线方向的条件下，把切向量的模分别乘以 λ 和 $\mu(\lambda,\mu>0)$，这样可保证在 (λ,μ) 平面的第一象限内找到一个矩形区域，使得在其中构造的三次参数样条曲线没有多余的拐点、尖点和二重点。需要注意的是，对于用不同的函数表示的曲线、曲面，相应的光顺算法也不相同。

4. 拟合

拟合并不象上述的插值、逼近、光顺那样有完整的定义和数学表示，拟合是指在曲线、曲面的设计过程中，用插值或逼近方法使生成的曲线、曲面达到某些设计要求，如在允许的范围内贴近原始的型值点或控制点序列；如曲线、曲面看上去要“光滑”、“光顺”等。对曲线、曲面而言，光滑是指它们在切矢量上的连续性，或更精确的要求是指曲率的连续性。

6.1.4 参数曲线的代数形式和几何形式

一条三次参数曲线的代数形式是：

$$\begin{aligned} x(t)&=a_{3x}t^3+a_{2x}t^2+a_{1x}t+a_{0x} \\ y(t)&=a_{3y}t^3+a_{2y}t^2+a_{1y}t+a_{0y} \quad t\in[0,1]; \\ z(t)&=a_{3z}t^3+a_{2z}t^2+a_{1z}t+a_{0z} \end{aligned}$$

a_{3x} 到 a_{0z} 这 12 个系数为代数系数，唯一地确定了一条参数曲线的形状和位置。如果两条相同的参数曲线具有不同的系数，则说明这两条曲线的空间位置必不相同，上述代数式写成矢量形式是：

$$P(t)=a_3t^3+a_2t^2+a_1t+a_0 \qquad t\in[0,1] \tag{6-1-3}$$

$P(t)$ 表示曲线上任意一点的位置矢量，其分量对应于直角坐标系中该点的坐标 a_0,a_1,a_2 和 a_3 是代数系数矢量。

对于空间曲线，可用于描述曲线的可供选择的条件有：端点坐标、切矢量、曲率和挠率等。对于(6-1-3)式，我们应用两个端点 $P(0)$，$P(1)$ 以及对应的切矢量 $P'(0)=\mathrm{d}p(0)/\mathrm{d}t$，$P'(1)=\mathrm{d}p(1)/\mathrm{d}t$，可得到下述四个方程：

$$P(0)=a_0, \qquad P(1)=a_0+a_1+a_2+a_3;$$
$$P'(0)=a_1, \qquad P'(1)=a_1+2a_2+3a_3;$$

求解上述四个方程得到：

$$a_0=P(0); \quad a_1=P'(0);$$
$$a_2=-3P(0)+3P(1)-2P'(0)-P'(1);$$
$$a_3=2P(0)-2P(1)+P'(0)+P'(1);$$

把 a_0,a_1,a_2 和 a_3 代入(6-1-3)式，并令：$P_0=P(0)$，$P_1=P(1)$，$P_0'=P'(0)$，$P_1'=P'(1)$；则有：

$$P(t)=(2t^3-3t^2+1)P_0+(-2t^3+3t^2)P_1+(t^3-2t^2+t)P_0'+(t^3-t^2)P_1' \quad t\in[0,1], \tag{6-1-4}$$

令：　$F_1=2t^3-3t^2+1$，$F_2=-2t^3+3t^2$，$F_3=t^3-2t^2+t$，$F_4=t^3-t^2$；

重写(6-1-4)式有：

$$P(t)=F_1P_0+F_2P_1+F_3P_0'+F_4P_1', \tag{6-1-5}$$

式(6-1-5)是参数曲线的几何形式,P_0,P_1,P_0',P_1'为其几何系数,$F=[F_1,F_2,F_3,F_4]$为调和函数。

这里我们选择了曲线的二个端点及其切矢量构造(6-1-4)式。也可以选择四个不同的点,不选择切矢量;当然还可以选择四个点的切矢量。读者可以用这些条件自行推导相应曲线的参数方程。显然,要求曲线上各个点之间应具有不同的 t 值,而同一点及其切矢量应具有相同的 t 值。

我们也可以用矩阵形式来表示参数曲线。对于(6-1-3)式可写成:

$$P=TA \tag{6-1-6}$$

其中:$T=[t^3 \quad t^2 \quad t \quad 1]$,$A=[a_3 \quad a_2 \quad a_1 \quad a_0]^{\mathrm{T}}$。

对于(6-1-5)式可写成:

$$P=FB \tag{6-1-7}$$

其中:$B=[P_0 \quad P_1 \quad P_0' \quad P_1']^{\mathrm{T}}$。$A$ 是代数系数矩阵,B 是几何系数矩阵或边界条件矩阵。用矩阵运算可推导出代数形式和几何形式之间的关系。

因为 $F=[(2t^3-3t^2+1)(-2t^3+3t^2)(t^3-2t^2+t)(t^3-t^2)]$也可以写成:

$$F=[t^3 \quad t^2 \quad t \quad 1]\begin{bmatrix} 2 & -2 & 1 & 1 \\ -3 & 3 & -2 & -1 \\ 0 & 0 & 1 & 0 \\ 1 & 0 & 0 & 0 \end{bmatrix}=TM; \qquad M^{-1}=\begin{bmatrix} 0 & 0 & 0 & 1 \\ 1 & 1 & 1 & 1 \\ 0 & 0 & 1 & 0 \\ 3 & 2 & 1 & 0 \end{bmatrix}$$

则(6-1-7)式可重写成:$P=TMB$,则有 $A=MB$; $B=M^{-1}A$。

上面两式反映了参数曲线代数形式和几何形式之间的变换关系。我们常用 $P=TMB$ 来表示一条参数曲线,由于它是由端点及其切矢量定义的三次参数曲线,也称为 Hermite 曲线或 Ferguson 曲线。在这种曲线中,仅 A,B 随不同的曲线变化,由它们反映曲线的形状和位置。

6.1.5 调和函数

在(6-1-5)和(6-1-7)式中,我们已用过调和函数,而且知道对构造参数曲线的不同的已知条件,会得到不同的调和函数。在参数曲线的构造过程中,通常是把参数曲线分解成 $x(t)$,$y(t)$,$z(t)$直角坐标分量的形式,其次是把每条分量曲线再分解成四条正交的调和函数曲线。对于(6-1-5)式的 Hermite 参数曲线,调和函数的作用是通过端点及其切矢量产生整个 t 值范围内的其余各点列的坐标,并且只与参数 t 有关,由此便于我们通过修改边界条件来改变曲线的形状。在曲线构造过程中,常需要位置矢量 P、切矢量 P' 以及二阶导数矢量 P'',相应 Hermite 参数曲线调和函数的零阶、一阶、二阶正交曲线如图 6.1.10、图 6.1.11 和图 6.1.12 所示。分析该调和函数和相应的调和函数曲线会发现,在 $t=0$ 时,仅 F_1 决定了$P(t)$的值,此时 $F_1=1$,$F_2=F_3=F_4=0$,并且 $F_2=1-F_1$;随着 t 从 0 增加到 1,F_1 的作用也逐渐减小到零,在 $t=1$ 处,仅 F_4 决定了 P'的值,此时 $F_4'=1$,$F_1'=F_2'=F_3'=0$。

由一阶、二阶调和函数和几何系数,我们也很容易得到该曲线上任一点的一阶、二阶导函数,即有:

$$P'=F_1'P_0+F_2'P_1+F_3'P_0'+F_4'P_1';$$

$$P''=F_1''P_0+F_2''P_1+F_3''P_0'+F_4''P_1'$$

上式的矩阵形式是: $P'=F'B$;$P''=F''B$。

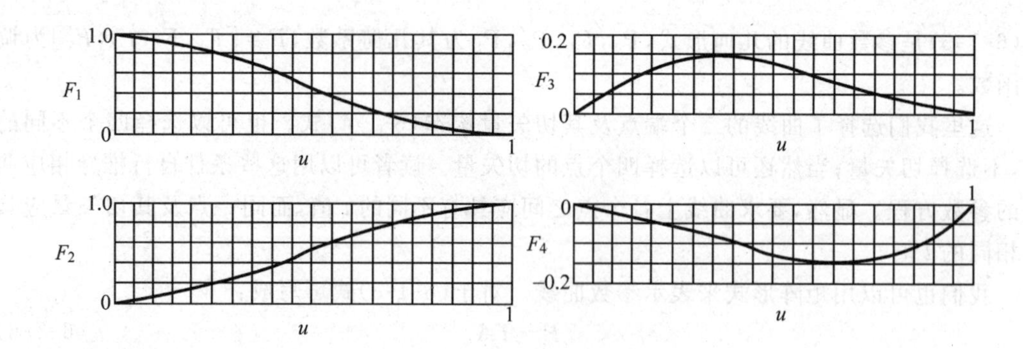

图 6.1.10　零阶调和函数

由于 $F=TM$；则：$F'=TM'$，$F''=TM''$；

$$M'=\begin{bmatrix}0 & 0 & 0 & 0\\ 6 & -6 & 3 & 3\\ -6 & 6 & -4 & -2\\ 0 & 0 & 1 & 0\end{bmatrix}\qquad M''=\begin{bmatrix}0 & 0 & 0 & 0\\ 0 & 0 & 0 & 0\\ 12 & -12 & 6 & 6\\ -6 & 6 & -4 & -2\end{bmatrix}$$

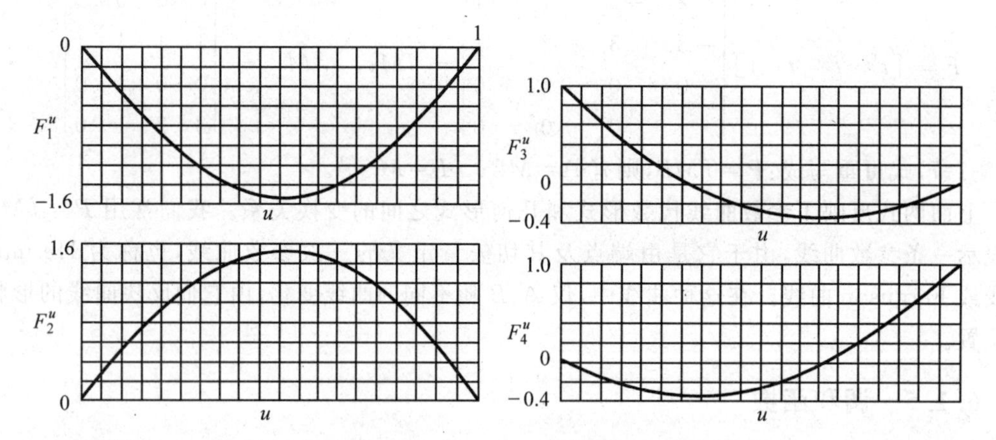

图 6.1.11　一阶调和函数

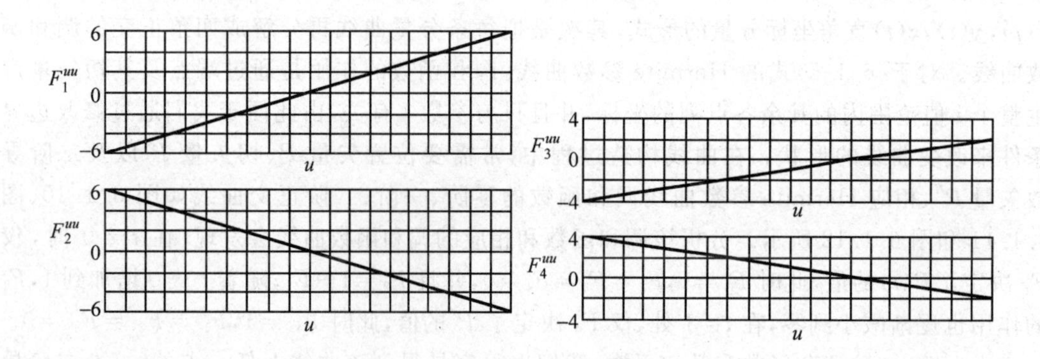

图 6.1.12　二阶调和函数

值得注意的，此处讨论的是 Hermite 参数曲线的调和函数，对于不同的参数曲线构造条件，所得到的调和函数不会一样，对于不同的调和函数其性质也不相同。

6.1.6 曲线段间 C^1, C^2 和 G^1, G^2 连续性定义

由调和函数构造的参数曲线，其自身(即在参数 t 的取值区间内)的连续性是由调和函数决定的。这一节我们主要讨论参数曲线段之间的连续性。如图 6.1.13，对于参数曲线段 $Q_1(t)$ 和 $Q_2(t)$，$Q_3(t)$ 和 $Q_4(t)$，$t\in[0,1]$；若：

(1) $Q_1(1)=Q_2(0)$，即 $Q_1(t)$ 和 $Q_2(t)$ 的端点重合于 P，则 $Q_1(t)$ 和 $Q_2(t)$ 在 P 点处有 C^0 和 G^0 连续。

(2) $Q_1(1)$ 和 $Q_2(0)$ 在 P 点处重合，且其在 P 点处的切矢量方向相同，大小不等，则 $Q_1(t)$ 和 $Q_2(t)$ 在 P 点处有 G^1 连续。

(3) $Q_1(1)$ 和 $Q_2(0)$ 在 P 点处重合，且其在 P 点处的切矢量方向相同，大小相等，则 $Q_1(t)$ 和 $Q_2(t)$ 在 P 点处有 C^1 连续。

(4) 若 $Q_1(1)$ 和 $Q_2(0)$ 在 P 点处已有 C^0，C^1 连续性且其 $Q''_1(1)$ 和 $Q''_2(0)$ 的大小和方向均相同，则 $Q_1(t)$ 和 $Q_2(t)$ 在 P 点处具 C^2 连续。推广之，若 $Q_1^n(1)$ 和 $Q_2^n(0)$ 在 P 点处的大小和方向均相同，则说 $Q_1(t)$ 和 $Q_2(t)$ 在 P 点处具有 C^n 连续。

(5) 若 $Q_1(t)$ 和 $Q_2(t)$ 在 P 点处已具有 G^0，G^1 连续，且其 $Q''_1(1)$ 和 $Q''_2(0)$ 的方向相同，大小不相等，则说 $Q_1(t)$ 和 $Q_2(t)$ 在 P 点处有 G^2 连续。

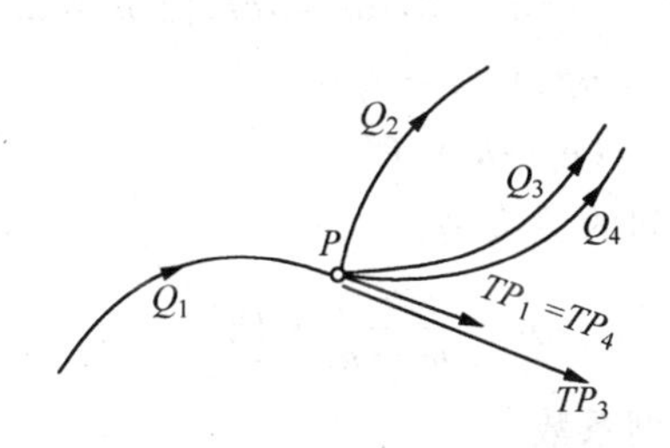

图 6.1.13 曲线段间的连续性

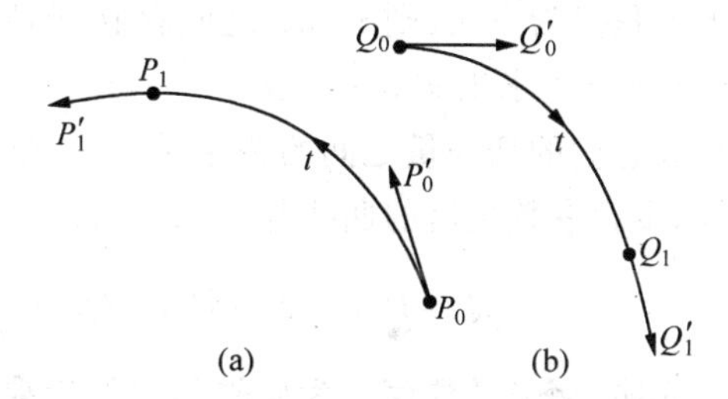

图 6.1.14 一条曲线参数化会有两种可能的方向

在曲线、曲面造型中，一般只用到 C^1，C^2 和 G^1，G^2 连续，切矢量(一阶导数)反映了曲线对参数 t 的变化速度，曲率(二阶导数)反映了曲线对参数 t 变化的加速度，通常 C^1 连续必能保证 G^1 连续，但 G^1 连续并不能保证 C^1 连续。曲线段在连接处达到 G^1 连续和 C^1 连续的光滑程度是相同的，但曲线的变化趋势在这两种情况下不一定相同。在实际应用中，我们要适当的选择曲线段、曲面片间的连续性，使造型物体既能保证其光滑性的要求，也能保证其美观性的要求。

6.1.7 重新参数化

一条曲线的重新参数化是为改变生成这条曲线的参数间隔，并不改变曲线的形状和位置。如函数 $u=f(t)$ 表示改变曲线的区间间隔 t。重新参数化最简单的形式是曲线的走向变反，此时只要求 $u=-t$，u 即为新的参数变量。图 6.1.14 表示了一条参数曲线的端点及其切矢量有两种可能的参数化方向。如果有两条 Hermite 参数曲线，均用几何系数 B 来定义，令 $B_1=[P_0 \quad P_1 \quad P_0' \quad P_1']^T$，$B_2=[Q_0 \quad Q_1 \quad Q_0' \quad Q_1']^T$。如果有 $Q_0=P_0$，$Q_1=P_1$，$Q_0'=-P_0'$，$Q_1'=-P_1'$，则这两条曲线参数化的方向相反，其余均相同，我们用 B_1 的系数

重写 B_2 有：$B_2=[P_1 \quad P_0 \quad -P_1' \quad -P_0']^T$。

1. 重新参数化的一般形式

如图 6.1.15 所示一条曲线其参数由 t_i 变到 t_j，若要把此间隔改为 u_i 变到 u_j，设在 t 间隔时的 B 阵为 $B_1=[P_i\ P_j\ P_i'\ P_j']^T$，在 u 间隔下的 B 阵为 $B_2=[Q_i \quad Q_j \quad Q_i' \quad Q_j']^T$，那么重新参数化后 B_1，B_2 的分量之间存在什么关系呢？

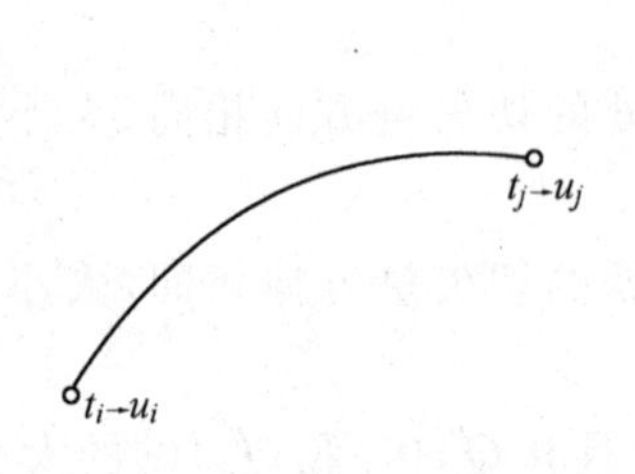

图 6.1.15　曲线的参数化

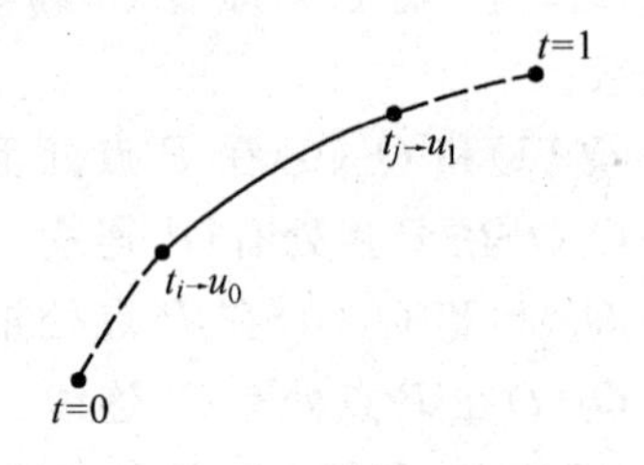

图 6.1.16　参数曲线的截断

(1) 端点位置矢量肯定不变，即：$Q_i=P_i$，$Q_j=P_j$，否则重新参数化后的曲线就不会满足其位置不变的要求。

(2) 切矢量的情况稍微复杂些。令 $u=f(t)$，为了保证曲线切矢量的方向不变，且参数化的方程仍为三次，则 u 和 t 之间存在线性关系，即有：$u=at+b$，$du=a\,dt$；由 $u_i=at_i+b$，$u_j=at_j+b$ 可求出 a，b：$a=(u_i-u_j)/(t_i-t_j)$，$b=(u_jt_i-u_it_j)/(t_i-t_j)$

则可知它们的切矢量之间的关系是：　　$Q'=((t_i-t_j)/(u_i-u_j))P'$

这样，重新参数化后的曲线与原来曲线的几何系数之间的关系是：

$$Q_i=P_i,\quad Q_j=P_j,\quad Q_i'=\frac{t_i-t_j}{u_i-u_j}\cdot P_i',\quad Q_j'=\frac{t_i-t_j}{u_i-u_j}\cdot P_j'$$

上式表明，切矢量数值上为原先的切矢量乘以一个比例系数。

2. 参数曲线的截断

图 6.1.16 表示一条参数曲线在 t_i 到 t_j 处被截断，即该曲线从 t_0 到 t_i 和 t_j 到 t_1 被删去。现在我们要把剩余的曲线段表示成一条完整的参数曲线，其参数是 $u_0=0$ 到 $u_1=1$。我们可以用 $P=TMB$ 来计算 P_i 和 P_j，用 $P'=TM'B$ 来计算 P_i'和 P_j'。因为 $u_1-u_0=1$，我们可得到截断后的参数曲线的几何系数 $B=[Q_0 \quad Q_1 \quad Q_0' \quad Q_1']$，其中：$Q_0=P_i$，$Q_1=P_j$，$Q_0'=-(t_i-t_j)P_i'$，$Q_1'=-(t_i-t_j)P_j'$。

3. 参数曲线的分割

当一条参数曲线被分割成具有任意长度的 n 条新的参数曲线时，如果其中第 i 段曲线的边界条件和参数由 P_i，P_i'，t_i 给出，此时第 i 段曲线的几何系数是：$B=[P_{i-1}, P_i, (t_i-t_{i-1})P'_{i-1}, (t_i-t_{i-1})P_i']^T$。

若一条参数曲线被等分成 n 段曲线，即参数变量的间隔是相等的，则第 i 段曲线的几何系数为：$B=\left[P_{\frac{i-1}{n}} \quad P_{\frac{i}{n}} \quad \frac{1}{n}P'_{\frac{i-1}{n}} \quad \frac{1}{n}P'_{\frac{i}{n}}\right]^T$。

4. 参数曲线的复合

这里讨论如何把几条参数曲线段连接在一起，形成一条复合的参数曲线。如已知两条参数曲线的几何系数为 B_1 和 B_3，要求构造一条曲线段其几何系数为 B_2，它连接 B_1，B_3 两条曲线段，并使其在连接处的切矢量为 B_1，B_3 的切矢量。

令：

$$B_1=[P_1(0)\ P_1(1)\ P'_1(0)\ P'_1(1)]^T$$

$$B_3=[P_3(0)\ P_3(1)\ P'_3(0)\ P'_3(1)]^T$$

首先，B_2 的端点必须与 B_1、B_3 重合，即有：

$$P_2(0)=P_1(1) \qquad P_2(1)=P_3(0)$$

其次，B_2 在端点的切矢量和 B_1、B_3 相同，即有：

$$P'_2(0)=a\frac{P'_1(1)}{|P'_1(1)|},P'_2(1)=b\frac{P'_3(0)}{|P'_3(0)|}$$

从而构造 B_2 的几何系数是：

$$B_2=\left[P_1(1),P_3(0),a\frac{P'_1(1)}{|P'_1(1)|},b\frac{P'_3(0)}{|P'_3(0)|}\right]^T$$

其中 a、$b>0$，通过 a，b 的变化来改变 B_2 曲线的内部形状。

一般情况下，一条具有光滑且满足连续条件的第 i 段曲线的几何系数是：

$$B_i=\left[P_{i-1}(1),P_{i+1}(0),a\frac{P'_{i-1}(1)}{|P'_{i-1}(1)|},b\frac{P'_{i+1}(0)}{|P'_{i+1}(0)|}\right]^T$$

6.1.8 四点式曲线

如图 6.1.17 所示，若已知空间不同的四个点$[P_1$，P_2，P_3，$P_4]$具有连续的 t 值，且满足 $t_1<t_2<t_3<t_4$，那么，如何构造过这四个点的参数曲线，即如何求出该曲线的几何形式和代数形式。基于 Hermite 曲线的几何表示，我们有：$P=TMB$，$B=M^{-1}T^{-1}P=KP$；即：$K=M^{-1}T^{-1}$；$K^{-1}=TM$，若我们采用等距的 t 值分布，即有：$t_1=0$，$t_2=1/3$，$t_3=2/3$，$t_4=1$

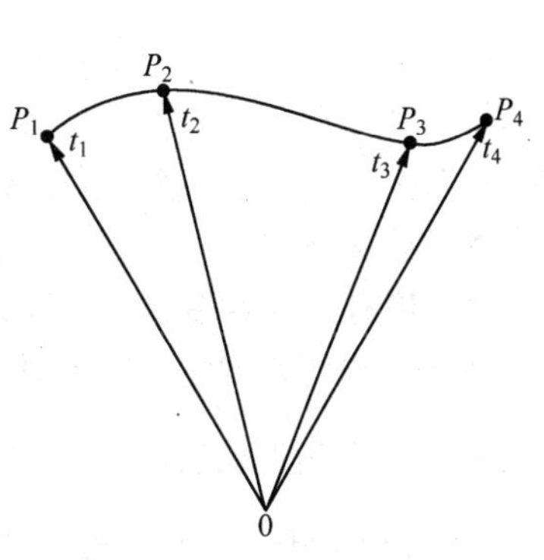

图 6.1.17

则有：

$$K^{-1}=\begin{bmatrix}t_1^3 & t_1^2 & t_1 & 1\\ t_2^3 & t_2^2 & t_2 & 1\\ t_3^3 & t_3^2 & t_3 & 1\\ t_4^3 & t_4^2 & t_4 & 1\end{bmatrix}\begin{bmatrix}2 & -2 & 1 & 1\\ -3 & 3 & -2 & -1\\ 0 & 0 & 1 & 0\\ 1 & 0 & 0 & 0\end{bmatrix}$$

$$=\begin{bmatrix}1 & 0 & 0 & 0\\ 20/27 & 7/27 & 4/27 & -2/27\\ 7/27 & 20/27 & 2/27 & -4/27\\ 0 & 1 & 0 & 0\end{bmatrix}$$

$$K=\begin{bmatrix}1 & 0 & 0 & 0\\ 0 & 0 & 0 & 1\\ -11/2 & 9 & -9/2 & 1\\ -1 & 9/2 & -9 & 11/2\end{bmatrix}$$

令四点式参数曲线表示为：$Q(t)=TMB=TMKP$，若令：

$$N=MK=\begin{bmatrix} -9/2 & 27/2 & -27/2 & 9/2 \\ 9 & -45/2 & 18 & -9/2 \\ -11/2 & 9 & -9/2 & 1 \\ 1 & 0 & 0 & 0 \end{bmatrix}$$

则四点式参数曲线的几何表达式是：$Q(t)=TNP, P=[P_1, P_2, P_3, P_4]$；若定义一个新的调和函数 $G(t)=[G_1, G_2, G_3, G_4]$，则：$Q(t)=G_1P_1+G_2P_2+G_3P_3+G_4P_4$ 四点式参数曲线的代数表示是：$Q(t)=TA, A=NP$。

6.1.9 有理参数多项式曲线

为了更方便地控制曲线的形状，基于齐次坐标的概念，产生了用有理参数多项式构造曲线、曲面。归纳起来，采用有理参数多项式有两条重要优点：

(1) 有理参数多项式具有几何和透视投影变换不变性，例如要产生一条经过透视投影变换的空间曲线；对于用无理多项式表示的曲线，第一步需生成曲线的离散点，第二步对这些离散点作透视投影变换，得到要求的曲线。对于用有理多项式表示的曲线，第一步对定义曲线的控制点作透视投影变换，第二步是用变换后的控制点生成要求的曲线。显然后者比前者的工作量小许多。

(2) 用有理参数多项式可精确地表示圆锥曲线、二次曲面，进而可统一几何造型算法。

在齐次坐标空间定义的参数曲线可写成 $P(t)=[X(t)\quad Y(t)\quad Z(t)\quad W(t)]^{T}$，要把齐次坐标空间中的点映射到三维空间，则有：$x(t)=\dfrac{X(t)}{W(t)}, y(t)=\dfrac{Y(t)}{W(t)}, z(t)=\dfrac{Z(t)}{W(t)}$，由此可知，对于任何无理函数均可通过增加 $W(t)$，使之变为有理函数。下面我们结合 Hermite 参数多项式的代数和几何形式来讨论其相应的有理形式。

对于代数式 $P=TA$，其齐次坐标形式为： $P_w=TA_w$

即：$[x_w\ y_w\ z_w\ w]=[t^3\ t^2\ t\ 1]\begin{bmatrix} a_x & a_y & a_z & a_w \\ b_x & b_y & b_z & b_w \\ c_x & c_y & c_z & c_w \\ d_x & d_y & d_z & d_w \end{bmatrix}$ 展开有，

$$x_w=a_xt^3+b_xt^2+c_xt+d_x$$
$$y_w=a_yt^3+b_yt^2+c_yt+d_y$$
$$z_w=a_zt^3+b_zt^2+c_zt+d_z$$
$$w=a_wt^3+b_wt^2+c_wt+d_w$$

类似于齐次坐标到三维空间的映射，我们有：

$$x(t)=\frac{a_xt^3+b_xt^2+c_xt+d_x}{a_wt^3+b_wt^2+c_wt+d_w}$$

$$y(t)=\frac{a_yt^3+b_yt^2+c_yt+d_y}{a_wt^3+b_wt^2+c_wt+d_w}$$

$$z(t)=\frac{a_zt^3+b_zt^2+c_zt+d_z}{a_wt^3+b_wt^2+c_wt+d_w}$$

这里 $x(t), y(t), z(t)$ 即为三次 Hermite 参数曲线代数式的有理多项式。

对于几何式 $P=TMB$，其齐次坐标形式为：

$$P_w=TMB_w\text{，其中 }B_w=[w_0P_0, w_1P_1, (w_0P_0)', (w_1P_1)']$$

由上面代数式的讨论可知：w 是参数 t 的函数，故 $B_w=[w_0P_0, w_1P_1, w'_0P_0+w_0P'_0, w'_1P_1+w_1P'_1]$，这就是 Hermite 参数曲线几何式的有理形式。类似地，我们也会构造其他参数曲线、曲面的有理形式。

6.2 常用的参数曲线

本节我们将讨论 Bézier，B 样条、非均匀有理 B 样条、圆锥曲线、等距线、过渡线、等值线等常用参数曲线的表示形式、生成算法、连续性等有关内容。

6.2.1 Bézier 曲线

1962 年法国雷诺汽车公司的 P. E. Bézier 构造了一种以逼近为基础的参数曲线。以这种方法为主，完成了一种曲线和曲面的设计系统 UNISURF，并于 1972 年在该公司应用。Bézier 方法将函数逼近同几何表示结合起来，使得设计师在计算机上运用起来就象使用常规作图工具设计一样得心应手。本小节将对 Bézier 算法、构造曲线的性质及特点、以及实用问题进行讨论。

1. Bézier 曲线的定义及其性质

(1) 定义

如图 6.2.1 所示的几条 Bézier 曲线，是由一组折线集，或称之为 Bézier 特征多边形来定义的。曲线的起点和终点与该多边形的起点、终点重合，且多边形的第一条边和最后一条边表示了曲线在起点和终点处的切矢量方向。曲线的形状趋于特征多边形的形状。当给定空间$n+1$个点的位置矢量 P_i，则 n 次 Bézier 曲线上各点坐标的插值公式是：

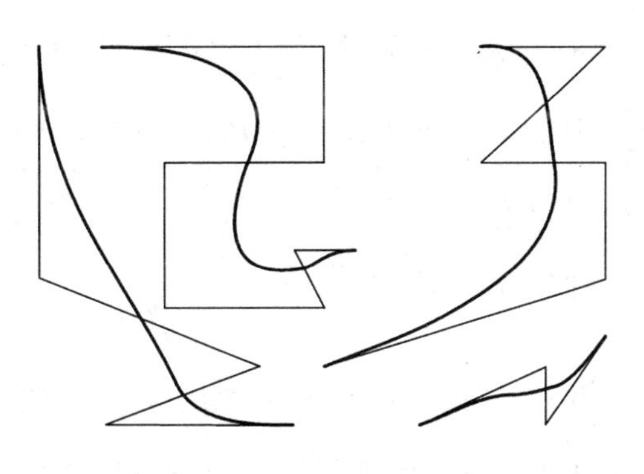

图 6.2.1 Bézier 曲线的例子

$$C(t)=\sum_{i=0}^{n}P_iB_{i,n}(t),\qquad 0\leqslant t\leqslant 1 \tag{6-2-1}$$

P_i 构成该曲线的特征多边形，$B_{i,n}(t)$ 是 n 次 Bernstein 基函数，也是曲线上各点位置矢量的调和函数。

$$B_{i,n}(t)=\frac{n!}{i!(n-i)!}t^i(1-t)^{n-i}=C_n^it^i(1-t)^{n-i}\qquad i=0,1,\cdots,n$$

(2) Bernstein 调和函数具有的性质

① 正性。 $B_{0,n}(t)\geqslant 0\quad \forall\, i,n,0\leqslant t\leqslant 1$

② 权性。 $$\sum_{i=0}^{n} B_{i,n}(t) \equiv 1, t \in [0,1]$$

由二项式定理，有：$\sum_{i=0}^{n} B_{i,n}(t) = \sum_{i=0}^{n} C_n^i (1-t)^{n-i} \cdot t^i = [(1-t)+t]^n = 1$

③ 对称性。 $B_{i,n}(t) = B_{n-i,n}(1-t) \qquad i = 0,1,\cdots,n$

因为，$B_{n-i,n}(1-t) = C_n^{n-i}[1-(1-t)]^{n-(n-i)} \cdot (1-t)^{n-i} = C_n^i t^i (1-t)^{n-i} = B_{i,n}(t)$

④ 递推性。 $B_{i,n}(t)=(1-t)B_{i,n-1}(t)+tB_{i-1,n-1}(t) \qquad i=0,1,\cdots,n$

即高一次的 Bernstein 调和函数可由两个低一次的 Bernstein 调和函数线性组合而成。

因为， $B_{i,n}(t)=C_n^i t^i (1-t)^{n-i}=(C_{n-1}^i+C_{n-1}^{i-1})t^i(1-t)^{n-i}$

即 $=(1-t)C_{n-1}^i t^i (1-t)^{(n-1)-i}+tC_{n-1}^{i-1}(1-t)^{(n-1)-(i-1)}t^{i-1}$

$=(1-t)B_{i,n-1}(t)+tB_{i-1,n-1}(t)$

⑤ 导函数。 $B'_{i,n}(t)=nC_{n-1}^{i-1}(1-t)^{n-i} \cdot t^{i-1}-nC_{n-1}^i(1-t)^{n-i-1} \cdot t^i$

$=n[B_{i-1,n-1}(t)-B_{i,n-1}(t)], \ i=0,1,\cdots,n$

三次 Bernstein 调和函数曲线如图 6.2.2 所示。

(3) Bézier 曲线的性质

根据 Bernstein 调和函数的性质，可推导出 Bézier 曲线具有下列性质。

① 端点性质

(a) 端点位置矢量。当 $t=0$ 时，$C(0) = \sum_{i=0}^{n} P_i B_{i,n}(0) = P_0 B_{0,n}(0) + P_1 B_{1,n}(0) + \cdots + P_n B_{n,n}(0)$

因为，$0^i = \begin{cases} 0 & i \neq 0 \\ 1 & i = 0 \end{cases}$ 故，$C(0) = P_0$；

当 $t=1$ 时，$C(1) = \sum_{i=0}^{n} P_i B_{i,n}(1) = P_n$

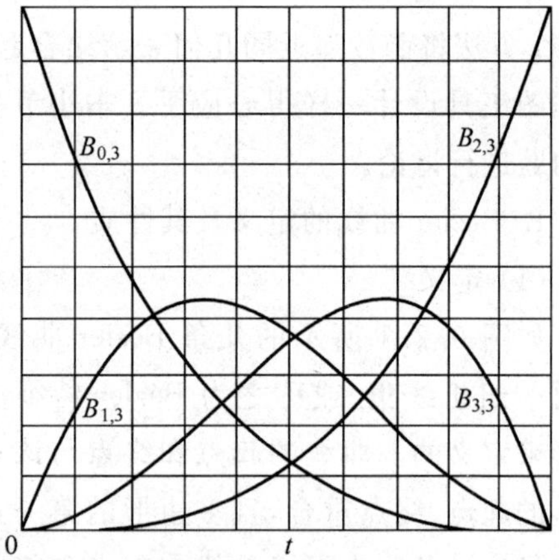

图 6.2.2 三次 Bézier 曲线的四条调和函数曲线

由此可见，Bézier 曲线的起点、终点与其相应的特征多边形的起点、终点重合。

(b) 切矢量。因为 $C'(t) = n\sum_{i=0}^{n-1} P_i[B_{i-1,n-1}(t) - B_{i,n-1}(t)]$；

当 $t=0$ 时，$C'(0) = n(P_1 - P_0)$； 当 $t=1$ 时，$C'(1) = n(P_n - P_{n-1})$。

这说明 Bézier 曲线在起点和终点处的切线方向和特征多边形第一条边及最后一条边的走向一致。

(c) 曲率。因为，$C''(t) = n(n-1)\sum_{i=0}^{n-2}(P_{i+2} - 2P_{i+1} + P_i)B_{i,n-2}(t)$；

当 $t=0$ 时，$C''(0) = n(n-1)(P_2 - 2P_1 + P_0)$

当 $t=1$ 时，$C''(1) = n(n-1)(P_n - 2P_{n-1} + P_{n-2})$

由此可见，Bézier 曲线在端点处的 r 阶导数，只与$(r+1)$ 个相邻点有关，与更远的点无关。

(d) r 阶导函数的差分表示。n 次 Bézier 曲线的 r 阶导函数可用差分公式表示为：

$$\frac{\mathrm{d}^r c(t)}{\mathrm{d}t^r} = \frac{n!}{(n-r)!}\sum_{i=0}^{n-r} B_{i,n-r}(t)\cdot\Delta^r\cdot P_i \qquad 0\leqslant t\leqslant 1;$$

其中：$\Delta^r P_i = \sum_{k=0}^{r}(-1)^{r-k}C_i^k P_{i-k}$。读者可用此公式验证上述的一阶，二阶导数的结果。

② 对称性。若保持原 Bézier 曲线的全部顶点 P_i 位置不变，只把其次序颠倒过来，新的特征多边形的顶点，$P_i^* = P_{n-i}$，$(i=0,1,\cdots,n)$；则新 Bézier 曲线形状不变，只是走向相反，如图 6.2.3 所示，其公式如下述。

$$C^*(t) = \sum_{i=0}^{n} P_i^* B_{i,n}(t) = \sum_{i=0}^{n} P_{n-i}B_{i,n}(t) = \sum_{i=0}^{n} P_{n-i}B_{n-i,n}(1-t)$$

$$= \sum_{i=0}^{n} P_i B_{i,n}(1-t), \qquad 0\leqslant t\leqslant 1;$$

这个性质说明 Bézier 曲线及其特征多边形在起点处有什么几何性质，它在终点处也有相同的性质。

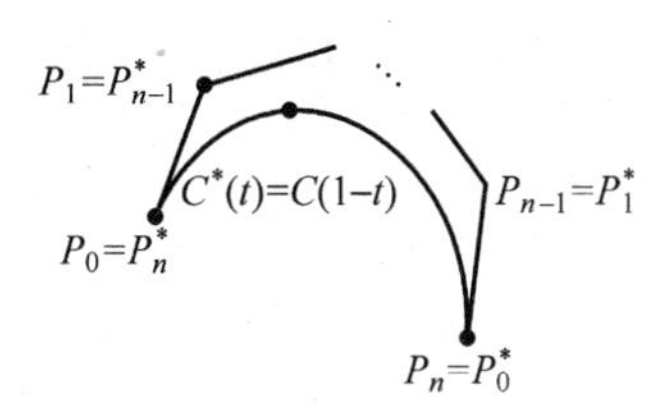

图 6.2.3

③ 凸包性。由于，$\sum_{i=0}^{n} B_{i,n}(t)\equiv 1$，且 $0\leqslant B_{i,n}(t)\leqslant 1$，$0\leqslant t\leqslant 1, i=0,1,\cdots,n$；这一结果说明当 t 在$[0,1]$ 区间变化时，对某一个 t 值，$C(t)$ 是特征多边形各项点 P_i 的加权平均，权因子依次是 $B_{i,n}(t)$。在几何图形上，这意味着 Bézier 曲线 $C(t)$ 是 P_i 各点的凸线性组合，并且曲线上各点均落在 Bézier 特征多边形构成的凸包之中。

④ 几何不变性。这是指某些几何特性不随一定的坐标变换而变化的性质。Bézier 曲线的位置与形状仅与其特征多边形顶点 $P_i(i=0,1,\cdots,n)$ 的位置有关，它不依赖坐标系的选择，即有：

$$\sum_{i=0}^{n} P_i B_{i,n}(t) = \sum_{i=0}^{n} P_i B_{i,n}\left(\frac{u-a}{b-a}\right) \qquad 0\leqslant t\leqslant 1,\text{参变量 } u \text{ 是 } t \text{ 的置换。}$$

⑤ 变差缩减性。若 Bézier 曲线的特征多边形 $P_0P_1\cdots P_n$ 是一个平面图形，则平面内任意直线与 $C(t)$ 的交点个数不多于该直线和其特征多边形的交点个数，这一性质叫做变差缩减性。此性质反映了 Bézier 曲线比其特征多边形的波动还小，也就是说 Bézier 曲线比特征多边形所在的折线更光顺。

2. Bézier 曲线的矩阵表示

由 Bézier 曲线的定义公式(6-2-1)，我们很容易推出常用的一次、二次、三次 Bézier 曲线的矩阵表示。

(1) 一次 Bézier 曲线

当 $n=1$ 时，$C(t) = \sum_{i=0}^{1} P_i B_{i,1}(t) = (1-t)P_0 + tP_1 \qquad 0\leqslant t\leqslant 1;$

矩阵表示是：$C(t) = [t\ 1]\begin{bmatrix} -1 & 1 \\ 1 & 0 \end{bmatrix}\begin{bmatrix} P_0 \\ P_1 \end{bmatrix} \qquad 0\leqslant t\leqslant 1,$

很显然，一次 Bézier 曲线是连接起点 P_0 和终点 P_1 的直线段。

(2) 二次 Bézier 曲线

当 $n=2$ 时，$C(t)=\sum_{i=0}^{2}P_iB_{i,2}(t)=(1-t)^2P_0+2t(1-t)P_1+t^2P_2 \qquad 0\leqslant t\leqslant 1$；

矩阵式是：$C(t)=\begin{bmatrix}t^2 & t & 1\end{bmatrix}\begin{bmatrix}1 & -2 & 1\\ -2 & 2 & 0\\ 1 & 0 & 0\end{bmatrix}\begin{bmatrix}P_0\\ P_1\\ P_2\end{bmatrix} \qquad 0\leqslant t\leqslant 1$

此式说明二次 Bézier 曲线对应一条起点在 P_0，终点在 P_2 处的抛物线，即有：

$$C(0)=P_0,\ C(1)=P_2;\ C'(0)=2(P_1-P_0),\ C'(1)=2(P_2-P_1)。$$

(3) 三次 Bézier 曲线

当 $n=3$ 时，$C(t)=\sum_{i=0}^{3}P_iB_{i,3}(t)=(1-t)^3P_0+3t(1-t)^2P_1+3t^2(1-t)P_2+t^3P_3$，$0\leqslant t\leqslant 1$；

若令：$B_{0,3}(t)=(1-t)^3, B_{1,3}(t)=3t(1-t)^2, B_{2,3}(t)=3t^2(1-t), B_{3,3}(t)=t^3$；

则三次 Bernstein 调和函数是 $B=\begin{bmatrix}B_{0,3}(t) & B_{1,3}(t) & B_{2,3}(t) & B_{3,3}(t)\end{bmatrix}$

$$=\begin{bmatrix}t^3 & t^2 & t & 1\end{bmatrix}\begin{bmatrix}-1 & 3 & -3 & 1\\ 3 & -6 & 3 & 0\\ -3 & 3 & 0 & 0\\ 1 & 0 & 0 & 0\end{bmatrix}=TM_z$$

由此可得三次 Bézier 曲线的矩阵表达式：

$$C(t)=TM_z\begin{bmatrix}P_0 & P_1 & P_2 & P_3\end{bmatrix}^{\mathrm{T}}=TM_zP \tag{6-2-2}$$

已知四个按 t 增加方向为序的控制点 P_0, P_1, P_2, P_3，其相应的三次 Bézier 曲线如图 6.2.4 所示。若把三次 Bézier 曲线 $C_3(t)$ 改写成 $C_3(t)=((C_3^0SP_0+C_3^1tP_1)S+C_3^2t^2P_2)S+C_3^3t^3P_3$，其中 $S=1-t$；则绘制三次 Bézier 曲线的程序如下。

```
float hornbez(degree,coeff,t)
/* uses a Horner-like scheme to compute one coordinate
   value of a Bézier curve. Has to be called
   for each coordinate (x,y,and/or z) of a control polygon.
Input:   degree: degree of curve.
         coeff:  array with coefficients of curve.
         t:      parameter value.
Output:          coordinate value.
 */
    int degree;
    float coeff[];
    float t;
{
    int i,n_choose_i;   /* Warning:on 16 bit machines,this will
                           blow up if degree > 16 ! */
    float fact,t1,aux;
    t1 = 1.0-t;fact = 1.0;
    n_choose_i = 1;
```

```
    aux = coeff[0] * t1;        /* starting the evaluation loop */
    for(i = 1; i < degree; i++)
    {
      fact = fact * t;
      n_choose_i = n_choose_i * (degree - i + 1)/i;   /* always int! */
      aux = (aux + fact * n_choose_i * coeff[i]) * t1;
    }
    aux = aux + fact * t * coeff[degree];
    return aux;
}
```

(4) n 次 Bézier 曲线

若给定空间 $n+1$ 个点 $P_i(i=0,1,\cdots,n)$，则 n 次 Bézier 曲线的矢量方程是：

$$C(t)=C_n^0(1-t)^nP_0+C_n^1(1-t)^{n-1}tP_1+\cdots+C_n^i(1-t)^{n-i}t^iP_i+\cdots+C_n^nt^nP_n$$

$$=\sum_{i=0}^{n}C_n^i(1-t)^{n-i}\cdot t^i\cdot P_i=\sum_{i=0}^{n}B_{i,n}(t)P_i\qquad 0\leqslant t\leqslant 1$$

在工作实践中最常用的是二、三次 Bézier 曲线。

3. Bézier 曲线的分割递推 de Casteljau 算法

如何产生 Bézier 曲线上的一系列点，上面介绍了用三次 Bézier 矩阵公式计算相应曲线上诸点的程序，但那种方法只适用三次 Bézier 曲线，既不通用且计算工作量较大。用 de Casteljau 算法产生曲线上的点列相对要简单许多。

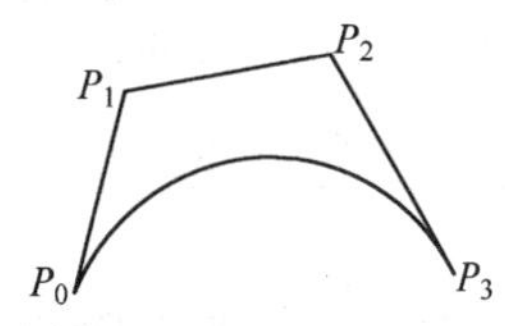

图 6.2.4　三次 Bézier 曲线

de Casteljau 算法：给定空间 $n+1$ 个点 $P_i(i=0,1,\cdots,n)$ 及参数 t，则有：

$$P_i^r(t)=(1-t)P_i^{r-1}(t)+tP_{i+1}^{r-1}(t)$$

$$r=1,2,\cdots,n,i=0,1,\cdots,n-r,t\in[0,1]\qquad(6\text{-}2\text{-}3)$$

其中 $P_i^0(t)$ 即为 P_i，$P_0^n(t)$ 是在曲线上具有参数 t 的点。

当 $n=3$ 时，用 de Casteljau 算法递推出的 $P_i^r(t)$ 呈直角三角形，对应结果如图 6.2.5 所示。

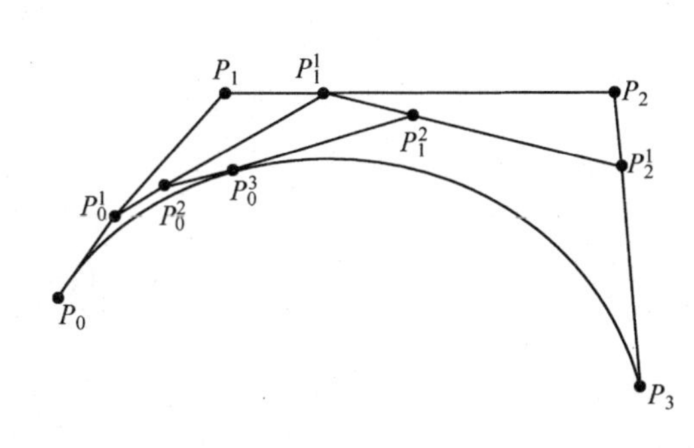

图 6.2.5　de Casteljau 算法递推三角形

P_0

$P_1\ P_0^1$

$P_2\ P_1^1\ P_0^2$

$P_3\ P_2^1\ P_1^2\ P_0^3$

该三角形垂直边上的点 P_0,P_1,P_2,P_3 是 Bézier 曲线 $P(t)$ 在 $0\leqslant t\leqslant 1$ 内的控制点，斜边上的点 P_0,P_0^1,P_0^2,P_0^3 是 $P(t)$ 在 $0\leqslant t\leqslant 1/2$ 内的控制点，水平直角边 P_3,P_2^1,P_1^2,P_0^3 是 $P(t)$ 在 $1/2\leqslant t\leqslant 1$ 内的控制点。这种用分割 Bézier 曲线控制多边形的方法为绘制离散化的 Bézier 曲线提供了方便。用 de Casteljau 算法绘制 Bézier 曲线的程序如下所述。

```
void bez_to_points(degree, npoints, coeff, points)
/* Converts Bézier curve into point sequence. Works on one coordinate only.
Input:   degree:   degree of curve.
```

```
        npoints:   # of coordinates to be generated. (counting from 0!)
        coeff:     coordinates of control polygon.
Output: points:    coordinates of points on curve.
    Remark:For a 2D curve,this routing needs to be called twice,once
           for the x-coordinates and once for y.
*/
    int degree,npointes;
    float coeff[],points[];
{
    float t,delt;
    int i;
    float decas();
    delt = 1.0/(float)npoints;/* step length */
    t = 0.0;
    for(i = 0;i <= npoints; i++)
    {
      points[i] = decas(degree,coeff,t);
      t = t + delt;
    }
}

float decas(degree,coeff,t)
/* uses de Casteljau to compute one coordinate value of a Bézier curve.
    Has to be called for each coordinate (x,y,and/or z) of a control polygon.
Input:  degree: degree of curve.
        coeff:  array with coefficients of curve.
Output: coordinate value.
*/
    float coeff[];
    float t;
    int degree;
    {
    int r,i;
    float t1;
    float coeffa[10];            /* an auxiliary array */
    t1 = 1.0 - t;
    for(i = 0;i <= degree;i ++)
        coeffa[i] = coeff[i];  /* save input array */
    for(r = 1;r <= degree;r ++)
    for(i = 0;i <= degree - r; i++)
    {
        coeffa[i] = t1 * coeffa[i] + t * coeffa[i + 1];
    }
    return (coeffa[0]);
    }
```

4. Bézier 曲线的拼接及其连续性

设给定两条 Bézier 曲线的控制点列 $P_i(i=0,1,\cdots,n)$ 且 $a_i=P_i-P_{i-1}$ 和 Q_j 其中 $j=0,1,\cdots,m$，且 $b_j=Q_j-Q_{j-1}$，如何把它们按照一定的连续条件连接起来，如图 6.2.6 所示，

$P(t)$ 和$Q(t)$ 两条 Bézier 曲线及其特征多边形，并且 $P(t)$ 的终点 P_n 和$Q(t)$ 的始点 Q_0 重合，即它们已达 C^0 连续。

(1) 要使它们达到G^1 连续的充要条件是，P_{n-1}，$P_n = Q_0$，Q_1 三点共线；即，$b_1 = \alpha a_n (\alpha > 0)$。当 $\alpha = 1$ 时达 C^1 连续。

(2) 要使它们达到 C^2 连续的充要条件是要在 C^1 连续的前提下再增加两个条件，即：

① 密切平面重合，副法线矢量同向；② 曲率相等。

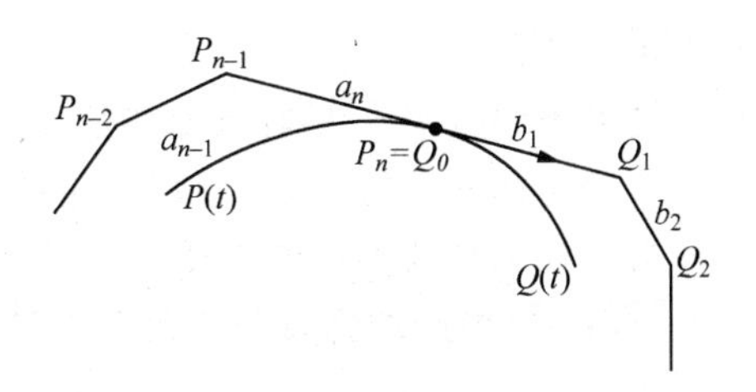

图 6.2.6　Bézier 曲线的拼接

由 Bézier 曲线的端点性质可知，$P(t)$ 在终点的副法线矢量是：$VP(1) = n^2(n-1)(a_{n-1} \times a_n)$；$Q(t)$ 在始点的副法线矢量 $VQ(0) = m^2(m-1)(b_1 \times b_2)$。根据条件 ① 必然导致四个矢量 a_{n-1}，a_n，b_1，b_2 共面，加上已有 $b_1 = \alpha a_n$ 的条件，则有：$b_2 = -\beta a_{n-1} + \gamma a_n$，$\beta > 0$，$\gamma$ 为任意数。根据上一节曲率计算公式，$P(t)$ 在终点处的曲率是：

$$KP(1) = \frac{|VP(1)|}{|P'(1)|^3} = \frac{n^2(n-1)|a_{n-1} \times a_n|}{n^3 |a_n|^3} = \frac{(n-1)|a_{n-1} \times a_n|}{n|a_n|^3};$$

$Q(t)$ 在始点处的曲率是：$KQ(0) = \dfrac{VQ(0)}{|Q'(0)|^3} = \dfrac{(m-1)\beta |a_{n-1} \times a_n|}{m\alpha^2 |a_n|^3}$；对于条件 ②，则有 $KP(1) = KQ(0)$，得到，$\beta = \dfrac{m(n-1)}{n(m-1)}\alpha^2$。

5. 反算 Bézier 曲线控制点

若给定 $n+1$ 个型值点 $Q_i (i = 0,1,\cdots,n)$，要求构造一条 Bézier 曲线通过这些点。问题是如何求得过 Q_i 的 Bézier 曲线的控制点 $P_i (i = 0,1,\cdots,n)$。通常可取参数 $t = i/n$ 与点 Q_i 相对应，用以反算 P_i。设 Q_i 在曲线 $C(t)$ 上，且有 $C(t) = P_0 C_n^0 (1-t)^n + P_1 C_n^1 (1-t)^{n-1} \cdot t + \cdots + P_n C_n^n t^n$，由此式我们可以得到下面关于 $P_i (i = 0,1,\cdots,n)$ 的 $n+1$ 个方程组成的线性方程组。

$$Q_0 = P_0$$

$$\cdots$$

$$Q_i = P_0 C_n^0 (1-i/n)^n + P_1 C_n^1 (1-i/n)^{n-1}(i/n) + \cdots + P_n C_n^n (i/n)^n, i = 1,2,\cdots,n-1;$$

$$\cdots$$

$$Q_n = P_n$$

由这组方程可解出 $P_i (i = 0,1,\cdots,n)$，这就是过 Q_i 的 Bézier 曲线的特征多边形的顶点。

6. Bézier 曲线的升阶

在对 Bézier 曲线作修改时，有时通过增加了控制点提高对曲线的灵活控制，而不要改变原来曲线的形状，为了实现此目的，对原有的 Bézier 曲线进行升阶是一种最简洁的方法。如图 6.2.7 所示，原来由 4 个控制点 P_0，P_1，P_2，P_3 定义的曲线变为 5 个点 $P_0^{(1)}$，$P_1^{(1)}$，$P_2^{(1)}$，$P_3^{(1)}$，$P_4^{(1)}$，则 Bézier 曲线的公式变为：

$$\sum_{j=0}^{n} C_n^j P_j t^j (1-t)^{n-j} = \sum_{j=0}^{n+1} C_{n+1}^j P_j^{(1)} t^j (1-t)^{n+1-j}$$

若对上式左边乘以$(t+(1-t))$ 得到：

$$\sum_{j=0}^{n} C_n^j P_j (t^j (1-t)^{n+1-j} + t^{j+1}(1-t)^{n-j}) = \sum_{j=0}^{n+1} C_{n+1}^j P_j^{(1)} t^j (1-t)^{n+1-j}$$

通过比较等式两边 $t^j(1-t)^{n+1-j}$ 项的系数，得到：

$$P_j^{(1)}C_{n+1}^j = P_j C_n^j + P_{j-1} C_n^{j-1},$$

简化为：

$$P_j^{(1)} = \frac{j}{n+1}P_{j-1} + \left(1-\frac{j}{n+1}\right)P_j, \qquad j = 0,1,\cdots,n+1$$

此式说明：

① 新的控制点 $P_j^{(1)}$ 是对老的特征多边形在参数 $i/(n+1)$ 处进行线性插值的结果；

② 升阶后的新的特征多边形在老的特征多边形的凸包内；

③ 升阶后的特征多边形更靠近 Bézier 曲线。

基于 Bézier 曲线的升阶公式读者不难推导得 Bézier 曲线的降阶公式。

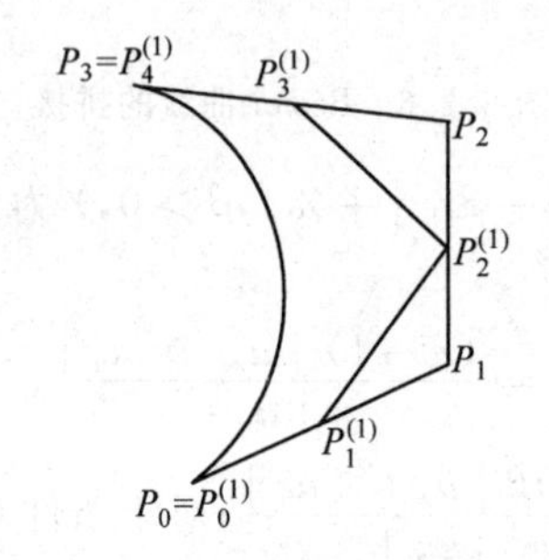

图 6.2.7　Bézier 曲线的升阶

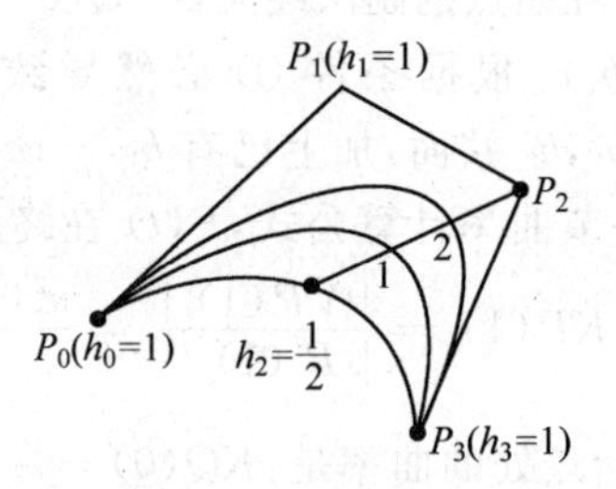

图 6.2.8　有理 Bézier 曲线

7. 有理 Bézier 曲线

一般 Bézier 曲线的表达式为：

$$C_z(t) = \sum_{i=0}^{n} P_i B_{i,n}(t) \qquad 0 \leqslant t \leqslant 1$$

参照有理参数多项式，上式引入权因子 h_i 后的表达式为：

$$\begin{aligned} C_{rz}(t) &= \left(\sum_{i=0}^{n} P_i h_i B_{i,n}(t)\right) \Big/ \left(\sum_{i=0}^{n} h_i B_{i,n}(t)\right) \\ &= \frac{h_0 P_0 B_{0,n}(t) + h_1 P_1 B_{1,n}(t) + \cdots + h_n P_n B_{n,n}(t)}{h_0 B_{0,n}(t) + h_1 B_{1,n}(t) + \cdots + h_n B_{n,n}(t)} \qquad 0 \leqslant t \leqslant 1 \end{aligned}$$

此式即为有理 Bézier 曲线公式，引入权因子的作用是为了更好地控制曲线的形状，当 $h_i > h_{i-1}$，且 $h_i > h_{i+1}$ 时，就把曲线拉向 P_i 点，如图 6.2.8 所示。图中 $h_0 = h_1 = h_3 = 1$，当 $h_2 = 1/2$、1、2 时曲线逐渐地靠近 P_2 点。

6.2.2　B 样条曲线

以 Bernstein 调和函数构造的 Bézier 曲线有许多优越性，但有两点不足：其一是特征多边形顶点个数决定了 Bézier 曲线的阶次，并且当 n 较大时，特征多边形对曲线的控制将会减弱。其二是 Bézier 曲线不能作局部修改，即改变某一个控制点的位置对整条曲线都有影响，其原因是调和函数 $B_{i,n}(t)$ 在 $0 \leqslant t \leqslant 1$ 的整个区间内均不为零。1972 年，Gordon，Riesenfeld 等人拓扩了 Bézier 曲线，用 B 样条函数代替 Bernstein 函数，从而改进了 Bézier 特征多边形与 Bernstein 多项式次数有关，且是整体逼近的弱点。

1. 定义和性质

(1) 均匀 B 样条函数

参照 Bézier 曲线公式，已知 $n+1$ 个控制点 $P_i(i=0,1,\cdots,n)$ 也称之为特征多边形的顶点，k 次（$k+1$ 阶）B 样条曲线的表达式是：

$$C(u)=\sum_{i=0}^{n}P_iN_{i,k}(u)$$

其中 $N_{i,k}(u)$ 是调和函数，也称之为基函数，按照递归公式可定义为：

$$N_{i,0}(u)=\begin{cases}1 & 若\ t_i\leqslant u<t_{i+1}\\ 0 & 其他\end{cases}\tag{6-2-4}$$

$$N_{i,k}(u)=\frac{(u-t_i)N_{i,k-1}(u)}{t_{i+k}-t_i}+\frac{(t_{i+k+1}-u)N_{i+1,k-1}(u)}{t_{i+k+1}-t_{i+1}}$$

其中 t_i 是节点值，$T=[t_0,t_1,\cdots,t_{L+2k+1}]$ 构成了 k 次 B 样条函数的节点矢量，其中的节点是非减序列，且 $L=n-k$。当节点沿参数轴是均匀等距分布，即 $t_{i+1}-t_i=$ 常数，则表示均匀 B 样条函数。当节点沿参数轴的分布是不等距的，即 $(t_{i+1}-t_i)\neq$ 常数时，则表示非均匀 B 样条函数。均匀非周期 B 样条节点的取值有如下规律：

$$t_i=0\qquad 当\ i\leqslant k$$

$$t_i=i-k\qquad 当\ k<i\leqslant L+k$$

$$t_i=L+1\qquad 当\ i>L+k$$

均匀非周期 B 样条基函数如图 6.2.9 所示。

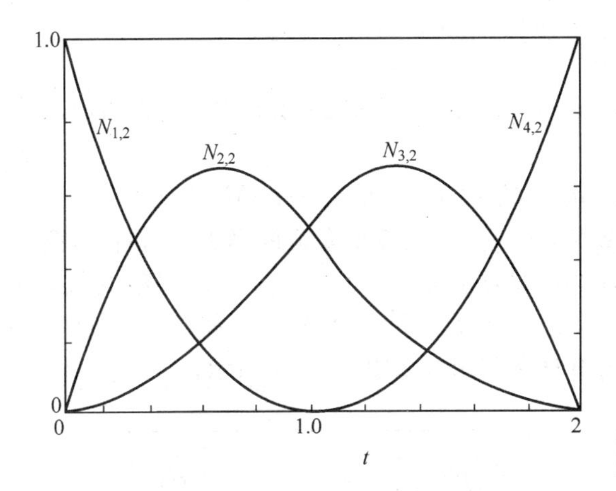

图 6.2.9　均匀非周期 B 样条基函数

k 次均匀非周期 B 样条函数的节点向量 $T=[0,0,\cdots,0,1,2,\cdots,L,L+1,\cdots,L+1]$。例如，对于 $k=2,n=6$ 的均匀非周期 B 样条函数的节点矢量是：$T=\{0,0,0,1,2,3,4,5,5,5\}$。

对于 $k=3,n=6$ 的均匀非周期 B 样条函数的节点矢量是：$T=\{0,0,0,0,1,2,3,4,4,4,4\}$。

对于均匀周期 B 样条节点的取值为 $t_i=i(0\leqslant i\leqslant n+k+1)$，节点向量为 $T=[0,1,\cdots,n+k+1]$，在此情况下，所有 $N_{i,1}(u)$ 的形状是相同的，$N_{i,1}(u)$ 可由 $N_{i-1,1}(u)$ 向右移一个单位得到。由此可知所有 $N_{i,k}(u)$ 形状也相同，即 $N_{i,k}(u)$ 由 $N_{i-1,k}(u)$ 向右移一个单位得到，也就是可由 $N_{0,k}(u)$ 向右移位得到。此时有：

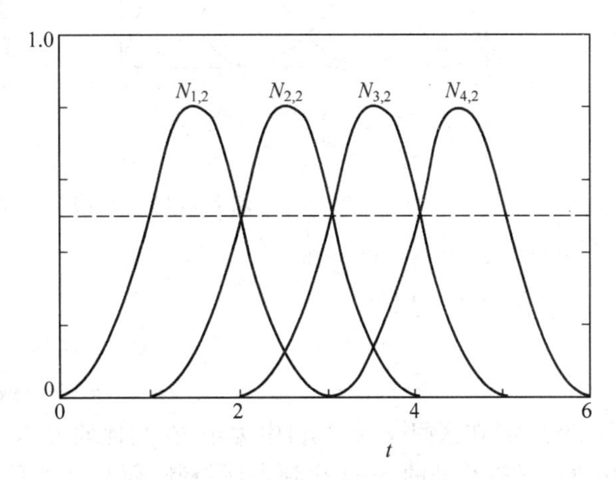

图 6.2.10　均匀周期 B 样条基函数

$$\begin{aligned}N_{i,k}(u)&=N_{i-1,k}(u-1)\\&=N_{i+1,k}(u+1)\quad u\in[t_{k+i},\ t_{k+i+1}]\end{aligned}$$

均匀周期B样条基函数如图6.2.10所示。

这个定义说明：

① 由空间的 $n+1$ 个控制点生成的 k 次B样条曲线是由 $L+1$ 段B样条曲线逼近而成的，每个曲线段的形状仅由点列中的 $k+1$ 个顺序排列的点所控制；

② 由不同节点矢量构成的均匀B样条函数所描绘的形状相同，可看成是同一个B样条函数的简单平移；

③ 在构造每段曲线时，采用均匀B样条函数比用非均匀B样条函数工作量小，且外形设计的效果差别不大。

(2) 非均匀B样条函数

为了定义非均匀B样条函数，先引入截断幂函数 $(t-u)_+^k$，对于任一正整数 k，截断幂函数有：

$$(t-u)_+^k=\begin{cases}(t-u)^k & \text{当 } t>u\\ 0 & \text{当 } t\leqslant u\end{cases}$$

用截断幂函数的差商定义的B样条函数为，设 $t=[t_i]$ 是一个非减实数序列，关于 t 的第 i 个B样条函数定义是：

$$M_{i,k}(u)=[t_i,t_{i+1},\cdots,t_{i+k+1}](t-u)_+^k,N_{i,k}(u)=(t_{i+k+1}-t_i)M_{i,k}(u),$$

为非均匀 k 次B样条函数，其中 $u\in R$(实数域)，$(t-u)_+^k$ 为双变量截断幂函数。在作差商运算时，t 为变量，u 为常量；在差商运算以后，u 为变量，t 被节点 $t_i,t_{i+1},\cdots,t_{i+k+1}$ 代替。由定义可见 $N_{i,k}(u)$ 仅与 t 中的 $k+2$ 个节点 $t_i,t_{i+1},\cdots,t_{i+k+1}$ 有关，而且 t_i 序列中可能会有重复情况，均匀B样条只是它的一种特殊情况。非均匀B样条基函数如图6.2.11所示。

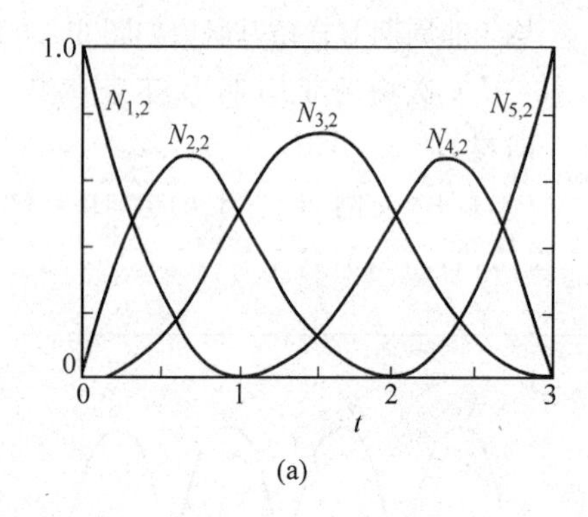

(a)

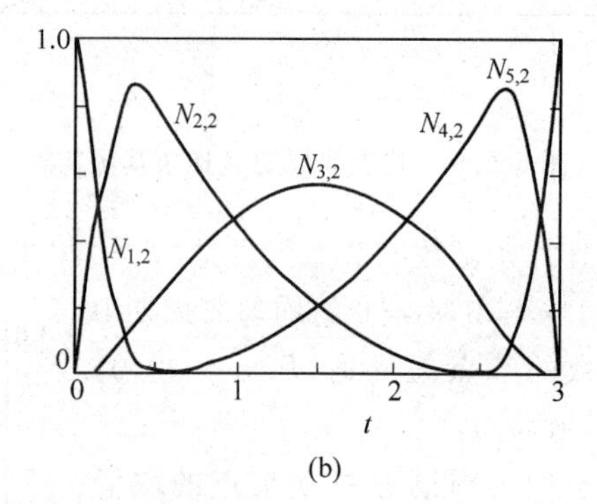

(b)

图6.2.11 非均匀B样条基函数

(3) B样条曲线的性质

① 局部性。因为

$$N_{i,k}(u)\begin{cases}>0 & t_i\leqslant u<t_{i+k+1}\\ =0 & u<t_i \text{ 或 } u\geqslant t_{i+k+1},\end{cases}$$

即：$N_{i,k}(u)$ 在区间 $[t_i,t_{i+k+1})$ 中为正，在其他地方 $N_{i,k}(u)$ 为零，这就使得 k 次B样条曲线在修改时只被相邻的 $k+1$ 个顶点所控制，而与其他顶点无关。当移动一个顶点时，只对其中的一段曲线有影响，并不对整条曲线产生影响，如图6.2.12所示是一条均匀B样条曲线。该图表示顶点 P_5 变化后曲线变化的情况。由图可见 P_5 变化只对其中一段曲线有影响。

② 连续性。B样条曲线在 $t_i(k+1\leqslant i\leqslant n)$ 处有 L 重节点的连续性不低于 $(k-L)$ 次。整条

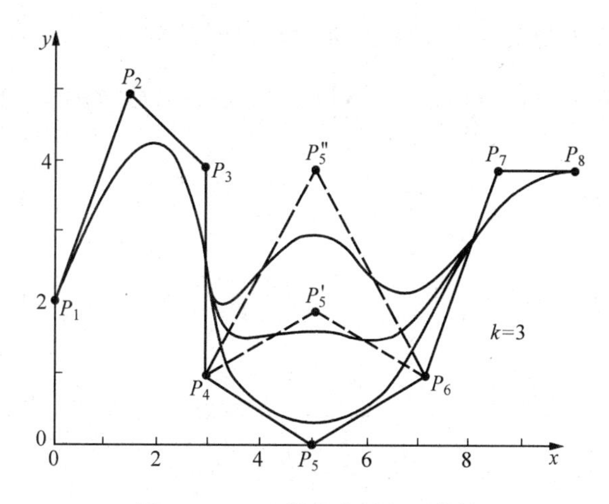

图 6.2.12　B 样条的局部可控性

曲线 $C(u)$的连续性不低于$(k-L_{max})$次,其中 L_{max}是在区间(t_{k+1},t_{n+1})内的最大重节点数。

③ 几何不变性。B 样条曲线 $C(u)$的形状和位置与坐标系的选择无关。

④ 变差缩减性。设$(n+1)$个控制点 $P_0,P_1,\cdots,P_n$ 构成 B 样条曲线 $C(u)$的特征多边形,在该平面内的任意一条直线与 $C(u)$的交点个数不多于该直线和特征多边形的交点个数。

⑤ 造型的灵活性。用 B 样条曲线可构造直线段、尖点、切线等特殊情况。对于三次 B 样条曲线 $C(u)$若要在其中得到一条直线段,只要 P_i,P_{i+1},P_{i+2}和 P_{i+3}四点位于一条直线上,此时 $C(u)$对应的 $t_{i+3}\leqslant u\leqslant t_{i+4}$的曲线即为一段直线且和 $P_i,P_{i+1},P_{i+2},P_{i+3}$所在的直线重合。为了使 $C(u)$能过 P_i 点,只要使 P_i,P_{i+1}和 P_{i+2}三点重合,此时 $C(u)$过 P_i 点(尖点)。图 6.2.13 表示三次 B 样条曲线在 P_2 处有二重顶点和三重顶点的情况。为了使 B 样条曲线$C(u)$和某一直线 L 相切,只要求 B 样条曲线的控制点 P_i,P_{i+1},P_{i+2}位于 L 上,并且节点和 t_{i+3}的重节点数不大于 2。这几例说明只要灵活地选择控制点的位置和节点 t_i 的重复数,可形成许多特殊情况的 B 样条曲线。

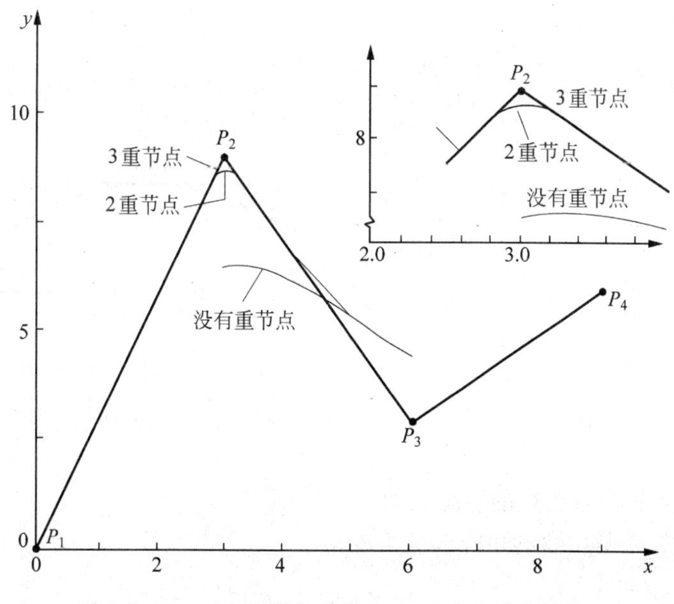

图 6.2.13　三次 B 样条曲线在 P_2 点有重节点的情况

⑥ 导数。对B样条曲线表达式求导，即为对B样条基函数求导，即：

$$C'(u)=\sum_{i=0}^{n}P_iN'_{i,k}(u),C''(u)=\sum_{i=0}^{n}P_iN''_{i,k}(u),\cdots,C^{(r)}(u)=\sum_{i=0}^{n}P_iN^{(r)}_{i,k}(u),$$

一阶导数

$$N'_{i,k}(u)=\frac{N_{i,k-1}(u)+(u-t_i)N'_{i,k-1}(u)}{t_{i+k}-t_i}+\frac{(t_{i+k+1}-u)N'_{i+1,k-1}(u)-N_{i+1,k-1}(u)}{t_{i+k+1}-t_{i+1}}$$

其中，当 $k=0,N'_{i,0}(u)=0$；当 $k=1,N'_{i,1}(u)=\dfrac{N_{i,0}(u)}{t_{i+1}-t_i}-\dfrac{N_{i+1,0}(u)}{t_{i+2}-t_{i+1}}$；

二阶导数，

$$N''_{i,k}(u)=\frac{2N'_{i,k-1}(u)+(u-t_i)N''_{i,k-1}(u)}{t_{i+k}-t_i}+\frac{(t_{i+k+1}-u)N''_{i+1,k-1}(u)-2N'_{i+1,k-1}(u)}{t_{i+k+1}-t_{i+1}}$$

其中，当 $k=0,k=1$ 时，　　$N''_{i,0}(u)=N''_{i,1}(u)=0$

当 $k=2$ 时，　　$N''_{i,2}(u)=2\left(\dfrac{N'_{i,1}(u)}{t_{i+2}-t_i}-\dfrac{N'_{i+1,1}(u)}{t_{i+3}-t_{i+1}}\right)$

上式说明B样条曲线的导数可用其低阶的B样条基函数和顶点矢量的差商序列的线性组合表示。也不难证明 k 次B样条曲线段之间达到 $k-1$ 次的连续性。

2. B样条曲线的矩阵表示

基于B样条函数我们可以较容易地推出B样条曲线的矩阵表示，下面给出工程中常用的一、二、三次均匀B样条曲线的矩阵表达式。

(1) 一次均匀B样条曲线的矩阵表示

一次均匀B样条基函数的矩阵式可写成：

$$N_{i,1}(u)=[N_{1,1}(u)\quad N_{2,1}(u)]=\frac{1}{(2-1)!}[u\quad 1]\begin{bmatrix}-1 & 1\\ 1 & 0\end{bmatrix}\qquad 0\leqslant u\leqslant 1;$$

设空间 $n+1$ 个顶点的位置矢量 $P_i(i=0,1,\cdots,n)$，其中每相邻两个点可构造出一段一次B样条曲线。由于B样条基函数是 $N_{1,1}(u),N_{2,1}(u)$，则两段相关的一次B样条曲线（如图6.2.14所示），可表示为：

$$C_{i,1}(u)=N_{1,1}(u)P_{i-1}+N_{2,1}(u)P_i;C_{i+1,1}(u)=N_{1,1}(u)P_i+N_{2,1}(u)P_{i+1}$$

故　　$C_{i,1}(u)=[u\quad 1]\begin{bmatrix}-1 & 1\\ 1 & 0\end{bmatrix}\begin{bmatrix}p_{i-1}\\ P_i\end{bmatrix}\qquad i=0,1,\cdots,n-1;0\leqslant u\leqslant 1$

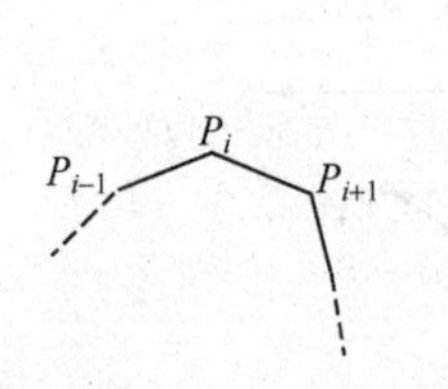

图 6.2.14　一次B样条曲线

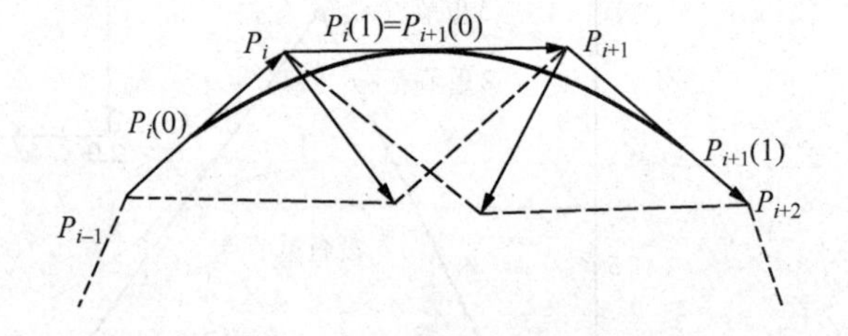

图 6.2.15　二次B样条曲线

(2) 二次均匀B样条曲线的矩阵表示

二次均匀B样条基函数的矩阵式可写成：

$$N_{i,2}(u)=[N_{1,2}(u)\quad N_{2,2}(u)\quad N_{3,2}(u)]=\frac{1}{(3-1)!}[u^2\quad u\quad 1]\begin{bmatrix}1 & -2 & 1\\ -2 & 2 & 0\\ 1 & 1 & 0\end{bmatrix}\quad 0\leqslant u\leqslant 1;$$

设空间有 $n+1$ 个顶点 $P_i(i=0,1,\cdots,n)$，则相邻的每三个顶点可构造出一段二次 B 样条曲线，其中第 i 段可表示成：

$$C_{i,2}(u)=1/2[u^2\ u\ 1]\begin{bmatrix}1 & -2 & 1\\ -2 & 2 & 0\\ 1 & 1 & 0\end{bmatrix}\begin{bmatrix}P_{i-1}\\ P_i\\ P_{i+1}\end{bmatrix}\qquad 0\leqslant u\leqslant 1;i=1,2,\cdots,n-1$$

如图 6.2.15 所示，其中：

① 端点位置矢量　$C_{i,2}(0)=0.5(P_{i-1}+P_i)$，$C_{i,2}(1)=0.5(P_i+P_{i+1})$；

② 端点一阶导数矢量　$C'_{i,2}(0)=P_i-P_{i-1}$，$C'_{i,2}(1)=P_{i+1}-P_i$；且 $C'_{i,2}(1)=C'_{i+1,2}(0)$；上式说明曲线段在起、终点的一阶导数矢量分别和两条边矢量重合，且在节点处的一阶导数矢量连续。

③ 二阶导数矢量　$C''_{i,2}(u)=P_{i-1}-2P_i+P_{i+1}$；即曲线段的二阶导数矢量等于该曲线的两条边矢量 $P_{i-1}-P_i$ 和 $P_{i+1}-P_i$ 所成的对角线矢量。由于相邻两线有所不同，使得 $C''_{i+1,2}(u)$与 $C''_{i,2}(u)$不相等

④ 若 P_{i-1}，P_i，P_{i+1} 三个顶点位于同一条直线上，$C_{i,2}(u)$蜕化为 $P_{i-1}P_iP_{i+1}$ 直线边上的一段直线，并使 $C_{i+1,2}(u)$曲线段切于 $C_{i,2}(1)$处。若要使二次 B 样条线段过端点，或得到一个尖点，还需要有二重控制点。

(3) 三次均匀 B 样条曲线的矩阵表示

若从空间 $n+1$ 个顶点 $P_i(i=0,1,\cdots,n)$中每次取相邻的四个顶点，可构造出一段三次 B 样条曲线，其相应的基函数是 $N_{i,3}(u)=[N_{1,3}(u)\ N_{2,3}(u)\ N_{3,3}(u)\ N_{4.3}(u)]$，

$$N_{1,3}(u)=(1/6)(-u^3+3u^2-3u+1),\qquad N_{2,3}(u)=(1/6)(3u^3-6u^2+4),$$

$$N_{3,3}(u)=(1/6)(-3u^3+3u^2+3u+1)\qquad N_{4,3}(u)=(1/6)(u^3);\qquad u\in[0,1]$$

三次均匀 B 样条基函数的矩阵表示为：

$$N_{i,3}(u)=(1/6)[u^3\ u^2\ u\ 1]\begin{bmatrix}-1 & 3 & -3 & 1\\ 3 & -6 & 3 & 0\\ -3 & 0 & 3 & 0\\ 1 & 4 & 1 & 0\end{bmatrix}$$

相邻两段三次 B 样条曲线可表示为：

$$C_{i,3}(u)=N_{1,3}(u)P_{i-1}+N_{2,3}(u)P_i+N_{3,3}(u)P_{i+1}+N_{4,3}(u)P_{i+2}$$

$$C_{i+1,3}(u)=N_{1,3}(u)P_i+N_{2,3}(u)P_{i+1}+N_{3,3}(u)P_{i+2}+N_{4,3}(u)P_{i+3}$$

故第 i 段三次 B 样条曲线可写成：$C_{i,3}(u)=\sum\limits_{j=1}^{4}N_{j,3}(u)P_{i+j-2}$，

对应的矩阵式是　$C_{i,3}(u)=(1/6)[u^3\ u^2\ u\ 1]\begin{bmatrix}-1 & 3 & -3 & 1\\ 3 & -6 & 3 & 0\\ -3 & 0 & 3 & 0\\ 1 & 4 & 1 & 0\end{bmatrix}\begin{bmatrix}P_{i-1}\\ P_i\\ P_{i+1}\\ P_{i+2}\end{bmatrix}$，$u\in[0,1]$，

$i=1,2,\cdots,n-2$。如图 6.2.16 所示，三次 B 样条曲线有如下几何性质。

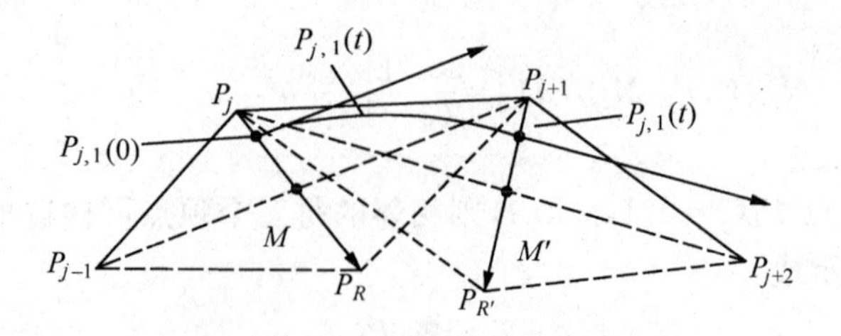

图 6.2.16　三次 B 样条曲线

① 端点位置矢量。

$C_{i,3}(0)=P_{i-1}/6+4P_i/6+P_{i+1}/6$，$C_{i,3}(1)=P_i/6+4P_{i+1}/6+P_{i+2}/6$；曲线起点位于 $\Delta P_{i-1}P_iP_{i+1}$ 中线 P_iM 的 1/3 处，终点位于 $\Delta P_iP_{i+1}P_{i+2}$ 中线 $\Delta P_{i+1}M'$ 的 1/3 处。

② 端点切矢量。$C'_{i,3}(0)=(P_{i+1}-P_{i-1})/2$，$C'_{i,3}(1)=(P_{i+2}-P_i)/2$；曲线在始点处的切矢量平行于 $\Delta P_{i-1}P_iP_{i+1}$ 的边 $P_{i-1}P_{i+1}$，其模长为该边长的 1/2，终点处的切矢量平行于 $\Delta P_iP_{i+1}P_{i+2}$ 的边 P_iP_{i+2}，其模长为该边长的 1/2。由于前一段曲线的终点就是下一段曲线的起点，而且具有共同的三角形，所以，从几何上可见两段曲线在节点处具有相同的一阶导数矢量。

③ 端点的二阶导数矢量。$C''_{i,3}(0)=P_{i-1}-2P_i+P_{i+1}$，$C''_{i,3}(1)=P_i-2P_{i+1}+P_{i+2}$；曲线段在端点处的二阶导数矢量等于相邻两直线边所形成平行四边形的对角线。由于终点处的平行四边形和下一段曲线在始点处的平行四边形相同，故三次 B 样条曲线在节点处有二阶导数连续，即有：$C''_{i,3}(1)=C''_{i+1,3}(0)$ 。

④ 若 P_{i-1}、P_i、P_{i+1} 三点共线，三次 B 样条曲线将产生拐点；若 P_{i-1}、P_i、P_{i+1}、P_{i+2} 四点共线，则 $C_{i,3}(u)$ 变成一条直线段；若 P_{i-1}、P_i、P_{i+1} 三点重合，则 $C_{i,3}(u)$ 过 P_i 点。巧妙地利用三次 B 样条中的顶点重合会产生应用所需要的多种曲线。

3. B 样条曲线的分割和节点插入算法

(1) deBoor 分割算法

由(6-2-4)式可知，k 次 B 样条基函数可由两个相邻的 $k-1$ 次 B 样条基函数线性组合而成，利用 k 次 B 样条函数的性质，可用 deBoor 算法计算曲线段 $C(t)$ 的值，若 $u\in[t_j,t_{j+1})$，$k\leqslant j\leqslant n$；$C(u)=P_j^{[k]}(u)$，其递推公式是：

$$C_i^{[r]}(u)=\begin{cases}P_i, r=0, i=j-k, j-k+1, \cdots, j\\ \dfrac{u-t_i}{t_{i+k-r}-t_i}C_i^{[r-1]}(u)+\dfrac{t_{i+k-r+1}-u}{t_{i+k-r+1}-t_i}C_{i-1}^{[r-1]}(u)\end{cases}\qquad(6\text{-}2\text{-}5)$$

$$r=1,2,\cdots,k$$
$$i=j-k+r,\cdots,j$$

上式亦可表示成，$C(u)=\sum\limits_{i=j-k}^{j}P_iN_{i,k}(u)=\sum\limits_{i=j-k+1}^{j}P_i^{[1]}N_{i,k-1}(u)=\cdots=P_j^{[k]}(u)$.

求曲线上一点坐标的递推过程可以表示成下述的三角形，其几何意义如图 6.2.17 所示。deBoor分割算法的实质是用 $P_i^rP_{i+1}^r$ 构成的边切 P_i^{r-1} 角，从图 6.2.17 可见，从多边形 $P_{j-k}P_{j-k+1}\cdots P_j$ 开始经过 k 层的切角，最后得到 $C(u)$ 上的点 $P_j^k(u)$。用 deBoor 算法产生 B 样条曲线的程序如下述。

```
bspl_to_points(degree,l,coeff,knot,dense,points,point_num)
/*          generates points on B-spline curve. (one coordinate)
Input:  degree:         polynomial degree of each piece of curve
        l:              number of active intervals
        coeff:          B-spline control points

        knot:           knot sequence:knot[0]... knot[l+2*degree-2]
        dense:          how many points per segment
Output: points:         output array with function values.
        point_num:      how many points are generated. That number is
                        easier computed here than in the calling program:
                        no points are generated between multiple knots.
*/
        float coeff[],knot[],points[];
        int degree,l,dense, *point_num;
    {
        int i,ii;
        float u;
        float deboor();
                                        /* If you want to translate */
        *point_num=0;                   /* this to another language: */
                                        /* just omit the * here and below. */
        for (i=degree-1; i<l+degree-1;i++)
    {
      if(knot[i+1]>knot[i])        /* skip zero length intervals */
          for(ii=0; ii<dense; ii++)
          {
          u=knot[i]+ii*(knot[i+1]-knot[i])/dense;
          points[*point_num]=deboor(degree,coeff,knot,u,i);
          *point_num=(*point_num)+1;
          }
    }
}
float deboor(degree,coeff,knot,u,i)
/* uses de Boor algorithm to compute one
   coordinate on B-spline curve for param. value u in interval i.
Input:  degree:         polynomial degree of each piece of curve
        coeff:          B-spline control points
        knot:           knot sequence
        u:              evaluation abscissa
        i:              u's interval: u[i]<= u <[i+1]
Output:                 coordinate value.
*/
    float coeff[],knot[];
    float u;
    int degree,i;
{
    int k,j;
    float t1,t2;
```

```
    float coeffa[30]; /* auxiliary array */
    for (j=i-degree+1; j<=i+1;j++)coeffa[j]=coeff[j]; /* save data */
    for (k=1; k<=degree; k++)
    for (j=i+1; j>=i-degree+k+1; j--)
    {
    t1 = (knot[j+deree-k]-u)/(knot[j+degree-k]-knot[j-1]);
    t2 = 1.0-t1;
    coeffa[j]=t1* coeffa[j-1]+t2* coeffa[j];
    }
    return (coeffa[i+1]);
}
```

P_1^0

P_2^0

$\vdots$

P_{j-k}^0

P_{j-k+1}^0 —— P_{j-k+1}^1

P_{j-k+2}^0 —— P_{j-k+2}^1 —— P_{j-k+2}^2

$\vdots \qquad \vdots \qquad \vdots$

P_j^0 —— P_j^1 —— $P_j^2 \cdots P_j^k$

$\vdots$

P_n^0

图 6.2.17　B 样条曲线 *deBoor* 算法的几何意义

(2) Oslo 节点插入算法

假设原始节点矢量 $T=\{t_0,t_1,\cdots,t_{n+k+1}\}$，且为非减序列；原始控制点序列为 $P_0,P_1,\cdots,P_n$，在节点区间$[t_i,t_{i+1}]$中插入 s 重($s<k$)节点 t，控制点中与区间(t_i,t_{i+1})相关的 $k+1$ 个原始控制点为：$P_{i-k},P_{i-k+1},\cdots,P_{i-1},P_i$。经过节点插入后，曲线不变，但控制点和节点矢量将发生变化。新的节点矢量 $T_0^*=\{t_0^*,t_1^*,\cdots,t_{m+k+1}^*\}$，$m\geqslant n$ 且仍为非减序列。新的控制点

$$Q_j=\sum_{i=0}^{n}\alpha_{i,j}^{k+1}P_i,\qquad 0\leqslant j\leqslant m,m\geqslant n$$

其中，
$$\alpha_{i,j}^0=\begin{cases}1 & t_i\leqslant t_j^*<t_{i+1}\\ 0 & 其他\end{cases}\tag{6-2-6}$$

$$\alpha_{i,j}^{k+1}=\frac{t_{j+k}^*-t_i}{t_{i+k}-t_i}\alpha_{i,j}^k+\frac{t_{i+k+1}-t_{j+k}^*}{t_{i+k+1}-t_{i+1}}\alpha_{i+1,j}^k$$

4. 反求 B 样条曲线的控制点及其端点性质

所谓反求 B 样条曲线控制点是指已知一组空间型值点 $Q_i(i=1,2,\cdots,n)$，要找一条 k 次——这里以常用的三次为例——B 样条曲线 $C_j(u)$ 过 Q_i 点，也即找一组与点列 Q_i 对应的 B 样条特征多边形顶点 $P_j(j=0,1,\cdots,n+1)$。对于三次 B 样条曲线，其上的型值点和控制点的位置矢量之间有关系：

$$P_j(0)=(P_{j-1}+4P_j+P_{j+1})/6=Q_j,j=1,2,3,\cdots,n-1,n\tag{6-2-7}$$

(6-2-7)式有 n 个方程，但有 $n+2$ 个未知数，需要补充两个边界条件。

(1)首末两点过 Q_1 和 Q_n 的非周期三次 B 样条曲线

此时应有：$P_1=Q_1,P_n=Q_n$；于是求解控制点 P_j 的线性方程组为：

$$\begin{bmatrix} 6 & 0 & & & & \\ 1 & 4 & 1 & & 0 & \\ & 1 & 4 & 1 & & \\ & \cdots & & & & \\ & 0 & & 1 & 4 & 1 \\ & & & & 0 & 6 \end{bmatrix} \begin{bmatrix} P_1 \\ P_2 \\ \cdots \\ P_{n-1} \\ P_n \end{bmatrix} = 6 \begin{bmatrix} Q_1 \\ Q_2 \\ \cdots \\ Q_{n-1} \\ Q_n \end{bmatrix}$$

这是一个主对角线占优的三带状矩阵，故可用追赶法解出 $P_j(j=1,2,\cdots,n)$。为了使曲线的首末两点过 Q_1 和 Q_n，需要二个附加顶点 P_0, P_{n+1} 且应满足条件：$P_0=2P_1-P_2, P_{n+1}=2P_n-P_{n-1}$；在此情况下所生成的B样条曲线两端点处的曲率为零，即曲线首末端分别与 P_0P_1 及 P_nP_{n-1} 相切。

(2) 封闭周期的三次B样条曲线

为保证曲线能首尾相接，并使曲线上结点序号与特征多边形顶点序号相对应，即有：$P_0=P_n, P_{n+1}=P_1$；于是可得到线性方程组：由控制点 $P_j(j=0,1,2,\cdots,n,n+1)$ 生成的便是封闭周期的三次B样条曲线。

$$\begin{bmatrix} 4 & 1 & & & & 1 \\ 1 & 4 & 1 & & 0 & \\ & & \cdots & & & \\ & 0 & & 1 & 4 & 1 \\ 1 & & & & 1 & 4 \end{bmatrix} \begin{bmatrix} P_1 \\ P_2 \\ \cdots \\ P_{n-1} \\ P_n \end{bmatrix} = 6 \begin{bmatrix} Q_1 \\ Q_2 \\ \cdots \\ Q_{n-1} \\ Q_n \end{bmatrix}$$

(3) 端点有二重控制点的三次B样条曲线

此时应有：$P_0=P_1, P_{n+1}=P_n$，由此可构成线性方程组：

$$\begin{bmatrix} 6 & -6 & & & & \\ 1 & 4 & 1 & & & \\ & & \cdots & & & \\ & & & 1 & 4 & 1 \\ & & & & 6 & -6 \end{bmatrix} \begin{bmatrix} P_0 \\ P_1 \\ \cdots \\ P_n \\ P_{n+1} \end{bmatrix} = 6 \begin{bmatrix} 0 \\ Q_1 \\ \cdots \\ Q_n \\ 0 \end{bmatrix}$$

由 $P_j(j=0,1,\cdots,n,n+1)$ 控制点构造的三次B样条曲线过 $Q_i(i=1,2,\cdots,n)$。

(4) 给定始、终点的切矢量 Q'_1, Q'_n

在始点，由于 $Q'_1=(P_2-P_0)/2, Q_1=(P_0+4P_1+P_2)/6$，有：

$P_0=P_2-2Q'_1, 2P_1/3+P_2/3=Q_1+Q'_1/3$；

在终点，由于 $Q'_n=(P_{n+1}-P_n)/2, Q_n=(P_{n-1}+4P_n+P_{n+1})/6$，有：

$P_{n-1}=P_{n+1}-2Q'_n, P_{n-1}/3+2P_n/3=Q_n-Q'_n/3$；

把上述结果写成线性方程组：

$$\begin{bmatrix} 4 & 2 & & & & \\ 1 & 4 & 1 & & & 0 \\ & & & & & \\ & \cdots & & & & \\ 0 & & & 1 & 4 & 1 \\ & & & & 2 & 4 \end{bmatrix} \begin{bmatrix} P_1 \\ P_2 \\ \cdots \\ P_{n-1} \\ P_n \end{bmatrix} = 6 \begin{bmatrix} Q_1 + Q'_1/3 \\ Q_2 \\ \cdots \\ \\ Q_{n-1} \\ Q_n - Q'_n/3 \end{bmatrix}$$

解得 $P_j(j=1,2,\cdots,n)$后即可方便地求得 P_0 和 P_{n+1}。

由 $P_j(j=0,1,\cdots,n,n+1)$控制点生成的三次 B 样条曲线即满足端点切矢量为 Q'_1 和 Q'_n 的情况。

(5) 给定始、终点的二阶导数矢量 R_1 和 R_n

在始点处由于 $R_1=P_2-2P_1+P_0$，$P_0=2P_1-P_2+R_1$；$R_1=6Q_1-6P_1$，$P_1=Q_1-R_1/6$；

在终点处同样有 $P_{n+1}=2P_n-P_{n-1}+R_n$，$P_n=Q_n-R_n/6$；

由上述条件构造的线性方程组是：

$$\begin{bmatrix} 6 & & & & & 0 \\ 1 & 4 & 1 & & & \\ & & & & & \\ & \cdots & & & & \\ 0 & & & 1 & 4 & 1 \\ & & & & & 6 \end{bmatrix} \begin{bmatrix} P_1 \\ P_2 \\ \cdots \\ \\ P_{n-1} \\ P_n \end{bmatrix} = 6 \begin{bmatrix} Q_1 - R_1/6 \\ Q_2 \\ \cdots \\ \\ Q_{n-1} \\ Q_n - R_n/6 \end{bmatrix}$$

求解此方程组得到 $P_j(j=1,2,\cdots,n)$，再用上述条件即可求得 $P_j(j=0,1,\cdots,n,n+1)$，由控制点列构造的三次 B 样条曲线过 $Q_i(i=1,2,\cdots,n)$，并满足端点为 R_1 和 R_n 二阶导数矢量的条件。

6.2.3 非均匀有理 B 样条(NURBS)曲线

上一节所说的是均匀 B 样条函数，其特点是节点的参数轴的分布是等距的，因而不同节点矢量生成的 B 样条基函数所描绘的形状是相同的。在构造每段曲线时，若采用均匀 B 样条函数，由于各段所用的基函数都一样，故计算简便。非均匀 B 样条函数其节点参数沿参数轴的分布是不等距的，因而不同节点矢量形成的 B 样条函数各不相同，需要单独计算，其计算量比 B 样条大得多。尽管如此，近年来 NURBS 有了较快的发展和较广泛的应用，主要原因是：

(1) 对标准的解析形状(如圆锥曲线、二次曲面、回转面等)和自由曲线、曲面提供了统一的数学表示，无论是解析形状还是自由格式的形状均有统一的表示参数，便于工程数据库的存取和应用；

(2) 可通过控制点和权因子来灵活地改变形状；

(3) 对插入节点、修改、分割、几何插值等的处理工具比较有力；

(4) 具有透视投影变换和仿射变换的不变性；

(5) 非有理 B 样条、有理及非有理 Bézier 曲线、曲面是 NURBS 的特例表示。

但是，目前应用 NURBS 中还有一些难以解决的问题：

(1) 比一般的曲线、曲面定义方法更费存储空间和处理时间；

(2) 权因子选择不当会造成形状畸变；

(3) 对搭接、重叠形状的处理相当麻烦；

(4) 象点的映射这类算法在 NURBS 情况下会变得不太稳定。这些问题还希望读者在学习和应用中加以解决。

1. 定义和性质

(1) NURBS 曲线的定义

NURBS 曲线是由分段有理 B 样条多项式基函数定义的，形式是：

$$C(u)=\sum_{i=0}^{n}W_iP_iN_{i,k}(u)\Big/\sum_{i=0}^{n}W_iN_{i,k}(u)=\sum_{i=0}^{n}P_iR_{i,k}(u) \tag{6-2-8}$$

其中 P_i 是特征多边形顶点位置矢量，$N_{i,k}(u)$是 k 次 B 样条基函数，同(6-2-4)式，W_i 是相应控制点 P_i 的权因子，节点向量中节点个数 $m=n+k+2$，n 为控制点数，k 为 B 样条基函数的次数。

节点矢量 $T=\{\underbrace{\alpha,\cdots,\alpha}_{k+1\text{个}},t_{k+1},\cdots,t_n,\underbrace{\beta,\cdots,\beta}_{k+1\text{个}}\}$，

对于非周期函数，若有一个正实数 d，对全部 $k\leqslant j\leqslant n$，存在 $t_{j+1}-t_j=d$，则称 T 为均匀节点矢量，否则为非均匀节点矢量。

在实际应用中取 $\alpha=0,\beta=1$。由(6-2-8)式和节点矢量 T 定义的 $u\in[0,1]$区间上的整条 NURBS 曲线与 Bézier 曲线相似，即曲线过起、终点，且起、终点的切矢量是控制多边形的第一条边和最后一条边。

(2) 在齐次坐标下 NURBS 的几何意义

为了便于讨论，我们先考虑平面 NURBS 曲线的情况，非平面 NURBS 曲线和曲面可看成是这种情况的推广，如图 6.2.18 所示，在 $OXYW$ 坐标系中的每一个点，若 $W\neq 0$，可表示成(xW,yW,W)；若 $W=0$，为$(x,y,0)$，这些点经透视变换映射到 XY 平面后是：

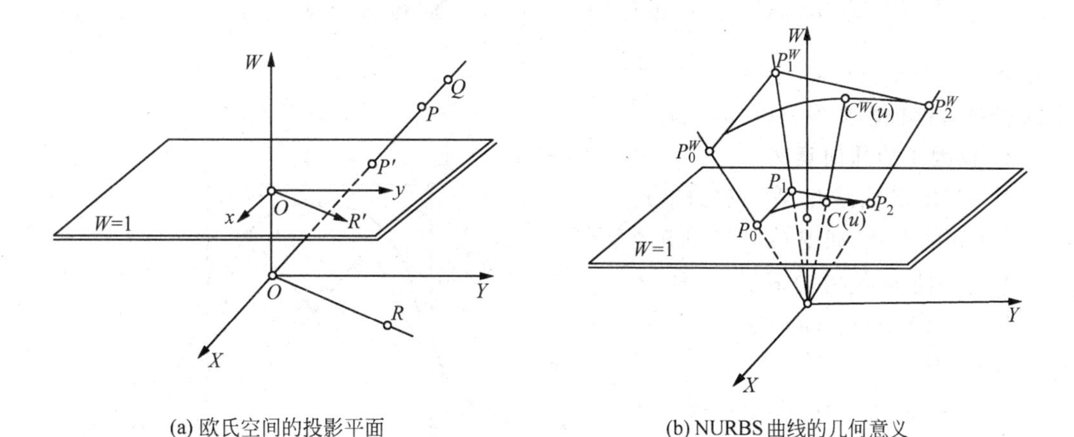

图 6.2.18 齐次坐标下的 NURBS 曲线的几何定义

$$\psi(x,y,W)=\begin{cases}(x/W,y/W); & 若\ W\neq 0;\\ 取(x,y)的方向; & 若\ W=0\end{cases}$$

如已知具有权因子的控制点集，构造相应的 NURBS 曲线可采取下述步骤：

① 构造具有权因子的顶点 $P_i^W = (W_i x_i, W_i y_i, W_i)$，　$i = 0,1,\cdots,n$；

② 在 $OXYW$ 坐标系下得到一条非有理 B 样条曲线 $C^W(u) = \sum_{i=0}^{n} P_i^W N_{i,k}(u)$；

③ 把 $C^W(u)$ 映射到 XY 平面上，$C(u) = \psi(C^W(u)) = \sum_{i=0}^{n} W_i P_i N_{i,k}(u) \Big/ \sum_{i=0}^{n} W_i N_{i,k}(u)$

上述讨论中给出了在投影平面上 NURBS 的几何定义，$C^W(u)$ 是在三维欧氏空间中定义的 NURBS 曲线，而 $C(u)$ 是在二维欧氏空间的 NURBS 曲线，NURBS 曲线的三维模型的建立不仅对显示曲线有帮助，并且对构造 NURBS 曲线生成算法也是必不可少的。

(3) 仿射、透视变换的不变性

① 仿射变换。对一个点 P 作仿射变换，即为 $A[P] = L[P] + T$，可以证明 NURBS 曲线 $C(u)$ 在仿射变换下是不变的：

$$A[C(u)] = L[C(u)] + T = \sum_i L[P_i] R_{i,k}(u) + T$$

而　$$\sum_i A[P_i] R_{i,k}(u) = \sum_i (L[P_i] + T) R_{i,k}(u) = \sum_i L[P_i] R_{i,k}(u) + T \sum_i R_{i,k}(u)$$

因 $\sum_i R_{i,k}(u) = 1$，故上式为 $\sum_i (L[P_i]) R_{i,k}(u) + T$，这就证明了仿射变换下的 NURBS 曲线是不变的，也即 $A[C(u)] = \sum_i A[P_i] R_{i,k}(u)$。NURBS 曲线在仿射变换下只改变控制点，权因子不改变。

② 透视变换。若投影中心为 C，透视投影平面由点 Q 和平面法矢量 N 定义，则对一点 X 的透视投影变换是：

$$\pi(X) = (1-\alpha)X + \alpha C,\ \alpha = \frac{(X-Q)\cdot N}{(X-C)\cdot N}$$

而对 NURBS 曲线的透视投影变换是：

$$\pi[C(u)] = \sum_{i=0}^{n} W_i^* \pi[P_i] N_{i,k}(u) \Big/ \sum_{i=0}^{n} W_i^*(u) N_{i,k}(u)$$

式中 $\pi[P_i]$ 表示对控制点作投影变换 $W_i^* = W_i(P_i - C)\cdot N$

上式表明透视投影变换只改变控制点和权因子，并不改变 NURBS 基函数。

2. 权因子的几何意义

对 NURBS 曲线权 W_i 只影响$[t_i\ t_{i+k+1})$ 区间的形状，如图 6.2.19 所示，其中 W_3 对曲线影响的情况是：$B = C(u;W_3=0)$；$N = C(u;W_3=1)$；$B_3 = C(u;W_3=3)$。

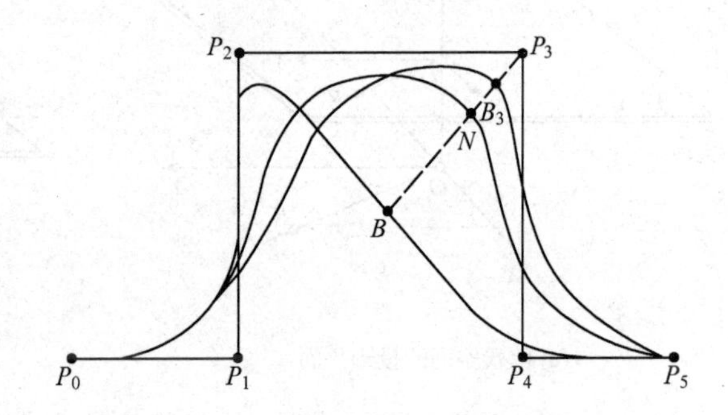

图 6.2.19　NURBS 曲线中权因子的作用

若将 W_3 推广为 W_i 并令参数 $\alpha = R_{i,k}(u;W_i=1)$；$\beta = R_{i,k}(u)$，$B_i = C(u;W_i \neq [0,1])$；$B = C(u;W_i=0)$，$N = C(u;W_i=1)$

则曲线 N 和 B_i 可表示为：

$$N = (1-\alpha)B + \alpha P_i;\ B_i = (1-\beta)B + \beta P_i$$

用 α 和 β 我们可得到下述的比例关系：

$$\frac{1-\alpha}{\alpha} : \frac{1-\beta}{\beta} = \frac{P_iN}{BN} : \frac{P_iB_i}{BB_i} = W_i$$

上式是(P_i, B_i, N, B) 四点的交叉比例，由此式可知：

(1) 随着 W_i 增 / 减，β 增 / 减，则曲线被拉向 / 拉开 P_i 点；

(2) 若 W_i 增 / 减，曲线被拉开 / 拉向 $P_j, j \neq i$；

(3) 随 B_i 的运动，它扫描出一条直线段，如图 6.2.19 中的 BP_3 直线段；

(4) 若 B_i 趋向 P_i，则 β 趋向 1，W_i 趋于正无穷。

类似地可分析权对 NURBS 曲面的影响。

3. NURBS 中的节点矢量

已知权因子和控制点序列 $W_i, P_i, (i = 0, 1, \cdots, n)$

求 k 次 NURBS 基函数的节点矢量：$T = \{t_j\}$

(1) 非周期情况

$$T = \{t_0, t_1, \cdots, t_k, t_{k+1}, \cdots, t_{n+k-1}, t_{n+k}, \cdots, t_{n+2k}\}$$

式中 $t_0 = t_1 \cdots = t_k = \alpha, \qquad t_{n+k} = t_{n+k+1} = \cdots = t_{n+2k} = \beta$

通常令 $\alpha = 0, \beta = 1$，对于 $t_{k+i} (i = 1, \cdots, n-1)$ 一般采用向心模型计算，其公式为：

$$t_{k+i} = t_{k+i-1} + | P_i - P_{i-1} |^{1/2} \Big/ \sum_{j=1}^{n} | P_j - P_{j-1} |^{1/2}, i = 1, 2, \cdots, n-1$$

(2) 周期情况

令：$V_0 = 0, V_{n+1} = 1$；

$$V_i = V_{i-1} + | P_i - P_{i-1} |^{1/2} \Big/ \sum_{j=1}^{n+1} | P_j - P_{j-1} |^{1/2}, \qquad i = 1, 2, \cdots, n$$

其中，$P_{n+1} = P_0$，建立节点矢量：

$$T = \{t_0, t_1, \cdots, t_n, \cdots, t_{n+2k-1}\}$$

$$t_i = V_{n-k+i+2} - 1, \quad i = 0, 1, \cdots, k-2;$$

$$t_{n+k+i} = 1 + V_i, \quad i = 1, 2, \cdots, k-1;$$

$$t_i = V_{i-k+1}, \quad i = k-1, k, \cdots, n+k$$

(3) 重节点情况

若 $t_{i+3} = t_{i+4}$，二次 NURBS 基函数在 t_{i+3}, t_{i+4} 节点的公式是：

$$N_{i,2}(t_{i+3}) = 0;$$

$$N_{i+1,2}(t_{i+3}) = \frac{t_{i+5} - t_{i+4}}{(t_{i+3} - t_{i+5}) + (t_{i+5} - t_{i+4})};$$

$$N_{i+2,2}(t_{i+3}) = \frac{t_{i+3} - t_{i+2}}{(t_{i+3} - t_{i+2}) + (t_{i+5} - t_{i+4})};$$

$$N_{i,2}(t_{i+4}) = \frac{t_{i+5} - t_{i+4}}{(t_{i+3} - t_{i+2}) + (t_{i+5} - t_{i+4})};$$

$$N_{i+1,2}(t_{i+4}) = \frac{t_{i+3} - t_{i+2}}{(t_{i+3} - t_{i+2}) + (t_{i+5} - t_{i+4})};$$

$$N_{i+2,2}(t_{i+4}) = 0$$

4. 求 k 次 NURBS 曲线的导数

$$C'(u) = \sum_{i=0}^{n} P_i R'_{i,k}(u)$$

$$= \frac{\displaystyle\sum_{i=0}^{n} \frac{KN_{i,k-1}(u)}{t_{i+k}-t_i}(W_iP_i - W_{i-1}P_{i-1}) - \sum_{i=0}^{n} \frac{K(W_i - W_{i-1})N_{i,k-1}(u)}{t_{i+k}-t_i}C(u)}{\displaystyle\sum_{i=0}^{n} W_i N_{i,k}(u)}$$

对 NURBS 基函数求导是：

$$R'_{i,k}(u) = \frac{W(u)R'(u) - W'(u)R(u)}{W^2(u)}$$

其中，$R(u) = \sum_{i=0}^{n} W_i P_i N_{i,k}(u)$；$W(u) = \sum_{i=0}^{n} W_i N_{i,k}(u)$；

$R'(u) = (k-1)\sum_{i=1}^{n} \frac{P_iW_i - P_{i-1}W_{i-1}}{t_{i+k-1}-t_i} N_{i,k-1}(u)$；$W'(u) = (k-1)\sum_{i=1}^{n} \frac{W_i - W_{i-1}}{t_{i+k-1}-t_i} N_{i,k-1}(u)$

在端点处的导数是：

$$C'(0) = (k-1)W_1(P_1 - P_0)/W_0$$

$$C'(n+2k) = (k-1)W_{n-1}(P_n - P_{n-1})/W_n$$

5. 反求 NURBS 曲线的控制点

已知三次 NURBS 曲线的型值点 Q_i 及其相应的权因子 $W_i(i = 0,1,\cdots,n)$，求相应 NURBS 曲线的控制点 P_j 及其权因子 W_j^* $(j = 0,1,\cdots,n+2)$，下面讨论如何求 W_j^* 和 P_j。

(1) 求权因子 W_j^*

我们插值一条一维 NURBS 函数曲线 $W(t)$，使得

$$W_i = W(t_{i+3}) = \sum_{j=0}^{n+2} N_{j,3}(t_{i+3})W_j^* \qquad i = 0,1,\cdots,n$$

并使 W_j^* 非负，为此构造以下二次规划问题：$\min f(\overline{W}) = \overline{W}^T\overline{W}$ (6-2-9)

并满足：
$$W_i = \sum_{j=0}^{n+2} N_{j,3}(t_{i+3})W_j^* \qquad i = 0,1,\cdots n \tag{6-2-10}$$

$$W_j^* \geqslant 0, j - 0,1,\cdots,n+2;$$

上式中 $\overline{W} = [(W_0^* - W_a),(W_1^* - W_a),\cdots,(W_{n+2}^* - W_a)]^T$

$W_a = \sum_{i=0}^{n} W_i/(n+1)$；在此假定 W_j^* 是三次 NURBS 曲线 $W(t)$ 上的点。由于 $f(\overline{W})$ 的 Hesse 矩阵是正定的，且有初值，因此用 Wolfe 算法一定可得到(6-2-9) 和(6-2-10) 的最优解。

(2) 求控制点 P_j

由于三次 NURBS 曲线方程是：

$$C(u) = \sum_{j=0}^{n+2} W_jP_jN_{j,3}(u) \Big/ \sum_{j=0}^{n+2} W_jN_{j,3}(u) \qquad 0 \leqslant u \leqslant 1$$

由前一节的讨论已知结点矢量 T 和权 W_j 的求法，现在只需将型值点代入上式，并增加二个边界条件，即可唯一地确定 P_j。对于给定的型值点 Q_i，我们可以找到一条三次 NURBS 曲线，使得它在参数值为 t_{i+3} 时通过 Q_i，即有，

$$R_i = \sum_{j=0}^{n+2} \overline{X}_j N_{j,3}(t_{i+3}) \qquad i = 0,1,\cdots,n \tag{6-2-11}$$

式中 $\overline{X}_j = W_j^* P_j$， $R_i = Q_i \sum_{j=0}^{n+2} W_j^* N_{j,3}(t_{i+3}) = Q_i W_i$

(6-2-11) 式只有 $(n+1)$ 个方程，但有 $(n+3)$ 个变量，需补充二个边界条件。已知端点切矢量，$C'(t_0) = T_0$，$C'(t_{n+2k}) = T_n$；其端点二阶导数矢量 $C''(t_0) = C''(t_{n+2k}) = 0$；在始端，$C'(t_0) = T_0 = (4-1)W_1(P_1 - P_0)/W_0$，即有 $W_1(P_1 - P_0) = T_0 W_0/3$；在末端，$C'(t_{n+2k}) = T_n = (4-1)W_{n+1} \cdot (P_{n+2} - P_{n+1})/W_{n+2}$，即有 $W_{n+1}(P_{n+2} - P_{n+1}) = T_n W_{n+2}/3$；由始、末端切矢量建立的二个方程和 (6-2-11) 组合即可求得 $(n+3)$ 个控制点位置矢量 P_j。图 6.2.20 所示三次 NURBS 曲线及其特征多边形是由型值点 Q_j 及其权因子 $W_j(j = 0,1,\cdots,4)$ 用上述算法产生的结果。

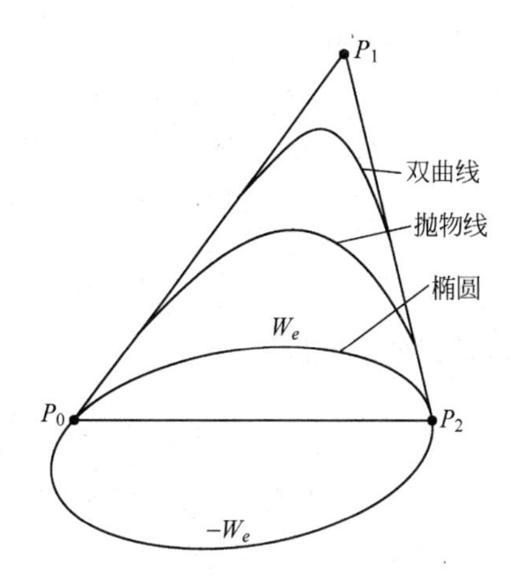

图 6.2.20 圆锥曲线的 NURBS 表示

反求控制点的过程中会有几种特殊情况，需要认真处理。

① 权因子很小。上述算法求出的权 W_j 均大于零，但有可能很小，甚至为零。此时可以将(6-2-9)式目标函数改写为：

$$f(W) = \sum_{i=0}^{n+2} \alpha_i (W_i^* - W_a)^2 \tag{6-2-12}$$

并取初值 $\alpha_i = 1, i = 0,1,\cdots,n+2$；当对某个 j，有 $W_j \leqslant \varepsilon$ 时，则增大 α_j，即令 $\alpha'_j = k\alpha_j$，并用 α'_j 代替(6-2-12)式中的 α_i。重新解此二次规划问题，通常取 $k=10$，$\varepsilon = 10^{-5}$（ε 为容差）。

② 二重节点。用向心模型计算节点矢量，当相邻两个型值点相等，即 $(P_i \quad W_i) = (P_{i+1} \quad W_{i+1})$ 会出现二重节点，$t_{i+k} = t_{i+k+1}$，这样，(6-2-11)式中相应于 R_i 和 R_{i+1} 的二个方程完全相同，系数矩阵的秩减少 1，所以必须在方程组中补充一个方程才能使其有唯一解。为此可补充一个在二重节点处的切矢量方程 $C'(t_{i+k}) = P'_i$，并用它取代原线性方程组中的 $R_i = \sum_{j=0}^{n+2} X_j N_{j,3}(t_{i+k})$ 式，P'_i 可以事先给定，也可根据型值点，利用数值微分法计算出来。

③ 三重节点。当 $t_{i+k} = t_{i+k+1} = t_{i+k+2}$ 时即出现三重节点的情况。此时(6-2-11)式的秩减少 2，曲线在 t_{i+k} 处为 C^0 连续，因此可补充两个表示该点处左导数和右导数的方程：

$$P'_i = C'(t_{i+k}^{-0}), P'_{i+2} = C'(t_{i+k+2}^{+0})$$

并用它们取代(6-2-11)式中的 R_i 和 R_{i+2} 这两个方程，使(6-2-11)满秩，从而可得到唯一解。

6. 圆锥曲线的 NURBS 表示

若特征多边形的顶点为 P_i, P_{i+1}, P_{i+2}，节点矢量为 $\{t_i, t_{i+1}, \cdots, t_{i+5}\}$，且 $t_i = t_{i+1} = t_{i+2} < t_{i+3} = t_{i+4} = t_{i+5}$，则用二次 NURBS 曲线 $C(u) = \sum_{i=0}^{n} P_i R_{i,2}(u)$ 表示圆锥曲线的充要条件是。

① $\frac{W_i[(t_{i+4}-t_{i+3})W_{i+1}+(t_{i+3}-t_{i+2})W_{i+2}]}{W_{i+2}[(t_{i+3}-t_{i+2})W_i+(t_{i+2}-t_{i+1})W_{i+1}]}=\frac{|P_{i+2}-P_{i+1}|}{|P_{i+1}-P_i|}$；

② $\frac{|[(t_{i+4}-t_{i+3})W_i-(t_{i+2}-t_{i+1})W_{i+2}]W_{i+1}P_{i+1}+aW_{i+2}P_{i+2}-bW_iP_i|^2}{|P_{i+1}-P_i|^2}$

$=4bW_i^2W_{i+1}^2(t_{i+3}-t_{i+1})(t_{i+4}-t_{i+2})/a$，

式中 $a=(t_{i+3}-t_{i+2})W_i+(t_{i+2}-t_{i+1})W_{i+1}$

$b=(t_{i+4}-t_{i+3})W_{i+1}+(t_{i+3}-t_{i+2})W_{i+2}$

$t_{i+2}<t_{i+3}$，并且有心圆锥曲线的半径为

$$r_0=\frac{2(W_{i+1}W_{i+2})^2(t_{i+3}-t_{i+1})(t_{i+3}-t_{i+2})(t_{i+4}-t_{i+2})\mid P_{i+2}-P_{i+1}\mid^3}{b^3W_i\mid(P_{i+1}-P_i)\times(P_{i+2}-P_{i+1})\mid}$$

圆锥曲线的形状因子

$$C_{sf}=\frac{(t_{i+3}-t_{i+1})(t_{i+4}-t_{i+2})W_{i+1}^2}{[(t_{i+3}-t_{i+2})W_i+(t_{i+2}-t_{i+1})W_{i+1}][(t_{i+4}-t_{i+3})W_{i+1}+(t_{i+3}-t_{i+2})W_{i+2}]}$$

当 $C_{sf}<1$，$C(u)$为椭圆（圆是椭圆特例）；$C_{sf}=1$，$C(u)$为抛物线；$C_{sf}>1$，$C(u)$为双曲线，对应图形如图 6.2.20 所示。

7. 圆锥曲线的有理 Bézier 表示

若二次 NURBS 函数的节点矢量 $T=\{0,0,0,1,1,1\}$，则其转变为二次有理 Bézier 函数，进而可得到用二次有理 Bézier 函数表示圆锥曲线的充要条件，因 $a=W_i$，$b=W_{i+2}$，则有：

① $|P_{i+1}-P_i|=|P_{i+2}-P_{i+1}|$； ② $\frac{W_{i+1}^2}{W_iW_{i+2}}=\frac{|P_{i+2}-P_i|^2}{4|P_{i+1}-P_i|^2}$。

此时的形状因子 $C_{sf}=\frac{W_{i+1}^2}{W_iW_{i+2}}$，$C_{sf}$数值对应圆锥曲线的情况同上述。

8. 圆锥曲线的有理 B 样条表示

若二次 NURBS 函数的节点矢量为均匀节点矢量，即 $t_{i+1}-t_i=d$（常数），为简化讨论，令 $d=1$，则其转变为二次有理 B 样条函数，此时用二次有理 B 样条函数表示圆锥曲线的充要条件是：

① $W_i(W_{i+1}+W_{i+2})|P_{i+1}-P_i|=W_{i+2}(W_i+W_{i+1})|P_{i+2}-P_{i+1}|$；

② $\frac{W_i^2W_{i+1}^2(W_{i+1}+W_{i+2})}{W_i+W_{i+1}}$

$=\frac{|(W_i+W_{i+1})W_{i+2}P_{i+2}+(W_i-W_{i+2})W_{i+1}P_{i+1}-(W_{i+1}+W_{i+2})W_iP_i|^2}{16|P_{i+1}-P_i|^2}$。

此时，$a=W_i+W_{i+1}$；$b=W_{i+1}+W_{i+2}$；$C_{sf}=\frac{4W_{i+1}^2}{(W_i+W_{i+1})(W_{i+1}+W_{i+2})}$，$C_{sf}$数值对应圆锥曲线的情况同上述，此时有心圆锥曲线的半径为：

$$r_c=\frac{8(W_{i+1}W_{i+2})^2\mid P_{i+2}-P_{i+1}\mid^3}{W_i(W_{i+1}+W_{i+2})^3\mid(P_{i+1}-P_i)\times(P_{i+2}-P_{i+1})\mid}$$

如图 6.2.21 所示，若控制多边形为正方形，节点矢量为$\{t_0,t_1,\cdots,t_5\}$和权因子 W_0，W_1 和 W_2 满足：

$\frac{(t_3-t_1)(t_4-t_2)}{(t_4-t_2)(t_2-t_1)}=2$； $\frac{W_1}{W_2}=\frac{t_3-t_2}{t_4-t_3}$；$\frac{W_0}{W_1}=\frac{t_2-t_1}{t_4-t_3}$这三条时，则二次周期性 NURBS 曲线：

$$C_i(u)=\sum_{j=0}^{2}W_jP_{i+j}N_{j,2}(u)\Big/\sum_{j=0}^{2}W_jN_{j,2}(u),\qquad i=0,1,2,3;\ u\in[t_2,t_3]$$

构成一个精确的单位圆，其中 $t_0\leqslant t_1<t_2<t_3<t_4\leqslant t_5$，且当 $P_s\geqslant 4$ 时，$P_s=P_s-4$。

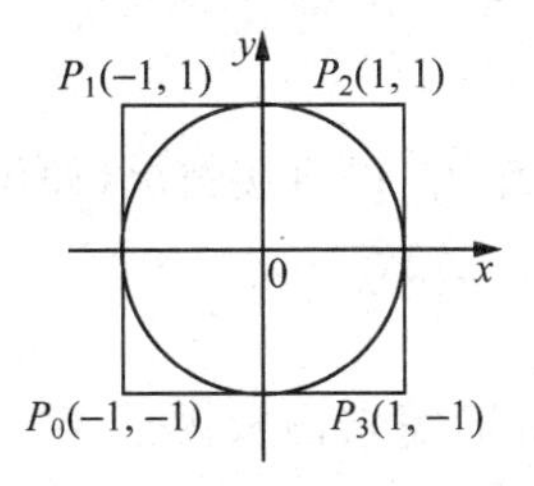

图 6.2.21　用 NURBS 曲线表示单位圆

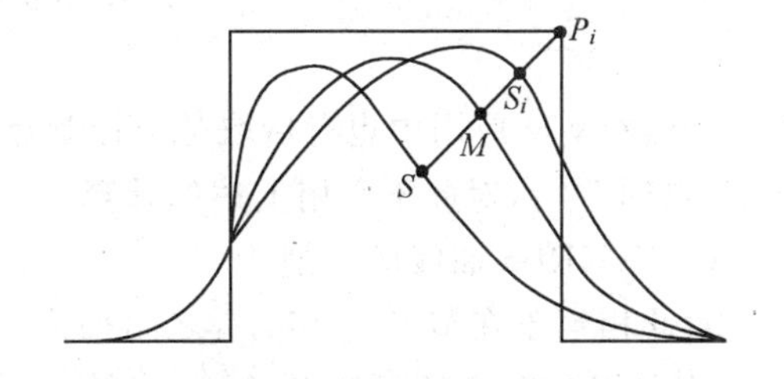

图 6.2.22　修改权因子

9. NURBS 曲线的修改

NURBS 曲线的修改有多种形式，常用的方法有修改权因子，修改控制点和分割 NURBS 曲线。

(1) 修改权因子

对于 k 次 NURBS 曲线 $C(u)=\sum_{i=0}^{n}P_iR_{i,k}(u)$，为了保证 $R_{i,k}(u)$ 非负，则要求权因子都大于零，从 $R_{i,k}(u)$ 可见权因子 W_i 的变化仅影响(t_i,t_{i+k+1})节点区间的曲线。如图 6.2.22 中，$S=C(u;W_i=0)$；$M=C(u;W_i=1)$；$S_i=C(u;W_i\neq[0,1])$，通过简单置换得

$$M=(1-t)S+tP_i;\quad S_i=(1-v)S+vP_i;$$

这里 $t=\dfrac{N_{i,k}(u)}{\sum\limits_{i\neq j=0}^{n}W_jN_{j,k}(u)+N_{i,k}(U)}$，$v=\dfrac{W_iN_{i,k}(u)}{\sum\limits_{i=0}^{n}W_iN_{i,k}(u)}=R_{i,k}(u)$

沿着 SP_i 直线的 P_i,S_i,M,S 四点的交叉比例是，$\dfrac{(1-t)}{t}:\dfrac{(1-v)}{v}=W_i$

① 当 W_i 增加/减小，n 也增加/减少，曲线被拉向/拉开 P_i 点。

② 当 S_i 移动，即产生一条过 P_i 点的直线，曲线形状是沿此直线变化的，即曲线的变化是可预见的。

③ 当 S_i 靠近 P_i 点，即 V 趋于 1，W_i 趋于无穷，此时要防止 W_i 上溢。实线表明，当 $W_i=100$ 时，曲线 S_i 就会很靠近 P_i，而不必取 W_i 太大。

修改过程是拾取曲线上一点 S_i，指定曲线变化方向(如以 P_i 和 S_i 的连线为变化方向)，同时指定曲线的变化距离 d，则位置变为 S'_i，$d=|S'_i-S_i|$，现在要求 W'_i。

$$W'_i=\frac{1-t}{t}:\frac{1-v'}{v'}=\frac{P_iM}{SM}:\frac{P_iS'_i}{S_iS'_i}=\frac{P_iM}{SM}:\frac{P_iS_i\mp d}{SS_i\pm d};$$

代入相应函数后 $W'_i=W_i\left[1\pm\dfrac{d}{R_{i,k}(u)(P_iS_i\mp d)}\right]$，$W_i$ 是 P_i 点相应的权因子。

上式中若把曲线拉向 P_i 点取“+”号，把曲线拉开 P_i 点取“−”号。当 u 趋于 t_i 或 t_{i+k+1} 时，W'_i 趋于无穷，$R_{i,k}(u)$趋于零。此处是某个控制点作为修改方向；若不是以某个控制点，而是曲线上的某个点，则需要计算修改方向。有了 W'_i 代入相应的公式生成新的曲线，即可满足用户要求。

(2) 修改控制点

若给定曲线上一点 P_i，或某个节点参数值 t_i，修改方向矢量 V 以及修改距离 d，要求计算新的位置矢量 P_i^*，$P_i^* = P_0R_{0,k}(u) + \cdots + (P_i + \alpha V)R_{i,k}(u) + \cdots + P_nR_{n,k}(u)$。其中，$|P_i^* - P_i| = d = \alpha|V|R_{i,k}(u)$，$\alpha = \dfrac{d}{|V|R_{i,k}(u)}$由此式求出 α，即可求出新的控制点位置矢量，$P_i^* = P_i + \alpha V$。

当然在实际应用中也有拾取某个控制点 P_i 并把它改到 P_i^* 的直接情况(如用橡皮筋拖动 P_i 点到 P_i^*)，对此不必用上述的计算。

(3) NURBS 曲线的分割

对此相当于在节点 t_i 和 t_{i+1} 之间插入一个节点 t^*，进而需求出权因子 W_j^* 和控制点 P_j^*。从前几节的介绍可推出，$W_j^* = \alpha_j W_j + (1-\alpha_j)W_{j-1}$；

$$p_j^* = [\alpha_j W_j p_j + (1-\alpha_j)W_{j-1}p_{j-1}]/[\alpha_j W_j + (1-\alpha_j)W_{j-1}]$$

其中 $\alpha_j = \begin{cases} 1, & j \leqslant i-k+1; \\ (t^* - t_j)/(t_{j+k+1} - t_j), & i-k+2 \leqslant j \leqslant i; \\ 0 & j \geqslant i+1 \end{cases}$

分割的终止条件一般取在 t^* 处有$(k-1)$个重节点。

6.2.4 常用参数曲线的等价表示

前面我们讨论了三次 Hermite(即 Ferguson)，Bézier 和 B 样条曲线，在实际应用中常需要对这三种非有理参数表示式进行相互转换，即对于同一条曲线，已知这三种表示的一种形式，可以推导出其他两种形式。若这三种参数曲线的表示形式都是几何形式，即：$P(t) = TMB$ 的形式，其中，$T = [t^3 \quad t^2 \quad t \; 1]$，并令：

三次 Hermite 曲线为$P_H(t) = TM_HB_H$，$M_H = \begin{bmatrix} 2 & -2 & 1 & 1 \\ -3 & 3 & -2 & -1 \\ 0 & 0 & 1 & 0 \\ 1 & 0 & 0 & 0 \end{bmatrix}$，$B_H = [P_0 \quad P_1 \quad P'_0 \quad P'_1]^T$

三次 Bézier 曲线为 $P_Z(t) = TM_ZB_Z$，$M_Z = \begin{bmatrix} -1 & 3 & -3 & 1 \\ 3 & -6 & 3 & 0 \\ -3 & 3 & 0 & 0 \\ 1 & 0 & 0 & 0 \end{bmatrix}$，$B_Z = [P_i \; P_{i+1} \quad P_{i+2} \quad P_{i+3}]^T$

三次均匀 B 样条曲线为 $P_B(t) = TM_BB_B$，$M_B = \dfrac{1}{6}\begin{bmatrix} -1 & 3 & -3 & 1 \\ 3 & -6 & 3 & 0 \\ -3 & 0 & 3 & 0 \\ 1 & 4 & 1 & 0 \end{bmatrix}$，$B_B = B_Z$

(1) 已知：M_H，B_H；求：B_Z，B_B

因为有 $M_HB_H = M_ZB_Z = M_BB_B$，则　$B_Z = M_Z^{-1}M_HB_H$，$B_B = M_B^{-1}M_HB_H$

(2) 已知：M_Z，B_Z；求：B_H，B_B

因为有 $M_ZB_Z = M_HB_H = M_BB_B$，则　$B_H = M_H^{-1}M_ZB_Z$，$B_B = M_B^{-1}M_ZB_Z$

(3) 已知：M_B，B_B；求：B_H，B_Z

因为有 $M_BB_B = M_HB_H = M_ZB_Z$，则　$B_H = M_H^{-1}M_BB_B$，$B_Z = M_Z^{-1}M_BB_B$，

在上述三种情况中，所用到的 M_H^{-1}，M_Z^{-1}，M_B^{-1} 存在，故上式成立。

6.2.5 等距线

在数控加工刀路计算和机器人行进路径规划等问题中都需求等距线。本节介绍求折线集的等距线和 NURBS 曲线的等距线两种算法。

1. 折线集的等距线

折线集是一系列直线段的集合。对于曲线，首先要用满足精度要求的折线集去逼近此曲线，然后再求此折线集的等距线集。对于任一条参数曲线 $C(t)=(x(t),y(t))$，$C(t)$的等距线从理论上看具有如下形式：

$$C_0(t) = C(t) \pm d \cdot N(t)$$

式中 $N(t)$为曲线在某点的法矢，$N(t)=\dfrac{(C'(t)\times C''(t))\times C'(t)}{|C'(t)|^4}$：$d$ 为等距线的偏离量，正号(或负号)取决于偏离方向，一般向曲线外偏离取正号，向曲线内偏离取负号。

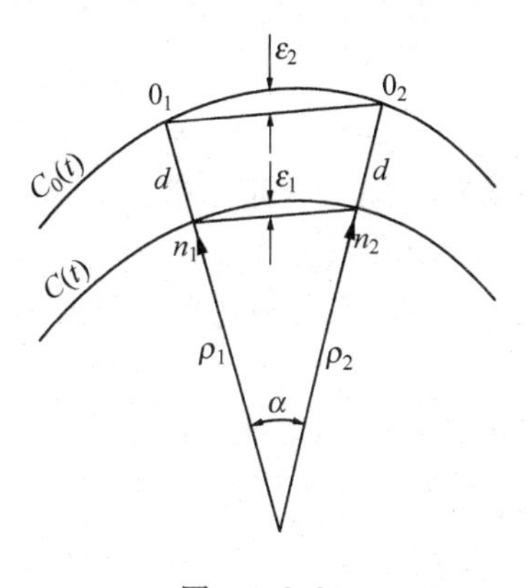

图 6.2.23

用折线集逼近原始曲线 $C(t)$和等距线 $C_0(t)$，需要作误差分折。如图 6.2.23 用折线集逼近原始曲线的误差是 $\varepsilon_1=P(1-\cos\alpha/2)$。对 $C(t)$向凸出的一侧作等距折线集时，其逼近误差是 $\varepsilon_2=(p+d)(1-\cos\alpha/2)$，向 $C(t)$凹进一侧作等距折线集时其逼近误差为 $\varepsilon_2=(p-d)\cdot(1-\cos\alpha/2)$，式中夹角 $\alpha=\cos^{-1}(n_1\cdot n_2)$。对自由曲线 $C(t)$，$p=(p_1+p_2)/2$。用折线集来逼近 $C(t)$的等距线，可以不考虑 $C(t)$的表示形式，只需在参数 t 处能够求出曲线的型值点和该点的法矢即可。结合图 6.2.23 用折线集来逼近 $C(t)$的等距线可采用下述步骤：

(1) 取曲线起点的参数 t_0，计算原始曲线 $C(t)$上的点$(x(t_0),y(t_0))$以及法矢 $N(t)$，从而可求得等距线 $C_0(t)$的点 $C_0(t_0)$；并设初始参数增量 Δt_0，精度误差 δ。

(2) 计算等距线上的新点 $C_0(t+\Delta t)$。

(3) 分析用当前弦线 O_1O_2 逼近曲线的最大误差：$\varepsilon=(p\pm d)(1-\cos\alpha/2)$；若 $\varepsilon\leqslant\delta$，则 $t=t+\Delta t$，$\Delta t=1.312\times\Delta t$；否则，$\Delta t=0.618\times\Delta t$；转(2)。

用折线集逼近曲线的等距线，问题是数据存储量大，但精度分析和某些奇异情况的处理(如自相交)比其他方法容易。对于多边形，用上述方法求其等距线是比较方便的。对于自由曲线，我们可以用 NURBS 曲线法直接求其等距线。

2. NURBS 曲线的等距线

(1)定义

已知 K 阶 NURBS 曲线定义为 $C(u)=\dfrac{R(u)}{W(u)}$，$C(u)=\sum\limits_{i=0}^{N}W_iP_iN_{i,k}(u)$，$W(u)=\sum\limits_{i=0}^{N}W_i\cdot N_{i,k}(u)$，和 $C(u)$相距距离为 d 的等距线定义为：

$$OC(u) = C(u) + d\cdot n(u),u\in[t_{k-1},t_{n+1}]$$

其中 d 为某个常数，称为偏移距离，$n(u)$为 $C(u)$的单位法向量，按下式计算：

$$n(u)=\frac{N(u)}{|N(u)|}, N(u)=[C'(u)\times C''(u)\times C'(u)]/|C'(u)|^4$$

对于平面情况，若设 $C'_k(u)=(x,y)$，则记 $AC'k(u)=(-y,x)$，于是 $n(u)$ 与 $AC'_k(u)/|C'_k(u)|$ 最多只相差一个符号，故不妨取 $n(u)=AC'_k(u)/|C'_k(u)|$；若它们符号相反，只要取 d 为 $-d$ 即可。

对于一条 K 阶 NURBS 曲线 $C_k(u)$，我们的目标是构造另一条 K 阶 NURBS 曲线 $S_k(u)$ 来逼近 $C_k(u)$。设 $S_k(u)=\sum_{i=0}^{n}W_iS_iN_{i,k}(u)\Big/\sum_{i=0}^{n}W_iN_{i,k}(u)$，$u\in[t_{k-1},t_{n+1}]$，$S_k(u)$ 和 $C_k(u)$ 具有相同的节点矢量与权因子，为了求出 $S_k(u)$，就要确定 $S_i(i=0,1,\cdots,n)$ 控制点。通常分两步处理：

① 根据端点处理连续条件确定首尾两点；② 对 $C_k(u)$ 的控制点进行偏移得到其他控制点。

求 $S_k(u)$ 的端点，即确定其特征多边形的第一个和最后一个点，故有：

$S_0=p_0+d\cdot n(t_{k-1})$；　　　　$S_n=p_n+d\cdot n(t_{n+1})$；

$S_1=p_1+d\cdot n(t_{k-1})+\lambda_1(p_1-p_0)$；$S_{n-1}=p_{n-1}+d\cdot n(t_{n+1})+\lambda_{n-1}(p_n-p_{n-1})$

这里 λ_1,λ_{n-1} 为待定系数。

中间各点可用公式 $S_i=p_i+\lambda_i\cdot n(\eta_1)$ 确定，其中 λ_i 为待定系数，也称为偏移因子。$n(\eta_1)$ 是曲线 $C_k(t)$ 在控制节点 η_1 处的单位法矢量。λ_1 可用下式确定：

$\lambda_1=d\cdot(1+k\cdot|p_i-C_k(\eta_1)|)$，$k$ 为 $C_k(u)$ 在 η_1 处的曲率。显然，当 $C_k(u)$ 为圆弧时，这样取 λ_1 可精确地求出等距线。

(2) 节点和控制节点

令节点 ζ_1 为 $k-1$ 个节点值的平均值：

$$\zeta_1=(t_{i+1}+\cdots+t_{i+k-1})/(k-1)\qquad i=0,1,\cdots,n$$

控制节点 η_1 定义为：

$$\eta_1=\{u\mid C_k(u)-P_i\mid=\min,\quad t\in[t_{k-1},t_{n+1}]\}$$

控制节点和特征多边形顶点相联系，可用下述迭代过程求得 η_1：

$$\eta_1^{(m+1)}=\eta_1^m+\frac{[p_i-C_k(\eta_1^m)]\cdot C'_k(\eta_1^m)}{C'_k(\eta_i^k)\cdot C'_k(\eta_i^k)}\tag{6-2-13}$$

迭代初值可取 ζ_i，即 $\eta_i^0=\zeta_i$。

(3) 求偏离因子 λ_1

我们可用最小二乘法确定 λ_i，令：$\delta(u)=S_k(u)-OC_k(u)$，则有

$$\delta(u)=\sum_{i=1}^{n-1}\lambda_iQ_iN_{i,k}(u)/W(u)+Y(u)/W(u)$$

其中 Q_i 为控制点，$\theta_i=\begin{cases}W_in(\eta_i) & \text{当 } i=2,\cdots,n-2;\\ W_i\cdot(p_1-p_0) & \text{当 } i=1;\\ W_{n-1}\cdot(p_n-p_{n-1}) & \text{当 } i=n-1。\end{cases}$

$$y(u)=d\cdot n(t_{k-1})\cdot[W_0\cdot N_{0.k}(u)+W_1\cdot N_{1.k}(u)]+d\cdot n(t_{n+1})\cdot[W_{n-1}N_{n-1.k}(u)+W_n\cdot N_{n.k}(u)]-d\cdot n(u)\cdot W(u)$$

现从 $[t_{k-1},t_{n+1}]$ 中取 m 个点 $\zeta_1,\zeta_2,\cdots,\zeta_m$，记：

$$\delta(\zeta_i) = \sum_{i=1}^{n-1}\lambda_i \cdot n_i \cdot N_{i,k}(\zeta_j)\Big/W(\zeta_j) + Y(\zeta_j)\Big/W(\zeta_j) = \sum_{i=1}^{n-1}E_{ij}\lambda_i + Y_j \qquad j = 1,2,\cdots,m.$$

希望选取适当的 λ_i，使 $\delta_2 = \sum_{j=1}^{m}\delta(\zeta_j)\cdot\delta(\zeta_j)$ 达到最小，为此令：

$$\frac{\partial\delta_2}{\partial\lambda_k} = 2\cdot\sum_{j=1}^{m}(E_{ij}\lambda_i + Y_j)\cdot E_{kj} = 0$$

即
$$\sum_{i=1}^{n-1}\Big(\sum_{j=1}^{m}E_{ij}\cdot E_{kj}\Big)\lambda_i = -\sum_{j=1}^{m}Y_j\cdot E_{kj} \qquad k = 1,2,\cdots,n-1 \qquad (6\text{-}2\text{-}14)$$

这是一个关于变量 λ_i 的 $n-1$ 阶线性方程组，可解得 λ_i。当 $C_k(u)$为直线圆弧时，上述方程系数矩阵为满秩，求出的解一定是使得 $S_k(u)=OC_k(u)$成立的最优解。

(4) 误差分析

在非直线圆弧情况，$S_k(u)$只是近似地表示 $OC_k(u)$，故需分析其误差，为此，在区间$[t_{k-1},t_{n+1}]$中选 K 个点进行检查，令

$$u_i=i(t_{n+1}-t_{k-1})/(k+1) \qquad i=1,2,\cdots,k$$

给定迭代初值 u_i^0，即可迭代求解出 $\bar{u}_i$ 使 $S_k(\bar{u}_i)$为曲线 $S_k(u)$到点 $OC_k(u_i^0)$的局部最近点。对于每个 u_i，求出 $d_i=|C_k(u_i)+d\cdot n(u_i)-S_k(\bar{u}_i)|$，如果所有的 d_i 都小于预先给出的精度ε，则认为 $S_k(u)$满足要求。反之，对于每个满足 $d_i>\varepsilon$ 的 i，找出 t_j 和 t_{j+1}，使得 $t_j\leqslant u_i<t_{j+1}$，并将$\bar{t}=(t_j+t_{j+1})/2$作为新节点插入到节点向量 T 中，并求出 $C_k(u)$的表达式。如有多个 u_i 满足 $t_j\leqslant u_i<t_{j+1}$，则 $\bar{t}$ 只插入一次，并重新计算 $S_k(u)$。

(5) 算法过程

若 C_k 为已知的 NURBS 曲线，ε 为给定的精度，则算法过程如下：

① 计算每个节点 ζ_i， $i=1,2,\cdots,n-1$；

② 用(6-2-13)式求出每个控制节点 η_i， $i=1,2,\cdots,n-1$；

③ 计算 S_0,S_n；

④ 求解线性方程组(6-2-14)式，解出偏移因子 λ_i，再计算 $S_i,i=1,2,\cdots,n-1$；

⑤ 输入误差考核点数 K；

对 $i=1$ 到 K，计算 u_i 及 $OC_k(u_i)=C_k(u_i)+d\cdot n(u_i)$；

用迭代法求出 $\bar{u}_i$，检查 $d_i=|OC_k(u_i)-S_k(\bar{u}_i)|$；

若所有的 $d_i\leqslant\varepsilon$，则返回，否则转⑥；

⑥ 将新节点 $\bar{t}$ 插入 T 中，计算 $C_k(u)$，转①。

6.2.6 圆锥曲线

在 6.2.3 节中我们介绍了圆锥曲线的 NURBS 表示，有理 Bézier 和有理 B 样条表示。本节给出圆锥曲线更常用的代数表示和几何表示。

1. 圆锥曲线的代数表示

圆锥曲线一般的代数表示方程是：

$$Ax^2+Bxy+Cy^2+Dx+Ey+F=0$$

其矩阵式是：$[x\ y\ 1]\begin{bmatrix}A & B/2 & D/2\\ B/2 & C & E/2\\ D/2 & E/2 & F\end{bmatrix}\begin{bmatrix}x\\ y\\ 1\end{bmatrix}=0$，简记为 $XSX^T=0$

2. 圆锥曲线的几何表示

常用圆锥曲线的几何定义如下表所示，对应如图 6.2.24 所示。

直线和圆锥曲线的几何定义

曲　线	几何参数的描述	符号表示
直线	基准点、直线方向矢量	(B,W)
圆	圆心、圆所在平面法矢量、半径	(C,W,r)
椭圆	中心、长轴矢量、短轴矢量、长轴半径、短轴半径	(C,u,v,ru,rv)
抛物线	顶点、轴向矢量、焦点矢量、焦距	(V,u,v,f)
双曲线	中心、主轴矢量、副轴矢量、主轴半径、副轴半径	(v,u,v,ru,rv)

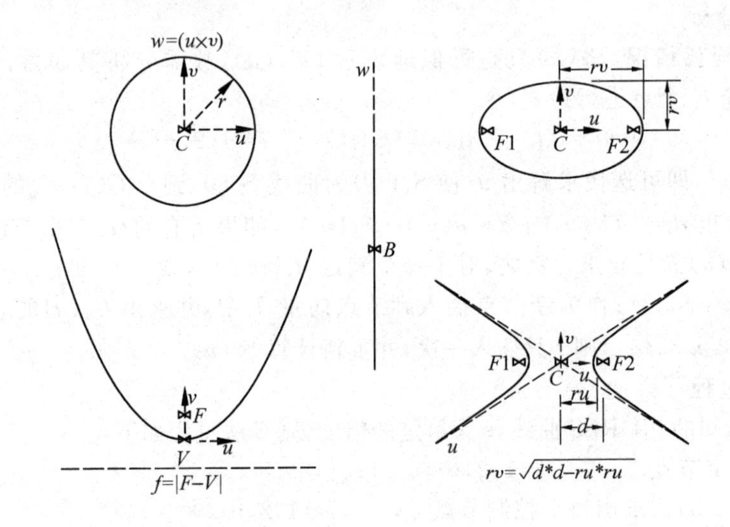

图 6.2.24　圆锥曲线的几何意义

6.2.7　等值线

等值线图在工程分析和计算领域的应用很广：航空测量的等高线地形图、温度场中的等温线图、有限元分析过程中等效应力应变场的等值线图等。针对不同的应用产生等值线的算法也不尽相同。例如有些算法适用于规则离散点信息场的等值线图生成；有的算法采用等参数插值函数的概念，适用某些高次单元网格系统，对三角形、四边形单元意义不大。本节介绍一种基于线性插值原理的快速等值线图生成算法。

1. 等值线的性质

从计算机图形学的角度讲，等值线图具有以下性质：

(1) 等值线通常是一条光滑连续曲线；

(2) 对于给定的某个高度值 Z_c，相应的等值线数量可能不止一条；

(3) 由于定义域是有界的，等值线可能是闭合的，也可能是不封闭的；

(4) 等值线一般不相互交错。

2. 等值点的判断

从理论上讲，可以根据各个节点已知的高度值拟合成一个三维光滑曲面 $z=f(x,y)$，若用高度值为 z_c 的平面与该曲面相截，则全部交线在 xy 平面的投影即构成了高度值 z_c 的等值线图，但是这种方法的工作量之大是人们难以接受的。

基于应力应变场在单元内部是线性分布的特点。因此，单元棱边上是否存在等值点完全取决于该棱边两个节点的物理量之间是否包含有给定的物理量值。一般来说，一张完整的等值线图是由不同的高度值的所有等值线构成的。由于不同高度值的等值线生成算法完全一致，因此本节只讨论某个给定的高度值的等值线生成算法。

令 i,j 是某单元棱边的两个节点，则棱边 ij 是否与等值线相交，即是否存在等值点，可用下式作为判断，如图 6.2.25 所示，共存在三种情形。

$$f_j=(z_i-z_c)/(z_j-z_c) \tag{6-2-15}$$

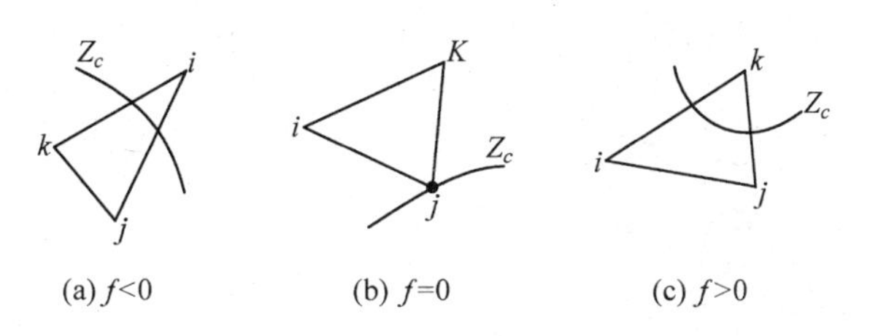

图 6.2.25　等值线和单元棱边相交的三种情况

不失一般性，假定节点 i 和 j 的高度值不等，则当 $f<0$ 时等值线与棱边 ij 有唯一交点；当 $f>0$ 时两者不相交；而当 $f=0$ 时等值线过节点 i 或 j。$f=0$ 的情形极易引起等值线跟踪的困难，为此可作一特殊处理。最简单可行的方法是将该节点的高度值作一微小的改动后再用条件(6-2-15)式进行判断，在高度值 z_c 的所有等值线生成以后，再恢复节点原来的高度值。这种特殊处理实际上使得等值线绕过该节点，但并不影响图示效果，从图形显示上看依然是通过该节点。很显然，任何情况下一条单元棱边上至多存在一个等值点。可以证明：对于三角形单元来说，等值线和某个单元的所有棱边的交点数或者是零，或者是两个，即等值线在三角形单元内至多通过一次；对于四边形、四节点单元来说等值线与某个单元的所有棱边的交点或者是零，或者是两个，不可能出现其它情况。即在任何情况下，上述两种单元的棱边上等值点总是成对出现。本文首先根据上述等值点的判断，利用有限元分析的计算结果所给出的单元及节点整体序号表、节点坐标及等效应力应变物理量表，一次性的对所有单元及其棱边是否存在等值点进行检查，建立一个所谓的等值点真值表。该等值点真值表只用来记录存在等值点的单元信息，采用链表结构，每个链表的节点数据域有两个数据项，分别记录存在等值点的单元序号和等值点的个数。指针域有一个指针，负责记录下一个存在等值点的单元序号。

3. 等值线的跟踪

在上述等值点的判断工作完成后，就可以利用已建立的等值点真值表进行等值线的跟踪。由于假定高度值 z_c 在单元内部及棱边上是线性变化的，故在经过(6-2-15)判断以后，可以由下式进一步确定等值点的坐标值：

$$x_c=x_i+\frac{z_c-z_i}{z_j-z_i}(x_j-x_i);y_c=y_i+\frac{z_c-z_i}{z_j-z_i}(y_j-y_i)$$

式中，(x_c,y_c)即为等值线和棱边 ij 的交点坐标，z_c 为对应的高度值；(x_i,y_i)和(x_j,y_j)分别为节点 i、j 的坐标值，z_i 和 z_j 为对应的高度值。

对于某个给定的高度值，在定义域内可能同时有多条等值线存在，如何确定等值线的跟踪走向和记录有关数据是等值线图自动生成的关键。为了节省计算机内存和提高运算速度，可采用逐条生成的方式，开辟一个动态数组用来记录一条等值线上所有等值点的坐标信息。一条等值线生成完毕后，首先将该动态数组清零，再用来记录下一条等值线的信息。等值点真值表中的单元上必定存在等值点，若链表的第一个节点所指示的单元为 FE，FE 上的第一个等值点称为 FN。如图 6.2.26 所示，FE 为 2，FN 为 S_1。由于单元上的等值点总是成对出现的，因此在单元 FE 上必定能找到另一个等值点 S_2，分别将等值点 S_1 和 S_2 的坐标信息记录到动态数组中。由于单元 2 仅有两个等值点，并且均已被跟踪过，相应的链表节点上等值点个数降为零，则将该节点从链表中删除掉，在生成第二条等值线时，不需要重复搜索单元 2。

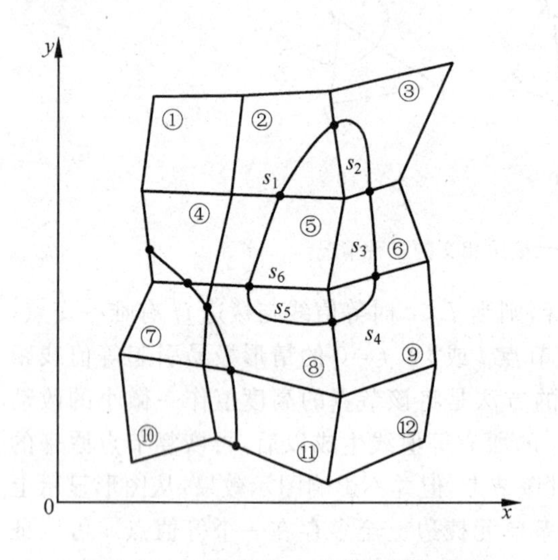

图 6.2.26　高度值 z_c 的等值线示意图

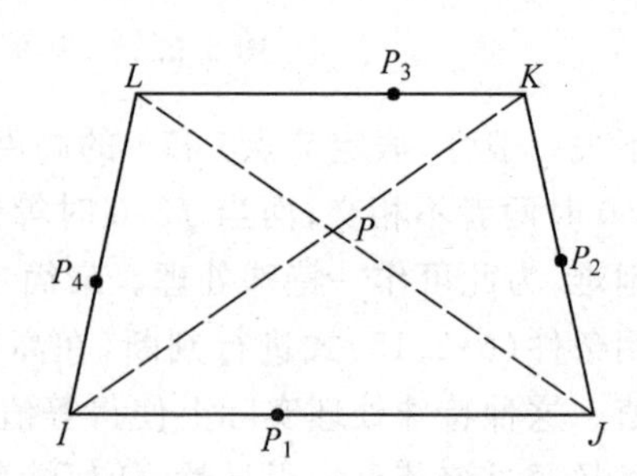

图 6.2.27　存在四个等值点的单元

由于等值点 S_2 不在网格边界上，等值线的跟踪必定有"出路"，可直接在等值点真值表中查找等值线要进入的下一个单元。等值线一般情况下是光滑连续的，下一个单元必然与单元 2 共有 S_2 所在的棱边。由于单元节点的整体序号具有唯一性，故可以根据两节点整体序号是否相同来判断两单元是否相邻。如图 6.2.26 所示，找到相邻单元为 3，此时可在单元 3 的棱边上寻找除 S_2 之外的另一个等值点 S_3，并且将等值点 S_3 的坐标信息记录到动态数组中。如此循环跟踪下去如果再次遇到初始单元 FE 和初始节点 FN，说明该等值线本身已闭合，跟踪过程结束；如果跟踪过程没有"出路"，说明等值线已到达边界，该等值线必定是开式的，此时将动态数组中的记录顺序反向，然后从 FE 和 FN 出发反向跟踪等值线，直到等值线再次"没有出路"时，跟踪过程结束，该条等值线生成完毕。

对于图 6.2.26 中的单元 2 只有两个等值点的情况，以及任意三角形单元内只有一条等值线通过，不可能存在等值线互相交错的现象。但是如果四边形四节点单元的棱边上共有四个等值点(如图 6.2.26 中的单元 8)时，错误的走向会产生非法的等值线图，甚至出现等值线相互交错的现象。有些文献通过计算四个等值点在局部坐标系下的导数来判断走向，工作量就大且精度无法保证。本算法采用线性插值原理来判断走向。如图 6.2.27 所示，P_1，P_2，P_3 和 P_4 为四个等值点，点 P 为四边形四节点单元两对角线的交点，点 P 的高度值取为：

$$z_p=(z_I+z_J+z_K+z_L)/4$$

如果下式成立：

$$(z_I-z_c)(z_P-z_c)\leqslant 0$$

则点 P_1 和 P_4 在同一条等值线上；反之，如果下式 $(z_J-z_c)(z_P-z_c)\leqslant 0$ 成立，则点 P_1 和 P_2 在同一条等值线上。根据本节的线性假设，只要点 P_1，P_2，P_3 和 P_4 不在边界上，则等值线总可以通过它们找到“出路”，不存在这四个点本身闭合的现象。

4. 等值线的连接

在已知一条等值线的所有等值点的坐标信息及高度值后，即可以按照某种规则逐点进行连接成为一条等值线。如果精度要求不高或网格很密，可直接用直线段将动态数组中的等值点连接成一条等值线。对于纯三角形单元的网格系统，不需要进行等值点的判断和跟踪工作，直接将三角形中的等值点对应直线段连接起来即可。在要求较高的场合，必须采用某种方法将动态数组中的等值点序列拟合成一条光滑曲线，如用 Bézier 曲线或 B 样条曲线。

对于某个给定的高度值 z_c，经过一次“判断—跟踪—连接”过程，可生成一条等值线。如果高度值 z_c 有数条等值线，可重复进行后两步的工作，直到等值点真值表变为空为止，此时高度值 z_c 的所有等值线生成完毕。

在某个高度值 z_c 的所有等值线生成完毕以后，通过修改高度值 z_c，高度值 z_c 可以由分析者手工输入，也可能以任何形式的函数给出，从建立等值点真值表开始，重复进行上面的工作，即可生成一张完整的等值线图。

6.3 常用的参数曲面

曲面在汽车、飞机、船舶、家用电器、建筑物、玩具等多种产品和工程的设计和动画、影视的制作中有着广泛应用。本节讨论常用曲面的表示、性质及其有关的构造算法。

6.3.1 参数曲面的定义

和曲线一样，曲面也有显式、隐式和参数式表示，从计算机图形学的角度看，参数曲面更便于用计算机表示和构造。

1. 一张矩形域上的参数曲面片

一张矩形域上由曲线边界包围具有一定连续性的点集面片，用双参数的单值函数表示式为： $x=x(u,w)$ $y=y(u,w)$ $z=z(u,w)$ $u,w\in[0,1]$

对应如图 6.3.1 所示，其中 u,w 为参数。并可记为：$p(u,w)=[x(u,w),y(u,w),z(u,w)]$。参数曲面片的常用几何元素有以下几种。

(1) 角点。把 $u,w=0$ 或 1 代入 $p(u,w)$，得到四个角点是：$p(0,0)$，$p(1,0)$，$p(0,1)$ 和 $p(1,1)$，简记为 p_{00}，p_{01}，p_{10}，p_{11}。

(2) 边界线。矩形域曲面片的四条边界线是：$p(u,0)$，$p(u,1)$，$p(0,w)$，$p(1,w)$，简记为 p_{u0}，p_{u1}，p_{0w}，p_{1w}。

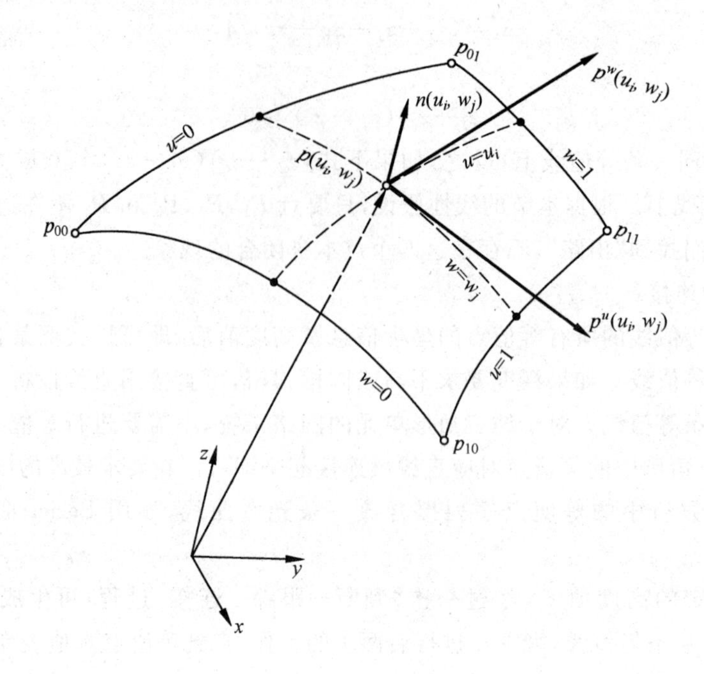

图 6.3.1　参数曲面片

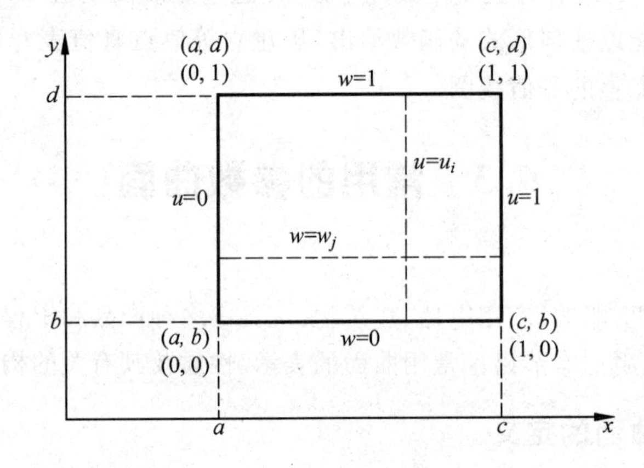

图 6.3.2　平面的参数表示

(3) 曲面片上一点。该点为 $p(u_i,w_j)$，简记为 p_{ij}。

(4) p_{ij}点的切矢。在面片上一点 p_{ij} 处有 u 向切矢为 p_{ij}^u，w 向切矢为 p_{ij}^w。

(5) p_{ij}点的法矢。在 p_{ij} 处的法矢记为 $n(u_i,w_j)$，简记为 n_{ij}，　$n_{ij}=\dfrac{p_{ij}^u \times p_{ij}^w}{|p_{ij}^u \times p_{ij}^w|}$。

2. 常用面片的参数表示举例

(1) 在 xoy 平面上，一张矩形域的平面片的参数表示式为：

$$x=(c-a)u+a, \qquad y=(d-b)w+b, \qquad z=0, \qquad u,w\in[0,1]$$

如图 6.3.2 所示。

(2) 球面。若一个球的球心坐标为 (x_0,y_0,z_0)，半径为 r，分别以纬度和径度 u,w 为参数变量。此球面如图 6.3.3 所示，其表达式为：

$$x = x_0 + r\cos u\cos w \qquad u \in [-\pi/2, \pi/2]$$
$$y = y_0 + r\sin u\sin w \qquad w \in [0, 2\pi]$$
$$z = z_0 + r\sin u$$

(3) 简单回转面。若一条由$[x(u), z(u)]$定义的曲线绕 z 轴旋转，将会得到一张回转面，这张面如图 6.3.4 所示，其参数表达式为：

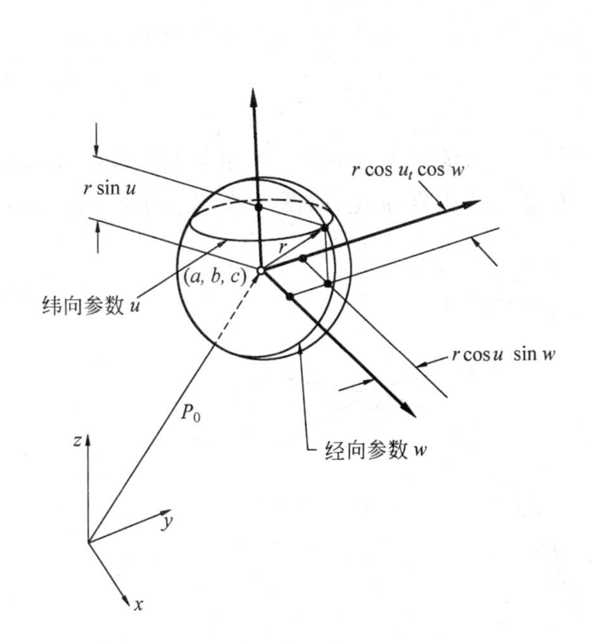

图 6.3.3 球面的参数表示

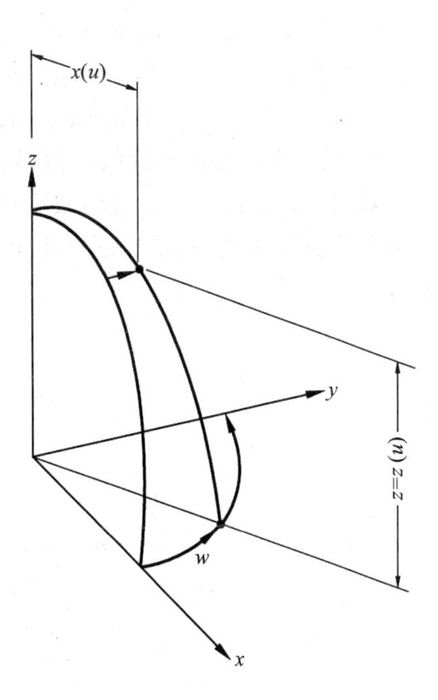

图 6.3.4 回转面的参数表示

$$x = x(u)\cos w$$
$$y = x(u)\sin w \qquad w \in [0, 2\pi]$$
$$z = z(u)$$

读者如有兴趣还可以举出更多的参数曲面的例子。当然，基于 6.1 节和 6.2 节的讨论，也可以举出许多显式、隐式曲面的例子。

3. 双三次参数曲面片的代数形成

如上述把由两个三次参数变量(u, w)定义的曲面片称之为双三次参数曲面片，也是平常最广泛应用的一种面片。

其代数形式是 $$P(u,w) = \sum_{i=0}^{3}\sum_{j=0}^{3} a_{ij}u^i w^j, \qquad u,w \in [0,1]$$

上式的矩阵表示为 $$P = UAW^T \tag{6-3-1}$$

此处 $U = [u^3 \quad u^2 \quad u \quad 1]$, $W = [w^3 \quad w^2 \quad w \quad 1]$

$$A = \begin{bmatrix} a_{33} & a_{32} & a_{31} & a_{30} \\ a_{23} & a_{22} & a_{21} & a_{20} \\ a_{13} & a_{12} & a_{11} & a_{10} \\ a_{03} & a_{02} & a_{01} & a_{00} \end{bmatrix}$$

若已知矩形域参数曲面片的四个角点坐标及其切矢量，则该面片边界线的代数形式是：

(1) 当 $w=0, p_{u0}=a_{30}u^3+a_{20}u^2+a_{10}u+a_{00}$；

(2) 当 $w=1$，

$p_{u1}=(a_{33}+a_{32}+a_{31}+a_{30})u^3+(a_{23}+a_{22}+a_{21}+a_{20})u^2+(a_{13}+a_{12}+a_{11}+a_{10})u+(a_{03}+a_{02}+a_{01}+a_{00})$；

(3) 当 $u=0, p_{0w}=a_{03}w^3+a_{02}w^2+a_{01}w+a_{00}$；

(4) 当 $u=1, p_{1w}=(a_{33}+a_{23}+a_{13}+a_{03})w^3+(a_{32}+a_{22}+a_{12}+a_{02})w^2+(a_{31}+a_{21}+a_{11}+a_{01})w+(a_{30}+a_{20}+a_{10}+a_{00})$。

4. 双三次参数曲面片的几何形式

双三次参数曲面片的几何表示是基于其代数表示和边界条件。这里是基于该面片的 4 个角点位值矢量及其角点处的 8 个切矢来定义其边界曲线，如图 6.3.5 所示，F 是调和函数。

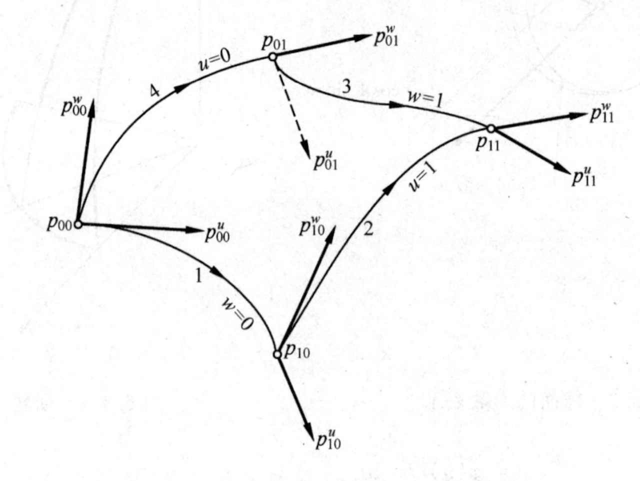

图 6.3.5 由边界参数定义的双三次参数曲面

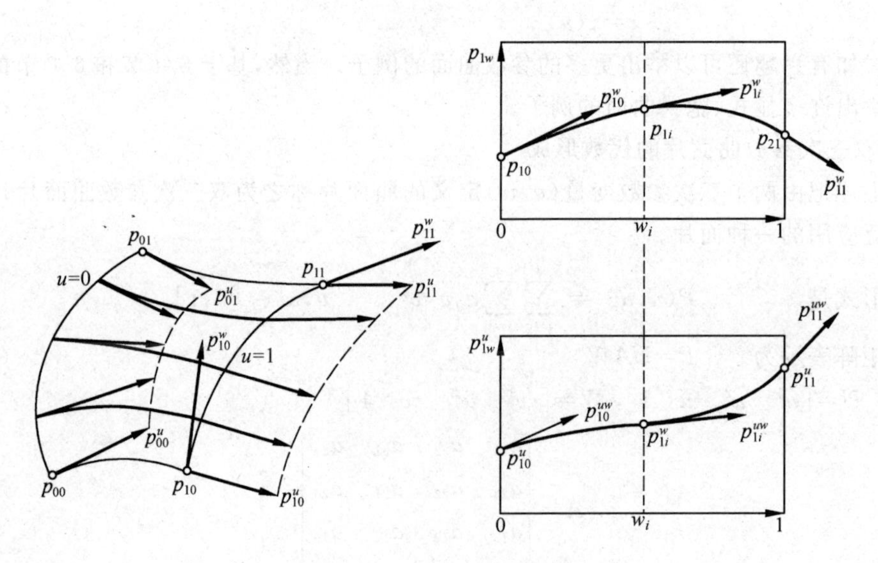

图 6.3.6 扭矢的几何意义

$$p_{u0}=F[p_{00}\ p_{10}\ p_{00}^{u}\ p_{10}^{u}]^T \qquad p_{u1}=F[p_{01}\ p_{11}\ p_{01}^{u}\ p_{11}^{u}]^T$$
$$p_{0w}=F[p_{00}\ p_{01}\ p_{00}^{w}\ p_{01}^{w}]^T \qquad p_{1w}=F[p_{10}\ p_{11}\ p_{10}^{w}\ p_{11}^{w}]^T$$
显然这里的 F 是和 6.1 节介绍的 Hermite 曲线所用的调和函数相同。对于曲线 p_{0w}作 u 向切矢,可得到一根辅助线 p_{0w}^{u}如图 6.3.6 所示。

$p_{0w}^{u}=F[p_{00}^{u}\ p_{01}^{u}\ p_{00}^{uw}\ p_{01}^{uw}]^T$;类似地可得到另外三条辅助曲线 p_{1w}^{u},p_{0u}^{w},p_{1u}^{w}。其中 p_{00}^{uw},p_{01}^{uw},p_{10}^{uw},p_{11}^{uw}是曲面片角点处的扭矢,并且双三次曲面片上任一点的扭矢 $p_{ij}^{uw}=p_{ij}^{wu}$。利用上述的边界曲线和辅助曲线,我们可以构造双三次参数曲面片具有如下形式的矩阵表示

$$\begin{array}{c} \\ \\ p_{0w}\rightarrow \\ p_{1w}\rightarrow \\ \\ p_{0w}^{u}\rightarrow \\ p_{1w}^{u}\rightarrow \end{array}
\begin{array}{c} \begin{array}{cccc} p_{u0} & p_{u1} & p_{u0}^{w} & p_{u1}^{w} \\ \downarrow & \downarrow 2 & |\downarrow & \downarrow \end{array} \\
\begin{bmatrix} p_{00} & p_{01} & p_{00}^{w} & p_{01}^{w} \\ p_{10} & p_{11} & p_{10}^{w} & p_{11}^{w} \\ --- & --- & --- & --- \\ p_{00}^{u} & p_{01}^{u} & p_{00}^{uw} & p_{01}^{uw} \\ p_{10}^{u} & p_{11}^{u} & p_{10}^{uw} & p_{11}^{uw} \end{bmatrix} \end{array}$$

其中左上角子阵是矩形域的角点位置矢量,左下角子阵是角点在 u 向的切矢,右上角子阵是角点在 w 向的切矢,右下角子阵是角点的扭矢。这实际上是双三次参数曲面片几何系数矩阵。曲面片上任一点 p_{ij} 可看成是曲线 p_{iw}和 p_{uj}的交点,也是求一个给定参数值的参数曲线上的一点。对于 p_{iw}和 p_{uj}两条曲线,我们可从一条开始。若从 p_{iw}曲线开始,首先要确定其几何系数 p_{i0},p_{i1},p_{i0}^{w},p_{i1}^{w},用此系数进而可求得 p_{ij},其过程如下:

(1) 用 p_{u0}边界曲线,求 p_{i0}: $p_{i0}=F_1P_{00}+F_2P_{10}+F_3P_{00}^{u}+F_4P_{10}^{u}$;

(2) 用 p_{u1}边界曲线,求 p_{i1}: $p_{i1}=F_1P_{01}+F_2P_{11}+F_3P_{01}^{u}+F_4P_{11}^{u}$;

(3) 用 p_{u0}^{w}辅助曲线,求 p_{i0}^{w}: $p_{i0}^{w}=F_1P_{00}^{w}+F_2P_{10}^{w}+F_3P_{00}^{uw}+F_4P_{10}^{uw}$;

(4) 用 p_{u1}^{w}辅助曲线,求 P_{i1}^{w}: $P_{i1}^{w}=F_1P_{01}^{w}+F_2P_{11}^{w}+F_3P_{01}^{uw}+F_4P_{11}^{uw}$。

上面四式中的 F_1,F_2,F_3,F_4 是 $F_1(u_i)$,$F_2(u_i)$,$F_3(u_i)$,$F_4(u_i)$的简写形式。
用上面四式求得 p_{iw}曲线的几何系数后,若要求 w_j 点处的 p_{ij},可用下式求得。

$$\begin{aligned} p_{ij} &= F_1(w_j)P_{i0}+F_2(w_j)P_{i1}+F_3(w_j)P_{i0}^{w}+F_4(w_j)P_{i1}^{w} \\ &= [F_1(u_i)\ F_2(u_i)\ F_3(u_i)\ F_4(u_i)]\begin{bmatrix} p_{00} & p_{01} & p_{00}^{w} & p_{01}^{w} \\ p_{10} & p_{11} & p_{10}^{w} & p_{11}^{w} \\ p_{00}^{u} & p_{01}^{u} & p_{00}^{uw} & p_{01}^{uw} \\ p_{10}^{u} & p_{11}^{u} & p_{10}^{uw} & p_{11}^{uw} \end{bmatrix}\begin{bmatrix} F_1(w_j) \\ F_2(w_j) \\ F_3(w_j) \\ F_4(w_j) \end{bmatrix} \\ &= F(u)BF^T(w) \end{aligned}$$

令 $F(u)=UM$,$F(w)=WM$ 则双三次参数曲面片的几何表示的矩阵式是:

$$P=UMBM^TW^T,u,w\in[0\quad 1] \tag{6-3-2}$$

此处的 $U=[u^3\ u^2\ u\ 1]$,$W=[w^3\ w^2\ w\ 1]^T$,M 和三次 Hermite 曲线的系数矩阵相同,

$$M=\begin{bmatrix} 2 & -2 & 1 & 1 \\ -3 & 3 & -2 & -1 \\ 0 & 0 & 1 & 0 \\ 1 & 0 & 0 & 0 \end{bmatrix}$$

由(6-3-2)式定义的双三次参数曲面又称之为 Hermite 曲面，或 Ferguson 曲面。基于(6-3-1)和(6-3-2)两式可以得到双三次参数曲面代数形式和几何形式之间的关系：

$$A=MBM^T, B=M^{-1}AM^{-T}$$

通常情况下构造参数曲面的主要任务就是构造它的几何系数矩阵 B。

5. 双三次参数曲面的切矢和扭矢

(1) u 向切矢。$p^u(u,w)=F^u(u)BF(w)^T$，即为 $p^u=UM^uBM^TW^T$

(2) w 向切矢。$p^w(u,w)=F(u)BF^w(w)^T$，即为 $p^w=UMB(M^w)^TW^T$

(3) 扭矢。 $p^{uw}(u,w)=F^u(u)BF^w(w)^T$，即为 $p^{uw}=UM^uB(M^w)^TW^T$

6.3.2 参数曲面的重新参数化

1. 参数方向变反

参数曲面片重新参数化的最简单形式是把参数变量 u 或/和 w 的方向变反，这种方式不改变曲面片的形状，图 6.3.7 表示对一个曲面片改变其参数方向的三种情况。对初始曲面片如图 6.3.7(a)所示，其几何系数为矩阵 B_a：

$$B_a=\begin{bmatrix} p_{00} & p_{01} & p_{00}^w & p_{01}^w \\ p_{10} & p_{11} & p_{10}^w & p_{11}^w \\ p_{00}^u & p_{01}^u & p_{00}^{uw} & p_{01}^{uw} \\ p_{10}^u & p_{11}^u & p_{10}^{uw} & p_{11}^{uw} \end{bmatrix}; B_b=\begin{bmatrix} p_{10} & p_{11} & p_{10}^w & p_{11}^w \\ p_{00} & p_{01} & p_{00}^w & p_{01}^w \\ -p_{10}^u & -p_{11}^u & -p_{10}^{uw} & -p_{11}^{uw} \\ -p_{00}^u & -p_{01}^u & -p_{00}^{uw} & -p_{01}^{uw} \end{bmatrix}$$

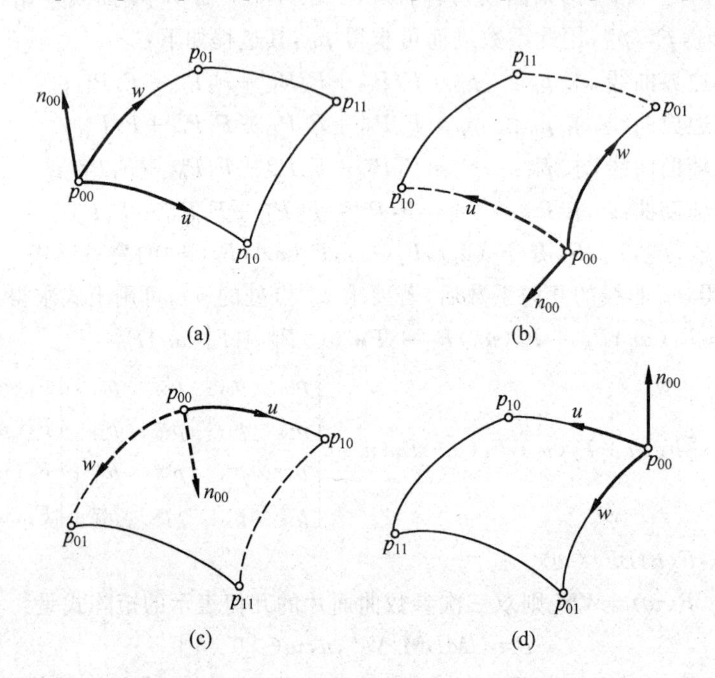

图 6.3.7 曲面片的重新参数化；参数方向取反可能有的三种情况

若把参数 u 方向取反，相应的法矢方向也变反，此时其几何系数为矩阵 B_b。

若把参数 w 方向取反，相应的法矢方向也变反，此时其几何系数为矩阵 B_c。

$$B_c=\begin{bmatrix}p_{01} & p_{00} & -p_{01}^{w} & -p_{00}^{w}\\ p_{11} & p_{10} & -p_{11}^{w} & -p_{10}^{w}\\ p_{01}^{u} & p_{00}^{u} & -p_{01}^{uw} & -p_{00}^{uw}\\ p_{11}^{u} & p_{10}^{u} & -p_{11}^{uw} & -p_{10}^{uw}\end{bmatrix},B_d=\begin{bmatrix}p_{11} & p_{10} & -p_{11}^{w} & -p_{10}^{w}\\ p_{01} & p_{00} & -p_{01}^{w} & -p_{00}^{w}\\ -p_{11}^{u} & -p_{10}^{u} & p_{11}^{uw} & p_{10}^{uw}\\ -p_{01}^{u} & -p_{00}^{u} & p_{01}^{uw} & p_{00}^{uw}\end{bmatrix}$$

若 u,w 方向均变反，相应法矢方向不变，其几何系数矩阵如 B_d 所示。

2. 重新参数化的一般形式

参数曲面片重新参数化的一般情况如图 6.3.8 所示，其中图(a)所示曲面片的参数区间是从 u_i 变到 u_j 和从 w_k 变到 w_l，而图(b)将该曲面片的参数区间改成从 t_i 变到 t_j 和从 v_k 变到 v_l。若图(a)所示曲面片的几何系数矩阵是 B_1，图(b)所示曲面片的几何系数矩阵是 B_2。

$$B_1=\begin{bmatrix}p_{ik} & p_{il} & p_{ik}^{w} & p_{il}^{w}\\ p_{jk} & p_{jl} & p_{jk}^{w} & p_{jl}^{w}\\ p_{ik}^{u} & p_{il}^{u} & p_{ik}^{uw} & p_{il}^{uw}\\ p_{jk}^{u} & p_{jl}^{u} & p_{jk}^{uw} & p_{jl}^{uw}\end{bmatrix},B_2=\begin{bmatrix}q_{ik} & q_{il} & q_{ik}^{w} & q_{il}^{w}\\ q_{jk} & q_{jl} & q_{jk}^{w} & q_{jl}^{w}\\ q_{ik}^{u} & q_{il}^{u} & q_{ik}^{uw} & q_{il}^{uw}\\ q_{jk}^{u} & q_{jl}^{u} & q_{jk}^{uw} & q_{jl}^{uw}\end{bmatrix}$$

对 B_1、B_2 两张曲面片，其角点位置应重合，即：$q_{ik}=p_{ik}, q_{il}=p_{il}, q_{jk}=p_{jk}, q_{jl}=p_{jl}$。

若要保证这两张曲面片的参数方程仍是双三次，要求 u 和 t，w 和 v 之间应是线性关系，即有：

$$q^{t}=\frac{u_j-u_i}{t_j-t_i}p^{u},\qquad q^{v}=\frac{w_l-w_k}{v_l-v_k}p^{w},\qquad q^{tv}=\frac{(u_j-u_i)(w_l-w_k)}{(t_j-t_i)(v_l-v_k)}p^{uw}$$

3. 参数曲面片的分割

若给定一张参数曲面片，其几何系数矩阵是 B_1，要求其中子曲面片的几何系数为矩阵 B_2，它的边界是由 u_i,u_j 及 w_k,w_l 定义的参数曲线，如图 6.3.9 所示。对于这个新面片，其角点有如下关系：

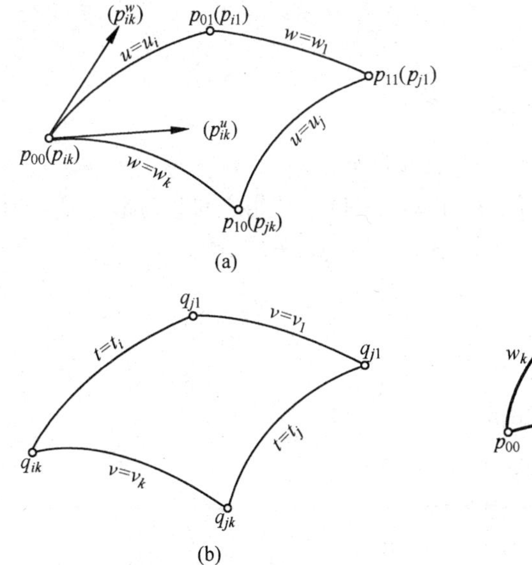

图 6.3.8 曲面重新参数化的一般情况

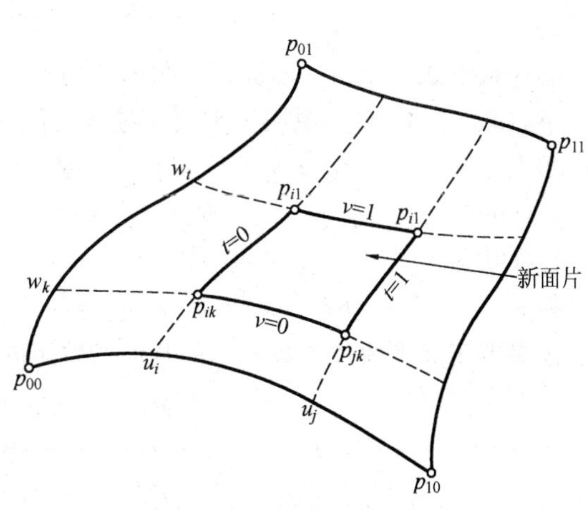

图 6.3.9 曲面片的分割

$$q_{00}=p_{ik}, q_{10}=p_{jk}, q_{01}=p_{il}, q_{11}=p_{jl}$$

这里 p 矢量是 B_1 的元素，q 矢量是 B_2 的元素。对于切矢，若令 $t_1-t_0=1, v_1-v_0=1$，则相应切矢和扭矢如下式所示：

$$q_{00}^{t}=(u_j-u_i)p_{ik}^{u}, \qquad q_{00}^{v}=(w_l-w_k)p_{ik}^{w},$$
$$q_{10}^{t}=(u_j-u_i)p_{jk}^{u}, \qquad q_{10}^{v}=(w_l-w_k)p_{jk}^{w},$$
$$q_{01}^{t}=(u_j-u_i)p_{il}^{u}, \qquad q_{01}^{v}=(w_l-w_k)p_{il}^{w},$$
$$q_{11}^{t}=(u_j-u_i)p_{jl}^{u}, \qquad q_{11}^{v}=(w_l-w_k)p_{jl}^{w},$$
$$q_{00}^{tv}=(u_j-u_i)(w_l-w_k)p_{ik}^{uw}, \qquad q_{10}^{tv}=(u_j-u_i)(w_l-w_k)\ p_{ik}^{uw},$$
$$q_{01}^{tv}=(u_j-u_i)(w_l-w_k)p_{il}^{uw}, \qquad q_{11}^{tv}=(u_j-u_i)(w_l-w_k)p_{il}^{uw},$$

由上述角点矢量、切矢量和扭矢量的 16 个表达式完全可以构造分割后子曲面片的几何系数矩阵 B_2。

6.3.3 平面、二次曲面和直纹面

1. 平面

平面片最简洁的参数表示形式是 $p(u,w)=p_{00}+ur+ws, u,w\in[0,1]$；如图 6.3.10 所

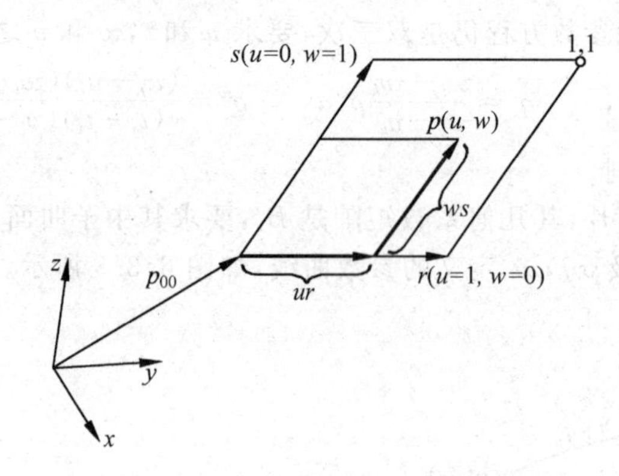

图 6.3.10 平面片的参数化

示。其代数形式是双三次曲面片代数形式的退化表示，即：$p(u,w)=a_{00}+ua_{10}+wa_{01}$，其中 $a_{00}=p_{00}, a_{10}=r, a_{01}=s$，说明该平面片过 p_{00} 且平行于 r,s 矢量。其相应的几何形式是：

角点 $\quad p_{00}=p_{00}, p_{01}=p_{00}+s, p_{10}=p_{00}+r, p_{11}=p_{00}+r+s$

u 向切矢 $\quad p_{00}^{u}=p_{01}^{u}=p_{10}^{u}=p_{11}^{u}=r$

w 向切矢 $\quad p_{00}^{w}=p_{01}^{w}=p_{10}^{w}=p_{11}^{w}=s$

扭矢 $\quad p_{00}^{uw}=p_{01}^{uw}=p_{10}^{uw}=p_{11}^{uw}=0$

由上述参数定义平面片参数表示的几何系数矩阵

$$B=\begin{bmatrix} p_{00} & p_{00}+s & s\ s \\ p_{00}+r & p_{00}+r+s & s\ s \\ r & r & 0\ 0 \\ r & r & 0\ 0 \end{bmatrix}$$

2. 二次曲面

二次曲面的几何表示定义参数如下表所述，对应图形如图 6.3.11 所示。

面类型	几何定义参数	符号表示
平　面	基准点、法矢量	(B, w)
球	球心、半径	(C, r)
圆　柱	基准点、轴向矢量、半径	(B, w, r)
圆　锥	顶点、轴向矢量、半角	(V, w, α)

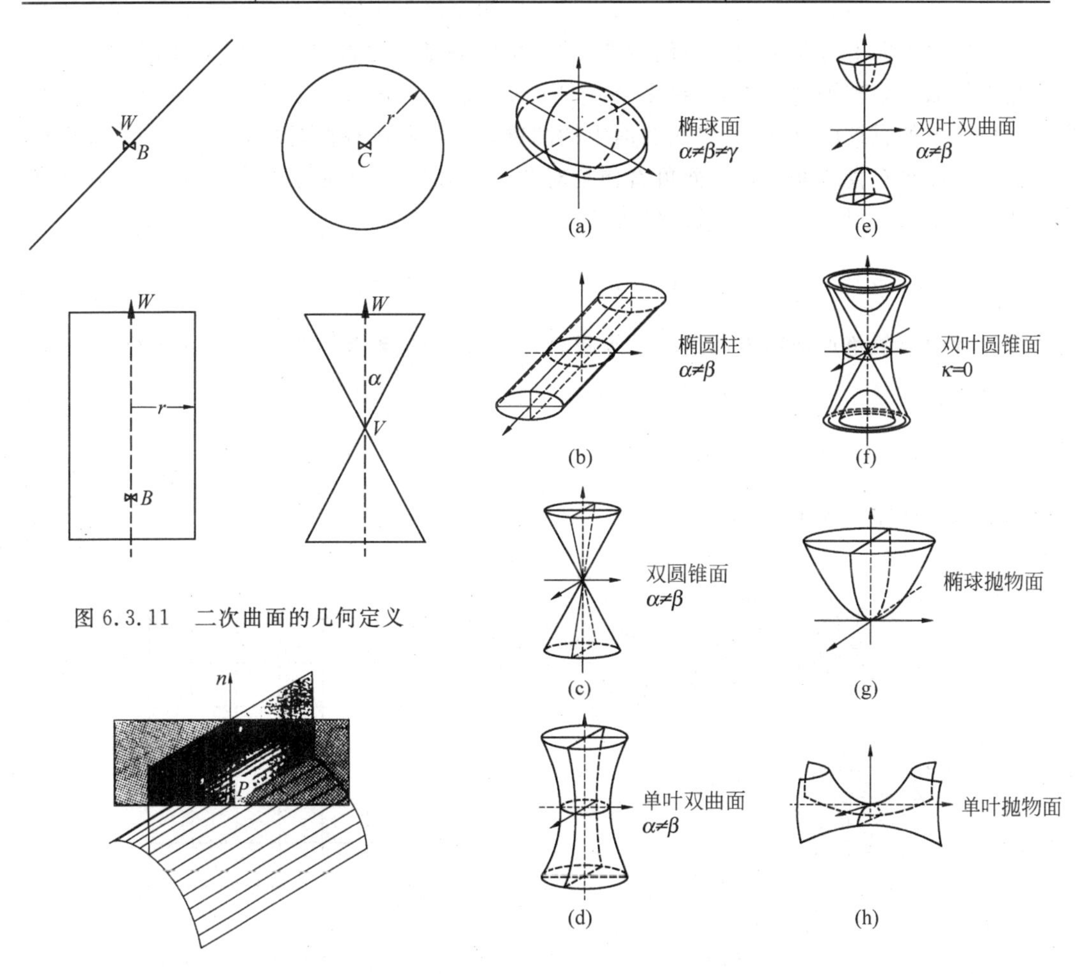

图 6.3.11　二次曲面的几何定义

图 6.3.13　直纹面的特点

图 6.3.12　常用的二次曲面

二次曲面的代数式定义是：$Ax^2+By^2+Cz^2+Dxy+Eyz+Fxz+Gx+Hy+Jz+k=0$
写成矩阵式：　$XSX^T=0$

其中
$$X=[x\ y\ z\ 1], s=\frac{1}{2}\begin{bmatrix}2A & D & F & G\\ D & 2B & E & H\\ F & E & 2C & J\\ G & H & J & 2K\end{bmatrix}$$

上述二次方程经过处理可以消去一次项，从而可得到 $X\begin{bmatrix}\alpha & 0 & 0 & 0\\ 0 & \beta & 0 & 0\\ 0 & 0 & \gamma & 0\\ 0 & 0 & 0 & -k\end{bmatrix}X^T=0$

即 $\alpha x^2+\beta y^2+\gamma z^2=k$，这也是二次曲面的判断式，若 $\alpha=\beta=\gamma>0$，则该方程表示一个球面，球的半径是 $(k/\alpha)^{1/2}$。其他情况如图 6.3.12 所示。

3. 直纹面

如图 6.3.13 所示，在面上的任一点，绕这一点的面法矢旋转含该法矢的平面，如果该平面至少在某一方向上有一条边和该面重叠(即平面的一条边在此面上)，则称此面在一个方向上是直纹面。旋转平面的边，如在多个方向上该平面边和此面重叠，则此面在该点有多个直纹。最简单的直纹面是平面，二次曲面中的圆锥(台)面和圆柱面是单直纹面，一张双曲面和双曲抛物面是双直纹面。直纹面可看作是对两条已知边界曲线的线性插值，若已知两条边界曲线是 $p(u,0)$ 和 $p(u,1)$，则直纹面可定义为：

$$Q(u,w)=p(u,0)(1-w)+p(u,1)w,\text{可写成 } Q=[1-w\quad w]\begin{bmatrix}p_{u0}\\ p_{u1}\end{bmatrix}$$

要注意曲面的角点和边界曲线的端点重合，直纹面的边界和线性插值边界重合，即有：

$$Q_{00}=P_{00}\quad Q_{u0}=P_{u0}\quad Q_{u1}=P_{u1}$$

若已知 P_{0w}，P_{1w}，直纹面可写成：$Q=P_{0w}(1-u)+P_{1w}u=[1-u\ u]\begin{bmatrix}p_{0w}\\ p_{1w}\end{bmatrix}$

直纹面的例子如图 6.3.14 所示。

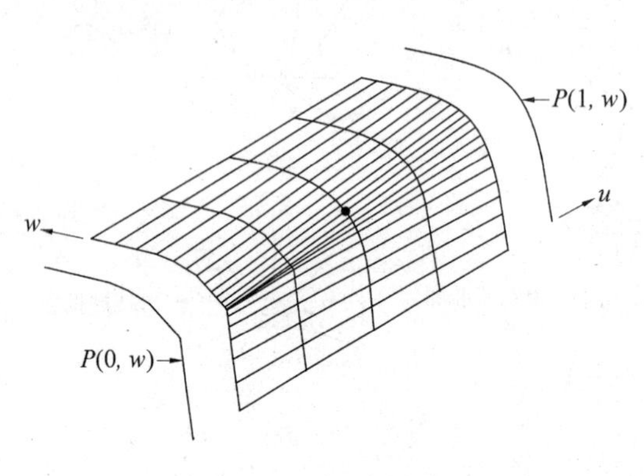

图 6.3.14 直纹面的例子

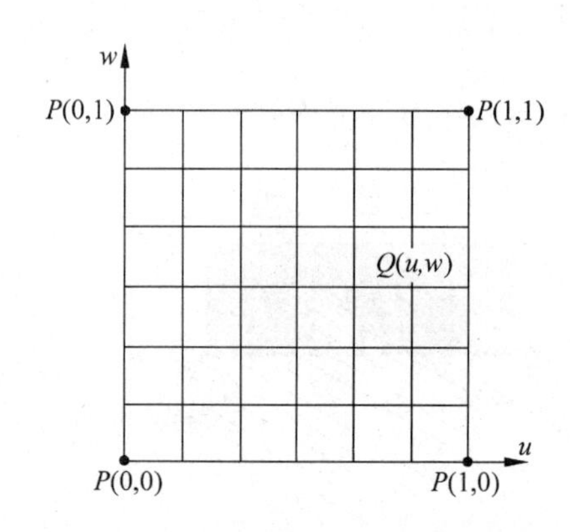

图 6.3.15 参数空间的双线性插值

4. 双线性曲面

双线性曲面是在单位正方形的参数空间内，以其相反边界进行线性插值而获得的面，如图 6.3.15 所示该面内任一点的参数坐标 $Q_{uw}=P_{00}(1-u)(1-w)+p_{01}(1-u)w+p_{10}u(1-w)+p_{11}uw$，此式的矩阵形式是 $Q_{uw}=[1-u\quad u]\begin{bmatrix}p_{00} & p_{01}\\ p_{10} & p_{11}\end{bmatrix}\begin{bmatrix}1-w\\ w\end{bmatrix}$，显然该曲面的角点 $Q_{00}=P_{00}$，$Q_{01}=P_{01}$，$Q_{10}=P_{10}$，$Q_{11}=P_{11}$，如果给定了四个三维点，则用上式插值得到的双线性曲面也是三维的。如给定单位立方体不共面的四个点，则用这四个点双线性插值面即为一张双曲抛物面。如图 6.3.16 所示。

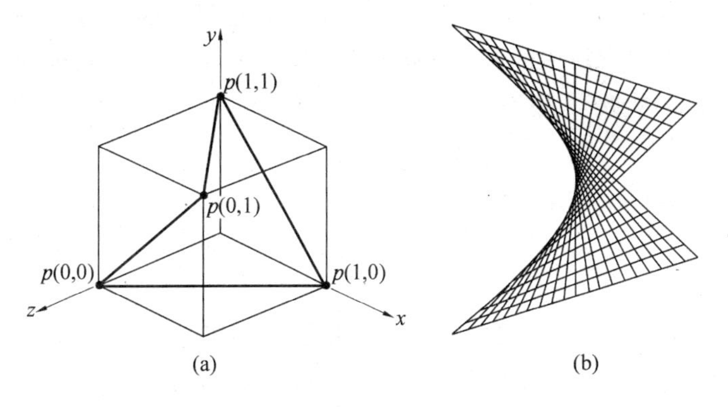

图 6.3.16 双线性曲面的定义

6.3.4 Coons 曲面和张量积曲面

1964 年 S. A. Coons 提出了一种曲面分片、拼合造型的思想,他用四条边界构造曲面片,并通过叠加修正曲面片,产生满足用户需要的曲面。

1. 线性 coons 曲面

线性 coons 曲面,也称之为简单曲面,是通过四条边界曲线构成的曲面。若给定四条边界曲线 p_{u0},p_{u1},p_{0w},p_{1w},且 $u,w\in[0,1]$。

在 u 向进行线性插值,得到直纹面为:

$$p_1(u,w)=(1-u)p_{0w}+up_{1w}$$

在 w 向进行线性插值,可得到直纹面为:

$$p_2(u,w)=(1-w)p_{u0}+wp_{u1}$$

如图 6.3.17 所示。

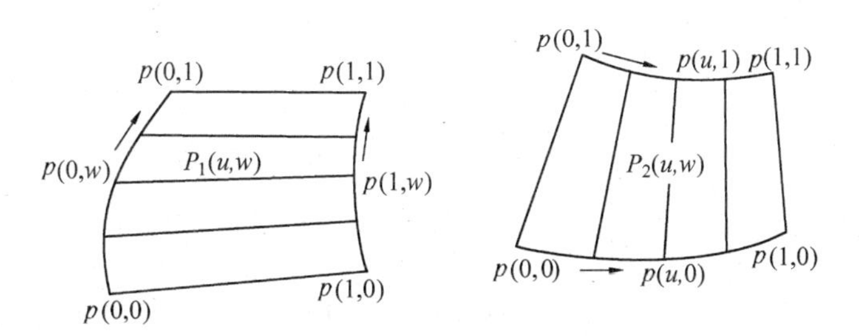

图 6.3.17 线性 Coons 曲面

若把这两张直纹面叠加可得到一张新曲面 $p_3(u,w)$,使其的边界正好就是所不需要的线性插值边界,为此可得到在 w 方向上进行线性插值构造 $p_3(u,w)$的公式:

$$\begin{aligned}p_3(u,w)&=(1-w)[(1-u)p_{00}+up_{10}]+w[(1-u)p_{01}+up_{11}]\\&=(1-u)(1-w)p_{00}+u(1-w)p_{10}+(1-u)wp_{01}+uwp_{11}\end{aligned}$$

则用四条边界曲线构造的曲面 $p(u,w)=p_1(u,w)+p_2(u,w)-p_3(u,w)$,可写成:

$$p(u,w)=[(1-u)\quad u]\begin{bmatrix}p_{0w}\\p_{1w}\end{bmatrix}+[p_{u0}\quad p_{u1}]\begin{bmatrix}1-w\\w\end{bmatrix}-[(1-u)\quad u]\begin{bmatrix}p_{00}&p_{01}\\p_{10}&p_{11}\end{bmatrix}\begin{bmatrix}1-w\\w\end{bmatrix}$$

$$u,w\in[0,1] \tag{6-3-3}$$

对于该曲面，当$u=0,u=1,w=0,w=1$时对应的四条边界曲线即为已知$p_{u0},p_{u1},p_{0w},p_{1w}$四条边界曲线。(6-3-3)式所用的调和函数是$u,(1-u),w,(1-w)$，即为用均匀线性插值法构造曲面。(6-3-3)式改写成矩阵式：

$$p(u,w)=-[-1 \quad u \quad 1-u]\begin{bmatrix}0 & p_{u0} & p_{u1}\\ p_{0w} & p_{00} & p_{01}\\ p_{1w} & p_{10} & p_{11}\end{bmatrix}\begin{bmatrix}-1\\ w\\ 1-w\end{bmatrix} \qquad u,w\in[0,1] \qquad (6\text{-}3\text{-}4)$$

2. 第二类 coons 曲面

第二类 coons 曲面不仅插值于曲面的四条边界，而且插值于给定边界的斜率，这种曲面和第一类 coons 曲面一样，也可看作是三张面的组合，即$p_1(u,w)+p_2(u,w)-p_3(u,w)$。若已知该曲面的四条边界$p_{u0},p_{u1},p_{0w},p_{1w}$，边界上的导数矢量分别是$p_{u0}^w,p_{u1}^w,p_{0w}^u,p_{1w}^u$。若以$p_{0w},p_{1w}$为基线，$p_{0w}^u,p_{1w}^u$为边界切矢，则曲面 1 是：

$$p_1(u,w)=F_0(u)p_{0w}+F_1(u)P_{1w}+G_0(u)p_{0w}^u+G_1(u)p_{1w}^u$$

若以p_{u0},p_{u1}为基线，p_{u0}^w,p_{u1}^w为边界切矢，则曲面 2 为：

$$p_2(u,w)=F_0(w)p_{u0}+F_1(w)p_{u1}+G_0(w)p_{u0}^w+G_1(w)p_{u1}^w$$

当$p_1(u,w)$和$p_2(u,w)$叠加后多余了边界信息和边界切矢$p_{u0},p_{u1},p_{u0}^w,p_{u1}^w$，由多余信息构造第三张曲面：$p_3(u,w)=F_0(w)p_{u0}+F_1(w)p_{u1}+G_0(w)p_{u0}^w+G_1(w)p_{u1}^w$，则满足已知边界和边界切矢的曲面：

$$p(u,w)=p_1(u,w)+p_2(u,w)-p_3(u,w)$$，其矩阵式是

$$p(u,w)=-[-1 \quad F_0(u) \quad F_1(u) \quad G_0(u) \quad G_1(u)]\begin{bmatrix}0 & p_{u0} & p_{u1} & p_{u0}^w & p_{u1}^w\\ p_{0w} & p_{00} & p_{01} & p_{00}^w & p_{01}^w\\ p_{1w} & p_{10} & p_{11} & p_{10}^w & p_{11}^w\\ p_{0w}^u & p_{00}^u & p_{01}^u & p_{00}^{uw} & p_{01}^{uw}\\ p_{1w}^u & p_{10}^u & p_{11}^u & p_{10}^{uw} & p_{11}^{uw}\end{bmatrix}\begin{bmatrix}-1\\ F_0(w)\\ F_1(w)\\ G_0(w)\\ G_1(w)\end{bmatrix}$$

$$u,w\in[0,1] \qquad (6\text{-}3\text{-}5)$$

上式中 $F_i(q)=G'_i(q)=\begin{cases}1 & \text{当 } i=q,\\ 0 & \text{当 } i=q,\end{cases} \quad F'_i(q)=G_i(q)=0, i=0,1$

其中p^{uw}混合切矢是度量了曲面$p(u,w)$在u向的切矢沿w向的变化率，也是曲面扭曲程度的一种度量。如p^{uw}是u和w的连续函数，则有$p^{uw}=p^{wu}$，p^{uw}也常称之为扭矢。

3. 张量积曲面

在上述的曲面构造中，若取边界及跨边界的切矢都按同一个调和函数规律地变化，则其边界信息可表示成：

$$p_{iw}=F_0(w)p_{i0}+F_1(w)p_{i1}+G_0(w)p_{i0}^w+G_1(w)p_{i1}^w;$$

$$p_{uj}=F_0(u)p_{0j}+F_1(u)p_{1j}+G_0(u)p_{0j}^u+G_1(u)p_{1j}^u; \quad i=0,1,u,w\in[0,1]$$

跨界切矢为：$p_{iw}^u=F_0(w)p_{i0}^u+F_1(w)p_{i1}^u+G_0(w)p_{i0}^{uw}+G_1(w)p_{i1}^{uw}$； (6-3-6)

$$p_{uj}^w=F_0(u)p_{0j}^w+F_1(u)p_{1j}^w+G_0(u)p_{0j}^{uw}+G_1(u)p_{1j}^{uw}; \quad (j=0,1)$$

把(6-3-6)代入(6-3-5)式后，(6-3-5)式可简化为：

$$p(u,w)=[F_0(u)\ F_1(u)\ G_0(u)\ G_1(u)]\begin{bmatrix} p_{00} & p_{01} & p_{00}^{w} & p_{01}^{w} \\ p_{10} & p_{11} & p_{10}^{w} & p_{11}^{w} \\ p_{00}^{u} & p_{01}^{u} & p_{00}^{uw} & p_{01}^{uw} \\ p_{10}^{u} & p_{11}^{u} & p_{10}^{uw} & p_{11}^{uw} \end{bmatrix}\begin{bmatrix} F_0(w) \\ F_1(w) \\ G_0(w) \\ G_1(w) \end{bmatrix} \quad u,w\in[0,1]$$

能得到曲面这一简化结果的条件是：

定义边界切矢所用的调和函数与构造原来曲面方程时所用的调和函数相同，此时曲面片完全由四边形域角点信息矩阵所确定，这种类型的曲面片称之为张量积曲面。不难证明，在曲面拼合时，只要具有相同的角点信息，就能保证曲面拼合的结果达 C^2 连续。

4. Coons 曲面片的拼接

如图 6.3.18 两张 Coons 曲面——$S_1(u,w)$ 和 $S_2(u,w)$ 拼接，要求在公共边界处达到 C^0，C^1 连续的条件是：C^0 连续要求两面片公共边界重叠，即有 $S_2(0,w)=S_1(1,w)$；达到 C^1 连续，则要求 $S_2(0,w)$ 的切平面和 $S_1(1,w)$ 的切平面共面，且其法矢的方向保持一致。设 $\mu(w)$ 为正的标量函数，则有：$S_2^u(0,w)\times S_2^w(0,w)=\mu(w)S_1^u(1,w)\times S_1^w(1,w)$，$w\in[0,1]$；因 C^0 连续，有 $S_2^w(0,w)=S_1^w(1,w)$；若设 $r(w)$ 为任意标量函数，则有：$S_2^u(0,w)=\mu(w)\ S_1^u(1,w)+r(w)\cdot S_1^w(1,w)$，此式的几何意义是，曲面片 S_2 在 u 向的切矢 $S_2^u(0,w)$ 位于曲面片 $S_1(u,w)$ 在同一边界处的平面上，

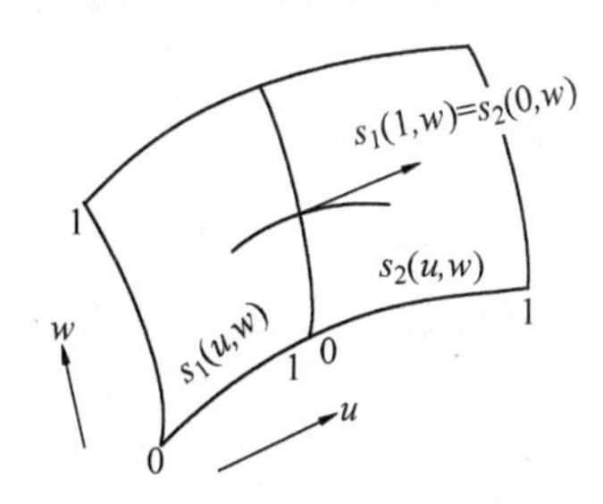

图 6.3.18　Coons 曲面的拼接

对于持殊情况 $r(w)=0$，则 C^1 连续的条件为：$S_2^u(0,w)=\mu(w)S_1^u(1,w)$，由上述可知两张 Coons 曲面片在公共边界 $S_2(0,w)=S_1(1,w)$ 上实现 C^1 连续的充要条件是：$S_2^u(0,w)\cdot(S_1^u(1,w)\times S_1^w(1,w))=0$

6.3.5　Bézier 曲面

基于 Bézier 曲线的讨论，我们可以方便地给出 Bézier 曲面的定义及其性质，在 Bézier 曲线节介绍的一些算法也很容易扩展到 Bézier 曲面的情况。

1. 定义

设 $p_{ij}(i=0,1,\cdots,n;j=0,1,\cdots,m)$ 为 $(n+1)\times(m+1)$ 个空间点列，则 $m\times n$ 次 Bézier 曲面定义为：

$$S(u,w)=\sum_{i=0}^{m}\sum_{j=0}^{n}B_{i,m}(u)B_{j,n}(w)p_{ij} \qquad u,w\in[0,1]$$

其中，$B_{i,m}(u)=C_m^i u^i(1-u)^{m-i}$，$B_{j,n}(w)=C_n^j w^j(1-w)^{n-j}$ 是 Bernstein 基函数。依次用线段连接点列 $p_{ij}(i=0,1,\cdots,n;j=0,1,\cdots,m)$）中相邻两点所形成的空间网格，称之为特征网格。Bézier 曲面的矩阵表示是

$$S(u,w)=[B_{0,n}(u),B_{1,n}(u),\cdots,B_{m,n}(u)]\begin{bmatrix} p_{00} & p_{01} & \cdots & p_{0m} \\ p_{10} & p_{11} & \cdots & p_{1m} \\ \cdots & \cdots & \cdots & \cdots \\ p_{n0} & p_{n1} & \cdots & p_{nm} \end{bmatrix}\begin{bmatrix} B_{0,m}(w) \\ B_{1,m}(w) \\ \cdots \\ B_{n,m}(w) \end{bmatrix}$$

在一般实际应用中 n，m 小于 4。

(1) 双线性 Bézier 曲面

当 $m=n=1$ 时，$S(u,w)=\sum_{i=0}^{1}\sum_{j=0}^{1}B_{i,1}(u)B_{j,1}(w)p_{ij} \qquad u,w\in[0,1]$

定义一张双线性 Bézier 曲面。

已知四个角点后，则

$$S(u,w)=(1-w)(1-u)p_{00}+(1-u)wp_{01}+u(1-w)p_{10}+uwp_{11}$$

(2) 双二次 Bézier 曲面

当 $m=n=2$ 时，$S(u,w)=\sum_{i=0}^{2}\sum_{j=0}^{2}B_{i,2}(u)B_{j,2}(w)p_{ij}, \qquad u,w\in[0,1]$

由此式定义的曲面，其边界曲线及参数坐标曲线均为抛物线。

(3) 双三次 Bézier 曲面

当 $m=n=3$ 时，$S(u,w)=\sum_{i=0}^{3}\sum_{j=0}^{3}B_{i,3}(u)B_{j,3}(w)p_{ij} \qquad u,w\in[0,1]$

$$S(u,w)=[B_{0,3}(u)\ B_{1,3}(u)\ B_{2,3}(u)\ B_{3,3}(u)]\begin{bmatrix}p_{00} & p_{01} & p_{02} & p_{03}\\ p_{10} & p_{11} & p_{12} & p_{13}\\ p_{20} & p_{21} & p_{22} & p_{23}\\ p_{30} & p_{31} & p_{32} & p_{33}\end{bmatrix}\begin{bmatrix}B_{0,3}(w)\\ B_{1,3}(w)\\ B_{2,3}(w)\\ B_{3,3}(w)\end{bmatrix}$$

其矩阵表示为 $S(u,w)=UM_zB_zM_z^TW^T$

其中 $U=[u^3\ u^2\ u\ 1]$，$W=[w^3\ w^2\ w\ 1]$，$M_z=\begin{bmatrix}-1 & 3 & -3 & 1\\ 3 & -6 & 3 & 0\\ -3 & 3 & 0 & 0\\ 1 & 0 & 0 & 0\end{bmatrix}$

双三次 Bézier 曲面如图 6.3.19 所示，B_z 是该曲面特征网格 16 个控制顶点的几何位置矩阵，其中 p_{00}、p_{03}、p_{30}、p_{33} 在曲面片的角点处，B_z 阵四周的 12 个控制点定义了四条 Bézier 曲线，即为曲面片的边界曲线；B_z 阵中央的四个控制点 p_{11}，p_{12}，p_{21}，p_{22} 与边界曲线无关，但也影响曲面的形状。

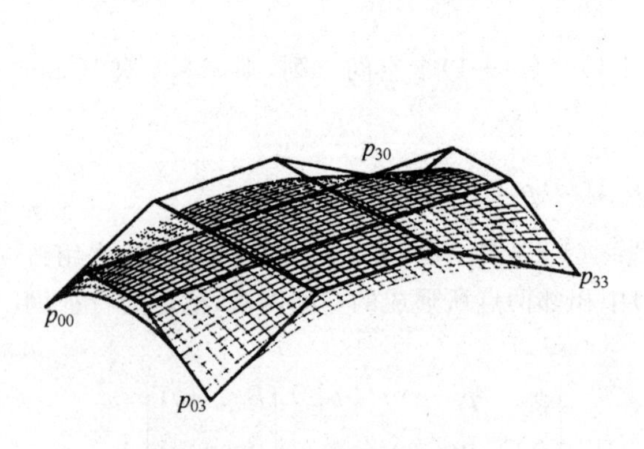

图 6.3.19 双三次 Bézier 曲面

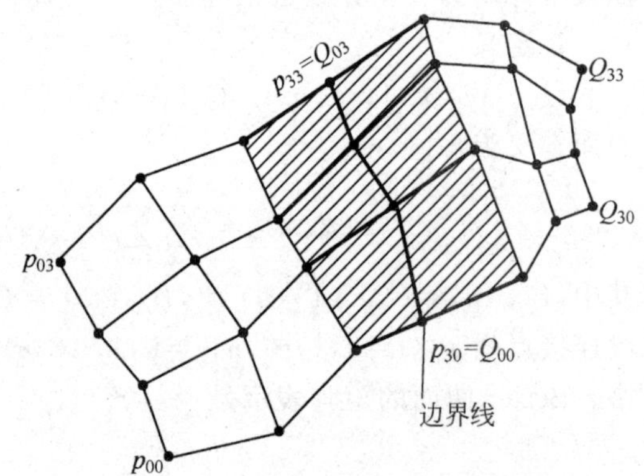

图 6.3.20 双三次 Bézier 曲面的拼接

2. Bézier 曲面片的拼接

已知两张双三次 Bézier 曲面片 $S_1(u,w)=UM_zB_{z1}M_z^TW^T$，$S_2(u,w)=UM_zB_{z2}M_z^TW^T$

$u,w\in[0,1]$；令 $B_{z1}=p_{ij}(i,j=0,1,2,3)$，$B_{z2}=Q_{ij}(i,j=0,1,2,3)$；相应特征网格如图6.3.20所示。

(1) S_1,S_2 达 C^0 连续

此时 $S_1(1,w)=S_2(0,w)$，即有$[0\ 0\ 0\ 1]M_zB_{z2}M_z^TW^T=[1\ 1\ 1\ 1]M_zB_{z1}M_z^TW^T$；即为$[0\ 0\ 0\ 1]M_zB_{z2}=[1\ 1\ 1\ 1]M_zB_{z1}$，化简后有$[Q_{0i}]_2=[P_{3i}]_1\quad i=0,1,2,3$。

(2) S_1,S_2 达 C^1 连续

在 $w\in[0,1]$区间内，S_1 在 $u=1$ 处的切矢和 S_2 在 $u=0$ 处的切矢必须相同，也即为两曲面在公共边界处的法矢必须连续，其表达式是：

$$S_2^u(0,w)\times S_2^w(0,w)=\lambda(w)S_1^u(1,w)\times S_1^w(1,w)$$

对上述分两种情况讨论如下：

① 设 $S_2^v(0,v)=S_1^v(1,v)$，从而可得简单表达式：$S_2^u(0,v)=\lambda(v)S_1^u(1,v)$，$v\in[0,1]$；即有$[0\ 0\ 1\ 0]M_zB_{z2}=\lambda(v)[3\ 2\ 1\ 0]M_zB_{z1}$，把位置矢量和 M_z 代入此式有：

$$[Q_{1i}]_2-[Q_{0i}]_2=\lambda(v)([p_{3i}]_1-[p_{2i}]_1),i=0,1,2,3$$

因 $\lambda(v)$为正数，故有$[p_{2i}]_1$，$[p_{3i}]_1=[Q_{0i}]_2$，$[Q_{1i}]_2$ 这四串点列应位于一条直线上。

② $S_2^u(0,v)=\mu(v)S_1^u(1,v)+r(v)S_1^v(1,v)\qquad v\in[0,1]$

此式说明过 S_1 边界曲线上的一点作切平面，则 S_2 上的 $S_2(0,v)$应位于此切平面内，式中$\mu(v)$为任意正数，$r(v)$为 v 的一次方程。

6.3.6 B样条曲面

基于均匀B样条曲线的定义和性质，可以得到B样条曲面的定义。给定$(m+1)(n+1)$个空间点列 $P_{ij}(i=0,1,\cdots,m;j=0,1,\cdots,n)$，则 $S(u,v)=\sum_{i=0}^{m}\sum_{j=0}^{n}P_{ij}N_{i,k}(u)N_{j,l}(v)$，$u,v\in[0,1]$定义了 $k\times l$ 次B样条曲面，式中 $N_{i,k}(u)$和 $N_{j,l}(v)$是 k 次和 l 次的B样条基函数，由 P_{ij} 组成的空间网格称为B样条曲面的特征网格。上式也可写成如下的矩阵式：

$$S_{yz}(u,v)=U_kM_kP_{kl}M_l^TV_l^T,$$
$$y\in[1:m+2-k],z\in[1:n+2-l],u,v\in[0,1]\qquad(6\text{-}3\text{-}7)$$

上式中 y,z 分别表示在 u,v 参数方向上曲面片的个数。

$$U_k=[u^{k-1},u^{k-2},\cdots,u,1],V_l=[v^{l-2},v^{l-1},\cdots,v,1]$$
$$P_{kl}=P_{ij},i\in[y-1:y+k-2],j\in[z-1:z+l-2]$$

P_{kl}是某一个 B 样条面片的控制点编号。下面介绍最常用的二、三次均匀 B 样条曲面的构造。

1. 均匀双二次B样条曲面

已知曲面的控制点 $P_{ij}(i,j=0,1,2)$，参数 u、v，且 $0\leqslant u,v\leqslant1$，$k=l=2$，构造步骤是：

(1) 沿 v(或 u)向构造均匀二次B样条曲线，即有：

$$P_0(v)=[v^2\ v\ 1]\begin{bmatrix}1&-2&1\\-2&2&0\\1&1&0\end{bmatrix}\begin{bmatrix}P_{00}\\P_{01}\\P_{02}\end{bmatrix}=VM_B\begin{bmatrix}P_{00}\\P_{01}\\P_{02}\end{bmatrix}$$

经转置后 $$P_0(v)=[P_{00}\ P_{01}\ P_{02}]M_B^TV^T$$

同上可得 $P_1(v)=[P_{10}\ P_{11}\ P_{12}]M_B^T\,V^T$，$P_2(v)=[P_{20}\ P_{21}\ P_{22}]M_B^T\,V^T$。

(2) 再沿 u(或 v)向构造均匀二次 B 样条曲线，即可得到均匀双二次 B 样条曲面。

$$S(u,v)=UM_B\begin{bmatrix}P_0(v)\\P_1(v)\\P_2(v)\end{bmatrix}=UM_B\begin{bmatrix}P_{00} & P_{01} & P_{02}\\P_{10} & P_{11} & P_{12}\\P_{20} & P_{21} & P_{22}\end{bmatrix}M_B^{\mathrm{T}}V^{\mathrm{T}}$$

简记为 $S(u,v)=UM_BPM_B^{\mathrm{T}}V^{\mathrm{T}}$。

2. 均匀双三次 B 样条曲面

已知曲面的控制点 $P_{ij}(i,j=0,1,2,3)$，参数 u,v 且 $u,v\in[0,1]$，构造双三次 B 样条曲面的步骤同上述。

(1) 沿 v(或 u)向构造 $P_i(v)$ 均匀三次 B 样条曲线($i=0,1,2,3$)

$$p_0(v)=[P_{00}\ P_{01}\ P_{02}\ P_{03}]M_B^{\mathrm{T}}V^{\mathrm{T}},\qquad P_1(v)=[P_{10}\ P_{11}\ P_{12}\ P_{13}]M_B^{\mathrm{T}}V^{\mathrm{T}}$$

$$P_2(v)=[P_{20}\ P_{21}\ P_{22}\ P_{23}]M_B^{\mathrm{T}}V^{\mathrm{T}},\qquad P_3(v)=[P_{30}\ P_{31}\ P_{32}\ P_{33}]M_B^{\mathrm{T}}V^{\mathrm{T}}$$

(2) 再沿 u(或 v)向构造均匀三次 B 样条曲线，此时可认为顶点沿 $P_i(v)$ 滑动，每组顶点对应相同的 v，当 v 值由 0 到 1 连续变化，即形成 B 样条曲面。此时表达式为：

$$S(u,v)=UM_B\begin{bmatrix}P_0(v)\\P_1(v)\\P_2(v)\\P_3(v)\end{bmatrix}=UM_BPM_B^{\mathrm{T}}V^{\mathrm{T}},P=\begin{bmatrix}P_{00} & P_{01} & P_{02} & P_{03}\\P_{10} & P_{11} & P_{12} & P_{13}\\P_{20} & P_{21} & P_{22} & P_{23}\\P_{30} & P_{31} & P_{32} & P_{33}\end{bmatrix}$$

$$M_B=\frac{1}{6}\begin{bmatrix}1 & 3 & -3 & 1\\3 & -6 & 3 & 0\\-3 & 0 & 3 & 0\\1 & 4 & 1 & 0\end{bmatrix}$$

双三次 B 样条曲面如图 6.3.21 所示。

3. 反求均匀 B 样条曲面的控制点

已知型值点 $Q_{ij}(i=1,2,\cdots,n;j=1,2,\cdots,m)$；求相应均匀双三次 B 样条曲面的控制点列 $P_{ij}(i=0,1,\cdots,n+1;j=0,1,\cdots,m+1)$。

(1) 双向曲线反算法

① 对 u 向的 m 组型值点，按照 B 样条曲线的边界条件及反算公式，求得由 m 组 B 样条曲线构成的特征多边形，此时，顶点是 $V_{ij}(i=0,1,\cdots,n+1;j=1,2,\cdots,m)$。这里每条曲线均要加两个界条件，故会得到 $(n+2)\times m$ 个特征网格控制点。

② 把边 V_{ij} 看作是 v 向的 m 组型值点，再作 $(n+1)$ 次 B 样条曲线反算，即可得到双三次 B 样条曲面的特征网格控制点 $P_{ij}(i=0,1,\cdots,n+1;j=0,1,\cdots,m+1)$。

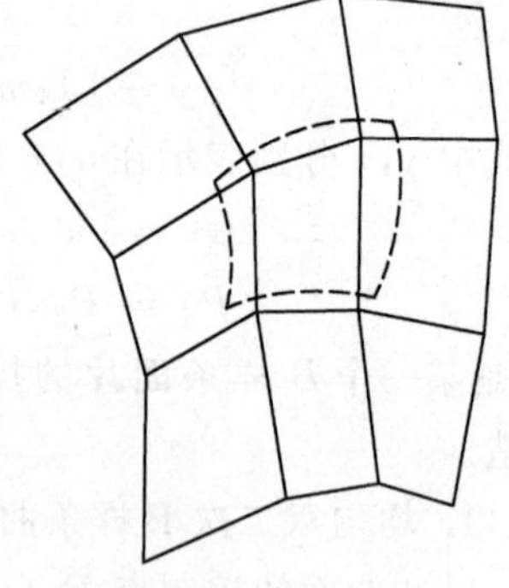

图 6.3.21

(2) 广义逆矩阵法

以均匀双三次 B 样条曲面为例，因

$$Q_{rs}(r=1,2,\cdots,n;\ s=1,2,\cdots,m)=S(u_r,v_s)$$

$$=\sum_{i=0}^{n}\sum_{j=0}^{m}P_{ij}N_{i,3}(u)N_{j,3}(v)\qquad u,v\in[0,1]$$

令$Q=[Q_{rs}]$,$U=N_{i,3}(u)$,$V=N_{j,3}(v)$,$P=[P_{ij}]$ 则上式可写成$Q=UPV$,因为U,V是正定矩阵,故其逆存在。所以

$$P = U^{-1}\,Q\,V^{-1}$$

若考虑边界条件,U、V 不一定是方阵,则可用广义逆矩阵式求得 P:

$$P = UV\,UV^T(UV^T)^{-1}Q$$

6.3.7 非均匀有理 B 样条(NURBS) 曲面

1. NURBS 曲面的定义

由双参数变量分段有理多项式定义的 NURBS 曲面是:

$$S(u,v) = \sum_{i=0}^{m}\sum_{j=0}^{n} W_{ij}\,P_{ij}\,N_{i,k}(u)N_{j,l}(v) \Big/ \sum_{i=0}^{m}\sum_{j=0}^{n} W_{ij}\,N_{i,k}(u)N_{j,l}(v) \quad u,v \in [0,1];$$

式中 P_{ij} 是矩形域上特征网格控制点列,W_{ij} 是相应控制点的权因子,$N_{i,k}(u)$ 和 $N_{j,l}(v)$ 是 k 次和 l 次的 B 样条基函数,它们是在节点矢量 $S\{s_0, s_1, \cdots, s_{m+k+1}\}$ 和 $T\{t_0, t_1, \cdots, t_{n+l+1}\}$ 上定义的。若令:

$$R_{ij}(u,v) = \frac{W_{ij}\,N_{i,k}(u)N_{j,l}(v)}{\sum_{x=0}^{m}\sum_{y=0}^{n} W_{xy}N_{x,k}(u)N_{y,l}(v)}$$

$R_{ij}(u,v)$ 是 NURBS 曲面的分段有理基函数。

若在非均匀参数轴上定义的节点矢量 S、T 具有下述形式:

$$S = \{\underbrace{0,0,\cdots,0}_{k+1\text{个}}, S_{k+1},\cdots,S_{m+P-1},\underbrace{1,1,\cdots,1}_{k+1\text{个}}\}$$

$$T = \{\underbrace{0,0,\cdots,0}_{l+1\text{个}}, t_{l+1},\cdots,t_{n+l-1},\underbrace{1,1,\cdots,1}_{l+1\text{个}}\}$$

则由 S,T 定义的曲面是非均匀非周期的有理 B 样条曲面,简称 NURBS 曲面。通常设定权因子 $W_{00}, W_{0n}, W_{m0}, W_{mn} > 0$,$W_{ij} \geqslant 0$,$(i = 1,\cdots,m-1; j = 1,\cdots,n-1)$,这样可保证基函数为非负。从 $R_{ij}(u,v)$ 的定义可知,W_{ij} 仅影响区间$[s_i, s_{i+k+1})$,$[t_j, t_{j+l+1})$ 节点矢量范围内的曲面。节点矢量的定义对曲面的定义和修改也起到重要作用,定义方法可参见非均匀有理B样条 曲线的介绍。

2. 插入控制点

若原来定义的曲面控制点网格是 $P_{ij}(i=0,1,\cdots,m; j=0,1,\cdots,n)$,现插入一个控制点 Q 及其权因子w,定位于 P_{ij} 和 $P_{i+1,j+1}$ 之间。此时相当于在 s,t 两个方向上插入控制点,即有:

$$Q_s = \frac{(1-\alpha)W_{ij}P_{ij} + \alpha W_{i+1,j}P_{i+1,j}}{(1-\alpha)W_{ij} + \alpha W_{i+1},j}, \quad \alpha = \frac{W_{ij}\mid Q_s - P_{ij}\mid}{W_{ij}\mid Q_s - P_{ij}\mid + W_{i+1,j}\mid P_{i+1,j} - Q_s\mid}$$

在 u 向插入的节点应是: $S = S_{i+1} + \alpha(S_{i+k+1} - S_{i+1})$

类似地可得到 t 向插入控制点的公式: $Q_t = \dfrac{(1-\beta)W_{ij}P_{ij} + \beta W_{i,j+1}P_{i,j+1}}{(1-\beta)W_{ij} + \beta W_{i,j+1}}$

其中 $\beta = \dfrac{W_{ij}\mid Q_t - P_{ij}\mid}{W_{ij}\mid Q_t - P_{ij}\mid + W_{i,j+1}\mid P_{i,j+1} - Q_t\mid}$ $\quad t = t_{j+1} + \beta(t_{j+l+1} - t_{j+1})$。

若没有给出 Q 点相应的权因子 W,可以通过相邻的 W_{ij} 和 $W_{i+1,j+1}$ 线性插值得到。

3. 修改权因子

权因子 W_{ij} 的修改仅影响 $[s_i, s_{i+k+1})\times[t_j, t_{j+l+1})$ 矩形区域的曲面，$u\in[s_i, s_{i+k+1})$，$v\in[t_j, t_{j+l+1})$，改变曲面 W_{ij} 的几何意义和修改曲线 W_i 的几何意义相同。

其中，　　$S=S(u,v;w_{ij}=0)$；$M=S(u,v;w_{ij}=1)$；$S_{ij}=S(u,v;w_{ij}\neq[0,1])$

M 和 S_{ij} 可表示为：　　$M=(1-a)S+aP_{ij}$；$S_{ij}=(1-b)S+bP_{ij}$

其中

$$a=\frac{N_{i,k}(u)\ N_{j,l}(v)}{\sum\limits_{i\neq x=0}^{m}\sum\limits_{j\neq y=0}^{n}W_{xy}N_{x,k}(u)N_{y,l}(v)+N_{x,k}(u)N_{y.l}(v)}$$

$$b=\frac{W_{ij}\ N_{i,k}(u)N_{j,l}(v)}{\sum\limits_{x=0}^{m}\sum\limits_{y=0}^{n}W_{xy}N_{x,k}(u)N_{y,l}(v)}=R_{ij}(u,v)$$

由上式可知 $\dfrac{(1-a)}{a}:\dfrac{(1-b)}{b}=W_{ij}$，这实际上是四点 P_{ij}，S，M，S_{ij} 的交叉比例，并可知：

(1) 当 W_{ij} 增加或减小，曲面被拉向或拉开 P_{ij} 点；

(2) S_{ij} 仅沿直线 PP_{ij} 移动，若要使 S_{ij} 趋向 P_{ij}，则要求 W_{ij} 趋向无穷；

(3) 若用户要求在 P_{ij} 点把曲面沿 SP_{ij} 直线拉向或拉开指定距离 d，则要重新计算权因子 W_{ij}，这和推导 NURBS 曲线的 W_i 相似，权因子应修改为：

$$W'_{ij}=W_{ij}\left[1\pm\frac{d}{R_{ij}(u,v)(P_{ij}S_{ij}-d)}\right]$$

其中 S_{ij} 是曲面上的一点，要把曲面拉向 P_{ij} 取“+”号，拉开 P_{ij} 取“−”号。

4. 修改控制点

给定曲面上点 P_{ij} 的参数为 (u,v)，曲面变化的方向矢量 T 及其变化距离 d，要求计算 P_{ij} 的新位置 P_{ij}^*，因 $P_{ij}^*=P_{00}R_{00}(u,v)+\cdots+(P_{ij}+\alpha T)R_{ij}(u,v)+\cdots+P_{mn}R_{mn}(u,v)$

令：$\alpha=\dfrac{|P_{ij}^*-P_{ij}|}{|T|R_{ij}(u,v)}=\dfrac{d}{|T|R_{ij}(u,v)}$，　　　　则 $P_{ij}^*=P_{ij}+\alpha T$

具体执行过程是，首先拾取一个控制点 P_{ij}，系统计算出该点的 (u,v) 参数值，再计算出相应参数的型值点 $Q=S(u,v)$，则修改后的方向矢量定义为 $T=P_{ij}-Q$，若变化幅度为 d，由上式即可求出新的控制点 P_{ij}^*。

6.3.8 常用双三次参数曲面的等价表示

已知双三次 Hermite(Ferguson)，Bézier，B 样条曲面的矩阵表达式是：

$$S_H(u,v)=UM_HB_HM_H^{\mathrm{T}}W^{\mathrm{T}}$$

$$S_Z(u,v)=UM_ZB_ZM_Z^{\mathrm{T}}W^{\mathrm{T}}$$

$$S_B(u,v)=UM_BB_BM_B^{\mathrm{T}}W^{\mathrm{T}}$$

其中

$$M_H=\begin{bmatrix}2&-2&1&1\\-3&3&-2&-1\\0&0&1&0\\1&0&0&0\end{bmatrix},\quad M_Z=\begin{bmatrix}-1&3&-3&1\\3&-6&3&0\\-3&3&0&0\\1&0&0&0\end{bmatrix}$$

$$M_B=\frac{1}{6}\begin{bmatrix}-1&3&-3&1\\3&-6&3&0\\-3&0&3&0\\1&4&1&0\end{bmatrix}$$

本节讨论的问题是，对于一张曲面，若已知上述三种表示形式的一种，如何求得其他二种。

(1) 已知 Bézier 表示，求 Hermite 和 B 样条表示的 B_H 和 B_B。

对同一张曲面有： $M_H B_H M_H^T = M_Z B_Z M_Z^T \quad M_B B_B M_B^T = M_Z B_Z M_Z^T$

则： $B_H = M_H^{-1} M_Z B_Z M_Z^T M_H^{-T} \quad B_B = M_B^{-1} M_Z B_Z M_Z^T M_B^{-T}$

(2) 已知 Hermite 表示，求 Bézier 和 B 样条表示的 B_Z 和 B_B。

对同一张曲面有： $M_Z B_Z M_Z^T = M_H B_H M_H^T \quad M_B B_B M_B^T = M_H B_H M_H^T$

则： $B_Z = M_Z^{-1} M_H B_H M_H^T M_Z^{-T} \quad B_B = M_B^{-1} M_H B_H M_H^T M_B^{-T}$

(3) 已知 B 样条表示，求 Bézier 和 Hermite 表示的 B_Z 和 B_H。

对同一张曲面有： $M_Z B_Z M_Z^T = M_B B_B M_B^T \quad M_H B_H M_H^T = M_B B_B M_B^T$

则： $B_Z = M_Z^{-1} M_B B_B M_B^T M_Z^{-T} \quad B_H = M_H^{-1} M_B B_B M_B^T M_H^{-T}$

6.3.9 等距面

平面的等距面比较容易计算，而计算自由曲面的等距面相对的比较困难。参照用折线集逼近自由曲线，通过求折线集的等距线来近似自由曲线的等距线的算法思想，来计算参数曲面的等距面。

1. 定义

设参数曲面定义为 $S(u,v)=[x(u,v),y(u,v),z(u,v)]$，简认 $S=S(u,v)$，若 u,v 方向的偏导数为 $r_u=\dfrac{\partial s}{\partial u}, r_v=\dfrac{\partial s}{\partial v}$，则曲面上某点的法矢定义为 $n(u,v)=\dfrac{r_u\times r_v}{|r_u\times r_v|}$，在非退化情况下，参数曲面的等距面为 $S_0(u,v)=S(u,v)\pm d\cdot n(u,v)$，上式 d 为等距面的偏移量和正、负号取决于偏移方向是指向曲面外侧或内侧。以计算参数曲线的等距线为基础，求参数曲面的等距面可用下述步骤。

2. 计算等距面的过程

设参数曲面的定义域是$[u_0,u_n]\times[v_0,v_m]$，

初始化设 Δu_0，Δv_0 及控制精度 δ；经 i 步计算后。

(1) 取曲面 v_j 处的 u_i，计算曲面上的点坐标 $S(u_i,v_j)$ 及其法矢 $N(u_i,v_j)$ 以及相应等距面上的点 $S_0(u_i,v_j)$。

(2) 计算等距面上的新点 $S_0(u_i+\Delta u,v_j)$。

(3) 分析用弦 $S_0(u_i,v_j)S_0(u_i+\Delta u,v_j)$ 逼近相应曲线的误差 ε，

若 $\varepsilon<\delta$，则 $\Delta u=1.312\times\Delta u$；否则，$\Delta u=\Delta u\times 0.618$；$u_{i+1}=u_i+\Delta u$；

若 $u_i<u_n$ 转(2)，否则转(4)。

(4) 若 $j_v>v_m$，则结束工作；否则：

在 u_i 的可取值范围内均匀采样 $u_0,u_1,\cdots,u_4$ 5 点，且 $u_4=u_n$；计算用弦 $S(u_k,v_j)S(u_k,v_j+\Delta v)$ 逼近相应曲线的误差 $\varepsilon,k=0,1,\cdots,4$；

若 $\varepsilon>\delta$，$\Delta v=0.618\times\Delta v$，重复本步工作；若 $\varepsilon<\delta$，则做(5)。

(5) 对上述 5 个采样点排序找出其中误差最大者 $\varepsilon_{\max}$ 及其左右两点 $\varepsilon_{\max}-1$ 和 $\varepsilon_{\max}+1$，$\varepsilon_{\max}-1$，$\varepsilon_{\max}$ 和 $\varepsilon_{\max}+1$ 这三点将形成单峰区域，用数值规划法不难求出极大值所处的 u_i^*，并用 u_i^* 对应的 Δv 作为 v 向的步长，并取 $v_{j+1}=v_j+\Delta v$，转(1)。

等距面的离散点列生成后，可以用等参折线集或三角面片的形式输出该面。

6.3.10 基于三维散列数据构造曲面

以前讨论的各种曲面生成算法，如 Hermite，Coons，Bézier ，B 样条，NURBS 等均是在矩形网格上进行曲面插值或逼近。本节讨论的方法是基于对三维散列数据的定义域作三角剖分，并按最优准则处理获得的剖分，然后在每个三角形上作双三次分片插值，最后将所有三角分片曲面拼接成一张 C^1 连续的曲面。

1. 三角曲面片的光滑插值

3D 散列数据的光滑插值问题一般可叙述为：已给一组 3D 数据$(x_i\ y_i, z_i)$，$i=1,2,\cdots,N$，构造一个具有所需光滑度的曲面 $z=S(x,y)$，使之插值于这些数据，即满足 $S(x_i,y_i)=z_i$，$i=1,2,\cdots,N$，对数据点(x_i,y_i)要求互不重合且不共线。下面我们导出分片三角曲面的 Lagrange 插值公式。

设插值曲面 S 定义在 xy 平面上区域 D 中，$(x_i,y_i)\in D$，$i=1,2,\cdots,N$。将 $V_i=(x_i,y_i)$ 作为顶点，对区域 D 作三角剖分，在每个三角形上求插值函数 $S(x,y)$。我们希望插值曲面 S 具有 C^1 连续性，即它的切平面连续变化。对 xy 平面上任意三角形 T，顶点为 V_1, V_2, V_3，V 是平面上任一点，可以定义 V 相对于 T 的重心坐标(u_1,u_2,u_3)，其中分量 $u_1=A_1/A$，A_1 和 A 分别是$\triangle VV_2V_3$ 和$\triangle T$ 的面积如图6.3.22(a)所示，u_2,u_3，类推。于是 $V=\sum_{i=1}^{3}u_iV_i$。又因一个双三次多项式有 10 个未知系数，故需要 10 个插值条件才能确定。若在 T 上已知如图 6.3.22(b) 所示的 10 个标记点处的数据，即 $z_i=S(v_i)$，$i=1,\cdots,10$，则可以确定插值曲面$S(x,y)$ 为

$$S(x,y)=\sum_{i=1}^{10}z_i\varphi_i(x,y)$$

其中 $\varphi_i(x,y)$属于双三次多项式函数类，且满足 $\varphi_i(V_i)=\delta_{ij}$，$i,j=1,\cdots,10$，据此不难导出用重心坐标表示的双三次 Lagrange 插值函数

$$\varphi_1=\frac{9}{2}u_1\left(u_1-\frac{1}{3}\right)\left(u_1-\frac{2}{3}\right),\quad \varphi_2=\frac{9}{2}u_2\left(u_2-\frac{1}{3}\right)\left(u_2-\frac{2}{3}\right)$$

$$\varphi_3=\frac{9}{2}u_3\left(u_3-\frac{1}{3}\right)\left(u_3-\frac{2}{3}\right),\quad \varphi_4=\frac{27}{2}u_1\ u_2\left(u_1-\frac{1}{3}\right)$$

$$\varphi_5=\frac{27}{2}u_1\ u_2\left(u_2-\frac{1}{3}\right)\qquad \varphi_6=\frac{27}{2}u_1\ u_3\left(u_1-\frac{1}{3}\right)$$

$$\varphi_7=\frac{27}{2}u_2\ u_3\left(u_2-\frac{1}{3}\right)\qquad \varphi_8=\frac{27}{2}u_1\ u_3\left(u_3-\frac{1}{3}\right)$$

$$\varphi_9=\frac{27}{2}u_2\ u_3\left(u_3-\frac{1}{3}\right)\qquad \varphi_{10}=27\ u_1u_2u_3\text{。}$$

可以证明上式具有仿射不变性，因此适合用于三维图形的表示，且具有 C^1 连续性。

类似地，对双二次插值曲面(有 6 个未知系数)，若已知 T 上数据点 $z_i=s(p_i)$，$i=1,\cdots,6$，如图 6.3.22(c)所示，则有插值曲面的重心坐标式

$$s(x,y)=\sum_{i=1}^{6}Z_iQ_i(x,y)$$

其中，$Q_1=u_1(2u_1-1)$，$Q_2=u_2(2u_2-1)$，$Q_3=u_3(2u_3-1)$，$Q_4=4u_2u_3$，$Q_5=4u_1u_3$，$Q_6=4u_1u_2$，双二次 Lagrange 插值在分片三角曲面上是 C^1 连续的，但在分片曲面连接处可能有

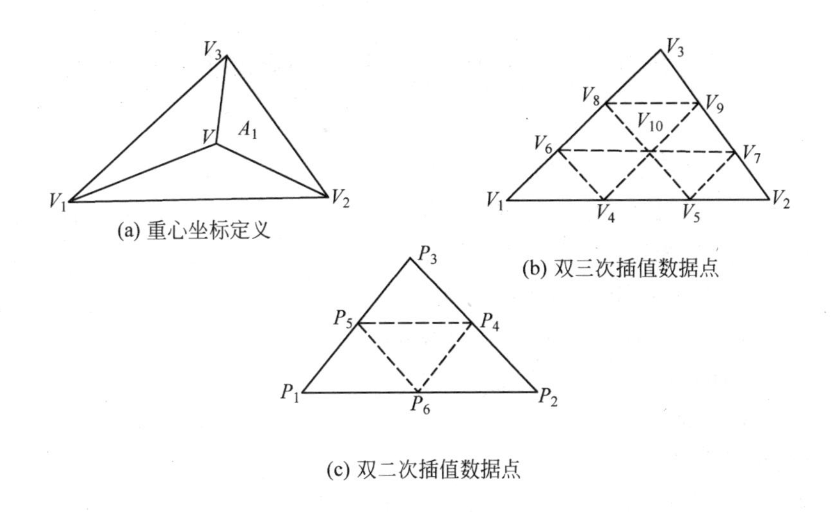

图 6.3.22 三角面片的插值

切向跳跃,达不到全局 C^1 连续。

2. 三角剖分的最优化

区域D的剖分应避免出现狭长三角形,以免引起较大的插值误差。如何寻找最佳三角剖分是三角分片曲面插值的一个重要问题,一般做法是先给出任一初始剖分,再按选定的最优准则对剖分作一次或数次优化处理。已有两个优化准则是 $\frac{\text{Max}}{T}\frac{\text{Min}\theta}{T}$ 和 $\frac{\text{Min}}{T}\frac{\text{Max}\theta}{T}$,这里 θ 是三角形内角。

另一个优化准则是:$\frac{\text{Max}}{T}\frac{\triangle\text{面积}}{\triangle\text{周长}}$,此式是三角形内切圆半径的度量,该准则的物理意义是,若内切圆半径大则可保证三角形相对不会狭长。因顶点坐标已知,△面积 A 及周长 L 极易计算,比前述准则中的角度计算简单,而且对一次剖分只求一次 Max,无须各求一次 Max,Min。在此三角剖分优化算法中,关键是判断两个三角形 T 构成的四边形的凸凹性,四边形为凸的条件是下列条件均成立:

$$D_1D_2<0, D_1D_3>0, D_1D_4>0$$

其中 $D_1=\det(P_1,P_2,P_3)$,$D_2=\det(P_4,P_2,P_3)$,$D_3=\det(P_1,P_2,P_4)$,$D_4=\det(P_1,P_4,P_3)$,P_1,P_2,P_3,P_4 为四边形顶点,det 表示行列式,对凸四边形根据优化准则决定是否需要改变剖分。

6.3.11 扫描面

扫描面在图形生成和设计中方便灵活、应用广泛。最简单的扫描面是单路径或单截面线的回转面和拉伸面,进而有多路径单截面线、单路径多截面线、多路径多截面线的扫描面。

1. 单截面线的回转面

若一段截面轮廓线用参数方程定义为 $P(t)=[x(t),y(t),z(t)]$,$t\in[0,1]$;$P(t)$可用常用的参数曲线的定义形式来构造。$P(t)$绕 X 轴旋转 φ 角生成的回转面可定义为:

$$Q(t,\varphi)=P(t)\cdot S=P(t)\begin{bmatrix}1 & 0 & 0 & 0\\0 & \cos\varphi & \sin\varphi & 0\\0 & -\sin\varphi & \cos\varphi & 0\\0 & 0 & 0 & 1\end{bmatrix}\qquad t\in[0,1],\varphi\in[0,2\pi]\qquad(6\text{-}3\text{-}8)$$

由上式产生的回转面如图 6.3.23 所示。若 $P(t)$ 不是绕 X 轴旋转 φ 角，而是绕由 a_0a_1 两点定义的矢量旋转 φ 角，如图 6.3.24 所示，此时只要将 a_0a_1 变换成 X 轴后，即可套用(6-3-8)式，若令完成把 a_0a_1 变换成 X 轴的变换矩阵是 $[T]$，则 $Q(t,\varphi)=P(t)\cdot S[T]$。如何将 a_0a_1 变换成与一个坐标轴重合，可参见第 7 章。

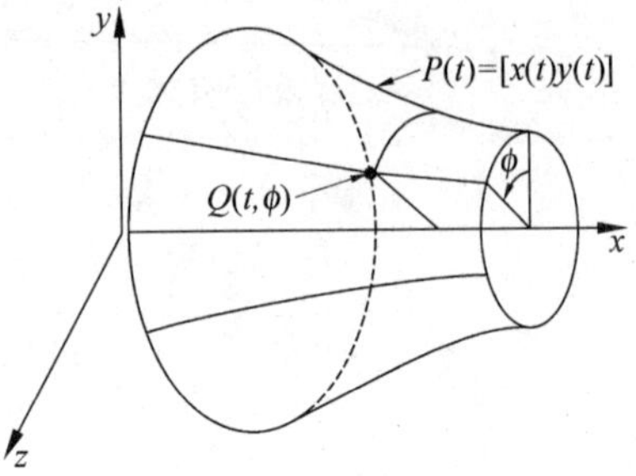

图 6.3.23

2. 单截面线的拉伸面

(1) 拉伸线　若有一点 $P(x,y,z,1)$，沿一条由平移变换矩阵定义的路径拉伸，则产生的拉伸线定义为 $Q(s)=P[T(s)]$。若路径是沿 Z 轴长度为 n 的直线，则 $[T(s)]$ 可写成

$$[T(s)]=\begin{bmatrix}1 & 0 & 0 & 0\\0 & 1 & 0 & 0\\0 & 0 & 1 & 0\\0 & 0 & ns & 1\end{bmatrix}\qquad s\in[0,1]$$

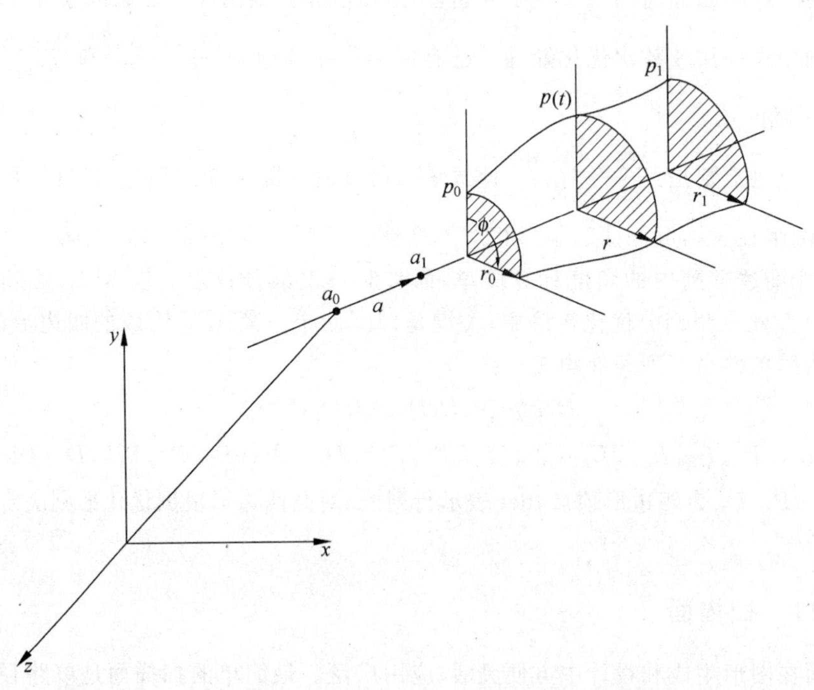

图 6.3.24

若路径是在 Z 为常数的平面上且圆心在原点的一个圆，则此时 $[T(s)]$ 可写成：

$$[T(s)]=\begin{bmatrix}(r/x)\cos[2\pi(s+s_i)] & 0 & 0 & 0\\ 0 & (r/y)\sin[2\pi(s+s_i)] & 0 & 0\\ 0 & 0 & 1 & 0\\ 0 & 0 & 0 & 1\end{bmatrix} \quad s\in[0,1]$$

此处 $s_i=\frac{1}{2\pi}\tan^{-1}\left(\frac{y_i}{x_i}\right)$，$r=(x^2+y^2)^{1/2}$，下标 i 表示路径的起始位置。

(2)拉伸面　若一条参数直线 $p(t)=p_1+(p_2-P_1)t$，则拉伸面定义为：

$$Q(t,s)=p(t)[T(s)] \qquad t\in[0,1],\ s\in[s1,s2] \tag{6-3-9}$$

若 $p_1(0,0,0)$，$p_2(0,3,0)$，$[T(s)]=\begin{bmatrix}1 & 0 & 0 & 0\\ 0 & \cos(2\pi s) & \sin(2\pi s) & 0\\ 0 & -\sin(2\pi s) & \cos(2\pi s) & 0\\ ls & 0 & 0 & 1\end{bmatrix}$ $\quad l=10, s=5$

则用(6-3-9)式生成的拉伸面如图 6.3.25 所示。

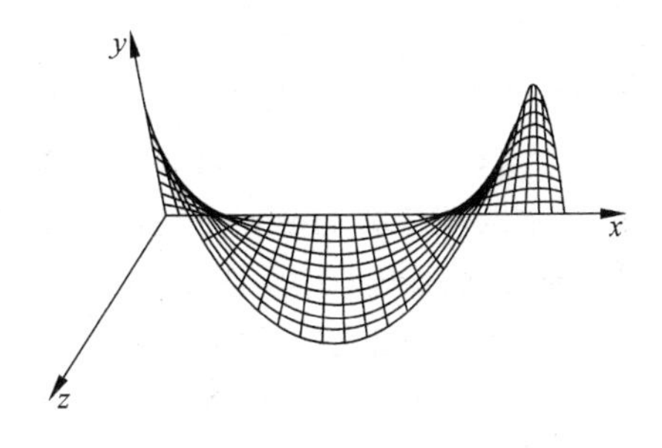

图 6.3.25

若截面线是一条封闭线，如由四点 $p_1(0,-1,1)$，$p_2(0,-1,-1)$，$p_3(0,1,-1)$，$P_4(0,1,1)$ 定义的矩形沿路径 $[x=10s, y=\cos(\pi s)-1]$ 拉伸，且保持路径的切矢和矩形的法矢一致。产生图形是一个拉伸体，如图 6.3.26 所示。此时，$\psi=\tan^{-1}\left(\frac{-\pi\sin(\pi s)}{10}\right)$，对于更一般的扫描面，可以用 NURBS 算法来构造。

$$[T(s)]=\begin{bmatrix}\cos\psi & \sin\psi & 0 & 0\\ -\sin\psi & \cos\psi & 0 & 0\\ 0 & 0 & 1 & 0\\ 10s & \cos(\pi s) & 0 & 1\end{bmatrix}, \quad Q(t,s)=\begin{bmatrix}p_1\\ p_2\\ p_3\\ p_4\end{bmatrix}[T(s)]$$

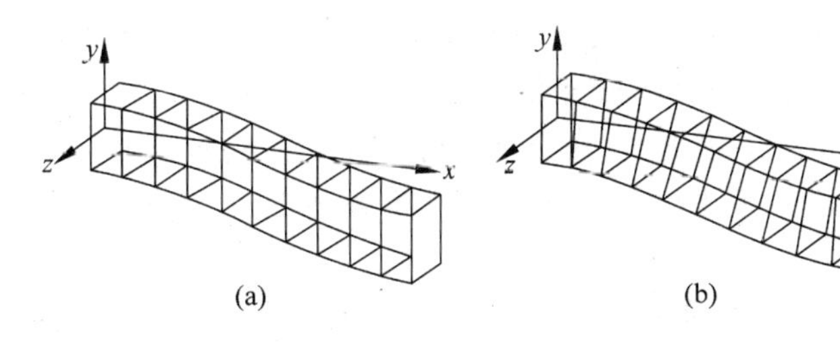

图 6.3.26

6.4 习　　题

1. 试举出 5 个曲线和曲面用显式、隐式和参数式表示的实例，并给出相应数学表达式。

2. 求出一条位于点(2,3,5,−1.2)处，长度为零的退化三次参数曲线的代数系数。

3. 参照 Hermite 三次曲线的几何形式，试用 $B=[P_0\ P_1\ P_0^u\ P_1^u\ P_0^{uu}\ P_1^{uu}]^{\mathrm{T}}$，推导相应五次

曲线的调和函数和系数矩阵 M。

4. 已知参数曲线的端点是 P_0、P_1 相应的单位切矢为 t_0、t_1，对该曲线上任一点 $P(u)$，其参数方程可写成 $P(u)-P_0=\lambda(u)(P_1-P_0)+\mu(u)t_0+v(u)t_1$；试证明：

$$\lambda(u)=\frac{(P(u)-P_0)\cdot(t_0\times t_1)}{(P_1-P_0)\cdot(t_0\times t_1)}\qquad \mu(u)=\frac{(P(u)-P_0)\cdot t_1\times(P_1-P_0)}{(P_1-P_0)\cdot(t_0\times t_1)}$$

$$v(u)=\frac{(P(u)-P_0)\cdot(P_1-P_0)\times t_0}{(P_1-P_0)\cdot(t_0\times t_1)}$$

5. 已知一条曲线的几何系数 $B=[P_0\ P_1\ P_0^u\ P_1^u]^T$，$u\in[0,1]$；试找出对 u 重新参数化为 v，且 $v\in[1,3]$的几何系数。

6. C^i 常用来表示曲线段拼接的连续性，请问对于两段五次参数曲线使其达到 C^3 连续的条件是什么。

7. 证明两条参数曲线 $r(t)=(t^2-2t,t)$和 $\eta(t)=(t^2+1,t+1)$达到 C^1 和 G^1 连续，并求出它们达 C^1 和 G^1 连续的连接点。

8. 证明三次参数曲线 $P(u)$，当 $P^u(u)=0$，则 $P(u)$退化为一点 P_0；当 $P^u(u)\neq 0$，且 $P^u(u)\times P^{uu}(u)=0$，则 $P(u)$退化为一条直线。

9. 试求两段三次 Hermite 曲线达 C^1 和 G^1 连续的条件。

10. 给定四点 $P_1(0,0,0)$，$P_2(1,1,1)$，$P_3(2,-1,-1)$，$P_4(3,0,0)$，用其作为特征多边形来构造一条三次 Bézier 曲线，并计算参数为 0，1/3，2/3，1 的值。

11. 已知由 $P_1(0,0,0)$，$P_2(2,2,-2)$，$P_3(2,-1,-1)$，$P_4(4,0,0)$，$Q_1(4,0,0)$，$Q_2(6,-2,1)$，$Q_3(8,-3,2)$，$Q_4(10,0,1)$确定的两段三次 Bézier 曲线，试求其在 $P_4(Q_1)$处达 C^1 连续的条件。

12. 把上题定义的二段三次 Bézier 曲线经过一次分割后，试求它们相应特征多边形的顶点坐标序列。

13. 试用第 11 题的顶点生成三次 B 样条曲线。比较其结果和三次 Bézier 曲线有何不同。

14. 试用 deBoor 算法和三次 B 样条曲线的矩阵式来生成第 11 题中特征多边形顶点定义的三次 B 样条曲线，并用绘图仪输出结果曲线。

15. 已知控制顶点如第 10 题所述，相应顶点的权因子分别为 1，0.5，1.5，1，试用它们构造一条三次 NURBS 曲线。并试验 P_3 点的权从 1.5 改到 10.5 和从 1.5 改到 0.1 时相应曲线的变化情况。

16. 试推导圆锥曲线的参数表达式，并用程序实现相应的参数表示算法并输出有关的圆锥曲线。

17. 已知 $P_{00}=[0.25,0]$，$P_{10}=[0.75,0]$，$P_{01}=[0.75,0.9]$，$P_{11}=[0.25,0.8]$四点，试用它们构造一张双线性曲面，并用程序输出该双线性曲面。

18. 试编制生成直纹面的程序，其中包括接收参数，生成直纹面，输出直纹面三部分。

19. 试推导用双三次 Coons 曲面表示直纹面的公式。

20. 试编制用 Casteljua 算法产生双三次 Bézier 曲面的程序。

21. 试证明对双三次 Bézier 曲面 $S(u,w)$，当 $u=w=0$，则 $S^{uw}(0,0)=9[(P_{11}-P_{01})-(P_{10}-P_{00})]$。

22. 试编制用 deBoor 算法产生双三次 B 样条曲面的程序。

23. 试求双三次 Bézier 曲面在四个角点处的混合偏导数 P_{00}^{uw}，p_{10}^{uw}，P_{01}^{uw}，P_{11}^{uw}。

24. 试给出用双三次 NURBS 曲面表示双三次 Hermite 曲面、Bézier 曲面及 B 样条曲面的条件。

25. 试给出用双二次 NURBS 曲面表示二次面的充要条件，并给出证明。

26. 试编制接收控制点，相应权因子和节点矢量值，生成双三次 NURBS 曲面的程序。

第七章

图形变换

图形变换是计算机图形学的基础内容之一。通过图形变换，可由简单图形生成复杂图形，可用二维图形表示三维形体，甚至可对静态图形经过快速变换而获得图形的动态显示效果。本章的内容主要有：图形变换的数学基础，窗口视图变换，二维、三维图形的平移、旋转、变比、对称等几何变换以及投影、透视变换等。

7.1 图形变换的数学基础

在图形变换大量需要矢量、矩阵表示及其运算，本节对其有关内容进行简要回顾。

7.1.1 矢量运算

设有矢量 $V_1(x_1,y_1,z_1)$，$V_2(x_2,y_2,z_2)$，有关它们的运算有：

(1) 两个矢量之和

$$V_1+V_2=(x_1+x_2,y_1+y_2,z_1+z_2)$$

(2) 两个矢量的点积

$$V_1\cdot V_2=x_1*x_2+y_1*y_2+z_1*z_2$$

(3) 矢量的长度

$$|V_1|=(V_1\cdot V_1)^{1/2}=(x_1*x_1+y_1*y_1+z_1*z_1)^{1/2}$$

(4) 两个矢量的叉积

$$V_1\times V_2=\left(\begin{vmatrix}y_1 & z_1\\ y_2 & z_2\end{vmatrix},\begin{vmatrix}z_1 & x_1\\ z_2 & x_2\end{vmatrix},\begin{vmatrix}x_1 & y_1\\ x_2 & y_2\end{vmatrix}\right)$$
$$=(y_1z_2-y_2z_1,z_1x_2-z_2x_1,x_1y_2-x_2y_1)$$

7.1.2 矩阵运算

设有一个 m 行 n 列矩阵 A

$$A=\begin{bmatrix}a_{11} & a_{12} & \cdots & a_{1n}\\ a_{21} & a_{22} & \cdots & a_{2n}\\ \cdots & \cdots & \cdots & \cdots\\ a_{m1} & a_{m2} & \cdots & a_{mn}\end{bmatrix}$$

这个 m 行 n 列的矩阵是 $m\times n$ 个数按一定位置排列的一个整体，简称 $m\times n$ 矩阵。其中 a_{11}，a_{12}，…，a_{1n}叫做矩阵的行；a_{11}，a_{21}，…，a_{m1}叫做矩阵的列；a_{ij}叫做此矩阵的第 i 行第 j 列元素。通常用大写字母 A，B，…等代表矩阵。上面这个矩阵可简记为 A 或 $A_{m\times n}$或$(a_{ij})_{m\times n}$。如果 $m=n$，则 A 可简称为正方矩阵或 n 阶矩阵。

当 $m=1$ 时，$(a_{11},a_{12},a_{13},\cdots,a_{1n})$可简称为 n 元行矩阵，亦称为行向量；

当 $n=1$ 时，$\begin{bmatrix} a_{11} \\ a_{21} \\ \cdots \\ a_{m1} \end{bmatrix}$可简称为一个 m 元列矩阵，亦称为列向量。

必须指出，两个矩阵只有在其行数、列数都相同，且所有对应位置的元素都相等时，才是相等的。

1. 矩阵的加法运算

设两个矩阵 A 和 B 都是 m 行 n 列矩阵，把它们对应位置的元素相加而得到的矩阵叫做 A、B 的和，记为 $A+B$

$$A+B=\begin{bmatrix} a_{11}+b_{11} & a_{12}+b_{12} & \cdots\ a_{1n}+b_{1n} \\ a_{21}+b_{21} & a_{22}+b_{22} & \cdots\ a_{2n}+b_{2n} \\ \cdots & \cdots & \cdots \\ a_{m1}+b_{m1} & a_{m2}+b_{m2} & \cdots\ a_{mn}+b_{mn} \end{bmatrix}$$

注意只有在两个矩阵的行数和列数都相同时才能作加法。

2. 数乘矩阵

用数 k 乘矩阵 A 的每一个元素而得的矩阵叫做 k 与 A 之积，记为 kA 或 Ak 均可。

$$KA=\begin{bmatrix} ka_{11} & ka_{12} & \cdots\ ka_{1n} \\ ka_{21} & ka_{22} & \cdots\ ka_{2n} \\ \cdots & \cdots & \cdots \\ ka_{m1} & ka_{m2} & \cdots\ ka_{mn} \end{bmatrix}$$

3. 矩阵的乘法运算

设矩阵 $A=(a_{ij})_{3\times 2}$，矩阵 $B=(b_{ij})_{2\times 3}$，则两矩阵的乘积为：

$$C=A\cdot B=\begin{bmatrix} a_{11} & a_{12} & a_{13} \\ a_{21} & a_{22} & a_{23} \end{bmatrix}\begin{bmatrix} b_{11} & b_{12} \\ b_{21} & b_{22} \\ b_{31} & b_{32} \end{bmatrix}$$

$$=\begin{bmatrix} a_{11}b_{11}+a_{12}b_{21}+a_{13}b_{31} & a_{11}b_{12}+a_{12}b_{22}+a_{13}b_{32} \\ a_{21}b_{11}+a_{22}b_{21}+a_{23}b_{31} & a_{21}b_{12}+a_{22}b_{22}+a_{23}b_{32} \end{bmatrix}$$

注意，任意两个矩阵，只有在前一矩阵的列数等于后一矩阵的行数时才能相乘，即：

$$C=(C_{ij})_{m\times p}=A_{m\times n}\cdot B_{n\times p}$$

4. 零矩阵的运算

矩阵中所有元素都为零的矩阵为零矩阵。m 行 n 列的零矩阵记作 $0_{m\times n}$。对于任意矩阵 $A_{m\times n}$恒有：

$$A_{m\times n}+0_{m\times n}=A_{m\times n}$$

5. 单位矩阵

在一矩阵中，其主对角线各元素 $a_{ii}=1$，其余各元素均为零的矩阵叫作单位矩阵：

$$I=\begin{bmatrix}1 & & \\ & \ddots & \\ & & 1\end{bmatrix}$$

n 阶的单位矩阵记作 I_n。对于任意矩阵 $A_{m\times n}$ 恒有：

$$A_{m\times n}\cdot I_n=A_{m\times n}$$

$$I_m\cdot A_{m\times n}=A_{m\times n}$$

6. 逆矩阵

矩阵 A，若存在 $A\cdot A^{-1}=A^{-1}\cdot A=I$，则称 A^{-1} 为 A 的逆矩阵。

设 A 是一个 n 阶矩阵，如果有 n 阶矩阵 B 存在，使得：

$$A\cdot B=B\cdot A=I$$

则说 A 是一个非奇异矩阵，并说 B 是 A 的逆。否则，便说 A 是一个奇异矩阵。由于 A，B 处于对称地位，故当 A 非奇异时，其逆 B 也非奇异，而且 A 也就是 B 的逆，即 A，B 互为逆。

例如：

$$\begin{bmatrix}2 & 2 & 3\\ 1 & -1 & 0\\ -1 & 2 & 1\end{bmatrix}\begin{bmatrix}1 & -4 & -3\\ 1 & -5 & -3\\ -1 & 6 & 4\end{bmatrix}=\begin{bmatrix}1 & 0 & 0\\ 0 & 1 & 0\\ 0 & 0 & 1\end{bmatrix}$$

$$\begin{bmatrix}1 & -4 & -3\\ 1 & -5 & -3\\ -1 & 6 & 4\end{bmatrix}\begin{bmatrix}2 & 2 & 3\\ 1 & -1 & 0\\ -1 & 2 & 1\end{bmatrix}=\begin{bmatrix}1 & 0 & 0\\ 0 & 1 & 0\\ 0 & 0 & 1\end{bmatrix}$$

任何非奇异矩阵 A 都只能有一个逆矩阵。

7. 转置矩阵

把矩阵 $A=(a_{ij})_{m\times n}$ 的行、列互换而得到的 $n\times m$ 矩阵叫做 A 的转置矩阵，记为 A^{T}：

$$A^{\mathrm{T}}=\begin{bmatrix}a_{11} & a_{21} & \cdots & a_{m1}\\ a_{12} & a_{22} & \cdots & a_{m2}\\ \cdots & \cdots & & \cdots\\ a_{1n} & a_{2n} & \cdots & a_{mn}\end{bmatrix}$$

矩阵的转置具有如下几点基本性质：

(1) $(A^{\mathrm{T}})^{\mathrm{T}}=A$

(2) $(A+B)^{\mathrm{T}}=A^{\mathrm{T}}+B^{\mathrm{T}}$

(3) $(\alpha A)^{\mathrm{T}}=\alpha A^{\mathrm{T}}$

(4) $(A\cdot B)^{\mathrm{T}}=B^{\mathrm{T}}\cdot A^{\mathrm{T}}$

当 A 是一个 n 阶矩阵而且有 $A=A^{\mathrm{T}}$ 时，则说 A 是一个对称矩阵。

8. 矩阵运算的基本性质

(1) 矩阵加法适合交换律与结合律

$$A+B=B+A$$

$$A+(B+C)=(A+B)+C$$

(2) 数乘矩阵适合分配律与结合律

$$\alpha(A+B)=\alpha A+\alpha B$$

$$\alpha(A\cdot B)=(\alpha\cdot A)\cdot B=A\cdot(\alpha B)$$

$$(\alpha+\beta)A=\alpha A+\beta A$$

$$\alpha(\beta A)=(\alpha\beta)A$$

(3) 矩阵的乘法适合结合律

$$A(B\cdot C)=(A\cdot B)C$$

(4) 矩阵的乘法对加法适合分配律

$$(A+B)C = AC+BC$$

$$C(A+B) = CA+CB$$

(5) 矩阵的乘法不适合交换律。一般情况下，$A\cdot B$ 不等于 $B\cdot A$，因为：

① 当 A,B 可以相乘时，如果 A,B 不为方阵，则 B,A 不可相乘。

② 即使 A,B 均为 n 阶矩阵，在一般情况下 AB 和 BA 仍然不相等。例如：

$$\begin{bmatrix}-2 & 4\\ 1 & -2\end{bmatrix}\begin{bmatrix}2 & 4\\ -3 & -6\end{bmatrix}=\begin{bmatrix}-16 & -32\\ 8 & 16\end{bmatrix}$$

$$\begin{bmatrix}2 & 4\\ -3 & -6\end{bmatrix}\begin{bmatrix}-2 & 4\\ 1 & -2\end{bmatrix}=\begin{bmatrix}0 & 0\\ 0 & 0\end{bmatrix}$$

7.1.3 齐次坐标

所谓齐次坐标表示法就是用 $n+1$ 维向量表示一个 n 维向量。n 维空间中点的位置向量由非齐次坐标表示时，具有 n 个坐标分量$(P_1,P_2,\cdots,P_n)$，且是唯一的。若用齐次坐标表示时，此向量有 $n+1$ 个坐标分量$(hP_1,hP_2,\cdots,hP_n,h)$，且不唯一。普通的或“物理的”坐标与齐次坐标的关系为一对多，若二维点(x,y)的齐次坐标表示为$[hx,hy,h]$，则$[h_1x,h_1y,h_1]$，$[h_2x,h_2y,h_2]$，$\cdots$，$[h_mx,h_my,h_m]$都表示二维空间中同一个点(x,y)的齐次坐标。如[12,8,4]、[6,4,2]和[3,2,1]均表示[3,2]这一点的齐次坐标。类似地，对三维空间中坐标点的齐次表示为$[hx,hy,hz,h]$。

为什么要用齐次坐标表示，其优越性主要有以下二点。

(1) 提供了用矩阵运算把二维、三维甚至高维空间中的一个点集从一个坐标系变换到另一个坐标系的有效方法。例如：

二维齐次坐标变换矩阵的形式是：

$$T_{2D}=\begin{bmatrix}a & d & g\\ b & e & h\\ c & f & i\end{bmatrix}$$

三维齐次坐标变换矩阵的形式是：

$$T_{3D}=\begin{bmatrix}a_{11} & a_{12} & a_{13} & a_{14}\\ a_{21} & a_{22} & a_{23} & a_{24}\\ a_{31} & a_{32} & a_{33} & a_{34}\\ a_{41} & a_{42} & a_{43} & a_{44}\end{bmatrix}$$

(2) 可以表示无穷远点。例如 $n+1$ 维中，$h=0$ 的齐次坐标实际上表示了一个 n 维的无穷远点。对二维的齐次坐标$[a\ b\ h]$，当 $h\to 0$，表示了 $ax+by=0$ 的直线，即在 $y=-(a/b)x$ 上的连续点$[x,y]$逐渐趋近于无穷远，但其斜率不变。在三维情况下，利用齐次坐标表示视点在原点时的投影变换，其几何意义会更加清晰。

7.2 窗口视图变换

7.2.1 用户域和窗口区

1. 用户域

用户域是指程序员用来定义草图的整个自然空间(WD)。人们所要描述的图形均在WD中进行定义。用户域是一个实数域,如用$R \otimes W$表示该实数域的集合,则用户域$WD = R \otimes W$。理论上说WD是连续无限的。

2. 窗口区

人们站在房间里的窗口旁往外看,只能看到窗口范围内的景物,人们选择不同的窗口,可以看到不同的景物。通常把用户指定的任一区域(W)叫做窗口。窗口区W小于或等于用户域WD,任何小于WD的窗口区W都叫WD的一个子域。窗口区通常是矩形域,可以用其左下角点和右上角点坐标来表示;也可给定其左下角点坐标及矩形的长、宽来表示。

窗口可以嵌套,即在第一层窗口中可以再定义第二层窗口,在第i层窗口中可以再定义第$i+1$层窗口等等。在某些情况下,根据需要,用户2也可以用圆心和半径定义圆形窗口、或用边界表示的多边形窗口。

7.2.2 屏幕域和视图区

1. 屏幕域

屏幕域是设备输出图形的最大区域,是有限的整数域。如某图形显示器有1024×1024个可编地址的光点,也称象素(pixel),则屏幕域DC可定义为:

$$DC \in [0:1023] \times [0:1023]$$

2. 视图区

任何小于或等于屏幕域的区域都称为视图区。视图区可由用户在屏幕域中用设备坐标来定义。用户选择的窗口域内的图形要在视图区显示,也必须由程序转换成设备坐标系下的坐标值。视图区一般定义成矩形,由左下角点坐标和右上角点坐标来定义;或用左下角点坐标及视图区的x,y方向上边框长度来定义。视图区可以嵌套,嵌套的层次由图形处理软件规定。相应于图形和多边形窗口,用户也可以定义圆形和多边形视图区。

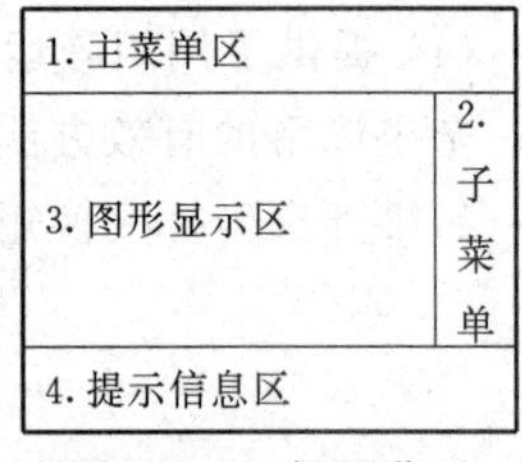

图 7.2.1　视图分区

在一个屏幕上,可以定义多个视图区,分别作不同的应用,例如分别显示不同的图形。在交互式图形系统中,通常把一个屏幕分成几个区,有的用作图形显示,有的作为菜单项选择,有的作为提示信息区,如图7.2.1所示。

7.2.3 窗口区和视图区的坐标变换

1. 变换公式

在用户坐标系下，窗口区的四条边分别定义为WXL(X左边界)，WXR(X右边界)，WYB(Y底边界)，WYT(Y顶边界)，其相应的屏幕中视图区的边框在设备坐标系下分别为VXL，VXR，VYB，VYT，如图7.2.2所示，则在用户坐标系下的点(Xw，Yw)对应屏幕视图区中的点(Xs，Ys)，其变换公式为：

$$Xs=\frac{(VXR-VXL)}{(WXR-WXL)}\cdot(Xw-WXL)+VXL \tag{7-2-1}$$

$$Ys=\frac{(VYT-VYB)}{(WYT-WYB)}\cdot(Yw-WYB)+VYB$$

如令：

$$a=(VXR-VXL)/(WXR-WXL)$$

$$b=VXL-WXL\cdot(VXR-VXL)/(WXR-WXL)$$

$$c=(VYT-VYB)/(WYT-WYB)$$

$$d=VYB-WYB\cdot(VYT-VYB)/(WYT-WYB)$$

则(7-2-1)式可简化为

$$\begin{cases}Xs=a\cdot Xw+b\\Ys=c\cdot Yw+d\end{cases} \tag{7-2-2}$$

若求得了a,b,c,d，把窗口区内的一点坐标转换成屏幕视图区内的对应点坐标，只需两次乘法和加法运算。对于用户定义的一张整图，需要把图中每条线段的端点都用(7-2-2)式进行转换，才能形成屏幕上的相应视图，如图7.2.2所示。(7-2-2)式的矩阵式是：

$$[Xs\ Ys\ 1]=[Xw\ Yw\ 1]\begin{bmatrix}a&0&0\\0&c&0\\b&d&1\end{bmatrix}$$

当$a\neq c$时，即当x方向图形的变化与y方向不同时，视图区中的图形会有伸缩变化。当$a=c=1$，$b=d=0$时，且窗口与视图区的坐标原点也相同，则在视图区产生与窗口区相同的图形。

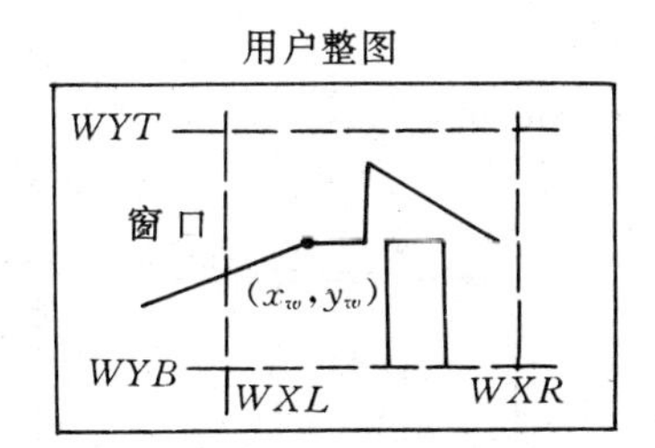

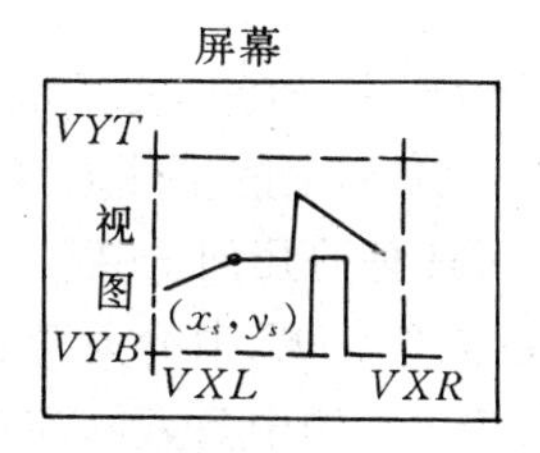

图7.2.2 用户整图中的窗口与屏幕中视图区的对应关系

当采用多窗口，多视图区时，需正确选择用户图形所在窗口以及输出图形所在视图区的参数，用(7-2-2)式实现用户图形从窗口到视图区的变换。窗口的适当选用，可以较方便地观察用户的整图和局部图形，便于对图形进行局部修改和图形质量评价。应用窗口技术的最大优点是能方便地显示用户感兴趣的部分图形。

2. 变换过程

用户定义的图形从窗口区到视图区的输出过程如图7.2.3所示。

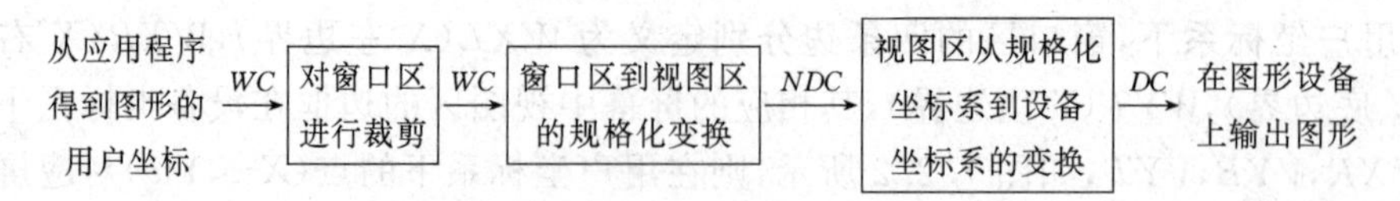

图 7.2.3 窗口—视图二维变换

与二维情况类似,常用的三维窗口有立方体、四棱锥体等。一般需经过三维裁剪后将落在三维窗口内的形体经投影变换,变成二维图形,再在指定的视图区内输出,其输出过程如图 7.2.4 所示。

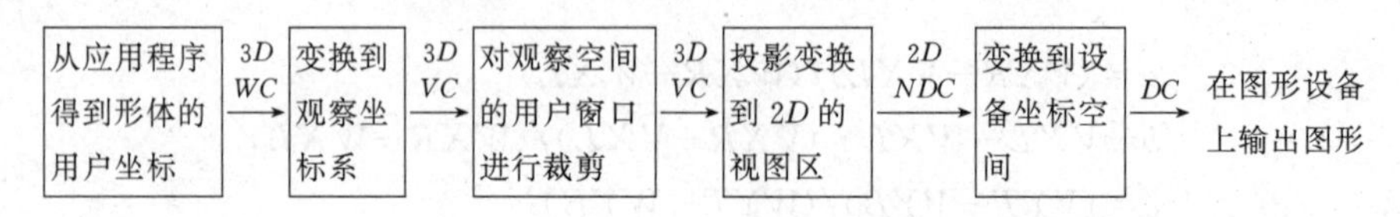

图 7.2.4 窗口—视图三维变换

7.2.4 从规格化坐标(*NDC*)到设备坐标(*DC*)的变换

在窗口—视图的二维变换和三维变换中都需要将规格化坐标变换成设备坐标,即显示器的象素坐标,此变换关系如图 7.2.5 所示。对于大多数 PC 机,$a=1,Nx=1024,Ny=768$。在 *NDC* 中的点(x_{in},y_{in})经过平移(d_x,d_y)和比例(s_x,s_y)变换后,就可以得到 *DC* 中的点$(x_{\text{out}},y_{\text{out}})$,其变换公式如下所述。

1. 通常采用的公式

$$\begin{cases}x_{\text{out}}=s_x\cdot x_{\text{in}}+d_x\\ y_{\text{out}}=s_y\cdot y_{\text{in}}+d_y\end{cases}$$

若 *NDC* 中的两点 x_{in1}和 x_{in2}变换到 *DC* 下为 x_{out1}和 x_{out2},由于点从 *NDC* 到 *DC* 的变换是线性变换,则有,$s_x=(x_{\text{out2}}-x_{\text{out1}})/(x_{\text{in2}}-x_{\text{in1}})$;$dx=x_{\text{out1}}-s_x\cdot x_{\text{in1}}$。则有(7-2-3)变换公式

$$\begin{cases}x_{DC}=s_x\cdot x_{NDC}+d_x\\ y_{DC}=s_y\cdot y_{NDC}+d_y\end{cases}\tag{7-2-3}$$

用(7-2-3)对点从 *NDC* 到 *DC* 作变换隐含有三个问题:

(1) 要考虑 x,y 方向上的实际象素数;

(2) *NDC* 空间具有的几何一致性不一定在 *DC* 空间中成立(因 *DC* 中的象素不一定是正方形,在图 7.2.5 例中象素的高宽比是$(N_x-1)/(N_y-1)$对常用 *PC* 机的象素高宽比是 768/1024);

(3) 在实际应用中 *NDC* 和 *DC* 的方向相反。下面对这些问题逐一进行讨论。

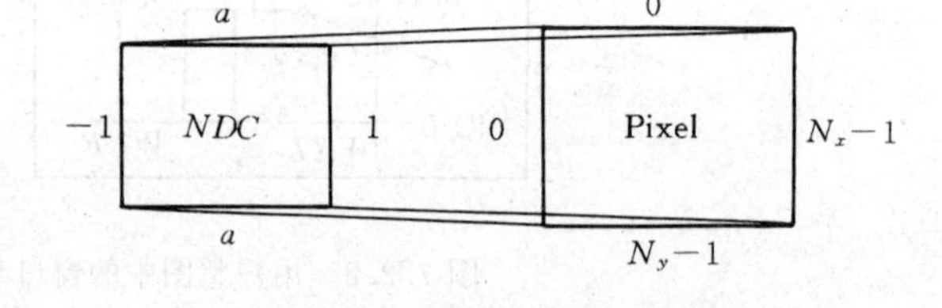

图 7.2.5 通常由 *NDC* 到 *DC* 的变换关系

2. 方向的考虑

结合图 7.2.5 在 x 方向上-1 变成 0,1 变成 N_x-1,$s_x=(N_x-1)/2$,$d_x=(N_x-1)/2$;在 y 方向上 a 变成 0,$-a$ 变成 N_y-1,$s_y=(N_y-1)/(-2a)$,$d_y=(N_y-1)/2$;对本节实例,$s_x=(1024-1)/2=511.5$,$d_x=511.5$;$s_y=(768-1)/(-2a)=-383.5$,$d_y=383.5$;

3. 对 DC 中象素中心的变换

结合图 7.2.6，在空间 NDC 中的点变换到 DC 后应在相应位置的象素中心。在 x 方向上，-1 变成 -0.5，1 变成 $N_x-0.5$，$s_x=N_x/2$，$d_x=(N_x-1)/2$；在 y 方向上，a 变成 -0.5，$-a$ 变成 $N_y-0.5$，$s_y=-N_y/2a$，$d_y=(N_y-1)/2$。结合本节实例，$s_x=512$，$d_x=511.5$；$s_y=-384$，$d_y=383.5$。在 DC 空间应对坐标取整，则在 x 方向上，-1 变成 0，1 变成 N_x，$s_x=N_x/2$，$d_x=N_x/2$ 在 y 方向上，a 变成 0，-1 变成 N_y，$s_y=-N_y/2a$，$d_y=N_y/2a$。结合本节实例，$s_x=512$，$d_x=512$，$s_y=-384$，$d_y=384$。

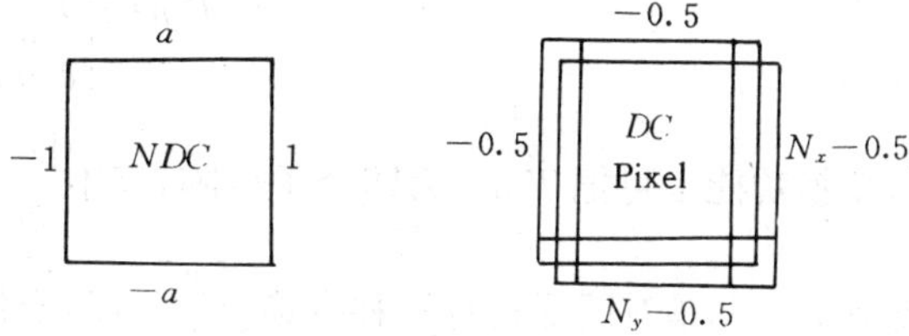

图 7.2.6　从 NDC 到 DC 象素中心的变换

经过取整处理后，在 NDC 中的 1.0 映射到 DC 中的 Nx 处，而 Nx 已超出屏幕的右边界。对此有两种处理办法：

(1) 是把 1.0 作为不可显示值，把裁剪范围定义成：$-1.0\leqslant x<1.0$，即把 $x=1.0$ 的值裁剪掉。但用户要画一条从 -1.0到 1.0 的直线段，此时就不会得到正确的右边界。

(2) 是在裁剪范围仍设成 $-1.0\leqslant x\leqslant 1.0$，但把 1.0 对应的 Nx 象素设置到 $Nx-1$ 处，但这种方法会牺牲图形的精度。我们可以通过设置精度系数 ε，细化 DC 中的象素来较好地解决这类问题。

在 x 方向上，-1 变成 0，1 变成 $N_x-\varepsilon$，$s_x=(N_y-\varepsilon)/2$，$d_x=(N_y-\varepsilon)/2$　　　　(7-2-4)

在 y 方向上，a 变成 0，$-a$ 变成 $N_y-\varepsilon$，$s_y=(N_y-\varepsilon)/(-2a)$，$d_y=(N_y-\varepsilon)/2$

ε 值的确定可用数值分析法来定，也可简单地定义 ε 为常数，如 $\varepsilon=0.0001$。结合图 7.2.5和本节实例，则有，$s_x=511.9995$，$d_x=511.9995$；$s_y=-383.9995$，$d_y=383.9995$。

(7-2-4)式能正确地将 NDC 中的点变到 DC，实际上是从浮点数到整数经过截断误差处理的象素中心映射变换公式。过去大多数图形学教材和图形系统均用(7-2-3)式把 NDC 中的点变换到 DC，但要产生高质量的图形，此式有上述问题，用(7-2-4)式会有所改进，但还有两个问题需要作进一步处理，如点在 DC 中(子象素处)的定位和反走样象素的子采样。

7.3　图形的几何变换

图形变换一般是指对图形的几何信息经过几何变换后产生新的图形。图形变换既可以看作是坐标系不动而图形变动，变动后的图形在坐标系中的坐标值发生变化；也可以看作图形不动而坐标系变动，变动后，该图形在新的坐标系下具有新的坐标值，而这两种情况本质上是一样的。本节所讨论的几何变换属于后一种情况。

对于线框图的变换，通常以点变换作为基础，把图形的一系列顶点作几何变换后，连接新的顶点系列即可产生新的图形。对于用参数方程描述的图形，可以通过参数方程作几何变换，实现对图形的变换。目前，我们讨论的基本上是图形拓扑关系不变的几何变换，若引进不同的几何变换算子，即可实现改变图形拓扑关系的几何变换，由此可产生许多形状各异、更复杂的图形。由于图形采用了齐次坐标表示，我们可以方便地用变换矩阵实现对图形的变换。并假设二维图形变换前的一点坐标为$[x\ y\ 1]$，变换后为$[x^*\ y^*\ 1]$；三维图形变换前的一点坐标为[$x\ y\ z\ 1$],变换后为[$x^*\ y^*\ z^*\ 1$]。

7.3.1 二维图形的几何变换

1. 二维变换矩阵

二维图形几何变换矩阵可用下式表示:

$$T_{2D}=\begin{bmatrix} a & d & g \\ b & e & h \\ c & f & i \end{bmatrix}$$

从变换功能上可把 T_{2D} 分为四个子矩阵,其中 $\begin{bmatrix} a & d \\ b & e \end{bmatrix}$ 是对图形进行缩放、旋转、对称、错切等变换;[$c\ f$]是对图形进行平移变换;$\begin{bmatrix} g \\ h \end{bmatrix}$ 对图形作投影变换,g 的作用是在 x 轴的 $1/g$ 处产生一个灭点,h 的作用是在 y 轴的 $1/h$ 处产生一个灭点;[i]是对整体图形作伸缩变换。T_{2D} 为单位矩阵即定义二维空间中的直角坐标系,此时 T_{2D} 可看作是三个行向量,其中[1 0 0]表示 x 轴上的无穷远点,[0 1 0]表示 y 轴上的无穷远点,[0 0 1]表示坐标原点。

2. 平移变换

$$[x^*\ y^*\ 1]=[x\ y\ 1]\cdot\begin{bmatrix} 1 & 0 & 0 \\ 0 & 1 & 0 \\ T_x & T_y & 1 \end{bmatrix}=[x+T_x \quad y+T_y \quad 1]$$

平移变换如图 7.3.1(a)所示。

3. 比例变换

$$[x^*\ y^*\ 1]=[x\ y\ 1]\cdot\begin{bmatrix} s_x & 0 & 0 \\ 0 & s_y & 0 \\ 0 & 0 & 1 \end{bmatrix}=[s_x\cdot x \quad s_y\cdot y \quad 1]$$

(1) 当 $s_x=s_y=1$ 时,为恒等比例变换,即图形不变,如图 7.3.1(b)所示;

(2) 当 $s_x=s_y>1$ 时,图形沿两个坐标轴方向等比例放大,如图 7.3.1(c)所示;

(3) 当 $s_x=s_y<1$ 时,图形沿两个坐标轴方向等比例缩小,如图 7.3.1(d)所示;

(4) 当 $s_x\neq s_y$ 时,图形沿两个坐标轴方向作非均匀的比例变换,如图7.3.1(e)所示。

4. 对称变换

$$[x^*\ y^*\ 1]=[x\ y\ 1]\cdot\begin{bmatrix} a & d & 0 \\ b & e & 0 \\ 0 & 0 & 1 \end{bmatrix}=[ax+by \quad dx+ey \quad 1]$$

(1) 当 $b=d=0,a=-1,e=1$ 时,有 $x^*=-x,y^*=y$,产生与 y 轴对称的反射图形,如图 7.3.1(f)所示;

(2) 当 $b=d=0,a=1,e=-1$ 时,有 $x^*=x,y^*=-y$,产生与 x 轴对称的反射图形,如图 7.3.1(g)所示;

(3) 当 $b=d=0,a=e=-1$ 时,$x^*=-x,y^*=-y$,产生与原点对称的反射图形,如图 7.3.1(h)所示;

(4) 当 $b=d=1,a=e=0$ 时,$x^*=y,y^*=x$,产生与直线 $y=x$ 对称的反射图形,如图

7.3.1(i)所示；

(5) 当 $b=d=-1,a=e=0$ 时，$x^{*}=-y,y^{*}=-x$，产生与直线 $y=-x$ 对称的反射图形，如图 7.3.1(j)所示。

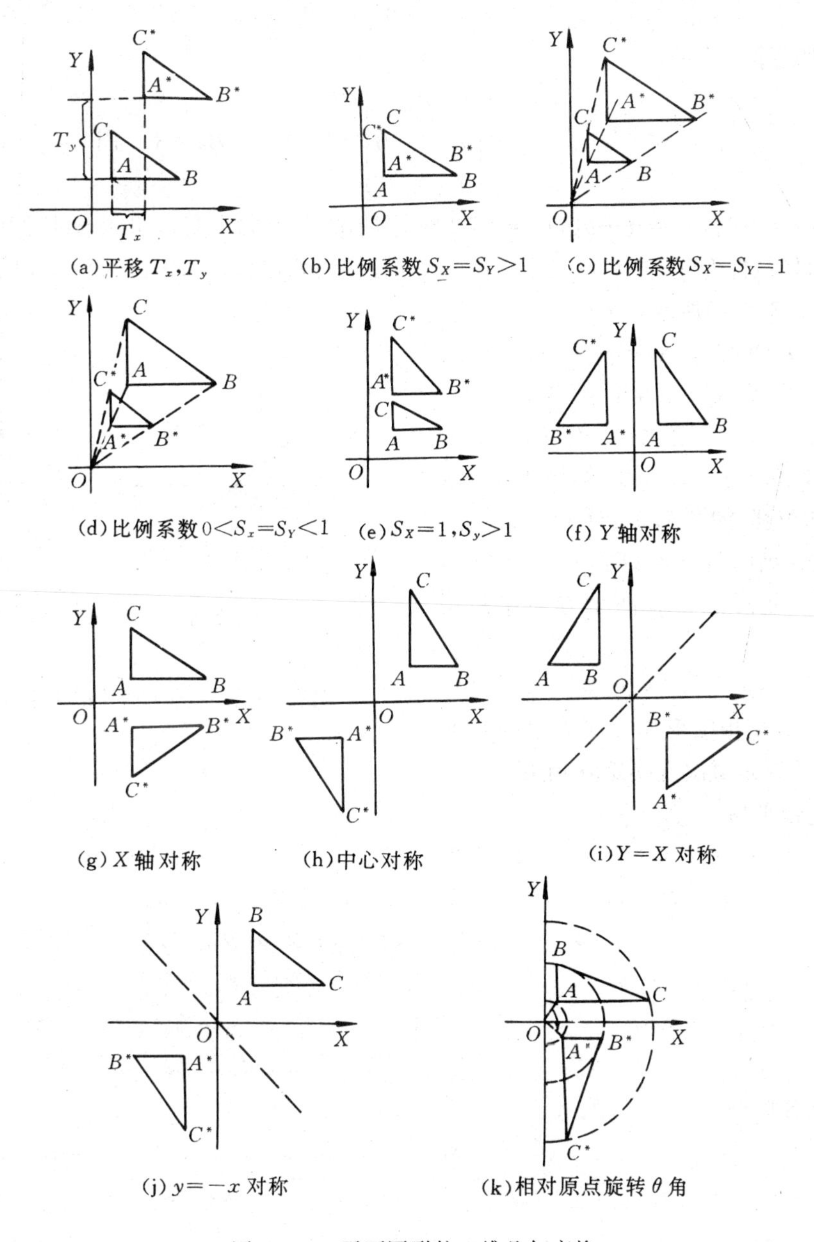

图 7.3.1　平面图形的二维几何变换

5. 旋转变换

$$[x^{*}\ y^{*}\ 1]=[x\ y\ 1]\begin{bmatrix}\cos\theta & \sin\theta & 0\\ -\sin\theta & \cos\theta & 0\\ 0 & 0 & 1\end{bmatrix}$$

$$=[x\cdot\cos\theta-y\cdot\sin\theta\quad x\cdot\sin\theta+y\cdot\cos\theta\quad 1]$$

如图 7.3.1(k)所示,在 XOY 平面上的二维图形绕原点顺时针旋转 θ 角,则变换矩阵为

$$\begin{bmatrix}\cos\theta & -\sin\theta & 0\\ \sin\theta & \cos\theta & 0\\ 0 & 0 & 1\end{bmatrix}$$

6. 错切变换

$$[x^* \ y^* \ 1]=[x \ y \ 1]\begin{bmatrix}1 & d & 0\\ b & 1 & 0\\ 0 & 0 & 1\end{bmatrix}=[x+by \quad dx+y \quad 1]$$

(1) 当 $d=0$ 时,$x^*=x+by, y^*=y$,此时,图形的 y 坐标不变,x 坐标随初值(x,y)及变换系数 b 而作线性变化;如 $b>0$,图形沿 $+x$ 方向作错切位移;$b<0$,图形沿 $-x$ 方向作错切位移,如图 7.3.2(a)所示。

(2) 当 $b=0$ 时,$x^*=x, y^*=dx+y$,此时图形的 x 坐标不变,y 坐标随初值(x,y)及变换系数 d 作线性变化;如 $d>0$,图形沿 $+y$ 方向作错切位移;$d<0$ 时,图形沿 $-y$ 方向作错切位移,如图 7.3.2(b)所示。

(3) 当 $b\neq0$,且 $d\neq0$ 时,$x^*=x+by$, $y^*=dx+y$,图形沿 x,y 两个方向作错切位移。

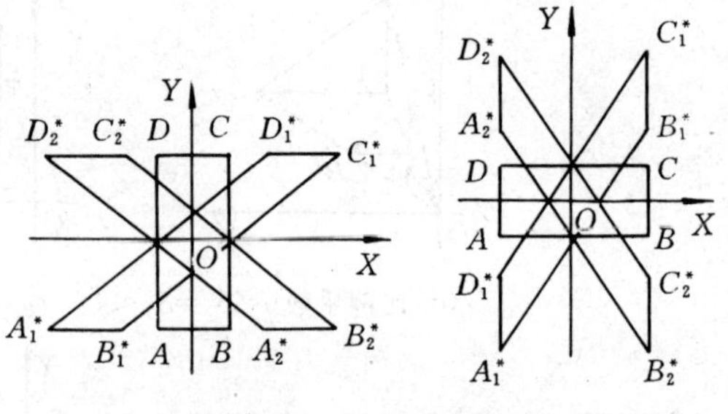

图 7.3.2 x、y 方向的错切变换

7. 复合变换

复合变换是指图形作一次以上的几何变换,变换结果是每次变换矩阵相乘。

(1) 复合平移

$$T_t = T_{t1}\cdot T_{t2}=\begin{bmatrix}1 & 0 & 0\\ 0 & 1 & 0\\ T_{x1} & T_{y1} & 1\end{bmatrix}\begin{bmatrix}1 & 0 & 0\\ 0 & 1 & 0\\ T_{x2} & T_{y2} & 1\end{bmatrix}$$

$$=\begin{bmatrix}1 & 0 & 0\\ 0 & 1 & 0\\ T_{x1}+T_{x2} & T_{y1}+T_{y2} & 1\end{bmatrix}$$

(2) 复合比例

$$T_s = T_{s1}\cdot T_{s2}=\begin{bmatrix}s_{x1} & 0 & 0\\ 0 & s_{y1} & 0\\ 0 & 0 & 1\end{bmatrix}\cdot\begin{bmatrix}s_{y2} & 0 & 0\\ 0 & s_{y2} & 0\\ 0 & 0 & 1\end{bmatrix}$$

$$=\begin{bmatrix}s_{x1}\cdot s_{x2} & 0 & 0\\ 0 & s_{y1}\cdot s_{y2} & 0\\ 0 & 0 & 1\end{bmatrix}$$

(3) 复合旋转

$$T_r = T_{r1} \cdot T_{r2} = \begin{bmatrix} \cos\theta_1 & \sin\theta_1 & 0 \\ -\sin\theta_1 & \cos\theta_1 & 0 \\ 0 & 0 & 1 \end{bmatrix} \begin{bmatrix} \cos\theta_2 & \sin\theta_2 & 0 \\ -\sin\theta_2 & \cos\theta_2 & 0 \\ 0 & 0 & 1 \end{bmatrix}$$

$$= \begin{bmatrix} \cos(\theta_1 + \theta_2) & \sin(\theta_1 + \theta_2) & 0 \\ -\sin(\theta_1 + \theta_2) & \cos(\theta_1 + \theta_2) & 0 \\ 0 & 0 & 1 \end{bmatrix}$$

比例、旋转变换是与参考点有关的，上面介绍的均是相对原点所作比例、旋转变换。如要相对某一个参考点(x_f, y_f)作比例、旋转变换，其变换的过程是先把坐标系原点平移至(x_f, y_f)，在新的坐标系下作比例或旋转变换后，再将坐标原点平移回去，其变换公式如下。

(4) 相对(x_f, y_f)点的比例变换

$$T_{sf} = \begin{bmatrix} 1 & 0 & 0 \\ 0 & 1 & 0 \\ -x_f & -y_f & 1 \end{bmatrix} \begin{bmatrix} s_x & 0 & 0 \\ 0 & s_y & 0 \\ 0 & 0 & 1 \end{bmatrix} \begin{bmatrix} 1 & 0 & 0 \\ 0 & 1 & 0 \\ x_f & y_f & 1 \end{bmatrix}$$

$$= \begin{bmatrix} s_x & 0 & 0 \\ 0 & s_y & 0 \\ (1 - s_x) \cdot x_f & (1 - s_y) \cdot y_f & 1 \end{bmatrix}$$

(5) 相对(x_f, y_f)点的旋转变换

$$T_{rf} = \begin{bmatrix} 1 & 0 & 0 \\ 0 & 1 & 0 \\ -x_f & -y_f & 1 \end{bmatrix} \begin{bmatrix} \cos\theta & \sin\theta & 0 \\ -\sin\theta & \cos\theta & 0 \\ 0 & 0 & 1 \end{bmatrix} \begin{bmatrix} 1 & 0 & 0 \\ 0 & 1 & 0 \\ x_f & y_f & 1 \end{bmatrix}$$

$$= \begin{bmatrix} \cos\theta & \sin\theta & 0 \\ -\sin\theta & \cos\theta & 0 \\ (1-\cos\theta) \cdot x_f + y_f \cdot \sin\theta & (1-\cos\theta) y_f - x_f \cdot \sin\theta & 1 \end{bmatrix}$$

8. 几点说明

(1) 平移变换只改变图形的位置，不改变图形的大小和形状；

(2) 旋转变换仍保持图形各部分间的线性关系和角度关系，变换后直线的长度不变；

(3) 比例变换可改变图形的大小和形状；

(4) 错切变换引起图形角度关系的改变，甚至导致图形发生畸变；

(5) 拓扑不变的几何变换不改变图形的连接关系和平行关系。

7.3.2 三维图形的几何变换

1. 变换矩阵

三维图形的几何变换矩阵可用T_{3D}表示，其表示式如下：

$$T_{3D} = \left[\begin{array}{ccc:c} a_{11} & a_{12} & a_{13} & a_{14} \\ a_{21} & a_{22} & a_{23} & a_{24} \\ a_{31} & a_{32} & a_{33} & a_{34} \\ \hdashline a_{41} & a_{42} & a_{43} & a_{44} \end{array}\right]$$

从变换功能上 T_{3D} 可分为 4 个子矩阵，其中：$\begin{bmatrix} a_{11} & a_{12} & a_{13} \\ a_{21} & a_{22} & a_{23} \\ a_{31} & a_{32} & a_{33} \end{bmatrix}$ 产生比例、旋转、错切等几何变换；$[a_{41}\ a_{42}\ a_{43}]$ 产生平移变换；$\begin{bmatrix} a_{14} \\ a_{24} \\ a_{34} \end{bmatrix}$ 产生投影变换；$[a_{44}]$ 产生整体比例变换。

2. 平移变换

$$[x^*\ y^*\ z^*\ 1]=[x\ y\ z\ 1]\begin{bmatrix} 1 & 0 & 0 & 0 \\ 0 & 1 & 0 & 0 \\ 0 & 0 & 1 & 0 \\ T_x & T_y & T_z & 1 \end{bmatrix}$$

$$=[x+T_x \quad y+T_y \quad z+T_z \quad 1]$$

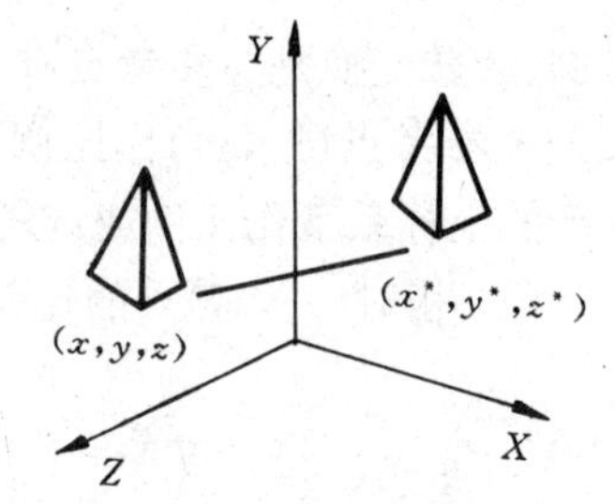

图 7.3.3　平移变换

如图 7.3.3 所示。

3. 比例变换

若比例变换的参考点为 (x_f, y_f, z_f)，其变换矩阵为

$$\begin{bmatrix} 1 & 0 & 0 & 0 \\ 0 & 1 & 0 & 0 \\ 0 & 0 & 1 & 0 \\ -x_f & -y_f & -z_f & 1 \end{bmatrix}\begin{bmatrix} s_x & 0 & 0 & 0 \\ 0 & s_y & 0 & 0 \\ 0 & 0 & s_z & 0 \\ 0 & 0 & 0 & 1 \end{bmatrix}\begin{bmatrix} 1 & 0 & 0 & 0 \\ 0 & 1 & 0 & 0 \\ 0 & 0 & 1 & 0 \\ x_f & y_f & z_f & 1 \end{bmatrix}$$

$$=\begin{bmatrix} s_x & 0 & 0 & 0 \\ 0 & s_y & 0 & 0 \\ 0 & 0 & s_z & 0 \\ (1-s_x)\cdot x_f & (1-s_y)\cdot y_f & (1-s_z)\cdot z_f & 1 \end{bmatrix}$$

与二维变换类似，相对于参考点 $F(x_f, y_f, z_f)$ 作比例变换、旋转变换的过程亦分为以下三步：

(1) 把坐标系原点平移至参考点 F；

(2) 在新坐标系下相对原点作比例、旋转变换；

(3) 将坐标系再平移回原点。

相对 F 点作比例变化的过程如图 7.3.4 所示。

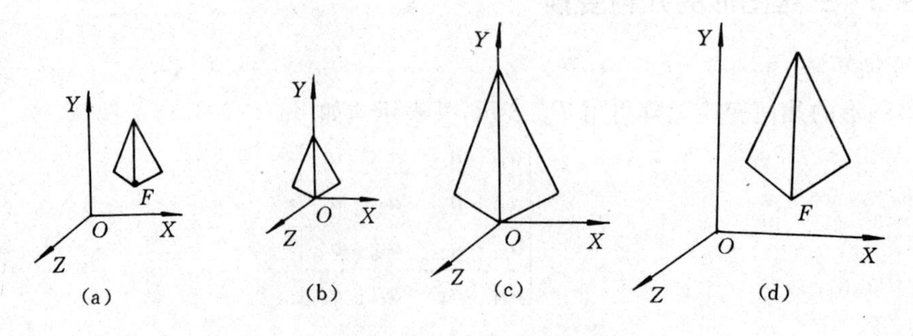

图 7.3.4　相对 F 点作比例变换

4. 绕坐标轴的旋转变换

在右手坐标系下相对坐标系原点绕坐标轴旋转 θ 角的变换公式是：

(1) 绕 x 轴旋转

$$[x^* \ y^* \ z^* \ 1]=[x \ y \ z \ 1]\begin{bmatrix}1 & 0 & 0 & 0\\0 & \cos\theta & \sin\theta & 0\\0 & -\sin\theta & \cos\theta & 0\\0 & 0 & 0 & 1\end{bmatrix}$$

(2) 绕 y 轴旋转

$$[x^* \ y^* \ z^* \ 1]=[x \ y \ z \ 1]\begin{bmatrix}\cos\theta & 0 & -\sin\theta & 0\\0 & 1 & 0 & 0\\\sin\theta & 0 & \cos\theta & 0\\0 & 0 & 0 & 1\end{bmatrix}$$

(3) 绕 z 轴旋转

$$[x^* \ y^* \ z^* \ 1]=[x \ y \ z \ 1]\begin{bmatrix}\cos\theta & \sin\theta & 0 & 0\\-\sin\theta & \cos\theta & 0 & 0\\0 & 0 & 1 & 0\\0 & 0 & 0 & 1\end{bmatrix}$$

旋转变换的示意图如图 7.3.5 所示。

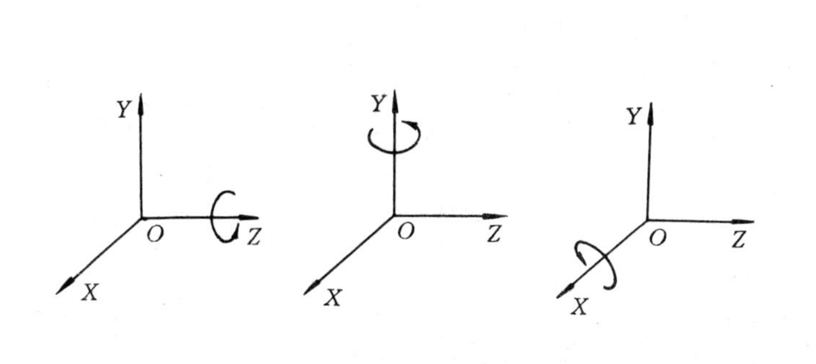

图 7.3.5　绕坐标轴旋转变换

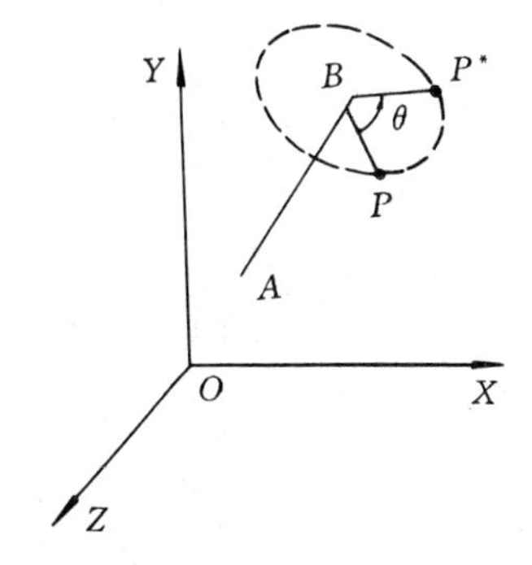

图 7.3.6　P 点绕 AB 轴旋转

5. 绕任意轴的旋转变换

设旋转轴 AB 由空间任意一点 $A(x_a,y_a,z_a)$及其方向数(a,b,c)定义，空间一点 $P(x_p,y_p,z_p)$绕 AB 轴旋转 θ 角到 $P^*(x_p^*,y_p^*,z_p^*)$，如图 7.3.6 所示。即要使

$$[x_p^* \ y_p^* \ z_p^* \ 1]=[x_p \ y_p \ z_p \ 1]\cdot R_{ab}$$

其中 R_{ab}为待求的变换矩阵。

求 R_{ab}的基本思想是：以(x_a,y_a,z_a)为新的坐标原点，并使 AB 分别绕 X 轴、Y 轴旋转适当角度与 Z 轴重合，再绕 Z 轴转 θ 角，最后再做上述变换的逆变换，使之回到原点的位置。

(1) 使坐标原点平移到 A 点，原来的 AB 在新坐标系中为 $O'A$，其方向数仍为(a,b,c)。

$$T_A=\begin{bmatrix}1 & 0 & 0 & 0\\0 & 1 & 0 & 0\\0 & 0 & 1 & 0\\-x_a & -y_a & -z_a & 1\end{bmatrix}$$

(2) 让平面 $AO'A'$ 绕 X 轴旋转 α 角，见图 7.3.7(a)，α 是 $O'A$ 在 YOZ 平面上的投影 $O'A'$ 与 Z 轴的夹角，故有

$$v=\sqrt{c^2+b^2} \qquad \cos\alpha=c/v \qquad \sin\alpha=b/v$$

$$R_x=\begin{bmatrix}1 & 0 & 0 & 0\\0 & \cos\alpha & \sin\alpha & 0\\0 & -\sin\alpha & \cos\alpha & 0\\0 & 0 & 0 & 1\end{bmatrix}=\begin{bmatrix}1 & 0 & 0 & 0\\0 & c/v & b/v & 0\\0 & -b/v & c/v & 0\\0 & 0 & 0 & 1\end{bmatrix}$$

经旋转 α 角后，OA 就在 XOZ 平面上了。

(3) 再让 $O'A$ 绕 Y 轴旋转 β 角与 Y' 轴重合，见图 7.3.7(b)，此时从 Y' 轴往原点看，β 角是顺时针方向，故 β 取负值，故有

$$u=|OA|=\sqrt{a^2+b^2+c^2}$$

因 OA 为单位矢量，故 $u=1$，

所以 $\qquad \cos\beta=v/u=v, \qquad \sin\beta=-a/u=-a$

$$R_y=\begin{bmatrix}\cos\beta & 0 & -\sin\beta & 0\\0 & 1 & 0 & 0\\\sin\beta & 0 & \cos\beta & 0\\0 & 0 & 0 & 1\end{bmatrix}=\begin{bmatrix}v & 0 & a & 0\\0 & 1 & 0 & 0\\-a & 0 & v & 0\\0 & 0 & 0 & 1\end{bmatrix}$$

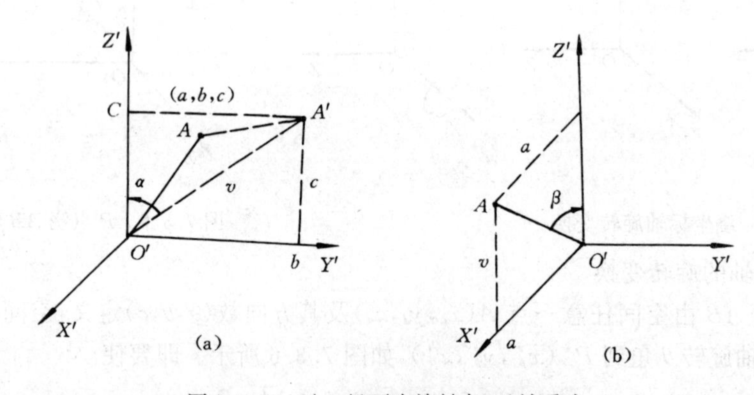

图 7.3.7 $O'A$ 经两次旋转与 Z' 轴重合

(4) 经以上三步变换后，P 绕 AB 旋转变为在新坐标系中 P 绕 Z 轴转 θ 角了，

$$R_z=\begin{bmatrix}\cos\theta & \sin\theta & 0 & 0\\-\sin\theta & \cos\theta & 0 & 0\\0 & 0 & 1 & 0\\0 & 0 & 0 & 1\end{bmatrix}$$

(5) 求 R_y, R_x, T_A 的逆变换

$$R_y^{-1}=\begin{bmatrix}\cos\beta & 0 & \sin\beta & 0\\ 0 & 1 & 0 & 0\\ -\sin\beta & 0 & \cos\beta & 0\\ 0 & 0 & 0 & 1\end{bmatrix}=\begin{bmatrix}v & 0 & -a & 0\\ 0 & 1 & 0 & 0\\ a & 0 & v & 0\\ 0 & 0 & 0 & 1\end{bmatrix}$$

$$R_x^{-1}=\begin{bmatrix}1 & 0 & 0 & 0\\ 0 & \cos\alpha & -\sin\alpha & 0\\ 0 & \sin\alpha & \cos\alpha & 0\\ 0 & 0 & 0 & 1\end{bmatrix}=\begin{bmatrix}1 & 0 & 0 & 0\\ 0 & c/v & -b/v & 0\\ 0 & b/v & c/v & 0\\ 0 & 0 & 0 & 1\end{bmatrix}$$

$$T_A^{-1}=\begin{bmatrix}1 & 0 & 0 & 0\\ 0 & 1 & 0 & 0\\ 0 & 0 & 1 & 0\\ x_a & y_a & z_a & 1\end{bmatrix}$$

所以 $R_{ab}=T_AR_xR_yR_zR_y^{-1}R_x^{-1}T_A^{-1}$

7.3.3 参数图形的几何变换

前二节所介绍的二维、三维图形的几何变换均是基于点的几何变换。对于可用参数表示的曲线、曲面图形，若其几何变换仍然基于点，则计算工作量和存储空间都很大，下面介绍对参数表示的点、曲线及曲面直接进行几何变换的算法，用以提高执行几何变换的效率。

1. 圆锥曲线的几何变换

圆锥曲线一般的二次方程是 $Ax^2+Bxy+Cy^2+Dx+Ey+F=0$，其相应的矩阵表达式是

$$[x\ y\ 1]\begin{bmatrix}A & B/2 & D/2\\ B/2 & C & E/2\\ D/2 & E/2 & F\end{bmatrix}\begin{bmatrix}x\\ y\\ 1\end{bmatrix}=0\text{，简记为 }XSX^{\mathrm{T}}=0\text{。}$$

(1) 平移变换。若对圆锥曲线作平移变换，平移矩阵是 $T_r=\begin{bmatrix}1 & 0 & 0\\ 0 & 1 & 0\\ -m & -n & 1\end{bmatrix}$，则平移后的圆锥曲线矩阵方程是 $XT_rST_r^{\mathrm{T}}X^{\mathrm{T}}=0$。

(2) 旋转变换。若对圆锥曲线相对坐标原点作旋转变换，旋转变换矩阵是

$R=\begin{bmatrix}\cos\theta & \sin\theta & 0\\ -\sin\theta & \cos\theta & 0\\ 0 & 0 & 1\end{bmatrix}$ 则旋转后的圆锥曲线矩阵方程是 $XRSR^{\mathrm{T}}X^{\mathrm{T}}=0$。

若对圆锥曲线相对 (m,n) 点作旋转 θ 角变换，则旋转后的圆锥曲线是上述 T_r、R 变换的复合变换，变换后圆锥曲线的矩阵方程是 $XT_rRT_rS(T_r^{-1})^{\mathrm{T}}R^{\mathrm{T}}T_r^{\mathrm{T}}X^{\mathrm{T}}=0$。

(3) 比例变换。若对圆锥曲线相对 (m,n) 点比例变换，比例变换矩阵为

$S_T=\begin{bmatrix}s_x & 0 & 0\\ 0 & s_y & 0\\ 0 & 0 & 1\end{bmatrix}$，则变换后圆锥曲线的矩阵方程是 $XT_rS_TT_rS(T_r^{-1})^{\mathrm{T}}S_T^{\mathrm{T}}T_r^{\mathrm{T}}X^{\mathrm{T}}=0$。

对于二次曲面也有与上述类似的矩阵表示和几何变换表达式。

2. 参数曲线、曲面的几何变换

(1) 平移

若指定一个平移矢量 t，对曲线平移 t，即对曲线上的每一点 P 都平移 t。平移后的点 P^* 有

$$P^*=P+t$$

对于参数曲线和曲面的几何系数矩阵 B 和代数系数矩阵 A，可以直接实现平移变换，即有

$$A^*=A+MT, \qquad B^*=B+T, T=[t\ t\ 0\ 0]^{\mathrm{T}}$$

B^* 是经平移后参数曲线的几何系数矩阵，变换结果如图 7.3.8 所示。

因为双三次曲面片的系数矩阵是 4×4 的，故其平移变换矩阵为

$$T=\begin{bmatrix} t & t & 0 & 0 \\ t & t & 0 & 0 \\ 0 & 0 & 0 & 0 \\ 0 & 0 & 0 & 0 \end{bmatrix}$$

(2) 旋转

形体的旋转变换有多种形式，例如绕主轴旋转，或绕空间任一直线旋转等等。若令 R_θ 表示绕 z 轴转 θ 角，R_β 表示绕 y 轴转 β 角，R_γ 表示绕 x 轴转 γ 角，则点 P 绕 x,y,z 轴转 γ,β,θ 角的变换公式是

$$R_\theta=\begin{bmatrix} \cos\theta & \sin\theta & 0 \\ -\sin\theta & \cos\theta & 0 \\ 0 & 0 & 1 \end{bmatrix}, R_\beta=\begin{bmatrix} \cos\beta & 0 & -\sin\beta \\ 0 & 1 & 0 \\ \sin\beta & 0 & \cos\beta \end{bmatrix}, R_\gamma=\begin{bmatrix} 1 & 0 & 0 \\ 0 & \cos\gamma & \sin\gamma \\ 0 & -\sin\gamma & \cos\gamma \end{bmatrix}$$

$$R=\begin{bmatrix} \cos\theta\cdot\cos\beta & \sin\theta\cdot\cos\gamma+\cos\theta\cdot\sin\beta\cdot\sin\gamma & \sin\theta\cdot\sin\gamma-\cos\theta\cdot\sin\beta\cdot\cos\gamma \\ -\sin\theta\cdot\cos\beta & \cos\theta\cdot\cos\gamma-\sin\theta\cdot\sin\beta\cdot\sin\gamma & \cos\theta\cdot\sin\gamma+\sin\theta\cdot\sin\beta\cdot\cos\gamma \\ \sin\beta & -\cos\beta\cdot\sin\gamma & \cos\beta\cdot\cos\gamma \end{bmatrix}$$

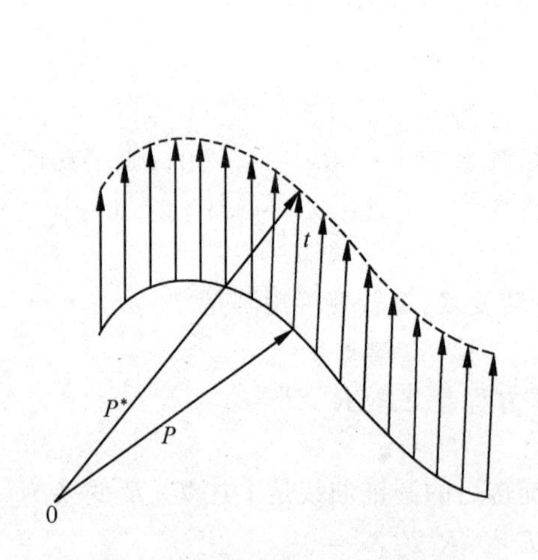

图 7.3.8 参数曲线作平移变换

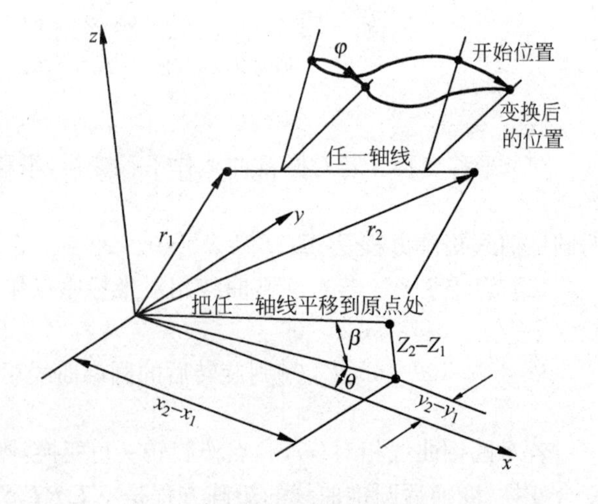

图 7.3.9 参数曲线绕空间任一直线作旋转变换

对于参数曲线或曲面的代数系数矩阵和几何系数矩阵的变换公式是

$$A^*=AR, \quad B^*=BR$$

对于绕空间任一直线旋转，如图 7.3.9 所示。可以由以下几步完成。其中设空间任一直线(即轴)由矢量 r_1r_2 定义(即该直线的端点)，空间参数曲线要绕此轴旋转 φ 角。

第一步：平移曲线和此轴，令平移量为 r_1，使该轴的一端点变为坐标原点，则 $t=-r_1$，若 P 为曲线上任一点，则有：$P^*=P-r_1$；

第二步：旋转曲线和该轴，使该轴和 x 轴共线，先绕 z 轴旋转 $-\theta$ 角，再绕 y 轴旋转 $-\beta$ 角：

$$\theta=\tan^{-1}[(y_2-y_1)/(x_2-x_1)],\beta=\sin^{-1}[(z_2-z_1)/|r_2-r_1|]$$

则
$$P^*=[P-r_1]R_{\theta\beta};$$

第三步：绕 x 轴转 γ 角，$\gamma=\varphi$，则有：$P^*=[P-r_1]R_{\theta\beta}R_\gamma$；

第四步：对第二步的变换求逆，即：$P^*=[P-r_1]R_{\theta\beta}R_\gamma R_{-\theta\beta}$；

第五步：对第一步的变换求逆，即：$P^*=[P-r_1]R_{\theta\beta}R_\gamma R_{-\theta\beta}+r_1$。

经过上述五步，即在新的位置上定义了参数曲线。对于几何系数矩阵 B 实现上述变换的公式是

$$B^*=[B+T]R_{\theta\beta}R_\gamma R_{-\theta\beta}-T \quad T=[-r_1 \quad -r_1 \quad 0 \quad 0]^{\mathrm{T}}$$

若令
$$R_a=R_{\theta\beta}R_\gamma R_{-\theta\beta}$$

则
$$B^*=[B+T]R_a-T=BR_a+TR_a-T$$

令
$$T_a=TR_a-T$$

则
$$B^*=BR_a+T_a$$

(3) 变比例

令比例系数为 s，对参数曲线作变比例变换，只要对其几何系数矩阵 B 作变比例变换即可。结果是：

$$B^*=sB \quad 或 \quad B^*=[sP_0\ sP_1\ sP_0^u\ sP_1^u]^{\mathrm{T}}$$

图 7.3.10 中定义的曲线 $P(u)$ 和 $P^*(u)$ 是相似的，它们相对原点作了变比例变换。图7.3.11 表示参数曲线对 Q 点作变比例变换的情况，其变换表达式是

$$B^*=sB+T_s$$
$$T_s=[-Q(s-1)\ -Q(s-1)\ 0\ 0]^{\mathrm{T}}$$

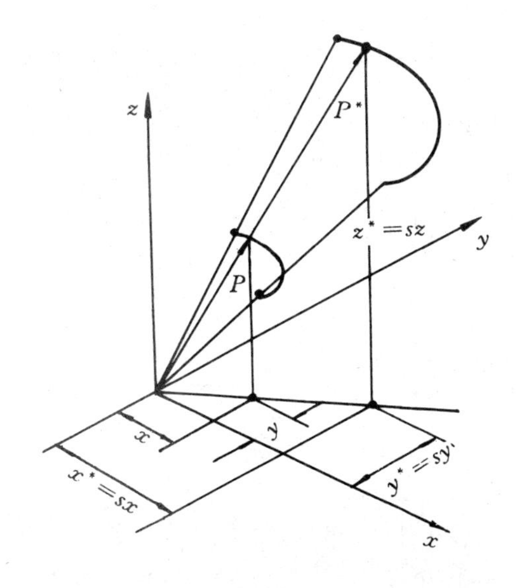

图 7.3.10 相对原点对参数曲线作比例变换

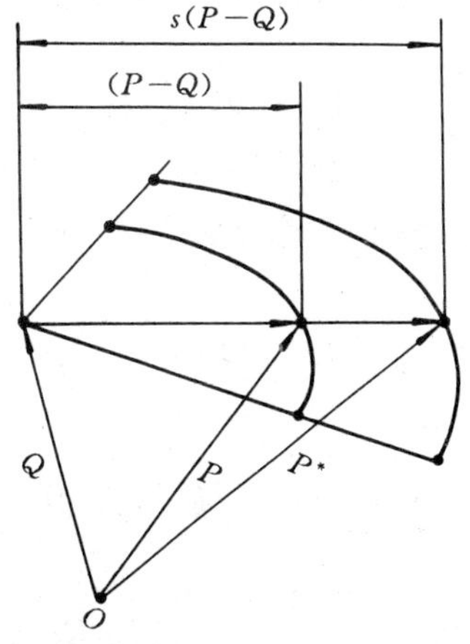

图 7.3.11 相对空间一点 Q 对参数曲线作比例变换

图 7.3.12 表示对参数曲线作不等比变换的情况，其中 $S_x=1.0$，$S_y=4.0$，$P_0^*=P_0$，变换后的几何系数矩阵 B^* 是

$$B^*=\begin{bmatrix} S_xX_0-Q_x(S_x-1) & S_yY_0-Q_y(S_y-1) & S_zZ_0-Q_z(S_z-1) \\ S_xX_1-Q_x(S_x-1) & S_yY_1-Q_y(S_y-1) & S_zZ_1-Q_z(S_z-1) \\ S_xX_0^u & S_yY_0^u & S_zZ_0^u \\ S_xX_1^u & S_yY_1^u & S_zZ_1^u \end{bmatrix}$$

(4) 对称反射变换

对称反射变换可用下式表示：$B^*=BR_f$

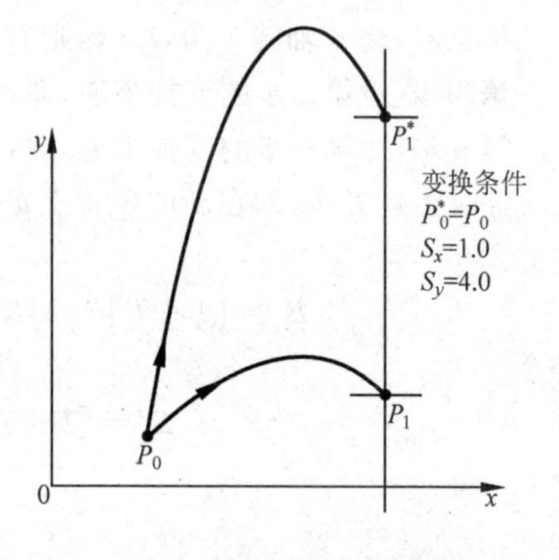

图 7.3.12　相对 P_0 点对参数曲线作不等比变换

其中① 对 $x=0$ 的平面作对称反射变换，则

$$R_f=\begin{bmatrix} -1 & 0 & 0 & 0 \\ 0 & 1 & 0 & 0 \\ 0 & 0 & 1 & 0 \\ 0 & 0 & 0 & 1 \end{bmatrix}$$

② 对 $y=0$ 的平面作对称反射变换，则

$$R_f=\begin{bmatrix} 1 & 0 & 0 & 0 \\ 0 & -1 & 0 & 0 \\ 0 & 0 & 1 & 0 \\ 0 & 0 & 0 & 1 \end{bmatrix}$$

③ 对 $z=0$ 的平面作对称反射变换，则

$$R_f=\begin{bmatrix} 1 & 0 & 0 & 0 \\ 0 & 1 & 0 & 0 \\ 0 & 0 & -1 & 0 \\ 0 & 0 & 0 & 1 \end{bmatrix}$$

④ 对 x 轴作对称反射变换，则

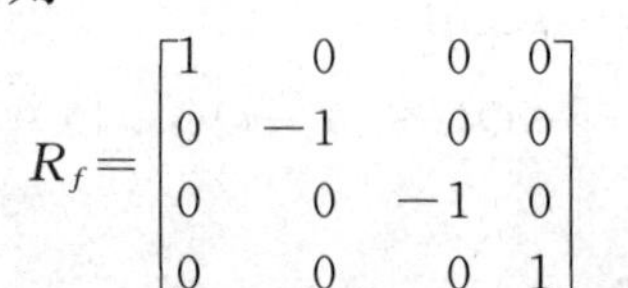

$$R_f=\begin{bmatrix} 1 & 0 & 0 & 0 \\ 0 & -1 & 0 & 0 \\ 0 & 0 & -1 & 0 \\ 0 & 0 & 0 & 1 \end{bmatrix}$$

⑤ 对 y 轴作对称反射变换，则

$$R_f=\begin{bmatrix} -1 & 0 & 0 & 0 \\ 0 & 1 & 0 & 0 \\ 0 & 0 & -1 & 0 \\ 0 & 0 & 0 & 1 \end{bmatrix}$$

⑥ 对 z 轴作对称反射变换，则

$$R_f=\begin{bmatrix} -1 & 0 & 0 & 0 \\ 0 & -1 & 0 & 0 \\ 0 & 0 & 1 & 0 \\ 0 & 0 & 0 & 1 \end{bmatrix}$$

⑦ 对坐标原点作对称反射变换，则

$$R_f=\begin{bmatrix} -1 & 0 & 0 & 0 \\ 0 & -1 & 0 & 0 \\ 0 & 0 & -1 & 0 \\ 0 & 0 & 0 & 1 \end{bmatrix}$$

图 7.3.13 表示对在 xy 平面上的曲线作对称反射变换的例子，图 7.3.14 表示一条参数曲线对空间任一点 Q 作对称反射变换的情况，其中

$$P^* = P + 2(Q - P),\ P_u^* = -P_u$$

对应的几何系数矩阵 B^* 为

$$B^* = [2Q - P_0 \quad 2Q - P_1 \quad -P_0^u \quad -P_1^u]^{\mathrm{T}}$$

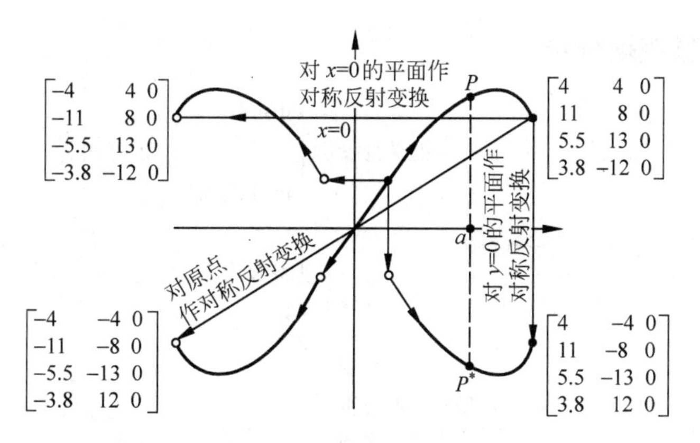

图 7.3.13 一条参数曲线在 xy 平面上作各种对称反射变换

图 7.3.15 表示一条参数曲线对任一点 Q 作对称反射放大变换的情况，放大系数为 m，其几何系数矩阵表达式是

$$B^* = \begin{bmatrix} mQ - (m-1)P_0 \\ mQ - (m-1)P_1 \\ -mP_0^u \\ -mP_1^u \end{bmatrix}$$

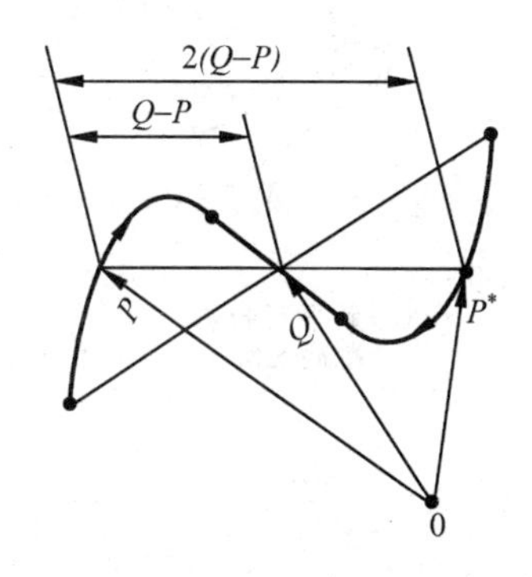

图 7.3.14 一条参数曲线对空间一点作对称反射变换

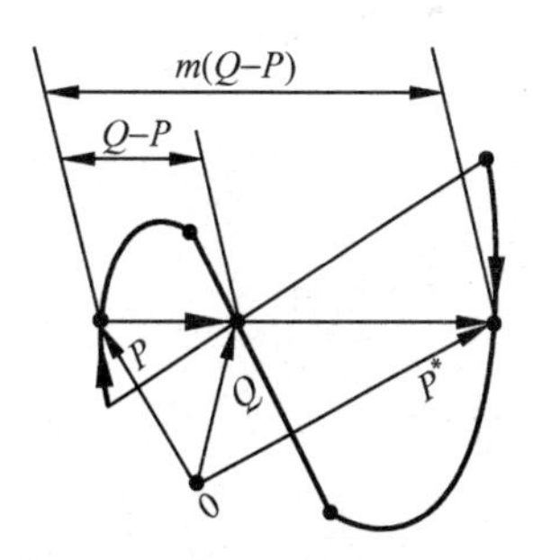

图 7.3.15 一条参数曲线对空间一点作对称反射放大变换

以上讨论了对参数曲线、曲面的控制点及其矢量，即对其几何系数矩阵(或代数系数矩阵)直接进行几何变换的情况。对某些应用，在保持形体拓扑关系不变的情况下，还可以把这类几何变换矩阵的元素为常数的变换转化为其矩阵元素为线性或非线性函数的变换，从而可以扩大几何造型的域。

7.4 形体的投影变换

把三维物体变为二维图形表示的过程称为投影变换。

7.4.1 投影变换分类

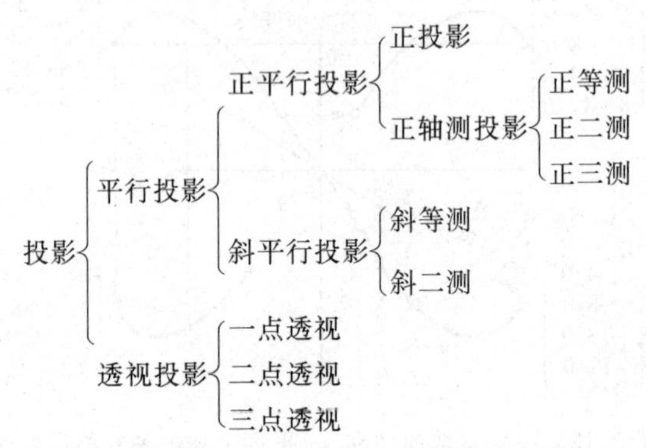

根据投影中心与投影平面之间距离的不同，投影可分为平行投影和透视投影。平行投影的投影中心与投影平面之间的距离为无穷大，而对透视投影，这距离是有限的，不同投影的情况如图 7.4.1 所示。

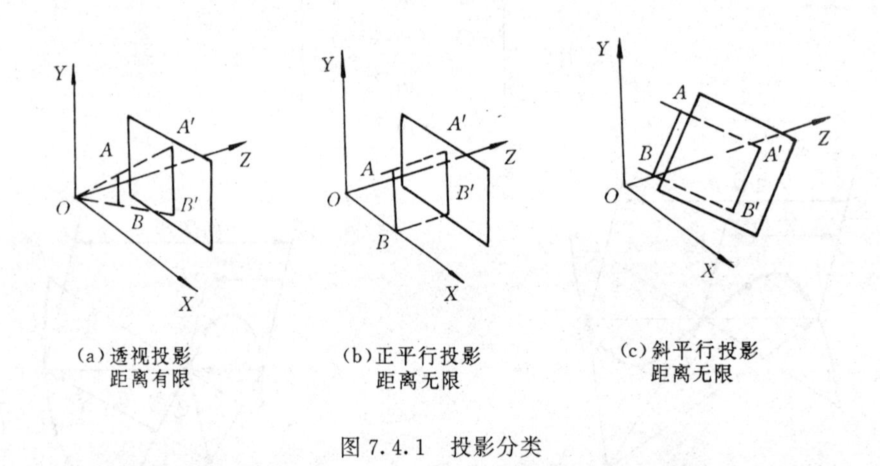

图 7.4.1 投影分类

7.4.2 正平行投影(三视图)

投影方向垂直于投影平面时称为正平行投影，我们通常说的三视图(正视图、俯视图、侧视图)均属正平行投影。如图 7.4.2 所示，三视图的生成就是把 x,y,z 坐标系下的形体投影到 $z=0$ 的平面，变换到 u,v,w 坐标系。一般还需将三个视图在一个平面上画出，这时就得到下面的变换公式，其中(a,b)为 u,v 坐标系下的值，t_x,t_y,t_z 均如图中所示。

1. 主视图

$$[u\ v\ w\ 1]=[x\ y\ z\ 1]\begin{bmatrix}-1 & 0 & 0 & 0\\ 0 & 0 & 0 & 0\\ 0 & 1 & 0 & 0\\ a-t_x & b+t_z & 0 & 1\end{bmatrix}$$

2. 俯视图

$$[u\ v\ w\ 1]=[x\ y\ z\ 1]\begin{bmatrix}-1 & 0 & 0 & 0\\ 0 & -1 & 0 & 0\\ 0 & 0 & 0 & 0\\ a-t_x & b-t_y & 0 & 1\end{bmatrix}$$

3. 侧视图

$$[u\ v\ w\ 1]=[x\ y\ z\ 1]\begin{bmatrix}0 & 0 & 0 & 0\\ 1 & 0 & 0 & 0\\ 0 & 1 & 0 & 0\\ a+t_y & b+t_z & 0 & 1\end{bmatrix}$$

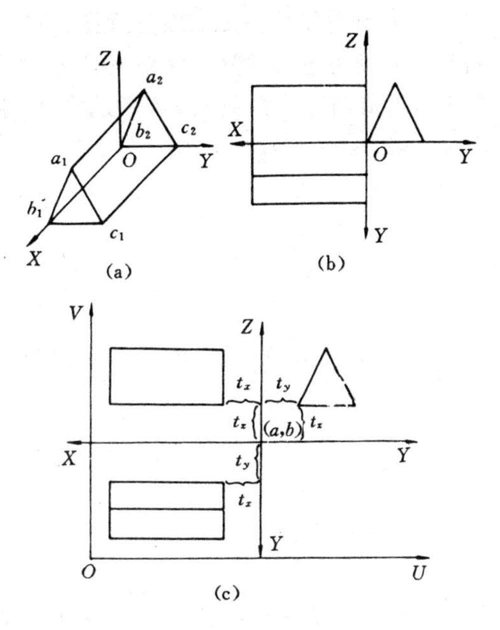

图 7.4.2 三视图

7.4.3 斜平行投影

如果投影方向不垂直于投影平面的平行投影,则称为斜平行投影,在斜平行投影中,投影平面一般取坐标平面。下面我们用二种方法来推导斜平行投影的变换矩阵。

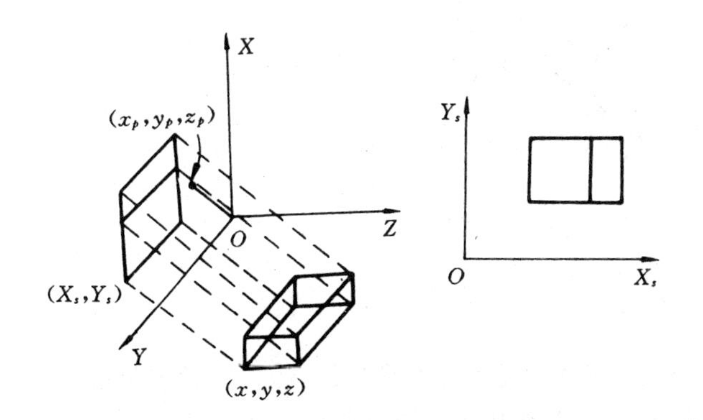

图 7.4.3 已知投影方向的斜平行投影

1. 设定投影方向矢量为(x_p, y_p, z_p),由此可定义任意方向的斜平行投影。若形体被投影到 xoy 平面上,形体上的一点为(x,y,z),我们要确定它在 xoy 平面上的投影(x_s, y_s)。如图 7.4.3 所示,由投影方向矢量(x_p, y_p, z_p),可得到投影线的参数方程为:

$$x_s=x+x_p\cdot t$$
$$y_s=y+y_p\cdot t$$
$$z_s=z+z_p\cdot t$$

因为(x_s, y_s, z_s)在 $z=0$ 的平面上,故 $z_s=0$;则有 $t=-z/z_p$,把 t 代入上述参数方程可得:

$$x_s=x-x_p/z_p\cdot z$$
$$y_s=y-y_p/z_p\cdot z$$

若令 $S_{xp}=x_p/z_p$,$S_{yp}=y_p/z_p$,则上述方程的矩阵式是:

$$[x_s\ y_s\ z_s\ 1]=[x\ y\ z\ 1]\begin{bmatrix}1 & 0 & 0 & 0\\ 0 & 1 & 0 & 0\\ -S_{xp} & -S_{yp} & 0 & 0\\ 0 & 0 & 0 & 1\end{bmatrix}$$

其中$[x\ y\ z\ 1]$表示在用户坐标系下的坐标,$[x_s\ y_s\ z_s\ 1]$表示在投影平面上的坐标。

2. 在观察坐标系下求斜平行投影的变换矩阵。观察坐标系的定义见第8章8.1.1节。如图7.4.4，考虑在观察坐标系下的立方体，其投影平面是$X_eO_eY_e$。这时斜平行投影的变换矩阵可写成与变形系数l、α有关的形式，立方体上一点$P(0,0,1)$在$X_eO_eY_e$平面上的投影$P'(l\cos\alpha, l\sin\alpha, 0)$，投影方向为$PP'$，和$X_eO_eY_e$平面的夹角为$\beta$，其方向余弦为$(l\cos\alpha, l\sin\alpha, -1)$。现考虑任意一点$(x_e, y_e, z_e)$在$X_eO_eY_e$平面上的投影$(x_s, y_s)$，因投影方向与投影线平行，且投影线的方程为：

$$\frac{z_e - z_s}{-1} = \frac{x_e - x_s}{l\cos\alpha} = \frac{y_e - y_s}{l\sin\alpha}, \text{又 } z_s = 0,$$

所以，$x_s = x_e + z_e(l\cos\alpha)$，$y_s = y_e + z_e(l\sin\alpha)$，写成矩阵的形式为

$$[x_s\ y_s\ z_s\ 1] = [x_e\ y_e\ z_e\ 1]\begin{bmatrix} 1 & 0 & 0 & 0 \\ 0 & 1 & 0 & 0 \\ l\cos\alpha & l\sin\alpha & 0 & 0 \\ 0 & 0 & 0 & 1 \end{bmatrix}$$

在斜等测平行投影中，$l=1$，$\beta=45°$

在斜二测平行投影中，$l=\frac{1}{2}$，$\beta=\mathrm{tg}^{-1}\alpha=63.4°$

在正平行投影（正投影中），$l=0$，$\beta=90°$

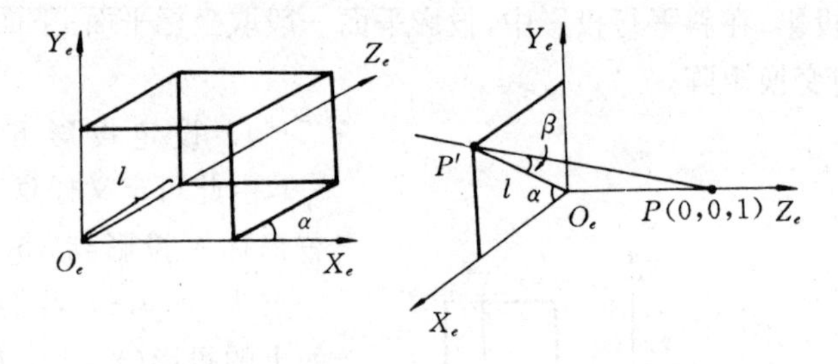

图7.4.4　观察坐标系下的斜平行投影

7.4.4　透视投影

透视投影的视线（投影线）是从视点（观察点）出发，视线是不平行的。透视投影按照主灭点的个数分为一点透视、二点透视和三点透视，一点透视和二点透视如图7.4.5所示。任何一束不平行于投影平面的平行线的透视投影将汇聚成一点，称之为灭点，在坐标轴上的灭点

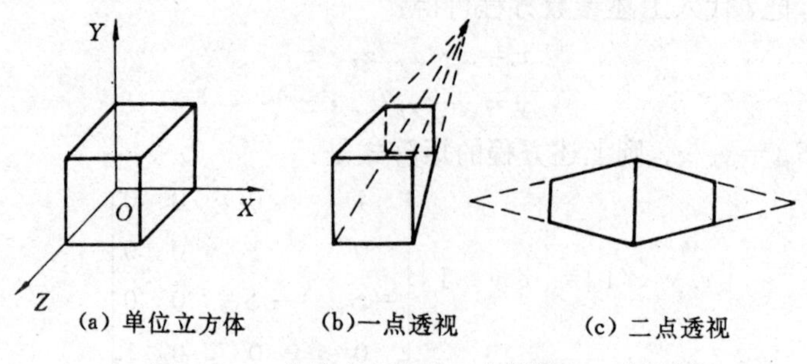

图7.4.5　单位立方体的一点透视和二点透视

称为主灭点。主灭点数是和投影平面切割坐标轴的数量相对应的。如投影平面仅切割 z 轴，则 z 轴是投影平面的法线，因而只在 z 轴上有一个主灭点，而平行于 x 轴或 y 轴的直线也平行于投影平面，因而没有灭点。

1. 简单的一点透视

如图 7.4.6 所示，透视投影的视点（投影中心）为 $P_c(x_c, y_c, z_c)$，投影平面为 XOY 平面，形体上一点 $P(x,y,z)$ 的投影为 (x_s, y_s)，现推导求 (x_s, y_s) 的变换公式。

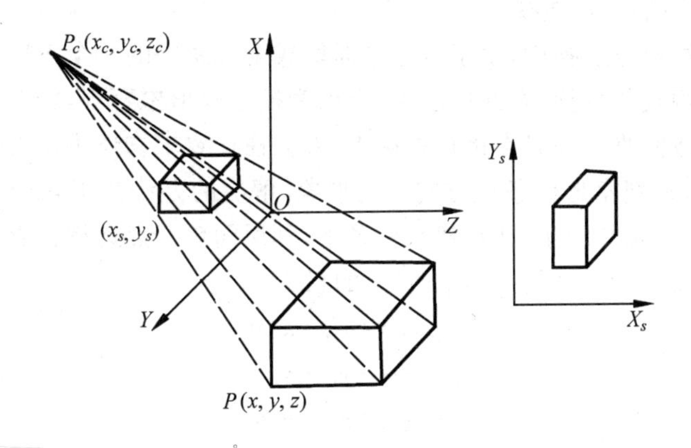

图 7.4.6 简单的一点透视投影

由 P_cP 可得到投影线方程：

$$x_s = x_c + (x - x_c)t$$
$$y_s = y_c + (y - y_c)t$$
$$z_s = z_c + (z - z_c)t$$

它与 XOY 平面交于 (x_s, y_s, z_s)，此时 $z_s = 0$，从而得到 $t = -z_c/(z - z_c)$，把 t 代入投影线的前两个方程得

$$x_s = (x_c z - x z_c)/(z - z_c)$$
$$y_s = (y_c z - y z_c)/(z - z_c)$$

上述变换可用齐次坐标矩阵表示：

$$[x_s w_s \ y_s w_s \ z_s w_s \ w_s] = [xw \ yw \ zw \ w]\begin{bmatrix} 1 & 0 & 0 & 0 \\ 0 & 1 & 0 & 0 \\ -x_c/z_c & -y_c/z_c & 0 & -1/z_c \\ 0 & 0 & 0 & 1 \end{bmatrix}$$

$$= [(-xz_c + x_c z)w \quad (-yz_c + y_c z)w \quad 0 \quad -(z - z_c)w]$$

由上式可得

$$w_s = (-z + z_c)w$$
$$x_s = (xz_c - x_c z)w$$
$$y_s = (yz_c - y_c z)w$$

三点透视投影变换公式是：$[x' \ y' \ z' \ 1]=[x \ y \ z \ 1]\begin{bmatrix}1 & 0 & 0 & p\\0 & 1 & 0 & q\\0 & 0 & 1 & r\\0 & 0 & 0 & 1\end{bmatrix}$ 若投影中心在 x 轴的 P_x、y 轴的P_y、z 轴的 P_z 处，则：$p=-1/p_x$，$q=-1/p_y$ $r=-1/p_z$。通常一点透视投影变换 $r\neq0$，$p=q=0$；二点透视投影变换 p、q、r 中有一个数为零，其余两个数为非零；在三点透视投影变换中，p、q、r 均为非零。

2. 观察坐标系下的一点透视

在简单一点透视投影变换中，由于投影平面取成坐标系中的一个坐标平面，因此用一个坐标系即可表示透视投影变换。在此方法中，引出变换公式形象直观，好理解，其缺点是用户选择较好的视点比较困难。而且在透视投影中，人们往往要求物体不动，让视点在以形体为中心的球面上变化，来观察形体各个方向上的形象，解决的办法是引入一个过渡坐标系，称为观察坐标系。如图 7.4.7 所示，在观察坐标系下，利用简单一点透视投影公式，即可求得形体上的一点(x_e,y_e,z_e)在视平面(投影平面)上的投影(x_s,y_s)。

$$x=x_c+(x_w-x_c)t$$
$$y=y_c+(y_w-y_c)t$$
$$z=z_c+(z_w-z_c)t$$

此公式在观察坐标系下，(x_c,y_c,z_c)则为$(0,0,0)$，用户坐标系下的点(x_w,y_w,z_w)则为(x_e,y_e,z_e)，这样，上述公式就变为：

$$x=x_et$$
$$y=y_et$$
$$z=z_et$$

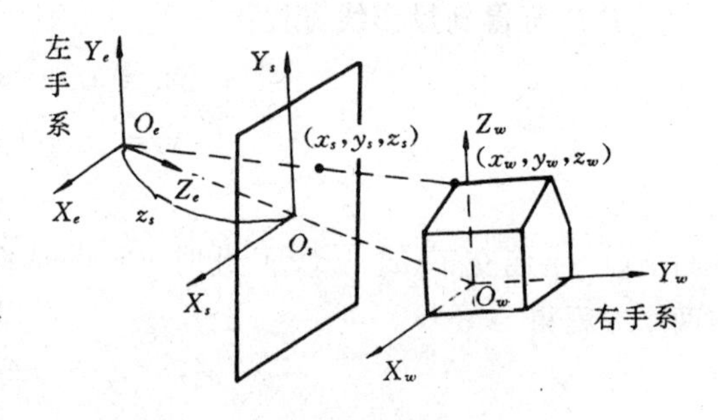

图 7.4.7　观察坐标系下的一点透视

现将(x,y,z)约束到视平面上，则：

$$z_s=z,\ t=z_s/z_e$$

z_s 为视平面在观察方向上离视点的距离，所以在观察坐标系下一点透视的变换公式为

$$x_s=x_ez_s/z_e$$
$$y_s=y_ez_s/z_e$$
$$z_s=z_s$$

通过以上分析，可知问题转化成如何将用户坐标系下的点坐标(x_w,y_w,z_w)变换为观察坐标系下的点坐标(x_e,y_e,z_e)。求用户坐标系到观察坐标系的变换矩阵方法在下节要详细介绍，这里我们介绍一种将用户坐标系经过平移和旋转变换，使之与观察坐标系重合而求得复合变换矩阵 V 的方法。若$[x_e \ y_e \ z_e \ 1]=[x_w \ y_w \ z_w \ 1]\,V$，$V$ 矩阵的推导分五步。

(1) 将用户坐标系的原点平移到视点，设视点在用户坐标系下的坐标为(a,b,c)

$$T_1=\begin{bmatrix}1 & 0 & 0 & 0\\0 & 1 & 0 & 0\\0 & 0 & 1 & 0\\-a & -b & -c & 1\end{bmatrix}$$

(2) 令平移后的新坐标系绕 x' 轴旋转 90°，则形体上的点是顺转 90°

$$T_2=\begin{bmatrix}1 & 0 & 0 & 0\\0 & \cos 90° & -\sin 90° & 0\\0 & \sin 90° & \cos 90° & 0\\0 & 0 & 0 & 1\end{bmatrix}=\begin{bmatrix}1 & 0 & 0 & 0\\0 & 0 & -1 & 0\\0 & 1 & 0 & 0\\0 & 0 & 0 & 1\end{bmatrix}$$

(3) 再将新坐标系绕 y' 顺时针转 θ 角，此时 θ 角大于 180°，形体顶点逆转 θ 角

$$\cos\theta=-\frac{b}{\sqrt{a^2+b^2}},\sin\theta=-\frac{a}{\sqrt{a^2+b^2}},\text{令 } v=\sqrt{a^2+b^2},$$

$$T_3=\begin{bmatrix}-b/v & 0 & a/v & 0\\0 & 1 & 0 & 0\\-a/v & 0 & -b/v & 0\\0 & 0 & 0 & 1\end{bmatrix}$$

(4) 再令新坐标系绕 x' 顺时针转 φ 角，形体顶点逆转 φ，

$$u=\sqrt{a^2+b^2+c^2},\cos\varphi=v/u,\sin\varphi=c/u,$$

$$T_4=\begin{bmatrix}1 & 0 & 0 & 0\\0 & v/u & c/u & 0\\0 & -c/u & v/u & 0\\0 & 0 & 0 & 1\end{bmatrix}$$

(5) 右手坐标系变成左手坐标系，z 轴反向

$$T_5=\begin{bmatrix}1 & 0 & 0 & 0\\0 & 1 & 0 & 0\\0 & 0 & -1 & 0\\0 & 0 & 0 & 1\end{bmatrix}$$

所以

$$V=T_1\cdot T_2\cdot T_3\cdot T_4\cdot T_5=\begin{bmatrix}-b/v & -ac/uv & -a/u & 0\\a/v & -bc/uv & -b/u & 0\\0 & v/u & -c/u & 0\\0 & 0 & u & 1\end{bmatrix}$$

以上五步的变换请参考图 7.4.8。

在引入观察坐标系后，设视点(a,b,c)，视平面在观察方向上离视点的距离为 z_s，设 $u=\sqrt{a^2+b^2+c^2}$，$v=\sqrt{a^2+b^2}$，形体的顶点坐标为(x_w,y_w,z_w)，变换到观察坐标系下的坐标为(x_e,y_e,z_e)，经透视投影到视平面上的坐标为(x_s,y_s)，则透视投影变换公式为

$$[x_e\ y_e\ z_e\ 1]=[x_w\ y_w\ z_w\ 1]\begin{bmatrix}-b/v & -ac/uv & -a/u & 0\\a/v & -bc/uv & -b/u & 0\\0 & v/u & -c/u & 0\\0 & 0 & u & 1\end{bmatrix}$$

$$x_e=-b/v\cdot x_w+a/v\cdot y_w$$

$$y_e=-ac/uv\cdot x_w-bc/uv\cdot y_w+v/u\cdot z_w$$

$$z_e=-a/u\cdot x_w-b/u\cdot y_w-c/u\cdot z_w+u$$

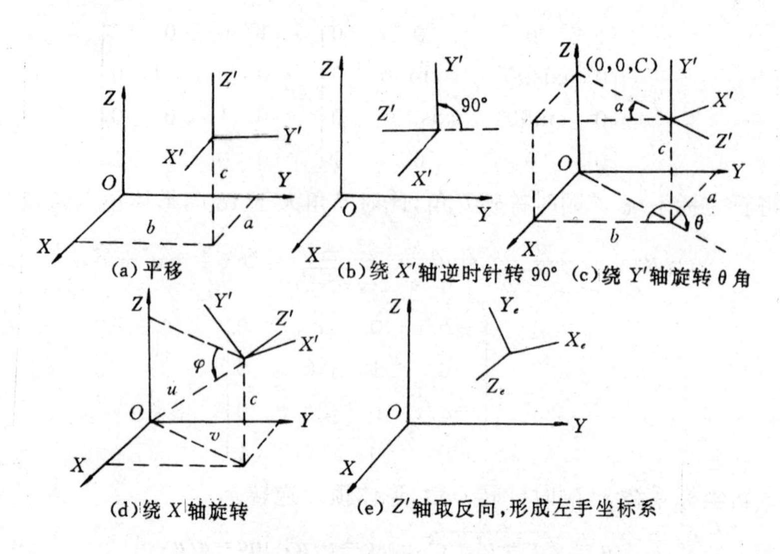

图 7.4.8　从用户坐标系到观察坐标系的变换过程

$$x_s = x_e \cdot z_s / z_e$$

$$y_s = y_e \cdot z_s / z_e$$

在显示形体的一点透视投影图的程序设计过程中还应注意下述二个问题：

(1) 一般先求出形体外接球，将用户坐标系的原点移到外接球的球心位置，以便视点在形体外接球面上移动时，保证能清楚地看到形体不同位置的形状。

(2) 在视平面上的投影图在屏幕上显示时，仍要做窗口视图变换，尤其是与三视图一起在屏幕上显示时，更要注意这种情况。

7.4.5　投影空间

相对于二维的窗口概念，三维的投影窗口称为投影空间，一般在观察坐标系下定义投影窗口。透视投影空间为四棱台体，平行投影空间为四棱柱体。如果投影线(视线)平行于坐标轴，通常得到正四棱台或正四棱柱的投影空间，否则为斜四棱台或斜四棱柱投影空间，但在输出时，总要把斜四棱台或斜四棱柱变换成理想的正四棱台或正四棱柱空间，以减少计算工作量。

图形输出过程如图 7.4.9 所示，它的主要部分与 GKS 和 PHIGS 的输出流水线是一致的。从图 7.4.9 可看出，用户定义的形体要经过用户坐标系到观察坐标系的变换、裁剪空间的规格化变换、规格化图象空间的变换、投影变换，才能使用户定义的形体在屏幕上正确、迅速地显示出来。

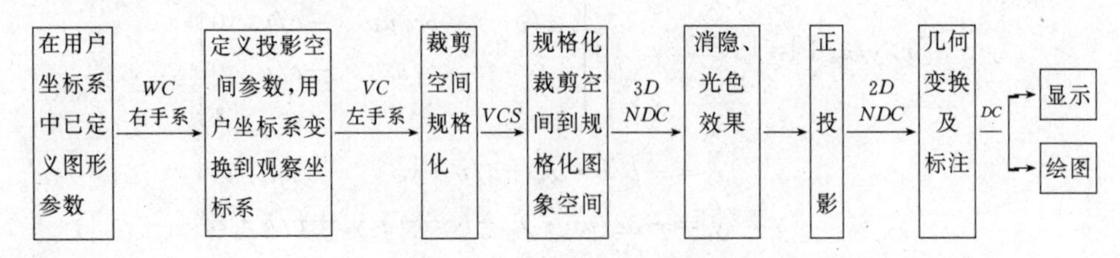

图 7.4.9　图形输出过程

1. 透视投影空间的定义

如图 7.4.10(a)所示,透视投影空间由下述六个参数定义。

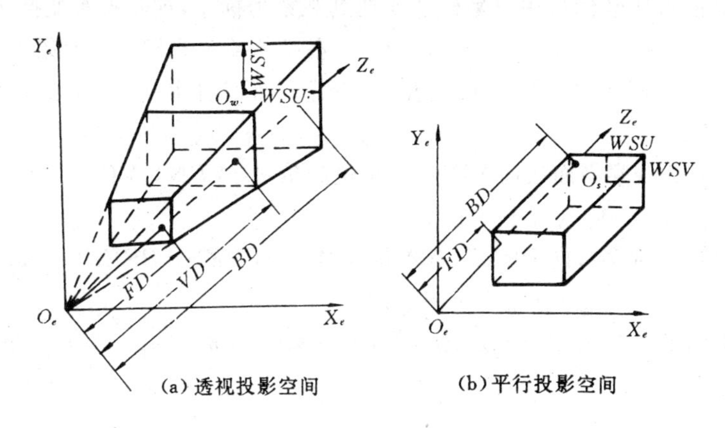

图 7.4.10 投影空间的定义

(1) 投影中心 $O_e(x_e,y_e,z_e)$,又称为视点,相当于观察者眼睛的位置坐标,改变投影中心坐标即从不同角度观察形体;

(2) 投影平面法向 $VPN(x_n,y_n,z_n)$,一般把观察坐标系的 z_e 轴作为观察平面法向;

(3) 观察右向 $PREF$,(x_p,y_p,z_p),它和垂直向上矢量 Y_e 相互垂直,因而可选择 X_e 作为观察右向。在视点确定之后,观察坐标系的 Z_e 指向用户坐标系原点,这时 X_e、Y_e 可以在垂直 Z_e 且过视点的不同位置上,定义不同的 X_e(或 Y_e),在投影平面上会产生旋转投影图的效果;

(4) 观察点 O_e 到观察空间前、后截面的距离 FD 和 BD,用来控制四棱台裁剪空间的长度和位置;

(5) 观察点 O_e 到投影平面的距离 VD,用来控制投影图的大小,VD 小,投影图小;VD 大,则投影图大,一般要求 $VD>0$;

(6) 窗口中的 $O_w(wcu,wcv)$及窗口半边长 WSU,WSV,这是在投影平面上定义的,二维窗口的位置及大小。

2. 平行投影空间的定义

如图 7.4.10(b)所示,在观察坐标系下的平行投影空间可用四棱柱表示。通常由下述五个参数定义。

(1) 观察参考点 $VRP(x_r,y_r,z_r)$;

(2) 投影平面法向 $NORM(x_n,y_n,z_n)$;

(3) 观察参考点与前、后截面之间的距离 FD,BD;

(4) 投影平面上矩形窗口中心 $O_s(wcu,wcv)$及沿 X_e,Y_e 方向上的半边长 WSU,WSV;

(5) 观察右向 $PREF(x_p,y_p,z_p)$。

上述参数与透视投影参数类似。但在平行投影时,投影平面无论在什么位置,都不会改变投影图的大小。为简便处理,可将后截面作为投影平面,从而不必再定义投影平面与 VRP 之间的距离。平行投影中投影线方向一般取成与 VRP 和窗口中心连线方向相平行。显然当 $WCU=WCV=0$ 时,投影线与投影平面相垂直,因而为正平行投影,否则为斜平行投影。

7.4.6 用户坐标系到观察坐标系的变换

把用户定义的形体坐标从用户坐标系变换到观察坐标系，这是投影变换中的基本操作。即：$[x_e \quad y_e \quad z_e \quad 1]=[x_w \quad y_w \quad z_w \quad 1]\cdot T_{wv}$。在7.4.4节我们已经介绍了求用户坐标系到观察坐标系的变换矩阵的一种方法，这里，再介绍另外二种求 T_{wv} 的方法。

1. 单位矢量法

① 取 Z_e 轴向为观察平面法向 VPN，其单位矢量 $n=VPN/|VPN|=(x_n/k, y_n/k, z_n/k)=(n_x, n_y, n_z)$，　$k=(x_n^2+y_n^2+z_n^2)^{1/2}$。

② 取 X_e 轴向为观察右向 $PREF$，其单位矢量 $u=PREF/|PREF|=(x_p/k_1, y_p/k_1, z_p/k_1)=(u_x, u_y, u_z)$，　$k_1=(x_p^2+y_p^2+z_p^2)^{1/2}$。

③ 取 Y_e 轴向的单位矢量 $v=u\times n=(u_y n_z-u_z n_y, u_z n_x-u_x n_z, u_x n_y-u_y n_x)$，$v=(v_x, v_y, v_z)$，即可得

$$T_{wv}=\begin{bmatrix} u_x & u_y & u_z & 0 \\ v_x & v_y & v_z & 0 \\ n_x & n_y & n_z & 0 \\ 0 & 0 & 0 & 1 \end{bmatrix}$$

上述方法简单易行，但没有直接反映观察点变化对投影图的影响。

2. 向量代数法

设观察点（视点）在用户坐标系下的坐标值为(a,b,c)，并规定 X_e 在 $Z_w=c$ 的平面上，参照图7.4.11，求 Twv 的方法如下。

设点 P 在 $O_wX_wY_wZ_w$ 和 $O_eX_eY_eZ_e$ 中的坐标分别为(x_w, y_w, z_w)和(x_e, y_e, z_e)，即有

$$\overrightarrow{O_wP}=x_w\vec{i}_w+y_w\vec{j}_w+z_w\vec{k}_w=[x_w \quad y_w \quad z_w][\vec{i}_w \quad \vec{j}_w \quad \vec{k}_w]^{\mathrm{T}}$$

$$\overrightarrow{O_eP}=x_e\vec{i}_e+y_e\vec{j}_e+z_e\vec{k}_e=[x_e\ y_e\ z_e][\vec{i}_e \quad \vec{j}_e \quad \vec{k}_e]^{\mathrm{T}}$$

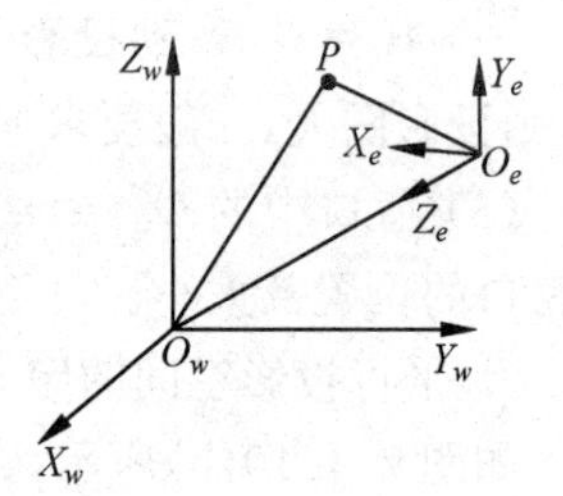

图7.4.11　向量代数法

且 $\overrightarrow{O_eO_w}=x_u\vec{i}_e+y_u\vec{j}_e+z_u\vec{k}_e$

对正交变换有

$$[\vec{i}_e \quad \vec{j}_e \quad \vec{k}_e]=[\vec{i}_w \quad \vec{j}_w \quad \vec{k}_w]\cdot A$$

$$A^{\mathrm{T}}\cdot A=I$$

$$\overrightarrow{O_wP}=[x_w\ y_w\ z_w]\cdot(A^T)^{-1}\cdot[\vec{i}_e \quad \vec{j}_e \quad \vec{k}_e]^{\mathrm{T}}$$

$$=[x_w\ y_w\ z_w]\cdot A\cdot[\vec{i}_e \quad \vec{j}_e \quad \vec{k}_e]^{\mathrm{T}}$$

因 $\overrightarrow{O_eP}=\overrightarrow{O_wP}+\overrightarrow{O_eO_w}$

$$=[x_w \quad y_w \quad z_w]\cdot A\cdot[\vec{i}_e \quad \vec{j}_e \quad \vec{k}_e]^{\mathrm{T}}+[x_u \quad y_u \quad z_u][\vec{i}_e \quad \vec{j}_e \quad \vec{k}_e]^{\mathrm{T}}$$

即
$$[x_e\ y_e\ z_e]=[x_w\ y_w\ z_w]A+[x_u\ y_u\ z_u]$$

令
$$v=(a^2+b^2)^{1/2}, u=(a^2+b^2+c^2)^{1/2}$$

$$\vec{K}_e=\overrightarrow{O_eO_w}/|\overrightarrow{O_eO_w}|=-(a\vec{i}_w+b\vec{j}_w+c\vec{k}_w)/u$$

又因 x_e 在 $Z_w=c$ 的平面上，所以可设

$$\vec{i_e}=m\,\vec{i_w}+n\,\vec{j_w},\qquad am+bn=0$$

而$\vec{i_e}\times\vec{i_e}=0$，即$\vec{i_e}=\pm(-b\,\vec{i_w}+a\,\vec{j_w})/v$，仅取正值，$\vec{i_e}=(-b\,\vec{i_w}+a\,\vec{j_w})/v$ 由于$\vec{i_e},\vec{j_e},\vec{k_e}$构成左手坐标系，即有

$$\vec{j_e}=\vec{i_e}\times\vec{k_e}=\begin{bmatrix}\vec{i_w} & \vec{j_w} & \vec{k_w}\\ -b/v & a/v & 0\\ -a/u & -b/u & -c/u\end{bmatrix}$$

$$=-ac/uv\cdot\vec{i_w}-bc/uv\cdot\vec{j_w}+v/u\,\vec{k_w}$$

则有

$$A=\begin{bmatrix}-b/v & -ac/uv & -a/u\\ a/v & -bc/uv & -b/u\\ 0 & v/u & -c/u\end{bmatrix}$$

$$[x_e\ y_e\ z_e]=[x_w\ y_w\ z_w]\cdot A$$

所以

$$[x_e\ y_e\ z_e\ 1]=[x_w\ y_w\ z_w\ 1]\cdot T_{wv}$$

$$=[x_w\ y_w\ z_w\ 1]\cdot\begin{bmatrix}-b/v & -ac/uv & -a/u & 0\\ a/v & -bc/uv & -b/u & 0\\ 0 & v/u & -c/u & 0\\ 0 & 0 & u & 1\end{bmatrix}$$

即

$$T_{wv}=\begin{bmatrix}-b/v & -ac/uv & -a/u & 0\\ a/v & -bc/uv & -b/u & 0\\ 0 & v/u & -c/u & 0\\ 0 & 0 & u & 1\end{bmatrix}$$

7.4.7 规格化裁剪空间和图象空间

如果透视投影以斜四棱台、平行投影以斜四棱柱作为投影空间，则面方程表示不规范，求交、裁剪的处理效率就不高。故把裁剪空间规格化为正四棱台，且其后截面在 $Z_e=1$ 处，平行投影的规格化裁剪空间为正四棱柱，如图 7.4.12 所示是非常必要的。

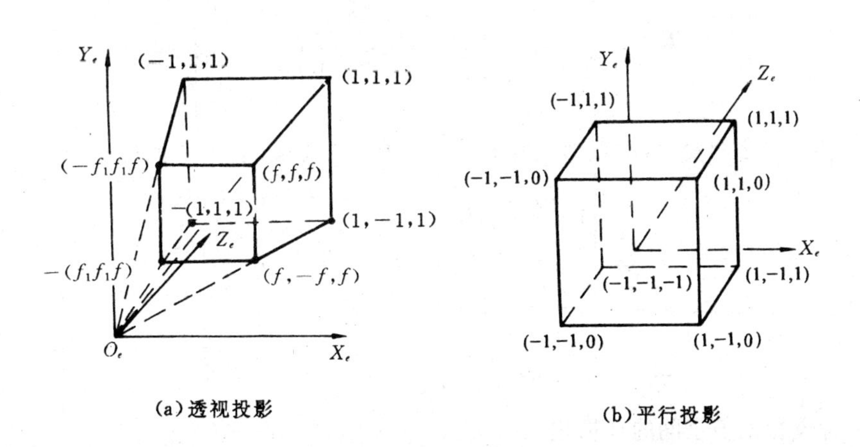

图 7.4.12　规格化的裁剪空间

1. 透视投影裁剪空间的规格化

这里的任务是要求把斜四棱台裁剪空间变成正四棱台裁剪空间的变换矩阵，以便使形体通过该矩阵变换后在正四棱台空间作裁剪和投影变换。这里结合图 7.4.13 来讨论变换矩阵 T_{ps}的求得。

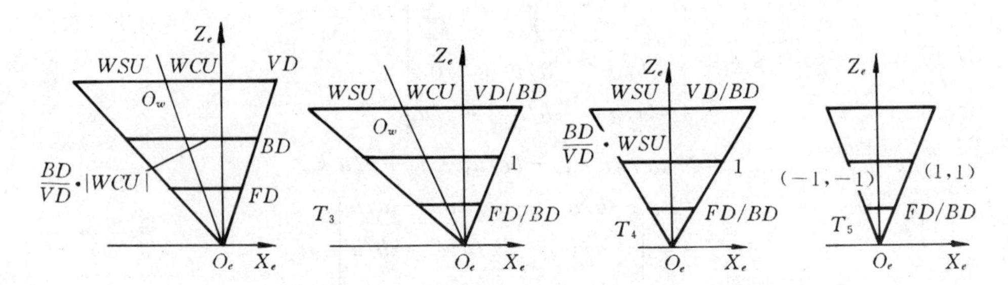

图 7.4.13 透视投影裁剪空间的规格化变换图

(1) 将投影中心平移到原点，即

$$T_1=\begin{bmatrix}1 & 0 & 0 & 0\\ 0 & 1 & 0 & 0\\ 0 & 0 & 1 & 0\\ -x_e & -y_e & -z_e & 1\end{bmatrix}$$

(2) 将用户坐标系变换到观察坐标系，由上述 T_{wv}变换实现，即 $T_2=T_{wv}$；

(3) 将裁剪空间的后截面变为 $Z_e=1$ 的平面，即作 Z_e 向的变比例变换；

$$T_3=\begin{bmatrix}1 & 0 & 0 & 0\\ 0 & 1 & 0 & 0\\ 0 & 0 & 1/BD & 0\\ 0 & 0 & 0 & 1\end{bmatrix}$$

(4) 作 T_4 错切变换使投影中心与窗口中心的连线与 Z_e 轴重合，从而使斜四棱台变为正四棱台；

$$T_4=\begin{bmatrix}1 & 0 & 0 & 0\\ 0 & 1 & 0 & 0\\ -WCU\cdot\dfrac{BD}{VD} & -WCV\,\dfrac{BD}{VD} & 1 & 0\\ 0 & 0 & 0 & 1\end{bmatrix}$$

(5) 经 T_5 的比例变换，使裁剪空间的后截面介于 $-1\leqslant x_e,y_e\leqslant 1$ 的范围内。

$$T_5=\begin{bmatrix}\dfrac{1}{WSU}\cdot\dfrac{VD}{BD} & 0 & 0 & 0\\ 0 & \dfrac{1}{WSV}\cdot\dfrac{VD}{BD} & 0 & 0\\ 0 & 0 & 1 & 0\\ 0 & 0 & 0 & 1\end{bmatrix}$$

故

$$T_{ps}=T_1\cdot T_2\cdot T_3\cdot T_4\cdot T_5$$

2. 平行投影裁剪空间的规格化

这里的任务是要求出把斜四棱柱裁剪空间变成正四棱柱裁剪空间的变换矩阵 T_{pa}。参考图 7.4.14 来推导。

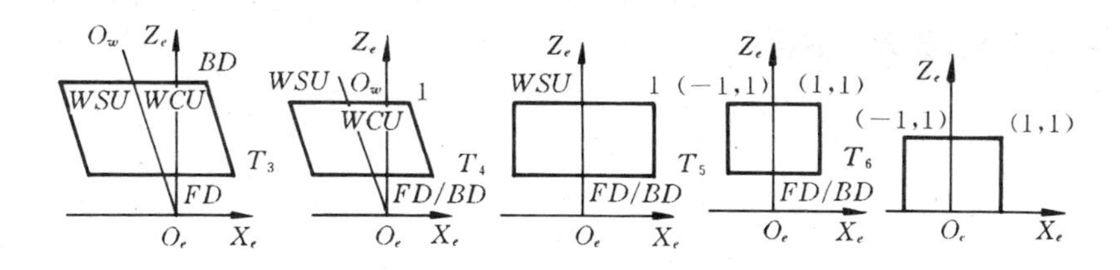

图 7.4.14　平行投影裁剪空间的规格化变换

(1) 将观察参考点平移到原点；

$$T_1=\begin{bmatrix}1 & 0 & 0 & 0\\ 0 & 1 & 0 & 0\\ 0 & 0 & 1 & 0\\ -x_r & -y_r & -z_r & 1\end{bmatrix}$$

(2) 将用户坐标系变换到观察坐标系，则：$T_2=T_{wv}$

(3) 将裁剪空间的后截面变换为 $Z_e=1$ 的平面，即作 Z_e 向的变比例变换，同上节的 T_3 变换矩阵；

(4) 作错切变换，使投影中心与窗口中心的连线与 Z_e 轴重合，从而使斜四棱柱变为正四棱柱；

$$T_4=\begin{bmatrix}1 & 0 & 0 & 0\\ 0 & 1 & 0 & 0\\ -WCU & -WCV & 1 & 0\\ 0 & 0 & 0 & 1\end{bmatrix}$$

(5) 作变比例变换，使裁剪平面介于 $-1\leqslant x_e, y_e\leqslant 1$ 之间；

$$T_5=\begin{bmatrix}1/WSU & 0 & 0 & 0\\ 0 & 1/WSV & 0 & 0\\ 0 & 0 & 1 & 0\\ 0 & 0 & 0 & 1\end{bmatrix}$$

(6) 沿 Z_e 方向作平移、变比例，使裁剪空间介于 $0\leqslant z_e\leqslant 1$ 之间。

$$T_6=\begin{bmatrix}1 & 0 & 0 & 0\\ 0 & 1 & 0 & 0\\ 0 & 0 & BD/(BD-FD) & 0\\ 0 & 0 & -FD/(BD-FD) & 1\end{bmatrix}$$

故

$$T_{pa}=T_1\cdot T_2\cdot T_3\cdot T_4\cdot T_5\cdot T_6$$

3. 规格化的图象空间

在做裁剪与投影之前，我们可以把斜四棱台或斜四棱柱规格化成正四棱台或正四棱柱，使裁剪算法得以简化，但从上二小节的分析可知，对于平行投影和透视投影，它们的裁剪与投影处理仍不相同。为了使两种投影的处理一致化，引入图象空间的概念，若在图象空间中把投影中心移到无穷远处，这就意味着在裁剪空间中的透视投影会变成图象空间中的平行投影。此外，在规格化的图象空间中简化了投影线方程，从而简化了求交计算。

把透视投影的规格化裁剪空间转换成规格化图象空间是由下述三步实现的。

(1) 作 T_1 变换，放大前截面；

$$T_1=\begin{bmatrix} \frac{1}{f} & 0 & 0 & 0 \\ 0 & \frac{1}{f} & 0 & 0 \\ 0 & 0 & 1/(1-f) & 0 \\ 0 & 0 & -f/(1-f) & 1 \end{bmatrix}$$

经 T_1 作用，正四棱台前截面顶点坐标变为$(f,f,f)\rightarrow(1,1,0)$，$(f,-f,f)\rightarrow(1,-1,1)$，$(-f,f,f)\rightarrow(-1,1,1)$，$(-f,-f,f)\rightarrow(-1,-1,1)$。后截面上的顶点不变，且投影中心由原来的$(0,0,0)$变为无穷远点。

(2) 用 T_2 作压缩变换，使 Z_e 方向的厚度由 1 变为$(1-f)$；

$$T_2=\begin{bmatrix} 1 & 0 & 0 & 0 \\ 0 & 1 & 0 & 0 \\ 0 & 0 & (1-f) & 0 \\ 0 & 0 & 0 & 1 \end{bmatrix}$$

(3) 作 T_3 平移变换，使前截面 $Z_e=f$，后截面 $Z_e=1$。

$$T_3=\begin{bmatrix} 1 & 0 & 0 & 0 \\ 0 & 1 & 0 & 0 \\ 0 & 0 & 1 & 0 \\ 0 & 0 & f & 1 \end{bmatrix}$$

所以，透视投影的规格化裁剪空间到规格化图象空间的变换 $\mathrm{T}_{\mathrm{image}}=T_1\cdot T_2\cdot T_3$。

三维形体经 $\mathrm{T}_{\mathrm{image}}$变换后，在 X_e，Y_e 方向上产生了不等比的变比变换。即 z_e 值小，则 x_e，y_e 的放大倍数大；z_e 值大，x_e，y_e 的放大倍数小。对这种形体作平行投影也会产生近大远小的效果，简化了透视投影图的计算工作量。

7.5 三维线段裁剪

三维窗口经上述的规格化变换后，在平行投影时为立方体，在透视投影时为四棱台。三维线段裁剪就是要显示一条三维线段落在三维窗口内的部分线段。下面我们以平行投影为例讨论三维线段的裁剪算法。对透视投影的四棱台有类似的算法，有兴趣的读者可以自行推导。

对于立方体裁剪窗口六个面的方程分别是：

$-x-1=0$；$x-1=0$；$-y-1=0$；$y-1=0$；$-z-1=0$；$z-1=0$。

空间任一条直线段 $P_1(x_1,y_1,z_1)$、$P_2(x_2,y_2,z_2)$。P_1P_2 端点和六个面的关系可转换为一个 6 位二进制代码表示，其定义如下：

第 1 位为 1：点在裁剪窗口的上面，即 $y>1$；否则第 1 位为 0；

第 2 位为 1：点在裁剪窗口的下面，即 $y<-1$；否则第 2 位为 0；

第 3 位为 1:点在裁剪窗口的右面,即 $x>1$;否则第 3 位为 0;

第 4 位为 1:点在裁剪窗口的左面,即 $x<-1$;否则第 4 位为 0;

第 5 位为 1:点在裁剪窗口的后面,即 $z>1$;否则第 5 位为 0;

第 6 位为 1:点在裁剪窗口的前面,即 $z<-1$;否则第 6 位为 0。

如同二维线段对矩形窗口的编码裁剪算法一样,若一条线段的两端点的编码都是零,则线段落在窗口的空间内;若两端点编码的逻辑与(逐位进行)为非零,则此线段在窗口空间以外;否则,需对此线段作分段处理,即要计算此线段和窗口空间相应平面的交点,并取有效交点。对任意一条三维线段的参数方程可写成:

$$
\begin{aligned}
x &= x_1+(x_2-x_1)t=x_1+p\cdot t \\
y &= y_1+(y_2-y_1)t=y_1+q\cdot t \qquad\qquad t\in[0,1] \\
z &= z_1+(z_2-z_1)t=z_1+r\cdot t
\end{aligned}
$$

裁剪空间六个平面方程的一般表达式为

$$ax+by+cz+d=0$$

把直线方程代入平面方程求得

$$t=-(ax_1+by_1+cz_1+d)/(a\cdot p+b\cdot q+c\cdot r)$$

如求一条直线与裁剪空间上平面的交点,即将 $y-1=0$ 代入,得 $t=(1-y_1)/q$,如 t 不在 0 到 1 的闭区间内,则交点在裁剪空间以外;否则将 t 代入直线方程可求得:

$$x=x_1+\frac{1-y_1}{q}\cdot p \qquad z=z_1+\frac{1-y_1}{q}\cdot r$$

这时三维线段与裁剪窗口的有效交点为

$$\left(x_1+\frac{1-y_1}{q}\cdot p,\quad 1,\quad z_1+\frac{1-y_1}{q}\cdot r\right)$$

类似地可求得其它 5 个面与直线段的有效交点,连接有效交点可得到落在裁剪窗口内的有效线段。

按照上述编码方法,可以很方便地将二维的 Cohen-Sutherland 算法与中点分割算法推广到三维,只要把二维算法中计算线段与窗口边界线交点的部分换成计算线段与三维裁剪空间侧面的交点即可。要把二维参数化裁剪算法推广至三维也不困难,例如在 Cyrus-Beck 算法中,把二维向量换成三维向量,边法向量改为面法向量,就可以直接用于三维裁剪。

7.6 习　　题

1. 若用左下角点和右上角点定义的正矩形窗口及视图区分别由数组 $W(4)$ 和 $IV(4)$ 定义,但视图区所在坐标系的 y 轴向下,如图 7.6.1 所示。请编写出窗口内一点坐标 (x,y) 到视图区内相应的点 (ix,iy) 的变换及其逆变换的程序。

2. 试证明下述几何变换的矩阵运算具有互换性:

(1)两个连续的旋转变换;　　(2)两个连续的平移变换;

(3)两个连续的变比例变换;　　(4)当比例系数相等时的旋转和比例变换。

3. 证明二维点相对 x 轴作对称,紧跟着相对 $y=-x$ 直线作对称变换完全等价于该点

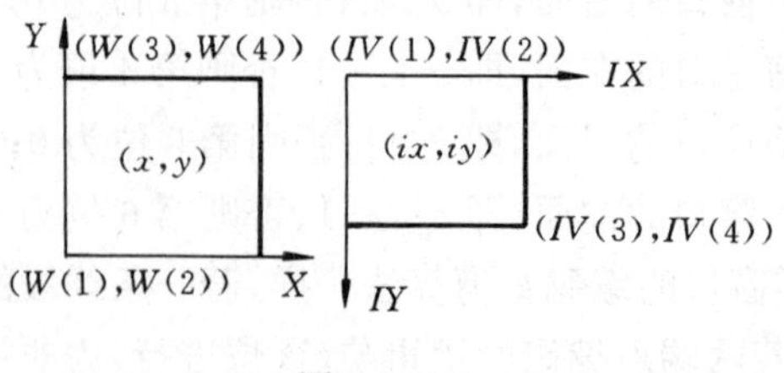

图 7.6.1

相对坐标原点作旋转变换。

4. 证明 $T=\begin{bmatrix} \frac{1-t^2}{1+t^2} & \frac{2t}{1+t^2} \\ \frac{-2t}{1+t^2} & \frac{1-t^2}{1+t^2} \end{bmatrix}$ 完全表示一个旋转变换。

5. 若某个形体的顶点坐标存放在$[data]$矩阵中，$[T_r]$，$[R_x]$，$[R_y]$分别表示平移变换矩阵、绕 x 轴的旋转变换矩阵和绕 y 轴的旋转变换矩阵。试证明：

$$[T_r]\,[R_x]\,[R_y]\,[data]=[data]\,[R_y]\,[R_x]\,[T_r]。$$

6. 证明两个二维旋转变换 $R(\theta_1)$，$R(\theta_2)$具有下式：$R(\theta_1)\cdot R(\theta_2)=R(\theta_1+\theta_2)$。

7. 试推导把二维平面上的任一条直线 $P_1(x_1,y_1)$、$P_2(x_2,y_2)$变换成与 x 坐标轴重合的变换矩阵。

8. 已知点 $P(x_p,y_p)$及直线 L 的方程 $ax+by+c=0$，请推导一个相对 L 作对称变换的矩阵式 ML，使点 P 的对称点为 $P^*=P*ML$。

9. 给定空间任一点 $P(x,y,z)$及任一平面 Q;$ax+by+cz+d=0$，求 P 对 Q 的对称点 $P^*(x^*,y^*,z^*)$的变换矩阵。

10. 已知一个平面方程是 $ax+by+cz+d=0$，求经过透视投影变换后，该平面方程的系数。

11. 已知在 $OXYZ$ 坐标系下的平面方程是 $ax+by+cz+d=0$，试求变换矩阵 T，使该平面在 $O_1X_1Y_1Z_1$ 坐标系下变成为 $z_1=0$ 的平面。

12. 如图 7.6.2 所示，一个单位立方体在 $OXYZ$ 右手坐标系中，现欲形成以 $A(1,1,1)$为坐标原点，以 OA 为 Z_e 轴的左手观察坐标系，请推导变换矩阵。

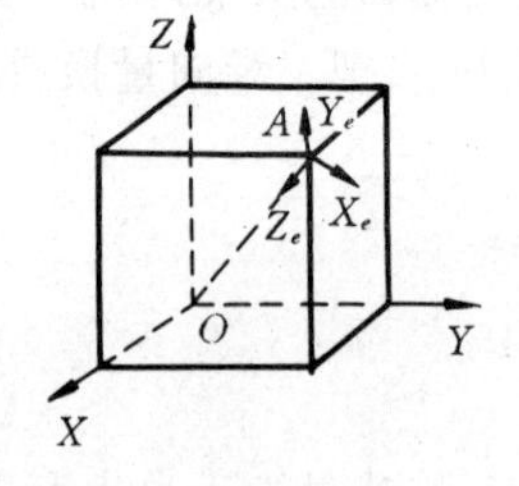

图 7.6.2

13. 试编写对二维点实现平移、旋转、变比例变换的子程序。

14. 试编写对三维点实现平移、旋转、变比例变换的子程序。

15. 已知单位立方体，试用程序实现输出该形体的正平行投影、斜平行投影和透视投影图。

16. 试用程序实现把用户坐标系下的点变换到观察坐标系下的点。

17. 本章介绍了三种把用户坐标系变成观察坐标系的算法，试比较其优缺点。

18. 试编写把透视投影裁剪空间规格化和把平行投影裁剪空间规格化的子程序。

19. 试证明对透视投影经过规格化图象空间的变换，直线仍然是直线，平面仍然是平面。

第八章

几何造型

几何造型是通过对点、线、面、体等几何元素，经过平移、旋转、变比等几何变换和并、交、差等集合运算，产生实际的或想象的物体模型。几何造型在工程和产品CAD/CAM、工艺美术品及广告影视的计算机辅助制作等方面都是核心和基础。本节首先讨论形体在计算机内表示的形式和存取数据结构，然后介绍几何元素间基于集合运算的求交分类和常用的造型手段。从20世纪70年代第一个几何造型系统问世至今已有20多年的历史，但仍有不少尚未解决的问题，如：怎样才能克服误差对计算机辅助几何造型(CAGM)的影响，如何直接输入三维形体及其约束关系，如何保证CAGM复杂形体的正确性和可靠性以及如何提高几何造型的速度等。

8.1 形体在计算机内的表示

如何用计算机内的一维存储空间来存放由0维、1维、2维、3维等几何元素的集合所定义的形体，这无疑是几何造型中最基本的问题。

8.1.1 表示形体的坐标系

几何元素的定义和图形的输入输出都是在一定的坐标系下进行的，对于不同类型的形体、图形和图纸，在其输入输出的不同阶段需要采用不同的坐标系，以提高图形处理的效率和便于用户理解。本节我们简要介绍图形输入输出中常用的几种坐标系。

常用坐标系的分类如下述五种。

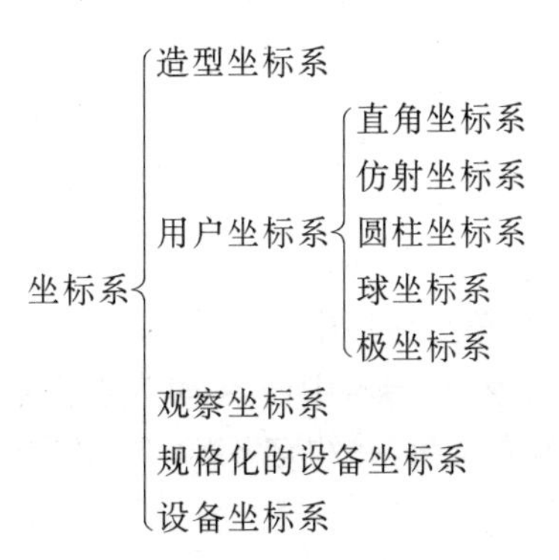

1. 直角坐标系

这是绘制工程图中最常用的最基本的坐标系，有时也称之为笛卡尔坐标系。如图 8.1.1 所示，直角坐标系分为左手坐标系和右手坐标系两种。空间任一点 P 的位置可表示成矢量 $\overline{OP}=xi+yj+zk$，(i,j,k)是相互垂直的单位矢量，又称之为基底。在直角坐标系中的任何矢量都可用(i,j,k)的线性组合表出。

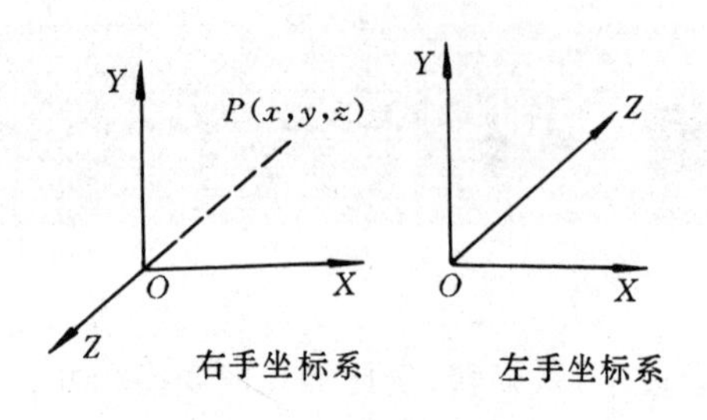

图 8.1.1 直角坐标系

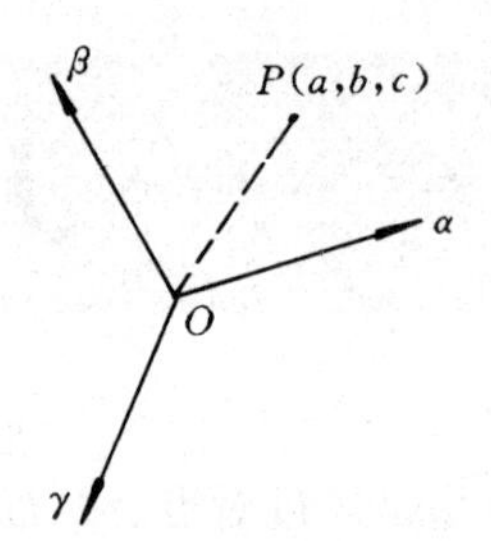

图 8.1.2 仿射坐标系

2. 仿射坐标系

若把直角坐标系中的 i,j,k 放宽成三个不共面的(即线性无关)矢量 α,β,γ，则空间任一位置矢量也可用 α,β,γ 的线性组合表出，即$\overline{OP}=a\alpha+b\beta+c\gamma$。则 $0\alpha\beta\gamma$ 构成了仿射坐标系，其基底不要求是相互垂直的单位矢量，从而扩展了形体的表示域。仿射坐标系如图 8.1.2 所示。

3. 圆柱坐标系

对回转体我们常用圆柱坐标系来表示和计算，这里要弄清楚圆柱坐标系和直角坐标系之间的关系。如图 8.1.3 所示，若 N 为直角坐标系中的一点 P 在 XOY 平面上的垂足，它在 XOY 平面上的极坐标为(ρ,φ)，则称(ρ,φ,z)为点 P 的圆柱坐标，$O\rho\varphi z$ 为圆柱坐标系。圆柱坐标和直角坐标的关系是：

$$x=\rho\cos\varphi;\qquad y=\rho\sin\varphi;\qquad z=z$$

$$\rho=(x^2+y^2)^{1/2};\qquad \cos\varphi=x/\rho;\qquad \sin\varphi=y/\rho$$

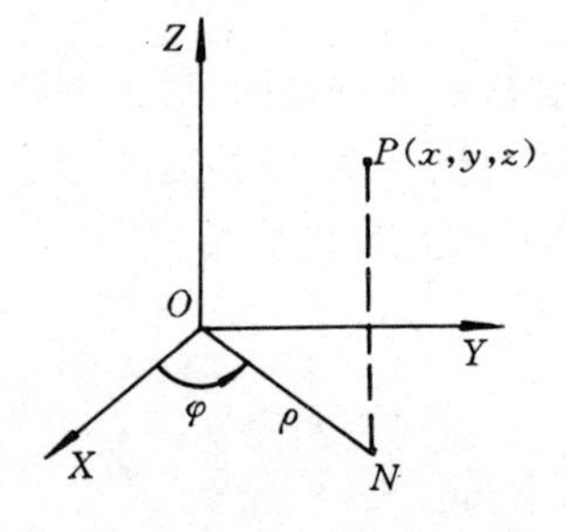

图 8.1.3 圆柱坐标系图

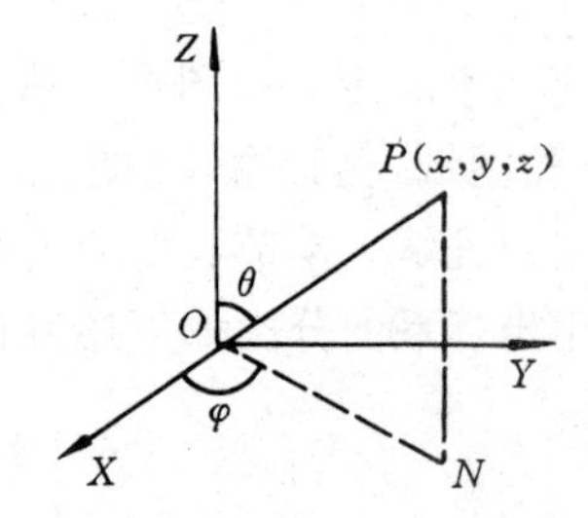

图 8.1.4 球坐标系

4. 球坐标系

如图 8.1.4 所示，若 N 为直角坐标系中的一点在 XOY 平面上的垂足，OP 与 Z 轴的夹角为 θ，ON 与 X 轴的夹角为 φ，令 $OP=r$，则(r,θ,φ)为点 P 在 $o\ r\ \theta\ \varphi$ 球坐标系中的坐标，其中 r 为球半径，θ 为天顶角，φ 为方位角，并约定 $r\geqslant 0$，$0\leqslant\theta\leqslant\pi$，$0\leqslant\varphi\leqslant 2\pi$。直角坐标系与球坐标系的关系是：

$$x=r\sin\theta\cos\varphi;\qquad y=r\sin\theta\sin\varphi;\qquad z=r\cos\theta$$

$$r=(x^2+y^2+z^2)^{1/2};\quad \mathrm{tg}\theta=(x^2+y^2)^{1/2}/z;\quad \cos\varphi=x/(x^2+y^2)^{1/2}$$

5. 极坐标系

极坐标系与圆柱坐标系类似。

6. 造型坐标系(MC：Modeling Coordinate System)

它是右手三维直角坐标系。用来定义基本形体或图素，对于定义的每一个形体和图素都有各自的坐标原点和长度单位，这样可以方便形体和图素的定义。这里定义的形体和图素经调用可放在用户坐标系中的指定位置。因此造型坐标系又可看作是局部坐标系，而用户坐标系可看作是整体坐标系(全局坐标系)。

7. 用户坐标系(WC：World Coordinate System)

它是右手三维直角坐标系，一般与用户定义形体和图素的坐标系一致。但它用于定义用户整图或最高层图形结构，各种子图、图组(段)、图素经调用后都放在用户坐标系中的适当位置。

8. 观察坐标系(VC：Viewing Coordinate System)

它是左手三维直角坐标系，可在用户坐标系的任何位置、任何方向定义。它有两个主要用途，一是用于指定裁剪空间，确定形体的哪一部分要显示输出；二是通过定义观察(投影)平面，把三维形体的用户坐标变换成规格化的设备坐标。观察平面是在观察坐标系中定义的，通常其法向量 N 与 Z_e 重合，和 O_e 间的距离 O_eO_v 为 V_d，用户在此平面上定义观察窗口。用户坐标系与观察坐标系之间的关系如图 8.1.5 所示。

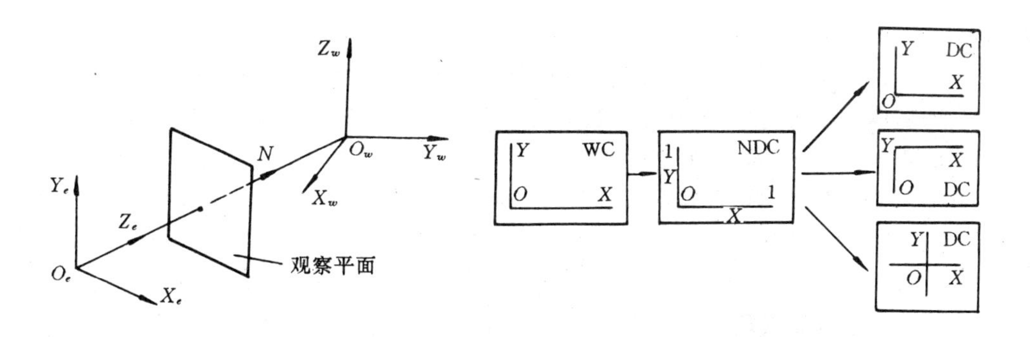

图 8.1.5　用户坐标系与观察坐标系　　　　图 8.1.6　WC、NDC 和 DC 的转换

9. 规格化的设备坐标系(NDC：Normalized Device Coordinate System)

NDC 也是左手三维直角坐标系，用来定义视图区。应用程序可指定它的取值范围，但其约定的取值范围是(0.0,0.0,0.0)到(1.0,1.0,1.0)。用户图形数据经转换成 NDC 中的值，从而可提高应用程序的可移值性。

10. 设备坐标系(DC：Device Coordinate System)

为了便于输出真实图形，目前 DC 也采用左手三维直角坐标系，用来在图形设备(图形显示器)上指定窗口和视图区。DC 通常也是定义象素(pixel)或位图(bitmap)的坐标系。

上面介绍的坐标系均为三维坐标系，但工程图纸大多数为二维图形，更简洁的办法是使 Z 坐标值取零。有些 CAD 系统要求用户定义一个工作平面，用户在此平面上作图。在三维直角坐标系中，XOY 平面也可看作是基本工作平面，任何不在 XOY 平面上的工作平面均可通过几何变换把它变成 XOY 平面，再通过相应的逆变换把 XOY 平面的图形变到任意的工作平面上。GKS 定义了三种坐标系 WC、NDC 和 DC，它们之间的转换如图 8.1.6 所示。

8.1.2 几何元素的定义

本节将给出几何造型中基本元素点、边、面、体等的定义。

1. 点

它是 0 维几何元素，分端点、交点、切点和孤立点等。但在形体定义中一般不允许存在孤立点。在自由曲线和曲面的描述中常用三种类型的点，即：

(1) 控制点　用来确定曲线和曲面的位置与形状，而相应曲线和曲面不一定经过的点。

(2) 型值点　用来确定曲线和曲面的位置与形状，而相应曲线和曲面一定经过的点。

(3) 插值点　为提高曲线和曲面的输出精度，在型值点之间插入的一系列点。

一维空间中的点用一元组$\{t\}$表示；二维空间中的点用二元组$\{x,y\}$或$\{x(t),y(t)\}$表示；三维空间中的点用三元组$\{x,y,z\}$或$\{x(t),y(t),z(t)\}$表示。n 维空间中的点在齐次坐标系下用 $n+1$ 维表示。点是几何造型中的最基本元素，自由曲线、曲面或其他形体均可用有序的点集表示。用计算机存储、管理、输出形体的实质就是对点集及其连接关系的处理。

2. 边

边是 1 维几何元素，是两个邻面(正则形体)或多个邻面(非正则形体)的交界。直线边由其端点(起点和终点)定界；曲线边由一系列型值点或控制点表示，也可用显式、隐式方程表示。

3. 面

面是二维几何元素，是形体上一个有限、非零的区域，由一个外环和若干个内环界定其范围。一个面可以无内环，但必须有一个且只有一个外环。面有方向性，一般用其外法矢方向作为该面的正向。若一个面的外法矢向外，此面为正向面；反之，为反向面。区分正向面和反向面在面面求交、交线分类、真实图形显示等方面都很重要。在几何造型中常分平面、二次面、双三次参数曲面等形式。

4. 环

环是有序、有向边(直线段或曲线段)组成的面的封闭边界。环中的边不能相交，相邻两条边共享一个端点。环有内外之分，确定面的最大外边界的环称之为外环，通常其边按逆时针方向排序。而把确定面中内孔或凸台边界的环称之为内环，其边相应外环排序方向相反，通常按顺时针方向排序。基于这种定义，在面上沿一个环前进，其左侧总是面内，右侧总是面外。

5. 体

体是三维几何元素，由封闭表面围成的空间，也是欧氏空间 R^3 中非空、有界的封闭子集，其边界是有限面的并集。为了保证几何造型的可靠性和可加工性，要求形体上任意一点的足够小的邻域在拓扑上应是一个等价的封闭圆，即围绕该点的形体邻域在二维空间中可构成一个单连通域。我们把满足这个定义的形体称之为正则形体。如图 8.1.7 所示几个例子均不满足上述要求，故称这类形体为非正则形体。非正则形体的造型技术将线框、表面和实体模型统一起来，可以存取维数不一致的几何元素，并可对维数不一致的几何元素进行求交分类，从而扩大了几何造型的形体覆盖域。基于点、边、面几何元素的正则形体和非正则形体的区别如下表所示。

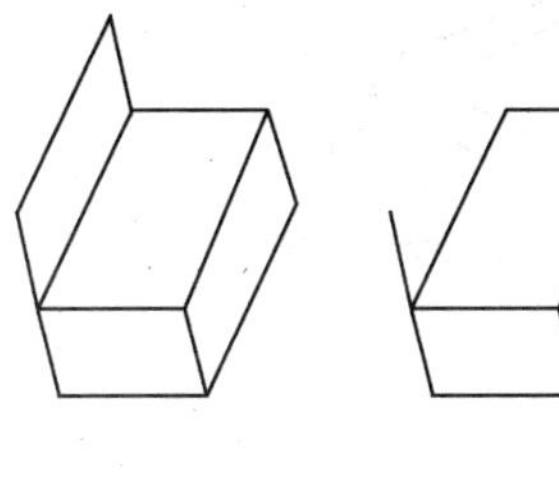
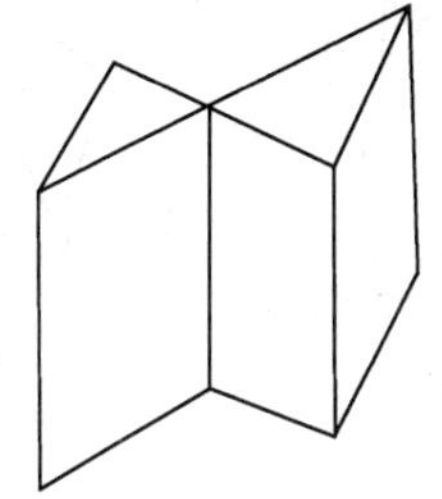
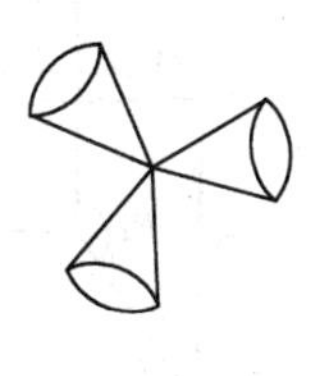

(a) 悬面　(b) 悬边　(c) 一条边有二个以上的邻面　(d) 点V的小邻域不是单连通域

图 8.1.7　非正则形体的例子

几何元素	正则形体	非正则形体
面	是形体表面的一部分	可以是形体表面的一部分，也可以是形体内的一部分，也可以与形体相分离。
边	只有两个邻面	可以有多个邻面、一个邻面或没有邻面。
点	至少和三个面(或三条边)邻接	可以与多个面(或边)邻接，也可以是聚集体、聚集面、聚集边或孤立点。

6. 体素

体素是可以用有限个尺寸参数定位和定形的体，常有三种定义形式。

(1) 从实际形体中选择出来，可用一些确定的尺寸参数控制其最终位置和形状的一组单元实体，如长方体、圆柱体、圆锥体、圆环体、球体等。

(2) 由参数定义的一条(或一组)截面轮廓线沿一条(或一组)空间参数曲线作扫描运动而产生的形体。

(3)用代数半空间定义的形体，在此半空间中点集可定义为：$\{(x,y,z) \mid f(x,y,z) \leqslant 0\}$此处的 f 应是不可约多项式，多项式系数可以是形状参数，半空间定义法只适用正则形体。从上述定义中我们知道几何元素间有两种重要信息：其一是几何信息，用以表示几何元素性质和度量关系，如位置、大小、方向等；其二是拓扑信息，用以表示几何元素之间的连接关系。形体要由几何信息和拓扑信息定义，通常采用六层结构。

7. 定义形体的层次结构

形体在计算机中用上述几何元素按六个层次表示如图 8.1.8(Ⅰ)：

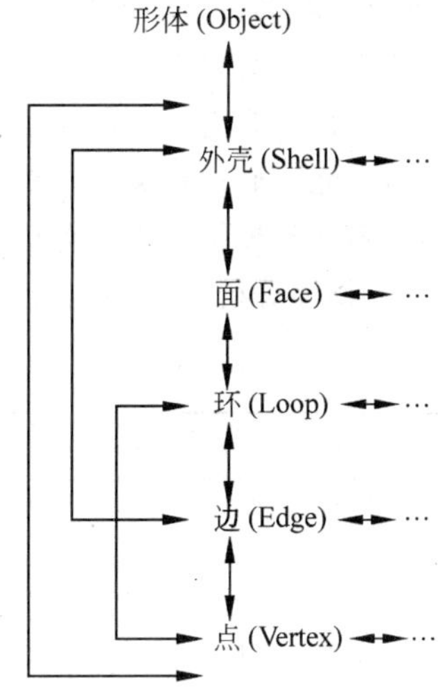

图　8.1.8(Ⅰ)

如图 8.1.8(Ⅱ)所示长方体中打了一个洞，由点 $V_1V_2V_3V_7V_8V_5V_1$ 定义了该形体的外壳，点 $V_5V_6V_7V_8V_5$ 定义了该形体的上顶面，同时该点列也定义了此面的外环，此面上的点 $V_9V_{10}V_{11}V_{12}V_9$ 定义了内环，V_5V_6 是该面外环的一条边，该边有 V_5，V_6 两个

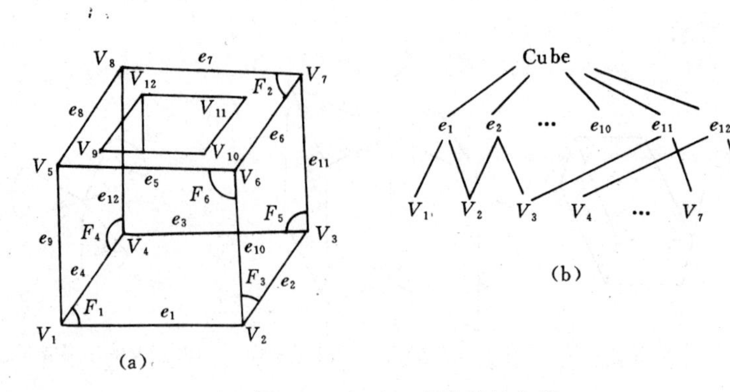

图 8.1.8(Ⅱ) 有孔的长方体

端点,也是该形体的两个顶点,定义形体的面既可以是平面,也可以是曲面,边既可以是直线段,也可以是曲线段。

8.1.3 表示形体的线框、表面、实体模型

形体在计算机中常用线框、表面和实体三种表示模型。

1. 线框(wireframe)模型

线框模型是在计算机图形学和CAD/CAM领域中最早用来表示形体的模型,并且至今仍在广泛应用。其特点是结构简单、易于理解,又是表面和实体模型的基础。线框模型是用顶点和邻边来表示形体。如图8.1.8所示长方体,若给出其8个顶点$V_1,V_2,\cdots,V_8$的坐标,则此长方体的形状和位置在几何上就被确定了。但在图形显示时,仅有8个顶点的集合,还不能表示清楚此长方体,还必须将其棱边表示出来,即用$e_1,e_2,\cdots,e_{12}$,其12条棱边表示长方体,而长方体棱边和顶点的关系如图8.1.8(b)所示,相应的边点连接表如下所示,其中$v_i=(x_i,y_i,z_i)$,$E_j=(v_j,v_i)$。对多面体而言,用线框模型是很自然的,因图形显示的内容主要是其棱边。但对非平面体,如圆柱体、球体等。用线框模型存在一定问题。其一是曲面的轮廓线将随视线方向的变化而改变;其二是线框模型给出的不是连续的几何信息(只有顶点和棱边),不能明确地定义给定的点与形体之间的关系(点在形体内部、外部或表面上)。因此以至不能用线框模型处理计算机图形学和CAD/CAM中的多数问题,如剖切图、消隐图、明暗色彩图、物性分析、干涉检测、加工处理等。

边点表

边	点
e_1	v_1 v_2
e_2	v_2 v_3
…	…
e_{12}	v_4 v_8

面边(环边)表

面号	边号
F_1	$e_1e_2e_3e_4$
F_2	$e_5e_6e_7e_8$
…	…
F_6	$e_1e_{10}e_5e_9$

2. 表面模型　表面(surface)模型是用有向棱边围成的部分来定义形体表面,由面的集合来定义形体。表面模型是在线框模型的基础上,增加有关面边(环边)信息以及表面特

征、棱边的连接方向等内容。从而可以满足面面求交，线、面消隐、明暗色彩图、数控加工等应用问题的需要。但在此模型中，形体究竟存在于表面的哪一侧，没有给出明确的定义，因而在物性计算、有限元分析等应用中，表面模型在形体的表示上仍然缺乏完整性。

3. 实体模型

实体(solid)模型主要是明确定义了表面的哪一侧存在实体，在表面模型的基础上可用三种方法来定义。图 8.1.9(a)在定义表面的同时，给出实体存在侧的一点 P；图 8.1.9(b)直接用表面的外法矢来指明实体存在的一侧；图 8.1.9(c)是用有向棱边隐含地表示表面的外法矢方向。通常在定义表面时，有向棱边按右手法则取向，沿着闭合的棱边所得的方向与表面外法矢的方向一致，用此方法还可检查形体的拓扑一致性。如图 8.1.9(d)所示，拓扑合法的形体在相邻两个面的公共边界上，棱边的方向正好相反。实体模型和表面模型的主要区别是在定义了表面外环的棱边方向，一般按右手规则为序。

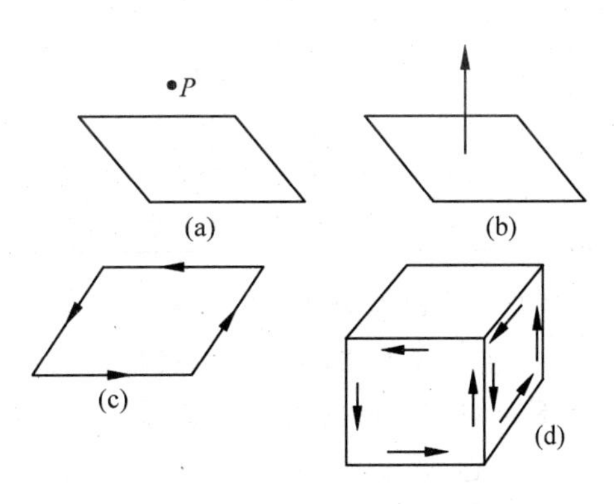

图 8.1.9　实体表示模型

4. 基于三种表示模型的功能比较

在几何造型中，采用线框、表面和实体模型的功能利弊如下表所示，为了克服某种模型的局限性，在实用化的几何造型系统中常统一使用线框、表面和实体模型。

模型表示	应　用　范　围	局　限　性
二维线框	画二维线框图(工程图)	· 无观察参数的变化； · 不可能产生有实际意义的形体；
三维线框	画二、三维线框图	· 不能表示实体；· 图形会有二义性；
表面模型	· 艺术图形；· 形体表面的显示； · 数控加工	· 不能表示实体
实体模型	· 物性计算；· 有限元分析； · 用集合运算构造形体	· 只能产生正则形体； · 抽象形体的层次较低；

8.1.4　形体的边界及其连接关系

1. 形体边界

所有实际形体都可看作是 R^3 中其边界是一个封闭表面的集合。有些形体边界斜率有不连续性，而这些不连续性构成了形体的边、顶点。对于任何区域 R 都可以用完全在区域之中(R_i)和在其边界上(R_b)的全部点来定义，这种表示区域 R 的点集很容易表示成 $R=[R_i R_b]$。对于一个给定点，毫无疑问，它或是在区域内部，是 R_i 的成员；或是在边界上是 R_b 的成员；或是在区域外部。

一个点是一个零维的区域 R^0，一条线段是一个一维区域 R^1，它必有两个点在集合 R_b^1 中；如果是封闭曲线，就没有点在 R_b^1 中，其点均在 R_i^1 中。一个表面是一个二维区域 R^2，一般的开表面(非闭合表面)都是以一条封闭曲线作为其边界，在表面上的这个边界内，有 1 到 n 个不相交的封闭曲线段或环，在所有环(或线段)上的全部点构成了 R_b^2，而表面上的其余

点构成了 R_i^2。若我们用 $R^{m,n}$ 表示 n 维欧氏空间 R^n 中的 m 维区域，则有：$R^{m,n}=[B^{m-1},I^{m,n}]$，$m\leqslant n$；这里 $B^{m-1,n}$ 是 $R^{m,n}$ 边界上的点集，$I^{m,n}$ 是该区域内部的点集。在 R^3 中所允许的区域情况列表如下。

$R^{m,n}$	类　名	$B^{m-1,n}$	$I^{m,n}$
$R^{0,3}$	点	点本身	无内部点
$R^{1,3}$	曲线	两端点	除两端点以外的其余点
$R^{2,3}$	表面	一个或多个由封闭曲线定义的边界	除 $R^{1,3}$ 边界曲线上的其余点集
$R^{3,3}$	体	一个或多个由封闭表面定义的立体边界	除 $R^{2,3}$ 边界表面上的其余点集

在 $R^{m,n}$ 区域中的任一点仅有下述三条性质之一。

(1) 在区域内部，是 $I^{m,n}$ 的成员；(2) 在区域边界上，是 $B^{m-1,n}$ 的成员；(3) 在区域 $R^{m,n}$ 以外，不是区域集合的成员。对于 $m=n$ 的区域，$I^{m,n}$ 可以用 $B^{m-1,n}$ 的显式表示来定义。

2. 点、边、面几何元素间的连接关系

由前面的讨论，我们已经知道形体是由几何元素构成的，每一种形体的边界都是由与其相对应的较低维的几何元素组成的。几何元素间典型的连接关系(即拓扑关系)是指一个形体由哪些面组成，每个面上有几个环，每个环有哪些边组成，每条边又由哪些顶点定义的等。在几何造型中最基本的几何元素是点(V)、边(E)、面(F)，这三种几何元素一共有九种连接关系，如图 8.1.10 所示。这种连接关系只适用于正则形体，对于非正则体还要加以扩充和改进。

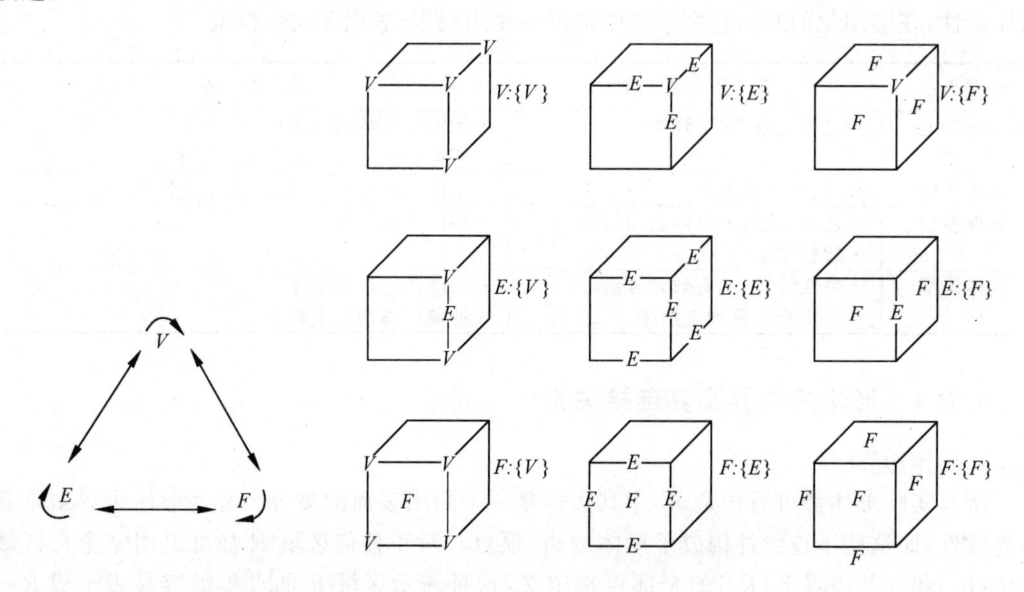

图 8.1.10　点、边、面之间的连接关系

3. 正则形体几何元素个数的欧拉公式

对于正则形体，其点(V)、边(E)、面(F)的个数满足欧拉公式：$V-E+F=2$。如长方体的顶点 V 有 8 个，边有 12 条，表面有 6 个，则 $8-12+6=2$。如果把三维封闭空间分割成 C 个多面体，如图 8.1.11 所示，其顶点、边、面和多面体个数满足下述公式：$V-E+F-C=1$；图 8.1.11 中的多面体是 6 个，故 $V-E+F-C=9-20+18-6=1$。对于有孔洞形体相应的

欧拉公式是：$V-E+F-H=2(B-P)$，其中 V、E、F 仍为形体的顶点、棱边和面数，H 为形体表面上的空穴数，P 为穿透形体的孔洞数，B 为形体个数，如图 8.1.12 所示。对于 n 维空间，可以令 $N_0,N_1,\cdots,N_{n-1}$ 分别为该空间中 0 维，1 维，…，$(n-1)$ 维的几何元素，则此时的欧拉公式为：

$N_0-N_1+N_2-\cdots=1-(-1)^n$；

当 $n=3$ 时它对应的是简单欧拉公式。

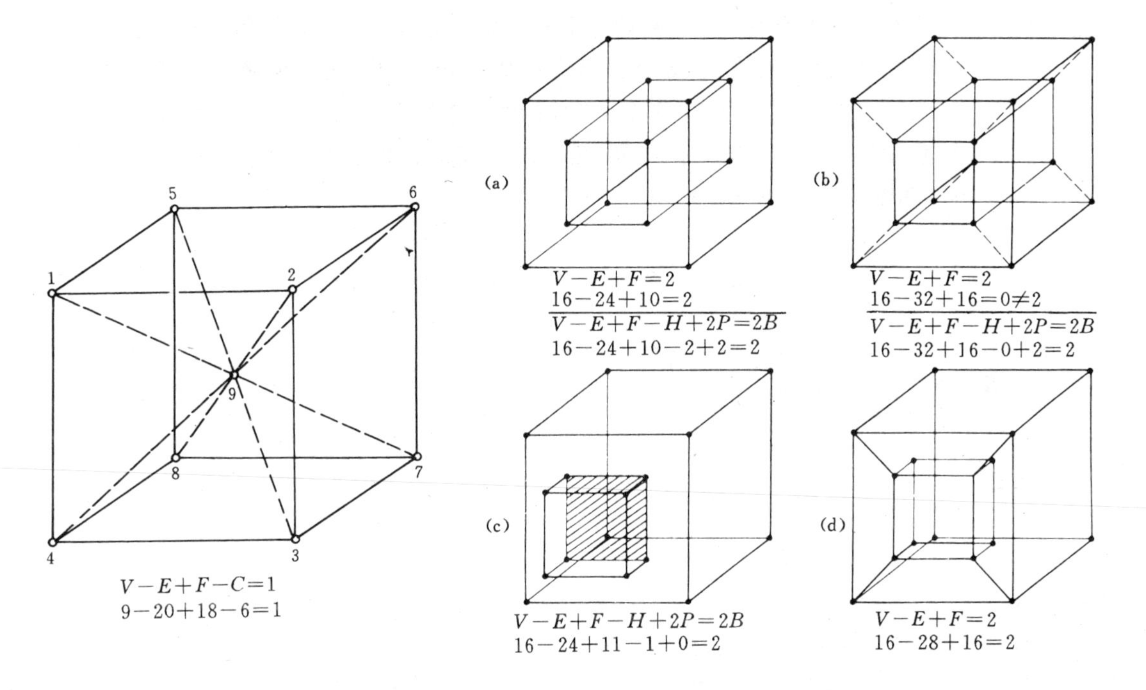

图 8.1.11　具有 c 个多面体的欧拉公式　　　图 8.1.12　具有空穴和孔洞形体的欧拉公式

8.1.5　常用的形体表示方式

前节介绍的形体表示的线框、表面和实体模型是一种广义的概念，并不反映形体在计算机内部，或对最终用户而言所用的具体表示方式。从用户角度看，形体表示以特征表示和构造的实体几何表示(CSG)较为方便；从计算机对形体的存储管理和操作运算角度看，以边界表示(BRep)最为实用。为了适合某些特定的应用要求，形体还有一些辅助表示方式，如单元分解表示和扫描表示。

对于一个几何造型系统不可能同时采用上述五种表示，也不可能只采用一种表示，一般根据应用的要求和计算机条件采用上述几种表示的混合方式。针对不同的表示方式，几何造型系统采用的数据结构也有所不同。20 世纪 70 年代初，美国 Rochester 大学推出了以 CSG 表示为基础的 PADL-1 系统；日本北海道大学推出了以 Coons 曲面片为边界的 TIPS 系统；美国 MIT 大学推出了以线框边界为基础的 ADAM 系统；美国 Stanford 大学推出了以欧拉操作为基础的 Geomod 系统；英国 Cambridge 大学推出了以边界表示为基础的 Build-1 系统。在 20 世纪 80 年代初，由 Build-1 演变过来的 Romulus 系统，美国的 PADL-2 系统和由 ADAM 演变成的 ANVIL 系统，对国际上几何造型的发展起了较大的推动作用。比如由 Romulus 发展出了 GMS、ME-30、ACIS 等几何造型系统；由 ANVIL 开发出 GMsolid，Unigraphics，CADDS，Tiger 等几何造型系统。目前，国际上应用较广的几何造型系统有 IBM 公司的 CADAM，CATIA；SDRC 公司的 Geomod；PT 公司的 Pro/Engineer；SpatialTechnology 公司的 ACIS；Solidworks 公司的 Solidworks 等。

1. 特征表示

特征表示是从应用层来定义形体，因而可以较好地表达设计者的意图，为制造和检验产品和形体提供技术依据和管理信息。从功能上看可分为形状、精度、材料和技术特征。

（1）形状特征：体素、孔、槽、键等；（2）精度特征：形位公差、表面粗糙度等；（3）材料特征：材料硬度、热处理方法等；（4）技术特征：形体的性能参数和特征等。

形状特征单元是一个有形的几何实体，是一组可加工表面的集合，其 BNF 范式可定义如下，常用体素如图 8.1.13 所示。

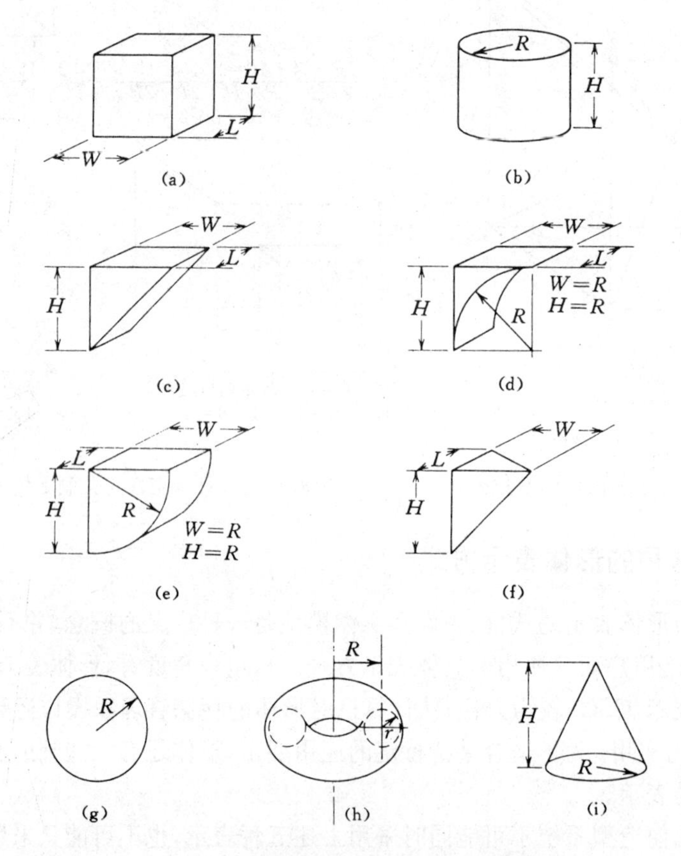

图 8.1.13 常用体素及其定义参数

〈形状特征单元〉∷＝〈体素〉|〈形状特征单元〉〈集合运算〉〈形状特征单元〉|
〈体素〉〈集合运算〉〈体素〉|〈体素〉〈集合运算〉〈形状特征单元〉|
〈形状特征单元〉〈集合运算〉〈形状特征过渡单元〉；

〈体素〉∷＝长方体|圆柱体|球体|圆锥体|棱锥体|棱柱体|棱台体|
圆环体|楔形体|圆角体|…；

〈集合运算〉∷＝并|交|差|放；

〈形状特征过渡单元〉∷=外圆角|内圆角|倒角。

2. 构造的实体几何表示

CSG 的含意是任何复杂的形体都可用简单形体(体素)的组合来表示。通常用正则集合运算(构造正则形体的集合运算)来实现这种组合,其中可配合执行有关的几何变换。形体的CSG 表示可看成是一棵有序的二叉树,其终端结点或是体素,或是刚体运动的变换参数。非终端结点或是正则的集合运算,或是刚体的几何变换,这种运算或变换只对其紧接着的子结点(子形体)起作用。每棵子树(非变换叶子结点)表示了其下两个结点组合及变换的结果,树根表示了最终的结点,即整个形体。CSG 树可定义为:

〈CSG 树〉∷=〈体素叶子〉|〈CSG 树〉〈正则集合运算结点〉〈CSG 树〉|〈CSG 树〉〈刚体运动结点〉〈刚体运动变量〉

从 CSG 树的语义可以看出,每一个非变换叶子的子树,表示对体素叶子所代表的集合执行几何变换或正则集合运算后所产生的新的集合,如图 8.1.14 所示。CSG 树是无二义性的,但不是唯一的,它的定义域取决于其所用体素以及所允许的几何变换和正则集合运算算子。

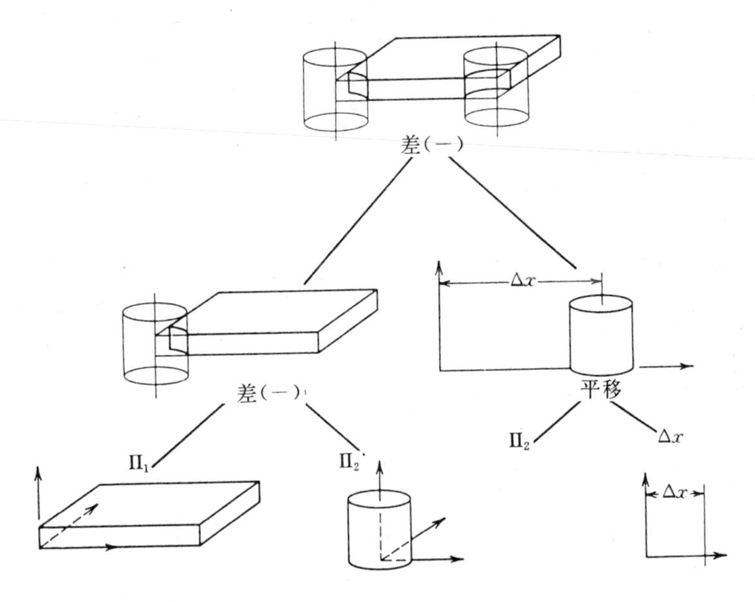

图 8.1.14　定义形体的 CSG 树

CSG 表示的优点:

(1) 数据结构比较简单,数据量比较小,内部数据的管理比较容易;

(2) 每个 CSG 表示都和一个实际的有效形体相对应;

(3) CSG 表示可方便地转换成 BRep 表示,从而可支持广泛的应用;

(4) 比较容易修改 CSG 表示形体的形状。

CSG 表示的缺点:

(1) 产生和修改形体的操作种类有限,基于集合运算对形体的局部操作不易实现;

(2) 由于形体的边界几何元素(点、边、面)是隐含地表示在 CSG 中,故显示与绘制 CSG 表示的形体需要较长的时间。

3. 边界表示

边界表示详细记录了构成形体的所有几何元素的几何信息及其相互连接关系——拓扑信息，以便直接存取构成形体的各个面、面的边界以及各个顶点的定义参数，有利于以面、边、点为基础的各种几何运算和操作。如形体线框的绘制、有限元网格的划分、数控加工轨迹的计算、真实感彩色图形的生成等。

形体的边界表示就是用面、环、边、点来定义形体的位置和形状。在图 8.1.13 中，长方体由六个面围成，对应有六个环，每个环由四条边界定，每条边又由两个端点定义。而圆柱体由上顶面、下底面和圆柱面围成，对应的有上顶面圆环、下底面圆环。

BRep 表示的优点是：

(1) 表示形体的点、边、面等几何元素是显式表示的，使得绘制 BRep 表示形体的速度较快，而且比较容易确定几何元素间的连接关系；

(2) 对形体的 BRep 表示可有多种操作和运算。

BRep 表示的缺点是：

(1) 数据结构复杂，需要大量的存储空间，维护内部数据结构的程序比较复杂；

(2) 修改形体的操作比较难以实现；

(3) BRep 表示并不一定对应一个有效形体，即需要有专门的程序来保证 BRep 表示形体的有效性、正则性等。

4. 应用对表示方式的要求

在几何造型中，最常用的表示形式是 CSG 和 BRep，由此使几何造型系统分为单表示形式、双表示形式和混合表示形式。

(1) 单表示形式就是基于 CSG 或 BRep 一种表示形式的结构，如下所述。

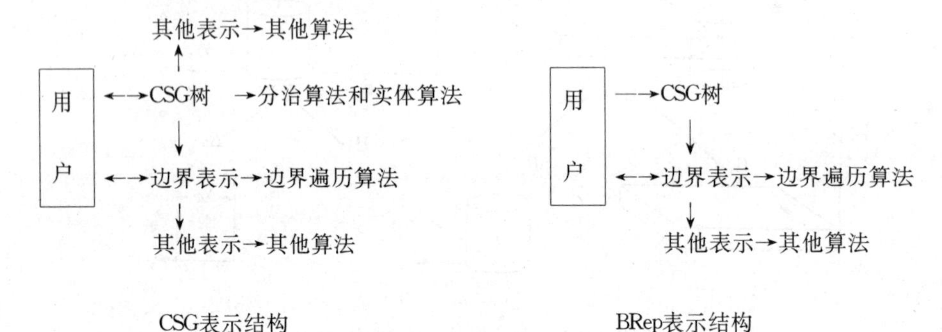

(2) 双表示形式一般是采用 CSG 和 BRep 两种表示，其结构如下。

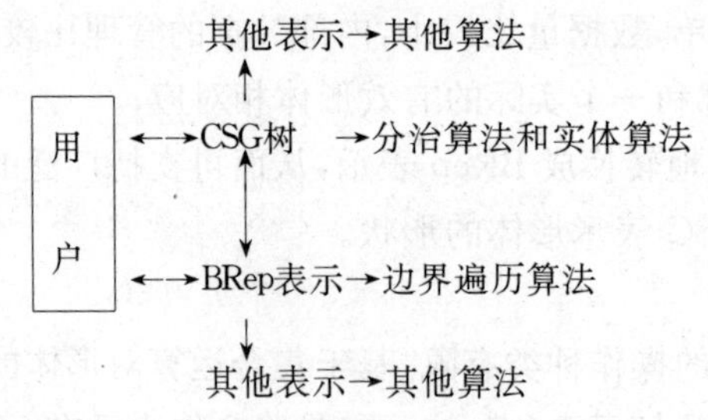

(3) 混合表示是指在上述双表示形式的基础上再扩充单元分解表示（如二维形体的四

叉树表示、三维形体的八叉树表示)、扫描表示等。为了扩大造型系统的覆盖域,常需要在不同的表示形式之间进行转换,比如用 CSG 可用以精确地表示形体,将 CSG 转换成 BRep 表示时可以有精确表示和近似表示两种形式,通常显示形体可用近似表示,而加工形体则需要用精确表示。但不是在所有的表示形式之间都能进行转换,如从 BRep 表示转换到 CSG 表示就相当困难。

8.2 边界表示的数据结构与欧拉操作

在使用边界表示法造型过程中,经常会遇到从一个点查找与该点相连的所有边,从一条边查找到该边的邻面及其邻接边,从一个面开始查找其上的外环和内环等。这些操作均需要有一个较好的数据结构来支持。造型中的数据结构本质上是对形体表示方式所需信息的存储管理,对于 BRep 表示就需要对定义形体的面、环、边、点及其属性进行存取、直接查找、间接查找和逆向查找等操作。下面我们介绍边界表示法常用的几种数据结构与常用的基本操作——欧拉操作。

8.2.1 翼边结构

翼边结构的存取关系如图 8.2.1 所示,美国 Stanford 大学最早应用的翼边结构如图 8.2.2所示,改进后用于几何造型系统中的翼边结构如图 8.2.3 所示。翼边结构的基本出发点是形体的边,从边出发查找该边的邻面、邻边、端点及其属性。图 8.2.1(a)中 E 到 V 的箭头线表示由边查到点,图 8.2.1(b)E 上的圆弧箭头线表示由边查找边,其他情况类推。

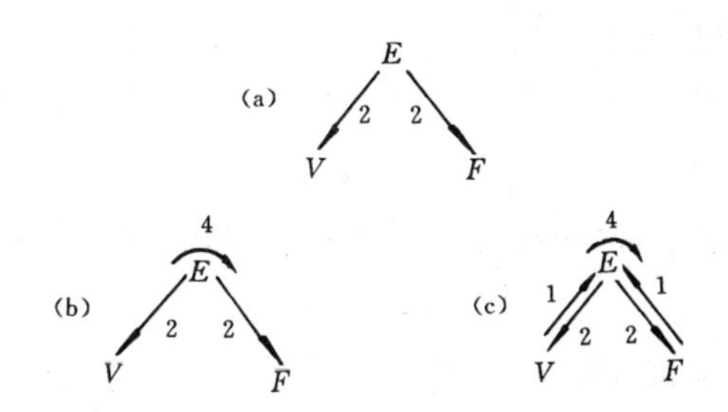

图 8.2.1 翼边结构点、边、面的存取关系

图 8.2.2 最早应用的翼边结构

8.2.2 对称结构

对称结构是对翼边结构的改进,也是点边、面边为基础的连接关系表。一种典型的对称结构如图 8.2.4 所示,其中各个域的含意是:

VG:连结到该顶点上一组边的指针; V_1:该边在 x 方向的增量;

VGEOM:顶点的几何坐标参数指针; Y_1:该边起点坐标的 y 值;

X、Y、Z:顶点在三维空间中的位置坐标; V_2:该边在 y 方向上的增量;

NE:连接下一条边的指针; Z_1:该边起点坐标的 z 值;

ETYP:边的类型标志位,'+'表示 V_3:该边在 z 方向上的增量;

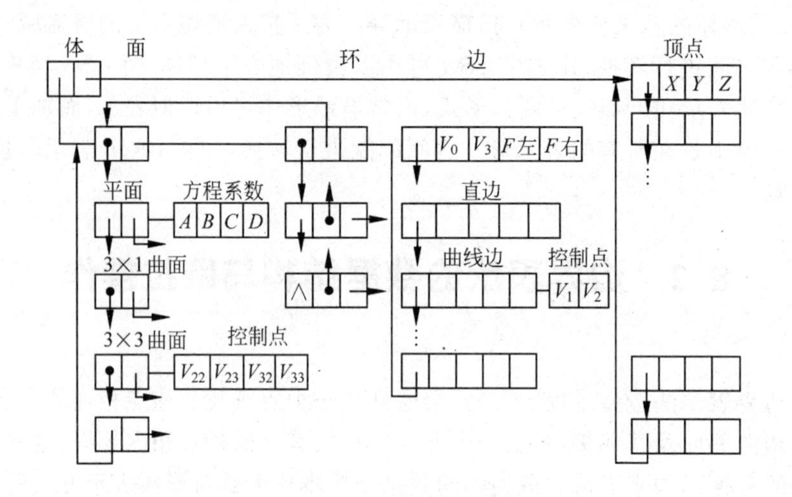

图 8.2.3　改进后的翼边结构的一种实现

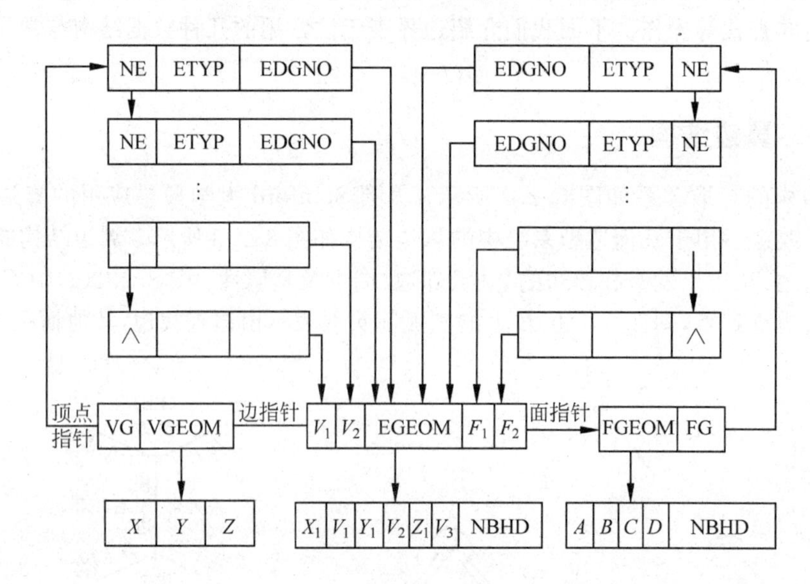

图 8.2.4　对称数据结构的一种实现

多边形是从 V_1 到 V_2，'－'表示该边的走向是从 V_2 到 V_1。

EDGNO：一条边的指针（边号）；

V_1、V_2：一条边两个端点的指针；

F_1、F_2：一条边相邻的两个面的指针；

EGEOM：一条边几何参数指针；

X_1：该边起点坐标的 x 值；

NBHD：表示该边的哪一侧是相应面的标志位（规定遍历边的正方向是从 V_1 到 V_2）；

FG：该面边界边的指针；

FGEOM：该面几何参数指针；

A、B、C、D：面方程系数；

NBHD：表明面的哪一侧存在实体的标志位。

8.2.3　基于面的多表结构

上述两种结构比较适用于多面体为基础的实体造型系统，为了能支持实体、表面造型，尤其要能支持表面的近似和精确表示以及 CSG 和 BRep 的双向联接，由清华大学 CAD 中心开发的 GEMS4.0 产品造型系统采用了如图 8.2.5 所示的数据结构，其中各项的含意如下：

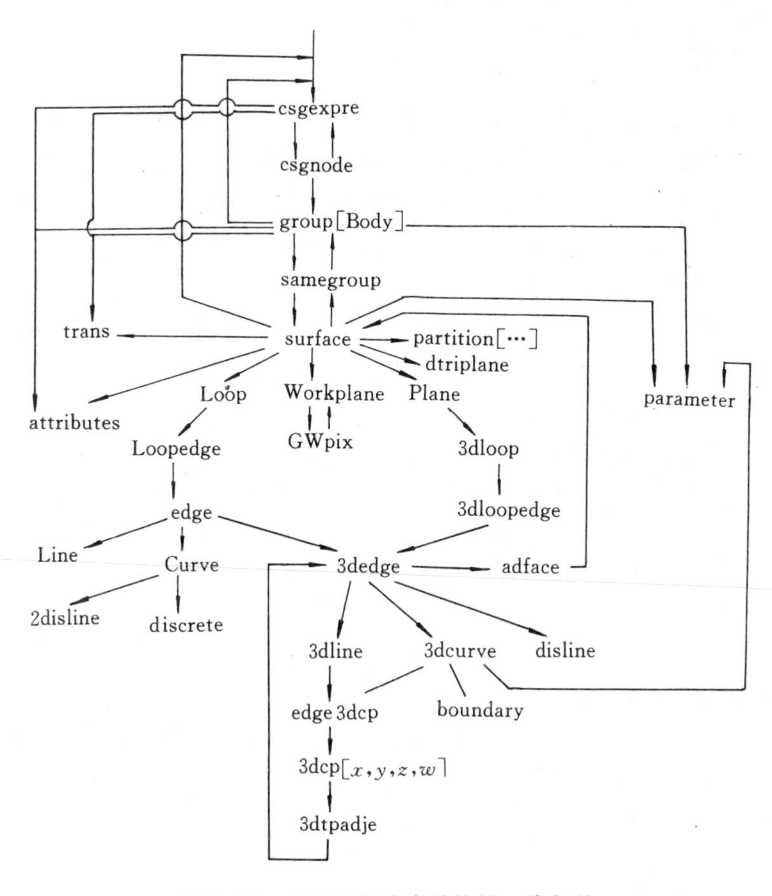

图 8.2.5 基于面的多表结构的一种实现

(1) csgexper：csg 表示式；
(2) csgnode：csg 结点
(3) group：面组，定义一个体；
(4) samegroup：同一个面组(体)内的指针；
(5) Surface：定义面的指针项和域；
(6) trans：图形变换矩阵系数；
(7) partition：对面的分割参数；
(8) dtriplane：曲面的离散三角化表示；
(9) parameter：定义形体的各种参数；
(10) attributes：属性域；
(11) workplane：用于二维画图的工作平面；
(12) GWpix：二维图素参数；
(13) Loop：曲面对应参数域上的环；
(14) Loopedge：参数域上的环边表；
(15) edge：参数域上的边；
(16) Line：参数域上的直线段；
(17) curve：参数域上的曲线；
(18) 2disLine：显示参数域上的曲线段；
(19) discrete：参数域上曲线的离散表示；
(20) plane：表面是平面的情况；
(21) 3dLoop：平面上的三维环；
(22) 3dLoopedge：平面上的三维环边表；
(23) 3dedge：三维边的定义；
(24) 3dline：三维直线段；
(25) 3dcurve：三维曲线段；
(26) disline：显示三维线段；

(27) adface：边的邻面指针；　　(28) edge3dcp：定义边的三维点；

(29) 3dcp：三维点的齐次坐标；　　(30) 3dtpadje：三维点的连接边；

(31) boundary：曲线边的连续条件(位置矢量、切矢、扭矢等)。

如果只要求支持多面体造型，图 8.2.5 所示结构可以大大简化。

8.2.4 欧拉操作

前节介绍的欧拉公式只给出了点、边、面、体、洞、穴之间的平衡关系，本小节将介绍通过对点、边、环的增、删操作来构造形体的方法。这里给出了对点、边、环的 7 对(增、删对应)操作及其用此操作构造实际形体的例子。在下述的函数形式中用↓表示输入量，用↑表示输出量；并用 A 表示一个形体、V 表示一个点、E 表示一条边、L 表示一个环。

1. 产生一条边及一个环(MEL) MEL(A↓、E_1↑、L_2↑、L_1↑、V_1↓、V_2↓)

如图 8.2.6(a)所示，给出一个基本体素长方体 A，拾取环 L_1 上的两点 V_1，V_2 产生一条边 $E1$，并把环 L_1 分成环 L_1 和 L_2，其中由 MEL 产生的环总是父环(P-LOOP)，而 L_1 经过一次 MEL 操作后可能是父环，也可能是子环(C-LOOP)。如图 8.2.6(b)经过 MEL 操作后产生的 L_2 为父环，而 L_1 即为子环，而图 8.2.6(a)中的 L_1 是父环。

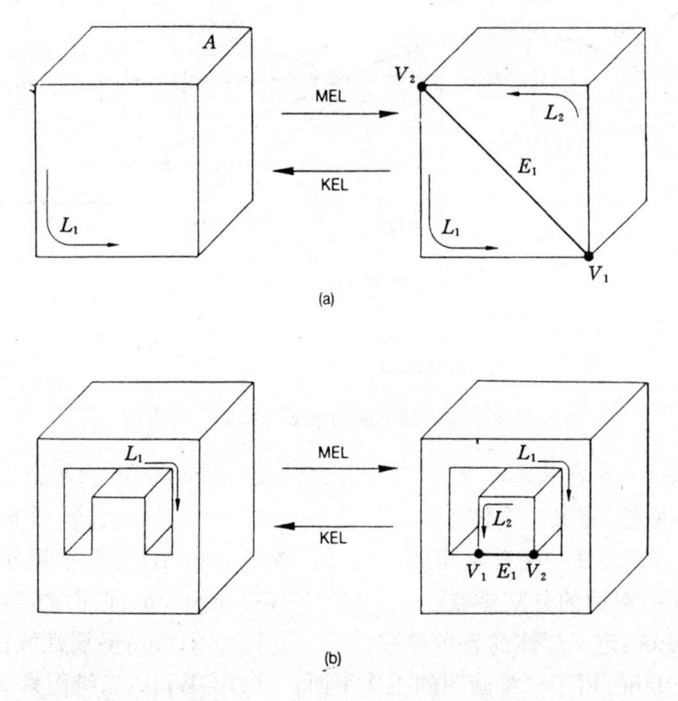

图 8.2.6　MEL 和 KEL

2. 删除一条边及一个环(KEL) KEL(A↓、E_1↓、L_2↑、L_1↑、V_1↑、V_2↑)

KEL 是 MEL 的逆操作，如图 8.2.6 所示。值得注意的是，当删除一条边及一个环后，原来的环隶属关系会发生变化，如图 8.2.7 所示，L_1 和 L_2 是父环，L_3 和 L_4 分别是其中的子环，当 E_1 边删除后，L_2 也删除了，随之 L_1 是父环，而 L_3 和 L_4 均为其中的子环。

3. 产生一个顶点及一条边(MVE) MVE(A↓、V_1↑、E_1↓、E_2↑、x↓、y↓、z↓)

如图 8.2.8 所示在体 A 的 E_1 边上定一个点 $V_1(x,y,z)$，此时 E_1 被分割成二条边 E_1 和

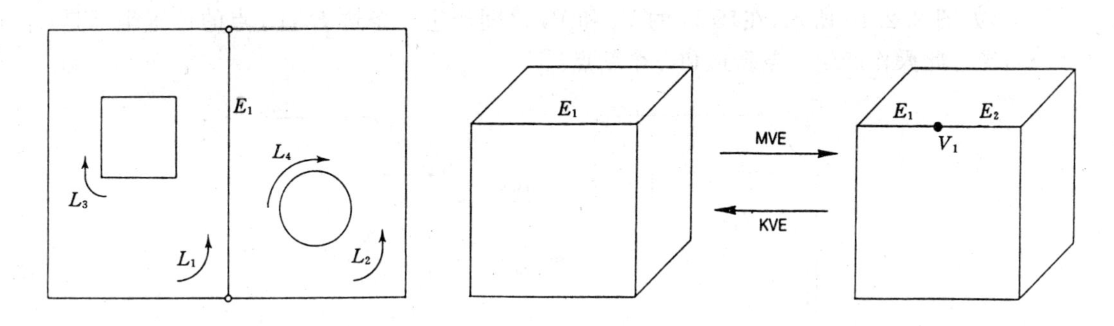

图 8.2.7 在具有子环的父环中增加一条边　　　　图 8.2.8 MVE 和 KVE

E_2。

4. 删除一个点及一条边(KVE)KVE($A\downarrow$、$V_1\downarrow$、$E_1\uparrow$、$E_2\downarrow$、$x\uparrow$、$y\uparrow$、$z\uparrow$)

KVE 是 MVE 的逆操作。在图 8.2.8 中若把 V_1 删除,则 E_1 和 E_2 两条边变成了一条边 E_1。

5. 删除一个子环,产生一个父环(KCLMPL) KCLMPL($A\downarrow$、$L_1\uparrow$、$L_2\downarrow$)

如图 8.2.9 所示在体 A 上有个方孔,环 L_2 是 L_1 的子环,当做 KCLMPL 操作后,将 L_2 由子环变为父环。

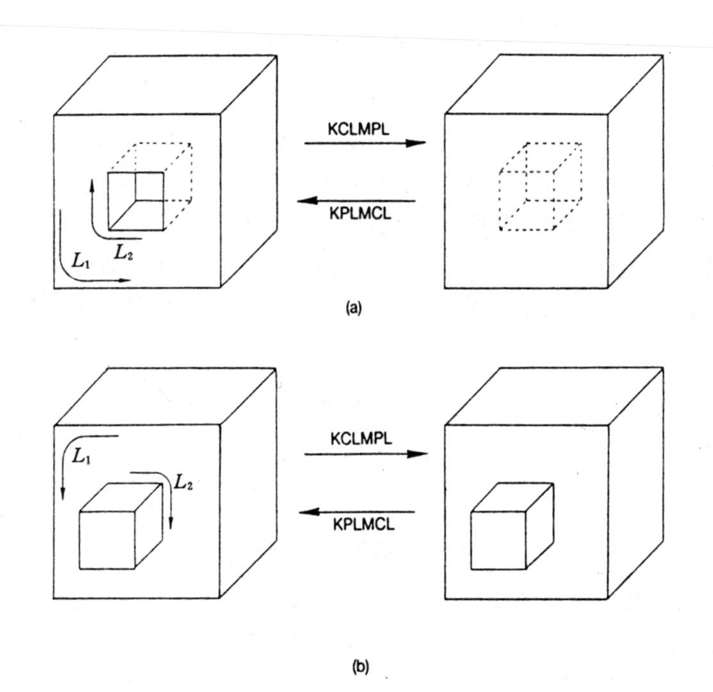

图 8.2.9 KCLMPL 和 KPLMCL

6. 删除一个父环,产生一个子环(KPLMCL) KPLMCL($A\downarrow$、$L_1\downarrow$、$L_2\uparrow$)

这是 KCLMPL 的逆操作,如图 8.2.9 所示,这个操作是把父环 L_2 变成了子环 L_2,且隶属于 L_1。

7. 产生一条边及一个点(MEV) MEV($A\downarrow$、$E_1\uparrow$、$V_1\uparrow$、$V_2\downarrow$、$x\downarrow$、$y\downarrow$、$z\downarrow$)

如图 8.2.10 所示，在环 L_1 的 V_1 和 V_2 之间产生一条边 E_1，V_2 点的位置坐标是(x,y,z)，经过此操作产生一条新边和一个新点。

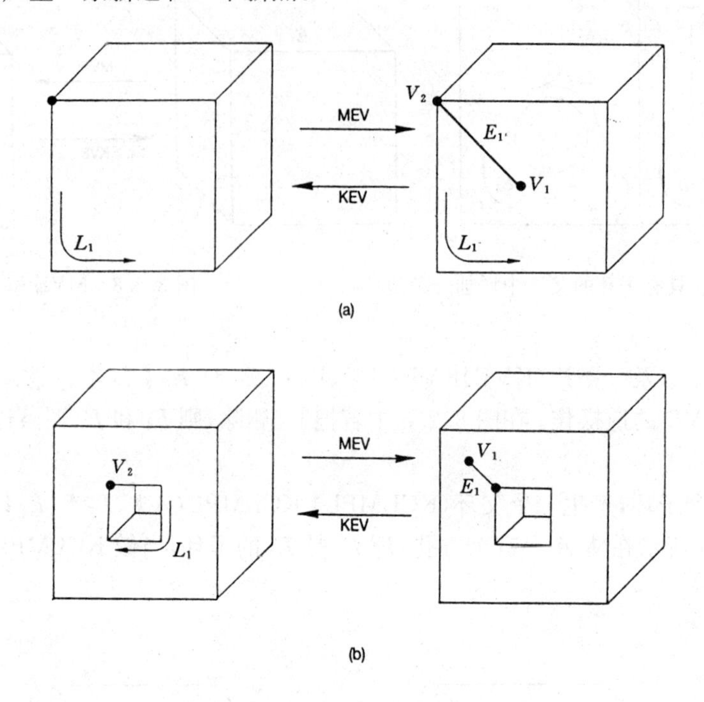

图 8.2.10　MEV 和 KEV

8. 删除一条边和一个点(KEV) KEV($A\downarrow$、$E_1\downarrow$、$V_1\downarrow$、$V_2\uparrow$、$L\uparrow$、$x\uparrow$、$y\uparrow$、$z\uparrow$)

KEV 是 MEV 的逆操作，经过 KEV 操作后将删除一条边和一个点，如图 8.2.10 所示。

9. 产生一条边删除一个环(MEKL) MEKL($A\downarrow$、$E_1\uparrow$、$L_1\downarrow$、$L_2\downarrow$、$V_1\downarrow$、$V_2\downarrow$)

如图 8.2.13(a)、(b)所示，在环 L_1 的 V_1 点和环 L_2 的 V_2 点之间形成一条边 E_1。这里要求 L_1 和 L_2 是相同类型的环，若 L_1 和 L_2 类型不同，可用 KCLMPL 操作使之改变。

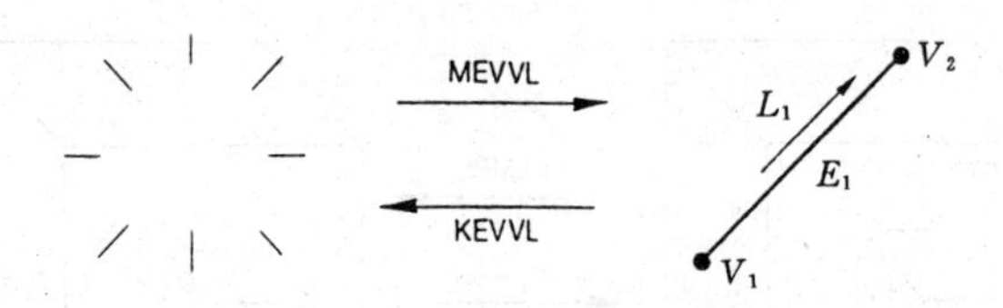

图 8.2.11　MEVVL 和 KEVVL

10. 产生一条边及一个环(MEML)MEML($A\downarrow$、$E_1\downarrow$、$L_1\uparrow$、$L_2\uparrow$、$V_1\uparrow$、$V_2\uparrow$)

这是 MEKL 的逆操作，在图 8.2.13 中，当 E_1 被删除后，环 L_2 变成了两个独立的环 L_1 和 L_2，此处 L_1 和 L_2 具有相同的类型。

11. 在两个点之间产生一条边和一个环(MEVVL) MEVVL($A\downarrow$、$E_1\uparrow$、$V_1\uparrow$、$V_2\uparrow$、$L_1\uparrow$、$x_1\downarrow$、$y_1\downarrow$、$z_1\downarrow$，$x_2\downarrow$、$y_2\downarrow$、$z_2\downarrow$)

此操作是在点 $V_1(x_1,y_1,z_1)$和 $V_2(x_2,y_2,z_2)$之间产生一条边 E_1，同时产生一个环 L_1，如图 8.2.11 所示。

12. 删除一条边及其两个端点和一个环(KEVVL) KEVVL($A\downarrow$，$E_1\uparrow$，$V_1\uparrow$，$V_2\uparrow$，

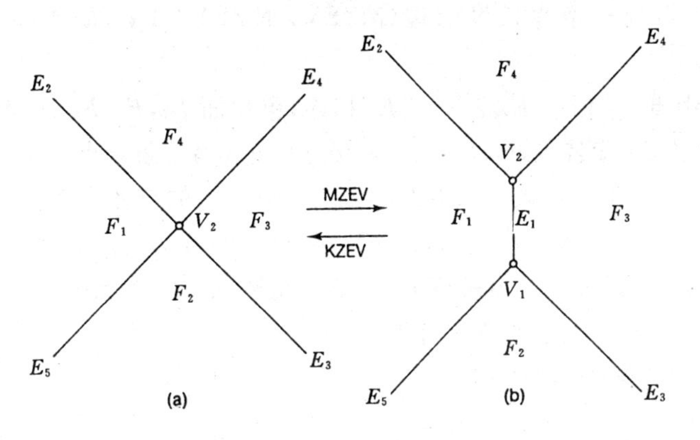

图 8.2.12 MZEV 和 KZEV

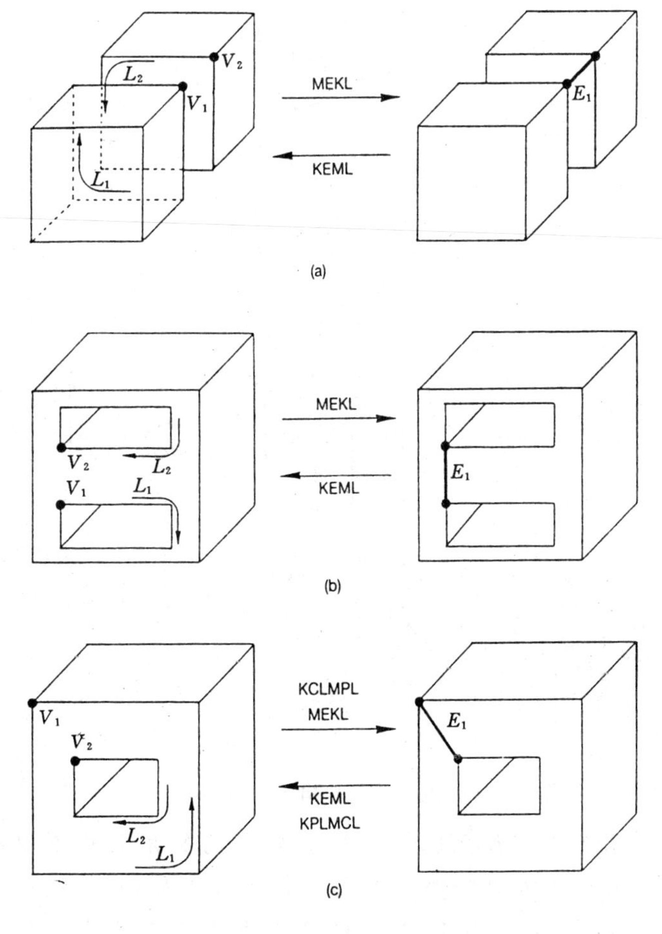

图 8.2.13 MEKL 和 KEML

$L_1\uparrow, x_1\uparrow, y_1\uparrow, z_1\uparrow, x_2\uparrow, y_2\uparrow, z_2\uparrow$)

在图 8.2.11 中当 E_1 被删除后，其端点 V_1, V_2 和 E_1 所在的环被删除，这是 MEVVL 的逆操作。

13. 产生一个点及一条零长度的边(MZEV) MZEV($A\downarrow,E_1\uparrow,V_1\uparrow,V_2\downarrow,E_2\downarrow,E_3\downarrow$)

在图 8.2.12 中点 V_2 和边 E_2,E_3,E_4,E_5 相连,也和面 F_1,F_2,F_3,F_4 相邻,MZEV 操作是用一条零长度的边 E_1 代替点 V_2,E_1 的一个端点是 V_2,另一条端点是 V_1,这样就可以把原来非正则形体正则化。MZEV 操作只有对连接二条以上边的点才有效。

14. 删除一个点及一条零长度的边(KZEV) KZEV($A\downarrow,E_1\downarrow,V_1\uparrow,V_2\uparrow,E_2\uparrow,E_3\uparrow$)

如图 8.2.12 所示,删除一条零长度的边,随之也删除了一个点 V_1,KZEV 是 MZEV 的逆操作,只有对连接二条以上边的点才有效。

15. 用欧拉操作造型的实例

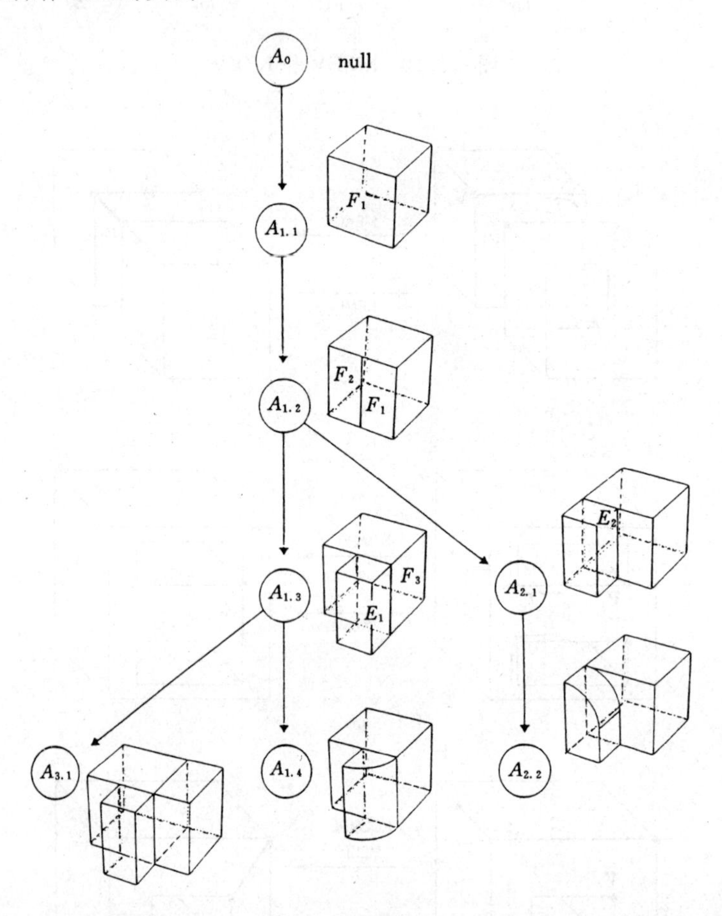

图 8.2.14 用欧拉操作构造一个形体的例子

欧拉操作造型可用一棵树来描述,如图 8.2.14 所示:A_0 是空体、是树根。若 A_1 是定义输入的长方体体素,经 MEL 操作将环 F_1 分为两个环 F_1 和 F_2,并产生 A_{12}体。对环 F_1 进行拉伸产生体 A_{13},对 A_{13}中的 E_1 边进行倒圆角产生形体 A_{14}。若对 A_{12}的环 F_2 进行拉伸产生 A_{21}体,再对 A_{21}的边 E_2 作倒圆角,产生形体 A_{22}。若对 A_{13}体的环 F_3 进行拉伸产生体 A_{31}。上述中的倒圆角、拉伸等操作都可用前面介绍的 14 种基本操作组合而成。

8.3 求交算法

在几何造型中要大量地进行求交计算。例如，对形体进行集合运算必须先进行形体表面的求交计算。求剖面线、投影线等，也要进行求交计算。在进行真正的求交计算之前，往往先用包围盒等辅助结构进行粗略的比较，排除那些显然不相交的情形。

在造型系统中，最常用的三种基本几何元素是点、边、面。在这些几何元素之间进行求交运算的目的在于判别它们之间的重合、相交、相离等位置关系。在相交的情形求出交点、交线、交面。求交计算是造型系统最核心的一部分。它的准确性与效率直接影响造型系统的可靠性与实用性。按几何元素的维数来划分，求交算法可分为三类：点与点或边或面的求交计算，线与点或边或面的求交计算，面与点或边或面的求交计算。实际只有六种：点－点，点－边，点－面，边－边，边－面，面－面。

由于计算机内浮点数有误差，求交计算必须引进容差。当两个点的坐标值充分接近时，即被认为是重合的点，直观地说，点可看作半径为 ε 的球，边可看作半径为 ε 的圆管，面可看作厚度为 2ε 的薄板。一般取 $\varepsilon=10^{-6}$或更小的数。

8.3.1 点与各几何元素的求交计算

判断空间一点与另一点是否相交，也就是判断这两点是否重合，只要判断两点之间的距离是否小于 ε 即可。

判断点与线段是否相交，也就是判断点与线的最短距离是否位于容差范围内。造型中常用的线段有三种：

(1) 直线段，(2)圆锥曲线段(主要是圆弧)，(3)参数曲线(主要是 Bezier，B 样条与 NURBS 曲线)。点与面的求交也类似地分为三种情况。下面分别讨论。

1. 点与直线段的求交计算

假设点坐标为 $P(x,y,z)$，直线段端点为 $P_1(x_1,y_1,z_1)$，$P_2(x_2,y_2,z_2)$，则点 P 到线段 P_1P_2 的距离的平方为

$$d^2=(x-x_1)^2+(y-y_1)^2+(z-z_1)^2-[(x_2-x_1)(x-x_1)+(y_2-y_1)(y-y_1)+(z_2-z_1)(z-z_1)]^2/[(x_2-x_1)^2+(y_2-y_1)^2+(z_2-z_1)^2]$$

当 $d^2<\varepsilon^2$ 时，认为点在线段(或其延长线)上，这时还需进一步判断点是否落在直线段的有效区间内。只要对坐标分量进行比较，假设线段两端点的 x 分量不等(否则所有分量均相等，那么线段两端点重合，线段退化为一点)，那么当 $x-x_1$ 与 $x-x_2$，$y-y_1$ 与 $y-y_2$，$z-z_1$ 与 $z-z_2$ 反号时，点 P 在线段的有效区间内。

2. 点与圆锥曲线段的求交计算

以圆弧为例，假设点的坐标为(x,y,z)，圆弧的中心为(x_0,y_0,z_0)，半径为 r，起始角 θ_1，终止角 θ_2。这些角度都是相对于局部坐标系 x 轴而言。圆弧所在平面为

$$ax+by+cz+d=0$$

先判断点是否在该平面上，若不在，则二者不可能相交。若在，则通过坐标变换，把问题转换到二维的问题。

给定中心为(x_0,y_0)，半径为r，起始角θ_1，终止角θ_2的圆弧，对平面上一点$P(x,y)$，判断P是否在圆弧上，可分二步进行：

第一步判断P是否在圆心为(x_0,y_0)，半径为r的圆的圆周上，即下式是否成立：

$$\left|\sqrt{(x-x_0)^2+(y-y_0)^2}-r\right|<\varepsilon$$

第二步判断P是否在有效的圆弧段内。

3. 点与参数曲线的求交计算

设点坐标为$P(x,y,z)$，参数曲线为$Q(t)=(x(t),y(t),z(t))$。点与参数曲线的求交计算包括三个步骤：

(1) 计算参数t值，使P到$Q(t)$的距离最小；

(2) 判断t是否在有效参数区间内(通常为$[0,1]$)；

(3) 判断$Q(t)$与P的距离是否小于ε。若(2)，(3)步的判断均为"是"，则点在曲线上；否则点不在曲线上。

第一步应计算t，使得$|P-Q(t)|$最小，

即　$R(t)=(P-Q(t))(P-Q(t))=|P-Q(t)|^2$ 最小

根据微积分知识，在该处$R'(t)=0$即

$$Q'(t)[P-Q(t)]=0$$

用数值方法解出t值，再代入曲线参数方程可求出曲线上对应点的坐标。第(2)、(3)步的处理比较简单，不再详述。

4. 点与平面区域的求交计算

设点坐标为$P(x,y,z)$，平面方程为$ax+by+cz+d=0$。则点到平面的距离为

$$d=\frac{|ax+by+cz+d|}{\sqrt{a^2+b^2+c^2}}$$

若$d<\varepsilon$，则认为点在平面上，否则认为点不在平面上。在造型系统中，通常使用平面上的有界区域作为形体的表面。在这种情况下，对落在平面上的点还应进一步判别它是否落在有效区域内。若点落在该区域内，则认为点与该面相交，否则不相交。下面以平面区域多边形为例，介绍有关算法。

判断平面上一个点是否包含在同平面的一个多边形内，有许多种算法，这里仅介绍常用的三种：叉积判断法、夹角之和检验法以及交点计数检验法。

(1) 叉积判断法

假设判断点为P_0。多边形顶点按顺序排列为$P_1P_2\cdots P_n$。如图8.3.1所示。令$V_i=P_i-P_0, i=1,2,\cdots,n, V_{n+1}=V_1$。

那么，P_0在多边形内的充要条件是叉积$V_i\times V_{i+1}(i=1,2,\cdots,n)$的符号相同。叉积判断法框图见8.3.2。叉积判断法仅适用于凸多边形。

当多边形为凹时，尽管点在多边形内也不能保证上述叉积符号都相同。这时可采用后面介绍的两种方法。

(2) 夹角之和检验法

假设某平面上有点P_0和多边形$P_1P_2P_3P_4P_5$，如图8.3.3所示。将点P_0分别与P_i相

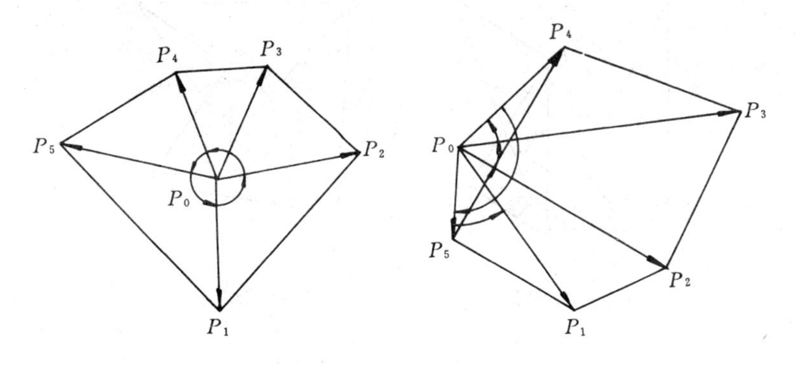

图 8.3.1　叉积判断法示意图

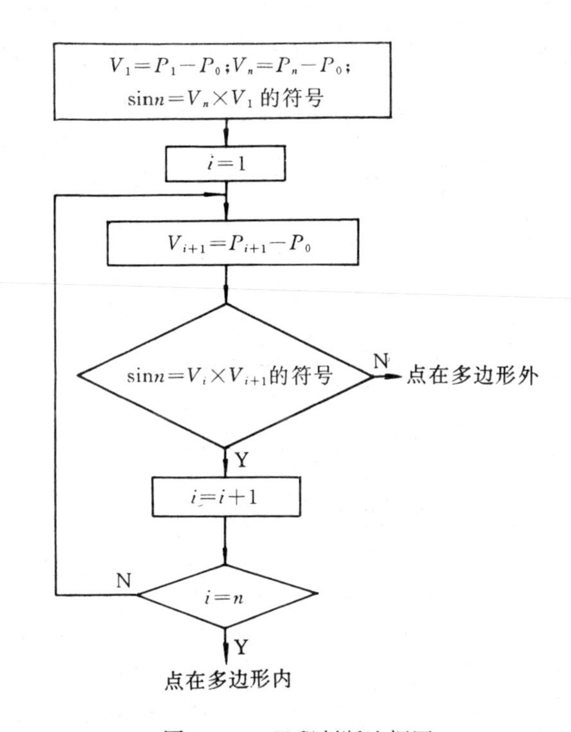

图 8.3.2　叉积判断法框图

连，构成向量 $V_i=P_i-P_0$。假设角$\angle P_iP_0P_{i+1}=\alpha_i$。如果 $\sum_{i=1}^{5}\alpha_i=0$，则点 P_0 在多边形之外，如图8.3.3(a)所示。如果 $\sum_{i=1}^{5}\alpha_i=2\pi$，则点 P_0 在多边形之内，如图 8.3.3(b)所示。α_i 可通过下列公式计算

$$\alpha_i=\arccos\left(\frac{V_i\cdot V_{i+1}}{|V_i||V_{i+1}|}\right)$$

这个公式计算量比较大。它涉及三个点积、两个开平方和一个反三角函数计算。另外，还必须判断角度的方向，一般是通过计算两个向量的叉积的符号来判断。实际上，用反正切函数求 α_i，计算更简单。令 $S_i=V_i\times V_{i+1}$，$C_i=V_i\cdot V_{i+1}$，则 $\mathrm{tg}(\alpha_i)=S_i/C_i$，所以 $\alpha_i=\mathrm{arctg}(S_i/C_i)$且

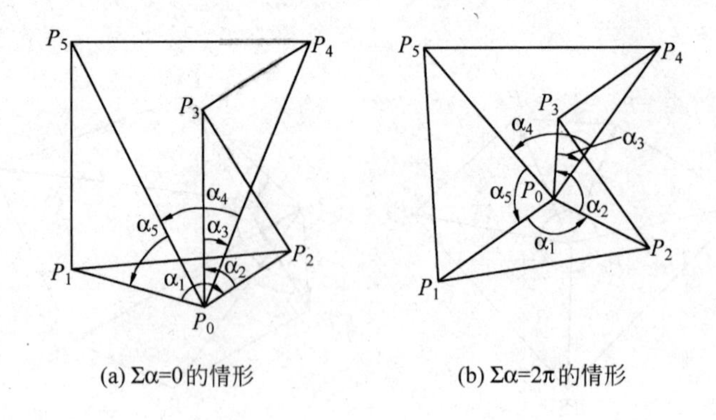

图 8.3.3　夹角之和检验法

α_i 的符号即代表角度的方向。

在多边形边数不太多(<44)的情况下，可以采用下列近似公式计算 α_i。当 $\sum\alpha_i \geqslant \pi$ 时，可判 P_0 在多边形内。当 $\sum\alpha_i < \pi$ 时，可判 P_0 在多边形外。

$$\alpha_i = \begin{cases} \dfrac{\pi}{4}\dfrac{S_i}{C_i} + d & \text{若 } |S_i| \leqslant |C_i| \\ \dfrac{\pi}{2} - \dfrac{\pi}{4}\dfrac{C_i}{S_i} - d & \text{若 } |S_i| > |C_i| \end{cases} \tag{8-3-1}$$

其中 $d=0.0355573$ 为常数。

这是由于，当 $|S_i| \leqslant |C_i|$ 时，$|\alpha_i| \leqslant \dfrac{\pi}{4}$，这时有不等式

$$0 \leqslant \alpha_i - \frac{\pi}{4}\mathrm{tg}(\alpha_i) \leqslant 2d \tag{8-3-2}$$

成立。而当 $|S_i| > |C_i|$ 时，$|\alpha_i| > \dfrac{\pi}{4}$，这时有不等式

$$0 \leqslant \alpha_i - \left(\frac{\pi}{2} - \frac{\pi}{4}\mathrm{tg}(\alpha_i)\right) \leqslant 2d \tag{8-3-3}$$

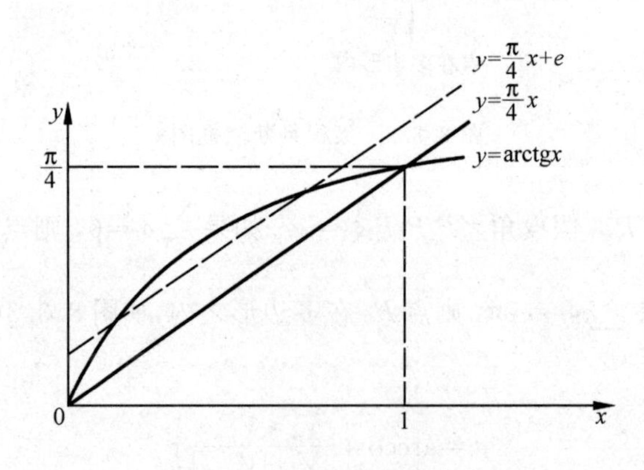

图 8.3.4　角度近似计算法图解

成立。

下面证明不等式(8-3-2)：

令 $$E(x)=\mathrm{arctg}(x)-\frac{\pi}{4}x$$

由图 8.3.4 知，当 $|x|\leqslant 1$ 时，$E(x)\geqslant 0$，且最大值点，即 $E'(x)=0$ 的点为 $x_0=\sqrt{4/(\pi-1)}\approx 0.523$，$E(x_0)=0.0711146=2d$。所以，$0\leqslant E(x)\leqslant 2d$（当 $|x|\leqslant 1$），即(8-3-2)式当 $|\alpha_i|\leqslant\frac{\pi}{4}$ 时成立。

不等式(8-3-3)的证明过程类似。

假设多边形边数为 n，那么利用(8-3-2)式求得的夹角之和的误差上界为 $2dn$。欲使 $2dn<\pi$，则必须 $n<\pi/2d\approx 44.2$。故当多边形边数不大于 44 时，可用(8-3-2)式近似计算 α_i。

(3) 交点计数检验法

当多边形是凹多边形，甚至还带孔时，可采用交点计数法判断点是否在多边形内。具体做法是，从判断点作一射线至无穷远：

$$\begin{cases}x=x_0+u\ (u\geqslant 0)\\ y=y_0\end{cases}$$

求射线与多边形边的交点个数。若个数为奇数，则点在多边形内，否则，点在多边形外。

如图 8.3.5(a)所示，射线 a,c 分别与多边形交于二点和四点，为偶数，故判断点 A,C 在多边形外。而射线 b,d 与多边形交三点和一点，为奇数，所以 B,D 在多边形内。

当射线穿过多边形顶点时，必须特殊对待。如图 8.3.5(b)所示，射线 f 过顶点，它与边 6 与边 7 都交于一点，若将交点计数为 2，则会错误地判断 F 在多边形外。但是，若规定射线过顶点时，计数为 1，则又会错误地判断点 E 在多边形内。正确的方法是，若共享顶点的两边在射线的同一侧，则交点计数加 2，否则加 1。具体计数时，当一条边的两个端点 y 值都大于 y_0，即边处于射线上方时，计数加 1，否则不加。

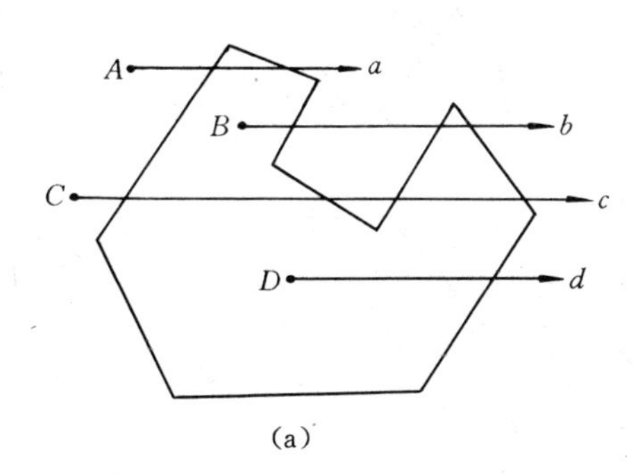

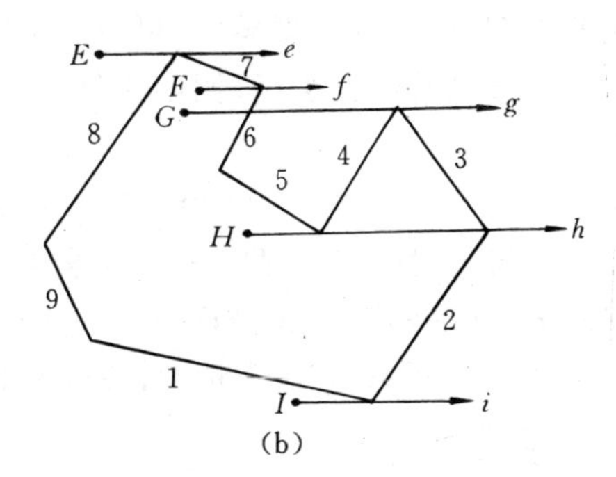

图 8.3.5 交点计数法示意图

例如，射线 E 在边 7 和边 8 之上，故它与边 7、边 8 的交点不算，故交点计数为 0。而射线 I 在边 1 与边 2 之下，故两个交点都算，交点计数为 2。在两种情况下，计数均为偶数，可判断点在多边形外。同理可求得 G 和 H 的交点计数分别为 1 和 3，所以可判知这两点在多边形内。

以上介绍的点包含性算法，在第九章讨论的光线跟踪算法中，也将要用到。

5. 点与二次曲面/参数曲面的求交计算

假设点坐标为 $P(x_0,y_0,z_0)$，二次曲面方程为 $Q(x,y,z)=0$，则当 $|Q(x_0,y_0,z_0)|<\varepsilon$

时，认为点在该二次曲面上，在造型系统中，通常使用裁剪的二次曲面。在这种情况下，还要判断点是否在有效范围内。裁剪的二次曲面通常用有理 Bézier 或有理 B 样条的参数空间上的闭合曲线来定义曲面的有效范围，故要把点所对应的参数空间的参数坐标计算出来，再判断该参数坐标是否在参数空间有效区域上。

假设二次曲面参数方程为

$$Q(u,v)=(x(u,v),y(u,v),z(u,v))$$

欲求二次曲面上一点 $P(x_0,y_0,z_0)$ 对应的 u,v 参数，相当于解方程

$$\begin{cases}x(u,v)=x_0\\y(u,v)=y_0\\z(u,v)=z_0\end{cases}$$

点与一般参数曲面的求交计算过程与上述讨论类似。

8.3.2 直线与各几何元素求交

1. 直线段与直线段求交

假设二条直线的端点分别为 P_1,P_2,Q_1,Q_2，则它们可以用向量形式表示为：

$$\begin{aligned}P(t)&=A+Bt\quad(0\leqslant t\leqslant 1)\\Q(s)&=C+Ds\quad(0\leqslant s\leqslant 1)\end{aligned}\tag{8-3-4}$$

其中，$A=P_1,B=P_2-P_1,C=Q_1,D=Q_2-Q_1$。

构造方程

$$A+Bt=C+Ds\tag{8-3-5}$$

在三维空间中，上述方程实际上是一个二元一次方程组，由三个方程式组成。可以从其中两个解出 s,t，再用第三个验证解的有效性。当所得的解 (t_i,s_i) 是有效解时，可用二个线段方程之一计算交点坐标，例如 $P(t_i)=A+Bt_i$。

我们还可以根据向量的基本性质，直接计算 s 与 t：对(8.3.5)两边构造点积得

$$(C\times D)\cdot(A+Bt)=(C\times D)\cdot(C+Ds)$$

由于 $C\times D$ 同时垂直于 C 和 D，等式右边为零。故有

$$t=-\frac{(C\times D)\cdot A}{(C\times D)\cdot B}$$

类似地有

$$s=-\frac{(A\times B)\cdot C}{(A\times B)\cdot D}$$

完整的算法还应判断无解与无穷多解(共线)的情形，以及考虑数值计算误差造成的影响。

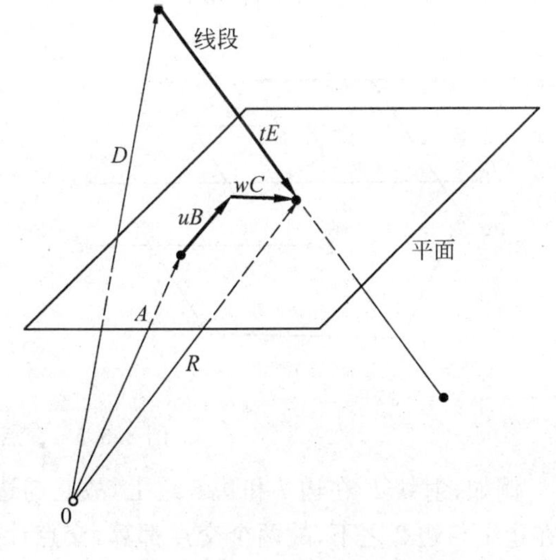

图 8.3.6 线段与平面求交

2. 直线段与平面求交

考虑直线段与无界平面的求交问题，如图8.3.6所示。把平面上的点表示为 $P(u,w)=A+uB+wC$，直线段上的点表示为 $Q(t)=D+tE$，二者的交点记为 R。假设线段不平行于平

面，则它们交于 $R=P(u,w)=Q(t)$，即

$$A+uB+wC=D+tE$$

等式两边点乘 $(B\times C)$，得

$$(B\times C)\cdot(A+uB+wC)=(B\times C)\cdot(D+tE)$$

由于 $B\times C$ 既垂直于 B，又垂直于 C，故有

$$(B\times C)\cdot A=(B\times C)\cdot(D+tE)$$

可解出

$$t=\frac{(B\times C)\cdot A-(B\times C)\cdot D}{(B\times C)\cdot E}$$

类似求得

$$u=\frac{(C\times E)\cdot D-(C\times E)\cdot A}{(C\times E)\cdot B}$$

$$w=\frac{(B\times E)\cdot D-(B\times E)\cdot A}{(B\times E)\cdot C}$$

3. 直线段与参数曲线求交

下面讨论直线段与三次参数曲线求交。这时交点可以有一至三个。假设直线参数方程为

$$P(t)=A+Bt$$

曲线的参数方程为

$$Q(u)=Cu^3+Du^2+Eu+F$$

在交点处有方程

$$P(t)=Q(u)$$

即

$$Cu^3+Du^2+Eu+F=A+Bt$$

用 $(A\times B)$ 点乘两边得

$$(A\times B)\cdot(Cu^3+Du^2+Eu+F)=0$$

可以用求根公式或数值方法解出一至三个 u 的实根。

4. 直线段与参数曲面求交

再看直线段与三次参数曲面求交，假设直线方程与曲面方程分别是：

$$P(t)=A+Bt$$

与

$Q(u,v)=$Bezier 曲面或 B 样条曲面或其它参数曲面

则在交点处有

$$Q(u,v)-P(t)=0$$

这是个三元高次方程组，必须用数值方法求解。

也可以把直线方程表示为两个平面交的形式，然后把曲面参数方程代入直线方程（两平面交的形式），再用牛顿迭代法求解。具体做法请查阅第九章光线跟踪算法中求射线与参数曲面求交的部分。

5. 直线段与二次曲线求交

不失一般性，考虑平面上一条直线与同平面的一条二次曲线的交。

假设　　曲线方程为　$f(x,y)=0$

　　　　直线段方程为　$(x,y)=(x_1+td_x, y_1+td_y)$

　　　　则在交点处有　$f(x_1+td_x, y_1+td_y)=0$

当曲线为二次曲线时,上述方程可写为

$$at^2+bt+c=0$$

用二次方程求根公式即可解出 t 值。

下面以圆弧为例,说明在实际实现时,可以采用包围盒及适当安排方程系数,使计算量尽可能的小。

如图 8.3.7 所示为一圆弧段。

圆方程为
$$(x-x_0)^2+(y-y_0)^2=r^2$$

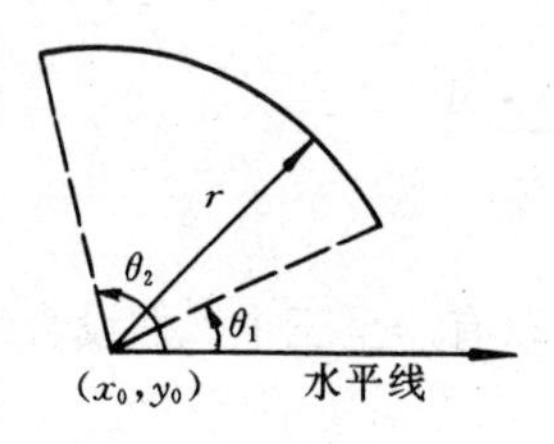

图 8.3.7　圆弧的定义参数

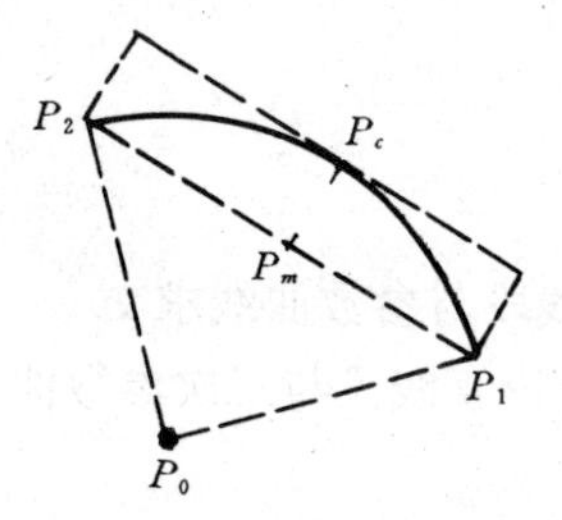

图 8.3.8　圆弧的包围盒

圆弧起始角为 θ_1,终止角为 θ_2。把直线段方程代入圆方程

得
$$at^2+2bt+c=0$$

其中　$a=dx^2+dy^2$,　$b=(x_1-x_0)dx+(y_1-y_0)dy$,　$c=(x_1-x_0)^2+(y_1-y_0)^2-r^2$

令
$$d=b^2-ac$$

可解得
$$t_1=(-b-\sqrt{d})/a,\quad t_2=(-b+\sqrt{d})/a$$

进一步还应判断对应的交点是否在起始角 θ_1 与终止角 θ_2 的圆弧上。

为了提高求交计算与判断交点有效性的效率,对圆弧计算包围盒如图 8.3.8 所示。先根据起始角 θ_1 与终止角 θ_2 求出相应的弧端点坐标 P_1,P_2,进而求出弧的弦中点 $P_m=(P_1+P_2)/2$,再用 $(\theta_1+\theta_2)/2$ 的正、余弦或下式计算弧中点 P_c:

$$P_c=P_0+r\cdot\frac{P_m-P_0}{|P_m-P_0|}$$

则该弧的包围盒顶点为 $P_1, P_1+(P_c-P_m), P_2+(P_c-P_m), P_2$。

在进行一直线段与圆弧求交时,先把直线段与包围盒求交(采用高效率的参数裁剪算法),若直线段与包围盒无交,则它也与圆弧无交;否则,求得线段与包围盒的相交参数区间 (t_1,t_u),然后计算直线段与圆弧的交点参数,若求得一个(或二个)交点参数 t,把 t 与 t_1、t_u 比较。当 $t_1\leqslant t\leqslant t_u$ 时,就是有效的交点。

6. 直线段与二次曲面(体)求交

这个问题与第九章介绍的光线跟踪算法中射线与二次曲面(体)求交问题类似。射线与直线段的差别仅在于前者的有效参数区间为 $t\geqslant 0$,而后者增加一个约束:$0\leqslant t\leqslant 1$。具体算法在第九章介绍。

8.3.3 曲线与各几何元素求交

1. 圆锥曲线与各几何元素求交

在本书介绍曲线曲面的章节中，我们曾经给出圆锥曲线的代数法表示、几何法表示与参数法表示。在进行一对圆锥曲线的求交时，把其中一条圆锥曲线用代数法和几何法表示为隐函数形式，另一条表示为参数形式（如二次 NURBS 曲线）。将参数形式代入隐函数形式可得关于参数的四次方程，可以使用四次方程的求根公式解出交点参数。

欲对圆锥曲线与参数曲线求交，可以把参数曲线方程代入圆锥曲线的隐函数方程得到参数的一元高次方程，然后使用一元高次方程的求根方法解出交点参数，或把圆锥曲线也表示为参数形式，转化为参数曲线与参数曲线的求交问题，这在后面一节介绍。

圆锥曲线与平面求交很简单，只要把圆锥曲线的参数形式代入平面方程，即可得到参数的二次方程进行求解。

圆锥曲线与二次曲面求交时，可把圆锥曲线的参数形式代入二次曲面的隐式方程，得到参数的四次方程，用求根公式求解。

圆锥曲线与参数曲面的求交问题往往转化为参数曲线与参数曲面的求交问题来解决，这在下一小节介绍。

2. 参数曲线与参数曲线求交

假设两条空间曲线的方程为 $P(u)=(x(u),y(u),z(u)),Q(t)=(\bar{x}(t),\bar{y}(t),\bar{z}(t))$，对它们求交相当于求解方程

$$P(u)-Q(t)=0$$

这是有三个方程式的二元高次方程组，可使用其中两个方程式对 u,t 求解，再用第三个方程式对解进行验证。求解部分相当于求曲线在某个坐标面上的投影曲线之间的交点。实际上，绝大多数曲线求交问题是在二维平面（如曲面的参数域）上进行的，可以用传统的数值方法求解

$$\begin{cases} x(u)-\bar{x}(t)=0 \\ y(u)-\bar{y}(t)=0 \end{cases}$$

得到交点，也可以用常用曲线的凸包性质，或人为建立包围盒的方法，对曲线建立包围盒。当两曲线的包围盒相交时，把曲线分割为两条子线段，对子线段建立包围盒，然后重复进行包围盒的求交判断。这样一直进行到包围盒小于一定尺寸，把包围盒内的曲线上的某一点（如中点）作为交点或用该点作为初始点估计，用数值方法进行迭代求解更精确的交点参数与坐标。常用的包围盒有两种：

一种是利用曲线控制多边形直接作为包围盒。如图 8.3.9 所示，利用这种包围盒求交的过程如图 8.3.10 所示。

还有一种方法是在曲线的切线水平和垂直处把曲线分为若干段，对每段建立与坐标轴平行的长方形包围盒，称为区间包围盒。如果两条曲线上有两子段的包围盒相交，则把这两条子曲线段都进一步分割成两个更短的子曲线段，分别建立包围盒，然后重复进行包围盒的求交测试。当包围盒尺寸充分小时，其中的点作为交点，或用于数值方法的初解，如图 8.3.11和图 8.3.12 所示，为这种方法使用的长方形包围盒，以及递归分割求交的示意图。

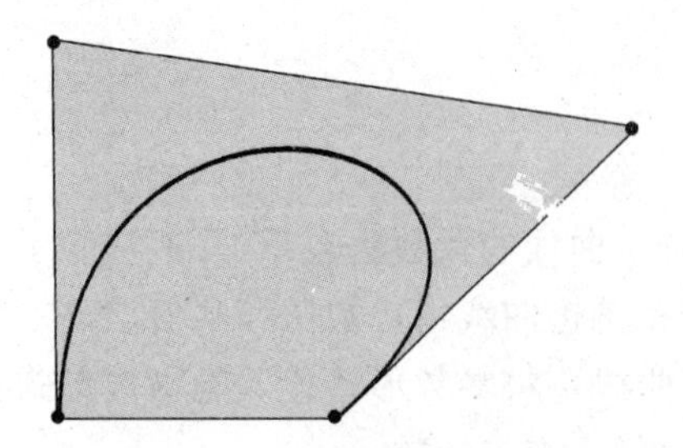

图 8.3.9 Bézier 曲线的控制多边形作为包围盒

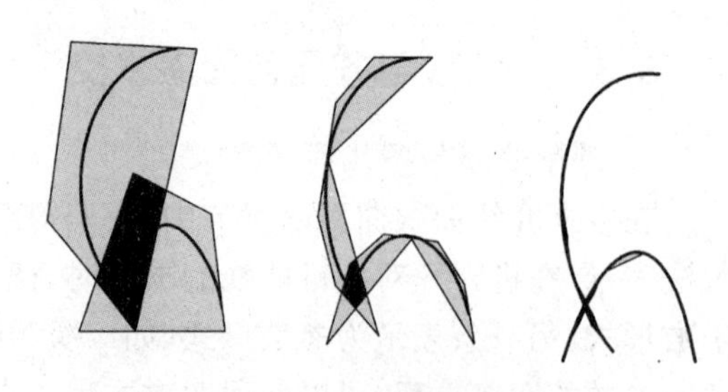

图 8.3.10 利用控制多边形的曲线分割求交示意图

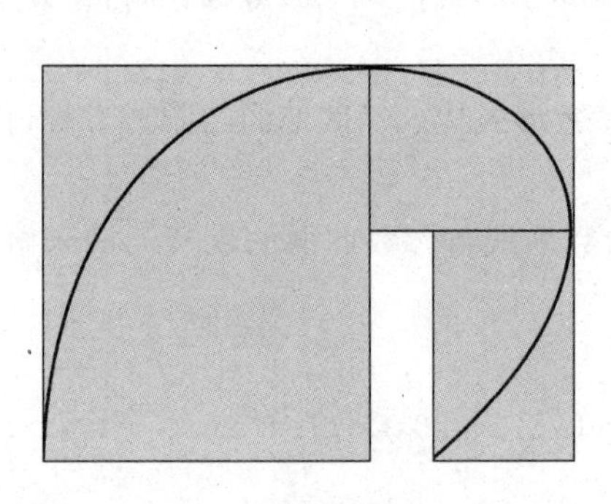

图 8.3.11 曲线的区间包围盒

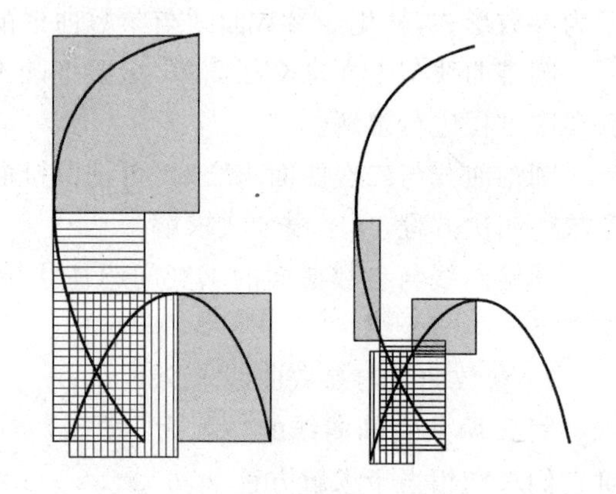

图 8.3.12 利用区间包围盒递归分割求交示意图

3. 参数曲线与面求交

参数曲线与平面或二次曲面的求交计算比较简单，只要把曲线的参数形式代入面的方程得到参数的一元方程，用求根公式或高次方程的求根方法求解。

下面讨论参数曲线与参数曲面求交的问题。

假设空间曲线表示为 $P(t)=(x(t),y(t),z(t))$，曲面表示为 $Q(u,w)=(x(u,w),y(u,w),z(u,w))$，则曲线与曲面的交可以表示为方程

$$P(t)-Q(u,w)=0$$

令

$$r(t,u,w)=P(t)-Q(u,w)$$

则有

$$\mathrm{d}r=\frac{\mathrm{d}P}{\mathrm{d}t}(t)\mathrm{d}t-\frac{\partial Q(u,w)}{\partial u}\mathrm{d}u-\frac{\partial Q(u,w)}{\partial w}\mathrm{d}w$$

可利用叉积的性质把各参数的微分显式表示出来。

$$\frac{\partial Q}{\partial u}\times \mathrm{d}r=\left(\frac{\partial Q}{\partial u}\times\frac{\mathrm{d}P}{\mathrm{d}t}\right)\mathrm{d}t-\left(\frac{\partial Q}{\partial u}\times\frac{\partial Q}{\partial u}\right)\mathrm{d}u-\left(\frac{\partial Q}{\partial u}\times\frac{\partial Q}{\partial w}\right)\mathrm{d}w$$

由于$\frac{\partial Q}{\partial u}\times\frac{\partial Q}{\partial u}=0$，所以

$$\frac{\partial Q}{\partial u}\times \mathrm{d}r=\left(\frac{\partial Q}{\partial u}\times\frac{\mathrm{d}P}{\mathrm{d}t}\right)\mathrm{d}t-\left(\frac{\partial Q}{\partial u}\times\frac{\partial Q}{\partial w}\right)\mathrm{d}w$$

两边再点乘$\frac{\mathrm{d}P}{\mathrm{d}t}$得

$$\frac{dP}{dt}\cdot\left(\frac{\partial Q}{\partial u}\times dr\right)=\frac{dP}{dt}\cdot\left(\frac{\partial Q}{\partial u}\times\frac{dP}{dt}\right)dt-\frac{dP}{dt}\cdot\left(\frac{\partial Q}{\partial u}\times\frac{\partial Q}{\partial w}\right)dw$$

由于$\frac{dP}{dt}$垂直于$\frac{\partial Q}{\partial u}\times\frac{dP}{dt}$，所以$\frac{dP}{dt}\cdot\left(\frac{\partial Q}{\partial u}\times\frac{dP}{dt}\right)=0$，且

$$\frac{dP}{dt}\cdot\left(\frac{\partial Q}{\partial u}\times dr\right)=-\frac{dP}{dt}\cdot\left(\frac{\partial Q}{\partial u}\times\frac{\partial Q}{\partial w}\right)dw$$

类似可得

$$\frac{dP}{dt}\cdot\left(\frac{\partial Q}{\partial w}\times dr\right)=-\frac{dP}{dt}\cdot\left(\frac{\partial Q}{\partial u}\times\frac{\partial Q}{\partial w}\right)du$$

$$\frac{\partial Q}{\partial u}\cdot\left(\frac{\partial Q}{\partial w}\times dr\right)=-\frac{\partial Q}{\partial u}\cdot\left(\frac{\partial Q}{\partial w}\times\frac{dP}{dt}\right)dt$$

令 $D=\frac{dP}{dt}\cdot\left(\frac{\partial Q}{\partial u}\times\frac{\partial Q}{\partial w}\right)$，则可建立迭代方程：

$$t_{i+1}=t_i-\left[\frac{\partial Q}{\partial u}\cdot\left(\frac{\partial Q}{\partial w}\times dr\right)\right]\Big/D(t_i,u_i,w_i)$$

$$u_{i+1}=u_i+\left[\frac{dP}{dt}\cdot\left(\frac{\partial Q}{\partial w}\times dr\right)\right]\Big/D(t_i,u_i,w_i)$$

$$w_{i+1}=w_i+\left[\frac{dP}{dt}\cdot\left(\frac{\partial Q}{\partial u}\times dr\right)\right]\Big/D(t_i,u_i,w_i)$$

迭代初值的选取可以通过对曲线与曲面分别建立包围盒树，当曲线的包围盒树叶子与曲面的包围盒树叶子相交时，取两个叶子内的参数值作为 t_0,u_0,w_0 并作为初值开始迭代至满足收敛条件。

8.3.4 面与面求交

1. 平面与各种面求交

平面是最常用的一种面。在进行包含平面的实体之间的集合运算，或进行实体的剖切运算(以便得到实体的剖面图)时，都要考虑平面与其它面的求交问题。

在造型中一般使用平面上有界区域。先考虑最简单的情形。两个平面区域分别由 $P(u,w),Q(s,t),u,w,s,t\in[0,1]$定义，如果它们不共面而且不分离，则必交于一直线段。这条直线必落在 $P(u,w)-Q(s,t)=0$ 所定义的无限直线上。注意这是个含有四个未知数，三个方程式的方程组，只要分别与八条边界线方程：$u=0,u=1,w=0,w=1,s=0,s=1,t=0,t=1$ 联立，即可求出线段的两个端点的参数。在上述方程组中，只要找到两组解，就可以不再对剩余其它方程组求解。找到的两组解就是所求的交线段端点参数。

对于两个一般的多边形，甚至当多边形带有内孔时，其求交算法也是类似的。把两个多边形分别记为 A 和 B，算法包括下面四步：

(1) 把 A 的所有边与 B 求交，求出所有有效交点；

(2) 把 B 的所有边与 A 求交，求出所有有效交点；

(3) 把所有交点先按 y，再按 x 的大小进行排序；

(4) 把每对交点的中点与 A 和 B 进行包含性检测，若该中点即在 A 中又在 B 中，则该对交点定义了一条交线段。

在算法的实现中可以考虑下述两点改进，一是把多边形投影到某坐标平面，求出交线的

投影线与两个投影多边形的交点，并把每两个交点之间的线段对两个多边形进行分类(in或 out)，再用一维集合运算求交方法求出交线段。注意在投影面求出交点参数即为三维空间的交点参数，这是由投影的性质决定的。

下面考虑平面与二次曲面求交问题。可以把二次曲面表示为代数形式(8-3-6)，

$$Ax^2+By^2+Cz^2+2Dxy+2Eyz+2Fxz+2Gx+2Hy+2Jz+K=0 \tag{8-3-6}$$

再通过平移与旋转坐标变换把平面变为 $XOY(Z=0)$平面，用 7.3.3 节介绍的方法对二次曲面进行同样的坐标变换。由于在新坐标系下 $z=0$，故新坐标系下二次曲面方程中，把含 z 项都去掉即为平面与二次曲面的交线方程(在新坐标系下)。对该交线方程进行一次逆坐标变换即可获得在原坐标系下的交线方程。在具体实现时，交线可以用二元二次方程系数表示(代数表示)，辅之以局部坐标系到用户坐标系的变换矩阵。这种方法的缺点是，每当需要使用这些交线时，都要进行坐标变换。例如，判断一个空间点是否在交线上，必须先对它进行坐标变换，变到 $z=0$ 平面上，再进行检测。需要绘制该交线时，也要先在局部坐标系下求出点坐标，再变换到用户坐标系下的坐标。所以交线采用另一种方法(几何表示)更合理。几何方法存储曲线的类型(椭圆、抛物线或双曲线)，以及定义参数(中心点、对称轴、半径等大小尺寸)的数值信息，使用局部坐标系到用户坐标系的变换，把局部坐标系下的定义参数变换到用户坐标系直接使用。这第二种方法使用较少的变换，但需要用计算来判断曲线的种类，及计算曲线的定义参数。由于浮点运算的不精确性，容易发生判错类型以及定义参数误差过大的问题。

当平面与二次曲面的交线需要精确表示时，往往把二次曲面采用几何法表示。对平面与二次曲面求交时，根据它们的相对位置与角度(根据定义参数)，直接判断交线类型，其准确性大大优于用代数法计算分类的方法。几何法不需要对面进行变换，所以只要通过很少的计算就可以得到交线的精确描述。由于存储的信息是具有几何意义的，所以判断相等性、相对性等问题时，可以确定有几何意义的容差。下面以平面—球求交为例，说明几何法求交算法。

平面用一个记录 p 表示，p 的两子域 $p.b$，$p.w$ 分别代表平面上一点与平面法向量。球面用记录 s 表示。它的两个子域 $s.c$，$s.r$ 分别代表球面中心和半径。则可写出平面与球面相交的类C 程序如下：

```
plane_sphere_intersect(p,s)
plane   p;
sphere   s;
{
    d=球面中心到平面的有向距离；
    if(abs(d)=s.r)
    {  二个面相交于一(切)点 s.c-d * p.w;}
    else if(abs(d)>s.r)
    {  两个面无交；}
    else
    {  所求交线是圆。其圆心，半径，圆所在平面法向量为
          c=s.c-d * p.w;
          r=sqr t(s.r^2-d^2);
          w=p.w;
    }
```

}

一个平面与一个圆柱面可以无交、交于一条直线(切线)、二条直线、一个椭圆或一个圆，可以用两个面的定义参数求出它们的相对位置关系和相对角度关系，进而判断其交属于何种情况，并求出交线的定义参数。平面与圆锥的交线也可类似求出。

下面讨论平面与参数曲面求交，最简单的方法是把参数曲面的表示($x(s,t)$, $y(s,t)$, $z(s,t)$)代入平面方程

$$ax+by+cz+d=0$$

得到用参数曲面的参数 s、t 表示的交线方程

$$ax(s,t)+by(s,t)+cz(s,t)+d=0$$

另一种方法是用平移和旋转变换对平面进行坐标变换，使平面成为新坐标系下的 XOY 平面。再用相同的变换应用于参数曲面方程得到参数曲面在新坐标系下的方程

$$(x^*, y^*, z^*)=(x^*(s,t), y^*(s,t), z^*(s,t))$$

由此得交线在新坐标系下的方程为

$$z^*(s,t)=0$$

2. 二次曲面与二次曲面求交

在介绍曲面时，我们知道，一个二次曲面可以表示为代数形式，几何形式或 NURBS 形式。如果采用 NURBS 形式表示，实际上就转化为有理参数曲面的求交问题，放在后面介绍。这里主要介绍当二次曲面表示成代数形式或几何形式时如何求出它们的交线。简称代数法求交与几何法求交。

(1)代数法求交

任意一个二次曲面可以用形如(8-3-6)式中的代数方程(的系数)表示。下面以实体造型中常用的三种二次曲面：圆柱、圆锥和圆球为例，介绍代数法求交。假定两个二次曲面的矩阵为 Q_1,Q_2。当这两个二次曲面 Q_1,Q_2 之一是圆柱(假定为第一个 Q_1)时，并设它在局部坐标系下的方程是

$$x^2+y^2=r^2 \tag{8-3-7}$$

从该局部坐标系到用户坐标系的变换为

$$(x \quad y \quad z \quad 1)T=(x' \quad y' \quad z' \quad 1)$$

那么第二个曲面在上述局部坐标系下的方程为式(8-3-6)。

在上述局部坐标系下，把方程(8-3-7)式改为参数形式

$$\begin{cases} x=r\cos\theta \\ y=r\sin\theta \\ z=\zeta \end{cases} \tag{8-3-8}$$

把上式代入二次曲面的一般方程(8-3-6)式，可以得到一般二次曲面与圆柱面的交线方程

$$a\zeta^2+b(\theta)\zeta+c(\theta)=0 \tag{8-3-9}$$

其中，　　$a=C$

$$b(\theta)=2Er\sin\theta+2Fr\cos\theta+2J$$

$$c(\theta)=Ar^2\cos^2\theta+Br^2\sin^2\theta+2Dr^2\sin\theta\cos\theta+2Gr\cos\theta+2Hr\sin\theta+K$$

对于一个给定的 θ 值，a,$b(\theta)$，$c(\theta)$亦随之确定，欲求对应的 ζ 值，只要求解一个一元二次方程，按一个适当的离散精度顺序给出一组 θ 值，则可以求出一组对应的 ζ 值，通过式(8-3-8)可以求出交线上的一组点坐标序列(关于局部坐标系)，再通过变换 T,即可得到用户坐标系的一组坐标序列。把这些点中每相邻两点用直线段连接起来，或用曲线拟合，就可以得到一条近似的交线。

当 Q_2 是一个抛物面或双曲面时，C 可能为 0，这时 a 恒为 0，式(8-3-9)是 ζ 的线性函数，这时，对于每个 θ 值，只有一个 ζ 值与它对应。另外对于某些 θ,$b(\theta)=0$，这时 θ 对应于 $|\zeta|\to\infty$ 的渐近方向，由于在造型中，所有的点、边、面都必须在有界区域内，所以这种无穷远处的交点必在有效交线之外。换句话说，两个二次曲面的交线必定是穿过第三个面之后，才趋于无穷远的。所以，这种情况的 t 值可暂时记录下来，待后续处理将它排除掉。

另一种特殊情形是 ζ 的解为重根，这种情形在几种不同的场合下会发生。一种场合是 ζ 对应于交线的临界点，即二次方程(8-3-9)中 ζ 的解从实数解变为虚数解，如图 8.3.13 所示，为二个圆柱相交时出现的临界点(用箭头指出)，ζ 发生重根的另一种场合是 Q_2 为圆锥，且锥顶恰落在圆柱上的情形，在锥顶处，ζ 为重根，如图 8.3.14 所示。还有一种情况会使发生重根，在该处两个曲面的法向量平行，如图 8.3.15 所示。

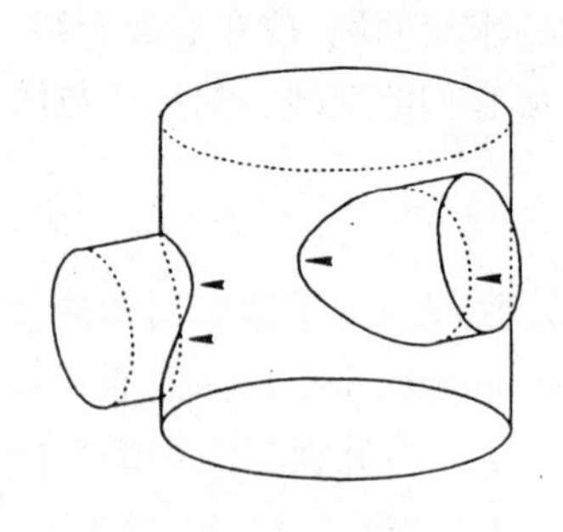

图 8.3.13　两圆柱交线上的临界点

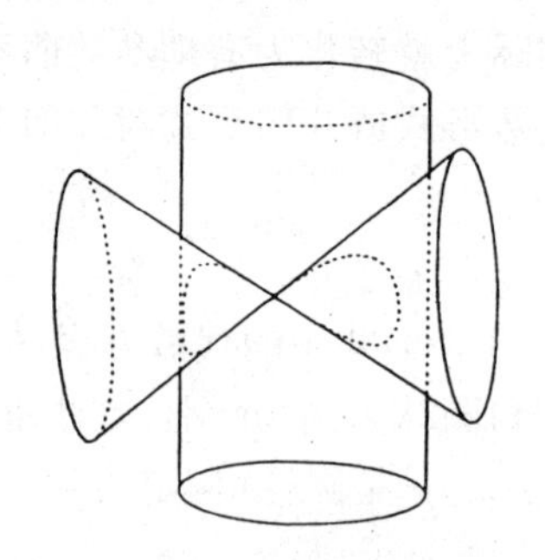

图 8.3.14　锥顶在圆柱上情形的交线

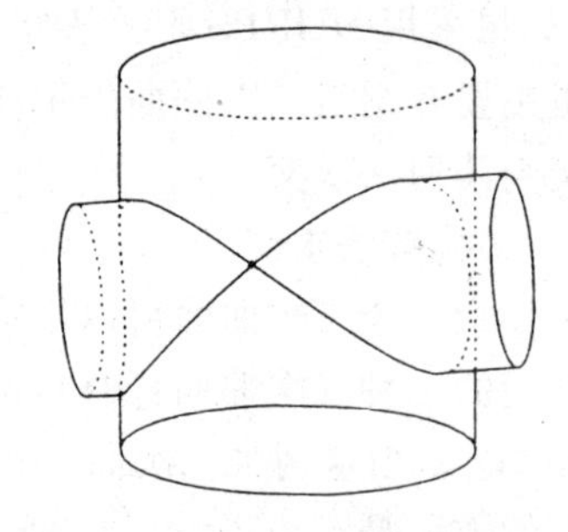

图 8.3.15　交点处两曲面法向量平行的情况

对于每一个重根 ζ，对应的 θ 使判别式为 0。

$$b^2(\theta)-4ac(\theta)=0 \tag{8-3-10}$$

如果该判别式恒为负值，则两个二次曲面一定无交。如果该判别式对某些离散的 θ 值为零，而对于其它所有 θ 值恒为负，则说明两个二次曲面接触在一些点上，且在这些点上，两个面的法向量平行。

上述使 $|\zeta|\to\infty$ 或使 ζ 有重根的点称为奇异点。在对两个二次曲面进行求交时，往往先排除二者无交的情形。确认二者有交时，剔除非实数解的交线段。确定对应于实数解的交线段，并记录所有的奇异点。在造型中，交线可表示为若干条边，每条边对应于一个 θ 值的序列，序列的起点终点值对应于交线上的一个奇异点或交线与其它面的交点。每个 θ 值都有一个 ζ 值与之对应。

对于一个实用的求交程序还必须考虑其它的特殊情形。例如当 Q_1,Q_2 都是圆柱，且二

者的中心轴平行时，Q_2 在 Q_1 的局部坐标系下方程为

$$\begin{cases}(x-x_0)^2+(y-y_0)^2=r_1^2\\ z=t\end{cases}$$

这时有四种可能性：

① $x_0=y_0=0$，且 $r=r_1$，这时两个面重合；

② 两中心轴距离小于 r_1+r_2。这时，这两个面的交线是两条直线；

③ 两中心轴距离等于 r_1+r_2，这时两个面的交线退化为一条直线；

④ 两中心轴距离大于 r_1+r_2，这时两个面无交。

下面讨论圆锥与其它二次曲面的求交。假设 Q_1 是圆锥，Q_2 是任意二次曲面。在局部坐标系下，圆锥的方程为

$$x^2+y^2-m^2z^2=0 \tag{8-3-11}$$

改写为参数方程：

$$\begin{aligned}x&=m\zeta\cos\theta\\ y&=m\zeta\sin\theta\\ z&=\zeta\end{aligned} \tag{8-3-12}$$

把式(8-3-12)代入二次曲面的一般方程(8-3-6)式可得

$$a(\theta)\zeta^2+b(\theta)\zeta+c=0 \tag{8-3-13}$$

其中，

$$\begin{aligned}a(\theta)=&Am^2\cos^2\theta+Bm^2\sin^2\theta+c+2Dm^2\sin\theta\cos\theta\\ &+2Em\sin\theta+2Fm\cos\theta\\ b(\theta)=&2Gm\cos\theta+2Hm\sin\theta+2J\\ c=&K\end{aligned} \tag{8-3-14}$$

由于造型所用的圆锥一般规定在顶点的某一侧，而顶点的另一侧被视为在有效区域之外。故在求交线时，位于这一侧的部分被忽略不计。由于(8-3-13)式与(8-3-9)式非常相似，所以，圆锥与二次曲面的交线分析和前面对圆柱的讨论类似。不同的是，在圆锥的情形，ζ^2 的系数 $a(\theta)$ 可能只对某些个 θ 值为 0。对于这些 θ 值，ζ 可能有两种对应值，一种是有限值，另一种是无穷值，需特别处理。

(2) 几何法求交

当二次曲面采用几何参数表示时，利用这些几何参数可以直接判断交线类型以及计算交线。两张二次曲面求交，其交线可能是圆锥曲线，也有可能是非平面曲线。当交线是圆锥曲线时，应该能判明其类型及几何参数，这在造型系统中是很重要的。原因有下列几点：

① 当交线直接用圆锥曲线表示时，交线上的点坐标及导数可以更快更准确地计算。因而交线的绘制，交线进一步与其它几何元素求交，以及作等距线、等距面等工作可以更快更好进行。

② 许多绘图机、切割机等可直接支持圆、椭圆等几何元素，当交线直接采用圆锥曲线表示时，可使通信数据简单得多，且能使绘图、加工结果更精确。图形系统对圆、椭圆等直接进行平移，缩放等操作也远比对一大堆离散交线段处理方便得多。

③ 在实体模型的边界求值和或集合运算中，往往需要判别两对曲面是否相交在同一条

边上，或者判断两个共面曲面的裁剪边界中是否有公共边，这种共边情形经常发生在圆锥曲线的场合。所以当交线(往往作为二次曲面的裁剪线)直接用圆锥曲线的几何参数表示时，根据其类型与参数可以很容易判别共边的情形。

圆柱、圆锥、球是造型中比较常用的二次曲面。在一些特殊情况下，它们的交线是圆锥曲线。表 8.3.1 列出这样的一些特殊情况。

表 8.3.1　产生圆锥曲线的特殊情形

求交曲面类型	几何参数之间的关系	交出的圆锥曲线或点
圆柱—球	球心在圆柱中心轴上，半径相等	切圆
	球心在圆柱中心轴上，球半径＞柱半径	两个圆
	DCA(球心与圆柱中心轴距离)等于半径之和 或 *DCA*＝圆柱半径－球半径	切点
圆柱—圆柱	轴平行且 *DBA*(中心轴之间距离)＝两柱半径之和 或 *DBA*＝大半径－小半径	一条切线
	轴平行且 大半径－小半径＜*DBA*＜两柱半径之和	两条直线
	两轴相交，半径相等	两椭圆
圆柱—圆锥	轴相同	两个圆
	轴夹角＝锥顶角且锥顶在圆柱上	一个椭圆和一条直线
	轴相交且每个面上有一对母线与 另一个面相切	两个椭圆
圆锥—球	球心在锥中心轴上且球心到锥顶距离＜球半径	两个圆
	球心在锥中心轴上且 球半径＜球心到锥顶距离＜$\frac{\text{球半径}}{\sin(\text{锥顶角})}$	两个圆
圆锥—圆锥	共轴，但锥顶点不同	一个圆

注意表中并未罗列出所有产生圆锥曲线的情况，例如，两个球相交时一般交于一个圆。

在一般的情况下，两个二次曲面的交是空间(非平面)曲线。下面以球、圆柱、圆锥为例讨论如何用几何法求交，这三种曲面的定义参数为

球——B,r(B 代表圆心，r 代表半径)

圆柱——B,w,r(B 代表底面中心，w 代表中心轴方向，r 代表半径)

圆锥——B,w,α(B 代表顶点，w 代表中心轴方向，α 代表半顶角)

如图 8.3.16 所示。

我们还需要额外的两个向量 u、v，它们与 w 构成一个坐标系，以便支持圆柱和圆锥在此坐标系下的参数化表示。如图 8.3.16(b)所示。圆柱在局部坐标系下可写成如下的参数方程：

$$P(s,t)=Q(t)+sw \tag{8-3-15}$$

其中，

$$Q(t)=B+r(\cos(t)u+\sin(t)v)$$

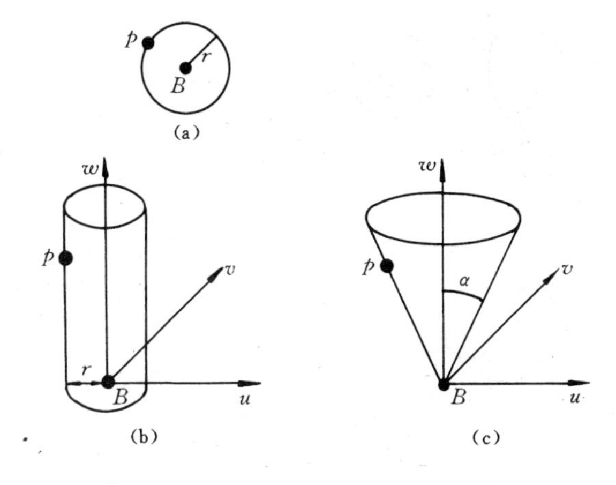

图 8.3.16 常用二次曲面的定义参数的几何意义

对于每个 t,$Q(t)$是法向为 w,中心为 B,半径为 r 的圆上的一点。

如图 8.3.16(c)所示,圆锥曲面在局部坐标系下的参数方程为

$$P(s,t)=B+s(\delta(t)+w) \tag{8-3-16}$$

其中,

$$R(t)=\mathrm{tg}(\alpha)(\cos(t)u+\sin(t)v)$$

对于每个 t,$R(t)$是一个垂直于中心轴,长度为 $\mathrm{tg}(\alpha)$的向量。

另外,用 P 代表空间中一个变点,则可写出上述三种二次曲面在原用户坐标系下的隐式方程:

球: $(P-B)\cdot(P-B)-r^2=0$ (8-3-17)

圆柱: $(P-B)\cdot(P-B)-[(P-B)\cdot w]^2-r^2=0$ (8-3-18)

圆锥: $[(P-B)\cdot w]^2-\cos^2(\alpha)(P-B)\cdot(P-B)=0$ (8-3-19)

把(8-3-15)式或(8-3-16)式形式的参数表示代入式(8-3-17)、式(8-3-18)、式(8-3-19)的隐式方程,并整理成如下形式 $a(t)s^2+b(t)s+c(t)=0$ (8-3-20)

式中的 $a(t)$,$b(t)$,$c(t)$具有明显的几何意义:

$a(t)$依赖于参加求交的二次曲面的相对朝向。由于球面没有朝向,所以球面对 $a(t)$没有任何影响。

$b(t)$可以写成 $b(t)=2b'\cdot x(t)$的形式,其中 $x(t)$是个向量,在圆柱与球面求交的情形为圆柱的中心轴。b' 是个常向量,通常它是参加求交的二次曲面中以隐函数表示的那张曲面的法向量。$b(t)$的零点常用于确定交线的拓扑结构与奇异点。

$c(t)$:当参数表示的曲面是圆柱时,$c(t)$是另一曲面隐函数在 $Q(t)$的值;当参数表示的曲面是圆锥时,$c(t)$是另一曲面隐函数以锥顶点代入的值。

因此,从 $a(t)$,$b(t)$,$c(t)$有时可以推断出交线的类型与结构。例如,当 $a=0$ 或 $c=0$,交线关于 s 是线性的。

用几何法求交可以通过求解不高于二次的方程,直接从几何参数分析出交线的拓扑结构和临界点,非平面闭交线仅有三种的拓扑结构:一个闭环,8 字型与两个分离的闭环。如图 8.3.17 所示。在圆柱与圆锥、圆锥与圆锥求交时,分支可以是开的曲线,或趋向无穷远。

3. 参数曲面与其它曲面求交

进行参数曲面与二次曲面的求交时,可以把参数曲面的参数表示代入二次曲面的隐式方程得到参数的二元高次方程,按一定步距取其中一参数为常数,求解代数方程可得另一参数的对应值,如此求出交线上的一组离散点。更通常的办法是把二次曲面表示为有理参数曲面(如 NURBS 曲面),转化为下面将要讨论的参数曲面之间的求交问题。

参数曲面之间求交已有多种算法,比较典型的有离散法与跟踪法。离散法把欲求交的参数曲面离散成一些细小的三角面片。用这些三角面片进行求交计算,得到一些小线段,把这些小线段联接起来,作为交线的近似结果。这种方法实现比较容易,但精度较低,往往不能满

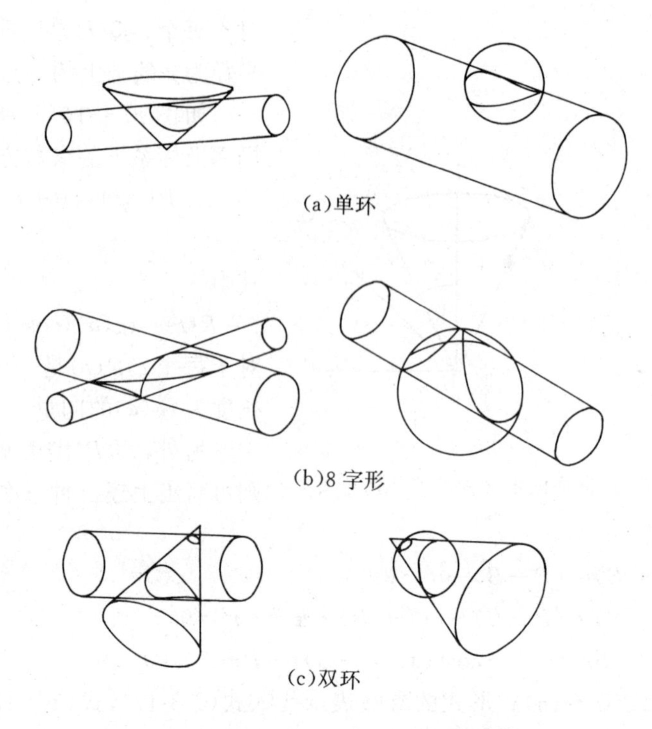

(a)单环

(b)8 字形

(c)双环

图 8.3.17 二次曲面交线的拓扑结构

足数控加工的要求。在两张曲面接近相切的情形,用三角面片代替曲面求交,往往会产生漏交线,产生不正确的交线分支情况等问题。

这里主要讨论跟踪法。跟踪法的特点是从已知的交点出发,沿该交点处交线的切线方向,按一定的步长,用数值方法计算下一交点,产生一组离散交点序列,构成交线的一个近似表示。再用直线段连接这些交点,产生一条(或一组)开的或闭的折线。其拓扑结构与实际交线的拓扑结构相同。跟踪法主要包含三个步骤:一、搜索(初始交点);二、跟踪(计算后继交点);三、排序(把求交所得的交点序列连接起来,形成与实际交线相同的拓扑结构)。

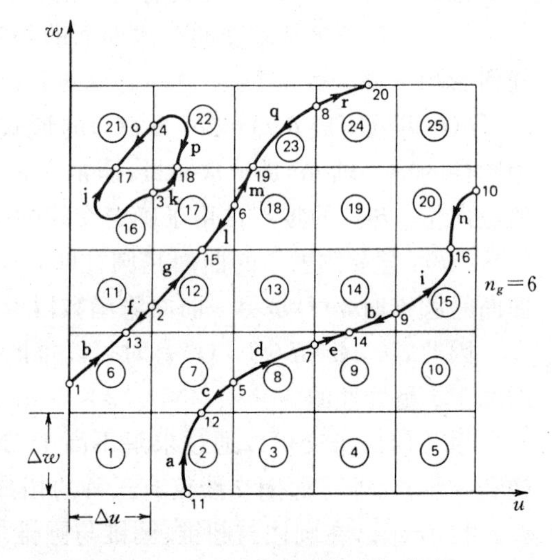

图 8.3.18 用等参网格线求初始点

(1) 搜索。本步骤的目标是寻找一组交点,作为下一步骤的初始交点。在交线的每一个独立分支上,都必须有一个交点作为初始点,否则该分支在后继步骤中将被遗漏。搜索初始交点有多种方法,如:第一种方法是用一张面上的等参网格曲线与另一曲面求交,求得一组交点,作为初始交点。如图 8.3.18 所示。数字 1～20 标出用这种方法求到的一组初始交点。

第二种方法是把两张曲面都递归分割成四叉树结构,先把整张曲面分割成四张子曲面。如图 8.3.19所示。如果子曲面片不满足某种平坦性要求,就把它再分割成四张更小的子曲面片。如此递归检测与分割,形成一棵四叉树。叶子结点对应的子曲面片都满足平坦性要求。

并且每个结点都生成一个包围盒，包含该结点所代表的子曲面片。然后对两个包围盒树求交，若某个叶子结点与另一张曲面的包围盒树的某叶子结点有交，则把对应的各子曲面片的平均参数值作为近似参数值，对应曲面上的两点的中点作为近似交点坐标，然后用后面（跟踪步骤）介绍的迭代方法求出精确交点。还可以使用一个曲面的边界线与另一张曲面求交，得到一组初始交点。如果两张曲面的交线集不存在封闭环的话，用后面这一组初始交点就足够保证每条交线分支上至少有一个初始交点。

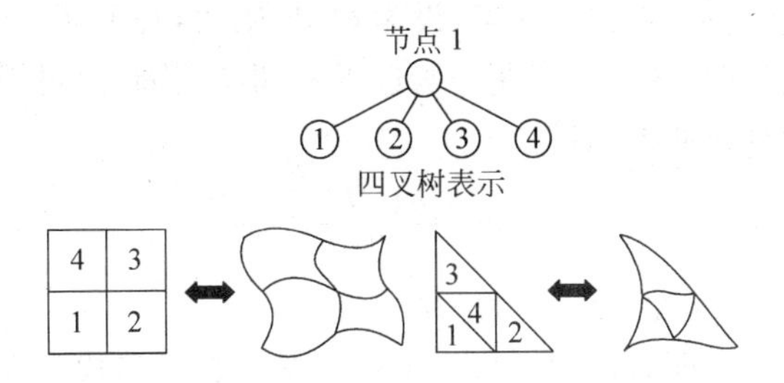

图 8.3.19　曲面的递归分割四叉树表示

关于平坦性条件，对于一般的参数曲面，可以采用比较曲面四顶点中相邻两顶点的切向量的夹角、相邻两顶点的法向量的夹角以及顶点与参数域中心所对应的曲面法向量的夹角来判断。如图 8.3.20 所示，当 $1-T_iT_j$ 小于给定值，且 $1-N_iN_j$ 小于另一给定值时，认为该曲面片符合平坦性要求。

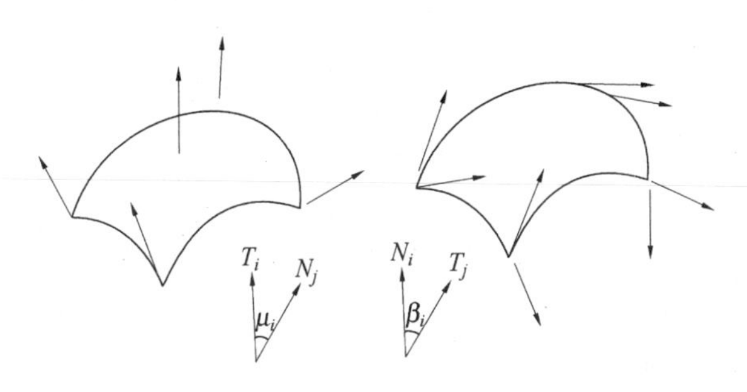

图 8.3.20　用于检测平坦性的切/法向量

对于具有凸包性质的参数曲面如 Bézier、B 样条、NURBS 等，可以用子曲面片的控制多面体的扁平程度作为平坦性条件。这可以通过检测各行（列）控制点与该行（列）首末控制点的连线的距离大小来判断。用这种方法计算量较小，且结果更可靠。

（2）跟踪。这个步骤从上一个步骤所求的每一个初始交点出发，沿该点处交线的切向量方向，计算下一个交点的近似点，然后用数值迭代方法，从该近似点求出精确交点。这个步骤主要由三个小步骤组成：1）计算切向量。2）计算步长。长度为步长的切向量称为步向量（step vector）。3）把近似交点迭代到精确交点。

步向量的方向可以采用两曲面在交点处的切平面的交线方向，即两切平面法向量的叉积。该方向即为交线在该点的切向量方向。当两张曲面在该点处的切平面不平行时，其法向量的叉积是确定的，从而步向量方向也可确定。然而，当曲面的切平面互相平行（或非常接近平行，在平行的容差范围内而被判为平行）时，可以采用回溯法：把前面已经求得的两交点的差作为步向量方向。如果前面已求到的交点没有两个，也就是说只有一个初始交点，就不可能使用回溯法。这时可以采用从初始交点向四周几个辐射方向以一个小步长 ε 取 n 个取样点，作为猜测的步向量方向，直至找到一个新交点为止。从初始点到新交点的连线方向就作为新的步向量方向。

求到步向量之后，还要进一步计算步长。简单的实现方法可以取用户指定的定数作为步长。更精确的方法使用基于曲率和转角容差的自适应方法。对于具有二阶可导性质的曲面，可取步长 $L=\rho\Delta\theta$。其中，ρ 是曲线的曲率半径（可由一、二阶导数确定），$\Delta\theta$ 是角度容差。然而对于仅为一阶可导的曲面，不能通过导数来计算曲率半径，而只能通过近似的方法。如图 8.3.21 所示，在交点 P 的切向 2 量方向与负方向上，以一个小步长 ε 各取一点。然后通过迭代计算求得精确交点，设为Q和R。当Q和R与P充分接近时，这三点将充分接近于密切圆圆周，故可用它们近似计算曲率半径：

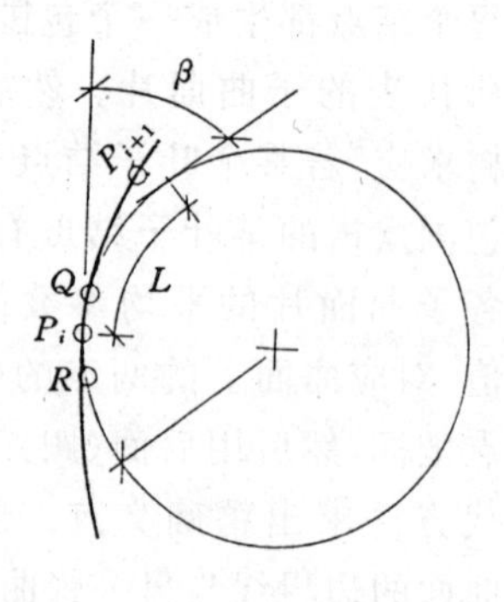

图 8.3.21　步长的近似计算

$$\rho=\frac{|a|\ |b|\ |a-b|}{2|a\times b|}$$

其中$a=Q-P, b=R-P$。

下面讨论如何从一个近似交点进行迭代获得一个精确交点。假设曲面$S_1(s,t)$与$S_2(u,w)$的近似交点坐标为P_0，近似的交点参数为(s_0,t_0)与(u_0,w_0)。P_0可以既不在S_1上，也不在S_2上。这些近似交点坐标及参数可以是搜索步骤得到的，也可以是跟踪步骤从步向量得到的。迭代过程的输入参数为(s_i,t_i)，(u_i,w_i)，P_i。输出参数为(s_{i+1},t_{i+1})，(u_{i+1},w_{i+1})，P_{i+1}。迭代直至某一步得到的$(s,t)(u,w)$满足$|S_1(s,t)-S_2(u,w)|<$指定容差SPT，通常取$SPT=10^{-6}$。

在迭代的每一步，先用下列泰勒公式求(u_{i+1},w_{i+1})：

$$\left[\frac{\partial S_2}{\partial u}\bigg|_{u_iw_i}\ \frac{\partial S_2}{\partial v}\bigg|_{u_iw_i}\right]\begin{bmatrix}u_{i+1}-u_i\\ w_{i+1}-w_i\end{bmatrix}=P_i-S_2(u_i,w_i)$$

即
$$\begin{bmatrix}u_{i+1}\\ w_{i+1}\end{bmatrix}=\begin{bmatrix}u_i\\ w_i\end{bmatrix}+[J^TJ]^{-1}J^T(P-S_2(u_i,w_i))$$

类似地求s_{i+1},t_{i+1}。

若$|S_1(s_{i+1},t_{i+1})-S_2(u_{i+1},w_{i+1})|<SPT$则两点坐标的平均值作为交点坐标，停止迭代。否则把$S_1(s_{i+1},t_{i+1})$与$S_2(u_{i+1},w_{i+1})$的中点投影到两曲面在$S_1(s_i,t_i)$与$S_2(u_i,w_i)$的切平面的交(直)线上，作为$P_{i+1}$，如图 8.3.22 所示。

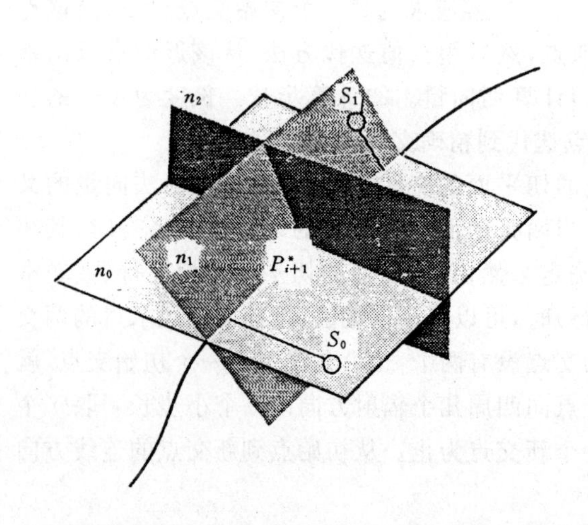

图 8.3.22　用于下一步迭代的近似交点

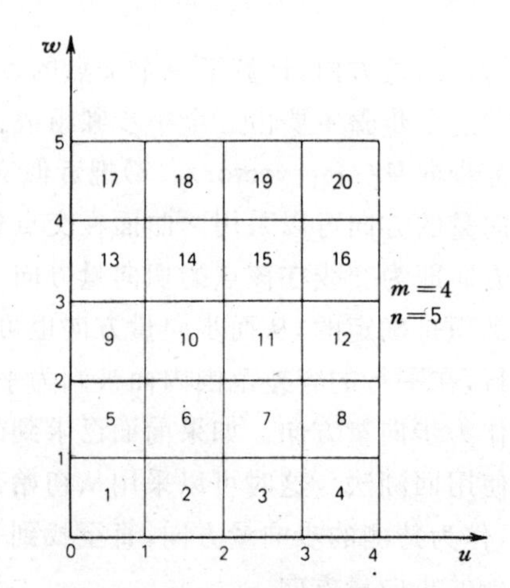

图 8.3.23　参数域等分成网格

(3) 排序。这个步骤的工作是把前面所求得的交点正确地连接起来，形成与实际交线相同的拓扑结构。这个步骤的算法对搜索步骤的算法有些关联。如果搜索步骤采用等参网格线与另一曲面求交取得初始交点，那么，可以对应地把曲面的参数域等分成一些小方形域，如图 8.3.23 所示。跟踪步骤从一个初始交点到同一网格区域边界上的另一初始交点产生一些交点序列，如图 8.3.24 所示。每一序列代表交线的一个子段。排序的任务就是比较各子段的端点，把它们联结成完整的交线结构。例如图 8.3.18 可联结成三个分支：

分支 1： a, $-c$, d, e, $-h$, i, $-n$

分支 2： b, $-f$, g, $-l$, m, $-q$, r

分支 3： $-k$, j, $-o$, p

负号代表按与原序列相反的方向(图中箭头所示)联结。

对于采用四叉树结构计算初始交点的方法，可以采用如图 8.3.25 所示的分治法联结下层结点所得到的交点序列。

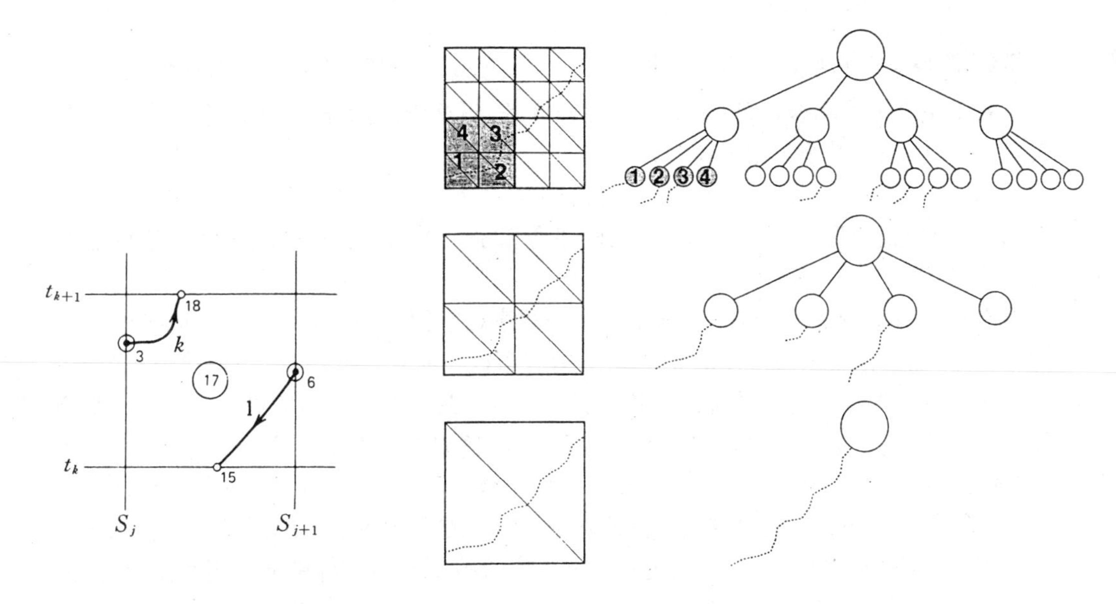

图 8.3.24 一个网格上的交点序列

图 8.3.25 分治法收集交线示意图

8.4 集合运算

几何造型中的集合运算以集合论、拓扑学与拓扑流形学为理论基础。早期的几何造型系统规定形体是三维欧氏空间中的正则集合。

设 G 是 n 维欧氏空间 E^n 中的一个有界区域，则

$$G=\{bG, iG\}$$

其中，bG 是 G 的 $n-1$ 维边界(或称超越表面)，iG 是 G 的内部，且 G 的补空间 cG 是 G 的外部。

如果 G 的边界满足如下性质，则称 G 是 E^n 中的正则形体。

(1) bG 将 iG 和 cG 分隔成两个互不连通的 n 维子空间；

(2) 除去 bG 上的任何一点，iG 和 cG 将成为连通子空间；

(3) 对于 bG 中任意一点 P，若 P 处有 $n-1$ 维切平面/切线存在，则其法向指向 cG 子

空间。

如图 8.4.1 所示，为 E^2(平面)上一个正则形体(封闭区域)的各有关元素(内部，边界，外部，切线，法向)示意图。

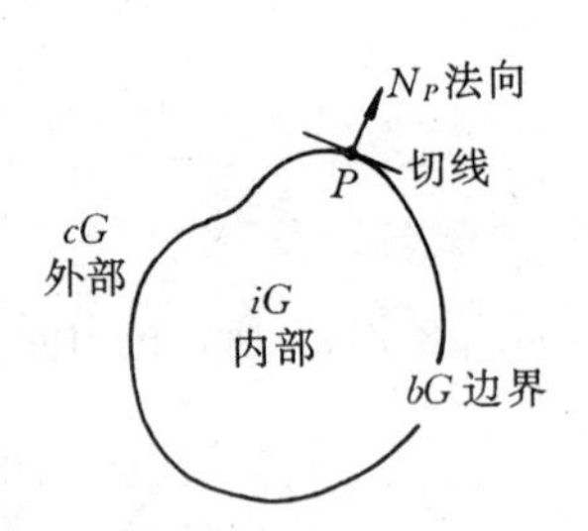

图 8.4.1　正则形体的有关元素

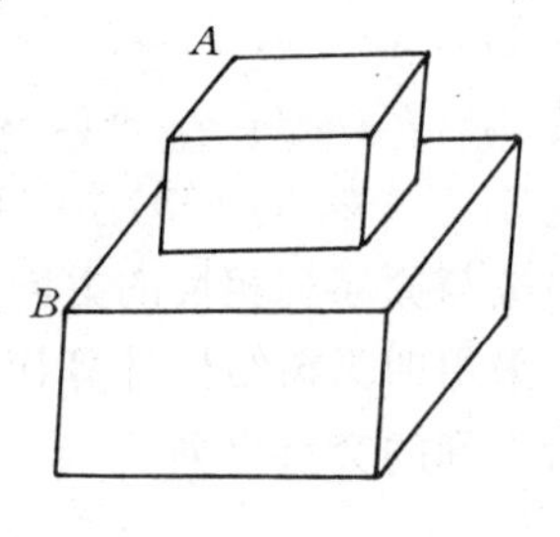

图 8.4.2　两个共面的长方体

对于正则形体集合，可以定义正则集合算子。设〈OP〉是集合运算算子(如并，交，差)，如果对于 E^n 中任意两个正则形体 A，B，

$$R=A\langle OP\rangle B$$

仍为 E^n 中的正则形体，则称〈OP〉为正则集合算子。正则并、正则交、正则差分别记为 $\cup^*$、$\cap^*$、$-^*$。

在几何造型系统中，〈OP〉相当于一个子程序(或函数)，其输入是指向 A，B 的数据结构的指针，其输出是表示新形体 R 的数据结构的指针。注意，这里的 R 可能代表多个形体。

正则运算保证了运算结果的有效性。例如，两个封闭的正则形体仍是同一欧氏空间的封闭正则形体。注意通常的集合运算不是正则运算，例如图 8.4.2 所示，是 E^3 中两个迭放在一起(共面)的长方体。它们的交是一个 E^2 中的形体，而其差则变成一个非封闭形体。

但是一个实用的造型系统仅有正则运算的功能是不够的。例如计算三维实体的剖面图，需要用平面(E^2 中形体)与它作交运算。计算用 CSG 表示的实体的光线跟踪图形时，需要用直线(E^1 中形体)与实体作求交计算。就是对两个三维形体本身进行并、交、差运算时，也经常需要进行点是否在线(E^1 元素)上、面(E^2 元素)上、体(E^3 元素)内判断、以及线-面求交、面-面求交等同维和不同维元素之间的运算。所以，20 世纪 80 年代以后，人们把注意力转向如何用统一的数据结构，用统一的算法来支持上述所有的不同维几何元素以及进行它们之间的操作运算。产生了一些非正则形体表示方法(如辐射边结构)，以及相应的形体操作算法。

本节先介绍一维几何元素的集合运算，再介绍二、三维几何元素的集合运算，最后以辐射边结构及相应算法为例，介绍当前国际流行的非正则形体造型方法。

8.4.1　一维几何元素的集合运算

一维集合运算常见于光线跟踪、物性分析、干涉性检测等。下面以光线跟踪算法中计算射线与 CSG 物体的交为例，讨论一维集合运算。如图 8.4.3(a)所示，欲计算射线与 CSG 物体的交，可先求出射线对 CSG 体素的分类，即把射线分为体内与体外的两类区间。再根据 CSG 所规定的集合运算，对这些区间进行集合运算，求出射线与 CSG 物体实际的交。这里的区间是一维元素，所以上述问题的本质就是一维几何元素的集合运算问题。

Roth 最初提出的一维集合运算在 CSG 树的每个结点进行三步操作：合并、分类、简化。

第一步：合并。把射线与左右两个子树的表面的交点(指参数)合并起来，并按大小顺序排序。由于在求交阶段，交点往往是沿射线方向一个个求出，故射线与各子树的交点序列为有序序列。所以这里的合并与排序实际上只要调用一个“合并排序”算法就完成了。

第二步：分类。把合并阶段得到的有序交点序列所划分的射线上各线段(实际上是在射线的参数区间讨论)分为在复合物体内(in)和在复合物体外(out)两类。分类是根据该线段(区间)对两个子树的分类结果以及CSG所规定的集合运算，按表8.4.1所定义的规则确定。

表 8.4.1 集合运算规则

集合运算符	左	右	合成
并	IN	IN	IN
	IN	OUT	IN
	OUT	IN	IN
	OUT	OUT	OUT
交	IN	IN	IN
	IN	OUT	OUT
	OUT	IN	OUT
	OUT	OUT	OUT
差	IN	IN	OUT
	IN	OUT	IN
	OUT	IN	OUT
	OUT	OUT	OUT

第三步：简化。把分类为复合物体内的线段(区间)中的邻接者(有相同端点者)都合并起来，去掉多余的点，使得最终结果中每两个相邻线段属于不同的类。

如图8.4.3(b)所示为并运算三个步骤示意图。对于整个CSG物体，Roth的算法是自顶向下的递归结构，其数据结构和算法可以用下列伪Pascal程序描述。

```
type ptobject=^ object;
     objtype=(primitive,composite);
     object=record
              case typ:objtype of
                primitive:(insobj:boolean);
                composite:(op:(un,int,dif);
                           left:ptobject;
                           right:ptobject)
              end;

function insideobj(object:ptobject):boolean;
begin
     with object^ do
       if typ=primitive then
         insideobj:=insobj
       else(*typ=composite*)
         case op of
           un:insideobj:=insideobj(left)or insideobj(right);
           int:insideobj:=insideobj(left)and insideobj(right);
           dif:insideobj:=insideobj(left)and not insideobj(right);
         end
end;(*insideobj*)
```

上述算法具体求出集合运算的所有结果。然而在像光线跟踪这样的应用中，只要求出第一个交点就够了。上述算法需要求出所有交点，再按CSG定义的运算进行一维集合运算，故

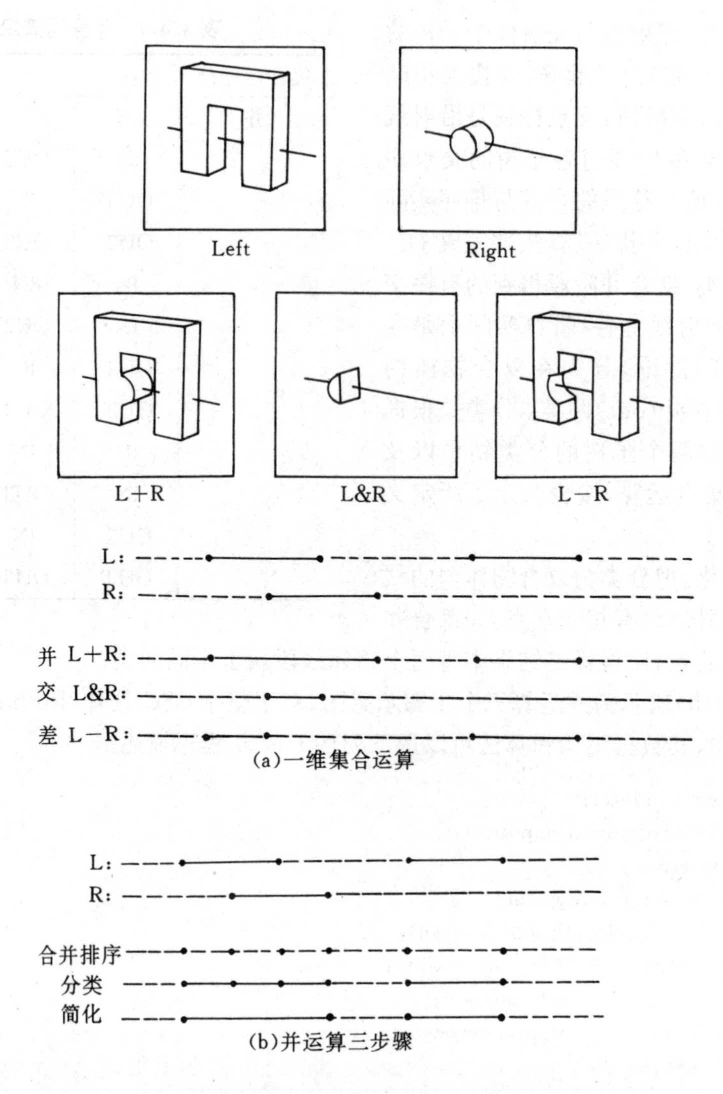

图 8.4.3　光线跟踪算法中射线与 CSG 物体的求交计算过程

很多运算步骤是多余的。下面以 CSG 扫描线区间算法为例，介绍如何应用状态树求值算法，提高运算效率。

该算法在 CSG 树的每个结点都增加一个指向父结点的指针，并附加一个布尔类型的变量，用于记录当前处理的交点相对于该结点(所代表的形体)的状态(inside 或 outside)。所有结点的初始状态都置为 outside。

该算法使用的体素全是多面体，所有的面用扫描线算法的活性面表方法组织，在计算某个区间的象素颜色时，在区间端点把多边形面按它们与视点的距离远近排序，离视点近者在表头。从表头取出一个面，并顺指针找到它所在的体素，把对应结点的状态改为 inside；然后顺指针转到父结点。在父结点用所定义的算符从父结点的左右子树的状态求得一个新的状态，并把新状态与旧状态相比，判断是否有改变。如果没改变，则该状态值就是交点对整个 CSG 物体的状态。若有改变，就往根结点方向前进一层找下一个父结点。这样递归处理，直到交点相对于某个结点的状态与该结点的原状态相同，或到达根结点。那么，根结点的状态就是交点对 CSG 物体的状态。

由于这个算法是从叶子往根部搜索的，故称为自底向上的布尔(集合运算)求值，又由于求值是对整个 CSG 树的各个结点的状态进行的，故称为状态树求值算法。

状态树求值算法以及所采用的数据结构用下列 Pascal 伪程序描述。

```
  type ptobject = ^ object;
      objtype=(pimitive,composite);
      object=record
              insobj:boolean;
              parent:ptobject;
              case typ:objtype of
                  composite:(op:(un.int,dif);
                            left:ptobject;
                            right:ptobject)
              end;

function insideroot:boolean;
var node    :ptobject;
    inside:boolean;


inschange :boolean;
child       :ptobject;
begin
  node :={node address of primitive};
  with node ^  do
  begin
    insobj :=not insobj;
    inside :=insobj
end;
inschange :=true;
while inschange and (node^ .parent<>nil) do
{ * node^ .parent=nil=>root node reached * }
begin
  child :=node;
  node :=node^ .parent;
    with node^ do
    begin
      case op of
        un    :if not inside then
               if child=left then
                  inside :=right^ .insobj
               else
                  inside :=left^ .insobj;
        int  : if inside then
               if child=left then
                  inside :=right^ .insobj
               else
```

```
            inside := left^. insobj
      dif : if child=left then
            begin
            if inside then
              inside := not right^. insobj
            end
            else
            begin
            if not inside then
              inside := left^. insobj
            else
              inside := false
            end
      end;
      if insobj <> inside then
          insobj := inside
      else
          inschange := false
    end
  end;
  insideroot := root^. insobj
end; ( * insideroot * )
```

如图 8.4.4(a)所示,CSG 物体为三个体素的并,状态树初始状态见图 8.4.4(b)。

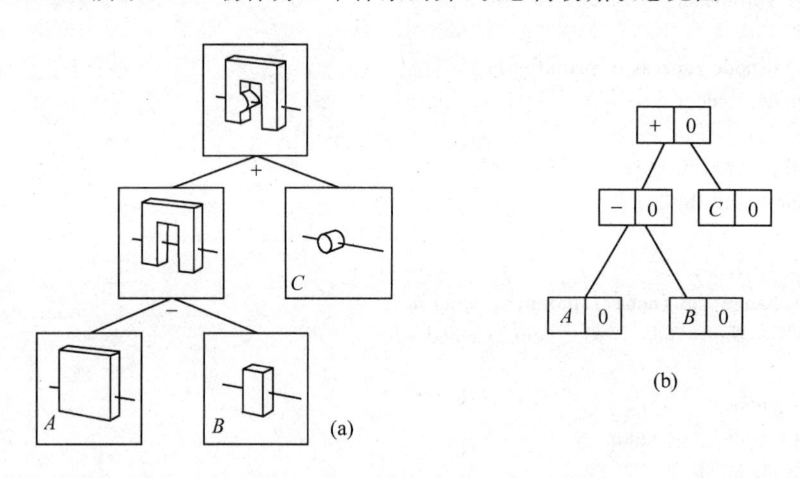

图 8.4.4　状态树初始态

第一个面来自体素 A,故把结点 A 的状态改为 1(inside)再到 A 的父结点,求得状态为 1,与原状态不同(改变了),所以再到其父结点,求得状态为 1,也改变了,但因已到达根结点,故算法停止。根结点的状态即为所求状态,即射线与 A 面的交点就是所求射线与 CSG 物体的交点。

8.4.2　二维几何元素的集合运算

本节以平面多边形的并交差集合运算为例,讨论二维几何元素的集合运算。

假设多边形区域由一系列环(封闭折线集)定义。这些环两两不相交,但允许一个环套另一个环。如图 8.4.5 所示,为合法的多边形区域以及相应的总体链式存储结构(实际为二叉树结构)。每个环的具体存储结构还包括边和点及其拓扑连接关系。如图 8.4.6 所示。

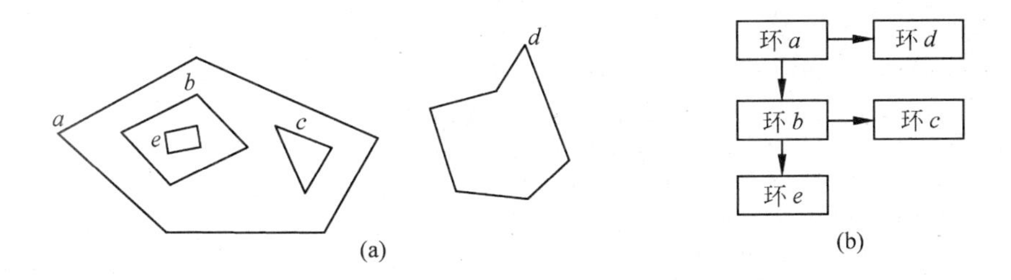

图 8.4.5　多边形区域与对应的树结构

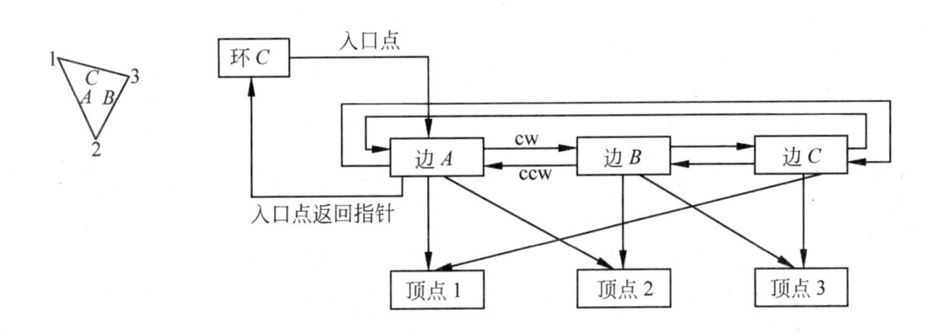

图 8.4.6　环的存储结构

存储结构的 Pascal 类型说明见图 8.4.7。

```
const       {implementation defined limit}
max_number_of_input_polys=16

type        {declare suppporting types}
side=1..2;        {each edge has two sides}
direction=(CW, CCW);   {two traversal directions}

            {declare history attribute types}
owners=1... max_number_of_input_polys;
history=set of owners;

            {declare pointer types}
cptr=↑contour;                 {pointer to contour object}
eptr=↑edge;                    {pointer to edge object}
vptr=↑vertex;                  {pointer to vertex object}

        {declare the object types}
contour=record
    entrypoint:record          {entry to edge-side loop}
        entry_edge:eptr;
        entry_side:side;
        end;
```

```
    coexisting_contours:cptr;  {binary tree}
    contained_contours:cptr;
    contour_history:history;  {ownership attribute}
    end;

edge=record
    vertices:array [side] of vptr;  {down to verts}
    edgelinks:array [side,direction] of eptr;
      {pointers to CW and CCW edge of side 1.
      pointers to CW and CCW edge of side 2}
    entrypoint_return_ptr:array [side] of cptr;
      {above set only if entrypoint uses side}
    edge_history:array [side] of history;  {attribute}
    end;

vertex=record
    x,y:integer;              {geometric vertex coords}
    end;
```

图 8.4.7 多边形区域的类型说明

下面介绍对这样定义的几个多边形区域进行并、交、差运算的算法。算法可分为四个步骤:(环)合并、(环)遍历、(环)收集、(环)选择。

1. 合并。在合并阶段,把所有相交的环合并到一个图结构中去。这包括:通过边-边求交计算环的交点,在交点处把相交的环连结起来,并增加必要的环入口点。

一个多边形区域的所有环要与其它参与运算的多边形的所有环进行求交。可以采用包围盒技术排除显然无交的情况。当不能确定显然无交时,再用环的每一条边与其它环的边进行求交。在求交时,必须区分 3 种不同的情形:(1) 交点对于求交的两线段都是非端点。(2) 交点是一线段的端点;不是另一线段的端点。(3) 交点对于两线段都是端点。对于这三种不同的情形,合并环的处理是不同的。如图 8.4.8 所示为这三种情形的示意图以及相应的环合并的示意图。注意这里对环结构的修改只在局部进行,是由于有前面介绍的数据结构的支持。

对于情形(1),两条边都在交点分割成两段,然后按图 8.4.8(a)所示,把该点的邻边建立起来。对于情形(2),把交点为非端点的线段进行分割,并按图 8.4.8(b)所示,建立该点的邻边。对于情形(3),先把两线段重合的端点合并,然后调整该点的邻边。如图 8.4.8(c)所示。

从上述处理过程可以看出,每种情况的处理都调用了一个公共的运算:把一条边的端点接到另一环的一个顶点上,并建立相应的邻边,如图 8.4.9 所示。

除了上述三种情况之外,还有一种特殊情况需特殊处理,这就是共边的情况。如图 8.4.10(a)所示,两个环中有一条边是重合的。连接这种环时,先删去其中一条边,留下的一条边的区域属性改为原来两条边的区域属性的合并,见图 8.4.10(c)。其中区域属性 AX 表示该边包围的区域在 A 中但不在 B 中。然后再把删除边造成的悬点设置到另一环的对应点上,并建立相应的邻边。最后结果如图 8.4.10(e)所示。

如图 8.4.11 所示,为两个多边形在合并阶段中从求交到环合并的处理过程示意图。从图中容易看出,原来的环被分解为一些子环,而且,我们所需要的运算结果可从这些子环得

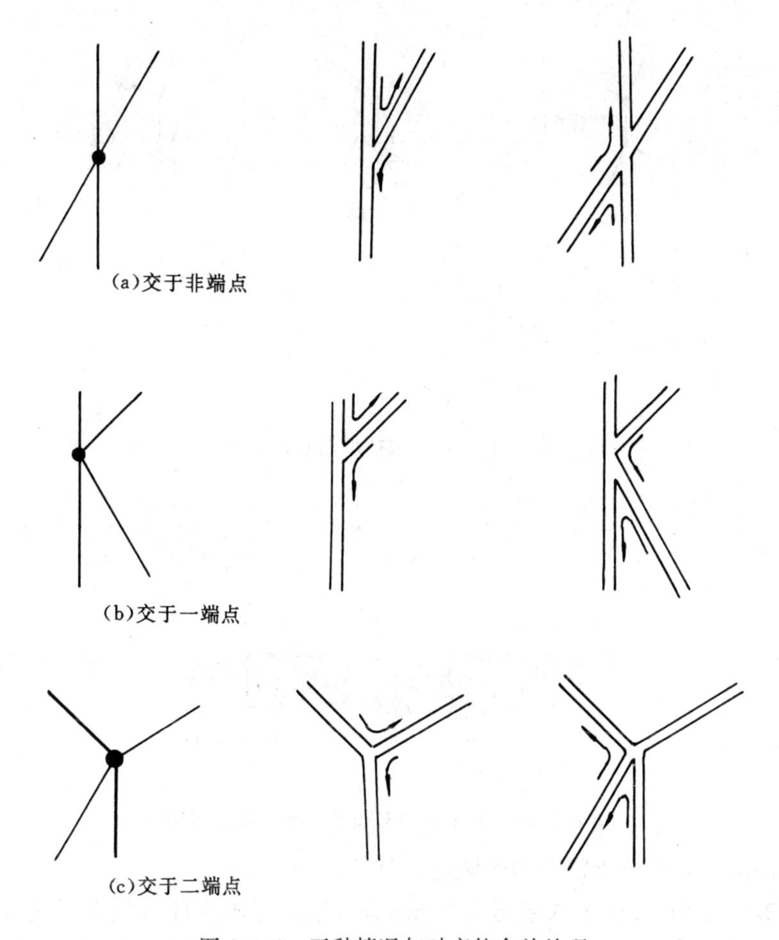

图 8.4.8　三种情况与对应的合并处理

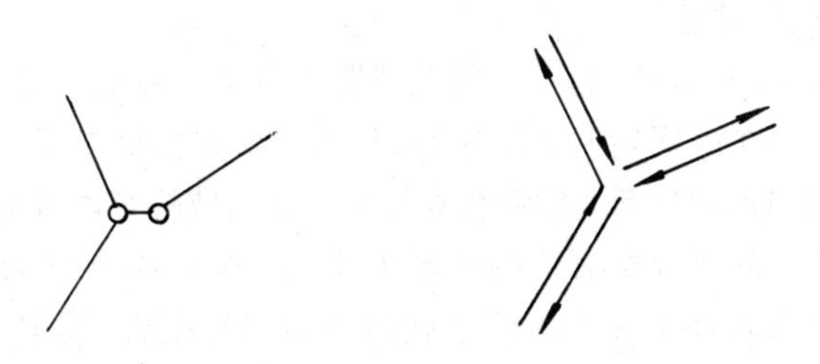

图 8.4.9　把一条边的端点接到另一环的一个顶点

到。因此,我们需要对这些子环增加入口点,以便提高环遍历阶段的算法效率。

所有在合并过程中被修改的边都被当做潜在的新入口点,放在一个新入口点表中。很显然,这会产生多余的入口点(即一个环有两个以上入口点),这个问题可在遍历阶段解决。

2. 遍历

在遍历阶段对整个合并的数据结构中的每个环进行遍历。环的入口点可能来自原数据结构,也可能来自新入口点表。对每个环的遍历直至回到开始遍历时使用的入口点为止。遍历阶段的终止条件是所有入口点均被用完。遍历阶段的一个目的是对于每个环,只选择一个入口点,去掉合并阶段可能产生的多余的入口点。遍历阶段的另一个目的是对每个环收集足

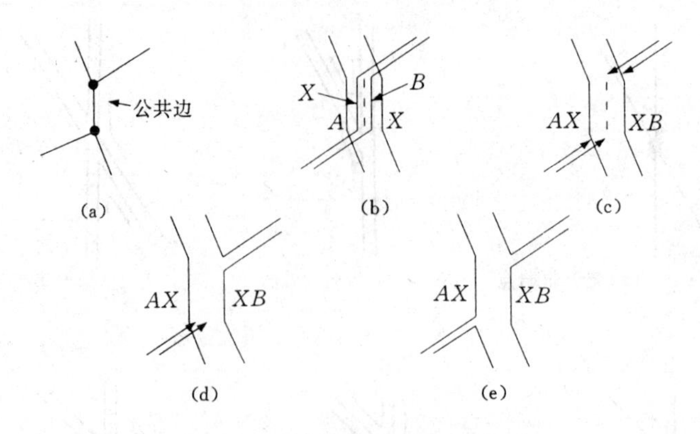

图 8.4.10　共边情形的合并处理

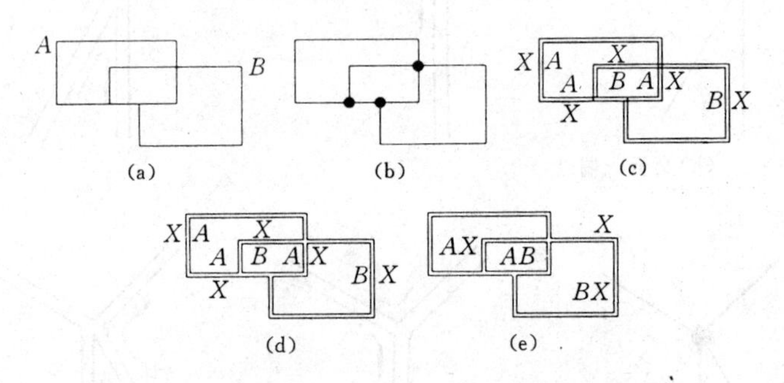

图 8.4.11　两个共边多边形合并过程示意图

够的数据以便能够对该环所包含的区域进行分类。

在环的数据结构中，有个区域属性域 history，用来标志该环所包围的区域从属于哪个输入多边形区域。这个属性域是进行环分类的依据。实际上，每个输出的环的区域属性是该环所有的边的区域属性的并集。

在开始遍历之前，环(输出环)的区域属性域置为空集。在遍历过程中，每条边的区域属性并入环的区域属性集。在该环的遍历结束时，环的区域属性反映了所有包含该环的输入环的区域属性。如图 8.4.12(a)所示，为两个输入多边形区域的环以及它的边的区域属性。图 8.4.12(b)所示为合并后的环上所有边的区域属性。图 8.4.12(c)为输出环示意图以及相应的区域属性，注意每个输入环实际上由两个朝向不同的环组成，其中一个朝向区域内部，另一个朝向区域外部。朝向区域外部的环上的边的区域属性为空。而在输出环中，区域属性为空的环一定是描述所有输入环的并的结果的环。而包含所有输入区域属性的环一定是描述所有输入区域的交的环。

可见遍历阶段最重要的工作是对环进行区域分类，故很多人把这个阶段称为分类。

3. 收集

如果前面产生的运算结果中有相互分离的环或相互分离的图结构(包含若干个环)，则必须用本节开始介绍的二叉树数据结构，把它们之间的空间位置表达出来。

虽然在合并阶段，若干条相交的环可能相互联结组成一个图结构，但是可能有其它分离的环或分离的图(由几个相交的环构成)。收集阶段的任务是判断这些分离的环是否包含其它的环或图。这可以通过对这些分离的环进行特殊的几何区域包含性关系检测来判断，亦即

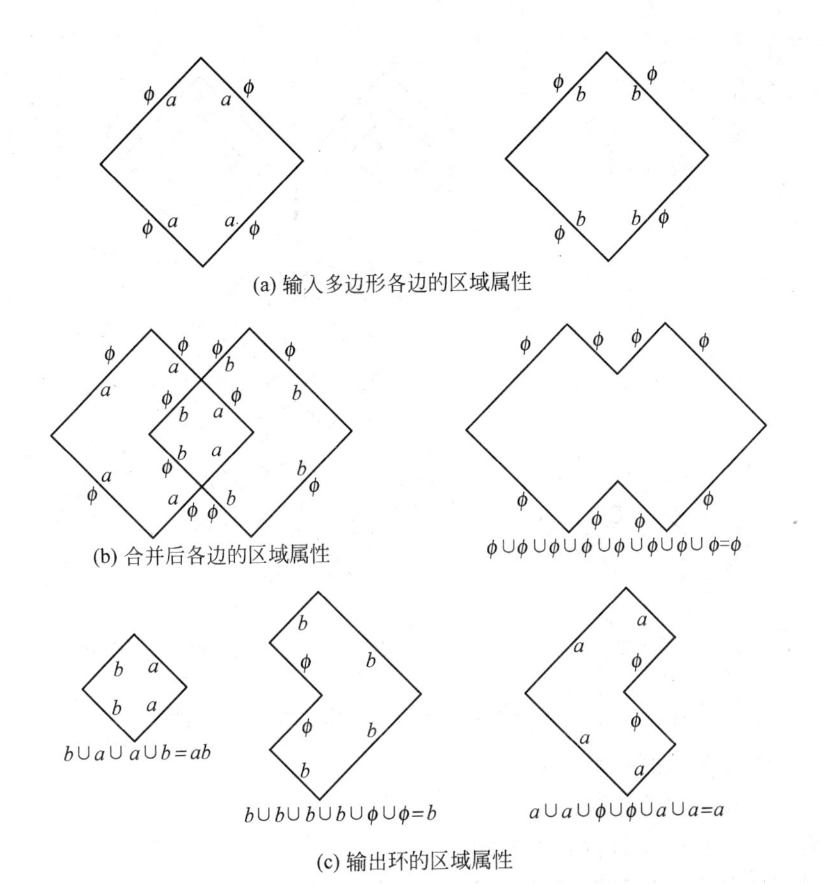

图 8.4.12　合并遍历过程中，边的区域属性变化情况

判断各个环包含的区域是否整个落在其它的环中，或者某些区域共存于另一个环中，但它们之间无包含关系。这些关系通过把环放在二叉树的适当位置而表达出来。通过这个阶段的工作，可判断出哪些环是外环，哪些环是内环。收集工作可以分四步进行：

(1) 构成一个环表。取出第一个环，与表中剩余的环进行包含性比较。

(2) 如果该环仅包含于表中另一环中，则该环是表中那环的内环。若表中那环已挂有一些内环，则应把新内环与原有内环进行比较，挂到树中适当位置。

(3) 如果该环包含于表中两个以上的环中，则暂不对它进行处理，转去对表中下一个环进行上述检测处理。这样在每轮检测中，至少有一个内环(若存在的话)被置于它的外环之内。最终所有的环将被放置到它们的适当位置。

(4) 当表中所有的环均被检测过，且表中所有环之间没有包含关系时，收集工作就告结束。

具体实现此算法时应消除其中重复的检测以提高效率。

4. 选择

上阶段收集到的环按它们的区域属性分组。属性相同的分为一组。则并、交、差运算的结果必定是其中的某一组。例如，两个多边形区域 A 和 B，在经过合并、收集、分组之后，必定分为四组：

(1) 外环组；

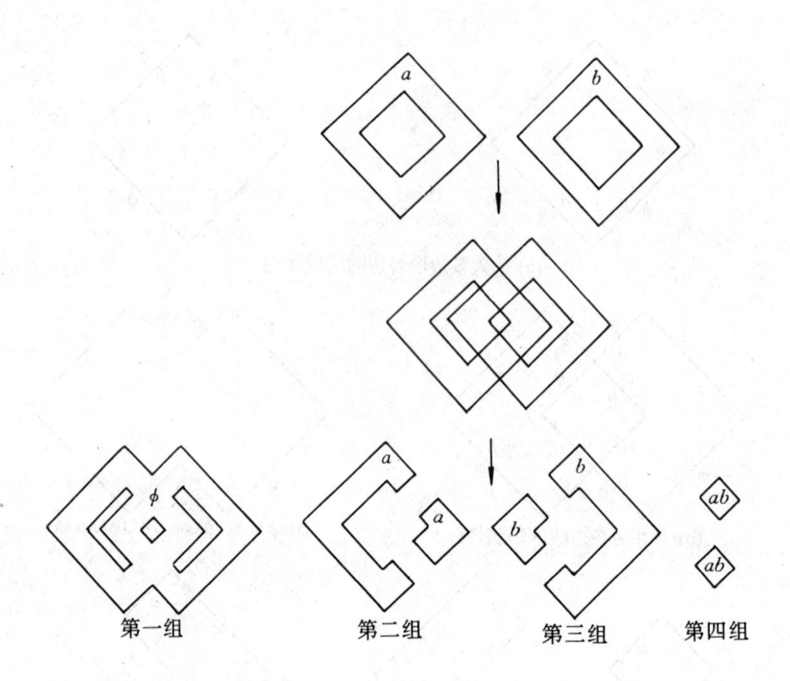

图 8.4.13　两个带内孔多边形运算后的结果分组情况

(2) 仅包含 A 区域的环组；

(3) 仅包含 B 区域的环组；

(4) 既包含 A 又包含 B 区域的环组；

A 和 B 的任何集合运算的结果必定是上述某一组。实际上，二者并的结果是第一组，二者交的结果是第四组，$A-B$ 之差的结果是第二组，$B-A$ 之差的结果是第三组，如图 8.4.13 所示，为两个多边形区域经前三步运算之后产生的四组属性不同的区域。选择阶段只要根据所要求的集合运算类型，选取对应的环组输出。

顺便指出多边形裁剪多边形的结果也在上述环组中：用 B 对 A 进行内裁剪，结果为第四组。用 B 对 A 进行外裁剪，结果为第二组。用 A 对 B 进行内裁剪，结果为第四组。用 A 对 B 进行外裁剪，结果为第三组。

虽然上述算法中假定输入区域为多边形，但整个算法框架亦适用于含曲线边界的平面区域。只要在数据结构中允许边为曲线边，并在求交中配上相应的边－边求交算法，则本算法亦可用于含曲线边区域的集合运算。

8.4.3　三维几何元素的集合运算

对于三维几何元素或简称三维形体，最常用的表示法有两种：CSG 和 BRep

CSG 表示法　先定义一些形状比较简单的常用体素，如方块、圆柱、圆锥、球、棱柱等等。然后用集合运算并、交、差把体素修改成复杂形状的形体。早期的 CSG 模型仅使用代数方程及半空间的概念，体素只支持多面体与二次曲面体，而不支持表面含有自由曲面的实体。整个模型是个树结构，最终形体的表面交线与有效区域没有显式给出，不能直接用于 NC 加工与有限元分析等后继处理。

BRep 表示法　用点、边、面、环以及它们之间相互的邻接关系定义三维实体，形体表面、边界线、交线等都显式给出。但是生成修改形体的过程相当复杂、不直观，不可能由用户直接操作。它的优点是能支持所有类型的曲面作为形体表面。能直接支持NC加工与有限元分析等，故其优缺点恰与CSG模型相反。后来，人们转向使用CSG与BRep的混合模型。

CSG与BRep的混合模型表示法 用CSG作为高层次抽象的数据模型，用BRep作为低层次的具体的表示形式。CSG树的叶子结点除了存放传统的体素的参数定义，还存放该体素的BRep表示。CSG树的中间结点表示它的各子树的运算结果。用这样的混合模型对用户来说十分直观明了，可以直接支持基于特征的参数化造型功能，而对于形体加工，分析所需要的边界、交线、表面显式表示等，又能够由低层的BRep直接提供。

在早期的造型理论中，强调模型的正则性与运算的正则性，也就是说，三维形体必须是正则性的(regular或manifold)。集合运算算子也必须是正则的。比较典型的模型表示法是翼边结构与Requicha等人提出的正则运算的概念。

正则形体通过集合运算的结果可以产生悬面、悬边、甚至悬点。也就是说正则形体在集合运算下是不封闭的，通过对集合运算正则化，即每当出现悬面、悬边、悬点，就把它删除，固然可以保证结果的正则性，但也有一些问题。例如，对于三维非正则形体，如扫描体的扫描轮廓线、扫描路径、形体中心轴等不能用统一的数据结构表示，形体集合运算产生的非正则形体有时是有用的结果。例如两个形体的交是个悬面，说明它们接触在那个面，我们需要能返回那个面，而不是过早将它删除。这就导致人们考虑用统一的数据结构来表示非正则形体，用统一的算法来进行非正则形体之间的集合运算。

本节的后面部分介绍非正则形体的一种表示法——辐射边结构(radial edge structure)，以及对采用这种结构表示的形体进行集合运算的算法。辐射边结构是由Weiler于1986年提出的。

辐射边结构使用统一的数据结构来表示形体的线框模型、表面模型和实体模型，既比传统的正则形体表示法提供了更强的形体定义功能，又使形体运算如集合运算、局部操作等能够用更简单的、统一的算法来实现。

1. 辐射边结构

在实体造型系统中，形体的模型由两部分组成。一部分是点、边、环、面的几何信息。另一部分用于描述点边环面之间的邻接关系，称为拓扑信息。下面介绍非正则形体造型中常用的模型-辐射边结构。辐射边结构使用的几何信息有面(face)、环(loop)、边(edge)、点(vertex)。相应的拓扑信息有模型(model)、区域(region)、外壳(shell)、面引用(faceuse)、环引用(loopuse)、边引用(edgeuse)、点引用(vertexuse)。它们之间的关系如图8.4.14所示。

这里的点表示三维空间的一个位置。边可以是直线边或曲线边，边的端点可以重合。环由首尾相接的一些边组成，而且最后一条边的终点与第一条边的起点重合；环也可以是一个孤立点。这里的面既可以是平面也可以是曲面，其边界由一个外环和若干个内环(包括零个)组成。外壳是一些点、边、环、面的集合。外壳所含的面集有可能围成一个封闭的三维区域，从而构成一个实体。外壳还可以表示任意的一张曲面或若干个曲面构成的面组。外壳还可以表示一条边或一个孤立点。外壳中的环和边有时被称为“线框环”和“线框边”。这里因为它们可以用于表示形体的线框图，区域表示一组外壳。模型表示一组区域。如图8.4.15所示，为可以用辐射边结构表示的一个形体模型，注意其中实体、面、线是用统一的数据结构表示的。

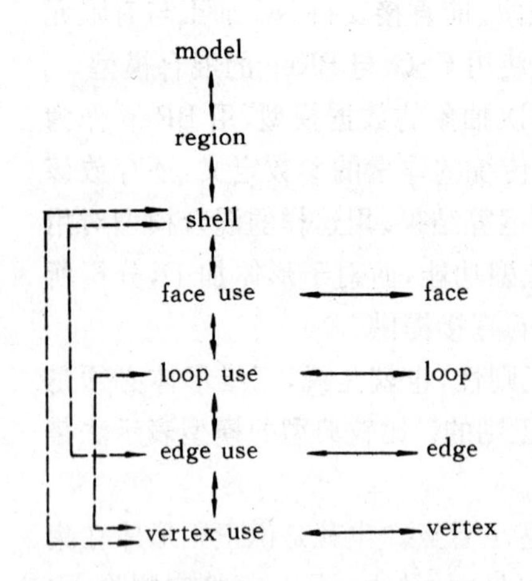

图 8.4.14 辐射边结构

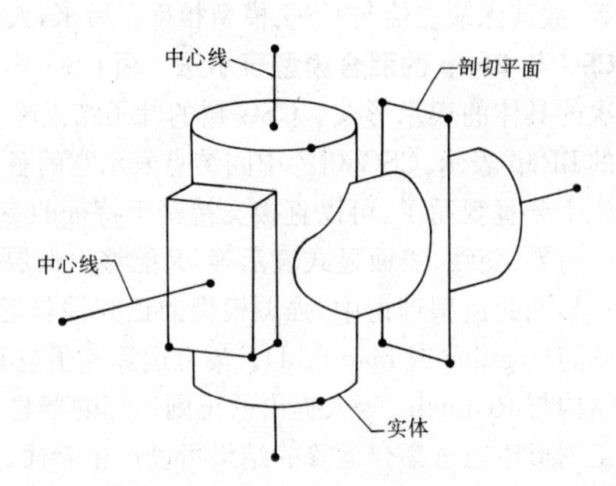

图 8.4.15 一个可以用辐射边结构表示的非正则形体模型

在辐射边结构中,把面、环、边、点的几何定义与引用分开,使得模型中不同的拓扑元素可以共享相同的几何信息,这可以保证形体数据的一致性。

辐射边结构中的几何元素与拓扑元素可以用类C语言的类型定义描述如下:

```
(1) vertex typedef struct Vertex {
            struct Vertex_use * vvu_ptr;
                /* 此点的引用点表,使用 vunext 指针 */
            struct Vertex_attrib * va_ptr;
                /* 括几何信息在内的属性表 */
        } vertex;
(2) edge   typedef struct Edge {
            struct Edge_use * eeu_ptr;
                /* 此边的引用边表,使用 eu radial/mate 指针 */
            struct Edge_attrib * ea_ptr;
                /* 包括几何属性在内的属性 */
        } edge;
(3) loop   typedef struct Loop {
            struct Loop_use * llu_ptr;
                /* 此环的引用环表,使用 eu mate eulu 域 */
            struct Loop_attrib * la_ptr;  /* 属性 */
        } loop
(4) face   typedef struct Face {
            struct Face_use * ffu_ptr;
                /* 此面的引用面表,使用 fumate 指针 */
            struct Face_attrib * fa_attrib;
                /* 包括几何信息在内的属性 */
(5) vertexuse
    typedef struct Vertexuse {
      struct Vertexuse * vu_next,vu_last;/* 共享同一点的引用点表 */
      vertex * vuv_ptr;
      struct Vertexuse_attrib * vua_ptr;
```

```
  int tag;
  union {
    struct shell * vus_ptr;/* shell 中没有 fu 和 eu */
    struct Loopuse * vulu_ptr;
    struct Edgeuse * vueu_ptr;
  } upptr;
}
```

(6) edgeuse

```
typedef struct Edgeuse {
        vertexuse * euvu_ptr;/* 指向边 eu 的起点 vu */
  struct Edgeuse * eueu_mate_ptr;
                /* 在面的另一引用 fu 或线框的另一端的 eu */
        edge      * eue_ptr;/* 边定义与属性 */
  struct Edgeuse_attrib * eua_ptr;/* 参数空间几何信息 */
  int ptr_type;
  union {
    struct shell * eus_ptr;/* 包括此边的 shell */
    typedef struct {
      struct Edgeuse * lueu_cw_ptr,lueu_ccw_ptr;
      /* 环引用中有序边引用表指针,
          CW—顺时针,CCW—逆时针 */
      struct Edgeuse * eueu_radial_ptr;
          /* 辐射状邻接的面引用的边引用 */
      orientationtype orientation;/* 朝向 */
      struct Loopuse * eulu_ptr;/* 所属环 */
  } upptr;
}
```

(7) Loopuse

```
typedef struct Loopuse {
  struct Faceuse * lufu_ptr;/* 所属的面引用 */
  struct Loopuse * fulu_next; * fulu_last;
          /* 面引用的环引用表中的环引用 */
  struct Loopuse * lulu_mate_ptr; /* 面的另一侧的环引用 */
          loop * lul_ptr;           /* 环定义与属性 */
  struct Loopuse_attrib * lua_ptr;/* 属性 */
  int ptr_type;
  union { edgeuse * lueu_ptr;/* 环引用中的边引用表 */
        vertexuse * luvu_ptr;/* 仅含一个孤立点的环 */
        }downptr;
}
```

(8) faceuse

```
typedef struct Faceuse {
    struct Shell * fus_ptr;      /* 所属外壳 */
    struct Faceuse * sfu_next, * sfu_last;
          /* 外壳的面引用表中的面引用 */
    struct Faceuse * fufu_mate_ptr;/* 面的另一侧 */
          loopuse * fulu_ptr;      /* 面引用的环表 */
    orientationtype orientation;      /* 朝向 */
```

```
            face      * fuf_ptr;        /* 面的定义与属性 */
        struct Faceuse_attrib * fua_ptr;/* 属性 */
    }
(9) shell
    typedef struct shell {
        struct Region * sr_ptr;      /* 所属区域 */
        struct shell * rs_next, * rs_last;/* 区域的外壳表中的外壳 */
        struct shell_attrib * sa_ptr;      /* 属性 */
        int ptr_type;
        union {
          faceuse * sfu_ptr;   /* 外壳中的面引用表 */
          edgeuse * seu_ptr;  /* 外壳是线框 */
          vertexuse * svu_ptr;/* 外壳是单个孤立点 */
        } downptr;
    }
(10) region
    typedef struct Region {
        struct Model * rm_ptr;    /* 所属模型 */
        struct Rrgion * mr_next, * mr_last;/* 模型的区域表中的区域 */
          shell * rs_ptr;            /* 区域中的外壳表 */
        struct Region_attrib * ra_ptr;       /* 属性 */
    }
(11) model
    typedef struct Model {
        struct Model * m_next, * m_last;/* 所有活性模型的表 */
          region * mr_ptr;        /* 造型空间中的区域表 */
        struct Model_attrib * ma_ptr;      /* 属性 */
    }
```

各元素之间邻接关系与引用关系用指针描述。指针的命名规则是

〈引用元素〉〈被引用元素〉_ptr

其中字母 r,s,f,l,e,v,fu,lu,eu 和 vu 分别代表 region,shell,face,loop,edge,vertex,faceuse,loopuse,edgeuse 和 vertexuse。

图 8.4.16 描述了共享一条边的两个面在该边的辐射边表示。这条共享边将被表示为四个引用边(edgeuse)结点,两个面的正反向各使用一个结点。任意一个引用边(edgeuse)结点不但可以通过 eueu_mate_ptr 指针找到反面上对应的引用边结点,而且还可通过 eueu_radial_ptr 指针找到和与此引用边的引用面成辐射状邻接的另一引用面的引用边结点。

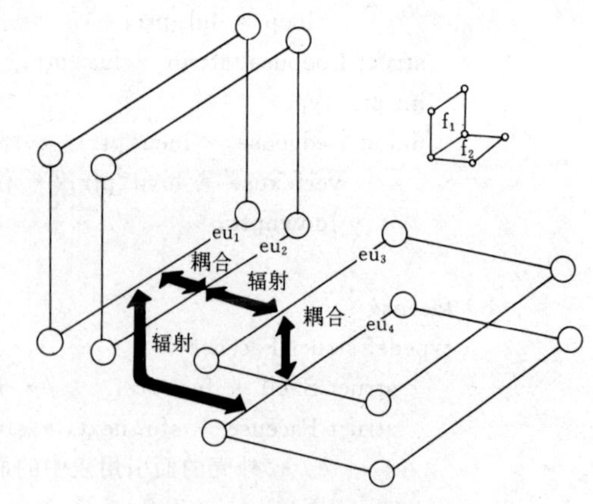

图 8.4.16 被两张面共享的一条边的辐射边结构

图 8.4.17 描述了共享一条边的三个面在该边的辐射边表示。这个图是从与边平行的方向观察 eueu_mate_ptr 与 eueu_radial_ptr 指针的连接顺序。图中心的 e_1 代表该边的几何定

义。eu_1～eu_6 是对 e_1 的引用。fu_i 是对 f_i 的引用($i=1,2,\cdots,6$)。

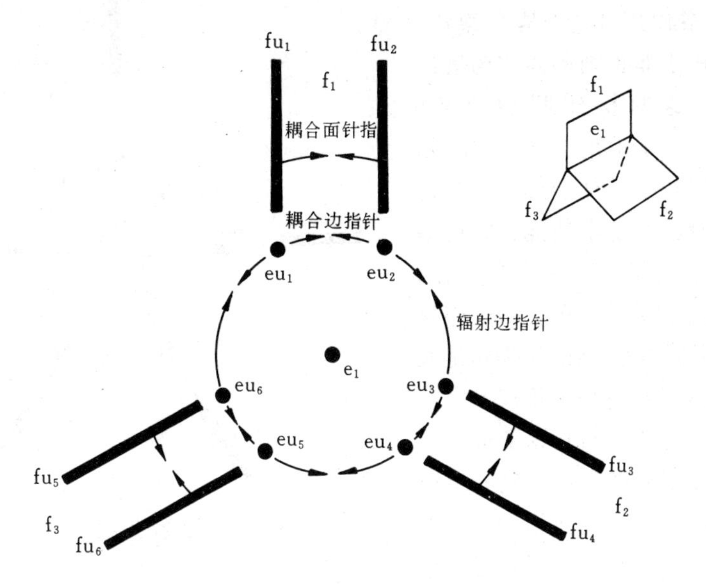

图 8.4.17　三张面共享一条边的辐射边结构

图 8.4.18 描述了一个环引用所包括的边引用结点之间的邻接关系。这些引用边结点通过 lueu_cw_ptr 构成顺时针的循环链表;通过 lueu_ccw_ptr 构成逆时针的循环链表。

图 8.4.19 描绘了共享一个点的五条引用边的结构。从图中可以看出共享一点的边数可以不受限制,它们以该点为中心成辐射状。所以这种结构被形象地称为辐射边结构。注意图 8.4.17 中共享一条边的若干个面也以该边为中心线呈辐射状。

辐射边结构中的点可以用直角坐标(x,y,z)或齐次坐标(x,y,z,w)表示。边可以是直线边或曲线边。边(面)的几何定义可以直接存于边(面)结点中或存在于其它结构中并用指针索引。任意一个点、边或面只定义一次,重复使用通过相应类型的引用结点来进行。model、shell 和 face 类型的元素通常都伴有包围盒之类的信息以提高应用效率。

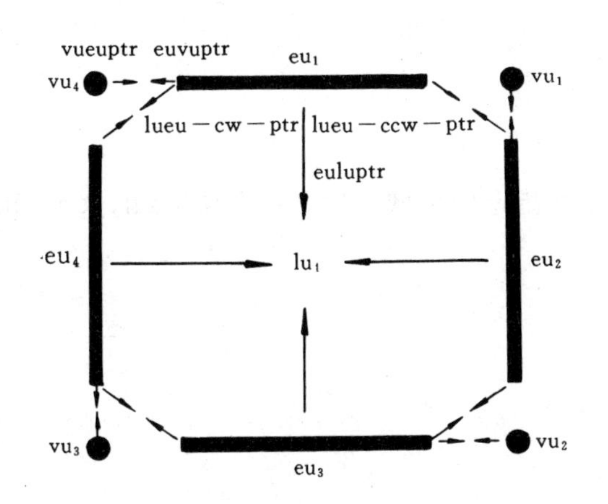

图 8.4.18　辐射边结构中环引用与边引用的关系

当采用参数曲面作为几何元素时,相应的面、边、点引用中将存放有关的参数信息。

当采用辐射边结构作为造型系统的框架时,几何部分的实现可独立于拓扑部分的实现,也就是说系统可以分为几何模块与拓扑模块分别实现和维护。

2. 基本操作

像辐射边结构这样用于表示非正则形体的数据结构,其数据元素之间的关系是非常错综复杂的。这就要求有一组基本操作,把高层的运算与数据结构的实现细节分隔开来,以保证造型数据的一致性。

本节介绍这种基本操作的一个实现方案。这个方案使用 17 个基本操作。这些基本操作用于非正则形体的构造与修改。我们把这些操作叫做 NMT (Non-Manifold Topology)——非正则拓扑算子。这组特定的算子具有四个特点:(1)算子本身具有基本功能;(2)这些算子可以用于构造更复杂的算子或操作;(3)使造型过程显得方便简单;(4)这些算子与以前的正则形体操作、欧拉操作是兼容的,也可以说是这些操作的推广。

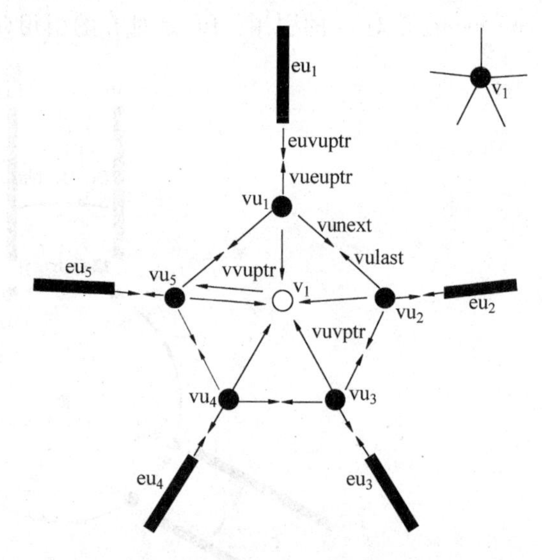

图 8.4.19 辐射边结构中边与点的关系

下面我们把这些 NMT 算子按它们所适用的形体类型分类介绍。先介绍通用算子:它们既可以处理正则形体,也可以处理非正则形体。然后介绍专门用于处理非正则形体的算子。最后介绍专门用于处理正则形体的算子。

```
(1) M_MR(newm,newr)
    model ** newm;
    region ** newr;
```

M_MR 是 Make Model,Region 的缩写,这个算子用于建立包含一个新 region 的新 model,亦即在造型空间中指定一个有界区域。

```
(2) M_SV(r,news,newv)
    region * r;
    shell ** news;
    vertex ** newv;
```

M_SV 代表 Make shell,vertex。该算子用于在指定的区域中建立一个新 shell,这个 shell 由一个孤立点组成。

```
(3) M_RSFL(v,r,newr,news,newf,newl)
    vertex * v;
    region * r;
    region ** newr;
    shell ** news;
    face ** newf;
    loop ** newl;
```

函数名是 Make Region,Shell Face Loop 的缩写。本算子用于在指定区域内建立一个新区域,并在新区域内产生一个面,这个面只有一个环。环由已存在的一个孤立点组成。如图 8.4.20所示,为使用本算子操作的对象在操作前与操作后的示意图。

```
(4) K_V(v)      /* Kill Vertex */
```

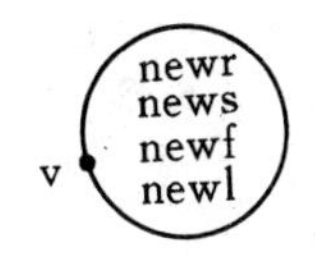

图 8.4.20　M_RSFL 算子功能

vertex * v;

本算子用于删除一个点，以及以该点为端点的所有边。在一些情况下，还删除一些有关的环、面、外壳、区域，图 8.4.21 所示，为本算子根据不同的情形所作的不同处理。

(5) K_E(e,v,fsurvivor,newl,news) /* Kill Edge */

```
edge * e;
vertex * v;
face * fsurvivor;
loop ** newl;
shell ** news;
```

本算子用于删除一条边。当删除该边导致一个新的非正则面或使一个面不能与平面对应时，K_E 也删除该面。这个情形在边被某些面引用三次以上或在某些正则边情形会发生。如图 8.4.22 所示，为 K_E 根据不同情形所作的不同处理示意图。

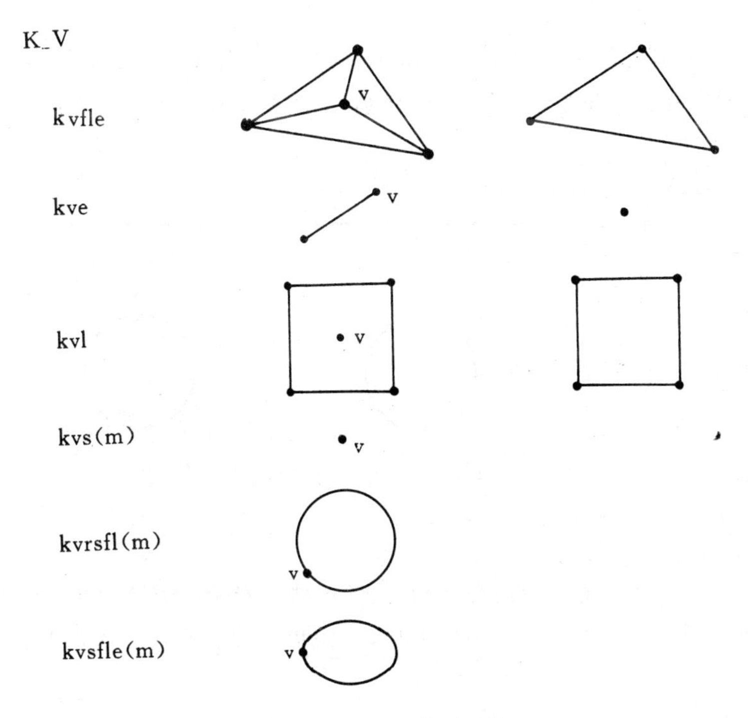

图 8.4.21　K_V 算子功能

(6) K_M(m) /* Kill Model */

```
model * m;
```

本算子删除一个模型以及它所包含的所有几何元素与拓扑元素。

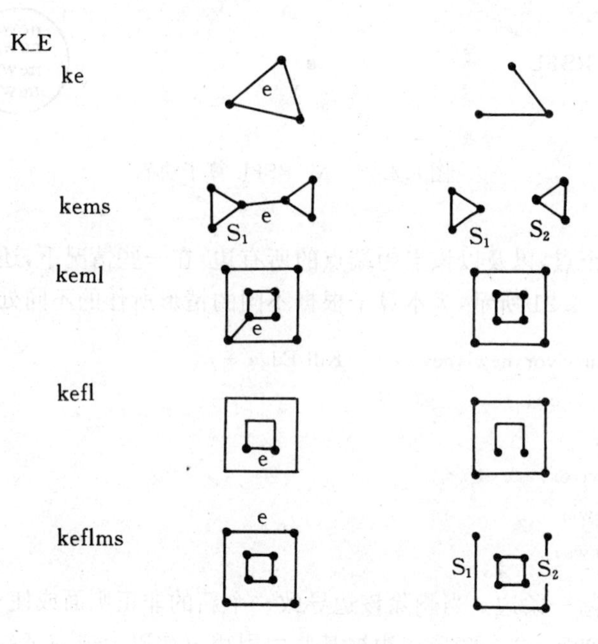

图 8.4.22　K_E 算子功能

(7) G_V(vu1,vu2) /* Glue Vertices */
    vertexuse * vul, * vu2;

G_V 算子把两个点引用合并,并保持元素间的邻接关系。其中一个点被保留,另一个点被删除,两个点都必须在同一 shell 中。图 8.4.23 显示 G_V 算子在两种不同的情况下所作的处理。

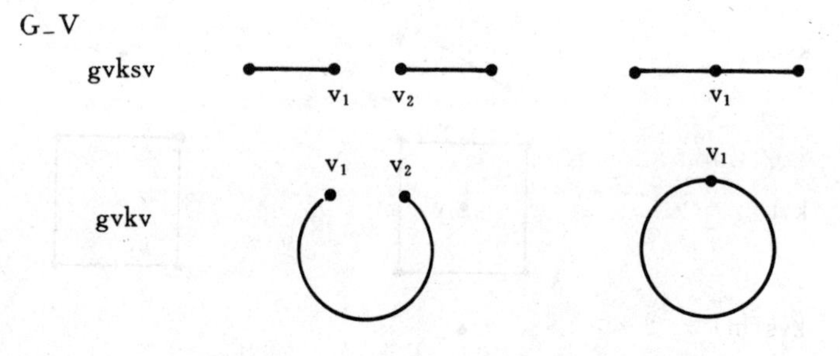

图 8.4.23　G_V 算子功能

(8) G_E(eu1,eu2) /* Glue Edges */
    edgeuse * eu1, * eu2;

G_E 算子按指定方向把两条边引用合并为一,并保持元素间的邻接关系。其中一条边被保留,另一条边被删除,且该边上不被保留边共享的点也一并被删除。图 8.4.24 显示 G_E 算子的功能。

(9) G_F(fu1,eu1,fu2,eu2) /* Glue Faces */
    faceuse * fu1, * fu2;
    edgeuse * eu1, * eu2;

G_F 算子把两个单环面合并为一,并保持元素的邻接关系。每个面都被指定朝向以决定如

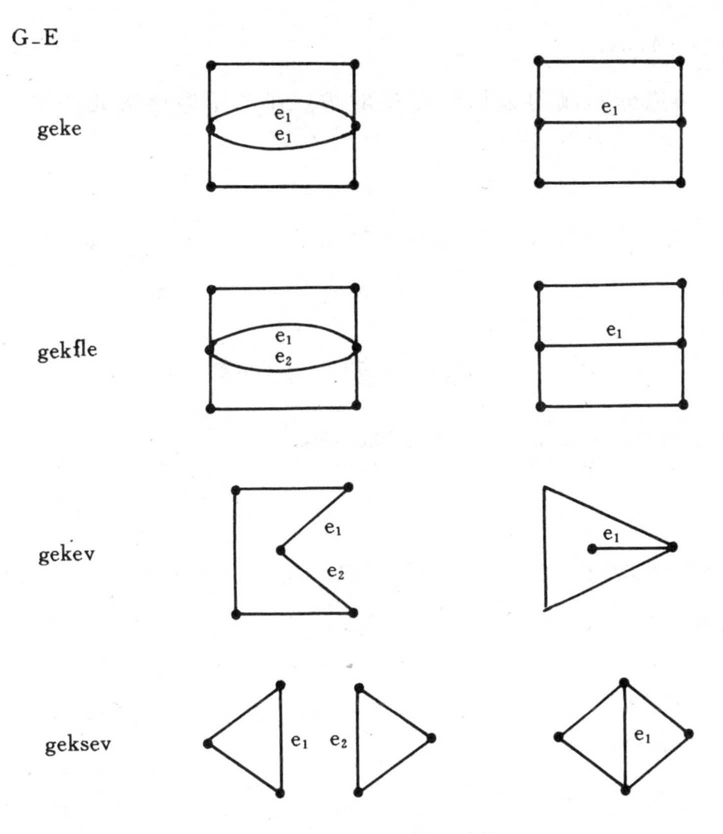

图 8.4.24 G_E 算子功能

何合并这两张面。对每个面都指定一条边及其方向以便决定两个面的环的合并方法。合并后一个面被保留,另一个面上不被保留面共享的环、边、点连同该面一起被删除。图 8.4.25 所示为 G_F 算子功能示意图。

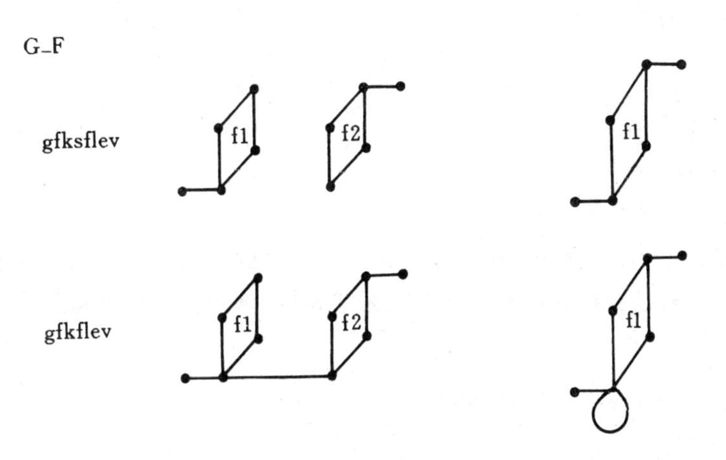

图 8.4.25 G_F 算子功能

```
(10) ESPLIT(e,v,newe,newv) / * Edge Split * /
     edge * e;
     vertex * v;
```

```
edge ** newe;
vertex ** newv;
```

本算子把一条边分割成两条相互连接的边。在两条边连接处产生一个新点，如图 8.4.26 所示。

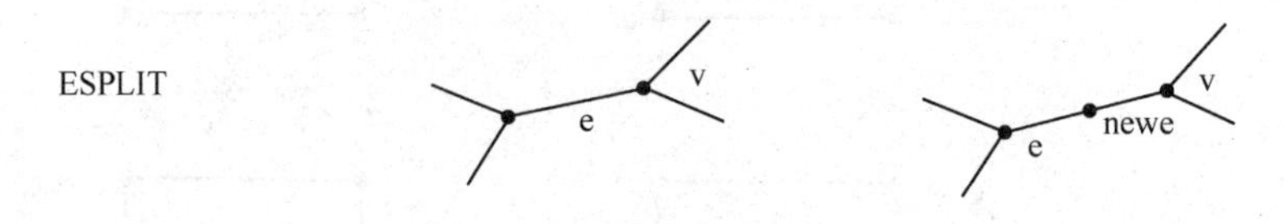

图 8.4.26 ESPLIT 算子功能

```
(11) ESQUEEZE(e,v,vsurvivor) /* Edge Squeezes */
     edge * e;
     vertex * v, ** vsurvivor;
```

本算子把一条边的两端点挤压到一起，删除该边和其中一个端点，并保留元素的邻接性，如图 8.4.27 所示。

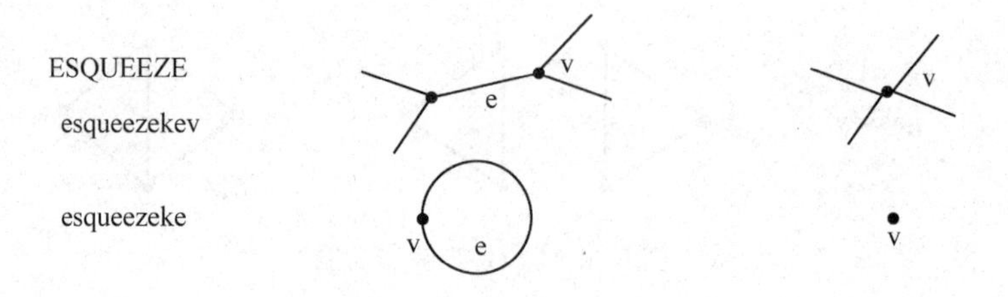

图 8.4.27 ESQUEEZE 算子功能

上面介绍的 11 个基本操作既可用于正则形体也可用于非正则形体。下面介绍 4 个专门用于非正则形体的操作：

```
(1) M_EV(v,r,newe,newv)/* Make Edge,Vertex */
    vertex * v;
    region * r;
    edge ** newe;
    vertex ** newv;
```

本算子的功能是建立一条线框边，用于连接一个已存在的点与一个新点。新点与新边将放在指定的区域中。若已存在的点不与该指定区域邻接，算子将报告出错信息并不执行任何操作。

```
(2) M_E(v1,v2,r,newe)/* Make Edge */
    vertex * v1, * v2
    region * r;
    edge ** newe;
```

M_E 算子产生一条新的线框边用于连接两个指定点。新边将包含于指定区域。两个指定点都必须与指定区域邻接，否则算子将报告出错信息并不执行任何操作。算子功能示意图

8.4.28。

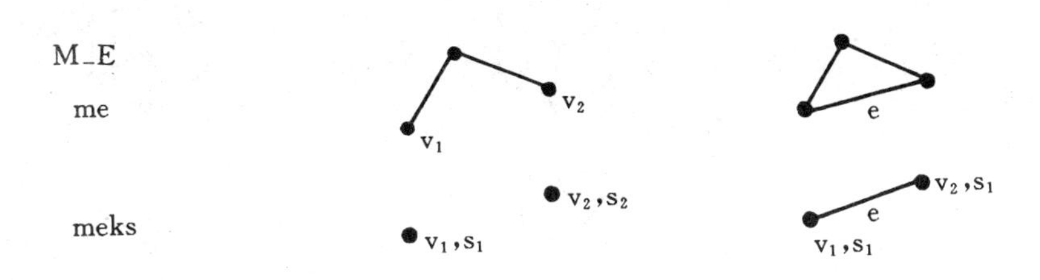

图 8.4.28　M_E 算子功能

(3) M_F(edges,faces,f_orients,e_rients,newf,newl,newr,news)

```
/* Make Face */
edge * edges   /* edgelist */
face * faces   /* facelist */
f_orientlist * f_orients;
e_orientlist * e_orients;
face ** newf;
loop ** newl;
region ** newr;
shell ** news;
```

M_F 算子产生一个具有单环的面,其边界由边表 edges 所含的边所构成的单环所确定。如果这些边不封闭,将按出错处理,两个用于说明环和方向的表与边表长度相同,它们用于确定新面在辐射边结构中的位置。边表中的各条边将根据方向表中为该边指定的朝向与新面邻接。图 8.4.29 描绘了 M_F 算子的功能。

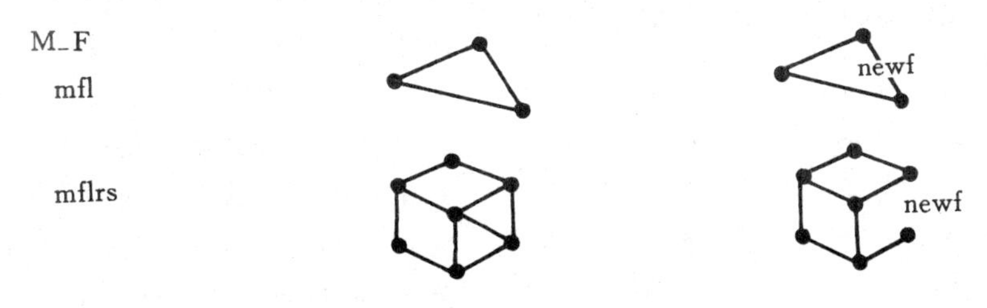

图 8.4.29　M_F 算子功能

(4) K_F(f,orient)　　　/* Kill Face */

```
face * f;
orientationtype:orient;
```

本算子删除一个面和该面上所有环,但不删除任何边或点。如图 8.4.30 所示。

最后介绍两个专门用于正则形体的算子。

(1) MM_EV(v,e,dir,f,orient,newe,newv)

```
/* Manifold Make Edge,Vertex */
```

本算子用于产生一条正则边和一个点。新边从指定的已存在点 v 开始到新点 newv 结束。新点、新边将产生在指定的面上。如果指定了朝向,新边按指定朝向生成。如图 8.4.31 所示。

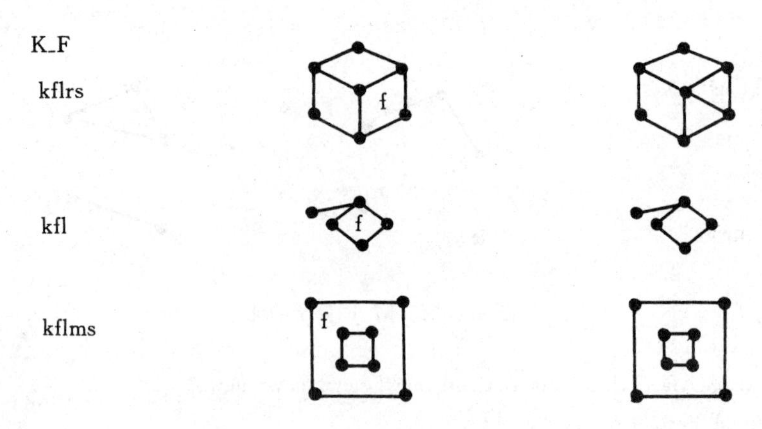

图 8.4.30 K_F 算子功能

（2）MM_E(v1,e1,dir1,v2,e2,dir2,f,orient,newe,newf,newl)

/ * Manifold Make Edge * /

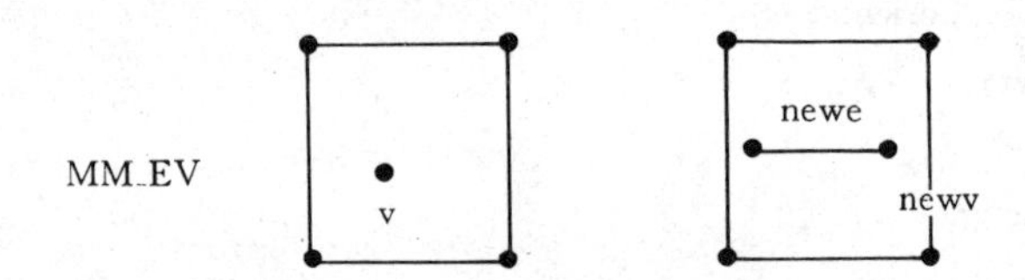

图 8.4.31 MM_EV 算子功能

本算子在两个已存在点之间建立一条边。边将产生在指定面上。如果指定朝向，新边将按指定朝向生成。指定的点与边必须在指定面上，否则将按出错处理。如图 8.4.32 所示。

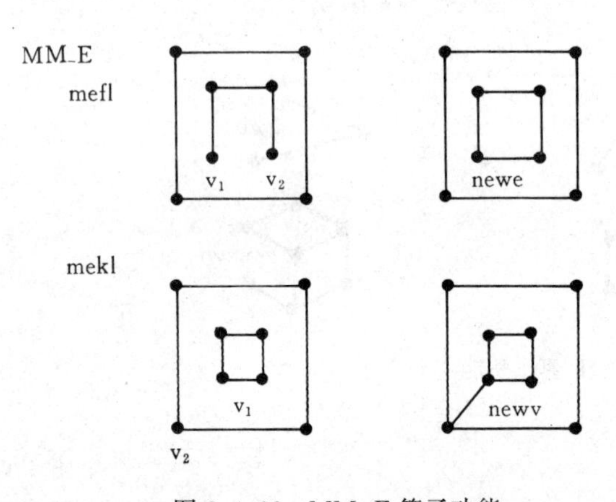

图 8.4.32 MM_E 算子功能

在算子说明中使用的一些术语解释如下：线框(wire)或线框边(wireframe)用于描述一条不在任意面上的边。悬面边是只在单个面的边界上使用仅一次的边。正则边是在若干面边界上恰被使用两次的边。非正则边是在若干个面的边界上被使用 3 次以上的边。朝向(orientation)可以指面的朝向，即面的某一侧；也可以指边的朝向，即边起点、终点的约定。朝向可取 3 个值：相同(same)，反向(opposite)，或未指定(unspecified)，3 个值分别用于说明要求的朝向与面、边原有朝向相同、相反或没有规定。在两个拓扑元素之间如果存在一条由相互连接的边与点组成的路径，则称这两个元素是连通的(connected)。如果一条边使用同一点作为其端点，则称此边为单边环(self-loop)，用一个新面关闭(close off)一个区域指的是该边的生成把原区域分割成两个不同的新区域，也就是说连接两区域内各一点的路径必与某个面、边或点相交。用一个新环或新边关闭(close off)一个面的含义是类似的。

3. 集合运算

为了讨论方便，本节假设辐射边结构中的面为平面，边为直线边。本节所介绍的算法是Muuss 和 Butler 于 1991 年提出的。

假设 A 和 B 是用辐射边结构表示的两个形体。在进行集合运算之前，必须先进行共面、共线、共点等判断。若发现二者有共享的几何元素，则把两形体中相应的拓扑元素合并为一。对两个形体的集合运算可进一步分为三步操作：

求交 一个形体中的所有几何元素与另一个形体的所有几何元素进行求交。把交点与交线作为几何元素保存下来，并通过拓扑元素使这些几何元素被两个形体所共享。

分类 把每个形体经求交后被适当分割的几何元素与另一形体进行分类。以决定这些元素是包含于(in)另一形体，还是在另一形体之外(out)，还是在另一形体边界上(on)。

归并 这个步骤将决定哪些元素作为结果保留，哪些元素被丢弃。是取是舍取决于集合运算的类型为并、交、差。

下面详细介绍这三个步骤。

(1) **求交**

求交操作用每一个形体分割另一个形体。每个形体用一个区域(region)表示。每个region 含有若干个 shell，而每个 shell 含有若干个面。这里将要介绍的求交算法把形体 A 中每个 shell 的每个元素与另一形体 B 中每个 shell 的每个元素进行求交。算法可以用类C 语言描述如下：

```
if (shell A 的包围盒与 shell B 的包围盒相交)
{for (shell A 中各个 face)
    if (face A 的包围盒与 shell B 的包围盒相交)
      for (shell B 中各个 face)
        if (face A 的包围盒与 face B 的包围盒相交)
        {
          把 face A 的所有边与 face B 的平面求交;
          把 face B 的所有边与 face A 的平面求交;
          插入新的拓扑元素使两个形体被适当分割并共享交点、交线;
        }
 for (shell A 中每条线框边)
   if (线框边 A 与 shell B 的包围盒相交)
     for (shell B 中的各个面 face)
       if (线框边 A 与 face B 相交)
       {
         把边 A 在交点处分割;
         把交点插入 face B;
       }
     for (shell B 中的各个线框边)
       if (线框边 A 与线框边 B 相交)
          让两条边在交点处共享交点;
}
```

当两个面的包围盒相交时，使用面/面求交算法对两个面进行求交计算。若两个面都是平面，则对两个面的平面方程进行比较。如果发现这两个面共面，则问题转化为两个平面区域边界的求交问题。两个区域所共享的子区域由两个区域所共享的环所围成。

如果两个面不共面，而它们的包围盒相交，则通过计算求出它们的交线。如果交线不同时与两个面的包围盒相交，则说明这两个面上的环不可能相交，故无需再进行环求交。这个检测判断可避免许多无谓的求交计算。

当判断出两个面确实为非共面且可能相交时，面 A 的每条边与面 B 求交，面 B 的每条边与面 A 求交。在假设所有面均为平面的情况下，边/面求交可按下列形式进行：

若边的某个端点的几何结点或拓扑结点在另一面的平面上，该点引用被登记为交线上的一个点。如果边与另一个面的平面相交，则在交点处增加一个点，并把该边分割成两条边。把新点放在交线上，另外在交线上增加一个点引用指向交点。

在每次面和面求交之后，所得的交点沿交线方向进行排序。当这些交点(新点或原有点的引用)被排序之后，构成一个有序的交点表。然后，修改这两个面共享交点表上的拓扑元素。利用交点表确定交线的哪些子线段被两个面共享。被共享的子线段被加到每个面上。这种的交线段可以分为三类：

第一类的特点是子线段的两个端点都在边界环上。在这种情形，必须先检查两点之间是否已有边存在，在没有边存在的情况下，进一步检查它们是否在相同的环上。如果在相同的环上，那么把原来的环分成共享一条边的两个环。如图 8.4.33(a)所示。而当两点属于不同的环时，加入一条边连接这两个环，使之变成为一个环。如图 8.4.33(b)所示。

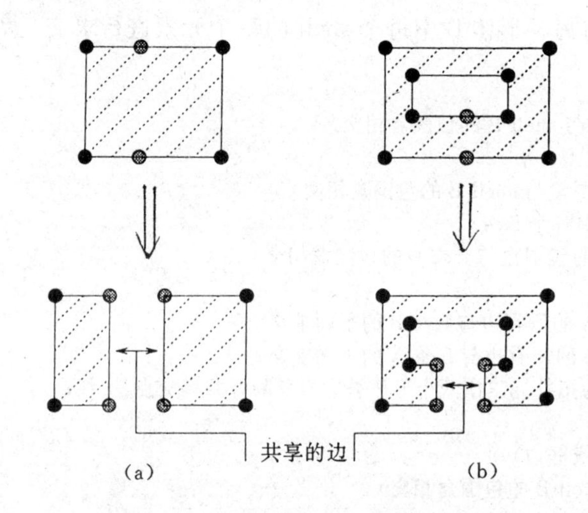

图 8.4.33　两端点都在边界情形的处理

第二类的特点是仅一点在边界上，另一点不在边界上。如图 8.4.34 所示，这时在两点之间连上一条边，使原环增加一个点、两条边引用(共享一条边)。

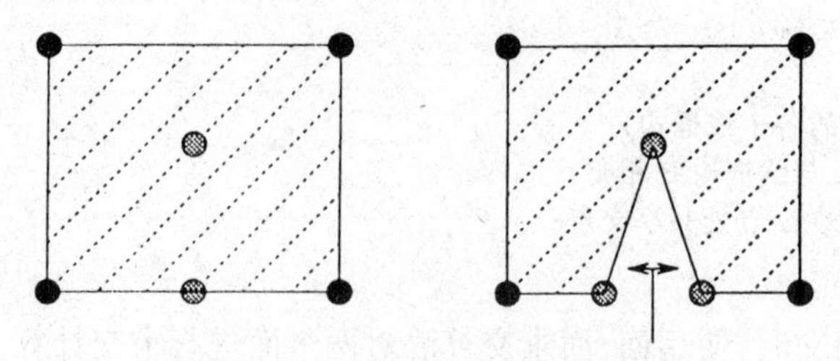

图 8.4.34　一端点在边界情形的处理

第三类的特点是两个端点均不在边界，这时，在面上生成一个新内环，如图 8.4.35 所示。

当两个面上都插入了必要的新拓扑元素之后，对两个面的拓扑元素进行连接，使得两个面在共点与共边处确实共享有关的几何元素。这包括在共点处安排点引用共享该点，在共享边处整理边引用的辐射边结构。

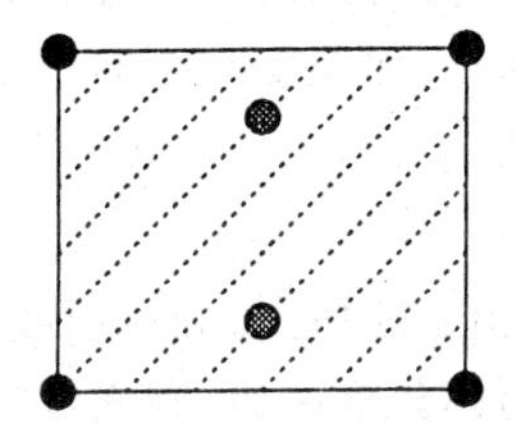
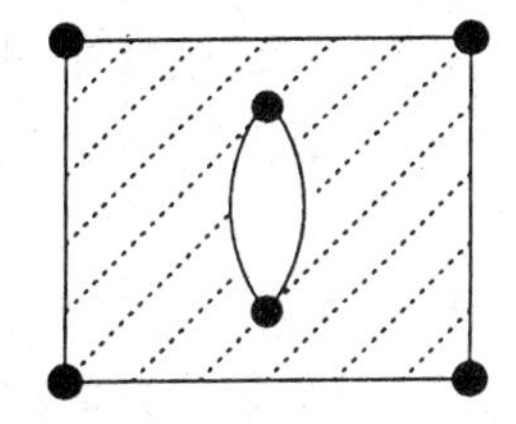

图 8.4.35 无端点在边界情形的处理

每个 shell 的所有线框边都必须与另一 shell 所有元素求交。这包括调用边和面与边和边求交函数。如果发现交点，就把边分割，并把该点引用插入相应的边和面。

插入新的拓扑结构，并整理邻接信息的工作，可以通过调用前面介绍的基本操作算子来实现。

(2) **分类**

下面介绍集合运算的第二步操作：分类。通过求交操作，每个 shell 中的所有元素都相对于另一 shell 进行了分类，每个面、环、边、点都被分为 in(在另一 shell 内)，on(在另一 shell 边界表面上)，或 out(在另一 shell 之外)，A 中所有元素相对于 B 进行分类。然后，B 中的所有元素相对于 A 进行分类。

① 点的分类

如果 shell A 中一个点已经相对于 B 进行过分类，那么 A 中所有对该点的引用共享该分类结果。如果某些元素在求交过程中得到的交，如交点、交线等。那么它们的分类可当即确定为(on A on B)，当我们对一个点的某个点引用进行分类时，若发现该点的另一点引用分类为 on B，那么该点以及当前处理的点引用都应分类为 on B，所有位于 B 的包围盒之外的点分类为 out B。如果经过上述检测仍不能确定某个点的分类，就使用交点计数法。从该点引射线，与 B 求交，计算交点个数。个数为奇数时，该点分类为 in B，个数为偶数时，该点分类为 out B。我们在 8.3 节中曾经使用交点计数法来判断点是否包含在平面区域内。

在非正则形体造型环境，问题稍微复杂一些。首先从该点沿一个任意方向引射线与 shell B 中的所有面求交。习惯上射线取与坐标轴相同的方向。当然有时沿其它方向引射线可以避免交上顶点、边等奇异情形。当射线所交的面为“边界面”时，交点计数器才加 1，若最后所得的交点计数为奇数，则点分类为 in B。这里有三个问题必须妥善处理。一是确定边界面与非边界面；二是确定一个交点是否在面的有效区域之内；三是正确处理射线恰好与点、边相交的情况。

如果 shell A 中的一条边仅被该 shell 的一个面使用一次，这种边称为悬面边，含有悬面边的面是非边界面，不含悬面边的面是边界面。欲确认一个面是边界面，必须检查该面的每条边是否被同一 shell 中奇数个其它边界面的环所共享，这要求遍历整个 shell 的所有面来确定某一个面是否边界面。为了避免这种费时的操作，一般把整个 shell 的所有面的有关信息计算一次，并把结果记录起来。在进行实体造型时，所用的形体模型通常只含有边界面。

由于非正则形体表示允许面既有外环，又有内环，所以面的有效区域是带有内孔的区域，如图 8.4.36 有阴影线的部分所示。当射线与区域所在平面相交时，要判断交点是否落在有效区域内，这可以通过判断哪个环中具有与交点距离最近的子元素(边或环)。若交点距离面的一个外环最近，则当点包含在环内时，交点在有效区域内。如图 8.4.36 中的点 1 所示。如果交点在环外，那么它也在有效区域外。类似地有，如果交点距离一个内环最近，则当点在该环内时，点在有效区域外，如图 8.4.36 中点 3 所示。当点在该环外时，点在有限区域内，如图 8.4.36 中点 2 所示。

接下来再看如何正确处理射线恰好与点、边相交的情况，如果射线与某个面上一个环的一条边相交，并且该面上有另一个同类型(内、外)环共享该边，则当这对环是内环时，交点在有效区域外，如图 8.4.36 点 4 所示，当这对环是外环时，交点在有效区域内，如图 8.4.36 点 5 所示。

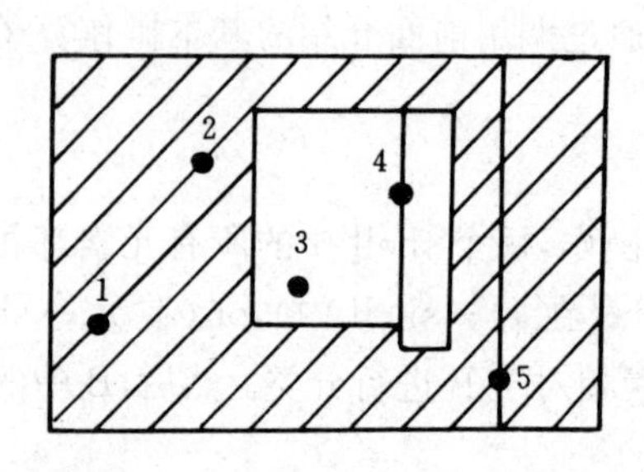

图 8.4.36　射线与面的各种交点

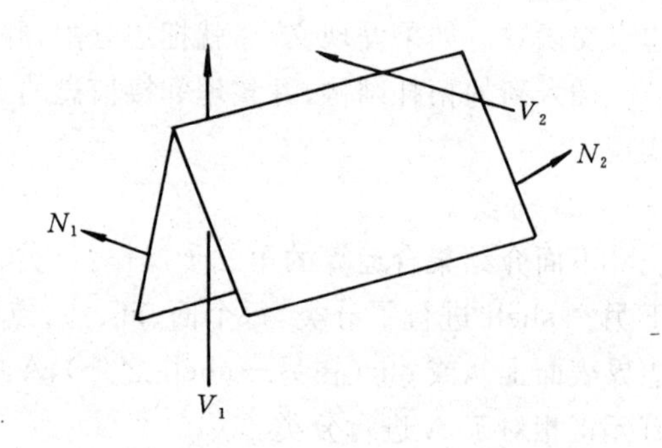

图 8.4.37　射线交于边界线的两种情况

如果射线与几个面的公共边相交，则把射线方向与面的法矢进行比较。例如图 8.4.37 中 v_1 点被当作一个交点，因为射线是从两张面之间穿过。而 v_2 不当做一个交点，因为射线只是从它们的公共边界擦过。这里要注意一个问题，不管有多少面以该边为公共边，射线与该边只进行一次求交。当同一 shell 中存在多于二个的面共享该边时，交点计数在与某个面求交，第一次发现射线与该边相交时，就处理完毕：每次取一对面，按前述方法累计有效交点数，并把这些面打上已处理过的标志。以后射线就不再与这些面求交了。

② 边的分类

当 shell A 中的所有点都相对于 B 进行过分类之后，就可以用表 8.4.2 所列举的规则对边进行分类，分类的规则说明如下：如果边的两个端点中有一个分类不是 on B，那么边的分类与这个点相同。如果两个端点都分类为 on B，那么就计算边的中点，然后使用前面点分类所介绍的交点计数法，对中点进行分类。该点的分类就作为边的分类。如果一条边的两端点分类为 in 和 out，那么就说明在进行求交或点分类时已出错。

表 8.4.2　边分类规则

端点	分类	边分类
in	in	in
in	on	in
in	out	出错
on	in	in
on	on	用线段中点判断
on	out	out
out	in	出错
out	on	out
out	out	out

③ 环的分类

仅含一个孤立点的环继承该点的分类。一个含有若干条边的环，如果其中一条边分类为非 on B，则环的分类同该边分类相同，例如，当一个环中有一条边分类为 in B，则环的分类也是 in B。若一个环中既有 in B 的边，又有 out B 的边则说明前面的求交/分类处理已经出错。如果环 A 中的所有边分类均为 on B，那么当 shell B 的拓扑结构中含有一个环，具有与环 A 相同的边集时，环 A 分类为 on B，分类为 on 的环又进一步分类为 shared 和 antishared 两种。标志为 shared 的环 A 在另一 shell B 中有对应的环，而且这两环所在的两个面法矢同向。标志为 antishared 的环 A 在另一 shell B 中也有对应的环，但两环所在的两个面法矢反向。

(3) 归并

集合运算的第三个步骤是归并。当 shell A 和 shell B 中的所有拓扑元素都被分类之后，需要归并分类的结果以决定保留哪些元素、删除哪些元素。首先把两个形体中所有元素都打上八个组合分类标记之一。这八个标记的意义介绍如下。元素原来所属的形体总是分类为 on，形体 A 的元素标记为(on A)(in B)，(on A)(on B shared)，(on A) (on Bantishared)，(on A)(out B)，形体 B 的元素标记为(in A)(on B)，(on A shared)(on B)，(on A anti-shared)(on B)以及(out A)(on B)之一。这里 8 个标记实际上只代表 6 种不同的情况，如图 8.4.38 所示，为两对平行扫描体(剖面线)，图中每条边代表与剖面相交的那个面。

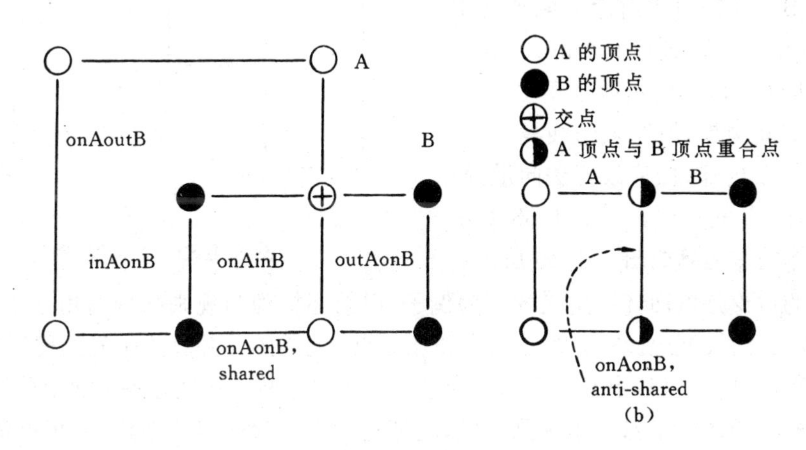

图 8.4.38　组合分类标记

在图 8.4.38(a)中，中下部的那个面环为形体 A、B 所共享，且两个面的朝向(即面的外法向)都相同，故被分类为 on A on B shared，对于图 8.4.38(b)中两形体接触面上的面环，也是被两形体所共享，但两个面的朝向相反，故被分类为 on A on B antishared，假设集合运算的结果放 A 中：

$$A = A\ set\_op\ B$$

B 中需保留的元素均移至 A 中，其它的元素均删除之，那么三种常用的集合运算并、交、差对分类结果取舍的规则可列表指定，见表 8.4.3。

差运算：A－B，在造型过程中意即保留 A 中那些仅在 A 中的元素；删除那些既在 A 中，又在 B 中的元素；并删除 B 中的所有元素。表中所列各种情况下的运算规则含义如下。表中对于被标记为 on A 和 out B 的元素的规则为“保留”，以下简记为 onAoutB＝保留。这种元素就是在 A 中且仅在 A 中的。onAinB＝弃，是因为元素既在 A 中，又在 B 中，应删除

表 8.4.3 面环分类规则

A	B	A－B	A∪B	A∩B
on	in	弃	弃	保留
on	on shared	弃	保留	保留
on	on shared	保留	弃	保留
on	out	保留	保留	弃
in	on	保留＋反向	弃	保留
on shared	on	弃	弃	弃
on antishared	on	弃	弃	弃
out	on	弃	保留	弃

之。outAonB＝弃的意义是删除 B 中无用的元素。

onA onB antishared＝保留，这种情况的处理比较特殊。这时，该元素属于 A，又被面 B 共享，面 A 与面 B 重合但反向，它们所围的三维空间，分别在面的两边，故这种元素应保留以保证形体 A 的边界完整。onA onB shared＝弃，是因为面 A 与面 B 同向，它们所围的空间在面的同一侧，故将它删除。

(onA shared)onB＝弃与(onA antishared)onB＝弃是由于对应元素原是 B 中元素，应删除之。最后 inAonB＝保留＋反向，其意义是保留由差运算在形体 A 上产生的新边界，但原来的面属于 B，其法向指向 A 内部。故应改变法向量，使其反向，指向 A 的外部。图 8.4.38 所示的两对形体的差运算如图 8.4.39 所示。

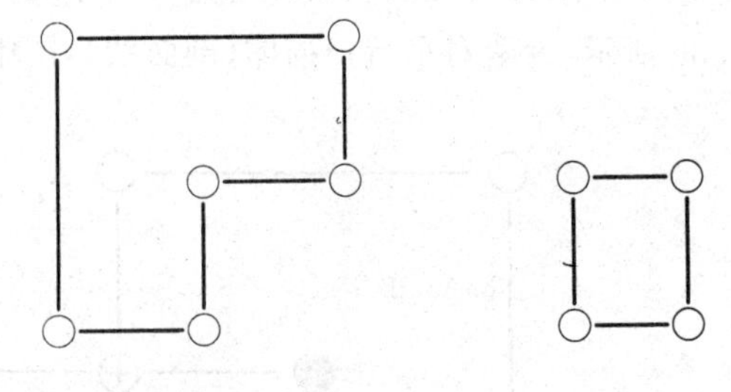

图 8.4.39 差运算结果

上面的讨论是以面环所定义的面为例子，但前述推理与规则同样适用于下一层次的拓扑元素：线框环、线框边、环的边、边的点和孤立点。完整的归并算法是先处理形体 A 中的所有拓扑元素，然后处理 B 中的所有拓扑元素。算法的内循环从处理各个面上的所有环开始。如果一个环引用的标记对应于规则“弃”，就把它拆散成为一组线框边，采用拆散而不删除，以便那些被两个形体所共享的边和点可以在后面得到妥善处理。如果一个面的所有环均被删除、一个环都不剩，则将该面引用删除。若一个面中仍有环被保留，则面引用被保留。如果面引用是属于 B 的，则把它移到 A 中，面引用的 mate 也同时移入 A 中，并把面法向量取反向。然后算法进一步处理线框环，如果环引用的标志对应于“弃”，那么就把该环拆散为若干个线框边，否则就把它保留下来或移到 A 中(若环属于 B)。接下来算法处理线框边，如果一条线框边的标志对应于“弃”，那么就把该边拆散成若干个孤立点，否则，将它保留或当有必要时移到 A 中，最后处理孤立点。由于一个点是不能再拆为更低维的元素，所以一个点对应于“弃”规则时，就被从形体中删除了。

并运算：A∪B。在造型应用的含意为保留在 A 之外或在 B 之外的所有拓扑元素，并删除新形体内部的结构或冗余元素。也就是说，对于实体造型来说，并运算可以理解为

$$A\cup B=(A-B)+(B-A)$$

其中＋代表简单的合并。

在 A 或 B 之外的元素标记为 onAoutB 或 outAonB，故有 onAoutB＝保留，outAonB＝保留。当元素标记为 onAonBshared 时，这种元素属于形体 A 的边界元素。为了避免重复，必须删除形体 B 中的对应元素即标记为(onA shared)(onB)的元素。故有

onAonBshared＝保留

onAshared onB＝弃

标记为 onAinB，inAonB，以及反向共享的面，标记为 onAonBantishared，onAantishare-donB，因为含于结果形体的内部，故应删除之。图 8.4.38 所示的两对形体的并运算结果如图8.4.40 所示。

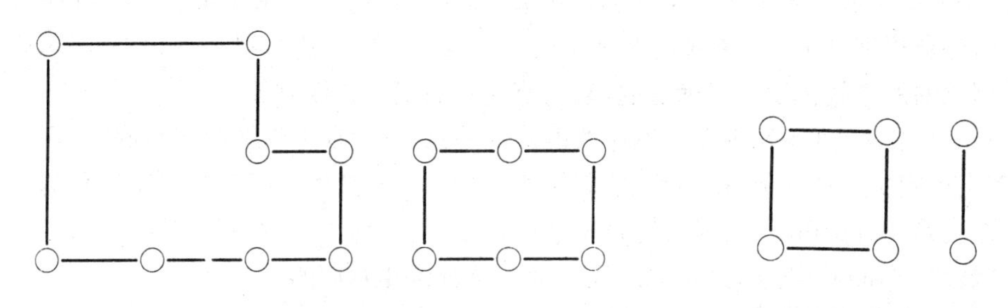

图 8.4.40　并运算结果　　　　图 8.4.41　交运算结果

交运算：A∩B。如图 8.4.41 所示为图 8.4.38 中两对形体的交运算结果。交运算保留那些同时属于 A 和 B 的元素。标记为 onAonBshared 和 onAonBantishared 的元素为两个形体所共享，故应保留。标记为(onAshared)(onB)和(onAantishared)(onB)的元素被删除以便避免重复。在两形体之一外部的元素被标记为 onAoutB 和 outAonB 应被删除。原在各形体内部的结构 onA inB 和 inA onB 被保留。这些有关的元素在结果形体中成为边界。

8.5　常用的其他造型方法

前二节讨论了点、线、面几何元素经过并、交、差集合运算构造维数一致的正则形体和维数不一致的非正则形体的求交及分类算法。本节介绍几种常用的其他造型方法，如分数维(Fractal)法、特征(Feature)法以及从二维线框信息或二维图象信息构造形体的算法。这些方法具有一定的专用性，且原理与集合运算不一致，但运用这些方法可以扩大传统几何造型方法的覆盖域和速度。

8.5.1　分数维(Fractal)造型

欧氏几何的主要描述工具是直线、平滑的曲线、平面及边界整齐的平滑曲面，这些工具在描述一些抽象图形或人造物体的形态时是非常有力的，但对一些复杂的自然景象形态就显得无能为力了，诸如山、树、草、火、云、浪等，这是由于从欧氏几何来看，它们是极端无规则的。为了解决复杂图形生成，分数维(Fractal)造型应运而生。

1. 分数维造型的基本概念

对复杂现象的探索早在图形学产生以前就已经开始，可以回溯到 1904 年。当时 Helge Von Koch 研究了一种他称为雪花的图形，他将一个等边三角形的三边都三等分，在中间的

那一段上再凸起一个小正三角形，这样一直下去，理论上可证明这种不断构造成的雪花周长是无穷，但其面积却是有限的。这和正统的数学直观是不符的，周长和面积都无法刻划出这种雪花的特点，欧氏几何对这种雪花的描述无能为力。20 世纪 60 年代开始，Benoit B. Mandelbrot 重新研究了这个问题，并将雪花与自然界的海岸线、山、树等自然景象联系起来，找出了其中的共性，并提出了分数维(Fractal)的概念。

Mandelbrot 曾举了一个海岸线的例子来说明他的理论。假设我们要测量不列颠的海岸线长度，我们可以用一个 1000m 的尺子，一尺一尺地向前量，同时数出有多少个 1000m，这样得到一个长度为 L_1。然而这样测量会漏掉许多小于 1000m 的小湾，因而结果不准确。如果尺子缩到 1m，那么我们会得到一个新的结果 L_2，显然 $L_2>L_1$。一般来说，如果用长度为 r 的尺子来量，将会得到一个与 r 有关的数值 $L(r)$。与 Koch 的雪花一样 $r\to 0, L(r)\to\infty$。也就是说，不列颠的海岸线长度是不确定的，它与测量用的尺子长度有关。

Mandelbrot 注意到 Koch 雪花与海岸线的共同特点：它们都有细节的无穷回归，测量尺度的减少都会得到更多的细节。换句话说，就是将其中一部分放大会得到与原来部分基本一样的形态，这就是 Mandelbrot 发现的复杂现象的自相似性。为了定量地刻划这种自相似性，他引入了分数维(Fractal)概念，这是与欧氏几何中整数维相对应的。

设 N 为每一步细分的数目，S 为细分时的放大(缩小)倍数，则分数维 D 定义为：

$$D=\frac{\log N}{\log(1/S)}$$

如图 8.5.1 所示，以 Koch 雪花为例，它的每一步细分线段的个数为 4，而细分时的放大倍数为 1/3，则雪花边线的分数维 $D=\frac{\log 4}{\log 3}=1.2619$。如果我们按欧氏几何的方法，将一线段四等分，则 $N=4, S=1/4, D=1$；如将一正方形 16 等分，此时 $N=16$，线段的放大倍数 $S=1/4$，则 $D=2$。

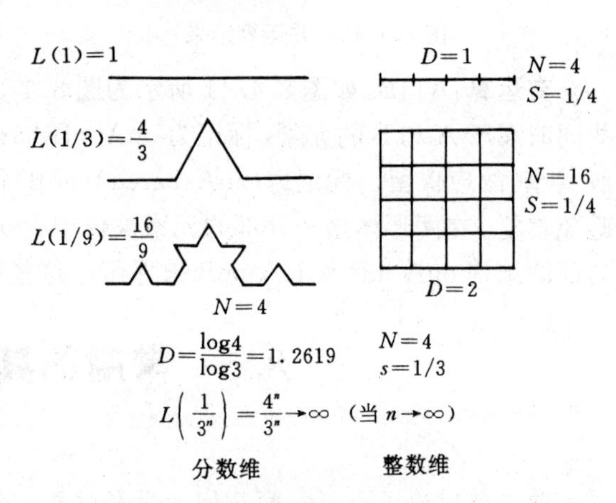

图 8.5.1 用分数维造型产生雪花

一般说，二维空间中的一个分数维曲线的维数介于 1 和 2 之间；三维空间中的一个分数维曲线的维数在 1 和 3 之间，而三维空间中的一个分数维曲面的维数在 2 和 3 之间。分数维的引入，为研究复杂形体提供了全新的角度，使人们从无序中重新发现了有序，许多学科像物理、经济、气象等都将分数维几何学作为解决难题的新工具。计算机图形学也从中受到启发，并形成了以模拟自然界复杂景象、物体为目标的分数维造型。

2. 分数维造型对模型的基本要求

分数维造型是利用 Fractal 几何学的自相似性，采用各种模拟真实图形的模型，使整个生成的景象呈现出细节的无穷回归性质的方法。所生成的景物中，可以有结构性较强的树，也可以是结构性较弱的火、云、烟，甚至可生成有动态特性的火焰、浪等。生成图形的关键是要有一个合适的模型来描述上述景象。人们已经研究了不少模型，诸如随机插值生成图形或用迭代函数反复生成，也有按严格文法有规律生成等。对于这些模型应尽量满足下列要求。

(1) 能逼真地“再现”自然景象。所谓逼真是指从视觉效果上逼真，“再现”即不要求完全一致。

(2) 模型不依赖于观察距离。即距离远时可给出大致轮廓和一般细节，近时能给出更丰富细节。

(3) 模型说明应尽量简单，模型应具有数据放大能力。

(4) 模型应尽可能直观，并能有效控制特性。

(5) 模型应便于交互地修改。

(6) 图形生成的效率要高。

(7) 模型适用范围应尽可能地宽。

上述要求有的是相互依赖的，有的是相互制约的，在实际应用中还需要进行适当折衷。

3. 分数维造型的常用模型

根据生成的不同景物，分数维造型需要不同的模型。下面介绍几种最常用的模型。

(1) 随机插值模型

该模型是 1982 年由 Alain Fournier，Don Fussell 和 Loren Carpenter 提出的，它能有效地模拟海岸线和山等自然景象。

为了克服传统模型技术中模型依赖于观察距离的局限性，本模型不是事先决定各种图素和尺度，而是用一个随机过程的采样路径作为构造模型的手段。例如构造二维海岸线的模型可以选择控制大致形状的若干初始点。再在相邻两点构成的线段上取其中点，并沿垂直连线方向随机偏移一个距离，再将偏移后的点与该线段两端点分别连成两个新线段。这样下去可得到一条曲折的有无穷细节回归的海岸线，其曲折程度由随机偏移量控制，它也决定了分数维的大小。在三维情况下可通过类似过程构造山的模型，一般通过多边形(简单的如三角形)细分的方法。可以在一个三角形的三条边上，随机各取一点，沿垂直方向随机偏移一距离后得到新的三个点，再连接成四个三角形，如此继续，即可形成褶皱的山峰。山的褶皱程度由分数维控制。

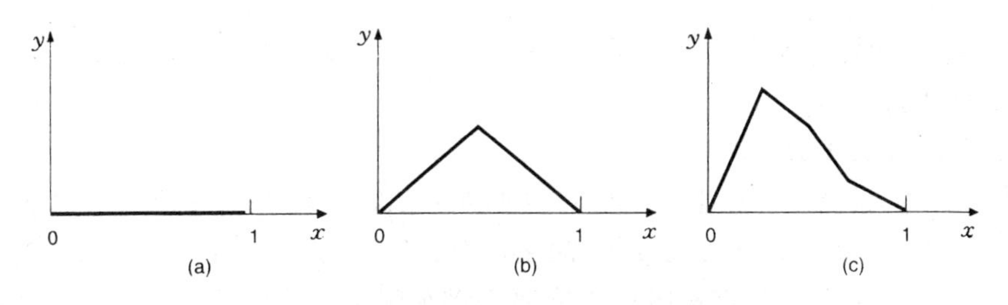

图 8.5.2　用随机模型构造海岸线的例子

用对分线段加一个方向的扰动产生海岸线图的原理如图 8.5.2 所示，对任一条线段由端点(x_i,y_i)，(x_{i+1},y_{i+1})定义，对分扰动后的新点是 $x_{\text{new}}=\frac{1}{2}(x_i+x_{i+1})$，$y_{\text{new}}=\frac{1}{2}(y_i+y_{i+1})+P(x_{i+1}-x_i)R(x_{\text{new}})$。式中 $R()$是取 0 到 1 之间的随机数函数，$P()$是确定线长的扰动函数，经此函数产生的线段如图 8.5.2(c)所示，如此无限重复下去，就可以产生海岸线图。改变 $P()$函数将会产生不同的图形效果。若扰动对象不是直线段，而是三角形，如图 8.5.3 所示，一个三角形取每边的中点，对每点的法向高度进行扰动(扰动函数可用 $P()$)，这样无限次做下去就会产生山峦的图形。

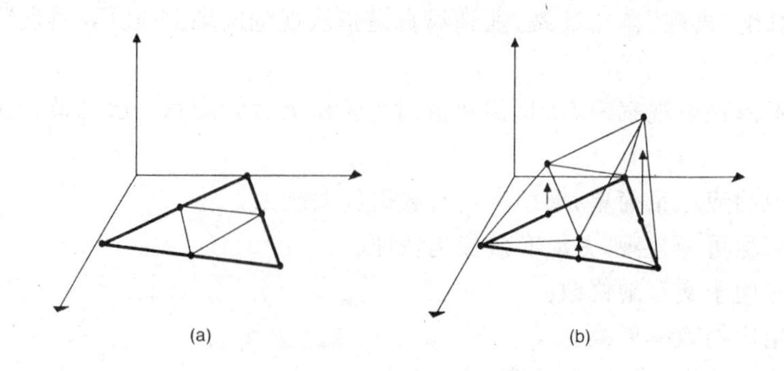

图 8.5.3　用随机模型构造山的例子

(2) 粒子系统模型

W. T. Reeves1983 年提出的又一个随机模型，它是用大量的粒子图元(Particle)来描述景物。粒子可以随时间推移发生位置和形态变化。每个粒子的位置、取向及动力学性质都是由一组预先定义的随机过程来说明的。

粒子系统最初引入时是为了模拟火焰，火焰被看成是一个喷出许多粒子的火山，粒子运动的轨迹构造了火焰的模型。每个粒子都有一组随机取值的属性，如起始位置、初速度颜色及大小。后来又用该模型来模拟草丛、森林等全景要求高的景象。该模型是由粒子刻划的，因而适合描述动态变化的火焰、烟和被风吹动的草。

(3) 正规文法模型(Graftal 模型)

该模型是 1984 年 Alvy Ray Smith 为模拟植物而引入的。其基本思想是用正规文法生成结构性强的植物的拓扑结构，再通过进一步几何解释来形成逼真的画面。该模型的工具是并行重写系统，它与形式语言理论中的一般重写系统有两点主要区别：一是该系统中产生式的匹配对一个输入字符串的所有字符是同时进行的；二是该系统没有终结符和非终结符之分。并行重写系统的一个子集是 L 系统，它又包括上下文无关的 $0L$ 系统和上下文有关的 $1L$ 和 $2L$ 系统等。

考虑一个有括号的构造植物模型的例子，其字符集为$\{A,B,[,]\}$，两条产生式规则是：

(a) $A \rightarrow AA$;

(b) $B \rightarrow A[B]AA[B]$

若从 A 开始，前三步的产生结果是 $A,AA,AAAA,\cdots$；若从 B 开始，前三步的产生结果是 $B,A[B]AA[B],AA[A[B]AA[B]]AAAA[A[B]AA[B]]\cdots$。如果用一串字符表示一串线段，则上述三层的展开式(字符串)对应的线段图如图 8.5.4 所示。如果在产生式中增加圆括号，并用方括号表示左分枝，用圆括号表示右分枝，则从 B 开始的字串结构是 $B,A[B]AA(B),AA[A[B]AA(B)]AAAA(A[B]AA(B))\cdots$。其对应的线段如图 8.5.5 所示。若用多个字串多次替代下去，可得到如图 8.5.6 所示的树枝图。由于字符和产生式是确定的，故该模型不是随机的。它经过几何解释及对数据进行变换和真实性处理，以产生最终图形。图形的复杂程度随字符和产生式数量而定。

(4) 迭代函数系统模型

该模型以迭代函数系统理论作为其数学基础。一个 n 维空间的迭代函数系统由两部分组成，一是一个 n 维空间到自身的线性映射(仿射变换)的有穷集合 $M=\{M_1,M_2,\cdots,M_n\}$；

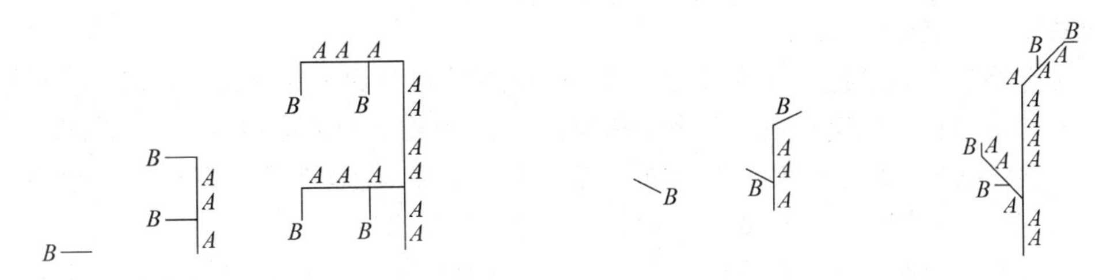

图 8.5.4 用正规文法字符表示树枝　　图 8.5.5 用正规文法线段表示树枝

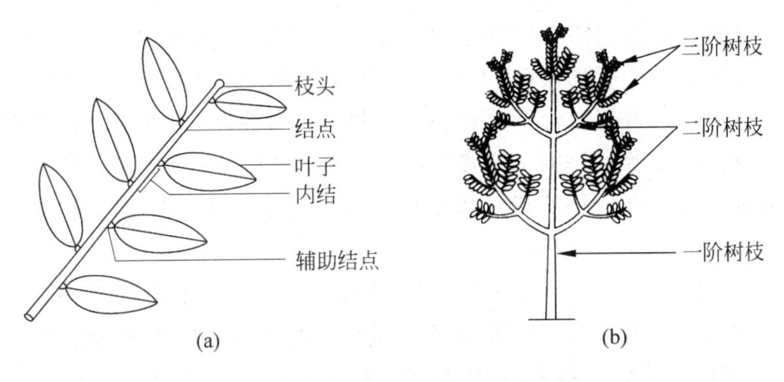

图 8.5.6 用正规文法构造树枝实例

二是一个概率集合 $P=\{P_1,P_2,\cdots,P_n\}$。每个 P_i 是与 M_i 相联系的，$\sum P_i=1$。

迭代函数系统是以下述方式工作的：取空间中任一点 Z_0，以 P_i 概率选取变换 M_i，作变换 $Z_1=M_i(Z_0)$，再以 P_i 的概率选取变换 M_i，对 Z_1 作变换 $Z_2=M_i(Z_1)$，以此下去，得到一个无数点集。该模型方法就是要选取合适的映射集合、概率集合及初始点，使得生成的无数点集能模拟某种景物。如果选取的仿射变换特征值的模小于1，则该系统有唯一的有界闭集，称为迭代函数系统的吸引子。直观地说，吸引子就是迭代生成点的聚集处。点逼近吸引子的速度取决于特征值大小。

下面举一简单例子，它只有一个变换 f，概率为 1：$Z'=f(Z)=\lambda Z\cdot(1-Z)$ 其逆变换为：

$$Z=\frac{1}{2}\left[1\pm\sqrt{1-(4Z'/\lambda)}\right]$$

其中 λ 为某一复数（如 $\lambda=3$ 或 $\lambda=2+i$）。可以用其逆变换较快地生成类似云彩的分数维平面点集（$X=R(Z),Y=I(Z)$）。

分数维造型以模拟复杂景物为目的。不同景物有不同特点，应选用合适的模型。结构性弱的景物，如火、云、烟等相对复杂，一般采用随机模型。粒子系统适合动态景物，但由于生成时间较长，应尽量利用画面随时间变化的连续性。

8.5.2 特征(Feature)造型

特征造型是面向制造全过程，实现 CAD/CAM 集成的重要手段，1988 年末 ISO 颁布的 PDES/STEP 标准草案，将形状、容差和材料特征列为产品信息模型的构成要素，从而使特征造型获得了法定地位。

特征造型技术的兴起并不是偶然的，有两个因素直接导致了它的出现和应用：一方面，传统的实体造型技术是建立在几何表示和操作之上，低层次的无应用含义的几何操作与设计人员高层的设计概念与方法产生了矛盾；另一方面，近十年间计算机集成制造系统(CIMS)得到了长足发展，这就要求传统的系统除了满足自身信息完备性之外，还必须为其他系统如计算机辅助工艺规划系统(CAPP)，计算机辅助制造系统(CAM)等，提供反映设计人员设计意图的非几何信息，如材料、公差等。

特征造型的引入，一方面为设计人员提供了高层的符合设计人员设计思维的人-机交互语言，摆脱了传统的基于几何拓扑的低层次交互设计方法，从而使设计人员集中精力处理较高层的设计问题，使得设计更加快速、方便而且设计质量也得以保证。另一方面，由于特征是一个高层次的设计概念，内部包含了大量设计人员的设计意图，这些设计意图对于设计的维护以及后续的分析、综合等过程有着重要的意义，对于提高 CAD 系统的自动化程度以及解决 CAD 与 CAPP、CAM 在数据交换过程中存在的不连续性也有很大的帮助。

1. 特征的定义

由于特征造型技术是一门新兴的研究和应用领域，因而对于特征本身还缺少一个明确的形式化定义。不同的应用形成了特征的不同定义。从加工角度看，特征被定义为加工操作和工具有关的零部件形式以及技术特性。从形体建模角度看，特征是一组具有特定关系的几何或拓扑元素。从设计人员角度看，特征又是用于设计、分析和设计评估的基本元素。下面是一些特征定义的罗列：

(1) 特征是人们感兴趣的零件表面的区域；

(2) 特征是产品模型中的一组相关元素，该元素遵从一系列识别与分类规则；并在产品生命周期中作为独立的实体具有一定的功能；

(3) 特征是将设计、分析和加工中使用的几何、拓扑和功能基元重新组织，形成更高、更方便的设计、加工实体；

(4) 特征是具有一定几何模式，并对应特定机械功能的零件部件；

(5) 特征是在设计、加工、装配等过程中进行推理所需的关于零件形状和其它属性的信息集合；

(6) 特征是定义机械零件的高层语言或表示方式中的基本元素；

(7) 特征是包括材料类型、功能以及其它描述信息的零件特性。

虽然这些定义存在差异，但目前对特征基本上已形成了一个共识，即特征是一组具有特定属性的实体(entity)。它们反映了一个实际工程零件或部件的特定几何形状和特定加工的功能要求，不仅为设计人员提供了更高层次的设计概念与手段，而且为 CIMS 中其它系统提供了获取设计人员设计意图和要求的手段。基于特征的造型系统大大提高了设计人员的设计效率和质量，同时也为消除 CIMS 各子系统之间信息的孤立提供了途径。

2. 特征的分类

不同的应用观点，形成了众多不同的特征定义，由此也产生了不同特征的分类标准：

从产品整个生命周期发展过程看，特征可分为设计特征、加工特征、分析特征、公差及检测特征、装配体特征。

从功能上看，特征可分为形状特征、精度特征、技术特征、材料特征、装配体特征。

从设计方法看，特征又可分为通道特征、挤压特征、提拉特征、过渡特征、表面特征、形变特征。

此外，根据复杂程度，特征还可分为基本特征、组合特征、复合特征。

一个好的特征分类有助于对特征进行更深入的研究，包括语义分析、表示、处理等。考虑到实际应用背景和实现上的方便性，我们采用以下分类标准：

基本特征分为：

(1) 形状特征：具有特定形状并且对应特定功能意义的零件局部形状在整体上的布局；

(2) 精度特征：在工程设计和加工中使用的形位公差、尺寸公差、表面光洁度等非几何信息，此外还包括检测特征；

(3) 材料特征：规定了材料类型、强度、延展性、热导性等特性；

(4) 装配特征：包括装配体中各零件的位置关系、公差配合、功能关系、动力学关系等。

(5) 分析特征：有关工程分析方面的特征。如有限元分析中的梁特征和板件特征。

3. 特征的形式化描述

介绍特征形式化描述的主要目的是，加深对特征内在的语义作更深刻的了解，并为特征造型系统提供实用化的统一表示和处理框架。

特征是满足某些约束关系的特征元素集，记为：

(1) 特征

```
feature :=
      (feature-elements,constraints)
feature-elements :=
      feature-elementsfeature-element|
      feature-element
constraints :=
      constraintsconstraint|
      constraint
```

(2) 特征元素

特征元素是指人们考虑某一特征问题时所关心的一系列属于该特征的客观或主观实体。例如孔的一个底面，是人们可触觉的客观实体，而轴心则为人们无法触觉的主观实体。特征元素包括特征的几何拓扑元素以及它的内部属性。

```
feature-element :=
      geometric-or-topological-element|
      property-of-feature
geometric-or-topological-element :=
      geometric-element|
      topolgical-element
geometric-element :=
      coordinate-system|
      vector|
      point|
      curve|
      surface|
      shape
```

```
topolgical-element ：=
      vertex|
      edge|
      path|
      loop|
      face|
      shell|
      solid
property-of-feature ：=
      (feature,property-type)
property-type ：=
      center-of|
      axis-of|
      top-face-of|
      center-line-of|
        …
```

(3) 约束

约束是特征元素之间必须满足的关系,分为几何约束和非几何约束。几何约束包括特征几何拓扑元素之间必须满足的一系列约束,而非几何约束是诸如功能等方面的约束,此外还包括特征应用场合,即人们处理特征问题时所处的应用背景以及所采用的处理方式。

```
constraint ：=
      geometric-constraint|
      non-geometric-constraint
geormetric—constraint ：=
      (geometric-constraint-type,feature-elements)
geometric-constraint-type ：=
      parallel|
      coaxis|
      adjacent|
      have-distance-with|
      have—angle—with|
        …
non-geometric-constraint ：=
      functional-constraint
      application-context

        …
```

上面的特征描述具有较强的应用意义,直接可作为应用系统实现特征表示处理的统一框架,同时形式化的定义使人们对特征有进一步深刻的理解。

在以上描述中,一个显著的特点就是特征的层次性。特征从最基本的几何拓扑元素开始,通过增加约束形成高层的特征,而高层的特征则通过进一步加强约束再形成更高层次的特征。

4. 特征造型系统实现模式

在基于特征的造型系统中,特征是作为基本的设计概念与手段。对于特征可有以下操作：

- 特征的创建与删除；
- 特征内部属性的修改；
- 特征的复制与参数化引用；
- 同一特征不同应用场合的变换；
- 特征查询；
- 特征的组合与复合；
- 用户自定义特征。

目前特征造型系统的实现主要采用特征交互定义、特征自动识别、特征自动重构、基于特征的造型等四种途径。这四种方式也基本反映了特征造型系统的发展过程。

(1) 特征交互定义

早期的造型系统一般采用特征交互定义方式来支持系统的特征信息。系统的基本模型如图 8.5.7。在这种结构中，设计人员首先进入传统的实体造型系统，通过系统支持的几何形体操作构造出所需零件的几何形体，随后再进入特征定义系统，通过交互的定义操作将高层的特征信息附加到已有的几何模型之上。这种方式实现较为简单，但有很多缺陷。首先在形体设计中仍以低级的几何操作为主，设计效率较低；其次，特征交互定义繁琐，而且与几何模型无必然联系，当零部件形状发生变化时，其特征交互定义工作必须重新进行。

用户 → 传统实体造型系统 → 零件几何模型 → 特征附加系统 → 零件特征模型

图 8.5.7　特征交互定义实现模式

(2) 特征自动识别

这种方式系统的基本模型如图 8.5.8。在这种结构中，设计人员首先通过传统实体造型系统零部件的几何模型，然后通过一个针对特定领域的特征自动识别系统从几何模型中将所需的特征识别出来。这种方式避免了用户繁琐的特征交互定义工作，提高了设计的自动化程度。但是由于特征自动识别过程是一个复杂的模式匹配过程，对于复杂零件识别过程需花费大量的工作、时间，此外对于一些复杂特征，系统不能保证能够识别出来。

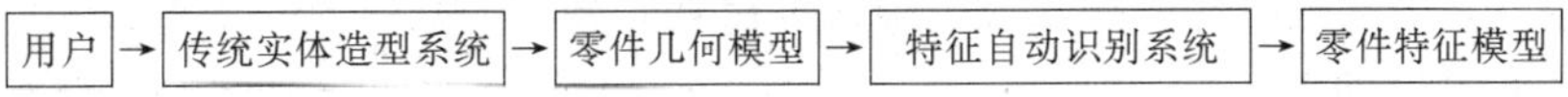

用户 → 传统实体造型系统 → 零件几何模型 → 特征自动识别系统 → 零件特征模型

图 8.5.8　特征自动识别实现模式

(3) 特征自动重构

直接从传统实体造型系统构造的几何模型中自动识别所需特征存在一定的困难，一种解决途径就是在纯几何模型与特征模型之中引入与特定应用无关的元特征，即形状特征。形状特征是表示特定形状以及构造方式的特征，如挤压特征、提伸特征，这种特征没有特定的应用含义，在不同的应用场合可被赋予不同的含义。如挤压特征在不同的应用领域可以被解释为槽、孔等不同应用特征。引入元特征之后系统就变为图 8.5.9 的结构，首先用户通过支持形状特征及操作的形状特征造型系统构造出零件的形状特征模型，随后根据不同的应用场合，形状特征模型被解释成更高层的应用特征模型。这种方式消除了特征自动识别所带来的复杂匹配过程，具有较高的效率及系统可扩充性，因而被许多系统所采用。但是由于在构造形状特征模型中，面对用户的是缺乏实际含义的形状特征与操作，缺少更高层次的设计概念及操作支持，因而还不能很好地支持实际的设计工作。

用户 → 传统实体造型系统 → 零件几何模型 → 特征重构系统 → 零件特征模型

图 8.5.9 特征自动重构实现模式

(4) 基于特征的造型系统

在基于特征的造型系统中，系统通过支持具有特定应用含义的特征为用户提供了高层次的符合实际工程设计过程的设计概念和方法，这种方式的基本系统结构如图 8.5.10。采用这种方式大幅度地提高了用户设计效率和设计质量；同时也避免了特征的自动识别、重构；此外，在设计过程中还可方便地进行设计特征的合法性检查、特征相关性检查以及组织更复杂的特征。这种方式也是目前特征造型系统的最高实现方式。

用户 → 基于特征的造型系统 → 零件特征模型

图 8.5.10 基于特征的造型系统的实现模式

8.5.3 从二维正投影图构造三维形体

通过综合三视图中的二维(2*D*)几何与拓扑信息，在计算机中自动产生相应的三维(3*D*)形体的几何与拓扑信息，是计算机图形学领域中有意义的课题之一。目前国际上对该问题的研究已取得了相当的进展，但尚不完善。主要问题集中在：①如何排除病态解？②如何找到与三视图对应的全部解？③如何扩展形体的覆盖域？

下面介绍的算法是清华大学 CAD 中心设计开发的，可适用于任意形状平面体；轴线与某一个坐标面平行，且截平面与该坐标面平行或垂直的圆柱体；若两圆柱的相贯线不是圆锥曲线，那么它们的对称轴应分别平行于一个坐标轴；或是满足上述条件的组合体。这些条件导致三视图中允许出现直线、圆弧、正椭圆弧及非圆锥曲线。

1. 算法流程

本算法的算法流程如图 8.5.11 所示。

(1) 输入三视图

可以通过坐标数字化仪或磁盘文件输入三视图数据。前者需要考虑定位器拾取坐标时的操作误差。

(2) 检查整理输入数据

初步检查三视图数据的合法性，并根据后续步骤的需要整理成数据表格。

(3) 生成三维边

在前述三维形体限制下，共有三种类型的空间曲线：直线，

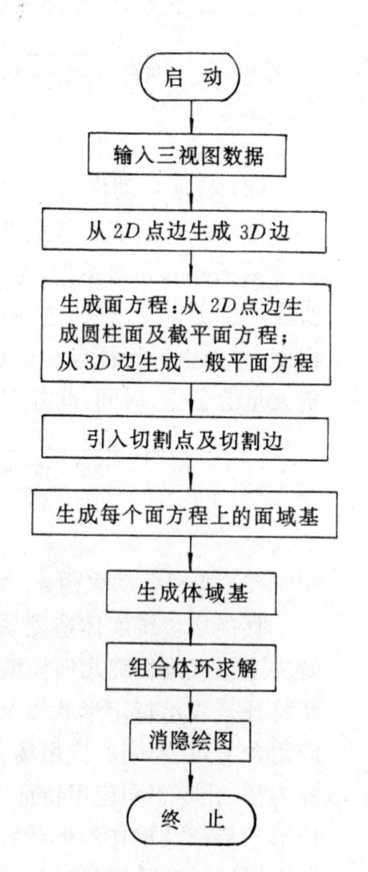

图 8.5.11 算法流程

(椭)圆及高次曲线(即两圆柱相贯产生的非圆锥曲线,下同)。与生成这三类曲线有关的若干结论如下:

① 对应原理:设主、俯及侧视图上分别有一条投影边(点)E_f,E_t 及 E_s,它们的凸包矩形分别由向量($X_{f\min}$,$Z_{f\min}$,$X_{f\max}$,$Z_{f\max}$),($X_{t\min}$,$Y_{t\min}$,$X_{t\max}$,$Y_{t\max}$)及($Y_{s\min}$,$Z_{s\min}$,$Y_{s\max}$,$Z_{s\max}$)表示,那么 E_f,E_t 和 E_s 对应于一条空间曲线的必要条件是

$$X_{f\min}=X_{t\min}, X_{f\max}=X_{t\max}$$

$$Y_{f\min}=Y_{s\min}, Y_{f\max}=Y_{s\max}$$

$$Z_{f\min}=Z_{s\min}, Z_{f\max}=Z_{s\max}$$

根据对应原理,可以迅速简单地判断三视图上一组 2D 点、边(无论什么形状)是否可能生成一条空间线段。若这组 2D 点、边满足对应关系,称它们是一组对应边。

② 直线模式:三视图上一组对应边 E_f,E_t 和 E_s 可以生成一条空间直线段的充要条件是:(a)它们都是直线段(其中至多可以有一个点);(b)若 E_f 的一个端点是(x_1,z_1),则在 E_t 中存在一端点(x_1,y_1),同时在 E_s 中存在一端点(y_1,z_1)。

③ (椭)圆模式:如果空间椭圆弧的生成圆柱面的母线 L 与 OXY 面平行,生成平面 N 与 OXY 面垂直,那么一组对应边 E_f,E_t 和 E_s 可以生成一条空间(椭)圆弧的充要条件是:(a)E_f、E_t 和 E_s 为平面(正椭)圆弧或直线段,且其中至少有一个(正椭)圆弧和一条直线段;(b)E_f、E_t 和 E_s 中如有两个(正椭)圆弧,它们的中心坐标在其共享轴上的值相等;(c)在 E_f、E_t 和 E_s 上有弧的两组端点及弧上另一组点满足对应关系,见图 8.5.12。

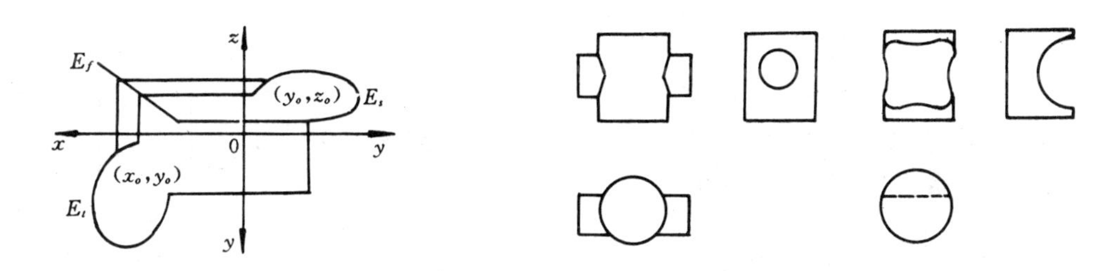

图 8.5.12 (椭)圆弧投影模式示意图

图 8.5.13 高次曲线模式示意图

④ 高次曲线模式:三视图上一组对应边 E_f、E_t 和 E_s 表示一条由轴不相交或半径不相等、但轴线分别平行于两坐标轴的两圆柱面的高次相贯线的必要条件是 E_f,E_t 和 E_s 中至少有两个圆弧及一条高次曲线或双曲线。见图 8.5.13。

(4) 生成面方程

一般平面方程可由共一端点但不共线的两条直线段生成;生成圆柱面方程需要分别确定三种几何量:对称轴上一点、底面半径及对称轴的一组方向数。高次曲线生成圆柱面因限制为与一坐标轴平行,故上述量很容易确定。对(椭)圆生成圆柱面,我们采用下述方法确定它们的三种几何量:

① 对称轴上一点:用对应关系求出空间(椭)圆的中心点即为所求的点。

② 底面半径:如果空间椭圆 E 生成圆柱面 M 的轴线 L 平行于 OXY 平面,生成平面垂直于 OXY 平面,排除 OXZ 与 N 垂直的情况,那么,(a)E 在 OXZ 面上的正平行投影为(正椭)圆 P 且(b)P 的平行于 Z 轴的半轴长等于 M 的底面半径 R。如图 8.5.14 所示,如何判断

对称轴 L 与哪个坐标面平行？以图 8.5.15 来形象说明这个问题的解法：图 8.5.15(a)中，三投影边中只有一条是直线边 E_f，则 L 必与 E_f 所在平面 OXZ 平行；图 8.5.15(b)中，三条投影边中只有一条是(正椭)圆弧，则其短半轴长 a 即为圆柱面的底面半径 R。

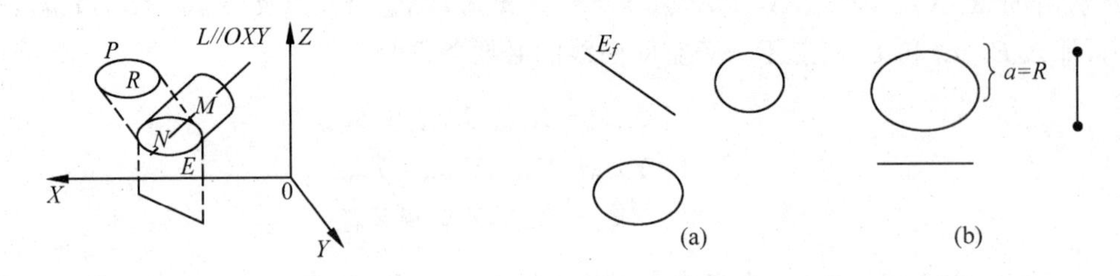

图 8.5.14　求圆柱面底面半径

图 8.5.15　判定圆柱面轴线所平行的坐标面

③ 轴线方向数：设空间(椭)圆弧 E 的生成圆柱面 M 的轴线 L 与 OXZ 面平行，生成平面 π 与 OXZ 面垂直但不与 OXY 面垂直，即 E 在主视图上投影 E_f 为直线段，在俯视图上投影 E_t 为(正椭)圆弧。在 E_f 或其延长线上，找到与 E_t 的中心 (x_0, y_0) 相对应的一点 $O(x_0, z_0)$，并找到与 E_t 在 x 轴方向上的一个极值点(即由 E_t 的中心加或减在 x 方向半轴长得到的点)(x_1, y_0) 相对应的一点 $A(x_1, z_1)$。以点 O 为圆心，圆柱的底面半径 R 为半径，作辅助圆。过 A 点向该辅助圆引切线 AT，则 AT 的方向数就是圆柱面的轴线在 OXZ 面上投影的方向数，参照图 8.5.16。这种方法称为内切圆法。由投影方向数经过组合即可得到空间中的轴线方向数。图 8.5.16 中 AT_2 可以舍去。

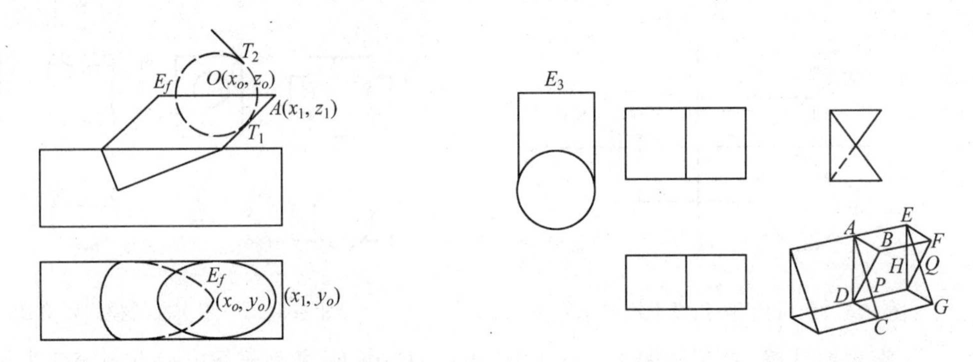

图 8.5.16　内切圆法求圆柱面轴线方向

图 8.5.17　一个需引入切割点和边的例子

(5) 引入切割点与切割边

在上面产生的空间边和面中，有可能存在这样两种病态的情况：一种是两条三维边彼此相交，但交点不是边的端点，不属于已生成的三维点，即在三视图中不存在这交点的投影。例如在图 8.5.17 中，三维边 AC 与 BD 之间就存在这样的病态交点 P；另一种是两空间面彼此相交，但交线不是面的边界线，不是已生成的三维边，在三视图中不存在这交线的投影。如图 8.5.17 中，平面 $AEGC$ 和 $BFHD$ 之间就存在这样病态的交线 PQ。之所以称这两种情况是病态的，是因为在实际形体中，两面若相交，交线必是面的边界；两边若相交，交点必是边的端点。

解除第一种病态，可以引入切割点(即交点)，将两条相交的边分割为四条边。如图

8.5.17 中，引入 P 点，将 AC 和 BD 切割为 AP，PC，BP 和 PD；解除第二种病态，可以引入切割边(即交线)，将两个相交的面分割为四个面。如图 8.5.17 中，引入 PQ 线，将 $AEGC$ 和 $BFHD$ 切割为 $APQE$、$PQGC$、$BFQP$ 和 $PQHD$ 四个面。

(6) 生成面域基

所谓"面域"就是由满足面方程的边所组成的单连通域，图 8.5.18 中，$Sf_1,\cdots,Sf_7$ 即为面 f 上的各种面域。

引用符号"$\oplus$"表示不同面域的和，称作"域和"，"$E(Sf(i))$"表示面域 Sf_1 的边集。"面域和"的边集由下述定义求出：

$$E(Sf_1 \oplus Sf_2 \oplus \cdots \oplus Sfm) = \bigcup_{i=1}^{m} E(Sf_i) - \left(\bigcup_{i=1}^{m-1} \bigcup_{j=i+1}^{m} E(Sf_i) \cap E(Sf_j)\right)$$

根据这个定义，图 8.5.18 中域 $Sf_4,\cdots,Sf_7$ 可以由 Sf_1,Sf_2,Sf_3 的域和表示如下：

$Sf_4=Sf_1\oplus Sf_2\oplus Sf_3$，　　$Sf_5=Sf_1\oplus Sf_2$

$Sf_6=Sf_2\oplus Sf_3$，　　$Sf_7=Sf_1\oplus Sf_3$

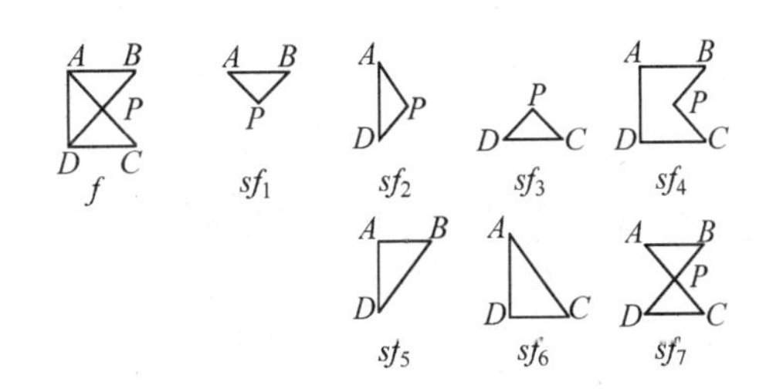

图 8.5.18　面 f 及其上各种面域

如果 $B=\{Sf_1,\cdots,Sf_k\}$ 是面 f 上的一组面域，使得 f 上任何面域都可以用 B 中一个面域或若干面域的域和表示，且 B 中的每一个面域均不能用其自身之外的其它面域或面域和表示，则称 B 是面 f 上的一组域基。

图 8.5.18 中，$B=\{Sf_1,Sf_2,Sf_3\}$ 即为 f 上的一组域基。

设 $E(f)$、$V(f)$ 分别为 f 面的边集及点集，且设在 $E(f)$ 中删除了悬边，在 $V(f)$ 中删除了度小于 2 的点，又因前趋步骤中引入了切割点，因而可以确定，$E(f)$ 和 $V(f)$ 将 f 面划分成多边形网格，其中任两个网格要么分离，要么邻近于若干点或若干边。显然这样的网格域不能由 f 上其它的域或域和表示，所以这些网格就是 f 上的一组域基。

生成域基的基本算法是"选取左邻边"。首先对每一 $V_i\in V(f)$，将其在 $E(f)$ 上的附属边按邻接顺序排序，得到各 V_i 点的邻边序列。设一邻边序列为 $e_1e_2e_3e_4$，则称 e_1 是 e_2 的左邻边，…，e_4 是 e_1 的左邻边，如图 8.5.19 所示。邻边序列构造好后，可以按下述方法生成环：先选任一有向边 $e_i(V_i,V_j)$；再选 e_1 在终点 V_i 处的左邻边 e_j，并取 e_i 的方向为 (V_j,V_k)；然后选择 e_j 在其终点 V_k 处的左邻边 e_k，…，直至选取到一条以环的起点 V_i 为终点的边，构成一封闭环为止。此时设环上有向边的左侧是环的域，那么环上任意两顶点之间不会再被环域内其它非环的边连通。根据上述原理，当且仅当环域有界时，得到域基中一个面域。因 f 上每一条边都有两种方向，分别对应着边的两侧面，故当每条边 $e\in E(f)$ 都选取了方向相反的两次时，即得 f 上全部的环。舍弃无界环可得 f 上的域基。

当然，若约定环域为有向边的右侧区，则可类似地采用选择右邻边的方法。两种方法得出的域基是一样的。

(7) 生成体域基

面域基将三维空间划分成若干子空间。推广面域基及面域和的概念，可以得到体域基与体域和的概念，从而求出一组体域，它们彼此不能互相表示，但它们的域和可以表示三维

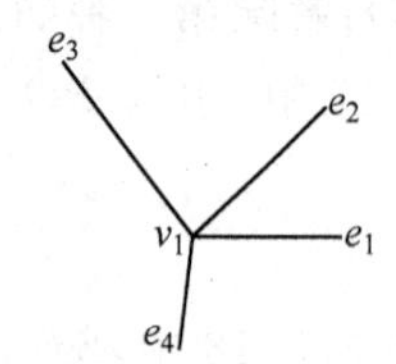

图 8.5.19 左邻边序列“$e_1e_2e_3e_4$”

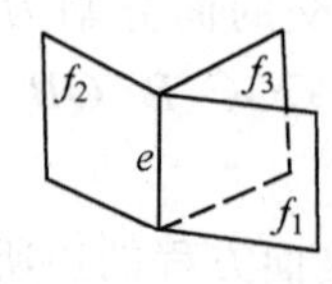

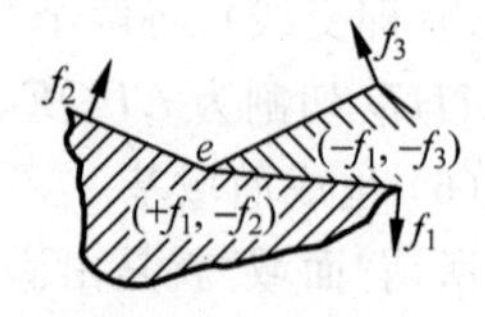

图 8.5.20 “选面围体”示意图

空间中的任一体域。

构造体域基的基本方法是:“选面围体”。举例来说,若边 e 的三个邻面为 f_1、f_2 和 f_3,现将 e 及其邻面向使 e 积聚的平面上投影(e 是弧时不妨用割线代替),如图 8.5.20 所示。并求出各邻面法矢投影(图 8.5.20 中箭头所示)。构造体环的第一步是选择一有向面如 $-f_1$,负号表示待求体域在与 f_1 法矢指向相反一侧,则下一步只有选择 $-f_3$ 时,才能确保求出的体环是单连通的。同时,若先选取 $+f_1$,则下一步应选 $-f_2$。

对空间中每一条三维边,都构造出图 8.5.20 所示关系,按上述规则选面环,当一个体中每条边都被体中两个面环包含时,这个体环构造完毕。当每个面环都被选中两次(一正一负)时,全部体环构造完毕。舍弃无界环,即得空间中的体域基。

(8) 汇集体环求解

据前所述易知,体环之间的位置关系只有几种简单的可能:分离、共享若干点、共享若干边或共享若干面。因而设计了如下汇集体环的规则:

① 凡被两体环共享的面环均予以删除,因一个实际形体中,除去表面外,不应有内面;

② 凡被且仅被两共面的面环共享的边均予删除。因在实际形体中,边是不共面的面环的交集。

根据以上规则,考察由体域基及其汇集产生的全部体,将它们的正平行投影与所输入的三视图相比,若完全相同,即为输入三视图的解。如此,在多解情况下可以求出全部解。

(9) 消隐绘图输出

首先需求出圆柱面的轮廓素线及其上的有效部分。轮廓素线的方程与视线的方向有关,其上的有效部分与圆柱面的边界形状有关。我们将判断点是否在一平面域内的方法推广到圆柱面中,从而解决了圆柱上轮廓素线的有效部分的判定及消隐中与此有关的问题。隐线消除采用射线踪迹法逐点(每个点代表一个小曲线段)判断可见性来实现。

2. 算法正确性分析

设三维形体 σ 是输入三视图的解。$E(\sigma)$ 是 σ 的边集,$F(\sigma)$ 是 σ 的面集。

因对应原理给出了二维点边生成三维点边的必要条件,故可由三视图综合生成一切可能的三维边集合 CE,使得 $E(\sigma)\subset CE$;

以 CE 为基础,可生成全部面方程集合 S,使得 $F(\sigma)$ 的方程集被 S 包含;

引入切割点和切割边后,可求得各面上既不相互交迭,也不相互穿透的一组面域基;

体域基由上述性质的面域基中的面环拼装而成,因而也不会彼此交迭或穿透。故体域具有连通性、封闭性和非自交性。又因每一个体环都是三维空间中不可再分的一个子闭包,故可以由体域基构造出所需要的解。

在所设计的汇集体环的规则中，删去两体环的共享面环，因而保证了构造体的内部连通性；由于仅删去了共享面环，故保持了封闭性；切割点和边的作用排除了构造体的自相交性。所以构造体满足形体约束条件。当其投影图与三视图一致时，就是三视图的解。体域基的概念保证了可以求出三视图的全部解。

3. 重建算法的特点及效果

本算法有如下特点：

① 采用了从 $2D$ 点边直接生成 $3D$ 边的方法。Wesley-Markowsky 算法中生成 $3D$ 点和 $3D$ 边是分步进行的，先从 $2D$ 点生成 $3D$ 点，再从 $3D$ 点两两组合及探索 $2D$ 边，生成 $3D$ 边。通过对应原理，找到一组可能生成 $3D$ 边的 $2D$ 点边，根据投影特征直接生成 $3D$ 边。这样不仅有利于生成曲线边，同时也提高了生成 $3D$ 边的效率。

② 设计了一组新的模式和方法，使得 $3D$ 形体覆盖域与诸文献中有所不同。就生成曲面的定义参数来说，这种覆盖域的难度比较大。

③ 在生成面环和体环时，Wesley-Markowsky 算法中均是采用一种树状结构存储大量有界和无界的环。本文提出基的概念，仅需存储有界环，这样不仅可以提高效率，节省存储量，而且在原理上更为简洁明了。

④ 实现了三维形体的消隐。

用上述算法构造三维形体的实例如图 8.5.21 所示，其中图 8.5.21(b)反映了多解的情况。

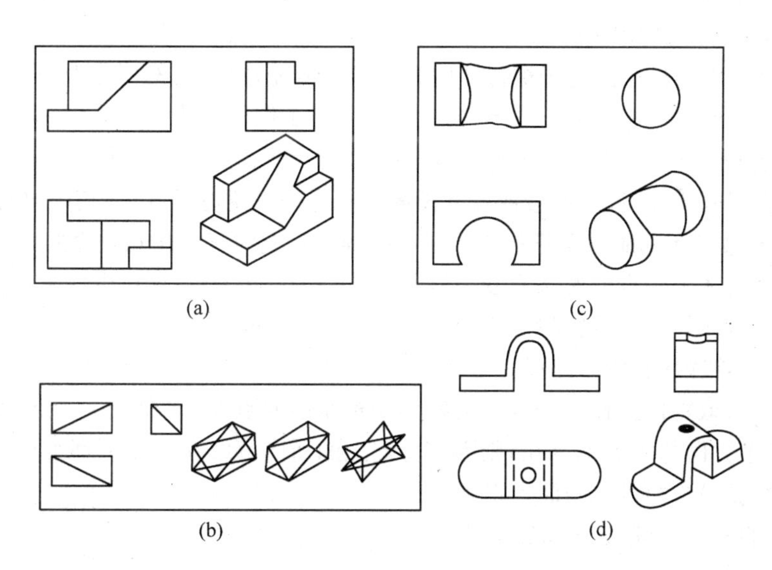

图 8.5.21　从三视图构造三维形体的图例

为了使从三视图重建三维形体的技术真正达到实用，还应在以下两方面开展工作：

① 应当进一步扩展形体覆盖域。覆盖域问题是关系到重建算法是否有实用价值的主要问题之一。我们期望更多引入人工智能、模式识别技术来达到这一目的。

② 探索更理想的重建算示。例如是否可以选择稍高层次的拓扑信息作为重建算法的入口，以及采用最优或较优策略，减小开销。以免重建算法在处理多体素问题时因效率太低失去使用价值。

8.5.4 从二维图象信息构造三维形体

透视图和摄影图片被广泛应用于记录或表现空间形体。由于摄影成象和透视成象原理基本相同，本文中将物体的几何透视图和摄影图片两者的数值图象统称为透视图象。利用同一物体的两幅不同角度下的透视图象来进行三维重建时，首先遇到的困难将是如何判定这两幅图各自的观察坐标系，以及这两个观察坐标系间的相对位置及相对角度。而试图将一幅透视图象变换到它原来的三维形体时，则因几何条件不充分，一般是不可能的。但是，如果能够利用图象中物体的某种几何特性，即有可能成功地恢复图象中的三维形体。

本节提出一种利用一幅透视图象重建对称形体的算法。我们把重建对象限定为对称形体，这样可以利用形体本身的几何对称性来弥补图象重建时几何条件之不足。首先我们通过对透视成象条件的解析求出透视投影时视点的位置(相当于摄影时镜头的焦点位置)以及物体的对称平面，然后每一次在图象上选取物体上的一对对称点，根据这两个点与视点及对称平面的相对位置关系计算出它们的空间坐标。所有这些几何解析计算都是在事先设定了的空间坐标系下进行的，而坐标系的设定以及视点位置的计算等都要依据透视图中的特有点——灭点位置的分布情况。通常，通过扫描输入该物体的照片或设计效果图作为重建对象的图象信息。

以下，我们分别就重建过程中灭点与坐标系、视点、对称平面、对称点的三维坐标的设置与计算进行讨论。

1. 图象的灭点与物体坐标系

根据透视成象时投影面对于被摄体的相对倾斜情况，透视图象可分为一点透视、二点透视和三点透视。设被摄体为一长方形，当投影面平行于该长方体的某一表面(平行于两条相互垂直的棱边)时，图象只在另一棱边方向上形成一个灭点(一点透视)；当投影面只与一条棱边平行时出现两个灭点(二点透视)；当投影面不与任一棱边平行时则有三个灭点(三点透视)。对于很多被摄体都能根据它们的形状特征确认它们的三个相互垂直的方向。如果在每一方向上找到物体上平行的两条直线，在图象上延长它们，若这两直线相交，则交点即为该方向上的灭点。摄影图片一般都为三点透视，而手工绘制的透视图(如产品设计、建筑设计效果图等)采用二点透视的情形比较多见。

在图象上选取物体上任意一点作为物体坐标系的原点 Q，过 Q 向三个灭点方向分别作直线，如果某个方向的灭点不存在，则因该方向上的所有直线在画面上都平行，过 Q 作这些直线的平行线。这样，即可在画面上得到相交于点 Q 的空间三条相互垂直的直线的投影，用它们来建立一个右手直角坐标系 Q_XYZ，如图 8.5.22 所示。

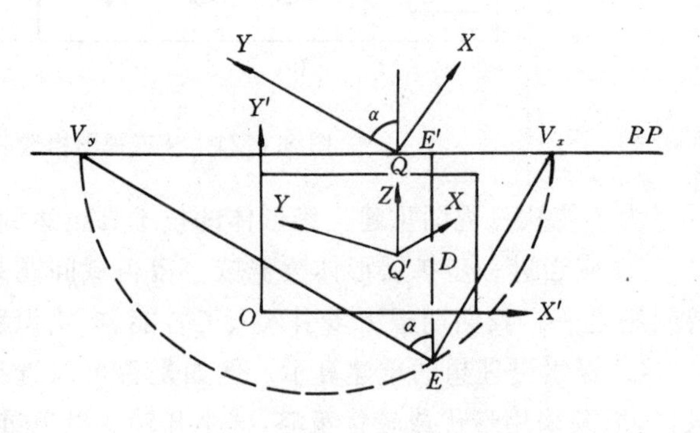

图 8.5.22　二点透视下的坐标系

2. 视点

视点对于画面(投影面)的相对位置直接影响到灭点在画面上的分布，反过来可以根据灭点的分布情况求得视点的位置。但是由于仅根据一个灭点无法唯一地求得视点距画面的距离，本节不讨论一点透视的情形。下面，分别就二点透视和三点透视给出视点计算公式。

(1) 二点透视图象的视点

按第二节的方法设定物体坐标系 Q_XYZ。设画面坐标系为 $Q\_X'Y'$ 并使 X' 轴平行于两灭点 V_x 和 V_y 的连线。以直线段 V_xV_y 为直径作半圆，过图象的中点作 $VxVy$ 的垂线交半圆于 E，则 E 为视点。这里，我们假设视点 E 在过图象的中点的法线上，这与摄影镜头的焦点位于过成象面中心点的法线上相一致。

视点 E 距画面 PP 的距离 D 由下式计算：

$$D=|EE'|=\mathrm{sqrt}(|X'_{vx}-X'_{E'}|*|X'_{E'}-X'_{vy}|)$$

其中 E' 为点 E 在画面上的正投影，X'_U 为点 U 的画面坐标系下的 X 坐标。图 8.5.22 显示了物体坐标系与观察坐标系(由视点和投影面决定)的位置关系，其中透视画面绕直线 V_xV_y 旋转了 90 度。我们假设投影画面总是通过物体坐标系的原点 Q(它在画面上的投影为 Q')，这样的假设对于重建后的几何形状并无影响，因为改变画面与物体间的距离(角度保持一定)仅改变物体投影的大小，投影形状不会发生变化。

接着，需要求得视点 E 在物体坐标系下的坐标。

首先，容易知道投影面的法矢 n 为$(\sin\alpha,\cos\alpha,0)$其中

$$\sin\alpha=|X'_{E'}-X'_{vy}|/\mathrm{sqrt}(D^2+|X'_{E'}-X'_{vy}|^2),$$
$$\cos\alpha=D/\mathrm{sqrt}(D^2+|X'_{E'}-X'_{vy}|^2),$$

又因为，视线 EE' 相对于原点 Q 的平移为矢量 $Q'E'(X_{E'},Y_{E'}\ Z_{E'})$；

$$(X_{E'},Y_{E'},Z_{E'})=((X'_{E'}-X'_{Q'})\cos\alpha,(X'_{E'}-X'_{Q'})\sin\alpha,Y'E'-Y'Q')$$

由此求得视点 E 的位置矢量(X_E,Y_E,Z_E)：

$$(X_E,Y_E,Z_E)=(-D*\sin\alpha+X_{E'},-D*\cos\alpha+Y_{E'},Z_{E'})$$

(2) 三点透视图象的视点

设三点透视图象上三个灭点分别为 V_x,V_y,V_z，以三个灭点为顶点作三角形，视点 E 应在过此三角形的垂心 E' 的法线上，见图 8.5.23(a)。视点 E 距画面的距离 D 由下式给出。

$$D^2=|AE'|*|E'V_Z|=|BE'|*|E'V_y|=|CE'|*|E'V_x|$$

图 8.5.23(b)是物体坐标系连同观察坐标系在同时平行于 Z 轴以及透视画面法线的一个平面上的正投影。透视画面的法线在物体坐标系中的方向余弦为

$$\cos\alpha=D/|EV_x|=D/\mathrm{sqrt}(D^2+|E'V_x|^2)$$
$$\cos\beta=D/|EV_y|=D/\mathrm{sqrt}(D^2+|E'V_y|^2)$$
$$\cos\gamma=D/|EV_z|=D/\mathrm{sqrt}(D^2+|E'V_z|^2)$$

上式中的 $|E'V_x|$，$|E'V_y|$，$|E'V_z|$ 分别为画面上点 E' 至各个灭点 V_x,V_y,V_z 的距离，可由各点的画面坐标算出。

设视点 E 的正投影 E' 在物体坐标系中的位置矢量为 $E'(X_{E'},Y_{E'},Z_{E'})$，从图 8.5.23(b)可知设 $Z_{E'}$ 应为 $Z_{E'}=\overline{QE'}*\sin\gamma$。这里 $\overline{QE'}$ 从图 8.5.23(a)看应为画面矢量 $Q'E'$ 在矢量

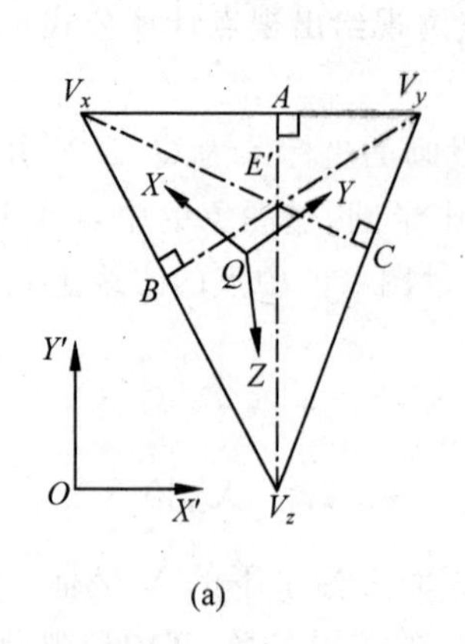

(a)

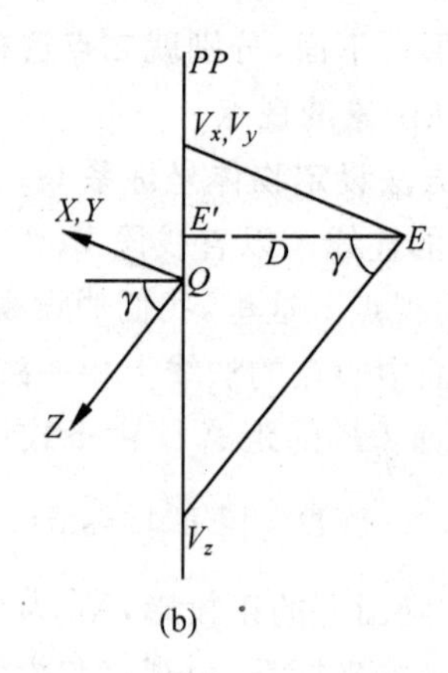

(b)

图 8.5.23　三点透视下的坐标系

$E'Vz$ 上的投影长。设 I_z 为 $E'V_z$ 的单位矢量，$\overline{QE'}=Q'E'\cdot I_z$，则有

$$Z_{E'}=(Q'E'\cdot I_z)*\sin\gamma=(Q'E'\cdot I_z)*\mathrm{sqrt}(1-\cos^2\gamma),$$

同理，应有

$$X_{E'}=(Q'E'\cdot I_x)*\sin\alpha=(Q'E'\cdot I_x)*\mathrm{sqrt}(1-\cos^2\alpha),$$

$$Y_{E'}=(Q'E'\cdot I_y)*\sin\beta=(Q'E'\cdot I_y)*\mathrm{sqrt}(1-\cos^2\beta)。$$

其中，$I_u=E'V_u/|E'V_u|,(u=x,y,z)$。从而视点的位置矢量 $E(X_E,Y_E,Z_E)$ 为

$$(X_E,Y_E,Z_E)=(-D*\cos\alpha+X_{E'},-D*\cos\beta+Y_{E'},-D*\cos\gamma+Z_{E'})$$

3. 物体的对称平面

对称物体中的对称面是一假想平面，它在实际中并不存在，但是我们可以将它看作是通过所有的两对称点的中点的一个平面(反过来说，对称物体是它的所有两对称点的中点必定共面的物体)。不失其一般性，设物体坐标系中的 X 轴方向为对称面的法线方向。由于已经设定物体坐标系的原点 Q 为物体表面上的一个点，因此如果找到物体表面上对称于 Q 的点 P，并且能够求得 QP 的实长，即 P 的 X 坐标值 X_P，那么，根据定义，对称平面在物体坐标系下的方程将为 $X=X_P/2$。我们通过以下的分析，从 P 的透视投影 P' 求解 X_P。

如图 8.5.24，V_x 是画面上 X 方向的灭点，点 E' 为视点 E 在画面上的正投影，Q 为坐标系原点(图中只绘出 X 轴)，P' 为物体上点 Q 的对称点 P 的透视投影。根据假设，点 P 必在 X 轴上。因为在空间中直线 EV_x 平行于 X 轴，因此 X 轴在画面上的正投影是一条与 $E'V_x$ 平行的直线 QP。过点 E 和 P' 作直线 EP' 交直线 QP 于点 P，有 $\triangle QPP'\sim\triangle EP'V_x$，所以，

$$|QP|=X_p=\frac{|Q'P'|}{|P'V_x|}\times|EV_x|$$

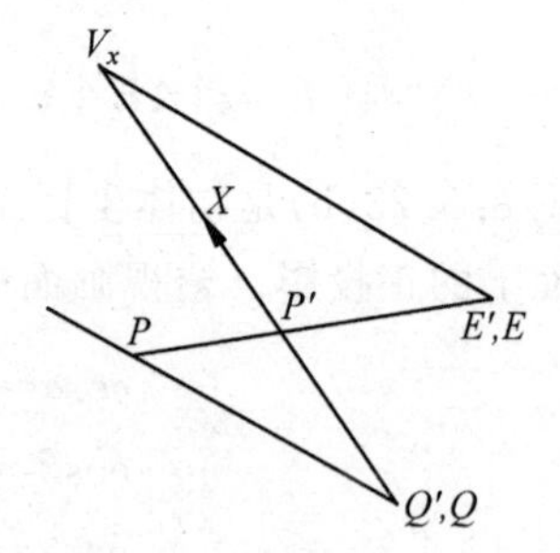

图 8.5.24　原点 Q 的对称点 P 的计算

其中，$|EV_x|=\mathrm{sqrt}(D^2+|E'V_x|^2)$，而 $|Q'P'|,|P'V_x|,|E'V_x|$ 可由点 Q',P',E',V_x 的画面坐标计算。从而，对称平面在物体坐标系下的方程可表示为

$$X=\frac{|Q'P'|}{2|P'V_x|}\times \text{sqrt}(D^2+|E'V_x|^2)$$

这个结论不仅适用于三点透视，对于二点透视也同样适用。

4. 任意一对对称点的三维坐标

被摄体上任意一对对称点的三维坐标都可由对称原点，在前述观察坐标系和物体坐标系中唯一地求出。

设有一对对称点 U,V。它们分别置于对称平面 SP 的两侧，它们在透视画面 PP 上的投影分别为 U',V'。我们需要利用 U',V' 来计算出物体坐标系中的 U,V 的位置矢量。由图 8.5.25 可见，如果从视点 E 通过 U' 作射线 EU' 交对称面 SP 于点 C（点 U 当在射线 EU' 上），过点 C 作对称于射线 EU' 的直线 CV，由于 U,V 的对称关系，CV 必定与另一条射线 EV' 在空间相交，且交点为 V。因此，求对称点的三维坐标的算法是：

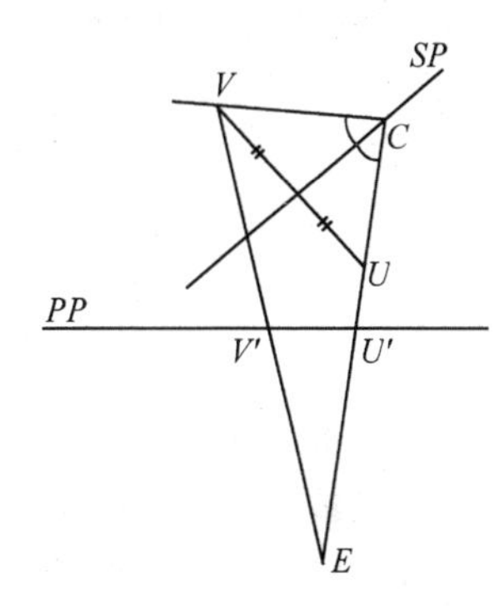

图 8.5.25　对称点 U、V 与视点 E、对称面 SP 的关系

(1) 计算视点的位置矢量 $E(X_E,Y_E,Z_E)$；

(2) 计算对称面的 X 坐标常数值 X_C；

(3) 计算透视投影点 U',V' 在物体坐标系下的位置矢量；

(4) 由两点 E,U' 建立直线方程，与对称面方程 $X=X_c$ 联立，求得点 C 的位置矢量；

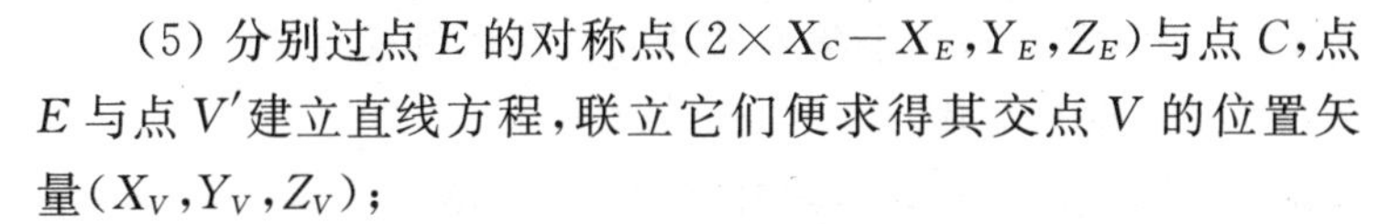

(5) 分别过点 E 的对称点$(2\times X_C-X_E,Y_E,Z_E)$与点 C，点 E 与点 V' 建立直线方程，联立它们便求得其交点 V 的位置矢量(X_V,Y_V,Z_V)；

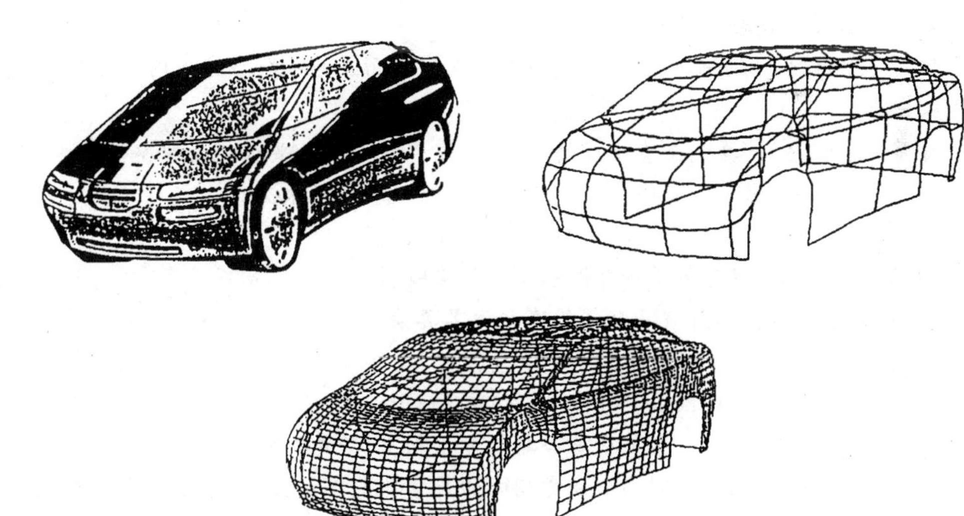

图 8.5.26　用此算法进行汽车外形设计的实例

(6) 点 U 的位置矢量则由 $U=(2\times X_C-X_V,Y_V,Z_V)$ 计算。

在实际的几何造型系统中，由于所给对称点投影 U',V' 的位置误差，直线 CV 与 EV' 可能在空间不相交，此时 V 的坐标无法解出。为此上述算法的步骤(4)之后可改用下述步骤。

(5′) 设参数 $t=t_0$,$(0<t_0<1)$;

(6′) 求 U 的假设位置矢量 $U=C+t\times CE$,其中 CE 为从点 C 到视点 E 的矢量;

(7′) 由与 U 的对称关系计算 V 的假设位置矢量 $(X_V,Y_V,Z_V)=(2\times X_C-X_U,Y_U,Z_U)$,并在所定观察坐标系下将 V 投影至画面,得 V';

(8′) 若 V' 正好处于画面上 U' 的对称位置上,计算结束。否则修改 t 值返回(6′)。

在上述算法的实际使用过程中,投影点 V' 在画面上的移动轨迹是通过灭点 V_X 与投影点 U' 的一条直线,而点 V 的投影必在此直线上。因此,连续地改变 t 值可以容易地使 V' 正好落到画面上 U' 的对称位置上。用上述算法基于汽车外形照片图设计汽车外形的例子如图 8.5.26 所示。

8.6 习 题

1. 试推导从用户坐标系到观察坐标系的坐标变换公式。

2. 试编制程序,输入一组点 $\{P_i=(x_i,y_i,z_i)\}_{i=1}^{n}$,把 P_i 与 P_{i+1} 连接 $(i=1,2,\cdots,n-1)$,P_n 与 P_1 连接构成一个多边形,在图形终端显示该多边形。

3. 假设形体用翼边结构表示,试编写算法对一个输入的顶点求它的所有邻边。

4. 试写出一个欧拉操作序列生成一个长方体。

5. 选用一种参数法表示圆弧,然后编写一个程序,判断空间一点是否在圆弧上,若是,给出该点相对于圆弧参数表示的参数值。

6. 编写一个程序,判断平面上一个点是否落在该平面上的一个多边形内。若是,则返回 1,否则返回 0。

7. 编写一个程序,计算两条直线段的交点(如果存在的话),要求能处理各种特殊情况。

8. 编写一个程序,对一条直线段与一条三次参数曲线进行求交。

9. 编写一个程序,计算两个多边形的交线(含交点)。

10. 编写一个程序,用几何法计算圆柱与球的交线。

11. 编写程序,实现 Roth 提出的一维布尔运算算法。

12. 编写程序,计算两个任意多边形的交与差。

13. 为以 M 打头的 NMT 算子(基本操作)编写算法。

14. 编写一个程序,判断一条射线是否与长方形相交,若是,求出其交点。

15. 编写一个程序,判断空间两个任意朝向的长方体是否相交。若是返回 1,否则返回 0。

第九章

真实图形

用计算机生成三维形体的真实图形，是计算机图形学研究的重要内容之一。真实图形在仿真模拟、几何造型、广告影视、指挥控制、科学计算的可视化等许多领域都有广泛的应用。在使用显示设备描绘物体的图形时，必须把三维信息经过某种投影变换，在二维的显示表面上绘制出来。例如，我们在第 7 章所介绍的轴测图和透视图，就是通过轴测变换或透视变换，求出所有顶点的投影点，再把连接各点的边画出来而得到的。由于投影变换失去了深度信息，往往导致图形的二义性。例如，图 9.1(a)所示的正方体投影图。它到底是代表图 9.1(b)所示的正方体呢，还是代表图 9.1(c)所示的正方体？要消除二义性，就必须在绘制时消除实际不可见的线和面，习惯上称作消除隐藏线和隐藏面，或简称为消隐。经过消隐的投影图称为物体的真实图形。

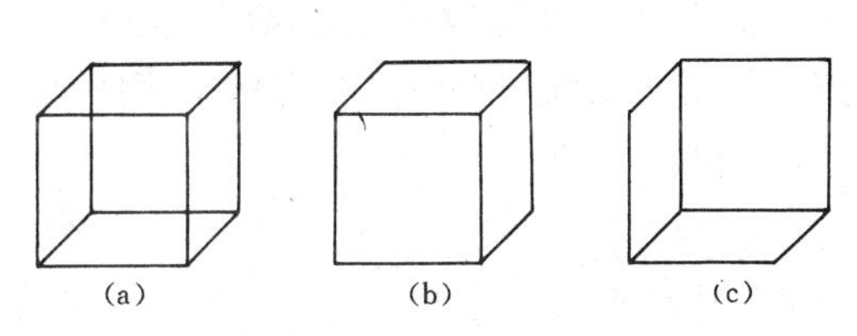

图 9.1　长方体线框投影图的二义性

当我们用笔绘图仪或其它画线设备绘制图形时，要解决的主要是消除隐藏线问题。而当我们用光栅图形显示器的象素阵列来绘制物体的明暗图时，就必须解决消除隐藏面问题。另外，在使用光栅图形显示器绘制物体的立体图时，不仅要判断物体之间的遮挡关系，还必须处理物体表面的明暗效应，以便用不同的色彩灰度，来增加图形的真实感。

本章主要介绍一些常用的线、面消隐算法、简单的明暗处理、颜色模型、表面纹理、基于整体光照模型的光线跟踪和幅射度方法以及科学计算的可视化算法等内容。

9.1　消除隐藏线

在消除隐藏线算法中，需要反复地进行直线、射线、线段以及平面之间的求交运算。下面介绍三种情况的求交运算：射线与直线，射线与线段，射线与平面。对于它们在重叠情况的处理，请参阅第 8 章中直线求交的算法。

射线与直线求交问题

假定直线方程为 $ax+by+c=0$

射线方程为

$$\begin{cases} x = d_1t + x_0 \\ y = d_2t + y_0 \end{cases} \qquad (t \geqslant 0) \qquad (9\text{-}1\text{-}1)$$

把射线方程代入直线方程得

$$(ad_1 + bd_2)t + ax_0 + by_0 + c = 0$$

当 $ad_1+bd_2=0$ 时，直线与射线平行。这时若还有 $ax_0+by_0+c=0$，则整条射线与直线重合。当 $ad_1+bd_2\neq 0$ 时，令

$$t_1 = -(ax_0 + by_0 + c)/(ad_1 + bd_2) \qquad (9\text{-}1\text{-}2)$$

当 $t_1\geqslant 0$ 时，直线与射线有交点 $(d_1t_1+x_0, d_2t_1+y_0)$。而当 $t_1<0$ 时，二条线没有交点。

射线与线段求交问题

假定射线方程为(9-1-1)，线段的两端点为 $P_1(x_1,y_1)$，$P_2(x_2,y_2)$，则线段的方程为

$$\begin{cases} x = (x_2 - x_1)s + x_1 \\ y = (y_2 - y_1)s + y_1 \end{cases} \qquad (0 \leqslant s \leqslant 1) \qquad (9\text{-}1\text{-}3)$$

由式(9-1-1)与式(9-1-3)得

$$\begin{cases} d_1t + x_0 = (x_2 - x_1)s + x_1 \\ d_2t + y_0 = (y_2 - y_1)s + y_1 \end{cases}$$

若令：$b_1=x_1-x_2$，$b_2=y_1-y_2$。

显然，当 $\Delta=d_1b_2-d_2b_1=0$ 时，射线与线段平行。这时若还有 $d_1/d_2=b_1/b_2=(x_1-x_0)/(y_1-y_0)$，则线段与射线(或其反向延长线)重合。如果 $\Delta\neq 0$，则可令

$$t_1 = \begin{vmatrix} x_1 - x_0 & b_1 \\ y_1 - y_0 & b_2 \end{vmatrix} \Big/ \Delta, \qquad s_1 = \begin{vmatrix} d_1 & x_1 - x_0 \\ d_2 & y_1 - y_0 \end{vmatrix} \Big/ \Delta \qquad (9\text{-}1\text{-}4)$$

当 $t_1\geqslant 0$，且 $0\leqslant s_1\leqslant 1$ 时，射线与线段有唯一交点。交点坐标可以通过把式(9-1-4)中的 t_1 代入式(9-1-1)求得，或通过把式(9-1-4)中的 s_1 代入式(9-1-3)求得。

射线与平面求交问题

假设一空间射线起点为 (x_0,y_0,z_0)，方向为 (d_1,d_2,d_3)，

则该射线方程为

$$\begin{cases} x = d_1t + x_0 \\ y = d_2t + y_0 \\ z = d_3t + z_0 \end{cases} \qquad (t \geqslant 0) \qquad (9\text{-}1\text{-}5)$$

又假设一任意平面，其方程为 $ax+by+cz+d=0$。将射线方程代入平面方程得

$$a(d_1t + x_0) + b(d_2t + y_0) + c(d_3t + z_0) + d = 0$$

即

$$(ad_1 + bd_2 + cd_3)t + (ax_0 + by_0 + cz_0 + d) = 0$$

显然，当 $ad_1+bd_2+cd_3=0$ 时，射线与平面平行。此时若还有 $ax_0+by_0+cz_0+d=0$，则整条射线落在平面上。除了这种情况以外，射线(或其反向延长线)与平面交于一点，参数为

$$t_3 = -(ax_0 + by_0 + cz_0 + d)/(ad_1 + bd_2 + cd_3) \qquad (9\text{-}1\text{-}6)$$

当 $t_3\geqslant 0$ 时，交点在射线上。当 $t_3<0$ 时，交点在射线的反向延长线上(不算交点)。

9.1.1 凸多面体的隐藏线消除

凸多面体是由若干个平面围成的物体。假设这些平面方程为

$$a_ix + b_iy + c_iz + d_i = 0 \qquad (i = 1,2,\cdots,n) \tag{9-1-7}$$

我们可以调整系数的符号，使得当某点 P_0(例如，物体的重心)位于物体所在一侧时，

$$a_ix_0 + b_iy_0 + c_iz_0 + d_i > 0 \qquad (i = 1,2,\cdots,n) \tag{9-1-8}$$

这时，平面法向量(a_i,b_i,c_i)必是指向物体内部的。事实上，令 $P_i(x_i,y_i,z_i)$为 P_0 在平面 i 上的垂足，则有

$$a_ix_i + b_iy_i + c_iz_i + d_i = 0$$

而且，P_0-P_i 是指向物体内部的平面 i 的法向量。由于

$$(a_i,b_i,c_i)\cdot(P_0 - P_i) = (a_ix_0 + b_iy_0 + c_iz_0 + d_i) - (a_ix_i + b_iy_i + c_iz_i + d_i) > 0$$

所以，(a_i,b_i,c_i)与 P_0-P_i 的夹角小于 90°。但是二者都是平面 i 的法向量，其夹角只能是 0 或者 180°。故二者夹角只能是 0。

现在假设式(9-1-8)所定义的凸多面体落在视点为(e_1,e_2,e_3)的视图四棱锥内，视点与第 i 个面上一点连线方向为(l_i,m_i,n_i)。那么，当点积$(a_i,b_i,c_i)\cdot(l_i,m_i,n_i)<0$ 时，平面 i 为自隐藏面。任意两个自隐藏面的交线，为自隐藏线。

对于任意一个凸多面体，我们可以先求出所有自隐藏面，给它们打上标记，然后检索每一条边。若交于某一条边的两个面均为自隐藏面，则该边为自隐藏边，在绘制时可予以消除或用虚线输出。

作为特例，取视点在 Z 轴正无穷远点。这时，物体将被正投影到 XOY 平面上。由于视线方向为(0,0,−1)，所以在式(9-1-7)中，$c_i>0$ 所对应的面，为自隐藏面。

图 9.1.1 所示，一个由 6 个平面构成的凸多面体(即正方体)。这六个面中满足式(9-1-8)条件的方程为(1)$x=0$,(2)$y=0$,(3)$z=0$,(4)$-x+1=0$,(5)$-y+1=0$,(6)$-z+1=0$。现假设视点为(−10,11,12)，且视图四棱锥包含该正方体。显然，点(0,0,0)在平面(1),(2),(3)上，点(1,1,1)在平面(4),(5),(6)上。视点与这两点的连线方向为(10,−11,−12)和(11,−10,−11)。它们与对应平面的法向量的点积分别为 10,−11,−12,−11,10,11。所以，平面(2),(3),(4)为自隐藏面。注意，我们这里所取的视点在第二卦限。而绘制 9.1.1 所采用的视点在第一卦限，该图并不满足上述条件。

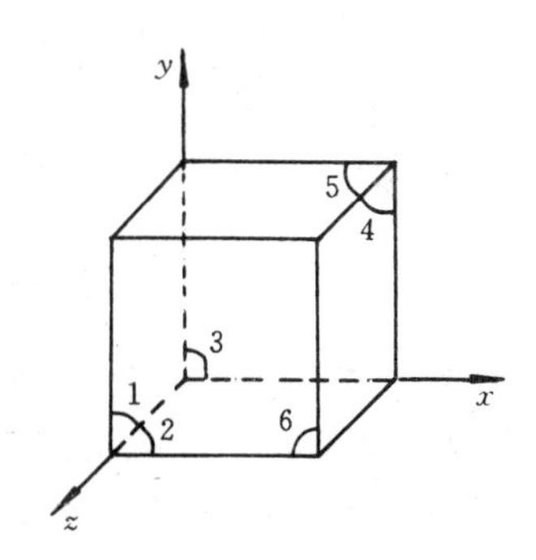

图 9.1.1 视点在第一卦限的正方体图

物体表面的一条棱边，即使不被物体自身隐藏，也可能被别的物体隐藏。下面讨论如何计算一条线段被凸多面体隐藏的部分。由于一个凸多面体只可能遮住一条线段的一个小区间，我们只需求出该区间的端点，即可确定线段的隐藏部分。若这样的区间不存在，则线段不被该凸多面体所隐藏。

假定线段的两端点为 P_1,P_2。可以把线段参数化表示为

$$P(t) = P_1 + (P_2 - P_1)t \qquad (0 \leqslant t \leqslant 1)$$

如图 9.1.2 所示。

视点 E 与线段的两个端点定义了一个空间三角形 ΔEP_1P_2。这个三角形区域的参数表示为

$$Q(s,t) = E + (P(t) - E)s = E + (P_1 + (P_2 - P_1)t - E)s$$
$$= E + (P_1 - E)s + (P_2 - P_1)ts \qquad (0 \leqslant t \leqslant 1, 0 \leqslant s \leqslant 1)$$

一个由(9-1-8)所定义的凸多面体 V 遮挡线段 P_1P_2 的充要条件是体 V 与三角形 ΔEP_1P_2 相交,即该三角形区域内有点包含于体 V 中,也就是存在 s 和 $t(0 \leqslant s \leqslant 1, 0 \leqslant t \leqslant 1)$使得

$$N_i \cdot Q(s,t) + d_i > 0 \qquad (i = 1,2,\cdots,n)$$

其中,$N_i = (a_i, b_i, c_i)$

但是

$$N_i \cdot Q(s,t) + d_i = N_i \cdot (E + (P_1 - E)s + (P_2 - P_1)ts) + d_i = p_i + q_i s + r_i ts$$

上式,$p_i = N_i \cdot E + d_i$,$q_i = N_i \cdot (P_1 - E)$,$r_i = N_i \cdot (P_2 - P_1)$。所以,凸多面体 V 遮挡线段 P_1P_2 的充要条件是不等式组

$$\begin{cases} p_i + q_i s + r_i ts > 0 \qquad (i = 1,2,\cdots,n) \\ 0 \leqslant t \leqslant 1 \\ 0 \leqslant s \leqslant 1 \end{cases} \qquad (9\text{-}1\text{-}9)$$

有解。当(9-1-9)有解时,t 解的最小值 $t_{\min}$ 和最大值 $t_{\max}$ 就是隐藏线段的端点参数。

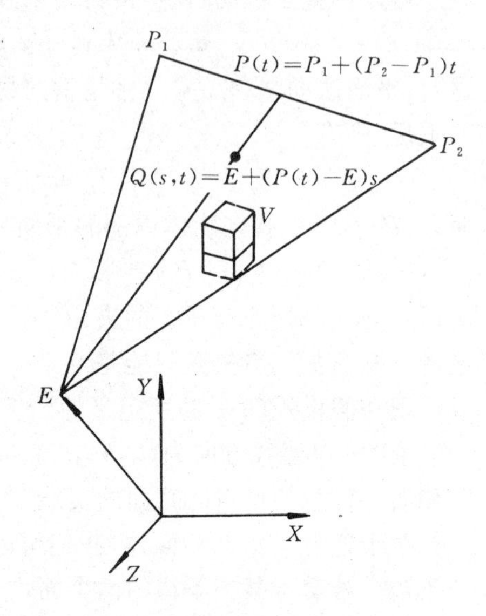

图 9.1.2　线段与视点构成的三角形区域参数化示意图

从上面分析可以看出,直接计算被一个凸多面体隐藏的线段部分,得求解一个非线性的不等式组,计算量很大。而且,当物体不是凸多面体时,直接计算更为困难。下面,我们通过把物体表示为一个面的集合,来减小消除隐藏线的计算复杂性。

9.1.2　凹多面体的隐藏线消除

假设物体用它的表面多边形的集合来表示。这些多边形可以是凸的,也可以是凹的,甚至还可以是带孔的。在采用面集表示法的前提下,消除隐线的根本问题可归结为:对于一条空间线段 P_1P_2 和一个多边形 π,判断线段是否被多边形遮挡。若是,求出隐藏部分。如图 9.1.3所示,以视点 E 为投影中心,把线段端点与多边形顶点投影到屏幕上。线段的投影和多边形边的投影都是投影平面上的线段,可以用式(9-1-3)的方程来表示。这里假定线段的投影方程就是式(9-1-3),而多边形边的投影方程为

$$P(t_i) = (H_{i+1} - H_i)t_i + H_i \qquad (0 \leqslant t_i \leqslant 1) \qquad (9\text{-}1\text{-}10)$$

把式(9-1-3)与式(9-1-10)联立求解,即可求出线段投影与多边形边投影的交。如果对于多边形的任意一条边,交点均不存在,则有两种可能性:线段投影会在多边形投影之中,或线段投影与多边形投影分离。在前一种情况,线段完全被隐藏或完全可见。而在后一种情况,则不可能有隐藏关系。如果交点存在,那么它们把线段投影的参数区间[0,1]分割成若干个子区间,每个子区间对应于一条子线段,每条子线段上的所有点具有相同的隐藏性。如图 9.1.4 所示。为了进一步判断各子线段的隐藏性,首先要判断该子线段是否落在多边形投影内。

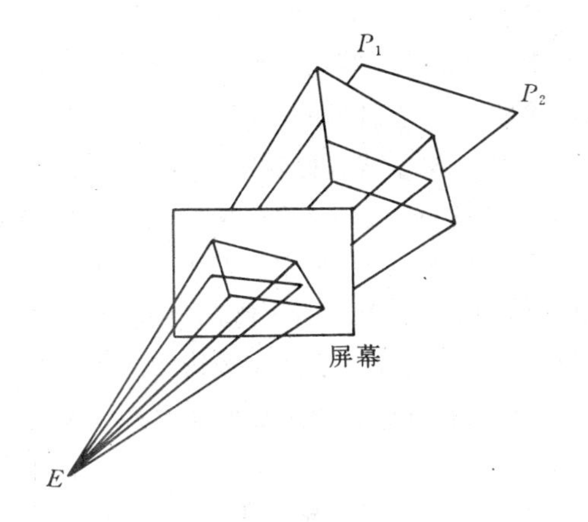

图 9.1.3 线段与多边形的中心投影

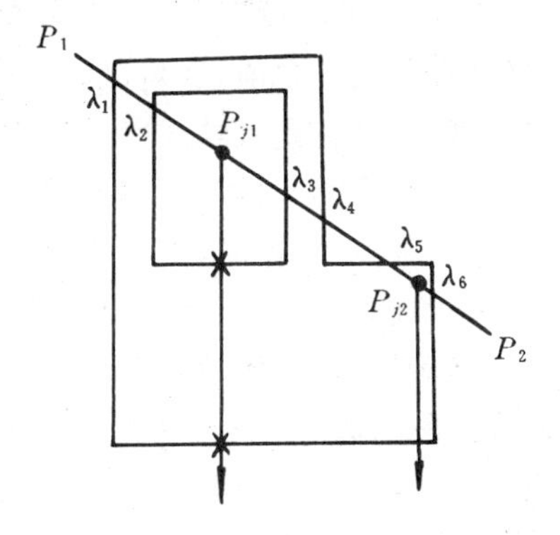

图 9.1.4 线段投影分成若干个子区间

这里要判断子线段中点是否落在多边形投影内。判断平面上一点是否包含在一个多边形内，我们在 8.3.1 节已经介绍有关算法。若一条子线段落在多边形投影之外，则两者之间不可能有隐藏关系。否则，子线段可能被多边形隐藏。可以从子线段中点向视点引射线，仅当此射线与多边形有交时，子线段才被多边形隐藏。这种判断方法可用于整条线段投影落在多边形投影内的隐藏性判断。

把上述线段与所有需要比较的多边形依次进行隐藏性判别，记下各次隐藏子线段的位置，最后对这些区间进行并集运算，即可确定总的隐藏子线段的位置，进而确定可见子线段。如图 9.1.5 所示。

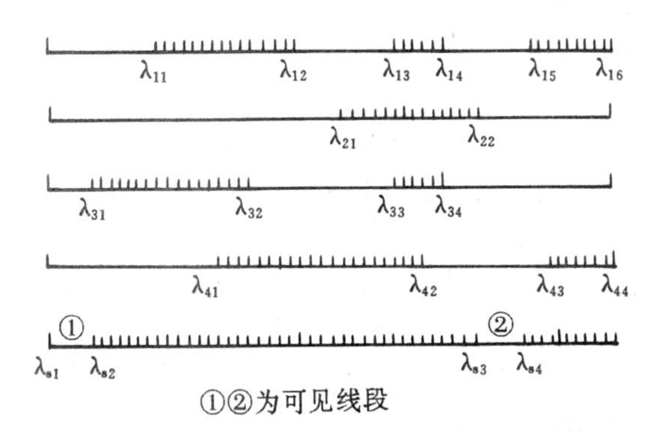

图 9.1.5 可见子线段的确定

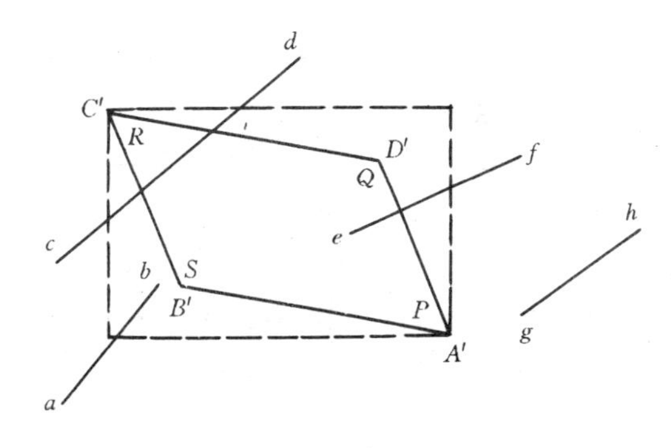

图 9.1.6 包围盒与线段的位置关系

如果每条线段与每个多边形都按上述方法消除隐藏线，那么计算量将非常之大。事实上，我们可以通过包围盒检验和深度检验，减少大量不必要的复杂运算。这里的包围盒检验，指的是覆盖多边形投影的最小矩形，与线段投影先作点包含性检验，仅当线段与该矩形有关时，才进行隐藏性的判别。深度检验指的是，利用线段与多边形在深度上的相对位置，判断出完全不会被多边形隐藏的一些线段，避免不必要的计算。

如图 9.1.6 所示，一个空间多边形 $ABCD$ 在投影面上的投影为 $A'B'C'D'$。一般取投影面 xy 平面。我们把 xy 平面上包含 $A'B'C'D'$ 且四边分别平行于 x 轴和 y 轴的最小矩形 $PQRS$ 称为投影多边形 $A'B'C'D'$ 的包围盒。显然，空间任意线段，只有当它在平面上的投影部分地或全部地落入包围盒中时，才能与多边形 $ABCD$ 有隐藏关系。如图 9.1.6 所示，线段 gh 不可能被 $ABCD$ 遮挡。而与包围盒相交的线段 ab,cd,ef 等需要作进一步的判断。但是，在精确计算隐藏性之前，还可以作深度检验，排除线段完全可见的情况。

所谓深度检验，就是判断线段与多边形的前后关系。为了减少比较的计算量，我们可以分两步来判断，即粗略检验和精确检验。不失一般性，假设视点在 Z 轴上，且视线方向沿 Z 轴负向。在进行粗略检验时，把多边形顶点的最大 Z 坐标和线段端点的最小 Z 坐标进行比较。若前者小于或等于后者，则说明该多边形完全在线段之后，根本不可能遮挡线段，可以不必再继续做精确检验。现假设前者大于后者，这时仍然存在线段整条落在多边形之前的可能性。可以从线段两端点 P_1,P_2 各作一条与 Z 轴方向平行的直线。假定这两条直线与多边形所在平面交于 $M_1(x_1',y_1',z_1')$,$M_2(x_2',y_2',z_2')$。若 $z_1'\leqslant z_1$ 且 $z_2'\leqslant z_2$，则线段不会被遮挡，可以不必进一步作隐藏性计算。否则，要按前面所介绍的方法，求出隐藏子线段（如果存在的话）。

对于凹多面体，我们同样可以按照 9.1.1 节所讨论的那样，求出物体表面各多边形的内法向量。当视线与某多边形的内法向量夹角余弦小于 0 时，则把该多边形称为“朝后的面”。显然这种面都是自隐藏面。反之，把上述夹角余弦大于 0 的面称为“朝前的面”。朝前的面是潜在可见面。它们可能完全可见，也可能部分可见，还可能是完全隐藏。把所有朝后的面与朝前的面的公共边，称为“轮廓线”。这种线段包括物体的实际轮廓线和另外一些从视点不可见的线段。轮廓线的集合是物体表面棱边的一个子集。当物体比较复杂，特别是当多面体是作为曲面体的逼近表示时，轮廓线集合只是物体表面棱边集合的一个很小的子集。下面介绍的隐藏量方法，只要把需要判断可见性的线段与轮廓线比较，就能求出隐藏子线段，故能节省许多不必要的求交计算。

隐藏量方法用于计算一条线段被一个凹多面体遮挡的部分。首先把线段与凹多面体的

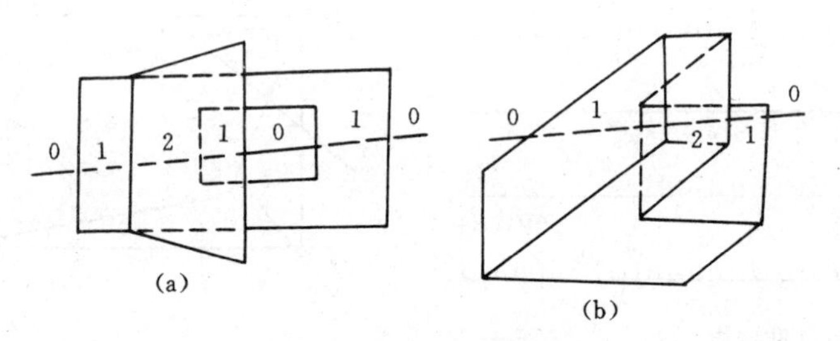

图 9.1.7　子线段的隐藏量分析

“轮廓线”求交。交点按参数大小顺序排列。它们把线段分割成若干子线段。然后计算各子线段的隐藏量。所谓隐藏量，就是落在该子线段之前的潜在可见面的数目。为此，先计算线段起点处（即每一条子线段）的隐藏量。这只要通过从该点向视点引射线，把射线与各潜在可见面求交，得到的交点数目（不必具体求出交点）就是所求的隐藏量。再从第二条子线段开始，按参数从小到大，依序对每条子线段用迭代的方法，计算隐藏量。具体方法如下：若该子线段在轮廓线之前，则该子线段隐藏量不变（与前一条子线段一样）。否则，线段在轮廓线之后。这时，若线段是进入时，隐藏量加 1。反之，当线段是退出时，隐藏量减 1。用这种方法，相邻子线段的隐藏量至多差 1。而且，隐藏量不是 0 的子线段即为隐藏子线段。图 9.1.7 所示，为一条线段与物体轮廓线相交时，隐藏量的改变情况。图 9.1.7(a)中的物体的两个相交

的多边形,其中之一是带孔多边形。这两个多边形的边界和交线都是“轮廓线”。图 9.1.7(b)所示,为一条线段与一个遮挡它的凹多面体的轮廓线相交时的隐藏量情况。注意,当线段与不可见的“轮廓线”相交时,隐藏量也会改变。

隐藏量方法可以避免线段与两个相邻接的潜在可见面的交线进行求交的无效运算,从而也避免了后继的并集运算。

将我们前面所讨论的各种判断与计算组合起来,并使之与一定的数据结构相适应,就可以编制出许多种不同的消除隐藏线的程序。下述就是一种消除隐藏线算法的描述。

```
hidden_Line_removal ()
{ 程序初始化; /* 输入物体定义和视点参数 */
  生成变换矩阵 T /* T 随轴测图或透视图而不同,其参数在程序内部生成 */
  for (k=1;k<NP;K++) /* NP 为顶点数目 */
  /* 对顶点 K 作投影变换,产生具有深度的屏幕坐标; */
  for (i=1;i<=NF;i++) /* NF 为面个数 */
  {
      if(面 i 是潜在可见面)
      {
        计算平面方程系数(a,b,c,d);
        计算包围盒角点坐标和最大深度坐标;
        把上述计算结果存入相应的记录,并记下指针;
        for (面 i 的各条边)
        {
          if (该边不在线段表中)
          {
            把该边送入线段表;
          }
        }
      } /* 当面是潜在可见面时的处理 */
    } /* 对物体的面逐个处理 */
    /* 以上计算产生一个潜在可见面表(面的个数为 NF1)和一个不重复的潜在可见线段表(线
       段的条数为 NE) */
      for (j=1;j<=NE;j++)
      { /* 对潜在可见线段 j,作下面的处理 */
          for (i=1;i<=NF1;i++)
      { /* 计算线段 j 被面 i 隐藏的部分 */
          if (线段 j 与面 i 可能有隐藏关系)
        { /* 即不能用包围盒检验和深度检验排除 */
          计算线段投影与面的各边投影的交点;
          /* 假设上述交点把线段分为 NS 段 */
          for(k=1;k<=NS;k++)
          { if (第 k 段被隐藏)
              该段的隐藏标志置为 true;
          else
              该段的隐藏标志置为 false;
          }
        }
      } /* 计算线段 j 与各个潜在可见面的隐藏关系 */
```

```
        对线段 j 的各隐藏子线段求并段;
        if (存在可见线段)输出可见线段;
    } /* 对潜在可见线段逐条处理 */
} /* 处理结束,返回 */
```

这个程序采用的是三表数据结构。如图 9.1.8 所示的物体,由 16 个顶点,10 个面组成。其中,面②、④各有一个内环(孔)。这个物体的数据结构如图 9.1.9 所示。其中,面表的第一列为该面的棱边总数,第二列为内环数,无内环时则为 0。在棱边表中存放着相应面棱边的顶点序列,外环按逆时针方向排列,内环按顺时针方向排列。内环与外环之间用 0 隔开。例如面①的顶点序列为 1、4、3、2、1。这表示面①的棱边为 $\overline{14}$、$\overline{43}$、$\overline{32}$、$\overline{21}$。面②有一个内环,其顶点序列从 0 的下一个顶点号开始。顶点表中存放各顶点的 *XYZ* 坐标。图 9.1.10、9.1.11、9.1.12就是用该程序画出的三种典型物体的立体图。另外,在用画线设备绘制自由曲面图时,往往先把自由曲面离散表示为一些多边形,再调用线消隐程序画出其消隐图。如图 9.1.13 所示。

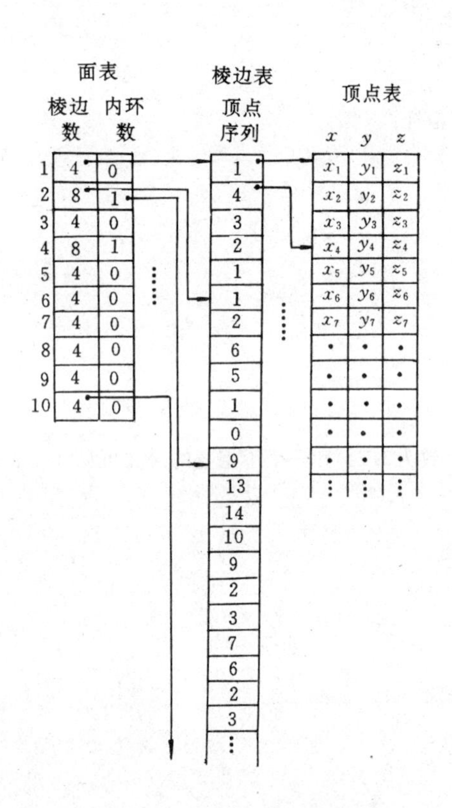

图 9.1.9 带孔长方体数据结构

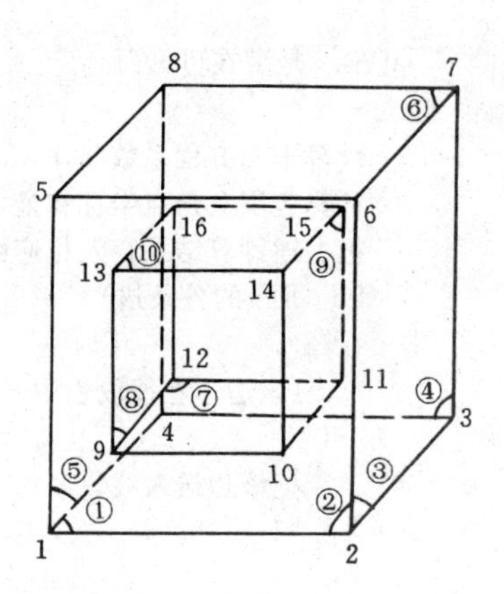

图 9.1.8 带孔的长方体

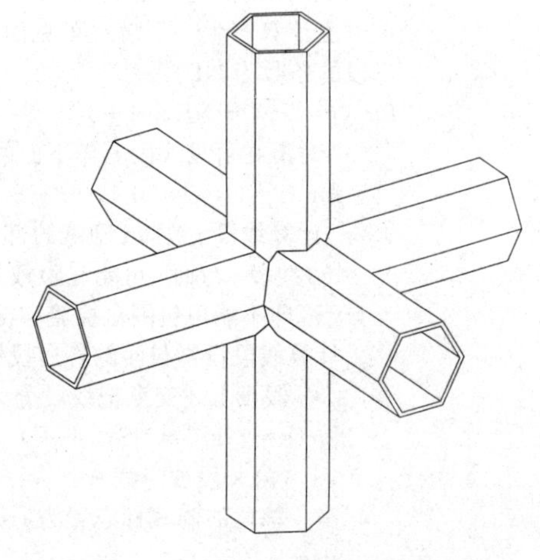

图 9.1.10 三个六棱筒相交的平行投影图

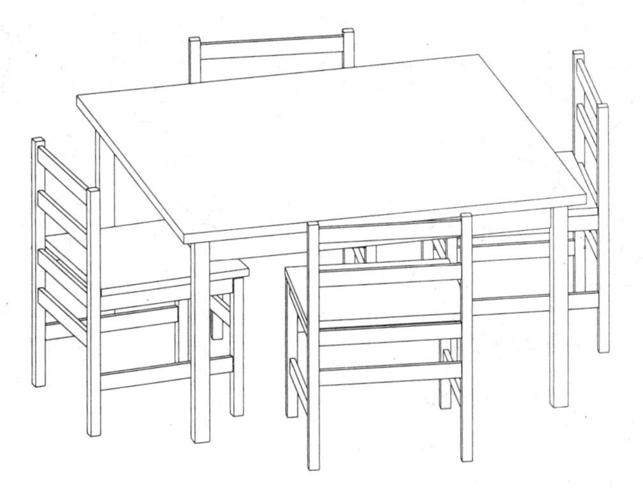

图 9.1.11　桌椅的平行投影图

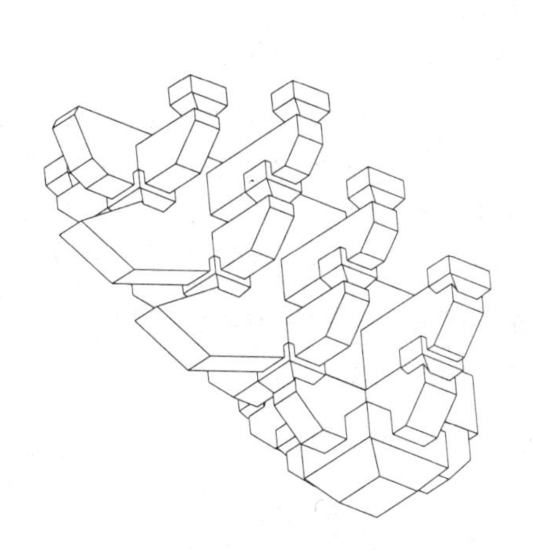

图 9.1.12　建筑物斗栱的平行投影图

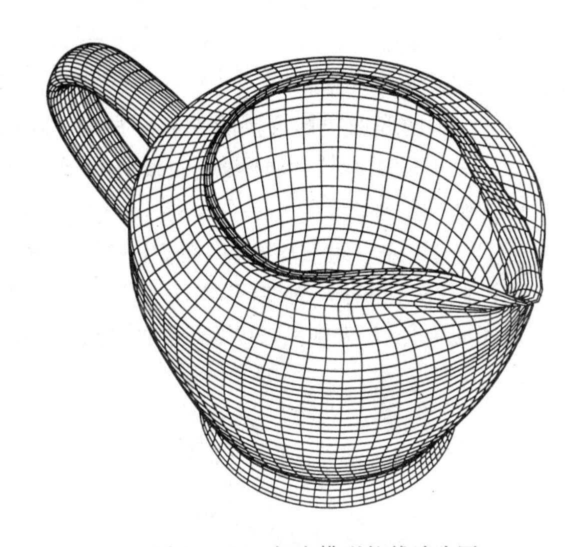

图 9.1.13　奶盅模型的线消隐图

9.1.3　二次曲面体的隐藏线消除

本节讨论常用二次曲面体的轮廓线绘制，交线求法以及消隐处理。以圆柱，圆锥的立体图绘制为例。

在图 9.1.14 中，假设 N 为空间中一个圆所在平面的法向量，V 为投影面。那么，总可以找到一条平行于 V 的直径，在轴测投影的条件下，其投影与实长相等，因而是投影椭圆的长轴。由于法向量 N 在 V 面的投影垂直于长轴，故法向量 N 的投影即为短轴方向。假设 N 相对于 V 面的倾斜角为 φ_N，圆平面与 V 面的夹为 φ，则 $\varphi_N=90°-\varphi$。若圆的半径为 r，则椭圆的长半轴 $a=r$，短半轴 $b=r\cos\varphi$。

下面假设空间有一圆柱($P_0,r,h,AXIS$)，如图 9.1.15 所示。其中，$P_0=(x_0,y_0,z_0)$为圆柱底面中心，r 为半径，h 为柱高，$AXIS=(a_1,a_2,a_3)$为对称轴方向，它是一个单位向量。欲

把该圆柱往 XY 平面作轴测投影，需作如下计算。

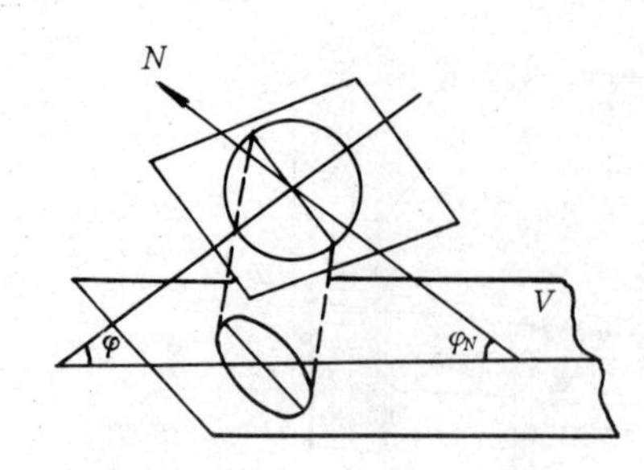

图 9.1.14　圆的轴测投影

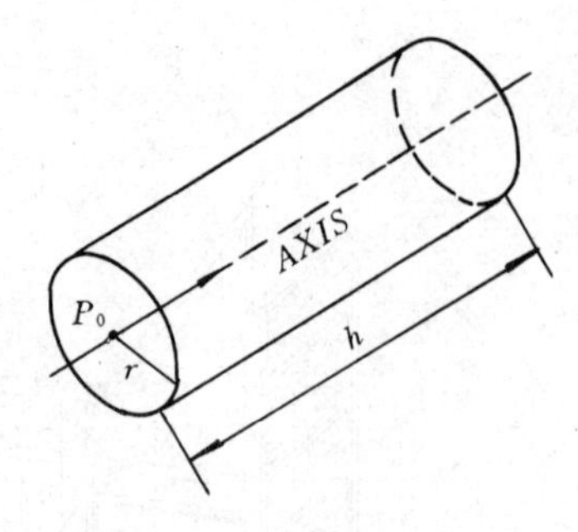

图 9.1.15　圆柱的几何参数

(1) 求圆柱底面与 XY 平面的夹角 φ:

$$\cos\varphi=(0,0,1)\cdot(a_1,a_2,a_3)=a_3$$

(2) 求投影椭圆短轴与 x 轴的夹角 φ_1:

$$\mathrm{tg}\varphi_1=a_2/a_1$$

(3) 求短半轴长度　　$b=r\cos\varphi=ra_3$

(4) 求长半轴长度　　$a=r$，长半轴与 x 轴的夹角 $\varphi_2=\varphi_1+90°$

(5) 两底面投影椭圆的中心分别为 $P_0^1(x_0,y_0)$ 和 $P_1^1(x_0+ha_1,y_0+ha_2)$

有了上述参数，圆柱两底面投影椭圆即可画出。再连接两椭圆的长轴的对应端点，即可得到圆柱轮廓线。令 $V_1=(a\cos\varphi_2,a\sin\varphi_2)$，$V_2=(a\cos(\varphi_2+180°),a\sin(\varphi_2+180°))$，则 $P_0^1+V_1$ 与 $P_1^1+V_1$ 为一组对应端点，而 $P_0^1+V_2$，$P_1^1+V_2$ 为另一组对应端点。

假设空间有一圆锥($P_0,r,h,AXIS$)，如图 9.1.16 所示。其中，$P_0=(x_0,y_0,z_0)$为顶点，r 为底面半径，h 为锥高，$AXIS$ 为轴方向，从顶点指向底面中心。$AXIS$ 为单位向量。

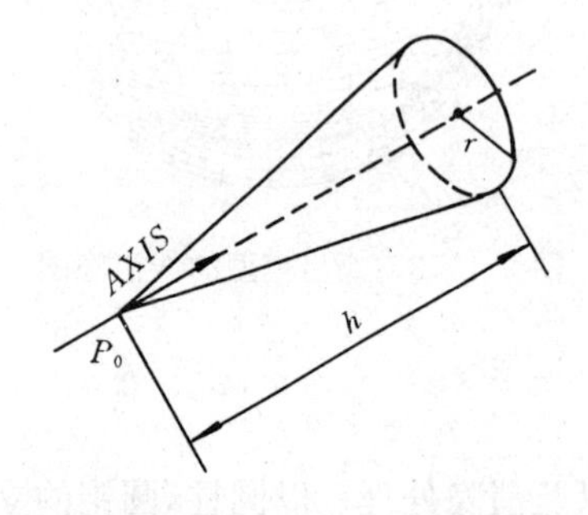

图 9.1.16　圆锥的几何参数

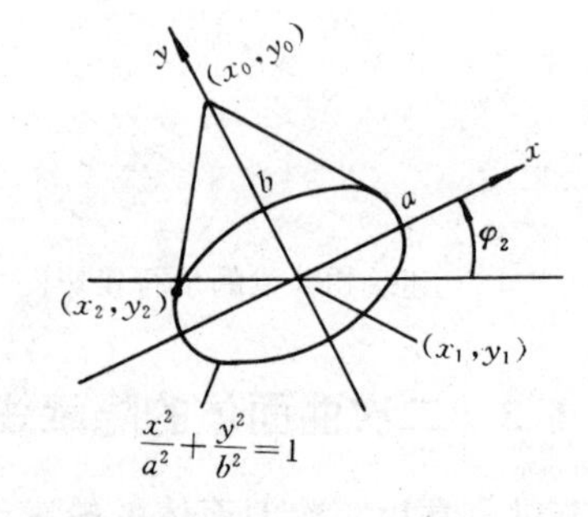

图 9.1.17　椭圆的切点计算示意图

欲把圆锥往 XY 平面作轴测投影，需作如下运算：

(1) 求出锥顶点的投影坐标 $P_0^1(x_0,y_0)$。

(2) 类似于圆柱底面投影椭圆的绘制，画出圆锥底面投影椭圆。

(3) 从 P_0^1 向椭圆引切线(若 P_0^1 不含于椭圆)。实现(3)的关键，是求出该切线在椭圆上的切点。如图 9.1.17 所示，以椭圆中心 $P_1^1(x_1,y_1)$的原点，长、短半轴方向分别为 x，y 轴建立坐标系，则椭圆方程为

$$\frac{x^2}{a^2}+\frac{y^2}{b^2}=1 \tag{9-1-11}$$

且顶点投影 P_0^1 的新坐标为$(0,c)$。假设一椭圆切线过 $P_0^1(0,c)$且切于椭圆上一点(x_2,y_2),则该切线方程为

$$\frac{x_2x}{a^2}+\frac{y_2y}{b^2}=1 \tag{9-1-12}$$

然而,$P_0{}'(0,c)$在切线上,所以

$$\frac{y_2c}{b^2}=1 \tag{9-1-13}$$

即 $y_2=b^2/c$。又由于切点在椭圆上,所以

$$\frac{x_2^2}{a^2}+\frac{y_2^2}{b^2}=1 \tag{9-1-14}$$

由(9-1-13)式和(9-1-14)式得

$$x_2=\pm\frac{a}{c}(c^2-b^2)^{1/2} \qquad (当\ |c|>b)$$

于是,切点在原坐标系下的坐标为

$$P_1{}'+[x_2,y_2]\begin{bmatrix}\cos\varphi_2 & \sin\varphi_2\\ -\sin\varphi_2 & \cos\varphi_2\end{bmatrix} \tag{9-1-15}$$

其中,φ_2 是长轴与 x 轴的夹角,假定已在步骤(2)算出,且

$$\begin{cases}x_2=\pm\dfrac{a}{c}(c^2-b^2)^{1/2}\\ y_2=b^2/c\end{cases}$$

圆柱投影椭圆长轴的四个端点把两个椭圆分为四段,其中有一段是自隐藏的。下面讨论如何确定自隐藏的那一段。最简单的处理方法是在作图时,逐点向视点引射线,并把射线与圆柱面求交,然后根据输出点和交点的位置,判断输出点的可见性。这样计算效率太低。实际上,当轴测投影在 XY 平面的情形,只要判断 $AXIS$ 的第三个分量 a_3 的符号。若 $a_3>0$,则隐藏弧在下底面,否则隐藏弧在上底面。不失一般性,假设隐藏弧在下底面。求出短轴的两个端点与上底面中心投影点的距离。较小者对应的弧即为隐藏弧。

在圆锥的情形,仅当 $a_3>0$ 时,有一条隐藏弧。隐藏弧以前述切点为端点,且弧上的短半轴端点离顶点投影较近。据此即可判定出切点所分割的两条弧中,哪一条是隐藏的。

在由多面体和二次曲面体组合成的形体中,它们之间的交线如何确定,是输出其立体图的一步重要工作。如果把二次曲面体离散成若干个多面体,这样虽然可以用多边形求交的方法得到它们之间的交线,但存储量大,精度低。下面我们介绍一种用连续法直接求解二次曲面之间交线的方法。其基本思想是,用曲面方程来表示二次曲面,并通过求解两个曲面方程来确定其交线方程。

在本节的后半部分,我们将以长方体、圆柱、圆锥、圆台和球这五种体素为基础进行讨论。对于其它二次曲面体,可以参照类似的方法进行处理。二次曲面可以分为两类,一类是直纹二次曲面(即可以由直线运动产生的面),如圆柱、圆锥、圆台等。另一类是非直纹曲面,如球面。直纹二次曲面与任意二次曲面的交线方程可以化为一元二次参数方程来表示,即

$$a(\theta)t^2+b(\theta)t+c(\theta)=0 \qquad (\alpha\leqslant\theta\leqslant\beta)$$

且交线上的坐标点可以表示成

$$x = x(\theta,t), y = y(\theta,t), z = z(\theta,t)$$

对于非直纹二次曲面与任意二次曲面的交线，在上述情况下，可归结为半球面与平面的交线。

为了简化计算，假设物体均在局部坐标系(u,v,w)中进行定义。局部坐标系中的形体经过平移和旋转变换，可以放在用户坐标系(x,y,z)的任意位置和朝向。用户坐标与局部坐标系之间的关系为

$$[x\ y\ z\ 1] = [u\ v\ w\ 1]F$$

其中

$$F = \begin{bmatrix} f_{ux} & f_{uy} & f_{uz} & 0 \\ f_{vx} & f_{vy} & f_{vz} & 0 \\ f_{wx} & f_{wy} & f_{wz} & 0 \\ T_x & T_y & T_z & 1 \end{bmatrix}$$

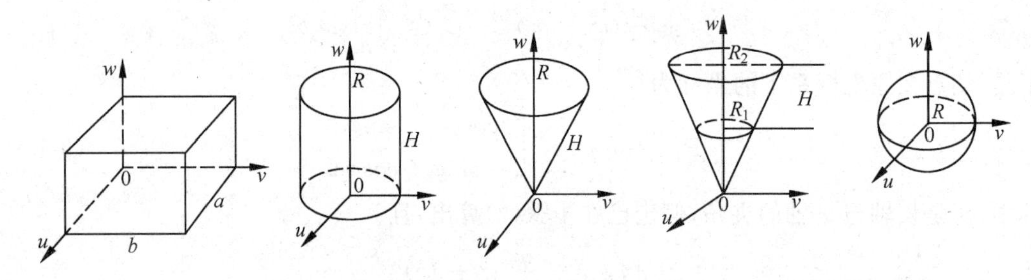

图 9.1.18　五种体素

F的左上角 3×3 矩阵是实现旋转变换，最后一行是实现平移变换。如图 9.1.18 所示为定义在局部坐标系中的五种体素。它们的表面方程可以定义如下：

(1) 长方体由 6 个面组成，其方程分别是$u=0, u=a, v=0, v=b, w=0, w=c$。其中$a$，$b$，$c$分别是长方体的长、宽、高。

(2) 圆柱由 3 个面围成，其方程分别是$w=0, w=H, u^2+v^2=R^2$。

(3) 圆锥有 2 个表面，方程式为$w=H, u^2+v^2=(wR/H)^2$。

(4) 圆台有 3 个面。它们的方程为

下圆面：$w=\dfrac{R_1 H}{R_2-R_1}$，　上圆面：$w=\dfrac{R_2 H}{R_2-R_1}$，　圆台侧面：$u^2+v^2=\left(\dfrac{w(R_2-R_1)}{H}\right)^2$

(5)球仅有一个表面，其方程为：$u^2+v^2+w^2=R^2$

下面假设有两个二次曲面体分别在局部坐标系(u,v,w)，(u_1,v_1,w_1)中定义。现要求计算二者的交线。假设两个局部坐标系与用户坐标系的关系分别为

$$[x\ y\ z\ 1]=[u\ v\ w\ 1]F$$

和

$$[x\ y\ z\ 1]=[u_1\ v_1\ w_1\ 1]F_1$$

把第二个二次曲面在其局部坐标系下，用一般二元二次方程表示，即

$$\begin{aligned} q(u_1\ v_1\ w_1) = & A'u_1^2 + B'v_1^2 + C'w_1^2 + 2D'u_1v_1 + 2E'v_1w_1 + 2F'u_1w_1 \\ & + 2G'u_1 + 2H'v_1 + 2J'w_1 + K' = 0 \end{aligned} \tag{9-1-16}$$

令$U_1=(u_1\ v_1\ w_1\ 1)$，U_1^T为U_1的转置

$$Q=\begin{bmatrix}A' & D' & F' & G' \\ D' & B' & E' & H' \\ F' & E' & C' & J' \\ G' & H' & J' & K'\end{bmatrix}$$

则(9.1.16)式可以写成，$q(u_1\ v_1\ w_1)=U_1 Q U_1^T=0$

再令 $U=[u\ v\ w\ 1]$。由于 $U_1=UFF_1^{-1}$，

所以 $$q(u_1\ v_1\ w_1)=UFF_1^{-1}Q(FF_1^{-1})^T U^T=UPU^T=0 \qquad (9\text{-}1\text{-}17)$$

其中

$$P=FF_1^{-1}Q(FF_1^{-1})^T=\begin{bmatrix}A & D & F & G \\ D & B & E & H \\ F & E & C & J \\ G & H & J & K\end{bmatrix}$$

下面讨论当第一个曲面是圆柱面、圆锥面、圆台面或长方体表面时，在它们的局部坐标系下交线的方程。

1. 圆柱面与另一个二次曲面的交线

圆柱面方程 $u^2+v^2=R^2$，可以用参数形式写成 $(u,v,w)=(R\cos\theta,R\sin\theta,t)$。把它们代入(9-1-17)式可得如下交线方程：

$$at^2+b(\theta)t+c(\theta)=0$$

其中 $a=C$

$b(\theta)=2(E\cdot R\cdot\sin\theta+F\cdot R\cdot\cos\theta+J)$

$c(\theta)=A\cdot R^2\cdot\cos^2\theta+B\cdot R^2\cdot\sin^2\theta+2D\cdot R^2\cdot\sin\theta\cos\theta$

$\quad +2G\cdot R\cdot\cos\theta+2H\cdot R\cdot\sin\theta+K \qquad \theta\in[0,2\pi]$

2. 圆锥面与另一个二次曲面的交线

把圆锥面方程 $u^2+v^2=\left(\dfrac{R}{H_0}w\right)^2$ 用参数形式表示为 $(u,v,w)=\left(\dfrac{R}{H_0}t\cos\theta,\dfrac{R}{H_0}t\sin\theta,t\right)$，把它们代入(9-1-17)式，即得交线方程：

$$a(\theta)t^2+b(\theta)t+c(\theta)=0$$

其中，$a(\theta)=A\dfrac{R^2}{H_0^2}\cos^2\theta+B\dfrac{R^2}{H_0^2}\sin^2\theta+C+D\dfrac{R^2}{H_0^2}\sin2\theta+2E\dfrac{R}{H_0}\sin\theta+2F\dfrac{R}{H_0}\cos\theta$

$b(\theta)=2\left(G\cdot\dfrac{R}{H_0}\cos\theta+H\dfrac{R}{H_0}\sin\theta+J\right)$

$c(\theta)=K \qquad \theta\in[0,2\pi)$

3. 圆台面与另一个二次曲面的交线，此时的情况与上述讨论相似。

4. 球面与任意一个二次曲面的交线。除上述三种情况外，只要讨论球与球的交线。

两个球面方程可写成：

$$\begin{cases}u^2+v^2+w^2=R^2 \\ u^2+v^2+w^2+Gu+Hv+Jw+K=0\end{cases}$$

即

$$\begin{cases}u^2+v^2+w^2=R^2 \\ Gu+Hv+Jw+K+R^2=0\end{cases}$$

由上式知，两个球面相交的问题可转化为平面与球面求交线的问题。

5. 平面与一个二次曲面的交线

如果是平面与圆柱、圆台、或圆锥相交的情况，可以把二次曲面的参数表示代入平面方程中，即可得到 $b(\theta)t+c(\theta)=0$ 的形式。这就是所求的交线方程。

如果是球面与平面相交，我们可以通过变换，使该平面处于 $w=0$ 的位置，再把此方程代入球面方程中，即可得到它们的交线方程：

$$(u-u_0)^2+(v-v_0)^2=R^2-w_0^2$$

此时的交线显然是个圆。

6. 两个平面的交线

我们可以把其中一个平面经变换，成为 $w=0$ 的形式，把它代入另一个平面方程，即可得到交线方程为 $Gu+Hv+K=0$。如给出交线的端点坐标，即可输出相交的直线段。

7. 二个以上的二次曲面相交的情况

此时，我们可以用上述结果，采用两两相交的方法，得到它们的交线，如图 9.1.19 所示。

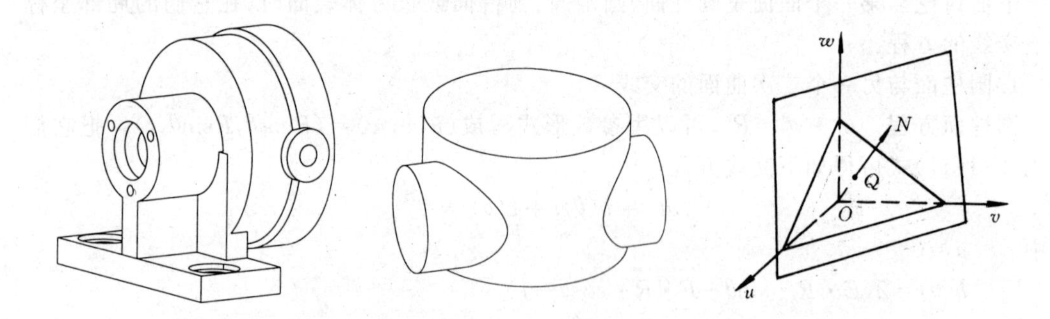

图 9.1.19　二次曲面体相交的例子

图 9.1.20　任意平面

在前面的讨论中，我们假定任意平面可规格化成为 $w=0$ 的形式。实际上，这可以通过坐标系的平移和旋转来实现。如图 9.1.20 所示，为一个任意平面，其方程为

$$Gu+Hv+Jw+K=0 \tag{9-1-18}$$

以原点为起点，平面的法向量为方向引射线，该射线(或其反向延长线)与平面交于一点 $(X_Q,Y_Q,Z_Q)=h(G,H,J)$，其中，$h=-\dfrac{K}{G^2+H^2+J^2}$。平移坐标系，使原点在平面上：

$$[u_1\ v_1\ w_1\ 1]=[u\ v\ w\ 1)T$$

其中

$$T=\begin{bmatrix}1&0&0&0\\0&1&0&0\\0&0&1&0\\-X_Q&-Y_Q&-Z_Q&1\end{bmatrix}$$

再旋转坐标系，使新 w 轴与平法向量 (a,b,c) 重合：

$$[u_2\ v_2\ w_2\ 1]=[u_1\ v_1\ w_1\ 1]R$$

其中

$$R=\begin{bmatrix}v&0&a&0\\-ab/v&c/v&b&0\\-ac/v&-b/v&c&0\\0&0&0&1\end{bmatrix}$$

式里，$v=(b^2+c^2)^{1/2}$。

易见，合成变换 TR 可把方程(9-1-18)变成 $w_2=0$ 的形式。

对于二次曲面体的交线，我们可用“穿点判断”的方法来消除隐藏线。其基本思想是，过交线上每一点，以下称为输出点，作平行于观察方向(采用轴测投影)的射线。将此射线与形体中各个面求交点，然后比较交点和输出点的前后位置，即可确定输出点的可见性。由于交线的输出最终是离散为一系列相邻点，于是，由一系列相邻的可见点连成的线段为可见线段。由一系列相邻的不可见点连成的线段为不可见线段，即隐藏线。

由于交线方程表示的是一条无边界条件的线，所以，通过交线方程计算得到的坐标点 (X,Y,Z) 还必须进一步判别它是否落在相应体素的定义域内。我们可将交线上的点坐标变换到相应体素的局部坐标系下进行判断。例如圆柱和另一个二次曲面的交线上任一点在圆柱的局部坐标系下为 (u,v,w)。则当 $u^2+v^2\leqslant R^2$，且 $0\leqslant w\leqslant H$ 时，(u,v,w) 点才进一步作消隐处理。否则，该点根本不在圆柱的定义域内。

在局部坐标系下求得的交线还得经过反变换在用户坐标系下输出，并应存储交线(或轮廓线)的端点坐标，有关的细节读者在学习了以前的内容后可自行推导。

9.2 消除隐藏面

在使用光栅图形显示器绘制物体的真实图形时，必须解决消除隐藏面的问题。这方面已有许多实用的算法，下面介绍几种常用的算法。

9.2.1 画家算法

画家算法的大意是，先把屏幕置成背景色，再把物体的各个面按其离视点的远近进行排序。离视点远者在表头，离视点近者在表尾，构成深度优先级表。然后，从表头至表尾逐个取出多边形，投影到屏幕上，显示多边形所包含的实心区域。由于后显示的图形取代先显示的画面，而后显示的图形所代表的面离视点更近，所以，由远及近地绘制各面，就相当于消除隐藏面。这与油画家作画的过程类似，先画远景，再画中景，最后画近景。由于这个原因，此算法习惯上称作画家算法或油画算法。

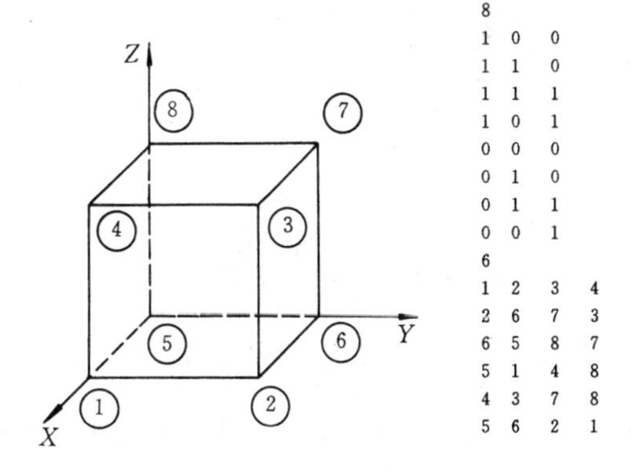

图 9.2.1　立方体及其数据文件

下面介绍画家算法的一种实现。这里我们先介绍数据文件的格式，然后介绍程序所使用的数据结构，再接着介绍程序的算法流程图，最后对个别子程序功能作一些解释。

物体采用边界表示模式存储。数据文件由若干三元组和若干四元组组成。三元组表示物体顶点的坐标。四元组表示物体的某个面由哪些顶点构成。如图 9.2.1 所示，为一个立方体的数据文件。

程序中所使用的数据结构包括点记录(vertex)、面记录(patch)和排序数组。点记录由五个域构成。其中，三个域用于存储点的空间坐标，另外两个域用于存储点的投影(屏幕)坐标。面记录由四个域组成，每个域存放对应的顶点号。排序数组的每个元素有两个域，其中一个域存放面与视点的距离，另一个域存放该面的面号。程序的流程图见图 9.2.2。

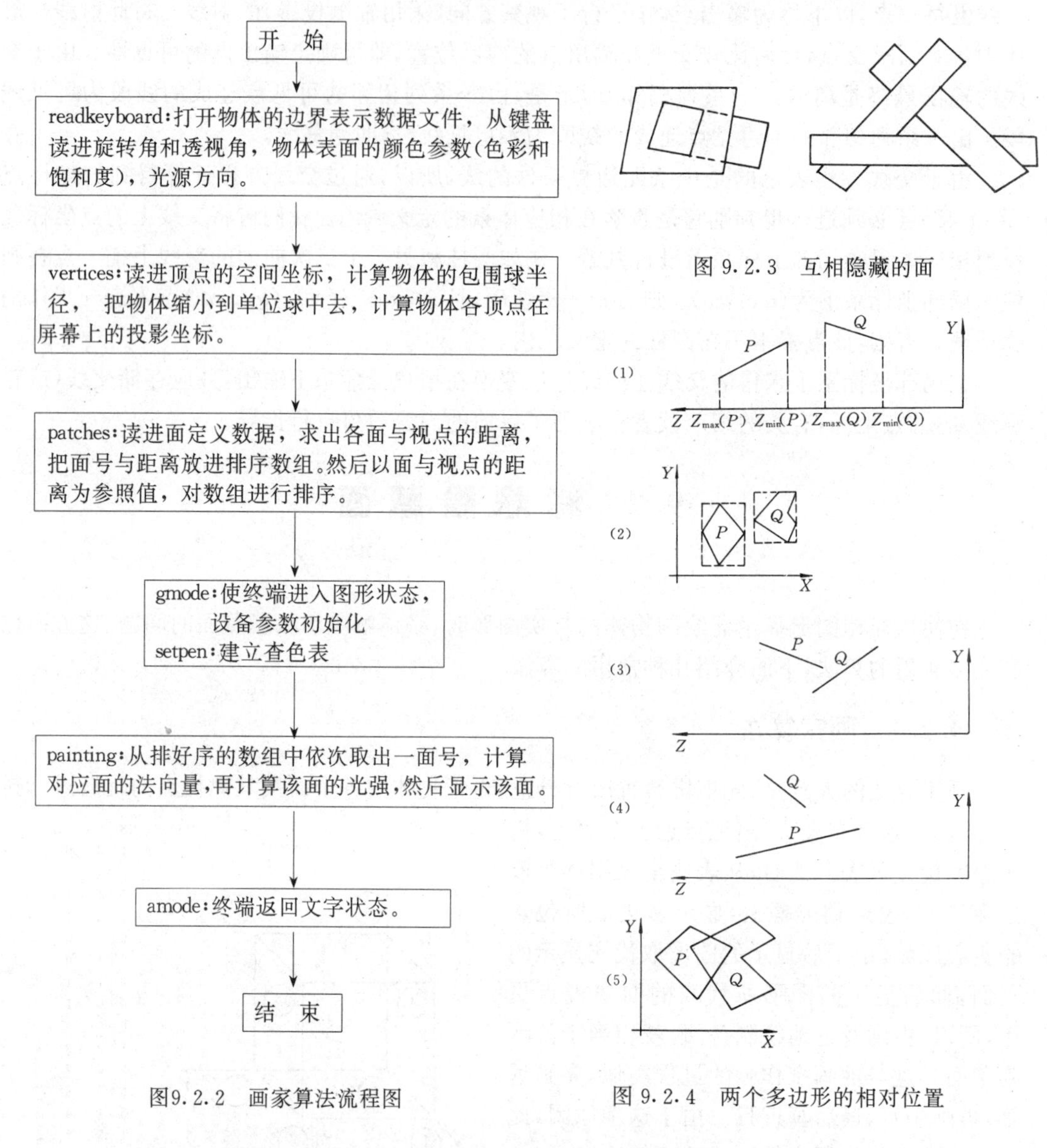

图9.2.2 画家算法流程图

图 9.2.3 互相隐藏的面

图 9.2.4 两个多边形的相对位置

程序中，函数 det 用来计算 3×3 行列式的值

$$\det(a,b,c,d,e,f,p,q,r)=\begin{vmatrix} a & b & c \\ d & e & f \\ p & q & r \end{vmatrix}$$

planeq 用来计算过三个已知点的平面方程系数。

quicksort(*first*,*last*)用来对数组进行快速排序。

rotmat(r,θ,φ,ψ)用来计算绕 x 轴转 θ 角，绕 y 轴转 φ 角，再绕 z 轴转 ψ 角的旋转矩阵。

$$r=\begin{bmatrix}1 & 0 & 0\\0 & \cos\theta & \sin\theta\\0 & -\sin\theta & \cos\theta\end{bmatrix}\begin{bmatrix}\cos\varphi & 0 & -\sin\varphi\\0 & 1 & 0\\\sin\varphi & 0 & \cos\varphi\end{bmatrix}\begin{bmatrix}\cos\psi & \sin\psi & 0\\-\sin\psi & \cos\psi & 0\\0 & 0 & 1\end{bmatrix}$$

画家算法的优点是简单，容易实现，并且可以作为实现更复杂算法的基础。它的缺点是只能处理互不相交的面，而且，深度优先级表中面的顺序可能出错。如图 9.2.3 所示，在两个面相交，或三个面互相重叠的情形，用任何排序方法都不能排出正确的序。这时，只能把有关的面进行分割后再排序。

简单的深度比较可能导致深度优先级表中顺序的错误。下面介绍如何检验表中相邻的面的顺序是否满足画家算法的要求。见图 9.2.4。

(1) 深度重迭判断

若 P，Q 是深度优先级表中两个相邻的多边形，且 $Z_{max}(P)\geqslant Z_{max}(Q)$。如果还有 $Z_{min}(P)\geqslant Z_{max}(Q)$，则二者顺序是合理的。即 Q 不可能遮挡 P 的任何部分，故可以在 P 之前画出。为了实现这一测试，只要对每个多边形扩展数据结构，包含所有顶点的最小 Z 坐标和最大 Z 坐标。

(2) 投影重叠判断

如果 P，Q 在 XY 平面上的投影的包围盒不重叠，那么 P，Q 的顺序无关紧要。这是因为它们不可能互相遮挡。欲实现这一测试，只要把最大和最小的 X，Y 坐标存在面的数据表里。

(3) P 在 Q 之前

如果 P 的所有顶点在 Q 所在平面的可见一侧，那么二者顺序是合理的。即 Q 不会遮挡 P 的任何部分。为了实现这一测试，P 的各个顶点的坐标必须代入 Q 的平面方程。如果所得式子的符号与视点代入方程的符号相同，则 P 在 Q 的可见一侧。为实现这一测试，面的数据表要有方程系数的数据。

(4) Q 在 P 之前

虽然 P 的最小深度值比 Q 的小，仍有可能整个 Q 位于 P 所在平面之前。所以，如果"P 在 Q 之前"，测试失败，则应该进行"Q 在 P 之前"的逆测试，即把 Q 的顶点均代入 P 的方程检验符号。如果测试通过，则 P 和 Q 在表中的顺序应颠倒过来。

(5) 精确的重叠测试

如果所有测试失败，就必须对两个多边形在 XY 平面上的投影作求交计算。计算时，不必具体求出重叠的部分，只要能判出前后顺序就可以了。最简单的处理方法是，对每对边(一条 P 的边，一条 Q 的边)作线段求交测试。如果排除循环重叠的情形，则上述测试只要进行到求出第一个交点为止。在交点处进行深度比较即可确定二者顺序。

9.2.2 Z 缓冲区算法

画家算法中的深度排序计算量大，而且排序后，还需再检查相邻的面，以确保在深度优先级表中前者在前，后者在后。若遇到多边形相交，或循环重叠的情形，还必须分割多边形。为了避免这些复杂的运算，人们发明了 Z 缓冲区算法。在这个算法里，不仅需要有帧缓冲区来存放每个象素的亮度值，还需要有一个 Z 缓冲区来存放每个象素的深度值。如图 9.2.5 所示。

Z 缓冲区算法的流程是：

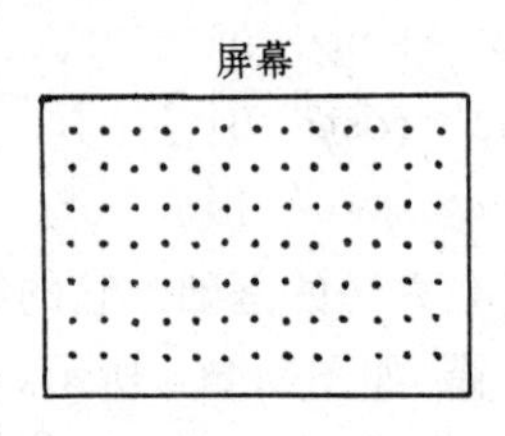

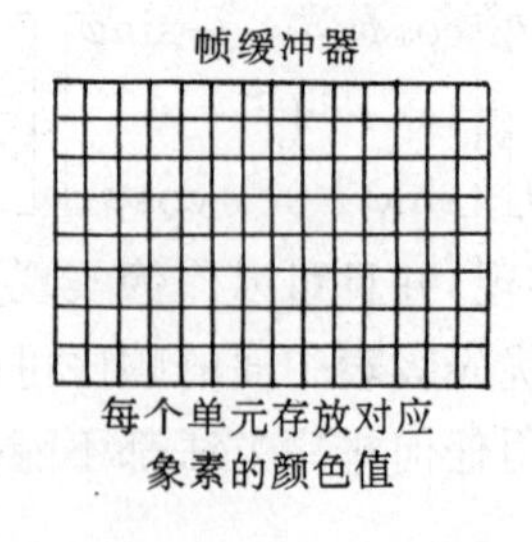

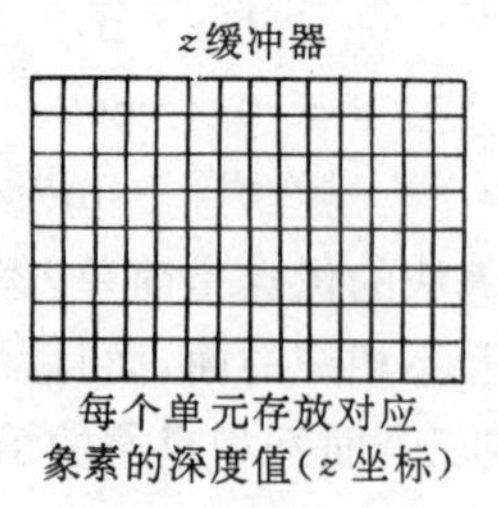

图 9.2.5　Z 缓冲区示意图

```
帧缓冲区置成背景色；
Z 缓冲区置成最小 Z 值；
  for(各个多边形)
  { 扫描转换该多边形；
    for(多边形所覆盖的每个象素(x,y))
    { 计算多边形在该象素的深度值 Z(x,y)；
      if (Z(x,y)大于 Z 缓冲区在(x,y)处的值)
        { 把 Z(x,y)存入 Z 缓冲区中的(x,y)处；
          把多边形在(x,y)处的亮度值存入帧缓冲区的(x,y)处；
        }
      }
    }
```

多边形在各个象素处的深度值可从顶点的深度值用增量方法求出。对于一个给定的多边形，它在某一点(x,y)的深度值可借助于平面方程 $ax+by+cz+d=0$ 表示为

$$z=(-d-ax-by)/c$$

若在(x,y)处求出 z 值是 z_1，则在$(x+\Delta x,y)$处的 z 值为 $z_1-a/c(\Delta x)$。这里 a/c 为常数，且一般取 $\Delta x=1$。所以，当已知(x,y)处的深度值时，求$(x+1,y)$处的深度值只要做一次减法。

在上述 Z 缓冲区算法中，形体在屏幕上出现的顺序是无关紧要的，并没有必要规定按从前到后或从后到前的顺序处理。

Z 缓冲区算法的基本思想是简单的：在象素级上以近物取代远物。这种取代方法实现起来远比总体排序灵活简单，有利于硬件实现。然而 Z 缓冲区需要较多的存储空间。例如，当象素数目为 500×500 时，就需要存放 250K 个深度值的存储空间。深度值一般用浮点数表示，每个数占 4 个字节，故共需 1 兆字节的额外存储空间。彩照 1 和彩照 2 所示的图形就是用 Z 缓冲区算法生成的。

9.2.3　扫描线算法

扫描线算法的基本思想是，按扫描行的顺序处理一帧画面，在由视点和扫描线所决定的扫描平面上解决消隐问题。具体步骤是，先把物体各面投影到屏幕上，再计算扫描线与物体各投影面的相交区间。当两个区间在深度方向上重叠时，采用深度测试确定可见部分，扫描线算法的典型实现有两种：扫描线 Z 缓冲区算法和扫描线间隔连贯性算法。

扫描线 Z 缓冲区算法使用一个扫描线帧缓冲区 fbuffer 来存放各象素对应的亮度值。算法流程是：

```
for (各条扫描线)
```

```
{ 扫描线帧缓冲区 fbuffer 置成背景色；
  扫描线 Z 缓冲区 zbuffer 置成最小 Z 值；
  for (各个多边形)
  { 求出该多边形与当前扫描线的相交区间；
    for (区间所含各象素)
    { if (多边形在该处的 Z 值大于 zbuffer 在该处的值)
        { 用多边形在该处的 Z 值取代 zbuffer 在该处的值；
          用多边形在该处的亮度值取代 fbuffer 在该处的值；
        }
      }
    }
      用 fbuffer 内容显示当前扫描线；
  }
```

在上述算法中，没有包含任何的排序运算。每条扫描线要与每个多边形求交。我们可以通过使用一个活性多边形表来提高计算效率。所谓活性多边形，就是与当前扫描线相交的多边形。在一条扫描线处理结束，转去处理下一条扫描线之前，要对该表进行更新。也就是插入第一次与扫描线相交的多边形，以及删除不再与下面的扫描线相交的多边形。为了实现这种更新，只要在进入扫描之前，作如下处理：

(1) 按每个多边形的最大 Y 值进行排序，求出多边形所交的最高扫描线，把它链入该扫描线的 Y 值缓存中。

(2) 在多边形的数据表中，增加一个计数器，记录它所交的扫描线条数。每更新一次，计数器减一。计数器为零时，即表示该多边形不再与后面的扫描线相交，可以从活性多边形表中删除。

多边形在各点的深度计算，以及多边形与扫描线的相交区间的端点均可以按增量方法计算。这可以通过增设一个活性边表来实现。所谓活性边，就是与当前扫描线相交的边。活性边表的每个结点应包含如下信息：该边与当前扫描线的交点 X；两条扫描线之间 X 的增量 ΔX；与该边相交，但未被处理的扫描线的条数 m；X 所对应的多边形位置的 Z 坐标；以及多边形深度 Z 沿 X 轴方向和 Y 轴方向的增量。

扫描线间隔连贯性算法不需要扫描线帧缓冲区。它是把当前扫描线与多边形各边的交点进行排序后，使扫描线分为若干子区间，在小区间上确定可见线段并予以显示。如图9.2.6所示，扫描线 m 同时与三个多边形 F_1、F_2 和 F_3 的边相交于 a_1～a_8。下面讨论如何确定小区间$[a_i, a_{i+1}]$，　$i=1,2,\cdots,7$ 的颜色。可分三种情况考虑：

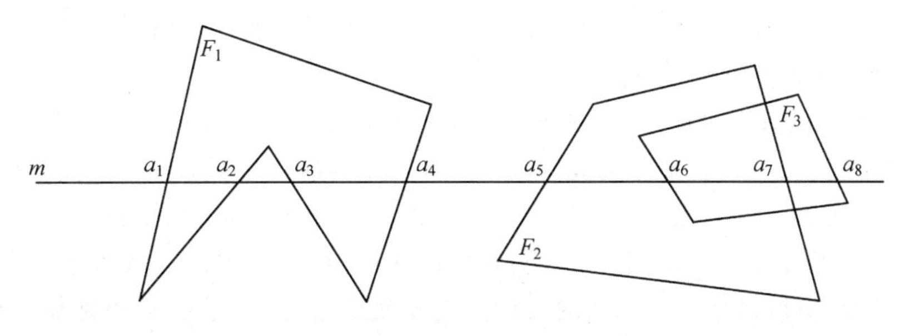

图 9.2.6　扫描线

(1) 小区间上没有任何多边形。这时,该小区间用背景色显示。

(2) 小区间上只有一个多边形,如[a_1,a_2],[a_5,a_6]等。这时可以用对应多边形在该处的颜色显示。

(3)小区间存在两个或两个以上的多边形(如[a_6,a_7]时,必须通过深度测试判断那个多边形可见。若允许物体表面相互贯穿时,还必须求出它们在扫描平面(ZX 平面)上的交点。用这些交点把该小区间分成更小的子区间(称为间隔)。在这些间隔上决定那个多边形可见。如图 9.2.7(a)所示,F_1,F_2 与 F_3 三个多边形在 XY 投影面上相互重叠。这时,只能从它们与扫描平面的交线才能看出它们在空间中的相互位置。如图 9.2.7(b)所示,各多边形与扫描平面的交线互不相交,故不必把子区间再细分为更小的间隔。而在图 9.2.7(c)中,多边形与扫描平面的交线相交。以[a_4,a_5]子区间为例,F_2 与 F_3 在[a_4,a_5]中交于一点 b。在[a_3,b]上,F_3 可见,但在[b,a_5]上,F_2 可见。为了确定某间隔内哪个多边形可见,可在间隔内任取一采样点(如间隔中点),分析该点处哪个多边形离视点最近,该多边形即是在该间隔内可见的多边形。其它多边形在该间隔内均不可见。

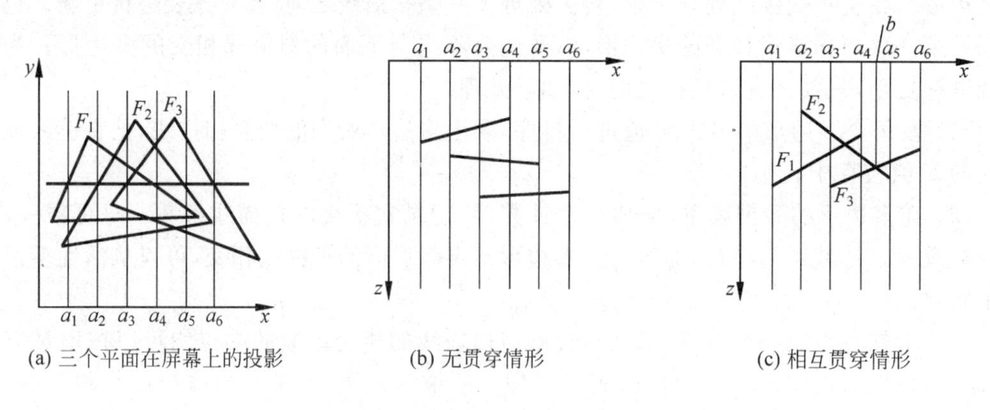

(a) 三个平面在屏幕上的投影　　(b) 无贯穿情形　　(c) 相互贯穿情形

图 9.2.7　扫描线的间隔分类

扫描线间隔连贯性算法,也可以使用活性多边形表和活性边表以及增量计算来提高运算效率。

9.2.4　区域采样算法

前面介绍的画家算法、Z 缓冲区算法和扫描线算法,都是点取样算法。用这三种算法绘制物体真实图形时,总是在投影面取一组离散点,在各个离散点解决消隐问题,以及确定颜色、亮度,用于显示屏幕上的对应象素。下面介绍的区域采样算法,利用图形的区域连贯性,在连续的区域上确定可见面及其颜色、亮度。

区域采样算法的基本思想是,把物体投影到全屏幕窗口上,然后递归地分割窗口,直到窗口内目标足够简单,可以直接显示为止。图 9.2.8 所示为区域采样算法示意图。该算法把初始窗口取作边界平行于屏幕坐标系的矩形。如果窗口内没有物体,则按背景色显示。若窗口内只有一个面,则把该面显示出来。否则,窗口内含有两个以上的面,则把窗口等分成四个小窗口,对每个小窗口再作上述同样的处理。这样反复地进行下去。如果到某个时刻,窗口仅有象素那么大,而窗口内仍有两个以上的面,这时不必继续再分割,只要取窗口内最近的可见面的颜色或所有可见面的平均色作为该象素的值。上述算法可以借助于栈结构进行实现。如图 9.2.9 所示，为区域采样算法框图。这里假设全屏幕窗口分辨率为 1024×1024。窗口以左下角点(x,y)和边宽 s 来定义，即(x,y,s)。框图中的循环结构可用 pascal 语言的 REPEAT_UNTIL 语句或 C 语言的 do-while 语句实现。框图中分支结构是嵌套 IF-THEN-ELSE 结构。由于算法中每次递归总是把窗口分割成四个与原窗口形状相似的小窗口，故这种算法通常称为四叉树算法。下面，我们讨论窗口与多形的覆盖关系。

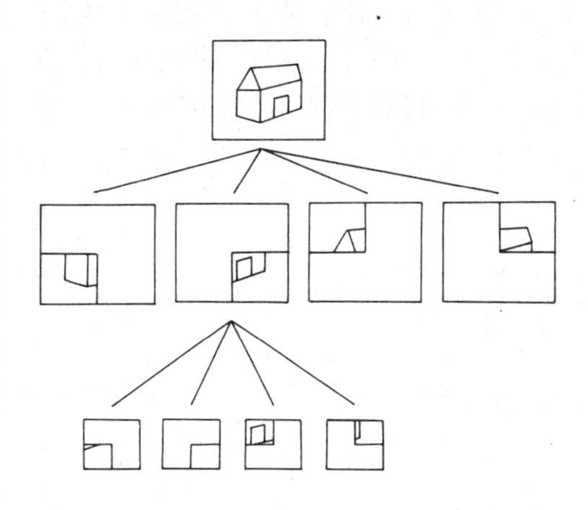
图 9.2.8　区域采样算法示意图

窗口与多边形的覆盖关系有四种：内含、相交、包围和分离。内含指的是多边形全部落

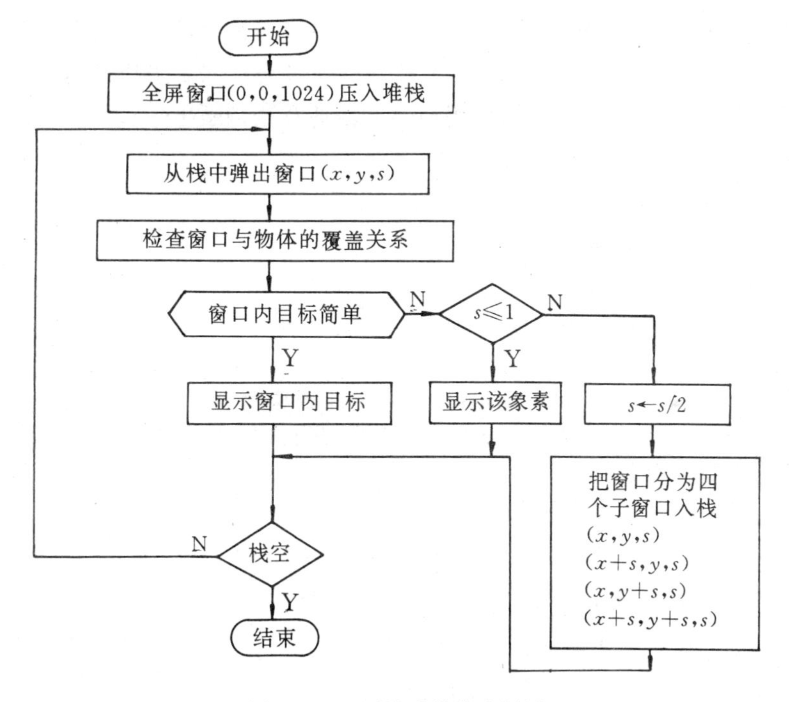

图 9.2.9　区域采样算法框图

在窗口内。相交指的是多边形一部分在窗口内，另一部分在窗口外。包围指是多边形包围窗口。分离指的是多边形完全在窗口外。如图 9.2.10 所示。

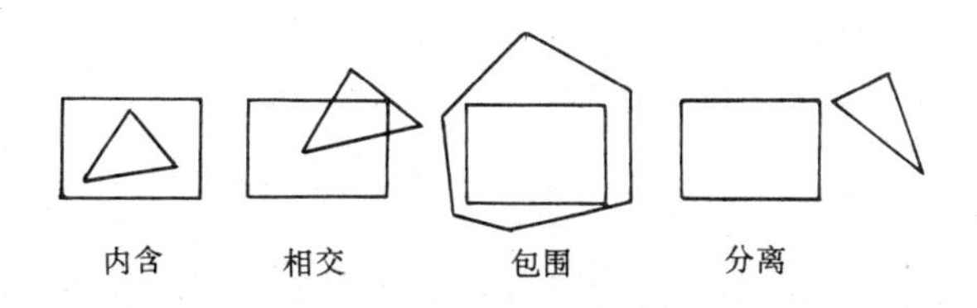

图 9.2.10　窗口与多边形的四种覆盖关系

判断内含和相交关系可以借助于裁剪算法来解决。这里不必具体求出交点和进行裁剪，

只要判断出多边形含于窗口内,或多边形某边与窗口某边有交就可以了。判断包围和分离关系可用转角检查的方法进行。所谓转角检查,就是按顺时针或逆时针方向绕多边形边界一周,累计相邻的两个顶点对窗口所张的角之和 $\sum\alpha$。若 $\sum\alpha=360°$,则多边形包含窗口。若 $\sum\alpha=0$,则多边形与窗口分离,如图 9.2.11 所示。

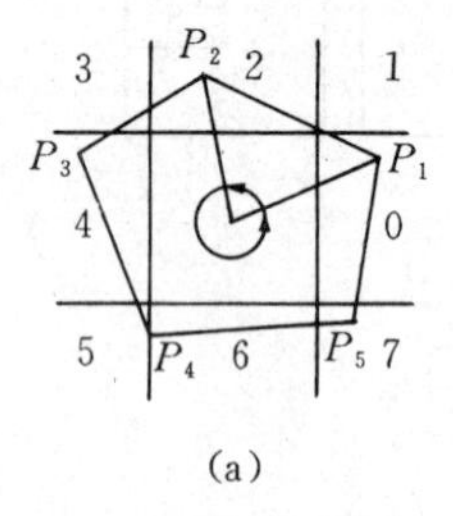

(a)

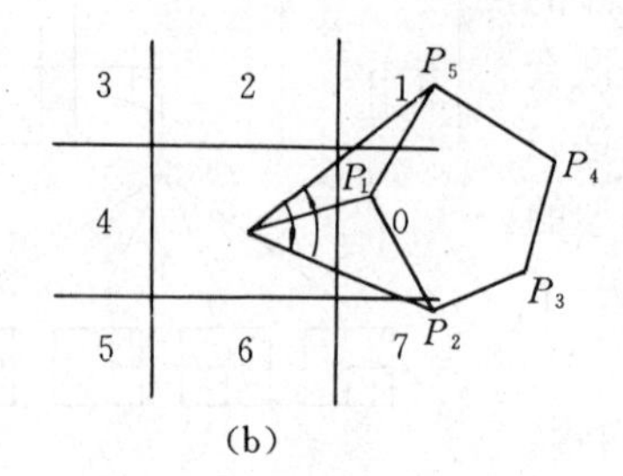

(b)

图 9.2.11　转角检查法

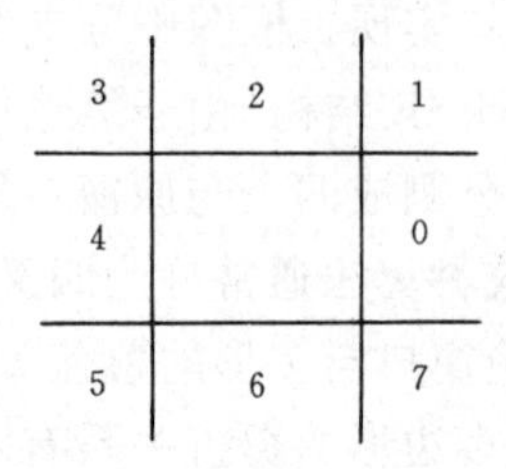

图 9.2.12　窗口外的区域编码

在进行转角检查时,不必精确地计算每个角度,可以通过区域编码的方法简化计算。如图 9.2.12 所示,把窗口外的平面区域分为八个区。编号为 0—7。多边形的每个顶点一定落在某个区内(否则为内含或相交关系,可用前述的裁剪算法判断出来)。顶点所在区的编号,就作为顶点的编号。

对每条边,令:α=(终点编码)-(起点编码)

若　$\alpha>4$　则 $\alpha=\alpha-8$

若　$\alpha<-4$ 则 $\alpha=\alpha+8$

若　$\alpha=\pm4$ 则将该边在窗口边界分为两段,对每一段求 α,

把每条边的 α 求和得

$$\sum\alpha=\begin{cases}\pm8 & \text{多边形包含窗口}\\0 & \text{多边形与窗口分离}\end{cases}$$

例如,在图 9.2.11(a)中,

$$\begin{aligned}&\alpha12=2-0=2 \qquad &\alpha51&=0-7\\&\alpha23=4-2=2 &&=-7(<-4)\\&\alpha34=6-4=2 &&=-7+8\\&\alpha45=7-6=1 &&=1\end{aligned}$$

$$\therefore\ \sum\alpha=2+2+2+1+1=8$$

可判断多边形包含窗口。

在图 9.2.11(b)中

$$\alpha12=7-0=7(>4)=7-8=-1$$

$$\alpha23=7-7=0$$

$$\alpha34=0-7=-7(<-4)=-7+8=1$$

$$\alpha45=1-0=1$$

$$\alpha51=0-1=-1$$

$$\therefore\ \sum\alpha=-1+0+1+1-1=0$$

故可判断多边形与窗口分离。

为什么 $\alpha=\pm 4$ 时要另外特殊处理呢？考虑图 9.2.13 所示的两种情况。在图 9.2.13(a)中

$$\alpha 12=3-7=-4$$

$$\alpha 23=2$$

$$\alpha 31=2$$

若 $\alpha=\pm 4$ 不作特殊处理，则 $\sum \alpha=0$。这是判断多边形与窗口分离的条件，现在若把该线段在窗口边界分为两段，新端点为 P_m，则

$$\alpha_{1m}=0-7=-7(<-4)=-7+8=1$$

$$\alpha_{m2}=3-0=3$$

故 $\sum \alpha=1+3+2+2=8$，这就是判断多边形包围窗口的条件。

再考虑图 9.2.13(b)

$$\alpha 12=1-7=-6(<-4)=-6+8=2$$

$$\alpha 23=3-1=2$$

$$\alpha 31=7-3=4$$

若 $\alpha=4$ 不作特殊处理，则 $\sum \alpha=2+2+4=8$，这是我们所不希望的。现把 P_1P_3 分为两段

$$\alpha_{3m}=0-3=-3$$

$$\alpha_{m1}=7-0=7(>4)=7-8=-1$$

则 $\sum \alpha=2+2+(-3)+(-1)=0$。成为我们所希望的多边形与窗口分离的条件。

图 9.2.9 中，判断框“窗口内目标简单”指的是三种情形：

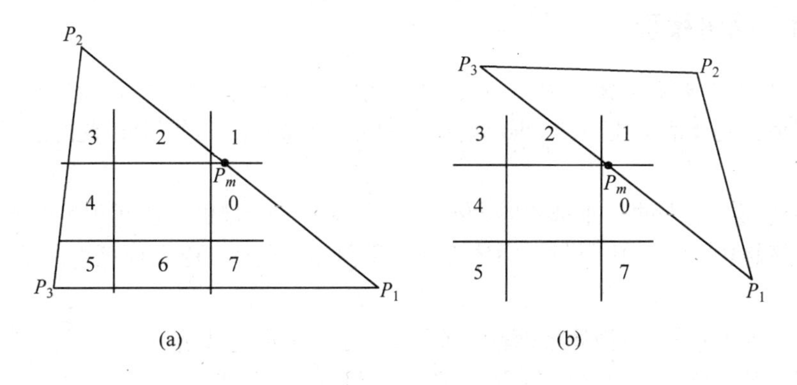

图 9.2.13 $\alpha=\pm 4$ 的情形

① 窗口为空，不含任何物体，这时显示背景色。

② 窗口内仅含一个多边形（内含或相交），这时用窗口对多边形裁剪，显示多边形在窗口中的部分。

③ 有一个多边形包围窗口，并且比任何其它多边形离视点近，这时，用该多边形的颜色显示窗口。在区域采样算法中，解决消除隐面问题，实际上主要通过③来实现。

9.3 明暗效应

所谓明暗效应,指的是对光照射到物体表面所产生的反射或透射现象的模拟。当光照射到物体表面时,可能被吸收、反射或透射。被物体吸收的那部分光转化为热。而那些被反射、透射的光传到我们的视觉系统,使我们能看见物体。为了模拟这一物理现象,我们使用一些数学公式来近似计算物体表面按什么样的规律,什么样的比例来反射或透射光。这种公式称为明暗效应的模型。在某个算法中使用这种模型计算物体表面的明暗度的过程称为明暗效应的处理。三维形体的图形在经过消隐后,再进行明暗效应的处理,可以进一步提高图形的真实感。

在计算机图形学的应用中,一般没有必要精确地模拟光的所有物理性质,只要在某种程度上进行模拟,能生成与肉眼观察景物相似的图形就可以了。另一方面,我们也要注意避免由于近似而造成观察者对形体表示上的混淆。

一般认为,光的颜色由其波长决定;光的亮度由光强决定。各种颜色光具有不同的波长。白色光含有所有可见波长的光。当一束白色光照射到物体表面上时,若所有波长的光均被等量吸收,则物体呈白色、灰色或黑色。这里灰色指的是不同亮度的白色,如阴天天空的颜色。若物体有选择地吸收某些波长的光,则物体呈现出颜色。物体的颜色取决于未被吸收的那部分光的波长。

从物体表面反射或折射出来的光的强度取决于许多因素,其中包括光源的位置与光强,物体表面的位置和朝向,物体表面的性质(如反射率、折射率、光滑度)以及视点的位置。关于颜色问题,我们留到下一节再讨论。本节主要讨论如何计算物体表面明暗度的一些比较简单常用的方法。

9.3.1 明暗模型

在本节讨论中,假定光源为点光源,且为单光源。多光源的情形可以很容易推广。从某个点光源照射到物体表面上一点,再反射出来的光,可以分为三个部分:泛光、漫反射光和镜面反射光。

泛光在任何方向上的分布都相同。例如,透过厚厚的云层的阳光可视为泛光。这里泛光用于模拟从环境中周围物体散射到物体表面再反射出来的光。泛光项可用式子(9-3-1)表示

$$I = K_a I_a \tag{9-3-1}$$

其中,K_a 是漫反射常数,与物体表面性质有关。I_a 是入射的泛光光强,与环境的明暗度有关。

漫反射光的空间分布也是均匀的,但是反射光强与入射光的入射角的余弦成正比。这就是兰伯特(Lambert)余弦定律。该定律适用于点光源照射到一个完全漫反射物体上所产生的反射。在实际使用时,用(9-3-2)式表示漫反射光的光强

$$I = K_d I_l \cos\theta \tag{9-3-2}$$

其中,K_d 是漫反射常数,与物体表面性质有关。为了计算上的方便,通常假定它与波长及视点位置无关。I_l 是光源的光强。θ 是入射角,即入射光与表面法向量的夹角,如图 9.3.1 所示。

下面，我们再讨论如何近似地模拟光的镜面反射现象。我们知道，对于理想反射表面(如镜面)，反射光沿反射方向传播。所以，只有当视点在入射光的反射方向上时，才能看到反射光。对于一般的较光滑表面，尽管它们不是理想反射表面，沿反射方向传播的反射光也相对比较多。而沿其它方向传播的光线多少与该方向和反射方向的夹角大小有关。镜面反射项由(9-3-3)式给出。它所描述的是，对于较光滑表面，在视点所见的反射光强随视线与反射方向的夹角的增加而减少的现象。

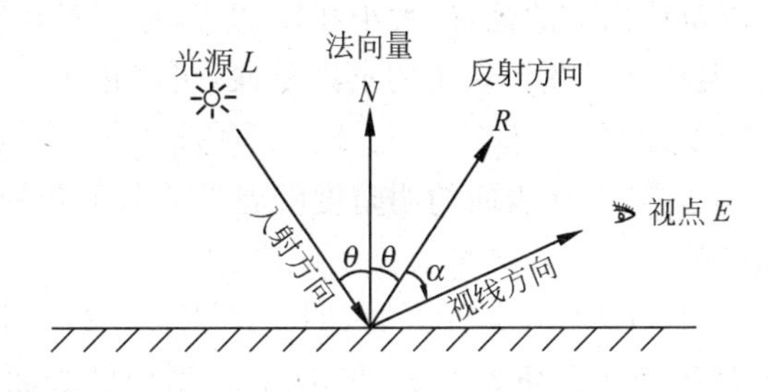

图 9.3.1　入射、反射、视线方向示意图

$$I = K_s I_l \cos^n\alpha \qquad (9\text{-}3\text{-}3)$$

式中，K_s 是物体表面镜面反射系数。严格地说，K_s 与入射角和波长有关。但是为了计算方便起见，在实际使用时，往往把它取作常数。α 是视线与反射方向的夹角。如图 9.3.1 所示。$\cos^n\alpha$ 近似地描述了镜面反射光的空间分布。如图 9.3.2 所示。当 n 愈大时，曲线愈陡，表示反射光愈集中在反射方向附近。换句话说，当 n 愈大，镜面反射光随 α 增加时，递减得愈快。不难看出，大的 n 值可用于表示镜面或磨光金属表面等光滑表面。小的 n 值可用于表示木头、纸张等较粗糙的表面。

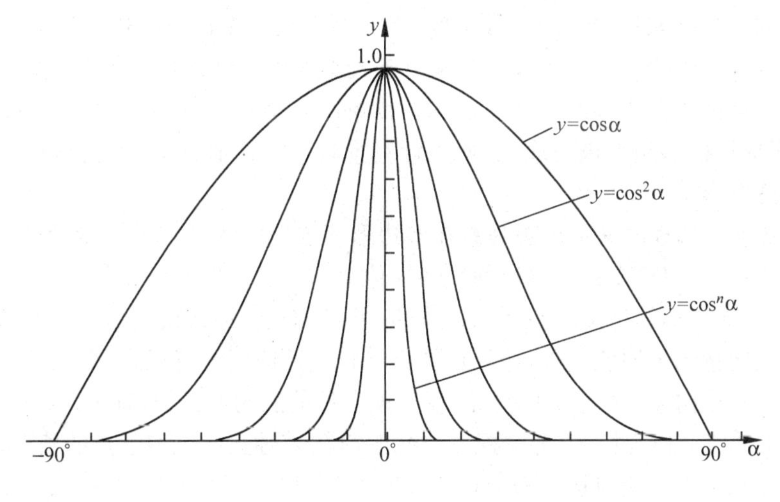

图 9.3.2　$\cos^n\alpha$ 曲线

9.3.2　处理方法

用前面介绍的明暗度计算公式，可以把经过消隐处理的物体生成为具有真实感的多灰度图形。

在最简单的情形，我们只使用泛光项(9-3-1)式计算物体表面的明暗度。由于可以对不同的物体表面取不同的 K_a，所以，我们可以从图中区别不同的物体的表面。但是由于改变光的入射方向并没有改变计算出来的明暗度，所以，我们无法确定图中一个圆是代表一个球面还是一个图盘的底面。这种图形就好像我们在黑夜中借助星光观察没有照明的建筑物一样，只能辨认出它的位置、大小和轮廓线，却不能看出它的细节。虽然这种图形在实际上用处不大，但在开发图形系统的早期阶段，可以用于帮助调试变换投影及求交程序，节省不必要的明暗度计算。

通常，形体表面的明暗度随着光的入射角的改变而变化。兰伯特余弦定律指出漫反射光强度是与它的入射角余弦成正比(见式(9-3-2))，且反射光均匀地散射到空间各个方向。用式(9-3-2)计算反射光强时，明暗度随着光的入射角的增加而减少。当入射角为 90°时，明暗度为 0，当入射角大于 90°时，则认为对应的表面处于阴影中，其明暗度置为 0。但是，在实际上，处于阴影的物体表面明暗度为 0 的现象很少有。这是因为，虽然这部分物体表面不能直接从光源接受光，但是一般也会通过周围物体如墙壁，甚至空气的反射接受一部分光。故在实际使用时，采用(9-3-1)式与(9-3-2)式的和来计算由漫反射产生的明暗度：

$$I = K_a I_a + K_d I_l \cos\theta \qquad (9\text{-}3\text{-}4)$$

当我们处理的形体是多边形集合或多面体时，我们可以计算出每个面的法向量。假定光源在无穷远处，那么每个多边形上所有点都具有相同的明暗度。故对于每个多边形，只需计算一次明暗度，多边形上每个可见点均按这个明暗度进行显示。这种明暗效应的处理方法一般称为常量明暗处理。

如果形体所代表的是有实际意义的多边形或多面体，那么用常量明暗处理方法生成的图形还可以接受。但是，如果它是作为曲面体的近似表示时，常量明暗处理很难生成令人满意的光滑图形。如果把曲面体离散成很细的小面片，则在存储量以及处理时间上耗费极大，一般亦不可取。如果采用较粗的离散精度，那么两个相邻多边形的边界看起来像凸出的折痕。这就是令人讨厌的马赫带效应。它是由于人类视觉系统会夸大具有不同常量光强的两个邻接区域之间的光强不连续性而造成的。欲解决这个问题，可采用著名的 Gouraud 明暗处理方法，对曲面的多边形逼近表示，使用计算量较小的插值方法，生成具有光滑变化的明暗度的真实感图形。

Gouraud 明暗处理的基本思想是只在多边形顶点处按(9-3-4)式准确地计算明暗度。而对于多边形内各点，用顶点的明暗度的线性插值算出。线性插值可以与扫描线算法配合，用增量计算实现。如果形体定义只包括原物体的多边形逼近，那么顶点的法向量可以通过对周围的多边形法向量求平均值获得。如果形体定义包括原曲面的解析式，那么可以通过解析式直接计算顶点的法向量。不论何种情况，只要顶点处的法向量已知，就可以通过(9-3-4)式求出顶点处的明暗度。作为特例，考虑视点与光源均在 Z 轴正向无穷远点的情形。即 $L=E=(0,0,1)$。假设某顶点的法向量为 $N=(x_n,y_n,z_n)$已单位化。则 $\cos\theta=L\cdot N/(|L||N|)=z_n$。故明暗度计算特别简单。缺点是生成的图形立体感不够强。一般取 $L\neq E$，夹角 45°左右，生成的图象立体感更强。

如图 9.3.3 所示，假设每个顶点的明暗度已算出，现要计算一条扫描线上的明暗度。这条扫描线与多边形相交于 L 和 R。在 L 处的明暗度是 A,B 处明暗度的线性插值。在 R 处的明暗度是 A,D 处明暗度的线性插值。假设 A,B,C,D 各顶点处的光强分别是 I_A,I_B,I_C,I_D。令

$$\Delta y(AB)=B\text{ 的 }y\text{ 坐标}-A\text{ 的 }y\text{ 坐标}$$

$$\Delta I(AB)=(I_B-I_A)/\Delta y(AB)$$

再类似地定义 $\Delta I(AD)$。那么，在两条扫描线之间，AB 边上的光强增量为 $\Delta I(AB)$，AD 边

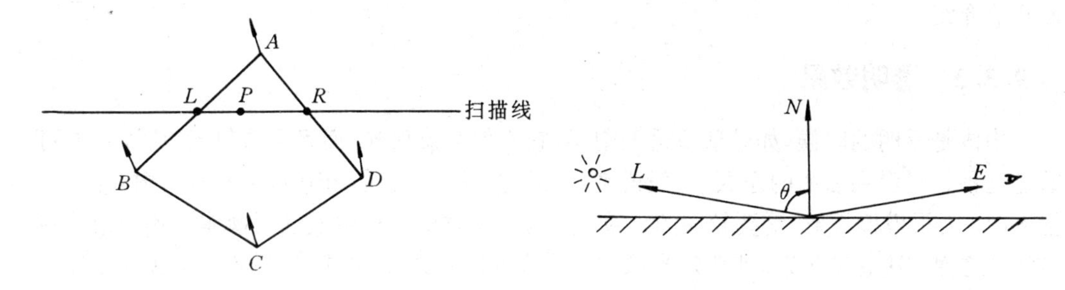

图 9.3.3　多边形明暗度的线性插值　　　　图 9.3.4　视线处于反射线方向的情形

上光强增量为 $\Delta I(AD)$。所以，若在当前扫描线上，L，R 处的光强为 I_C，I_R，则在下一条扫描线，$I_L=I_L+\Delta I(AB)$，$I_R=I_R+\Delta I(AD)$。这就是扫描线间线性插值的增量算法。

再令 $\Delta X(LR)=R$ 的 x 坐标$-L$ 的 x 坐标，则两个象素之间的光强增量为 $\Delta I(IR)=(I_R-I_L)/\Delta X(LR)$。若某象素处光强为 I_P，则下一个象素处光强为 $I_P=I_P+\Delta I(LR)$。

从上面讨论可以看出，Gouraud 明暗处理的优点是算法简单，计算量小。但是这种方法也有一些缺陷。当它用于动态显示物体时，物体表面的明暗度将以不规则的方式变化。这是由于本方法的插值是基于固定的屏幕表面，而不是运动的形体表面。Gouraud 明暗处理的另一个缺点是，采用(9-3-4)式时，要求光源方向与视线方向比较接近。一般二者方向夹角不超过 45°为宜。这是因为，当光源方向与视线方向差别较大，如入射角 θ 接近 90°，且视线在反射方向(如图 9.3.4)时，由于 $\theta\rightarrow 90°$，所以 $\cos\theta\rightarrow 0$。因而采用(9-3-4)式所计算的反射光强 I 趋于最小。但是在实际上，这时的反射光最强，即通常所说的高光。为了克服上述一些问题，可采用 Phong 明暗处理技术。

Phong 明暗处理的基本步骤是，先计算多边形各顶点处的法向量，再用双线性插值的方法求得每个象素处的法向量，最后对每个象素所得的法向量按(9-3-5)式所给出 Phong 光照模型，求出明暗度值。

$$I = K_a I_a + K_d I_l \cos\theta + K_s I_l \cos^n \alpha \qquad (9\text{-}3\text{-}5)$$

在(9-3-5)式中，最后一项是用于模拟镜面反射光，以便能再现高光。由于插值是基于描述物体表面朝向的法向量，所以生成的图形具有更强的真实感。

在具体计算中，一般不用 $\cos\alpha$，而使用点积 $N\cdot H$。其中 N 是物体表面法向量，H 是 L 和 E 的平均向量再单位化，即：$H=(L+E)/|L+E|$，如图 9.3.5 所示。

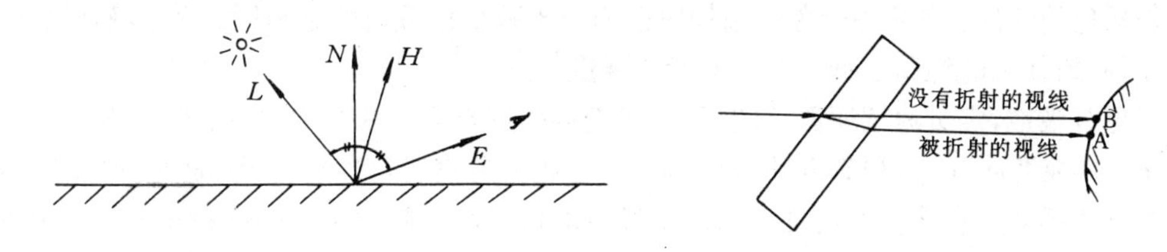

图 9.3.5　Phong 模型所涉及的几何量　　　　图 9.3.6　折射与没有折射的视线差别

最后要指出的是，若绘图只是作为辅助设计的一种手段，即显示设计中的产品形状，作为进一步改进设计的依据和参考，那么，上述明暗度处理方法一般就够用了。若要绘制更完善的真实感图象，如用于广告或取得其它艺术效果，那就必须使用更精确的方法，我们将在后面几节介绍。

9.3.3 透明效果

当物体是透明的时候，如玻璃或透明塑料，它不但会反射光，而且会透射光。所以我们可以透过这种材料看到后面的东西。一般说来，光通过不同的介质表面时，会发生折射，即改变传播方向。为了模拟折射，需要较大的计算量。这里仅讨论一种生成透明物体图象的最简单的方法。这种方法忽略折射，即假定光通过形体表面时不改变方向。如图 9.3.6 所示。注意当考虑折射时，图中的 A 点可见，而不考虑折射时，B 点可见。一般的隐面消除算法均适用于模拟不考虑折射的透明情况。例如，当使用扫描线算法生成物体图形时，假设视线交于一个透明物体表面后再交于另一物体表面，在两个交点处的明暗度分别是 I_1 和 I_2。那么，可以把综合光强表示为两个明暗度的加权和，即

$$I=KI_1+(1-K)I_2$$

式中 K 是第一个物体表面的透明度($0\leqslant K\leqslant 1$)。在极端的情形，$K=0$ 时，第一个物体表面完全透明，故对后面物体的明暗度毫无影响。而当 $K=1$ 时，则表示物体是不透明的，故后面的物体被遮挡，对当前象素的明暗度不产生影响。

9.4 颜色模型

要生成高度真实感的图形，就必须对颜色进行讨论。然而，颜色是个非常复杂的学科，涉及到物理学、心理学、美学等领域。在这里，我们仅讨论与计算机图形学有关的部分。

9.4.1 基本概念

物体的颜色不仅取决于物体本身，它与光源、周围环境的颜色、以及观察者的视觉系统有关系。例如，有些物体(如粉笔、纸张)只反射光线；而另外有些物体(如玻璃、水)不仅会反射光，而且会透光。当一个只反射纯绿色的表面用纯红色照明时呈黑色。类似地，从一块只透蓝光的后面观察一道红光，也是呈黑色。

从视觉的角度，颜色包含三个要素：色彩(hue)、饱和度(saturation)和亮度(lightness)。所谓色彩，就是我们通常所说的红、绿、蓝、紫等，是使一种颜色区别于另一种颜色的要素。饱和度就是颜色的纯度。在某种颜色中添加白色相当于减少该颜色的饱和度。例如，鲜红色的饱和度高，而粉红色的饱和度低。亮度即光的强度。

为了更客观地，定量地阐明颜色的概念，我们再引进光学的几个术语：主波长(dominant wavelength)、纯度(purity)和辉度(luminance)。主波长是我们观察光线所见颜色光的波长，对应于视觉所感知的色彩。光的纯度对应于颜色的饱和度。辉度就是颜色的亮度。一种颜色光的纯度是定义该颜色光的(主波长的)纯色光与白色光的比例。每一种纯色光都是百分之百饱和的，因而不包含任何白色光。

从根本上讲，光是波长为 400μm 至 700μm 的电磁波。这些电磁波被我们视觉系统感知为紫、青、蓝、绿、黄、橙、红等颜色。图 9.4.1 是某个光源的光谱能量分布图。图中纵坐标表示各个波长的光在光源中所含的能量值。用这样的光谱能量分布图来定义颜色是很麻烦的。

事实上，我们可以用主波长、纯度和辉度三元组来简明地描述任何光谱分布的视觉效果。许多具有不同的光谱分布的光产生的视觉效果(即颜色)是一样的。换句话说，光谱与颜色的对应是多对一的。光谱分布不同而看上去相同的两种颜色称为条件等色。

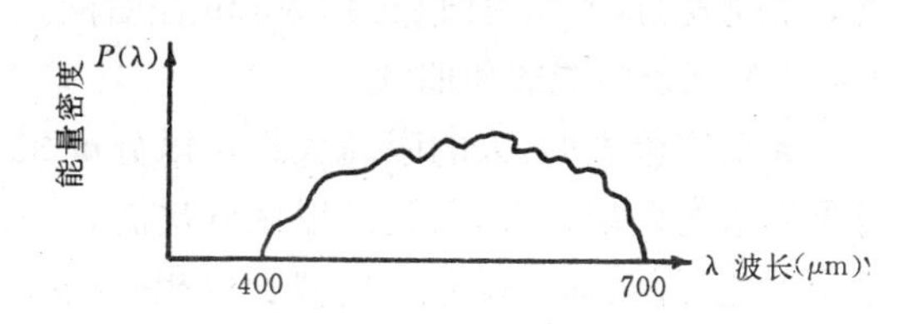

图 9.4.1　某种颜色光的光谱能量分布

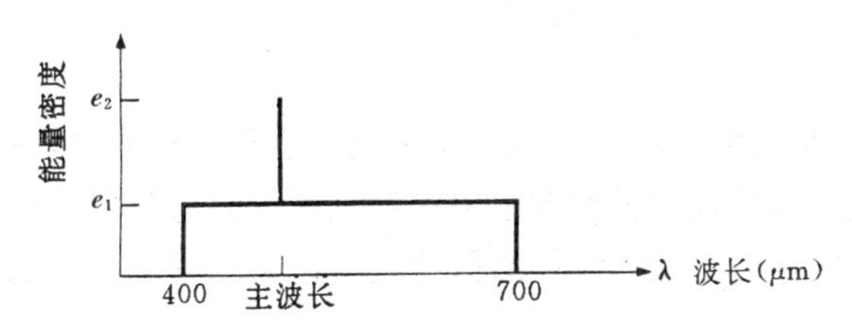

图 9.4.2　有主波长的特殊光谱能量分布

图 9.4.2 所示为产生某种颜色的无数个条件等色中的一个。在主波长处有一个能量为 e_2 的尖锋，产生色彩。同时，对其它各波长，有能量级为 e_1 的能量均匀分布，其结果是产生白光。纯度取决于 e_1 和 e_2 的比例。当 $e_1=e_2$ 时，纯度为 0。当 $e_1=0$，纯度为百分之百。辉度取值与 e_1 和 e_2 都有关。它与光谱曲线下方所围区域以光视效率函数(定义在后)为权的积分值成正比。一般说来，光谱分布要比图 9.4.2 所示分布复杂得多，并且不可能仅仅依靠观察光谱分布就能够确定主波长。特别需要指出的是，光谱分布中能量最大的波长未必是主波长。

由第 1 章的内容可知，彩色图形显示器(CRT)上每个象素是由红、绿、蓝三种荧光点组成。这是以人类视觉颜色感知的三刺激理论为基础设计的。三刺激理论基于这样一个假设：人类眼睛的视网膜中有三种锥状视觉细胞，分别对红绿蓝三种光最敏感。如图 9.4.3 所示为人眼光谱灵敏度实验曲线。实验表明，对蓝色敏感的细胞对波长为 440μm 左右的光最敏感；对绿色敏感的细胞对波长为 545μm 左右的光最敏感；对红色敏感的细胞对波长为 580μm 左右的光最敏感。曲线还显示，人类眼睛对蓝光的灵敏度远远低于对红光和绿光的灵敏度。

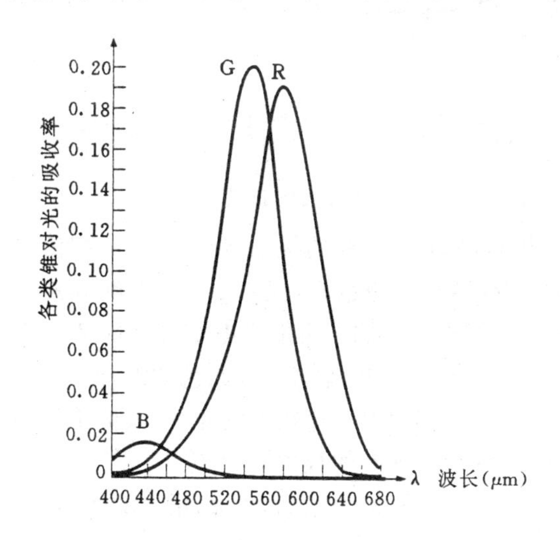

图 9.4.3　人类视网膜上三种锥状视觉细胞的光谱灵敏度曲线

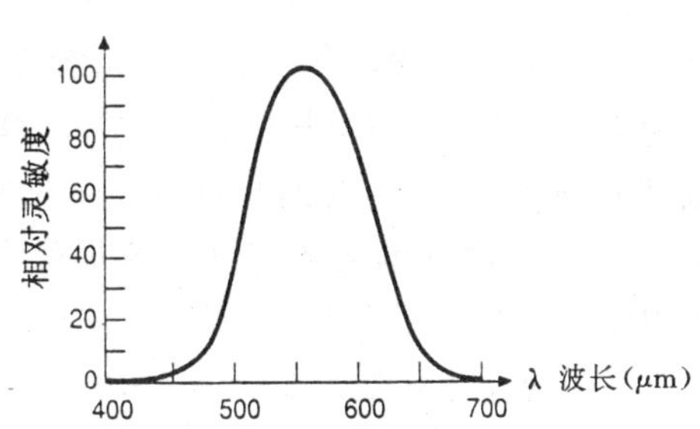

图 9.4.4　人眼的光照效率灵敏度曲线

图 9.4.4 所示，为光照效率函数曲线，即眼睛对于强度为常量的不同主波长的光的灵敏

度。曲线表明，人眼对波长为 550μm 左右的黄绿色最为敏感。实验结果显示，这条曲线是图 9.4.3 中三条曲线的和曲线。

大量实验表明，人的眼睛大约可以分辨 35 万种颜色，但只能分辨 128 种不同的色彩。在可见光谱的两端附近，人眼可以区别出波长相差 10μm 左右的两种不同色彩。而在光谱的蓝色至黄色区间，却可以分辨出波长仅相差 1μm 左右的两种不同色彩。人眼分辨饱和度的功能比分辨色彩的能力差。对红、紫色只能分辨出 23 种不同的饱和度，而对于黄色，仅能分辨 16 种不同的饱和度。

9.4.2 CIE 色度图

在彩色图形显示器上，通常采用红、绿、蓝三种基色。红、绿、蓝三种颜色有这样的性质：用适当比例的这三种颜色混合，可以获得白色，而且这三种颜色中的任意两种的组合都不能生成第三种颜色。具有这种性质的三种颜色称为原色。我们的目的是希望用三种原色的混合去匹配，从而定义可见光谱中的每一种颜色。

图 9.4.5 所示的用于匹配可见光谱中任意主波长的颜色所需的红、绿、蓝三色比例曲线。光的匹配可用式子表示为

$$c = rR + gG + bB \tag{9-4-1}$$

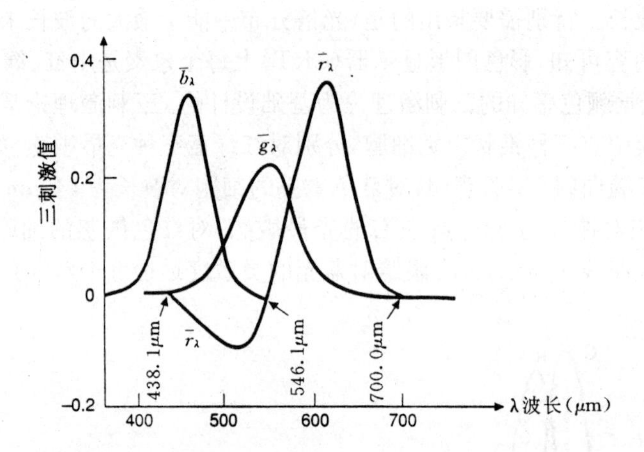

图 9.4.5　匹配任意可见光所需的三原色光比例曲线

其中等号表示两边所代表的光看起来完全相同，加号表示光的叠加(当对应项的权值 r,g 或 b 为正时)，c 为光谱中某色光，R,G,B 为红、绿、蓝三种原色光，权 r,g,b 为匹配等式两边所需要的 R,G,B 三色光的相对量。曲线中的负值表示我们不可能靠叠加红、绿、蓝三原色来匹配给定光，而只能在给定光上叠加负值对应的原色，去匹配另二种原色的混合。在式(9-4-1)中，这种情况用某权值为负的方法来表示。由于实际上不存在负的光强，人们希望找出另外一组原色，用于替代(9-4-1)式中的 R,G,B，使得匹配时的权值都为正。

1931 年，国际照明委员会(简称 CIE)规定了三种标准原色 X,Y,Z，用于颜色匹配。三种对应的颜色匹配函数 X,Y,Z 如图 9.4.6 所示。对于可见光谱中的任何主波长的光，都可以用这三个标准原色的叠加(即正权值)来匹配。值得提醒的是，X,Y,Z 不是颜色 X,Y,Z 的光谱分布，而是用于计算分别需要多少 X,Y,Z 去匹配各个可见色光的一组辅助函数。易见，Y 被有意识地规定去匹配图 9.4.4 所示的光效率函数。

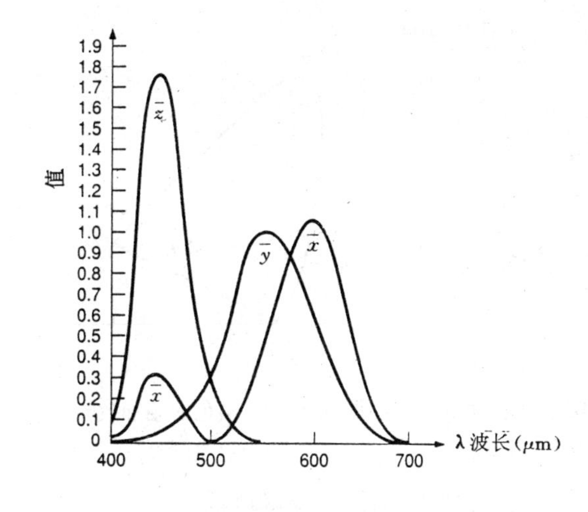

图 9.4.6　匹配任意可见光所需的标准原色光比例曲线

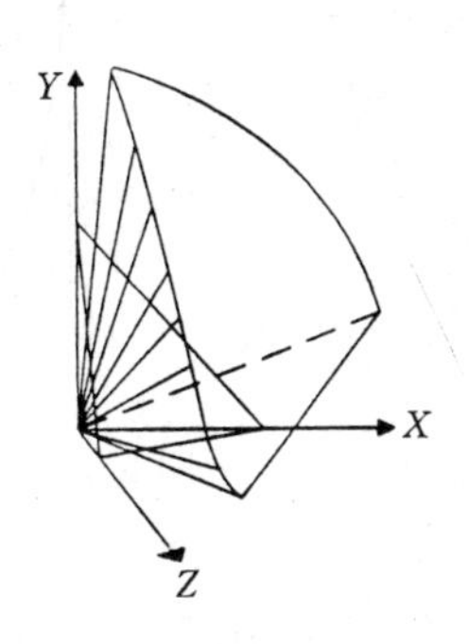

图 9.4.7　可见光集合可以用 CIE 颜色空间中的一个锥形体来表示

对于可见光谱中任一种颜色 C，我们可以找到一组权(X,Y,Z)，使得

$$C=xX+yY+zZ \tag{9-4-2}$$

即，用 CIE 原色去匹配 C。如图 9.4.7 所示，为 XYZ 空间中包含所有可见光的锥体。整个锥体落在第一卦限。从原点引一条任意射线穿过该锥体，则该射线上任意两点(除原点外)代表的色光具有相同的主波长和纯度，差别仅在辉度。这是因为这样的两点具有关系

$$(X_1\ \ Y_1\ \ Z_1)=a(X_2\ \ Y_2\ \ Z_2)\qquad (a>0)$$

如果我们只考虑颜色的色彩和纯度，那么可以在每条射线上各取一点，就可以代表所有的可见光。习惯上，这一点取作射线与平面 $X+Y+Z=1$ 的交点，其坐标称为色度值。我们可以通过把(9-4-2)式中的权规格化，即

$$x=\frac{X}{X+Y+Z}\quad y=\frac{Y}{X+Y+Z}\quad z=\frac{Z}{X+Y+Z} \tag{9-4-3}$$

使得 $x+y+z=1$，即获得颜色 C 的色度值(x,y,z)。

注意，所有的色度值落在图 9.4.8 所示的锥形体与 $x+y+z=1$ 平面的相交区域上。把这个区域投影到 XY 平面上，所得的马蹄形区域称为 *CIE* 色度图。如图 9.4.8 所示，马蹄形区域的边界和内部代表了所有可见光的色度值(注意当 x,y 确定之后，$z=1-x-y$ 也随着确定)。边界弯曲部分上每一点，对应光谱在某种纯度为百分之百的色光。线上标明的数字为该位置所对应的色光的主波长。从右下角的红色开始，沿边界往上、往左、再往下，依次为黄、绿、青、蓝、紫等颜色。图中央一点 C 对应于一种称为发光体 **C** 的标准白光。这种光是用于近似太阳光的。C 点接近于，但不等于 $x=y=z=1/3$ 的点。

CIE 色度图有多种用途。例如我们可以使用色度图去计算任何颜色的主波长和纯度。首先用色度计或光谱幅射仪测出三刺激值 X,Y,Z，然后用(9-4-3)式将它们规格化为色度值。假定该色度值在色度图上的对应点为 A，如图 9.4.9 所示。从 C 点过 A 点作射线，与边界交于一点 B。如果 B 在曲边部分，则 B 的主波长即为 A 的主波长。上述计算方法的依据是，当两种颜色叠加时，产生的新色位于色度图中连接那两种叠加色的直线段上。所以颜色 A 可以看作是"标准"白光(发光体 C)与纯色光 B 的混合。线段 AC 的长度与 BC 的长度之比即

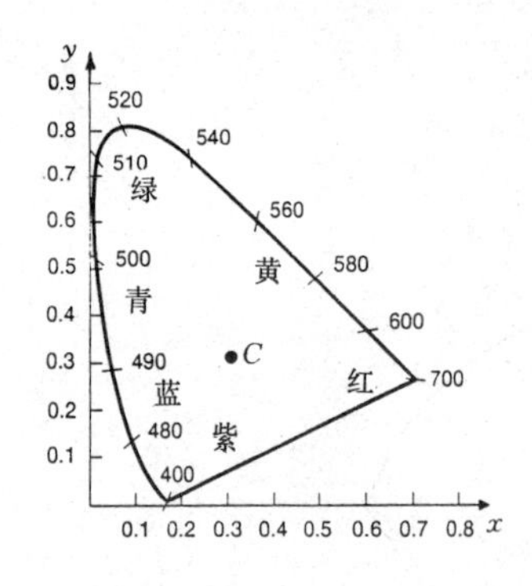

图 9.4.8 CIE 色度图

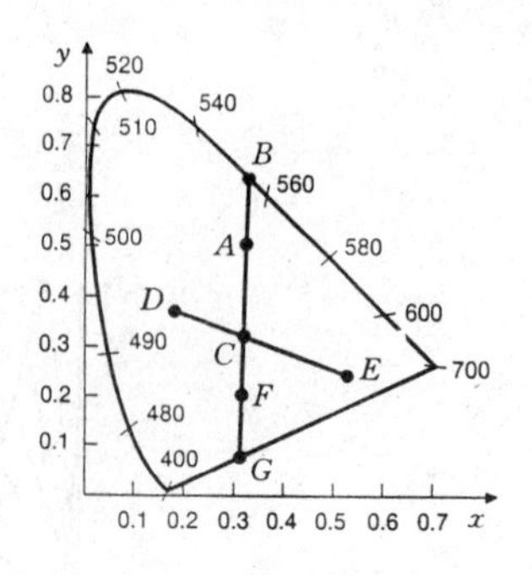

图 9.4.9 利用 CIE 色度图求颜色的主波长与补色

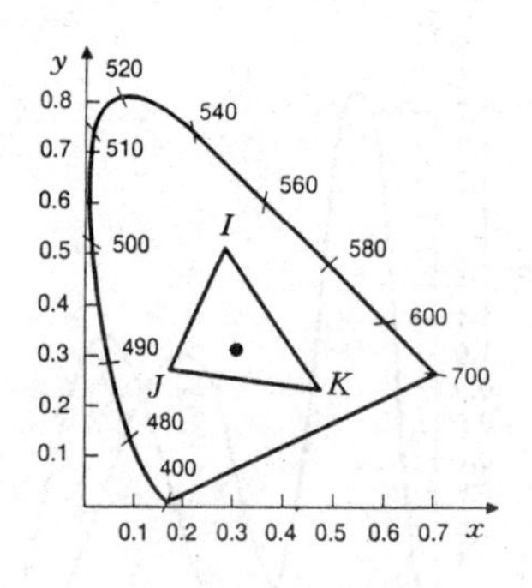

图 9.4.10 颜色的叠加效果示意图

为纯度。显而易见，当 A 愈靠近 C，它就包含愈多的白光，因而纯度也就愈低。

如果 B 在直边上，则在可见光谱中找不到该颜色相应的主波长。这时，其主波长可以用其补色的主波长值之后附以后缀 c 表示。一种颜色称为另一种颜色的补色，指的是二者混合之后产生白色。如图 9.4.9 所示的 D,E 两种颜色互为补色。F 的主波长为其补色的主波长(即 A 的主波长)555μm 之后附以后缀 c，即 555μm。F 的纯度仍定义为 CF 与 CG 的长度的比值。

CIE 色度图的另一个用途是定义颜色域(color gamuts)或颜色区域(color ranges)以便显示叠加颜色的效果。如图 9.4.10 所示，I 和 J 是两个任意的颜色。当它们用不同的比例叠加时，可以产生它们之间连线上的任意一种颜色。如果加入第三种颜色 K，则用三种颜色的不同比例可以产生三角形 IJK 中的所有颜色。对于任意一个三角形，如果它的三个顶点全落在马蹄形可见光区域中，则它们的混合所产生的颜色不可能覆盖整个马蹄形区域，这就是红、绿、蓝三色不能靠叠加来匹配所有可见颜色的原因。

色度图还经常用于各种图形设备的颜色域。虽然色度图和三刺激值给出描述颜色的标准精确的方法，但是在计算机图形学中，通常使用一些通俗易懂的颜色系统。在下一节，我们将介绍几个常用的颜色模型，并讨论它们之间的变换。

9.4.3 常用的颜色模型

所谓颜色模型指的是某个三维颜色空间中的一个可见光子集。它包含某个颜色域的所有颜色。例如，RGB 颜色模型是三维直角坐标颜色系统中的一个单位正方体。颜色模型的用途是在某个颜色域内方便地指定颜色。由上节讨论知，任何一个颜色域都只是可见光的子集，所以，任何一个颜色模型都无法包含所有的可见光。图 9.4.11 所示为 CIE 原色空间及其一个真子集。该子集是一个使用红、绿、蓝三原色的彩色图形显示器的颜色域。

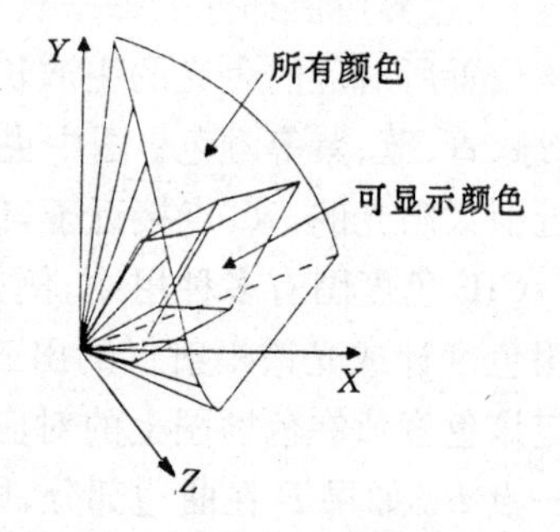

图 9.4.11 某个彩色图形显示器的颜色域

虽然大多数彩色图形显示器使用红、绿、蓝三原色，但是，红、绿、蓝颜色模型用起来不太方便。这是因为它与直观的颜色概念如色彩、饱和度和亮度没有直接的联系。因此,除了讨论 RGB 颜色模型,我们还将讨论 CMY、HSV 和 HLS 颜色模型。

红、绿、蓝(RGB)颜色模型通常用于彩色阴极射线管和彩色光栅图形显示器。它采用直角坐标系。红、绿、蓝原色是加性原色。也就是说,各个原色的光能叠加在一起产生复合色。如图 9.4.12 所示。RGB 颜色模型通常用如图 9.4.13 所示的单位立方体来表示。在正方体的主对角线上,各原色的量相等,产生由暗到亮的白色,即灰度。(0,0,0)为黑,(1,1,1)为白。正方体的其它 6 个角点分别为红、黄、绿、青、蓝和品红。

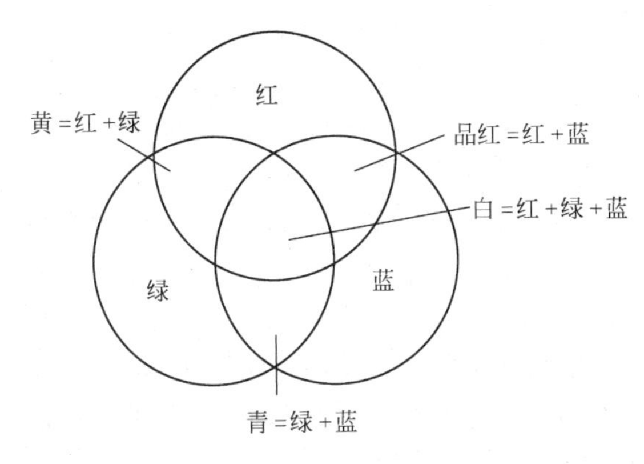

图 9.4.12 RGB 三原色叠加效果示意图

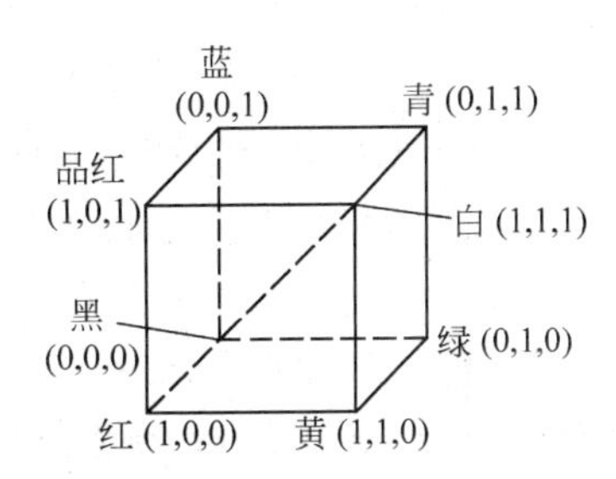

图 9.4.13 RGB 立方体

RGB 模型所覆盖的颜色域取决于显示器荧光点的颜色特性。颜色域随显示器上荧光点的不同而不同。欲把在某个显示器上的颜色域里指定的颜色转换到另一个显示器的颜色域中,必须使用从各个显示器颜色空间到 CIE 颜色空间的变换。这种变换的形式为

$$\begin{bmatrix} X \\ Y \\ Z \end{bmatrix} = \begin{bmatrix} x_r & x_g & x_b \\ y_r & y_g & y_b \\ z_r & z_y & z_b \end{bmatrix} \begin{bmatrix} R \\ G \\ B \end{bmatrix}$$

其中,第一行里,x_r,x_g,x_b 是使 RGB 颜色与 X 匹配的权。其它行中的数的意义类似。

我们把上述 3×3 变换矩阵记为 M,并假定从两个显示器的颜色域到 CIE 的变换矩阵分别为 M_1 和 M_2。那么,从第一个显示器的 RGB 空间到另一个显示器的 RGB 空间的变换矩阵为 $M_2^{-1}M_1$。

以红、绿、蓝的补色青(Cyan)、品红(Magenta)、黄(Yellow)为原色构成的 CMY 颜色系统,常用于从白光中滤去某种颜色,故称为减性原色系统。CMY 颜色模型对应的直角坐标系的子空间与 RGB 模型所对应的子空间几乎完全相同。差别仅在于前者的原点为白,而后者的原点为黑。前者是通过指定从白色中减去什么颜色来定义一种颜色。而后者是通过从黑色中加入颜色来定义一种颜色。

当我们需要使用静电或喷墨绘图仪等硬拷贝设备将颜色画在纸张上时,了解 CMY 颜色系统的知识是必要的。当我们在纸面上涂上青色颜料时,该纸面就不反射红光:青色颜料从白光中滤去红光。也就是说,青色是白色减去红色。品红颜色吸收绿色,黄色颜料吸收蓝色。现在假如我们在纸面上涂了黄色和品红色,那么纸面将呈现什么颜色呢?由于该纸面同时吸收蓝光和绿光,只能反射红光。如果我们在纸面上涂了黄色、品红、和青色的混合,则所有的红、绿、蓝都被吸收,故表面呈黑色。有关结果如图 9.4.14 所示。

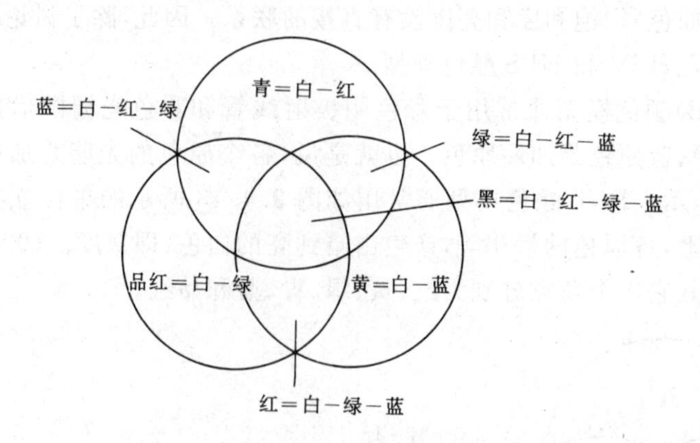

图 9.4.14　CMY 在原色的减色效果示意图

RGB 和 CMY 颜色模型是面向硬件的。比较而言，HSV(hue，saturation，value)模型是面向用户的。该模型对应于圆柱坐标系中的一个圆锥形子集，如图 9.4.15 所示。

圆锥的顶面对应于 $V=1$，它包含 RGB 模型中的 $R=1$，$G=1$，$B=1$ 三个面，故所代表的颜色较亮。色彩 H 由绕 V 轴的旋转角给定。红色对应于角度 0°，绿色对应于角度 120°，蓝色对应于角度 240°。在 HSV 颜色模型中，每一种颜色和它的补色相差 180°。饱和度 S 取值从 0 到 1。由于 HSV 颜色模型所代表的颜色域只是 CIE 色度图的一个子集，所以这个模型中饱和度为百分之百的颜色，其纯度一般小于百分之百。

在圆锥的顶点处，$V=0$，H 和 S 无定义，代表黑色。圆锥的顶面中心处 $S=0$，$V=1$，H 无定义，代表白色。从该点到原点代表亮度渐暗的白色，即具有不同灰度的白色。对于这些点，$S=0$，H 的值无定义。任何 $V=1$，$S=1$ 的颜色是"纯"色。在这种纯色中添加白色相当于减少 S(但不改 V)。

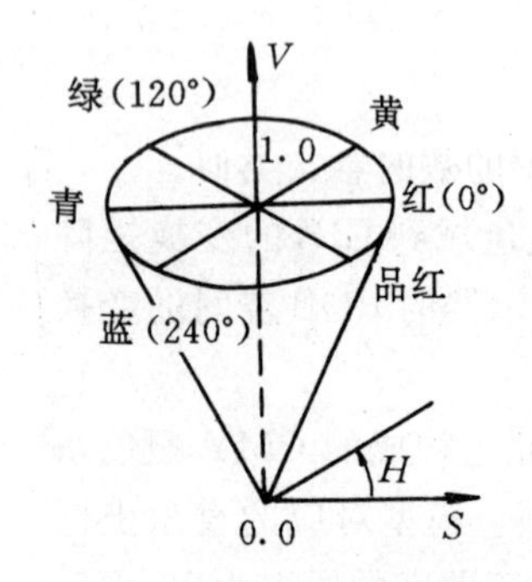

图 9.4.15　HSV 颜色模型示意图

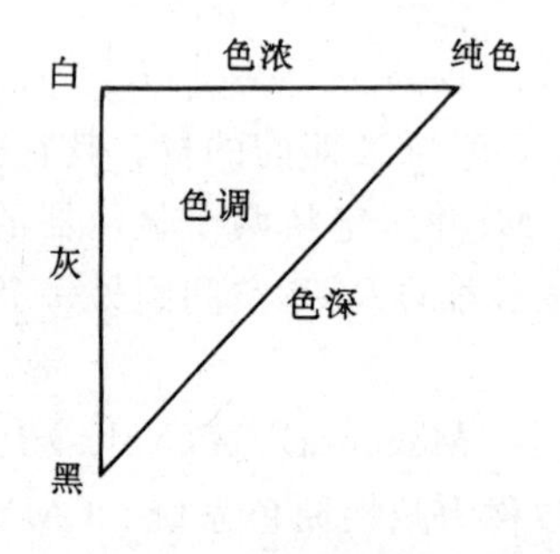

图 9.4.16　色浓、色深、色调之间的关系

图 9.4.17　RGB 立方体在其主对角线方向上的投影

HSV 模型对应于画家配色的方法。画家用改变色浓和色深的方法从某种纯色获得不同色调的颜色。画家的做法是，在一种纯色中加入白色以改变色浓，加入黑色以改变色深，同时加入不同比例的白色，黑色即可获得各种不同的色调。如图 9.4.16 所示，为具有某个固定色彩的颜色的三角形表示。

纯色颜料对应于 $V=1$，$S=1$。添加白色改变色浓，相当于减小 S。添加黑色改变色深相当于减小 V 值。同时改变 S、V 值即可获得不同的色调。

从 RGB 立方体的白色顶点，顺主对角线向原点方向投影，可得一个正六方形，如图 9.4.17所示。此六边形是 HSV 圆锥顶面的一个真子集。

RGB 立方体中所有顶点在原点，侧面平行于坐标平面的子立方体往上述方向投影，必定为 HSV 圆锥中某个与 V 轴垂直的截面的真子集。因此，可以认为 RGB 空间的主对角线，对应于 HSV 空间的 V 轴。图 9.4.18 和图 9.4.19 给出了两个模型之间的转换算法程序。

```
HSV_TO_RGB(h,s,v,r,g,b)
float    h,s,v, *r, *g, *b;
/* known:h is the hue in [0,360] with red at 0,
             s is the saturation in [0,1],
             v is the value in [0,1]。
    find:    r,g,b all in [0,1] */
{
  if (s= = 0)
  {
      if (h= =undefined)
      {   r=g=b=v;}
      else
         error;
  }
  else
  {
      if (h= =360)   h=0;
      h=h/60;
      i=(int)h;
      f=h-i;
      p=v * (1-s);
      g=v * (1-s*f);
      t=v * (1-(s*(1-f)));
      switch (i) {
         case 0:(*r, *g, *b)=(v,t,p);break;
         case 1:(*r, *g, *b)=(g,v,p);break;
         case 2:(*r, *g, *b)=(p,v,t);break;
         case 3:(*r, *g, *b)=(p,g,v);break;
         case 4:(*r, *g, *b)=(t,p,v);break;
         case 5:(*r, *g, *b)=(v,p,q);break;
         default:break;
      }
   }
} /* HSV_TO_RGB */
```

图 9.4.18 从 HSV 到 RGB 的转换算法

```
RGB_TO_HSV(r,g,b,h,s,v)
float    r,g,b, *h, *s, *v;
/* known:r,g,b all in [0,1]
    find:h in [0,360],s,v in [0,1] */
{
   m=max(r,g,b);
```

```
    n=min(r,g,b);
    *v:=m;
    if (m != 0)
        *s=(m-n)/m;
    else
        *s=0;
    if (*s==0)
        *h=undefined;
    else
    {
        delta=m-n;
        if (r==m)
            *h=(g-b)/delta;
        else if (g==m)
            *h=2+(b-r)/delta;
        else if (b==m)
            *h=4+(r-g)/delta;
        *h=*h*60;
        if (*h<0)
            *h=*h+360;
    }
} /* RGB_TO_HSV */
```

图 9.4.19 从 RGB 到 HSV 的转换算法

HLS(Hue,lightness,Saturation)色彩、亮度、饱和度颜色模型定义在圆柱型坐标系的双圆锥子集上，如图 9.4.20 所示，色彩为绕圆锥中心轴的角度。与 HSV 模型一样，在 HLS 模型中，一种色彩与它的补色也是相差 180°。浓度是点与中心轴的距离。在轴上各点，浓度为 0。在锥面上各点，浓度为 1。亮度从下锥顶点的 0 逐渐变到上锥顶点的 1。对于所有灰度的白光，$S=0$。最饱和的色彩发生在 $S=1, L=0.5$。另外，与 HSV 模型类似地有，$L=0.5$ 平面上颜色看起来并不一样亮。而看起来一样亮的两种不同颜色，其 L 值未必相等。

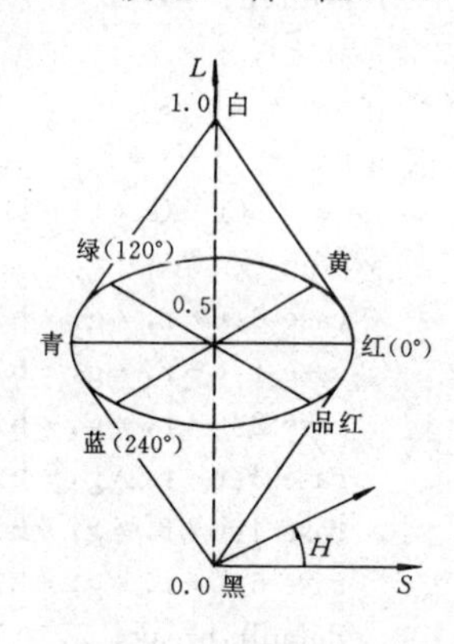

图 9.4.20 HLS 颜色模型示意图

图 9.4.21 和图 9.4.22 所示，为 HLS 与 RGB 模型之间的转换算法程序。

```
RGB_TO_HLS(r,g,b,h,l,s)
float    r,g,b,*h,*l,*s;
/* known:r,g,b all in [0,1]
   find:h in [0,360],l and s in [0,1],
        except if s=0,then h=undefined */
{
    m=max(r,g,b);
    n=min(r,g,b);
    *l=(m+n)/2;
    if(m==n)
    { *s=0; *h=undefined; }
```

```
  else
  {
    if ( * l<=0.5)
       * s=(m-n)/(m+n);
    else
       * s=(m-n)/(2-m-n);
    delta=m-n;
    if (r= =m)
       * h=(g-b)/delta;
    else if (g= =m)
       * h=2+(b-r)/delta;
    else if (b= =m)
       * h=4+(r-g)/delta;
     * h= * h * 60;
    if ( * h<0.0)
       * h= * h+360;
    }
  } /* RGB_TO_HLS */
```

图 9.4.21 从 RGB 到 HLS 的转换算法

```
HLS_ TO_RGB(h,l,s,r,g,b)
float     h,l,s, * r, * g, * b;
/* known:h in [0,360] or undefined,l and s in [0,1]
    find:r,g,b all in [0,1] */
{
  if (l<=0.5)
       m2=l * (1+s);
  else
       m2=l+s-l * s;
  m1=2 * l-m2;
  if (s= =0)
       if (h= =undefined)
            * r= * g= * b=l;
       else
            error;
  else
  {
     * r=value(m1,m2,h+120);
     * g=value(m1,m2,h);
     * b=value(m1,m2,h-120);
  }
} /* HLS_TO_RGB */
float value (n1,n2,hue)
float n1,n2,hue;
{ float v;
    if (hue>360)
       hue=hue-360;
    if (hue<0)
       hue=hue+360;
    if (hue<60)
```

```
    v=n1+(n2-n1) * hue /60;
  else if (hue<180)
    v=n2;
  else if (hue<240)
    v=n1+(n2-n1) * (240-hue) /60;
  else
    v=n1;
  ruturn (v);
} /* value */
```

图 9.4.22 从 HLS 到 RGB 的转换算法

9.4.4 颜色的选择插值和复制

许多应用程序允许用户指定区域、线条、文字的颜色。如果系统只有少量颜色可供选择，那么，用菜单来选择颜色样品是比较合适的。但是，当可选颜色多至不好用菜单来选择时，最好利用颜色的三维空间表示，直接进行交互式指定。例如，对 RGB 模型，可以采用如图 9.4.23 所示的方法，通过指定红、绿、蓝坐标来选择颜色。而对于 HSV 模型，则可以通过转动如图 9.4.24 所示的圆半径刻度线来指定色彩，并通过光标在三角形上选取一点来指定浓度和亮度。

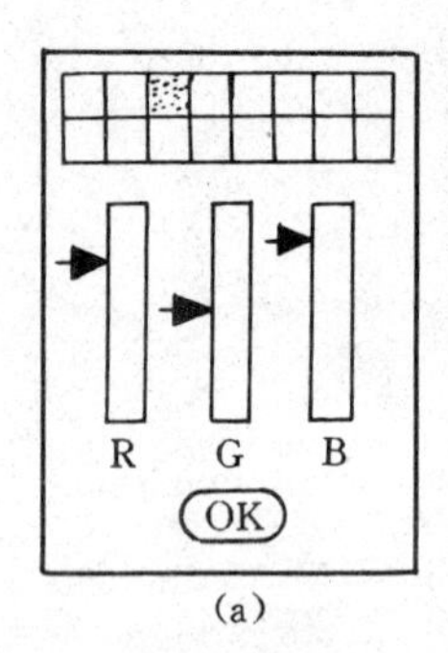

(a)

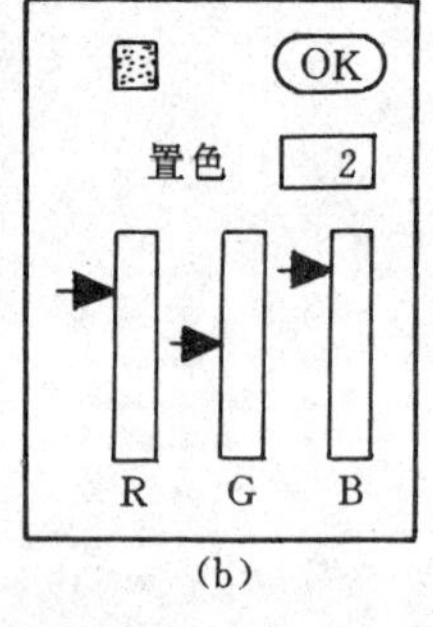

(b)

图 9.4.23 通过指定红绿蓝坐标确定颜色

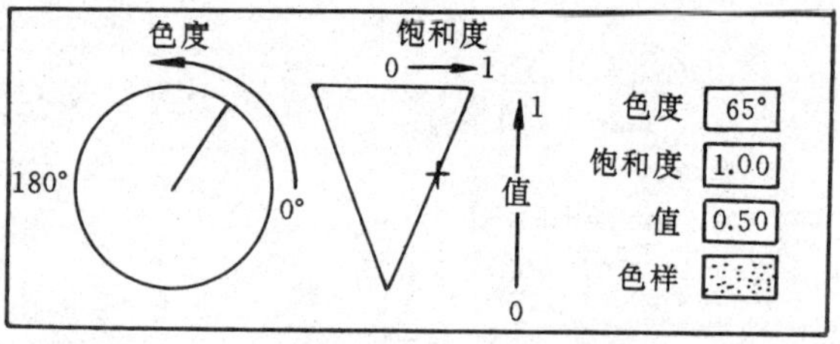

图 9.4.24 HSV 模型中颜色的交互式选择

数值读数显示当前的色彩、浓度和亮度值，颜色样品则显示当前颜色。当刻度线或光标位置移动时，数值读数跟着改变其值，颜色样品也跟着改变颜色。当用户从键盘直接给数值读数输入新值时，刻度线与光标在三角形上的位置也随之作相应改变，颜色样品也随着改变。

由于一个人对颜色的感觉与周围环境颜色和该颜色区域的大小有关，所以在样品区显示的颜色可能与屏幕实际显示效果看起来并不一样。所以，用户在设置颜色时，最好同时显示实际效果。

在物体真实图形生成中经常用到颜色插值。例如，在 Gouraud 明暗处理时，把两端点之间的颜色用端点的颜色进行线性插值。插值的效果取决于所使用的颜色模型。如果从一个颜色模型到另一个颜色模型的转换把直线(代表插值路径)变换成另一个颜色空间的直线，那么用两个模型所进行的线性插值效果是一样的。对于 RGB,CMY 和 CIE 颜色模型就是这种情况。但是，RGB 模型中的直线一般不对应 HLS 或 HSV 模型中的直线。例如，考虑红、绿两色之间的插值。在RGB模型中，红＝(1,0,0)，绿＝(0,1,0)。中点插值是(0.5,0.5,0)。使用RGB_TO_HSV算法算出该点对应于HSV模型的(60°,1,0.5)。再把红、绿色用HSV模型表示为(0°,1,1)和(120°,1,1)，则中点插值为(60°,1,1)这与RGB空间的插值结果相差0.5亮度。

又例如，在RGB和HSV颜色模型中对红和青插值。在RGB中，红为(1,0,0)，青为(0,1,1)，中点插值为(0.5,0.5,0.5)，对应于HSV模型中的(无定义,0,0.5)。在HSV模型中，红和青分别为(0°,1,1)，(180°,1,1)，插值结果为(90°,1,1)。这是饱和度，亮度均为最大的一种颜色。然而混合两种等量补色的正确结果应当是一种灰度级的白色。所以，插值后再变换与变换后再插值的结果，在这种情况下是不一样的。

对于Gouraud明暗处理，前面介绍的每个模型用起来都没有什么问题。这是因为插值两端点的颜色一般比较接近，所以插值路径也比较接近。当我们需要在两种色彩相同的颜色之间插值，并希望保持该色彩的话，用HSV或HLS模型比较合适。

在印刷技术上，彩色图象的复制使用四组半色调点，其中三组对应于减性原色，另一组对应于黑色。使用黑色来取代等量的青、品红和黄，这样获得的黑色比用混合三种原色所得的黑色要深。每组的半色调点随机排列，使得它们放在一起时不产生干涉图案。由于我们的眼睛会对从邻近各点反射出来的光进行空间综合，所以我们所见的颜色将由邻近点的原色的比例来决定。我们观察彩色显示器屏幕上的红、绿、蓝三色点时所产生的彩色感觉，就是由于眼睛对不同颜色进行了空间综合所致。

但是，颜色复制过程并非一定要依赖空间综合机能不可。例如，彩色拷贝机、喷墨绘图仪和热敏彩色打印机等，实际上把三种减性原色在纸面上混合后产生一种新的颜色。在xerox技术上，通过三个步骤将彩色颜料置于纸张表面，然后将其加热融化。绘图机的颜料混和之后才被干燥等等。然而，空间综合机能还是可以用来进一步增加颜色范围。

假设有一幅彩色图象，其中每个象素为n位，现在要用每个象素仅有$m(m<n)$的显示器来显示这幅图象。并要求不改变空间分辨率。这时就产生了相对量化问题。欲解决这个问题，必须牺牲颜色分辨率。在这种情况下，有两个关键问题：哪2^m种颜色应予显示？如何建立图象中2^n种颜色的集合与显示器上的2^m种颜色的集合之间的对应？最简单的方法是预定义一组显示颜色，并建立图象颜色到显示颜色的固定对应。例如，当$m=8$时，一般对红、绿原色用三位，蓝色用二位(因为眼睛对蓝色的敏感性比较差)。这样，256种可显示颜色将是8种红色。8种绿色和4种蓝色的组合。如果图象的每种原色有6位，即64种，则64种图象红(绿)色将映射到8种可显示红(绿)色。而64种蓝色映射到仅4种可显示蓝色。

如果图象颜色的蓝色分量集中在颜色空间的某个小范围内，则可能被显示为同一种蓝色，而其它三种可显示蓝色被搁置没用。可以用自适应方法解决这个问题：把蓝色值域以值的分布为基础进行分割。下面简单介绍两种这类算法：通俗性算法和中线分割算法。

通俗性算法为图象颜色建立一直方图。在定义映射时，使用2^m个出现频率最高的颜色作为显示色。中线分割算法首先用递归的方法建立图象颜色的包围盒，然后沿包围盒较长的一对边的中点连线，把包围盒分割为二。这样递归地进行下去，直到产生2^m个小方形，方形中心点的颜色作为所有落在该方形的图象颜色的显示色。中线分割算法比通俗性算法慢，但效果要好。

9.5 纹　　理

用前面几节介绍的方法生成的物体图象，往往由于其表面过于光滑和单调，看起来反而不真实。这是因为现实世界中的物体，其表面往往有各种纹理，即表面细节。例如，刨光的木材表面有木纹，建筑物墙壁上有装饰图案，机器外壳表面有文字说明它的名称、型号等。它是通过颜色色彩或明暗度的变化体现出来的表面细节。这种纹理称为颜色纹理。另一类纹理则是由于不规则的细小凹凸造成的，例如桔子皮表面的皱纹和未磨光石材表面的凹痕。可以用纹理映射的方法给计算机生成的物体图象加上纹理。生成颜色纹理的一般方法，是在一平面区域(即纹理空间)上预先定义纹理图案；然后建立物体表面的点与纹理空间的点之间的对应——即映射。当物体表面的可见点确定之后，以纹理空间的对应点的值乘以亮度值，就可把纹理图案附到物体表面上。可以用类似的方法给物体表面产生凹凸不平的外观，或称凸包纹理。不过这时纹理值作用在法向量上，而不是颜色亮度上。无论是生成颜色纹理还是凸包纹理，一般要求看起来像就可以了，不必采用精确的模拟，以便在不显著增加计算量的前提下，较大幅度地提高图形的真实感。

纹理定义有连续法和离散法两种。连续法把纹理函数定义为一个二元函数，函数的定义域就是纹理空间。离散法把纹理定义在一个二维数组中，代表纹理空间中行间隔、列间隔固定的一组网络点上的纹理值。网格点之间的其它点的纹理值可通过网格点上值的插值获得。通过纹理空间与物体空间之间的坐标变换，把纹理映射到物体表面。

9.5.1　纹理的定义和映射

纹理一般定义在单位正方形域($0\leqslant u\leqslant 1, 0\leqslant v\leqslant 1$)之上，称为纹理空间。理论上，任何定义在此空间上的函数都可以作为纹理函数。但是在实际上，往往采用一些特殊的函数，以便模拟现实生活中常见的一些纹理。例如，

$$g(u,v)=\begin{cases} b & [u\times 8]+[v\times 8]\text{ 为奇数} \\ a & [u\times 8]+[v\times 8]\text{ 为偶数} \end{cases}$$

其中，$0<a<b<1$，$[x]$表示小于 x 的最大整数，可以模拟国际象棋盘上黑白相间的方格。这种图案由于其简单明了，常用于图形软件纹理映射功能的调试和检测。

又例如函数

$$f(u,v)=A(\cos(pu)+\cos(qv))$$

其中，A 为$[0,1]$上的随机变量，p,q 为频率系数，u,v 为函数参数，可以模拟粗布纹理。

然而，更常用的纹理定义是采用离散法。用一个二维数组来定义。这个数组可以代表一个用于光栅图形显示的字符位图，可以是用程序生成的各种图形，亦可以是用交互式绘图系统绘制的各种图案，还可以是用扫描仪输入的数字化图象，等等。

为了把二维的纹理图案映射到三维的物体表面，必须建立物体空间坐标(x,y,z)与纹理空间坐标(u,v)之间的对应。这相当于对物体表面进行参数化。对于参数曲面，上述对应是现成的。但是，对于平面多边形或以隐函数形式定义的二次曲面，这种对应并不很显然。

对于二次曲面，可以用极坐标把曲面的隐式方程改写为参数方程。例如圆柱面 $x^2+y^2=$

$1(0 \leqslant z \leqslant 1)$可以改写为

$$\begin{aligned} x &= \cos(2\pi u) \qquad 0 \leqslant u \leqslant 1 \\ y &= \sin(2\pi u) \qquad 0 \leqslant v \leqslant 1 \\ z &= v \end{aligned}$$

给定 u,v，可以用上式求出坐标 x,y,z。反之，给定圆柱上一点(x,y,z)，也可以用下列公式求出参数 u,v：

$$(u,v) = \begin{cases} (y,z) & \text{当 } x = 0 \\ (x,z) & \text{当 } y = 0 \\ \left(\dfrac{\sqrt{x^2+y^2}-|y|}{x}, z\right) & \text{其它情况} \end{cases}$$

又如球面　$x^2+y^2+z^2=1$，可以改写成

$$\begin{aligned} x &= \cos(2\pi u)\cos(2\pi v) \qquad 0 \leqslant u \leqslant 1 \\ y &= \sin(2\pi u)\cos(2\pi v) \qquad 0 \leqslant v \leqslant 1 \\ z &= \sin(2\pi v) \end{aligned}$$

其逆公式为

$$(u,v) = \begin{cases} (0,0) & \text{当}(x,y) = (0,0) \\ \left(\dfrac{1-\sqrt{1-(x^2+y^2)}}{x^2+y^2}x, \dfrac{1-\sqrt{1-(x^2+y^2)}}{x^2+y^2}y\right) & \text{其它情况} \end{cases}$$

对于三角形和平行四边形，可以用下列公式建立点坐标与参数的关系

$$(x\ y\ z) = (u\ v\ 1)\begin{bmatrix} A & D & G \\ B & E & H \\ C & F & I \end{bmatrix}$$

指定三个顶点的 u,v 值，即可算出系数矩阵中各系数的值。该公式实际上定义了纹理空间与多边形平面之间的一个仿射变换。

对于一般的平面四边形，可以用透视变换建立点坐标与参数的关系，用齐次坐标公式表示为

$$(xw\ yw\ zw\ w) = (u\ v\ 1)\begin{bmatrix} A & D & G & J \\ B & E & H & K \\ C & F & I & L \end{bmatrix}$$

在此变换下，所有坐标分量都具有$(Au+Bv+C)/(Ju+Kv+L)$的形式。

如图 9.5.1～图 9.5.3 所示为表面带颜色纹理的物体图象。其中，图 9.5.1(即彩照 1)为表面带方格纹理的物体图形使用黑白相间的方格图案，图 9.5.2(即彩照 2)为附上条形纹理的 klein 瓶图象，使用黑白相间的条形图案，图 9.5.3(即彩照 3)为带有字符纹理的物体图形，使用程序生成的字符图案。彩照 4 使用扫描输入的图象生成地板的图案。

为了给物体表面图象加上粗糙的外观，即凸包纹理，可以通过对表面法向量进行扰动，来产生凹凸不平的视觉效果。

我们可以定义一个纹理函数 $F(u,v)$，对理想光滑表面 $P(u,v)$作不规则的位移。在物体表面上每一点 $P(u,v)$，都沿该点处的法向量方向位移 $F(u,v)$个单位长。这样，新的表面位置变为

$$P'(u,v)=P(u,v)+F(u,v)*N(u,v)$$

其中，$N(u,v)$是表面 $P(u,v)$在 u,v 处的法向量。如图 9.5.4 所示，为上述合成曲面的纵剖示意图。

P + F = P'

光滑曲面　　凸包纹理　　带皱纹曲面

图 9.5.4　凸包纹理函数剖面示意图

新表面的法向量可以通过对两个偏导数求叉积来获得：

$$N' = P_u' \times P_v'$$

其中

$$P_u' = \mathrm{d}P'/\mathrm{d}u = \mathrm{d}(P+FN)/\mathrm{d}u = P_u + F_uN + FN_u$$

$$P_v' = \mathrm{d}P'/\mathrm{d}v = \mathrm{d}(P+FN)/\mathrm{d}v = P_v + F_vN + FN_v$$

由于粗造表面的凹凸高度相对于表面尺寸一般要小得多，故 F 的值相对于式中其它量很小，可以忽略不计。因此，可以把上述两个偏导数近似地表示为

$$P_u' \approx P_u + F_uN$$

$$P_v' \approx P_v + F_vN$$

所以，新表面的法向量可以近似地表示为叉积

$$\begin{aligned} N' &\approx (P_u + F_uN) \times (P_v + F_vN) \\ &= P_u \times P_v + F_u(N \times P_v) + F_v(P_u \times N) + F_uF_v(N \times N) \\ &= N + D \end{aligned}$$

其中 N 为原曲面的法向量，$D=F_u(N\times P_v)+F_v(N\times P_u)$为扰动向量。显然，$D$ 是 P 的切平面上的一个向量，它与 N 之和，改变了原曲面法向量，即进行了扰动。和向量要再经过单位化，才用于计算曲面的明暗度，以产生貌似凹凸不平的凸包纹理。

这里要提醒一点。虽然凸包纹理是通过函数 P 和凸包位移函数 F 定义，但是在实际计算时，只需计算 F 的偏导数 F_u，F_v，即可算出扰动后的法向量 N'，用于计算可见点 P 的明暗度。凸包纹理函数的定义与颜色纹理的定义方法相同，相对而言，离散法更常用一些。可利用交互式涂色图形系统作出所需模拟的纹理图案。图案中较暗的颜色对应于较小的 F

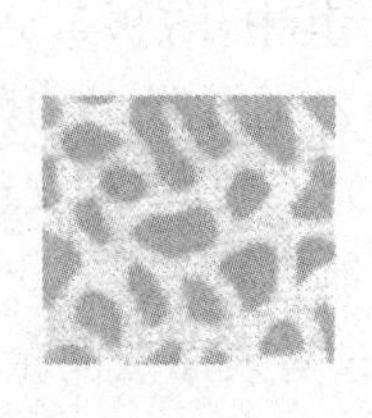

图 9.5.5　橘子皮表面皱纹的纹理定义与生成

值，较亮的颜色对应于较大的 F 值。把各象素的值用一个二维数组（称为查找表）存储起来，就成为一个凸包纹理。由于在绘制凸包纹理时使用的不是 F 值本身，而是其偏导数，可以用下列公式来近似计算取样点 $P(u,v)$ 处的偏导数值：

$$F_u = (F(u+d,v) - F(u-d,v))/(2*d)$$

$$F_v = (F(u,v+d) - F(u,v-d))/(2*d)$$

其中，d 是取样点间的距离，当纹理定义在一个 $n\times n$ 数组中时，$d=1/n$。如图 9.5.5 和 9.5.6所示，为两个纹理定义以及它们所产生的凸包纹理图形。纹理图案的明亮处对应于凸包，较黑处的应于凹痕。

 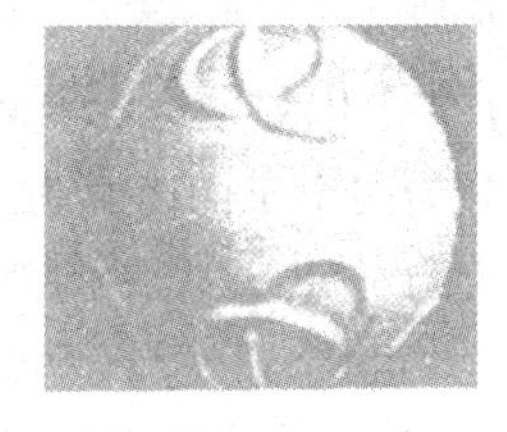 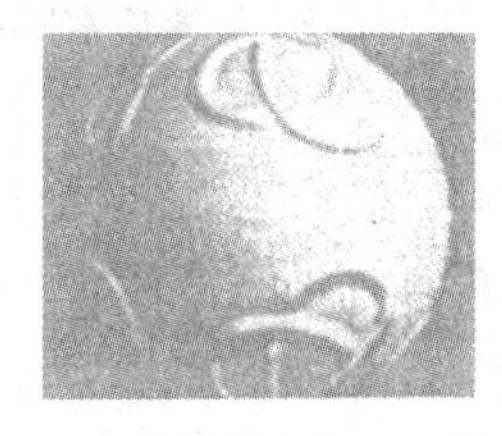 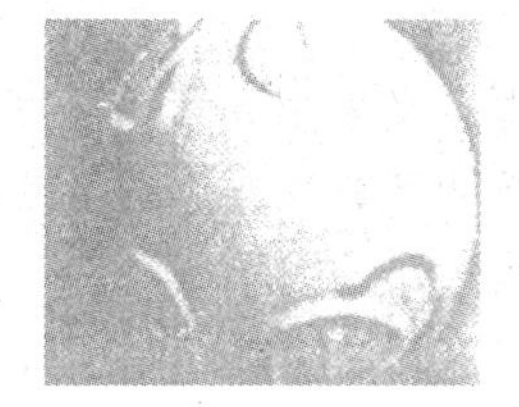

图 9.5.6　扭带凸包纹理的定义与生成

9.5.2　纹理的反走样处理

在生成纹理时，最简单的取样方法是点取样，即把象素中心所对应的纹理空间的点的值，作为象素的纹理值。但是，点取样方法会导致图形的严重走样。如图 9.5.7 所示，为黑白相间的方格图案用点取样方法绘制的结果。产生这种走样现象的原因，除了光栅图形的固有缺陷外，就是点取样所得纹理值有时是不恰当的。

图 9.5.7　用点取样方法绘制的方格纹理图

事实上，屏幕图象上的一个方形象素对应于纹理空间中的一个四角区域，如图 9.5.8 所示。合理的处理方法是把四角区域中纹理函数值的平均值作为象素的明暗度。但是这样做，在计算量上是不能接受的。我们只能用近似的方法，花费不太多的额外处理，把走样问题减小到不明显的程度。

可以通过两个途径来减轻走样问题。一是在适当加密取样之后再进行纹理滤波。二是先对纹理图案进行低通滤波，再进行取样。用第一种方法进行反走样，理论上要采用比屏幕分辨率高的分辨率进行取样。在具体实现时，可以只在颜色亮度变化比较大的区域加密取样点。在获得取样点之后，再对样本纹理进行适当滤波，作为象素的纹理值。这种方法的缺点是计算较大，所有计算都是在绘制过程中进行。

第二种方法是在取样之前先对纹理图案进行低通滤波，也就是事先计算纹理空间中一点附近区域的纹理平均值，并存入查找表。在生成真实图形的纹理时，通过查表获得纹理值。这种方法在绘制过程中计算量较小，但需要较大的存储量来存放查找表。

在 Catmull 所设计的最早的纹理算法中，纹理图案采用的扫描仪输入的数字化图象。纹

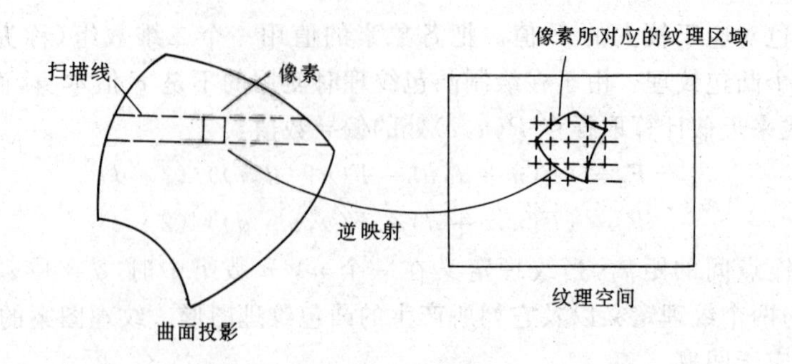

图 9.5.8 屏幕象素所对应的纹理空间区域

理定义采用元素为亮度值的二维数组来存放。物体采用双三次多项式参数曲面。并采用 Z 缓冲区算法来生成真实图形。每块曲面递归地细分为四个子曲面块，直至其尺寸只有一个象素大小。然后对纹理空间(即曲面的参数域)作相应的细分，求出子曲面片所对应的纹理空间子区域。这样，可求出各个象素所对应的纹理空间的区域。把这个区域中的纹理平均值作为象素的纹理值。这种方法相当于用底面为四边形的盒式滤波器进行滤波。

Blinn 使用改进的锥形滤波器。以象素为中心，边长为两个象素单位的正方形映射到纹理空间的一个四边形。以四边形为底面构造一个四棱锥。再以锥为权对四边形中的纹理值求和，作为象素的纹理值。在这种方法里，每个象素的滤波器棱锥与周围象素的滤波器棱锥是相互交迭的。

常用滤波器的纵剖面线如图 9.5.9 所示。滤波器底面可以是一个屏幕象素或若干个屏幕象素区域所对应的纹理空间中的区域。象素的几何形状可以假定为正方形，也可以假定为圆形。当象素为方形，对应于纹理空间中的四边形。当象素为圆形时，对应于纹理空间中的椭圆。为了简化计算，可以把滤波器(连续函数)改用查找表(离散化)来表示，与数字化的纹理图象取样值求加权和。

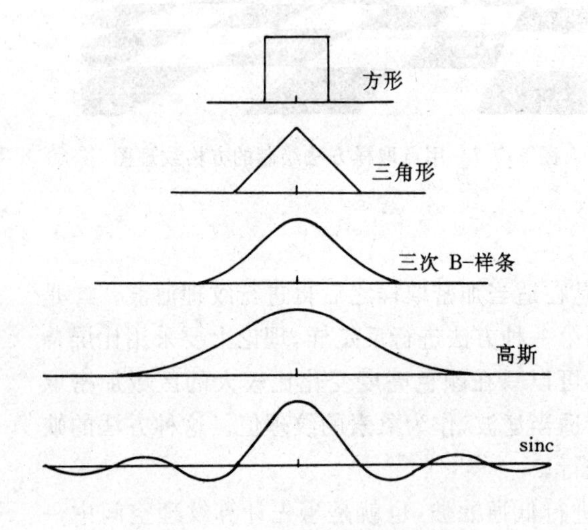

图 9.5.9 常用滤波器的纵剖面线

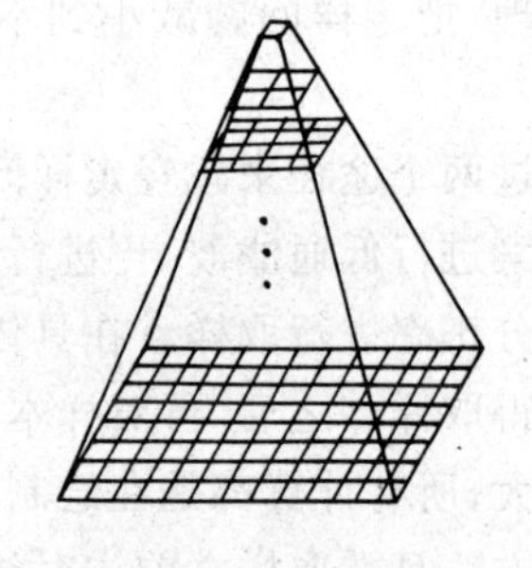

图 9.5.10 用于前置滤波的锥形数据结构

先取样后滤波的方法计算量较大。特别是在透视作图时，离视点最远的那部分区域，一个屏幕象素可能对应于纹理空间中一个很大的区域。有时为了求一个象素的纹理值需要对纹理空间中成百上千个纹理值求加权和。为了提高真实图形生成程序的效率,可以事先对纹理作前置滤波。这样在绘制时,每个象素至多只要几个纹理取样点就可以了,用于纹理映射的时间可控制为常量时间。用于前置滤波的数据结构有两种:锥形数据结构和积分数组。

下面先讨论采用锥形数据结构的前置滤波处理。先把原纹理图案分成 $n\times n$ 个平面区域,把每个区域的纹理平均值作为第一层数据。若纹理定义是一幅数字化图象,那么它可直接作为第一层数据。然后,把第一层数据压缩四倍,即把相邻四个区域(象素)的纹理平均值作为第二层的一个数据。接着再继续构造第三层、第四层、直至最后一层只有一个数据,纹理空间中所有纹理值的平均值,如图 9.5.10 所示。锥形数据结构的存储量是原始纹理数据(第一级)的 4/3 倍。

在绘制图形时,采用正方形来近似表示象素所对应的纹理空间的区域,如图 9.5.11 所示。其中,(u,v)为正方形中心,它也是屏幕象素中心所对应的纹理空间的点的坐标。D 是正方形的边长,它等于象素矩形所对应的纹理空间中四角区域的最大边长。该正方形中纹理平均值可以通过对锥形数据结构中的数据,采用三重线性插值的方法来计算。具体做法如下:令 $w=\log_2(D\times n)$,其中 n 是第一级数据的分辨率。若 w 为整数,则在锥中第 w 层上计算(u,v)处的纹理值 $T_w(u,v)$。一般说来,(u,v)不在取样点上,故必须采用双线性插值

$$\begin{aligned}T_w(u,v)=&T_w(u_1,v_1)+(T_w(u_1,v_2)-T_w(u_1,v_1))\times(v-v_1)/d\\&+(T_w(u_2,v_1)-T_w(u_1,v_1))\times(u-u_1)/d+(T_w(u_2,v_2)\\&-T_w(u_2,v_1)-T_w(u_1,v_2)+T_w(u_1,v_1))\times(u-u_1)\times(v-v_1)/(d\times d)\end{aligned}\tag{9-5-1}$$

其中,(u_1,v_1),(u_1,v_2),(u_2,v_1),(u_2,v_2)为包围(u,v)的四个取样点,如图 9.5.12 所示。

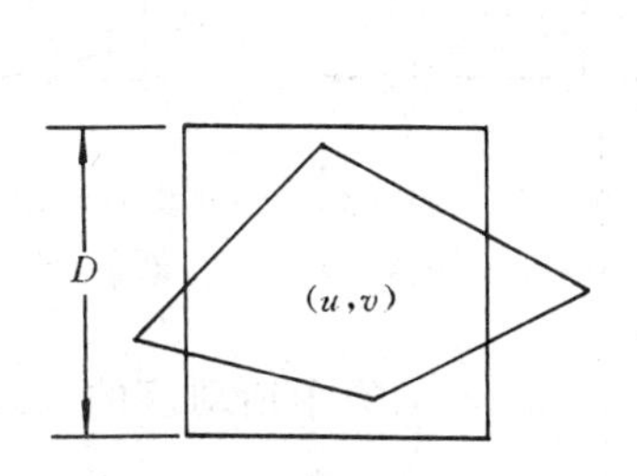

图 9.5.11 用正方形逼近象素的纹理区域

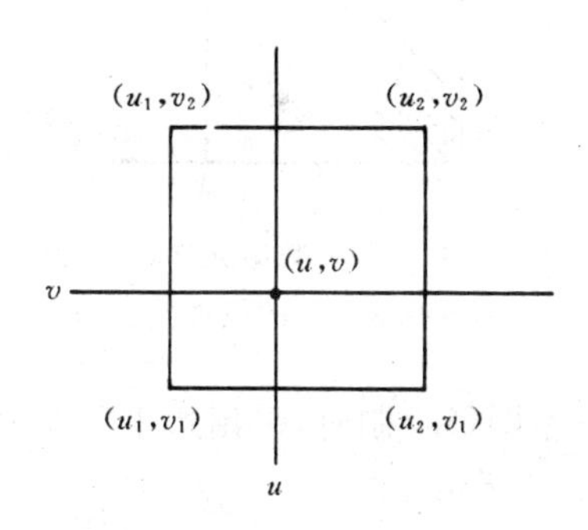

图 9.5.12 纹理的双线性插值

当 w 不是整数时,则在 $\lfloor W\rfloor$ 层和 $\lceil W\rceil$ 层上(其中 $\lfloor W\rfloor$ 表示不大于 W 的最大整数,$\lceil W\rceil$ 表示不小于 W 的最小整数),计算 $T_{\lfloor W\rfloor}(u,v)$和 $T_{\lceil W\rceil}(u,v)$,然后再对二者作线性插值,求 $T_w(u,v)$的值:

$$T_w(u,v)=T_{\lfloor W\rfloor}(u,v)+(w-\lfloor W\rfloor)(T_{\lceil W\rceil}(u,v)-T_{\lceil W\rceil}(u,v))$$

从上述讨论可以看出,对每个象素,至多访问 8 个纹理数据。用锥形数据结构进行前置滤波后再取样的反走样效果见图 9.5.13。

下面再讨论用积分数组进行前置滤波的方法。积分数组的初始数据与前一种方法一样。把纹理空间分成 $n\times n$ 个相同大小的正方形区域,并以各区域的纹理平均值作为元素构成一个二维数组。然后在这个数组的基础上构造一个与它大小相同的积分数组。积分数组的元

图 9.5.13　锥形数据结构的反走样效果

素 $S(u,v)$是由图 9.5.14 所示的矩形区域(以阴影线标志)中纹理样本值之和。

通过积分数组可以计算纹理空间中边平行于坐标轴的矩形区域的纹理平均值。例如图 9.5.15 所示。以(u_1,v_1)为左下角点,(u_2,v_2)为右上角点的矩形区域中的纹理平均值为:

$$(S(u_2,v_2)-S(u_2,v_1)-S(u_1,v_2)+S(u_1,v_1))/((u_2-u_1)\times(v_2-v_1)\times n\times n) \tag{9-5-2}$$

注意,当(u_i,v_j)不是取样点时,不能从积分数组中直接查到 $S(u_i,v_j)$。这时,应采用与(9-5-1)式类似的公式对各个角点周围四个数组元素进行双线性插值来获得。可见,对每个象素,一般要访问 16 个数组元素。

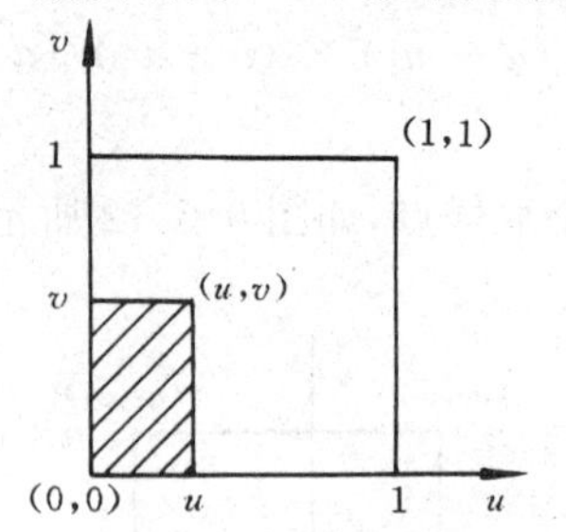

图 9.5.14　积分数组元素是阴影区内所有取样点的纹理值之和

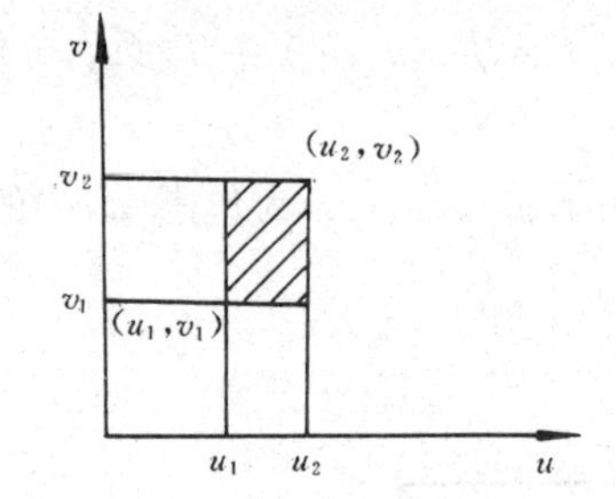

图 9.5.15　利用积分数组计算矩形区域的纹理平均值

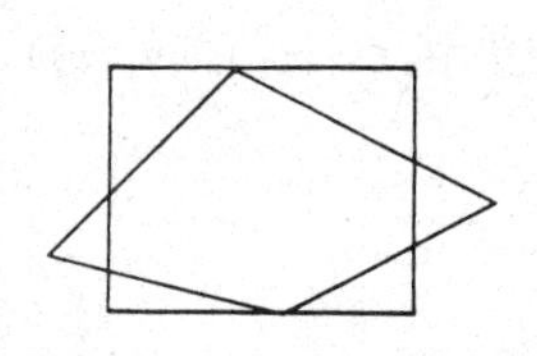

图 9.5.16　用矩形逼近象素的纹理区域

在图形绘制时,采用边平行于坐标轴的矩形来近似表示象素所对应的纹理区域,如图 9.5.16 所示。

然后用(9-5-2)式计算该矩形区域的纹理平均值,作为象素的纹理值。用积分数组进行前滤波后再取样的反走样效果见图 9.5.17。

图 9.5.17　用积分数组滤波后产生的纹理

锥形数据结构与积分数组相比,前者的存储量是原始数据的 4/3 倍,后者是 2 倍。前者计算一个象素的纹理值一般需访问 8 个数组元素,而后者要访问 16 个,而且后者的计算量约是前者的 3 倍多。因此,无论从空间还是时间方面,前者的效率都比后者高。但是在反走样的效果方面,后者更好一些由比较图 9.5.13 和图 9.5.17 就可看出。这是用时间和空间的代价换来的。其原因是，后者所用的矩形对象素的纹理区域逼近效果，要比前者所用的正方形好一些。

若希望进一步提高纹理质量，可在积分数组的基础上，从近似表示象素的纹理区域的矩形出发，逐步地丢弃那些在矩形内，但不在纹理区域内的小矩形，来进一步逼近纹理区域。也可以通过另一条途径。在建立积分数组时，采用图 9.5.9 所示的的其它更高级的滤波器。对上述两种改进方案有兴趣的读者可以进一步阅读有关的参考文献。

9.6 光线跟踪

9.3 节介绍的 Gouraud 明暗处理和 Phong 明暗处理虽然可以产生物体的真实感图形，但是由于它们是基于插值的，所以不能用来表示物体表面的细节以及不易模拟光的折射、反射和阴影等。为了生成更真实的图象，正确显示反射、折射、阴影和表面纹理细节等，就必须借助于更准确的图形绘制方法。20 世纪 80 年代初出现的光线跟踪方法，就是这样的方法。光线跟踪方法是基于几何光学的原理，通过模拟光的传播路径来确定反射、折射和阴影等。由于每个象素都单独计算，故能更好地表现曲面细节。

在光线跟踪系统中，物体空间中一点被取作视点，一个与视点位置适当的平面矩形区域被取作投影屏幕(区别于显示器屏幕)。为了简化计算，常把视点取在 Z 轴上，并取 XOY 平面作为投影屏幕。投影屏幕用两组互相垂直的平行线分成若干个小方格，每个小方格对应于显示器屏幕的一个象素，常取小方格中心为取样点，如图 9.6.1 所示。

图形生成是通过对每个象素分别计算颜色亮度来进行的。首先，从视点出发，引一条视线穿过取样点，向物体空间延伸，通过计算求得与它相交的物体。视线可能与多个物体相交，存在多个交点。可以通过比较各点与视点的距离，求得离视点最近的交点。该点称为在视线方向上，相对于视点的可见点，或简称可见点。可见点处曲面的法向量必须计算出来，以满足多种后继计算的需要。法向量计算出来之后，通过查找表面数据表，获得表面的颜色属性、反射率、透明性、粗糙程度等，就可以使用光照模型公式来计算可见点的反射光强了。然而在此步计算之前，要先判断可见点是否处于阴影中。判断的方法是从该点向光源引射线，看射线是否与某个不透明的物体相交。

如果物体表面比较光滑，反射性较强，如玻璃窗、磨光或电镀的金属表面等，那么其它物体可以通过可见点反射或折射到视点。对于这类表面，我们在求得可见点之后，还必须沿反射线方向或折射线方向继续跟踪，看看在反射线或折射线方向上是否有物体存在。这种射线称为间接视线。当间接视线与物体相交时，确定离可见点最近的交点，称为间接可见点，它对可见点的光强影响可计算出来。在间接可见点可能又需要从反射或折射方向跟踪视线。这个过程实际上是个递归过程。所以光线跟踪本质上是个递归算法。每个象素的颜色和光强必须综合各级递归计算的结果才能获得。

结合图 9.6.1，光线跟踪算法流程概述如下：

```
Raytracing(Start-point, view-direction, weight, color)
/*  start-point：在第一次调用表示视点，以后各次递归调用表示可见点，
    view-direction：视线方向，与光传播方向相反，
```

```
    weight：当前点光强对最终计算结果的
            贡献比例值，当它小于阀值
            Minweight 时，将被认为对最终
            计算结果影响很小，可忽略不
            计。
    color：返回值
*/
{ if(weight<Minweight)
      color=black;
  else
  {
      计算视线与所有物体的交点中离 start-
      point 最近的点；
      if(无交点)color=black；
      else
      { Io=交点处光照模型值；
        计算反射方向 R；
        Raytracing (交点，R，Weight * Wr，
        Ir)；/* Wr 是经验值取值 0～1 之间
         */
        计算折射方向 T；
        Raytracing (交点，T，Weight * Wt，
        It)；/* Wt 是经验值取值 0～1 之间
         */
        color=Io+Ir+It；
      }
  }
}
```

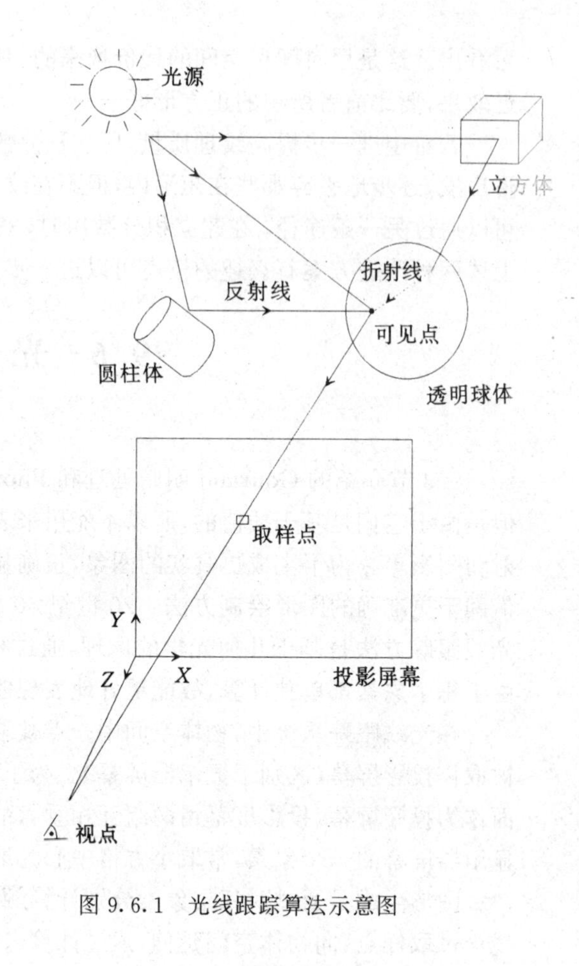

图 9.6.1 光线跟踪算法示意图

在下面各小节里，我们具体介绍光线跟踪的各个步骤：射线与物体求交算法，射线与 *CSG* 立体模型的分类，法向量、反射线、折射线和阴影的计算，以及光线跟踪所使用的光照模型与加速算法等等。

9.6.1 求交算法

光线跟踪算法最核心的运算是求交。在早期的光线跟踪算法中，75%～95%的计算是用于求交。所以，设计高效率的求交算法是很有必要的。另外，有的时候，射线与物体相距甚远，根本不必具体计算它们的交点，只要判断出它们不可能相交，即可以不必求交点。特别是物体表面本身是三次以上曲面时可采用包围盒或包围球的方法，减少不必要的求交计算。在以下讨论中，如无特殊说明，假设射线定义为

$$X = Dt + E \qquad (t \geqslant 0) \tag{9-6-1}$$

其中，$E=(e_1,e_2,e_3)$为射线起点，对应于视点或可见点；$D=(d_1,d_2,d_3)$为射线方向，$\| D \| =1$；$X=(x,y,z)$为射线上任意点。

1. 射线与多边形求交算法

当物体本身是多面体，或用多边形拼接而成的面时，射线与物体的求交就转化为射线与多边形的求交。在以下讨论中，假设多边形是单连通的，且它的任意两边除可能共享顶点外，

是互不相交的。如图 9.6.2 所示，假设多边形所在平面方程为

$$ax + by + cz + d = 0 \tag{9-6-2}$$

把射线的参数方程(9-6-1)代入平面方程(9-6-2)得

$$N \cdot (Dt + E) + d = 0$$

即
$$(N \cdot D)t + (N \cdot E) + d = 0$$

解得
$$t_0 = -(N \cdot E + d)/(N \cdot D) \qquad (\text{当 } N \cdot D \neq 0)$$

当 $N \cdot D=0$ 时，射线与多边形平行，可当作无交情况处理。当 $N \cdot D\neq 0$ 时，交点为 $X_0 = D_{t_0}+E$。但此交点只是射线与平面的交点，未必落在多边形上，所以还必须判断交点是否在多边形上。判断时，不必在三维空间进行，只需把多边形连同判断点一起投影到某个坐标平面上，然后在投影面上进行判断。当且仅当投影点在投影多边形上时，判断点在多边形上。由于多边形可能与某个坐标平面垂直，投影时应避免选取该坐标平面。这只要在投影时，选取多边形在其上投影面积最大的坐标面就可以避免上述问题。具体实现可通过比较平面法向量的各个分量的绝对值来选取。当 z 分量最大时，就选取 xoy 平面，当 x 分量最大时，就选取 yz 平面等等。当两个以上分量同时取最大时，则取其中任意一个。注意，把一点(x,y,z)投影到一个坐标平面只是简单地去掉一个分量而已。由以上分析能看出，判断一点是否在多边形上的三维问题，可以简单地转化为二维问题来解决，这在 9.1.2 节中已有详细的讨论。

2. 射线与长方体求交算法

射线与长方体的求交可以转化为射线与长方体的六个面求交。当且仅当射线与某一个面相交时，射线与长方体相交。但是这种算法效率较低。由于长方体本身是一种比较常用的体素，而且，它还经常当做包围盒，减少射线与更复杂物体的不必要的求交运算。因此，为它设计一个尽可能高效的求交算法是必要的。实际上，我们可以借助于凸多面体裁剪的 Cyrus-Beck 算法，设计出高效的射线与长方体的求交算法。算法框图见图 9.6.3。图中，F_i 表示第 i 个面上一点，N_i 是第 i 个面的外法向量。E 和 D 分别是射线的起点和方向。

在上述前一种算法中，当射线与长方体有交时，最少需要求射线与两个面的交点才能确定射线与长方体的交。而当射线与长方体无交时，则必须把射线与所有六个面求交后，方能确定射线与长方体无交。后种算法则相反：有交是计算量大，无交时计算量小。若射线与长方体有交，则必须在处理所有六个面之后，才能获得交点参数。而当射线与长方体无交时，最少只要处理两个面就可以判断出来，所以第二种算法在长方体相对比较小，特别是作为较复杂物体的包围盒时，执行效率高得多。

3. 射线与二次曲面体求交算法

主要介绍射线与常用的二次曲面体：球、圆柱、圆锥、圆台的求交算法。

一个球心在 $P_0(x_0,y_0,z_0)$，半径为 r 的球面方程为

$$(P - P_0) \cdot (P - P_0) = r^2 \tag{9-6-3}$$

把射线参数方程(9-6-1)代入上述球面方程得

$$(Dt+E-P_0) \cdot (Dt+E-P_0)=r^2$$

整理得
$$at^2+bt+c=0$$

其中，$a=D \cdot D$，$b=2D \cdot (E-P_0)$，$c=(E-P_0) \cdot (E-P_0)-r^2$。当 $b^2-4ac<0$ 时，射线与球面不相交。否则，射线与球面交于两点

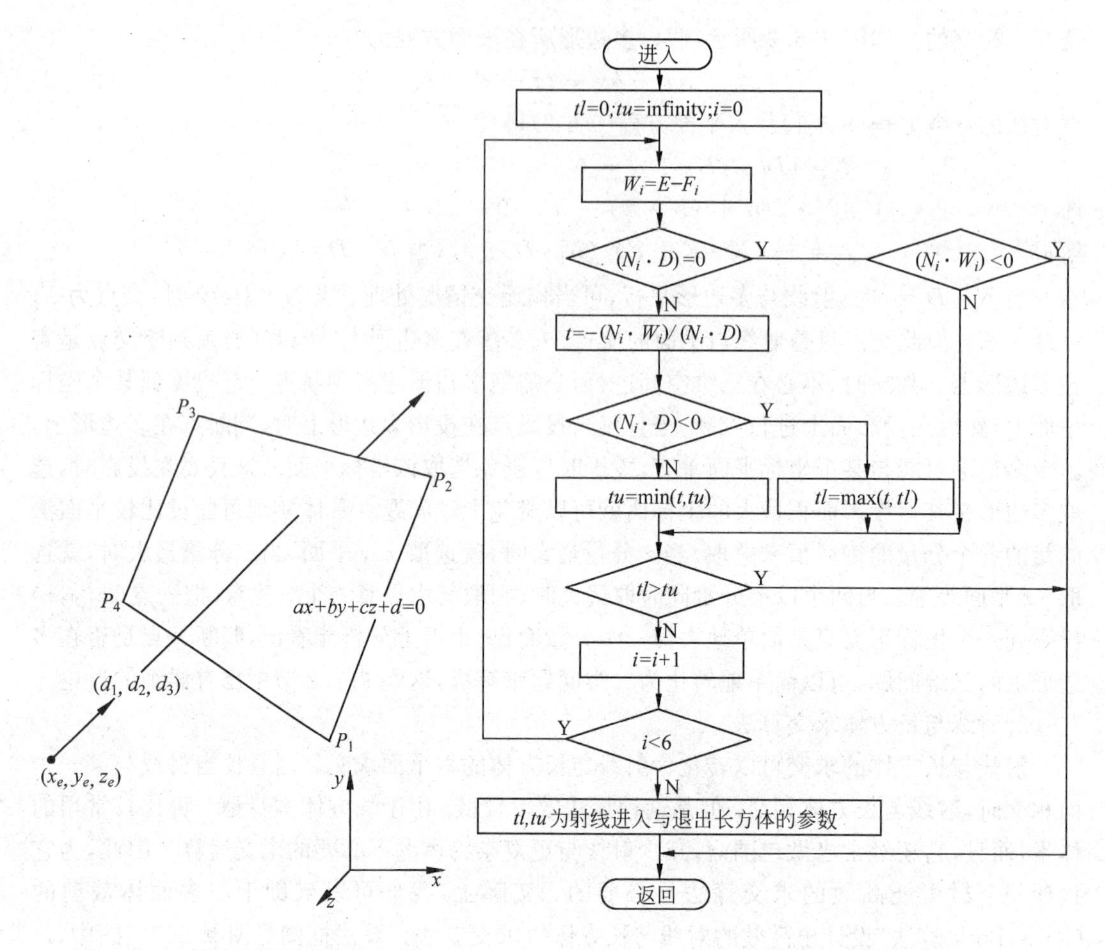

图 9.6.2　射线与空间多边形求交

图 9.6.3　射线与长方体求交算法框图

$$t_{1,2}=\frac{-b\pm\sqrt{b^2-4ac}}{2a}$$

上式是直接应用一元二次方程的求根公式所得。然而，在编制计算机程序时，我们必须认真检查方程系数，以便尽量减少运算次数。首先，在光线跟踪过程中，一般把射线方向单位化，所以 $a=D\cdot D=1$。另外，取 $b_1=D\cdot(E-P_0)$，则交点参数公式为

$$t_{1,2}=-b_1\pm\sqrt{b_1^2-c} \tag{9-6-4}$$

故在判断射线与球面是否相交时，只要计算 $b_1=D\cdot(E-P_0)$ 和 $c=(E-P_0)\cdot(E-P_0)-r^2$。当 $b_1^2-c\geqslant 0$ 时，有交，且交点参数由式(9-6-4)给出。否则无交。

上述计算还可以进一步简化。对于所有从视点引出的射线，$E-P_0$ 为固定向量，从而 c 为定数，它们对于整个图象只需计算一次。这样，对于每条从视点出发的视线，只需要计算 b_1(一个点积)，以及从(b_1^2-c)即可判断视线是否与球面有交。

一个底面中心为 P_0，对称轴方向为 $AXIS$，半径为 r，柱高为 h 的圆柱体是由下列三个不等式定义的：

$$(P-P_0)\cdot(P-P_0)-(AXIS\cdot(P-P_0))^2-r^2\leqslant 0$$

$$AXIS \cdot (P - P_0) \geqslant 0$$
$$AXIS \cdot (P - P_1) \leqslant 0$$

其中，$P_1 = P_0 + h * AXIS$。

把射线方程(9-6-4)代入上述第一式，并改不等式为等式，得

$$(Dt + E - P_0) \cdot (Dt + E - P_0) - (AXIS \cdot (Dt + E - P_0))^2 - r^2 = 0$$

化简得 $at^2 + 2bt + c = 0$

其中，

$$a = 1 - (AXIS \cdot D)^2$$
$$b = D \cdot (E - P_0) - (AXIS \cdot D) \times (AXIS \cdot (E - P_0))$$
$$c = (E - P_0) \cdot (E - P_0) - (AXIS \cdot (E - P_0)) - r^2$$

当 $b^2 - ac \geqslant 0$ 时，该式的解是

$$t_{1,2} = (-b \pm \sqrt{b^2 - ac})/a \tag{9-6-5}$$

注意，b 计算式中的 $E - P_0$，$AXIS \cdot (E - P_0)$ 以及 c 的整个计算式，对于从视点出发的视线均为常数。另外，$t_{1,2}$ 只是射线与圆柱侧面(或其延伸)的交点，未必落在圆柱体上。因此还要判断点 $P(t_1)$，$P(t_2)$ 是否满足圆柱体定义的后二个不等式。当计算这两个不等式时，前一式左边为

$$\begin{aligned} & AXIS \cdot (P(t_1) - P_0) \\ = & AXIS \cdot (Dt_1 + E - P_0) \\ = & (AXIS \cdot D)t_1 + AXIS \cdot (E - P_0) \end{aligned}$$

其中，两个点积均在求(9-6-5)式之前已经算出。上式的值减去 h 即为后一个不等式左边的值。

对于一般的二次曲面

$$q(x, y, z) = [x \ y \ z \ 1] Q \begin{bmatrix} x \\ y \\ z \\ 1 \end{bmatrix} = 0 \tag{9-6-6}$$

其中，

$$Q = \left[\begin{array}{ccc:c} q_{11} & q_{12} & q_{13} & q_{14} \\ q_{21} & q_{22} & q_{23} & q_{24} \\ q_{31} & q_{32} & q_{33} & q_{34} \\ \hdashline q_{41} & q_{42} & q_{43} & q_{44} \end{array}\right] = \begin{bmatrix} Q_{11} & Q_{12} \\ Q_{21} & Q_{22} \end{bmatrix}$$

把射线参数方程(9-6-1)代入(9-6-6)式并整理可得

$$at^2 + bt + c = 0$$

其中

$$a = DQ_{11}D^{\mathrm{T}}$$
$$b = DQ_{11}E^{\mathrm{T}} + EQ_{11}D^{\mathrm{T}} + Q_{21}D^{\mathrm{T}} + DQ_{12}$$
$$c = EQ_{11}E^{\mathrm{T}} + Q_{21}E^{\mathrm{T}} + EQ_{12} + Q_{22}$$

或用判断式 $b^2 - 4ac$ 的符号检测射线是否与曲面相交。若相交，可以用求根公式计算交点参数。

对于双参数曲面

$$
\begin{cases}
x = y(u,v) \quad (0 \leqslant u \leqslant 1, 0 \leqslant v \leqslant 1) \\
y = y(u,v) \\
z = z(u,v)
\end{cases}
\tag{9-6-7}
$$

必须把射线表示为两个平面的交的形式

$$
\begin{cases}
a_1 x + b_1 y + c_1 z + d_1 = 0 \\
a_2 x + b_2 y + c_2 z + d_2 = 0
\end{cases}
\tag{9-6-8}
$$

把方程(9-6-7)代入(9-6-8)式得

$$
\begin{cases}
a_1 x(u,v) + b_1 y(u,v) + c_1 z(u,v) + d_1 = 0 \\
a_2 x(u,v) + b_2 y(u,v) + c_2 z(u,v) + d_2 = 0
\end{cases}
$$

简写成

$$
\begin{cases}
f(u,v) = 0 \\
g(u,v) = 0
\end{cases}
\tag{9-6-9}
$$

方程(9-6-9)可以用下列的牛顿迭代公式求解。

$$
\begin{bmatrix} u \\ v \end{bmatrix} = \begin{bmatrix} u_0 \\ v_0 \end{bmatrix} - \begin{bmatrix} \dfrac{\partial f}{\partial u}(u_0,v_0) & \dfrac{\partial f}{\partial v}(u_0,v_0) \\ \dfrac{\partial g}{\partial u}(u_0,v_0) & \dfrac{\partial g}{\partial v}(u_0,v_0) \end{bmatrix}^{-1} \begin{bmatrix} f(u_0,v_0) \\ g(u_0,v_0) \end{bmatrix}
$$

问题是如何选择初值 u_0、v_0 使得迭代收敛到交点参数？选择初值的方法很多，不同的选择方法导致不同的算法。其中一种方法是构造包含曲面的八叉树，如图 9.6.4 所示。在图中只显示树的叶子结点的投影。在八叉树的叶子结点，存放含有该叶子所代表的子空间中的曲面片的参数平均值。当射线与某个叶子结点相交时，就用该叶子结点所保存的参数值作为初值进行迭代。实验表明，用这种方法选择的初值收敛得较快。

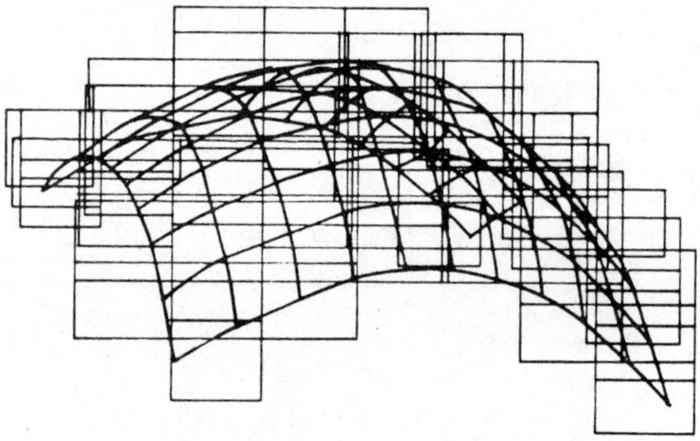

图 9.6.4　自由曲面与包含它的八叉树

9.6.2　法向量计算

对于平面多边形，假设其上不共线的三点坐标为(x_1,y_1,z_1)，(x_2,y_2,z_2)，(x_3,y_3,z_3)，则通过这三点的平面方程为

$$
\begin{vmatrix}
x & y & z & 1 \\
x_1 & y_1 & z_1 & 1 \\
x_2 & y_2 & z_2 & 1 \\
x_3 & y_3 & z_3 & 1
\end{vmatrix} = 0
$$

把方程左边展开为 $ax+by+cz+d$，其中

$$
a = \begin{vmatrix} y_1 & z_1 & 1 \\ y_2 & z_2 & 1 \\ y_3 & z_3 & 1 \end{vmatrix}; \quad b = \begin{vmatrix} z_1 & x_1 & 1 \\ z_2 & x_2 & 1 \\ z_3 & x_3 & 1 \end{vmatrix}; \quad c = \begin{vmatrix} x_1 & y_1 & 1 \\ x_2 & y_2 & 1 \\ x_3 & y_3 & 1 \end{vmatrix}
$$

显然,(a,b,c)经过单位化即为多边形的法向量。

假设 P 是球心为 P_0,半径为 r 的球面上一点,则点 P 处球面的法向量为$(P-P_0)/r$。

对于圆柱$(P_0,r,h,AXIS)$,其中 P_0 是底面中心,$AXIS$ 是对称轴方向,r 是半径,h 是高,圆柱侧面上一点 P 的法向量为$(P-P_0-t\cdot AXIS)/r$,其中,$t=(P-P_0)\cdot AXIS$。如图 9.6.5 所示。

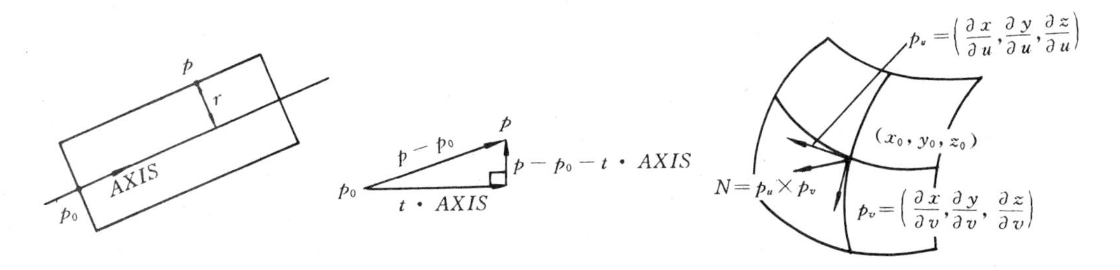

图 9.6.5 圆柱面法向量公式的推导　　　　图 9.6.6 双参数曲面的法向量

对于一般的二次曲面

$$Q(x,y,z) = Ax^2 + By^2 + Cz^2 + Dxy + Eyz + Fzx + Gx + Hy + Jz + K = 0$$

曲面上一点(x,y,z)处的法向量为下列向量的单位化:

$$\left(\frac{\partial Q}{\partial x},\frac{\partial Q}{\partial y},\frac{\partial Q}{\partial z}\right) = (2Ax + Dy + Fz + G, 2By + Dx + Ez + H, 2Cz + Ey + Fx + J)$$

对于参数曲面(9-6-7)式上一点$(x_0,y_0,z_0)=(x(u_0,v_0),y(u_0,v_0),z(u_0,v_0))$,该处曲面的法向为

$$\left(\frac{\partial x}{\partial u},\frac{\partial y}{\partial u},\frac{\partial z}{\partial u}\right)\times\left(\frac{\partial x}{\partial v},\frac{\partial y}{\partial v},\frac{\partial z}{\partial v}\right)\Bigg|_{\substack{u=u_0\\ v=v_0}}$$

如图 9.6.6 所示。它是过(x_0,y_0,z_0)点的沿参数线方向的两个切向量的叉积。

9.6.3 反射与折射方向

假设 E 是视线方向,即从视点到可见点的方向,N 是可见点处曲面的法向量,E 和 N 都是单位向量。如图 9.6.7 所示。

E 与 N 必须夹钝角,即 $E\cdot N<0$。若 $E\cdot N>0$,则把 N 用 $-N$代替。这样做的目的是使 N 总是指向视点所在的那一侧。

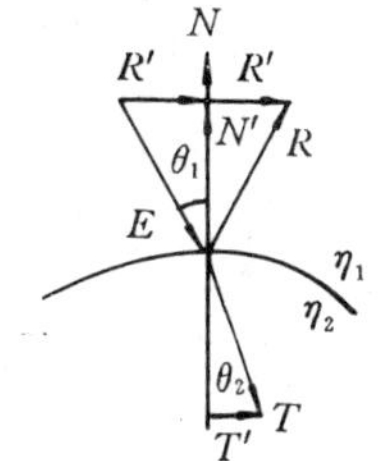

图 9.6.7 反射与折射方向的计算

假设 η_1 和 η_2 是曲面两边物质的折射率。由几何光学知,反射角与入射角相等,为 θ_1。而折射角 θ_2 满足以下公式

$$\eta_1\sin\theta_1 = \eta_2\sin\theta_2$$

令 $N'=(\cos\theta_1)N$,$R'=E+N'$,则反射方向为 $R=N'+R'$。且 R 为单位向量。再令 $N''=-(\cos\theta_2)N$,$T'=(\eta_1/\eta_2)R'$,则 $T=N''+T'$ 是折射线方向,且 T 也是单位向量。这是由于,T' 的长度是

$$(\eta_1/\eta_2)\parallel R\parallel = (\eta_1/\eta_2)\sin\theta_1 = (\eta_1\sin\theta_1)/\eta_2 = \sin\theta_2$$

又由于 T' 垂直于 N,由勾股定理知,T 的长度为:$\sqrt{\sin^2\theta_2+\cos^2\theta_2}=1$

显然,$-N$ 与 T 所夹的角为 θ_2。故 T 即为所求的折射向量。

为了简化计算，$\cos\theta_2$ 应当用 $\cos\theta_1$ 来表示。这里 $\cos\theta_1 = E \cdot N$，在图形绘制过程中是必算的量。

由于
$$\begin{aligned}\cos^2\theta_2 &= 1-\sin^2\theta_2\\ &= 1-\eta^2\sin^2\theta_1 \qquad (\text{其中 } \eta=\eta_1/\eta_2)\\ &= 1-\eta^2(1-\cos^2\theta_1)\end{aligned}$$

所以，
$$\cos\theta_2 = (1-\eta^2(1-\cos^2\theta_1))^{1/2} \tag{9-6-10}$$

式(9-6-10)要有意义必须
$$1-\eta^2(1-\cos^2\theta_1) \geqslant 0$$

即
$$\cos^2\theta_1 \geqslant \frac{\eta^2-1}{\eta^2}$$

或
$$\cos^2\theta_1 \geqslant 1-(1/\eta)^2 \tag{9-6-11}$$

易见，当 $\eta \leqslant 1$ 时，$1-1/\eta^2 \leqslant 0$，故(9-6-11)式恒成立。其实际意义是：光从密度低的介质入射到密度高的介质时总会有折射光。而当 $\eta > 1$ 时，$0 < 1-(1/\eta)^2 < 1$。(9-6-11)式未必恒成立。例如，$\eta = 1.52$ 时，只有当入射角在 0°与 41°之间时，(9-6-11)式才成立。超过这个角度时产生全反射现象。

9.6.4 光照模型

在光线跟踪应用中经常使用 Torrance-Sparrow 光照模型。这种模型是来自 Torrance 和 Sparrow 在光学领域里研究的成果，并由 Blinn 最早引入计算机图形学领域的。该模型考虑了金属和非金属物体表面的高光在特定条件下会偏离反射方向的性质，也就是说，当光的入射角大于某个值时，反射光的最大分布方向与表面法向量的夹角大于反射方向与法向量的夹角。

在这种光照模型中，假设物体表面由许多细小的，朝向随机分布的微平镜面组成。当光照射到物体表面时，其反射性质由微平面的朝向分布情况，反射率以及微平面之间的相互遮蔽关系所决定。公式为：

$$I = K_aI_a + (K_d(N\cdot L) + K_sDFG/(N\cdot E))I_j$$

式中，I 为反射光强，I_a 为泛光光强，K_a 为泛光系数，K_s 为镜面反射系数，D 为微平面方向分布函数，F 是 Fresnel 反射率函数，G 是反映微平面之间相互遮光的几何衰减因子。

微平面方向分布函数 D 有时也称为粗糙因子，因为它描述了物体表面光滑程度。假定光源方向为 L，视线方向为 E，二者的平分向量为 H，即 H 为 $(L+E)/2$ 的单位化。如图 9.6.8 所示。

由几何光学知，当某微平面的法向量与 H 重合时，在该微平面产生镜面反射现象。当视线 E 变化时，H 随着变化，法向量与 H 重合的微平面数量也随着变化。为了量化该变化，我们选定参照方向为描述物体朝向的法向量 N。那么，粗糙因子可以表示为角度 $\langle N,H\rangle$(记为 α)的函数。常用的粗糙因子有四种。其中一种是 Phong 光照模型中的镜面反射项，采用 N 和 H 夹角的余弦来表示，即

$$D_1 = (N\cdot H)^{c_1} = \cos^{c_1}(\alpha)$$

其中，c_1 是大于 0 的整数。它控制函数的变化率。c_1 愈大，变化率愈大，如图 9.6.9 所示。当曲线变化率愈大，其意义是微平面的朝向愈集中在 N 的方向附近，故描述的物体表面愈光

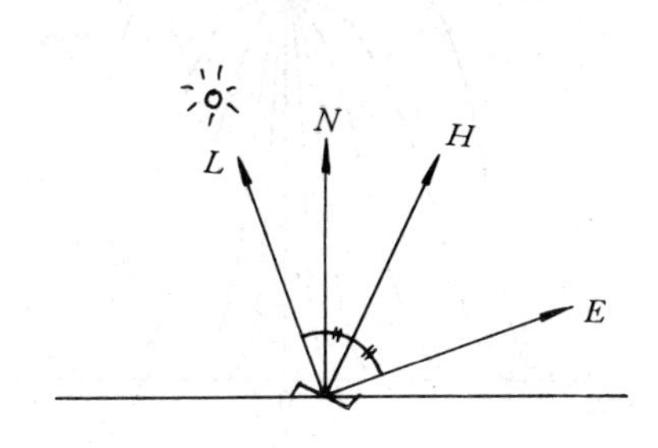

图 9.6.8 Torrance-Sparrow 模型所用的几何量

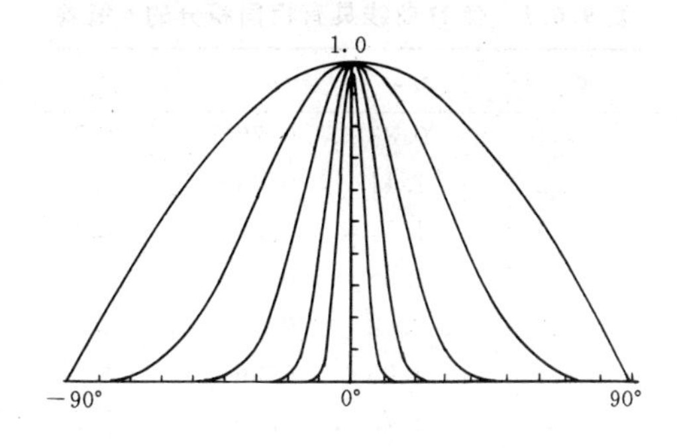

图 9.6.9 粗糙因子 D_1 的函数曲线

滑。反之,c_1 愈小,所描述的表面愈粗糙。

第二个粗糙因子是基于高斯分布的

$$D_2 = e^{-(c_2\alpha)^2}$$

其中,$\alpha=\arccos(N \cdot H)$。$c_2$ 代表物体表面的光滑程度。c_2 愈大,代表的表面愈光滑。如图 9.6.10 所示,为对应于不同的 c_2 值的一族 D_2 曲线图。

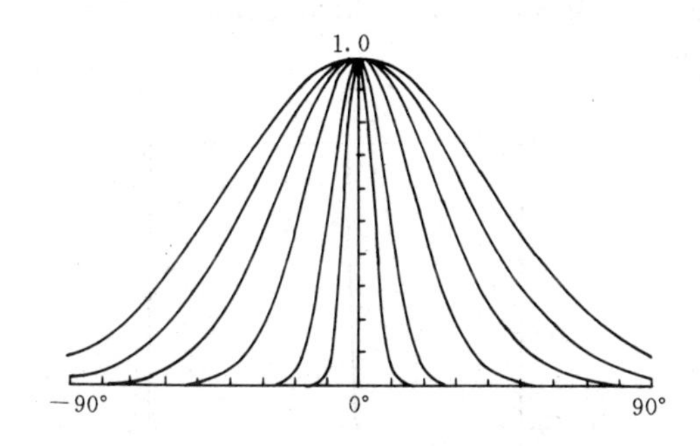

图 9.6.10 粗糙因子 D_2 的函数曲线

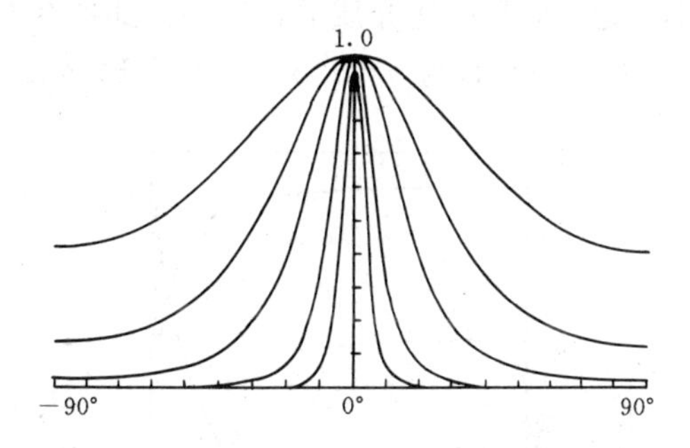

图 9.6.11 粗糙因子 D_3 的函数曲线

第三种粗糙因子是基于 Trowbridge 和 Reitz 的成果

$$D_3 = \left(\frac{C_3}{(N \cdot H)^2(C_3^2 - 1) + 1}\right)^2$$

其中,常数 C_3 控制函数的变化率。C_3 愈小,变化率愈大!如图 9.6.11 所示,为 C_3 取不同值时,D_3 的曲线。

第四种粗糙因子是由 cook 和 Torrance 引入的

$$D_4 = \frac{1}{(N \cdot H)^4} e^{-(c_4 \mathrm{tg}\alpha)^2}$$

其中,$\alpha=\arccos(N \cdot H)$。$c_4$ 控制函数的变化率。c_4 愈大,函数变化率愈大。如图 9.6.12 为 c_4 取不同值时,D_4 的对应曲线。

欲比较上述几种粗糙因子的不同,我们可以把各族曲线中积分相同的曲线进行比较。如表 9.6.1 所示,为几组 c_i 值。各组 c_i 所对应的曲线下方积分值相同。

下面再看 Fresnel 反射率函数。该函数用于描述一个物体的反射率取决于入射角和入射光波长的性质。其公式如下:

$$F=(r_{\perp}+r_{\parallel})/2$$

表 9.6.1　使 D 曲线具有相同积分的 c 值表

c_1	c_2	c_3	c_4
1	0.83	0.7865	1.20
2	1.11	0.69	1.39
4	1.51	0.57	1.74
8	2.06	0.45	2.26
16	2.88	0.35	3.03
32	4.05	0.261	4.17
64	5.73	0.19	5.81
128	8.11	0.1365	8.17
256	11.53	0.0683	11.57

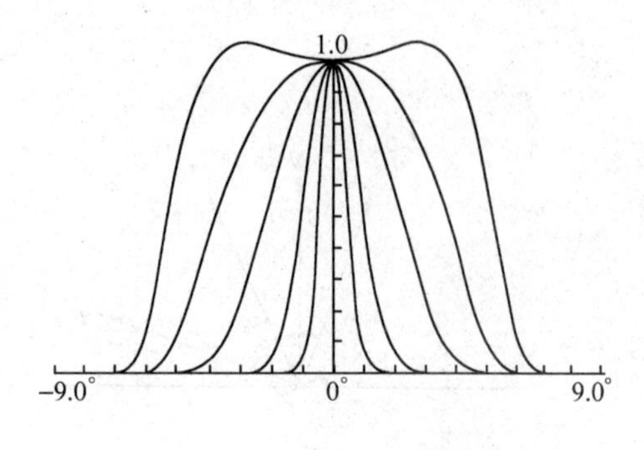

图 9.6.12　粗糙因子 D_4 的函数曲线

其中　$r_{\perp}=\dfrac{\sin^2(i-i')}{\sin^2(i+i')}$,　　　是对于垂直偏振光的反射率

$r_{\parallel}=\dfrac{\mathrm{tg}^2(i-i')}{\mathrm{tg}^2(i+i')}$,　　　是对于平行偏振光的反射率

i 是入射光的入射角,$i'=\arcsin(n * \sin(i)/n')$,$n$ 是光到达表面 i 前所经过的介质的折射率,n'是表面另一边介质的折射率。如图 9.6.13 所示为 $\eta=n'/n>1$ 时的 Fresnel 曲线。如图 9.6.14 所示,为 $\eta=n'/n<1$ 时的 Fresnel 曲线。

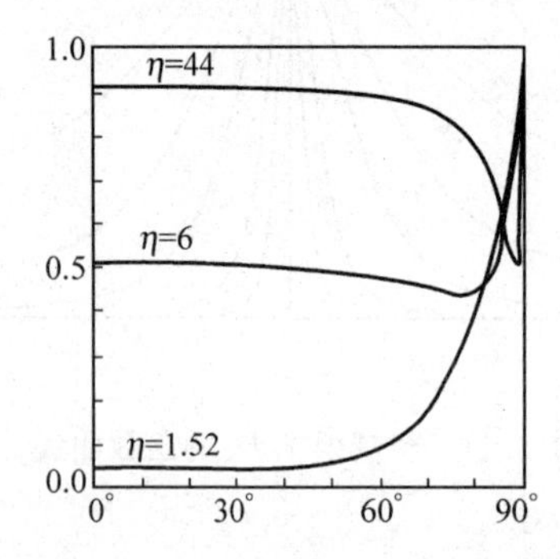

图 9.6.13　$\eta=1.52$,6 和 44 时的 Fresnel 曲线

图 9.6.14　$\eta=1/1.52$ 时的 Fresnel 曲线

Fresnel 函数用于实际计算时所面临的主要问题是计算量较大。为了避免计算三角函数值,可以把公式改写为

$$F=\frac{1}{2}\left(\frac{g-c}{g+c}\right)^2\left\{1+\left[\frac{c(g+c)-1}{c(g-c)+1}\right]^2\right\}$$

其中　$c=H\cdot E=L\cdot H$;　$g=\sqrt{\eta^2+c^2-1}$

为了进一步减小计算量,还可以用近似的计算方法。例如,可以用线性插值的方法。但是线性插值与实际的 Fresnel 曲线相差太大。一个较好的方法是采用

$$F_0=(1-A_0(L\cdot H))^2$$

其中,$A_0=1-(n-1)/(n+1)$,来近似计算 Fresnel 的函数值,不仅计算量比线性插值小,而且效果比线性插值好。如图 9.6.15,为 F_0 的曲线图。

一个粗糙表面上的微平面之间互相遮蔽,影响表面的反射能力。这种现象用几何衰减因子 G 来摸拟。在推导 G 的表达式时,假定微平面以 V 槽形式存在,槽的两侧与表面法向量

夹等角。我们只关心一侧处于产生镜面反射的位置的槽。如图 9.6.16 所示，对于不同的光源方向和视线方向，可以分为三种情况：

第一种情况是所有入射光均能到达该面并且能反射到视点。

第二种情况是所有入射光均能到达该面但是只有部分反射光能到达视点，另一部分被槽的另一侧截住。

第三种情况是只有部分入射光能到达该面，另一部分被槽的另一侧所遮蔽。注意，这里的 L，E 与 H 共面，但与 N 不必共面。

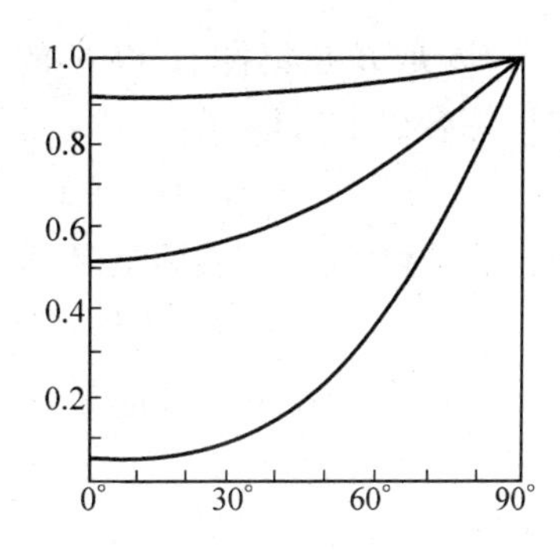

图 9.6.15 Fresnel 函数的近似函数 F_0

对于第一种情况，$G_1=1.0$。对于第二种情况，$G=1-(m/l)$，如图 9.6.17 所示。把 E 投影到包含 N 和 H 的平面上，如图 9.6.18 所示，由正弦定律知，$m/l=\sin(f)/\sin(b)$。

其中
$$\sin(b)=\cos(e)=(H\cdot Ep)$$
$$\sin(f)=\sin(b+c)=\sin(b)\cos(c)+\cos(b)\sin(c)$$

由于 $c=2d$ 所以

$$\cos(c)=\cos(2d)=1-2\sin^2(d)=1-2\cos^2(a)$$
$$\sin(c)=\sin(2d)=2\sin(d)\cos(d)=2\cos(a)\sin(a)$$

故有
$$\begin{aligned}\sin(f)&=\cos(e)(1-2\cos^2(a))+\sin(e)(2\cos(a)\sin(a))\\&=\cos(e)-2\cos(e)\cos^2(a)+2\sin(e)\cos(a)\sin(a)\\&=\cos(e)-2\cos(a)(\cos(e)\cos(a)-\sin(e)\sin(a))\\&=\cos(e)-2\cos(a)\cos(e+a)\\&=(H\cdot E_p)-2(H\cdot H)(N\cdot E_p)\end{aligned}$$

(a) 无截止遮蔽

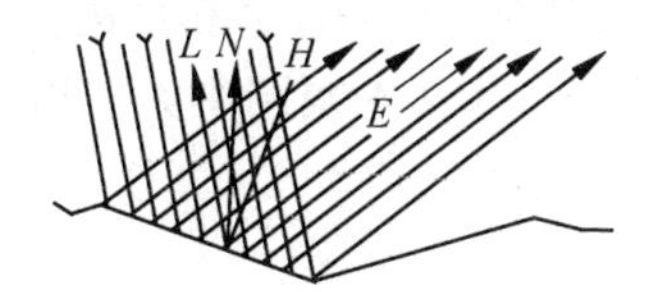

(b) 一些反射光被遮蔽

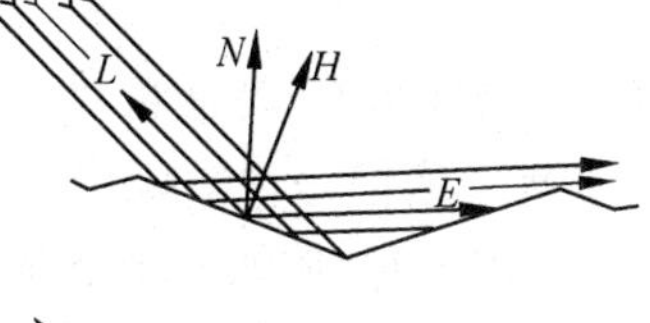

(c) 一些入射光被截止

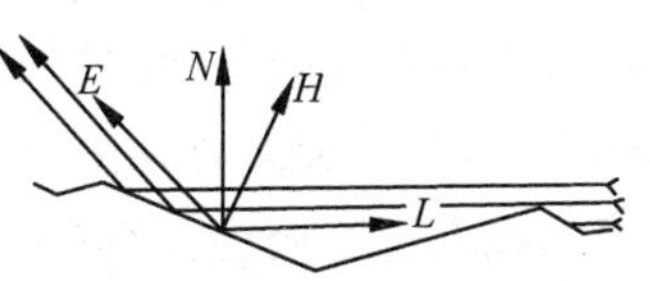

图 9.6.16 微平面的相互遮蔽关系

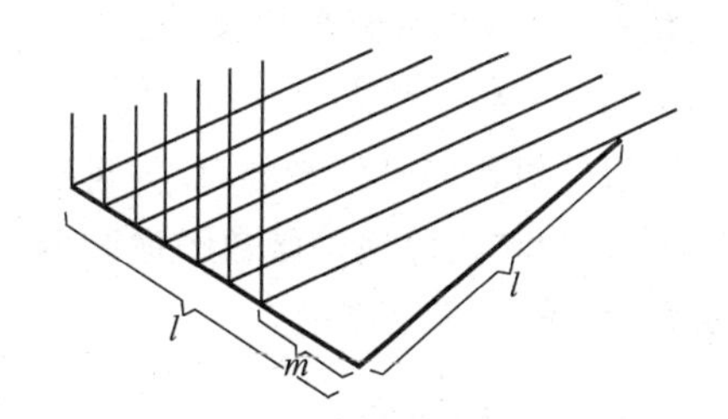

图 9.6.17 能反射出去的光占 $1-m/l$

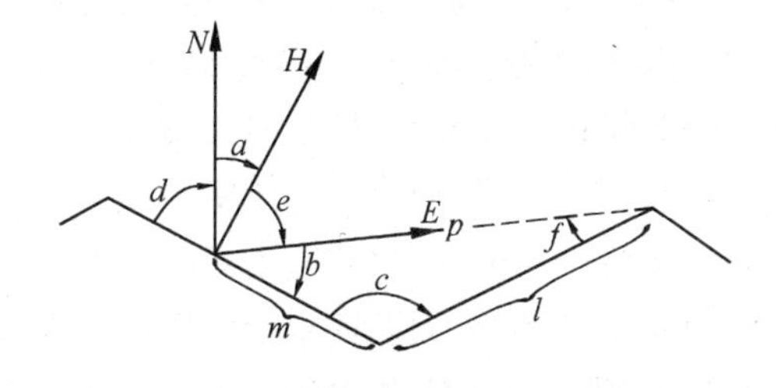

图 9.6.18 用于推导比率 m/l 的几何量

由于 Ep 是 E 在包含 H 和 N 的平面上的投影，所以 $(H \cdot Ep)=(H \cdot E)$，$(N \cdot Ep)=(N \cdot E)$。综合以上讨论，得

$$G_2 = 1 - m/l = 2(N \cdot H)(N \cdot E)/(H \cdot E)$$

至于第三种情况，它实际上是第二种情况中 L 与 E 互换位置而已。所以

$$G_3 = 2(N \cdot H)(N \cdot L)/(H \cdot L) = 2(N \cdot H)(N \cdot L)/(H \cdot E)$$

在一般情况下，G 的有效值是 G_1,G_2,G_3 中最小者，即

$$G = \min(1, 2(N \cdot H)(N \cdot E)/(E \cdot H), 2(N \cdot H)(N \cdot L)/(E \cdot H))$$

与截断和遮蔽作用相反，当视线与表面法向量 N 夹角增大时，更多的光线直接从表面反射，而不为物体所吸收。故在视点处所见的光强与 N,E 的夹角余弦成反比，为此把镜面反射项除以 $(N \cdot E)$。

我们可以把求 G 以及除以 $(N \cdot E)$ 合在一个计算过程中，以避免用零为除数的情形。这个计算过程为

```
if ((N·E) < (N·L))
{ if 2(N·E)(N·H) < (E·H)
     G=2(N·H)/(E·H);
  else
     G=1/(N·E);
}
else
{ if (2(N·L)(N·H)) < (E·H)
        G=2(N·L)(N·H)/(E·H)(N·E);
     else
        G=1/(N·E);
}
```

为了把 Torrance-Sparrow 模型用于光线跟踪，还必须考虑从反射方向和折射方向传来的光强。这只要对光照模型公式作一点小修改，在公式中增加两项：K_rI_r 和 K_tI_t，即

$$I = K_aI_a + (K_d(N \cdot L) + K_sDFG/(N \cdot E)I_j + K_rI_r + K_tI_t$$

其中 I_r 为反射方向来的光强，I_t 为折射方向来的光强。K_r,K_t 为相应的系数。在实际计算过程中，I_r,I_t 是对光照模型函数的递归调用。彩照 3～8 共 6 幅图象为采用上面介绍的光照模型用光线跟踪方法绘制的。

9.6.5 加速算法

在简单的光线跟踪算法中，每条射线都要和所有物体求交，然后再对所得的全部交点进行排序，才能确定可见点。因此对于每条射线，计算复杂度都是 $O(n)$ 以上。当物体个数较少时，计算量还可以接受。但是当环境较复杂，物体个数较多时(例如成千个原子组成的分子模型或成万个多边形构成的建筑物模型)，简单的光线跟踪算法的处理速度就无法接受了。然而，对于每一条射线，它实际上只与少数几个物体有交，与绝大多数物体根本不相交。也就是说，对于复杂环境，大多数求交计算都是无效运算。我们可以通过一些途经来减少这种无效运算。这就是加速算法所要考虑的主要问题。一般说来，加速算法是通过预先把物体按空间位置适当地组织起来，以便在绘制时缩小搜索范围，减少排序时间来提高效率的。常用的组织方法有包围体树、自适应八叉树和三维立方体阵列。

1. 包围体树

在光线跟踪计算中，常常使用包围体把较复杂的物体包围起来。欲求一射线与物体的交点，先判断射线与包围体是否有交。仅当有交时，才对射线和物体进行求交。常用的包围体有圆球(称为包围球)、长方体(称为包围盒)等。包围盒又分为与坐标面平行或不平行的两种。如图 9.6.19 所示。当物体较复杂时，特别是用 CSG 方法表示机器零部件时，常把各零件

图 9.6.19　常用的包围体示意图

的包围体若干个为一组放进一个更大的包围体，分级组织成包围体树。如图 9.6.20 所示。

当需要求射线与物体的交点时，先把射线与根结点所代表的包围体求交。若无交，则射线与物体不会相交，算法结束。若有交，则把射线与根结点的所有孩子结点求交。这样一直进行下去，直至能判断无交，或求出所有与射线相交的叶子结点为止。接下去有两种做法：

一种是马上把射线与这些叶子结点所包围的物体求交，求出所有交点后，再进行排序，以便求出离视点最近的可见点。

另一种做法是先把所有与射线相交的叶子子结点，按它们与视点的距离从小到大进行排序，构成一个有序链表。然后从链表的第一个结点开始，求射线与结点所代表的包围体内的物体的交点。若射线与当前结点的物体无交点，则继续考虑下一个结点。若有交点，则取离视点最近的那个交点。把它与视点的距离和一个包围体与视点的距离进行比较。若交点更近，则所求交点就是可见点。否则，把已求得的交点保存起来，再求射线与下一个包围体中物体的交点。如求到新交点，则与已存的旧交点比较，取离视点较近者保存起来，再继续重复上述运算。

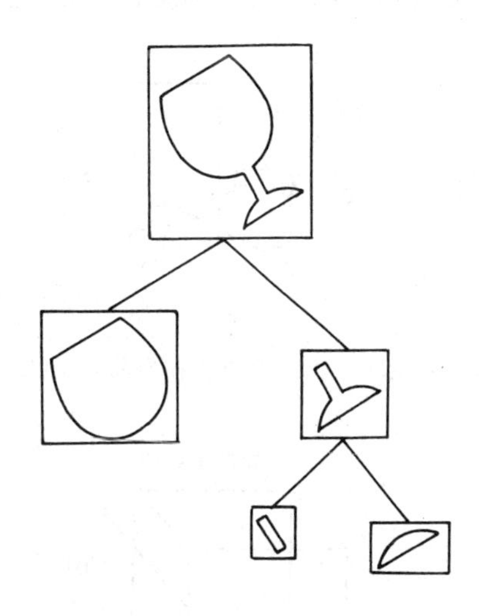

图 9.6.20　包围体树示意图

后一种做法实现起来比较复杂，但对于处理结构复杂的形体，如三次以上曲面，可以提高整体运算效率。这是因为它可以更有效地避免射线与物体之间不必要的求交运算。

2. 自适应八叉树

虽然包围体树方法可以减少一些不必要的求交计算，但是其效率还不是很理想。原因有两点：一是每条射线至少要与每个包围体树的根结点求交一次，即使这个根所代表的空间远离射线。二是当射线与物体有交时，必须递归地遍历树中结点，求出所有与射线相交的叶子结点，然后才能开始真正有用的线-物求交运算。而且，在此之前或之后免不了要作一次排序

运算。

为了更高效地确定射线可能会相交的物体，避免对每条射线作排序运算，引入自适应八叉树。首先建立物体空间的包围盒，然后，使用通过包围盒中点，且互相垂直的三个平面把包围盒等分成八个互不相交的子包围盒。如果与子包围盒相交的物体个数超过预先规定的个数(如四个)，则把该子包围盒再等分成八个更小的子包围盒。这样递归地处理下去，直至得到一个叶结点可能在不同深度的八叉树，习惯上称作自适应八叉树。与树中每个叶子结点相交的物体个数不超过预先规定的个数。

为了计算射线与物体空间中各物体的第一个交点，即可见点，只要按射线延伸的方向依序测试那些在射线路径上的叶子。一方面，不在射线路径上的叶子结点不必考虑，另一方面不必对射线路径上的叶子结点进行排序，这就进一步减少了为缩小搜索范围所需要的前处理时间。算法思路如下：

假设射线的参数方程为(9-6-1)式。如果射线与它起点所在叶子结点中的物体有交点，则取离射线起点最近的点即为可见点。否则，计算射线延伸方向上的下一个叶子结点，然后把射线与该结点中的物体求交。这样，沿射线方向一个叶子结点一个叶子结点地测试过去，直至找到第一个交点，或射线最终离开物体空间(与所有物体无交点)。这里要注意一点，当射线与某个叶子结点中的物体有交时，交点未必在叶子结点中，如图 9.6.21 所示。所以交点求到之后，还必须进行判断。

上述算法的关键，是在已知射线经过某个结点前提下，直接计算射线将经过的下一个结点。这可以通过两个步骤来实现。第一步是求出下一个叶子结点中某一点的点坐标。第二步是从所得的点坐标确定包含它的叶子结点。

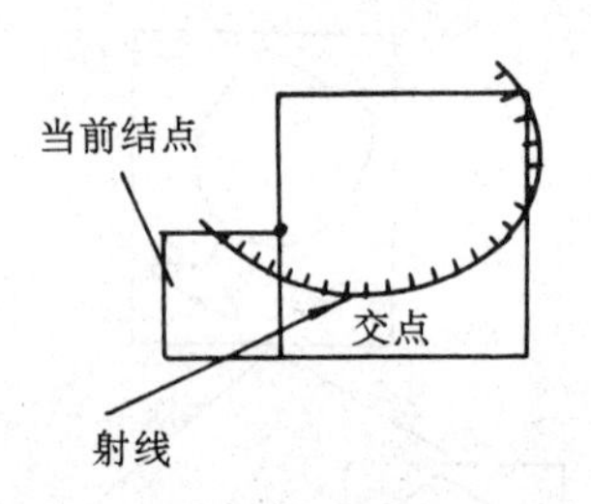

图 9.6.21　交点不在当前叶子结点中

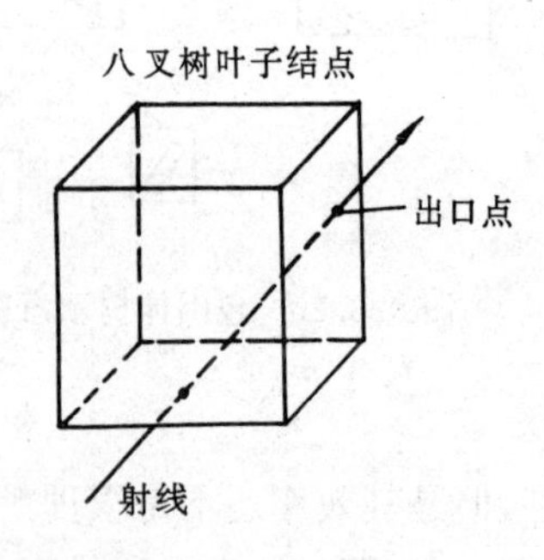

图 9.6.22　射线的出口点

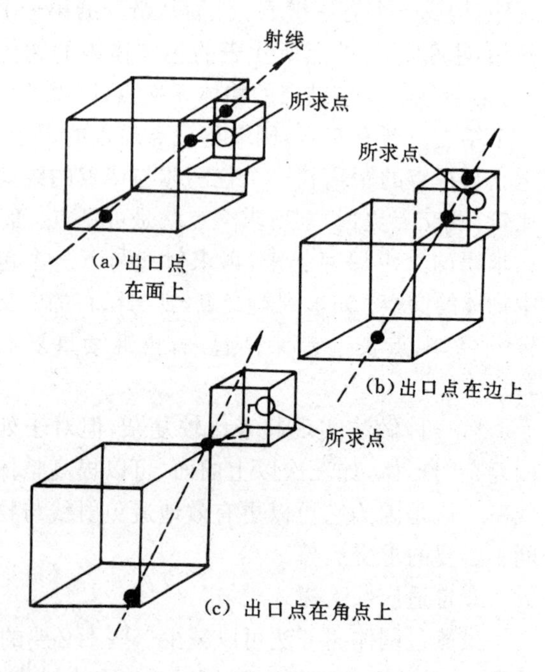

图 9.6.23　从出口点出发找下一个叶子中的点

为了寻找落在下一个叶子结点中的某一个点，我们先求包含在当前叶子结点中的射线段的最大参数值,亦即射线沿其方向离开当前叶子的出口点。如图 9.6.22 所示。可以利用 9.6.1 节中图 9.6.3 所示算法,求出射线离开当前叶子结点(几何形状的长方体)的参数 tu。再利用射线方程(9-6-1)求出出口点坐标 $P(tu)=Dtu+E$。假设八叉树中最小的叶子结点的最短边长为 minlen。若出口点在垂直于 x 轴的平面上,但不在叶子的其它面上,则从出口点往 x 方向再前进 minlen/2,即得到下一个叶子结点中的一个点。若出口点在叶子的两个面的交线上(假定这两个面分别垂直于 x 轴和 y 轴),则往 x 轴和 y 轴方向都前进 minlen/2,即为下一个叶子结点中的一个点。在最特殊的情形,出口点在叶子的角点上,则往三个坐标轴正向或负向都前进 minlen/2,必为一个叶子中的点。如图 9.6.23,为上述三种代表性的情形。

当求得下一个叶子结点中的一个点 P 之后,可通过其坐标确定包含它的叶子结点。若八叉树以链表结构存储,则从根结点开始,通过比较点 P 和根(指它所代表的长方体)的中点的三个坐标分量,判断点 P 属于哪一个孩子结点。找到包含 P 的子结点之后,再判断它属于哪个孙结点,这样一直递归下去,即可求出点 P 所属的叶子结点的指针。也可以把八叉树以线性八叉树的形式存于数组,以减少所需存储空间和提高存取速度。还可以用不同的结点编码方法,以及从一个点的坐标来计算包含该点的结点的方法,有兴趣的读者可以进一步阅读有关的参考文献。

3. 立方体阵列

所谓立方体阵列是把物体空间用三组互相垂直的等距平面来分割面得到的若干个大小相同的立方体单元。每个单元拥有一个表,存放所有与该单元相交的物体的指针。在具有这种结构的空间中求射线与物体的第一个交点,只需沿射线延伸方向,依序测试射线所经过的单元。从射线所交的第一个单元开始,对射线与该单元中的物体进行求交。若求到交点,且交点在该单元中,则其中离射线起点最近点即为可见点。若射线与当前单元中的物体没有交点,则计算射线延伸方向上的下一个单元。然后对射线和下一个单元中的物体进行求交。这样一直进行下去,直至找到第一个交点或射线最终离开物体空间(与所有物体均无交点)。

下面具体介绍如何计算与单元有相交关系的物体,以及在绘制时,如何沿射线方向依序访问射线经过的单元。在进行光线跟踪之前,需要把每个物体和与它相交的立方体单元联系起来,不难证明,当且仅当下列条件之一成立时,多边形与立方体单元相交:

(1) 立方体包含多边形;

(2) 多边形的一边与立方体相交;

(3) 立方体的某一边与多边形相交。

多边形与立方体的相交判断可用如下过程:对于每个多边形的顶点使用六个位(存储结构为一个短整数),每位指示多边形的该顶点落在立方体对应面的哪一侧如果该顶点落在与立方体同一侧,则对应位清零,否则置一。

条件(1)相当于多边形各顶点的整数码均为零。条件(2)可以通过下列步骤检验:用包含多边形各边的直线与立方体相交,然后检查相交(参数)区间是否落在边的定义(参数)区间内。为了避免一些不必备的边与体相交判断,可先把下面情况排除:多边形的两端点与立方体落在一平面的两侧。这种情况可以用下面的方法判断:若两端点的整数码的按位与运算结果不是零,则两端点与立方体在一平面的不同侧。条件(3)可以用如下检验:立方体的每一边分别与多边形作求交测试,若交点在边的参数区间内,再判断交点是否落在多边形内。

球面与立方体单元的关系有：立方体包含球面；球面与立方体相交；球面与立方体分离（即既不相交，又不互相包含）。在第二、三种情况下，球面与立方体有相交关系。立方体包含球面的测试很简单，这里不作阐述。下面仅讨论如何测试球面与立方体是否相交。容易证明，当且仅当下列条件之一成立时，立方体与球面相交：

(1) 立方体的某一面包含球面与该平面的交线圆；

(2) 立方体的某一边与球面相交。

这些条件可以由六个正方形-圆相交测试来判断。

一个多面体的表面与立方体的相交测试，可以转化为一组多边形与立方体的相交测试。一个三次参数曲面，可以分解为一组多边形或用它的外壳与立方体作相交测试。各种类型的曲面体，若它们本身与立方体求交测试不易实现，可改用它们的包围盒或包围球与立方体作求交测试。

每个物体与它所占用单元之间的关系一旦全部建立，物体空间的结构化就完成了。接下来，进入绘制阶段时，关键的问题是如何按照射线延伸的方向，顺序访问射线所经过的各个单元。我们先讨论二维的对应问题，再把二维问题的解决办法拓广到三维的情形。

假设一个方形平面区域$\{(x,y):a\leqslant x\leqslant b,c\leqslant y\leqslant d\}$被分成一组大小相同的方格。每个方格定义为$\{(x,y):x_i\leqslant x\leqslant x_{i+1},y_i\leqslant y\leqslant y_{i+1}\}$，其中$x_{i+1}-x_i=y_{i+1}-y_i=$常数。每个方格用一个序对$(i,j)$表示。一条射线定义为方程

$$(x,y)=(x_0,y_0)+t(D_1,D_2),\quad (t\geqslant 0)$$

如图 9.6.24 所示。

射线经过的所有方格可以按它们在射线上的顺序进行访问。先讨论$|D_2|\geqslant|D_1|$的情况。若$D_1=0$且$D_2\neq 0$，则直线所交的方格(i,j)中，i固定，只有j变化。

下面考虑$D_1>0$且$D_2>0$的情况。如果方格(i,j)与射线相交，则射线通过的下一个方格是：

$(i+1,j)$ 若 $D<1$；

$(i+1,j+1)$ 若 $D=1$；

$(i,j+1)$ 若 $D>1$。

这里，$D=len*(x_{i+1}-x')$，$len=|D_2/D_1|$，$x'=x_0+D_1*(y_j-y_0)/D_2$。对于某个特定的j，若直线通过方格(i,j)，则它至多再通过一个以j为第二个下标的方格$(i+1,j)$，且通过这个方格的充分必要条件是$D<1$。为了按射线经过的顺序访问方格，只要采用一个二重迭代循环结构，内层对i迭代，外层对j迭代。i每递增1，D加上常量len；j每递增1，D减去1。

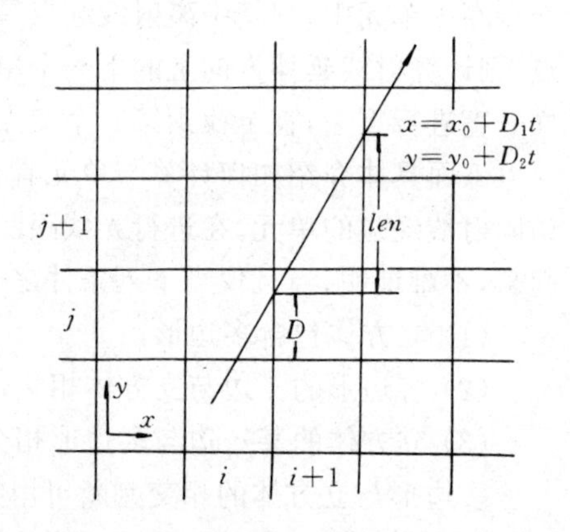

图 9.6.24 一条射线穿过一些方格

对于$D_1<0$或$D_2<0$的情况，可以进行类似的讨论。这时迭代是按对应的下标i或j每次递减一进行。至此，我们讨论了$|D_2|\geqslant|D_1|$的情况。剩下的情况$|D_2|<|D_1|$，可以用类似上述的过程处理，只要把两个坐标互换。

上述访问一条平面射线经过的所有方格的过程可以很容易推广为沿空间射线方向，依序访问射线上所有立方体单元的过程。这是因为物体空间的立方体阵列在o_{xz}平面上的投影

和它在 o_{yz} 平面上的投影都是平面方格，而射线投影到两个平面上，是经过上述平面方格的相同平面射线。沿这两条射线访问平面方格，我们可以按序得出射线经过的所有立方体单元。我们以 (i,j,k) 代表物体空间的一个立方体单元，并假设射线的主方向是 Z，即 $|D_3|\geqslant|D_1|$ 且 $|D_3|\geqslant|D_2|$。对于每个特定的 K，射线经过的单元 (i,j,k) 由表 9.6.2 给出。k 递增一或递减一，相应的更新操作由表 9.6.2 的最后一列给出。从表 9.6.2 我们可以很容易写出在三维空间中沿射线方向依序访问射线路径上各立方体单元的算法。

表 9.6.2　沿射线方向依序访问立方体单元的算法中的条件和对应的操作

条　件		访　问　操　作	更　新　操　作
$D_1=0\quad D_2=0$		visit(I,J,K)	
$D_1=0$	$D_y\leqslant 1$	$J:=J+S_y$; IF $D_y<1$ THEN visit (I,J,K)	$D_y:=D_y-1$; $D_y:=D_y+ylen$
	$D_y>1$	visit (I,J,K)	$D_y:=D_y-1$
$D_2=0$	$D_x\leqslant 1$	$I:=I+S_x$; IF $D_x<1$ THEN visit (I,J,K)	$D_x:=D_x-1$; $D_x:=D_x+xlen$
	$D_x>1$	visit (I,J,K)	$D_x:=D_x-1$
$D_x>1\quad D_y>1$		visit(I,J,K)	$D_x:=D_x-1$;$D_y:=D_y-1$
$D_x\leqslant 1\quad D_y>1$		$I:=I+S_x$; IF $D_x<1$ THEN visit (I,J,K)	$D_x:=D_y-1$;$D_y:=D_y-1$ $D_x:=D_x+xlen$
$D_x>1\quad D_y\leqslant 1$		$J:=J+S_y$; IF $D_y<1$ THEN visit (I,J,K)	$D_x:=D_x-1$;$D_y:=D_y-1$; $D_y:=D_y+ylen$
$D_x\leqslant 1$ $D_y\leqslant 1$	$D_x<D_y$	$I:=I+S_x$; visit (I,J,K); $J:=J+S_y$; visit (I,J,K);	$D_x:=D_x-1$;$D_y:=D_y-1$; $D_x:=D_x+xlen$; $D_y:=D_y+ylen$
	$D_x>D_y$	$J:=J+S_y$; visit (I,J,K); $I:=I+S_x$; visit (I,J,K)	$D_x:=D_x-1$; $D_y:=D_y-1$; $D_x:=D_x+xlen$; $D_y:=D_y+ylen$
	$D_x=D_y$	$I:=I+S_x$; $J:=J+S_y$; IF $D_x<1$ THEN visit (I,J,K)	$D_x:=D_x-1$;$D_y:=D_y-1$; $D_x:=D_x+xlen$; $D_y:=D_y+ylen$

与自适应八叉树方法比较，求射线上下一个立方体单元的计算量比起求射线上下一个八叉树叶子的计算量要小得多。但是，射线所经过的八叉树叶子数目一般要比射线所经过的立方体单元数目少得多，特别是当空间物体分布不均匀时更突出。另外，立方体阵列所需的存储空间一般比八叉树所需的空间大。可见，在空间物体分布不均匀的情形，八叉树方法似

乎更合适一些。而当空间物体分布较均匀时，立方体阵列的加速效果可能会更好一些。

9.7 辐 射 度

上节描述的光线跟踪是试图模拟光的实际传播过程。但是它仍然受到点取样的限制。虽然，光线跟踪除了模拟光源直接照射效果外还考虑了反射、折射方向的影响，但是这些仍然只是入射到曲面上的光照的非常局限性的描述。光线跟踪方法对于非常光滑的反射表面很适用，然而，这种方法用于不很光滑的表面时，结果并不理想。这是由于它的光照模型没有考虑一般物体表面之间的漫反射，以及由漫反射所产生的颜色渗透现象。为了能正确模拟这种现象，人们采用了原来用于热工程的辐射度方法。

9.7.1 基本算法

辐射度方法描述了一个封闭环境中能量交换趋于平衡的关系。最早使用的辐射度方法是假定环境中光的发射和反射都是理想的漫射。环境中的物体表面一般离散表示为一些多边形面片的集合。一个面片的辐射度（即离开一个面片的光）包括自发光，反射光以及可能有的透射光。欲计算到达一个面片的光的总量，需要考虑所有具有反射性能的面片之间的几何位置关系，以及离开其它各个面的光有多少到达给定的面。反映上述关系的式子是：

$$B_j = E_j + P_j \sum_{i=1}^{n} B_i F_{ij} \qquad (j = 1,2,\cdots,N) \tag{9-7-1}$$

如图 9.7.1 所示。其中：

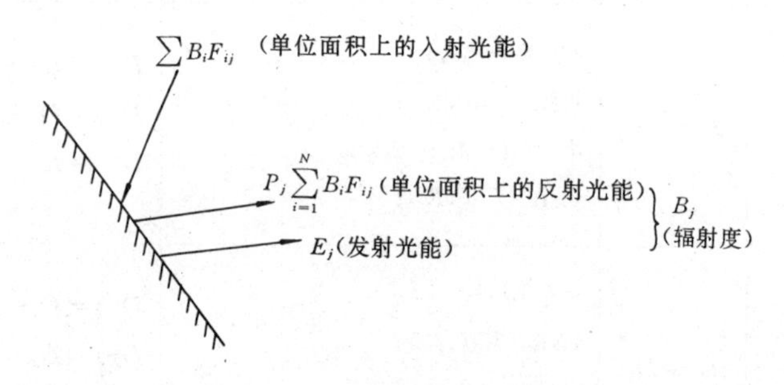

图 9.7.1 辐射度公式中各项含义

B_j 是第 j 个面的辐射度，它是在单位时间，单位面积上，离开该面的辐射能总量（W/m^2）。

E_j 是在单位时间，单位面积上，从第 j 个面直接发射出来的能量。

P_j 是第 j 个面的反射率，它表示入射光中被反射回环境中的部分。

F_{ij}是形状因子，它定义为从第 i 个面出发的辐射能中，可以到达第 j 个面的部分。当所有的面都是具有理想漫反射性质时，形状因子是纯几何量，仅与形状、大小、位置、以及朝向有关。

式(9-7-1)称为辐射度公式，它实际上是含有 N 个未知数 B_j，N 个方程的线性方程组。方程组中的系数 E_j、P_j 和 F_{ij}必须预先给定或计算出来。发射项 E_j 表示环境中的光源。如果

所有的 E_j 都是零，那么就意味着环境中没有任何照明，这时所有的 B_j 都是零。E_j 为非零的面，可能代表漫反射面光源，也可能代表直接反射某个有向光源的漫反射面。正是这些面，为封闭环境提供照明。换句话说，非零的 E_j 项代表了外部光源。辐射度公式的意义是：离开一个特定的面的光能等于它所发出的光和反射光的和。其中，反射光等于离开其它各个面的光乘以该面的反射率，再乘以形状因子。从一个面发射和反射的光的总和，等于该面的辐射度。

当一个环境被离散表示为一系列多边形面片，且假定每个面片的辐射度为常量时，我们可通过求解辐射度公式的矩阵表示，即辐射度方程(9-7-2)来求得各个面的辐射度。

物体的颜色是由物体表面对可见光谱中各个波长的光的反射率所决定的。

$$\begin{bmatrix} 1-P_1F_{11} & -P_1F_{12} & \cdots & -P_1F_{1N} \\ -P_2F_{21} & 1-P_2F_{22} & \cdots & -P_2F_{2N} \\ \vdots & \vdots & \vdots & \vdots \\ -P_NF_{N1} & -P_NF_{N2} & \cdots & 1-P_NF_{NN} \end{bmatrix} \begin{bmatrix} B_1 \\ B_2 \\ \vdots \\ B_N \end{bmatrix} = \begin{bmatrix} E_1 \\ E_2 \\ \vdots \\ E_N \end{bmatrix} \qquad (9\text{-}7\text{-}2)$$

上述方程中的反射率项 P_j 与发射项 E_j，是与特定的波长或波段有关的。必须对每个有关的波段建立和求解方程组(9-7-2)，以便确定每个面片的辐射度。在程序实现时，一般是对红、绿、蓝三原色求解上述方程。

在辐射度公式中，形状因子表示从一个面片离开的光中，到达另一个面片的部分。假定环境中由 B_j 定义的可见光不被环境中任何面所吸收，并反射回环境中，由能量守恒知，每一个面的形状因子之和是单位常数

$$\sum_{j=1}^{N} F_{ij} = 1 \qquad (9\text{-}7\text{-}3)$$

另外，对于平面或凸面，$F_{ii}=0$。对于任意的 i、j，下面来推导形状因子 F_{ij}的计算公式。

如图 9.7.2 所示，为推导形状因子所用的几何量的意义。对于没有遮挡关系的环境，从一个微分面元到另一个微分面元的形状因子为：

$$F_{dA_i dA_j} = \frac{\cos\varphi_i \cos\varphi_j}{\pi r^2} dA_j \qquad (9\text{-}7\text{-}4)$$

它表示从 dA_i 发出的光能中，可以到达 dA_j 上的部分。在 j 面上积分，可得从面片 A_j 到微分面元 dA_i 的形状因子：

$$F_{dA_i dA_j} = \int_{A_j} \frac{\cos\varphi_i \cos\varphi_j}{\pi r^2} dA_j \qquad (9\text{-}7\text{-}5)$$

故两个面片之间的形状因子为：

$$F_{ij} = F_{A_i A_j} = \frac{1}{A_i}\int_{A_i}\int_{A_j} \frac{\cos\varphi_i \cos\varphi_j}{\pi r^2} dA_j dA_i \qquad (9\text{-}7\text{-}6)$$

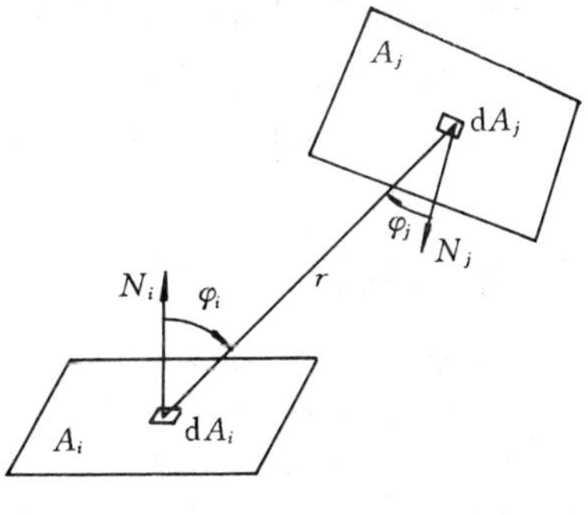

图 9.7.2　形状因子涉及的几何量

上述双重积分可以改用围道积分进行计算：

$$F_{ij} = \frac{1}{2\pi A_i} \oint_{c_j} \oint_{c_i} (\ln(\ln(r) dx_i dx_j + \ln(r) dy_y dy_j + \ln(r) dz_i dz_j)$$

在程序实现时，可采用离散化的方法，先对每个面的所有边作若干等分，然后再求和，以获得积分的近似值。算法如下：

```
/* 用变量F来存放形状因子的部分和 */
  F=0;
  for (第i个面片的边界上各离散线段)
  { for(第j个面片的边界上各离散线段)
  { 求两条线段之间的距离r;
    取距离r的自然对数ln(r);
    计算线段沿各轴的增量:dx_i,dx_j,dy_i,dy_j,dz_i,dz_j;
    计算 ln(r) * (dx_i dx_j+dy_i dy_j+dz_i dz_j);
    把结果加到F;
  }
}
  把F除以2π,再除以第i个面片的面积;
```

上述计算过程所求的F就是从面片i到面片j的形状因子的近似值.当形状因子计算出来之后,即可建立和求解辐射度方程(9-7-2)。由于形状因子是个纯几何量,故对于所有波长都一样,因此只需计算一次。但是P_i与E_i和波长有关。不同的P_i对应于不同的线性方程组。如果仅仅是发射光强改变,那么方程的系数矩阵保持不变。

在上述计算中,环境被离散表示一系列小多边形,各多边形的计算光强为常量B_i。为了使结果图象光滑,可采用Gouraud明暗处理所采用的插值方法,使多边形之间的光强连续变化。

在求解辐射度方程时,注意该方程系数矩阵是严格对角占优的,即每行除对角线元素之外的所有元素的绝对值之和小于同行主对角线上元素。事实上,系数矩阵中,每一行形状因子$F_{ij}(j=1,2,\cdots,N)$之和是1。由于$P_i<1$,所以$\sum_j P_iF_{ij}<1$。又由于多边形面片上一点不能看到同一面片的另一点,故形状因子$F_{ij}=0$。因此主对角线上的元素总是等于1。

由于系数矩阵具有严格对角占优的性质,所以辐射度方程可以用高斯-塞德尔(Gauss-Siedel)迭代法求解,解的收敛速度迅速。初始迭代值可以用每个面片的发射项,其意义是只有原始的光源才具有初始的辐射度.在每步迭代过程中,用前一步迭代过程所求得的辐射度的值来求解下一个辐射度的值。迭代进行到所有辐射度的值的变化量不超过某个预先规定的小数。

综上所述,辐射度方法的基本算法为

```
radiosity ( )
{ 读入环境描述(包括多边形的顶点,反射率,和用红、绿、蓝三原色定义的光源能量);
  把环境中的多边形细分为若干个子多边形,称为几何元素;
  计算几何元素之间的形状因子;
  建立并求解辐射度方程;
  在几何元素之间进行光强插值,并显示结果图象;
}
```

应当提醒的是,用辐射度方法计算出来的物体表面光强与观察位置无关。因此,一次性计算结果适用于生成同一环境不同角度的多幅图象。

9.7.2 有遮挡关系环境中辐射度的计算

在形状因子公式(9-7-6)中没有考虑到面片之间可能有障碍物部分或全部地挡住从一

个面片到另一个面片的光。欲考虑这种遮挡关系，必须在积分式中增加一项 HID：

$$F_{A_iA_j}=\frac{1}{A_i}\int_{A_i}\int_{A_j}\frac{\cos\varphi_i\cos\varphi_j}{\pi r^2}HID\,\mathrm{d}A_j\mathrm{d}A_i \tag{9-7-7}$$

函数 HID 取值 0 或 1，取决于在第 i 个面的当前位置是否能“看见”第 j 个面的相应位置。通过 HID 函数可以产生从微分面 i 处可见的面 j 的投影，从而使(9-7-7)式表示有遮挡关系的环境中的面片之间的形状因子。

对于没有遮挡关系的环境，双重积分可以转化为双重围道积分来解决。然而对于更复杂的环境，则需要更一般的处理方法。当两个面片之间距离远远大于面片的尺寸，而且它们之间没遮挡物时，内重积分的积分值几乎是常量。这时，外重积分的作用只是对内重积分值乘以 1 而已。所以在上述情况下，内重积分就是形状因子的近似值。当两个面片之间的距离比较接近于面片的尺寸大小，或者它们之间有遮挡物时，可把面片细分成更小的面片，然后再使用单重积分计算。具体计算时，可以取面片 i 的中心点作为该面片的平均点，然后使用微元到面片的形状因子公式(9-7-5)来近似计算面片到面片之间的形状因子。

下面我们来讨论形状因子积分的几何意义。如图 9.7.3 所示。以面片 i 的中心为球心构造一个半径为 1 的球面，用于模拟该点周围环境的光照情况。把面片 j 中心投影到半球面，再平行投影到半球的底面图上，所得的区域面积即为面片 j 到面片 i 的形状因子。把面片 j 投影到半球面相当于积分中的 $\cos\varphi/r^2$。再投影到圆底面相当于再乘以 $\cos\varphi$。分母中的 π 代表单位圆的面积。由此可见，当两个面片投影到半球面所占的位置和面积相同时，就将有相同的形状因子值。如图 9.7.4 所示。

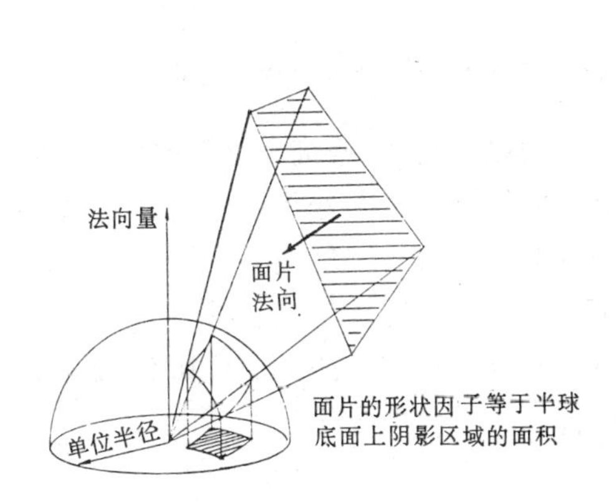

图 9.7.3　形状因子积分的几何意义

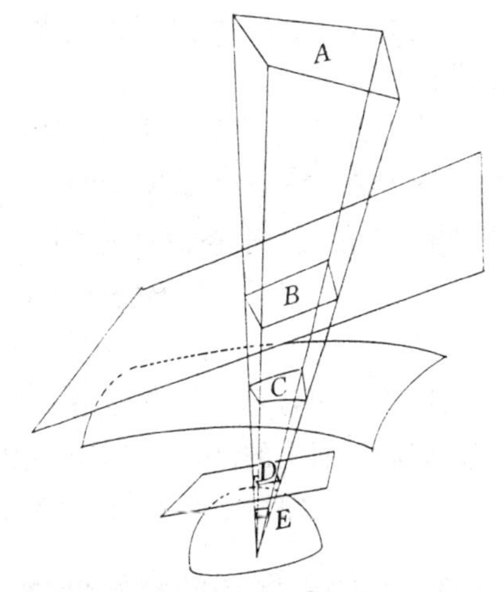

图 9.7.4　具有相同形状因子的不同面片

如果把半球面换成包含球心的其他曲面，结论也成立。为了计算上的方便，我们可以在受光的面片中心周围构造一个正方体，如图 9.7.5 所示。并对环境作坐标变换，使受光面片中心变为新坐标系中心，面片的法向量方向为正 Z 轴方向。在这种情况下，前面介绍的半球面可以由正方体的上一半来表示。

正方体朝 Z 正向的一面和四个分别朝 $+x$，$-x$，$+y$，$-y$ 方向的半面，可以用来代替半球面。这些面被分为一些大小相同的正方形网格，一般分辨率在 50×50 和 100×100 之间。每个网格对应于一个小形状因子。欲计算一个面片的形状因子，可以把该面片中心投影到半立

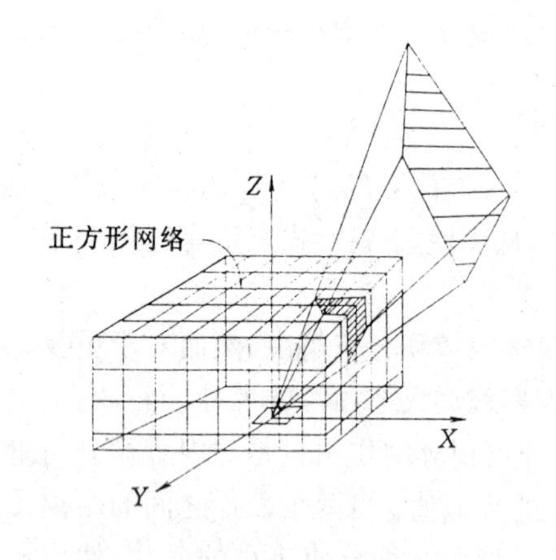

图 9.7.5　半立方体示意图

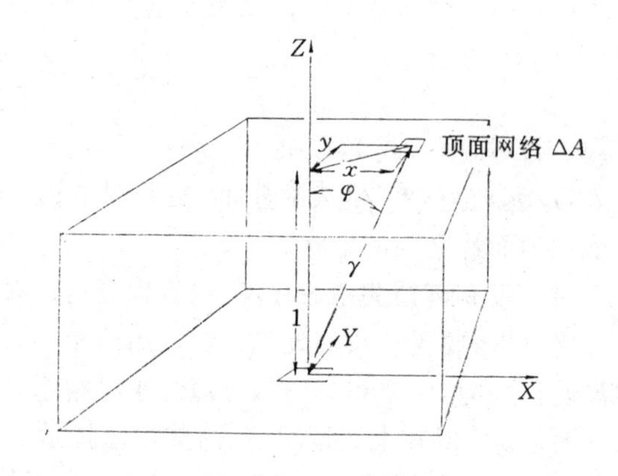

图 9.7.6　顶面网格小形状因子的推导

方体的五个面上。投影所覆盖网格的小形状因子和，就是面片的形状因子。

若两个面片投影到半立方体的同一网格上，则可以通过比较两个面到受光面片的距离，来确定哪个面离受光面片更近。可以设置一个面片缓冲器，来记录对于半立方体的每个网格，那些面片是“可见”的。显然，这样的计算过程也包含了消除隐藏面的效果。

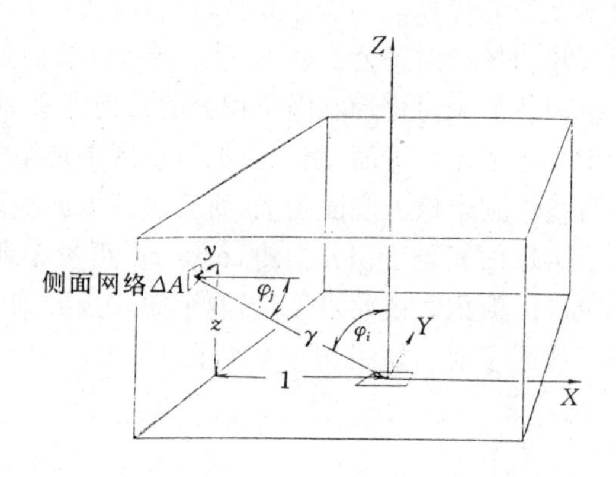

图 9.7.7　侧面网格小形状因子的推导

最后讨论如何计算半立方体上各网格的小形状因子值。这些值可以通过(9-7-4)式来计算，并存入一个查询表供查用。由于半立方体的对称性，查询表只需包含半立方体顶面的八分之一以及某个侧面的四分之一。对于顶面上的网格，其小形状因子值为

$$\Delta F=\Delta A/\pi(x^2+y^2+1)^2$$

其中，ΔA 为网格面积，$(x,y,1)$为网格中心坐标，如图 9.7.6 所示。

对于 x 方向侧面上的网格，其小形状因子为 $\Delta F=\Delta A(Z/\pi(y^2+z^2+1)^2)$；其中，$\Delta A$ 为网格面积，$(1,y,z)$为网格中心坐标，如图 9.7.7 所示。

9.7.3　半阴影区域的特殊处理

用半立方体计算多边形环境的辐射度时，通常必须对环境中的多边形进行离散化，细分为更小的面片。由于在计算时假定每个面片的辐射度为常量，故面片不能太大，否则将影响结果图象的正确性。由于环境中允许有遮挡关系，又由于辐射度方法使用面光源，所以将有一些物体表面处于半阴影区。在这些区域，辐射度 KS(光强)变化率比较大。为了正确地反映这种变化率，有关的面片应当进一步细分为更小的面元。这里有两个主要的技术问题：一是如何确定半阴影区域；二是如何对这些区域的局部细分(面元)计算辐射度。

欲计算半阴影区域，必须先计算光源与遮挡物构成的半阴影体。如图 9.7.8 所示，面光源的每个角点与遮挡物构成一个阴影体 U_i。这些阴影体的交为全阴影体。而这些阴影体的

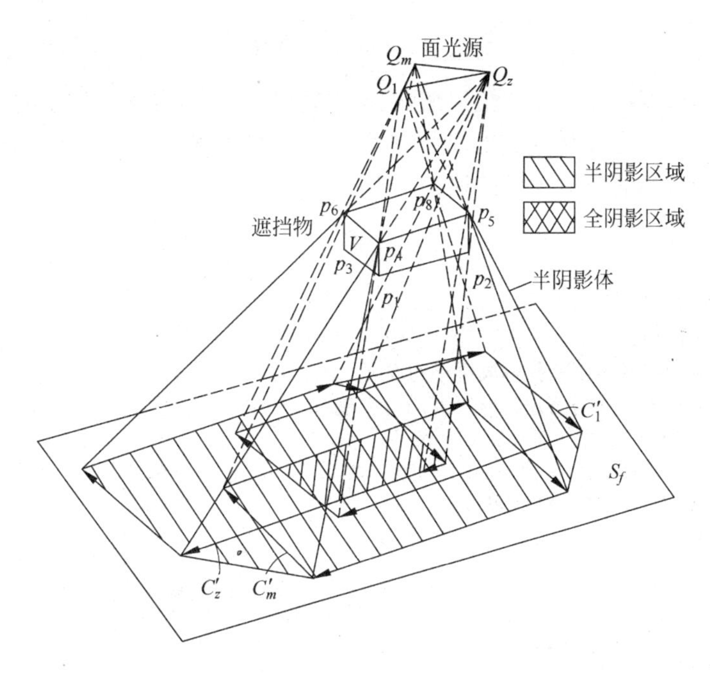

图 9.7.8　面光源与遮挡物产生的阴影区域

并，就是半阴影体。半阴影体与被遮挡物的表面的交，就是该表面的半阴影区域。

在确定了物体各面上的半阴影区域之后，把这些区域的面片进一步细分为更小的面元。然后利用(9-7-5)式计算有关面片 i 的面元到其它面片的形状因子，设为 F_{qj} $(1\leqslant j\leqslant N, j\neq i)$。其中，$N$ 为环境中面片的块数。假设面片 i 细分为 R 个面元，则辐射度方程(9-7-1)可以改写为

$$
\begin{aligned}
B_i &= \frac{1}{A_i}\sum_{q=1}^{R} B_q A_q \\
&= \frac{1}{A_i}\sum_{q=1}^{R} E_q A_q + \sum_{j=1}^{N}\left(\frac{1}{A_i}\sum_{q=1}^{R} P_q\, B_j\, F_{qj}\, A_q\right)
\end{aligned}
\tag{9-7-8}
$$

假定每个面片上发射辐射度与反射率为常数，即：$E_i=E_q, P_i=P_q$，则(9-7-8)变为

$$
B_i = E_i + P_i\sum_{j=1}^{N}\left(\frac{1}{A_i}\sum_{q=1}^{R} B_j\, F_{qj}\, A_q\right) \tag{9-7-9}
$$

再假定每个面片的总辐射度是常量，则(9-7-9)可改写为

$$
B_i = E_i + P_i\sum_{j=1}^{N} B_j\left(\frac{1}{A_i}\sum_{q=1}^{R} F_{qj}\, A_q\right) \tag{9-7-10}
$$

可见，更精确的面片到面片的形状因子 F_{ij} 可以用面元到面片的形状因子 F_{qj} 的加权和，除以面片面积得到：

$$
F_{ij} = \frac{1}{A_i}\sum_{q=1}^{R} F_{qj}\, A_q \tag{9-7-11}
$$

我们可以用这个更精确的形状因子 F_{ij}，代入辐射度方程(9-7-1)，求解辐射度 B_j。然后根据下面的式子来计算面元的辐射度：

$$B_q = E_q + P_q \sum_{j=1}^{N} B_j F_{qj} \tag{9-7-12}$$

从以上讨论知，辐射度计算可以从粗到细，逐步求精。先把环境分解为较粗的面片，求出各面片的辐射度，再把在其上辐射度变化较大的面片细分为更小的面元，求出面元的辐射度。综上所述，这种逐步求精的辐射度可描述为

```
refined_radiosity ( )
{ 读入环境描述
  把环境中多边形细分为面片；
  计算半阴影区域；
  把处于半阴影区域的面片分解成更小的面元；
  用半立方体求出面元到面片的形状因子；
  用式(9-7-11)求出面片到面片的形状因子；
  求解辐射度方程(9-7-1)得面片的辐射度；
  用(9-7-12)式计算各面元的辐射度；
  在面元之间进行光强插值，并显示结果图象；
}
```

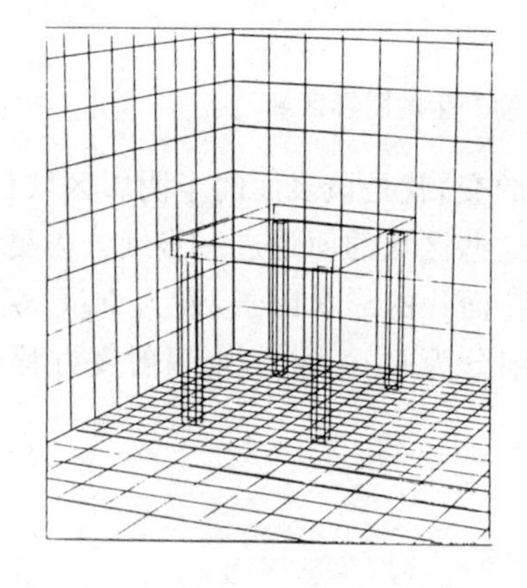

图 9.7.9　一次性计算辐射度示意图

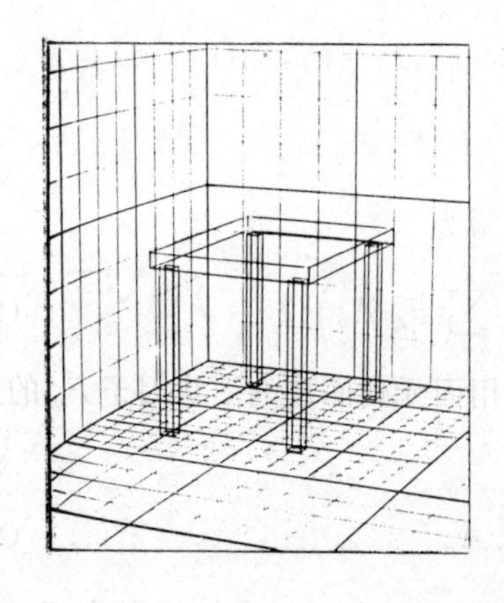
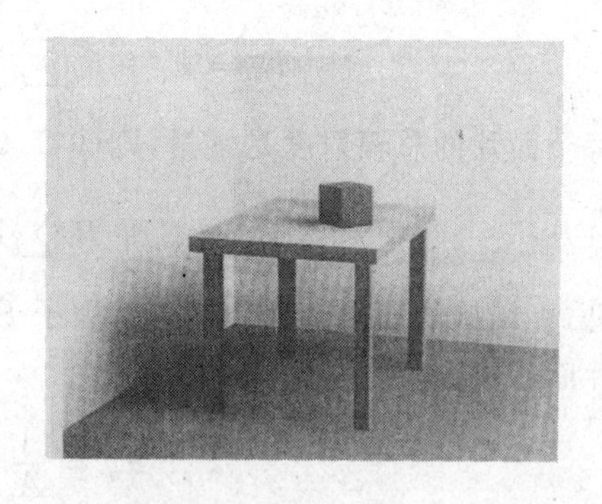

图 9.7.10　逐步求精计算辐射度示意图

用从粗到细，逐步求精的方法计算辐射度，可避免求解含大量未知数的辐射度方程，因

而可以提高计算效率。图 9.7.9,为把环境一次性分解为较细的面片,一次性计算形状因子和求解辐射度所使用的环境面片线框图以及结果图象如图 9.7.10 所示。为先把环境分解成较粗的面片(如粗线所示),再把其中一些面片进一步细分为更小的面元(如细线所示),然后用逐步求精的方法求形状因子和辐射度的示意图。

二者的结果图象并没有什么差别。但前者花在计算形状因子的时间为 90.1s,而后者仅为 31.35s;前者求解辐射度花了 6.36s,而后者只用 1.25s。二者花在绘制图象的时间都一样,都是 14.16s。

彩照 9 与彩照 10 为采用辐射度方法绘制的室内景物图象。彩照 11 为采用辐射度方法绘制的法国卢浮宫建筑外观真实感图形。彩照 12 为采用辐射度方法绘制的巴黎市区桥梁模型的真实感图形。图中除了桥梁之外,其它景物均为从实地场景拍摄的图象。桥梁图形叠加到实物图象上产生彩照 12。

9.8 科学计算的可视化

科学计算的可视化是计算机图形学中的重要应用领域,其研究目标是把函数值计算或实验获得的大量数据表现为人的视觉可以感受的计算机图象。三维空间数据场的显示是实现科学计算可视化的核心。其显示算法可分为两大类:

其一首先由三维空间数据场制造中间几何图素(如曲线、平面片、曲面等),然后用传统的计算机图形学技术实现画面绘制;

其二不构造中间几何图素,直接由三维数据场产生屏幕上的二维图象,称之为体绘制技术,代表性的算法是 Marching Cubes。体绘制算法有以物体空间为序和以图象空间为序之分。前者是将物体空间中每一个数据采样点的光亮度值变换到图象平面,即计算出每一个数据采样点的光亮度值对屏幕上各象素点的贡献,然后进行合成得到最后的图象。后者则从屏幕上的每一个象素点发出一条射线穿过三维数据场,用三次线性插值求得射线上各采样点的光亮度值,再加以合成,得到该象素点的光亮度值。

9.8.1 数据场

数据场的产生涉及到许多领域。在医学上,核磁共振、CT 扫描等设备用来产生人体器官密度场,对于不同的组织,表现不同的密度值。通过在一个方向或多个方向上多个剖面的数据来表现病变区域的情况。在工业无损伤探测中,可用超声波探测出部件发生变异区域的数据。在地质勘探中,利用模拟人工地震的方法获得地下岩层信息和资源信息。飞行器高速穿过大气层时其周围气流的运动情况及飞行器表面物理特性的变化;核爆炸模拟高温高压下物质状态的随机变化等均会产生大量数据。在气象场、温度场、力场、有限元分析、流体力学等许多方面均会遇到大量的显示三维、乃至高维数据场的问题。由于数据场的来源丰富多样,数据量及数据形式也随之有较大的不同。根据数据场在空间的分布,可分为规则数据场和不规则数据场。规则分布是指数据分布在空间规则网格上(即网格结点在空间各向均为等间距的)。不规则分布是指物体所在区域被划分成若干小的单元区域,一般是多面体,而数据分布在单元区域的顶点上。

9.8.2 体绘制技术的基本原理

一般说来,三维空间数据场是连续的,而数值计算结果或测量所得数据则是离散的,是对连续的三维场进行采样的结果。体绘制技术就是要将这一种三维空间样本直接转换为屏幕上的二维图象,尽可能准确地重现原始的三维数据场.屏幕上的二维图象决定于帧缓存中对应于每一个象素点的光亮度值,这也是一个二维的离散数据场。因此,体绘制技术的实质是将离散的三维空间数据场转换为离散的二维数据。

将离散的三维空间数据场转换为离散的二维数据点阵,首先必须进行三维空间数据场的重新采样。其次,应该考虑三维空间中每一个数据对二维图象的贡献,因而必须实现图象的合成。所以,体绘制技术的实现是一个三维离散数据场的重新采样的图象合成的过程。实现重新采样从理论上说应有以下几个步骤:

(1) 选择适当的重构函数,对离散的三维数据场进行三维卷积运算,重构连续的三维数据场;

(2) 对连续的三维数据场根据给定的观察方向进行几何变换;

(3) 由于屏幕上采样点的分辨率是已知的,由此可计算出被采样信号的 Nyquist 频率极限,采用低通滤波函数去掉高于这一极限的频率成份;

(4) 对滤波后的函数进行重新采样。

由于进行三维卷积运算是十分费时的,因而可采用离散方法加以实现.上面提到的物体空间为序和图象空间为序两种不同的体绘制算法只是实现重新采样的不同方法。

9.8.3 以图象空间为序的体绘制算法

现假定三维数据场的采样点 $f(i,j,k)$分布在空间网格点上,网格点作矩形分布且网格点之间的距离在 i、j、k 三个方向上均相等,或至少在同一方向上是相等的.M. Levoy 提出的以图象空间为序的体绘制算法的基本流程如下页框图所示。

流程图中的数据预处理包括原始数据格式转换、剔除冗余数据及导出所需数据等功能,然后对数据值进行分类。例如,对人体或动物的 CT 扫描图象,可根据 CT 扫描的数值将其分为骨骼、肌肉和皮肤等不同的物质。接着对不同物质赋以不同的颜色值 $C(i,j,k)$及不透明度值 $\alpha(i,j,k)$,显然,不透明度值及颜色值的正确设定依赖于对数据值的正确分类与理解。

图 9.8.1(a)、(b)进一步说明了这一算法的原理。当每一个数据点具有了颜色值及不透明度值以后,下一步就从屏幕上的每一个象素点出发根据设定的观察方向发出一条射线,这条射线穿过数据场矩阵,沿着这条射线选择 K 个等距的再采样点。由距离某一采样点最近的八个数据点的颜色值及不透明度值作三次线性插值,求出该采样点的不透明度值及颜色值,并将其转换为相应的图象空间坐标,即 $\alpha(u,v,w)$及 $C(u,v,w)$。这实际上将重构连续三维数据场和重新采样合并在一起进行。

如果要得到具有明暗效果的图象,可以用中心差分方法得出各数据点的梯度值,即

$$
\begin{aligned}
(\mathrm{grad}\ f)_x &= (f(x+1,y,z) - f(x-1,y,z))/2 \\
(\mathrm{grad}\ f)_y &= (f(x,y+1,z) - f(x,y-1,z))/2 \qquad (9\text{-}8\text{-}1) \\
(\mathrm{grad}\ f)_z &= (f(x,y,z+1) - f(x,y,z-1))/2
\end{aligned}
$$

以梯度代替法矢量,再用传统的 Phong 模型计算出各数据点处的光亮度值,然后再发

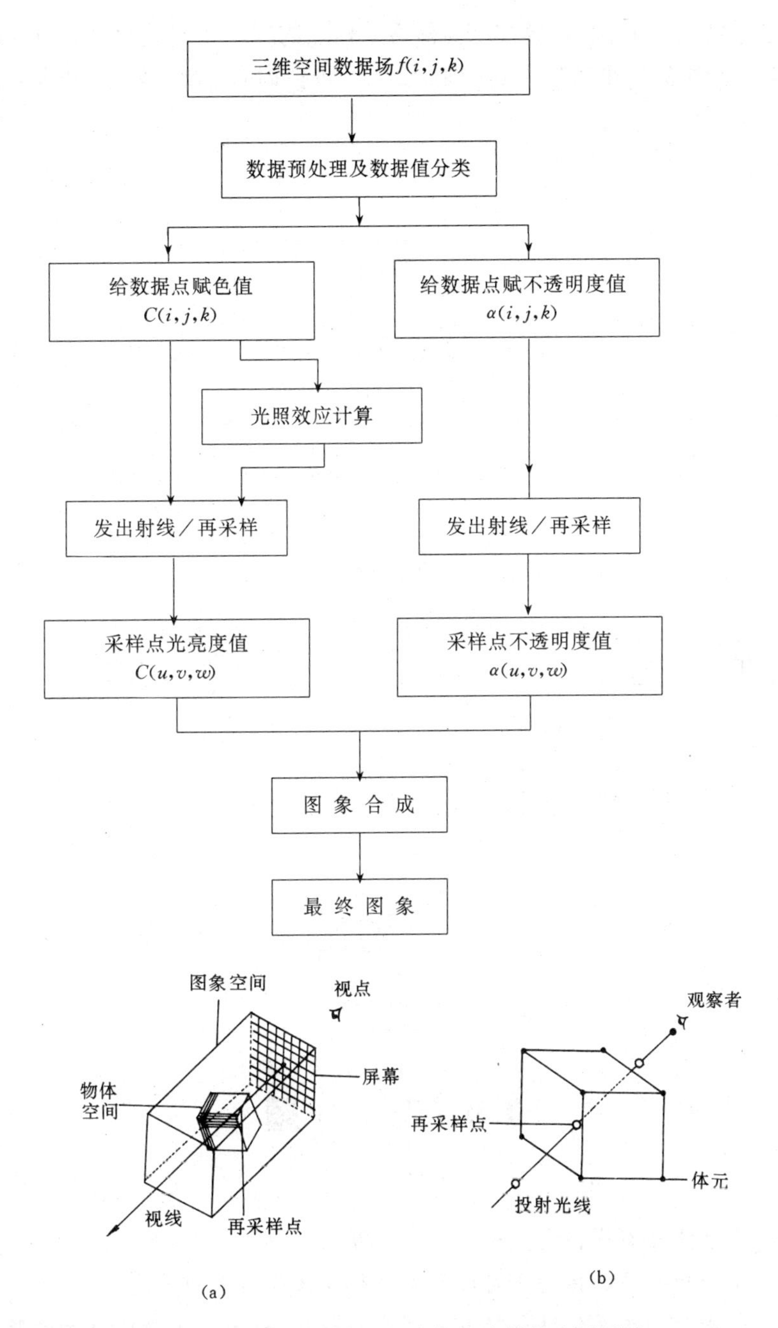

图 9.8.1　以图象空间为序的体绘制算法原理图

出射线，实现重新采样得出各采样点的 $\alpha(u,v,w)$ 及 $C(u,v,w)$。

得到每一个再采样点的不透明度和颜色值以后，从前往后依次将每一个采样点的颜色值按如下公式实行合成，就得到最终象素点的颜色值：

$$\begin{cases} C_{out} * \alpha_{out} = C_{in} * \alpha_{in} + C_{now} * \alpha_{now}(1 - \alpha_{in}) \\ \alpha_{out} = \alpha_{in} + \alpha_{now}(1 - \alpha_{in}) \end{cases} \tag{9-8-2}$$

式中 C_{in}、α_{in} 代表射线进入当前再采样点之前的颜色和不透明度，C_{now}，α_{now} 表示当前再采样点的颜色和不透明度，C_{out}、α_{out}表示叠加上当前再采样点的颜色和不透明度后的相应值。

用上述算法产生的二维图象不够清晰，给人一种模糊的感觉，改进后的算法流程如下所述。

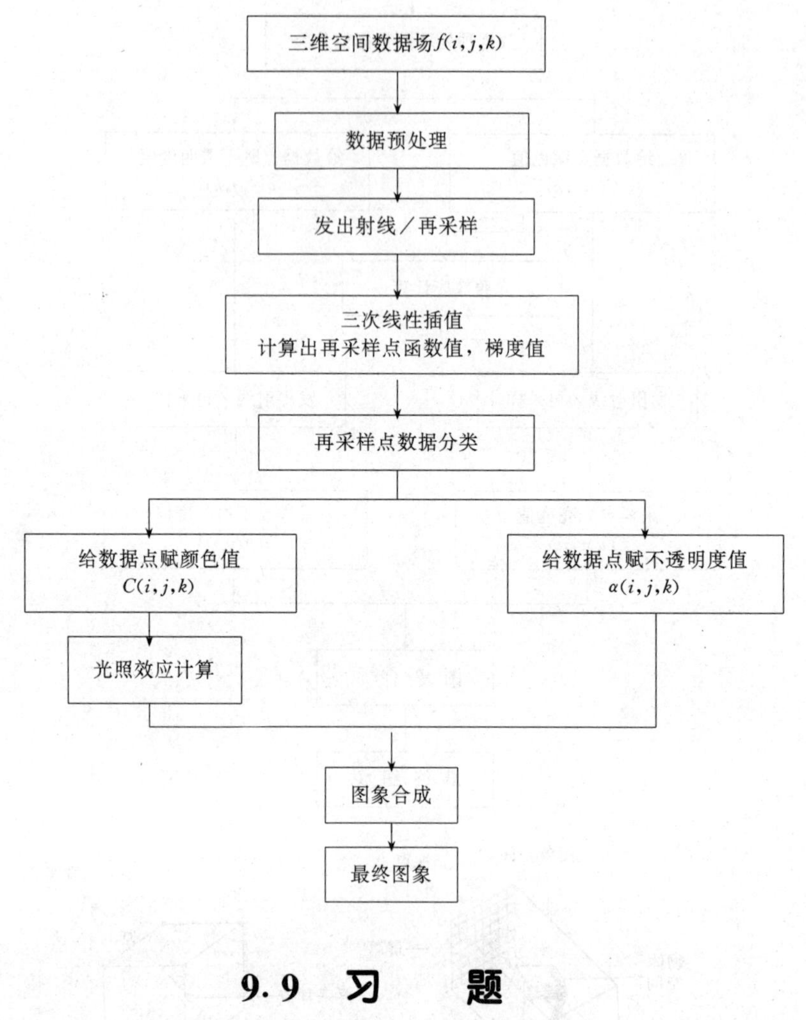

9.9 习　　题

1. 设计一个直线与直线、线段、平面的求交算法。

2. 设计一个能对凸多面体的平行投影图进行隐藏线消除的算法。

3. 编写一个能对凹多面体进行隐藏线消除的程序；对图 9.1.8 所表示的物体进行消隐显示。

4. 试比较叉积判断法、夹角之和检验法以及交点计数检验法的时间复杂度。

5. 设计一个绘制圆台立体线框图的算法。

6. 设计计算和显示两个任意圆柱交线的程序。

7. 设计一个改进的画家算法，使之能对循环重叠的多边形进行消隐处理。

8. 编写一个简单的 Z-缓冲区程序，对正方体进行消隐显示。

9. 设计一个扫描线间隔连贯性算法，在算法中使用活性多边形表、活性边表、以及增量计算。

10. 假设两个多边形有公共边。在该公共边上作深度计算时,自然会得出相同结果。在使用 Z-缓冲区算法或扫描线算法处理时,若在该边所经过的各个象素随意取一个多边形作为可见面,会产生什么样的问题?如何解决这个问题?

11. 试比较画家算法,Z-缓冲区算法和扫描线算法的优缺点。

12. 编写一个程序,用常量明暗处理方法生成一个球面的真实图形。

13. 编写一个程序,用 Gouraud 明暗处理方法生成一个球面的真实图形。

14. 编写一个程序,用 Phong 光照模型生成四行四列共 16 个球面的真实图形。要求光照模型中 $\cos^n\alpha$ 项的 n 值,对每个球分别取了不同的值 $n=2^0,2^1,2^2,\cdots,2^{15}$。试比较它们的效果。

15. 试比较常量明暗处理,Gouraud 明暗处理以及 Phong 明暗处理算法的时间复杂度。

16. 改造习题 13 的程序,使之能处理不考虑折射的透明物体。并生成两个球面,一个透明(在左前),另一个不透明(在右后)的真实图形。

17. 为什么要从主、客观两个方面来讨论颜色?

18. 什么叫条件等色?它在计算机图形学中有什么应用?

19. 编写程序,用彩色图形显示器,从几个不同角度绘制 RGB 立方体。

20. 用彩色图形显示器,绘制图 9.4.12 所示意的 RGB 三原色叠加效果图。

21. 编写程序,用彩色图形显示器绘制 HSV 圆锥。

22. 编写程序,用彩色图形显示器绘制 HLS 双圆锥。

23. 编写程序,通过指定红、绿、蓝坐标选择颜色并显示在一矩形小区域(即样本区)中。

24. 编写程序,用 HLS 颜色模型显示一排 16 个小矩形。每个小矩形各用一种颜色显示。并要求这些颜色的 H、S 值相同,只是 L 值从 0 到 1 变化。

25. 编写程序,用 Gouraud 明暗处理方法显示一个带黑白相间方格纹理的正方形图形。

26. 编写程序,用 Phong 明暗处理方法显示一个带条形纹理的圆柱图形。

27. 编写程序,生成一个带"中国"字样凸包纹理的正方形图形。

28. 在纹理算法中,先取样后滤波与先滤波后取样各有什么优缺点?

29. 编写程序,采用锥形数据结构进行前置滤波,重新生成习题 26 所指定的图形,并比较结果有何区别。

30. 编写效率尽可能高的算法,计算射线与圆锥的交点。

31. 用类 C 或 Pascal 语言编写对射线与 CSG 立体模型进行分类的算法。

32. 用类 C 或 Pascal 语言编写算法,计算一个双三次多项式曲面上(u,v)处的法向量。

33. 在光线跟踪算法中,用什么条件中止递归比较合理?

34. 编写程序,绘制 Torrance-Sparrow 模型中几何衰减因子 G 除以$(N \cdot E)$所得商函数的曲线图。

35. 编写一个光线跟踪程序,对包含带纹理正方形和球面(有透明与不透明的)的环境,生成真实图形。

36. 编写一个算法,采用线性八叉树结构,对光线跟踪算法进行加速。算法的关键是给出叶子结点的一种编码方法,以及如何从一个已知的,包含在一个叶子结点中的点的坐标,确定包含它的叶子结点的编码。

37. 编写一个程序,用高斯-塞德尔迭代法求解一个对角占优的线性方程组。

38. 编写一个程序,用辐射度基本算法,生成一个以长方体表面(各面颜色不同)为环境的真实图形。

39. 设计一个在多边形环境中求半阴影区域的算法。

40. 编写一个程序,实现有遮挡关系环境中的辐射度计算。

第十章

图 象 处 理

图象这个词包含的内容很广，凡是记录在纸上的，拍摄在照片上的，显示在屏幕上的所有具有视觉效果的画面都可以称之为图象。根据图象记录方式的不同，图象可分为两大类：一类是模拟(analog)图象，一类是数字(digital)图象。模拟图象是通过某种物理量(光、电)的强弱变化来记录图象上各点的灰度信息(如电视等)的；而数字图象则完全是用数字来记录图象灰度信息的。因而数字图象比模拟图象更易于保存，不会因保存时间过长而发生失真现象。这里说到的灰度信息是指图象上各点处的颜色深浅程度信息。对于单色黑白图象来说灰度即是黑白程度等级；对于彩色图象来说，情况也一样，因为任何彩色图象都可以分解成红、绿、蓝三种单色图象，因此彩色图象的灰度指的是这三种单色图象上的灰度。

图象处理的任务是将原图象的灰度分布作某种变换，使图象中的某部分信息更加突出，以使其适应于某种特殊的需求。最常见的例子是，一张曝光量没有掌握准确的照片，不论其是曝光过度还是曝光不足，都可以通过图象处理使它变得明暗适中。

因为当今的计算机都是数字计算机，所以用计算机来进行图象处理的只能是数字图象。反过来说，数字图象也只是在有了计算机后才得以问世，离开了计算机，数字图象也将不复存在。现在一般提到的图象处理，若未加特别说明都是指使用计算机的数字图象处理，因为数字图象处理比直接对模拟图象进行的其他各种处理方式更易于控制处理效果。而任何一幅模拟图象都能用A/D转换装置(如数字扫描仪等)将其转换为数字图象。

本章将介绍一些基本的数字图象处理技术，包括：图象数据格式、图象变换、图象解析和图象数据压缩等。作为图象处理技术的一种应用，最后还要介绍一种简单的文字图象识别技术。

10.1 图 象 数 据

数字图象在计算机上是以位图(bitmap)的形式存在的。位图是一个矩形点阵，上面的每一个点称之为象素(pixel)。象素是数字图象中的基本单位。一幅 $m \times n$ 大小的图象，是由 $m \times n$ 个明暗不等的象素组成的。在数字图象中各个象素所具有的明暗程度是由一个称为灰度值(gray level)的数字所标识的。例如，我们可以将白色的灰度值定义为255，黑色的灰度值定义为0，而由黑到白之间的明暗度均匀地划分成256个等级，每个等级由一个相应的灰度值定义，这样我们就定义了一个256个等级的灰度表。任何一幅用这个灰度表记录的图象，它的每一个象素的灰度值都是由 0～255 之间的某一个数字标定的。因为，$256 = 2^8$，所以，描述一个象素需要用 8 位(8 bits)数据。对于一幅单色图象来说，256 等级的灰度变化足以描述它的各个细部。如果采用少于 256 等级的灰度表，例如 128 等级(7 bits)或 64 等级(6 bits)，我们将发现图象上原来很清楚的细微部分会变得模糊起来，这显然是由于记述图象的信息不够而引起的。反之，如果采用多于 256 等级的灰度表，毫无疑问，由于信息量的增加，从理论上说图象的表现会变得更加细致入微。但是，实际上观察者却感觉不到明显的变化。这是因为人的肉眼很难分辨 256 等级以上的灰度变化。这样，采用多于 256 等级的灰度表只会无益地增加图象的数据量。所以，采用 256 等级的灰度表是比较理想的。

在彩色图象中，每个象素需用三个字节的数据来记述。这是因为任何彩色图象都可以分解成红(R)、绿(G)、蓝(B)三个单色图象，任何一种其他的颜色都可以由这三种颜色混合而成。譬如，黄色就是由红色和绿色混合而成的，增加或减少红色或绿色的灰度，就能得到不同色调的黄色。根据上面的讨论，每个单色图象中的象素都分别由一个字节记录，所以，记录一幅红绿蓝各 256 种灰度的彩色图象，每一个象素需要占用三个字节。在图象处理中，彩色图象的处理通常是通过对其三个单色图象分别进行处理来实现的。

10.1.1 图象的表示

数字图象是通过什么样的机制在计算机屏幕上显示出来的呢？在计算机中设有专用于存储图形(图象)信息的帧缓存存储器。计算机实时监视着这个存储器，如果该存储器内被填充图象数据，该数据就会自动地由光栅扫描方式映射到屏幕上来，形成图象。帧缓存存储器中的每一位对应于屏幕上的一个点，当一个位上的数据被置为 1 时，屏幕上的对应位置上就会出现一个亮点，而当位上的数据为零时，屏幕上的对应位置就是一个暗点。计算机被启动时，帧缓存所有的位上都自动地被置为 0，只有当输入图象或图形数据后，帧缓存中的某些位才被置换为 1。在显示器的分辨率定为 640×480 的计算机中，为显示一幅二值图象(每个象素占用 1 bit)需要有 640×480 位的帧缓存容量，这个容量被称为一个位平面。要能显示一幅 256 个灰度级的图象则需要配置 8 个位平面，即需要 640×480 字节的帧缓存。当显示器的分辨率增大时(如，选用 800×600，1024×768，或 1280×1024 等分辨率时)所需的帧缓存容量则要求相应增大。这还是针对显示单色图象而言的。若需要显示 R、G、B 均为 256 个灰度级的彩色图象，则帧缓存的容量还需要扩大到上述容量的三倍。有些计算机的操作系统(如 MS-Windows 等)允许用户自由地选用显示器的分辨率，这时我们必须考虑计算机内现存的帧缓存的容量的容许范围。例如，当现有的帧缓存为 512kB(1kB＝1024 字节)时，为要能显示 256 灰度的单色图象，我们最多只能选用 800×600 分辨率。如你选用 1024×768 分辨率时，图象的灰度将降至 16 个等级(4 bit)。当然，我们可以通过增设帧缓存的容量来获取较大的分辨率，但是同时必须注意到显示器本身的能力。当你的显示器不具备显示较高分辨率的能力时，尽管你配置了足够的帧缓存，也仍然不能得到高的分辨率。

知道了帧缓存的作用之后，我们就能够通过直接向帧缓存内填写图象数据来显示图象了。最简单的例子是显示一幅二值图象，因为它只需要填充一个位平面(或者说，一幅帧缓存)。在使用 MS-DOS 操作系统的许多 PC 机中，操作系统管理着一个称之为 VRAM 的缓存区，这个缓存区的地址随机型的不同可能有所变化。例如，在 NEC-9801 系列微机中，VRAM 位于标准内存的 A8000—BFFFF(96kB)及 E0000—EFFFF(32kB)地址上。总共为

128kB。因为 NEC-9801 微机采用 640×400 分辨率的标准显示器，因此它的一幅帧缓冲的容量为 640×400÷8≈32kB。128kB 的 VRAM 正好容纳 4 幅帧缓存，这就是说在它的 VRAM 中可同时容纳 4 幅不同的二值图象，或者可同时利用 4 幅帧缓存来容纳一幅 $2^4=16$ 种色彩的彩色图象。如果有一幅 640×400 大小的二值图象的数据，我们把它按顺序地填写进以 A8000 为首地址的 VRAM 中时，显示器上就会立刻显示出该图象来。需要补充说明的是，在系统默认状态下，A8000 为首地址的 32kB 的帧缓存显示蓝色(Blue)二值图象；以 B0000 为首地址的 32kB 帧缓存显示绿色(Green)二值图象；而以 B8000 为首地址的 32kB 帧缓存则显示红色(Red)二值图象。以 E0000 为首地址的 32kB 帧缓存是用以增强象素明暗度的。

另外，必须注意的是，虽然每一个象素上的数据在帧缓存上是以位(bit)为单位描述的，但计算机中数据的输入，输出都是以字节(byte)为单位的。因此图象数据中的每一个字节对应着画面上横着排列的 8 个象素。例如，假定我们在 A8000 地址上填入一个 10 进制的数值 13，因为 $13_{(10)}=00001101_{(2)}$ 所以在显示器的左上角从左向右的第 5、第 6 和第 8 个象素位置上会出现亮点，而其他地方都是暗的。根据前面所述，在默认状态下，这些亮点的颜色将是蓝色的。

10.1.2 图象的采样

通常的图象，如一幅画、一张照片，都应能由一个二维连续函数 $f(x,y)$ 来描述。其中 (x,y) 是图象平面上任意一个二维坐标点，f 指出该点颜色的深浅。为了便于用计算机来处理图象，图象 $f(x,y)$ 必须在空间上和在颜色深浅的幅度上都进行数字化。空间坐标 (x,y) 的数字化被称为图象采样，而颜色深浅幅度的数字化被称为灰度级量化。

假定连续图象 $f(x,y)$ 被等距离取点采样形成一个 $N\times N$ 方形点阵，它可用下式表示：

$$f(x,y)\approx\begin{bmatrix} f(0,0) & f(0,1) & \cdots & f(0,N-1) \\ f(1,0) & f(1,1) & \cdots & f(1,N-1) \\ \cdots & \cdots & \cdots & \cdots \\ f(N-1,0) & f(N-1,1) & \cdots & f(N-1,N-1) \end{bmatrix}$$

上式右边就是一个通常所说的数字图象。其中每一个元素称之为象素。

进行上述数字化处理时，关键是要决定 N 的大小及给每个象素赋予离散灰度值的容许值 G。通常为了便于处理，N 值与灰度级数 G 都被设成为 2 的方次数，即 $N=2^n$，$G=2^m$ (n，m 均为正整数)。这样，为记录一幅图象所需的位(bit)数 b 可由下式计算。

$$b=N\times N\times m$$

在计算机的输入、输出中，数据是以字节(byte)为单位进行处理的(1byte=8bits)。从编程的角度来看，不希望把一个象素的数据跨字节记录。这就是说，如果 $m=5$，记录一个象素就需要 5bit，而一个字节记录一个象素后剩下 3 个 bit，要么用这 3 个 bit 来记录下一象素的一部分，要么把它空着。但这两种情况都是我们不愿意发生的。因为跨字节记录会给数据的存取带来多余的麻烦，而每个字节中空着几个 bit 不用无疑是一种浪费。

问题是应该取多少个采样点，取多少个灰度级才比较合适呢。图象的分辨率是与 N 和 m 这两个值紧密相关的。这两个值越大，数字图象就越接近原来的连续图象。但是，另一方面，随着 N 和 m 的增大，存储图象的空间以及处理图象所需的时间也同时迅速地增加。而减少采样点数(缩小 N 值)将使图象趋于模糊;降低信息记录位数 m 会使图质劣化。实际上,要评价一幅图象质量的优劣有时也很困难,因为对于图象质量的要求是随不同的应用目的而变的。根据经验,要使一幅数字图象具有黑白电视画面的画质,应使 $N=512,m=8$。

以上谈到 N 和 m 各自对图象质量的影响。然而,这两个参数之间又存在一种什么样的关系呢?为了弄清楚其中的奥秘,Huang 在 1965 年作了一个实验。他在这个实验中用了三幅不同的图象:a 图象是一张人脸的照片,图象上的细微部较少;b 图象是一位正在摄影的摄影师,图象上的细微部分比较适中;c 图象是一幅群众聚会的画面,细微部很多。他把这三幅图象用不同的 N 和 m 值进行数字化处理后,拿给人们看,请他们根据各自的主观评价给这些图象的画质评出优劣。他把这些评价结果按不同的图象分别归纳在一幅统计图表上(参见

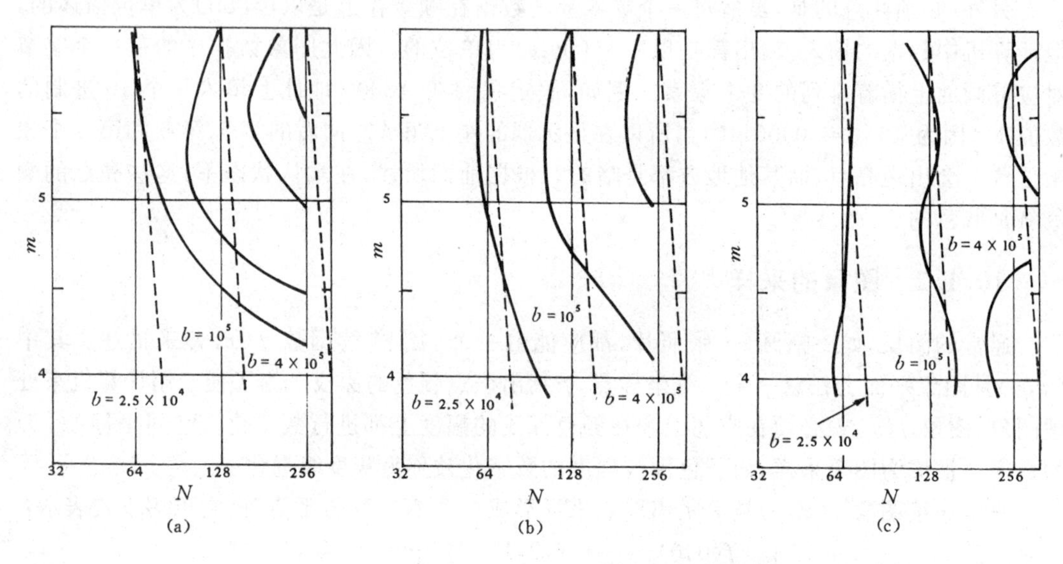

图 10.1.1　参数 N 和 m 对于图象画质的影响

图 10.1.1)。图表是一个 N-m平面,平面上每一个点表示一幅图象,该图象具有该点坐标值所对应的 N 和 m 值。图中的曲线是等值线,曲线上的每一点具有同样的主观评价优劣值。每幅图上的等值线从左往右评价值增高。

从图上我们可以得出如下结论:

(1) 正如所预料的,画质一般都随 N 和 m 的增加而增高。但也有少数情况中,N 值不变而画质却随 m 值减小而有改善。这很可能是由于降低 m 值时通常将提高图象的对比度,因而感觉画质有所改善。

(2) 随着图象上细微部的增加,等值线变得越来越垂直于 N 轴。这意味着具有大量细节部分的图象只需要很少的灰度级。例如在 c 图象中,$N=64$ 或 128 的地方,画质不随 m 的增加而变。而在另外两幅图象上却不是这样。

(3) 等值线明显地偏离常数 b 的曲线,该曲线在图中用点线标出。

这个实验结果揭示了两个参量 N 和 m 之间的一些内在关系,在进行图象采样时是很有参考价值的。

在用数字化扫描仪(scaner)对图象进行数字化处理时,通常要定出分辨率和灰度级。灰度级由每个象素所需的位数 m 给出,一般可选择 1,4,8,24 等值,而分辨率通常是由 dpi 值

给出的。dpi(dots per inch)表示在每英寸(1 英寸＝25.4mm)长度上采样的象素数。例如，对一幅 5×5 平方英寸的图象进行扫描，如果选择 100dpi 时，扫描生成的就会是一幅 500×500 个象素的图象。现在的扫描仪一般都可以从一个大范围内自由选择 dpi 值。例如目前普通的 A4 幅面平板扫描仪，dpi 范围为 0～1200dpi。而使用滚筒式扫描仪时可以选用更高的 dpi 值。

10.1.3 图象的数据格式

图象是由排成矩形点阵的象素组成的。因此把一幅图象记录进文件时，必须同时记录下各象素在点阵中的位置及象素的灰度值。但是实际上我们可以利用各象素在文件中的记录位置来暗示其在图象点阵中的位置，这样就可以省去记录象素位置坐标的数据量，而各象素的数据只用来记录其灰度值。但是文件中的数据只能以一维方式记录，而图象点阵是二维的。为了用一维形式记录二维图象，通常采用的办法是将各行象素的数据首尾相连。例如，在一个存储一幅 $N\times M$ 图象的数据文件中，它的 $N\times M$ 个象素数据是这样排列的：最初的 N 个数据分别对应图象第一行从左到右 N 个象素；第 $N+1$ 到第 $2N$ 个数据分别对应图象第二行从左到右 N 个象素，等等。如此类推，最后的 N 个数据分别对应图象第 M 行从左到右 N 个象素。但是这样一来，就必须在文件中某处注明该图象的尺寸，即长度与宽度，以便在读取数据时能够根据这个尺寸重新把一维数据流排列成原来的二维点阵。

图象的尺寸(长与宽，均以象素为单位)通常记录在文件头(header)中，文件头是有关图象整体的信息数据块，除记录图象的尺寸外，还记录诸如象素的位长、图象的颜色表等有关信息。文件头之后才是图象的数据流。因此，图象数据文件是文件头加数据流。

图象数据的文件格式随着图象的各种信息的内容取舍与记录次序的不同而异。其中，关于图象数据的记录方式基本相同，主要的差异在于 header 的内容。本节我们分别介绍四种目前应用较广，比较常见的图象文件格式。

1. PCX 文件

PCX 图象文件格式最初为 Zsoft 公司的 PaintBrush 应用程序所使用，目前已成为一种通用图象文件格式。

PCX 文件格式可处理单色、16 色和 256 色图象数据。文件由文件头，图象数据与可选扩展调色板数据组成。

(1) 文件头由 128 字节组成，其结构如下：

名　称	类　型	长　度	说　明
PCX 标识	char	1	总是 0x0a
文件格式版本号	char	1	0＝2.5 版，2＝2.8 版
压缩方式	char	1	通常为 1，表示文件采用扫描线行程压缩方式。
象素位数	char	1	
图象原点	int	4	$x$min，$y$min
图象尺寸	int	4	$x$max，$y$max
分辨率	int	4	
16 色调色板	char	48	

续表

名　称	类型	长度	说　明
位平面	char	1	
每行字节数	int	2	
调色板类型	int	2	1＝显示灰阶，2＝显示彩色
保留字节	char	58	

(2) 图象数据

图象数据以压缩形式存放，采用扫描线行程压缩编码，对每根扫描线按其位面数据分成若干扫描段，压缩在这些扫描段上进行。

(3) 扩展的调色板数据

该调色板对应于256色图象。每种色彩占3个字节，共768字节。对于VGA卡，调色板数据必须右移2位。

2. TIFF(Tagged Image File Format)文件

TIFF格式是由Aldus和Microsoft公司联合开发的，是目前流行的图象文件交换标准之一。

TIFF文件由文件头、参数指针表与参数域，参数数据表和图象数据4部分组成。

(1) 文件头

0—1　字节	说明字节顺序。合法值是： 0X4949，表示字节顺序由低到高； 0X4D4D，表示字节顺序由高到低；
2—3　字节	TIFF版本号，总为0XZA。
4—7　字节	指向第一个参数指针表的指针。

(2) 参数指针表

由一个2字节的整数和其后的一系列12字节参数域构成，最后以一个长整型数结束。若最后的长整数为0，表示文件的参数指针表到此为止，否则该长整数为指向下一个参数指针表的偏移。

0—1　字节	参数域的个数 n；
2—13　字节	第一个参数块；
14—25　字节	第二个参数块；
……	
$2+n*12$ —$6+n*12$	为0或指向下个参数指针表的偏移

(3) 参数块结构

0—1　字节	参数码，为254到321间的整数；
2—3　字节	参数类型 1＝BYTE 2＝CHAR

续表

		3=SHORT 4=LONG 5=RATIONAL (4B 分母,4B 分子)
4—7	字节	参数长度或参数项个数。若参数总字节不大于 4B,参数实际占有的字节数等于参数长度乘以参数类型中的对应的字节数。
8—11	字节	参数数据,或指向参数数据的指针。

下表中列出了一些常用的参数域

参数码	类型	参数个数	说　明
254	long	1	文件类型
256	short	1	图象列数
257	short	1	图象行数
258	short	象素值的个数	每个象素可有多个象素值,每个值的位数.
259	short	1	数据压缩方式 1=未压缩 2=CCITT Group 3 一维编码 3=CCITT Group 3 二维编码 4=CCITT Group 4 二维编码 5=LZW 编码 32773 = packbits 压缩
262	short	1	彩色解释: 0=最小值为白,最大值为黑; 1=最小值为黑,最大值为白; 2=RGB 真彩色。(0,0.0)为黑色; 3=伪彩色调色板 4=透明掩膜
270	char	1	用户附加的描述信息
273	long	等于图象块数或块数×象素值的个数	每个图象用若干块表示,对于未压缩的情况,一般只有一块。该参数为指向图象数据的指针.
277	short	每象素的象元值个数	1=黑白灰度或伪彩色 3=真彩色,RGB 各一个值
278	short	1	图象块的行数
279	long	图象块数或块数×象素值数	每一图象块的字节数
282	rational	1	水平方向单位距离上象素数
283	rational	1	垂直方向单位距离上象素数
284	short	1	1=按象素次序排列 2=按位平面排列

(4) 参数数据

参数域中参数长度大于 4B 时，存放实际的参数值。

(5) 图象数据

在非压缩情况下，数据按行排列。二值图象每字节存 8 个象素，16 色图象每字节存放两个象素，256 色图象每字节存 1 个象素，24 位真彩色图象每三个字节存放 1 个象素（R、G、B 顺序）

3. TGA 标准文件

TGAstandard 由 Truevision 公司推出，现为通用的图象格式之一。

TGA 文件由 5 个固定长度的字段和 3 个可变长度的字段组成。前 6 个字段为文件头，后 2 个字段记录实际图象数据。

字段 1 (1 字节)：ID 字段长度

定义字段 6 即图象 ID 字段的字节数。0 值表示此图象文件没有 ID 段。

字段 2 (1 字节)：彩色映象类型

前 128 个类型码保留给 Truevision 公司用，后 128 个码供用户自定义用。目前仅定义了两个码：

0——无彩色映象查找表

1——有彩色映象查找表

字段 3 (1 字节)：图象类型

类型码 0～127 由 Truevision 公司保留使用，128～255 供用户使用。已定义了 6 种图象数据类型。

1——未压缩，彩色图象(伪彩色或全彩色)；

2——未压缩，真彩色图象；

3——未压缩，黑白图象；

9——行程编码(RLE)，彩色图象；

10——行程编码(RLE)，真彩色图象；

11——行程编码(CRLE)，黑白图象。

字段 4(5 字节)：彩色映象表定义

如果字段 2 置零，则彩色映象表不存在。

字段 4.1(2 字节)——第一个彩色映象表指针；

字段 4.2(2 字节)——彩色映象表的项数；

字段 4.3(1 字节)——彩色映象表数据的位数。

字段 5(10 字节)：图象特性

字段 5.1(2 字节)——图象原点 X 坐标；

字段 5.2(2 字节)——图象原点 Y 坐标；

字段 5.3(2 字节)——图象的列数；

字段 5.4(2 字节)——图象的行数；

字段 5.5(1 字节)——图象的位平面数；

字段 5.6(1 字节)——描述符，规定每个象素的属性、位数等。

字段 6(可变长度)——图象 ID

长度由字段1定义，最大长度为255字节。

若字段1置0，则图象ID不存在

字段7(可变长度)——彩色映象数据表

存储实际的彩色映象信息(LUT数据)。数据的位数由字段4.3规定，而字段4.2规定了本彩色映象表项的数目，这两个字段共同决定了本字段的长度。当字段2置0时，无此字段。

字段8(可变长度)——图象数据

图象大小为字段5.3和5.4所给出的列数×行数个象素，每个象素数据是用于伪彩色的彩色映象指针，或用于真彩色蓝、绿、红属性顺序数据，或用于全彩色的独立彩色映象指针。数据排列方式由字段3决定。

4. BitMap文件

BitMap文件格式是在MS-Windows3.0以上版本的窗口系统环境下使用的与设备无关的点阵位图文件格式，它允许窗口系统在任何设备上显示这个点阵位图。

每个BitMap文件包含一个文件头，一个位图信息数据块和图象数据。

(1)文件头

文件头是一个BITMAPFILEHEADER数据结构，其内容如下表：

名　称	类　型	说　明
文件类型	WORD	规定文件类型必须是BM。
文件大小	DWORD	文件大小由字节数给出。
保留字段1	WORD	必须置成0。
保留字段2	WORD	必须置成0。
数据偏移	DWORD	点阵位图数据区的偏移字节数。

其中WORD(2字节)和DWORD(4字节)均为Windows系统定义的数据类型。

(2) 位图信息数据

位图信息数据由一个位图信息头和一个颜色表组成。

位图信息头是一个数据结构BITMAPINFOHEADER，内含有设备无关点阵位图的尺寸和颜色格式信息，其内容如下：

名　称	类　型	说　明
biSize	DWORD	BITMAPINFOHEADER结构中的字节。
biWidth	DWORD	图象宽度(列数)。
biHeight	DWORD	图象高度(行数)。
biPlanes	WORD	目标设备的位平面数，必须置成1。
biBitCount	WORD	每个象素的位数，必须是1，4，8或24。
biCompression	DWORD	压缩方式。必须为下值之一： BI_RGB：　未压缩 BI_RLE8：　每象素为8位的点阵位图，采用行程编码格式。

续表

名　称	类　型	说　明
		BI_RLE4：　每象素为 4 位的点阵位图采用行程编码格式。
biSizeImage	DWORD	图象的字节数。
biXPelsPreMeter	DWORD	目标设备水平方向每米长度上的象素数。
biYPelsPerMeter	DWORD	目标设备垂直方向每米长度上的象素数。
biClrUsed	DWORD	颜色表中点阵位图实际使用的颜色数。
biClrImportant	DWORD	给出重要的颜色索引值。若被置为 0，则所有的颜色都是重要的。

颜色表数据域是可变长的。其长度由位信息头中的 biBitCount 值决定。颜色表中的每一项是一个数据结构 RGBQUAD。项数由 biBitCount 值决定：

biBitCount	颜色表项数	说　明
1	2	象素值为 0 时，使用第一项颜色，为 1 时使用第二项颜色。
4	16	若点阵位图数据中某个字节为 OX1F，则该字节代表 2 个象素。第一个象素用第 2 项颜色，第二个象素用第 16 项。
8	256	点阵位图中每一字节表示一个象素。
24	0	无颜色表。位图数据中三个字节表示一个象素的红、绿、蓝值。

数据结构 RGBQUAD 的内容如下：

名　称	类　型	说　明
rgbBlue	BYTE	象素颜色中蓝色的成分；
rgbGreen	BYTE	象素颜色中绿色的成分；
rgbRed	BYTE	象素颜色中红色的成分；
rgbReserved	BYTE	未使用，但必须置成 0。

(3) 位图数据

位图数据的长度由图象尺寸、象素的位数和压缩方式等共同决定。实际尺寸可由文件头中的第二项“文件大小”减去第五项“数据偏移”值得到。

10.1.4　图象的灰度直方图

我们已经说过，图象是用其各个象素上的灰度值来描述的。所谓“图象处理”，无非就是对这些象素的灰度值进行或增或减的计算处理。因此，在对图象进行处理前，对图象整体(当然也可以是局部)的灰度分布情况作一些分析了解，有时是很有好处的。对图象的灰度分布进行分析的重要手段就是建立灰度直方图(density histogram)。灰度直方图是对图象的所有象素的灰度分布按灰度值的大小显示其出现频度的统计图。

1. 直方图的表示

通常，灰度直方图的横轴表示灰度值，纵轴用来表示频度。所谓频度，即是具有某一灰度值的象素在图象中出现的次数。例如，有一幅 4×4 的 8 灰度级图象，图象数据以及它的灰度直方图分别由图 10.1.2 和图 10.1.3 所示。

1	3	2	7
2	4	0	2
1	2	3	5
2	4	4	2

图 10.1.2 图象数据

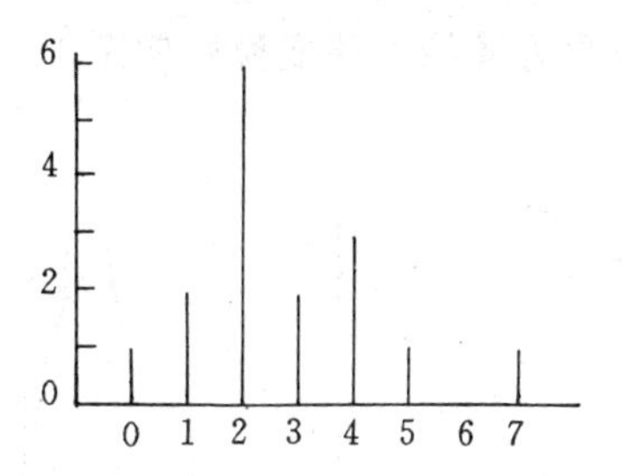

图 10.1.3 灰度直方图

这个直方图是这样作出来的：根据图象数据，灰度值为 0,1,2,3,4,5,6,7 的象素的个数（频度）分别是 1,2,6,2,3,1,0,1，因此在横轴（灰度）刻度的 0～7 处分别作一条以该灰度值所对应的频度值为长度的直线，就完成了该图象的灰度直方图。这个例子中使用的是一个很简单的图象数据。对于一个有 256 个灰度级，长度和宽度都为数百个象素的普通常见的图象来说，当然也可以按上述方法作出它的灰度直方图来，但是通常我们不去作那些密密麻麻的直线段，而是用一条通过所有这些直线段（假定这些直线段存在）的顶端的折线来描述它。图 10.1.4 是某幅图象的直方图。通过它可以很方便地知道在任一灰度值处的频度。例如，灰度值为 50 的频度值由图可知为 300。

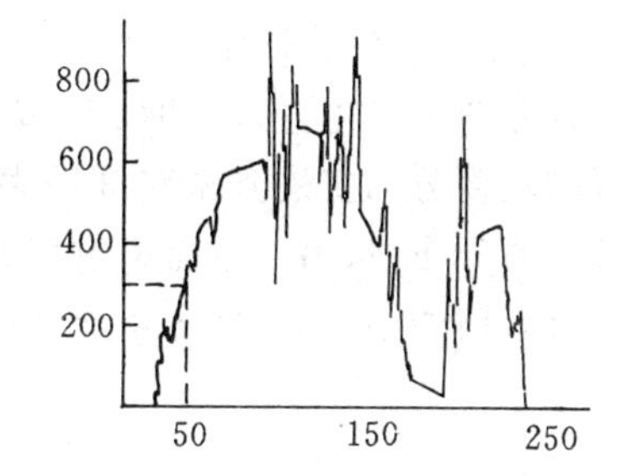

图 10.1.4 图象的灰度直方图

现在，我们已经知道了直方图的作法了。那么问题是，利用已经作成的灰度直方图我们究竟能完成什么样的功能，也就是说，灰度直方图究竟能够给我们什么样的帮助呢。

我们可以举出两个例子来说明灰度直方图的功能。首先，在对多值图象进行二值化处理时灰度直方图是非常有用的。关于这一点我们将在下一节的“图象的二值化”中详细进行讨论。其次，对直方图进行某些操作，可以改变图象的某些特性，从而使它直接成为图象处理的一种手段。下面，分别就直方图的线性变换与直方图的平滑化这两种处理方法进行介绍。

2. 灰度直方图的线性变换

常常可以看到一些完成情况不是很好的图象。这些图象给人一种模糊的感觉：画面上该亮的地方亮不起来，该暗的地方又暗不下去。我们说这种图象“对比度太小”。对比度（contrast）是否适中是衡量一幅图象质量好坏的一个很重要的标准。对于对比度很差的图象可以用什么方法来使它变得对比度比较适中呢？如果看一看这些图象的灰度直方图，就很容易发现，凡是使人感觉对比度太小的图象，它们的灰度直方图一定是偏重于某一个灰度区域中的。而对比度比较适中的图象（看上去感觉色彩明快的图象）它们的灰度直方图大都分布在较宽的灰度区间中。因此，我们可以设想对那些对比度较小的图象的灰度直方图作一个变换，把它从一个较狭窄的灰度区间中扩展到整个灰度定义域中去。常用的变换为线性变换。设频度为非 0 的最小灰度值为 L_{min}，最大灰度值为 L_{max}。为使灰度扩展到 0～255 全灰度中去，灰度 $L_i(L_{\min} \leqslant L_i \leqslant L_{\max})$ 在变换后的灰度值 L_i' 由下式给出。

$$L_i' = 255 \times (L_i - L_{\min})/(L_{\max} - L_{\min})$$

直方图经上述变换后如图 10.1.5 所示。经此变换后的图象其对比度当会得到增强。

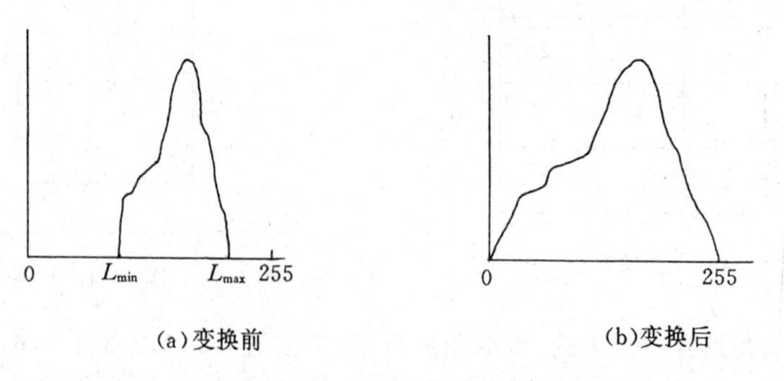

图 10.1.5　灰度直方图的线性变换

3. 灰度直方图平滑化

直方图平滑化也是一种对于灰度的变换，但它与前述线性变换有所不同。线性变换是把象素的灰度分布扩展到全灰度域去的一种灰度变换，而直方图平滑化则一方面要求尽量扩展灰度的分布域；另一方面更重要的是，要努力使每一个灰度级上的频度尽可能一致。这个概念可以用图 10.1.6 来形象地加以说明。

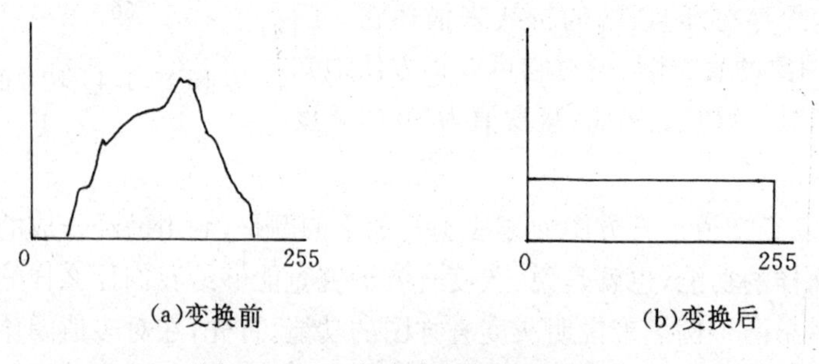

图 10.1.6　灰度直方图的平滑化

当然，图 10.1.6 显示的是一种理想的情况，即所有灰度级上的频度经变换后都达到完全的一致。下面我们会看到，在实际情况中，要取得这种完全的一致是不太可能的，我们可以做到的只能是“尽可能的一致”。这种力求使灰度分布域上的频度趋近一致化的努力是有道理的。因为频度趋于一致的图象使人感觉色调沉稳、安定，在许多情况下这意味着图象质量“好”。当然，在某些情况下，如为了追求艺术上的新与奇而故意打破这种一致性，有时也能产生出好的图象来。不过这该另当别论了。

直方图平滑化的处理是这样完成的：

(1)首先，求出图象中全部象素 G。例如，一幅 128×128 的图象，它的全部象素为

$$G = 128 \times 128 = 16384$$

(2) 给定直方图平滑化后的灰度级数 K。假定原图象的灰度级为 256，而给定平滑化处理后的灰度级数 $K=64$(当然，给定处理后的灰度级仍为 256 也是可以的)。

(3) 求按灰度级数平均的象素数 N 为

$$N = G/K = 16384/64 = 256$$

(4) 从最低的灰度级开始，顺次对各频度数作加法运算，取最接近平均象素 N 的和作为新的灰度直方图的频度值(参见图 10.1.7)。

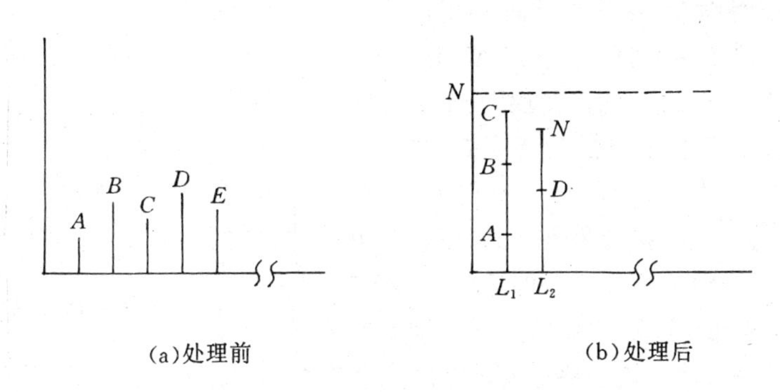

图 10.1.7　直方图平滑化的实际操作

在图 10.1.7 中，因为 $N-(A+B+C) < (A+B+C+D)-N$，所以，变换后的灰度 $L1$ 的频度是 $A+B+C$，而不是 $A+B+C+D$。D 被用作为下一灰度级的频度的一部分。

很清楚，变换后的各频度值一般是不会相等的。另外，当图象的频度分布非常偏重于某一灰度值的场合，变换后的灰度直方图的最上端的灰度级的频度值都将为 0，或者会使得平滑化的效果不很明显。但是直方图平滑化作为一种图象处理方法在很多时候对于提高图象质量是很有帮助的。

10.1.5　图象的二值化

多值图象是指具有多个灰度级的单色图象。例如一张黑白照片就是一幅多值图象。二值图象是指只有黑白两个灰度级的图象。在实际过程中，有时需要将一幅多值图象转换成一幅二值图象。有很多理由需要我们来做这种转换工作。例如为了压缩图象数据，为了突出图象特征，为了便于进行图形识别，等等。

图象的二值化变换处理的方法很简单。在原图象的灰度区间$[L_{min}, L_{max}]$设定一个阈值(threshold)，设阈值为 L_t，并且 $L_{min} < L_t < L_{max}$，然后令图象中所有灰度值小于或等于 L_t 的象素的新灰度值都为 0，所有灰度值大于 L_t 的象素的新灰度值都为 1，这样就完成了图象二值化处理。

但是必须注意的是，多值图象经二值化处理后不可避免地要丢失掉原图象中的许多信息，处理得不好的图象有可能与原图象面目全非，这样就完全失去了图象二值化的意义。因为图象二值化的目标是要在尽可能多的保留原图象特征的前提下舍弃冗余信息。要实现这一目标关键在于正确地选择阈值 L_t。

在正确地选择阈值这个问题上，我们可以依靠灰度直方图的帮助。在上一节中我们已经知道了如何建立图象的灰度直方图，现在我们来看看如何利用灰度直方图来决定阈值。

首先，对于那些原本具有二值倾向的多灰度值图象来说，问题比较容易解决。所谓具有二值倾向的图象是指图象的背景色与前景色截然不同，轮廓非常分明的图象，例如用扫描仪扫描得到的一幅工程图图象，尽管它是一幅多值图象，但灰白色的背景上深色的线条和文字仍然是很容易区分的。这种图象的灰度直方图上一定呈现出两峰一谷的特征，如图 10.1.8

所示。这时若取谷底处的灰度值作为阈值 L_t，一般可以得到较好的结果。

对于一般不具有明显二值倾向的图象，在需要进行二值化处理时，应先对图象进行预处理，以增强图象的轮廓等特征，这样可保证在二值化处理后能更多地保留图象的特征。关于增强图象轮廓的处理方法请参看后面“图象变换”一节。在经过预处理的图象的灰度直方图的谷底处（尽管此时的峰与谷可能不太明显）取一个值作为 L_t，如果用此 L_t 作成的二值图象效果不佳，可以适当地修改 L_t 重新进行二值处理。修改的原则是，若二值图象上失去的特征过多（如轮廓严重残缺等），则适当地增大 L_t 值；若二值图象上有较多的冗余信息时（如轮廓线太粗，噪音点较多等），则应适当地减小 L_t 值。经过两、三次调整后一般便能获得较满意的二值化结果。

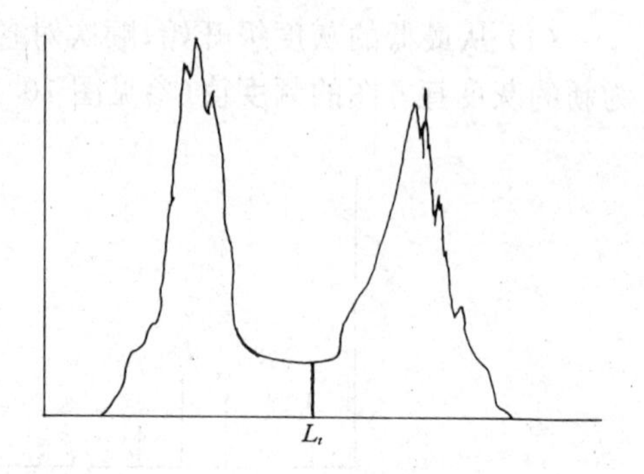

图 10.1.8　具有二值倾向的灰度直方图

二值化前的预处理中通常还应包括除噪音的处理。图象中的“噪音”(noise)是指在图象生成、保存和传递过程中由外部干扰加进图象中的冗余信息。电视画面上常常可以见到的“雪花点”，就是一种典型的噪音。消除噪音的方法有多种，对于不同类型的噪音需用不同的方法处理。在下一节中我们将介绍一种常用的除噪音方法。

10.2　图象变换

图象变换是图象处理的基础，它是对图象施加的数学变换，其目的通常是为了除去图象中的噪音，强调或抽取图象的轮廓特征等。图象变换中又有两类不同的技术，一类是直接对象素的灰度值进行演算的灰度空间变换，另一类是对图象的频谱(spectrum)域实行变换的频谱变换技术。我们先介绍空间变换（它是基本的图象处理技术，也是容易理解和掌握的），然后再介绍一种重要的频谱变换技术——付里叶(Fourier)变换。

10.2.1　图象的空间变换

图象的空间变换是用数学计算对各象素的灰度值进行演算的一种变换。作为变换对象的图象，设其尺寸为 $M\times N$，坐标原点在图象的左上角的象素位置上，横轴为 i 轴，纵轴为 j 轴。这样，图象上任意象素的坐标用 (i,j) 表示，其中 $1\leqslant i\leqslant M$，$1\leqslant j\leqslant N$。又设象素的灰度值用 $f(i,j)$ 标记，而经空间变换后的象素灰度值则用 $g(i,j)$ 来标记。

图象的空间变换是借助于一个称之为模板(mask)的局部象素域来完成的。设当前待处理的象素为 (i,j)，模板一般被定义为以象素 (i,j) 为中心的一个 $n\times n$ 象素域及与之相匹配的系数 $\{H_{ij}\}$。n 通常为奇数值。若令 $k=(n-1)/2$，则空间变换一般可以表示为：

$$g(i,j)=\sum_{u=-k}^{k}\sum_{v=-k}^{k}H_{i+u,j+v}\cdot f(i+u,j+v) \tag{10-2-1}$$

将上式针对图象中所有象素 (i,j) $(k<i,j\leqslant M-K)$ 进行演算，亦即将模板从图象的左上角依次向右下角移动，即实现了对图象的空间处理。但上述处理不能对图象周围 K 个象

素宽的图象部分进行处理。

式(10-2-1)是空间处理的通式。如何决定系数$\{H_{ij}\}$，取决于不同的空间处理。

1. 图象的除噪音处理

图象的平滑化是除去图象中点状噪音的一个有效方法。所谓平滑化，是指使图象上任何一个象素与其相邻象素的灰度值的大小不会出现陡变的一种处理方法。设在一个 3×3 的模板中其系数为

$$H = \begin{array}{|ccc|} \hline 1 & 1 & 1 \\ 1 & 1 & 1 \\ 1 & 1 & 1 \\ \hline \end{array} \times 1/9 \tag{10-2-2}$$

很明显，这意味着将图象上每个象素用它近旁(包括它本身)的 9 个象素的平均值取代。这样处理的结果在除噪的同时，也将降低图象的对比度，使图象的轮廓模糊。为了避免这一缺陷，可用下列模板系数：

$$H = \begin{array}{|ccc|} \hline 1 & 1 & 1 \\ 1 & 2 & 1 \\ 1 & 1 & 1 \\ \hline \end{array} \times 1/10 \tag{10-2-3}$$

用式(10-2-3)可一方面除去点状噪音，同时能较好地保留原图象的对比度。

式(10-2-2)和式(10-2-3)都是一种线性处理技术。还有一种非线性处理技术——中值滤波法，可用来抑制图象中的噪音而且保持轮廓的清晰。其方法是，用象素近旁的 $n\times n$ 个象素灰度值的中值(不是平均值)作为当前象素的新灰度值。即

$$g(i,j) = \underset{n\times n}{\mathrm{Mid}}\ \{f(i+u, j+v)\} \tag{10-2-4}$$

例如，Mid{2,0,5,9,0,0,18,1,29} = 2. 因为{ }内有 9 个值，中值是大小顺序为第 5 的值，也就是 2。

2. 图象轮廓增强技术

在图象的轮廓处存在较明显的灰度差，而在非轮廓区域，相邻象素间的灰度差很低。根据这一特性，可以用增强轮廓线上的象素与相邻象素间的对比度的方法，使图象轮廓突出。

下面介绍三种增强轮廓的算法。

(1) Laplace 算子(二阶差分法)

连续二维空间的 Laplace 算子定义为

$$\nabla^2 f(x,y) = \frac{\partial^2 f(x,y)}{\partial x^2} + \frac{\partial^2 f(x,y)}{\partial y^2}$$

在数字图象处理中，使用离散型的 Laplace 算子，即二阶差分：

$$\begin{aligned} \nabla^2 f(x,y) &= \nabla_x^2 f(x,y) + \nabla_y^2 f(x,y) \\ &= (f_{x+1,y} + f_{x-1,y} + f_{x,y+1} + f_{x,y-1}) - 4f_{x,y} \end{aligned}$$

因此，二阶差分的模板为

$$H=\begin{bmatrix}0 & -1 & 0\\ -1 & 4 & -1\\ 0 & -1 & 0\end{bmatrix} \tag{10-2-5}$$

将(10-2-5)式略加扩展，还可有：

$$H=\begin{bmatrix}-1 & -1 & -1\\ -1 & 8 & -1\\ -1 & -1 & -1\end{bmatrix} \quad 或 \quad H=\begin{bmatrix}1 & -2 & 1\\ -2 & 4 & -2\\ 1 & -2 & 1\end{bmatrix} \tag{10-2-6}$$

用本法处理后的图象，轮廓线条将明显得到增强。轮廓线以外的部分将变得较暗，而轮廓线部分将变得比较明亮。

(2)方向模板

有时需要在图象中抽出某一特定方向的轮廓线，这时可以使用方向模板来达到这一目的。根据所需的方向，可从下列8种模板中选取合适的模板。

$$上:H=\begin{bmatrix}-1 & -1 & -1\\ 0 & 0 & 0\\ 1 & 1 & 1\end{bmatrix} \qquad 下:H=\begin{bmatrix}1 & 1 & 1\\ 0 & 0 & 0\\ -1 & -1 & -1\end{bmatrix}$$

$$左:H=\begin{bmatrix}-1 & 0 & 1\\ -1 & 0 & 1\\ -1 & 0 & 1\end{bmatrix} \qquad 右:H=\begin{bmatrix}1 & 0 & -1\\ 1 & 0 & -1\\ 1 & 0 & -1\end{bmatrix}$$

$$左上:H=\begin{bmatrix}-1 & -1 & 0\\ -1 & 0 & 1\\ 0 & 1 & 1\end{bmatrix} \qquad 右上:H=\begin{bmatrix}0 & -1 & -1\\ 1 & 0 & -1\\ 1 & 1 & 0\end{bmatrix}$$

$$左下:H=\begin{bmatrix}0 & 1 & 1\\ -1 & 0 & 1\\ -1 & -1 & 0\end{bmatrix} \qquad 右下:H=\begin{bmatrix}1 & 1 & 0\\ 1 & 0 & -1\\ 0 & -1 & -1\end{bmatrix} \tag{10-2-7}$$

例如，用上，下两种方向模板可以抽取出图10.2.1所示水平轮廓。而图10.2.2所示(a)，(b)两种斜向轮廓则分别需要上述左上和右上两种方向模板来进行处理。

(3) 非线性逻辑模板

非线性逻辑模板不能用式(10-2-5)～式(10-2-7)那样简洁的形式表达。它实际上是对邻域内的象素分布模式进行分类后，根据不同的模式而给出不同处理。下面给出的各种算法都是针对二值图象的。处理中均使用3×3的模板，并假定图中背景象素灰度值为0，景物象素值为1。

① 膨胀

膨胀处理是将图象轮廓向外扩展的一种处理方式，其概念参见图10.2.3。膨胀处理的算法如下：

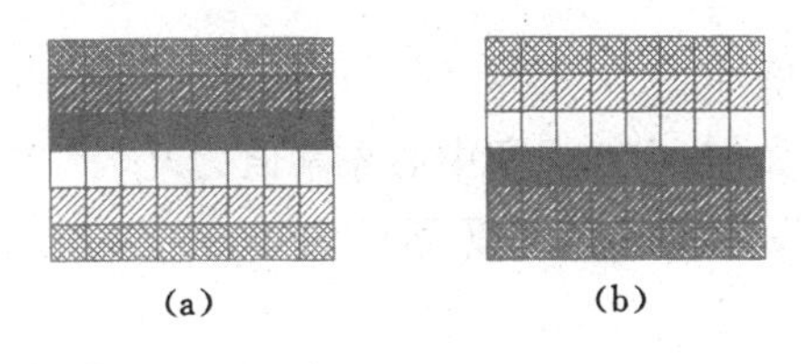

图 10.2.1 水平轮廓

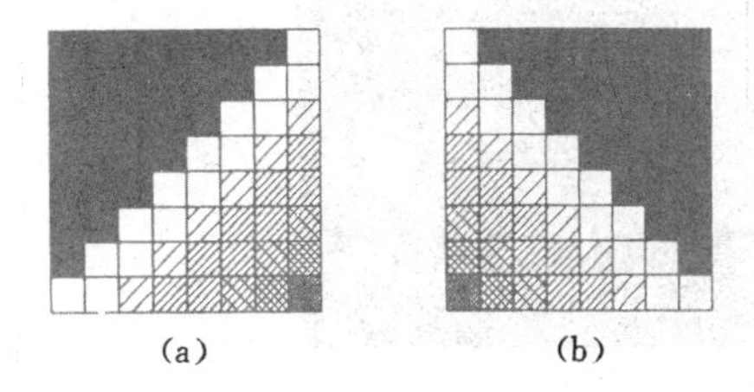

图 10.2.2 斜向轮廓

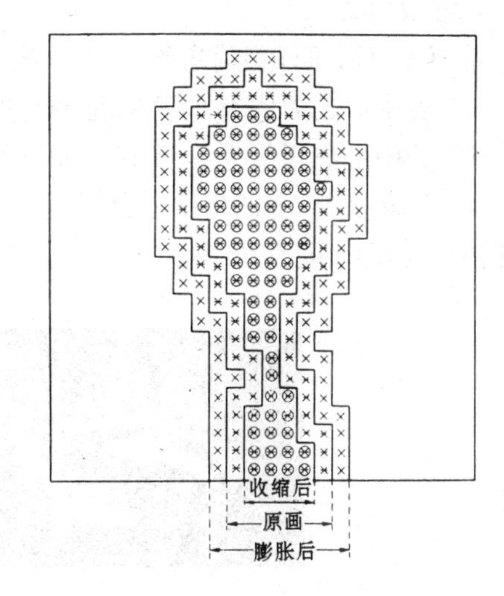

图 10.2.3 图象的膨胀与收缩

Ⅰ. 若模板中心象素为 0,且周围 8 个相邻点中至少有一个象素值为 1,则改变中心象素为 1;

Ⅱ. 除此之外,保留原中心象素值。

膨胀处理的示例见图 10.2.4。

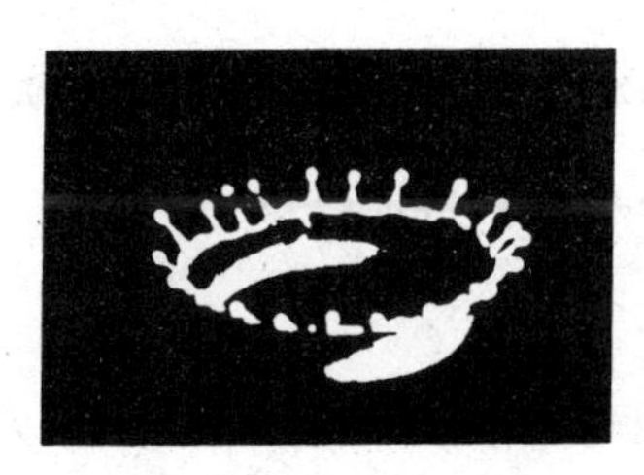
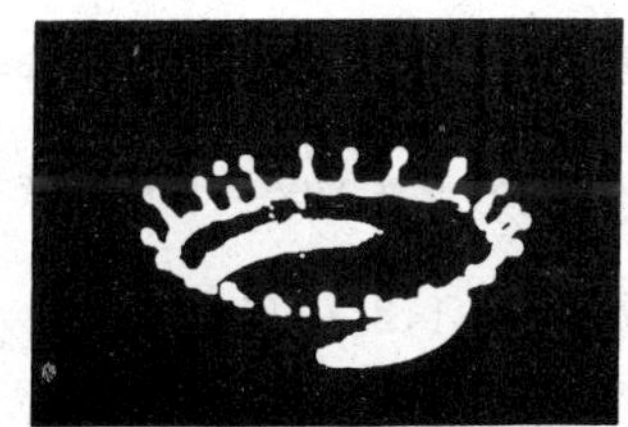

图 10.2.4 膨胀处理实例

② 收缩

收缩处理是将图象轮廓向内收缩的一种处理方式,其概念同样参见图 10.2.3。类似于膨胀处理,收缩处理的算法如下所述:

Ⅰ. 若模板中心象素的灰度值为 1,并且周围 8 个邻点中至少有一个象素为 0 时,中心象素值改为 0;

Ⅱ. 除此之外,保留原中心象素值。

收缩处理的结果见图 10.2.5 的示例。

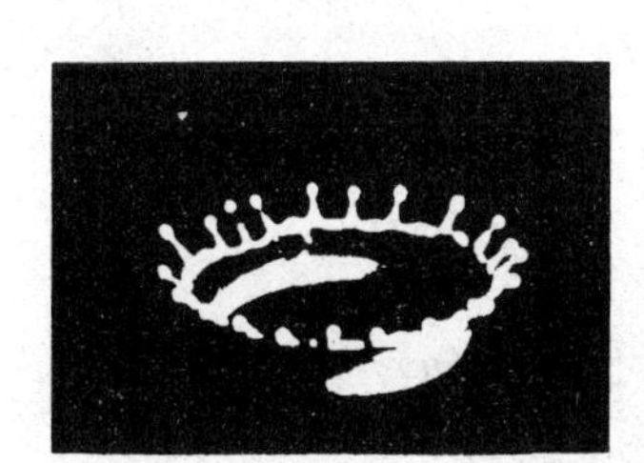
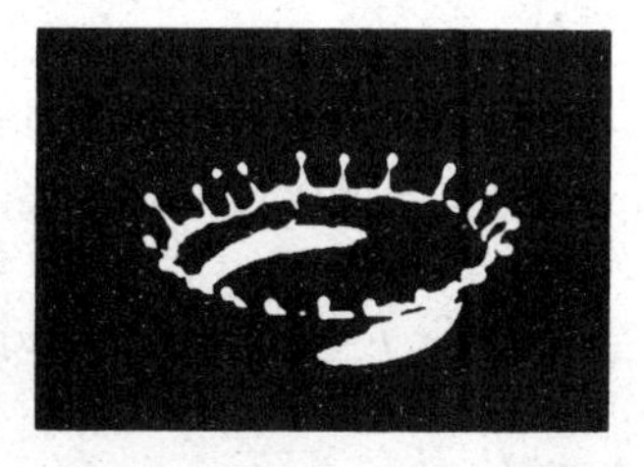

图 10.2.5 收缩处理实例

③抽取轮廓

用下述算法可以很简单地抽取二值图象的轮廓线。

Ⅰ．若中心象素值为 0，不问其余 8 象素的值如何，一律保留中心象素值为 0；

Ⅱ．若中心象素值为 1，且其余 8 个象素全为 1，则改变中心象素值为 0；

Ⅲ．除此以外，全部将中心象素值设为 1。

轮廓抽取的示例见图 10.2.6。

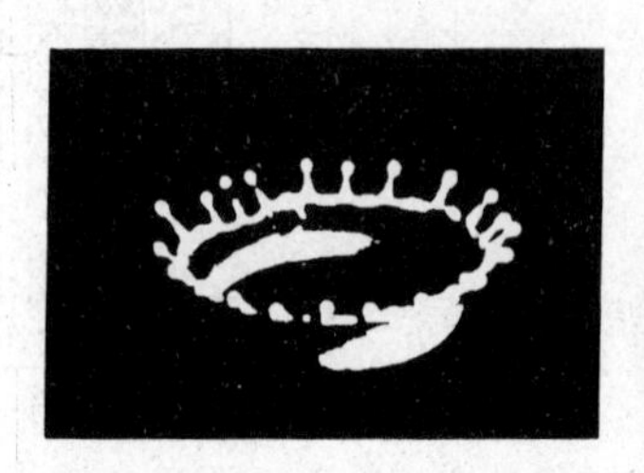

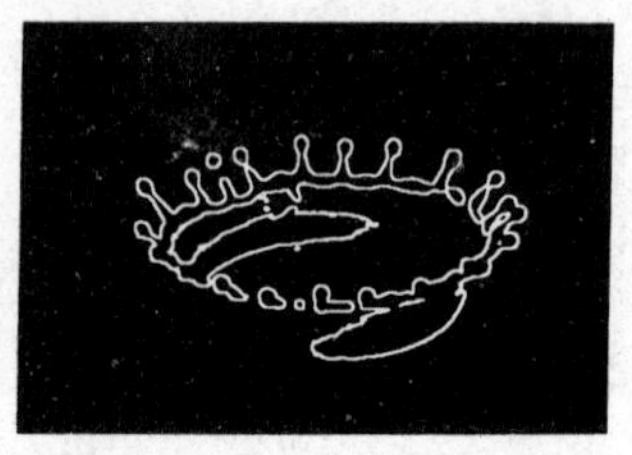

图 10.2.6　轮廓抽取实例

10.2.2　傅里叶变换

傅里叶(Fourier)变换与前述各种图象处理不同，它以图象中灰度的变化频率为处理对象，是一种重要的图象处理技术。

1. Fourier 变换的表达式

先看一维 Fourier 变换。设函数 $f(x)$ 连续可积，它的 Fourier 变换为：

$$F(u) = \int_{-\infty}^{\infty} f(x)\exp(-2\pi jux)\mathrm{d}x \tag{10-2-8}$$

其中 u 为频率变量，$u=0,1,2,\cdots N-1$；$j=\sqrt{-1}$。

假设在某一区间$[x_0,x_1]$上等间距地取 $f(x)$ 的 N 个离散值$\{f(x0),f(x0+\triangle x),f(x0+2\triangle x),\cdots,f(x0+(N-1)\triangle x)\}$，其中$\triangle x=(x1-x0)/(N-1)$。由于 $f(x)$ 的离散型式为

$$f(x) = f(x0 + x\triangle x) \qquad (x = 0,1,2,\cdots,N-1)$$

我们可以得到离散的 Fourier 变换：

$$F(u) = \frac{1}{N}\sum_{x=0}^{N-1} f(x)\exp(-2\pi jux/N) \tag{10-2-9}$$

其中　$u=0,1,2,\cdots,N-1$。

Fourier 变换的逆变换一定存在，这个逆变换就是函数 $f(x)$ 本身，即有：

$$f(x) = \sum_{u=0}^{N-1} F(u)\exp(2\pi jux/N) \tag{10-2-10}$$

其中 $x=0,1,2,\cdots,N-1$。

因为图象是二维的，所以再来看看二维情况下的 Fourier 变换。

设函数 $f(x,y)$ 是连续可积的，则 Fourier 变换定义为：

$$F(u,v) = \iint_{-\infty}^{\infty} f(x,y)\exp[-2\pi j(ux + vy)]\mathrm{d}x\mathrm{d}y \tag{10-2-11}$$

其中的 u,v 是频率变量，$j=\sqrt{-1}$。

在图象处理中，使用离散的 Fourier 变换。设图象尺寸为 $M\times N$ 个象素，二维离散型的 Fourier 变换为：

$$F(u,v)=\frac{1}{MN}\sum_{x=0}^{M-1}\sum_{y=0}^{N-1}f(x,y)\exp[-2\pi j(ux/M+vy/N)] \qquad (10\text{-}2\text{-}12)$$

其中 $u=0,1,\cdots,M-1$；$v=0,1,\cdots,N-1$.

对上式的直观理解是，指数项 $\exp[-2\pi j(ux/M+vy/N)]$ 为一个在 x 方向具有 M/u，在 Y 方向具有 N/v 的空间频率的基本模式，$F(u,v)$ 显示出这个模式在 $f(x,y)$ 中所含的份量。例如，图象 $f(x,y)$ 在 θ 方向具有周期为 L 的特性时，那么它的 Fourier 变换就会在 $u=M/L\cos\theta, U=N/L\sin\theta$ 附近存在较高的值。

Fourier 变换的平方值 $|F(u,v)|^2$ 称为能量频谱(power spectrum)，它显示在图象 $f(x,y)$ 中所含具有 $M/u,N/v$ 周期性的份量。

二维 Fourier 变换的逆变换由下式给出：

$$f(x,y)=\sum_{u=0}^{M-1}\sum_{v=0}^{N-1}F(u,v)\exp[2\pi j(ux/M+vy/N)] \qquad (10\text{-}2\text{-}13)$$

从式(10-2-11)和式(10-2-13)可以看出，如果先对图象 $f(x,y)$ 求 Fourier 变换 $F(u,v)$，在频率图象 $F(u,v)$ 上进行某些滤波处理后，再由逆变换返回到 $f(x,y)$，即可在 $f(x,y)$ 图象上看到处理后的结果。

以下是几个用 Fourier 变换进行图象处理时常用的基本定理。

① 直流成分 $F(0,0)$ 等于图象的平均值。

因为从式(10-2-9)可得：

$$F(0,0)=\sum\sum f(x,y)/MN$$

② 能量频谱 $|F(u,v)|^2$ 完全对称于原点。

③ 图象 f 平移 (a,b) 后，F 只有 $\exp[-2\pi j(au/M+bv/N)]$ 相位的变化，能量频谱不会发生变化。

④ 图象 f 的自乘平均等于能量频谱的总和；f 的分散等于能量频谱中除开直流成分后的总和。

⑤ 图象 $f(x,y)$ 和 $g(x,y)$ 的卷积 $h(x,y)=f(x,y)*g(x,y)$ 的 Fourier 变换 $H(u,v)$，等于 $f(x,y)$、$g(x,y)$ 各自的 Fourier 变换 $F(u,v)$、$G(u,v)$ 的乘积。即

$$H(u,v)=F(u,v)\cdot G(u,v)。$$

2. 快速 Fourier 变换(FFT)

用式(10-2-9)来计算一维 Fourier 变换，所需的复数乘法与加法的次数正比于 N^2。但是如果使用下述快速 Fourier 变换(FFT)，计算次数将减至正比于 $N\log_2 N$。这是很有意义的。例如，当 $N=256$ 时，用 FFT 的计算次数只是原来的 1/32。而当 $N=8192$ 时，这个数将降至原来的 1/630。也就是说，用某种计算机计算 $N=8192$ 的一维 Fourier 变换，若直接用式(10-2-9)来计算时也许需要 10s，但若使用 FFT 来计算，则仅需 1s。

现在我们来看 FFT 的算法。

一维 Fourier 变换可写成下述形式

$$F(u)=\frac{1}{N}\sum_{x=0}^{N-1}f(x)W_N^{ux} \qquad (10\text{-}2\text{-}14)$$

这里

$$W_N = \exp(-2\pi j/N) \tag{10-2-15}$$

假定 $N=2^n$，n 为正整数，则 N 可表示为

$$N = 2M \tag{10-2-16}$$

这里 M 也是正整数。把(10-2-16)代入(10-2-14)，有

$$\begin{aligned} F(u) &= \frac{1}{2M}\sum_{x=0}^{2M-1} f(x)W_{2M}^{ux} \\ &= \frac{1}{2}\left\{\frac{1}{M}\sum_{x=0}^{M-1} f(2x)W_{2M}^{u(2x)} + \frac{1}{M}\sum_{x=0}^{M-1} f(2x+1)W_{2M}^{u(2x+1)}\right\} \end{aligned} \tag{10-2-17}$$

从(10-2-15)式可得 $W_{2M}^{2ux}=W_M^{ux}$，所以上式可变为

$$F(u) = \frac{1}{2}\left\{\frac{1}{M}\sum_{x-0}^{M-1} f(2x)W_M^{ux} + \frac{1}{M}\sum_{x=0}^{M-1} f(2x+1)W_M^{ux}W_{2M}^{u}\right\} \tag{10-2-18}$$

如果定义

$$\mathrm{F}_{\mathrm{even}}(u) = \frac{1}{M}\sum_{x=0}^{M-1} f(2x)W_M^{ux} \tag{10-2-19}$$

$$\mathrm{F}_{\mathrm{odd}}(u) = \frac{1}{M}\sum_{x=0}^{M-1} f(2x+1)W_M^{ux} \tag{10-2-20}$$

其中 $u=0,1,2,\cdots,M-1$，则式(10-2-18)可改写为

$$F(u) = [\mathrm{F}_{\mathrm{even}}(u) + \mathrm{F}_{\mathrm{odd}}(u)W_M^{ux}]/2 \tag{10-2-21}$$

又因 $W_M^{u+M}=W_M^u$、$W_{2M}^{u+M}=-W_{2M}^u$，由式(10-2-19)至式(10-2-21)可以得到

$$F(u+M) = [\mathrm{F}_{\mathrm{even}}(u) - \mathrm{F}_{\mathrm{odd}}(u)W_{2M}^{u}]/2 \tag{10-2-22}$$

式(10-2-21)和式(10-2-22)指出，N 点的 Fourier 变换可以分成两个 $N/2$ 点的 Fourier 变换来计算。下面我们来证明这样的计算所需的乘法和加法的次数都与 $N\log_2 N$ 成正比。

首先，令 $m(n)$ 和 $a(n)$ 分别为乘法与加法的次数。如前所述，假定离散点数 $N=2^n$。

设 $n=1$，需要计算 $F(0)$、$F(1)$。为了得到 $F(0)$，需要计算 $\mathrm{F}_{\mathrm{even}}(0)$ 和 $\mathrm{F}_{\mathrm{odd}}(0)$。但因 $n=1$ 时 $M=1$，而 $M=1$ 时 $\mathrm{F}_{\mathrm{even}}(0)$ 和 $\mathrm{F}_{\mathrm{odd}}(0)$ 分别是离散点 $f(2x)$ 和 $f(2x+1)$ 本身，无需进行计算，所以 $F(0)$ 只有一次 $\mathrm{F}_{\mathrm{odd}}(0)$ 与 W_2^0 的乘法和一次加法。而 $F(1)$ 只需一次加法(这里把减法也视为加法)即可完成，因为 $\mathrm{F}_{\mathrm{even}}(0)$ 和 $\mathrm{F}_{\mathrm{odd}}(0)W_2^0$ 都已被计算完毕。所以总的计算次数是 $m(1)=1$ 次乘法、$a(1)=2$ 次加法。

当 $n=2$ 时，由以上的讨论可以把它分成二个 $n=1$ 的变换来处理。这两个 $n=1$ 的变换需要 $2m(1)$ 次乘法和 $2a(1)$ 次加法，另外为了得到 $F(0)$ 和 $F(1)$，由式(10-2-21)还需要另外两次乘法和两次加法。而为了得到 $F(2)$ 和 $F(3)$，由式(10-2-22)还需两次加法。故有 $m(2)=2m(1)+2$，$a(2)=2a(1)+4$。

依此类推，对于任意正整数 n，FFT 中所需的乘法和加法次数可由以下递归式计算：

$$m(n) = 2m(n-1) + 2^{n-1} \tag{10-2-23}$$

$$a(n) = 2a(n-1) + 2^n \tag{10-2-24}$$

这里，$m(0)=a(0)=0$。因为单独一个点的变换不需要任何计算。

现在我们来证明，$m(n)$ 和 $a(n)$ 可以直接由下式计算：

$$m(n) = (2^n\log_2 2^n)/2 = (N\log_2 N)/2 = Nn/2 \tag{10-2-25}$$

$$a(n) = 2^n\log_2 2^n = N\log_2 N = Nn \tag{10-2-26}$$

首先，我们已经看到对于 $n=1$，或式(10-2-25)和式(10-2-26)是成立的，因为

$$m(1) = 1/2 \cdot 2 \cdot 1 = 1,$$

$$a(1) = 2 \cdot 1 = 2$$

其次,假定式(10-2-25)和式(10-2-26)对于某一正整数 n 成立,我们来证明对于 $n+1$ 它们也是成立的。

由式(10-2-23)可知 $m(n+1) = 2m(n) + 2^n$。代入式(10-2-25),得到

$$m(n+1) = 2(Nn/2) + 2^n = 2(2^n n/2) + 2^n$$
$$= 2^n(n+1) = 2^{n+1}(n+1)/2$$

因此证得式(10-2-25)对于任意正整数都成立。

又,由式(10-2-24)有 $a(n+1) = 2a(n) + 2^{n+1}$。将式(10-2-26)代入后得到:

$$a(n+1) = 2Nn + 2^{n+1} = 2(2^n n) + 2^{n+1} = 2^{n+1}(n+1)$$

这样也证得式(10-2-26)对任意正整数都成立。

通过以上的证明,不仅可以使我们确信 FFT 的运算次数确实正比于 $N\log_2 N$(在计算几何学中,这个事实被记为 $O(N\log_2 N)$),而且由以上证明过程,已经给出了 FFT 的算法。

3. 逆变换的 FFT

可以用任何一种计算 Fourier 变换的方法来计算其逆变换。为了证明这一点,在式(10-2-10)中取函数的共轭,并在方程两边同时除以 N,这样得到

$$\frac{1}{N} f^*(x) = \frac{1}{N} \sum_{N=0}^{N-1} F^*(u) \exp(-2\pi j u x / N)$$

比较上式和式(10-2-9),可以看到上式右边就是函数 $F^*(u)$的 Fourier 变换,这样,如果用 FFT 来计算 $F^*(u)$,得到的结果便是 $f^*(x)/N$。取其共轭并乘以 N 后即可得到所需的 $f(x)$。

4. 二维 FFT 算法

二维 FFT 是以一维 FFT 为基础的。首先,我们可以把式(10-2-11)改写成下列形式:

$$F(u,v) = \frac{1}{MN} \sum_{x=0}^{M-1} \sum_{y=0}^{N-1} f(x,y) \exp[-2\pi j(ux/M + vy/N)]$$
$$= \frac{1}{M} \sum_{x=0}^{M-1} \exp(-2\pi j u x/M) \cdot \frac{1}{N} \sum_{y=0}^{N-1} f(x,y) \exp(-2\pi j v y/N)$$
$$= \frac{1}{M} \sum_{x=0}^{M-1} F(x,v) \exp(-2\pi j u x/M) \qquad (10\text{-}2\text{-}27)$$

其中,
$$F(x,v) = \frac{1}{N} \sum_{y=0}^{N-1} f(x,y) \exp(-2\pi j v y/N) \qquad (10\text{-}2\text{-}28)$$

以上两式中,$u = 0,1,2,\cdots,M-1; V = 0,1,2,\cdots,N-1$

式(10-2-27),式(10-2-28)可以看出,二维离散 Fourier 变换的计算可以用二个一维 Fourier 变换来计算。即,首先沿 $f(x,y)$的列方向求变换 $F(x,v)$,然后沿 $F(x,v)$的行方向求变换,即得到所要求的 $F(u,v)$。因此,若设 $M=2^m, N=2^n$(m,n 均为正整数),则可以用前述一维 FFT 来计算二维 Fourier 变换了。读者根据上述一维 FFT 算法及推导式(10-2-27)和式(10-2-28)不难自己得出二维 FFT 的具体算法。

10.3 图 象 解 析

本节介绍有关图象解析的两种技术:细线化技法和轮廓线追踪法。这两种技术在许多图象处理应用方面,如模式识别,点阵图形的矢量化等方面有着重要的作用。以下,就二值图象的情形分别介绍这两种技术。

10.3.1 细线化技术

所谓细线化,是指将图象上的文字、曲线、直线等几何元素的线条沿着其中心轴线将其细化成一个象素宽的线条的处理过程。图 10.3.1 是一幅文字图象的细线化前后的对照图。从图上可见,无论原图象上的线条是如何粗细不均匀,细线化的结果总使得线条在所有的地方保持一个象素宽。

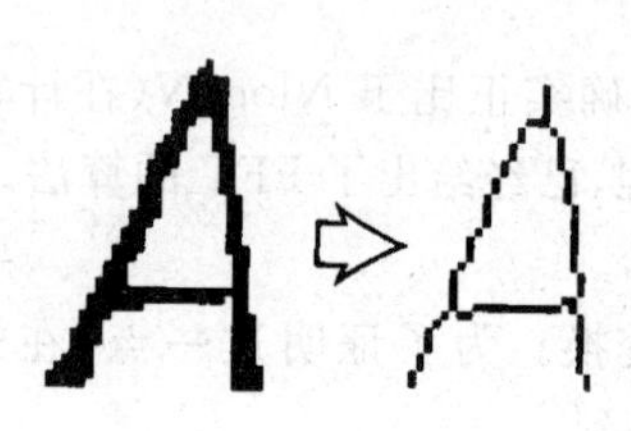

图 10.3.1 细线化处理

细线化是一种重要的图象解析处理方法,针对各种不同的处理对象有不同的处理方法。这里介绍其中的两种,一种是用模板进行处理的基本方法 Hilditch 法,一种是针对闭曲线的处理方法。

1. Hilditch 法

Hilditch 的细线化技法是用一个 3×3 的模板沿着图象的扫描方向移动,将图形边界的象素逐次削除,最后得到线宽为 1 的图形。使用的模板如图 10.3.2 所示,模板内的 9 个象素用 P_0 到 P_8 共 9 个符号标记。另外约定背景象素值为 0,图形部的象素值为 1。

Hilditch 法中使用下述从 A 到 G 共 7 个函数。

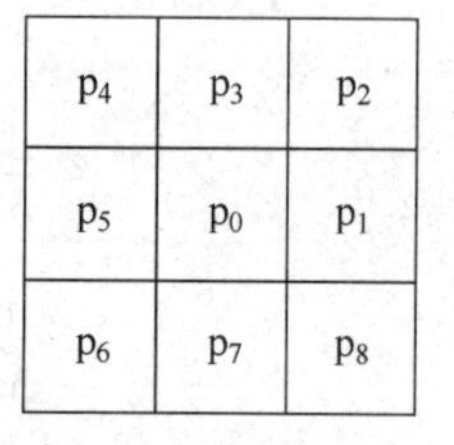

图 10.3.2 细线化处理模板

① $A(k)=1$,(P_k 为图形象素),$k=0\sim8$

　　$=0$,(P_k 为背景象素)

② $B(k)=1-|A(k)|$

③ $C(k)=1$,(若 $A(k)=1$)

　　$=0$,(若 $A(k)\neq1$)

④ $D(k)=1$,(若$|A(k)|=1$)

　　$=0$,(若$|A(k)|\neq1$)

$D(9)=D(1)$

⑤ $E(k)=1-|D(k)|\quad k=0\sim8$

⑥ $F=\sum\limits_{i=N1}\{E(i)-E(i)\times E(i+1)\times E(i+2)\}$, $N1=\{1,3,5,7\}$.

⑦ $G(k)=F^*$, $k=0\sim8$

F^* 是 $A(k)=0$ 时的 F。

使用以上 7 个函数,细线化处理如下所述。

[处理 1]

将模板(图 10.3.2)沿扫描方向移动,当下列 6 个条件全部满足时,中心象素值置为

-1，否则不作任何改变。

条件 1： $A(0)=1$（中心象素为图形部分）

条件 2： $\sum_{i=N2} B(2i-1)\geqslant 1$，$N2=\{1,2,3,4\}$.（中心象素为背景与图形的边界）

条件 3： $\sum_{i=N3} |A(2i-1)|\geqslant 2$，$N3=\{1,2,3,4,5,6,7,8\}$.（不削除端点）

条件 4： $\sum_{i=N3} C(i)\geqslant 1$.（保留孤立点）

条件 5： $F=1$.（保留连结性）

条件 6： $A(i)\neq -1$，或 $G(i)=1$，$i\in N3$.　（线宽为 2 的部分只削除其一侧）

以上处理针对全部象素逐个进行。

[**处理 2**]

在[处理 1]结束后，将已赋成-1的象素全部置为 0，再次实行[处理 1]。如此反复直至[处理 1]的结果不再有-1的象素出现。处理结束。

以上细线化处理的具体例子如图 10.3.3 所示。图中(a)为原图象，(b)中记上 X 标记的象素为将要削除的象素，(c)为处理结果图象。

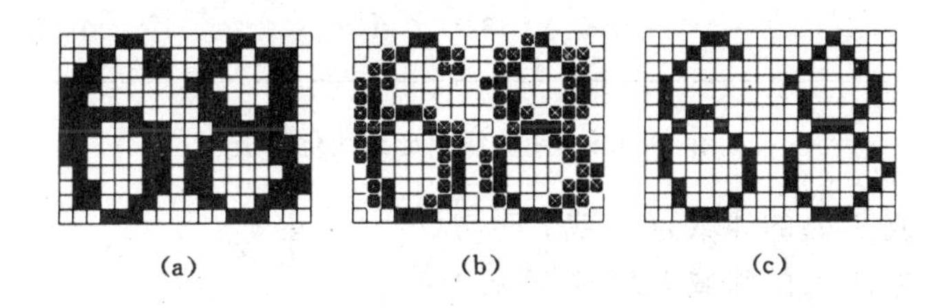

(a)　　(b)　　(c)

图 10.3.3　Hilditch 细线化实例

Hilditch 法并非十分完善的细线化技法，对于某些图象，其细线化的结果不一定尽如人意。图 10.3.4 是一个这样的例子。对于图中(a)这样的原图象，我们当然希望得到如(c)所示的结果。但是，Hilditch 法的处理结果却是(b)，两线段的交点处未被正确处理。要得到(c)的结果，需预先确定线段交点等，需要做一些更加复杂的解析处理。

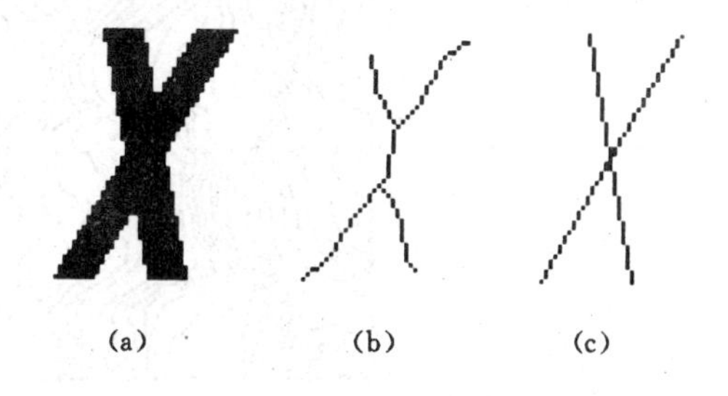

(a)　　(b)　　(c)

图 10.3.4　另一种细线化结果

2. 闭曲线的细线化

Hilditch 法对于任何图形，当然也包括闭曲线都能处理。但是在获得最终结果前，需要对图象进行反复数次的同样处理，需要的处理时间很长。这里介绍一种仅限于闭曲线图形的高速细线化处理方法。

本法中同样使用 3×3 模板，但这里使用的是若干种定式化的模板(见图 10.3.5)。沿图象扫描方向搜索，将当前象素周围 3×3 领域内的象素与定式化模板进行比较、处理。这里约定将原图象的背景象素值定为 0，图形象素值定为 3。

图 10.3.5 有 K,I,L,E_2,P,E_3,U 等 7 种模板。各模板中 X 符号代表数值 2 或 3。

以当前象素为中心的 3×3 领域称之为当前象素的邻域，当前象素值以 a_{ij}表示，处理结果给当前象素赋的新值记为 $f(a_{ij})$。$f(a_{ij})$由下列条件式决定。

```
   X0X XX0 XX0 X0X 0X0 X0X 0X0 XX0 XX0 X0X
 K:X30 030 030 030 X30 030 X3X X30 030 X30
   000 0X0 00X 00X 00X 0X0 000 00X 0XX 00X

   0XX X0X XX0 XXX XXX XXX XXX XXX XXX XXX
   X30 030 03X 030 030 X30 030 030 03X 030
   00X X0X X0X 00X 0X0 00X 0XX X0X X0X XXX

   0X0 XX0 XXX XX0 XXX XXX
 I:X3X X3X X3X X3X X3X X3X
   0X0 0X0 0X0 0XX 0XX XXX

   X0X 0X0 0X0 X00
 L:030 030 030 030
   000 00X 0X0 00X

   020 200      000      030 300
E2:030 030    P:030   E3:030 030
   000 000      000      000 000

   X00 0X0 XX0 XXX 0XX 0X0 XXX XX0 XXX XX0
 U:030 X30 X30 030 X30 X3X X30 X3X X3X 03X
   000 000 000 000 000 000 000 000 000 00X

   0X0 XXX XXX XX0 0X0 XXX XXX XXX
   X3X 03X X30 X3X X3X X3X X30 X3X
   00X 00X 0X0 00X X0X 00X 0XX X0X

             X∈{2.3}
```

图 10.3.5　闭曲线图形细线化模板

① 若 $a_{ij} \neq 3$,或者 a_{ij} 的邻域为 K 或 I 时,$f(a_{ij}) = a_{ij}$;

② 若 $a_{ij}=3$,并且 a_{ij} 的邻域为 L 时,$f(a_{ij})=2$;

③ 若 $a_{ij}=3$,并且 a_{ij} 的邻域为 E_2 或 P 时,$f(a_{ij})=1$;

④ 若 $a_{ij}=3$,并且 a_{ij} 的邻域为 E_3 或 U 时,$f(a_{ij})=0$。

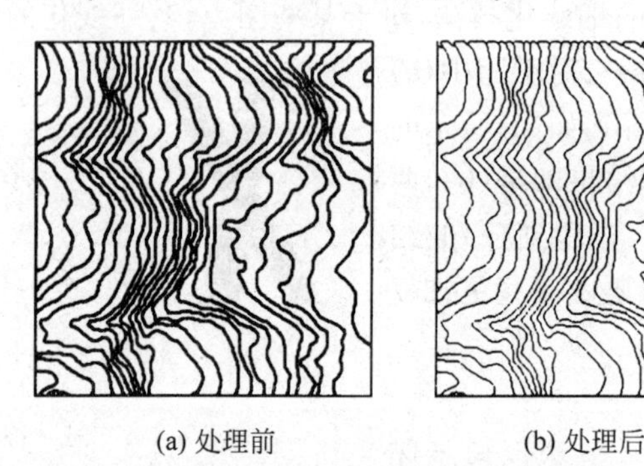

(a) 处理前　　(b) 处理后

图 10.3.6　闭曲线的细线化实例

以上处理按图象扫描方向逐个象素进行完毕后,各象素上的值将是 0～3 中的某个值。此时的象素值具有以下意义。

0:background:　　背景象素

1:endpoint:　　有 1 个以下的相邻图形象素

2:linepoint:　　两侧各有 1 个相邻的图形象素

3:nodepoint.　　有 3 个以上的相邻图形象素

这个方法只需要一次处理,因而能实现高速细线化。但它只适合于闭曲线图形。若应用此法于开曲线图象，将导致错误的细线化结果。

图 10.3.6 是用此法进行高速处理的例子。

10.3.2 轮廓线追踪

轮廓线追踪是点阵图形的矢量化，以及模式识别等领域中常用的一种手法，其目的是沿着图形的等色区域的边界搜索，将搜索到的边界线(轮廓线)上的点记录在点列中，其结果，一个点列就表示一条轮廓线。这里仍使用 3×3 的模板，约定背景部象素为黑色，图形象素为白色。

首先，沿图象扫描方向搜索，检查象素为白还是黑。把最先检出的白象素作为轮廓线追踪的起点。这个起点象素居于全画面中白象素中的最上、最左边的位置。设该象素为 P_1。

其次，考虑一个以 P_1 为中心的 3×3 模板。将模板内各象素按图 10.3.7 所示标记序号 1～8，从序号为 1 的象素开始按顺序检查各象素是否是白象素，把最初遇到的白象素设为 P_2。如果从 1 到 8 全是黑象素，则 P_1 为孤立点，中止追踪。

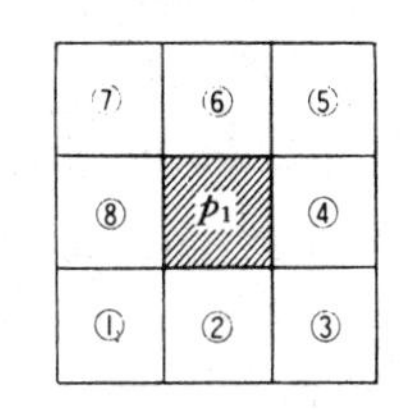

图 10.3.7 轮廓线追踪用模板

假定已经检出 P_n，将 P_n 作为模板中心象素，按同样的方法搜索 P_{n+1}。如果搜索的结果 $P_n=P_1$，$P_{n+1}=P_2$，则表明 $P_1, P_2, \cdots, P_{n-1}$ 已经形成一个闭环，中止本条轮廓线的追踪。点列 $P_1, P_2, \cdots, P_{n-1}$ 即是我们要找的一条轮廓线。然后，把搜索起始点移至图象的别处，继续进行下一个图形轮廓的搜索。这时应注意新的搜索起点一定要在已经得到的轮廓线所围的区域之外，这样方能保证两次搜索到的轮廓线不是相同的。轮廓线追踪的例子参见图 10.3.8。

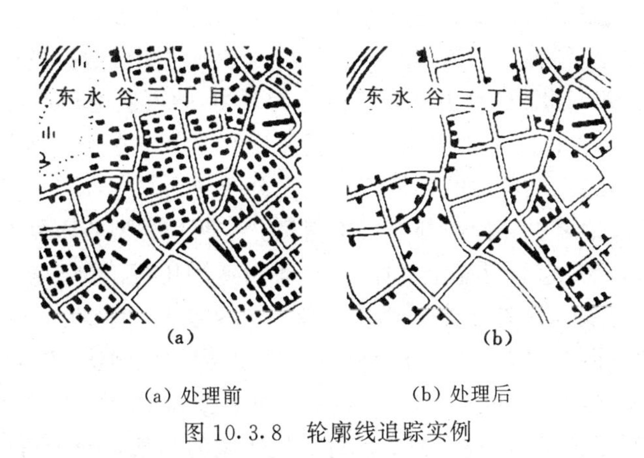

(a) 处理前　　　(b) 处理后

图 10.3.8 轮廓线追踪实例

为了记录轮廓追踪后得到的轮廓线点列数据，Freeman 的链符法(Chain Code)很有实用价值。Chain Code 是用图 10.3.9 所示 8 个方向代码来记录曲线上象素的连接方向的一种方法。这种链式记录法取代了逐点记录象素坐标的方法，可大幅度地减少数据存储空间。假定有如图 10.3.10 所示的曲线。从点 A 到点 B 沿曲线延伸方向用 Chain Code 表现即得 66077001。把这 8 个代码边同 A 点的 x，y 坐标一起记录下来，就可以完整，准确地再现这条曲线。

我们来看看用 Chain Code 法能比通常的坐标记录法少用多少数据量。这里，假定曲线

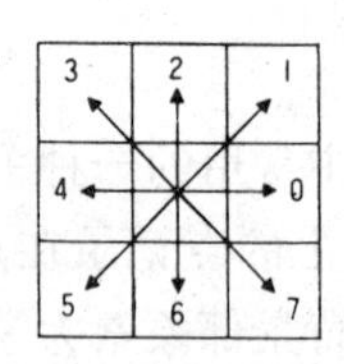

图 10.3.9 Chain Code 的 8 个方向代码

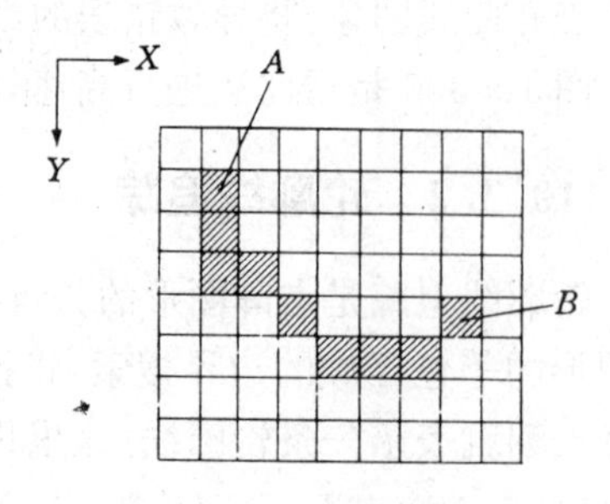

图 10.3.10 链式记录法实例

上所有的象素点数为 N。

用坐标记录法时，设 x,y 坐标分别用 2 个字节记述，总数据 Sxy 为

$$Sxy = (2+2)N = 4N(\text{byte}) = 32N(\text{bit})$$

用 Chain Code 记录时，开始点的坐标 x,y 分别用 2 字节记录，余下各点由从 0 到 7 的 8 个方向符表示，因此每个点只需用 3 bit 表示。此时总数据量 Sf 为：

$$Sf = (2+2)\times 8 + (N-1)\times 3 = 3N + 29$$

数据的压缩比 $Sxy/Sf = 32N/(3N+29)$ 很明显随 N 的增加而增大，其极限值为 10.67 倍。

10.4 图象数据压缩

如前所述，记录图象所需的数据量是十分庞大的，这对于图象的存储，传送及处理都是不便的。为了减少数据存储量，节约传送，处理时间，必须对图象数据进行压缩。现在，已经有各种各样的压缩方案问世。这些方案可大致分为两类，即可逆型和不可逆型。所谓可逆型是指图象数据经压缩后可以完全地得到复原，复原后的图象与原图象别无二致。不可逆型的压缩方法则不是这样，经它处理后的数据不再能完全恢复到原样，即它虽然能基本保持原图象的特征，但不可避免地要丢弃掉一部分图象信息。这两种类型的压缩方案各有所长，可逆型压缩法的特点不用说是它的可完全复原性；而不可逆型压缩法则一般可以取得更大的压缩比值。实用中可以根据实际需要来选择这两种不同的方法。例如，为了高速度地传送图象(如通过电话线传输通话人的影像)，一般都选择不可逆型的压缩法，因为压缩后的图象一般还能满足视觉上的要求，重要的是它使得传送的数据量大幅度的减少，从而能够降低费用。

本节中我们介绍三种压缩法，一种是针对二值图象的步长(run length)符号法，一种是针对多灰度图象的差值法(differential encoding)。这两种方法都是可逆型的。另外一种称为块域符号法(block encoding)，这是针对多灰度图象的不可逆型压缩法。

10.4.1 步长法

步长(run length)法是一种基本的压缩符号化方式。它是沿扫描线搜索，把连续的黑象素或白象素的个数(步长)作为图象数据记录下来，以取代逐点记录象素值的方法。

二值图象中，白象素的步长和黑象素的步长一定交替出现，所以在压缩数据中只需记录步长值，和第一个步长的黑、白属性，而不需记录每个步长的黑、白属性，就能够完全复原原图象。

设某条扫描线上的象素分布如图 10.4.1 所示，如果将各步长值用二进制数表示并直接连接起来，得到 10111011。直接使用这个符号串会不知道各步长应在何处分断，因而无法还原各步长的值。为了解决这个问题，可以利用 Wyle 的符号化方法。

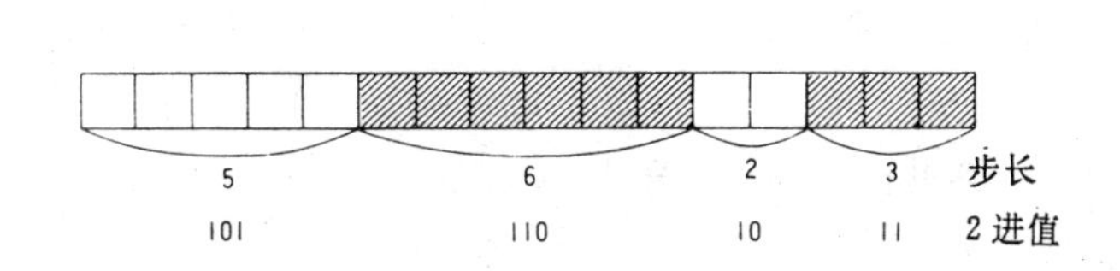

图 10.4.1　步长符号化

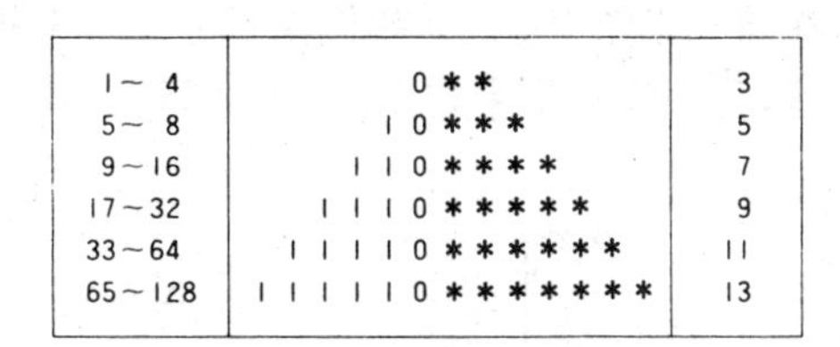

1～4	0 * *	3
5～8	1 0 * * *	5
9～16	1 1 0 * * * *	7
17～32	1 1 1 0 * * * * *	9
33～64	1 1 1 1 0 * * * * * *	11
65～128	1 1 1 1 1 0 * * * * * * *	13

图 10.4.2　Wyle 符号化

Wyle 的符号是这样定义的。设步长为 n，把 $n-1$ 用二进制数表示时的位数减去 1 的值作为步长的符号长数据加在步长符号前，即可。如图 10.4.2 所示，图中符号 * 的位置上放入 $n-1$ 的二进制数，* 前面紧接一个 0，然后根据步长值再在前面加上相当个数的 1。这些 0 和 1 的位数之和再加 1 的值，表示了该组符号内步长 n(减去 1)的二进制数位长。这样，步长加 Wyle 符号形成了一个完整的压缩代码。

如图 10.4.3，步长分别为 4,1,3,2,8 的场合，先求 $n-1$，然后得到它的二进制数，最后根据图 10.4.2 的方法得到各自的 Wyle 符号。把这些 Wyle 符号连在一起得到 01100001000110111。从这串符号中，我们可以准确地还原每个步长值。

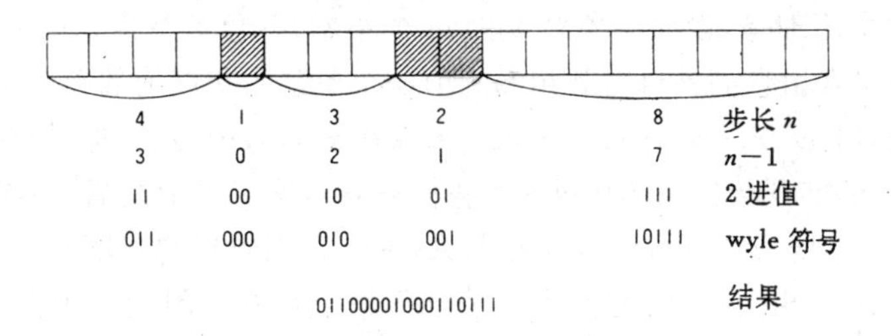

图 10.4.3　Wyle 符号化实例

从 Wyle 符号串还原步长的要领是，从符号串左端开始往右搜索，遇到第一个 0 时停下来，计算这个 0 的前面有几个 1。设 1 的个数为 K，则在 0 的后面读 $K+2$ 个符号，这 $K+2$ 个符号所表示的二进数加上 1 的值就是第 1 个步长的值。然后紧接着这组符号后面继续上述过程，即可逐个恢复每个步长。

以图 10.4.3 的符号化结果 01100001000110111 为例。这串符号的最左端是 0，0 的前面没有 1，故应在 0 的后面读 0+2=2 位，得 11，它的二进制数的值为十进制数的 3，加上 1 等于 4，故第一个步长为 4。其次，从第 4 位开始，第 4 位也是 0，故在其后读二位得 00，可知其步长应为 0+1=1。再其次，从第 7 位读起，其初值也为 0，它后面的 2 位为 10，因此得第 3 个步长为 2+1=3。第 10 位还是 0，它后面两位是 01，故第 4 个步长是 1+1=2。第 13 位是 1，第 14 位是 0，0 的前面有一个 1，所以应在 0 后读 1+2=3 位，得 111，所以第 5 个步长是 7+1=8。这样，就完全地还原了原来的 5 个步长 4,1,3,2,8。

10.4.2 差值法

差值法是针对多值图象的一种可逆型压缩方法。这里，我们借助于对几幅实际图象的分析来介绍差值法的原理与实际应用。

图 10.4.4 是 4 幅遥感卫星图象的灰度直方图，为了易于比较，它们用不同的符号表示在同一张图上。这 4 幅图象都是 128 灰度级的。其中有 3 幅图象的灰度值集中在 16～48 之间，另一幅则集中在 48～64 之间。

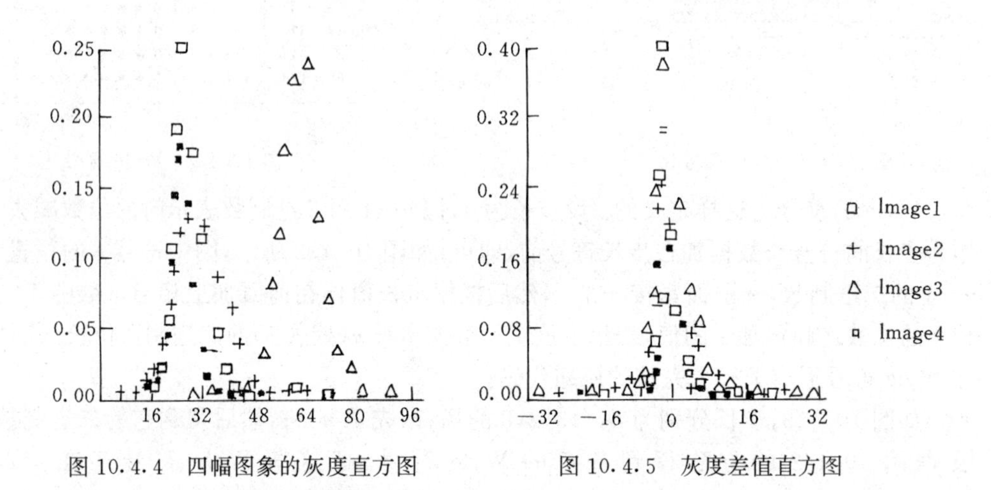

图 10.4.4 四幅图象的灰度直方图
纵轴为相对频度

图 10.4.5 灰度差值直方图

所谓差值法的原理是，设原图象宽度为 m 个象素，各象素灰度值为 $x_1, x_2, \cdots, x_m$，我们把第 2 个以后的象素用它们各自与其相邻的前一个象素的灰度值的差值来取代它原来的灰度值。这就是说，用 $x_1, x_2-x_1, \cdots, x_m-x_{m-1}$ 来取代 $x_1, x_2, \cdots, x_m$。但是，这样做究竟有什么好处呢，这样做能够实现数据量的压缩码？我们来看看取了差值之后，各图象的灰度直方图（参见图 10.4.5）。很容易发现，所有 4 幅图象（尽管它们原来的灰度直方图各不相同）的灰度直方图现在都具有相同特性：它们都几乎全部集中在 0 值附近一个很小的范围，大约在 −8到 +8 之间。

我们可以建立一个 16 个代码的符号串，令这 16 个代码分别为 $C_1, C_2, \cdots, C_{16}$，并用自然码来表示它们：$C_1=0000, C_2=0001, \cdots, C_{16}=1111$。我们用其中的 14 个代码 $C_2, C_3, \cdots, C_{15}$ 来分别表示 −7，−6，…，−1，0，+1，…，+6 这 14 个值，而用 C_1 来指示小于 −7 的值，用 C_{16} 指示大于 +6 的值。

任意一个从 −127 到 +127 的差值都能用 1 个或多于 1 个的上述代码来表示。如果差值 x_i-x_{i-1} 落在 −7 到 +6 的区间，我们可以用 14 个代码中相应的一个来表示，如 −7 用 C_2，−6用 C_3，等等（参见图 10.4.6）。如果差值 x_i-x_{i-1} 落在大于 +6 的区间中时，我们首先使用增值代码 C_{16}，然后把所有代码增值 14 个单位，因此现在每个代码所表示的差值分别变成 +7，+8，…，+20（参见图 10.4.7）。因此，每一个落在区间[+7，+20]中的差值可用两个代码，即 C_{16} 与 C_2 到 C_{15} 之中的某个代码来表示。例如 +8 可用 $C_{16}C_3$ 表示。如果差值大于 +20，我们可以再一次使用增值代码 C_{16}，而使各代码所表示的值再一次升值 14 个单位，变成 +21，+22，…，+34。这时，每个落在区间[+21，+34]中的差值用 2 个增值代码 C_{16} 和 1 个相应的差值码来表示。例如+22这个值可用 $C_{16}C_{16}C_3$ 表示。如此类推，对于大于+34的差值，我们还可以通过增加 C_{16} 代码的方法使差值码 $C_2,C_3,\cdots,C_{15}$ 升值的方法来表示该值。

图 10.4.6　灰度差值代码

图 10.4.7　经过一次升值后的灰度差值代码

对于小于−7的差值，我们可以采用完全类似的方法来表示。不过这时我们是用减值码 C_1 来给各差值码降值14个单位。例如，−23这个值将用三个代码 $C_1C_1C_{14}$ 来表示。

如上所述，如果我们使用自然码 $C_1=0000,C_2=0001,\cdots,C_{16}=1111$，则由图10.4.5可知，绝大多数的差值都能由4个bit(位)表示，因为这些点都落在区间[−7，+6]中，只需用一个差值码就能表示。有很小一部分需用2个代码(一个增值码或减值码加上一个差值码)共8个bit(位)来表示。还有极少一部分则需要12或更多个bit(位)表示。经计算，本例中的4幅图象中平均每个象素需用4.3个bit(位)表示。而如果用通常的方法记录这些128灰度级的图象，每个象素需用7个bit(位)表示。因此，本例的压缩比是7/4.3=1.63。

从压缩后的数据复原图象是很容易的。设原图象中某一行的数据为 $x_1,x_2,\cdots,x_m$，压缩后的数据为 $Y_1,Y_2,\cdots,Y_m$，则复原计算为 $x_1=y_1,x_2=x_1+y_2,\cdots,x_m=x_{m-1}+y_m$。但需要注意的是，$Y_i$ 是4bit值。如果读到的 Y_i 是 C_2 到 C_{15} 之间的某个值，则直接按上述方法复原象素值。如果 $Y_i=C_1$，则需要再读后面的4bit值，如果该值还是 C_1，还要再读一个4bit值，直到读到的值是 C_2 到 C_{15} 之间的某个值 C。设此前读到的 C_1 的次数为 K，这时的 Y_i 应是将 C 降值 K 次后所得的值，即 $Y_i=C-K*14$。同样，如果 $Y_i=C_{16}$，需再读其后的4bit，直到读到的值 C 是 C_2 到 C_{15} 之间的某个值。这时 Y_i 应是将 C 升值 K (K 为连接在 C 前的 C_{16} 的个数)次后的值，即 $Y_i=C+K*14$。

10.4.3　块域符号法(block encoding)

块域符号法的基本原理是将图象分割成许多小块，将每块领域内各个象素的平均值作为该块的代表值，从而实现数据的压缩。例如，我们可以将图象按每两行、每两列进行分割，形成排列整齐的2×2小方格，然后用每个小方格中的4个象素的平均值作为该方格的代表值。显然，这样一来，压缩比就是4了。图象复原时，每读出一个数据，就用这个值填充方格中的4个象素。毫无疑问，经这种方法压缩后的图象，一般不能忠实复原图象，通常的结果是使得图象的轮廓处发生某种程度的模糊，当然，我们还可以将小方格扩大到3×3，4×4，等等，以取得更大的压缩比，但同时，图象也将发生更严重的模糊。这是一种最简单的块域符号法。

我们可以对此法进行一些扩展，以期取得较好的结果。也就是说既要使压缩比较大，又要使得图象的失真度较小。

设图象为 256 灰度级，按上述方法将图象分割成若干个域，使每个块域的大小为 4×4。对任意一个块域内的象素求平均值 av、最小值 min、最大值 max、以及最大值与最小值之差 dif＝max－min。

设定一个阈值 thval （0＜thval＜64），根据 dif 和 thval 值用下列 4 种方式进行符号压缩。

若 0＜dif≤thval，　　　　　　采用方式 1

若 thval＜dif≤2×thval，　　　采用方式 2

若 2×thval ≤4×thval，　　　　采用方式 3

若 4×thval ＜ dif≤255，　　　采用方式 4

［方式 1］

如果方格内的各象素值没有很大的起伏，可以用各象素的平均值 av 来代表该块域。压缩符号用一个表示该方式的代码 1 和平均值 av 共 2 字节表示：

1，av

［方式 2］

方式 2 所对应的块域内象素值的起伏较大，可将全部 16 个象素以平均值 av 为界，分成 2 个层次，即小于或等于 av 的象素为第一层，大于 av 的象素为第二层，然后分别求第一层的平均值 av2[1]和第二层的平均值 av2[2]，用 av2[1]代表第一层，用 av2[2]代表第二层。但是要从符号到复原图象，光靠 av2[1]和 av2[2]是不行的，还必须知道块域中的第一层和第二层中的象素分布情况。为此，将块域中象素的分布按下述方法用 2 字节的数字描述。

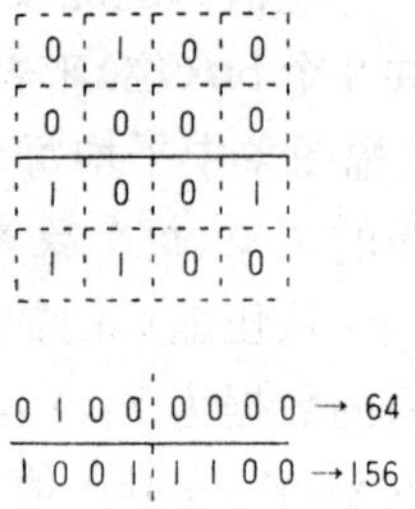

首先，某象素若属于第一层，在该点位置处置 1；若属于第二层则置 0，如图 10.4.8 中所示。

0	1	0	0
0	0	0	0
1	0	0	1
1	1	0	0

0100 0000 → 64

1001 1100 → 156

图 10.4.8　块域

其次，将块域中上 2 行和下 2 行分别排成 8 位一排，各形成 1 个字节的数字。设这两个数字分别为 A_1，A_2（图 10.4.8 中，$A_1=64$，$A_2=156$），方式 2 的块域可用下列 5 个字节的符号列表示：

2，av2[1]，A_1，A_2，av2[2]

这个符号串具有下列意义：第 1 个数值 2，表示该符号串为方式 2 的压缩符号，av2[1]和 av2[2]分别为第一、第二层的灰度值；而第一、第二层则由 A_1，A_2 两个值（二进数）中的 0，1 位图而定，数码 1 的位图是第一层，数码 0 的位图是第二层。

［方式 3］

方式 3 所对应的块域内的象素值起伏比方式 2 的情况更大。因此将块域分为四个层次。

第一层：灰度值小于等于 av2[1]的象素；

第二层：灰度值大于 av2[1]，小于等于 av 的象素；

第三层：灰度值大于 av，小于等于 av2[2]的象素；

第四层：灰度值大于 av2[2]的象素。

分别求这四个层次的平均值 av4[1]，av4[2]，av4[3]，av4[4]，将它们分别作为这四个层的灰度值。同样，为了分清楚各个层在块域内的分布情况，与方式 2 的情形相同，我们分别给第一、第二和第三层各用两个字节的数字来进行描述，数字(二进制数)中的 1 的位图描述了该层的分布情况。无需专门对第四层进行描述，因为块域中除开第一、第二和第三层外，剩下的位置分布即是第四层了。

若将表示第一、第二和第三层的象素分布的数字分别用 B_1,B_2,C_1,C_2,D_1,D_2 表示，方式 3 的压缩符号串由下列 11 字节组成：

$$3,\mathrm{av4}[1],\ B_1,\ B_2,\ \mathrm{av4}[2],\ C_1,\ C_2,\ \mathrm{av4}[3],\ D_1,\ D_2,\ \mathrm{av4}[4]$$

其中，第 1 个数字 3 表示第 3 种压缩方式；第 2 个数字是第一层的灰度值，第 3、第 4 个数字定义第一层的象素分布；类似地，第 5 到第 7 个数字定义了第二层的灰度值与象素分布；第 8 到第 10 个数字定义了第三层的灰度值与象素分布；最后一个数字定义第四层的灰度值，第四层的象素分布如前所述不需专门定义。

[**方式 4**]

方式 4 对应的块域象素值的起伏最大，此时已没有必要再对块域分层了，直接将块域内的 16 个象素值按扫描线方向顺序地排列，并在最前面加上方式号码 4。因此，方式 4 的符号串是下列 17 个字节：

$$4,\ f(1),\ f(2),\ f(3),\cdots,\ f(16)$$

其中，$f(i)$表示第 i 个象素的灰度值。

用本方法压缩图象数据时，若对应于方式 1、方式 2 的块域较多，可以获得较大的压缩比。假定方式 4 的块域占大多数时，会显示不出压缩效果。另外，也可通过调整阈值 thval 的大小来控制压缩比。thval 取值越大，方式 1 的块域会越多，压缩比将增大，但图象的失真度也将增大。反之，缩小 thval 值会使方式 4 的块域增多，因而能较忠实地复原图象。

10.5 图象识别

图象识别现在已经成了多种技术领域中广泛应用的图象处理手法。例如，信件上邮政编码的自动读取、各种文字识别系统、工厂中用摄像机检查零部件的缺陷，以及许许多多其他类似的应用中，图象识别是其中最基础，最重要的技术。

图象识别的基本原理是将输入的图形模式与事先准备好的大量的标准模式进行对比，确定输入模式与哪一个标准模式一致，然后把这个标准模式所代表的对象作为识别结果输出。

为了对两个图象模式进行比较，有必要简化它们使得能用数学方式来近似地加以描述。

各种不同的图象模式(如文字等)都有各自不同的特征，经过分析研究，人们发现可以用一些特定的量来描述这些特征。这些特定量就称之为特征量。图形模式经特征量描述后就被抽象成一个特征值，因此各种不同的图形模式就能在一个统一的特征值空间中进行比较而不需顾及它们千姿百态的几何形状。

特征量的选定方法也是多种多样。图 10.5.1 显示的是所谓狭缝法，它用几条竖线把图形平面分成几条等宽的窄条，然后以每个狭缝切出的图形的波形作为特征量。图 10.5.2 的方法则是在图形平面上作几条直线，把图形与各条直线的交点数作为特征量。我们需要根据不同的认识对象和认识目的来选择合适的特征量。

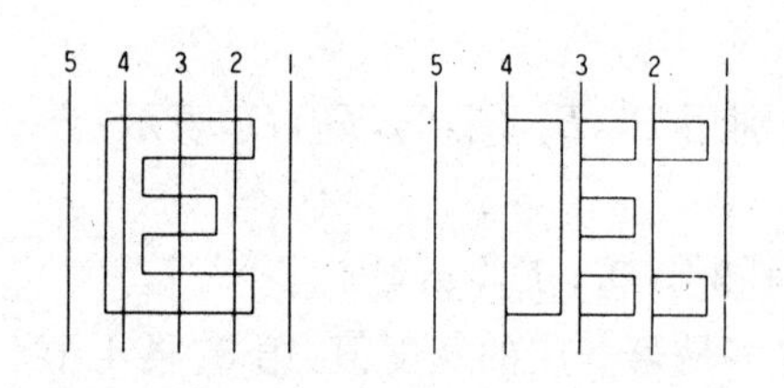

图 10.5.1　狭缝法求文字特征

图 10.5.2　特征线与文字笔划的交点作为输入文字的特征

一旦选定了特征量，就需要对予先准备好的许多标准图象模式进行特征抽取，并将其结果保存下来。然后，对于任意一个输入的图象模式，我们可以用相同法对其抽取特征量 I_1，I_2，…，I_n，把这些特征量逐一与各个标准模式的特征量计算求取所谓相似距离值 D，假设与第 i 个标准模式的相似距离值 Di 是所有求得的距离值 D 中最小的一个，那么我们就说输入模式最接近于第 i 个标准模式。这样，作为图象识别的结果，我们说输入模式就是第 i 个标准模式所代表的图形。

相似距离 D 是这样计算的。设输入图形模式的特征量为 $I_1,I_2,\cdots,I_n$，某个标准模式的特征量是 $M_1,M_2,\cdots,M_n$，则输入模式与该标准模式的相似距离 D 由下式计算。

$$D = \left\{ \sum_{i=1}^{n} (M_i - I_i)^2 \right\}^{1/2} \tag{10-5-1}$$

下面介绍两种实用的文字图象识别方法。

10.5.1　手写文字的识别

作为一种实用的手写文字图象的识别方法，为了提高识别精度，有必要选取较多的特征量。本法使用的特征量如图 10.5.3 所示，为图象平面上纵、横、斜交差的 12 条直线。这 12 条直线分别标记上 1～12 的序号。当图象平面上输入一个手写文字时，计算文字的各个笔划与各条直线的相交次数，把它们作为该文字的特征量。设特征量为 C，$C=\{C_i \mid i=1,2,\cdots,12\}$ 中各个分量的值表示相应序号的特征直线与各笔划的相交次数。这种文字识别方法对于各种文字，包括中文、英文、日文、数字等等都适用。当然，要能够用本法来识别某种文字，其先决条件是必须准备该种文字的标准模式，因为没有文字的标准模式，识别是无从谈起的。

如图 10.5.4，当图象平面中输入一个手写“A”字后，它的各个笔划与 12 条特征直线的交点分别为：

$$C_i = 1, C_2 = 2, C_3 = 2, C_4 = 2, C_5 = 2, C_6 = 2$$

$$C_7 = 3, C_8 = 3, C_9 = 0, C_{10} = 1, C_{11} = 2, C_{12} = 1$$

因此该手写文字的特征量是 $C(A)=\{1,2,2,2,2,2,2,3,3,0,1,2,1\}$. 我们把 $C(A)$ 定义成“A”的标准模式特征量。

但是，单靠一次手写输入来定义标准模式特征量是不行的，因为它所具有的代表性很差。通常的作法是，由不同的书写者反复输入多次，求其平均值来作为“A”这个手写字的标准模式特征量。即 $C=\{\overline{C}_1,\overline{C}_2,\cdots,\overline{C}_{12}\}$，其中

$$\overline{C}_i = \frac{1}{M}\sum_{j=1}^{M} C_{i,j} \qquad (i = 1,2,\cdots,12)$$

式中,M 是该手写文字输入的总次数。

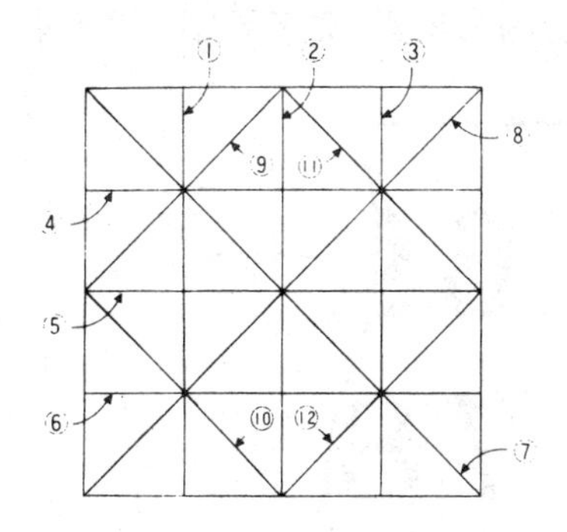

图 10.5.3 常用的特征线

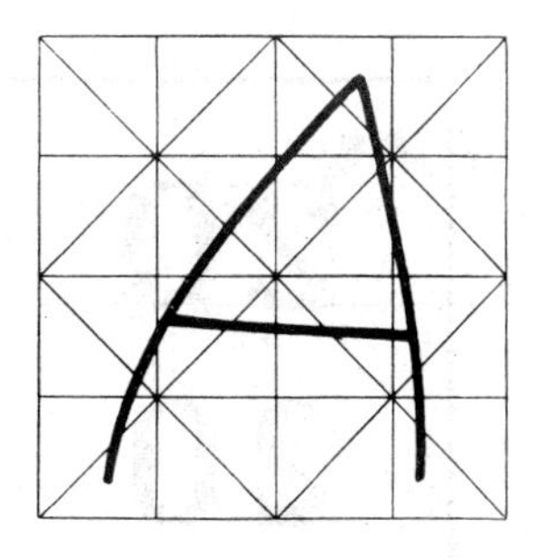

图 10.5.4 在特征平面上输入手写体文字

这样作出的标准模式会更具有代表性,因而能够提高文字的识别能力。一般地,M 值越大(输入的次数越多),标准模式所能提供的识别能力会越大。如果我们用这种方法作出从 A 到 Z 这 26 个英文字母的大写和小写字母的标准模式特征量,我们就能利用它们来识别任何一个手写的英文字母了。识别的方法还是利用前述的相似距离的概念。分别计算输入模式与各个标准模式之间的相似距离 D_i,然后在 D_i 中找出最小值 $D_{\min}$,就把 $D_{\min}$对应的标准模式所代表的字母作为识别结果输出。

设输入模式的特征量为 $C' = \{x_1, x_2, \cdots, x_{12}\}$,某个标准模式的特征量为 $C = \{Y_1, Y_2, \cdots, Y_{12}\}$,为了提高计算速度和精度,我们用下式计算相似距离:

$$D_{xy} = \sum_{i=1}^{12} w_i * |x_1 - y_1| \qquad (10\text{-}5\text{-}2)$$

其中 w_i 为各条特征直线的权。根据每条特征直线所处位置的重要性赋给各条特征直线不同的权值。例如在图 10.5.3 中处于中心的两条纵、横直线(竖线 2 和横线 5)应该有最大的权值,而 9,10,11,12 等四条直线可取最小的权值。究竟应赋给各个权以多大的绝对值为宜?回答是不确定的。因为对于权值来讲,有意义的是它们之间的相对大小,而不是每个权值的绝对大小。也就是说,把最大权值定为 10,最小权值定为 1;和把最大权值定为 2,最小权值定为 0.2,这两者并没有实质上的区别。

在一般的实用手写体识别系统中,都具备所谓学习功能。这个学习功能实际上就是将标准模式的生成过程延续到每一次的实际识别过程,以期不断提高识别率的一种强化识别功能的方式。这就是说,假定某一次的识别结果正确,把这个被识别的文字模式的特征量加入到该文字的标准模式特征量中去(按前述求平均的方法);假定某一次的识别结果不正确,则通过交互的方法要求操作者用键盘输入正确的答案,而把这一次被识别的文字模式的特征量加到正确答案的标准模式特征量中去。这样,就使得每一次的实际识别过程都成了标准模式的生成过程。通过这种不断的累积,可以使得识别系统的正确识别率不断得到提高。

10.5.2 印刷体文字识别

印刷体文字图象一般指事务文书、技术档案等用扫描仪输入到计算机里的文字图象,或用传真进行传送的文书图象。要从文书图象中识别逐个的文字，首先需要从图象中把每个文字图象部分进行分离、抽出。印刷体文书中的每个文字都有一定的大小，文字在图象中的排列也有规律，因此有可能实现自动的文字分离。

文字分离的方法如下所述。这里，约定图象背景部分为白象素，文字部分为黑象素。

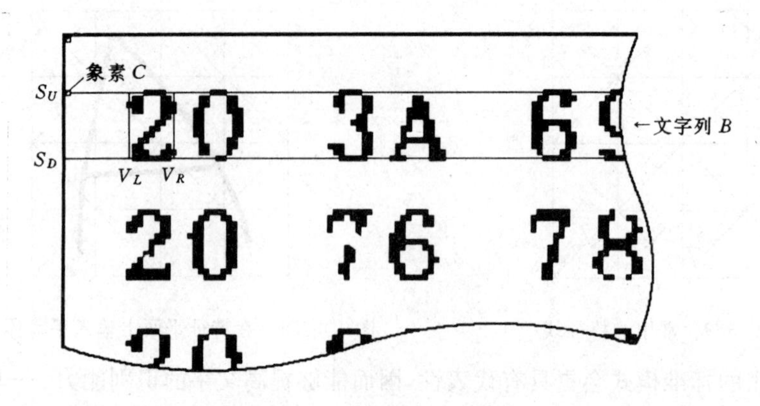

图 10.5.5　印刷体文字的分离

首先，如图 10.5.5，从上至下逐行观察行中是否含有黑象素，把第一条含黑象素的行设为 S_U，S_U 是文字列上侧的水平线。接下来会连续有若干行都含有黑象素，当首次遇到全白象素行时将此行的上一行设为文字列的下侧水平线 S_D。依此法继续向下寻找，抽出所有的文字列。

接着，需要从已抽出的文字列中将文字一个一个地分离出来。如图 10.5.5 所示，设待处理的为文字列 B，我们从它最左上角象素 C 开始向右，一个象素一个象素地检查通过该象素，并夹在两条水平线 S_U 和 S_D 之间的垂直线段上是否有黑象素。把最初遇到的有黑象素的垂直线段 V_L 作为某个文字的左侧线，接下来会有连续若干列都含黑象素，等遇到某列象素中全为白象素时，将其左侧的垂线 V_R 作为该文字的右侧线。用同法向右搜索，将行中所有的文字都分离开。然后向下，把每行文字列中的文字都分离开。

通过以上处理，每个文字都包含在一个由四条直线 S_U，S_D，V_L，V_R 围成的矩形图象部分，我们将这一个个图象部分拿来和标准文字图象进行比较，以“识别”出该图象部分中所含的文字。

输入的印刷体文字图象与标准文字图象之间的比较通常用重叠法进行。即把输入图象与各个标准图象分别重叠起来，观察两者的重合度有多大。具体的算法就是对这两个图象求逻辑与(and)，当且仅当同一坐标点处的象素都为黑象素时结果才为黑象素，否则为白象素（见图 10.5.6）。然后计算求与结果的图象中黑象素的个数 N，N 越接近图象中的黑象素个数时，输入图象的文字等于该标准图象文字的概率就越高。

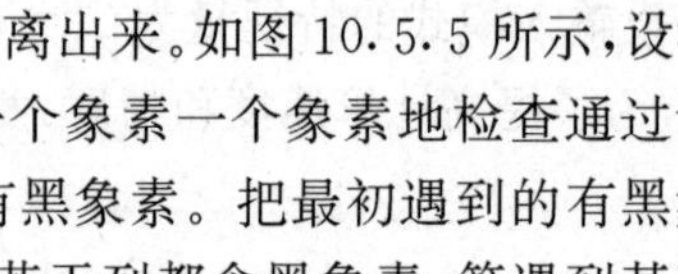

毫无疑问，输入文字只能与相同字体、相同字型大小的标准文字图象进行比较，否则是没有意义的。

另外需要注意的是，笔划较多的输入文字与笔划较少的标准文字进行重叠比较时容易发生误识别。例如，输入文字为“玉”字，标准文字为“三”字时，重叠求

(a)　(b)　(c)

图 10.5.6　文字的重叠比较

(a)和(b)重叠求积后得到(c)

与的结果仍将为“三”,结果就可能把输入的“玉”认作“三”。为了避免这个缺陷,应该将输入文字尽量只与和它的笔划大致相同的标准文字图象进行比较。要做到这一点,只需计算输入文字图象中黑象素的个数 m,并只使用标准文字图象集中黑象素的个数接近 m 的那部分标准文字与之进行比较。这样一方面可以提高正确识别率,同时也因避免了与全部标准字型进行比较,从而可以提高识别速度。

10.6 习　　题

1. 为使计算机能够显示 1024×768 分辨率,256 灰度的图象,至少需要多大容量的帧缓存?

2. 所谓真彩色图象是指红、绿、蓝三色均为 256 灰度的图象。试计算真彩色图象中最大可含多少种不同的色彩。又设某台计算机中装有 1MB(=1024kB)帧缓存容量,问是否能在这台计算机上显示 640×480 分辨率的真彩色图象。

3. 用扫描仪扫描一幅尺寸为 $15\times10\text{cm}^2$ 的图象,当选用分辨率为 120dpi,色彩为 4bit 时,试估计生成的图象数据大约为多少字节。

4. 试用 MS-Windows 中的 PaintBrush 工具创作一幅彩色图,将其保存为 BMP 格式数据文件。然后自作一个程序将这个 BMP 数据文件的文件头(header)中的各项参数读出并打印出来,仔细研究这些参数与图象内容之间的关系。

5. 灰度直方图在进行图象解析时能有什么作用?

6. 试作出一幅 256 灰度图象的灰度直方图,并利用它寻找合适的二值化阈值,然后用此阈值将图象二值化。

7. 试用中值滤波法对一幅多值图象进行除噪音处理。

8. 试对一幅二值图象分别作膨胀,收缩和抽取轮廓的处理。

9. 用 Laplace 算法对多值图象进行轮廓增强处理。

10. 按以下步骤对一幅多值图象实行抽取轮廓的处理:

(1) 消除噪音;

(2) 将图象二值化;

(3) 使用非线性逻辑模板抽取轮廓线。

把以上各步骤的处理结果按 TIFF 文件格式保存。

11. 试编写二维 FFT 处理程序。

12. 用上题编写的 FFT 程序作出一幅多值图象的能量频谱。

13. 试对二值图象进行细线化处理。

14. 试按下列步骤对一幅简单的零件图多值图象进行矢量化处理:

(1) 去除噪音;

(2) 将图象二值化;

(3) 作细线化处理;

(4) 使用轮廓线追踪方法实现图形的矢量化。

15. 用步长法压缩一幅二值图象,用差值法压缩一幅多值图象,并分别计算它们的压缩比。

16. 用 4×4 块域压缩法压缩一幅多值图象,并把它和用差值法压缩的结果进行比较。

参 考 文 献

[1] Foley J, Dam A V, Feiner S, Hughes J, phillips R. Computer Graphics;Principles and Practice. 2nd Edition. Addison-Wesley, 1990

[2] Foley J, Dam A V. Fundamentals of Interactive Computer Graphics. Addison-Wesley. 1982

[3] Foley J, Dam A V, Feiner S, Hughes J, phillips R. Introductions to: Computer Graphics. Addison-Wesley, 1993

[4] Durbeck R and sherr S, eds. Output Hardcopy Devices. New York: AcademicPress, 1988

[5] Mantyla M. Introduction to Solid Modeling. Rockville: Computer Science Press, 1988

[6] Morteson M. Geometric Modeling. New York: Wiley, 1985

[7] Scheifler R W, Gettys J, Newman R. X Window System. Digital Press, 1988

[8] Opstill S. The RenderMan Companion, A Programmer's Guide to Realistic Computer Graphics. Addison-Wesley, 1989

[9] Waff A, Waff M. Advanced Animation and Rendering Techniques. Theory and Practice. addison-Wesley, 1992

[10] Alan Watt. Fundamentals of THREE_DIMENSIONAL COMPUTER GRAPHICS . Addison_Wesley, 1989

[11] Rogers D F, Adams J alan. Mathematical Elements For Computer Graphics. 2nd Edition. McGraw-Hill, 1990

[12] Farin G. Curves and Surfaces for Computer Aided Geometric Design A Practical Guide. 3rd Edition. Academic Press, 1993

[13] 安居院猛等著. 画像处理的实际. 东京：东京工业大学工学社, 1988

[14] Rafael C, Gonzalez. Digital Image Processing. Addison-Wesley, 1977

[15] 孙家广, 许隆文. 计算机图形学 . 北京：清华大学出版社, 1986

清华大学计算机系列教材

计算机操作系统教程(第2版)	张尧学 等
计算机操作系统教程(第2版)习题解答与实验指导	张尧学
PASCAL程序设计(第2版)	郑启华
PASCAL程序设计习题与选解(新编)	郑启华
IBM PC汇编语言程序设计(第2版)	沈美明 等
IBM PC汇编语言程序设计例题习题集	温冬婵 等
IBM PC汇编语言程序设计实验教程	沈美明
计算机图形学(新3版)	孙家广 等
微型计算机技术及应用(第3版)	戴梅萼
微型计算机技术及应用——习题与实验题集	戴梅萼
微型计算机技术及应用——微型机软件硬件开发指南	戴梅萼
计算机组成与结构(第3版)	王爱英 等
计算机组成与设计	王 诚 等
计算机组成与设计实验指导	王 诚 等
计算机系统结构(第2版)	郑纬民 等
数据结构(第2版)	严蔚敏 等
数据结构题集	严蔚敏 等
图论与代数结构	戴一奇 等
数字逻辑与数字集成电路(第2版)	王尔乾 等
数字系统设计自动化(第2版)	薛宏熙 等
计算机图形学基础	唐泽圣 等
编译原理	吕映芝 等
数据结构(用面向对象方法与C++描述)	殷人昆 等
数据结构习题解析	殷人昆 等
计算机网络与Internet教程	张尧学 等
多媒体技术基础(第2版)	林福宗
多媒体技术基础实验指南	谢霄艳 等
数理逻辑与集合论(第2版)	石纯一 等
数理逻辑与集合论(第2版)精要与题解	王 宏 等
计算机局域网(第3版)	胡道元
信号处理原理	郑 方 等

读者意见反馈

亲爱的读者：

感谢您一直以来对清华版计算机教材的支持和爱护。为了今后为您提供更优秀的教材，请您抽出宝贵的时间来填写下面的意见反馈表，以便我们更好地对本教材做进一步改进。同时如果您在使用本教材的过程中遇到了什么问题，或者有什么好的建议，也请您来信告诉我们。

地址：北京市海淀区双清路学研大厦 A 座 602　计算机与信息分社营销室 收

邮编：100084　电子邮件：jsjjc@tup.tsinghua.edu.cn

电话：010-62770175-4608/4409　邮购电话：010-62786544

教材名称：计算机图形学（第三版）

ISBN：978-7-302-03082-9

个人资料

姓名：________ 年龄：______ 所在院校/专业：____________

文化程度：________ 通信地址：________________

联系电话：________ 电子信箱：________________

您使用本书是作为： □指定教材 □选用教材 □辅导教材 □自学教材

您对本书封面设计的满意度：

□很满意 □满意 □一般 □不满意　改进建议________________

您对本书印刷质量的满意度：

□很满意 □满意 □一般 □不满意　改进建议________________

您对本书的总体满意度：

从语言质量角度看 □很满意 □满意 □一般 □不满意

从科技含量角度看 □很满意 □满意 □一般 □不满意

本书最令您满意的是：

□指导明确 □内容充实 □讲解详尽 □实例丰富

您认为本书在哪些地方应进行修改？（可附页）

____

____

您希望本书在哪些方面进行改进？（可附页）

____

____

电子教案支持

敬爱的教师：

为了配合本课程的教学需要，本教材配有配套的电子教案（素材），有需求的教师可以与我们联系，我们将向使用本教材进行教学的教师免费赠送电子教案（素材），希望有助于教学活动的开展。相关信息请拨打电话 010-62776969 或发送电子邮件至 jsjjc@tup.tsinghua.edu.cn 咨询，也可以到清华大学出版社主页（http://www.tup.com.cn 或 http://www.tup.tsinghua.edu.cn）上查询。